THE
ASTRONOMICAL
ALMANAC

FOR THE YEAR

2006

and its companion

The Astronomical Almanac Online

Data for Astronomy, Space Sciences, Geodesy,
Surveying, Navigation and other applications

WASHINGTON

Issued by the
Nautical Almanac Office
United States
Naval Observatory
by direction of the
Secretary of the Navy
and under the
authority of Congress

LONDON

Issued by
Her Majesty's
Nautical Almanac Office
Rutherford Appleton Laboratory
on behalf of the
Council for the
Central Laboratory
of the Research Councils

WASHINGTON: U.S. GOVERNMENT PRINTING OFFICE
LONDON: THE STATIONERY OFFICE

ISBN 0 11 887333 4

ISSN 0737-6421

UNITED STATES

For sale by the
U.S. Government Printing Office
Superintendent of Documents
Mail Stop: SSOP
Washington, DC 20402-9328

http://www.gpoaccess.gov/

UNITED KINGDOM

Published by TSO (The Stationery Office) and available from:

Online
http://www.tso.co.uk/bookshop/

Mail, Telephone, Fax & E-mail
TSO
PO Box 29, Norwich NR3 1GN
Telephone Orders/General enquiries 0870 600 5522
Fax orders 0870 600 5533
E-mail book.orders@tso.co.uk
Textphone 0870 240 3701

TSO Shops
123 Kingsway, London WC2B 6PQ
020 7242 6393   Fax 020 7242 6394
68-69 Bull Street, Birmingham B4 6AD
0121 236 9696   Fax 0121 236 9699
9-21 Princess Street, Manchester M60 8AS
0161 834 7201   Fax 0161 833 0634
16 Arthur Street, Belfast BT1 4GD
028 9023 8451   Fax 028 9023 5401
18-19 High Street, Cardiff CF10 1PT
029 2039 5548   Fax 029 2038 4347
71 Lothian Road, Edinburgh EH3 9AZ
0870 606 5566   Fax 0870 606 5588

TSO Accredited Agents
(see Yellow Pages)

and through good booksellers

NOTE
Every care is taken to prevent errors in the production of this publication. As a final precaution it is recommended that the sequence of pages in this copy be examined on receipt. If faulty it should be returned for replacement.

Printed in the United States of America
by the U.S. Government Printing Office

Beginning with the edition for 1981, the title *The Astronomical Almanac* replaced both the title *The American Ephemeris and Nautical Almanac* and the title *The Astronomical Ephemeris*. The changes in title symbolise the unification of the two series, which until 1980 were published separately in the United States of America since 1855 and in the United Kingdom since 1767. *The Astronomical Almanac* is prepared jointly by the Nautical Almanac Office, United States Naval Observatory, and H.M. Nautical Almanac Office, Rutherford Appleton Laboratory, and is published jointly by the United States Government Printing Office and The Stationery Office; it is printed only in the United States of America using reproducible material from both offices.

By international agreement the tasks of computation and publication of astronomical ephemerides are shared among the ephemeris offices of several countries. The contributors of the basic data for this Almanac are listed on page vii. This volume was designed in consultation with other astronomers of many countries, and is intended to provide current, accurate astronomical data for use in the making and reduction of observations and for general purposes. (The other publications listed on pages viii-ix give astronomical data for particular applications, such as navigation and surveying.)

Beginning with the 1984 edition, most of the data tabulated in *The Astronomical Almanac* have been based on the fundamental ephemerides of the planets and the Moon prepared at the Jet Propulsion Laboratory. In particular, since the 2003 edition, the JPL Planetary and Lunar Ephemerides DE405/LE405 have been the basis of the tabulations. Beginning with the 2006 edition, all the relevant International Astronomical Union (IAU) resolutions up to and including 2003 have been implemented throughout affecting in some way virtually all of the tabulated data.

A list of changes introduced in this volume is given on page iv. In particular, the IAU resolutions passed in 2000 on Earth rotation models have been implemented in this volume for the first time. Some important changes are a new precession-nutation model and new transformations between the terrestrial and celestial coordinate systems.

The Astronomical Almanac Online is a companion to this volume. It is designed to broaden the scope of this publication. In addition to ancillary information, the data provided will appeal to specialist groups as well as those needing more precise information. Much of the material may also be downloaded.

Suggestions for further improvement of this Almanac would be welcomed; they should be sent to the Chief, Nautical Almanac Office, United States Naval Observatory or to the Head, H.M. Nautical Almanac Office, Rutherford Appleton Laboratory.

FREDRICK M. TETTELBACH, II
Captain, U.S. Navy,
Superintendent, U.S. Naval Observatory,
3450 Massachusetts Avenue NW,
Washington, D.C. 20392–5420
U.S.A.

RICHARD HOLDAWAY,
Director,
Space Science and Technology Department,
Rutherford Appleton Laboratory,
Chilton, Didcot, OX11 0QX,
United Kingdom

September 2004

Corrections to The Astronomical Almanac, 2003-2005

Section **H**: Table of Bright Stars, orbital correction to positions of wide binaries was incorrectly applied to the Hipparcos positions:

BS=HR No. 5459

In 2003	*replace*	14^h 39^m 51^s4 $-60°$ $50'$ $51''$	*by*	14^h 39^m 50^s9 $-60°$ $50'$ $54''$
In 2004	*replace*	14^h 39^m 55^s5 $-60°$ $51'$ $06''$	*by*	14^h 39^m 55^s0 $-60°$ $51'$ $09''$
In 2005	*replace*	14^h 39^m 59^s6 $-60°$ $51'$ $21''$	*by*	14^h 39^m 59^s1 $-60°$ $51'$ $24''$

BS=HR No. 5460

In 2003	*replace*	14^h 39^m 48^s9 $-60°$ $51'$ $09''$	*by*	14^h 39^m 49^s5 $-60°$ $51'$ $04''$
In 2004	*replace*	14^h 39^m 53^s0 $-60°$ $51'$ $23''$	*by*	14^h 39^m 53^s6 $-60°$ $51'$ $19''$
In 2005	*replace*	14^h 39^m 57^s1 $-60°$ $51'$ $37''$	*by*	14^h 39^m 57^s7 $-60°$ $51'$ $33''$

For stars BS=HR No. 5459 and BS=HR No. 5460, these errata also apply to the Table of Double Stars for 2004 and 2005

BS=HR No. 8085

In 2003	*replace*	21^h 07^m 02^s8 $+38°$ $46'$ $13''$	*by*	21^h 07^m 03^s4 $+38°$ $46'$ $00''$
In 2004	*replace*	21^h 07^m 05^s4 $+38°$ $46'$ $31''$	*by*	21^h 07^m 06^s1 $+38°$ $46'$ $18''$
In 2005	*replace*	21^h 07^m 08^s1 $+38°$ $46'$ $49''$	*by*	21^h 07^m 08^s8 $+38°$ $46'$ $36''$

BS=HR No. 8086

In 2003	*replace*	21^h 07^m 05^s3 $+38°$ $45'$ $20''$	*by*	21^h 07^m 04^s7 $+38°$ $45'$ $33''$
In 2004	*replace*	21^h 07^m 08^s0 $+38°$ $45'$ $37''$	*by*	21^h 07^m 07^s4 $+38°$ $45'$ $51''$
In 2005	*replace*	21^h 07^m 10^s7 $+38°$ $45'$ $55''$	*by*	21^h 07^m 10^s1 $+38°$ $46'$ $09''$

Corrections to The Astronomical Almanac, 2005

Page B30, Example of stellar reduction, value of π

replace $3.6458!imes!10^-6$ *by* 3.6458×10^{-6}

Page D1, Physical and photometric data

replace   E88   *by*   E4

Changes introduced for 2006

All Sections: Implementation of IAU 2000 standards throughout.

Section **B**: Major additions to this section include IAU2000A precession-nutation, the Celestial Intermediate Reference System and the Earth rotation angle. Examples are given illustrating the use of the new material including nomenclature following the recommendations of the IAU Working Group on Nomenclature for Fundamental Astronomy. Nomenclature is subject to ratification by the IAU General Assembly 2006.

Removal of the 2 pages containing the transformations between the FK4 to FK5 systems.

Section **E**: New explanatory pages E54-E55 introduced.

Section **F**: Updated values and new entries for satellite data on pages F2-F5.

Section **H**: Updated data and new entries for table of double stars.

Section **H**: Updated positions and proper motions for tables of *UBVRI* standard stars, *uvby* Hβ standard stars and variable stars.

Section **H**: Updated data for tables of open clusters and gamma ray sources.

Section **H**: Increased precision positions for table of globular clusters.

Section **H**: Updated positions for table of radio flux calibrators.

Section **L**: Revised material.

PRELIMINARIES

Section A   PHENOMENA

Seasons: Moon's phases; principal occultations; planetary phenomena; elongations and magnitudes of planets; visibility of planets; diary of phenomena; times of sunrise, sunset, twilight, moonrise and moonset; eclipses, transits, use of Besselian elements.

Section B   TIME-SCALES AND COORDINATE SYSTEMS

Calendar; chronological cycles and eras; religious calendars; relationships between time scales; universal and sidereal times, Earth rotation angle; reduction of celestial coordinates; proper motion, annual parallax, aberration, light-deflection, precession and nutation; coordinates of the CIP & CIO, matrix elements for both frame bias, precession-nutation, and ICRS to CIRS; the Celestial Intermediate Reference System, rigorous formulae for apparent and intermediate place reduction, approximate formulae for intermediate place reduction; position and velocity of the Earth; polar motion; diurnal parallax and aberration; altitude, azimuth; refraction; pole star formulae and table.

Section C   SUN

Mean orbital elements, elements of rotation; ecliptic and equatorial coordinates; heliographic coordinates, horizontal parallax, semi-diameter and time of transit; geocentric rectangular coordinates; low-precision formulae for coordinates of the Sun and the equation of time.

Section D   MOON

Phases; perigee and apogee; mean elements of orbit and rotation; lengths of mean months; geocentric, topocentric and selenographic coordinates; formulae for libration; ecliptic and equatorial coordinates, distance, horizontal parallax, semi-diameter and time of transit; physical ephemeris; low-precision formulae for geocentric and topocentric coordinates.

Section E   MAJOR PLANETS

Rotation elements for Mercury, Venus, Mars, Jupiter, Saturn, Uranus, Neptune and Pluto; physical ephemerides; osculating orbital elements (including the Earth-Moon barycentre); heliocentric ecliptic coordinates; geocentric equatorial coordinates; times of transit.

Section F   SATELLITES OF THE PLANETS

Ephemerides and phenomena of the satellites of Mars, Jupiter, Saturn (including the rings), Uranus, Neptune and Pluto.

Section G   MINOR PLANETS AND COMETS

Osculating elements; opposition dates; geocentric equatorial coordinates, visual magnitudes, time of transit of those at opposition. Osculating elements for periodic comets.

Section H   STARS AND STELLAR SYSTEMS

Lists of bright stars, double stars, *UBVRI* standard stars, *uvby* and Hβ standard stars, radial velocity standard stars, variable stars, bright galaxies, open clusters, globular clusters, ICRF radio source positions, radio telescope flux calibrators, X-ray sources, quasars, pulsars, and gamma ray sources.

Section J   OBSERVATORIES

Index of observatory name and place; lists of optical and radio observatories.

Section K   TABLES AND DATA

Julian dates of Gregorian calendar dates; selected astronomical constants; reduction of time scales; reduction of terrestrial coordinates; interpolation methods.

Section L   NOTES AND REFERENCES   Section M GLOSSARY   Section N INDEX

THE ASTRONOMICAL ALMANAC ONLINE

http://asa.usno.navy.mil   **&**   **http://asa.nao.rl.ac.uk**

Besselian and second-order day numbers; lunar polynomial coefficients; satellite offsets, apparent distances, position angles, eclipses and occultations of Galilean satellites; bright stars, *UBVRI* standard stars, selected X-ray and gamma ray sources; full list of Observatories; errata; glossary.

The pagination within each section is given in full on the first page of each section.

U.S. NAVAL OBSERVATORY

Captain Fredrick M. Tettelbach, II, *U.S.N., Superintendent*
Commander Susan N. Greer, *U.S.N., Deputy Superintendent*
Kenneth J. Johnston, *Scientific Director*

ASTRONOMICAL APPLICATIONS DEPARTMENT

John A. Bangert, *Head*
Sean E. Urban *Chief, Nautical Almanac Office*
George H. Kaplan, *Chief, Science Support Division*
Nancy A. Oliversen, *Chief, Software Products Division*

James L. Hilton	Mark A. Murison
Robert J. Miller	William J. Tangren
Susan G. Stewart	Mark T. Stollberg
Michael Efroimsky	William T. Harris
Wendy K. Puatua	Yvette Hines
QMC (SW) Blake Myers, U.S.N.	

RUTHERFORD APPLETON LABORATORY

SPACE SCIENCE AND TECHNOLOGY DEPARTMENT

Richard Holdaway, *Director, Space Science and Technology Department*
Peter Allan, *Head, Space Data Division*

HER MAJESTY'S NAUTICAL ALMANAC OFFICE

Patrick T. Wallace, *Head*

Catherine Y. Hohenkerk	Donald B. Taylor
Steven A. Bell	

The data in this volume have been prepared as follows:

By H.M. Nautical Almanac Office, Rutherford Appleton Laboratory:

Section A—phenomena, rising, setting of Sun and Moon, lunar eclipses; B—ephemerides and tables relating to time-scales and coordinate reference frames; D—physical ephemerides and geocentric coordinates of the Moon; F—ephemerides for sixteen of the major planetary satellites; G—opposition dates, geocentric coordinates, transit times, and osculating orbital elements, of selected minor planets; K—tables and data.

By the Nautical Almanac Office, United States Naval Observatory:

Section A—eclipses of the Sun; C—physical ephemerides, geocentric and rectangular coordinates of the Sun; E—physical ephemerides, geocentric coordinates and transit times of the major planets; F—phenomena and ephemerides of satellites, except Jupiter I–IV; G—ephemerides of the largest and/or brightest 93 minor planets; H—data for lists of bright stars, lists of photometric standard stars, radial velocity standard stars, bright galaxies, open clusters, globular clusters, radio source positions, radio flux calibrators, X-ray sources, quasars, pulsars, variable stars, double stars and gamma ray sources; J—information on observatories; L—notes and references; M—glossary; N—index.

By the Jet Propulsion Laboratory, California Institute of Technology:

The planetary and lunar ephemerides DE405/LE405.

By the IAU Standards Of Fundamental Astronomy (SOFA) initiative

Software implementation of fundamental quantities used in sections A, B, D and G.

By the Service des Calculs, Bureau des Longitudes, Paris:

Section F—ephemerides and phenomena of satellites I–IV of Jupiter.

By the Minor Planet Center, Cambridge, Massachusetts:

Section G—orbital elements of periodic comets.

In general the Office responsible for the preparation of the data has drafted the related explanatory notes and auxiliary material, but both have contributed to the final form of the material. The preliminaries, Section A, except the solar eclipses, and Sections B, D, G and K have been composed in the United Kingdom, while the rest of the material has been composed in the United States. The work of proofreading has been shared, but no attempt has been made to eliminate the differences in spelling and style between the contributions of the two Offices.

Joint publications of the Rutherford Appleton Laboratory and the United States Naval Observatory

These publications are published by and available from, The Stationery Office (UK), and the Superintendent of Documents, U.S. Government Printing Office except where noted. Their addresses are listed on the reverse of the title page of this volume.

The Nautical Almanac contains ephemerides at an interval of one hour and auxiliary astronomical data for marine navigation.

The Air Almanac contains ephemerides at an interval of ten minutes and auxiliary astronomical data for air navigation. It is not published by The Stationery Office.

Astronomical Phenomena contains extracts from *The Astronomical Almanac* and is published annually in advance of the main volume. Included are dates and times of planetary and lunar phenomena and other astronomical data of general interest. This volume is available in the UK from Earth and Sky, see below.

Explanatory Supplement to The Astronomical Ephemeris and The American Ephemeris and Nautical Almanac is out of print. The new *Explanatory Supplement to The Astronomical Almanac* is available, see below.

Other publications of Rutherford Appleton Laboratory

These publications are available from The Stationery Office.

The Star Almanac for Land Surveyors contains the Greenwich hour angle of Aries and the position of the Sun, tabulated for every six hours, and represented by monthly polynomial coefficients. Positions of all stars brighter than magnitude 4·0 are tabulated monthly to a precision of $0\overset{s}{.}1$ in right ascension and $1''$ in declination. A CD-ROM accompanies this book which contains the electronic edition plus coefficients, in ASCII format, representing the data.

NavPac and Compact Data for 2006–2010 contains software, algorithms and data, which are mainly in the form of polynomial coefficients, for calculating the positions of the Sun, Moon, navigational planets and bright stars. It enables navigators to compute their position at sea from sextant observations using an IBM PC or compatible for the period 1986–2010. The tabular data are also supplied as ASCII files on the CD-ROM.

Planetary and Lunar Coordinates, 2001–2020 provides low-precision astronomical data and phenomena for use well in advance of the annual ephemerides. It contains heliocentric, geocentric, spherical and rectangular coordinates of the Sun, Moon· and planets, eclipse maps and auxiliary data. All the tabular ephemerides are supplied solely on CD-ROM as ASCII and Adobe's portable document format files. The full printed edition is published in the United States by Willmann-Bell Inc.

Rapid Sight Reduction Tables for Navigation (AP3270 / NP 303), 3 volumes, formerly entitled *Sight Reduction Tables for Air Navigation*. Volume 1, selected stars for epoch 2005·0, containing the altitude to $1'$ and true azimuth to $1°$ for the seven stars most suitable for navigation, for all latitudes and hour angles of Aries. Volumes 2 and 3 contain altitudes to $1'$ and azimuths to $1°$ for integral degrees of declination from N 29° to S 29°, for relevant latitudes and all hour angles at which the zenith distance is less than 95° providing for sights of the Sun, Moon and planets.

Sight Reduction Tables for Marine Navigation (NP 401), 6 volumes. This series is designed to effect all solutions of the navigational triangle and is intended for use with *The Nautical Almanac*.

The UK Air Almanac contains data useful in the planning of activities where the level of illumination is important, particularly aircraft movements, and is produced to the general requirements of the Royal Air Force.

Other publications of the United States Naval Observatory

Astronomical Papers of the American Ephemeris[†] are issued irregularly and contain reports of research in celestial mechanics with particular relevance to ephemerides.

U.S. Naval Observatory Circulars[†] are issued irregularly to disseminate astronomical data concerning ephemerides or astronomical phenomena.

Explanatory Supplement to The Astronomical Almanac edited by P. Kenneth Seidelmann of the U.S. Naval Observatory. This book is an authoritative source on the basis and derivation of information contained in *The Astronomical Almanac*, and it contains material that is relevant to positional and dynamical astronomy and to chronology. It includes details of the FK5 J2000·0 reference system and transformations. The publication is a collaborative work with authors from the U.S. Naval Observatory, H.M. Nautical Almanac Office, the Jet Propulsion Laboratory and the Bureau des Longitudes. It is published by, and available from, University Science Books, 55D Gate Five Road, Sausalito, CA 94965, whose UK distributor is Macmillan.

MICA is an interactive astronomical almanac for professional applications. Software for both PC systems with Intel processors and Apple Macintosh computers is provided on a single CD-ROM. *MICA* allows a user to compute, to full precision, much of the tabular data contained in *The Astronomical Almanac*, as well as data for specific times. All calculations are made in real time and data are not interpolated from tables. MICA is published by, and available from, Willman-Bell Inc.

† These publications are available from the Nautical Almanac Office, U.S. Naval Observatory, Washington, DC 20392-5420.

Publications of other countries

Apparent Places of Fundamental Stars is prepared by the Astronomisches Rechen-Institut, Heidelberg (www.ari.uni-heidelberg.de). The printed version of APFS gives the data for a few fundamental stars only, together with the explanation and examples. The apparent places of stars using the FK6 or Hipparcos catalogues are provided by the on-line database ARIAPFS (www.ari.uni-heidelberg.de/ariapfs). The printed booklet also contains the so-called '10-Day-Stars' and the 'Circumpolar Stars' and is available from Verlag G. Braun, Karl-Friedrich-Strasse, 14–18, Karlsruhe, Germany.

Ephemerides of Minor Planets is prepared annually by the Institute of Applied Astronomy (www.ipa.nw.ru), and published by the Russian Academy of Sciences. Included in this volume are elements, opposition dates and opposition ephemerides of all numbered minor planets. This volume is available from the Institute of Theoretical Astronomy, Naberezhnaya Kutuzova 10, 191187 St. Petersburg, Russia.

Useful information and World Wide Web addresses on the Internet

Please refer to the relevant World Wide Web address for further details about the publications and services provided by the following organisations.

- H.M. Nautical Almanac Office at http://www.nao.rl.ac.uk/ & http://websurf.nao.rl.ac.uk/
- U.S. Naval Observatory at http://aa.usno.navy.mil/
- *The Astronomical Almanac Online* at http://asa.usno.navy.mil/ & http://asa.nao.rl.ac.uk/
- The Stationery Office (UK) at http://www.tso.co.uk/bookshop/
- U.S. Government Printing Office at http://www.gpoaccess.gov/
- University Science Books at http://www.uscibooks.com/
- Willmann-Bell, PO Box 35025, Richmond VA 23235, USA, at http://www.willbell.com/
- Earth and Sky at http://www.earthandsky.co.uk/
- Macmillan Distribution at http://www.palgrave.com/
- Bernan Associates (TSO's agents in the U.S.) at http://www.bernan.com/

CONTENTS OF SECTION A

NOTE: All the times in this section are expressed in Universal Time (UT).

THE SUN

		d h			d h m			d h m
Perigee	... Jan.	4 15	Equinoxes	... Mar.	20 18 26 ...	... Sept.	23 04 03
Apogee	... July	3 23	Solstices	... June	21 12 26 ...	... Dec.	22 00 22

PHASES OF THE MOON

Lunation	New Moon d h m	First Quarter d h m	Full Moon d h m	Last Quarter d h m
1027		Jan. 6 18 56	Jan. 14 09 48	Jan. 22 15 14
1028	Jan. 29 14 15	Feb. 5 06 29	Feb. 13 04 44	Feb. 21 07 17
1029	Feb. 28 00 31	Mar. 6 20 16	Mar. 14 23 35	Mar. 22 19 11
1030	Mar. 29 10 15	Apr. 5 12 01	Apr. 13 16 40	Apr. 21 03 28
1031	Apr. 27 19 44	May 5 05 13	May 13 06 51	May 20 09 21
1032	May 27 05 26	June 3 23 06	June 11 18 03	June 18 14 08
1033	June 25 16 05	July 3 16 37	July 11 03 02	July 17 19 13
1034	July 25 04 31	Aug. 2 08 46	Aug. 9 10 54	Aug. 16 01 51
1035	Aug. 23 19 10	Aug. 31 22 57	Sept. 7 18 42	Sept. 14 11 15
1036	Sept. 22 11 45	Sept. 30 11 04	Oct. 7 03 13	Oct. 14 00 26
1037	Oct. 22 05 14	Oct. 29 21 25	Nov. 5 12 58	Nov. 12 17 45
1038	Nov. 20 22 18	Nov. 28 06 29	Dec. 5 00 25	Dec. 12 14 32
1039	Dec. 20 14 01	Dec. 27 14 48		

ECLIPSES AND TRANSIT OF MERCURY

A penumbral eclipse of the Moon Mar. 15

A total eclipse of the Sun   Mar. 29 Brazil, Ghana, Togo, Benin, Nigeria, Niger, N.W. Chad, Libya, the N.W. tip of Egypt, Turkey, N.W. Georgia, S.W. Russia, Kazakstan, the S. tip of Russia and ends in the N. tip of Mongolia.

A partial eclipse of the Moon   Sept. 7 is visible from parts of Antarctica, Australasia, Asia, Africa, Europe including the British Isles.

An annular eclipse of the Sun   Sept. 22 Guyana, Suriname, French Guiana, the South Atlantic Ocean and ends south west of the Kerguelen Islands.

Transit of Mercury   Nov. 8 South America, North America except the extreme north of Canada, Antarctica, New Zealand, Australia and eastern Asia.

MOON AT PERIGEE

	d h		d h		d h
Jan.	1 23	May	22 15	Oct.	6 14
Jan.	30 08	June	16 17	Nov.	4 00
Feb.	27 20	July	13 18	Dec.	2 00
Mar.	28 07	Aug.	10 18	Dec.	28 02
Apr.	25 11	Sept.	8 03		

MOON AT APOGEE

	d h		d h		d h
Jan.	17 19	June	4 02	Oct.	19 10
Feb.	14 01	July	1 20	Nov.	15 23
Mar.	13 02	July	29 13	Dec.	13 19
Apr.	9 13	Aug.	26 01		
May	7 07	Sept.	22 05		

OCCULTATIONS OF PLANETS AND BRIGHT STARS BY THE MOON

Date	Body	Areas of Visibility
Jan. 21 22	*Spica*	Central Asia, southern Japan, Philippines, New Guinea
Jan. 25 12	*Antares*	Central S. America
Feb. 18 05	*Spica*	Extreme eastern N. America, central Africa
Feb. 21 21	*Antares*	Indonesia, Australia except N.E., New Zealand
Feb. 25 10	Ceres	Tip of S. America, Antarctica
Mar. 17 11	*Spica*	Hawaiian Is., extreme west of S. America
Mar. 21 03	*Antares*	N.E. tip of S. America, southern tip of S. Africa
Mar. 25 12	Ceres	N.W. S. America, central and east N. America, W. Europe including the British Isles
Mar. 27 15	Uranus	Part of Antarctica
Apr. 13 17	*Spica*	S. Asia, N. Australia
Apr. 17 09	*Antares*	Southern S. America
Apr. 24 02	Uranus	S.E. Australia, South Island New Zealand
Apr. 24 14	Venus	South, central and N.E. S. America, S.E. W. Africa
May 11 00	*Spica*	Eastern N. America, part of west and central Africa
May 14 15	*Antares*	Indonesia, Australia, New Zealand
May 21 10	Uranus	Edge of S.W. southern Africa, most of Antarctica
May 31 12	Vesta	Eastern Asia, Japan, northern N. America, extreme north Europe
June 7 09	*Spica*	Extreme east of Asia, most of Japan
June 10 23	*Antares*	N.E. S. America, southern Africa, Madagascar
June 17 17	Uranus	New Zealand
June 28 19	Vesta	Central America, Caribbean, northern and central S. America

Date	Body	Areas of Visibility
July 8 08	*Antares*	N. and E. Australia, New Guinea, New Zealand
July 4 17	*Spica*	West and southern Africa
July 14 23	Uranus	S. tip of S. Africa, S.E. Asia
July 27 17	Mars	Part of Greenland, Europe including the British Isles
Aug. 1 01	*Spica*	Southern S. America
Aug. 4 18	*Antares*	Extreme, N.E. part of S. America, tip of S. Africa
Aug. 11 06	Uranus	S. America except N.W. part and S. tip, West Africa
Aug. 25 14	Mars	Central and N.E. part of S. America
Aug. 28 08	*Spica*	Madagascar, S. New Zealand
Sept. 1 02	*Antares*	Extreme east of Australia, New Zealand, south of S. America
Sept. 7 15	Uranus	Most of Australia, part of New Guinea
Sept. 24 14	*Spica*	S. America except the south
Sept. 28 08	*Antares*	Extreme east of Africa, New Zealand
Oct. 5 00	Uranus	Southern S. America, most of central Africa
Oct. 19 18	Juno	Hawaiian Is., southern S. America
Oct. 25 14	*Antares*	Central and eastern S. America
Nov. 1 08	Uranus	S.E. Australia, New Zealand
Nov. 18 03	*Spica*	E. Africa, southern tip of New Zealand
Nov. 28 15	Uranus	S. Africa, Madagascar, most of India, eastern S.E. Asia
Dec. 10 11	Saturn	Norway, British Isles except South, Iceland, Greenland
Dec. 15 11	*Spica*	Southern part of S. America
Dec. 19 04	*Antares*	East Africa, S.E. Australia, New Zealand
Dec. 25 21	Uranus	West and N.W. S. America, tip of N.E. Africa, Portugal

AVAILABILITY OF PREDICTIONS OF LUNAR OCCULTATIONS

The International Lunar Occultation Centre, Astronomical Division, Hydrographic Department, Tsukiji-5, Chuo-ku, Tokyo, 104 JAPAN is responsible for the predictions and for the reductions of timings of occultations of stars by the Moon.

See the bottom of page A11 for this years list of occultations of X-ray sources.

GEOCENTRIC PHENOMENA

MERCURY

	d h	d h	d h
Superior conjunction ...	Jan. 26 22	May 18 20	Sept. 1 05
Greatest elongation East	Feb. 24 05 (18°)	June 20 20 (25°)	Oct. 17 04 (25°)
Stationary	Mar. 2 07	July 4 02	Oct. 29 00
Inferior conjunction ...	Mar. 12 03	July 18 07	Nov. 8 22
Stationary	Mar. 24 12	July 28 17	Nov. 17 19
Greatest elongation West	Apr. 8 19 (28°)	Aug. 7 01 (19°)	Nov. 25 13 (20°)

VENUS

	d h		d h
Inferior conjunction ...	Jan. 14 00	Greatest elongation West	Mar. 25 07 (47°)
Stationary	Feb. 3 07	Superior conjunction ...	Oct. 27 18
Greatest illuminated extent	Feb. 17 20		

SUPERIOR PLANETS

	Conjunction	Stationary	Opposition	Stationary
	d h	d h	d h	d h
Mars	Oct. 23 07	—	—	—
Jupiter	Nov. 21 23	| Mar. 5 00	May 4 15	July 6 19
Saturn	Aug. 7 12	Dec. 6 20	| Jan. 27 23	Apr. 5 12
Uranus	Mar. 1 11	June 19 16	Sept. 5 11	Nov. 20 14
Neptune	Feb. 6 06	May 22 17	Aug. 11 05	Oct. 29 07
Pluto	Dec. 18 15	| Mar. 29 15	June 16 17	Sept. 5 11

The vertical bars indicate where the dates for the planet are not in chronological order.

OCCULTATIONS BY PLANETS AND SATELLITES

Details of predictions of occultations of stars by planets, minor planets and satellites are given in *The Handbook of the British Astronomical Association*.

HELIOCENTRIC PHENOMENA

	Aphelion	Perihelion	Greatest Lat. South	Ascending Node	Greatest Lat. North	Descending Node
Mercury	Jan. 10	Feb. 22	Jan. 30	Feb. 18	Mar. 5	Mar. 28
	Apr. 7	May 21	Apr. 28	May 17	June 1	June 24
	July 4	Aug. 17	July 25	Aug. 13	Aug. 28	Sept. 20
	Sept. 30	Nov. 13	Oct. 21	Nov. 9	Nov. 24	Dec. 17
	Dec. 27	—	—	—	—	—
Venus	—	Jan. 24	—	Aug. 3	Feb. 15	Apr. 12
	May 17	Sept. 6	June 8	—	Sept. 28	Nov. 23
Mars	June 26	—	—	—	May 19	Dec. 3

Jupiter, Saturn, Uranus, Neptune, Pluto: None in 2006

ELONGATIONS AND MAGNITUDES OF PLANETS AT 0ʰ UT

Date	Mercury Elong.	Mag.	Venus Elong.	Mag.	Date	Mercury Elong.	Mag.	Venus Elong.	Mag.
Jan. 0	W. 15	−0·7	E. 21	−4·3	**July 4**	E. 20	·	W. 30	−3·7
5	W. 13	−0·7	E. 15	−4·1	**9**	E. 14	·	W. 29	−3·7
10	W. 10	−0·8	E. 8	−3·8	**14**	E. 8	·	W. 28	−3·7
15	W. 8	−0·9	W. 6	·	**19**	W. 5	·	W. 26	−3·7
20	W. 5	−1·1	W. 12	−4·0	**24**	W. 10	·	W. 25	−3·7
25	W. 2	−1·3	W. 18	−4·2	**29**	W. 15	·	W. 24	−3·7
30	E. 3	−1·4	W. 25	−4·4	**Aug. 3**	W. 18	+0·6	W. 23	−3·7
Feb. 4	E. 6	−1·4	W. 30	−4·5	**8**	W. 19	−0·1	W. 21	−3·7
9	E. 10	−1·4	W. 34	−4·6	**13**	W. 18	−0·7	W. 20	−3·7
14	E. 14	−1·3	W. 37	−4·6	**18**	W. 14	−1·2	W. 19	−3·7
19	E. 17	−1·0	W. 40	−4·6	**23**	W. 9	−1·6	W. 17	−3·7
24	E. 18	−0·5	W. 42	−4·6	**28**	W. 5	−1·8	W. 16	−3·7
Mar. 1	E. 17	+0·3	W. 44	−4·5	**Sept. 2**	E. 2	−1·8	W. 15	−3·7
6	E. 11	·	W. 45	−4·5	**7**	E. 6	−1·4	W. 13	−3·8
11	E. 4	·	W. 46	−4·5	**12**	E. 9	−1·0	W. 12	−3·8
16	W. 8	·	W. 46	−4·4	**17**	E. 13	−0·8	W. 11	−3·8
21	W. 16	·	W. 46	−4·4	**22**	E. 16	−0·6	W. 9	−3·8
26	W. 22	+0·9	W. 47	−4·3	**27**	E. 19	−0·4	W. 8	−3·8
31	W. 26	+0·6	W. 46	−4·3	**Oct. 2**	E. 21	−0·3	W. 7	−3·8
Apr. 5	W. 27	+0·4	W. 46	−4·2	**7**	E. 23	−0·2	W. 6	−3·8
10	W. 28	+0·3	W. 46	−4·2	**12**	E. 24	−0·2	W. 4	−3·8
15	W. 27	+0·1	W. 45	−4·1	**17**	E. 25	−0·1	W. 3	−3·8
20	W. 25	−0·1	W. 45	−4·1	**22**	E. 24	0·0	W. 2	−3·9
25	W. 23	−0·3	W. 44	−4·0	**27**	E. 22	+0·2	W. 1	−3·9
30	W. 19	−0·6	W. 43	−4·0	**Nov. 1**	E. 16	·	E. 1	−3·9
May 5	W. 15	−0·9	W. 43	−4·0	**6**	E. 7	·	E. 2	−3·8
10	W. 10	−1·4	W. 42	−3·9	**11**	W. 5	·	E. 4	−3·8
15	W. 5	−1·9	W. 41	−3·9	**16**	W. 14	·	E. 5	−3·8
20	E. 2	−2·2	W. 40	−3·9	**21**	W. 19	−0·2	E. 6	−3·8
25	E. 8	−1·8	W. 39	−3·8	**26**	W. 20	−0·6	E. 7	−3·8
30	E. 13	−1·3	W. 38	−3·8	**Dec. 1**	W. 19	−0·7	E. 9	−3·8
June 4	E. 18	−0·7	W. 37	−3·8	**6**	W. 17	−0·8	E. 10	−3·8
9	E. 21	−0·3	W. 36	−3·8	**11**	W. 15	−0·8	E. 11	−3·8
14	E. 24	+0·1	W. 35	−3·8	**16**	W. 12	−0·8	E. 12	−3·8
19	E. 25	+0·4	W. 34	−3·8	**21**	W. 10	−0·8	E. 13	−3·7
24	E. 25	+0·6	W. 32	−3·7	**26**	W. 7	−0·9	E. 15	−3·7
29	E. 23	+0·9	W. 31	−3·7	**31**	W. 4	−1·0	E. 16	−3·7
July 4	E. 20	·	W. 30	−3·7	**36**	W. 2	−1·2	E. 17	−3·7

MINOR PLANETS

		Stationary	Opposition	Stationary	Conjunction
Ceres	... ...	June 26	Aug. 12	Oct. 5	—
Pallas	... ...	May 3	July 1	Aug. 24	—
Juno	... ...	—	—	Jan. 16	Sept. 2
Vesta	... ...	—	Jan. 5	Feb. 23	Sept. 11

ELONGATIONS AND MAGNITUDES OF PLANETS AT 0ʰ UT

Date	Mars Elong.	Mag.	Jupiter Elong.	Mag.	Saturn Elong.	Mag.	Uranus Elong.	Neptune Elong.	Pluto Elong.
	°		°		°		°	°	°
Jan. −5	E. 125	−0·8	W. 52	−1·8	W. 144	0·0	E. 63	E. 41	W. 12
5	E. 118	−0·5	W. 61	−1·8	W. 155	−0·1	E. 53	E. 32	W. 21
15	E. 111	−0·2	W. 69	−1·9	W. 166	−0·2	E. 44	E. 22	W. 30
25	E. 104	0·0	W. 78	−2·0	W. 177	−0·2	E. 34	E. 12	W. 40
Feb. 4	E. 98	+0·3	W. 87	−2·0	E. 172	−0·2	E. 24	E. 2	W. 49
14	E. 93	+0·5	W. 97	−2·1	E. 161	−0·2	E. 15	W. 8	W. 59
24	E. 88	+0·7	W. 106	−2·2	E. 151	−0·1	E. 5	W. 17	W. 69
Mar. 6	E. 83	+0·8	W. 116	−2·2	E. 140	0·0	W. 4	W. 27	W. 79
16	E. 78	+1·0	W. 127	−2·3	E. 129	0·0	W. 14	W. 37	W. 89
26	E. 74	+1·1	W. 137	−2·4	E. 119	+0·1	W. 23	W. 46	W. 98
Apr. 5	E. 70	+1·2	W. 148	−2·4	E. 109	+0·1	W. 32	W. 56	W. 108
15	E. 66	+1·3	W. 158	−2·5	E. 100	+0·2	W. 42	W. 65	W. 118
25	E. 62	+1·4	W. 169	−2·5	E. 90	+0·2	W. 51	W. 75	W. 128
May 5	E. 58	+1·5	E. 179	−2·5	E. 81	+0·3	W. 60	W. 85	W. 137
15	E. 54	+1·6	E. 169	−2·5	E. 72	+0·3	W. 70	W. 94	W. 147
25	E. 50	+1·7	E. 158	−2·5	E. 63	+0·3	W. 79	W. 104	W. 156
June 4	E. 47	+1·7	E. 147	−2·4	E. 54	+0·4	W. 89	W. 113	W. 165
14	E. 43	+1·7	E. 137	−2·4	E. 46	+0·4	W. 98	W. 123	W. 172
24	E. 40	+1·8	E. 127	−2·3	E. 37	+0·4	W. 108	W. 133	E. 170
July 4	E. 37	+1·8	E. 117	−2·2	E. 29	+0·4	W. 117	W. 143	E. 161
14	E. 33	+1·8	E. 108	−2·2	E. 20	+0·4	W. 127	W. 152	E. 152
24	E. 30	+1·8	E. 98	−2·1	E. 12	+0·4	W. 137	W. 162	E. 143
Aug. 3	E. 26	+1·8	E. 90	−2·1	E. 4	+0·3	W. 147	W. 172	E. 133
13	E. 23	+1·8	E. 81	−2·0	W. 5	+0·4	W. 156	E. 178	E. 124
23	E. 20	+1·8	E. 72	−1·9	W. 13	+0·4	W. 166	E. 168	E. 114
Sept. 2	E. 17	+1·8	E. 64	−1·9	W. 21	+0·5	W. 176	E. 158	E. 105
12	E. 13	+1·8	E. 56	−1·8	W. 30	+0·5	E. 173	E. 149	E. 95
22	E. 10	+1·7	E. 48	−1·8	W. 38	+0·5	E. 163	E. 139	E. 85
Oct. 2	E. 7	+1·7	E. 40	−1·8	W. 47	+0·5	E. 153	E. 129	E. 76
12	E. 4	+1·6	E. 32	−1·8	W. 56	+0·6	E. 143	E. 119	E. 66
22	E. 1	+1·6	E. 24	−1·7	W. 65	+0·6	E. 133	E. 109	E. 57
Nov. 1	W. 3	+1·6	E. 16	−1·7	W. 74	+0·5	E. 123	E. 99	E. 47
11	W. 6	+1·6	E. 9	−1·7	W. 84	+0·5	E. 112	E. 89	E. 37
21	W. 9	+1·6	E. 1	−1·7	W. 94	+0·5	E. 102	E. 79	E. 28
Dec. 1	W. 12	+1·6	W. 7	−1·7	W. 104	+0·4	E. 92	E. 69	E. 19
11	W. 15	+1·5	W. 15	−1·7	W. 114	+0·4	E. 82	E. 59	E. 10
21	W. 18	+1·5	W. 23	−1·7	W. 124	+0·3	E. 72	E. 49	W. 7
31	W. 21	+1·5	W. 31	−1·8	W. 135	+0·3	E. 62	E. 39	W. 14
41	W. 24	+1·5	W. 39	−1·8	W. 145	+0·2	E. 53	E. 29	W. 23

Magnitudes at opposition: Uranus 5·7   Neptune 7·8   Pluto 13·9

VISUAL MAGNITUDES OF MINOR PLANETS

	Jan. 5	Feb. 14	Mar. 26	May 5	June 14	July 24	Sept. 2	Oct. 12	Nov. 21	Dec. 31
Ceres	8·8	9·2	9·2	9·0	8·6	7·9	7·9	8·6	9·1	9·3
Pallas	10·1	10·2	10·1	9·8	9·6	9·6	10·0	10·4	10·6	10·5
Juno	7·9	8·8	9·6	10·1	10·4	10·5	10·3	10·8	10·9	10·8
Vesta	6·3	7·1	7·8	8·1	8·2	8·2	7·9	8·0	8·0	7·9

VISIBILITY OF PLANETS

The planet diagram on page A7 shows, in graphical form for any date during the year, the local mean times of meridian passage of the Sun, of the five planets, Mercury, Venus, Mars, Jupiter and Saturn, and of every 2^h of right ascension. Intermediate lines, corresponding to particular stars, may be drawn in by the user if desired. The diagram is intended to provide a general picture of the availability of planets and stars for observation during the year.

On each side of the line marking the time of meridian passage of the Sun, a band 45^m wide is shaded to indicate that planets and most stars crossing the meridian within 45^m of the Sun are generally too close to the Sun for observation.

For any date the diagram provides immediately the local mean time of meridian passage of the Sun, planets and stars, and thus the following information:
     a) whether a planet or star is too close to the Sun for observation;
     b) visibility of a planet or star in the morning or evening;
     c) location of a planet or star during twilight;
     d) proximity of planets to stars or other planets.

When the meridian passage of a body occurs at midnight, it is close to opposition to the Sun and is visible all night, and may be observed in both morning and evening twilights. As the time of meridian passage decreases, the body ceases to be observable in the morning, but its altitude above the eastern horizon during evening twilight gradually increases until it is on the meridian at evening twilight. From then onwards the body is observable above the western horizon, its altitude at evening twilight gradually decreasing, until it becomes too close to the Sun for observation. When it again becomes visible, it is seen in the morning twilight, low in the east. Its altitude at morning twilight gradually increases until meridian passage occurs at the time of morning twilight, then as the time of meridian passage decreases to 0^h, the body is observable in the west in the morning twilight with a gradually decreasing altitude, until it once again reaches opposition.

Notes on the visibility of the principal planets, except Pluto, are given on page A8. Further information on the visibility of planets may be obtained from the diagram below which shows, in graphical form for any date during the year, the declinations of the bodies plotted on the planet diagram on page A7.

DECLINATION OF SUN AND PLANETS, 2006

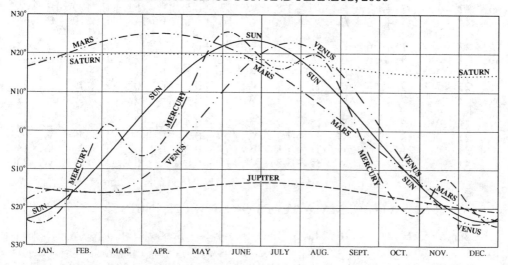

LOCAL MEAN TIME OF MERIDIAN PASSAGE

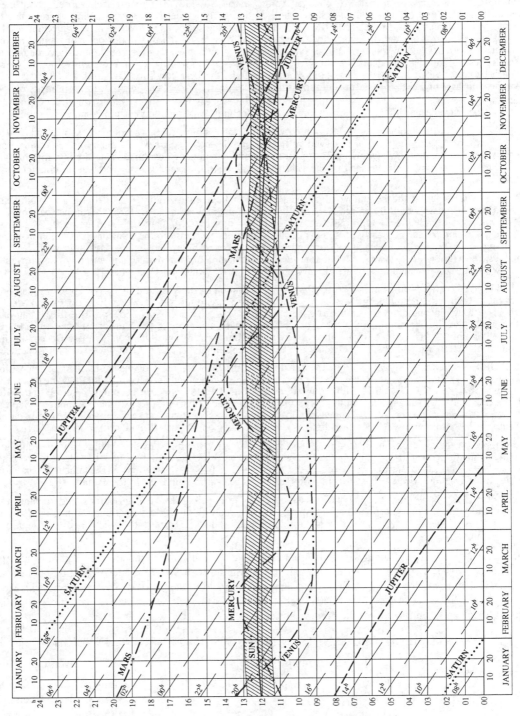

LOCAL MEAN TIME OF MERIDIAN PASSAGE

VISIBILITY OF PLANETS

MERCURY can only be seen low in the east before sunrise, or low in the west after sunset (about the time of beginning or end of civil twilight). It is visible in the mornings between the following approximate dates: January 1 to January 12, March 19 to May 11, July 26 to August 24, and November 15 to December 21. The planet is brighter at the end of each period, (the best conditions in northern latitudes occur from mid-November to early December and in southern latitudes from late March to late April). It is visible in the evenings between the following approximate dates: February 8 to March 6, May 26 to July 11 and September 12 to November 3. The planet is brighter at the beginning of each period, (the best conditions in northern latitudes occur in the second half of February and in southern latitudes from early to late October). Mercury transits the Suns's disk on November 8 $19^h 12^m$ to November 9 $00^h 10^m$; the event is visible from South America, North America except the extreme north of Canada, Antarctica, New Zealand, Australia and eastern Asia.

VENUS is a brilliant object in the evening sky until the beginning of the second week of January when it becomes too close to the Sun for observation. It reappears in the third week of January as a morning star and can be seen in the morning sky until mid-September when it again becomes too close to the Sun for observation; from early December until the end of the year it is visible in the evening sky. Venus is in conjunction with Saturn on August 26.

MARS is in Aries at the beginning of the year, and can be seen for more than half the night until around mid-February, after which it can only be seen in the evening sky as it moves through Taurus (passing 7° N of *Aldebaran* on March 11), Gemini (passing 5° S of *Pollux* on May 25), Cancer, Leo (passing 0°.7 N of *Regulus* on July 22) and Virgo until early September, when it becomes too close to the Sun for observation. It reappears (having left Libra) in the morning sky around mid-December in Scorpius. A few days after mid-December it moves into Ophiuchus (passing 4° N of *Antares* on December 19). Mars is in conjunction with Saturn on June 17, with Mercury on September 15 and December 9 and with Jupiter on December 12.

JUPITER rises shortly after midnight in Libra at the beginning of the year and by early February it can be seen for more than half the night. Its westward elongation increases until on May 4 it is at opposition when it is visible throughout the night. Its eastward elongation then gradually decreases and from late July it can only be seen in the evening sky until early November when it becomes too close to the Sun for observation. It reappears at the beginning of December in the morning sky in Scorpius passing into Ophiuchus in late December. Jupiter is in conjunction with Mercury on October 25, October 28 and December 10 and with Mars on December 12.

SATURN can be seen in Cancer from the beginning of the year for most of the night. It is at opposition on January 27 when it can be seen throughout the night. Its eastward elongation then gradually decreases and from the end of April to late July it is visible only in the evening sky, after which it becomes too close to the Sun for observation. It reappears in the morning sky in late August and moves into Leo at the beginning of September. Its westward elongation gradually increases and by mid-November it can be seen for more than half the night. Saturn is in conjunction with Mars on June 17, with Mercury on August 20 and with Venus on August 26.

URANUS is visible from the beginning of the year until early February in the evening sky in Aquarius and remains in this constellation throughout the year. From early February it becomes too close to the Sun for observation and reappears in late March in the morning sky. It is at opposition on September 5. Its eastward elongation gradually decreases and from early December it can be seen only in the evening sky.

NEPTUNE is visible for the first half of January in the evening sky in Capricornus and remains in this constellation throughout the year. It then becomes too close to the Sun for observation until late February when it reappears in the morning sky. It is at opposition on August 11 and from mid-November can be seen only in the evening sky.

DO NOT CONFUSE (1) Saturn with Mars from early June to the end of the month when Saturn is the brighter object. (2) Venus with Mercury in the first half of August and with Saturn in late August, on both occasions Venus is the brighter object. (3) Jupiter with Mercury from mid-October to early November, and with Mercury and Mars, both in mid-December, on all occasions Jupiter is the brighter object. (4) Mercury with Mars in mid-December, when Mercury is the brighter object.

VISIBILITY OF PLANETS IN MORNING AND EVENING TWILIGHT

	Morning		Evening	
Venus	January 19	– September 19	January 1	– January 8
			December 8	– December 31
Mars	December 10	– December 31	January 1	– September 7
Jupiter	January 1	– May 4	May 4	– November 9
	December 5	– December 31		
Saturn	January 1	– January 27	January 27	– July 20
	August 26	– December 31		

CONFIGURATIONS OF SUN, MOON AND PLANETS

	d h	
Jan.	1 10	Venus 7° N. of Moon
	1 23	Moon at perigee
	2 12	Neptune 4° N. of Moon
	4 00	Uranus 2° N. of Moon
	4 15	Earth at perihelion
	5 23	Vesta at opposition
	6 19	FIRST QUARTER
	8 20	Mars 1°3 S. of Moon
	14 00	Venus in inferior conjunction
	14 10	FULL MOON
	15 13	Saturn 4° S. of Moon
	16 20	Juno stationary
	17 19	Moon at apogee
	21 22	*Spica* 0°6 S. of Moon Occn.
	22 15	LAST QUARTER
	23 20	Jupiter 5° N. of Moon
	25 12	*Antares* 0°02 S. of Moon Occn.
	26 22	Mercury in superior conjunction
	27 23	Saturn at opposition
	28 00	Venus 12° N. of Moon
	29 14	NEW MOON
	30 08	Moon at perigee
	31 12	Uranus 1°7 N. of Moon
Feb.	3 07	Venus stationary
	5 06	FIRST QUARTER
	5 22	Mars 2° S. of Moon
	6 06	Neptune in conjunction with Sun
	11 15	Saturn 4° S. of Moon
	13 05	FULL MOON
	14 01	Moon at apogee
	17 20	Venus greatest illuminated extent
	18 05	*Spica* 0°4 S. of Moon Occn.
	20 08	Jupiter 5° N. of Moon
	21 07	LAST QUARTER
	21 21	*Antares* 0°2 N. of Moon Occn.
	23 08	Vesta stationary
	24 05	Mercury greatest elong. E. (18°)
	24 21	Venus 10° N. of Moon
	25 10	Ceres 0°8 N. of Moon Occn.
	26 13	Neptune 4° N. of Moon
	27 20	Moon at perigee
	28 01	NEW MOON
Mar.	1 02	Mercury 4° N. of Moon
	1 11	Uranus in conjunction with Sun
	2 07	Mercury stationary
	5 00	Jupiter stationary
	6 07	Mars 3° S. of Moon
	6 20	FIRST QUARTER
	10 18	Saturn 4° S. of Moon

	d h	
Mar.	11 00	Mars 7° N. of *Aldebaran*
	12 03	Mercury in inferior conjunction
	13 02	Moon at apogee
	15 00	FULL MOON Penumbral Eclipse
	17 11	*Spica* 0°3 S. of Moon Occn.
	19 14	Jupiter 5° N. of Moon
	20 18	Equinox
	21 03	*Antares* 0°3 N. of Moon Occn.
	22 19	LAST QUARTER
	24 12	Mercury stationary
	25 07	Venus greatest elong. W. (47°)
	25 12	Ceres 0°8 S. of Moon Occn.
	25 23	Venus 6° N. of Moon
	26 01	Neptune 4° N. of Moon
	26 21	Venus 1°9 N. of Neptune
	27 15	Uranus 1°4 N. of Moon Occn.
	27 17	Mercury 2° N. of Moon
	28 07	Moon at perigee
	29 10	NEW MOON Eclipse
	29 15	Pluto stationary
Apr.	3 20	Mars 4° S. of Moon
	5 12	FIRST QUARTER
	5 12	Saturn stationary
	6 23	Saturn 4° S. of Moon
	8 19	Mercury greatest elong. W. (28°)
	9 13	Moon at apogee
	13 17	FULL MOON
	13 17	*Spica* 0°3 S. of Moon Occn.
	15 15	Jupiter 5° N. of Moon
	17 09	*Antares* 0°2 N. of Moon Occn.
	18 12	Venus 0°3 N. of Uranus
	21 03	LAST QUARTER
	22 09	Neptune 4° N. of Moon
	24 02	Uranus 1°2 N. of Moon Occn.
	24 14	Venus 0°5 N. of Moon Occn.
	25 11	Moon at perigee
	26 08	Mercury 4° S. of Moon
	27 20	NEW MOON
May	2 11	Mars 4° S. of Moon
	3 03	Pallas stationary
	4 09	Saturn 4° S. of Moon
	4 15	Jupiter at opposition
	5 05	FIRST QUARTER
	7 07	Moon at apogee
	11 00	*Spica* 0°3 S. of Moon Occn.
	12 16	Jupiter 5° N. of Moon
	13 07	FULL MOON
	14 15	*Antares* 0°1 N. of Moon Occn.
	18 20	Mercury in superior conjunction
	19 15	Neptune 4° N. of Moon

CONFIGURATIONS OF SUN, MOON AND PLANETS

	d h		
May	20 09	LAST QUARTER	
	21 10	Uranus 1°.0 N. of Moon	Occn.
	22 15	Moon at perigee	
	22 17	Neptune stationary	
	24 08	Venus 4° S. of Moon	
	25 05	Mars 5° S. of *Pollux*	
	27 05	NEW MOON	
	31 03	Mars 3° S. of Moon	
	31 12	Vesta 0°.9 S. of Moon	Occn.
	31 21	Saturn 4° S. of Moon	
June	3 23	FIRST QUARTER	
	4 02	Moon at apogee	
	7 09	*Spica* 0°.1 S. of Moon	Occn.
	8 19	Jupiter 5° N. of Moon	
	10 23	*Antares* 0°.1 N. of Moon	Occn.
	11 18	FULL MOON	
	15 21	Neptune 3° N. of Moon	
	16 17	Moon at perigee	
	16 17	Pluto at opposition	
	17 17	Uranus 0°.6 N. of Moon	Occn.
	17 23	Mars 0°.6 N. of Saturn	
	18 14	LAST QUARTER	
	19 16	Uranus stationary	
	20 20	Mercury greatest elong. E. (25°)	
	20 23	Mercury 6° S. of *Pollux*	
	21 12	Solstice	
	23 03	Venus 6° S. of Moon	
	25 16	NEW MOON	
	26 12	Ceres stationary	
	27 14	Mercury 5° S. of Moon	
	28 11	Saturn 3° S. of Moon	
	28 19	Vesta 0°.2 N. of Moon	Occn.
	28 21	Mars 2° S. of Moon	
July	1 20	Moon at apogee	
	1 20	Pallas at opposition	
	2 20	Venus 4° N. of *Aldebaran*	
	3 17	FIRST QUARTER	
	3 23	Earth at aphelion	
	4 02	Mercury stationary	
	4 17	*Spica* 0°.1 N. of Moon	Occn.
	6 02	Jupiter 5° N. of Moon	
	6 19	Jupiter stationary	
	8 08	*Antares* 0°.2 N. of Moon	Occn.
	11 03	FULL MOON	
	13 04	Neptune 3° N. of Moon	
	13 18	Moon at perigee	
	14 23	Uranus 0°.4 N. of Moon	Occn.
	17 19	LAST QUARTER	
	18 07	Mercury in inferior conjunction	
	22 06	Mars 0°.7 N. of *Regulus*	

	d h		
July	23 00	Venus 6° S. of Moon	
	25 05	NEW MOON	
	27 17	Mars 1°.1 S. of Moon	Occn.
	28 17	Mercury stationary	
	29 13	Moon at apogee	
Aug.	1 01	*Spica* 0°.4 N. of Moon	Occn.
	2 09	FIRST QUARTER	
	2 12	Jupiter 5° N. of Moon	
	4 18	*Antares* 0°.4 N. of Moon	Occn.
	6 12	Mercury 9° S. of *Pollux*	
	7 01	Mercury greatest elong. W. (19°)	
	7 12	Saturn in conjunction with Sun	
	8 08	Venus 7° S. of *Pollux*	
	9 11	FULL MOON	
	9 12	Neptune 3° N. of Moon	
	10 18	Moon at perigee	
	11 05	Neptune at opposition	
	11 06	Uranus 0°.3 N. of Moon	Occn.
	12 15	Ceres at opposition	
	16 02	LAST QUARTER	
	22 03	Venus 3° S. of Moon	
	23 19	NEW MOON	
	24 10	Pallas stationary	
	25 14	Mars 0°.6 N. of Moon	Occn.
	26 01	Moon at apogee	
	26 23	Venus 0°.07 N. of Saturn	
	28 08	*Spica* 0°.5 N. of Moon	Occn.
	30 01	Jupiter 5° N. of Moon	
	31 23	FIRST QUARTER	
Sept.	1 02	*Antares* 0°.5 N. of Moon	Occn.
	1 05	Mercury in superior conjunction	
	2 06	Juno in conjunction with Sun	
	5 11	Pluto stationary	
	5 11	Uranus at opposition	
	5 22	Neptune 3° N. of Moon	
	5 23	Venus 0°.8 N. of *Regulus*	
	7 15	Uranus 0°.4 N. of Moon	Occn.
	7 19	FULL MOON	Eclipse
	8 03	Moon at perigee	
	11 01	Vesta in conjunction with Sun	
	14 11	LAST QUARTER	
	19 03	Saturn 2° S. of Moon	
	22 05	Moon at apogee	
	22 12	NEW MOON	Eclipse
	23 04	Equinox	
	24 04	Mercury 1°.8 N. of Moon	
	24 14	*Spica* 0°.5 N. of Moon	Occn.
	26 16	Jupiter 5° N. of Moon	

CONFIGURATIONS OF SUN, MOON AND PLANETS

d h		
Sept.27 15	Mercury 1°3 N. of *Spica*	
28 08	*Antares* 0°5 N. of Moon	Occn.
30 11	FIRST QUARTER	
Oct. 3 07	Neptune 3° N. of Moon	
5 00	Uranus 0°5 N. of Moon	Occn.
5 20	Ceres stationary	
6 14	Moon at perigee	
7 03	FULL MOON	
14 00	LAST QUARTER	
16 14	Saturn 2° S. of Moon	
17 04	Mercury greatest elong. E. (25°)	
19 10	Moon at apogee	
19 18	Juno 0°3 N. of Moon	Occn.
22 05	NEW MOON	
23 07	Mars in conjunction with Sun	
24 08	Jupiter 5° N. of Moon	
24 08	Mercury 1°4 N. of Moon	
25 14	*Antares* 0°4 N. of Moon	Occn.
25 22	Mercury 4° S. of Jupiter	
27 18	Venus in superior conjunction	
28 14	Mercury 4° S. of Jupiter	
29 00	Mercury stationary	
29 07	Neptune stationary	
29 21	FIRST QUARTER	
30 14	Neptune 3° N. of Moon	
Nov. 1 08	Uranus 0°5 N. of Moon	Occn.
4 00	Moon at perigee	
5 13	FULL MOON	
8 22	Mercury in inferior conjunction, transit over Sun	
12 18	LAST QUARTER	
13 01	Saturn 1°6 S. of Moon	

d h		
Nov. 15 23	Moon at apogee	
17 19	Mercury stationary	
18 03	*Spica* 0°6 N. of Moon	Occn.
19 13	Mercury 6° N. of Moon	
20 14	Uranus stationary	
20 22	NEW MOON	
21 23	Jupiter in conjunction with Sun	
25 13	Mercury greatest elong. W. (20°)	
26 21	Neptune 3° N. of Moon	
28 06	FIRST QUARTER	
28 15	Uranus 0°3 N. of Moon	Occn.
Dec. 2 00	Moon at perigee	
5 00	FULL MOON	
6 20	Saturn stationary	
10 11	Saturn 1°2 S. of Moon	Occn.
10 16	Mercury 0°1 N. of Jupiter	
12 00	Mars 0°8 S. of Jupiter	
12 15	LAST QUARTER	
13 19	Moon at apogee	
14 08	Mercury 5° N. of *Antares*	
15 11	*Spica* 0°8 N. of Moon	Occn.
18 15	Pluto in conjunction with Sun	
18 21	Jupiter 6° N. of Moon	
19 03	Mars 4° N. of *Antares*	
19 04	*Antares* 0°4 N. of Moon	Occn.
19 04	Mars 5° N. of Moon	
20 14	NEW MOON	
22 00	Solstice	
24 03	Neptune 3° N. of Moon	
25 21	Uranus 0°08 S. of Moon	Occn.
27 15	FIRST QUARTER	
28 02	Moon at perigee	

OCCULTATIONS OF X-RAY SOURCES BY THE MOON

Occultations occur at intervals of a lunar month between the dates given below:

Source	Dates	Source	Dates
2A2302 − 088	Jan. 4–Jun. 17	3U1743 − 29 GCX	Jan. 26–Dec.20
H0253 + 193 (MKN372)	Jan. 9–Jun. 22	MXB1743 − 28	Jan. 26–Dec.20
4U0548 + 29	Jan.12–Dec. 6	GX+0.2 − 1.2	Jan. 26–Dec.20
65GEM	Jan.14–May 3	GX+1.1 − 1.0	Jan. 26–Dec.20
A1020 + 13	Jan.17–Dec. 10	OSO − 8 BURST	Jan. 27–Dec.20
4U1240 − 05	Jan.20–Dec. 14	4U0015 + 02	Feb. 2–Dec.27
4U1438 − 18	Jan.23–Dec. 17	H1645 − 284	Feb. 22–Apr. 17
3U1735 − 28GX359 +1	Jan.26–Dec. 20		Jul. 8–Dec.19
A1742 − 28	Jan.26–Dec. 20	H0220 + 184 (NGC918)	Mar. 4–Dec.30
A1742 − 294	Jan.26–Dec. 20	3U1237 − 07	Dec. 14

Arrangement and basis of the tabulations

The tabulations of risings, settings and twilights on pages A14–A77 refer to the instants when the true geocentric zenith distance of the central point of the disk of the Sun or Moon takes the value indicated in the following table. The tabular times are in universal time (UT) for selected latitudes on the meridian of Greenwich; the times for other latitudes and longitudes may be obtained by interpolation as described below and as exemplified on page A13.

	Phenomena	*Zenith distance*	*Pages*
SUN (interval 4 days):	sunrise and sunset	90° 50′	A14–A21
	civil twilight	96°	A22–A29
	nautical twilight	102°	A30–A37
	astronomical twilight	108°	A38–A45
MOON (interval 1 day):	moonrise and moonset	$90° 34' + s - \pi$	A46–A77

(s = semidiameter, π = horizontal parallax)

The zenith distance at the times for rising and setting is such that under normal conditions the upper limb of the Sun and Moon appears to be on the horizon of an observer at sea-level. The parallax of the Sun is ignored. The observed time may differ from the tabular time because of a variation of the atmospheric refraction from the adopted value (34′) and because of a difference in height of the observer and the actual horizon.

Use of tabulations

The following procedure may be used to obtain times of the phenomena for a non-tabular place and date.

Step 1:   Interpolate linearly for latitude. The differences between adjacent values are usually small and so the required interpolates can often be obtained by inspection.

Step 2:   Interpolate linearly for date and longitude in order to obtain the local mean times of the phenomena at the longitude concerned. For the Sun the variations with longitude of the local mean times of the phenomena are small, but to obtain better precision the interpolation factor for date should be increased by

$$\text{west longitude in degrees } /1440$$

since the interval of tabulation is 4 days. For the Moon, the interpolating factor to be used is simply

$$\text{west longitude in degrees } /360$$

since the interval of tabulation is 1 day; backward interpolation should be carried out for east longitudes.

Step 3:   Convert the times so obtained (which are on the scale of local mean time for the local meridian) to universal time (UT) or to the appropriate clock time, which may differ from the time of the nearest standard meridian according to the customs of the country concerned. The UT of the phenomenon is obtained from the local mean time by applying the longitude expressed in time measure (1 hour for each 15° of longitude), adding for west longitudes and subtracting for east longitudes. The times so obtained may require adjustment by 24^h; if so, the corresponding date must be changed accordingly.

Approximate formulae for direct calculation

The approximate UT of rising or setting of a body with right ascension α and declination δ at latitude ϕ and *east* longitude λ may be calculated from

$$UT = 0.997\,27\,\{\alpha - \lambda \pm \cos^{-1}(-\tan\phi\tan\delta) - (\text{GMST at } 0^h \text{ UT})\}$$

where each term is expressed in time measure and the GMST at 0^h UT is given in the tabulations on pages B12–B19. The negative sign corresponds to rising and the positive sign to setting. The formula ignores refraction, semi-diameter and any changes in α and δ during the day. If $\tan\phi\tan\delta$ is numerically greater than 1, there is no phenomenon.

Examples

The following examples of the calculations of the times of rising and setting phenomena use the procedure described on page A12.

1. To find the times of sunrise and sunset for Paris on 2006 July 20. Paris is at latitude N 48° 52′ (= +48°87), longitude E 2° 20′ (= E 2°33 = E 0^h 09^m), and in the summer the clocks are kept two hours in advance of UT. The relevant portions of the tabulation on page A19 and the results of the interpolation for latitude are as follows, where the interpolation factor is $(48·87 − 48)/2 = 0·44$:

	Sunrise			Sunset		
	+48°	+50°	+48°87	+48°	+50°	+48°87
	h m	h m	h m	h m	h m	h m
July 17	04 18	04 09	04 14	19 54	20 02	19 57
July 21	04 22	04 14	04 19	19 50	19 58	19 53

The interpolation factor for date and longitude is $(20 − 17)/4 − 2·33/1440 = 0·75$

	Sunrise	Sunset
	d h m	d h m
Interpolate to obtain local mean time:	20 04 18	20 19 54
Subtract 0^h 09^m to obtain universal time:	20 04 09	20 19 45
Add 2^h to obtain clock time:	20 06 09	20 21 45

2. To find the times of beginning and end of astronomical twilight for Canberra, Australia on 2006 November 15. Canberra is at latitude S 35° 18′ (= −35°30), longitude E 149° 08′(= E 149°13 = E 9^h 57^m), and in the summer the clocks are kept eleven hours in advance of UT. The relevant portions of the tabulation on page A44 and the results of the interpolation for latitude are as follows, where the interpolation factor is $(−35·30 − (−40))/5 = 0·94$:

	Astronomical Twilight					
	beginning			end		
	−40°	−35°	−35°30	−40°	−35°	−35°30
	h m	h m	h m	h m	h m	h m
Nov. 14	02 47	03 09	03 08	20 43	20 21	20 22
Nov. 18	02 41	03 05	03 04	20 50	20 26	20 27

The interpolation factor for date and longitude is $(15 − 14)/4 − 149·13/1440 = 0·15$

	Astronomical Twilight	
	beginning	end
	d h m	d h m
Interpolation to obtain local mean time:	15 03 07	15 20 23
Subtract 9^h 57^m to obtain universal time:	14 17 10	15 10 26
Add 11^h to obtain clock time:	15 04 10	15 21 26

3. To find the times of moonrise and moonset for Washington, D.C. on 2006 February 1. Washington is at latitude N 38° 55′ (= +38°92), longitude W 77° 00′ (= W 77°00 = W 5^h 08^m), and in the winter the clocks are kept five hours behind UT. The relevant portions of the tabulation on page A48 and the results of the interpolation for latitude are as follows, where the interpolation factor is $(38·92 − 35)/5 = 0·78$:

	Moonrise			Moonset		
	+35°	+40°	+38°92	+35°	+40°	+38°92
	h m	h m	h m	h m	h m	h m
Feb. 1	08 59	09 01	09 01	21 06	21 05	21 05
Feb. 2	09 27	09 26	09 26	22 16	22 19	22 18

The interpolation factor for longitude is $77·0/360 = 0·21$

	Moonrise	Moonset
	d h m	d h m
Interpolate to obtain local mean time:	1 09 06	1 21 20
Add 5^h 08^m to obtain universal time:	1 14 14	2 02 28
Subtract 5^h to obtain clock time:	1 09 14	1 21 28

SUNRISE AND SUNSET, 2006

UNIVERSAL TIME FOR MERIDIAN OF GREENWICH

SUNRISE

Lat.	−55°	−50°	−45°	−40°	−35°	−30°	−20°	−10°	0°	+10°	+20°	+30°	+35°	+40°
	h m	h m	h m	h m	h m	h m	h m	h m	h m	h m	h m	h m	h m	h m
Jan. −2	3 23	3 52	4 15	4 32	4 47	5 00	5 22	5 41	5 58	6 16	6 34	6 55	7 07	7 21
2	3 27	3 56	4 18	4 36	4 50	5 03	5 25	5 43	6 00	6 17	6 35	6 56	7 08	7 22
6	3 33	4 01	4 22	4 39	4 54	5 06	5 27	5 45	6 02	6 19	6 37	6 57	7 09	7 22
10	3 39	4 06	4 27	4 43	4 57	5 09	5 30	5 47	6 04	6 20	6 37	6 57	7 08	7 22
14	3 46	4 12	4 31	4 47	5 01	5 13	5 32	5 50	6 05	6 21	6 38	6 57	7 08	7 20
18	3 53	4 18	4 37	4 52	5 05	5 16	5 35	5 52	6 07	6 22	6 38	6 56	7 07	7 19
22	4 01	4 24	4 42	4 57	5 09	5 20	5 38	5 53	6 08	6 22	6 38	6 55	7 05	7 17
26	4 09	4 31	4 48	5 01	5 13	5 23	5 40	5 55	6 09	6 23	6 37	6 54	7 03	7 14
30	4 18	4 38	4 54	5 06	5 17	5 27	5 43	5 57	6 10	6 23	6 36	6 52	7 00	7 11
Feb. 3	4 26	4 45	4 59	5 11	5 21	5 30	5 45	5 58	6 10	6 22	6 35	6 49	6 57	7 07
7	4 35	4 52	5 05	5 16	5 25	5 34	5 48	6 00	6 11	6 22	6 33	6 47	6 54	7 03
11	4 44	4 59	5 11	5 21	5 30	5 37	5 50	6 01	6 11	6 21	6 31	6 43	6 50	6 58
15	4 53	5 06	5 17	5 26	5 34	5 40	5 52	6 02	6 11	6 20	6 29	6 40	6 46	6 53
19	5 01	5 13	5 23	5 31	5 37	5 43	5 54	6 02	6 10	6 18	6 27	6 36	6 42	6 48
23	5 10	5 20	5 28	5 35	5 41	5 46	5 55	6 03	6 10	6 17	6 24	6 33	6 37	6 42
27	5 18	5 27	5 34	5 40	5 45	5 49	5 57	6 03	6 09	6 15	6 21	6 28	6 32	6 37
Mar. 3	5 26	5 34	5 40	5 44	5 49	5 52	5 58	6 04	6 09	6 13	6 18	6 24	6 27	6 31
7	5 35	5 40	5 45	5 49	5 52	5 55	6 00	6 04	6 08	6 11	6 15	6 20	6 22	6 25
11	5 43	5 47	5 50	5 53	5 55	5 58	6 01	6 04	6 07	6 09	6 12	6 15	6 17	6 18
15	5 51	5 53	5 56	5 57	5 59	6 00	6 02	6 04	6 06	6 07	6 09	6 10	6 11	6 12
19	5 59	6 00	6 01	6 02	6 02	6 03	6 03	6 04	6 05	6 05	6 05	6 05	6 05	6 06
23	6 06	6 06	6 06	6 06	6 05	6 05	6 05	6 04	6 03	6 03	6 02	6 01	6 00	5 59
27	6 14	6 12	6 11	6 10	6 09	6 08	6 06	6 04	6 02	6 00	5 58	5 56	5 54	5 53
31	6 22	6 19	6 16	6 14	6 12	6 10	6 07	6 04	6 01	5 58	5 55	5 51	5 49	5 46
Apr. 4	6 30	6 25	6 21	6 18	6 15	6 12	6 08	6 04	6 00	5 56	5 51	5 46	5 43	5 40

SUNSET

Lat.	−55°	−50°	−45°	−40°	−35°	−30°	−20°	−10°	0°	+10°	+20°	+30°	+35°	+40°
	h m	h m	h m	h m	h m	h m	h m	h m	h m	h m	h m	h m	h m	h m
Jan. −2	20 41	20 12	19 49	19 32	19 17	19 04	18 42	18 23	18 06	17 49	17 30	17 09	16 57	16 43
2	20 40	20 11	19 50	19 32	19 18	19 05	18 43	18 25	18 08	17 51	17 33	17 12	17 00	16 46
6	20 38	20 10	19 49	19 32	19 18	19 05	18 44	18 26	18 10	17 53	17 35	17 15	17 03	16 50
10	20 35	20 08	19 48	19 31	19 18	19 06	18 45	18 28	18 11	17 55	17 38	17 18	17 07	16 54
14	20 31	20 06	19 46	19 30	19 17	19 05	18 46	18 28	18 13	17 57	17 40	17 21	17 10	16 58
18	20 27	20 02	19 44	19 28	19 16	19 04	18 46	18 29	18 14	17 59	17 43	17 25	17 14	17 02
22	20 21	19 58	19 40	19 26	19 14	19 03	18 45	18 30	18 15	18 01	17 46	17 28	17 18	17 07
26	20 14	19 53	19 37	19 23	19 12	19 02	18 45	18 30	18 16	18 03	17 48	17 32	17 22	17 12
30	20 07	19 48	19 32	19 20	19 09	19 00	18 44	18 30	18 17	18 04	17 51	17 35	17 26	17 16
Feb. 3	20 00	19 42	19 27	19 16	19 06	18 57	18 42	18 29	18 17	18 05	17 53	17 39	17 31	17 21
7	19 52	19 35	19 22	19 11	19 02	18 54	18 41	18 29	18 18	18 07	17 55	17 42	17 35	17 26
11	19 43	19 28	19 16	19 07	18 58	18 51	18 39	18 28	18 18	18 08	17 57	17 45	17 39	17 31
15	19 34	19 21	19 10	19 02	18 54	18 48	18 36	18 27	18 18	18 09	17 59	17 49	17 42	17 36
19	19 25	19 13	19 04	18 56	18 50	18 44	18 34	18 25	18 17	18 09	18 01	17 52	17 46	17 40
23	19 16	19 06	18 57	18 51	18 45	18 40	18 31	18 24	18 17	18 10	18 03	17 55	17 50	17 45
27	19 06	18 57	18 51	18 45	18 40	18 36	18 28	18 22	18 16	18 10	18 04	17 58	17 54	17 49
Mar. 3	18 56	18 49	18 44	18 39	18 35	18 31	18 25	18 20	18 15	18 11	18 06	18 00	17 57	17 54
7	18 46	18 41	18 36	18 33	18 29	18 27	18 22	18 18	18 14	18 11	18 07	18 03	18 01	17 58
11	18 36	18 32	18 29	18 26	18 24	18 22	18 19	18 16	18 13	18 11	18 08	18 06	18 04	18 02
15	18 26	18 24	18 22	18 20	18 18	18 17	18 15	18 14	18 12	18 11	18 10	18 08	18 07	18 07
19	18 16	18 15	18 14	18 13	18 13	18 12	18 12	18 11	18 11	18 11	18 11	18 11	18 11	18 11
23	18 06	18 06	18 07	18 07	18 07	18 08	18 08	18 09	18 10	18 11	18 12	18 13	18 14	18 15
27	17 55	17 57	17 59	18 00	18 02	18 03	18 05	18 07	18 09	18 11	18 13	18 16	18 17	18 19
31	17 45	17 49	17 52	17 54	17 56	17 58	18 01	18 04	18 07	18 11	18 14	18 18	18 20	18 23
Apr. 4	17 35	17 40	17 44	17 48	17 51	17 53	17 58	18 02	18 06	18 10	18 15	18 20	18 24	18 27

SUNRISE AND SUNSET, 2006

UNIVERSAL TIME FOR MERIDIAN OF GREENWICH

SUNRISE

Lat.	+40°	+42°	+44°	+46°	+48°	+50°	+52°	+54°	+56°	+58°	+60°	+62°	+64°	+66°
	h m	h m	h m	h m	h m	h m	h m	h m	h m	h m	h m	h m	h m	h m
Jan. −2	7 21	7 28	7 34	7 42	7 50	7 58	8 08	8 19	8 32	8 46	9 03	9 25	9 52	10 32
2	7 22	7 28	7 35	7 42	7 50	7 59	8 08	8 19	8 31	8 45	9 02	9 22	9 49	10 26
6	7 22	7 28	7 35	7 42	7 49	7 58	8 07	8 17	8 29	8 43	8 59	9 18	9 43	10 18
10	7 22	7 27	7 34	7 41	7 48	7 56	8 05	8 15	8 26	8 39	8 55	9 13	9 36	10 08
14	7 20	7 26	7 32	7 39	7 46	7 54	8 02	8 12	8 23	8 35	8 49	9 07	9 28	9 56
18	7 19	7 24	7 30	7 36	7 43	7 50	7 58	8 08	8 18	8 29	8 43	8 59	9 19	9 44
22	7 17	7 22	7 27	7 33	7 39	7 46	7 54	8 03	8 12	8 23	8 36	8 51	9 09	9 31
26	7 14	7 19	7 24	7 29	7 35	7 42	7 49	7 57	8 06	8 16	8 28	8 41	8 58	9 18
30	7 11	7 15	7 20	7 25	7 31	7 37	7 43	7 51	7 59	8 08	8 19	8 31	8 46	9 04
Feb. 3	7 07	7 11	7 15	7 20	7 25	7 31	7 37	7 44	7 51	8 00	8 09	8 21	8 34	8 50
7	7 03	7 06	7 11	7 15	7 20	7 25	7 30	7 36	7 43	7 51	8 00	8 10	8 21	8 35
11	6 58	7 02	7 05	7 09	7 13	7 18	7 23	7 29	7 35	7 42	7 49	7 58	8 08	8 21
15	6 53	6 56	7 00	7 03	7 07	7 11	7 15	7 20	7 26	7 32	7 39	7 46	7 55	8 06
19	6 48	6 51	6 54	6 57	7 00	7 04	7 07	7 12	7 16	7 22	7 28	7 34	7 42	7 51
23	6 42	6 45	6 47	6 50	6 53	6 56	6 59	7 03	7 07	7 11	7 16	7 22	7 29	7 36
27	6 37	6 39	6 41	6 43	6 45	6 48	6 51	6 54	6 57	7 01	7 05	7 10	7 15	7 21
Mar. 3	6 31	6 32	6 34	6 36	6 38	6 40	6 42	6 44	6 47	6 50	6 53	6 57	7 01	7 06
7	6 25	6 26	6 27	6 28	6 30	6 31	6 33	6 35	6 37	6 39	6 41	6 44	6 47	6 51
11	6 18	6 19	6 20	6 21	6 22	6 23	6 24	6 25	6 26	6 28	6 29	6 31	6 33	6 36
15	6 12	6 12	6 13	6 13	6 14	6 14	6 15	6 15	6 16	6 17	6 17	6 18	6 19	6 20
19	6 06	6 06	6 06	6 06	6 06	6 06	6 06	6 05	6 05	6 05	6 05	6 05	6 05	6 05
23	5 59	5 59	5 58	5 58	5 57	5 57	5 56	5 56	5 55	5 54	5 53	5 52	5 51	5 50
27	5 53	5 52	5 51	5 50	5 49	5 48	5 47	5 46	5 44	5 43	5 41	5 39	5 37	5 34
31	5 46	5 45	5 44	5 42	5 41	5 39	5 38	5 36	5 34	5 32	5 29	5 26	5 23	5 19
Apr. 4	5 40	5 38	5 37	5 35	5 33	5 31	5 29	5 26	5 23	5 20	5 17	5 13	5 09	5 03

SUNSET

Lat.	+40°	+42°	+44°	+46°	+48°	+50°	+52°	+54°	+56°	+58°	+60°	+62°	+64°	+66°
	h m	h m	h m	h m	h m	h m	h m	h m	h m	h m	h m	h m	h m	h m
Jan. −2	16 43	16 37	16 30	16 23	16 15	16 06	15 56	15 45	15 33	15 18	15 01	14 40	14 12	13 32
2	16 46	16 40	16 33	16 26	16 18	16 10	16 00	15 49	15 37	15 23	15 06	14 46	14 20	13 42
6	16 50	16 44	16 37	16 30	16 23	16 14	16 05	15 55	15 43	15 29	15 13	14 54	14 29	13 54
10	16 54	16 48	16 42	16 35	16 27	16 19	16 10	16 00	15 49	15 36	15 21	15 02	14 39	14 08
14	16 58	16 52	16 46	16 40	16 33	16 25	16 16	16 07	15 56	15 44	15 29	15 12	14 51	14 22
18	17 02	16 57	16 51	16 45	16 38	16 31	16 23	16 14	16 04	15 52	15 38	15 22	15 03	14 37
22	17 07	17 02	16 56	16 51	16 44	16 37	16 30	16 21	16 12	16 01	15 48	15 33	15 15	14 53
26	17 12	17 07	17 02	16 56	16 50	16 44	16 37	16 29	16 20	16 10	15 58	15 45	15 28	15 08
30	17 16	17 12	17 07	17 02	16 57	16 51	16 44	16 37	16 28	16 19	16 09	15 56	15 42	15 24
Feb. 3	17 21	17 17	17 13	17 08	17 03	16 57	16 51	16 45	16 37	16 29	16 19	16 08	15 55	15 39
7	17 26	17 22	17 18	17 14	17 09	17 04	17 04	16 59	16 53	16 46	16 38	16 30	16 20	16 08	15 54
11	17 31	17 27	17 24	17 20	17 16	17 11	17 06	17 01	16 55	16 48	16 40	16 31	16 21	16 09
15	17 36	17 33	17 29	17 26	17 22	17 18	17 14	17 09	17 03	16 57	16 51	16 43	16 34	16 24
19	17 40	17 38	17 35	17 32	17 28	17 25	17 21	17 17	17 12	17 07	17 01	16 54	16 47	16 38
23	17 45	17 43	17 40	17 38	17 35	17 32	17 28	17 25	17 21	17 16	17 12	17 06	16 59	16 52
27	17 49	17 47	17 45	17 43	17 41	17 38	17 36	17 33	17 29	17 26	17 22	17 17	17 12	17 06
Mar. 3	17 54	17 52	17 51	17 49	17 47	17 45	17 43	17 41	17 38	17 35	17 32	17 28	17 24	17 19
7	17 58	17 57	17 56	17 55	17 53	17 52	17 50	17 48	17 46	17 44	17 42	17 39	17 36	17 33
11	18 02	18 02	18 01	18 00	17 59	17 58	17 57	17 56	17 55	17 53	17 52	17 50	17 48	17 46
15	18 07	18 06	18 06	18 05	18 05	18 05	18 04	18 04	18 03	18 02	18 02	18 01	18 00	17 59
19	18 11	18 11	18 11	18 11	18 11	18 11	18 11	18 11	18 11	18 11	18 11	18 12	18 12	18 12
23	18 15	18 15	18 16	18 16	18 17	18 17	18 18	18 19	18 20	18 20	18 21	18 23	18 24	18 25
27	18 19	18 20	18 21	18 22	18 23	18 24	18 25	18 26	18 28	18 29	18 31	18 33	18 36	18 38
31	18 23	18 24	18 25	18 27	18 28	18 30	18 32	18 34	18 36	18 38	18 41	18 44	18 47	18 52
Apr. 4	18 27	18 29	18 30	18 32	18 34	18 36	18 39	18 41	18 44	18 47	18 51	18 55	18 59	19 05

SUNRISE AND SUNSET, 2006
UNIVERSAL TIME FOR MERIDIAN OF GREENWICH
SUNRISE

Lat.	−55°	−50°	−45°	−40°	−35°	−30°	−20°	−10°	0°	+10°	+20°	+30°	+35°	+40°
	h m	h m	h m	h m	h m	h m	h m	h m	h m	h m	h m	h m	h m	h m
Mar. 31	6 22	6 19	6 16	6 14	6 12	6 10	6 07	6 04	6 01	5 58	5 55	5 51	5 49	5 46
Apr. 4	6 30	6 25	6 21	6 18	6 15	6 12	6 08	6 04	6 00	5 56	5 51	5 46	5 43	5 40
8	6 37	6 31	6 26	6 22	6 18	6 15	6 09	6 04	5 59	5 53	5 48	5 41	5 38	5 33
12	6 45	6 37	6 31	6 26	6 21	6 17	6 10	6 04	5 58	5 51	5 45	5 37	5 32	5 27
16	6 53	6 43	6 36	6 30	6 24	6 20	6 11	6 04	5 56	5 49	5 41	5 32	5 27	5 21
20	7 00	6 50	6 41	6 34	6 28	6 22	6 12	6 04	5 56	5 47	5 38	5 28	5 22	5 15
24	7 08	6 56	6 46	6 38	6 31	6 24	6 14	6 04	5 55	5 46	5 36	5 24	5 17	5 10
28	7 15	7 02	6 51	6 42	6 34	6 27	6 15	6 04	5 54	5 44	5 33	5 20	5 13	5 04
May 2	7 23	7 08	6 56	6 46	6 37	6 29	6 16	6 05	5 54	5 42	5 30	5 17	5 08	4 59
6	7 30	7 14	7 01	6 50	6 40	6 32	6 18	6 05	5 53	5 41	5 28	5 13	5 04	4 54
10	7 37	7 19	7 05	6 53	6 43	6 35	6 19	6 06	5 53	5 40	5 26	5 10	5 01	4 50
14	7 44	7 25	7 10	6 57	6 46	6 37	6 21	6 06	5 53	5 39	5 24	5 07	4 57	4 46
18	7 51	7 30	7 14	7 01	6 49	6 40	6 22	6 07	5 53	5 38	5 23	5 05	4 54	4 42
22	7 58	7 36	7 18	7 04	6 52	6 42	6 24	6 08	5 53	5 38	5 22	5 03	4 52	4 39
26	8 04	7 40	7 22	7 08	6 55	6 44	6 25	6 09	5 53	5 38	5 21	5 01	4 50	4 36
30	8 09	7 45	7 26	7 11	6 58	6 47	6 27	6 10	5 54	5 38	5 20	5 00	4 48	4 34
June 3	8 14	7 49	7 29	7 14	7 00	6 49	6 29	6 11	5 54	5 38	5 20	4 59	4 47	4 33
7	8 18	7 52	7 32	7 16	7 02	6 51	6 30	6 12	5 55	5 38	5 20	4 58	4 46	4 31
11	8 22	7 55	7 35	7 18	7 04	6 52	6 31	6 13	5 56	5 39	5 20	4 58	4 45	4 31
15	8 24	7 57	7 37	7 20	7 06	6 54	6 33	6 14	5 57	5 39	5 20	4 58	4 46	4 31
19	8 26	7 59	7 38	7 21	7 07	6 55	6 34	6 15	5 58	5 40	5 21	4 59	4 46	4 31
23	8 27	8 00	7 39	7 22	7 08	6 56	6 35	6 16	5 58	5 41	5 22	5 00	4 47	4 32
27	8 27	8 00	7 40	7 23	7 09	6 56	6 35	6 17	5 59	5 42	5 23	5 01	4 48	4 33
July 1	8 26	8 00	7 39	7 23	7 09	6 57	6 36	6 17	6 00	5 43	5 24	5 02	4 50	4 35
5	8 24	7 58	7 38	7 22	7 08	6 56	6 36	6 18	6 01	5 44	5 25	5 04	4 51	4 37

SUNSET

Lat.	−55°	−50°	−45°	−40°	−35°	−30°	−20°	−10°	0°	+10°	+20°	+30°	+35°	+40°
	h m	h m	h m	h m	h m	h m	h m	h m	h m	h m	h m	h m	h m	h m
Mar. 31	17 45	17 49	17 52	17 54	17 56	17 58	18 01	18 04	18 07	18 11	18 14	18 18	18 20	18 23
Apr. 4	17 35	17 40	17 44	17 48	17 51	17 53	17 58	18 02	18 06	18 10	18 15	18 20	18 24	18 27
8	17 25	17 32	17 37	17 41	17 45	17 49	17 55	18 00	18 05	18 10	18 16	18 23	18 27	18 31
12	17 16	17 23	17 30	17 35	17 40	17 44	17 51	17 58	18 04	18 10	18 17	18 25	18 30	18 35
16	17 06	17 15	17 23	17 29	17 35	17 40	17 48	17 56	18 03	18 11	18 18	18 28	18 33	18 39
20	16 57	17 07	17 16	17 24	17 30	17 35	17 45	17 54	18 02	18 11	18 20	18 30	18 36	18 43
24	16 48	17 00	17 10	17 18	17 25	17 31	17 42	17 52	18 02	18 11	18 21	18 33	18 40	18 47
28	16 39	16 53	17 04	17 13	17 21	17 28	17 40	17 51	18 01	18 11	18 22	18 35	18 43	18 51
May 2	16 30	16 46	16 58	17 08	17 17	17 24	17 38	17 49	18 00	18 12	18 24	18 38	18 46	18 55
6	16 22	16 39	16 52	17 03	17 13	17 21	17 35	17 48	18 00	18 12	18 25	18 40	18 49	18 59
10	16 15	16 33	16 47	16 59	17 09	17 18	17 33	17 47	18 00	18 13	18 27	18 43	18 53	19 03
14	16 08	16 27	16 42	16 55	17 06	17 15	17 32	17 46	18 00	18 14	18 28	18 46	18 56	19 07
18	16 01	16 22	16 38	16 52	17 03	17 13	17 30	17 46	18 00	18 14	18 30	18 48	18 59	19 11
22	15 55	16 17	16 34	16 49	17 01	17 11	17 29	17 45	18 00	18 15	18 32	18 51	19 02	19 15
26	15 50	16 13	16 31	16 46	16 59	17 10	17 28	17 45	18 01	18 16	18 33	18 53	19 05	19 18
30	15 46	16 10	16 29	16 44	16 57	17 08	17 28	17 45	18 01	18 17	18 35	18 55	19 07	19 21
June 3	15 42	16 07	16 27	16 42	16 56	17 07	17 28	17 45	18 02	18 18	18 37	18 57	19 10	19 24
7	15 39	16 05	16 25	16 41	16 55	17 07	17 28	17 46	18 02	18 20	18 38	18 59	19 12	19 27
11	15 37	16 04	16 24	16 41	16 55	17 07	17 28	17 46	18 03	18 21	18 39	19 01	19 14	19 29
15	15 36	16 03	16 24	16 41	16 55	17 07	17 28	17 47	18 04	18 22	18 41	19 03	19 15	19 30
19	15 36	16 04	16 24	16 41	16 55	17 08	17 29	17 48	18 05	18 23	18 42	19 04	19 17	19 32
23	15 37	16 04	16 25	16 42	16 56	17 09	17 30	17 49	18 06	18 23	18 42	19 05	19 18	19 33
27	15 39	16 06	16 27	16 43	16 57	17 10	17 31	17 49	18 07	18 24	18 43	19 05	19 18	19 33
July 1	15 42	16 08	16 29	16 45	16 59	17 11	17 32	17 50	18 08	18 25	18 43	19 05	19 18	19 33
5	15 45	16 11	16 31	16 47	17 01	17 13	17 33	17 51	18 08	18 25	18 44	19 05	19 18	19 32

SUNRISE AND SUNSET, 2006

UNIVERSAL TIME FOR MERIDIAN OF GREENWICH

SUNRISE

Lat.	+40°	+42°	+44°	+46°	+48°	+50°	+52°	+54°	+56°	+58°	+60°	+62°	+64°	+66°
	h m	h m	h m	h m	h m	h m	h m	h m	h m	h m	h m	h m	h m	h m
Mar. 31	5 46	5 45	5 44	5 42	5 41	5 39	5 38	5 36	5 34	5 32	5 29	5 26	5 23	5 19
Apr. 4	5 40	5 38	5 37	5 35	5 33	5 31	5 29	5 26	5 23	5 20	5 17	5 13	5 09	5 03
8	5 33	5 31	5 29	5 27	5 25	5 22	5 19	5 16	5 13	5 09	5 05	5 00	4 54	4 48
12	5 27	5 25	5 22	5 20	5 17	5 14	5 10	5 07	5 03	4 58	4 53	4 47	4 40	4 32
16	5 21	5 18	5 16	5 13	5 09	5 06	5 02	4 57	4 53	4 47	4 41	4 34	4 26	4 17
20	5 15	5 12	5 09	5 05	5 02	4 58	4 53	4 48	4 43	4 36	4 29	4 21	4 12	4 01
24	5 10	5 06	5 03	4 59	4 54	4 50	4 45	4 39	4 33	4 26	4 18	4 09	3 58	3 46
28	5 04	5 00	4 56	4 52	4 47	4 42	4 37	4 30	4 23	4 16	4 07	3 56	3 44	3 30
May 2	4 59	4 55	4 51	4 46	4 41	4 35	4 29	4 22	4 14	4 06	3 56	3 44	3 31	3 14
6	4 54	4 50	4 45	4 40	4 34	4 28	4 21	4 14	4 06	3 56	3 45	3 32	3 17	2 58
10	4 50	4 45	4 40	4 34	4 28	4 22	4 14	4 06	3 57	3 47	3 35	3 21	3 04	2 43
14	4 46	4 41	4 35	4 29	4 23	4 16	4 08	3 59	3 49	3 38	3 25	3 10	2 51	2 27
18	4 42	4 37	4 31	4 25	4 18	4 10	4 02	3 53	3 42	3 30	3 16	2 59	2 38	2 11
22	4 39	4 33	4 27	4 21	4 13	4 05	3 57	3 47	3 36	3 23	3 07	2 49	2 26	1 55
26	4 36	4 31	4 24	4 17	4 10	4 01	3 52	3 41	3 30	3 16	3 00	2 40	2 14	1 38
30	4 34	4 28	4 21	4 14	4 06	3 58	3 48	3 37	3 24	3 10	2 53	2 31	2 03	1 21
June 3	4 33	4 26	4 19	4 12	4 04	3 55	3 45	3 33	3 20	3 05	2 47	2 24	1 53	1 04
7	4 31	4 25	4 18	4 10	4 02	3 52	3 42	3 30	3 17	3 01	2 42	2 18	1 45	0 45
11	4 31	4 24	4 17	4 09	4 00	3 51	3 40	3 28	3 14	2 58	2 38	2 13	1 38	0 22
15	4 31	4 24	4 16	4 09	4 00	3 50	3 39	3 27	3 13	2 56	2 36	2 10	1 33	▢
19	4 31	4 24	4 17	4 09	4 00	3 50	3 39	3 27	3 13	2 56	2 35	2 09	1 31	▢
23	4 32	4 25	4 18	4 10	4 01	3 51	3 40	3 28	3 14	2 57	2 36	2 10	1 32	▢
27	4 33	4 26	4 19	4 11	4 02	3 53	3 42	3 30	3 15	2 59	2 38	2 12	1 35	▢
July 1	4 35	4 28	4 21	4 13	4 04	3 55	3 44	3 32	3 18	3 02	2 42	2 17	1 41	0 17
5	4 37	4 30	4 23	4 15	4 07	3 58	3 47	3 35	3 22	3 06	2 47	2 22	1 49	0 46

SUNSET

Lat.	+40°	+42°	+44°	+46°	+48°	+50°	+52°	+54°	+56°	+58°	+60°	+62°	+64°	+66°
	h m	h m	h m	h m	h m	h m	h m	h m	h m	h m	h m	h m	h m	h m
Mar. 31	18 23	18 24	18 25	18 27	18 28	18 30	18 32	18 34	18 36	18 38	18 41	18 44	18 47	18 52
Apr. 4	18 27	18 29	18 30	18 32	18 34	18 36	18 39	18 41	18 44	18 47	18 51	18 55	18 59	19 05
8	18 31	18 33	18 35	18 37	18 40	18 43	18 45	18 49	18 52	18 56	19 00	19 06	19 11	19 18
12	18 35	18 38	18 40	18 43	18 46	18 49	18 52	18 56	19 00	19 05	19 10	19 16	19 23	19 32
16	18 39	18 42	18 45	18 48	18 51	18 55	18 59	19 04	19 08	19 14	19 20	19 27	19 35	19 45
20	18 43	18 46	18 50	18 53	18 57	19 01	19 06	19 11	19 17	19 23	19 30	19 38	19 48	19 59
24	18 47	18 51	18 55	18 59	19 03	19 08	19 13	19 18	19 25	19 32	19 40	19 49	20 00	20 13
28	18 51	18 55	18 59	19 04	19 09	19 14	19 20	19 26	19 33	19 41	19 50	20 00	20 13	20 28
May 2	18 55	19 00	19 04	19 09	19 14	19 20	19 26	19 33	19 41	19 50	20 00	20 12	20 26	20 43
6	18 59	19 04	19 09	19 14	19 20	19 26	19 33	19 40	19 49	19 59	20 10	20 23	20 38	20 58
10	19 03	19 08	19 13	19 19	19 25	19 32	19 39	19 48	19 57	20 07	20 20	20 34	20 51	21 13
14	19 07	19 12	19 18	19 24	19 31	19 38	19 46	19 55	20 04	20 16	20 29	20 45	21 04	21 29
18	19 11	19 16	19 22	19 29	19 36	19 43	19 52	20 01	20 12	20 24	20 39	20 56	21 17	21 45
22	19 15	19 20	19 27	19 33	19 41	19 49	19 58	20 08	20 19	20 32	20 47	21 06	21 30	22 02
26	19 18	19 24	19 30	19 37	19 45	19 54	20 03	20 13	20 25	20 39	20 56	21 16	21 42	22 19
30	19 21	19 27	19 34	19 41	19 49	19 58	20 08	20 19	20 32	20 46	21 04	21 25	21 54	22 37
June 3	19 24	19 30	19 37	19 45	19 53	20 02	20 12	20 24	20 37	20 52	21 11	21 34	22 05	22 56
7	19 27	19 33	19 40	19 48	19 56	20 06	20 16	20 28	20 42	20 57	21 17	21 41	22 15	23 17
11	19 29	19 35	19 43	19 50	19 59	20 09	20 19	20 31	20 45	21 02	21 22	21 47	22 23	23 46
15	19 30	19 37	19 45	19 52	20 01	20 11	20 22	20 34	20 48	21 05	21 25	21 51	22 29	▢
19	19 32	19 39	19 46	19 54	20 03	20 12	20 23	20 36	20 50	21 07	21 27	21 54	22 32	▢
23	19 33	19 39	19 47	19 55	20 04	20 13	20 24	20 36	20 51	21 08	21 28	21 54	22 33	▢
27	19 33	19 40	19 47	19 55	20 04	20 13	20 24	20 36	20 50	21 07	21 27	21 53	22 30	▢
July 1	19 33	19 39	19 47	19 54	20 03	20 13	20 23	20 35	20 49	21 05	21 25	21 50	22 26	23 42
5	19 32	19 39	19 46	19 53	20 02	20 11	20 21	20 33	20 47	21 02	21 22	21 46	22 19	23 18

▢ indicates Sun continuously above horizon.

SUNRISE AND SUNSET, 2006

UNIVERSAL TIME FOR MERIDIAN OF GREENWICH

SUNRISE

Lat.	−55°	−50°	−45°	−40°	−35°	−30°	−20°	−10°	0°	+10°	+20°	+30°	+35°	+40°
	h m	h m	h m	h m	h m	h m	h m	h m	h m	h m	h m	h m	h m	h m
July 1	8 26	8 00	7 39	7 23	7 09	6 57	6 36	6 17	6 00	5 43	5 24	5 02	4 50	4 35
5	8 24	7 58	7 38	7 22	7 08	6 56	6 36	6 18	6 01	5 44	5 25	5 04	4 51	4 37
9	8 21	7 56	7 37	7 21	7 08	6 56	6 36	6 18	6 02	5 45	5 27	5 06	4 54	4 39
13	8 18	7 53	7 35	7 19	7 06	6 55	6 35	6 18	6 02	5 46	5 28	5 08	4 56	4 42
17	8 13	7 50	7 32	7 17	7 05	6 54	6 35	6 18	6 03	5 47	5 30	5 10	4 58	4 45
21	8 08	7 46	7 29	7 15	7 03	6 52	6 34	6 18	6 03	5 48	5 31	5 12	5 01	4 48
25	8 02	7 41	7 25	7 11	7 00	6 50	6 33	6 17	6 03	5 48	5 33	5 15	5 04	4 52
29	7 56	7 36	7 21	7 08	6 57	6 48	6 31	6 17	6 03	5 49	5 34	5 17	5 07	4 55
Aug. 2	7 48	7 30	7 16	7 04	6 54	6 45	6 29	6 16	6 03	5 50	5 36	5 19	5 10	4 59
6	7 41	7 24	7 11	7 00	6 50	6 42	6 27	6 15	6 02	5 50	5 37	5 22	5 13	5 03
10	7 33	7 17	7 05	6 55	6 46	6 38	6 25	6 13	6 02	5 51	5 38	5 24	5 16	5 07
14	7 24	7 10	6 59	6 50	6 42	6 35	6 22	6 12	6 01	5 51	5 40	5 27	5 19	5 10
18	7 15	7 03	6 53	6 44	6 37	6 31	6 20	6 10	6 00	5 51	5 41	5 29	5 22	5 14
22	7 06	6 55	6 46	6 39	6 32	6 27	6 17	6 08	6 00	5 51	5 42	5 31	5 25	5 18
26	6 57	6 47	6 40	6 33	6 27	6 22	6 14	6 06	5 59	5 51	5 43	5 34	5 28	5 22
30	6 47	6 39	6 32	6 27	6 22	6 18	6 10	6 04	5 57	5 51	5 44	5 36	5 31	5 26
Sept. 3	6 37	6 31	6 25	6 21	6 17	6 13	6 07	6 01	5 56	5 51	5 45	5 38	5 34	5 29
7	6 27	6 22	6 18	6 14	6 11	6 08	6 03	5 59	5 55	5 50	5 46	5 40	5 37	5 33
11	6 17	6 14	6 10	6 08	6 06	6 04	6 00	5 57	5 53	5 50	5 46	5 42	5 40	5 37
15	6 07	6 05	6 03	6 01	6 00	5 59	5 56	5 54	5 52	5 50	5 47	5 44	5 43	5 41
19	5 57	5 56	5 55	5 55	5 54	5 54	5 53	5 52	5 51	5 49	5 48	5 47	5 46	5 44
23	5 47	5 47	5 48	5 48	5 48	5 49	5 49	5 49	5 49	5 49	5 49	5 49	5 49	5 48
27	5 36	5 38	5 40	5 41	5 43	5 44	5 45	5 47	5 48	5 49	5 50	5 51	5 51	5 52
Oct. 1	5 26	5 30	5 32	5 35	5 37	5 39	5 42	5 44	5 46	5 49	5 51	5 53	5 55	5 56
5	5 16	5 21	5 25	5 28	5 31	5 34	5 38	5 42	5 45	5 48	5 52	5 56	5 58	6 00

SUNSET

Lat.	−55°	−50°	−45°	−40°	−35°	−30°	−20°	−10°	0°	+10°	+20°	+30°	+35°	+40°
	h m	h m	h m	h m	h m	h m	h m	h m	h m	h m	h m	h m	h m	h m
July 1	15 42	16 08	16 29	16 45	16 59	17 11	17 32	17 50	18 08	18 25	18 43	19 05	19 18	19 33
5	15 45	16 11	16 31	16 47	17 01	17 13	17 33	17 51	18 08	18 25	18 44	19 05	19 18	19 32
9	15 49	16 14	16 34	16 50	17 03	17 15	17 35	17 52	18 09	18 26	18 43	19 04	19 17	19 31
13	15 54	16 18	16 37	16 52	17 05	17 17	17 36	17 53	18 09	18 26	18 43	19 03	19 15	19 29
17	15 59	16 23	16 41	16 55	17 08	17 19	17 38	17 54	18 10	18 25	18 42	19 02	19 13	19 27
21	16 05	16 27	16 44	16 59	17 11	17 21	17 39	17 55	18 10	18 25	18 41	19 00	19 11	19 24
25	16 11	16 32	16 49	17 02	17 13	17 23	17 41	17 56	18 10	18 24	18 40	18 58	19 09	19 21
29	16 18	16 37	16 53	17 05	17 16	17 26	17 42	17 56	18 10	18 24	18 38	18 56	19 06	19 17
Aug. 2	16 25	16 43	16 57	17 09	17 19	17 28	17 43	17 57	18 10	18 23	18 37	18 53	19 02	19 13
6	16 32	16 48	17 02	17 13	17 22	17 30	17 45	17 57	18 09	18 21	18 34	18 50	18 58	19 08
10	16 39	16 54	17 06	17 16	17 25	17 33	17 46	17 58	18 09	18 20	18 32	18 46	18 54	19 04
14	16 46	17 00	17 11	17 20	17 28	17 35	17 47	17 58	18 08	18 18	18 30	18 42	18 50	18 58
18	16 53	17 06	17 15	17 24	17 31	17 37	17 48	17 58	18 07	18 17	18 27	18 38	18 45	18 53
22	17 00	17 11	17 20	17 27	17 34	17 39	17 49	17 58	18 06	18 15	18 24	18 34	18 40	18 47
26	17 08	17 17	17 25	17 31	17 37	17 42	17 50	17 58	18 05	18 13	18 21	18 30	18 35	18 41
30	17 15	17 23	17 30	17 35	17 40	17 44	17 51	17 58	18 04	18 10	18 17	18 25	18 30	18 35
Sept. 3	17 22	17 29	17 34	17 39	17 43	17 46	17 52	17 57	18 03	18 08	18 14	18 20	18 24	18 29
7	17 30	17 35	17 39	17 42	17 45	17 48	17 53	17 57	18 01	18 06	18 10	18 16	18 19	18 22
11	17 37	17 41	17 44	17 46	17 48	17 50	17 54	17 57	18 00	18 03	18 07	18 11	18 13	18 16
15	17 44	17 47	17 48	17 50	17 51	17 52	17 55	17 57	17 58	18 01	18 03	18 06	18 07	18 09
19	17 52	17 53	17 53	17 54	17 54	17 55	17 55	17 56	17 57	17 58	17 59	18 01	18 02	18 03
23	17 59	17 59	17 58	17 57	17 57	17 57	17 56	17 56	17 56	17 56	17 56	17 56	17 56	17 56
27	18 07	18 05	18 03	18 01	18 00	17 59	17 57	17 56	17 54	17 53	17 52	17 51	17 50	17 49
Oct. 1	18 15	18 11	18 08	18 05	18 03	18 01	17 58	17 55	17 53	17 51	17 48	17 46	17 44	17 43
5	18 22	18 17	18 13	18 09	18 06	18 04	17 59	17 55	17 52	17 48	17 45	17 41	17 39	17 36

SUNRISE AND SUNSET, 2006

UNIVERSAL TIME FOR MERIDIAN OF GREENWICH

SUNRISE

Lat.	+40°	+42°	+44°	+46°	+48°	+50°	+52°	+54°	+56°	+58°	+60°	+62°	+64°	+66°
	h m	h m	h m	h m	h m	h m	h m	h m	h m	h m	h m	h m	h m	h m
July 1	4 35	4 28	4 21	4 13	4 04	3 55	3 44	3 32	3 18	3 02	2 42	2 17	1 41	0 17
5	4 37	4 30	4 23	4 15	4 07	3 58	3 47	3 35	3 22	3 06	2 47	2 22	1 49	0 46
9	4 39	4 33	4 26	4 18	4 10	4 01	3 51	3 40	3 26	3 11	2 53	2 29	1 58	1 07
13	4 42	4 36	4 29	4 22	4 14	4 05	3 55	3 44	3 32	3 17	2 59	2 38	2 09	1 25
17	4 45	4 39	4 33	4 26	4 18	4 09	4 00	3 50	3 38	3 24	3 07	2 47	2 21	1 43
21	4 48	4 43	4 36	4 30	4 22	4 14	4 05	3 55	3 44	3 31	3 15	2 57	2 33	2 00
25	4 52	4 46	4 40	4 34	4 27	4 19	4 11	4 01	3 51	3 38	3 24	3 07	2 45	2 17
29	4 55	4 50	4 45	4 39	4 32	4 25	4 17	4 08	3 58	3 46	3 33	3 17	2 58	2 33
Aug. 2	4 59	4 54	4 49	4 43	4 37	4 30	4 23	4 15	4 05	3 55	3 43	3 28	3 11	2 49
6	5 03	4 58	4 53	4 48	4 42	4 36	4 29	4 22	4 13	4 03	3 52	3 39	3 23	3 04
10	5 07	5 02	4 58	4 53	4 48	4 42	4 36	4 29	4 21	4 12	4 02	3 50	3 36	3 19
14	5 10	5 06	5 02	4 58	4 53	4 48	4 42	4 36	4 28	4 20	4 11	4 01	3 48	3 33
18	5 14	5 11	5 07	5 03	4 58	4 54	4 48	4 43	4 36	4 29	4 21	4 11	4 00	3 47
22	5 18	5 15	5 11	5 08	5 04	5 00	4 55	4 50	4 44	4 38	4 30	4 22	4 12	4 01
26	5 22	5 19	5 16	5 13	5 09	5 06	5 02	4 57	4 52	4 46	4 40	4 33	4 24	4 15
30	5 26	5 23	5 21	5 18	5 15	5 12	5 08	5 04	5 00	4 55	4 50	4 43	4 36	4 28
Sept. 3	5 29	5 27	5 25	5 23	5 20	5 18	5 15	5 11	5 08	5 04	4 59	4 54	4 48	4 41
7	5 33	5 31	5 30	5 28	5 26	5 24	5 21	5 18	5 15	5 12	5 08	5 04	4 59	4 54
11	5 37	5 36	5 34	5 33	5 31	5 29	5 28	5 26	5 23	5 21	5 18	5 15	5 11	5 07
15	5 41	5 40	5 39	5 38	5 37	5 35	5 34	5 33	5 31	5 29	5 27	5 25	5 22	5 19
19	5 44	5 44	5 43	5 43	5 42	5 41	5 41	5 40	5 39	5 38	5 37	5 35	5 34	5 32
23	5 48	5 48	5 48	5 48	5 48	5 47	5 47	5 47	5 47	5 46	5 46	5 46	5 45	5 45
27	5 52	5 52	5 53	5 53	5 53	5 53	5 54	5 54	5 55	5 55	5 55	5 56	5 57	5 57
Oct. 1	5 56	5 57	5 57	5 58	5 59	6 00	6 00	6 01	6 02	6 04	6 05	6 06	6 08	6 10
5	6 00	6 01	6 02	6 03	6 04	6 06	6 07	6 09	6 10	6 12	6 14	6 17	6 20	6 23

SUNSET

Lat.	+40°	+42°	+44°	+46°	+48°	+50°	+52°	+54°	+56°	+58°	+60°	+62°	+64°	+66°
	h m	h m	h m	h m	h m	h m	h m	h m	h m	h m	h m	h m	h m	h m
July 1	19 33	19 39	19 47	19 54	20 03	20 13	20 23	20 35	20 49	21 05	21 25	21 50	22 26	23 42
5	19 32	19 39	19 46	19 53	20 02	20 11	20 21	20 33	20 47	21 02	21 22	21 46	22 19	23 18
9	19 31	19 37	19 44	19 52	20 00	20 09	20 19	20 30	20 43	20 58	21 17	21 40	22 10	23 00
13	19 29	19 35	19 42	19 49	19 57	20 06	20 15	20 26	20 39	20 53	21 11	21 32	22 00	22 42
17	19 27	19 33	19 39	19 46	19 54	20 02	20 11	20 22	20 34	20 48	21 04	21 24	21 49	22 25
21	19 24	19 30	19 36	19 42	19 50	19 58	20 07	20 17	20 28	20 41	20 56	21 14	21 38	22 09
25	19 21	19 26	19 32	19 38	19 45	19 53	20 01	20 11	20 21	20 33	20 47	21 04	21 25	21 53
29	19 17	19 22	19 28	19 34	19 40	19 47	19 55	20 04	20 14	20 25	20 38	20 54	21 13	21 37
Aug. 2	19 13	19 18	19 23	19 29	19 35	19 41	19 49	19 57	20 06	20 16	20 28	20 43	21 00	21 21
6	19 08	19 13	19 18	19 23	19 29	19 35	19 42	19 49	19 58	20 07	20 18	20 31	20 46	21 05
10	19 04	19 08	19 12	19 17	19 22	19 28	19 34	19 41	19 49	19 57	20 07	20 19	20 33	20 49
14	18 58	19 02	19 06	19 11	19 15	19 21	19 26	19 33	19 40	19 47	19 56	20 07	20 19	20 34
18	18 53	18 56	19 00	19 04	19 08	19 13	19 18	19 24	19 30	19 37	19 45	19 54	20 05	20 18
22	18 47	18 50	18 54	18 57	19 01	19 05	19 10	19 15	19 20	19 27	19 34	19 42	19 51	20 02
26	18 41	18 44	18 47	18 50	18 53	18 57	19 01	19 05	19 10	19 16	19 22	19 29	19 37	19 47
30	18 35	18 37	18 40	18 43	18 46	18 49	18 52	18 56	19 00	19 05	19 10	19 16	19 23	19 31
Sept. 3	18 29	18 31	18 33	18 35	18 38	18 40	18 43	18 46	18 50	18 54	18 58	19 03	19 09	19 16
7	18 22	18 24	18 26	18 27	18 29	18 32	18 34	18 36	18 39	18 43	18 46	18 50	18 55	19 00
11	18 16	18 17	18 18	18 20	18 21	18 23	18 25	18 27	18 29	18 31	18 34	18 37	18 41	18 45
15	18 09	18 10	18 11	18 12	18 13	18 14	18 15	18 17	18 18	18 20	18 22	18 24	18 26	18 29
19	18 03	18 03	18 03	18 04	18 05	18 05	18 06	18 07	18 08	18 09	18 10	18 11	18 12	18 14
23	17 56	17 56	17 56	17 56	17 56	17 56	17 57	17 57	17 57	17 57	17 57	17 58	17 58	17 58
27	17 49	17 49	17 49	17 48	17 48	17 48	17 47	17 47	17 46	17 46	17 45	17 45	17 44	17 43
Oct. 1	17 43	17 42	17 41	17 41	17 40	17 39	17 38	17 37	17 36	17 35	17 33	17 32	17 30	17 28
5	17 36	17 35	17 34	17 33	17 32	17 30	17 29	17 27	17 25	17 23	17 21	17 19	17 16	17 13

SUNRISE AND SUNSET, 2006

UNIVERSAL TIME FOR MERIDIAN OF GREENWICH

SUNRISE

Lat.	−55°	−50°	−45°	−40°	−35°	−30°	−20°	−10°	0°	+10°	+20°	+30°	+35°	+40°
	h m	h m	h m	h m	h m	h m	h m	h m	h m	h m	h m	h m	h m	h m
Oct. 1	5 26	5 30	5 32	5 35	5 37	5 39	5 42	5 44	5 46	5 49	5 51	5 53	5 55	5 56
5	5 16	5 21	5 25	5 28	5 31	5 34	5 38	5 42	5 45	5 48	5 52	5 56	5 58	6 00
9	5 06	5 12	5 18	5 22	5 26	5 29	5 35	5 40	5 44	5 48	5 53	5 58	6 01	6 04
13	4 56	5 04	5 10	5 16	5 20	5 24	5 31	5 37	5 43	5 48	5 54	6 00	6 04	6 08
17	4 46	4 56	5 03	5 10	5 15	5 20	5 28	5 35	5 42	5 49	5 55	6 03	6 07	6 12
21	4 36	4 48	4 56	5 04	5 10	5 16	5 25	5 34	5 41	5 49	5 57	6 06	6 11	6 17
25	4 27	4 40	4 50	4 58	5 06	5 12	5 23	5 32	5 41	5 49	5 58	6 09	6 14	6 21
29	4 18	4 32	4 44	4 53	5 01	5 08	5 20	5 31	5 40	5 50	6 00	6 11	6 18	6 25
Nov. 2	4 09	4 25	4 38	4 48	4 57	5 05	5 18	5 29	5 40	5 51	6 02	6 14	6 22	6 30
6	4 01	4 18	4 32	4 44	4 53	5 02	5 16	5 29	5 40	5 52	6 04	6 18	6 25	6 34
10	3 53	4 12	4 27	4 39	4 50	4 59	5 14	5 28	5 40	5 53	6 06	6 21	6 29	6 39
14	3 46	4 06	4 22	4 36	4 47	4 57	5 13	5 28	5 41	5 54	6 08	6 24	6 33	6 44
18	3 39	4 01	4 18	4 32	4 44	4 55	5 12	5 27	5 42	5 56	6 10	6 27	6 37	6 48
22	3 33	3 56	4 15	4 30	4 42	4 53	5 12	5 28	5 42	5 57	6 13	6 31	6 41	6 53
26	3 27	3 53	4 12	4 27	4 41	4 52	5 11	5 28	5 44	5 59	6 15	6 34	6 45	6 57
30	3 23	3 49	4 10	4 26	4 40	4 51	5 11	5 29	5 45	6 01	6 18	6 37	6 48	7 01
Dec. 4	3 20	3 47	4 08	4 25	4 39	4 51	5 12	5 30	5 46	6 03	6 20	6 40	6 52	7 05
8	3 17	3 46	4 07	4 24	4 39	4 52	5 13	5 31	5 48	6 05	6 23	6 43	6 55	7 09
12	3 16	3 45	4 07	4 25	4 39	4 52	5 14	5 33	5 50	6 07	6 25	6 46	6 58	7 12
16	3 15	3 45	4 08	4 26	4 41	4 53	5 15	5 34	5 52	6 09	6 28	6 49	7 01	7 15
20	3 16	3 46	4 09	4 27	4 42	4 55	5 17	5 36	5 54	6 11	6 30	6 51	7 03	7 18
24	3 18	3 48	4 11	4 29	4 44	4 57	5 19	5 38	5 56	6 13	6 32	6 53	7 05	7 20
28	3 21	3 51	4 14	4 32	4 47	4 59	5 21	5 40	5 58	6 15	6 34	6 55	7 07	7 21
32	3 26	3 55	4 17	4 35	4 49	5 02	5 24	5 42	6 00	6 17	6 35	6 56	7 08	7 22
36	3 31	3 59	4 21	4 38	4 53	5 05	5 26	5 45	6 02	6 18	6 36	6 57	7 09	7 22

SUNSET

Lat.	−55°	−50°	−45°	−40°	−35°	−30°	−20°	−10°	0°	+10°	+20°	+30°	+35°	+40°
	h m	h m	h m	h m	h m	h m	h m	h m	h m	h m	h m	h m	h m	h m
Oct. 1	18 15	18 11	18 08	18 05	18 03	18 01	17 58	17 55	17 53	17 51	17 48	17 46	17 44	17 43
5	18 22	18 17	18 13	18 09	18 06	18 04	17 59	17 55	17 52	17 48	17 45	17 41	17 39	17 36
9	18 30	18 23	18 18	18 13	18 09	18 06	18 00	17 55	17 51	17 46	17 41	17 36	17 33	17 30
13	18 38	18 30	18 23	18 17	18 13	18 09	18 01	17 55	17 50	17 44	17 38	17 32	17 28	17 24
17	18 46	18 36	18 28	18 22	18 16	18 11	18 03	17 55	17 49	17 42	17 35	17 27	17 23	17 18
21	18 54	18 43	18 34	18 26	18 20	18 14	18 04	17 56	17 48	17 40	17 32	17 23	17 18	17 12
25	19 03	18 50	18 39	18 31	18 23	18 17	18 06	17 56	17 47	17 39	17 30	17 19	17 13	17 07
29	19 11	18 56	18 45	18 35	18 27	18 20	18 08	17 57	17 47	17 37	17 27	17 16	17 09	17 02
Nov. 2	19 19	19 03	18 50	18 40	18 31	18 23	18 09	17 58	17 47	17 36	17 25	17 12	17 05	16 57
6	19 28	19 10	18 56	18 44	18 35	18 26	18 11	17 59	17 47	17 36	17 23	17 09	17 01	16 52
10	19 36	19 17	19 02	18 49	18 39	18 29	18 14	18 00	17 47	17 35	17 22	17 07	16 58	16 48
14	19 45	19 24	19 07	18 54	18 43	18 33	18 16	18 01	17 48	17 35	17 21	17 04	16 55	16 45
18	19 53	19 30	19 13	18 59	18 47	18 36	18 18	18 03	17 49	17 35	17 20	17 03	16 53	16 42
22	20 01	19 37	19 18	19 03	18 50	18 39	18 21	18 05	17 50	17 35	17 19	17 01	16 51	16 39
26	20 08	19 43	19 23	19 08	18 54	18 43	18 23	18 07	17 51	17 35	17 19	17 00	16 49	16 37
30	20 15	19 48	19 28	19 12	18 58	18 46	18 26	18 08	17 52	17 36	17 19	17 00	16 49	16 36
Dec. 4	20 22	19 54	19 33	19 16	19 02	18 49	18 28	18 11	17 54	17 37	17 20	17 00	16 48	16 35
8	20 27	19 59	19 37	19 19	19 05	18 52	18 31	18 13	17 56	17 39	17 21	17 00	16 48	16 35
12	20 32	20 03	19 41	19 23	19 08	18 55	18 33	18 15	17 57	17 40	17 22	17 01	16 49	16 35
16	20 36	20 06	19 44	19 26	19 11	18 58	18 36	18 17	17 59	17 42	17 23	17 02	16 50	16 36
20	20 39	20 09	19 46	19 28	19 13	19 00	18 38	18 19	18 01	17 44	17 25	17 04	16 52	16 37
24	20 41	20 11	19 48	19 30	19 15	19 02	18 40	18 21	18 03	17 46	17 27	17 06	16 54	16 39
28	20 41	20 12	19 49	19 31	19 16	19 03	18 42	18 23	18 05	17 48	17 30	17 08	16 56	16 42
32	20 41	20 12	19 50	19 32	19 17	19 05	18 43	18 24	18 07	17 50	17 32	17 11	16 59	16 45
36	20 39	20 11	19 49	19 32	19 18	19 05	18 44	18 26	18 09	17 52	17 34	17 14	17 02	16 49

UNIVERSAL TIME FOR MERIDIAN OF GREENWICH
SUNRISE

Lat.	+40°	+42°	+44°	+46°	+48°	+50°	+52°	+54°	+56°	+58°	+60°	+62°	+64°	+66°
	h m	h m	h m	h m	h m	h m	h m	h m	h m	h m	h m	h m	h m	h m
Oct. 1	5 56	5 57	5 57	5 58	5 59	6 00	6 00	6 01	6 02	6 04	6 05	6 06	6 08	6 10
5	6 00	6 01	6 02	6 03	6 04	6 06	6 07	6 09	6 10	6 12	6 14	6 17	6 20	6 23
9	6 04	6 05	6 07	6 08	6 10	6 12	6 14	6 16	6 19	6 21	6 24	6 27	6 31	6 36
13	6 08	6 10	6 12	6 14	6 16	6 18	6 21	6 24	6 27	6 30	6 34	6 38	6 43	6 49
17	6 12	6 14	6 17	6 19	6 22	6 25	6 28	6 31	6 35	6 39	6 44	6 49	6 55	7 02
21	6 17	6 19	6 22	6 25	6 28	6 31	6 35	6 39	6 43	6 48	6 54	7 00	7 07	7 16
25	6 21	6 24	6 27	6 30	6 34	6 38	6 42	6 47	6 52	6 57	7 04	7 11	7 20	7 30
29	6 25	6 29	6 32	6 36	6 40	6 44	6 49	6 54	7 00	7 07	7 14	7 22	7 32	7 44
Nov. 2	6 30	6 34	6 37	6 42	6 46	6 51	6 56	7 02	7 09	7 16	7 24	7 34	7 45	7 58
6	6 34	6 38	6 43	6 47	6 52	6 58	7 03	7 10	7 17	7 25	7 35	7 45	7 58	8 13
10	6 39	6 43	6 48	6 53	6 58	7 04	7 11	7 18	7 26	7 35	7 45	7 57	8 11	8 28
14	6 44	6 48	6 53	6 59	7 04	7 11	7 18	7 25	7 34	7 44	7 55	8 08	8 24	8 43
18	6 48	6 53	6 59	7 04	7 10	7 17	7 25	7 33	7 42	7 53	8 05	8 19	8 36	8 58
22	6 53	6 58	7 04	7 10	7 16	7 23	7 31	7 40	7 50	8 02	8 15	8 30	8 49	9 13
26	6 57	7 03	7 09	7 15	7 22	7 29	7 38	7 47	7 58	8 10	8 24	8 41	9 01	9 28
30	7 01	7 07	7 13	7 20	7 27	7 35	7 44	7 54	8 05	8 18	8 33	8 50	9 13	9 43
Dec. 4	7 05	7 11	7 18	7 25	7 32	7 40	7 49	8 00	8 11	8 25	8 40	9 00	9 24	9 57
8	7 09	7 15	7 22	7 29	7 37	7 45	7 54	8 05	8 17	8 31	8 47	9 07	9 33	10 09
12	7 12	7 19	7 25	7 32	7 40	7 49	7 59	8 10	8 22	8 36	8 53	9 14	9 41	10 20
16	7 15	7 22	7 28	7 36	7 44	7 53	8 02	8 13	8 26	8 41	8 58	9 19	9 47	10 29
20	7 18	7 24	7 31	7 38	7 46	7 55	8 05	8 16	8 29	8 44	9 01	9 23	9 51	10 34
24	7 20	7 26	7 33	7 40	7 48	7 57	8 07	8 18	8 31	8 46	9 03	9 25	9 53	10 36
28	7 21	7 27	7 34	7 41	7 49	7 58	8 08	8 19	8 32	8 46	9 04	9 25	9 53	10 34
32	7 22	7 28	7 35	7 42	7 50	7 59	8 08	8 19	8 31	8 46	9 02	9 23	9 50	10 28
36	7 22	7 28	7 35	7 42	7 50	7 58	8 07	8 18	8 30	8 44	9 00	9 20	9 45	10 21

SUNSET

Lat.	+40°	+42°	+44°	+46°	+48°	+50°	+52°	+54°	+56°	+58°	+60°	+62°	+64°	+66°
	h m	h m	h m	h m	h m	h m	h m	h m	h m	h m	h m	h m	h m	h m
Oct. 1	17 43	17 42	17 41	17 41	17 40	17 39	17 38	17 37	17 36	17 35	17 33	17 32	17 30	17 28
5	17 36	17 35	17 34	17 33	17 32	17 30	17 29	17 27	17 25	17 23	17 21	17 19	17 16	17 13
9	17 30	17 29	17 27	17 25	17 24	17 22	17 20	17 17	17 15	17 12	17 09	17 06	17 02	16 57
13	17 24	17 22	17 20	17 18	17 16	17 13	17 11	17 08	17 05	17 01	16 57	16 53	16 48	16 42
17	17 18	17 16	17 13	17 11	17 08	17 05	17 02	16 59	16 55	16 51	16 46	16 41	16 34	16 27
21	17 12	17 10	17 07	17 04	17 01	16 57	16 54	16 50	16 45	16 40	16 34	16 28	16 21	16 12
25	17 07	17 04	17 01	16 57	16 54	16 50	16 45	16 41	16 36	16 30	16 23	16 16	16 07	15 57
29	17 02	16 58	16 55	16 51	16 47	16 42	16 38	16 32	16 26	16 20	16 12	16 04	15 54	15 43
Nov. 2	16 57	16 53	16 49	16 45	16 40	16 36	16 30	16 24	16 18	16 10	16 02	15 52	15 41	15 28
6	16 52	16 48	16 44	16 39	16 34	16 29	16 23	16 17	16 09	16 01	15 52	15 41	15 29	15 13
10	16 48	16 44	16 39	16 34	16 29	16 23	16 17	16 09	16 01	15 52	15 42	15 30	15 16	14 59
14	16 45	16 40	16 35	16 30	16 24	16 17	16 10	16 03	15 54	15 44	15 33	15 20	15 04	14 45
18	16 42	16 37	16 31	16 26	16 19	16 13	16 05	15 57	15 47	15 37	15 25	15 10	14 53	14 32
22	16 39	16 34	16 28	16 22	16 15	16 08	16 00	15 51	15 41	15 30	15 17	15 01	14 42	14 18
26	16 37	16 32	16 26	16 19	16 12	16 05	15 56	15 47	15 36	15 24	15 10	14 53	14 33	14 06
30	16 36	16 30	16 24	16 17	16 10	16 02	15 53	15 43	15 32	15 19	15 04	14 46	14 24	13 54
Dec. 4	16 35	16 29	16 22	16 16	16 08	16 00	15 51	15 40	15 29	15 15	14 59	14 40	14 16	13 43
8	16 35	16 28	16 22	16 15	16 07	15 58	15 49	15 38	15 26	15 12	14 56	14 36	14 10	13 34
12	16 35	16 29	16 22	16 15	16 07	15 58	15 48	15 37	15 25	15 11	14 54	14 33	14 06	13 27
16	16 36	16 30	16 23	16 15	16 07	15 58	15 49	15 38	15 25	15 10	14 53	14 32	14 04	13 22
20	16 37	16 31	16 24	16 17	16 09	16 00	15 50	15 39	15 26	15 11	14 54	14 32	14 04	13 21
24	16 39	16 33	16 26	16 19	16 11	16 02	15 52	15 41	15 28	15 13	14 56	14 34	14 06	13 23
28	16 42	16 36	16 29	16 22	16 14	16 05	15 55	15 44	15 31	15 17	15 00	14 38	14 11	13 30
32	16 45	16 39	16 32	16 25	16 17	16 08	15 59	15 48	15 36	15 21	15 05	14 44	14 17	13 39
36	16 49	16 43	16 36	16 29	16 21	16 13	16 03	15 53	15 41	15 27	15 11	14 51	14 26	13 50

CIVIL TWILIGHT, 2006

UNIVERSAL TIME FOR MERIDIAN OF GREENWICH
BEGINNING OF MORNING CIVIL TWILIGHT

Lat.	−55°	−50°	−45°	−40°	−35°	−30°	−20°	−10°	0°	+10°	+20°	+30°	+35°	+40°
	h m	h m	h m	h m	h m	h m	h m	h m	h m	h m	h m	h m	h m	h m
Jan. −2	2 25	3 08	3 37	4 00	4 18	4 33	4 58	5 18	5 36	5 53	6 10	6 29	6 39	6 51
2	2 30	3 12	3 41	4 03	4 21	4 36	5 00	5 20	5 38	5 55	6 12	6 30	6 40	6 52
6	2 37	3 17	3 45	4 07	4 24	4 39	5 03	5 22	5 40	5 56	6 13	6 31	6 41	6 52
10	2 45	3 23	3 50	4 11	4 28	4 42	5 05	5 25	5 42	5 57	6 14	6 31	6 41	6 52
14	2 53	3 30	3 56	4 16	4 32	4 46	5 08	5 27	5 43	5 59	6 14	6 31	6 40	6 51
18	3 02	3 37	4 01	4 21	4 36	4 49	5 11	5 29	5 45	5 59	6 14	6 30	6 39	6 49
22	3 12	3 44	4 07	4 26	4 41	4 53	5 14	5 31	5 46	6 00	6 14	6 30	6 38	6 47
26	3 22	3 52	4 14	4 31	4 45	4 57	5 17	5 33	5 47	6 00	6 14	6 28	6 36	6 45
30	3 32	3 59	4 20	4 36	4 49	5 01	5 19	5 35	5 48	6 01	6 13	6 26	6 34	6 42
Feb. 3	3 42	4 07	4 26	4 41	4 54	5 05	5 22	5 36	5 49	6 00	6 12	6 24	6 31	6 38
7	3 52	4 15	4 33	4 47	4 58	5 08	5 24	5 38	5 49	6 00	6 11	6 22	6 28	6 34
11	4 02	4 23	4 39	4 52	5 03	5 12	5 27	5 39	5 49	5 59	6 09	6 19	6 24	6 30
15	4 12	4 31	4 45	4 57	5 07	5 15	5 29	5 40	5 50	5 58	6 07	6 16	6 20	6 25
19	4 21	4 38	4 52	5 02	5 11	5 19	5 31	5 41	5 49	5 57	6 05	6 12	6 16	6 20
23	4 31	4 46	4 58	5 07	5 15	5 22	5 33	5 42	5 49	5 56	6 02	6 08	6 12	6 15
27	4 40	4 53	5 04	5 12	5 19	5 25	5 35	5 42	5 49	5 54	5 59	6 04	6 07	6 09
Mar. 3	4 49	5 00	5 09	5 17	5 23	5 28	5 36	5 43	5 48	5 52	5 56	6 00	6 02	6 04
7	4 57	5 07	5 15	5 21	5 27	5 31	5 38	5 43	5 47	5 50	5 53	5 56	5 57	5 58
11	5 06	5 14	5 21	5 26	5 30	5 34	5 39	5 43	5 46	5 48	5 50	5 51	5 51	5 51
15	5 14	5 21	5 26	5 30	5 33	5 36	5 40	5 43	5 45	5 46	5 47	5 46	5 46	5 45
19	5 22	5 27	5 31	5 34	5 37	5 39	5 41	5 43	5 44	5 44	5 43	5 42	5 40	5 39
23	5 30	5 34	5 37	5 39	5 40	5 41	5 43	5 43	5 43	5 42	5 40	5 37	5 35	5 32
27	5 38	5 40	5 42	5 43	5 43	5 44	5 44	5 43	5 41	5 39	5 36	5 32	5 29	5 25
31	5 46	5 47	5 47	5 47	5 46	5 46	5 45	5 43	5 40	5 37	5 33	5 27	5 23	5 19
Apr. 4	5 54	5 53	5 52	5 51	5 50	5 48	5 46	5 43	5 39	5 35	5 29	5 22	5 18	5 12

END OF EVENING CIVIL TWILIGHT

Lat.	−55°	−50°	−45°	−40°	−35°	−30°	−20°	−10°	0°	+10°	+20°	+30°	+35°	+40°
	h m	h m	h m	h m	h m	h m	h m	h m	h m	h m	h m	h m	h m	h m
Jan. −2	21 39	20 56	20 27	20 04	19 46	19 31	19 07	18 46	18 28	18 11	17 54	17 36	17 25	17 13
2	21 37	20 55	20 27	20 05	19 47	19 32	19 08	18 48	18 30	18 13	17 57	17 38	17 28	17 17
6	21 34	20 54	20 26	20 04	19 47	19 33	19 09	18 49	18 32	18 16	17 59	17 41	17 31	17 20
10	21 29	20 51	20 24	20 03	19 47	19 33	19 09	18 50	18 34	18 18	18 02	17 44	17 35	17 24
14	21 23	20 47	20 22	20 02	19 46	19 32	19 10	18 51	18 35	18 20	18 04	17 47	17 38	17 28
18	21 17	20 43	20 19	20 00	19 44	19 31	19 09	18 52	18 36	18 21	18 07	17 51	17 42	17 32
22	21 10	20 38	20 15	19 57	19 42	19 30	19 09	18 52	18 37	18 23	18 09	17 54	17 46	17 36
26	21 02	20 32	20 11	19 54	19 40	19 28	19 08	18 52	18 38	18 25	18 11	17 57	17 49	17 41
30	20 53	20 26	20 06	19 50	19 37	19 25	19 07	18 52	18 39	18 26	18 14	18 00	17 53	17 45
Feb. 3	20 44	20 19	20 00	19 45	19 33	19 23	19 05	18 51	18 39	18 27	18 16	18 04	17 57	17 50
7	20 35	20 12	19 55	19 41	19 29	19 20	19 04	18 50	18 39	18 28	18 18	18 07	18 01	17 54
11	20 25	20 04	19 48	19 36	19 25	19 16	19 01	18 49	18 39	18 29	18 20	18 10	18 05	17 59
15	20 15	19 56	19 42	19 30	19 21	19 12	18 59	18 48	18 39	18 30	18 22	18 13	18 08	18 03
19	20 05	19 48	19 35	19 25	19 16	19 09	18 56	18 47	18 38	18 31	18 23	18 16	18 12	18 08
23	19 55	19 40	19 28	19 19	19 11	19 04	18 54	18 45	18 38	18 31	18 25	18 19	18 16	18 12
27	19 44	19 31	19 21	19 13	19 06	19 00	18 51	18 43	18 37	18 31	18 26	18 22	18 19	18 17
Mar. 3	19 34	19 22	19 13	19 06	19 00	18 55	18 47	18 41	18 36	18 32	18 28	18 24	18 23	18 21
7	19 23	19 14	19 06	19 00	18 55	18 51	18 44	18 39	18 35	18 32	18 29	18 27	18 26	18 25
11	19 13	19 05	18 58	18 53	18 49	18 46	18 41	18 37	18 34	18 32	18 30	18 30	18 29	18 29
15	19 02	18 56	18 51	18 47	18 44	18 41	18 37	18 35	18 33	18 32	18 32	18 32	18 33	18 34
19	18 52	18 47	18 43	18 40	18 38	18 36	18 34	18 32	18 32	18 32	18 33	18 35	18 36	18 38
23	18 42	18 38	18 36	18 34	18 33	18 32	18 30	18 30	18 31	18 32	18 34	18 37	18 39	18 42
27	18 31	18 30	18 28	18 27	18 27	18 27	18 27	18 28	18 29	18 32	18 35	18 40	18 42	18 46
31	18 21	18 21	18 21	18 21	18 21	18 22	18 23	18 26	18 28	18 32	18 36	18 42	18 46	18 50
Apr. 4	18 11	18 12	18 14	18 15	18 16	18 17	18 20	18 23	18 27	18 32	18 37	18 45	18 49	18 55

UNIVERSAL TIME FOR MERIDIAN OF GREENWICH
BEGINNING OF MORNING CIVIL TWILIGHT

Lat.	+40°	+42°	+44°	+46°	+48°	+50°	+52°	+54°	+56°	+58°	+60°	+62°	+64°	+66°
	h m	h m	h m	h m	h m	h m	h m	h m	h m	h m	h m	h m	h m	h m
Jan. −2	6 51	6 56	7 01	7 07	7 13	7 20	7 27	7 36	7 45	7 55	8 06	8 19	8 35	8 55
2	6 52	6 57	7 02	7 08	7 14	7 20	7 28	7 35	7 44	7 54	8 05	8 18	8 34	8 52
6	6 52	6 57	7 02	7 07	7 13	7 20	7 27	7 35	7 43	7 53	8 03	8 16	8 31	8 49
10	6 52	6 56	7 01	7 07	7 12	7 19	7 25	7 33	7 41	7 50	8 00	8 12	8 26	8 43
14	6 51	6 55	7 00	7 05	7 11	7 17	7 23	7 30	7 38	7 46	7 56	8 08	8 21	8 36
18	6 49	6 54	6 58	7 03	7 08	7 14	7 20	7 26	7 34	7 42	7 51	8 02	8 14	8 29
22	6 47	6 51	6 56	7 00	7 05	7 10	7 16	7 22	7 29	7 37	7 45	7 55	8 06	8 20
26	6 45	6 49	6 53	6 57	7 01	7 06	7 12	7 17	7 24	7 31	7 38	7 47	7 58	8 10
30	6 42	6 45	6 49	6 53	6 57	7 02	7 06	7 12	7 17	7 24	7 31	7 39	7 48	7 59
Feb. 3	6 38	6 42	6 45	6 48	6 52	6 56	7 01	7 05	7 11	7 16	7 23	7 30	7 38	7 48
7	6 34	6 37	6 40	6 44	6 47	6 51	6 54	6 59	7 03	7 08	7 14	7 20	7 27	7 36
11	6 30	6 33	6 35	6 38	6 41	6 44	6 48	6 51	6 55	7 00	7 05	7 10	7 16	7 23
15	6 25	6 28	6 30	6 32	6 35	6 38	6 40	6 44	6 47	6 51	6 55	6 59	7 04	7 10
19	6 20	6 22	6 24	6 26	6 28	6 30	6 33	6 35	6 38	6 41	6 44	6 48	6 52	6 57
23	6 15	6 17	6 18	6 20	6 21	6 23	6 25	6 27	6 29	6 31	6 34	6 37	6 40	6 43
27	6 09	6 11	6 12	6 13	6 14	6 15	6 17	6 18	6 20	6 21	6 23	6 25	6 27	6 29
Mar. 3	6 04	6 04	6 05	6 06	6 07	6 07	6 08	6 09	6 10	6 11	6 12	6 12	6 14	6 15
7	5 58	5 58	5 58	5 59	5 59	5 59	5 59	6 00	6 00	6 00	6 00	6 00	6 00	6 00
11	5 51	5 51	5 51	5 51	5 51	5 51	5 50	5 50	5 49	5 49	5 48	5 47	5 46	5 45
15	5 45	5 45	5 44	5 44	5 43	5 42	5 41	5 40	5 39	5 38	5 36	5 34	5 32	5 30
19	5 39	5 38	5 37	5 36	5 35	5 33	5 32	5 30	5 28	5 26	5 24	5 21	5 18	5 14
23	5 32	5 31	5 29	5 28	5 26	5 25	5 23	5 20	5 18	5 15	5 12	5 08	5 03	4 58
27	5 25	5 24	5 22	5 20	5 18	5 16	5 13	5 10	5 07	5 03	4 59	4 54	4 49	4 42
31	5 19	5 17	5 15	5 12	5 10	5 07	5 04	5 00	4 56	4 51	4 46	4 40	4 34	4 25
Apr. 4	5 12	5 10	5 07	5 04	5 01	4 58	4 54	4 50	4 45	4 40	4 34	4 27	4 18	4 09

END OF EVENING CIVIL TWILIGHT

Lat.	+40°	+42°	+44°	+46°	+48°	+50°	+52°	+54°	+56°	+58°	+60°	+62°	+64°	+66°
	h m	h m	h m	h m	h m	h m	h m	h m	h m	h m	h m	h m	h m	h m
Jan. −2	17 13	17 08	17 03	16 57	16 51	16 44	16 37	16 29	16 20	16 10	15 58	15 45	15 29	15 10
2	17 17	17 12	17 06	17 01	16 54	16 48	16 41	16 33	16 24	16 14	16 03	15 50	15 35	15 16
6	17 20	17 15	17 10	17 04	16 59	16 52	16 45	16 37	16 29	16 19	16 09	15 56	15 41	15 24
10	17 24	17 19	17 14	17 09	17 03	16 57	16 50	16 43	16 35	16 25	16 15	16 03	15 49	15 32
14	17 28	17 23	17 18	17 13	17 08	17 02	16 56	16 49	16 41	16 32	16 22	16 11	15 58	15 42
18	17 32	17 28	17 23	17 18	17 13	17 08	17 01	16 55	16 48	16 39	16 30	16 20	16 07	15 53
22	17 36	17 32	17 28	17 23	17 19	17 13	17 08	17 02	16 55	16 47	16 39	16 29	16 18	16 04
26	17 41	17 37	17 33	17 29	17 24	17 19	17 14	17 08	17 02	16 55	16 47	16 39	16 28	16 16
30	17 45	17 42	17 38	17 34	17 30	17 26	17 21	17 16	17 10	17 04	16 57	16 48	16 39	16 29
Feb. 3	17 50	17 47	17 43	17 40	17 36	17 32	17 28	17 23	17 18	17 12	17 06	16 59	16 51	16 41
7	17 54	17 52	17 49	17 45	17 42	17 38	17 35	17 30	17 26	17 21	17 15	17 09	17 02	16 54
11	17 59	17 56	17 54	17 51	17 48	17 45	17 42	17 38	17 34	17 30	17 25	17 20	17 14	17 06
15	18 03	18 01	17 59	17 57	17 54	17 51	17 49	17 46	17 42	17 39	17 35	17 30	17 25	17 19
19	18 08	18 06	18 04	18 02	18 00	17 58	17 56	17 53	17 51	17 48	17 44	17 41	17 37	17 32
23	18 12	18 11	18 09	18 08	18 06	18 05	18 03	18 01	17 59	17 57	17 54	17 51	17 48	17 45
27	18 17	18 16	18 14	18 13	18 12	18 11	18 10	18 08	18 07	18 06	18 04	18 02	18 00	17 58
Mar. 3	18 21	18 20	18 20	18 19	18 18	18 17	18 17	18 16	18 15	18 15	18 14	18 13	18 12	18 11
7	18 25	18 25	18 25	18 24	18 24	18 24	18 24	18 24	18 24	18 24	18 24	18 24	18 24	18 24
11	18 29	18 29	18 30	18 30	18 30	18 30	18 31	18 31	18 32	18 33	18 33	18 34	18 36	18 37
15	18 34	18 34	18 35	18 35	18 36	18 37	18 38	18 39	18 40	18 42	18 43	18 45	18 48	18 50
19	18 38	18 39	18 40	18 41	18 42	18 43	18 45	18 47	18 48	18 51	18 53	18 56	19 00	19 04
23	18 42	18 43	18 45	18 46	18 48	18 50	18 52	18 54	18 57	19 00	19 03	19 07	19 12	19 17
27	18 46	18 48	18 50	18 52	18 54	18 56	18 59	19 02	19 05	19 09	19 13	19 18	19 24	19 31
31	18 50	18 52	18 55	18 57	19 00	19 03	19 06	19 10	19 14	19 19	19 24	19 30	19 37	19 45
Apr. 4	18 55	18 57	19 00	19 03	19 06	19 09	19 13	19 18	19 22	19 28	19 34	19 42	19 50	20 00

CIVIL TWILIGHT, 2006

UNIVERSAL TIME FOR MERIDIAN OF GREENWICH
BEGINNING OF MORNING CIVIL TWILIGHT

Lat.	−55°	−50°	−45°	−40°	−35°	−30°	−20°	−10°	0°	+10°	+20°	+30°	+35°	+40°
	h m	h m	h m	h m	h m	h m	h m	h m	h m	h m	h m	h m	h m	h m
Mar. 31	5 46	5 47	5 47	5 47	5 46	5 46	5 45	5 43	5 40	5 37	5 33	5 27	5 23	5 19
Apr. 4	5 54	5 53	5 52	5 51	5 50	5 48	5 46	5 43	5 39	5 35	5 29	5 22	5 18	5 12
8	6 01	5 59	5 57	5 55	5 53	5 51	5 47	5 42	5 38	5 32	5 26	5 17	5 12	5 06
12	6 08	6 05	6 01	5 58	5 56	5 53	5 48	5 42	5 37	5 30	5 22	5 12	5 06	4 59
16	6 16	6 11	6 06	6 02	5 59	5 55	5 49	5 42	5 36	5 28	5 19	5 08	5 01	4 53
20	6 23	6 16	6 11	6 06	6 02	5 58	5 50	5 42	5 34	5 26	5 16	5 03	4 56	4 47
24	6 30	6 22	6 16	6 10	6 05	6 00	5 51	5 42	5 34	5 24	5 13	4 59	4 51	4 41
28	6 37	6 28	6 20	6 14	6 08	6 02	5 52	5 43	5 33	5 22	5 10	4 55	4 46	4 35
May 2	6 44	6 34	6 25	6 17	6 11	6 05	5 53	5 43	5 32	5 21	5 07	4 51	4 41	4 30
6	6 51	6 39	6 29	6 21	6 14	6 07	5 55	5 43	5 32	5 19	5 05	4 48	4 37	4 25
10	6 57	6 44	6 34	6 25	6 17	6 09	5 56	5 44	5 31	5 18	5 03	4 44	4 33	4 20
14	7 03	6 49	6 38	6 28	6 20	6 12	5 58	5 44	5 31	5 17	5 01	4 41	4 29	4 15
18	7 09	6 54	6 42	6 32	6 22	6 14	5 59	5 45	5 31	5 16	4 59	4 39	4 26	4 11
22	7 15	6 59	6 46	6 35	6 25	6 16	6 00	5 46	5 31	5 15	4 58	4 36	4 23	4 08
26	7 20	7 03	6 50	6 38	6 28	6 18	6 02	5 47	5 31	5 15	4 57	4 35	4 21	4 05
30	7 25	7 07	6 53	6 41	6 30	6 21	6 03	5 47	5 32	5 15	4 56	4 33	4 19	4 02
June 3	7 30	7 11	6 56	6 43	6 32	6 23	6 05	5 48	5 32	5 15	4 56	4 32	4 17	4 00
7	7 33	7 14	6 59	6 46	6 35	6 24	6 06	5 49	5 33	5 15	4 55	4 31	4 16	3 59
11	7 37	7 17	7 01	6 48	6 36	6 26	6 07	5 50	5 33	5 16	4 55	4 31	4 16	3 58
15	7 39	7 19	7 03	6 50	6 38	6 27	6 09	5 51	5 34	5 16	4 56	4 31	4 16	3 58
19	7 41	7 21	7 04	6 51	6 39	6 28	6 10	5 52	5 35	5 17	4 56	4 31	4 16	3 58
23	7 42	7 21	7 05	6 52	6 40	6 29	6 10	5 53	5 36	5 18	4 57	4 32	4 17	3 59
27	7 42	7 22	7 06	6 52	6 41	6 30	6 11	5 54	5 37	5 19	4 58	4 34	4 18	4 00
July 1	7 41	7 21	7 06	6 52	6 41	6 30	6 12	5 55	5 38	5 20	5 00	4 35	4 20	4 02
5	7 39	7 20	7 05	6 52	6 40	6 30	6 12	5 55	5 38	5 21	5 01	4 37	4 22	4 04

END OF EVENING CIVIL TWILIGHT

Lat.	−55°	−50°	−45°	−40°	−35°	−30°	−20°	−10°	0°	+10°	+20°	+30°	+35°	+40°
	h m	h m	h m	h m	h m	h m	h m	h m	h m	h m	h m	h m	h m	h m
Mar. 31	18 21	18 21	18 21	18 21	18 21	18 22	18 23	18 26	18 28	18 32	18 36	18 42	18 46	18 50
Apr. 4	18 11	18 12	18 14	18 15	18 16	18 17	18 20	18 23	18 27	18 32	18 37	18 45	18 49	18 55
8	18 02	18 04	18 06	18 09	18 11	18 13	18 17	18 21	18 26	18 32	18 38	18 47	18 52	18 59
12	17 52	17 56	17 59	18 03	18 05	18 08	18 14	18 19	18 25	18 32	18 40	18 50	18 56	19 03
16	17 43	17 48	17 53	17 57	18 00	18 04	18 11	18 17	18 24	18 32	18 41	18 52	18 59	19 07
20	17 34	17 41	17 46	17 51	17 56	18 00	18 08	18 15	18 23	18 32	18 42	18 55	19 03	19 12
24	17 25	17 33	17 40	17 46	17 51	17 56	18 05	18 14	18 23	18 33	18 44	18 58	19 06	19 16
28	17 17	17 26	17 34	17 41	17 47	17 52	18 03	18 12	18 22	18 33	18 45	19 00	19 10	19 21
May 2	17 09	17 20	17 29	17 36	17 43	17 49	18 00	18 11	18 22	18 34	18 47	19 03	19 13	19 25
6	17 02	17 14	17 23	17 32	17 39	17 46	17 58	18 10	18 22	18 34	18 49	19 06	19 17	19 29
10	16 55	17 08	17 19	17 28	17 36	17 43	17 56	18 09	18 22	18 35	18 50	19 09	19 20	19 34
14	16 49	17 03	17 14	17 24	17 33	17 41	17 55	18 08	18 22	18 36	18 52	19 12	19 24	19 38
18	16 43	16 58	17 10	17 21	17 30	17 39	17 54	18 08	18 22	18 37	18 54	19 15	19 27	19 42
22	16 38	16 54	17 07	17 18	17 28	17 37	17 53	18 08	18 22	18 38	18 56	19 17	19 30	19 46
26	16 33	16 50	17 04	17 16	17 26	17 35	17 52	18 07	18 23	18 39	18 57	19 20	19 34	19 50
30	16 29	16 47	17 02	17 14	17 25	17 34	17 52	18 08	18 23	18 40	18 59	19 22	19 36	19 53
June 3	16 26	16 45	17 00	17 13	17 24	17 34	17 51	18 08	18 24	18 41	19 01	19 25	19 39	19 56
7	16 24	16 43	16 59	17 12	17 23	17 33	17 51	18 08	18 25	18 43	19 02	19 27	19 41	19 59
11	16 23	16 42	16 58	17 11	17 23	17 33	17 52	18 09	18 26	18 44	19 04	19 28	19 43	20 01
15	16 22	16 42	16 58	17 11	17 23	17 33	17 52	18 10	18 27	18 45	19 05	19 30	19 45	20 03
19	16 22	16 42	16 58	17 12	17 24	17 34	17 53	18 10	18 28	18 46	19 06	19 31	19 46	20 05
23	16 23	16 43	16 59	17 13	17 24	17 35	17 54	18 11	18 28	18 47	19 07	19 32	19 47	20 05
27	16 25	16 44	17 00	17 14	17 26	17 36	17 55	18 12	18 29	18 47	19 08	19 32	19 48	20 06
July 1	16 27	16 47	17 02	17 16	17 27	17 38	17 56	18 13	18 30	18 48	19 08	19 33	19 48	20 05
5	16 30	16 49	17 05	17 18	17 29	17 39	17 57	18 14	18 31	18 48	19 08	19 32	19 47	20 05

UNIVERSAL TIME FOR MERIDIAN OF GREENWICH
BEGINNING OF MORNING CIVIL TWILIGHT

Lat.	+40°	+42°	+44°	+46°	+48°	+50°	+52°	+54°	+56°	+58°	+60°	+62°	+64°	+66°
	h m	h m	h m	h m	h m	h m	h m	h m	h m	h m	h m	h m	h m	h m
Mar. 31	5 19	5 17	5 15	5 12	5 10	5 07	5 04	5 00	4 56	4 51	4 46	4 40	4 34	4 25
Apr. 4	5 12	5 10	5 07	5 04	5 01	4 58	4 54	4 50	4 45	4 40	4 34	4 27	4 18	4 09
8	5 06	5 03	5 00	4 57	4 53	4 49	4 45	4 40	4 34	4 28	4 21	4 12	4 03	3 51
12	4 59	4 56	4 53	4 49	4 45	4 40	4 35	4 29	4 23	4 16	4 08	3 58	3 47	3 33
16	4 53	4 49	4 45	4 41	4 37	4 31	4 26	4 19	4 12	4 04	3 55	3 44	3 31	3 15
20	4 47	4 43	4 38	4 34	4 29	4 23	4 16	4 09	4 01	3 52	3 42	3 29	3 14	2 56
24	4 41	4 37	4 32	4 26	4 21	4 14	4 07	4 00	3 51	3 40	3 29	3 14	2 57	2 36
28	4 35	4 30	4 25	4 19	4 13	4 06	3 59	3 50	3 40	3 29	3 15	2 59	2 40	2 14
May 2	4 30	4 25	4 19	4 13	4 06	3 58	3 50	3 40	3 30	3 17	3 02	2 44	2 21	1 50
6	4 25	4 19	4 13	4 06	3 59	3 51	3 42	3 31	3 19	3 06	2 49	2 29	2 02	1 22
10	4 20	4 14	4 07	4 00	3 52	3 44	3 34	3 22	3 10	2 54	2 36	2 13	1 41	0 43
14	4 15	4 09	4 02	3 54	3 46	3 37	3 26	3 14	3 00	2 43	2 23	1 56	1 16	// //
18	4 11	4 05	3 57	3 49	3 40	3 30	3 19	3 06	2 51	2 33	2 10	1 39	0 44	// //
22	4 08	4 01	3 53	3 45	3 35	3 25	3 13	2 59	2 43	2 23	1 57	1 20	// //	// //
26	4 05	3 57	3 49	3 41	3 31	3 20	3 07	2 52	2 35	2 13	1 45	0 59	// //	// //
30	4 02	3 55	3 46	3 37	3 27	3 15	3 02	2 46	2 28	2 05	1 32	0 32	// //	// //
June 3	4 00	3 52	3 44	3 34	3 24	3 12	2 58	2 42	2 22	1 57	1 21	// //	// //	// //
7	3 59	3 51	3 42	3 32	3 21	3 09	2 54	2 38	2 17	1 50	1 10	// //	// //	// //
11	3 58	3 50	3 41	3 31	3 20	3 07	2 52	2 35	2 13	1 45	1 01	// //	// //	// //
15	3 58	3 49	3 40	3 30	3 19	3 06	2 51	2 33	2 11	1 42	0 53	// //	// //	▭
19	3 58	3 50	3 40	3 30	3 19	3 06	2 50	2 32	2 10	1 40	0 49	// //	// //	▭
23	3 59	3 50	3 41	3 31	3 19	3 06	2 51	2 33	2 11	1 41	0 50	// //	// //	▭
27	4 00	3 52	3 43	3 32	3 21	3 08	2 53	2 35	2 13	1 44	0 54	// //	// //	▭
July 1	4 02	3 54	3 45	3 35	3 23	3 11	2 56	2 38	2 17	1 48	1 03	// //	// //	// //
5	4 04	3 56	3 47	3 37	3 26	3 14	2 59	2 42	2 22	1 54	1 13	// //	// //	// //

END OF EVENING CIVIL TWILIGHT

Lat.	+40°	+42°	+44°	+46°	+48°	+50°	+52°	+54°	+56°	+58°	+60°	+62°	+64°	+66°
	h m	h m	h m	h m	h m	h m	h m	h m	h m	h m	h m	h m	h m	h m
Mar. 31	18 50	18 52	18 55	18 57	19 00	19 03	19 06	19 10	19 14	19 19	19 24	19 30	19 37	19 45
Apr. 4	18 55	18 57	19 00	19 03	19 06	19 09	19 13	19 18	19 22	19 28	19 34	19 42	19 50	20 00
8	18 59	19 02	19 05	19 08	19 12	19 16	19 21	19 26	19 31	19 38	19 45	19 53	20 03	20 15
12	19 03	19 06	19 10	19 14	19 18	19 23	19 28	19 34	19 40	19 47	19 56	20 06	20 17	20 31
16	19 07	19 11	19 15	19 19	19 24	19 29	19 35	19 42	19 49	19 57	20 07	20 18	20 32	20 48
20	19 12	19 16	19 20	19 25	19 30	19 36	19 43	19 50	19 58	20 08	20 18	20 31	20 46	21 06
24	19 16	19 21	19 26	19 31	19 37	19 43	19 50	19 58	20 07	20 18	20 30	20 44	21 02	21 25
28	19 21	19 25	19 31	19 37	19 43	19 50	19 58	20 07	20 17	20 28	20 42	20 58	21 19	21 45
May 2	19 25	19 30	19 36	19 42	19 49	19 57	20 05	20 15	20 26	20 39	20 54	21 13	21 36	22 09
6	19 29	19 35	19 41	19 48	19 55	20 04	20 13	20 23	20 36	20 50	21 07	21 28	21 56	22 38
10	19 34	19 40	19 46	19 54	20 02	20 10	20 20	20 32	20 45	21 00	21 19	21 43	22 17	23 24
14	19 38	19 44	19 51	19 59	20 08	20 17	20 28	20 40	20 54	21 11	21 32	22 00	22 43	// //
18	19 42	19 49	19 56	20 04	20 13	20 23	20 35	20 48	21 03	21 22	21 45	22 18	23 19	// //
22	19 46	19 53	20 01	20 09	20 19	20 30	20 42	20 56	21 12	21 33	21 59	22 37	// //	// //
26	19 50	19 57	20 05	20 14	20 24	20 35	20 48	21 03	21 21	21 43	22 12	23 00	// //	// //
30	19 53	20 01	20 09	20 19	20 29	20 41	20 54	21 10	21 29	21 52	22 25	23 34	// //	// //
June 3	19 56	20 04	20 13	20 23	20 33	20 45	20 59	21 16	21 36	22 01	22 38	// //	// //	// //
7	19 59	20 07	20 16	20 26	20 37	20 49	21 04	21 21	21 42	22 09	22 50	// //	// //	// //
11	20 01	20 10	20 19	20 29	20 40	20 53	21 08	21 25	21 47	22 15	23 01	// //	// //	// //
15	20 03	20 12	20 21	20 31	20 42	20 55	21 10	21 28	21 50	22 20	23 09	// //	// //	▭
19	20 05	20 13	20 22	20 33	20 44	20 57	21 12	21 30	21 53	22 23	23 14	// //	// //	▭
23	20 05	20 14	20 23	20 33	20 45	20 58	21 13	21 31	21 53	22 23	23 14	// //	// //	▭
27	20 06	20 14	20 23	20 33	20 45	20 58	21 13	21 31	21 53	22 22	23 10	// //	// //	▭
July 1	20 05	20 14	20 23	20 33	20 44	20 57	21 11	21 29	21 50	22 18	23 03	// //	// //	// //
5	20 05	20 13	20 21	20 31	20 42	20 55	21 09	21 26	21 47	22 13	22 54	// //	// //	// //

▭ indicates Sun continuously above horizon.
// // indicates continuous twilight.

CIVIL TWILIGHT, 2006

UNIVERSAL TIME FOR MERIDIAN OF GREENWICH
BEGINNING OF MORNING CIVIL TWILIGHT

Lat.	−55°	−50°	−45°	−40°	−35°	−30°	−20°	−10°	0°	+10°	+20°	+30°	+35°	+40°
	h m	h m	h m	h m	h m	h m	h m	h m	h m	h m	h m	h m	h m	h m
July 1	7 41	7 21	7 06	6 52	6 41	6 30	6 12	5 55	5 38	5 20	5 00	4 35	4 20	4 02
5	7 39	7 20	7 05	6 52	6 40	6 30	6 12	5 55	5 38	5 21	5 01	4 37	4 22	4 04
9	7 37	7 19	7 03	6 51	6 40	6 30	6 12	5 56	5 39	5 22	5 02	4 39	4 24	4 07
13	7 34	7 16	7 02	6 49	6 39	6 29	6 12	5 56	5 40	5 23	5 04	4 41	4 27	4 10
17	7 30	7 13	6 59	6 47	6 37	6 28	6 11	5 56	5 40	5 24	5 06	4 43	4 30	4 13
21	7 26	7 09	6 56	6 45	6 35	6 26	6 10	5 56	5 41	5 25	5 07	4 46	4 33	4 17
25	7 20	7 05	6 53	6 42	6 33	6 24	6 09	5 55	5 41	5 26	5 09	4 48	4 36	4 21
29	7 15	7 00	6 49	6 39	6 30	6 22	6 08	5 55	5 41	5 27	5 11	4 51	4 39	4 25
Aug. 2	7 08	6 55	6 44	6 35	6 27	6 20	6 06	5 54	5 41	5 28	5 12	4 54	4 42	4 29
6	7 01	6 49	6 40	6 31	6 24	6 17	6 04	5 53	5 41	5 28	5 14	4 56	4 45	4 33
10	6 54	6 43	6 34	6 27	6 20	6 14	6 02	5 51	5 40	5 29	5 15	4 59	4 49	4 37
14	6 46	6 36	6 29	6 22	6 16	6 10	6 00	5 50	5 40	5 29	5 17	5 01	4 52	4 41
18	6 37	6 29	6 23	6 17	6 11	6 06	5 57	5 48	5 39	5 29	5 18	5 04	4 55	4 45
22	6 29	6 22	6 16	6 11	6 07	6 02	5 54	5 47	5 38	5 30	5 19	5 06	4 59	4 49
26	6 20	6 14	6 10	6 06	6 02	5 58	5 51	5 45	5 38	5 30	5 20	5 09	5 02	4 54
30	6 10	6 06	6 03	6 00	5 57	5 54	5 48	5 43	5 36	5 30	5 21	5 11	5 05	4 58
Sept. 3	6 01	5 58	5 56	5 54	5 51	5 49	5 45	5 40	5 35	5 29	5 22	5 14	5 08	5 02
7	5 51	5 50	5 49	5 47	5 46	5 44	5 41	5 38	5 34	5 29	5 23	5 16	5 11	5 06
11	5 41	5 41	5 41	5 41	5 40	5 40	5 38	5 36	5 33	5 29	5 24	5 18	5 14	5 10
15	5 31	5 33	5 34	5 34	5 35	5 35	5 34	5 33	5 31	5 29	5 25	5 20	5 17	5 13
19	5 21	5 24	5 26	5 28	5 29	5 30	5 31	5 31	5 30	5 28	5 26	5 23	5 20	5 17
23	5 10	5 15	5 18	5 21	5 23	5 25	5 27	5 28	5 28	5 28	5 27	5 25	5 23	5 21
27	5 00	5 06	5 11	5 14	5 17	5 20	5 23	5 26	5 27	5 28	5 28	5 27	5 26	5 25
Oct. 1	4 49	4 57	5 03	5 08	5 12	5 15	5 20	5 23	5 26	5 28	5 29	5 29	5 29	5 29
5	4 39	4 48	4 55	5 01	5 06	5 10	5 16	5 21	5 24	5 27	5 30	5 32	5 32	5 33

END OF EVENING CIVIL TWILIGHT

Lat.	−55°	−50°	−45°	−40°	−35°	−30°	−20°	−10°	0°	+10°	+20°	+30°	+35°	+40°
	h m	h m	h m	h m	h m	h m	h m	h m	h m	h m	h m	h m	h m	h m
July 1	16 27	16 47	17 02	17 16	17 27	17 38	17 56	18 13	18 30	18 48	19 08	19 33	19 48	20 05
5	16 30	16 49	17 05	17 18	17 29	17 39	17 57	18 14	18 31	18 48	19 08	19 32	19 47	20 05
9	16 34	16 52	17 07	17 20	17 31	17 41	17 59	18 15	18 31	18 48	19 08	19 31	19 46	20 03
13	16 38	16 56	17 10	17 22	17 33	17 43	18 00	18 16	18 32	18 48	19 07	19 30	19 44	20 01
17	16 43	17 00	17 13	17 25	17 35	17 45	18 01	18 17	18 32	18 48	19 06	19 29	19 42	19 58
21	16 48	17 04	17 17	17 28	17 38	17 47	18 03	18 17	18 32	18 48	19 05	19 27	19 40	19 55
25	16 53	17 08	17 21	17 31	17 40	17 49	18 04	18 18	18 32	18 47	19 04	19 24	19 37	19 52
29	16 59	17 13	17 25	17 34	17 43	17 51	18 05	18 19	18 32	18 46	19 02	19 22	19 34	19 48
Aug. 2	17 05	17 18	17 29	17 38	17 46	17 53	18 06	18 19	18 31	18 45	19 00	19 19	19 30	19 43
6	17 11	17 23	17 33	17 41	17 49	17 55	18 08	18 19	18 31	18 43	18 58	19 15	19 26	19 38
10	17 18	17 28	17 37	17 45	17 51	17 57	18 09	18 19	18 30	18 42	18 55	19 11	19 21	19 33
14	17 24	17 34	17 41	17 48	17 54	18 00	18 10	18 19	18 29	18 40	18 52	19 07	19 17	19 27
18	17 31	17 39	17 46	17 52	17 57	18 02	18 11	18 19	18 28	18 38	18 49	19 03	19 12	19 22
22	17 38	17 45	17 50	17 55	18 00	18 04	18 12	18 19	18 27	18 36	18 46	18 59	19 07	19 16
26	17 45	17 50	17 55	17 59	18 02	18 06	18 13	18 19	18 26	18 34	18 43	18 54	19 01	19 09
30	17 52	17 56	17 59	18 02	18 05	18 08	18 13	18 19	18 25	18 32	18 40	18 50	18 56	19 03
Sept. 3	17 59	18 01	18 04	18 06	18 08	18 10	18 14	18 19	18 24	18 29	18 36	18 45	18 50	18 56
7	18 06	18 07	18 08	18 09	18 11	18 12	18 15	18 18	18 22	18 27	18 32	18 40	18 44	18 50
11	18 13	18 13	18 13	18 13	18 14	18 14	18 16	18 18	18 21	18 24	18 29	18 35	18 38	18 43
15	18 21	18 19	18 18	18 17	18 16	18 16	18 17	18 18	18 19	18 22	18 25	18 30	18 33	18 36
19	18 28	18 25	18 22	18 21	18 19	18 18	18 17	18 17	18 18	18 19	18 21	18 25	18 27	18 30
23	18 36	18 31	18 27	18 24	18 22	18 21	18 18	18 17	18 16	18 17	18 18	18 20	18 21	18 23
27	18 43	18 37	18 32	18 28	18 25	18 23	18 19	18 17	18 15	18 14	18 14	18 15	18 15	18 16
Oct. 1	18 51	18 43	18 37	18 32	18 28	18 25	18 20	18 16	18 14	18 12	18 10	18 10	18 10	18 10
5	18 59	18 50	18 42	18 37	18 32	18 28	18 21	18 16	18 12	18 09	18 07	18 05	18 04	18 03

UNIVERSAL TIME FOR MERIDIAN OF GREENWICH
BEGINNING OF MORNING CIVIL TWILIGHT

Lat.	+40°	+42°	+44°	+46°	+48°	+50°	+52°	+54°	+56°	+58°	+60°	+62°	+64°	+66°
	h m	h m	h m	h m	h m	h m	h m	h m	h m	h m	h m	h m	h m	h m
July 1	4 02	3 54	3 45	3 35	3 23	3 11	2 56	2 38	2 17	1 48	1 03	// //	// //	// //
5	4 04	3 56	3 47	3 37	3 26	3 14	2 59	2 42	2 22	1 54	1 13	// //	// //	// //
9	4 07	3 59	3 50	3 41	3 30	3 18	3 04	2 48	2 28	2 02	1 25	// //	// //	// //
13	4 10	4 02	3 54	3 45	3 34	3 23	3 09	2 53	2 35	2 11	1 38	0 28	// //	// //
17	4 13	4 06	3 58	3 49	3 39	3 28	3 15	3 00	2 42	2 20	1 51	1 02	// //	// //
21	4 17	4 10	4 02	3 53	3 44	3 33	3 21	3 07	2 50	2 30	2 04	1 25	// //	// //
25	4 21	4 14	4 07	3 58	3 49	3 39	3 28	3 15	2 59	2 40	2 17	1 44	0 42	// //
29	4 25	4 18	4 11	4 03	3 55	3 45	3 35	3 22	3 08	2 51	2 30	2 02	1 19	// //
Aug. 2	4 29	4 23	4 16	4 09	4 01	3 52	3 42	3 30	3 17	3 02	2 43	2 18	1 44	0 33
6	4 33	4 27	4 21	4 14	4 07	3 58	3 49	3 38	3 26	3 12	2 55	2 34	2 06	1 22
10	4 37	4 32	4 26	4 20	4 13	4 05	3 56	3 47	3 35	3 23	3 07	2 48	2 24	1 51
14	4 41	4 36	4 31	4 25	4 19	4 12	4 04	3 55	3 45	3 33	3 19	3 03	2 42	2 15
18	4 45	4 41	4 36	4 30	4 25	4 18	4 11	4 03	3 54	3 43	3 31	3 16	2 58	2 35
22	4 49	4 45	4 41	4 36	4 31	4 25	4 18	4 11	4 02	3 53	3 42	3 29	3 13	2 54
26	4 54	4 50	4 46	4 41	4 37	4 31	4 25	4 19	4 11	4 03	3 53	3 42	3 28	3 11
30	4 58	4 54	4 51	4 47	4 42	4 38	4 32	4 27	4 20	4 12	4 04	3 54	3 42	3 28
Sept. 3	5 02	4 59	4 56	4 52	4 48	4 44	4 39	4 34	4 28	4 22	4 14	4 06	3 56	3 43
7	5 06	5 03	5 00	4 57	4 54	4 50	4 46	4 42	4 37	4 31	4 25	4 17	4 09	3 58
11	5 10	5 07	5 05	5 03	5 00	4 57	4 53	4 49	4 45	4 40	4 35	4 29	4 21	4 12
15	5 13	5 12	5 10	5 08	5 05	5 03	5 00	4 57	4 53	4 49	4 45	4 40	4 34	4 26
19	5 17	5 16	5 14	5 13	5 11	5 09	5 07	5 04	5 01	4 58	4 55	4 50	4 46	4 40
23	5 21	5 20	5 19	5 18	5 17	5 15	5 13	5 12	5 10	5 07	5 04	5 01	4 57	4 53
27	5 25	5 25	5 24	5 23	5 22	5 21	5 20	5 19	5 18	5 16	5 14	5 12	5 09	5 06
Oct. 1	5 29	5 29	5 29	5 28	5 28	5 27	5 27	5 26	5 25	5 25	5 23	5 22	5 21	5 19
5	5 33	5 33	5 33	5 33	5 33	5 34	5 34	5 33	5 33	5 33	5 33	5 33	5 32	5 32

END OF EVENING CIVIL TWILIGHT

Lat.	+40°	+42°	+44°	+46°	+48°	+50°	+52°	+54°	+56°	+58°	+60°	+62°	+64°	+66°
	h m	h m	h m	h m	h m	h m	h m	h m	h m	h m	h m	h m	h m	h m
July 1	20 05	20 14	20 23	20 33	20 44	20 57	21 11	21 29	21 50	22 18	23 03	// //	// //	// //
5	20 05	20 13	20 21	20 31	20 42	20 55	21 09	21 26	21 47	22 13	22 54	// //	// //	// //
9	20 03	20 11	20 20	20 29	20 40	20 52	21 06	21 22	21 42	22 07	22 43	// //	// //	// //
13	20 01	20 09	20 17	20 26	20 37	20 48	21 01	21 17	21 36	21 59	22 31	23 33	// //	// //
17	19 58	20 06	20 14	20 23	20 33	20 44	20 56	21 11	21 29	21 50	22 19	23 05	// //	// //
21	19 55	20 02	20 10	20 19	20 28	20 39	20 51	21 04	21 21	21 41	22 06	22 44	// //	// //
25	19 52	19 58	20 06	20 14	20 23	20 33	20 44	20 57	21 12	21 31	21 54	22 25	23 20	// //
29	19 48	19 54	20 01	20 09	20 17	20 26	20 37	20 49	21 03	21 20	21 41	22 08	22 48	// //
Aug. 2	19 43	19 49	19 56	20 03	20 11	20 20	20 29	20 41	20 54	21 09	21 27	21 51	22 23	23 23
6	19 38	19 44	19 50	19 57	20 04	20 12	20 21	20 32	20 44	20 58	21 14	21 35	22 02	22 43
10	19 33	19 38	19 44	19 50	19 57	20 05	20 13	20 23	20 34	20 46	21 01	21 19	21 43	22 14
14	19 27	19 32	19 38	19 43	19 50	19 57	20 04	20 13	20 23	20 35	20 48	21 04	21 24	21 50
18	19 22	19 26	19 31	19 36	19 42	19 48	19 56	20 03	20 12	20 23	20 35	20 49	21 06	21 28
22	19 16	19 20	19 24	19 29	19 34	19 40	19 46	19 54	20 02	20 11	20 22	20 34	20 49	21 08
26	19 09	19 13	19 17	19 21	19 26	19 31	19 37	19 44	19 51	19 59	20 09	20 20	20 33	20 49
30	19 03	19 06	19 10	19 14	19 18	19 22	19 28	19 33	19 40	19 47	19 55	20 05	20 17	20 31
Sept. 3	18 56	18 59	19 02	19 06	19 09	19 14	19 18	19 23	19 29	19 35	19 42	19 51	20 01	20 13
7	18 50	18 52	18 55	18 58	19 01	19 05	19 09	19 13	19 18	19 23	19 30	19 37	19 45	19 55
11	18 43	18 45	18 47	18 50	18 53	18 56	18 59	19 03	19 07	19 11	19 17	19 23	19 30	19 38
15	18 36	18 38	18 40	18 42	18 44	18 47	18 49	18 52	18 56	19 00	19 04	19 09	19 15	19 22
19	18 30	18 31	18 32	18 34	18 36	18 38	18 40	18 42	18 45	18 48	18 51	18 55	19 00	19 06
23	18 23	18 24	18 25	18 26	18 27	18 29	18 30	18 32	18 34	18 36	18 39	18 42	18 45	18 50
27	18 16	18 17	18 17	18 18	18 19	18 20	18 21	18 22	18 23	18 25	18 27	18 29	18 31	18 34
Oct. 1	18 10	18 10	18 10	18 10	18 11	18 11	18 11	18 12	18 13	18 14	18 14	18 16	18 17	18 19
5	18 03	18 03	18 03	18 03	18 03	18 02	18 02	18 02	18 02	18 02	18 03	18 03	18 03	18 04

// // indicates continuous twilight.

CIVIL TWILIGHT, 2006

UNIVERSAL TIME FOR MERIDIAN OF GREENWICH
BEGINNING OF MORNING CIVIL TWILIGHT

Lat.	−55°	−50°	−45°	−40°	−35°	−30°	−20°	−10°	0°	+10°	+20°	+30°	+35°	+40°
	h m	h m	h m	h m	h m	h m	h m	h m	h m	h m	h m	h m	h m	h m
Oct. 1	4 49	4 57	5 03	5 08	5 12	5 15	5 20	5 23	5 26	5 28	5 29	5 29	5 29	5 29
5	4 39	4 48	4 55	5 01	5 06	5 10	5 16	5 21	5 24	5 27	5 30	5 32	5 32	5 33
9	4 28	4 39	4 48	4 55	5 00	5 05	5 13	5 18	5 23	5 27	5 31	5 34	5 35	5 37
13	4 18	4 30	4 40	4 48	4 55	5 00	5 09	5 16	5 22	5 27	5 32	5 36	5 39	5 41
17	4 07	4 22	4 33	4 42	4 49	4 56	5 06	5 14	5 21	5 27	5 33	5 39	5 42	5 45
21	3 57	4 13	4 26	4 36	4 44	4 51	5 03	5 12	5 20	5 28	5 34	5 41	5 45	5 49
25	3 47	4 05	4 19	4 30	4 39	4 47	5 00	5 11	5 20	5 28	5 36	5 44	5 49	5 53
29	3 37	3 57	4 12	4 24	4 34	4 43	4 57	5 09	5 19	5 28	5 37	5 47	5 52	5 57
Nov. 2	3 27	3 49	4 06	4 19	4 30	4 39	4 55	5 08	5 19	5 29	5 39	5 50	5 55	6 02
6	3 17	3 41	3 59	4 14	4 26	4 36	4 53	5 07	5 19	5 30	5 41	5 53	5 59	6 06
10	3 08	3 34	3 54	4 09	4 22	4 33	4 51	5 06	5 19	5 31	5 43	5 56	6 03	6 10
14	2 59	3 28	3 49	4 05	4 19	4 31	4 50	5 05	5 19	5 32	5 45	5 59	6 06	6 15
18	2 51	3 21	3 44	4 02	4 16	4 28	4 48	5 05	5 20	5 33	5 47	6 02	6 10	6 19
22	2 43	3 16	3 40	3 58	4 14	4 27	4 48	5 05	5 20	5 35	5 49	6 05	6 14	6 23
26	2 36	3 11	3 36	3 56	4 12	4 25	4 47	5 05	5 21	5 37	5 52	6 08	6 17	6 27
30	2 30	3 07	3 34	3 54	4 11	4 24	4 47	5 06	5 23	5 38	5 54	6 11	6 21	6 31
Dec. 4	2 25	3 04	3 32	3 53	4 10	4 24	4 48	5 07	5 24	5 40	5 57	6 14	6 24	6 35
8	2 21	3 02	3 30	3 52	4 10	4 24	4 48	5 08	5 26	5 42	5 59	6 17	6 27	6 39
12	2 19	3 01	3 30	3 52	4 10	4 25	4 49	5 10	5 27	5 44	6 01	6 20	6 30	6 42
16	2 18	3 01	3 30	3 53	4 11	4 26	4 51	5 11	5 29	5 46	6 04	6 22	6 33	6 45
20	2 18	3 02	3 31	3 54	4 12	4 28	4 53	5 13	5 31	5 48	6 06	6 25	6 35	6 47
24	2 20	3 04	3 33	3 56	4 14	4 30	4 55	5 15	5 33	5 50	6 08	6 27	6 37	6 49
28	2 24	3 07	3 36	3 59	4 17	4 32	4 57	5 17	5 35	5 52	6 10	6 28	6 39	6 50
32	2 29	3 11	3 40	4 02	4 20	4 35	4 59	5 19	5 37	5 54	6 11	6 30	6 40	6 51
36	2 35	3 16	3 44	4 06	4 23	4 38	5 02	5 22	5 39	5 56	6 12	6 30	6 41	6 52

END OF EVENING CIVIL TWILIGHT

Lat.	−55°	−50°	−45°	−40°	−35°	−30°	−20°	−10°	0°	+10°	+20°	+30°	+35°	+40°
	h m	h m	h m	h m	h m	h m	h m	h m	h m	h m	h m	h m	h m	h m
Oct. 1	18 51	18 43	18 37	18 32	18 28	18 25	18 20	18 16	18 14	18 12	18 10	18 10	18 10	18 10
5	18 59	18 50	18 42	18 37	18 32	18 28	18 21	18 16	18 12	18 09	18 07	18 05	18 04	18 03
9	19 08	18 57	18 48	18 41	18 35	18 30	18 22	18 16	18 11	18 07	18 04	18 00	17 59	17 57
13	19 16	19 03	18 53	18 45	18 39	18 33	18 24	18 16	18 10	18 05	18 00	17 56	17 53	17 51
17	19 25	19 10	18 59	18 50	18 42	18 36	18 25	18 17	18 10	18 03	17 57	17 51	17 48	17 45
21	19 34	19 17	19 05	18 54	18 46	18 39	18 27	18 17	18 09	18 02	17 55	17 47	17 44	17 40
25	19 43	19 25	19 11	18 59	18 50	18 42	18 29	18 18	18 09	18 00	17 52	17 44	17 39	17 34
29	19 53	19 32	19 17	19 04	18 54	18 45	18 30	18 19	18 08	17 59	17 50	17 40	17 35	17 29
Nov. 2	20 02	19 40	19 23	19 09	18 58	18 48	18 32	18 20	18 08	17 58	17 48	17 37	17 31	17 25
6	20 12	19 47	19 29	19 14	19 02	18 52	18 35	18 21	18 09	17 57	17 46	17 34	17 28	17 21
10	20 22	19 55	19 35	19 19	19 06	18 55	18 37	18 22	18 09	17 57	17 45	17 32	17 25	17 17
14	20 31	20 03	19 41	19 24	19 10	18 59	18 39	18 24	18 10	17 57	17 44	17 30	17 22	17 14
18	20 41	20 10	19 47	19 29	19 15	19 02	18 42	18 25	18 11	17 57	17 43	17 28	17 20	17 11
22	20 51	20 17	19 53	19 34	19 19	19 06	18 45	18 27	18 12	17 57	17 43	17 27	17 18	17 09
26	21 00	20 24	19 59	19 39	19 23	19 10	18 47	18 29	18 13	17 58	17 43	17 26	17 17	17 07
30	21 08	20 31	20 04	19 44	19 27	19 13	18 50	18 31	18 15	17 59	17 43	17 26	17 16	17 06
Dec. 4	21 16	20 37	20 09	19 48	19 31	19 16	18 53	18 33	18 16	18 00	17 44	17 26	17 16	17 05
8	21 23	20 42	20 14	19 52	19 34	19 20	18 55	18 36	18 18	18 01	17 45	17 26	17 16	17 05
12	21 29	20 47	20 18	19 56	19 38	19 23	18 58	18 38	18 20	18 03	17 46	17 27	17 17	17 05
16	21 34	20 51	20 21	19 59	19 40	19 25	19 00	18 40	18 22	18 05	17 47	17 29	17 18	17 06
20	21 37	20 53	20 24	20 01	19 43	19 27	19 02	18 42	18 24	18 07	17 49	17 30	17 20	17 08
24	21 39	20 55	20 25	20 03	19 45	19 29	19 04	18 44	18 26	18 09	17 51	17 32	17 22	17 10
28	21 39	20 56	20 27	20 04	19 46	19 31	19 06	18 46	18 28	18 11	17 54	17 35	17 24	17 13
32	21 37	20 56	20 27	20 05	19 47	19 32	19 07	18 47	18 30	18 13	17 56	17 37	17 27	17 16
36	21 35	20 54	20 26	20 05	19 47	19 32	19 09	18 49	18 31	18 15	17 58	17 40	17 30	17 19

CIVIL TWILIGHT, 2006

UNIVERSAL TIME FOR MERIDIAN OF GREENWICH
BEGINNING OF MORNING CIVIL TWILIGHT

Lat.		+40°	+42°	+44°	+46°	+48°	+50°	+52°	+54°	+56°	+58°	+60°	+62°	+64°	+66°
		h m	h m	h m	h m	h m	h m	h m	h m	h m	h m	h m	h m	h m	h m
Oct.	1	5 29	5 29	5 29	5 28	5 28	5 27	5 27	5 26	5 25	5 25	5 23	5 22	5 21	5 19
	5	5 33	5 33	5 33	5 33	5 33	5 34	5 34	5 33	5 33	5 33	5 33	5 33	5 32	5 32
	9	5 37	5 37	5 38	5 39	5 39	5 40	5 40	5 41	5 41	5 42	5 42	5 43	5 44	5 44
	13	5 41	5 42	5 43	5 44	5 45	5 46	5 47	5 48	5 49	5 50	5 52	5 53	5 55	5 57
	17	5 45	5 46	5 48	5 49	5 50	5 52	5 54	5 55	5 57	5 59	6 01	6 04	6 06	6 09
	21	5 49	5 51	5 52	5 54	5 56	5 58	6 00	6 03	6 05	6 08	6 11	6 14	6 18	6 22
	25	5 53	5 55	5 57	6 00	6 02	6 04	6 07	6 10	6 13	6 16	6 20	6 24	6 29	6 34
	29	5 57	6 00	6 02	6 05	6 08	6 11	6 14	6 17	6 21	6 25	6 30	6 35	6 40	6 47
Nov.	2	6 02	6 04	6 07	6 10	6 13	6 17	6 21	6 25	6 29	6 34	6 39	6 45	6 52	6 59
	6	6 06	6 09	6 12	6 16	6 19	6 23	6 27	6 32	6 37	6 42	6 48	6 55	7 03	7 12
	10	6 10	6 14	6 17	6 21	6 25	6 29	6 34	6 39	6 44	6 50	6 57	7 05	7 14	7 24
	14	6 15	6 18	6 22	6 26	6 31	6 35	6 40	6 46	6 52	6 59	7 06	7 15	7 25	7 36
	18	6 19	6 23	6 27	6 32	6 36	6 41	6 47	6 53	6 59	7 07	7 15	7 24	7 35	7 48
	22	6 23	6 27	6 32	6 37	6 42	6 47	6 53	6 59	7 07	7 14	7 23	7 34	7 45	7 59
	26	6 27	6 32	6 37	6 42	6 47	6 53	6 59	7 06	7 13	7 22	7 31	7 42	7 55	8 10
	30	6 31	6 36	6 41	6 46	6 52	6 58	7 04	7 12	7 20	7 29	7 39	7 50	8 04	8 20
Dec.	4	6 35	6 40	6 45	6 50	6 56	7 03	7 10	7 17	7 25	7 35	7 45	7 58	8 12	8 29
	8	6 39	6 44	6 49	6 54	7 00	7 07	7 14	7 22	7 31	7 40	7 51	8 04	8 19	8 37
	12	6 42	6 47	6 52	6 58	7 04	7 11	7 18	7 26	7 35	7 45	7 56	8 10	8 25	8 44
	16	6 45	6 50	6 55	7 01	7 07	7 14	7 22	7 30	7 39	7 49	8 00	8 14	8 30	8 49
	20	6 47	6 52	6 58	7 04	7 10	7 17	7 24	7 32	7 42	7 52	8 04	8 17	8 33	8 53
	24	6 49	6 54	7 00	7 06	7 12	7 19	7 26	7 34	7 43	7 54	8 05	8 19	8 35	8 55
	28	6 50	6 56	7 01	7 07	7 13	7 20	7 27	7 35	7 44	7 55	8 06	8 20	8 35	8 55
	32	6 51	6 56	7 02	7 08	7 14	7 20	7 28	7 36	7 44	7 54	8 06	8 19	8 34	8 53
	36	6 52	6 57	7 02	7 08	7 14	7 20	7 27	7 35	7 43	7 53	8 04	8 17	8 32	8 50

END OF EVENING CIVIL TWILIGHT

Lat.		+40°	+42°	+44°	+46°	+48°	+50°	+52°	+54°	+56°	+58°	+60°	+62°	+64°	+66°
		h m	h m	h m	h m	h m	h m	h m	h m	h m	h m	h m	h m	h m	h m
Oct.	1	18 10	18 10	18 10	18 10	18 11	18 11	18 11	18 12	18 13	18 14	18 14	18 16	18 17	18 19
	5	18 03	18 03	18 03	18 03	18 03	18 02	18 02	18 02	18 02	18 02	18 02	18 03	18 03	18 04
	9	17 57	17 56	17 56	17 55	17 55	17 54	17 53	17 53	17 52	17 52	17 51	17 50	17 49	17 49
	13	17 51	17 50	17 49	17 48	17 47	17 46	17 45	17 44	17 42	17 41	17 39	17 38	17 36	17 34
	17	17 45	17 44	17 42	17 41	17 40	17 38	17 36	17 34	17 33	17 31	17 28	17 26	17 23	17 20
	21	17 40	17 38	17 36	17 34	17 32	17 30	17 28	17 26	17 23	17 20	17 17	17 14	17 10	17 06
	25	17 34	17 32	17 30	17 28	17 26	17 23	17 20	17 17	17 14	17 11	17 07	17 03	16 58	16 52
	29	17 29	17 27	17 25	17 22	17 19	17 16	17 13	17 09	17 06	17 01	16 57	16 52	16 46	16 39
Nov.	2	17 25	17 22	17 19	17 16	17 13	17 10	17 06	17 02	16 57	16 53	16 47	16 41	16 34	16 27
	6	17 21	17 18	17 14	17 11	17 07	17 03	16 59	16 55	16 50	16 44	16 38	16 31	16 23	16 14
	10	17 17	17 14	17 10	17 06	17 02	16 58	16 53	16 48	16 43	16 37	16 30	16 22	16 13	16 03
	14	17 14	17 10	17 06	17 02	16 58	16 53	16 48	16 42	16 36	16 29	16 22	16 13	16 03	15 52
	18	17 11	17 07	17 03	16 58	16 54	16 48	16 43	16 37	16 30	16 23	16 15	16 05	15 54	15 41
	22	17 09	17 04	17 00	16 55	16 50	16 45	16 39	16 32	16 25	16 17	16 08	15 58	15 46	15 32
	26	17 07	17 02	16 58	16 53	16 47	16 41	16 35	16 28	16 21	16 12	16 03	15 52	15 39	15 24
	30	17 06	17 01	16 56	16 51	16 45	16 39	16 32	16 25	16 17	16 08	15 58	15 46	15 33	15 16
Dec.	4	17 05	17 00	16 55	16 50	16 44	16 37	16 30	16 23	16 15	16 05	15 55	15 42	15 28	15 10
	8	17 05	17 00	16 55	16 49	16 43	16 36	16 29	16 22	16 13	16 03	15 52	15 39	15 24	15 06
	12	17 05	17 00	16 55	16 49	16 43	16 36	16 29	16 21	16 12	16 02	15 51	15 37	15 22	15 03
	16	17 06	17 01	16 56	16 50	16 44	16 37	16 30	16 21	16 12	16 02	15 51	15 37	15 21	15 02
	20	17 08	17 03	16 57	16 51	16 45	16 38	16 31	16 23	16 13	16 03	15 52	15 38	15 22	15 02
	24	17 10	17 05	16 59	16 54	16 47	16 40	16 33	16 25	16 16	16 05	15 54	15 40	15 24	15 04
	28	17 13	17 07	17 02	16 56	16 50	16 43	16 36	16 28	16 19	16 09	15 57	15 44	15 28	15 08
	32	17 16	17 11	17 05	16 59	16 53	16 47	16 39	16 31	16 23	16 13	16 01	15 48	15 33	15 14
	36	17 19	17 14	17 09	17 03	16 57	16 51	16 44	16 36	16 27	16 18	16 07	15 54	15 39	15 21

NAUTICAL TWILIGHT, 2006

UNIVERSAL TIME FOR MERIDIAN OF GREENWICH
BEGINNING OF MORNING NAUTICAL TWILIGHT

Lat.	−55°	−50°	−45°	−40°	−35°	−30°	−20°	−10°	0°	+10°	+20°	+30°	+35°	+40°
	h m	h m	h m	h m	h m	h m	h m	h m	h m	h m	h m	h m	h m	h m
Jan. −2	// //	2 03	2 48	3 18	3 41	4 00	4 28	4 51	5 10	5 27	5 43	5 59	6 08	6 17
2	0 17	2 09	2 52	3 22	3 44	4 03	4 31	4 53	5 12	5 28	5 44	6 00	6 09	6 18
6	0 45	2 15	2 57	3 26	3 48	4 06	4 34	4 55	5 14	5 30	5 45	6 01	6 09	6 18
10	1 05	2 23	3 03	3 31	3 52	4 10	4 37	4 58	5 16	5 31	5 46	6 01	6 09	6 18
14	1 23	2 31	3 09	3 36	3 57	4 13	4 40	5 00	5 17	5 33	5 47	6 02	6 09	6 17
18	1 40	2 40	3 16	3 41	4 01	4 17	4 43	5 02	5 19	5 34	5 47	6 01	6 08	6 16
22	1 56	2 50	3 23	3 47	4 06	4 21	4 46	5 05	5 20	5 34	5 47	6 00	6 07	6 14
26	2 11	2 59	3 30	3 53	4 11	4 26	4 49	5 07	5 22	5 35	5 47	5 59	6 05	6 12
30	2 26	3 09	3 38	3 59	4 16	4 30	4 52	5 09	5 23	5 35	5 47	5 58	6 03	6 09
Feb. 3	2 40	3 18	3 45	4 05	4 21	4 34	4 55	5 10	5 24	5 35	5 46	5 56	6 01	6 06
7	2 53	3 28	3 52	4 11	4 26	4 38	4 57	5 12	5 24	5 35	5 44	5 53	5 58	6 02
11	3 06	3 37	4 00	4 17	4 31	4 42	5 00	5 14	5 25	5 34	5 43	5 51	5 54	5 58
15	3 18	3 46	4 07	4 23	4 35	4 46	5 02	5 15	5 25	5 33	5 41	5 48	5 51	5 54
19	3 30	3 55	4 14	4 28	4 40	4 49	5 04	5 16	5 25	5 32	5 39	5 44	5 47	5 49
23	3 41	4 04	4 21	4 34	4 44	4 53	5 06	5 17	5 25	5 31	5 36	5 40	5 42	5 44
27	3 52	4 12	4 27	4 39	4 48	4 56	5 08	5 17	5 24	5 30	5 34	5 37	5 38	5 38
Mar. 3	4 02	4 20	4 33	4 44	4 52	4 59	5 10	5 18	5 24	5 28	5 31	5 32	5 33	5 32
7	4 12	4 28	4 40	4 49	4 56	5 02	5 12	5 18	5 23	5 26	5 28	5 28	5 27	5 26
11	4 21	4 35	4 46	4 54	5 00	5 05	5 13	5 19	5 22	5 24	5 24	5 23	5 22	5 20
15	4 30	4 42	4 51	4 58	5 04	5 08	5 15	5 19	5 21	5 22	5 22	5 21	5 19	5 17	5 14
19	4 39	4 49	4 57	5 03	5 07	5 11	5 16	5 19	5 20	5 20	5 18	5 14	5 11	5 07
23	4 48	4 56	5 02	5 07	5 11	5 13	5 17	5 19	5 19	5 17	5 14	5 09	5 05	5 00
27	4 56	5 03	5 08	5 11	5 14	5 16	5 18	5 19	5 17	5 15	5 11	5 04	4 59	4 54
31	5 04	5 09	5 13	5 15	5 17	5 18	5 19	5 18	5 16	5 12	5 07	4 59	4 53	4 47
Apr. 4	5 12	5 15	5 18	5 19	5 20	5 21	5 20	5 18	5 15	5 10	5 03	4 54	4 47	4 40

END OF EVENING NAUTICAL TWILIGHT

Lat.	−55°	−50°	−45°	−40°	−35°	−30°	−20°	−10°	0°	+10°	+20°	+30°	+35°	+40°
	h m	h m	h m	h m	h m	h m	h m	h m	h m	h m	h m	h m	h m	h m
Jan. −2	// //	22 01	21 16	20 46	20 23	20 05	19 36	19 13	18 55	18 38	18 22	18 05	17 57	17 47
2	23 42	21 59	21 15	20 46	20 23	20 05	19 37	19 15	18 56	18 40	18 24	18 08	18 00	17 50
6	23 22	21 55	21 14	20 45	20 23	20 05	19 38	19 16	18 58	18 42	18 26	18 11	18 03	17 54
10	23 06	21 51	21 11	20 44	20 22	20 05	19 38	19 17	18 59	18 44	18 29	18 14	18 06	17 57
14	22 51	21 45	21 08	20 42	20 21	20 04	19 38	19 18	19 01	18 46	18 31	18 17	18 09	18 01
18	22 37	21 39	21 04	20 39	20 19	20 03	19 38	19 18	19 02	18 47	18 34	18 20	18 13	18 05
22	22 24	21 32	20 59	20 35	20 17	20 01	19 37	19 18	19 03	18 49	18 36	18 23	18 16	18 09
26	22 11	21 24	20 54	20 31	20 13	19 59	19 36	19 18	19 03	18 50	18 38	18 26	18 20	18 13
30	21 58	21 16	20 48	20 27	20 10	19 56	19 35	19 18	19 04	18 51	18 40	18 29	18 24	18 18
Feb. 3	21 45	21 07	20 41	20 22	20 06	19 53	19 33	19 17	19 04	18 53	18 42	18 32	18 27	18 22
7	21 33	20 59	20 35	20 16	20 02	19 50	19 31	19 16	19 04	18 54	18 44	18 35	18 31	18 26
11	21 20	20 50	20 28	20 11	19 57	19 46	19 28	19 15	19 04	18 54	18 46	18 38	18 35	18 31
15	21 08	20 40	20 20	20 05	19 52	19 42	19 26	19 13	19 03	18 55	18 48	18 41	18 38	18 35
19	20 56	20 31	20 13	19 59	19 47	19 38	19 23	19 12	19 03	18 55	18 49	18 44	18 42	18 39
23	20 44	20 22	20 05	19 52	19 42	19 33	19 20	19 10	19 02	18 56	18 51	18 47	18 45	18 44
27	20 32	20 12	19 57	19 46	19 36	19 29	19 17	19 08	19 01	18 56	18 52	18 49	18 49	18 48
Mar. 3	20 20	20 03	19 49	19 39	19 31	19 24	19 13	19 06	19 00	18 56	18 53	18 52	18 52	18 52
7	20 09	19 53	19 41	19 32	19 25	19 19	19 10	19 04	18 59	18 56	18 55	18 55	18 55	18 57
11	19 57	19 44	19 33	19 26	19 19	19 14	19 07	19 01	18 58	18 56	18 56	18 57	18 59	19 01
15	19 46	19 34	19 26	19 19	19 13	19 09	19 03	18 59	18 57	18 56	18 57	19 00	19 02	19 05
19	19 35	19 25	19 18	19 12	19 08	19 04	18 59	18 57	18 56	18 56	18 58	19 02	19 05	19 09
23	19 24	19 16	19 10	19 05	19 02	18 59	18 56	18 54	18 55	18 56	18 59	19 05	19 09	19 14
27	19 14	19 07	19 02	18 59	18 56	18 54	18 52	18 52	18 53	18 56	19 01	19 08	19 12	19 18
31	19 03	18 58	18 55	18 52	18 51	18 50	18 49	18 50	18 52	18 56	19 02	19 10	19 16	19 23
Apr. 4	18 53	18 50	18 47	18 46	18 45	18 45	18 46	18 48	18 51	18 56	19 03	19 13	19 19	19 27

// // indicates continuous twilight.

UNIVERSAL TIME FOR MERIDIAN OF GREENWICH
BEGINNING OF MORNING NAUTICAL TWILIGHT

Lat.	+40°	+42°	+44°	+46°	+48°	+50°	+52°	+54°	+56°	+58°	+60°	+62°	+64°	+66°
	h m	h m	h m	h m	h m	h m	h m	h m	h m	h m	h m	h m	h m	h m
Jan. −2	6 17	6 21	6 25	6 29	6 34	6 39	6 44	6 49	6 56	7 02	7 10	7 18	7 27	7 38
2	6 18	6 22	6 26	6 30	6 34	6 39	6 44	6 50	6 56	7 02	7 09	7 17	7 26	7 37
6	6 18	6 22	6 26	6 30	6 34	6 39	6 44	6 49	6 55	7 01	7 08	7 16	7 24	7 34
10	6 18	6 22	6 25	6 29	6 33	6 38	6 42	6 47	6 53	6 59	7 05	7 13	7 21	7 31
14	6 17	6 21	6 24	6 28	6 32	6 36	6 40	6 45	6 50	6 56	7 02	7 09	7 17	7 25
18	6 16	6 19	6 23	6 26	6 30	6 34	6 38	6 42	6 47	6 52	6 58	7 04	7 11	7 19
22	6 14	6 17	6 20	6 24	6 27	6 31	6 34	6 38	6 43	6 47	6 53	6 58	7 05	7 12
26	6 12	6 15	6 18	6 21	6 24	6 27	6 30	6 34	6 38	6 42	6 47	6 52	6 57	7 04
30	6 09	6 12	6 14	6 17	6 20	6 23	6 26	6 29	6 32	6 36	6 40	6 44	6 49	6 55
Feb. 3	6 06	6 08	6 10	6 13	6 15	6 18	6 20	6 23	6 26	6 29	6 32	6 36	6 40	6 45
7	6 02	6 04	6 06	6 08	6 10	6 12	6 14	6 17	6 19	6 21	6 24	6 27	6 30	6 34
11	5 58	6 00	6 01	6 03	6 05	6 06	6 08	6 10	6 11	6 13	6 15	6 18	6 20	6 22
15	5 54	5 55	5 56	5 57	5 59	6 00	6 01	6 02	6 03	6 05	6 06	6 07	6 09	6 10
19	5 49	5 50	5 51	5 51	5 52	5 53	5 54	5 54	5 55	5 56	5 56	5 57	5 57	5 57
23	5 44	5 44	5 45	5 45	5 45	5 46	5 46	5 46	5 46	5 46	5 46	5 45	5 45	5 44
27	5 38	5 38	5 38	5 38	5 38	5 38	5 38	5 37	5 37	5 36	5 35	5 34	5 32	5 30
Mar. 3	5 32	5 32	5 32	5 31	5 31	5 30	5 29	5 28	5 27	5 25	5 24	5 21	5 19	5 16
7	5 26	5 26	5 25	5 24	5 23	5 22	5 20	5 19	5 17	5 14	5 12	5 09	5 05	5 00
11	5 20	5 19	5 18	5 17	5 15	5 13	5 11	5 09	5 06	5 03	5 00	4 56	4 51	4 45
15	5 14	5 12	5 11	5 09	5 07	5 04	5 02	4 59	4 56	4 52	4 47	4 42	4 36	4 28
19	5 07	5 05	5 03	5 01	4 58	4 56	4 52	4 49	4 45	4 40	4 34	4 28	4 20	4 11
23	5 00	4 58	4 56	4 53	4 50	4 46	4 43	4 38	4 33	4 28	4 21	4 13	4 05	3 54
27	4 54	4 51	4 48	4 45	4 41	4 37	4 33	4 27	4 22	4 15	4 07	3 59	3 48	3 35
31	4 47	4 44	4 40	4 36	4 32	4 28	4 22	4 17	4 10	4 02	3 53	3 43	3 31	3 15
Apr. 4	4 40	4 36	4 32	4 28	4 23	4 18	4 12	4 06	3 58	3 49	3 39	3 27	3 12	2 54

END OF EVENING NAUTICAL TWILIGHT

Lat.	+40°	+42°	+44°	+46°	+48°	+50°	+52°	+54°	+56°	+58°	+60°	+62°	+64°	+66°
	h m	h m	h m	h m	h m	h m	h m	h m	h m	h m	h m	h m	h m	h m
Jan. −2	17 47	17 44	17 39	17 35	17 31	17 26	17 21	17 15	17 09	17 02	16 55	16 47	16 37	16 26
2	17 50	17 47	17 43	17 38	17 34	17 29	17 24	17 19	17 13	17 06	16 59	16 51	16 42	16 31
6	17 54	17 50	17 46	17 42	17 38	17 33	17 28	17 23	17 17	17 11	17 04	16 57	16 48	16 38
10	17 57	17 54	17 50	17 46	17 42	17 38	17 33	17 28	17 23	17 17	17 10	17 03	16 55	16 45
14	18 01	17 58	17 54	17 50	17 47	17 42	17 38	17 33	17 28	17 23	17 17	17 10	17 02	16 53
18	18 05	18 02	17 59	17 55	17 51	17 48	17 44	17 39	17 34	17 29	17 24	17 17	17 10	17 02
22	18 09	18 06	18 03	18 00	17 57	17 53	17 49	17 45	17 41	17 36	17 31	17 26	17 19	17 12
26	18 13	18 11	18 08	18 05	18 02	17 59	17 55	17 52	17 48	17 44	17 39	17 34	17 29	17 22
30	18 18	18 15	18 13	18 10	18 08	18 05	18 02	17 59	17 55	17 52	17 48	17 43	17 39	17 33
Feb. 3	18 22	18 20	18 18	18 16	18 13	18 11	18 08	18 05	18 03	18 00	17 56	17 53	17 49	17 44
7	18 26	18 25	18 23	18 21	18 19	18 17	18 15	18 13	18 10	18 08	18 05	18 02	17 59	17 56
11	18 31	18 29	18 28	18 26	18 25	18 23	18 21	18 20	18 18	18 16	18 14	18 12	18 10	18 08
15	18 35	18 34	18 33	18 32	18 30	18 29	18 28	18 27	18 26	18 25	18 23	18 22	18 21	18 20
19	18 39	18 39	18 38	18 37	18 36	18 36	18 35	18 34	18 34	18 33	18 33	18 32	18 32	18 32
23	18 44	18 43	18 43	18 43	18 42	18 42	18 42	18 42	18 42	18 42	18 42	18 43	18 44	18 45
27	18 48	18 48	18 48	18 48	18 48	18 48	18 49	18 49	18 50	18 51	18 52	18 53	18 55	18 57
Mar. 3	18 52	18 53	18 53	18 53	18 54	18 55	18 56	18 57	18 58	19 00	19 02	19 04	19 07	19 10
7	18 57	18 57	18 58	18 59	19 00	19 01	19 03	19 05	19 07	19 09	19 12	19 15	19 19	19 24
11	19 01	19 02	19 03	19 05	19 06	19 08	19 10	19 12	19 15	19 18	19 22	19 26	19 32	19 38
15	19 05	19 07	19 08	19 10	19 12	19 15	19 17	19 20	19 24	19 28	19 32	19 38	19 44	19 52
19	19 09	19 11	19 13	19 16	19 18	19 21	19 25	19 28	19 33	19 38	19 43	19 50	19 58	20 07
23	19 14	19 16	19 19	19 21	19 25	19 28	19 32	19 37	19 42	19 47	19 54	20 02	20 11	20 22
27	19 18	19 21	19 24	19 27	19 31	19 35	19 40	19 45	19 51	19 58	20 05	20 15	20 26	20 39
31	19 23	19 26	19 29	19 33	19 37	19 42	19 47	19 53	20 00	20 08	20 17	20 28	20 41	20 57
Apr. 4	19 27	19 31	19 35	19 39	19 44	19 49	19 55	20 02	20 10	20 19	20 29	20 42	20 57	21 16

NAUTICAL TWILIGHT, 2006

UNIVERSAL TIME FOR MERIDIAN OF GREENWICH
BEGINNING OF MORNING NAUTICAL TWILIGHT

Lat.	−55°	−50°	−45°	−40°	−35°	−30°	−20°	−10°	0°	+10°	+20°	+30°	+35°	+40°
	h m	h m	h m	h m	h m	h m	h m	h m	h m	h m	h m	h m	h m	h m
Mar. 31	5 04	5 09	5 13	5 15	5 17	5 18	5 19	5 18	5 16	5 12	5 07	4 59	4 53	4 47
Apr. 4	5 12	5 15	5 18	5 19	5 20	5 21	5 20	5 18	5 15	5 10	5 03	4 54	4 47	4 40
8	5 19	5 21	5 23	5 23	5 23	5 23	5 21	5 18	5 14	5 08	5 00	4 49	4 42	4 33
12	5 26	5 27	5 27	5 27	5 26	5 25	5 22	5 18	5 12	5 05	4 56	4 44	4 36	4 26
16	5 34	5 33	5 32	5 31	5 29	5 27	5 23	5 18	5 11	5 03	4 53	4 39	4 30	4 19
20	5 41	5 39	5 37	5 34	5 32	5 30	5 24	5 18	5 10	5 01	4 49	4 34	4 24	4 13
24	5 47	5 44	5 41	5 38	5 35	5 32	5 25	5 18	5 09	4 59	4 46	4 30	4 19	4 06
28	5 54	5 50	5 46	5 42	5 38	5 34	5 26	5 18	5 08	4 57	4 43	4 25	4 14	4 00
May 2	6 01	5 55	5 50	5 45	5 41	5 36	5 27	5 18	5 07	4 55	4 40	4 21	4 09	3 54
6	6 07	6 00	5 54	5 49	5 44	5 38	5 28	5 18	5 07	4 53	4 38	4 17	4 04	3 48
10	6 13	6 05	5 58	5 52	5 46	5 41	5 30	5 18	5 06	4 52	4 35	4 13	4 00	3 43
14	6 19	6 10	6 02	5 55	5 49	5 43	5 31	5 19	5 06	4 51	4 33	4 10	3 55	3 38
18	6 24	6 15	6 06	5 59	5 52	5 45	5 32	5 19	5 05	4 50	4 31	4 07	3 52	3 33
22	6 30	6 19	6 10	6 02	5 54	5 47	5 33	5 20	5 05	4 49	4 30	4 04	3 48	3 29
26	6 34	6 23	6 13	6 05	5 57	5 49	5 35	5 21	5 05	4 49	4 28	4 02	3 46	3 25
30	6 39	6 27	6 16	6 07	5 59	5 51	5 36	5 21	5 06	4 48	4 27	4 00	3 43	3 22
June 3	6 43	6 30	6 19	6 10	6 01	5 53	5 37	5 22	5 06	4 48	4 27	3 59	3 41	3 20
7	6 46	6 33	6 22	6 12	6 03	5 55	5 39	5 23	5 07	4 48	4 26	3 58	3 40	3 18
11	6 49	6 36	6 24	6 14	6 05	5 56	5 40	5 24	5 07	4 49	4 26	3 58	3 39	3 17
15	6 51	6 38	6 26	6 16	6 06	5 57	5 41	5 25	5 08	4 49	4 27	3 58	3 39	3 16
19	6 53	6 39	6 27	6 17	6 07	5 59	5 42	5 26	5 09	4 50	4 27	3 58	3 39	3 16
23	6 54	6 40	6 28	6 18	6 08	6 00	5 43	5 27	5 10	4 51	4 28	3 59	3 40	3 17
27	6 54	6 40	6 28	6 18	6 09	6 00	5 44	5 28	5 11	4 52	4 29	4 00	3 42	3 19
July 1	6 54	6 40	6 28	6 18	6 09	6 00	5 44	5 28	5 12	4 53	4 30	4 02	3 43	3 21
5	6 52	6 39	6 28	6 18	6 09	6 00	5 45	5 29	5 12	4 54	4 32	4 04	3 46	3 23

END OF EVENING NAUTICAL TWILIGHT

Lat.	−55°	−50°	−45°	−40°	−35°	−30°	−20°	−10°	0°	+10°	+20°	+30°	+35°	+40°
	h m	h m	h m	h m	h m	h m	h m	h m	h m	h m	h m	h m	h m	h m
Mar. 31	19 03	18 58	18 55	18 52	18 51	18 50	18 49	18 50	18 52	18 56	19 02	19 10	19 16	19 23
Apr. 4	18 53	18 50	18 47	18 46	18 45	18 45	18 46	18 48	18 51	18 56	19 03	19 13	19 19	19 27
8	18 44	18 41	18 40	18 40	18 40	18 40	18 42	18 46	18 50	18 56	19 05	19 16	19 23	19 32
12	18 34	18 33	18 33	18 34	18 35	18 36	18 39	18 44	18 49	18 57	19 06	19 18	19 27	19 36
16	18 25	18 26	18 27	18 28	18 30	18 32	18 36	18 42	18 49	18 57	19 07	19 21	19 30	19 41
20	18 16	18 18	18 20	18 23	18 25	18 28	18 34	18 40	18 48	18 57	19 09	19 24	19 34	19 46
24	18 08	18 11	18 14	18 18	18 21	18 24	18 31	18 39	18 47	18 58	19 11	19 27	19 38	19 51
28	18 00	18 04	18 09	18 13	18 17	18 21	18 29	18 37	18 47	18 58	19 12	19 30	19 42	19 56
May 2	17 52	17 58	18 03	18 08	18 13	18 17	18 27	18 36	18 47	18 59	19 14	19 34	19 46	20 01
6	17 45	17 52	17 58	18 04	18 09	18 14	18 25	18 35	18 47	19 00	19 16	19 37	19 50	20 06
10	17 39	17 47	17 54	18 00	18 06	18 12	18 23	18 34	18 47	19 01	19 18	19 40	19 54	20 11
14	17 33	17 42	17 50	17 57	18 03	18 10	18 22	18 34	18 47	19 02	19 20	19 43	19 58	20 16
18	17 28	17 38	17 46	17 54	18 01	18 08	18 21	18 34	18 47	19 03	19 22	19 46	20 02	20 20
22	17 23	17 34	17 43	17 51	17 59	18 06	18 20	18 33	18 48	19 04	19 24	19 49	20 05	20 25
26	17 19	17 31	17 40	17 49	17 57	18 05	18 19	18 33	18 49	19 06	19 26	19 52	20 09	20 29
30	17 16	17 28	17 38	17 48	17 56	18 04	18 19	18 34	18 49	19 07	19 28	19 55	20 12	20 33
June 3	17 13	17 26	17 37	17 46	17 55	18 03	18 19	18 34	18 50	19 08	19 30	19 57	20 15	20 37
7	17 11	17 24	17 36	17 46	17 55	18 03	18 19	18 35	18 51	19 09	19 31	20 00	20 18	20 40
11	17 10	17 24	17 35	17 45	17 54	18 03	18 19	18 35	18 52	19 11	19 33	20 02	20 20	20 43
15	17 09	17 23	17 35	17 45	17 55	18 03	18 20	18 36	18 53	19 12	19 34	20 03	20 22	20 45
19	17 10	17 24	17 35	17 46	17 55	18 04	18 21	18 37	18 54	19 13	19 35	20 05	20 23	20 46
23	17 11	17 25	17 36	17 47	17 56	18 05	18 21	18 38	18 55	19 14	19 36	20 05	20 24	20 47
27	17 12	17 26	17 38	17 48	17 57	18 06	18 22	18 39	18 55	19 14	19 37	20 06	20 24	20 47
July 1	17 14	17 28	17 39	17 50	17 59	18 07	18 23	18 39	18 56	19 15	19 37	20 06	20 24	20 47
5	17 17	17 30	17 42	17 51	18 00	18 09	18 25	18 40	18 57	19 15	19 37	20 05	20 23	20 46

UNIVERSAL TIME FOR MERIDIAN OF GREENWICH
BEGINNING OF MORNING NAUTICAL TWILIGHT

Lat.	+40°	+42°	+44°	+46°	+48°	+50°	+52°	+54°	+56°	+58°	+60°	+62°	+64°	+66°
	h m	h m	h m	h m	h m	h m	h m	h m	h m	h m	h m	h m	h m	h m
Mar. 31	4 47	4 44	4 40	4 36	4 32	4 28	4 22	4 17	4 10	4 02	3 53	3 43	3 31	3 15
Apr. 4	4 40	4 36	4 32	4 28	4 23	4 18	4 12	4 06	3 58	3 49	3 39	3 27	3 12	2 54
8	4 33	4 29	4 25	4 20	4 14	4 09	4 02	3 54	3 46	3 36	3 24	3 10	2 53	2 31
12	4 26	4 22	4 17	4 11	4 06	3 59	3 51	3 43	3 33	3 22	3 09	2 53	2 32	2 05
16	4 19	4 14	4 09	4 03	3 57	3 49	3 41	3 32	3 21	3 08	2 53	2 34	2 10	1 35
20	4 13	4 07	4 01	3 55	3 48	3 40	3 30	3 20	3 08	2 53	2 36	2 14	1 43	0 51
24	4 06	4 00	3 54	3 47	3 39	3 30	3 20	3 08	2 55	2 38	2 18	1 51	1 11	// //
28	4 00	3 54	3 47	3 39	3 30	3 21	3 10	2 57	2 41	2 23	1 59	1 25	// //	// //
May 2	3 54	3 47	3 40	3 31	3 22	3 11	2 59	2 45	2 28	2 07	1 38	0 50	// //	// //
6	3 48	3 41	3 33	3 24	3 14	3 02	2 49	2 33	2 14	1 49	1 13	// //	// //	// //
10	3 43	3 35	3 26	3 17	3 06	2 53	2 39	2 21	2 00	1 30	0 38	// //	// //	// //
14	3 38	3 29	3 20	3 10	2 58	2 45	2 29	2 10	1 45	1 08	// //	// //	// //	// //
18	3 33	3 24	3 15	3 04	2 51	2 37	2 19	1 58	1 29	0 40	// //	// //	// //	// //
22	3 29	3 20	3 09	2 58	2 45	2 29	2 10	1 47	1 13	// //	// //	// //	// //	// //
26	3 25	3 16	3 05	2 53	2 39	2 22	2 02	1 35	0 54	// //	// //	// //	// //	// //
30	3 22	3 12	3 01	2 48	2 33	2 16	1 54	1 24	0 28	// //	// //	// //	// //	// //
June 3	3 20	3 09	2 58	2 44	2 29	2 10	1 47	1 14	// //	// //	// //	// //	// //	// //
7	3 18	3 07	2 55	2 42	2 25	2 06	1 41	1 04	// //	// //	// //	// //	// //	// //
11	3 17	3 06	2 54	2 39	2 23	2 03	1 36	0 55	// //	// //	// //	// //	// //	// //
15	3 16	3 05	2 53	2 38	2 21	2 01	1 33	0 49	// //	// //	// //	// //	// //	□
19	3 16	3 05	2 53	2 38	2 21	2 00	1 32	0 45	// //	// //	// //	// //	// //	□
23	3 17	3 06	2 53	2 39	2 22	2 01	1 33	0 46	// //	// //	// //	// //	// //	□
27	3 19	3 07	2 55	2 41	2 24	2 03	1 35	0 50	// //	// //	// //	// //	// //	□
July 1	3 21	3 10	2 57	2 43	2 27	2 06	1 40	0 58	// //	// //	// //	// //	// //	// //
5	3 23	3 12	3 00	2 47	2 30	2 11	1 45	1 07	// //	// //	// //	// //	// //	// //

END OF EVENING NAUTICAL TWILIGHT

Lat.	+40°	+42°	+44°	+46°	+48°	+50°	+52°	+54°	+56°	+58°	+60°	+62°	+64°	+66°
	h m	h m	h m	h m	h m	h m	h m	h m	h m	h m	h m	h m	h m	h m
Mar. 31	19 23	19 26	19 29	19 33	19 37	19 42	19 47	19 53	20 00	20 08	20 17	20 28	20 41	20 57
Apr. 4	19 27	19 31	19 35	19 39	19 44	19 49	19 55	20 02	20 10	20 19	20 29	20 42	20 57	21 16
8	19 32	19 36	19 40	19 45	19 51	19 57	20 03	20 11	20 20	20 30	20 42	20 57	21 14	21 37
12	19 36	19 41	19 46	19 51	19 57	20 04	20 12	20 20	20 30	20 42	20 56	21 12	21 33	22 02
16	19 41	19 46	19 52	19 58	20 04	20 12	20 20	20 30	20 41	20 54	21 10	21 29	21 55	22 33
20	19 46	19 51	19 57	20 04	20 11	20 20	20 29	20 40	20 52	21 07	21 25	21 48	22 21	23 24
24	19 51	19 57	20 03	20 11	20 19	20 28	20 38	20 50	21 04	21 21	21 42	22 10	22 55	// //
28	19 56	20 02	20 09	20 17	20 26	20 36	20 47	21 00	21 16	21 35	22 00	22 36	// //	// //
May 2	20 01	20 08	20 15	20 24	20 33	20 44	20 57	21 11	21 29	21 51	22 21	23 15	// //	// //
6	20 06	20 13	20 22	20 31	20 41	20 53	21 06	21 22	21 42	22 08	22 47	// //	// //	// //
10	20 11	20 19	20 28	20 37	20 48	21 01	21 16	21 34	21 56	22 27	23 28	// //	// //	// //
14	20 16	20 24	20 33	20 44	20 56	21 09	21 26	21 45	22 11	22 50	// //	// //	// //	// //
18	20 20	20 29	20 39	20 50	21 03	21 18	21 35	21 57	22 27	23 23	// //	// //	// //	// //
22	20 25	20 34	20 45	20 56	21 10	21 26	21 45	22 09	22 45	// //	// //	// //	// //	// //
26	20 29	20 39	20 50	21 02	21 17	21 33	21 54	22 21	23 06	// //	// //	// //	// //	// //
30	20 33	20 43	20 55	21 08	21 23	21 40	22 03	22 33	23 36	// //	// //	// //	// //	// //
June 3	20 37	20 47	20 59	21 13	21 28	21 47	22 11	22 45	// //	// //	// //	// //	// //	// //
7	20 40	20 51	21 03	21 17	21 33	21 53	22 18	22 56	// //	// //	// //	// //	// //	// //
11	20 43	20 54	21 06	21 20	21 37	21 57	22 24	23 06	// //	// //	// //	// //	// //	// //
15	20 45	20 56	21 09	21 23	21 40	22 01	22 28	23 13	// //	// //	// //	// //	// //	□
19	20 46	20 58	21 10	21 25	21 42	22 03	22 31	23 18	// //	// //	// //	// //	// //	□
23	20 47	20 58	21 11	21 25	21 42	22 04	22 31	23 18	// //	// //	// //	// //	// //	□
27	20 47	20 58	21 11	21 25	21 42	22 03	22 30	23 15	// //	// //	// //	// //	// //	□
July 1	20 47	20 58	21 10	21 24	21 41	22 01	22 27	23 08	// //	// //	// //	// //	// //	// //
5	20 46	20 56	21 08	21 22	21 38	21 57	22 23	23 00	// //	// //	// //	// //	// //	// //

□ indicates Sun continuously above horizon.
// // indicates continuous twilight.

NAUTICAL TWILIGHT, 2006

UNIVERSAL TIME FOR MERIDIAN OF GREENWICH
BEGINNING OF MORNING NAUTICAL TWILIGHT

Lat.	−55°	−50°	−45°	−40°	−35°	−30°	−20°	−10°	0°	+10°	+20°	+30°	+35°	+40°
	h m	h m	h m	h m	h m	h m	h m	h m	h m	h m	h m	h m	h m	h m
July 1	6 54	6 40	6 28	6 18	6 09	6 00	5 44	5 28	5 12	4 53	4 30	4 02	3 43	3 21
5	6 52	6 39	6 28	6 18	6 09	6 00	5 45	5 29	5 12	4 54	4 32	4 04	3 46	3 23
9	6 50	6 38	6 27	6 17	6 08	6 00	5 45	5 29	5 13	4 55	4 34	4 06	3 48	3 26
13	6 48	6 35	6 25	6 16	6 07	5 59	5 44	5 30	5 14	4 56	4 35	4 08	3 51	3 30
17	6 44	6 33	6 23	6 14	6 06	5 58	5 44	5 30	5 15	4 57	4 37	4 11	3 54	3 34
21	6 40	6 29	6 20	6 12	6 04	5 57	5 43	5 30	5 15	4 59	4 39	4 14	3 58	3 38
25	6 35	6 25	6 17	6 09	6 02	5 55	5 42	5 29	5 15	5 00	4 41	4 17	4 01	3 42
29	6 30	6 21	6 13	6 06	6 00	5 53	5 41	5 29	5 16	5 01	4 43	4 20	4 05	3 47
Aug. 2	6 24	6 16	6 09	6 03	5 57	5 51	5 40	5 28	5 16	5 02	4 45	4 22	4 09	3 52
6	6 18	6 11	6 04	5 59	5 53	5 48	5 38	5 27	5 16	5 02	4 46	4 25	4 12	3 56
10	6 10	6 05	5 59	5 55	5 50	5 45	5 36	5 26	5 16	5 03	4 48	4 28	4 16	4 01
14	6 03	5 58	5 54	5 50	5 46	5 42	5 34	5 25	5 15	5 04	4 50	4 31	4 20	4 06
18	5 55	5 52	5 48	5 45	5 42	5 38	5 31	5 23	5 15	5 04	4 51	4 34	4 24	4 11
22	5 47	5 44	5 42	5 40	5 37	5 34	5 29	5 22	5 14	5 04	4 53	4 37	4 27	4 15
26	5 38	5 37	5 36	5 34	5 32	5 30	5 26	5 20	5 13	5 05	4 54	4 40	4 31	4 20
30	5 29	5 29	5 29	5 28	5 27	5 26	5 23	5 18	5 12	5 05	4 55	4 42	4 34	4 24
Sept. 3	5 19	5 21	5 22	5 22	5 22	5 21	5 19	5 16	5 11	5 05	4 56	4 45	4 38	4 29
7	5 09	5 13	5 15	5 16	5 17	5 17	5 16	5 14	5 10	5 05	4 57	4 48	4 41	4 33
11	4 59	5 04	5 07	5 10	5 11	5 12	5 12	5 11	5 09	5 05	4 59	4 50	4 44	4 37
15	4 49	4 55	5 00	5 03	5 05	5 07	5 09	5 09	5 07	5 04	5 00	4 52	4 47	4 41
19	4 38	4 46	4 52	4 56	5 00	5 02	5 05	5 06	5 06	5 04	5 00	4 55	4 51	4 46
23	4 27	4 37	4 44	4 49	4 54	4 57	5 01	5 04	5 05	5 04	5 01	4 57	4 54	4 50
27	4 16	4 28	4 36	4 43	4 48	4 52	4 58	5 01	5 03	5 03	5 02	4 59	4 57	4 54
Oct. 1	4 05	4 18	4 28	4 36	4 42	4 47	4 54	4 59	5 02	5 03	5 03	5 02	5 00	4 58
5	3 54	4 09	4 20	4 29	4 36	4 42	4 50	4 56	5 00	5 03	5 04	5 04	5 03	5 02

END OF EVENING NAUTICAL TWILIGHT

Lat.	−55°	−50°	−45°	−40°	−35°	−30°	−20°	−10°	0°	+10°	+20°	+30°	+35°	+40°
	h m	h m	h m	h m	h m	h m	h m	h m	h m	h m	h m	h m	h m	h m
July 1	17 14	17 28	17 39	17 50	17 59	18 07	18 23	18 39	18 56	19 15	19 37	20 06	20 24	20 47
5	17 17	17 30	17 42	17 51	18 00	18 09	18 25	18 40	18 57	19 15	19 37	20 05	20 23	20 46
9	17 20	17 33	17 44	17 54	18 02	18 10	18 26	18 41	18 57	19 15	19 37	20 04	20 22	20 44
13	17 24	17 36	17 47	17 56	18 04	18 12	18 27	18 42	18 58	19 15	19 36	20 03	20 20	20 41
17	17 29	17 40	17 50	17 59	18 07	18 14	18 28	18 43	18 58	19 15	19 35	20 01	20 18	20 38
21	17 33	17 44	17 53	18 01	18 09	18 16	18 30	18 43	18 58	19 14	19 34	19 59	20 15	20 34
25	17 38	17 48	17 57	18 04	18 11	18 18	18 31	18 44	18 58	19 13	19 32	19 56	20 11	20 30
29	17 44	17 52	18 00	18 07	18 14	18 20	18 32	18 44	18 57	19 12	19 30	19 53	20 08	20 25
Aug. 2	17 49	17 57	18 04	18 10	18 16	18 22	18 33	18 44	18 57	19 11	19 28	19 50	20 03	20 20
6	17 55	18 02	18 08	18 14	18 19	18 24	18 34	18 45	18 56	19 09	19 25	19 46	19 59	20 15
10	18 01	18 07	18 12	18 17	18 21	18 26	18 35	18 45	18 55	19 07	19 22	19 42	19 54	20 09
14	18 07	18 12	18 16	18 20	18 24	18 28	18 36	18 45	18 54	19 06	19 19	19 37	19 49	20 03
18	18 14	18 17	18 20	18 23	18 27	18 30	18 37	18 44	18 53	19 03	19 16	19 33	19 43	19 56
22	18 20	18 22	18 24	18 27	18 29	18 32	18 38	18 44	18 52	19 01	19 13	19 28	19 38	19 50
26	18 27	18 28	18 29	18 30	18 32	18 34	18 38	18 44	18 51	18 59	19 09	19 23	19 32	19 43
30	18 34	18 33	18 33	18 34	18 35	18 36	18 39	18 44	18 49	18 56	19 06	19 18	19 26	19 36
Sept. 3	18 41	18 39	18 38	18 37	18 37	18 38	18 40	18 43	18 48	18 54	19 02	19 13	19 20	19 29
7	18 48	18 45	18 42	18 41	18 40	18 40	18 41	18 43	18 46	18 51	18 58	19 08	19 14	19 22
11	18 55	18 50	18 47	18 45	18 43	18 42	18 41	18 42	18 45	18 49	18 54	19 03	19 08	19 15
15	19 03	18 56	18 52	18 48	18 46	18 44	18 42	18 42	18 43	18 46	18 51	18 58	19 02	19 08
19	19 11	19 03	18 57	18 52	18 49	18 46	18 43	18 42	18 42	18 43	18 47	18 52	18 56	19 01
23	19 19	19 09	19 02	18 56	18 52	18 48	18 44	18 41	18 40	18 41	18 43	18 47	18 50	18 54
27	19 27	19 16	19 07	19 00	18 55	18 51	18 45	18 41	18 39	18 38	18 39	18 42	18 45	18 48
Oct. 1	19 36	19 22	19 12	19 05	18 58	18 53	18 46	18 41	18 38	18 36	18 36	18 37	18 39	18 41
5	19 45	19 29	19 18	19 09	19 02	18 56	18 47	18 41	18 37	18 34	18 32	18 33	18 33	18 35

UNIVERSAL TIME FOR MERIDIAN OF GREENWICH
BEGINNING OF MORNING NAUTICAL TWILIGHT

Lat.	+40°	+42°	+44°	+46°	+48°	+50°	+52°	+54°	+56°	+58°	+60°	+62°	+64°	+66°
	h m	h m	h m	h m	h m	h m	h m	h m	h m	h m	h m	h m	h m	h m
July 1	3 21	3 10	2 57	2 43	2 27	2 06	1 40	0 58	// //	// //	// //	// //	// //	// //
5	3 23	3 12	3 00	2 47	2 30	2 11	1 45	1 07	// //	// //	// //	// //	// //	// //
9	3 26	3 16	3 04	2 51	2 35	2 16	1 52	1 18	// //	// //	// //	// //	// //	// //
13	3 30	3 20	3 08	2 55	2 40	2 23	2 00	1 30	0 26	// //	// //	// //	// //	// //
17	3 34	3 24	3 13	3 01	2 46	2 30	2 09	1 41	0 57	// //	// //	// //	// //	// //
21	3 38	3 29	3 18	3 06	2 53	2 37	2 18	1 53	1 18	// //	// //	// //	// //	// //
25	3 42	3 33	3 24	3 12	3 00	2 45	2 27	2 05	1 35	0 38	// //	// //	// //	// //
29	3 47	3 38	3 29	3 19	3 07	2 53	2 37	2 17	1 51	1 12	// //	// //	// //	// //
Aug. 2	3 52	3 44	3 35	3 25	3 14	3 01	2 46	2 28	2 06	1 34	0 30	// //	// //	// //
6	3 56	3 49	3 41	3 31	3 21	3 09	2 56	2 39	2 19	1 53	1 14	// //	// //	// //
10	4 01	3 54	3 46	3 38	3 28	3 17	3 05	2 50	2 33	2 10	1 40	0 42	// //	// //
14	4 06	3 59	3 52	3 44	3 35	3 25	3 14	3 01	2 45	2 26	2 00	1 23	// //	// //
18	4 11	4 05	3 58	3 51	3 42	3 33	3 23	3 11	2 57	2 40	2 18	1 50	1 02	// //
22	4 15	4 10	4 04	3 57	3 49	3 41	3 32	3 21	3 08	2 53	2 35	2 11	1 38	0 25
26	4 20	4 15	4 09	4 03	3 56	3 49	3 40	3 30	3 19	3 06	2 50	2 30	2 04	1 24
30	4 24	4 20	4 15	4 09	4 03	3 56	3 48	3 40	3 29	3 18	3 04	2 47	2 25	1 55
Sept. 3	4 29	4 25	4 20	4 15	4 09	4 03	3 56	3 48	3 40	3 29	3 17	3 02	2 44	2 20
7	4 33	4 29	4 25	4 21	4 16	4 10	4 04	3 57	3 49	3 40	3 29	3 17	3 01	2 42
11	4 37	4 34	4 30	4 26	4 22	4 17	4 12	4 06	3 59	3 51	3 41	3 30	3 17	3 01
15	4 41	4 39	4 35	4 32	4 28	4 24	4 19	4 14	4 08	4 01	3 53	3 43	3 32	3 18
19	4 46	4 43	4 40	4 37	4 34	4 31	4 26	4 22	4 17	4 11	4 04	3 55	3 46	3 34
23	4 50	4 48	4 45	4 43	4 40	4 37	4 34	4 30	4 25	4 20	4 14	4 07	3 59	3 50
27	4 54	4 52	4 50	4 48	4 46	4 43	4 41	4 37	4 34	4 29	4 25	4 19	4 12	4 04
Oct. 1	4 58	4 56	4 55	4 54	4 52	4 50	4 48	4 45	4 42	4 39	4 35	4 30	4 25	4 18
5	5 02	5 01	5 00	4 59	4 57	4 56	4 54	4 52	4 50	4 48	4 45	4 41	4 37	4 32

END OF EVENING NAUTICAL TWILIGHT

Lat.	+40°	+42°	+44°	+46°	+48°	+50°	+52°	+54°	+56°	+58°	+60°	+62°	+64°	+66°
	h m	h m	h m	h m	h m	h m	h m	h m	h m	h m	h m	h m	h m	h m
July 1	20 47	20 58	21 10	21 24	21 41	22 01	22 27	23 08	// //	// //	// //	// //	// //	// //
5	20 46	20 56	21 08	21 22	21 38	21 57	22 23	23 00	// //	// //	// //	// //	// //	// //
9	20 44	20 54	21 06	21 19	21 34	21 53	22 17	22 50	// //	// //	// //	// //	// //	// //
13	20 41	20 51	21 02	21 15	21 30	21 48	22 10	22 39	23 36	// //	// //	// //	// //	// //
17	20 38	20 48	20 58	21 11	21 25	21 41	22 02	22 28	23 10	// //	// //	// //	// //	// //
21	20 34	20 43	20 54	21 05	21 19	21 34	21 53	22 17	22 51	// //	// //	// //	// //	// //
25	20 30	20 39	20 49	21 00	21 12	21 27	21 44	22 05	22 34	23 25	// //	// //	// //	// //
29	20 25	20 34	20 43	20 53	21 05	21 18	21 34	21 54	22 19	22 56	// //	// //	// //	// //
Aug. 2	20 20	20 28	20 37	20 46	20 57	21 10	21 24	21 42	22 04	22 34	23 27	// //	// //	// //
6	20 15	20 22	20 30	20 39	20 49	21 01	21 14	21 30	21 50	22 15	22 52	// //	// //	// //
10	20 09	20 16	20 23	20 32	20 41	20 52	21 04	21 18	21 36	21 57	22 26	23 16	// //	// //
14	20 03	20 09	20 16	20 24	20 33	20 42	20 54	21 07	21 22	21 41	22 05	22 40	// //	// //
18	19 56	20 02	20 09	20 16	20 24	20 33	20 43	20 55	21 09	21 25	21 46	22 13	22 56	// //
22	19 50	19 55	20 01	20 08	20 15	20 23	20 33	20 43	20 55	21 10	21 28	21 50	22 22	23 19
26	19 43	19 48	19 53	19 59	20 06	20 14	20 22	20 32	20 43	20 55	21 11	21 30	21 55	22 32
30	19 36	19 41	19 46	19 51	19 57	20 04	20 11	20 20	20 30	20 41	20 55	21 11	21 32	22 00
Sept. 3	19 29	19 33	19 38	19 43	19 48	19 54	20 01	20 09	20 17	20 27	20 39	20 54	21 11	21 34
7	19 22	19 26	19 30	19 34	19 39	19 44	19 50	19 57	20 05	20 14	20 24	20 37	20 52	21 10
11	19 15	19 18	19 22	19 26	19 30	19 35	19 40	19 46	19 53	20 01	20 10	20 21	20 33	20 49
15	19 08	19 11	19 14	19 17	19 21	19 25	19 30	19 35	19 41	19 48	19 56	20 05	20 16	20 29
19	19 01	19 04	19 06	19 09	19 12	19 16	19 20	19 24	19 29	19 35	19 42	19 50	19 59	20 10
23	18 54	18 56	18 59	19 01	19 04	19 07	19 10	19 14	19 18	19 23	19 29	19 35	19 43	19 53
27	18 48	18 49	18 51	18 53	18 55	18 57	19 00	19 03	19 07	19 11	19 16	19 21	19 28	19 35
Oct. 1	18 41	18 42	18 44	18 45	18 47	18 49	18 51	18 53	18 56	18 59	19 03	19 07	19 13	19 19
5	18 35	18 35	18 36	18 37	18 38	18 40	18 41	18 43	18 45	18 48	18 51	18 54	18 58	19 03

// // indicates continuous twilight.

NAUTICAL TWILIGHT, 2006

UNIVERSAL TIME FOR MERIDIAN OF GREENWICH
BEGINNING OF MORNING NAUTICAL TWILIGHT

Lat.	−55°	−50°	−45°	−40°	−35°	−30°	−20°	−10°	0°	+10°	+20°	+30°	+35°	+40°
	h m	h m	h m	h m	h m	h m	h m	h m	h m	h m	h m	h m	h m	h m
Oct. 1	4 05	4 18	4 28	4 36	4 42	4 47	4 54	4 59	5 02	5 03	5 03	5 02	5 00	4 58
5	3 54	4 09	4 20	4 29	4 36	4 42	4 50	4 56	5 00	5 03	5 04	5 04	5 03	5 02
9	3 42	3 59	4 12	4 22	4 30	4 37	4 47	4 54	4 59	5 03	5 05	5 06	5 06	5 05
13	3 31	3 50	4 04	4 15	4 24	4 32	4 43	4 52	4 58	5 03	5 06	5 09	5 09	5 09
17	3 19	3 40	3 56	4 08	4 18	4 27	4 40	4 49	4 57	5 03	5 07	5 11	5 12	5 13
21	3 07	3 31	3 48	4 02	4 13	4 22	4 36	4 47	4 56	5 03	5 09	5 13	5 16	5 17
25	2 54	3 21	3 41	3 56	4 08	4 18	4 33	4 45	4 55	5 03	5 10	5 16	5 19	5 22
29	2 42	3 12	3 33	3 49	4 03	4 13	4 31	4 44	4 54	5 03	5 11	5 19	5 22	5 26
Nov. 2	2 30	3 02	3 26	3 43	3 58	4 09	4 28	4 42	4 54	5 04	5 13	5 21	5 26	5 30
6	2 17	2 53	3 19	3 38	3 53	4 06	4 26	4 41	4 54	5 05	5 15	5 24	5 29	5 34
10	2 05	2 45	3 12	3 33	3 49	4 02	4 24	4 40	4 54	5 06	5 16	5 27	5 32	5 38
14	1 52	2 36	3 06	3 28	3 45	3 59	4 22	4 39	4 54	5 07	5 18	5 30	5 36	5 42
18	1 39	2 28	3 00	3 24	3 42	3 57	4 20	4 39	4 54	5 08	5 20	5 33	5 39	5 46
22	1 25	2 21	2 55	3 20	3 39	3 55	4 19	4 39	4 55	5 09	5 23	5 36	5 43	5 50
26	1 12	2 14	2 51	3 17	3 37	3 53	4 19	4 39	4 56	5 11	5 25	5 39	5 46	5 54
30	0 57	2 08	2 47	3 14	3 35	3 52	4 19	4 39	4 57	5 12	5 27	5 42	5 50	5 58
Dec. 4	0 42	2 03	2 44	3 12	3 34	3 51	4 19	4 40	4 58	5 14	5 29	5 45	5 53	6 01
8	0 25	1 59	2 42	3 11	3 33	3 51	4 19	4 41	5 00	5 16	5 32	5 47	5 56	6 05
12	// //	1 57	2 41	3 11	3 33	3 52	4 20	4 43	5 01	5 18	5 34	5 50	5 59	6 08
16	// //	1 56	2 41	3 11	3 34	3 53	4 22	4 44	5 03	5 20	5 36	5 53	6 01	6 11
20	// //	1 56	2 42	3 12	3 36	3 54	4 23	4 46	5 05	5 22	5 38	5 55	6 04	6 13
24	// //	1 58	2 44	3 14	3 38	3 56	4 25	4 48	5 07	5 24	5 40	5 57	6 06	6 15
28	// //	2 02	2 47	3 17	3 40	3 59	4 28	4 50	5 09	5 26	5 42	5 58	6 07	6 16
32	// //	2 07	2 51	3 21	3 43	4 02	4 30	4 52	5 11	5 28	5 44	6 00	6 08	6 17
36	0 38	2 13	2 55	3 25	3 47	4 05	4 33	4 55	5 13	5 29	5 45	6 01	6 09	6 18

END OF EVENING NAUTICAL TWILIGHT

Lat.	−55°	−50°	−45°	−40°	−35°	−30°	−20°	−10°	0°	+10°	+20°	+30°	+35°	+40°
	h m	h m	h m	h m	h m	h m	h m	h m	h m	h m	h m	h m	h m	h m
Oct. 1	19 36	19 22	19 12	19 05	18 58	18 53	18 46	18 41	18 38	18 36	18 36	18 37	18 39	18 41
5	19 45	19 29	19 18	19 09	19 02	18 56	18 47	18 41	18 37	18 34	18 32	18 33	18 33	18 35
9	19 54	19 37	19 24	19 14	19 05	18 59	18 48	18 41	18 36	18 32	18 29	18 28	18 28	18 28
13	20 04	19 44	19 30	19 18	19 09	19 02	18 50	18 41	18 35	18 30	18 26	18 23	18 23	18 22
17	20 14	19 52	19 36	19 23	19 13	19 05	18 51	18 42	18 34	18 28	18 23	18 19	18 18	18 17
21	20 25	20 00	19 42	19 28	19 17	19 08	18 53	18 42	18 33	18 26	18 20	18 15	18 13	18 11
25	20 36	20 09	19 49	19 34	19 21	19 11	18 55	18 43	18 33	18 25	18 18	18 12	18 09	18 06
29	20 48	20 17	19 56	19 39	19 26	19 15	18 57	18 44	18 33	18 24	18 16	18 08	18 05	18 01
Nov. 2	21 00	20 26	20 03	19 45	19 30	19 18	19 00	18 45	18 33	18 23	18 14	18 05	18 01	17 57
6	21 13	20 35	20 10	19 50	19 35	19 22	19 02	18 46	18 34	18 23	18 12	18 03	17 58	17 53
10	21 26	20 45	20 17	19 56	19 40	19 26	19 05	18 48	18 34	18 22	18 11	18 00	17 55	17 49
14	21 40	20 54	20 24	20 02	19 44	19 30	19 07	18 50	18 35	18 22	18 10	17 59	17 53	17 46
18	21 55	21 04	20 31	20 08	19 49	19 34	19 10	18 52	18 36	18 22	18 10	17 57	17 51	17 44
22	22 10	21 13	20 38	20 13	19 54	19 38	19 13	18 54	18 37	18 23	18 10	17 56	17 49	17 42
26	22 26	21 22	20 45	20 19	19 58	19 42	19 16	18 56	18 39	18 24	18 10	17 55	17 48	17 40
30	22 43	21 30	20 51	20 24	20 03	19 46	19 19	18 58	18 40	18 25	18 10	17 55	17 47	17 39
Dec. 4	23 02	21 38	20 57	20 29	20 07	19 49	19 22	19 00	18 42	18 26	18 11	17 55	17 47	17 39
8	23 25	21 45	21 02	20 33	20 11	19 53	19 24	19 03	18 44	18 28	18 12	17 56	17 48	17 39
12	// //	21 51	21 07	20 37	20 14	19 56	19 27	19 05	18 46	18 29	18 13	17 57	17 49	17 39
16	// //	21 56	21 11	20 40	20 17	19 59	19 30	19 07	18 48	18 31	18 15	17 59	17 50	17 40
20	// //	21 59	21 13	20 43	20 20	20 01	19 32	19 09	18 50	18 33	18 17	18 00	17 51	17 42
24	// //	22 01	21 15	20 45	20 21	20 03	19 34	19 11	18 52	18 35	18 19	18 02	17 54	17 44
28	// //	22 01	21 16	20 46	20 23	20 04	19 35	19 13	18 54	18 37	18 21	18 05	17 56	17 47
32	23 53	21 59	21 16	20 46	20 23	20 05	19 37	19 14	18 56	18 39	18 23	18 07	17 59	17 50
36	23 27	21 56	21 14	20 45	20 23	20 05	19 37	19 16	18 57	18 41	18 26	18 10	18 02	17 53

// // indicates continuous twilight.

UNIVERSAL TIME FOR MERIDIAN OF GREENWICH
BEGINNING OF MORNING NAUTICAL TWILIGHT

Lat.	+40°	+42°	+44°	+46°	+48°	+50°	+52°	+54°	+56°	+58°	+60°	+62°	+64°	+66°
	h m	h m	h m	h m	h m	h m	h m	h m	h m	h m	h m	h m	h m	h m
Oct. 1	4 58	4 56	4 55	4 54	4 52	4 50	4 48	4 45	4 42	4 39	4 35	4 30	4 25	4 18
5	5 02	5 01	5 00	4 59	4 57	4 56	4 54	4 52	4 50	4 48	4 45	4 41	4 37	4 32
9	5 05	5 05	5 05	5 04	5 03	5 02	5 01	5 00	4 58	4 56	4 54	4 52	4 48	4 45
13	5 09	5 09	5 09	5 09	5 09	5 08	5 08	5 07	5 06	5 05	5 04	5 02	5 00	4 57
17	5 13	5 14	5 14	5 14	5 14	5 14	5 14	5 14	5 14	5 14	5 13	5 12	5 11	5 10
21	5 17	5 18	5 19	5 19	5 20	5 21	5 21	5 21	5 22	5 22	5 22	5 22	5 22	5 22
25	5 22	5 23	5 24	5 25	5 26	5 27	5 28	5 29	5 30	5 30	5 31	5 32	5 33	5 34
29	5 26	5 27	5 28	5 30	5 31	5 33	5 34	5 36	5 37	5 39	5 40	5 42	5 44	5 46
Nov. 2	5 30	5 31	5 33	5 35	5 37	5 39	5 41	5 43	5 45	5 47	5 49	5 52	5 55	5 58
6	5 34	5 36	5 38	5 40	5 42	5 45	5 47	5 49	5 52	5 55	5 58	6 01	6 05	6 09
10	5 38	5 40	5 43	5 45	5 48	5 50	5 53	5 56	5 59	6 03	6 06	6 10	6 15	6 20
14	5 42	5 45	5 47	5 50	5 53	5 56	5 59	6 03	6 06	6 10	6 15	6 19	6 25	6 31
18	5 46	5 49	5 52	5 55	5 58	6 02	6 05	6 09	6 13	6 18	6 23	6 28	6 34	6 41
22	5 50	5 53	5 57	6 00	6 03	6 07	6 11	6 15	6 20	6 25	6 30	6 36	6 43	6 51
26	5 54	5 57	6 01	6 04	6 08	6 12	6 17	6 21	6 26	6 31	6 37	6 44	6 51	7 00
30	5 58	6 01	6 05	6 09	6 13	6 17	6 22	6 27	6 32	6 38	6 44	6 51	6 59	7 08
Dec. 4	6 01	6 05	6 09	6 13	6 17	6 22	6 26	6 32	6 37	6 43	6 50	6 58	7 06	7 16
8	6 05	6 09	6 13	6 17	6 21	6 26	6 31	6 36	6 42	6 48	6 55	7 03	7 12	7 23
12	6 08	6 12	6 16	6 20	6 25	6 29	6 35	6 40	6 46	6 53	7 00	7 08	7 17	7 28
16	6 11	6 15	6 19	6 23	6 28	6 33	6 38	6 43	6 50	6 56	7 04	7 12	7 22	7 33
20	6 13	6 17	6 21	6 26	6 30	6 35	6 40	6 46	6 52	6 59	7 07	7 15	7 25	7 36
24	6 15	6 19	6 23	6 28	6 32	6 37	6 42	6 48	6 54	7 01	7 09	7 17	7 27	7 38
28	6 16	6 20	6 25	6 29	6 34	6 38	6 44	6 49	6 55	7 02	7 09	7 18	7 27	7 38
32	6 17	6 21	6 25	6 30	6 34	6 39	6 44	6 50	6 56	7 02	7 09	7 18	7 27	7 37
36	6 18	6 22	6 26	6 30	6 34	6 39	6 44	6 49	6 55	7 01	7 08	7 16	7 25	7 35

END OF EVENING NAUTICAL TWILIGHT

Lat.	+40°	+42°	+44°	+46°	+48°	+50°	+52°	+54°	+56°	+58°	+60°	+62°	+64°	+66°
	h m	h m	h m	h m	h m	h m	h m	h m	h m	h m	h m	h m	h m	h m
Oct. 1	18 41	18 42	18 44	18 45	18 47	18 49	18 51	18 53	18 56	18 59	19 03	19 07	19 13	19 19
5	18 35	18 35	18 36	18 37	18 38	18 40	18 41	18 43	18 45	18 48	18 51	18 54	18 58	19 03
9	18 28	18 29	18 29	18 30	18 31	18 31	18 32	18 34	18 35	18 37	18 39	18 41	18 44	18 48
13	18 22	18 22	18 22	18 23	18 23	18 23	18 24	18 24	18 25	18 26	18 27	18 29	18 31	18 33
17	18 17	18 16	18 16	18 16	18 15	18 15	18 15	18 15	18 16	18 16	18 16	18 17	18 18	18 19
21	18 11	18 10	18 10	18 09	18 08	18 08	18 07	18 07	18 06	18 06	18 06	18 05	18 05	18 05
25	18 06	18 05	18 04	18 03	18 02	18 01	18 00	17 59	17 58	17 57	17 56	17 54	17 53	17 52
29	18 01	18 00	17 58	17 57	17 56	17 54	17 52	17 51	17 49	17 48	17 46	17 44	17 42	17 40
Nov. 2	17 57	17 55	17 53	17 52	17 50	17 48	17 46	17 44	17 42	17 39	17 37	17 34	17 31	17 28
6	17 53	17 51	17 49	17 47	17 44	17 42	17 40	17 37	17 34	17 31	17 28	17 25	17 21	17 17
10	17 49	17 47	17 45	17 42	17 39	17 37	17 34	17 31	17 28	17 24	17 20	17 16	17 12	17 07
14	17 46	17 44	17 41	17 38	17 35	17 32	17 29	17 25	17 22	17 18	17 13	17 09	17 03	16 57
18	17 44	17 41	17 38	17 35	17 31	17 28	17 24	17 21	17 16	17 12	17 07	17 01	16 55	16 48
22	17 42	17 39	17 35	17 32	17 28	17 25	17 21	17 16	17 12	17 07	17 01	16 55	16 48	16 41
26	17 40	17 37	17 33	17 30	17 26	17 22	17 18	17 13	17 08	17 03	16 57	16 50	16 43	16 34
30	17 39	17 36	17 32	17 28	17 24	17 20	17 15	17 10	17 05	16 59	16 53	16 46	16 38	16 28
Dec. 4	17 39	17 35	17 31	17 27	17 23	17 18	17 14	17 08	17 03	16 57	16 50	16 42	16 34	16 24
8	17 39	17 35	17 31	17 27	17 22	17 18	17 13	17 07	17 01	16 55	16 48	16 40	16 31	16 21
12	17 39	17 35	17 31	17 27	17 22	17 18	17 13	17 07	17 01	16 54	16 47	16 39	16 30	16 19
16	17 40	17 36	17 32	17 28	17 23	17 18	17 13	17 07	17 01	16 55	16 47	16 39	16 29	16 18
20	17 42	17 38	17 34	17 29	17 25	17 20	17 15	17 09	17 03	16 56	16 48	16 40	16 30	16 19
24	17 44	17 40	17 36	17 32	17 27	17 22	17 17	17 11	17 05	16 58	16 51	16 42	16 33	16 21
28	17 47	17 43	17 39	17 34	17 30	17 25	17 20	17 14	17 08	17 01	16 54	16 45	16 36	16 25
32	17 50	17 46	17 42	17 37	17 33	17 28	17 23	17 17	17 11	17 05	16 58	16 50	16 40	16 30
36	17 53	17 49	17 45	17 41	17 36	17 32	17 27	17 22	17 16	17 10	17 03	16 55	16 46	16 36

ASTRONOMICAL TWILIGHT, 2006

UNIVERSAL TIME FOR MERIDIAN OF GREENWICH
BEGINNING OF MORNING ASTRONOMICAL TWILIGHT

Lat.	−55°	−50°	−45°	−40°	−35°	−30°	−20°	−10°	0°	+10°	+20°	+30°	+35°	+40°
	h m	h m	h m	h m	h m	h m	h m	h m	h m	h m	h m	h m	h m	h m
Jan. −2	// //	// //	1 43	2 30	3 01	3 24	3 58	4 23	4 43	5 00	5 15	5 30	5 37	5 44
2	// //	// //	1 48	2 34	3 04	3 27	4 01	4 26	4 45	5 02	5 17	5 31	5 38	5 45
6	// //	// //	1 55	2 39	3 08	3 31	4 04	4 28	4 48	5 04	5 18	5 32	5 39	5 45
10	// //	// //	2 03	2 45	3 13	3 35	4 07	4 31	4 50	5 05	5 19	5 32	5 39	5 45
14	// //	0 52	2 12	2 51	3 18	3 39	4 10	4 33	4 51	5 07	5 20	5 33	5 39	5 45
18	// //	1 14	2 21	2 57	3 23	3 43	4 13	4 36	4 53	5 08	5 21	5 32	5 38	5 44
22	// //	1 32	2 30	3 04	3 29	3 48	4 17	4 38	4 55	5 09	5 21	5 32	5 37	5 42
26	// //	1 49	2 39	3 11	3 34	3 53	4 20	4 40	4 56	5 09	5 21	5 31	5 35	5 40
30	// //	2 04	2 49	3 18	3 40	3 57	4 23	4 42	4 58	5 10	5 20	5 29	5 33	5 37
Feb. 3	0 49	2 18	2 58	3 25	3 46	4 02	4 26	4 44	4 59	5 10	5 19	5 28	5 31	5 34
7	1 25	2 31	3 07	3 32	3 51	4 06	4 29	4 46	4 59	5 10	5 18	5 25	5 28	5 31
11	1 50	2 44	3 16	3 39	3 57	4 11	4 32	4 48	5 00	5 09	5 17	5 23	5 25	5 27
15	2 09	2 55	3 25	3 46	4 02	4 15	4 35	4 49	5 00	5 09	5 15	5 20	5 21	5 22
19	2 27	3 06	3 33	3 52	4 07	4 19	4 37	4 51	5 00	5 08	5 13	5 16	5 17	5 18
23	2 42	3 17	3 41	3 58	4 12	4 23	4 40	4 52	5 00	5 06	5 11	5 13	5 13	5 12
27	2 56	3 27	3 48	4 04	4 17	4 27	4 42	4 52	5 00	5 05	5 08	5 09	5 08	5 07
Mar. 3	3 09	3 36	3 55	4 10	4 21	4 30	4 44	4 53	4 59	5 03	5 05	5 05	5 03	5 01
7	3 21	3 45	4 02	4 15	4 26	4 34	4 46	4 54	4 59	5 02	5 02	5 00	4 58	4 55
11	3 33	3 54	4 09	4 21	4 30	4 37	4 47	4 54	4 58	5 00	4 59	4 56	4 53	4 48
15	3 43	4 02	4 15	4 26	4 34	4 40	4 49	4 54	4 57	4 57	4 56	4 51	4 47	4 42
19	3 53	4 10	4 21	4 30	4 37	4 43	4 50	4 54	4 56	4 55	4 52	4 46	4 41	4 35
23	4 03	4 17	4 27	4 35	4 41	4 45	4 51	4 54	4 55	4 53	4 48	4 41	4 35	4 28
27	4 12	4 24	4 33	4 39	4 44	4 48	4 53	4 54	4 53	4 50	4 45	4 35	4 29	4 21
31	4 20	4 31	4 38	4 44	4 48	4 51	4 54	4 54	4 52	4 48	4 41	4 30	4 23	4 14
Apr. 4	4 29	4 37	4 43	4 48	4 51	4 53	4 55	4 54	4 51	4 45	4 37	4 25	4 17	4 06

END OF EVENING ASTRONOMICAL TWILIGHT

Lat.	−55°	−50°	−45°	−40°	−35°	−30°	−20°	−10°	0°	+10°	+20°	+30°	+35°	+40°
	h m	h m	h m	h m	h m	h m	h m	h m	h m	h m	h m	h m	h m	h m
Jan. −2	// //	// //	22 21	21 34	21 03	20 40	20 06	19 41	19 21	19 04	18 49	18 35	18 28	18 20
2	// //	// //	22 19	21 34	21 03	20 41	20 07	19 42	19 23	19 06	18 51	18 37	18 30	18 23
6	// //	// //	22 15	21 32	21 03	20 41	20 08	19 43	19 24	19 08	18 53	18 40	18 33	18 27
10	// //	23 48	22 11	21 30	21 01	20 40	20 08	19 44	19 25	19 10	18 56	18 43	18 36	18 30
14	// //	23 21	22 05	21 26	20 59	20 39	20 08	19 45	19 27	19 11	18 58	18 46	18 40	18 34
18	// //	23 03	21 59	21 23	20 57	20 37	20 07	19 45	19 28	19 13	19 00	18 49	18 43	18 37
22	// //	22 47	21 52	21 18	20 54	20 35	20 06	19 45	19 28	19 14	19 02	18 52	18 46	18 41
26	// //	22 33	21 44	21 13	20 50	20 32	20 05	19 45	19 29	19 16	19 04	18 55	18 50	18 46
30	// //	22 20	21 36	21 07	20 46	20 29	20 03	19 44	19 29	19 17	19 06	18 58	18 53	18 50
Feb. 3	23 28	22 07	21 28	21 01	20 41	20 25	20 01	19 43	19 29	19 18	19 08	19 00	18 57	18 54
7	22 57	21 55	21 19	20 55	20 36	20 21	19 58	19 42	19 29	19 19	19 10	19 03	19 01	18 58
11	22 34	21 43	21 11	20 48	20 31	20 17	19 56	19 40	19 28	19 19	19 12	19 06	19 04	19 02
15	22 15	21 31	21 02	20 41	20 25	20 12	19 53	19 39	19 28	19 20	19 13	19 09	19 08	19 07
19	21 58	21 19	20 53	20 34	20 20	20 08	19 50	19 37	19 27	19 20	19 15	19 12	19 11	19 11
23	21 42	21 08	20 45	20 27	20 14	20 03	19 47	19 35	19 26	19 20	19 16	19 14	19 14	19 15
27	21 27	20 57	20 36	20 20	20 08	19 58	19 43	19 33	19 25	19 21	19 18	19 17	19 18	19 19
Mar. 3	21 12	20 46	20 27	20 13	20 02	19 53	19 40	19 31	19 24	19 21	19 19	19 20	19 21	19 24
7	20 59	20 35	20 18	20 06	19 56	19 48	19 36	19 28	19 23	19 21	19 20	19 22	19 25	19 28
11	20 45	20 25	20 10	19 58	19 50	19 43	19 32	19 26	19 22	19 21	19 21	19 25	19 28	19 32
15	20 33	20 15	20 01	19 51	19 44	19 37	19 29	19 24	19 21	19 21	19 23	19 28	19 32	19 37
19	20 21	20 05	19 53	19 44	19 37	19 32	19 25	19 21	19 20	19 21	19 24	19 30	19 35	19 41
23	20 09	19 55	19 45	19 37	19 32	19 27	19 21	19 19	19 19	19 21	19 25	19 33	19 39	19 46
27	19 57	19 46	19 37	19 31	19 26	19 22	19 18	19 16	19 17	19 21	19 26	19 36	19 43	19 51
31	19 46	19 36	19 29	19 24	19 20	19 17	19 14	19 14	19 16	19 21	19 28	19 39	19 46	19 56
Apr. 4	19 36	19 28	19 22	19 17	19 15	19 13	19 11	19 12	19 15	19 21	19 29	19 42	19 50	20 01

// // indicates continuous twilight.

UNIVERSAL TIME FOR MERIDIAN OF GREENWICH
BEGINNING OF MORNING ASTRONOMICAL TWILIGHT

Lat.	+40°	+42°	+44°	+46°	+48°	+50°	+52°	+54°	+56°	+58°	+60°	+62°	+64°	+66°
	h m	h m	h m	h m	h m	h m	h m	h m	h m	h m	h m	h m	h m	h m
Jan. −2	5 44	5 47	5 50	5 53	5 56	5 59	6 03	6 06	6 10	6 14	6 18	6 23	6 28	6 33
2	5 45	5 48	5 51	5 54	5 57	6 00	6 03	6 07	6 10	6 14	6 18	6 22	6 27	6 33
6	5 45	5 48	5 51	5 54	5 57	6 00	6 03	6 06	6 09	6 13	6 17	6 21	6 26	6 31
10	5 45	5 48	5 51	5 53	5 56	5 59	6 02	6 05	6 08	6 11	6 15	6 19	6 23	6 27
14	5 45	5 47	5 50	5 52	5 55	5 57	6 00	6 03	6 06	6 09	6 12	6 15	6 19	6 23
18	5 44	5 46	5 48	5 50	5 53	5 55	5 58	6 00	6 03	6 05	6 08	6 11	6 14	6 17
22	5 42	5 44	5 46	5 48	5 50	5 52	5 54	5 56	5 59	6 01	6 03	6 06	6 08	6 11
26	5 40	5 42	5 44	5 45	5 47	5 49	5 50	5 52	5 54	5 56	5 58	5 59	6 01	6 03
30	5 37	5 39	5 40	5 42	5 43	5 45	5 46	5 47	5 49	5 50	5 51	5 52	5 54	5 55
Feb. 3	5 34	5 36	5 37	5 38	5 39	5 40	5 41	5 42	5 43	5 43	5 44	5 44	5 45	5 45
7	5 31	5 32	5 33	5 33	5 34	5 35	5 35	5 36	5 36	5 36	5 36	5 36	5 35	5 35
11	5 27	5 27	5 28	5 28	5 29	5 29	5 29	5 29	5 28	5 28	5 27	5 26	5 25	5 23
15	5 22	5 23	5 23	5 23	5 23	5 22	5 22	5 21	5 21	5 19	5 18	5 16	5 14	5 11
19	5 18	5 17	5 17	5 17	5 16	5 16	5 15	5 13	5 12	5 10	5 08	5 05	5 02	4 58
23	5 12	5 12	5 11	5 10	5 09	5 08	5 07	5 05	5 03	5 00	4 57	4 54	4 49	4 44
27	5 07	5 06	5 05	5 04	5 02	5 01	4 59	4 56	4 53	4 50	4 46	4 42	4 36	4 29
Mar. 3	5 01	5 00	4 58	4 57	4 55	4 52	4 50	4 47	4 43	4 39	4 34	4 29	4 22	4 14
7	4 55	4 53	4 51	4 49	4 47	4 44	4 41	4 37	4 33	4 28	4 22	4 15	4 07	3 57
11	4 48	4 46	4 44	4 41	4 38	4 35	4 31	4 27	4 22	4 16	4 09	4 01	3 51	3 39
15	4 42	4 39	4 37	4 33	4 30	4 26	4 21	4 16	4 10	4 03	3 55	3 46	3 34	3 20
19	4 35	4 32	4 29	4 25	4 21	4 16	4 11	4 05	3 58	3 50	3 41	3 30	3 16	2 59
23	4 28	4 25	4 21	4 17	4 12	4 07	4 01	3 54	3 46	3 37	3 26	3 13	2 56	2 36
27	4 21	4 17	4 13	4 08	4 03	3 56	3 50	3 42	3 33	3 22	3 10	2 54	2 35	2 09
31	4 14	4 09	4 04	3 59	3 53	3 46	3 38	3 30	3 19	3 07	2 53	2 34	2 11	1 36
Apr. 4	4 06	4 01	3 56	3 50	3 43	3 36	3 27	3 17	3 05	2 51	2 34	2 12	1 42	0 46

END OF EVENING ASTRONOMICAL TWILIGHT

Lat.	+40°	+42°	+44°	+46°	+48°	+50°	+52°	+54°	+56°	+58°	+60°	+62°	+64°	+66°
	h m	h m	h m	h m	h m	h m	h m	h m	h m	h m	h m	h m	h m	h m
Jan. −2	18 20	18 18	18 15	18 11	18 08	18 05	18 02	17 58	17 54	17 50	17 46	17 42	17 37	17 31
2	18 23	18 21	18 18	18 15	18 12	18 08	18 05	18 02	17 58	17 54	17 50	17 46	17 41	17 36
6	18 27	18 24	18 21	18 18	18 15	18 12	18 09	18 06	18 03	17 59	17 55	17 51	17 47	17 42
10	18 30	18 27	18 25	18 22	18 19	18 17	18 14	18 11	18 08	18 04	18 01	17 57	17 53	17 48
14	18 34	18 31	18 29	18 26	18 24	18 21	18 19	18 16	18 13	18 10	18 07	18 04	18 00	17 56
18	18 37	18 35	18 33	18 31	18 29	18 26	18 24	18 21	18 19	18 16	18 14	18 11	18 08	18 04
22	18 41	18 39	18 37	18 35	18 33	18 31	18 29	18 27	18 25	18 23	18 21	18 18	18 16	18 13
26	18 46	18 44	18 42	18 40	18 39	18 37	18 35	18 34	18 32	18 30	18 28	18 27	18 25	18 23
30	18 50	18 48	18 47	18 45	18 44	18 43	18 41	18 40	18 39	18 38	18 36	18 35	18 34	18 33
Feb. 3	18 54	18 53	18 52	18 50	18 49	18 48	18 47	18 46	18 45	18 45	18 45	18 44	18 44	18 44
7	18 58	18 57	18 56	18 56	18 55	18 54	18 54	18 54	18 53	18 53	18 53	18 54	18 54	18 55
11	19 02	19 02	19 01	19 01	19 01	19 01	19 01	19 01	19 01	19 02	19 02	19 04	19 05	19 07
15	19 07	19 06	19 06	19 06	19 06	19 07	19 07	19 08	19 09	19 10	19 12	19 14	19 16	19 19
19	19 11	19 11	19 11	19 12	19 12	19 13	19 14	19 15	19 17	19 19	19 21	19 24	19 27	19 32
23	19 15	19 16	19 16	19 17	19 18	19 19	19 21	19 23	19 25	19 28	19 31	19 35	19 39	19 45
27	19 19	19 20	19 21	19 23	19 24	19 26	19 28	19 31	19 34	19 37	19 41	19 46	19 51	19 58
Mar. 3	19 24	19 25	19 27	19 28	19 30	19 33	19 35	19 38	19 42	19 46	19 51	19 57	20 04	20 13
7	19 28	19 30	19 32	19 34	19 37	19 39	19 43	19 47	19 51	19 56	20 02	20 09	20 18	20 28
11	19 32	19 35	19 37	19 40	19 43	19 46	19 50	19 55	20 00	20 06	20 13	20 22	20 32	20 44
15	19 37	19 40	19 42	19 46	19 49	19 53	19 58	20 03	20 10	20 17	20 25	20 35	20 47	21 02
19	19 41	19 45	19 48	19 52	19 56	20 01	20 06	20 12	20 19	20 28	20 37	20 49	21 03	21 21
23	19 46	19 50	19 53	19 58	20 03	20 08	20 14	20 21	20 30	20 39	20 50	21 04	21 21	21 42
27	19 51	19 55	19 59	20 04	20 10	20 16	20 23	20 31	20 40	20 51	21 04	21 20	21 40	22 08
31	19 56	20 00	20 05	20 11	20 17	20 24	20 32	20 41	20 51	21 04	21 19	21 38	22 03	22 40
Apr. 4	20 01	20 06	20 11	20 17	20 24	20 32	20 41	20 51	21 03	21 18	21 36	21 59	22 31	23 46

ASTRONOMICAL TWILIGHT, 2006

UNIVERSAL TIME FOR MERIDIAN OF GREENWICH
BEGINNING OF MORNING ASTRONOMICAL TWILIGHT

Lat.	−55°	−50°	−45°	−40°	−35°	−30°	−20°	−10°	0°	+10°	+20°	+30°	+35°	+40°
	h m	h m	h m	h m	h m	h m	h m	h m	h m	h m	h m	h m	h m	h m
Mar. 31	4 20	4 31	4 38	4 44	4 48	4 51	4 54	4 54	4 52	4 48	4 41	4 30	4 23	4 14
Apr. 4	4 29	4 37	4 43	4 48	4 51	4 53	4 55	4 54	4 51	4 45	4 37	4 25	4 17	4 06
8	4 37	4 44	4 49	4 52	4 54	4 55	4 56	4 54	4 49	4 43	4 33	4 20	4 10	3 59
12	4 44	4 50	4 53	4 56	4 57	4 57	4 56	4 53	4 48	4 40	4 30	4 14	4 04	3 52
16	4 52	4 56	4 58	4 59	5 00	5 00	4 57	4 53	4 47	4 38	4 26	4 09	3 58	3 44
20	4 59	5 01	5 03	5 03	5 03	5 02	4 58	4 53	4 45	4 36	4 22	4 04	3 52	3 37
24	5 06	5 07	5 07	5 07	5 06	5 04	4 59	4 53	4 44	4 33	4 19	3 59	3 46	3 30
28	5 12	5 12	5 12	5 10	5 08	5 06	5 00	4 53	4 43	4 31	4 16	3 54	3 40	3 22
May 2	5 19	5 17	5 16	5 14	5 11	5 08	5 01	4 53	4 42	4 29	4 12	3 50	3 34	3 15
6	5 25	5 23	5 20	5 17	5 14	5 10	5 02	4 53	4 41	4 27	4 09	3 45	3 29	3 09
10	5 31	5 27	5 24	5 20	5 16	5 12	5 03	4 53	4 41	4 26	4 07	3 41	3 24	3 02
14	5 36	5 32	5 28	5 23	5 19	5 14	5 04	4 53	4 40	4 24	4 04	3 37	3 19	2 56
18	5 41	5 36	5 31	5 26	5 21	5 16	5 06	4 54	4 40	4 23	4 02	3 34	3 15	2 50
22	5 46	5 40	5 35	5 29	5 24	5 18	5 07	4 54	4 40	4 22	4 00	3 31	3 11	2 45
26	5 51	5 44	5 38	5 32	5 26	5 20	5 08	4 55	4 40	4 22	3 59	3 28	3 07	2 41
30	5 55	5 48	5 41	5 35	5 28	5 22	5 09	4 55	4 40	4 21	3 58	3 26	3 04	2 36
June 3	5 59	5 51	5 44	5 37	5 30	5 24	5 10	4 56	4 40	4 21	3 57	3 24	3 02	2 33
7	6 02	5 54	5 46	5 39	5 32	5 25	5 12	4 57	4 40	4 21	3 56	3 23	3 00	2 30
11	6 05	5 56	5 48	5 41	5 34	5 27	5 13	4 58	4 41	4 21	3 56	3 22	2 59	2 29
15	6 07	5 58	5 50	5 43	5 35	5 28	5 14	4 59	4 42	4 22	3 56	3 22	2 59	2 28
19	6 08	6 00	5 51	5 44	5 36	5 29	5 15	5 00	4 43	4 22	3 57	3 22	2 59	2 28
23	6 09	6 00	5 52	5 45	5 37	5 30	5 16	5 01	4 43	4 23	3 58	3 23	3 00	2 28
27	6 10	6 01	5 53	5 45	5 38	5 31	5 17	5 01	4 44	4 24	3 59	3 24	3 01	2 30
July 1	6 09	6 01	5 53	5 45	5 38	5 31	5 17	5 02	4 45	4 25	4 00	3 26	3 03	2 32
5	6 08	6 00	5 52	5 45	5 38	5 31	5 18	5 03	4 46	4 27	4 02	3 28	3 06	2 36

END OF EVENING ASTRONOMICAL TWILIGHT

Lat.	−55°	−50°	−45°	−40°	−35°	−30°	−20°	−10°	0°	+10°	+20°	+30°	+35°	+40°
	h m	h m	h m	h m	h m	h m	h m	h m	h m	h m	h m	h m	h m	h m
Mar. 31	19 46	19 36	19 29	19 24	19 20	19 17	19 14	19 14	19 16	19 21	19 28	19 39	19 46	19 56
Apr. 4	19 36	19 28	19 22	19 17	19 15	19 13	19 11	19 12	19 15	19 21	19 29	19 42	19 50	20 01
8	19 26	19 19	19 14	19 11	19 09	19 08	19 08	19 10	19 14	19 21	19 31	19 45	19 54	20 06
12	19 16	19 11	19 07	19 05	19 04	19 04	19 05	19 08	19 14	19 21	19 32	19 48	19 58	20 11
16	19 07	19 03	19 01	19 00	18 59	19 00	19 02	19 06	19 13	19 22	19 34	19 51	20 03	20 17
20	18 58	18 56	18 54	18 54	18 55	18 56	18 59	19 05	19 12	19 22	19 36	19 55	20 07	20 22
24	18 50	18 49	18 48	18 49	18 50	18 52	18 57	19 03	19 12	19 23	19 38	19 58	20 11	20 28
28	18 42	18 42	18 43	18 44	18 46	18 49	18 55	19 02	19 12	19 24	19 40	20 02	20 16	20 34
May 2	18 34	18 36	18 38	18 40	18 42	18 45	18 53	19 01	19 12	19 25	19 42	20 05	20 20	20 40
6	18 28	18 30	18 33	18 36	18 39	18 43	18 51	19 00	19 12	19 26	19 44	20 09	20 25	20 46
10	18 21	18 25	18 28	18 32	18 36	18 40	18 49	19 00	19 12	19 27	19 46	20 12	20 30	20 52
14	18 16	18 20	18 24	18 29	18 33	18 38	18 48	18 59	19 13	19 28	19 49	20 16	20 34	20 58
18	18 11	18 16	18 21	18 26	18 31	18 36	18 47	18 59	19 13	19 30	19 51	20 20	20 39	21 03
22	18 06	18 12	18 18	18 24	18 29	18 35	18 46	18 59	19 14	19 31	19 53	20 23	20 43	21 09
26	18 03	18 09	18 16	18 22	18 28	18 34	18 46	18 59	19 14	19 33	19 55	20 26	20 47	21 14
30	17 59	18 07	18 14	18 20	18 26	18 33	18 46	19 00	19 15	19 34	19 58	20 30	20 51	21 19
June 3	17 57	18 05	18 12	18 19	18 26	18 32	18 46	19 00	19 16	19 35	20 00	20 32	20 55	21 24
7	17 55	18 04	18 11	18 18	18 25	18 32	18 46	19 01	19 17	19 37	20 01	20 35	20 58	21 28
11	17 54	18 03	18 11	18 18	18 25	18 32	18 46	19 01	19 18	19 38	20 03	20 37	21 00	21 31
15	17 54	18 03	18 11	18 18	18 26	18 33	18 47	19 02	19 19	19 39	20 05	20 39	21 02	21 34
19	17 54	18 03	18 11	18 19	18 26	18 33	18 48	19 03	19 20	19 40	20 06	20 40	21 04	21 35
23	17 55	18 04	18 12	18 20	18 27	18 34	18 49	19 04	19 21	19 41	20 07	20 41	21 05	21 36
27	17 57	18 05	18 13	18 21	18 28	18 35	18 50	19 05	19 22	19 42	20 07	20 41	21 05	21 36
July 1	17 59	18 07	18 15	18 22	18 30	18 37	18 51	19 06	19 22	19 42	20 07	20 41	21 04	21 35
5	18 01	18 10	18 17	18 24	18 31	18 38	18 52	19 06	19 23	19 42	20 07	20 40	21 03	21 33

UNIVERSAL TIME FOR MERIDIAN OF GREENWICH
BEGINNING OF MORNING ASTRONOMICAL TWILIGHT

Lat.	+40°	+42°	+44°	+46°	+48°	+50°	+52°	+54°	+56°	+58°	+60°	+62°	+64°	+66°
	h m	h m	h m	h m	h m	h m	h m	h m	h m	h m	h m	h m	h m	h m
Mar. 31	4 14	4 09	4 04	3 59	3 53	3 46	3 38	3 30	3 19	3 07	2 53	2 34	2 11	1 36
Apr. 4	4 06	4 01	3 56	3 50	3 43	3 36	3 27	3 17	3 05	2 51	2 34	2 12	1 42	0 46
8	3 59	3 53	3 47	3 41	3 33	3 25	3 15	3 04	2 50	2 34	2 14	1 47	1 03	// //
12	3 52	3 46	3 39	3 32	3 23	3 14	3 03	2 50	2 35	2 16	1 51	1 14	// //	// //
16	3 44	3 38	3 30	3 22	3 13	3 02	2 50	2 36	2 18	1 56	1 24	0 04	// //	// //
20	3 37	3 30	3 22	3 13	3 03	2 51	2 37	2 21	2 00	1 32	0 45	// //	// //	// //
24	3 30	3 22	3 13	3 03	2 52	2 39	2 24	2 05	1 40	1 03	// //	// //	// //	// //
28	3 22	3 14	3 05	2 54	2 42	2 27	2 10	1 48	1 17	// //	// //	// //	// //	// //
May 2	3 15	3 06	2 56	2 45	2 31	2 15	1 55	1 29	0 45	// //	// //	// //	// //	// //
6	3 09	2 59	2 48	2 35	2 20	2 02	1 39	1 06	// //	// //	// //	// //	// //	// //
10	3 02	2 52	2 40	2 26	2 10	1 49	1 22	0 34	// //	// //	// //	// //	// //	// //
14	2 56	2 45	2 32	2 17	1 59	1 36	1 02	// //	// //	// //	// //	// //	// //	// //
18	2 50	2 39	2 25	2 08	1 48	1 22	0 36	// //	// //	// //	// //	// //	// //	// //
22	2 45	2 33	2 18	2 00	1 38	1 06	// //	// //	// //	// //	// //	// //	// //	// //
26	2 41	2 27	2 11	1 52	1 28	0 49	// //	// //	// //	// //	// //	// //	// //	// //
30	2 36	2 22	2 06	1 45	1 17	0 26	// //	// //	// //	// //	// //	// //	// //	// //
June 3	2 33	2 18	2 01	1 39	1 08	// //	// //	// //	// //	// //	// //	// //	// //	// //
7	2 30	2 15	1 57	1 33	0 59	// //	// //	// //	// //	// //	// //	// //	// //	// //
11	2 29	2 13	1 54	1 29	0 51	// //	// //	// //	// //	// //	// //	// //	// //	// //
15	2 28	2 12	1 52	1 26	0 45	// //	// //	// //	// //	// //	// //	// //	// //	□
19	2 28	2 11	1 51	1 25	0 42	// //	// //	// //	// //	// //	// //	// //	// //	□
23	2 28	2 12	1 52	1 26	0 42	// //	// //	// //	// //	// //	// //	// //	// //	□
27	2 30	2 14	1 54	1 28	0 46	// //	// //	// //	// //	// //	// //	// //	// //	□
July 1	2 32	2 17	1 57	1 32	0 53	// //	// //	// //	// //	// //	// //	// //	// //	// //
5	2 36	2 20	2 02	1 38	1 02	// //	// //	// //	// //	// //	// //	// //	// //	// //

END OF EVENING ASTRONOMICAL TWILIGHT

Lat.	+40°	+42°	+44°	+46°	+48°	+50°	+52°	+54°	+56°	+58°	+60°	+62°	+64°	+66°
	h m	h m	h m	h m	h m	h m	h m	h m	h m	h m	h m	h m	h m	h m
Mar. 31	19 56	20 00	20 05	20 11	20 17	20 24	20 32	20 41	20 51	21 04	21 19	21 38	22 03	22 40
Apr. 4	20 01	20 06	20 11	20 17	20 24	20 32	20 41	20 51	21 03	21 18	21 36	21 59	22 31	23 46
8	20 06	20 11	20 18	20 24	20 32	20 41	20 51	21 02	21 16	21 33	21 54	22 23	23 14	// //
12	20 11	20 17	20 24	20 32	20 40	20 50	21 01	21 14	21 30	21 49	22 15	22 56	// //	// //
16	20 17	20 23	20 31	20 39	20 48	20 59	21 12	21 27	21 45	22 08	22 43	// //	// //	// //
20	20 22	20 29	20 38	20 47	20 57	21 09	21 23	21 40	22 01	22 31	23 28	// //	// //	// //
24	20 28	20 36	20 45	20 55	21 06	21 19	21 35	21 55	22 21	23 02	// //	// //	// //	// //
28	20 34	20 42	20 52	21 03	21 15	21 30	21 48	22 11	22 44	// //	// //	// //	// //	// //
May 2	20 40	20 49	20 59	21 11	21 25	21 42	22 02	22 30	23 19	// //	// //	// //	// //	// //
6	20 46	20 56	21 07	21 20	21 35	21 54	22 17	22 53	// //	// //	// //	// //	// //	// //
10	20 52	21 02	21 14	21 28	21 45	22 06	22 35	23 30	// //	// //	// //	// //	// //	// //
14	20 58	21 09	21 22	21 37	21 56	22 20	22 56	// //	// //	// //	// //	// //	// //	// //
18	21 03	21 15	21 29	21 46	22 07	22 34	23 26	// //	// //	// //	// //	// //	// //	// //
22	21 09	21 22	21 37	21 55	22 18	22 51	// //	// //	// //	// //	// //	// //	// //	// //
26	21 14	21 28	21 44	22 03	22 29	23 10	// //	// //	// //	// //	// //	// //	// //	// //
30	21 19	21 34	21 50	22 11	22 40	23 38	// //	// //	// //	// //	// //	// //	// //	// //
June 3	21 24	21 39	21 56	22 19	22 51	// //	// //	// //	// //	// //	// //	// //	// //	// //
7	21 28	21 43	22 02	22 25	23 01	// //	// //	// //	// //	// //	// //	// //	// //	// //
11	21 31	21 47	22 06	22 31	23 10	// //	// //	// //	// //	// //	// //	// //	// //	// //
15	21 34	21 50	22 09	22 35	23 17	// //	// //	// //	// //	// //	// //	// //	// //	□
19	21 35	21 51	22 11	22 37	23 21	// //	// //	// //	// //	// //	// //	// //	// //	□
23	21 36	21 52	22 12	22 38	23 22	// //	// //	// //	// //	// //	// //	// //	// //	□
27	21 36	21 52	22 11	22 37	23 18	// //	// //	// //	// //	// //	// //	// //	// //	□
July 1	21 35	21 51	22 10	22 34	23 12	// //	// //	// //	// //	// //	// //	// //	// //	// //
5	21 33	21 48	22 07	22 30	23 05	// //	// //	// //	// //	// //	// //	// //	// //	// //

□ indicates Sun continuously above horizon.
// // indicates continuous twilight.

ASTRONOMICAL TWILIGHT, 2006

UNIVERSAL TIME FOR MERIDIAN OF GREENWICH
BEGINNING OF MORNING ASTRONOMICAL TWILIGHT

Lat.	−55°	−50°	−45°	−40°	−35°	−30°	−20°	−10°	0°	+10°	+20°	+30°	+35°	+40°
	h m	h m	h m	h m	h m	h m	h m	h m	h m	h m	h m	h m	h m	h m
July 1	6 09	6 01	5 53	5 45	5 38	5 31	5 17	5 02	4 45	4 25	4 00	3 26	3 03	2 32
5	6 08	6 00	5 52	5 45	5 38	5 31	5 18	5 03	4 46	4 27	4 02	3 28	3 06	2 36
9	6 06	5 58	5 51	5 44	5 38	5 31	5 18	5 03	4 47	4 28	4 04	3 31	3 09	2 39
13	6 04	5 56	5 50	5 43	5 37	5 31	5 18	5 04	4 48	4 29	4 06	3 34	3 12	2 44
17	6 01	5 54	5 48	5 42	5 36	5 30	5 17	5 04	4 49	4 31	4 08	3 37	3 16	2 49
21	5 57	5 51	5 45	5 40	5 34	5 28	5 17	5 04	4 49	4 32	4 10	3 40	3 20	2 54
25	5 52	5 47	5 42	5 37	5 32	5 27	5 16	5 04	4 50	4 33	4 12	3 43	3 24	2 59
29	5 47	5 43	5 39	5 34	5 30	5 25	5 15	5 03	4 50	4 34	4 14	3 47	3 28	3 05
Aug. 2	5 42	5 38	5 35	5 31	5 27	5 23	5 13	5 03	4 51	4 35	4 16	3 50	3 33	3 11
6	5 35	5 33	5 30	5 27	5 24	5 20	5 12	5 02	4 51	4 36	4 18	3 53	3 37	3 16
10	5 28	5 27	5 25	5 23	5 20	5 17	5 10	5 01	4 51	4 37	4 20	3 57	3 42	3 22
14	5 21	5 21	5 20	5 18	5 16	5 14	5 08	5 00	4 50	4 38	4 22	4 00	3 46	3 28
18	5 13	5 14	5 14	5 13	5 12	5 10	5 05	4 59	4 50	4 39	4 24	4 04	3 50	3 33
22	5 05	5 07	5 08	5 08	5 08	5 07	5 03	4 57	4 49	4 39	4 26	4 07	3 54	3 39
26	4 56	5 00	5 02	5 03	5 03	5 03	5 00	4 55	4 49	4 40	4 27	4 10	3 58	3 44
30	4 47	4 52	4 55	4 57	4 58	4 58	4 57	4 53	4 48	4 40	4 29	4 13	4 02	3 49
Sept. 3	4 37	4 43	4 48	4 51	4 53	4 54	4 54	4 51	4 47	4 40	4 30	4 16	4 06	3 54
7	4 27	4 35	4 41	4 45	4 47	4 49	4 50	4 49	4 46	4 40	4 31	4 19	4 10	3 59
11	4 16	4 26	4 33	4 38	4 42	4 44	4 47	4 47	4 45	4 40	4 33	4 21	4 14	4 04
15	4 05	4 17	4 25	4 31	4 36	4 39	4 43	4 44	4 43	4 40	4 34	4 24	4 17	4 09
19	3 54	4 07	4 17	4 24	4 30	4 34	4 39	4 42	4 42	4 40	4 35	4 26	4 21	4 13
23	3 42	3 58	4 09	4 17	4 24	4 29	4 36	4 39	4 41	4 39	4 36	4 29	4 24	4 17
27	3 30	3 48	4 00	4 10	4 18	4 24	4 32	4 37	4 39	4 39	4 37	4 31	4 27	4 22
Oct. 1	3 17	3 37	3 52	4 03	4 11	4 18	4 28	4 34	4 38	4 39	4 38	4 34	4 30	4 26
5	3 04	3 27	3 43	3 56	4 05	4 13	4 24	4 32	4 36	4 39	4 39	4 36	4 34	4 30

END OF EVENING ASTRONOMICAL TWILIGHT

Lat.	−55°	−50°	−45°	−40°	−35°	−30°	−20°	−10°	0°	+10°	+20°	+30°	+35°	+40°
	h m	h m	h m	h m	h m	h m	h m	h m	h m	h m	h m	h m	h m	h m
July 1	17 59	18 07	18 15	18 22	18 30	18 37	18 51	19 06	19 22	19 42	20 07	20 41	21 04	21 35
5	18 01	18 10	18 17	18 24	18 31	18 38	18 52	19 06	19 23	19 42	20 07	20 40	21 03	21 33
9	18 04	18 12	18 19	18 26	18 33	18 39	18 53	19 07	19 23	19 42	20 07	20 39	21 01	21 30
13	18 08	18 15	18 22	18 29	18 35	18 41	18 54	19 08	19 24	19 42	20 06	20 37	20 59	21 27
17	18 12	18 19	18 25	18 31	18 37	18 43	18 55	19 08	19 24	19 42	20 04	20 35	20 56	21 23
21	18 16	18 22	18 28	18 34	18 39	18 45	18 56	19 09	19 23	19 41	20 03	20 32	20 52	21 18
25	18 21	18 26	18 31	18 36	18 41	18 47	18 57	19 09	19 23	19 40	20 01	20 29	20 48	21 13
29	18 26	18 31	18 35	18 39	18 44	18 48	18 58	19 10	19 23	19 38	19 59	20 26	20 44	21 07
Aug. 2	18 32	18 35	18 39	18 42	18 46	18 50	18 59	19 10	19 22	19 37	19 56	20 22	20 39	21 01
6	18 37	18 40	18 42	18 45	18 49	18 52	19 00	19 10	19 21	19 35	19 53	20 18	20 34	20 54
10	18 43	18 44	18 46	18 48	18 51	18 54	19 01	19 10	19 20	19 33	19 50	20 13	20 28	20 47
14	18 49	18 49	18 50	18 52	18 54	18 56	19 02	19 09	19 19	19 31	19 47	20 08	20 23	20 40
18	18 56	18 54	18 54	18 55	18 56	18 58	19 03	19 09	19 18	19 29	19 43	20 03	20 17	20 33
22	19 02	19 00	18 58	18 58	18 59	19 00	19 03	19 09	19 16	19 26	19 40	19 58	20 11	20 26
26	19 09	19 05	19 03	19 02	19 01	19 02	19 04	19 08	19 15	19 24	19 36	19 53	20 04	20 18
30	19 16	19 11	19 07	19 05	19 04	19 04	19 05	19 08	19 13	19 21	19 32	19 48	19 58	20 11
Sept. 3	19 23	19 16	19 12	19 09	19 07	19 06	19 05	19 08	19 12	19 19	19 28	19 42	19 52	20 03
7	19 31	19 22	19 16	19 12	19 09	19 08	19 06	19 07	19 10	19 16	19 24	19 37	19 45	19 56
11	19 39	19 29	19 21	19 16	19 12	19 10	19 07	19 07	19 09	19 13	19 20	19 31	19 39	19 48
15	19 47	19 35	19 26	19 20	19 15	19 12	19 08	19 06	19 07	19 11	19 16	19 26	19 33	19 41
19	19 55	19 42	19 32	19 24	19 18	19 14	19 09	19 06	19 06	19 08	19 13	19 21	19 26	19 34
23	20 04	19 49	19 37	19 28	19 22	19 17	19 09	19 06	19 04	19 05	19 09	19 15	19 20	19 27
27	20 14	19 56	19 43	19 33	19 25	19 19	19 11	19 05	19 03	19 03	19 05	19 10	19 14	19 20
Oct. 1	20 24	20 04	19 49	19 37	19 29	19 22	19 12	19 05	19 02	19 00	19 01	19 05	19 08	19 13
5	20 35	20 12	19 55	19 42	19 32	19 25	19 13	19 05	19 01	18 58	18 58	19 00	19 03	19 06

UNIVERSAL TIME FOR MERIDIAN OF GREENWICH
BEGINNING OF MORNING ASTRONOMICAL TWILIGHT

Lat.	+40°	+42°	+44°	+46°	+48°	+50°	+52°	+54°	+56°	+58°	+60°	+62°	+64°	+66°
	h m	h m	h m	h m	h m	h m	h m	h m	h m	h m	h m	h m	h m	h m
July 1	2 32	2 17	1 57	1 32	0 53	// //	// //	// //	// //	// //	// //	// //	// //	// //
5	2 36	2 20	2 02	1 38	1 02	// //	// //	// //	// //	// //	// //	// //	// //	// //
9	2 39	2 25	2 07	1 44	1 13	// //	// //	// //	// //	// //	// //	// //	// //	// //
13	2 44	2 30	2 13	1 52	1 23	0 25	// //	// //	// //	// //	// //	// //	// //	// //
17	2 49	2 35	2 19	2 00	1 34	0 53	// //	// //	// //	// //	// //	// //	// //	// //
21	2 54	2 41	2 26	2 08	1 45	1 12	// //	// //	// //	// //	// //	// //	// //	// //
25	2 59	2 47	2 33	2 16	1 56	1 28	0 35	// //	// //	// //	// //	// //	// //	// //
29	3 05	2 54	2 40	2 25	2 06	1 42	1 06	// //	// //	// //	// //	// //	// //	// //
Aug. 2	3 11	3 00	2 48	2 34	2 17	1 56	1 27	0 28	// //	// //	// //	// //	// //	// //
6	3 16	3 06	2 55	2 42	2 27	2 08	1 44	1 07	// //	// //	// //	// //	// //	// //
10	3 22	3 13	3 02	2 50	2 37	2 20	1 59	1 31	0 39	// //	// //	// //	// //	// //
14	3 28	3 19	3 10	2 59	2 46	2 31	2 13	1 49	1 15	// //	// //	// //	// //	// //
18	3 33	3 25	3 17	3 06	2 55	2 42	2 26	2 06	1 39	0 56	// //	// //	// //	// //
22	3 39	3 32	3 23	3 14	3 04	2 52	2 37	2 20	1 58	1 28	0 22	// //	// //	// //
26	3 44	3 37	3 30	3 22	3 12	3 01	2 48	2 33	2 15	1 50	1 15	// //	// //	// //
30	3 49	3 43	3 36	3 29	3 20	3 10	2 59	2 46	2 29	2 09	1 42	0 59	// //	// //
Sept. 3	3 54	3 49	3 43	3 36	3 28	3 19	3 09	2 57	2 43	2 26	2 04	1 34	0 36	// //
7	3 59	3 54	3 49	3 42	3 35	3 27	3 18	3 08	2 55	2 41	2 22	1 58	1 24	// //
11	4 04	3 59	3 54	3 49	3 42	3 35	3 27	3 18	3 07	2 54	2 39	2 19	1 53	1 13
15	4 09	4 04	4 00	3 55	3 49	3 43	3 36	3 28	3 18	3 07	2 53	2 37	2 16	1 47
19	4 13	4 09	4 05	4 01	3 56	3 50	3 44	3 37	3 28	3 19	3 07	2 53	2 35	2 13
23	4 17	4 14	4 11	4 07	4 02	3 58	3 52	3 46	3 38	3 30	3 20	3 08	2 53	2 34
27	4 22	4 19	4 16	4 13	4 09	4 05	4 00	3 54	3 48	3 40	3 32	3 21	3 09	2 54
Oct. 1	4 26	4 24	4 21	4 18	4 15	4 11	4 07	4 02	3 57	3 51	3 43	3 34	3 24	3 11
5	4 30	4 28	4 26	4 24	4 21	4 18	4 14	4 10	4 06	4 00	3 54	3 47	3 38	3 27

END OF EVENING ASTRONOMICAL TWILIGHT

Lat.	+40°	+42°	+44°	+46°	+48°	+50°	+52°	+54°	+56°	+58°	+60°	+62°	+64°	+66°
	h m	h m	h m	h m	h m	h m	h m	h m	h m	h m	h m	h m	h m	h m
July 1	21 35	21 51	22 10	22 34	23 12	// //	// //	// //	// //	// //	// //	// //	// //	// //
5	21 33	21 48	22 07	22 30	23 05	// //	// //	// //	// //	// //	// //	// //	// //	// //
9	21 30	21 45	22 03	22 25	22 56	// //	// //	// //	// //	// //	// //	// //	// //	// //
13	21 27	21 41	21 58	22 18	22 46	23 38	// //	// //	// //	// //	// //	// //	// //	// //
17	21 23	21 36	21 52	22 11	22 36	23 15	// //	// //	// //	// //	// //	// //	// //	// //
21	21 18	21 31	21 45	22 03	22 26	22 57	// //	// //	// //	// //	// //	// //	// //	// //
25	21 13	21 25	21 38	21 55	22 15	22 42	23 28	// //	// //	// //	// //	// //	// //	// //
29	21 07	21 18	21 31	21 46	22 04	22 28	23 02	// //	// //	// //	// //	// //	// //	// //
Aug. 2	21 01	21 11	21 23	21 37	21 54	22 14	22 42	23 31	// //	// //	// //	// //	// //	// //
6	20 54	21 04	21 15	21 28	21 43	22 01	22 24	22 58	// //	// //	// //	// //	// //	// //
10	20 47	20 57	21 07	21 19	21 32	21 48	22 09	22 35	23 21	// //	// //	// //	// //	// //
14	20 40	20 49	20 58	21 09	21 22	21 36	21 54	22 16	22 48	// //	// //	// //	// //	// //
18	20 33	20 41	20 50	21 00	21 11	21 24	21 40	21 59	22 24	23 03	// //	// //	// //	// //
22	20 26	20 33	20 41	20 50	21 00	21 12	21 26	21 43	22 04	22 32	23 24	// //	// //	// //
26	20 18	20 25	20 32	20 41	20 50	21 01	21 13	21 28	21 46	22 09	22 42	// //	// //	// //
30	20 11	20 17	20 24	20 31	20 40	20 49	21 00	21 13	21 29	21 48	22 14	22 53	// //	// //
Sept. 3	20 03	20 09	20 15	20 22	20 29	20 38	20 48	21 00	21 13	21 30	21 51	22 19	23 07	// //
7	19 56	20 01	20 06	20 12	20 19	20 27	20 36	20 46	20 58	21 13	21 30	21 53	22 25	23 31
11	19 48	19 53	19 58	20 03	20 09	20 16	20 24	20 33	20 44	20 56	21 12	21 30	21 55	22 32
15	19 41	19 45	19 49	19 54	20 00	20 06	20 13	20 21	20 30	20 41	20 54	21 10	21 30	21 57
19	19 34	19 37	19 41	19 45	19 50	19 56	20 02	20 09	20 17	20 27	20 38	20 52	21 08	21 30
23	19 27	19 30	19 33	19 37	19 41	19 46	19 51	19 57	20 05	20 13	20 23	20 34	20 48	21 06
27	19 20	19 22	19 25	19 28	19 32	19 36	19 41	19 46	19 52	20 00	20 08	20 18	20 30	20 45
Oct. 1	19 13	19 15	19 17	19 20	19 23	19 27	19 31	19 35	19 41	19 47	19 54	20 03	20 13	20 25
5	19 06	19 08	19 10	19 12	19 15	19 18	19 21	19 25	19 30	19 35	19 41	19 48	19 57	20 07

// // indicates continuous twilight.

ASTRONOMICAL TWILIGHT, 2006

UNIVERSAL TIME FOR MERIDIAN OF GREENWICH
BEGINNING OF MORNING ASTRONOMICAL TWILIGHT

Lat.	−55°	−50°	−45°	−40°	−35°	−30°	−20°	−10°	0°	+10°	+20°	+30°	+35°	+40°
	h m	h m	h m	h m	h m	h m	h m	h m	h m	h m	h m	h m	h m	h m
Oct. 1	3 17	3 37	3 52	4 03	4 11	4 18	4 28	4 34	4 38	4 39	4 38	4 34	4 30	4 26
5	3 04	3 27	3 43	3 56	4 05	4 13	4 24	4 32	4 36	4 39	4 39	4 36	4 34	4 30
9	2 51	3 16	3 34	3 48	3 59	4 08	4 20	4 29	4 35	4 38	4 40	4 38	4 37	4 34
13	2 37	3 05	3 26	3 41	3 53	4 02	4 17	4 27	4 34	4 38	4 41	4 41	4 40	4 38
17	2 22	2 54	3 17	3 34	3 47	3 57	4 13	4 24	4 32	4 38	4 42	4 43	4 43	4 42
21	2 06	2 43	3 08	3 26	3 41	3 52	4 10	4 22	4 31	4 38	4 43	4 46	4 46	4 46
25	1 49	2 31	2 59	3 19	3 35	3 47	4 06	4 20	4 30	4 38	4 44	4 48	4 49	4 50
29	1 31	2 20	2 50	3 12	3 29	3 43	4 03	4 18	4 30	4 39	4 46	4 51	4 53	4 54
Nov. 2	1 10	2 08	2 42	3 05	3 24	3 38	4 00	4 17	4 29	4 39	4 47	4 53	4 56	4 58
6	0 43	1 55	2 33	2 59	3 18	3 34	3 58	4 15	4 29	4 40	4 49	4 56	4 59	5 02
10	// //	1 43	2 25	2 53	3 14	3 30	3 55	4 14	4 28	4 40	4 50	4 59	5 03	5 06
14	// //	1 30	2 16	2 47	3 09	3 27	3 53	4 13	4 28	4 41	4 52	5 02	5 06	5 10
18	// //	1 16	2 09	2 41	3 05	3 24	3 52	4 12	4 29	4 42	4 54	5 04	5 09	5 14
22	// //	1 01	2 01	2 36	3 02	3 21	3 50	4 12	4 29	4 43	4 56	5 07	5 13	5 18
26	// //	0 44	1 55	2 32	2 59	3 19	3 50	4 12	4 30	4 45	4 58	5 10	5 16	5 22
30	// //	0 23	1 49	2 28	2 56	3 17	3 49	4 12	4 31	4 46	5 00	5 13	5 19	5 25
Dec. 4	// //	// //	1 43	2 26	2 54	3 16	3 49	4 13	4 32	4 48	5 02	5 16	5 22	5 29
8	// //	// //	1 39	2 24	2 53	3 16	3 49	4 14	4 33	4 50	5 05	5 18	5 25	5 32
12	// //	// //	1 37	2 23	2 53	3 16	3 50	4 15	4 35	4 52	5 07	5 21	5 28	5 35
16	// //	// //	1 35	2 23	2 54	3 17	3 51	4 17	4 37	4 54	5 09	5 23	5 30	5 38
20	// //	// //	1 36	2 24	2 55	3 18	3 53	4 18	4 39	4 56	5 11	5 26	5 33	5 40
24	// //	// //	1 38	2 26	2 57	3 20	3 55	4 20	4 41	4 58	5 13	5 27	5 35	5 42
28	// //	// //	1 41	2 29	3 00	3 23	3 57	4 23	4 43	5 00	5 15	5 29	5 36	5 43
32	// //	// //	1 46	2 33	3 03	3 26	4 00	4 25	4 45	5 02	5 17	5 31	5 38	5 45
36	// //	// //	1 53	2 37	3 07	3 30	4 03	4 27	4 47	5 03	5 18	5 32	5 38	5 45

END OF EVENING ASTRONOMICAL TWILIGHT

Lat.	−55°	−50°	−45°	−40°	−35°	−30°	−20°	−10°	0°	+10°	+20°	+30°	+35°	+40°
	h m	h m	h m	h m	h m	h m	h m	h m	h m	h m	h m	h m	h m	h m
Oct. 1	20 24	20 04	19 49	19 37	19 29	19 22	19 12	19 05	19 02	19 00	19 01	19 05	19 08	19 13
5	20 35	20 12	19 55	19 42	19 32	19 25	19 13	19 05	19 01	18 58	18 58	19 00	19 03	19 06
9	20 46	20 20	20 01	19 47	19 36	19 28	19 15	19 06	19 00	18 56	18 55	18 56	18 57	19 00
13	20 58	20 29	20 08	19 53	19 41	19 31	19 16	19 06	18 59	18 54	18 52	18 51	18 52	18 54
17	21 12	20 38	20 15	19 58	19 45	19 34	19 18	19 07	18 58	18 52	18 49	18 47	18 47	18 48
21	21 26	20 48	20 23	20 04	19 50	19 38	19 20	19 07	18 58	18 51	18 46	18 43	18 43	18 43
25	21 42	20 59	20 31	20 10	19 54	19 42	19 22	19 08	18 58	18 50	18 44	18 40	18 38	18 37
29	22 01	21 10	20 39	20 16	19 59	19 46	19 25	19 09	18 58	18 49	18 42	18 36	18 34	18 33
Nov. 2	22 23	21 22	20 47	20 23	20 04	19 50	19 27	19 11	18 58	18 48	18 40	18 33	18 31	18 28
6	22 52	21 34	20 56	20 30	20 10	19 54	19 30	19 12	18 59	18 48	18 39	18 31	18 28	18 25
10	// //	21 48	21 05	20 36	20 15	19 58	19 33	19 14	18 59	18 47	18 37	18 29	18 25	18 21
14	// //	22 02	21 14	20 43	20 21	20 03	19 36	19 16	19 00	18 48	18 37	18 27	18 23	18 18
18	// //	22 18	21 23	20 50	20 26	20 07	19 39	19 18	19 02	18 48	18 36	18 26	18 21	18 16
22	// //	22 35	21 33	20 57	20 31	20 12	19 42	19 20	19 03	18 49	18 36	18 25	18 19	18 14
26	// //	22 55	21 42	21 03	20 37	20 16	19 45	19 23	19 05	18 50	18 36	18 24	18 18	18 13
30	// //	23 21	21 50	21 10	20 42	20 20	19 48	19 25	19 06	18 51	18 37	18 24	18 18	18 12
Dec. 4	// //	// //	21 58	21 15	20 46	20 24	19 52	19 27	19 08	18 52	18 38	18 25	18 18	18 11
8	// //	// //	22 05	21 21	20 51	20 28	19 54	19 30	19 10	18 54	18 39	18 25	18 18	18 12
12	// //	// //	22 12	21 25	20 54	20 31	19 57	19 32	19 12	18 55	18 40	18 26	18 19	18 12
16	// //	// //	22 16	21 29	20 58	20 34	20 00	19 34	19 14	18 57	18 42	18 28	18 21	18 13
20	// //	// //	22 20	21 32	21 00	20 37	20 02	19 37	19 16	18 59	18 44	18 30	18 22	18 15
24	// //	// //	22 21	21 33	21 02	20 39	20 04	19 39	19 18	19 01	18 46	18 32	18 24	18 17
28	// //	// //	22 21	21 34	21 03	20 40	20 05	19 40	19 20	19 03	18 48	18 34	18 27	18 20
32	// //	// //	22 20	21 34	21 03	20 41	20 07	19 42	19 22	19 05	18 50	18 36	18 29	18 22
36	// //	// //	22 16	21 33	21 03	20 41	20 07	19 43	19 24	19 07	18 53	18 39	18 32	18 26

// // indicates continuous twilight.

UNIVERSAL TIME FOR MERIDIAN OF GREENWICH
BEGINNING OF MORNING ASTRONOMICAL TWILIGHT

Lat.	+40°	+42°	+44°	+46°	+48°	+50°	+52°	+54°	+56°	+58°	+60°	+62°	+64°	+66°
	h m	h m	h m	h m	h m	h m	h m	h m	h m	h m	h m	h m	h m	h m
Oct. 1	4 26	4 24	4 21	4 18	4 15	4 11	4 07	4 02	3 57	3 51	3 43	3 34	3 24	3 11
5	4 30	4 28	4 26	4 24	4 21	4 18	4 14	4 10	4 06	4 00	3 54	3 47	3 38	3 27
9	4 34	4 33	4 31	4 29	4 27	4 24	4 22	4 18	4 14	4 10	4 05	3 58	3 51	3 42
13	4 38	4 37	4 36	4 34	4 33	4 31	4 28	4 26	4 23	4 19	4 15	4 10	4 03	3 56
17	4 42	4 41	4 41	4 40	4 38	4 37	4 35	4 33	4 31	4 28	4 24	4 20	4 15	4 09
21	4 46	4 46	4 45	4 45	4 44	4 43	4 42	4 41	4 39	4 37	4 34	4 31	4 27	4 22
25	4 50	4 50	4 50	4 50	4 50	4 49	4 49	4 48	4 47	4 45	4 43	4 41	4 38	4 35
29	4 54	4 55	4 55	4 55	4 55	4 55	4 55	4 55	4 54	4 53	4 52	4 51	4 49	4 47
Nov. 2	4 58	4 59	5 00	5 00	5 01	5 01	5 01	5 02	5 02	5 01	5 01	5 00	5 00	4 58
6	5 02	5 03	5 04	5 05	5 06	5 07	5 08	5 08	5 09	5 09	5 10	5 10	5 10	5 09
10	5 06	5 07	5 09	5 10	5 11	5 13	5 14	5 15	5 16	5 17	5 18	5 19	5 19	5 20
14	5 10	5 12	5 13	5 15	5 17	5 18	5 20	5 21	5 23	5 24	5 26	5 27	5 29	5 30
18	5 14	5 16	5 18	5 20	5 22	5 23	5 25	5 27	5 29	5 31	5 33	5 35	5 38	5 40
22	5 18	5 20	5 22	5 24	5 26	5 29	5 31	5 33	5 36	5 38	5 40	5 43	5 46	5 49
26	5 22	5 24	5 26	5 29	5 31	5 34	5 36	5 39	5 41	5 44	5 47	5 50	5 54	5 58
30	5 25	5 28	5 30	5 33	5 36	5 38	5 41	5 44	5 47	5 50	5 54	5 57	6 01	6 05
Dec. 4	5 29	5 31	5 34	5 37	5 40	5 43	5 46	5 49	5 52	5 56	5 59	6 03	6 08	6 12
8	5 32	5 35	5 38	5 40	5 43	5 47	5 50	5 53	5 57	6 00	6 04	6 09	6 13	6 18
12	5 35	5 38	5 41	5 44	5 47	5 50	5 53	5 57	6 01	6 04	6 09	6 13	6 18	6 24
16	5 38	5 41	5 44	5 47	5 50	5 53	5 57	6 00	6 04	6 08	6 12	6 17	6 22	6 28
20	5 40	5 43	5 46	5 49	5 52	5 56	5 59	6 03	6 07	6 11	6 15	6 20	6 25	6 31
24	5 42	5 45	5 48	5 51	5 54	5 58	6 01	6 05	6 09	6 13	6 17	6 22	6 27	6 33
28	5 43	5 46	5 49	5 53	5 56	5 59	6 02	6 06	6 10	6 14	6 18	6 23	6 28	6 33
32	5 45	5 47	5 50	5 53	5 57	6 00	6 03	6 06	6 10	6 14	6 18	6 23	6 28	6 33
36	5 45	5 48	5 51	5 54	5 57	6 00	6 03	6 06	6 10	6 13	6 17	6 22	6 26	6 31

END OF EVENING ASTRONOMICAL TWILIGHT

Lat.	+40°	+42°	+44°	+46°	+48°	+50°	+52°	+54°	+56°	+58°	+60°	+62°	+64°	+66°
	h m	h m	h m	h m	h m	h m	h m	h m	h m	h m	h m	h m	h m	h m
Oct. 1	19 13	19 15	19 17	19 20	19 23	19 27	19 31	19 35	19 41	19 47	19 54	20 03	20 13	20 25
5	19 06	19 08	19 10	19 12	19 15	19 18	19 21	19 25	19 30	19 35	19 41	19 48	19 57	20 07
9	19 00	19 01	19 03	19 05	19 07	19 09	19 12	19 15	19 19	19 23	19 28	19 34	19 41	19 50
13	18 54	18 55	18 56	18 57	18 59	19 01	19 03	19 05	19 08	19 12	19 16	19 21	19 27	19 34
17	18 48	18 49	18 49	18 50	18 51	18 53	18 54	18 56	18 59	19 01	19 05	19 09	19 13	19 19
21	18 43	18 43	18 43	18 44	18 44	18 45	18 46	18 48	18 49	18 51	18 54	18 57	19 00	19 05
25	18 37	18 37	18 37	18 37	18 38	18 38	18 39	18 39	18 41	18 42	18 44	18 46	18 48	18 51
29	18 33	18 32	18 32	18 32	18 31	18 31	18 32	18 32	18 32	18 33	18 34	18 35	18 37	18 39
Nov. 2	18 28	18 28	18 27	18 26	18 26	18 25	18 25	18 25	18 25	18 25	18 25	18 25	18 26	18 27
6	18 25	18 23	18 22	18 21	18 20	18 20	18 19	18 18	18 18	18 17	18 17	18 16	18 16	18 16
10	18 21	18 20	18 18	18 17	18 16	18 15	18 13	18 12	18 11	18 10	18 09	18 08	18 07	18 06
14	18 18	18 17	18 15	18 13	18 12	18 10	18 09	18 07	18 05	18 04	18 02	18 01	17 59	17 57
18	18 16	18 14	18 12	18 10	18 08	18 06	18 04	18 02	18 00	17 58	17 56	17 54	17 52	17 49
22	18 14	18 12	18 10	18 07	18 05	18 03	18 01	17 58	17 56	17 54	17 51	17 48	17 45	17 42
26	18 13	18 10	18 08	18 05	18 03	18 00	17 58	17 55	17 53	17 50	17 47	17 43	17 40	17 36
30	18 12	18 09	18 07	18 04	18 01	17 59	17 56	17 53	17 50	17 47	17 43	17 40	17 36	17 31
Dec. 4	18 11	18 09	18 06	18 03	18 00	17 57	17 54	17 51	17 48	17 44	17 41	17 37	17 32	17 27
8	18 12	18 09	18 06	18 03	18 00	17 57	17 54	17 50	17 47	17 43	17 39	17 35	17 30	17 25
12	18 12	18 09	18 06	18 03	18 00	17 57	17 54	17 50	17 46	17 43	17 38	17 34	17 29	17 23
16	18 13	18 10	18 07	18 04	18 01	17 58	17 54	17 51	17 47	17 43	17 39	17 34	17 29	17 23
20	18 15	18 12	18 09	18 06	18 03	17 59	17 56	17 52	17 48	17 44	17 40	17 35	17 30	17 24
24	18 17	18 14	18 11	18 08	18 05	18 01	17 58	17 54	17 51	17 46	17 42	17 37	17 32	17 26
28	18 20	18 17	18 14	18 11	18 07	18 04	18 01	17 57	17 53	17 49	17 45	17 40	17 35	17 30
32	18 22	18 20	18 17	18 14	18 11	18 07	18 04	18 01	17 57	17 53	17 49	17 45	17 40	17 34
36	18 26	18 23	18 20	18 17	18 14	18 11	18 08	18 05	18 01	17 57	17 54	17 49	17 45	17 40

MOONRISE AND MOONSET, 2006

UNIVERSAL TIME FOR MERIDIAN OF GREENWICH

MOONRISE

Lat.		−55°	−50°	−45°	−40°	−35°	−30°	−20°	−10°	0°	+10°	+20°	+30°	+35°	+40°
		h m	h m	h m	h m	h m	h m	h m	h m	h m	h m	h m	h m	h m	h m
Jan.	0	2 47	3 29	3 59	4 23	4 42	4 59	5 27	5 51	6 13	6 36	7 00	7 28	7 44	8 03
	1	4 16	4 52	5 18	5 39	5 56	6 11	6 36	6 57	7 17	7 37	7 59	8 24	8 38	8 55
	2	5 56	6 23	6 43	6 59	7 12	7 24	7 44	8 02	8 18	8 34	8 51	9 11	9 23	9 36
	3	7 37	7 54	8 07	8 18	8 28	8 36	8 50	9 03	9 14	9 26	9 38	9 51	9 59	10 08
	4	9 13	9 22	9 29	9 35	9 40	9 45	9 52	9 59	10 06	10 12	10 19	10 27	10 31	10 36
	5	10 44	10 46	10 47	10 48	10 49	10 50	10 52	10 53	10 54	10 56	10 57	10 58	10 59	11 00
	6	12 13	12 07	12 03	11 59	11 56	11 54	11 49	11 45	11 41	11 37	11 34	11 29	11 27	11 24
	7	13 41	13 28	13 18	13 10	13 03	12 56	12 46	12 37	12 28	12 19	12 10	12 00	11 54	11 48
	8	15 09	14 48	14 33	14 20	14 09	13 59	13 43	13 29	13 16	13 03	12 49	12 33	12 24	12 14
	9	16 37	16 08	15 47	15 30	15 15	15 02	14 41	14 23	14 06	13 49	13 31	13 10	12 58	12 44
	10	18 02	17 26	16 59	16 38	16 20	16 05	15 40	15 18	14 58	14 38	14 16	13 51	13 37	13 20
	11	19 18	18 35	18 05	17 42	17 22	17 06	16 38	16 14	15 52	15 30	15 06	14 38	14 22	14 03
	12	20 16	19 33	19 02	18 38	18 19	18 02	17 33	17 09	16 46	16 24	15 59	15 31	15 14	14 54
	13	20 56	20 17	19 49	19 26	19 08	18 52	18 25	18 01	17 40	17 18	16 55	16 27	16 11	15 52
	14	21 21	20 49	20 25	20 05	19 49	19 35	19 11	18 50	18 31	18 11	17 50	17 26	17 11	16 54
	15	21 37	21 12	20 53	20 37	20 24	20 12	19 52	19 35	19 18	19 02	18 44	18 24	18 12	17 58
	16	21 48	21 30	21 16	21 04	20 54	20 45	20 29	20 16	20 03	19 50	19 36	19 21	19 11	19 01
	17	21 56	21 44	21 34	21 26	21 19	21 13	21 03	20 53	20 45	20 36	20 26	20 15	20 09	20 02
	18	22 02	21 56	21 51	21 47	21 43	21 40	21 34	21 29	21 24	21 20	21 15	21 09	21 06	21 02
	19	22 08	22 07	22 06	22 06	22 05	22 05	22 04	22 04	22 03	22 03	22 02	22 02	22 01	22 01
	20	22 13	22 18	22 22	22 25	22 28	22 31	22 35	22 39	22 43	22 46	22 50	22 55	22 58	23 01
	21	22 20	22 30	22 39	22 46	22 52	22 58	23 07	23 15	23 23	23 31	23 40	23 50	23 56	.. ..
	22	22 28	22 45	22 58	23 09	23 19	23 27	23 42	23 55	.. ..	.. ..	.. ..	.. ..	.. ..	0 02
	23	22 40	23 04	23 22	23 38	23 51	.. ..	.. ..	.. ..	0 07	0 19	0 33	0 48	0 57	1 07
	24	22 58	23 30	23 54	.. ..	.. ..	0 02	0 22	0 39	0 55	1 11	1 29	1 49	2 01	2 15

MOONSET

Lat.		−55°	−50°	−45°	−40°	−35°	−30°	−20°	−10°	0°	+10°	+20°	+30°	+35°	+40°
		h m	h m	h m	h m	h m	h m	h m	h m	h m	h m	h m	h m	h m	h m
Jan.	0	21 54	21 17	20 50	20 28	20 10	19 55	19 28	19 05	18 44	18 22	17 59	17 32	17 16	16 57
	1	22 21	21 53	21 32	21 14	21 00	20 47	20 24	20 05	19 47	19 28	19 09	18 46	18 32	18 16
	2	22 38	22 19	22 04	21 51	21 40	21 30	21 14	20 59	20 45	20 31	20 16	19 59	19 49	19 37
	3	22 50	22 38	22 29	22 21	22 14	22 08	21 57	21 48	21 39	21 30	21 20	21 09	21 03	20 55
	4	22 59	22 54	22 50	22 47	22 44	22 41	22 37	22 33	22 29	22 25	22 21	22 16	22 13	22 10
	5	23 06	23 08	23 09	23 11	23 12	23 12	23 14	23 15	23 17	23 18	23 19	23 21	23 21	23 22
	6	23 14	23 22	23 29	23 34	23 39	23 43	23 51	23 57	.. ..	.. ..	.. ..	.. ..	.. ..	.. ..
	7	23 22	23 37	23 49	23 59	.. ..	.. ..	.. ..	.. ..	0 03	0 09	0 16	0 24	0 28	0 33
	8	23 33	23 55	.. ..	.. ..	0 08	0 15	0 28	0 40	0 51	1 01	1 13	1 26	1 34	1 43
	9	23 49	.. ..	0 13	0 27	0 39	0 50	1 08	1 24	1 39	1 54	2 11	2 30	2 41	2 53
	10	.. ..	0 19	0 41	1 00	1 15	1 29	1 52	2 12	2 30	2 49	3 09	3 33	3 47	4 02
	11	0 13	0 50	1 18	1 39	1 57	2 13	2 39	3 02	3 24	3 45	4 08	4 35	4 50	5 09
	12	0 50	1 32	2 03	2 26	2 46	3 03	3 31	3 55	4 18	4 41	5 05	5 33	5 50	6 10
	13	1 44	2 27	2 58	3 21	3 41	3 58	4 26	4 50	5 12	5 35	5 59	6 26	6 43	7 02
	14	2 54	3 32	4 00	4 22	4 40	4 55	5 21	5 44	6 05	6 25	6 48	7 13	7 28	7 46
	15	4 12	4 43	5 07	5 25	5 40	5 54	6 16	6 36	6 54	7 12	7 31	7 53	8 06	8 21
	16	5 33	5 56	6 14	6 28	6 41	6 51	7 10	7 26	7 40	7 55	8 10	8 28	8 38	8 50
	17	6 51	7 07	7 20	7 30	7 39	7 47	8 01	8 12	8 23	8 34	8 45	8 58	9 06	9 14
	18	8 07	8 17	8 24	8 31	8 37	8 41	8 50	8 57	9 04	9 11	9 18	9 26	9 31	9 36
	19	9 21	9 25	9 28	9 30	9 33	9 34	9 38	9 41	9 43	9 46	9 49	9 52	9 53	9 55
	20	10 35	10 33	10 31	10 30	10 28	10 27	10 25	10 24	10 22	10 21	10 19	10 17	10 16	10 14
	21	11 51	11 42	11 36	11 30	11 25	11 21	11 14	11 08	11 02	10 56	10 50	10 43	10 39	10 34
	22	13 09	12 54	12 43	12 33	12 25	12 17	12 05	11 54	11 44	11 34	11 23	11 11	11 04	10 56
	23	14 33	14 10	13 53	13 39	13 27	13 17	12 59	12 44	12 29	12 15	12 00	11 43	11 33	11 21
	24	16 00	15 30	15 07	14 49	14 33	14 20	13 57	13 38	13 20	13 02	12 42	12 20	12 07	11 53

.. .. indicates phenomenon will occur the next day.

MOONRISE AND MOONSET, 2006

UNIVERSAL TIME FOR MERIDIAN OF GREENWICH

MOONRISE

Lat.	+40°	+42°	+44°	+46°	+48°	+50°	+52°	+54°	+56°	+58°	+60°	+62°	+64°	+66°
	h m	h m	h m	h m	h m	h m	h m	h m	h m	h m	h m	h m	h m	h m
Jan. 0	8 03	8 12	8 22	8 32	8 43	8 56	9 11	9 28	9 48	10 14	10 48	11 52	■	■
1	8 55	9 02	9 10	9 19	9 29	9 40	9 52	10 05	10 21	10 40	11 02	11 32	12 17	■
2	9 36	9 42	9 48	9 54	10 02	10 10	10 19	10 28	10 40	10 52	11 07	11 24	11 46	12 13
3	10 08	10 12	10 17	10 21	10 26	10 32	10 37	10 44	10 51	10 59	11 08	11 18	11 30	11 45
4	10 36	10 38	10 40	10 43	10 46	10 48	10 52	10 55	10 59	11 03	11 08	11 13	11 19	11 26
5	11 00	11 01	11 01	11 02	11 02	11 03	11 04	11 04	11 05	11 06	11 07	11 08	11 09	11 11
6	11 24	11 23	11 21	11 20	11 18	11 17	11 15	11 13	11 11	11 09	11 06	11 03	11 00	10 56
7	11 48	11 45	11 42	11 38	11 35	11 31	11 27	11 22	11 17	11 12	11 05	10 58	10 50	10 40
8	12 14	12 09	12 05	11 59	11 54	11 48	11 41	11 33	11 25	11 16	11 05	10 53	10 39	10 22
9	12 44	12 38	12 31	12 24	12 17	12 08	11 59	11 48	11 36	11 23	11 07	10 48	10 24	9 52
10	13 20	13 13	13 04	12 56	12 46	12 35	12 23	12 09	11 54	11 35	11 12	10 42	9 55	□
11	14 03	13 55	13 46	13 35	13 24	13 12	12 57	12 41	12 21	11 57	11 25	10 31	□	□
12	14 54	14 46	14 36	14 25	14 13	14 00	13 45	13 27	13 06	12 39	12 00	□	□	□
13	15 52	15 44	15 35	15 24	15 13	15 00	14 46	14 29	14 09	13 44	13 10	12 06	□	□
14	16 54	16 47	16 39	16 30	16 20	16 09	15 57	15 43	15 26	15 06	14 41	14 07	13 04	□
15	17 58	17 52	17 45	17 38	17 30	17 21	17 11	17 00	16 48	16 33	16 16	15 55	15 27	14 46
16	19 01	18 56	18 51	18 45	18 40	18 33	18 26	18 18	18 09	17 59	17 47	17 33	17 16	16 56
17	20 02	19 59	19 55	19 52	19 48	19 43	19 39	19 33	19 28	19 21	19 14	19 05	18 55	18 43
18	21 02	21 00	20 58	20 56	20 54	20 52	20 50	20 47	20 44	20 41	20 37	20 33	20 28	20 22
19	22 01	22 01	22 01	22 00	22 00	22 00	22 00	22 00	21 59	21 59	21 59	21 59	21 58	21 57
20	23 01	23 02	23 04	23 05	23 07	23 09	23 11	23 13	23 15	23 18	23 21	23 24	23 28	23 33
21	.. ..	.. ..	.. ..	.. ..	.. ..	.. ..	.. ..	.. ..	.. ..	.. ..	.. ..	.. ..	.. ..	.. ..
22	0 02	0 05	0 08	0 12	0 15	0 19	0 24	0 28	0 34	0 40	0 46	0 54	1 03	1 14
23	1 07	1 11	1 16	1 22	1 27	1 34	1 40	1 48	1 57	2 06	2 18	2 31	2 47	3 07
24	2 15	2 21	2 28	2 35	2 43	2 52	3 02	3 12	3 25	3 40	3 57	4 19	4 47	5 28

MOONSET

Lat.	+40°	+42°	+44°	+46°	+48°	+50°	+52°	+54°	+56°	+58°	+60°	+62°	+64°	+66°
	h m	h m	h m	h m	h m	h m	h m	h m	h m	h m	h m	h m	h m	h m
Jan. 0	16 57	16 49	16 40	16 29	16 18	16 05	15 51	15 34	15 14	14 49	14 15	13 12	■	■
1	18 16	18 09	18 01	17 53	17 44	17 34	17 22	17 09	16 54	16 36	16 14	15 45	15 01	■
2	19 37	19 32	19 26	19 20	19 13	19 06	18 58	18 49	18 38	18 27	18 13	17 57	17 36	17 10
3	20 55	20 52	20 48	20 45	20 40	20 36	20 31	20 26	20 19	20 13	20 05	19 56	19 45	19 33
4	22 10	22 09	22 07	22 06	22 04	22 02	22 00	22 00	21 58	21 55	21 52	21 49	21 46	21 41	21 37
5	23 22	23 23	23 23	23 24	23 24	23 25	23 25	23 26	23 27	23 28	23 29	23 30	23 31	23 32
6	.. ..	.. ..	.. ..	.. ..	.. ..	.. ..	.. ..	.. ..	.. ..	.. ..	.. ..	.. ..	.. ..	.. ..
7	0 33	0 35	0 38	0 40	0 43	0 46	0 49	0 53	0 57	1 01	1 06	1 12	1 18	1 26
8	1 43	1 47	1 51	1 56	2 01	2 06	2 12	2 19	2 26	2 35	2 44	2 55	3 08	3 24
9	2 53	2 59	3 05	3 12	3 19	3 27	3 36	3 45	3 57	4 09	4 25	4 43	5 06	5 36
10	4 02	4 10	4 17	4 26	4 35	4 46	4 57	5 10	5 26	5 44	6 07	6 36	7 22	□
11	5 09	5 17	5 26	5 36	5 47	6 00	6 14	6 30	6 49	7 13	7 45	8 38	□	□
12	6 10	6 18	6 28	6 39	6 51	7 04	7 19	7 37	7 58	8 25	9 04	□	□	□
13	7 02	7 11	7 20	7 31	7 42	7 55	8 09	8 26	8 46	9 12	9 46	10 50	□	□
14	7 46	7 53	8 02	8 11	8 21	8 33	8 45	9 00	9 17	9 37	10 02	10 37	11 41	□
15	8 21	8 28	8 35	8 42	8 51	9 00	9 10	9 22	9 35	9 50	10 08	10 30	10 59	11 41
16	8 50	8 55	9 01	9 07	9 13	9 20	9 28	9 37	9 46	9 57	10 10	10 25	10 42	11 04
17	9 14	9 18	9 22	9 26	9 31	9 36	9 41	9 48	9 54	10 02	10 10	10 20	10 31	10 44
18	9 36	9 38	9 40	9 43	9 46	9 49	9 52	9 56	10 00	10 04	10 09	10 15	10 21	10 29
19	9 55	9 56	9 57	9 58	9 59	10 00	10 02	10 03	10 04	10 06	10 08	10 10	10 12	10 15
20	10 14	10 14	10 13	10 13	10 12	10 11	10 11	10 10	10 09	10 08	10 06	10 05	10 04	10 02
21	10 34	10 32	10 30	10 28	10 25	10 23	10 20	10 17	10 13	10 09	10 05	10 00	9 55	9 48
22	10 56	10 52	10 49	10 45	10 40	10 36	10 31	10 25	10 19	10 12	10 04	9 55	9 45	9 33
23	11 21	11 16	11 11	11 05	10 59	10 52	10 44	10 36	10 26	10 16	10 04	9 49	9 32	9 11
24	11 53	11 46	11 39	11 31	11 23	11 13	11 03	10 51	10 38	10 23	10 05	9 43	9 14	8 31

□ indicates Moon continuously above horizon.
■ indicates Moon continuously below horizon.
.. .. indicates phenomenon will occur the next day.

MOONRISE AND MOONSET, 2006

UNIVERSAL TIME FOR MERIDIAN OF GREENWICH

MOONRISE

Lat.	−55°	−50°	−45°	−40°	−35°	−30°	−20°	−10°	0°	+10°	+20°	+30°	+35°	+40°
	h m	h m	h m	h m	h m	h m	h m	h m	h m	h m	h m	h m	h m	h m
Jan. 23	22 40	23 04	23 22	23 38	23 51	.. ..	.. ..	.. ..	0 07	0 19	0 33	0 48	0 57	1 07
24	22 58	23 30	23 54	.. ..	.. ..	0 02	0 22	0 39	0 55	1 11	1 29	1 49	2 01	2 15
25	23 28	.. ..	.. ..	0 13	0 29	0 43	1 07	1 28	1 48	2 08	2 29	2 54	3 09	3 26
26	.. ..	0 07	0 36	0 59	1 17	1 34	2 01	2 25	2 47	3 09	3 33	4 01	4 18	4 37
27	0 19	1 02	1 33	1 57	2 17	2 34	3 03	3 27	3 50	4 13	4 38	5 06	5 24	5 43
28	1 37	2 17	2 46	3 08	3 27	3 43	4 10	4 33	4 55	5 17	5 40	6 07	6 22	6 41
29	3 15	3 46	4 10	4 28	4 44	4 57	5 20	5 40	5 59	6 17	6 36	6 59	7 12	7 27
30	4 59	5 20	5 37	5 51	6 02	6 12	6 30	6 44	6 58	7 12	7 27	7 44	7 53	8 04
31	6 41	6 53	7 03	7 12	7 19	7 25	7 36	7 45	7 54	8 02	8 12	8 22	8 28	8 35
Feb. 1	8 18	8 23	8 26	8 29	8 32	8 34	8 39	8 42	8 45	8 49	8 52	8 56	8 59	9 01
2	9 52	9 49	9 46	9 44	9 43	9 41	9 39	9 37	9 35	9 33	9 31	9 29	9 27	9 26
3	11 23	11 13	11 04	10 58	10 52	10 47	10 38	10 30	10 23	10 16	10 09	10 00	9 56	9 50
4	12 54	12 36	12 21	12 10	12 00	11 51	11 37	11 24	11 12	11 00	10 48	10 34	10 25	10 16
5	14 24	13 58	13 37	13 21	13 08	12 56	12 36	12 18	12 02	11 46	11 29	11 10	10 58	10 46
6	15 51	15 17	14 51	14 31	14 14	13 59	13 35	13 14	12 54	12 35	12 14	11 50	11 36	11 20
7	17 11	16 29	15 59	15 36	15 17	15 01	14 33	14 10	13 48	13 26	13 02	12 35	12 19	12 01
8	18 14	17 30	16 59	16 35	16 15	15 58	15 29	15 05	14 42	14 19	13 55	13 26	13 09	12 50
9	18 59	18 18	17 48	17 25	17 06	16 49	16 22	15 58	15 35	15 13	14 49	14 21	14 05	13 45
10	19 27	18 52	18 27	18 06	17 49	17 34	17 09	16 47	16 27	16 06	15 44	15 19	15 04	14 46
11	19 45	19 18	18 57	18 40	18 25	18 13	17 51	17 33	17 15	16 58	16 39	16 17	16 04	15 49
12	19 57	19 37	19 21	19 08	18 56	18 46	18 29	18 15	18 00	17 46	17 31	17 14	17 04	16 52
13	20 05	19 51	19 40	19 31	19 23	19 16	19 04	18 53	18 43	18 33	18 22	18 09	18 02	17 54
14	20 12	20 04	19 57	19 52	19 47	19 43	19 36	19 29	19 23	19 17	19 11	19 03	18 59	18 54
15	20 17	20 15	20 13	20 11	20 10	20 09	20 06	20 04	20 02	20 01	19 59	19 56	19 55	19 54
16	20 23	20 26	20 28	20 30	20 32	20 34	20 37	20 39	20 41	20 44	20 46	20 49	20 51	20 53

MOONSET

Lat.	−55°	−50°	−45°	−40°	−35°	−30°	−20°	−10°	0°	+10°	+20°	+30°	+35°	+40°
	h m	h m	h m	h m	h m	h m	h m	h m	h m	h m	h m	h m	h m	h m
Jan. 23	14 33	14 10	13 53	13 39	13 27	13 17	12 59	12 44	12 29	12 15	12 00	11 43	11 33	11 21
24	16 00	15 30	15 07	14 49	14 33	14 20	13 57	13 38	13 20	13 02	12 42	12 20	12 07	11 53
25	17 29	16 50	16 22	16 00	15 42	15 26	14 59	14 37	14 16	13 54	13 32	13 06	12 50	12 32
26	18 47	18 04	17 33	17 09	16 49	16 32	16 04	15 39	15 17	14 54	14 29	14 01	13 44	13 24
27	19 44	19 04	18 34	18 11	17 52	17 35	17 08	16 43	16 21	15 58	15 34	15 06	14 49	14 29
28	20 20	19 47	19 23	19 03	18 46	18 32	18 07	17 46	17 26	17 05	16 43	16 18	16 03	15 45
29	20 42	20 18	20 00	19 45	19 32	19 20	19 01	18 44	18 27	18 11	17 54	17 33	17 21	17 07
30	20 56	20 41	20 28	20 18	20 09	20 02	19 48	19 36	19 25	19 14	19 01	18 47	18 39	18 29
31	21 06	20 58	20 52	20 47	20 42	20 38	20 31	20 25	20 19	20 12	20 06	19 58	19 54	19 49
Feb. 1	21 14	21 13	21 12	21 12	21 11	21 11	21 10	21 10	21 09	21 08	21 07	21 07	21 06	21 05
2	21 21	21 27	21 32	21 36	21 40	21 43	21 48	21 53	21 58	22 02	22 07	22 13	22 16	22 19
3	21 30	21 42	21 53	22 01	22 09	22 15	22 27	22 37	22 46	22 56	23 06	23 18	23 24	23 32
4	21 40	22 00	22 16	22 29	22 40	22 50	23 07	23 22	23 36	23 50	.. ..	.. ..	.. ..	.. ..
5	21 54	22 22	22 43	23 00	23 15	23 28	23 50	.. ..	.. ..	.. ..	0 05	0 22	0 32	0 44
6	22 15	22 50	23 17	23 38	23 56	.. ..	.. ..	0 09	0 27	0 45	1 04	1 26	1 40	1 55
7	22 47	23 29	23 59	.. ..	.. ..	0 11	0 36	0 59	1 20	1 41	2 03	2 29	2 45	3 03
8	23 36	.. ..	.. ..	0 23	0 42	0 59	1 27	1 51	2 14	2 36	3 01	3 29	3 45	4 05
9	.. ..	0 20	0 51	1 15	1 35	1 52	2 21	2 45	3 08	3 31	3 55	4 23	4 40	5 00
10	0 42	1 22	1 51	2 14	2 33	2 49	3 16	3 39	4 01	4 22	4 45	5 12	5 27	5 45
11	1 58	2 32	2 56	3 16	3 33	3 47	4 11	4 31	4 51	5 10	5 30	5 53	6 07	6 23
12	3 18	3 44	4 04	4 20	4 33	4 45	5 04	5 22	5 37	5 53	6 10	6 29	6 40	6 53
13	4 37	4 56	5 10	5 22	5 32	5 41	5 56	6 09	6 21	6 33	6 46	7 01	7 09	7 19
14	5 54	6 06	6 15	6 23	6 30	6 36	6 46	6 54	7 03	7 11	7 19	7 29	7 34	7 41
15	7 09	7 15	7 19	7 23	7 26	7 29	7 34	7 38	7 42	7 46	7 50	7 55	7 58	8 01
16	8 23	8 23	8 23	8 22	8 22	8 22	8 22	8 21	8 21	8 21	8 21	8 21	8 20	8 20

.. .. indicates phenomenon will occur the next day.

MOONRISE AND MOONSET, 2006

UNIVERSAL TIME FOR MERIDIAN OF GREENWICH

MOONRISE

Lat.	+40°	+42°	+44°	+46°	+48°	+50°	+52°	+54°	+56°	+58°	+60°	+62°	+64°	+66°
	h m	h m	h m	h m	h m	h m	h m	h m	h m	h m	h m	h m	h m	h m
Jan. 23	1 07	1 11	1 16	1 22	1 27	1 34	1 40	1 48	1 57	2 06	2 18	2 31	2 47	3 07
24	2 15	2 21	2 28	2 35	2 43	2 52	3 02	3 12	3 25	3 40	3 57	4 19	4 47	5 28
25	3 26	3 34	3 42	3 51	4 01	4 13	4 25	4 40	4 57	5 18	5 44	6 22	■	■
26	4 37	4 46	4 55	5 06	5 18	5 31	5 46	6 04	6 25	6 52	7 30	■	■	■
27	5 43	5 52	6 02	6 13	6 25	6 39	6 54	7 12	7 34	8 02	8 43	■	■	■
28	6 41	6 49	6 58	7 08	7 18	7 30	7 44	8 00	8 18	8 40	9 09	9 51	■	■
29	7 27	7 34	7 41	7 49	7 57	8 07	8 17	8 29	8 42	8 58	9 16	9 39	10 09	10 53
30	8 04	8 09	8 14	8 20	8 26	8 33	8 40	8 48	8 57	9 07	9 19	9 32	9 48	10 07
31	8 35	8 38	8 41	8 44	8 48	8 52	8 56	9 01	9 06	9 12	9 19	9 26	9 35	9 44
Feb. 1	9 01	9 02	9 04	9 05	9 06	9 08	9 09	9 11	9 13	9 15	9 18	9 21	9 24	9 27
2	9 26	9 25	9 25	9 24	9 23	9 22	9 21	9 20	9 19	9 18	9 17	9 15	9 14	9 12
3	9 50	9 48	9 45	9 43	9 40	9 37	9 33	9 30	9 26	9 21	9 16	9 10	9 04	8 56
4	10 16	10 12	10 08	10 03	9 58	9 53	9 47	9 40	9 33	9 25	9 16	9 05	8 53	8 38
5	10 46	10 40	10 34	10 27	10 20	10 12	10 03	9 54	9 43	9 31	9 16	8 59	8 39	8 12
6	11 20	11 13	11 05	10 56	10 47	10 37	10 26	10 13	9 58	9 40	9 19	8 52	8 15	6 44
7	12 01	11 53	11 43	11 34	11 23	11 10	10 57	10 41	10 22	9 59	9 28	8 42	□	□
8	12 50	12 41	12 31	12 20	12 08	11 55	11 40	11 22	11 01	10 33	9 54	□	□	□
9	13 45	13 36	13 27	13 16	13 05	12 52	12 37	12 19	11 58	11 32	10 54	□	□	□
10	14 46	14 38	14 29	14 20	14 10	13 58	13 45	13 30	13 12	12 50	12 22	11 40	□	□
11	15 49	15 42	15 35	15 27	15 19	15 09	14 58	14 46	14 33	14 16	13 57	13 32	12 57	11 53
12	16 52	16 47	16 41	16 35	16 29	16 21	16 13	16 04	15 54	15 43	15 29	15 13	14 53	14 28
13	17 54	17 50	17 46	17 42	17 37	17 32	17 27	17 21	17 14	17 06	16 57	16 47	16 35	16 21
14	18 54	18 52	18 50	18 47	18 45	18 42	18 38	18 35	18 31	18 27	18 22	18 16	18 10	18 02
15	19 54	19 53	19 52	19 52	19 51	19 50	19 49	19 48	19 47	19 46	19 44	19 43	19 41	19 39
16	20 53	20 54	20 55	20 56	20 57	20 58	20 59	21 01	21 02	21 04	21 06	21 08	21 11	21 14

MOONSET

Lat.	+40°	+42°	+44°	+46°	+48°	+50°	+52°	+54°	+56°	+58°	+60°	+62°	+64°	+66°
	h m	h m	h m	h m	h m	h m	h m	h m	h m	h m	h m	h m	h m	h m
Jan. 23	11 21	11 16	11 11	11 05	10 59	10 52	10 44	10 36	10 26	10 16	10 04	9 49	9 32	9 11
24	11 53	11 46	11 39	11 31	11 23	11 13	11 03	10 51	10 38	10 23	10 05	9 43	9 14	8 31
25	12 32	12 24	12 16	12 06	11 56	11 44	11 31	11 16	10 58	10 37	10 10	9 32	■	■
26	13 24	13 15	13 05	12 55	12 43	12 30	12 14	11 57	11 35	11 08	10 29	■	■	■
27	14 29	14 20	14 10	14 00	13 48	13 34	13 19	13 01	12 39	12 11	11 30	■	■	■
28	15 45	15 37	15 29	15 19	15 09	14 57	14 44	14 29	14 11	13 49	13 21	12 39	■	■
29	17 07	17 01	16 54	16 47	16 39	16 30	16 20	16 09	15 57	15 42	15 24	15 02	14 34	13 51
30	18 29	18 25	18 21	18 16	18 10	18 05	17 58	17 51	17 43	17 34	17 24	17 12	16 57	16 39
31	19 49	19 47	19 44	19 42	19 39	19 36	19 33	19 29	19 25	19 21	19 16	19 10	19 03	18 55
Feb. 1	21 05	21 05	21 05	21 05	21 04	21 04	21 03	21 03	21 02	21 02	21 01	21 01	21 00	20 59
2	22 19	22 21	22 23	22 25	22 27	22 29	22 31	22 34	22 37	22 40	22 43	22 47	22 52	22 58
3	23 32	23 36	23 39	23 43	23 48	23 52	23 57	.. ..	.. ..	.. ..	.. ..	.. ..	.. ..	.. ..
4	.. ..	.. ..	.. ..	.. ..	.. ..	.. ..	.. ..	0 03	0 09	0 16	0 25	0 34	0 45	0 58
5	0 44	0 49	0 55	1 01	1 08	1 15	1 23	1 32	1 42	1 53	2 07	2 23	2 43	3 08
6	1 55	2 02	2 09	2 17	2 26	2 36	2 47	2 59	3 13	3 30	3 51	4 17	4 54	6 24
7	3 03	3 11	3 20	3 29	3 40	3 52	4 05	4 21	4 40	5 02	5 32	6 18	□	□
8	4 05	4 14	4 24	4 34	4 46	4 59	5 14	5 32	5 53	6 21	7 00	□	□	□
9	5 00	5 09	5 18	5 29	5 41	5 54	6 09	6 26	6 47	7 14	7 52	□	□	□
10	5 45	5 54	6 02	6 12	6 23	6 35	6 48	7 04	7 22	7 44	8 12	8 54	□	□
11	6 23	6 30	6 37	6 46	6 55	7 05	7 16	7 28	7 43	7 59	8 20	8 45	9 20	10 25
12	6 53	6 59	7 05	7 12	7 19	7 26	7 35	7 45	7 55	8 08	8 22	8 39	8 59	9 26
13	7 19	7 23	7 27	7 32	7 38	7 43	7 49	7 56	8 04	8 12	8 22	8 33	8 46	9 02
14	7 41	7 44	7 46	7 50	7 53	7 57	8 01	8 05	8 10	8 15	8 21	8 28	8 36	8 45
15	8 01	8 02	8 03	8 05	8 07	8 08	8 10	8 12	8 15	8 17	8 20	8 23	8 27	8 31
16	8 20	8 20	8 20	8 19	8 19	8 19	8 19	8 19	8 19	8 19	8 18	8 18	8 18	8 17

□ indicates Moon continuously above horizon.
■ indicates Moon continuously below horizon.
.. .. indicates phenomenon will occur the next day.

MOONRISE AND MOONSET, 2006

UNIVERSAL TIME FOR MERIDIAN OF GREENWICH

MOONRISE

Lat.	−55°	−50°	−45°	−40°	−35°	−30°	−20°	−10°	0°	+10°	+20°	+30°	+35°	+40°
	h m	h m	h m	h m	h m	h m	h m	h m	h m	h m	h m	h m	h m	h m
Feb. 15	20 17	20 15	20 13	20 11	20 10	20 09	20 06	20 04	20 02	20 01	19 59	19 56	19 55	19 54
16	20 23	20 26	20 28	20 30	20 32	20 34	20 37	20 39	20 41	20 44	20 46	20 49	20 51	20 53
17	20 29	20 37	20 44	20 50	20 55	21 00	21 08	21 15	21 21	21 28	21 35	21 43	21 48	21 54
18	20 36	20 50	21 02	21 12	21 20	21 28	21 41	21 52	22 03	22 14	22 26	22 39	22 47	22 56
19	20 45	21 07	21 24	21 37	21 49	22 00	22 18	22 34	22 48	23 03	23 19	23 38	23 49	.. ..
20	21 00	21 29	21 51	22 09	22 24	22 37	23 00	23 19	23 38	23 57	.. ..	.. ..	.. ..	0 02
21	21 23	22 00	22 27	22 48	23 06	23 22	23 48	.. ..	.. ..	.. ..	0 17	0 40	0 54	1 10
22	22 02	22 45	23 15	23 39	23 59	.. ..	.. ..	0 11	0 33	0 54	1 17	1 44	2 00	2 19
23	23 05	23 48	.. ..	.. ..	.. ..	0 16	0 44	1 09	1 32	1 55	2 19	2 48	3 05	3 26
24	.. ..	.. ..	0 19	0 42	1 02	1 19	1 47	2 11	2 34	2 57	3 21	3 49	4 06	4 25
25	0 32	1 09	1 35	1 57	2 14	2 29	2 55	3 17	3 37	3 57	4 19	4 44	4 59	5 16
26	2 13	2 40	3 01	3 17	3 31	3 43	4 04	4 21	4 38	4 54	5 12	5 32	5 43	5 57
27	3 57	4 14	4 28	4 39	4 49	4 57	5 11	5 24	5 35	5 47	5 59	6 13	6 21	6 30
28	5 38	5 47	5 54	6 00	6 05	6 09	6 17	6 23	6 30	6 36	6 42	6 50	6 54	6 59
Mar. 1	7 16	7 17	7 17	7 18	7 19	7 19	7 20	7 20	7 21	7 22	7 23	7 24	7 24	7 25
2	8 52	8 45	8 39	8 35	8 31	8 27	8 21	8 16	8 12	8 07	8 02	7 56	7 53	7 50
3	10 26	10 12	10 00	9 50	9 42	9 35	9 23	9 12	9 02	8 52	8 42	8 30	8 23	8 16
4	12 01	11 38	11 20	11 05	10 53	10 42	10 24	10 08	9 54	9 39	9 24	9 06	8 56	8 45
5	13 33	13 01	12 37	12 18	12 02	11 48	11 25	11 05	10 47	10 28	10 09	9 46	9 33	9 18
6	14 59	14 19	13 50	13 27	13 09	12 53	12 26	12 03	11 41	11 20	10 57	10 31	10 15	9 57
7	16 10	15 25	14 54	14 30	14 10	13 53	13 24	12 59	12 36	12 14	11 49	11 21	11 04	10 44
8	17 01	16 17	15 47	15 23	15 03	14 46	14 18	13 54	13 31	13 08	12 44	12 15	11 58	11 38
9	17 33	16 56	16 29	16 07	15 49	15 34	15 07	14 44	14 23	14 02	13 39	13 12	12 57	12 38
10	17 53	17 24	17 01	16 43	16 27	16 14	15 51	15 31	15 13	14 54	14 34	14 10	13 57	13 41
11	18 06	17 44	17 26	17 12	17 00	16 49	16 30	16 14	15 59	15 43	15 27	15 08	14 57	14 44

MOONSET

Lat.	−55°	−50°	−45°	−40°	−35°	−30°	−20°	−10°	0°	+10°	+20°	+30°	+35°	+40°
	h m	h m	h m	h m	h m	h m	h m	h m	h m	h m	h m	h m	h m	h m
Feb. 15	7 09	7 15	7 19	7 23	7 26	7 29	7 34	7 38	7 42	7 46	7 50	7 55	7 58	8 01
16	8 23	8 23	8 23	8 22	8 22	8 22	8 22	8 21	8 21	8 21	8 21	8 20	8 20	8 20
17	9 38	9 31	9 26	9 22	9 18	9 15	9 10	9 05	9 00	8 56	8 51	8 46	8 43	8 39
18	10 55	10 42	10 32	10 23	10 16	10 10	9 59	9 50	9 41	9 32	9 23	9 13	9 06	9 00
19	12 15	11 55	11 40	11 27	11 17	11 07	10 51	10 37	10 24	10 12	9 58	9 42	9 33	9 23
20	13 39	13 12	12 51	12 34	12 20	12 07	11 47	11 28	11 12	10 55	10 37	10 16	10 04	9 51
21	15 06	14 30	14 04	13 43	13 25	13 10	12 45	12 24	12 03	11 43	11 22	10 57	10 43	10 26
22	16 27	15 45	15 14	14 51	14 31	14 15	13 47	13 23	13 00	12 38	12 14	11 46	11 30	11 10
23	17 33	16 49	16 18	15 54	15 35	15 18	14 49	14 24	14 01	13 38	13 13	12 44	12 27	12 07
24	18 17	17 39	17 12	16 50	16 31	16 16	15 49	15 26	15 04	14 42	14 19	13 51	13 35	13 16
25	18 44	18 15	17 53	17 35	17 20	17 07	16 44	16 25	16 06	15 48	15 27	15 04	14 50	14 34
26	19 00	18 41	18 25	18 12	18 01	17 51	17 34	17 20	17 05	16 51	16 36	16 18	16 08	15 56
27	19 12	19 00	18 51	18 43	18 36	18 30	18 20	18 10	18 01	17 52	17 43	17 32	17 25	17 18
28	19 21	19 17	19 13	19 10	19 08	19 05	19 01	18 58	18 54	18 51	18 47	18 43	18 40	18 37
Mar. 1	19 29	19 31	19 34	19 35	19 37	19 38	19 41	19 43	19 45	19 47	19 49	19 52	19 53	19 55
2	19 37	19 46	19 54	20 01	20 07	20 12	20 20	20 28	20 35	20 43	20 51	21 00	21 05	21 11
3	19 46	20 03	20 17	20 28	20 38	20 46	21 01	21 14	21 26	21 39	21 52	22 07	22 16	22 26
4	19 58	20 23	20 43	20 59	21 12	21 24	21 44	22 02	22 19	22 35	22 53	23 14	23 26	23 40
5	20 17	20 50	21 15	21 35	21 52	22 06	22 31	22 53	23 13	23 33	23 54	.. ..	.. ..	.. ..
6	20 45	21 26	21 55	22 18	22 37	22 54	23 22	23 45	.. ..	.. ..	.. ..	0 20	0 34	0 52
7	21 29	22 13	22 45	23 09	23 29	23 46	.. ..	.. ..	0 08	0 30	0 54	1 22	1 39	1 58
8	22 30	23 13	23 43	.. ..	.. ..	.. ..	0 15	0 40	1 03	1 26	1 50	2 19	2 36	2 56
9	23 44	.. ..	.. ..	0 06	0 26	0 42	1 10	1 34	1 56	2 19	2 42	3 10	3 26	3 45
10	.. ..	0 21	0 47	1 08	1 25	1 40	2 06	2 27	2 47	3 07	3 29	3 53	4 08	4 25
11	1 04	1 32	1 54	2 11	2 26	2 38	3 00	3 18	3 35	3 52	4 10	4 31	4 43	4 57

.. .. indicates phenomenon will occur the next day.

UNIVERSAL TIME FOR MERIDIAN OF GREENWICH

MOONRISE

Lat.	+40°	+42°	+44°	+46°	+48°	+50°	+52°	+54°	+56°	+58°	+60°	+62°	+64°	+66°
	h m	h m	h m	h m	h m	h m	h m	h m	h m	h m	h m	h m	h m	h m
Feb. 15	19 54	19 53	19 52	19 52	19 51	19 50	19 49	19 48	19 47	19 46	19 44	19 43	19 41	19 39
16	20 53	20 54	20 55	20 56	20 57	20 58	20 59	21 01	21 02	21 04	21 06	21 08	21 11	21 14
17	21 54	21 56	21 59	22 01	22 04	22 08	22 11	22 15	22 19	22 24	22 30	22 36	22 44	22 52
18	22 56	23 00	23 04	23 09	23 14	23 20	23 26	23 32	23 40	23 48	23 58	.. ..	.. ..	.. ..
19	.. ..	.. ..	.. ..	.. ..	.. ..	.. ..	.. ..	.. ..	.. ..	.. ..	.. ..	0 09	0 23	0 39
20	0 02	0 07	0 13	0 20	0 27	0 35	0 44	0 53	1 05	1 17	1 32	1 51	2 13	2 44
21	1 10	1 17	1 25	1 33	1 43	1 53	2 05	2 18	2 33	2 52	3 14	3 44	4 31	■
22	2 19	2 27	2 37	2 47	2 58	3 11	3 25	3 42	4 02	4 27	5 01	6 04	■	■
23	3 26	3 35	3 45	3 56	4 08	4 22	4 37	4 56	5 18	5 48	6 32	■	■	■
24	4 25	4 34	4 44	4 54	5 06	5 19	5 34	5 51	6 12	6 38	7 14	8 33	■	■
25	5 16	5 23	5 32	5 41	5 51	6 01	6 14	6 28	6 44	7 03	7 26	7 58	8 46	■
26	5 57	6 03	6 09	6 16	6 23	6 31	6 40	6 51	7 02	7 15	7 30	7 48	8 10	8 38
27	6 30	6 34	6 39	6 43	6 48	6 54	6 59	7 06	7 13	7 21	7 30	7 41	7 53	8 07
28	6 59	7 01	7 03	7 06	7 08	7 11	7 14	7 17	7 21	7 25	7 30	7 35	7 41	7 47
Mar. 1	7 25	7 25	7 25	7 26	7 26	7 26	7 27	7 27	7 27	7 28	7 29	7 29	7 30	7 31
2	7 50	7 48	7 47	7 45	7 43	7 41	7 39	7 36	7 34	7 31	7 27	7 24	7 19	7 15
3	8 16	8 12	8 09	8 05	8 01	7 56	7 52	7 46	7 40	7 34	7 26	7 18	7 08	6 57
4	8 45	8 39	8 34	8 28	8 22	8 15	8 07	7 59	7 49	7 39	7 26	7 12	6 55	6 34
5	9 18	9 11	9 04	8 56	8 47	8 38	8 27	8 16	8 02	7 47	7 28	7 05	6 35	5 50
6	9 57	9 49	9 40	9 31	9 20	9 09	8 55	8 40	8 23	8 01	7 34	6 55	▭	▭
7	10 44	10 35	10 26	10 15	10 03	9 50	9 35	9 17	8 56	8 29	7 52	▭	▭	▭
8	11 38	11 30	11 20	11 09	10 57	10 44	10 28	10 10	9 48	9 20	8 40	▭	▭	▭
9	12 38	12 30	12 21	12 11	12 00	11 48	11 34	11 18	10 58	10 34	10 03	9 09	▭	▭
10	13 41	13 34	13 26	13 17	13 08	12 58	12 46	12 33	12 18	12 00	11 37	11 08	10 23	▭
11	14 44	14 38	14 32	14 25	14 18	14 10	14 01	13 51	13 40	13 27	13 11	12 53	12 29	11 57

MOONSET

Lat.	+40°	+42°	+44°	+46°	+48°	+50°	+52°	+54°	+56°	+58°	+60°	+62°	+64°	+66°
	h m	h m	h m	h m	h m	h m	h m	h m	h m	h m	h m	h m	h m	h m
Feb. 15	8 01	8 02	8 03	8 05	8 07	8 08	8 10	8 12	8 15	8 17	8 20	8 23	8 27	8 31
16	8 20	8 20	8 20	8 19	8 19	8 19	8 19	8 19	8 19	8 18	8 18	8 18	8 18	8 17
17	8 39	8 37	8 36	8 34	8 32	8 30	8 28	8 25	8 23	8 20	8 17	8 13	8 09	8 04
18	9 00	8 57	8 53	8 50	8 46	8 42	8 38	8 33	8 28	8 22	8 15	8 08	7 59	7 49
19	9 23	9 18	9 14	9 08	9 03	8 56	8 50	8 42	8 34	8 25	8 14	8 02	7 47	7 30
20	9 51	9 45	9 38	9 31	9 23	9 15	9 06	8 55	8 43	8 30	8 14	7 55	7 31	7 00
21	10 26	10 18	10 10	10 01	9 51	9 41	9 28	9 15	8 59	8 40	8 17	7 46	6 58	■
22	11 10	11 02	10 52	10 42	10 30	10 18	10 03	9 46	9 26	9 00	8 26	7 22	■	■
23	12 07	11 58	11 48	11 37	11 25	11 11	10 55	10 37	10 14	9 45	9 01	■	■	■
24	13 16	13 08	12 58	12 48	12 36	12 24	12 09	11 52	11 31	11 05	10 30	9 12	■	■
25	14 34	14 27	14 19	14 11	14 01	13 51	13 39	13 26	13 10	12 51	12 29	11 58	11 10	■
26	15 56	15 51	15 45	15 39	15 32	15 24	15 16	15 07	14 56	14 44	14 30	14 13	13 53	13 25
27	17 18	17 14	17 11	17 07	17 03	16 58	16 53	16 48	16 42	16 35	16 27	16 18	16 07	15 55
28	18 37	18 36	18 34	18 33	18 31	18 30	18 28	18 26	18 23	18 21	18 18	18 15	18 11	18 06
Mar. 1	19 55	19 55	19 56	19 57	19 58	19 59	20 00	20 01	20 02	20 03	20 05	20 07	20 09	20 11
2	21 11	21 13	21 16	21 19	21 22	21 26	21 30	21 34	21 39	21 44	21 50	21 57	22 05	22 15
3	22 26	22 31	22 35	22 41	22 46	22 53	22 59	23 07	23 16	23 25	23 37	23 50	.. ..	.. ..
4	23 40	23 46	23 53	.. ..	.. ..	.. ..	.. ..	.. ..	.. ..	.. ..	.. ..	.. ..	0 05	0 25
5	.. ..	.. ..	.. ..	0 01	0 09	0 18	0 28	0 39	0 52	1 07	1 24	1 46	2 15	2 59
6	0 52	0 59	1 08	1 17	1 27	1 39	1 52	2 06	2 24	2 45	3 12	3 50	▭	▭
7	1 58	2 07	2 16	2 27	2 38	2 51	3 06	3 24	3 45	4 11	4 49	▭	▭	▭
8	2 56	3 05	3 15	3 26	3 38	3 51	4 07	4 25	4 47	5 15	5 56	▭	▭	▭
9	3 45	3 53	4 03	4 13	4 24	4 36	4 51	5 07	5 27	5 51	6 23	7 17	▭	▭
10	4 25	4 32	4 40	4 49	4 59	5 09	5 21	5 35	5 51	6 09	6 32	7 02	7 48	▭
11	4 57	5 03	5 10	5 17	5 25	5 33	5 43	5 53	6 05	6 19	6 35	6 54	7 18	7 51

▭ indicates Moon continuously above horizon.
■ indicates Moon continuously below horizon.
.. .. indicates phenomenon will occur the next day.

MOONRISE AND MOONSET, 2006

UNIVERSAL TIME FOR MERIDIAN OF GREENWICH

MOONRISE

Lat.	−55°	−50°	−45°	−40°	−35°	−30°	−20°	−10°	0°	+10°	+20°	+30°	+35°	+40°
	h m	h m	h m	h m	h m	h m	h m	h m	h m	h m	h m	h m	h m	h m
Mar. 9	17 33	16 56	16 29	16 07	15 49	15 34	15 07	14 44	14 23	14 02	13 39	13 12	12 57	12 38
10	17 53	17 24	17 01	16 43	16 27	16 14	15 51	15 31	15 13	14 54	14 34	14 10	13 57	13 41
11	18 06	17 44	17 26	17 12	17 00	16 49	16 30	16 14	15 59	15 43	15 27	15 08	14 57	14 44
12	18 16	18 00	17 47	17 36	17 27	17 19	17 05	16 53	16 42	16 30	16 18	16 04	15 55	15 46
13	18 22	18 12	18 04	17 58	17 52	17 47	17 38	17 30	17 23	17 15	17 07	16 58	16 53	16 47
14	18 28	18 24	18 20	18 17	18 15	18 13	18 09	18 05	18 02	17 59	17 55	17 52	17 49	17 47
15	18 33	18 35	18 36	18 36	18 37	18 38	18 39	18 40	18 41	18 42	18 43	18 45	18 45	18 46
16	18 39	18 46	18 51	18 56	19 00	19 04	19 10	19 16	19 21	19 26	19 32	19 39	19 42	19 47
17	18 45	18 58	19 08	19 17	19 24	19 31	19 42	19 53	20 02	20 12	20 22	20 34	20 41	20 49
18	18 54	19 13	19 28	19 41	19 52	20 02	20 18	20 33	20 46	21 00	21 15	21 32	21 42	21 53
19	19 06	19 33	19 53	20 10	20 24	20 37	20 58	21 16	21 34	21 51	22 10	22 32	22 45	23 00
20	19 25	20 00	20 25	20 46	21 03	21 18	21 43	22 05	22 26	22 47	23 09	23 35	23 50	.. ..
21	19 57	20 38	21 08	21 31	21 51	22 07	22 35	23 00	23 22	23 45	.. ..	.. ..	.. ..	0 08
22	20 49	21 33	22 04	22 28	22 48	23 05	23 34	23 59	.. ..	.. ..	0 09	0 38	0 55	1 15
23	22 04	22 44	23 13	23 36	23 54	.. ..	.. ..	.. ..	0 22	0 45	1 10	1 38	1 55	2 15
24	23 37	.. ..	.. ..	.. ..	.. ..	0 10	0 37	1 01	1 22	1 44	2 07	2 34	2 49	3 08
25	.. ..	0 09	0 32	0 51	1 07	1 20	1 44	2 03	2 22	2 40	3 00	3 23	3 36	3 51
26	1 17	1 39	1 56	2 10	2 22	2 32	2 50	3 05	3 19	3 33	3 48	4 05	4 15	4 26
27	2 57	3 10	3 21	3 29	3 37	3 43	3 54	4 04	4 13	4 22	4 32	4 43	4 49	4 56
28	4 35	4 40	4 44	4 48	4 51	4 53	4 58	5 02	5 05	5 09	5 13	5 17	5 20	5 23
29	6 12	6 09	6 07	6 05	6 04	6 02	6 00	5 58	5 56	5 54	5 52	5 50	5 49	5 48
30	7 48	7 38	7 29	7 22	7 16	7 11	7 02	6 54	6 47	6 40	6 32	6 24	6 19	6 13
31	9 25	9 06	8 51	8 39	8 29	8 20	8 05	7 51	7 39	7 27	7 14	6 59	6 51	6 41
Apr. 1	11 02	10 34	10 13	9 56	9 41	9 29	9 08	8 50	8 33	8 16	7 59	7 38	7 26	7 13
2	12 35	11 58	11 31	11 10	10 52	10 37	10 11	9 49	9 29	9 09	8 47	8 22	8 08	7 51

MOONSET

Lat.	−55°	−50°	−45°	−40°	−35°	−30°	−20°	−10°	0°	+10°	+20°	+30°	+35°	+40°
	h m	h m	h m	h m	h m	h m	h m	h m	h m	h m	h m	h m	h m	h m
Mar. 9	23 44	.. ..	.. ..	0 06	0 26	0 42	1 10	1 34	1 56	2 19	2 42	3 10	3 26	3 45
10	.. ..	0 21	0 47	1 08	1 25	1 40	2 06	2 27	2 47	3 07	3 29	3 53	4 08	4 25
11	1 04	1 32	1 54	2 11	2 26	2 38	3 00	3 18	3 35	3 52	4 10	4 31	4 43	4 57
12	2 24	2 44	3 01	3 14	3 25	3 35	3 52	4 06	4 20	4 33	4 47	5 04	5 13	5 24
13	3 41	3 55	4 06	4 16	4 23	4 30	4 42	4 52	5 02	5 11	5 21	5 32	5 39	5 46
14	4 57	5 05	5 11	5 16	5 20	5 24	5 31	5 36	5 42	5 47	5 53	5 59	6 03	6 07
15	6 11	6 13	6 14	6 15	6 16	6 17	6 19	6 20	6 21	6 22	6 23	6 24	6 25	6 26
16	7 26	7 22	7 18	7 15	7 13	7 11	7 07	7 03	7 00	6 57	6 54	6 50	6 48	6 45
17	8 43	8 32	8 23	8 16	8 10	8 05	7 56	7 48	7 40	7 33	7 25	7 16	7 11	7 05
18	10 02	9 45	9 31	9 20	9 10	9 02	8 47	8 35	8 23	8 11	7 59	7 45	7 37	7 27
19	11 25	11 00	10 41	10 25	10 12	10 01	9 41	9 24	9 09	8 53	8 36	8 17	8 06	7 54
20	12 51	12 17	11 52	11 33	11 16	11 02	10 38	10 18	9 58	9 39	9 19	8 55	8 41	8 25
21	14 13	13 32	13 03	12 40	12 21	12 05	11 38	11 14	10 52	10 31	10 07	9 40	9 24	9 06
22	15 24	14 40	14 08	13 44	13 24	13 07	12 38	12 13	11 50	11 27	11 03	10 34	10 17	9 56
23	16 14	15 33	15 04	14 41	14 22	14 05	13 37	13 13	12 51	12 28	12 04	11 35	11 18	10 59
24	16 46	16 13	15 48	15 28	15 12	14 57	14 33	14 11	13 51	13 31	13 09	12 43	12 28	12 11
25	17 06	16 42	16 23	16 07	15 54	15 43	15 23	15 06	14 49	14 33	14 15	13 55	13 42	13 28
26	17 19	17 03	16 50	16 40	16 31	16 23	16 09	15 57	15 45	15 33	15 21	15 06	14 58	14 48
27	17 28	17 20	17 13	17 08	17 03	16 59	16 51	16 44	16 38	16 32	16 25	16 17	16 12	16 07
28	17 36	17 35	17 34	17 34	17 33	17 32	17 31	17 30	17 29	17 28	17 27	17 26	17 25	17 25
29	17 44	17 50	17 55	17 59	18 02	18 05	18 11	18 16	18 20	18 25	18 29	18 35	18 38	18 42
30	17 52	18 06	18 16	18 25	18 33	18 40	18 51	19 02	19 11	19 21	19 32	19 44	19 51	19 59
31	18 03	18 24	18 41	18 55	19 06	19 17	19 34	19 50	20 04	20 19	20 35	20 53	21 04	21 16
Apr. 1	18 19	18 48	19 11	19 29	19 45	19 58	20 21	20 41	20 59	21 18	21 38	22 02	22 15	22 31
2	18 43	19 21	19 49	20 11	20 29	20 45	21 11	21 35	21 56	22 18	22 41	23 08	23 24	23 43

.. .. indicates phenomenon will occur the next day.

UNIVERSAL TIME FOR MERIDIAN OF GREENWICH

MOONRISE

Lat.	+40°	+42°	+44°	+46°	+48°	+50°	+52°	+54°	+56°	+58°	+60°	+62°	+64°	+66°
	h m	h m	h m	h m	h m	h m	h m	h m	h m	h m	h m	h m	h m	h m
Mar. 9	12 38	12 30	12 21	12 11	12 00	11 48	11 34	11 18	10 58	10 34	10 03	9 09	□	□
10	13 41	13 34	13 26	13 17	13 08	12 58	12 46	12 33	12 18	12 00	11 37	11 08	10 23	□
11	14 44	14 38	14 32	14 25	14 18	14 10	14 01	13 51	13 40	13 27	13 11	12 53	12 29	11 57
12	15 46	15 42	15 37	15 32	15 27	15 21	15 15	15 08	15 00	14 51	14 41	14 29	14 15	13 58
13	16 47	16 44	16 41	16 38	16 35	16 31	16 27	16 23	16 18	16 13	16 07	16 00	15 52	15 42
14	17 47	17 46	17 44	17 43	17 42	17 40	17 38	17 37	17 35	17 32	17 30	17 27	17 24	17 20
15	18 46	18 47	18 47	18 48	18 48	18 49	18 49	18 50	18 50	18 51	18 52	18 53	18 54	18 55
16	19 47	19 49	19 51	19 53	19 55	19 58	20 01	20 04	20 07	20 11	20 16	20 21	20 26	20 33
17	20 49	20 52	20 56	21 00	21 05	21 09	21 15	21 20	21 27	21 34	21 43	21 52	22 03	22 17
18	21 53	21 58	22 04	22 10	22 16	22 24	22 32	22 40	22 50	23 02	23 15	23 31	23 50	.. ..
19	23 00	23 07	23 14	23 22	23 31	23 40	23 51	.. ..	.. ..	.. ..	.. ..	.. ..	.. ..	0 15
20	.. ..	.. ..	.. ..	.. ..	.. ..	.. ..	.. ..	0 03	0 17	0 34	0 54	1 19	1 55	3 07
21	0 08	0 16	0 25	0 35	0 46	0 58	1 11	1 27	1 45	2 08	2 38	3 25	■	■
22	1 15	1 24	1 34	1 44	1 56	2 10	2 25	2 44	3 06	3 34	4 17	■	■	■
23	2 15	2 25	2 34	2 45	2 57	3 11	3 27	3 45	4 07	4 35	5 17	■	■	■
24	3 08	3 16	3 25	3 35	3 45	3 57	4 11	4 27	4 45	5 07	5 36	6 18	■	■
25	3 51	3 58	4 05	4 13	4 21	4 31	4 41	4 53	5 07	5 23	5 41	6 04	6 35	7 20
26	4 26	4 31	4 37	4 42	4 49	4 55	5 03	5 11	5 20	5 31	5 42	5 56	6 13	6 33
27	4 56	4 59	5 03	5 06	5 10	5 14	5 19	5 24	5 29	5 35	5 42	5 50	5 59	6 09
28	5 23	5 24	5 25	5 27	5 28	5 30	5 32	5 34	5 36	5 38	5 41	5 44	5 47	5 51
29	5 48	5 47	5 47	5 46	5 45	5 45	5 44	5 43	5 42	5 41	5 40	5 38	5 37	5 35
30	6 13	6 11	6 08	6 06	6 03	6 00	5 56	5 52	5 48	5 44	5 39	5 33	5 26	5 18
31	6 41	6 37	6 32	6 28	6 22	6 17	6 11	6 04	5 56	5 48	5 38	5 27	5 14	4 59
Apr. 1	7 13	7 07	7 01	6 54	6 46	6 38	6 29	6 19	6 07	5 54	5 39	5 20	4 58	4 29
2	7 51	7 43	7 35	7 26	7 16	7 06	6 54	6 40	6 24	6 05	5 42	5 12	4 26	□

MOONSET

Lat.	+40°	+42°	+44°	+46°	+48°	+50°	+52°	+54°	+56°	+58°	+60°	+62°	+64°	+66°
	h m	h m	h m	h m	h m	h m	h m	h m	h m	h m	h m	h m	h m	h m
Mar. 9	3 45	3 53	4 03	4 13	4 24	4 36	4 51	5 07	5 27	5 51	6 23	7 17	□	□
10	4 25	4 32	4 40	4 49	4 59	5 09	5 21	5 35	5 51	6 09	6 32	7 02	7 48	□
11	4 57	5 03	5 10	5 17	5 25	5 33	5 43	5 53	6 05	6 19	6 35	6 54	7 18	7 51
12	5 24	5 28	5 33	5 39	5 45	5 51	5 58	6 06	6 14	6 24	6 35	6 48	7 03	7 22
13	5 46	5 50	5 53	5 57	6 01	6 05	6 10	6 15	6 21	6 27	6 34	6 42	6 52	7 03
14	6 07	6 09	6 10	6 13	6 15	6 17	6 20	6 22	6 26	6 29	6 33	6 37	6 42	6 48
15	6 26	6 26	6 27	6 27	6 28	6 28	6 29	6 29	6 30	6 30	6 31	6 32	6 33	6 34
16	6 45	6 44	6 43	6 42	6 40	6 39	6 37	6 36	6 34	6 32	6 29	6 27	6 24	6 20
17	7 05	7 03	7 00	6 57	6 54	6 50	6 47	6 43	6 38	6 33	6 28	6 21	6 14	6 06
18	7 27	7 23	7 19	7 14	7 09	7 04	6 58	6 51	6 44	6 36	6 26	6 16	6 03	5 48
19	7 54	7 48	7 42	7 35	7 28	7 21	7 12	7 03	6 52	6 40	6 26	6 09	5 49	5 23
20	8 25	8 18	8 11	8 02	7 53	7 43	7 32	7 19	7 05	6 47	6 27	6 01	5 24	4 12
21	9 06	8 57	8 48	8 38	8 27	8 15	8 01	7 45	7 26	7 03	6 32	5 45	■	■
22	9 56	9 47	9 37	9 27	9 14	9 01	8 45	8 27	8 04	7 36	6 53	■	■	■
23	10 59	10 50	10 40	10 29	10 17	10 04	9 48	9 30	9 08	8 40	7 58	■	■	■
24	12 11	12 03	11 54	11 45	11 34	11 23	11 09	10 54	10 36	10 15	9 46	9 04	■	■
25	13 28	13 22	13 15	13 08	13 00	12 51	12 41	12 30	12 17	12 02	11 44	11 22	10 53	10 08
26	14 48	14 44	14 39	14 34	14 28	14 22	14 16	14 08	14 00	13 51	13 40	13 27	13 12	12 54
27	16 07	16 04	16 02	15 59	15 56	15 53	15 50	15 46	15 41	15 37	15 31	15 25	15 18	15 09
28	17 25	17 24	17 24	17 23	17 23	17 22	17 22	17 21	17 21	17 20	17 19	17 18	17 17	17 16
29	18 42	18 43	18 45	18 47	18 49	18 51	18 53	18 56	18 59	19 02	19 06	19 10	19 14	19 20
30	19 59	20 02	20 06	20 10	20 15	20 20	20 25	20 31	20 37	20 45	20 53	21 03	21 14	21 28
31	21 16	21 21	21 27	21 34	21 40	21 48	21 57	22 06	22 17	22 29	22 43	23 01	23 22	23 50
Apr. 1	22 31	22 39	22 46	22 55	23 04	23 14	23 26	23 39	23 55	.. ..	.. ..	.. ..	.. ..	□
2	23 43	23 51	.. ..	.. ..	.. ..	.. ..	.. ..	.. ..	.. ..	0 13	0 35	1 05	1 50	□

□ indicates Moon continuously above horizon.
■ indicates Moon continuously below horizon.
.. .. indicates phenomenon will occur the next day.

MOONRISE AND MOONSET, 2006

UNIVERSAL TIME FOR MERIDIAN OF GREENWICH

MOONRISE

Lat.	−55°	−50°	−45°	−40°	−35°	−30°	−20°	−10°	0°	+10°	+20°	+30°	+35°	+40°
	h m	h m	h m	h m	h m	h m	h m	h m	h m	h m	h m	h m	h m	h m
Apr. 1	11 02	10 34	10 13	9 56	9 41	9 29	9 08	8 50	8 33	8 16	7 59	7 38	7 26	7 13
2	12 35	11 58	11 31	11 10	10 52	10 37	10 11	9 49	9 29	9 09	8 47	8 22	8 08	7 51
3	13 56	13 12	12 41	12 17	11 58	11 41	11 13	10 48	10 26	10 03	9 39	9 12	8 55	8 36
4	14 56	14 12	13 40	13 16	12 56	12 39	12 10	11 45	11 22	10 59	10 35	10 06	9 49	9 29
5	15 36	14 56	14 27	14 04	13 46	13 30	13 02	12 39	12 17	11 55	11 31	11 03	10 47	10 28
6	16 00	15 27	15 03	14 43	14 27	14 13	13 49	13 28	13 08	12 48	12 27	12 02	11 48	11 31
7	16 15	15 50	15 31	15 15	15 01	14 50	14 29	14 12	13 55	13 39	13 21	13 00	12 48	12 34
8	16 25	16 07	15 53	15 41	15 31	15 22	15 06	14 52	14 40	14 27	14 13	13 57	13 48	13 37
9	16 33	16 21	16 11	16 03	15 56	15 50	15 39	15 30	15 21	15 12	15 03	14 52	14 45	14 38
10	16 39	16 32	16 27	16 23	16 19	16 16	16 11	16 06	16 01	15 56	15 51	15 45	15 42	15 38
11	16 44	16 43	16 43	16 42	16 42	16 42	16 41	16 41	16 40	16 40	16 39	16 39	16 38	16 38
12	16 49	16 54	16 58	17 02	17 05	17 07	17 12	17 16	17 20	17 23	17 28	17 32	17 35	17 38
13	16 56	17 06	17 15	17 22	17 29	17 34	17 44	17 52	18 01	18 09	18 18	18 28	18 34	18 40
14	17 03	17 21	17 34	17 46	17 55	18 04	18 19	18 32	18 44	18 57	19 10	19 25	19 34	19 45
15	17 15	17 39	17 58	18 13	18 26	18 38	18 57	19 15	19 31	19 48	20 05	20 26	20 38	20 52
16	17 31	18 03	18 27	18 47	19 03	19 17	19 41	20 03	20 22	20 42	21 03	21 28	21 43	22 00
17	17 59	18 38	19 07	19 29	19 48	20 04	20 32	20 55	21 17	21 40	22 03	22 31	22 48	23 07
18	18 43	19 27	19 58	20 22	20 42	20 59	21 28	21 53	22 16	22 39	23 04	23 32	23 50	.. ..
19	19 51	20 33	21 02	21 26	21 45	22 01	22 29	22 53	23 15	23 37	.. ..	.. ..	.. ..	0 10
20	21 17	21 51	22 17	22 37	22 54	23 08	23 33	23 54	.. ..	.. ..	0 01	0 29	0 45	1 04
21	22 52	23 18	23 37	23 53	.. ..	.. ..	.. ..	.. ..	0 14	0 33	0 54	1 18	1 33	1 49
22	.. ..	.. ..	.. ..	.. ..	0 06	0 18	0 37	0 54	1 10	1 26	1 43	2 02	2 13	2 26
23	0 29	0 45	0 58	1 09	1 18	1 26	1 40	1 52	2 03	2 14	2 26	2 40	2 47	2 56
24	2 04	2 13	2 19	2 25	2 30	2 34	2 42	2 48	2 54	3 00	3 07	3 14	3 18	3 23
25	3 38	3 39	3 40	3 40	3 41	3 41	3 42	3 43	3 44	3 45	3 45	3 46	3 47	3 48

MOONSET

Lat.	−55°	−50°	−45°	−40°	−35°	−30°	−20°	−10°	0°	+10°	+20°	+30°	+35°	+40°
	h m	h m	h m	h m	h m	h m	h m	h m	h m	h m	h m	h m	h m	h m
Apr. 1	18 19	18 48	19 11	19 29	19 45	19 58	20 21	20 41	20 59	21 18	21 38	22 02	22 15	22 31
2	18 43	19 21	19 49	20 11	20 29	20 45	21 11	21 35	21 56	22 18	22 41	23 08	23 24	23 43
3	19 21	20 05	20 36	21 00	21 20	21 37	22 05	22 30	22 53	23 16	23 41	.. ..	.. ..	.. ..
4	20 17	21 01	21 32	21 56	22 16	22 33	23 02	23 26	23 49	.. ..	.. ..	0 09	0 26	0 46
5	21 29	22 08	22 36	22 58	23 16	23 32	23 58	.. ..	.. ..	0 11	0 36	1 04	1 21	1 40
6	22 48	23 19	23 43	.. ..	.. ..	.. ..	.. ..	0 21	0 42	1 03	1 25	1 51	2 06	2 24
7	.. ..	.. ..	.. ..	0 01	0 17	0 30	0 53	1 13	1 31	1 49	2 09	2 31	2 44	2 59
8	0 08	0 32	0 50	1 05	1 17	1 28	1 46	2 02	2 17	2 32	2 47	3 05	3 15	3 27
9	1 27	1 43	1 56	2 07	2 16	2 24	2 37	2 49	3 00	3 11	3 22	3 35	3 43	3 51
10	2 43	2 53	3 01	3 07	3 13	3 18	3 26	3 34	3 40	3 47	3 54	4 02	4 07	4 12
11	3 58	4 02	4 05	4 07	4 09	4 11	4 14	4 17	4 20	4 22	4 25	4 28	4 30	4 32
12	5 13	5 10	5 08	5 07	5 06	5 04	5 02	5 01	4 59	4 57	4 55	4 53	4 52	4 51
13	6 29	6 20	6 14	6 08	6 03	5 59	5 51	5 45	5 39	5 33	5 27	5 19	5 15	5 11
14	7 48	7 33	7 21	7 11	7 02	6 55	6 42	6 31	6 21	6 11	6 00	5 48	5 40	5 32
15	9 11	8 48	8 31	8 16	8 04	7 54	7 36	7 21	7 06	6 52	6 36	6 19	6 09	5 57
16	10 37	10 06	9 43	9 24	9 09	8 55	8 33	8 13	7 55	7 37	7 18	6 55	6 42	6 28
17	12 01	11 22	10 54	10 32	10 14	9 59	9 32	9 09	8 48	8 27	8 05	7 38	7 23	7 05
18	13 16	12 32	12 02	11 38	11 18	11 01	10 32	10 08	9 45	9 22	8 58	8 29	8 12	7 53
19	14 12	13 30	13 00	12 36	12 17	12 00	11 31	11 07	10 44	10 21	9 57	9 28	9 11	8 51
20	14 49	14 13	13 47	13 26	13 08	12 53	12 27	12 04	11 43	11 22	11 00	10 33	10 17	9 59
21	15 11	14 44	14 23	14 06	13 52	13 39	13 18	12 59	12 41	12 23	12 04	11 41	11 28	11 13
22	15 26	15 07	14 52	14 40	14 29	14 20	14 03	13 49	13 36	13 22	13 07	12 50	12 41	12 29
23	15 36	15 25	15 16	15 08	15 02	14 56	14 45	14 36	14 28	14 19	14 10	13 59	13 53	13 45
24	15 44	15 40	15 37	15 34	15 31	15 29	15 25	15 21	15 18	15 14	15 11	15 06	15 04	15 01
25	15 52	15 54	15 57	15 58	16 00	16 01	16 03	16 05	16 07	16 09	16 11	16 13	16 15	16 16

.. .. indicates phenomenon will occur the next day.

UNIVERSAL TIME FOR MERIDIAN OF GREENWICH

MOONRISE

Lat.	+40°	+42°	+44°	+46°	+48°	+50°	+52°	+54°	+56°	+58°	+60°	+62°	+64°	+66°
	h m	h m	h m	h m	h m	h m	h m	h m	h m	h m	h m	h m	h m	h m
Apr. 1	7 13	7 07	7 01	6 54	6 46	6 38	6 29	6 19	6 07	5 54	5 39	5 20	4 58	4 29
2	7 51	7 43	7 35	7 26	7 16	7 06	6 54	6 40	6 24	6 05	5 42	5 12	4 26	□
3	8 36	8 27	8 18	8 08	7 56	7 43	7 29	7 12	6 52	6 27	5 54	4 54	□	□
4	9 29	9 20	9 10	8 59	8 47	8 34	8 18	8 00	7 38	7 09	6 28	□	□	□
5	10 28	10 19	10 10	10 00	9 48	9 35	9 21	9 04	8 43	8 17	7 41	6 20	□	□
6	11 31	11 23	11 15	11 06	10 56	10 45	10 32	10 18	10 01	9 41	9 16	8 40	7 27	□
7	12 34	12 28	12 21	12 14	12 06	11 57	11 47	11 36	11 24	11 09	10 51	10 30	10 01	9 18
8	13 37	13 32	13 27	13 22	13 16	13 09	13 02	12 54	12 45	12 35	12 23	12 09	11 52	11 31
9	14 38	14 35	14 32	14 28	14 24	14 19	14 15	14 09	14 04	13 57	13 50	13 41	13 31	13 19
10	15 38	15 37	15 35	15 33	15 31	15 29	15 26	15 23	15 20	15 17	15 13	15 09	15 04	14 58
11	16 38	16 38	16 38	16 37	16 37	16 37	16 37	16 37	16 36	16 36	16 36	16 35	16 35	16 35
12	17 38	17 40	17 41	17 43	17 44	17 46	17 48	17 51	17 53	17 56	17 59	18 03	18 07	18 11
13	18 40	18 43	18 46	18 50	18 54	18 58	19 02	19 07	19 12	19 18	19 25	19 33	19 43	19 54
14	19 45	19 49	19 54	20 00	20 05	20 12	20 19	20 26	20 35	20 45	20 57	21 10	21 26	21 47
15	20 52	20 58	21 05	21 12	21 20	21 29	21 38	21 50	22 02	22 17	22 34	22 56	23 25	.. ..
16	22 00	22 08	22 16	22 25	22 35	22 47	22 59	23 14	23 31	23 52	.. ..	.. ..	■	0 07
17	23 07	23 16	23 26	23 36	23 48	.. ..	.. ..	.. ..	.. ..	.. ..	0 18	0 56	■	■
18	.. ..	.. ..	.. ..	.. ..	.. ..	0 01	0 16	0 34	0 55	1 22	2 00	■	■	■
19	0 10	0 19	0 29	0 40	0 52	1 06	1 21	1 40	2 02	2 31	3 15	■	■	■
20	1 04	1 13	1 22	1 32	1 43	1 56	2 10	2 27	2 46	3 11	3 43	4 38	■	■
21	1 49	1 56	2 04	2 13	2 22	2 32	2 44	2 57	3 12	3 30	3 52	4 19	4 59	■
22	2 26	2 31	2 37	2 44	2 51	2 59	3 07	3 17	3 27	3 40	3 54	4 10	4 31	4 57
23	2 56	3 00	3 04	3 09	3 13	3 19	3 24	3 30	3 37	3 45	3 54	4 04	4 15	4 29
24	3 23	3 25	3 27	3 30	3 32	3 35	3 38	3 41	3 45	3 49	3 53	3 58	4 04	4 10
25	3 48	3 48	3 48	3 49	3 49	3 49	3 50	3 50	3 51	3 51	3 52	3 53	3 53	3 54

MOONSET

Lat.	+40°	+42°	+44°	+46°	+48°	+50°	+52°	+54°	+56°	+58°	+60°	+62°	+64°	+66°
	h m	h m	h m	h m	h m	h m	h m	h m	h m	h m	h m	h m	h m	h m
Apr. 1	22 31	22 39	22 46	22 55	23 04	23 14	23 26	23 39	23 55	.. ..	.. ..	.. ..	.. ..	□
2	23 43	23 51	.. ..	.. ..	.. ..	.. ..	.. ..	.. ..	.. ..	0 13	0 35	1 05	1 50	□
3	.. ..	.. ..	0 00	0 10	0 22	0 34	0 48	1 05	1 25	1 49	2 23	3 22	□	□
4	0 46	0 55	1 05	1 16	1 28	1 42	1 57	2 15	2 37	3 06	3 47	□	□	□
5	1 40	1 49	1 58	2 09	2 21	2 34	2 48	3 06	3 26	3 52	4 29	5 50	□	□
6	2 24	2 32	2 40	2 50	3 00	3 11	3 24	3 39	3 56	4 16	4 42	5 18	6 32	□
7	2 59	3 05	3 13	3 20	3 29	3 38	3 48	4 00	4 13	4 29	4 47	5 09	5 38	6 22
8	3 27	3 32	3 38	3 44	3 51	3 58	4 06	4 14	4 24	4 35	4 48	5 03	5 20	5 43
9	3 51	3 55	3 59	4 03	4 08	4 13	4 18	4 25	4 31	4 39	4 47	4 57	5 08	5 21
10	4 12	4 15	4 17	4 20	4 23	4 26	4 29	4 32	4 36	4 41	4 46	4 51	4 58	5 05
11	4 32	4 33	4 34	4 35	4 36	4 37	4 38	4 39	4 41	4 42	4 44	4 46	4 49	4 51
12	4 51	4 50	4 50	4 49	4 48	4 48	4 47	4 46	4 45	4 44	4 42	4 41	4 39	4 38
13	5 11	5 09	5 06	5 04	5 02	4 59	4 56	4 53	4 49	4 45	4 41	4 36	4 30	4 23
14	5 32	5 29	5 25	5 21	5 16	5 12	5 06	5 01	4 54	4 47	4 39	4 30	4 20	4 07
15	5 57	5 52	5 47	5 41	5 34	5 27	5 20	5 11	5 02	4 51	4 39	4 24	4 07	3 45
16	6 28	6 21	6 14	6 06	5 58	5 48	5 38	5 26	5 13	4 58	4 39	4 17	3 47	3 04
17	7 05	6 57	6 49	6 39	6 29	6 17	6 04	5 49	5 31	5 10	4 43	4 05	■	■
18	7 53	7 44	7 34	7 23	7 11	6 58	6 43	6 25	6 04	5 37	4 58	■	■	■
19	8 51	8 42	8 32	8 21	8 09	7 55	7 40	7 21	6 59	6 30	5 46	■	■	■
20	9 59	9 50	9 41	9 31	9 20	9 08	8 54	8 38	8 19	7 55	7 22	6 28	■	■
21	11 13	11 06	10 58	10 50	10 41	10 32	10 20	10 08	9 53	9 36	9 15	8 48	8 10	■
22	12 29	12 24	12 19	12 13	12 06	11 59	11 51	11 42	11 33	11 21	11 08	10 52	10 33	10 09
23	13 45	13 42	13 39	13 35	13 31	13 27	13 22	13 17	13 11	13 04	12 57	12 48	12 38	12 26
24	15 01	15 00	14 58	14 57	14 55	14 54	14 52	14 50	14 47	14 45	14 42	14 39	14 35	14 31
25	16 16	16 17	16 17	16 18	16 19	16 20	16 21	16 22	16 23	16 24	16 26	16 27	16 29	16 31

□ indicates Moon continuously above horizon.
■ indicates Moon continuously below horizon.
.. .. indicates phenomenon will occur the next day.

MOONRISE AND MOONSET, 2006

UNIVERSAL TIME FOR MERIDIAN OF GREENWICH

MOONRISE

Lat.	−55°	−50°	−45°	−40°	−35°	−30°	−20°	−10°	0°	+10°	+20°	+30°	+35°	+40°
	h m	h m	h m	h m	h m	h m	h m	h m	h m	h m	h m	h m	h m	h m
Apr. 24	2 04	2 13	2 19	2 25	2 30	2 34	2 42	2 48	2 54	3 00	3 07	3 14	3 18	3 23
25	3 38	3 39	3 40	3 40	3 41	3 41	3 42	3 43	3 44	3 45	3 45	3 46	3 47	3 48
26	5 12	5 05	5 00	4 56	4 52	4 49	4 43	4 38	4 33	4 29	4 24	4 19	4 16	4 12
27	6 47	6 33	6 21	6 12	6 04	5 57	5 44	5 34	5 24	5 14	5 04	4 53	4 46	4 39
28	8 25	8 01	7 43	7 29	7 16	7 06	6 47	6 32	6 17	6 03	5 47	5 30	5 20	5 08
29	10 01	9 29	9 04	8 45	8 29	8 15	7 52	7 31	7 13	6 54	6 34	6 12	5 58	5 43
30	11 30	10 50	10 20	9 57	9 39	9 23	8 55	8 32	8 10	7 49	7 26	6 59	6 44	6 26
May 1	12 42	11 58	11 26	11 02	10 42	10 25	9 56	9 32	9 09	8 46	8 21	7 53	7 36	7 16
2	13 32	12 50	12 20	11 56	11 37	11 20	10 52	10 28	10 06	9 43	9 19	8 51	8 34	8 14
3	14 02	13 27	13 01	12 40	12 23	12 08	11 42	11 20	10 59	10 39	10 16	9 50	9 35	9 17
4	14 21	13 53	13 32	13 15	13 00	12 48	12 26	12 07	11 49	11 31	11 12	10 50	10 37	10 22
5	14 33	14 13	13 56	13 43	13 32	13 22	13 04	12 49	12 35	12 21	12 05	11 48	11 37	11 26
6	14 42	14 27	14 16	14 07	13 59	13 51	13 39	13 28	13 18	13 07	12 56	12 43	12 36	12 28
7	14 48	14 40	14 33	14 28	14 23	14 18	14 11	14 04	13 58	13 52	13 45	13 37	13 33	13 28
8	14 54	14 51	14 49	14 47	14 45	14 44	14 42	14 39	14 37	14 35	14 33	14 31	14 29	14 28
9	14 59	15 02	15 04	15 06	15 08	15 09	15 12	15 14	15 17	15 19	15 21	15 24	15 26	15 27
10	15 05	15 14	15 21	15 26	15 31	15 36	15 44	15 50	15 57	16 04	16 11	16 19	16 23	16 29
11	15 13	15 27	15 39	15 49	15 57	16 05	16 18	16 29	16 40	16 51	17 02	17 16	17 24	17 32
12	15 23	15 44	16 01	16 15	16 27	16 37	16 55	17 11	17 26	17 41	17 57	18 16	18 27	18 39
13	15 37	16 07	16 29	16 47	17 02	17 15	17 38	17 58	18 16	18 35	18 55	19 18	19 32	19 48
14	16 01	16 38	17 05	17 27	17 45	18 00	18 27	18 50	19 11	19 33	19 56	20 23	20 39	20 57
15	16 41	17 23	17 54	18 17	18 37	18 54	19 22	19 47	20 09	20 32	20 57	21 26	21 43	22 03
16	17 42	18 25	18 55	19 19	19 38	19 55	20 23	20 47	21 10	21 32	21 56	22 24	22 41	23 00
17	19 04	19 41	20 07	20 28	20 46	21 01	21 27	21 49	22 09	22 29	22 51	23 16	23 31	23 48
18	20 37	21 05	21 26	21 43	21 57	22 10	22 31	22 49	23 06	23 23	23 41	.. ..	.. ..	.. ..

MOONSET

Lat.	−55°	−50°	−45°	−40°	−35°	−30°	−20°	−10°	0°	+10°	+20°	+30°	+35°	+40°
	h m	h m	h m	h m	h m	h m	h m	h m	h m	h m	h m	h m	h m	h m
Apr. 24	15 44	15 40	15 37	15 34	15 31	15 29	15 25	15 21	15 18	15 14	15 11	15 06	15 04	15 01
25	15 52	15 54	15 57	15 58	16 00	16 01	16 03	16 05	16 07	16 09	16 11	16 13	16 15	16 16
26	16 00	16 09	16 17	16 23	16 29	16 34	16 42	16 50	16 57	17 04	17 12	17 21	17 26	17 32
27	16 09	16 26	16 40	16 51	17 01	17 09	17 24	17 37	17 49	18 01	18 14	18 29	18 38	18 48
28	16 22	16 48	17 07	17 23	17 37	17 48	18 09	18 27	18 43	19 00	19 18	19 39	19 51	20 05
29	16 42	17 16	17 41	18 02	18 19	18 33	18 58	19 20	19 40	20 00	20 22	20 48	21 03	21 20
30	17 13	17 55	18 25	18 48	19 07	19 24	19 52	20 16	20 38	21 01	21 25	21 53	22 10	22 29
May 1	18 02	18 47	19 18	19 43	20 03	20 20	20 49	21 13	21 36	21 59	22 24	22 52	23 09	23 29
2	19 10	19 51	20 21	20 44	21 03	21 19	21 47	22 10	22 32	22 54	23 17	23 44	.. ..	.. ..
3	20 29	21 03	21 28	21 48	22 05	22 19	22 44	23 04	23 24	23 43	.. ..	.. ..	0 00	0 18
4	21 50	22 16	22 36	22 53	23 06	23 18	23 38	23 56	.. ..	.. ..	0 04	0 27	0 41	0 57
5	23 10	23 29	23 44	23 56	.. ..	.. ..	.. ..	.. ..	0 12	0 28	0 45	1 04	1 16	1 28
6	.. ..	.. ..	.. ..	.. ..	0 06	0 15	0 30	0 44	0 56	1 08	1 21	1 36	1 45	1 54
7	0 27	0 39	0 49	0 57	1 04	1 10	1 20	1 29	1 37	1 46	1 54	2 04	2 10	2 16
8	1 42	1 48	1 53	1 57	2 00	2 03	2 08	2 13	2 17	2 21	2 25	2 30	2 33	2 36
9	2 57	2 56	2 56	2 56	2 56	2 56	2 56	2 56	2 56	2 56	2 56	2 56	2 56	2 56
10	4 12	4 06	4 01	3 57	3 53	3 50	3 45	3 40	3 36	3 31	3 27	3 21	3 18	3 15
11	5 30	5 17	5 07	4 59	4 52	4 46	4 35	4 26	4 17	4 08	3 59	3 49	3 43	3 36
12	6 52	6 32	6 17	6 04	5 53	5 44	5 28	5 14	5 01	4 48	4 35	4 19	4 10	4 00
13	8 18	7 50	7 29	7 12	6 58	6 45	6 24	6 06	5 49	5 33	5 15	4 54	4 42	4 29
14	9 45	9 09	8 42	8 21	8 04	7 49	7 24	7 02	6 42	6 22	6 00	5 36	5 21	5 04
15	11 05	10 23	9 52	9 29	9 10	8 53	8 25	8 01	7 39	7 16	6 52	6 25	6 08	5 49
16	12 08	11 25	10 55	10 31	10 11	9 54	9 26	9 01	8 38	8 15	7 51	7 22	7 05	6 45
17	12 51	12 13	11 45	11 24	11 05	10 50	10 23	10 00	9 38	9 17	8 53	8 26	8 10	7 51
18	13 17	12 47	12 25	12 07	11 51	11 38	11 15	10 55	10 36	10 18	9 57	9 34	9 20	9 04

.. .. indicates phenomenon will occur the next day.

UNIVERSAL TIME FOR MERIDIAN OF GREENWICH

MOONRISE

Lat.	+40°	+42°	+44°	+46°	+48°	+50°	+52°	+54°	+56°	+58°	+60°	+62°	+64°	+66°
	h m	h m	h m	h m	h m	h m	h m	h m	h m	h m	h m	h m	h m	h m
Apr. 24	3 23	3 25	3 27	3 30	3 32	3 35	3 38	3 41	3 45	3 49	3 53	3 58	4 04	4 10
25	3 48	3 48	3 48	3 49	3 49	3 49	3 50	3 50	3 51	3 51	3 52	3 53	3 53	3 54
26	4 12	4 11	4 09	4 08	4 06	4 04	4 02	3 59	3 57	3 54	3 51	3 47	3 43	3 39
27	4 39	4 35	4 32	4 28	4 24	4 20	4 15	4 10	4 04	3 57	3 50	3 42	3 32	3 21
28	5 08	5 03	4 58	4 52	4 45	4 38	4 31	4 22	4 13	4 02	3 50	3 36	3 19	2 58
29	5 43	5 36	5 29	5 21	5 13	5 03	4 52	4 41	4 27	4 11	3 53	3 29	2 59	2 13
30	6 26	6 17	6 09	5 59	5 48	5 36	5 23	5 08	4 50	4 28	4 00	3 20	□	□
May 1	7 16	7 07	6 58	6 47	6 35	6 22	6 07	5 49	5 28	5 01	4 22	□	□	□
2	8 14	8 05	7 56	7 45	7 33	7 20	7 05	6 47	6 26	5 59	5 20	□	□	□
3	9 17	9 09	9 00	8 51	8 40	8 29	8 15	8 00	7 41	7 19	6 50	6 06	□	□
4	10 22	10 15	10 08	10 00	9 51	9 41	9 30	9 18	9 04	8 47	8 27	8 02	7 26	6 10
5	11 26	11 20	11 15	11 08	11 02	10 54	10 46	10 37	10 27	10 15	10 01	9 45	9 25	8 58
6	12 28	12 24	12 20	12 15	12 11	12 06	12 00	11 54	11 47	11 39	11 30	11 20	11 07	10 53
7	13 28	13 26	13 23	13 21	13 18	13 15	13 12	13 08	13 04	13 00	12 55	12 49	12 42	12 34
8	14 28	14 27	14 26	14 25	14 24	14 23	14 22	14 21	14 20	14 19	14 17	14 15	14 13	14 11
9	15 27	15 28	15 29	15 30	15 31	15 32	15 33	15 35	15 36	15 38	15 40	15 42	15 44	15 47
10	16 29	16 31	16 34	16 36	16 39	16 43	16 46	16 50	16 54	16 59	17 04	17 11	17 18	17 26
11	17 32	17 36	17 41	17 45	17 50	17 56	18 02	18 09	18 16	18 24	18 34	18 45	18 59	19 15
12	18 39	18 45	18 51	18 57	19 05	19 13	19 21	19 31	19 42	19 55	20 10	20 28	20 51	21 22
13	19 48	19 55	20 03	20 12	20 21	20 31	20 43	20 56	21 12	21 30	21 53	22 23	23 11	■
14	20 57	21 06	21 15	21 25	21 36	21 49	22 03	22 20	22 40	23 04	23 38	.. ..	■	■
15	22 03	22 12	22 22	22 32	22 45	22 58	23 14	23 32	23 54	.. ..	.. ..	0 40	■	■
16	23 00	23 09	23 19	23 29	23 41	23 54	.. ..	.. ..	.. ..	0 23	1 06	■	■	■
17	23 48	23 56	.. ..	.. ..	.. ..	.. ..	0 08	0 26	0 46	1 12	1 47	2 59	■	■
18	.. ..	.. ..	0 04	0 13	0 23	0 34	0 46	1 00	1 17	1 36	2 00	2 32	3 23	■

MOONSET

Lat.	+40°	+42°	+44°	+46°	+48°	+50°	+52°	+54°	+56°	+58°	+60°	+62°	+64°	+66°
	h m	h m	h m	h m	h m	h m	h m	h m	h m	h m	h m	h m	h m	h m
Apr. 24	15 01	15 00	14 58	14 57	14 55	14 54	14 52	14 50	14 47	14 45	14 42	14 39	14 35	14 31
25	16 16	16 17	16 17	16 18	16 19	16 20	16 21	16 22	16 23	16 24	16 26	16 27	16 29	16 31
26	17 32	17 34	17 37	17 40	17 43	17 47	17 50	17 55	17 59	18 04	18 10	18 17	18 25	18 34
27	18 48	18 53	18 58	19 03	19 08	19 15	19 21	19 29	19 38	19 47	19 58	20 11	20 27	20 46
28	20 05	20 12	20 18	20 26	20 34	20 43	20 53	21 04	21 17	21 32	21 50	22 12	22 42	23 27
29	21 20	21 28	21 37	21 46	21 56	22 08	22 21	22 36	22 53	23 15	23 42	.. ..	□	□
30	22 29	22 38	22 48	22 58	23 10	23 23	23 38	23 56	.. ..	.. ..	.. ..	0 22	□	□
May 1	23 29	23 38	23 48	23 58	.. ..	.. ..	.. ..	.. ..	0 17	0 44	1 22	□	□	□
2	.. ..	.. ..	.. ..	.. ..	.. ..	0 10	0 24	0 39	0 57	1 18	1 46	2 25	□	□
3	0 18	0 26	0 35	0 45	0 56	1 08	1 22	1 38	1 56	2 19	2 48	3 33	□	□
4	0 57	1 04	1 12	1 20	1 29	1 40	1 51	2 04	2 18	2 35	2 56	3 22	3 59	5 15
5	1 28	1 34	1 40	1 47	1 54	2 02	2 11	2 21	2 32	2 44	2 59	3 16	3 37	4 04
6	1 54	1 59	2 03	2 08	2 13	2 19	2 25	2 32	2 40	2 49	2 59	3 10	3 23	3 39
7	2 16	2 19	2 22	2 25	2 29	2 33	2 37	2 41	2 46	2 52	2 58	3 05	3 13	3 22
8	2 36	2 38	2 39	2 41	2 43	2 44	2 46	2 49	2 51	2 54	2 56	3 00	3 04	3 08
9	2 56	2 56	2 55	2 55	2 55	2 55	2 55	2 55	2 55	2 55	2 55	2 55	2 55	2 54
10	3 15	3 14	3 12	3 10	3 08	3 06	3 04	3 02	2 59	2 56	2 53	2 50	2 46	2 41
11	3 36	3 33	3 30	3 26	3 23	3 19	3 14	3 10	3 04	2 58	2 52	2 44	2 36	2 26
12	4 00	3 55	3 51	3 45	3 40	3 33	3 27	3 19	3 11	3 02	2 51	2 39	2 24	2 07
13	4 29	4 22	4 16	4 09	4 01	3 53	3 43	3 33	3 21	3 07	2 52	2 32	2 09	1 37
14	5 04	4 57	4 48	4 39	4 30	4 19	4 07	3 53	3 37	3 18	2 55	2 24	1 36	■
15	5 49	5 40	5 31	5 21	5 09	4 56	4 42	4 25	4 05	3 40	3 06	2 03	■	■
16	6 45	6 36	6 26	6 15	6 03	5 49	5 34	5 15	4 53	4 24	3 42	■	■	■
17	7 51	7 42	7 33	7 23	7 11	6 58	6 44	6 27	6 07	5 41	5 06	3 55	■	■
18	9 04	8 56	8 48	8 40	8 30	8 20	8 08	7 54	7 38	7 20	6 56	6 25	5 34	■

□ indicates Moon continuously above horizon.
■ indicates Moon continuously below horizon.
.. .. indicates phenomenon will occur the next day.

UNIVERSAL TIME FOR MERIDIAN OF GREENWICH

MOONRISE

Lat.	−55°	−50°	−45°	−40°	−35°	−30°	−20°	−10°	0°	+10°	+20°	+30°	+35°	+40°
	h m	h m	h m	h m	h m	h m	h m	h m	h m	h m	h m	h m	h m	h m
May 17	19 04	19 41	20 07	20 28	20 46	21 01	21 27	21 49	22 09	22 29	22 51	23 16	23 31	23 48
18	20 37	21 05	21 26	21 43	21 57	22 10	22 31	22 49	23 06	23 23	23 41	.. ..	.. ..	.. ..
19	22 12	22 31	22 46	22 58	23 09	23 18	23 33	23 47	23 59	.. ..	.. ..	0 01	0 13	0 27
20	23 46	23 57	.. ..	.. ..	.. ..	.. ..	.. ..	.. ..	.. ..	0 12	0 25	0 40	0 49	0 59
21	.. ..	.. ..	0 05	0 13	0 19	0 24	0 34	0 42	0 50	0 57	1 05	1 15	1 20	1 26
22	1 17	1 21	1 23	1 26	1 28	1 30	1 33	1 36	1 38	1 41	1 44	1 47	1 48	1 51
23	2 48	2 44	2 41	2 39	2 36	2 35	2 31	2 29	2 26	2 24	2 21	2 18	2 16	2 14
24	4 20	4 08	3 59	3 52	3 46	3 40	3 31	3 22	3 15	3 07	2 59	2 50	2 45	2 39
25	5 54	5 34	5 19	5 07	4 56	4 47	4 31	4 18	4 05	3 53	3 40	3 25	3 16	3 06
26	7 29	7 01	6 39	6 22	6 08	5 55	5 34	5 16	4 59	4 42	4 24	4 04	3 52	3 38
27	9 02	8 24	7 57	7 36	7 18	7 03	6 38	6 16	5 55	5 35	5 13	4 49	4 34	4 17
28	10 22	9 39	9 09	8 45	8 25	8 08	7 40	7 16	6 54	6 31	6 07	5 40	5 23	5 04
29	11 22	10 39	10 08	9 44	9 25	9 08	8 39	8 15	7 52	7 29	7 05	6 36	6 19	6 00
30	12 01	11 23	10 55	10 33	10 15	9 59	9 32	9 09	8 48	8 26	8 03	7 36	7 20	7 02
31	12 24	11 54	11 31	11 12	10 56	10 43	10 19	9 59	9 40	9 21	9 01	8 37	8 23	8 07
June 1	12 39	12 16	11 58	11 43	11 30	11 19	11 00	10 44	10 28	10 13	9 56	9 36	9 25	9 12
2	12 49	12 33	12 19	12 09	11 59	11 51	11 37	11 24	11 12	11 01	10 48	10 33	10 25	10 15
3	12 56	12 46	12 38	12 31	12 24	12 19	12 10	12 02	11 54	11 46	11 38	11 28	11 23	11 16
4	13 02	12 58	12 54	12 50	12 48	12 45	12 41	12 37	12 33	12 30	12 26	12 22	12 19	12 16
5	13 08	13 09	13 09	13 10	13 10	13 10	13 11	13 12	13 12	13 13	13 14	13 14	13 15	13 15
6	13 14	13 20	13 25	13 29	13 33	13 36	13 42	13 47	13 52	13 57	14 02	14 08	14 12	14 16
7	13 20	13 33	13 42	13 51	13 58	14 04	14 15	14 24	14 33	14 43	14 52	15 04	15 10	15 18
8	13 29	13 48	14 03	14 15	14 25	14 35	14 51	15 05	15 18	15 31	15 46	16 02	16 12	16 23
9	13 42	14 08	14 28	14 45	14 58	15 11	15 31	15 50	16 07	16 24	16 43	17 04	17 17	17 32
10	14 02	14 36	15 01	15 22	15 39	15 53	16 18	16 40	17 00	17 21	17 43	18 09	18 24	18 42

MOONSET

Lat.	−55°	−50°	−45°	−40°	−35°	−30°	−20°	−10°	0°	+10°	+20°	+30°	+35°	+40°
	h m	h m	h m	h m	h m	h m	h m	h m	h m	h m	h m	h m	h m	h m
May 17	12 51	12 13	11 45	11 24	11 05	10 50	10 23	10 00	9 38	9 17	8 53	8 26	8 10	7 51
18	13 17	12 47	12 25	12 07	11 51	11 38	11 15	10 55	10 36	10 18	9 57	9 34	9 20	9 04
19	13 33	13 12	12 56	12 42	12 30	12 20	12 02	11 46	11 32	11 17	11 01	10 42	10 31	10 19
20	13 45	13 31	13 20	13 11	13 03	12 56	12 44	12 34	12 23	12 13	12 02	11 50	11 42	11 34
21	13 53	13 47	13 41	13 37	13 33	13 29	13 23	13 18	13 13	13 08	13 02	12 56	12 52	12 48
22	14 01	14 01	14 01	14 01	14 01	14 01	14 01	14 01	14 01	14 01	14 01	14 01	14 01	14 00
23	14 08	14 15	14 20	14 25	14 29	14 32	14 38	14 44	14 49	14 54	14 59	15 06	15 09	15 13
24	14 17	14 30	14 41	14 51	14 59	15 06	15 18	15 28	15 38	15 49	15 59	16 12	16 19	16 27
25	14 28	14 49	15 06	15 20	15 32	15 42	16 00	16 16	16 30	16 45	17 01	17 19	17 30	17 43
26	14 44	15 14	15 37	15 55	16 10	16 24	16 47	17 07	17 26	17 44	18 04	18 28	18 42	18 58
27	15 10	15 48	16 16	16 38	16 56	17 12	17 38	18 02	18 23	18 45	19 08	19 35	19 51	20 10
28	15 51	16 34	17 05	17 29	17 49	18 06	18 34	18 59	19 22	19 44	20 09	20 37	20 54	21 14
29	16 51	17 34	18 05	18 28	18 48	19 05	19 33	19 57	20 19	20 41	21 05	21 33	21 49	22 08
30	18 07	18 44	19 11	19 33	19 50	20 05	20 31	20 53	21 13	21 34	21 56	22 21	22 35	22 52
31	19 29	19 58	20 20	20 38	20 53	21 06	21 28	21 46	22 04	22 21	22 40	23 01	23 13	23 27
June 1	20 51	21 12	21 29	21 43	21 54	22 04	22 21	22 36	22 50	23 04	23 18	23 35	23 44	23 55
2	22 09	22 24	22 35	22 45	22 53	23 00	23 12	23 23	23 33	23 42	23 53	.. ..	.. ..	.. ..
3	23 25	23 33	23 40	23 45	23 50	23 54	.. ..	.. ..	.. ..	.. ..	.. ..	0 05	0 11	0 19
4	.. ..	.. ..	.. ..	.. ..	.. ..	.. ..	0 01	0 07	0 13	0 19	0 25	0 31	0 35	0 40
5	0 39	0 42	0 43	0 45	0 46	0 47	0 49	0 51	0 52	0 54	0 55	0 57	0 58	0 59
6	1 54	1 50	1 47	1 44	1 42	1 40	1 37	1 34	1 31	1 29	1 26	1 22	1 20	1 18
7	3 10	3 00	2 52	2 45	2 40	2 35	2 26	2 19	2 12	2 05	1 57	1 49	1 44	1 38
8	4 30	4 13	4 00	3 49	3 40	3 32	3 18	3 06	2 54	2 43	2 31	2 18	2 10	2 01
9	5 54	5 30	5 11	4 56	4 43	4 32	4 13	3 56	3 41	3 26	3 09	2 51	2 40	2 28
10	7 21	6 49	6 24	6 05	5 49	5 35	5 11	4 51	4 32	4 13	3 53	3 30	3 16	3 00

.. .. indicates phenomenon will occur the next day.

MOONRISE AND MOONSET, 2006

UNIVERSAL TIME FOR MERIDIAN OF GREENWICH

MOONRISE

Lat.	+40°	+42°	+44°	+46°	+48°	+50°	+52°	+54°	+56°	+58°	+60°	+62°	+64°	+66°
	h m	h m	h m	h m	h m	h m	h m	h m	h m	h m	h m	h m	h m	h m
May 17	23 48	23 56	.. ..	.. ..	.. ..	.. ..	0 08	0 26	0 46	1 12	1 47	2 59	■	■
18	.. ..	.. ..	0 04	0 13	0 23	0 34	0 46	1 00	1 17	1 36	2 00	2 32	3 23	■
19	0 27	0 33	0 40	0 47	0 54	1 03	1 12	1 23	1 35	1 48	2 04	2 23	2 47	3 18
20	0 59	1 03	1 08	1 13	1 18	1 24	1 31	1 38	1 46	1 55	2 05	2 17	2 30	2 47
21	1 26	1 29	1 31	1 34	1 38	1 41	1 45	1 49	1 54	1 59	2 04	2 11	2 18	2 27
22	1 51	1 51	1 52	1 53	1 55	1 56	1 57	1 58	2 00	2 02	2 04	2 06	2 08	2 11
23	2 14	2 14	2 13	2 12	2 11	2 10	2 08	2 07	2 06	2 04	2 02	2 01	1 58	1 56
24	2 39	2 36	2 34	2 31	2 28	2 24	2 21	2 17	2 12	2 07	2 02	1 56	1 48	1 40
25	3 06	3 02	2 57	2 53	2 47	2 41	2 35	2 28	2 20	2 12	2 02	1 50	1 37	1 21
26	3 38	3 32	3 26	3 19	3 11	3 03	2 54	2 43	2 32	2 19	2 03	1 45	1 22	0 52
27	4 17	4 09	4 01	3 52	3 43	3 32	3 20	3 06	2 50	2 31	2 08	1 38	0 52	□
28	5 04	4 55	4 46	4 36	4 24	4 12	3 57	3 41	3 21	2 56	2 23	1 25	□	□
29	6 00	5 51	5 41	5 30	5 18	5 05	4 50	4 32	4 10	3 43	3 03	□	□	□
30	7 02	6 53	6 44	6 34	6 23	6 10	5 56	5 40	5 20	4 56	4 23	3 26	□	□
31	8 07	7 59	7 52	7 43	7 33	7 23	7 11	6 58	6 42	6 23	6 00	5 29	4 40	□
June 1	9 12	9 06	9 00	8 53	8 45	8 37	8 28	8 18	8 06	7 53	7 37	7 17	6 53	6 19
2	10 15	10 11	10 06	10 01	9 56	9 50	9 43	9 36	9 28	9 19	9 08	8 56	8 41	8 23
3	11 16	11 14	11 11	11 07	11 04	11 00	10 56	10 51	10 46	10 41	10 34	10 27	10 18	10 08
4	12 16	12 15	12 13	12 12	12 10	12 09	12 07	12 05	12 03	12 00	11 57	11 54	11 50	11 46
5	13 15	13 16	13 16	13 16	13 17	13 17	13 17	13 18	13 18	13 18	13 19	13 20	13 20	13 21
6	14 16	14 17	14 19	14 21	14 24	14 26	14 28	14 31	14 34	14 38	14 42	14 47	14 52	14 58
7	15 18	15 21	15 25	15 29	15 33	15 37	15 42	15 48	15 54	16 01	16 09	16 18	16 29	16 41
8	16 23	16 28	16 33	16 39	16 46	16 52	17 00	17 09	17 18	17 29	17 42	17 57	18 15	18 38
9	17 32	17 38	17 45	17 53	18 01	18 11	18 21	18 33	18 47	19 03	19 22	19 47	20 20	21 18
10	18 42	18 50	18 58	19 08	19 18	19 30	19 43	19 59	20 17	20 39	21 08	21 52	■	■

MOONSET

Lat.	+40°	+42°	+44°	+46°	+48°	+50°	+52°	+54°	+56°	+58°	+60°	+62°	+64°	+66°
	h m	h m	h m	h m	h m	h m	h m	h m	h m	h m	h m	h m	h m	h m
May 17	7 51	7 42	7 33	7 23	7 11	6 58	6 44	6 27	6 07	5 41	5 06	3 55	■	■
18	9 04	8 56	8 48	8 40	8 30	8 20	8 08	7 54	7 38	7 20	6 56	6 25	5 34	■
19	10 19	10 13	10 07	10 01	9 54	9 46	9 37	9 27	9 16	9 03	8 48	8 30	8 08	7 37
20	11 34	11 30	11 26	11 22	11 17	11 12	11 06	11 00	10 53	10 45	10 36	10 26	10 13	9 58
21	12 48	12 46	12 44	12 42	12 39	12 37	12 34	12 31	12 27	12 24	12 19	12 14	12 09	12 02
22	14 00	14 00	14 00	14 00	14 00	14 00	14 00	14 00	14 00	14 00	14 00	14 00	14 00	13 59
23	15 13	15 15	15 17	15 19	15 21	15 24	15 27	15 29	15 33	15 36	15 40	15 45	15 50	15 57
24	16 27	16 31	16 35	16 39	16 44	16 49	16 54	17 00	17 07	17 15	17 24	17 34	17 46	18 00
25	17 43	17 48	17 54	18 00	18 08	18 15	18 24	18 33	18 44	18 57	19 11	19 29	19 51	20 19
26	18 58	19 05	19 13	19 21	19 31	19 41	19 53	20 06	20 21	20 39	21 02	21 32	22 17	□
27	20 10	20 18	20 27	20 37	20 48	21 01	21 15	21 32	21 51	22 16	22 49	23 46	□	□
28	21 14	21 23	21 33	21 43	21 55	22 09	22 24	22 42	23 03	23 31	.. ..	□	□	□
29	22 08	22 17	22 26	22 37	22 48	23 01	23 15	23 32	23 52	.. ..	0 10	□	□	□
30	22 52	23 00	23 08	23 17	23 27	23 38	23 50	.. ..	.. ..	0 16	0 49	1 47	□	□
31	23 27	23 33	23 40	23 47	23 55	.. ..	.. ..	0 04	0 20	0 39	1 03	1 34	2 24	□
June 1	23 55	.. ..	.. ..	.. ..	.. ..	0 04	0 14	0 25	0 37	0 51	1 08	1 28	1 53	2 28
2	.. ..	0 00	0 05	0 11	0 17	0 23	0 31	0 39	0 47	0 57	1 09	1 22	1 38	1 57
3	0 19	0 22	0 26	0 30	0 34	0 38	0 43	0 49	0 55	1 01	1 09	1 17	1 27	1 38
4	0 40	0 42	0 44	0 46	0 48	0 51	0 53	0 56	1 00	1 03	1 08	1 12	1 17	1 24
5	0 59	1 00	1 00	1 01	1 01	1 02	1 03	1 03	1 04	1 05	1 06	1 07	1 09	1 10
6	1 18	1 17	1 16	1 15	1 14	1 13	1 12	1 10	1 08	1 07	1 05	1 02	1 00	0 57
7	1 38	1 36	1 34	1 31	1 28	1 25	1 21	1 17	1 13	1 09	1 03	0 57	0 51	0 43
8	2 01	1 57	1 53	1 48	1 44	1 38	1 33	1 26	1 19	1 11	1 02	0 52	0 40	0 26
9	2 28	2 22	2 16	2 10	2 03	1 56	1 47	1 38	1 28	1 16	1 02	0 47	0 27	0 03
10	3 00	2 53	2 46	2 38	2 29	2 19	2 08	1 55	1 41	1 25	1 05	0 40	0 06	■

□ indicates Moon continuously above horizon.
■ indicates Moon continuously below horizon.
.. .. indicates phenomenon will occur the next day.

MOONRISE AND MOONSET, 2006

UNIVERSAL TIME FOR MERIDIAN OF GREENWICH

MOONRISE

Lat.	−55°	−50°	−45°	−40°	−35°	−30°	−20°	−10°	0°	+10°	+20°	+30°	+35°	+40°
	h m	h m	h m	h m	h m	h m	h m	h m	h m	h m	h m	h m	h m	h m
June 8	13 29	13 48	14 03	14 15	14 25	14 35	14 51	15 05	15 18	15 31	15 46	16 02	16 12	16 23
9	13 42	14 08	14 28	14 45	14 58	15 11	15 31	15 50	16 07	16 24	16 43	17 04	17 17	17 32
10	14 02	14 36	15 01	15 22	15 39	15 53	16 18	16 40	17 00	17 21	17 43	18 09	18 24	18 42
11	14 36	15 16	15 46	16 09	16 28	16 44	17 12	17 36	17 59	18 21	18 45	19 13	19 30	19 50
12	15 30	16 13	16 44	17 07	17 27	17 44	18 12	18 37	19 00	19 22	19 47	20 15	20 32	20 52
13	16 47	17 26	17 54	18 16	18 35	18 50	19 17	19 40	20 01	20 22	20 45	21 11	21 26	21 44
14	18 20	18 50	19 13	19 31	19 47	20 00	20 22	20 42	21 00	21 18	21 37	21 59	22 12	22 27
15	19 57	20 18	20 35	20 48	21 00	21 10	21 27	21 42	21 55	22 09	22 24	22 40	22 50	23 01
16	21 32	21 45	21 55	22 04	22 11	22 17	22 29	22 38	22 47	22 56	23 06	23 16	23 23	23 30
17	23 04	23 09	23 13	23 17	23 20	23 23	23 28	23 32	23 36	23 40	23 44	23 49	23 52	23 55
18	.. ..	.. ..	.. ..	.. ..	.. ..	.. ..	.. ..	.. ..	.. ..	.. ..	.. ..	.. ..	.. ..	.. ..
19	0 33	0 32	0 30	0 29	0 28	0 27	0 26	0 25	0 24	0 23	0 21	0 20	0 19	0 19
20	2 03	1 54	1 47	1 41	1 36	1 32	1 24	1 17	1 11	1 05	0 59	0 51	0 47	0 42
21	3 34	3 17	3 04	2 54	2 44	2 36	2 23	2 11	2 00	1 49	1 37	1 24	1 17	1 08
22	5 07	4 42	4 23	4 07	3 54	3 43	3 23	3 07	2 51	2 36	2 19	2 01	1 50	1 38
23	6 39	6 05	5 40	5 20	5 04	4 49	4 25	4 05	3 45	3 26	3 06	2 42	2 29	2 13
24	8 04	7 23	6 53	6 30	6 11	5 55	5 27	5 04	4 42	4 20	3 57	3 30	3 14	2 56
25	9 12	8 28	7 57	7 33	7 13	6 56	6 27	6 03	5 40	5 17	4 53	4 24	4 07	3 48
26	9 58	9 17	8 48	8 25	8 06	7 50	7 23	6 59	6 37	6 15	5 51	5 23	5 07	4 47
27	10 26	9 53	9 28	9 08	8 51	8 37	8 12	7 51	7 31	7 11	6 49	6 24	6 09	5 52
28	10 44	10 18	9 58	9 42	9 28	9 16	8 56	8 38	8 21	8 04	7 45	7 24	7 12	6 58
29	10 56	10 37	10 22	10 10	9 59	9 50	9 34	9 20	9 07	8 53	8 39	8 23	8 13	8 02
30	11 04	10 52	10 41	10 33	10 26	10 19	10 08	9 58	9 49	9 40	9 30	9 19	9 12	9 04
July 1	11 11	11 04	10 58	10 54	10 50	10 46	10 40	10 35	10 29	10 24	10 19	10 13	10 09	10 05
2	11 16	11 15	11 14	11 13	11 12	11 12	11 10	11 09	11 08	11 07	11 07	11 05	11 05	11 04

MOONSET

Lat.	−55°	−50°	−45°	−40°	−35°	−30°	−20°	−10°	0°	+10°	+20°	+30°	+35°	+40°
	h m	h m	h m	h m	h m	h m	h m	h m	h m	h m	h m	h m	h m	h m
June 8	4 30	4 13	4 00	3 49	3 40	3 32	3 18	3 06	2 54	2 43	2 31	2 18	2 10	2 01
9	5 54	5 30	5 11	4 56	4 43	4 32	4 13	3 56	3 41	3 26	3 09	2 51	2 40	2 28
10	7 21	6 49	6 24	6 05	5 49	5 35	5 11	4 51	4 32	4 13	3 53	3 30	3 16	3 00
11	8 46	8 06	7 37	7 14	6 56	6 40	6 13	5 49	5 28	5 06	4 43	4 16	4 00	3 42
12	9 58	9 15	8 44	8 20	8 00	7 43	7 15	6 50	6 28	6 05	5 40	5 12	4 55	4 35
13	10 48	10 09	9 40	9 17	8 59	8 42	8 15	7 51	7 29	7 07	6 43	6 15	5 58	5 39
14	11 20	10 48	10 24	10 05	9 48	9 34	9 10	8 49	8 29	8 10	7 48	7 23	7 09	6 51
15	11 39	11 16	10 58	10 43	10 30	10 19	10 00	9 43	9 27	9 11	8 53	8 33	8 22	8 08
16	11 52	11 37	11 25	11 14	11 05	10 57	10 44	10 32	10 20	10 09	9 57	9 42	9 34	9 24
17	12 02	11 53	11 47	11 41	11 36	11 32	11 24	11 17	11 11	11 04	10 57	10 49	10 44	10 39
18	12 10	12 08	12 06	12 05	12 04	12 03	12 02	12 00	11 59	11 57	11 56	11 54	11 53	11 52
19	12 17	12 22	12 26	12 29	12 32	12 34	12 39	12 42	12 46	12 50	12 54	12 58	13 01	13 03
20	12 25	12 36	12 46	12 53	13 00	13 06	13 16	13 25	13 34	13 43	13 52	14 02	14 09	14 16
21	12 35	12 54	13 08	13 21	13 31	13 41	13 57	14 11	14 24	14 37	14 52	15 08	15 18	15 29
22	12 49	13 15	13 36	13 53	14 07	14 19	14 41	14 59	15 17	15 34	15 53	16 15	16 27	16 42
23	13 10	13 45	14 11	14 32	14 49	15 04	15 30	15 52	16 12	16 33	16 55	17 21	17 36	17 54
24	13 44	14 26	14 56	15 19	15 39	15 55	16 23	16 47	17 10	17 32	17 56	18 25	18 41	19 01
25	14 36	15 20	15 51	16 15	16 35	16 52	17 20	17 45	18 07	18 30	18 54	19 23	19 39	19 59
26	15 47	16 27	16 55	17 18	17 36	17 52	18 19	18 42	19 03	19 24	19 47	20 13	20 29	20 46
27	17 08	17 40	18 04	18 23	18 39	18 53	19 16	19 37	19 55	20 14	20 34	20 56	21 10	21 25
28	18 31	18 55	19 14	19 29	19 42	19 53	20 12	20 28	20 43	20 58	21 14	21 33	21 43	21 55
29	19 51	20 08	20 21	20 32	20 42	20 50	21 04	21 16	21 27	21 39	21 51	22 04	22 12	22 21
30	21 08	21 19	21 27	21 34	21 40	21 45	21 54	22 02	22 09	22 16	22 24	22 32	22 37	22 43
July 1	22 23	22 27	22 31	22 34	22 36	22 38	22 42	22 45	22 48	22 51	22 54	22 58	23 00	23 02
2	23 36	23 35	23 34	23 33	23 32	23 31	23 29	23 28	23 27	23 26	23 25	23 23	23 22	23 21

.. .. indicates phenomenon will occur the next day.

UNIVERSAL TIME FOR MERIDIAN OF GREENWICH
MOONRISE

Lat.	+40°	+42°	+44°	+46°	+48°	+50°	+52°	+54°	+56°	+58°	+60°	+62°	+64°	+66°
	h m	h m	h m	h m	h m	h m	h m	h m	h m	h m	h m	h m	h m	h m
June 8	16 23	16 28	16 33	16 39	16 46	16 52	17 00	17 09	17 18	17 29	17 42	17 57	18 15	18 38
9	17 32	17 38	17 45	17 53	18 01	18 11	18 21	18 33	18 47	19 03	19 22	19 47	20 20	21 18
10	18 42	18 50	18 58	19 08	19 18	19 30	19 43	19 59	20 17	20 39	21 08	21 52	■	■
11	19 50	19 59	20 08	20 19	20 31	20 44	21 00	21 17	21 39	22 07	22 47	■	■	■
12	20 52	21 01	21 10	21 21	21 33	21 46	22 02	22 19	22 41	23 08	23 47	■	■	■
13	21 44	21 52	22 01	22 11	22 21	22 33	22 46	23 01	23 19	23 40	.. ..	■	■	■
14	22 27	22 33	22 40	22 48	22 57	23 06	23 16	23 27	23 40	23 56	0 07	0 45	■	■
15	23 01	23 06	23 11	23 17	23 23	23 29	23 37	23 45	23 54	.. ..	0 13	0 35	1 03	1 44
16	23 30	23 33	23 36	23 40	23 43	23 48	23 52	23 57	.. ..	0 04	0 15	0 29	0 44	1 04
17	23 55	23 56	23 58	23 59	.. ..	.. ..	.. ..	.. ..	0 02	0 08	0 15	0 23	0 32	0 42
18	.. ..	.. ..	.. ..	.. ..	0 01	0 03	0 05	0 07	0 09	0 12	0 15	0 18	0 22	0 26
19	0 19	0 18	0 18	0 17	0 17	0 17	0 16	0 16	0 15	0 14	0 14	0 13	0 12	{00 11 / 23 56}
20	0 42	0 40	0 38	0 36	0 33	0 31	0 28	0 25	0 21	0 17	0 13	0 08	{00 02 / 23 52}	23 39
21	1 08	1 04	1 00	0 56	0 52	0 47	0 41	0 35	0 28	0 21	0 12	{00 03 / 23 58}	23 39	23 15
22	1 38	1 32	1 26	1 20	1 13	1 06	0 58	0 49	0 38	0 27	0 13	23 52	23 18	22 18
23	2 13	2 06	1 58	1 50	1 41	1 31	1 20	1 08	0 54	0 37	0 17	23 43	▢	▢
24	2 56	2 48	2 39	2 29	2 18	2 06	1 52	1 37	1 18	0 56	0 27	▢	▢	▢
25	3 48	3 39	3 29	3 19	3 07	2 54	2 38	2 21	2 00	1 33	0 55	▢	▢	▢
26	4 47	4 39	4 29	4 19	4 07	3 54	3 40	3 22	3 02	2 36	2 00	0 32	▢	▢
27	5 52	5 44	5 36	5 26	5 16	5 05	4 52	4 37	4 20	3 59	3 33	2 55	▢	▢
28	6 58	6 51	6 44	6 37	6 28	6 19	6 09	5 58	5 45	5 29	5 11	4 48	4 18	3 29
29	8 02	7 57	7 52	7 46	7 40	7 33	7 26	7 18	7 08	6 57	6 45	6 30	6 13	5 50
30	9 04	9 01	8 58	8 54	8 49	8 45	8 40	8 34	8 28	8 21	8 14	8 05	7 54	7 41
July 1	10 05	10 03	10 01	9 59	9 57	9 54	9 52	9 49	9 45	9 42	9 38	9 33	9 28	9 21
2	11 04	11 04	11 03	11 03	11 03	11 02	11 02	11 01	11 01	11 00	10 59	10 59	10 58	10 57

MOONSET

Lat.	+40°	+42°	+44°	+46°	+48°	+50°	+52°	+54°	+56°	+58°	+60°	+62°	+64°	+66°
	h m	h m	h m	h m	h m	h m	h m	h m	h m	h m	h m	h m	h m	h m
June 8	2 01	1 57	1 53	1 48	1 44	1 38	1 33	1 26	1 19	1 11	1 02	0 52	0 40	0 26
9	2 28	2 22	2 16	2 10	2 03	1 56	1 47	1 38	1 28	1 16	1 02	0 47	0 27	{00 03 / 23 06}
10	3 00	2 53	2 46	2 38	2 29	2 19	2 08	1 55	1 41	1 25	1 05	0 40	0 06	■
11	3 42	3 34	3 25	3 15	3 04	2 52	2 38	2 23	2 04	1 41	1 12	0 28	■	■
12	4 35	4 26	4 16	4 05	3 53	3 40	3 24	3 06	2 45	2 17	1 37	■	■	■
13	5 39	5 30	5 20	5 10	4 58	4 45	4 30	4 12	3 51	3 24	2 45	■	■	■
14	6 51	6 44	6 35	6 26	6 16	6 05	5 52	5 37	5 20	4 59	4 33	3 55	■	■
15	8 08	8 02	7 55	7 48	7 40	7 32	7 22	7 11	6 59	6 44	6 27	6 06	5 39	5 00
16	9 24	9 20	9 16	9 11	9 05	8 59	8 53	8 46	8 38	8 29	8 18	8 06	7 51	7 33
17	10 39	10 37	10 34	10 31	10 28	10 25	10 22	10 18	10 13	10 08	10 03	9 57	9 49	9 41
18	11 52	11 51	11 50	11 50	11 49	11 48	11 48	11 47	11 46	11 45	11 44	11 42	11 41	11 39
19	13 03	13 05	13 06	13 08	13 09	13 11	13 13	13 15	13 17	13 20	13 22	13 26	13 29	13 34
20	14 16	14 19	14 22	14 26	14 29	14 34	14 38	14 43	14 49	14 55	15 03	15 11	15 21	15 32
21	15 29	15 33	15 39	15 44	15 51	15 57	16 05	16 13	16 23	16 33	16 46	17 01	17 19	17 41
22	16 42	16 49	16 56	17 04	17 12	17 22	17 32	17 44	17 58	18 14	18 33	18 58	19 31	20 29
23	17 54	18 02	18 11	18 20	18 31	18 43	18 56	19 11	19 29	19 52	20 20	21 03	▢	▢
24	19 01	19 10	19 19	19 30	19 41	19 55	20 10	20 27	20 48	21 15	21 53	▢	▢	▢
25	19 59	20 08	20 17	20 28	20 39	20 52	21 07	21 25	21 45	22 12	22 48	{00 16 / 23 47}	▢	▢
26	20 46	20 55	21 03	21 13	21 23	21 35	21 48	22 03	22 21	22 42	23 09	23 40	▢	▢
27	21 25	21 32	21 39	21 47	21 56	22 05	22 16	22 28	22 41	22 57	23 16	{00 11 / 23 53}	▢	▢
28	21 55	22 01	22 07	22 13	22 20	22 27	22 35	22 44	22 54	23 05	23 19	23 34	1 00	
29	22 21	22 25	22 29	22 33	22 38	22 43	22 49	22 55	23 02	23 10	23 19	23 29	23 41	{00 16 / 23 55}
30	22 43	22 45	22 48	22 50	22 53	22 57	23 00	23 04	23 08	23 13	23 18	23 24	23 31	23 39
July 1	23 02	23 03	23 05	23 06	23 07	23 08	23 10	23 11	23 13	23 15	23 17	23 19	23 22	23 25
2	23 21	23 21	23 21	23 20	23 20	23 19	23 19	23 18	23 17	23 16	23 16	23 15	23 13	23 12

▢ indicates Moon continuously above horizon.
■ indicates Moon continuously below horizon.
.. .. indicates phenomenon will occur the next day.

MOONRISE AND MOONSET, 2006

UNIVERSAL TIME FOR MERIDIAN OF GREENWICH

MOONRISE

Lat.	−55°	−50°	−45°	−40°	−35°	−30°	−20°	−10°	0°	+10°	+20°	+30°	+35°	+40°
	h m	h m	h m	h m	h m	h m	h m	h m	h m	h m	h m	h m	h m	h m
July 1	11 11	11 04	10 58	10 54	10 50	10 46	10 40	10 35	10 29	10 24	10 19	10 13	10 09	10 05
2	11 16	11 15	11 14	11 13	11 12	11 12	11 10	11 09	11 08	11 07	11 07	11 05	11 05	11 04
3	11 22	11 26	11 29	11 32	11 35	11 37	11 41	11 44	11 47	11 51	11 54	11 58	12 01	12 03
4	11 28	11 38	11 46	11 52	11 58	12 03	12 12	12 20	12 27	12 35	12 43	12 52	12 58	13 04
5	11 36	11 51	12 04	12 15	12 24	12 32	12 46	12 58	13 10	13 22	13 34	13 49	13 57	14 07
6	11 46	12 09	12 27	12 42	12 54	13 05	13 24	13 41	13 56	14 12	14 29	14 48	15 00	15 13
7	12 03	12 33	12 56	13 15	13 31	13 44	14 08	14 28	14 47	15 06	15 27	15 51	16 06	16 22
8	12 29	13 07	13 35	13 57	14 16	14 31	14 58	15 22	15 43	16 05	16 29	16 56	17 12	17 31
9	13 14	13 57	14 27	14 51	15 11	15 28	15 56	16 21	16 44	17 07	17 31	18 00	18 17	18 37
10	14 23	15 04	15 34	15 57	16 16	16 32	17 00	17 24	17 46	18 08	18 32	18 59	19 15	19 34
11	15 52	16 27	16 52	17 12	17 28	17 43	18 07	18 28	18 48	19 07	19 28	19 52	20 06	20 22
12	17 31	17 56	18 15	18 31	18 44	18 55	19 14	19 31	19 46	20 02	20 18	20 37	20 48	21 00
13	19 10	19 26	19 39	19 49	19 58	20 06	20 19	20 30	20 41	20 51	21 03	21 16	21 23	21 31
14	20 46	20 54	21 00	21 05	21 10	21 14	21 21	21 26	21 32	21 38	21 43	21 50	21 54	21 58
15	22 19	22 19	22 19	22 20	22 20	22 20	22 20	22 21	22 21	22 21	22 22	22 22	22 22	22 23
16	23 50	23 43	23 37	23 32	23 28	23 25	23 19	23 14	23 09	23 04	22 59	22 54	22 50	22 47
17	.. ..	.. ..	.. ..	.. ..	.. ..	.. ..	.. ..	.. ..	23 57	23 48	23 38	23 26	23 19	23 12
18	1 21	1 06	0 55	0 45	0 37	0 30	0 18	0 07	.. ..	.. ..	.. ..	.. ..	23 51	23 40
19	2 53	2 30	2 12	1 58	1 46	1 35	1 18	1 02	0 48	0 33	0 18	0 01	.. ..	.. ..
20	4 25	3 53	3 29	3 11	2 55	2 41	2 19	1 59	1 40	1 22	1 03	0 41	0 28	0 13
21	5 51	5 12	4 43	4 21	4 02	3 46	3 20	2 57	2 36	2 15	1 52	1 26	1 11	0 53
22	7 04	6 20	5 49	5 25	5 05	4 48	4 20	3 55	3 32	3 10	2 45	2 17	2 00	1 41
23	7 56	7 14	6 44	6 20	6 01	5 44	5 16	4 52	4 29	4 06	3 42	3 14	2 57	2 37
24	8 30	7 53	7 27	7 06	6 48	6 33	6 07	5 44	5 23	5 02	4 40	4 14	3 58	3 40
25	8 50	8 22	8 00	7 42	7 27	7 14	6 52	6 33	6 14	5 56	5 37	5 14	5 01	4 45

MOONSET

Lat.	−55°	−50°	−45°	−40°	−35°	−30°	−20°	−10°	0°	+10°	+20°	+30°	+35°	+40°
	h m	h m	h m	h m	h m	h m	h m	h m	h m	h m	h m	h m	h m	h m
July 1	22 23	22 27	22 31	22 34	22 36	22 38	22 42	22 45	22 48	22 51	22 54	22 58	23 00	23 02
2	23 36	23 35	23 34	23 33	23 32	23 31	23 29	23 28	23 27	23 26	23 25	23 23	23 22	23 21
3	.. ..	.. ..	.. ..	.. ..	.. ..	.. ..	.. ..	.. ..	.. ..	.. ..	23 55	23 49	23 45	23 41
4	0 51	0 43	0 37	0 32	0 28	0 24	0 18	0 12	0 06	0 01	.. ..	.. ..	.. ..	.. ..
5	2 08	1 54	1 43	1 34	1 26	1 19	1 07	0 57	0 47	0 38	0 28	0 16	0 10	0 02
6	3 29	3 08	2 52	2 38	2 27	2 17	2 00	1 45	1 32	1 18	1 03	0 47	0 37	0 26
7	4 55	4 26	4 04	3 46	3 31	3 18	2 56	2 38	2 20	2 03	1 44	1 23	1 10	0 56
8	6 21	5 44	5 17	4 55	4 37	4 22	3 56	3 34	3 14	2 53	2 31	2 05	1 50	1 33
9	7 40	6 57	6 27	6 03	5 44	5 27	4 59	4 34	4 12	3 49	3 25	2 57	2 40	2 21
10	8 40	7 58	7 28	7 05	6 45	6 29	6 00	5 36	5 13	4 51	4 26	3 57	3 40	3 21
11	9 20	8 44	8 18	7 57	7 40	7 25	6 59	6 37	6 16	5 55	5 32	5 05	4 50	4 31
12	9 44	9 17	8 57	8 40	8 26	8 13	7 52	7 33	7 16	6 58	6 39	6 17	6 04	5 49
13	9 59	9 41	9 26	9 14	9 04	8 55	8 39	8 26	8 13	7 59	7 45	7 29	7 19	7 08
14	10 10	9 59	9 51	9 43	9 37	9 32	9 22	9 13	9 05	8 57	8 48	8 38	8 32	8 26
15	10 18	10 14	10 11	10 09	10 07	10 05	10 01	9 58	9 55	9 52	9 49	9 46	9 43	9 41
16	10 25	10 28	10 31	10 33	10 35	10 36	10 39	10 41	10 44	10 46	10 48	10 51	10 53	10 54
17	10 33	10 43	10 51	10 57	11 03	11 08	11 17	11 25	11 32	11 39	11 47	11 56	12 01	12 07
18	10 42	10 59	11 13	11 24	11 33	11 42	11 56	12 09	12 21	12 33	12 46	13 01	13 10	13 20
19	10 55	11 19	11 38	11 54	12 07	12 19	12 39	12 56	13 13	13 29	13 47	14 07	14 19	14 33
20	11 13	11 46	12 10	12 30	12 47	13 01	13 26	13 47	14 07	14 27	14 48	15 13	15 27	15 44
21	11 42	12 22	12 51	13 14	13 33	13 49	14 17	14 41	15 03	15 25	15 49	16 16	16 33	16 52
22	12 27	13 11	13 43	14 07	14 27	14 44	15 12	15 37	16 00	16 23	16 47	17 16	17 32	17 52
23	13 32	14 14	14 43	15 07	15 26	15 42	16 10	16 33	16 55	17 17	17 41	18 08	18 24	18 43
24	14 50	15 25	15 51	16 11	16 28	16 43	17 07	17 29	17 48	18 08	18 29	18 53	19 07	19 24
25	16 12	16 39	17 00	17 17	17 31	17 43	18 03	18 21	18 38	18 54	19 12	19 32	19 43	19 56

.. .. indicates phenomenon will occur the next day.

UNIVERSAL TIME FOR MERIDIAN OF GREENWICH

MOONRISE

Lat.	+40°	+42°	+44°	+46°	+48°	+50°	+52°	+54°	+56°	+58°	+60°	+62°	+64°	+66°
July	h m	h m	h m	h m	h m	h m	h m	h m	h m	h m	h m	h m	h m	h m
1	10 05	10 03	10 01	9 59	9 57	9 54	9 52	9 49	9 45	9 42	9 38	9 33	9 28	9 21
2	11 04	11 04	11 03	11 03	11 03	11 02	11 02	11 01	11 01	11 00	10 59	10 59	10 58	10 57
3	12 03	12 04	12 06	12 07	12 09	12 10	12 12	12 14	12 16	12 18	12 21	12 24	12 27	12 32
4	13 04	13 07	13 10	13 13	13 16	13 20	13 24	13 28	13 33	13 39	13 45	13 52	14 01	14 11
5	14 07	14 11	14 16	14 21	14 26	14 32	14 39	14 46	14 54	15 03	15 14	15 26	15 41	15 59
6	15 13	15 19	15 26	15 32	15 40	15 48	15 58	16 08	16 20	16 34	16 50	17 10	17 35	18 11
7	16 22	16 30	16 38	16 46	16 56	17 07	17 19	17 33	17 49	18 09	18 33	19 07	20 05	■
8	17 31	17 40	17 49	18 00	18 11	18 24	18 39	18 56	19 16	19 42	20 18	21 37	■	■
9	18 37	18 46	18 56	19 07	19 19	19 32	19 48	20 06	20 28	20 57	21 39	■	■	■
10	19 34	19 43	19 52	20 02	20 14	20 26	20 40	20 57	21 16	21 40	22 12	23 05	■	■
11	20 22	20 29	20 37	20 45	20 55	21 05	21 16	21 29	21 44	22 01	22 23	22 49	23 27	{00 51 / 23 25}
12	21 00	21 06	21 11	21 18	21 25	21 32	21 41	21 50	22 00	22 12	22 26	22 42	23 01	22 59
13	21 31	21 35	21 39	21 43	21 48	21 53	21 58	22 04	22 11	22 18	22 26	22 36	22 47	22 59
14	21 58	22 00	22 02	22 04	22 07	22 09	22 12	22 15	22 18	22 22	22 26	22 30	22 35	22 41
15	22 23	22 23	22 23	22 23	22 23	22 23	22 24	22 24	22 24	22 24	22 25	22 25	22 25	22 26
16	22 47	22 45	22 43	22 42	22 40	22 38	22 35	22 33	22 30	22 27	22 24	22 20	22 16	22 11
17	23 12	23 08	23 05	23 01	22 57	22 53	22 48	22 43	22 37	22 30	22 23	22 15	22 05	21 54
18	23 40	23 35	23 30	23 24	23 18	23 11	23 03	22 55	22 46	22 35	22 23	22 09	21 53	21 33
19	.. ..	.. ..	23 59	23 51	23 43	23 34	23 23	23 12	22 59	22 44	22 26	22 03	21 35	20 53
20	0 13	0 06	.. ..	.. ..	.. ..	.. ..	23 52	23 37	23 20	22 59	22 32	21 56	20 33	▭
21	0 53	0 45	0 36	0 27	0 16	0 05	.. ..	.. ..	23 54	23 28	22 52	21 24	▭	▭
22	1 41	1 32	1 23	1 12	1 00	0 47	0 32	0 15	.. ..	.. ..	23 43	▭	▭	▭
23	2 37	2 29	2 19	2 08	1 56	1 43	1 28	1 10	0 49	0 22	.. ..	▭	▭	▭
24	3 40	3 32	3 23	3 13	3 02	2 50	2 37	2 21	2 02	1 39	1 09	0 22	▭	▭
25	4 45	4 38	4 31	4 23	4 14	4 04	3 53	3 40	3 25	3 08	2 47	2 20	1 41	▭

MOONSET

Lat.	+40°	+42°	+44°	+46°	+48°	+50°	+52°	+54°	+56°	+58°	+60°	+62°	+64°	+66°
July	h m	h m	h m	h m	h m	h m	h m	h m	h m	h m	h m	h m	h m	h m
1	23 02	23 03	23 05	23 06	23 07	23 08	23 10	23 11	23 13	23 15	23 17	23 19	23 22	23 25
2	23 21	23 21	23 21	23 20	23 20	23 19	23 19	23 18	23 17	23 16	23 16	23 15	23 13	23 12
3	23 41	23 39	23 37	23 35	23 33	23 30	23 28	23 25	23 22	23 18	23 14	23 10	23 05	22 59
4	.. ..	23 59	23 55	23 51	23 47	23 43	23 38	23 33	23 27	23 20	23 13	23 05	22 55	22 44
5	0 02	.. ..	.. ..	.. ..	.. ..	23 58	23 51	23 43	23 34	23 24	23 12	22 59	22 43	22 24
6	0 26	0 22	0 16	0 11	0 05	.. ..	.. ..	23 57	23 45	23 30	23 13	22 53	22 26	21 50
7	0 56	0 49	0 43	0 35	0 27	0 18	0 08	.. ..	.. ..	23 43	23 18	22 44	21 44	■
8	1 33	1 25	1 17	1 08	0 58	0 46	0 34	0 19	0 03	.. ..	23 32	22 13	■	■
9	2 21	2 12	2 02	1 52	1 40	1 27	1 12	0 55	0 34	0 08	.. ..	■	■	■
10	3 21	3 12	3 02	2 51	2 39	2 25	2 10	1 52	1 30	1 01	0 19	■	■	■
11	4 31	4 23	4 14	4 04	3 53	3 41	3 27	3 11	2 52	2 28	1 57	1 05	■	■
12	5 49	5 42	5 35	5 27	5 18	5 08	4 57	4 45	4 31	4 14	3 54	3 28	2 51	1 28
13	7 08	7 03	6 58	6 52	6 46	6 39	6 31	6 23	6 14	6 03	5 50	5 35	5 17	4 54
14	8 26	8 23	8 20	8 16	8 12	8 08	8 04	7 59	7 53	7 47	7 40	7 32	7 23	7 12
15	9 41	9 40	9 39	9 37	9 36	9 35	9 33	9 31	9 29	9 27	9 25	9 22	9 19	9 15
16	10 54	10 55	10 56	10 57	10 58	10 59	11 00	11 01	11 03	11 04	11 06	11 08	11 10	11 13
17	12 07	12 10	12 12	12 15	12 19	12 22	12 26	12 30	12 35	12 40	12 46	12 53	13 01	13 11
18	13 20	13 24	13 29	13 34	13 40	13 46	13 53	14 00	14 08	14 18	14 29	14 42	14 57	15 16
19	14 33	14 39	14 46	14 53	15 01	15 10	15 19	15 30	15 43	15 57	16 14	16 36	17 03	17 44
20	15 44	15 52	16 01	16 10	16 20	16 31	16 43	16 58	17 15	17 35	18 01	18 38	20 00	▭
21	16 52	17 01	17 10	17 21	17 32	17 45	18 00	18 17	18 38	19 04	19 40	21 07	▭	▭
22	17 52	18 01	18 11	18 22	18 33	18 47	19 02	19 20	19 41	20 09	20 48	▭	▭	▭
23	18 43	18 51	19 00	19 10	19 21	19 33	19 47	20 03	20 22	20 46	21 16	22 04	▭	▭
24	19 24	19 31	19 39	19 47	19 57	20 07	20 19	20 32	20 47	21 05	21 26	21 54	22 34	▭
25	19 56	20 02	20 09	20 16	20 23	20 31	20 40	20 50	21 02	21 14	21 30	21 48	22 10	22 39

▭ indicates Moon continuously above horizon.
■ indicates Moon continuously below horizon.
.. .. indicates phenomenon will occur the next day.

MOONRISE AND MOONSET, 2006

UNIVERSAL TIME FOR MERIDIAN OF GREENWICH

MOONRISE

Lat.	−55°	−50°	−45°	−40°	−35°	−30°	−20°	−10°	0°	+10°	+20°	+30°	+35°	+40°
	h m	h m	h m	h m	h m	h m	h m	h m	h m	h m	h m	h m	h m	h m
July 24	8 30	7 53	7 27	7 06	6 48	6 33	6 07	5 44	5 23	5 02	4 40	4 14	3 58	3 40
25	8 50	8 22	8 00	7 42	7 27	7 14	6 52	6 33	6 14	5 56	5 37	5 14	5 01	4 45
26	9 03	8 42	8 25	8 12	8 00	7 50	7 32	7 16	7 02	6 47	6 31	6 13	6 03	5 50
27	9 12	8 58	8 46	8 36	8 28	8 20	8 07	7 56	7 45	7 35	7 23	7 10	7 02	6 54
28	9 19	9 11	9 04	8 58	8 52	8 48	8 40	8 33	8 26	8 20	8 13	8 05	8 00	7 55
29	9 25	9 22	9 19	9 17	9 15	9 14	9 11	9 08	9 06	9 03	9 01	8 58	8 56	8 54
30	9 30	9 33	9 34	9 36	9 37	9 39	9 41	9 43	9 44	9 46	9 48	9 50	9 52	9 53
31	9 36	9 44	9 50	9 55	10 00	10 04	10 11	10 18	10 23	10 30	10 36	10 43	10 48	10 53
Aug. 1	9 43	9 56	10 07	10 16	10 24	10 31	10 44	10 54	11 04	11 15	11 25	11 38	11 45	11 54
2	9 52	10 12	10 28	10 41	10 52	11 02	11 19	11 34	11 48	12 02	12 18	12 35	12 46	12 58
3	10 05	10 32	10 53	11 10	11 25	11 38	11 59	12 18	12 36	12 54	13 13	13 36	13 49	14 04
4	10 25	11 01	11 27	11 47	12 05	12 20	12 46	13 08	13 29	13 50	14 12	14 38	14 54	15 12
5	11 00	11 42	12 12	12 35	12 54	13 11	13 39	14 04	14 26	14 49	15 13	15 42	15 59	16 19
6	11 56	12 40	13 11	13 35	13 54	14 11	14 40	15 04	15 27	15 50	16 14	16 43	17 00	17 20
7	13 17	13 56	14 24	14 46	15 04	15 19	15 46	16 08	16 29	16 50	17 13	17 39	17 54	18 12
8	14 54	15 24	15 46	16 04	16 19	16 32	16 53	17 12	17 30	17 47	18 06	18 28	18 40	18 54
9	16 36	16 56	17 12	17 24	17 35	17 45	18 01	18 14	18 27	18 40	18 54	19 10	19 19	19 29
10	18 17	18 28	18 37	18 44	18 50	18 56	19 05	19 14	19 22	19 29	19 38	19 47	19 52	19 58
11	19 54	19 57	19 59	20 02	20 04	20 05	20 08	20 11	20 13	20 15	20 18	20 21	20 22	20 24
12	21 28	21 24	21 20	21 18	21 15	21 13	21 09	21 06	21 03	21 00	20 57	20 53	20 51	20 49
13	23 02	22 50	22 41	22 33	22 26	22 20	22 10	22 01	21 53	21 45	21 36	21 26	21 21	21 14
14	.. ..	.. ..	.. ..	23 47	23 37	23 27	23 11	22 57	22 44	22 31	22 17	22 01	21 52	21 42
15	0 37	0 16	0 00	.. ..	.. ..	.. ..	.. ..	23 54	23 36	23 19	23 01	22 40	22 28	22 14
16	2 11	1 41	1 19	1 02	0 47	0 34	0 12	.. ..	.. ..	.. ..	23 49	23 24	23 09	22 52
17	3 40	3 03	2 35	2 13	1 56	1 40	1 14	0 52	0 31	0 11	.. ..	.. ..	23 57	23 37

MOONSET

Lat.	−55°	−50°	−45°	−40°	−35°	−30°	−20°	−10°	0°	+10°	+20°	+30°	+35°	+40°
	h m	h m	h m	h m	h m	h m	h m	h m	h m	h m	h m	h m	h m	h m
July 24	14 50	15 25	15 51	16 11	16 28	16 43	17 07	17 29	17 48	18 08	18 29	18 53	19 07	19 24
25	16 12	16 39	17 00	17 17	17 31	17 43	18 03	18 21	18 38	18 54	19 12	19 32	19 43	19 56
26	17 34	17 53	18 09	18 21	18 32	18 41	18 57	19 10	19 23	19 36	19 49	20 05	20 13	20 23
27	18 52	19 05	19 15	19 23	19 30	19 37	19 47	19 57	20 05	20 14	20 23	20 34	20 40	20 46
28	20 08	20 14	20 19	20 24	20 27	20 31	20 36	20 41	20 45	20 50	20 55	21 00	21 03	21 07
29	21 22	21 22	21 22	21 23	21 23	21 23	21 24	21 24	21 24	21 25	21 25	21 25	21 25	21 26
30	22 35	22 30	22 25	22 22	22 19	22 16	22 11	22 07	22 03	21 59	21 55	21 50	21 48	21 45
31	23 50	23 39	23 30	23 22	23 15	23 10	23 00	22 51	22 43	22 35	22 26	22 17	22 11	22 05
Aug. 1	.. ..	.. ..	.. ..	.. ..	.. ..	.. ..	23 50	23 37	23 25	23 13	23 00	22 45	22 37	22 27
2	1 09	0 50	0 36	0 24	0 14	0 05	.. ..	.. ..	.. ..	23 55	23 37	23 18	23 07	22 54
3	2 31	2 05	1 45	1 29	1 16	1 04	0 44	0 27	0 11	.. ..	.. ..	23 56	23 42	23 26
4	3 56	3 22	2 57	2 37	2 20	2 05	1 41	1 20	1 01	0 41	0 20	.. ..	.. ..	.. ..
5	5 18	4 37	4 07	3 44	3 25	3 09	2 41	2 18	1 56	1 34	1 10	0 43	0 27	0 08
6	6 27	5 43	5 12	4 48	4 28	4 11	3 43	3 18	2 55	2 32	2 07	1 38	1 21	1 01
7	7 15	6 36	6 07	5 45	5 26	5 10	4 43	4 19	3 57	3 35	3 11	2 43	2 26	2 07
8	7 45	7 14	6 51	6 32	6 16	6 02	5 39	5 18	4 58	4 39	4 18	3 53	3 39	3 22
9	8 04	7 42	7 25	7 10	6 58	6 48	6 29	6 13	5 58	5 42	5 26	5 06	4 55	4 42
10	8 16	8 03	7 52	7 42	7 34	7 27	7 15	7 04	6 53	6 43	6 32	6 19	6 11	6 02
11	8 26	8 19	8 14	8 10	8 06	8 02	7 56	7 51	7 46	7 41	7 35	7 29	7 25	7 21
12	8 34	8 34	8 35	8 35	8 35	8 35	8 36	8 36	8 37	8 37	8 37	8 38	8 38	8 38
13	8 41	8 49	8 55	9 00	9 04	9 08	9 15	9 21	9 26	9 32	9 38	9 45	9 49	9 53
14	8 50	9 05	9 16	9 26	9 34	9 42	9 55	10 06	10 17	10 27	10 39	10 52	11 00	11 08
15	9 01	9 24	9 41	9 55	10 08	10 18	10 37	10 53	11 08	11 24	11 40	11 59	12 10	12 23
16	9 18	9 48	10 11	10 30	10 46	11 00	11 23	11 43	12 02	12 22	12 42	13 06	13 20	13 36
17	9 43	10 21	10 50	11 12	11 30	11 46	12 13	12 37	12 58	13 20	13 43	14 11	14 27	14 46

.. .. indicates phenomenon will occur the next day.

UNIVERSAL TIME FOR MERIDIAN OF GREENWICH

MOONRISE

Lat.	+40°	+42°	+44°	+46°	+48°	+50°	+52°	+54°	+56°	+58°	+60°	+62°	+64°	+66°
	h m	h m	h m	h m	h m	h m	h m	h m	h m	h m	h m	h m	h m	h m
July 24	3 40	3 32	3 23	3 13	3 02	2 50	2 37	2 21	2 02	1 39	1 09	0 22	▢	▢
25	4 45	4 38	4 31	4 23	4 14	4 04	3 53	3 40	3 25	3 08	2 47	2 20	1 41	▢
26	5 50	5 45	5 39	5 33	5 26	5 18	5 10	5 00	4 50	4 37	4 23	4 06	3 44	3 16
27	6 54	6 50	6 45	6 41	6 36	6 31	6 25	6 18	6 11	6 03	5 54	5 43	5 30	5 15
28	7 55	7 52	7 50	7 47	7 44	7 41	7 38	7 34	7 29	7 25	7 19	7 13	7 06	6 58
29	8 54	8 53	8 52	8 52	8 50	8 49	8 48	8 47	8 45	8 44	8 42	8 40	8 37	8 34
30	9 53	9 54	9 55	9 55	9 56	9 57	9 58	9 59	10 00	10 01	10 03	10 05	10 07	10 09
31	10 53	10 55	10 57	11 00	11 02	11 05	11 08	11 12	11 16	11 20	11 25	11 31	11 37	11 45
Aug. 1	11 54	11 58	12 02	12 06	12 11	12 16	12 21	12 27	12 34	12 42	12 51	13 01	13 13	13 28
2	12 58	13 03	13 09	13 15	13 22	13 29	13 37	13 46	13 57	14 09	14 22	14 39	15 00	15 26
3	14 04	14 11	14 18	14 27	14 35	14 45	14 56	15 09	15 23	15 40	16 01	16 28	17 06	▬
4	15 12	15 20	15 29	15 39	15 50	16 02	16 16	16 32	16 51	17 14	17 45	18 35	▬	▬
5	16 19	16 28	16 38	16 48	17 00	17 14	17 30	17 48	18 10	18 38	19 21	▬	▬	▬
6	17 20	17 29	17 38	17 49	18 01	18 14	18 29	18 47	19 09	19 36	20 15	▬	▬	▬
7	18 12	18 20	18 28	18 38	18 48	19 00	19 13	19 27	19 45	20 05	20 32	21 08	22 22	▬
8	18 54	19 01	19 08	19 15	19 23	19 32	19 42	19 53	20 05	20 20	20 36	20 57	21 23	21 58
9	19 29	19 34	19 38	19 44	19 49	19 55	20 02	20 10	20 18	20 27	20 38	20 50	21 04	21 21
10	19 58	20 01	20 04	20 07	20 10	20 14	20 17	20 22	20 26	20 31	20 37	20 44	20 51	21 00
11	20 24	20 25	20 26	20 27	20 28	20 29	20 30	20 32	20 33	20 35	20 36	20 38	20 40	20 43
12	20 49	20 48	20 47	20 46	20 45	20 44	20 42	20 41	20 39	20 37	20 35	20 33	20 30	20 27
13	21 14	21 12	21 09	21 06	21 02	20 59	20 55	20 50	20 45	20 40	20 34	20 27	20 20	20 11
14	21 42	21 37	21 33	21 27	21 22	21 16	21 09	21 02	20 54	20 44	20 34	20 22	20 08	19 51
15	22 14	22 08	22 01	21 54	21 46	21 37	21 28	21 17	21 05	20 51	20 35	20 16	19 51	19 19
16	22 52	22 44	22 36	22 27	22 17	22 06	21 53	21 39	21 23	21 04	20 39	20 07	19 16	▢
17	23 37	23 29	23 19	23 09	22 57	22 45	22 30	22 13	21 53	21 27	20 53	19 48	▢	▢

MOONSET

Lat.	+40°	+42°	+44°	+46°	+48°	+50°	+52°	+54°	+56°	+58°	+60°	+62°	+64°	+66°
	h m	h m	h m	h m	h m	h m	h m	h m	h m	h m	h m	h m	h m	h m
July 24	19 24	19 31	19 39	19 47	19 57	20 07	20 19	20 32	20 47	21 05	21 26	21 54	22 34	▢
25	19 56	20 02	20 09	20 16	20 23	20 31	20 40	20 50	21 02	21 14	21 30	21 48	22 10	22 39
26	20 23	20 28	20 33	20 38	20 43	20 49	20 56	21 03	21 11	21 20	21 30	21 42	21 56	22 13
27	20 46	20 49	20 52	20 56	20 59	21 03	21 08	21 12	21 17	21 23	21 30	21 37	21 45	21 55
28	21 07	21 08	21 10	21 11	21 13	21 15	21 17	21 20	21 22	21 25	21 28	21 32	21 36	21 41
29	21 26	21 26	21 26	21 26	21 26	21 26	21 26	21 26	21 27	21 27	21 27	21 27	21 27	21 27
30	21 45	21 43	21 42	21 40	21 39	21 37	21 35	21 33	21 31	21 28	21 25	21 22	21 18	21 14
31	22 05	22 02	21 59	21 56	21 52	21 49	21 45	21 40	21 35	21 30	21 24	21 17	21 09	21 00
Aug. 1	22 27	22 23	22 18	22 13	22 08	22 02	21 56	21 49	21 41	21 33	21 23	21 11	20 58	20 42
2	22 54	22 48	22 42	22 35	22 28	22 20	22 11	22 01	21 50	21 37	21 23	21 05	20 44	20 16
3	23 26	23 19	23 11	23 03	22 53	22 43	22 32	22 19	22 04	21 46	21 25	20 57	20 18	▬
4	.. ..	.. ..	23 50	23 40	23 29	23 17	23 03	22 46	22 27	22 03	21 32	20 42	▬	▬
5	0 08	0 00	.. ..	.. ..	.. ..	.. ..	23 50	23 32	23 09	22 41	21 59	▬	▬	▬
6	1 01	0 52	0 42	0 31	0 19	0 06	.. ..	.. ..	.. ..	23 52	23 14	▬	▬	▬
7	2 07	1 58	1 48	1 38	1 26	1 13	0 58	0 40	0 19	.. ..	.. ..	▬	23 17	▬
8	3 22	3 14	3 06	2 57	2 47	2 36	2 24	2 09	1 52	1 32	1 07	0 31	.. ..	▬
9	4 42	4 36	4 30	4 23	4 16	4 07	3 58	3 48	3 36	3 23	3 07	2 47	2 22	1 48
10	6 02	5 59	5 54	5 50	5 45	5 40	5 34	5 28	5 20	5 12	5 03	4 52	4 39	4 23
11	7 21	7 19	7 17	7 15	7 13	7 10	7 08	7 05	7 01	6 57	6 53	6 48	6 43	6 36
12	8 38	8 38	8 38	8 38	8 38	8 38	8 38	8 39	8 39	8 39	8 39	8 39	8 39	8 40
13	9 53	9 55	9 57	10 00	10 02	10 05	10 08	10 11	10 15	10 19	10 23	10 28	10 34	10 41
14	11 08	11 12	11 16	11 21	11 26	11 31	11 37	11 43	11 51	11 59	12 08	12 19	12 32	12 47
15	12 23	12 29	12 35	12 42	12 49	12 57	13 06	13 16	13 27	13 40	13 55	14 14	14 37	15 09
16	13 36	13 44	13 52	14 00	14 10	14 20	14 32	14 46	15 02	15 21	15 44	16 16	17 07	▢
17	14 46	14 54	15 04	15 14	15 25	15 38	15 52	16 09	16 29	16 54	17 28	18 32	▢	▢

▢ indicates Moon continuously above horizon.
▬ indicates Moon continuously below horizon.
.. .. indicates phenomenon will occur the next day.

MOONRISE AND MOONSET, 2006

UNIVERSAL TIME FOR MERIDIAN OF GREENWICH

MOONRISE

Lat.	−55°	−50°	−45°	−40°	−35°	−30°	−20°	−10°	0°	+10°	+20°	+30°	+35°	+40°
	h m	h m	h m	h m	h m	h m	h m	h m	h m	h m	h m	h m	h m	h m
Aug. 16	2 11	1 41	1 19	1 02	0 47	0 34	0 12	.. ..	.. ..	.. ..	23 49	23 24	23 09	22 52
17	3 40	3 03	2 35	2 13	1 56	1 40	1 14	0 52	0 31	0 11	.. ..	.. ..	23 57	23 37
18	4 58	4 14	3 44	3 20	3 00	2 43	2 15	1 50	1 28	1 05	0 41	0 13	.. ..	.. ..
19	5 56	5 12	4 41	4 17	3 57	3 40	3 12	2 47	2 24	2 01	1 37	1 08	0 51	0 31
20	6 34	5 56	5 27	5 05	4 47	4 31	4 04	3 41	3 19	2 57	2 34	2 07	1 51	1 32
21	6 57	6 26	6 03	5 44	5 28	5 14	4 50	4 30	4 11	3 51	3 31	3 07	2 52	2 36
22	7 12	6 48	6 30	6 15	6 02	5 51	5 31	5 15	4 59	4 43	4 26	4 06	3 54	3 41
23	7 22	7 05	6 52	6 41	6 31	6 23	6 08	5 55	5 43	5 31	5 18	5 03	4 54	4 45
24	7 29	7 19	7 10	7 03	6 56	6 51	6 41	6 33	6 25	6 17	6 08	5 58	5 53	5 46
25	7 35	7 30	7 26	7 23	7 20	7 17	7 12	7 08	7 04	7 01	6 57	6 52	6 49	6 46
26	7 40	7 41	7 41	7 41	7 42	7 42	7 43	7 43	7 44	7 44	7 45	7 45	7 45	7 45
27	7 46	7 51	7 56	8 00	8 04	8 07	8 12	8 17	8 22	8 27	8 32	8 37	8 41	8 44
28	7 52	8 03	8 13	8 21	8 27	8 33	8 44	8 53	9 02	9 11	9 20	9 31	9 37	9 45
29	7 59	8 17	8 31	8 43	8 53	9 02	9 18	9 31	9 44	9 57	10 11	10 27	10 36	10 47
30	8 10	8 35	8 54	9 10	9 23	9 35	9 55	10 13	10 29	10 46	11 04	11 25	11 37	11 51
31	8 27	8 59	9 23	9 43	9 59	10 14	10 38	10 59	11 19	11 39	12 00	12 25	12 40	12 57
Sept. 1	8 53	9 33	10 02	10 25	10 43	11 00	11 27	11 51	12 13	12 35	12 59	13 27	13 44	14 03
2	9 38	10 22	10 53	11 17	11 37	11 54	12 23	12 48	13 11	13 34	13 59	14 28	14 45	15 05
3	10 46	11 28	11 58	12 21	12 41	12 57	13 25	13 49	14 11	14 33	14 57	15 25	15 41	16 00
4	12 15	12 50	13 15	13 35	13 52	14 06	14 31	14 52	15 11	15 31	15 52	16 16	16 30	16 46
5	13 55	14 19	14 39	14 54	15 07	15 18	15 38	15 54	16 10	16 25	16 42	17 00	17 11	17 24
6	15 36	15 52	16 04	16 14	16 23	16 31	16 44	16 55	17 05	17 16	17 27	17 40	17 47	17 55
7	17 16	17 23	17 29	17 34	17 38	17 42	17 48	17 53	17 59	18 04	18 09	18 15	18 19	18 23
8	18 54	18 53	18 53	18 52	18 52	18 52	18 51	18 51	18 50	18 50	18 50	18 49	18 49	18 49
9	20 31	20 23	20 16	20 10	20 05	20 01	19 54	19 47	19 42	19 36	19 30	19 23	19 19	19 14

MOONSET

Lat.	−55°	−50°	−45°	−40°	−35°	−30°	−20°	−10°	0°	+10°	+20°	+30°	+35°	+40°
	h m	h m	h m	h m	h m	h m	h m	h m	h m	h m	h m	h m	h m	h m
Aug. 16	9 18	9 48	10 11	10 30	10 46	11 00	11 23	11 43	12 02	12 22	12 42	13 06	13 20	13 36
17	9 43	10 21	10 50	11 12	11 30	11 46	12 13	12 37	12 58	13 20	13 43	14 11	14 27	14 46
18	10 22	11 06	11 38	12 02	12 22	12 39	13 07	13 32	13 55	14 18	14 43	15 11	15 28	15 48
19	11 21	12 05	12 35	12 59	13 19	13 36	14 04	14 28	14 51	15 13	15 37	16 05	16 22	16 41
20	12 35	13 13	13 41	14 02	14 20	14 35	15 01	15 24	15 44	16 05	16 27	16 52	17 07	17 24
21	13 57	14 27	14 49	15 07	15 22	15 35	15 57	16 17	16 34	16 52	17 11	17 32	17 45	17 59
22	15 19	15 41	15 58	16 12	16 24	16 34	16 51	17 06	17 21	17 35	17 49	18 06	18 16	18 27
23	16 38	16 53	17 05	17 15	17 23	17 30	17 43	17 53	18 04	18 14	18 24	18 36	18 43	18 51
24	17 54	18 03	18 10	18 15	18 20	18 24	18 32	18 38	18 44	18 50	18 56	19 03	19 07	19 12
25	19 09	19 11	19 13	19 15	19 16	19 17	19 20	19 21	19 23	19 25	19 27	19 29	19 30	19 31
26	20 22	20 19	20 16	20 14	20 12	20 10	20 07	20 04	20 02	19 59	19 57	19 54	19 52	19 50
27	21 37	21 27	21 20	21 13	21 08	21 03	20 55	20 48	20 41	20 34	20 27	20 19	20 14	20 09
28	22 53	22 37	22 25	22 14	22 05	21 58	21 44	21 33	21 22	21 11	20 59	20 46	20 39	20 30
29	.. ..	23 50	23 32	23 17	23 05	22 54	22 36	22 20	22 05	21 51	21 35	21 17	21 07	20 55
30	0 13	.. ..	.. ..	.. ..	.. ..	23 54	23 31	23 11	22 53	22 34	22 15	21 52	21 39	21 24
31	1 36	1 05	0 41	0 23	0 07	.. ..	.. ..	.. ..	23 44	23 23	23 01	22 34	22 19	22 01
Sept. 1	2 58	2 19	1 51	1 29	1 11	0 55	0 28	0 06	.. ..	.. ..	23 53	23 24	23 08	22 48
2	4 12	3 28	2 57	2 33	2 13	1 56	1 28	1 03	0 40	0 17	.. ..	.. ..	.. ..	23 46
3	5 08	4 26	3 55	3 32	3 12	2 55	2 27	2 02	1 40	1 17	0 52	0 23	0 06	.. ..
4	5 45	5 09	4 43	4 22	4 04	3 49	3 23	3 01	2 40	2 19	1 56	1 29	1 14	0 55
5	6 08	5 41	5 20	5 04	4 49	4 37	4 16	3 57	3 39	3 22	3 03	2 40	2 27	2 12
6	6 22	6 04	5 50	5 38	5 28	5 19	5 03	4 49	4 36	4 23	4 09	3 53	3 43	3 32
7	6 33	6 23	6 14	6 08	6 02	5 56	5 47	5 39	5 31	5 23	5 14	5 05	4 59	4 52
8	6 41	6 38	6 36	6 34	6 32	6 31	6 28	6 25	6 23	6 21	6 18	6 15	6 13	6 11
9	6 49	6 53	6 57	6 59	7 02	7 04	7 08	7 11	7 14	7 18	7 21	7 25	7 27	7 29

.. .. indicates phenomenon will occur the next day.

UNIVERSAL TIME FOR MERIDIAN OF GREENWICH
MOONRISE

Lat.	+40°	+42°	+44°	+46°	+48°	+50°	+52°	+54°	+56°	+58°	+60°	+62°	+64°	+66°
	h m	h m	h m	h m	h m	h m	h m	h m	h m	h m	h m	h m	h m	h m
Aug. 16	22 52	22 44	22 36	22 27	22 17	22 06	21 53	21 39	21 23	21 04	20 39	20 07	19 16	▢
17	23 37	23 29	23 19	23 09	22 57	22 45	22 30	22 13	21 53	21 27	20 53	19 48	▢	▢
18	.. ..	.. ..	.. ..	.. ..	23 50	23 36	23 21	23 03	22 41	22 13	21 32	▢	▢	▢
19	0 31	0 22	0 12	0 02	.. ..	.. ..	.. ..	.. ..	23 49	23 24	22 50	21 46	▢	▢
20	1 32	1 23	1 14	1 04	0 53	0 40	0 26	0 09	.. ..	.. ..	.. ..	23 54	22 59	▢
21	2 36	2 29	2 21	2 12	2 02	1 51	1 39	1 26	1 10	0 50	0 26	.. ..	.. ..	▢
22	3 41	3 35	3 28	3 21	3 14	3 05	2 56	2 46	2 34	2 20	2 03	1 43	1 18	0 41
23	4 45	4 40	4 35	4 30	4 25	4 19	4 12	4 04	3 56	3 47	3 36	3 23	3 08	2 49
24	5 46	5 43	5 40	5 37	5 33	5 29	5 25	5 21	5 15	5 09	5 03	4 55	4 46	4 36
25	6 46	6 45	6 43	6 42	6 40	6 38	6 36	6 34	6 32	6 29	6 26	6 23	6 19	6 14
26	7 45	7 45	7 46	7 46	7 46	7 46	7 46	7 47	7 47	7 47	7 48	7 48	7 49	7 49
27	8 44	8 46	8 48	8 50	8 52	8 54	8 56	8 59	9 02	9 05	9 09	9 14	9 18	9 24
28	9 45	9 48	9 51	9 55	9 59	10 03	10 08	10 13	10 19	10 26	10 33	10 42	10 52	11 04
29	10 47	10 51	10 57	11 02	11 08	11 15	11 22	11 30	11 39	11 50	12 02	12 16	12 33	12 54
30	11 51	11 57	12 04	12 12	12 20	12 29	12 39	12 50	13 03	13 18	13 36	13 59	14 28	15 14
31	12 57	13 05	13 13	13 23	13 33	13 44	13 57	14 12	14 29	14 50	15 17	15 55	■	■
Sept. 1	14 03	14 12	14 21	14 32	14 44	14 57	15 12	15 30	15 51	16 18	16 57	■	■	■
2	15 05	15 14	15 24	15 35	15 47	16 01	16 17	16 35	16 58	17 27	18 11	■	■	■
3	16 00	16 08	16 18	16 28	16 39	16 52	17 06	17 23	17 42	18 07	18 39	19 34	■	■
4	16 46	16 53	17 01	17 09	17 19	17 29	17 41	17 54	18 09	18 26	18 47	19 14	19 53	■
5	17 24	17 29	17 35	17 42	17 48	17 56	18 04	18 14	18 24	18 36	18 49	19 05	19 25	19 49
6	17 55	17 59	18 03	18 07	18 12	18 16	18 22	18 28	18 34	18 41	18 49	18 59	19 09	19 22
7	18 23	18 25	18 27	18 29	18 31	18 33	18 36	18 38	18 41	18 45	18 49	18 53	18 58	19 03
8	18 49	18 49	18 48	18 48	18 48	18 48	18 48	18 48	18 48	18 48	18 47	18 47	18 47	18 47
9	19 14	19 12	19 10	19 08	19 06	19 03	19 00	18 57	18 54	18 50	18 46	18 42	18 36	18 30

MOONSET

Lat.	+40°	+42°	+44°	+46°	+48°	+50°	+52°	+54°	+56°	+58°	+60°	+62°	+64°	+66°
	h m	h m	h m	h m	h m	h m	h m	h m	h m	h m	h m	h m	h m	h m
Aug. 16	13 36	13 44	13 52	14 00	14 10	14 20	14 32	14 46	15 02	15 21	15 44	16 16	17 07	▢
17	14 46	14 54	15 04	15 14	15 25	15 38	15 52	16 09	16 29	16 54	17 28	18 32	▢	▢
18	15 48	15 57	16 07	16 18	16 30	16 43	16 59	17 17	17 39	18 07	18 48	▢	▢	▢
19	16 41	16 50	16 59	17 09	17 21	17 34	17 48	18 05	18 25	18 51	19 25	20 29	▢	▢
20	17 24	17 32	17 40	17 49	17 59	18 10	18 23	18 37	18 54	19 13	19 38	20 11	21 06	▢
21	17 59	18 05	18 12	18 20	18 28	18 37	18 47	18 58	19 10	19 25	19 42	20 03	20 29	21 06
22	18 27	18 32	18 37	18 43	18 49	18 56	19 03	19 12	19 21	19 31	19 43	19 56	20 13	20 33
23	18 51	18 54	18 58	19 02	19 06	19 11	19 16	19 22	19 28	19 34	19 42	19 51	20 01	20 13
24	19 12	19 14	19 16	19 18	19 21	19 23	19 26	19 29	19 33	19 37	19 41	19 46	19 51	19 57
25	19 31	19 32	19 32	19 33	19 34	19 34	19 35	19 36	19 37	19 38	19 39	19 41	19 42	19 44
26	19 50	19 49	19 48	19 47	19 46	19 45	19 44	19 42	19 41	19 39	19 37	19 35	19 33	19 30
27	20 09	20 07	20 05	20 02	19 59	19 56	19 53	19 49	19 45	19 41	19 36	19 30	19 24	19 16
28	20 30	20 27	20 23	20 18	20 14	20 09	20 03	19 57	19 50	19 43	19 34	19 25	19 13	19 00
29	20 55	20 50	20 44	20 38	20 31	20 24	20 16	20 07	19 57	19 46	19 33	19 18	19 00	18 38
30	21 24	21 17	21 10	21 02	20 54	20 44	20 34	20 22	20 08	19 53	19 34	19 11	18 40	17 54
31	22 01	21 53	21 44	21 35	21 24	21 13	20 59	20 44	20 27	20 05	19 38	18 59	■	■
Sept. 1	22 48	22 39	22 29	22 18	22 06	21 53	21 38	21 20	20 59	20 31	19 52	■	■	■
2	23 46	23 37	23 27	23 16	23 04	22 50	22 35	22 16	21 54	21 24	20 41	■	■	■
3	.. ..	.. ..	.. ..	.. ..	.. ..	.. ..	23 51	23 34	23 15	22 51	22 19	21 25	■	■
4	0 55	0 47	0 38	0 28	0 17	0 05	.. ..	.. ..	.. ..	.. ..	.. ..	23 50	23 12	■
5	2 12	2 05	1 58	1 50	1 41	1 31	1 20	1 08	0 54	0 37	0 16	.. ..	.. ..	■
6	3 32	3 27	3 22	3 16	3 10	3 03	2 56	2 47	2 38	2 27	2 14	1 59	1 41	1 18
7	4 52	4 49	4 46	4 43	4 39	4 35	4 31	4 26	4 21	4 15	4 08	4 00	3 51	3 40
8	6 11	6 10	6 09	6 08	6 07	6 06	6 05	6 03	6 02	6 00	5 58	5 56	5 53	5 50
9	7 29	7 31	7 32	7 33	7 34	7 36	7 37	7 39	7 41	7 43	7 46	7 49	7 52	7 56

▢ indicates Moon continuously above horizon.
■ indicates Moon continuously below horizon.
.. .. indicates phenomenon will occur the next day.

MOONRISE AND MOONSET, 2006

UNIVERSAL TIME FOR MERIDIAN OF GREENWICH

MOONRISE

Lat.	−55°	−50°	−45°	−40°	−35°	−30°	−20°	−10°	0°	+10°	+20°	+30°	+35°	+40°
	h m	h m	h m	h m	h m	h m	h m	h m	h m	h m	h m	h m	h m	h m
Sept. 8	18 54	18 53	18 53	18 52	18 52	18 52	18 51	18 51	18 50	18 50	18 50	18 49	18 49	18 49
9	20 31	20 23	20 16	20 10	20 05	20 01	19 54	19 47	19 42	19 36	19 30	19 23	19 19	19 14
10	22 09	21 52	21 39	21 28	21 19	21 11	20 57	20 45	20 34	20 23	20 11	19 58	19 50	19 42
11	23 47	23 21	23 02	22 46	22 32	22 20	22 01	21 44	21 28	21 12	20 55	20 36	20 25	20 13
12	.. ..	.. ..	.. ..	.. ..	23 44	23 29	23 05	22 43	22 24	22 04	21 43	21 19	21 05	20 49
13	1 23	0 47	0 22	0 01	.. ..	.. ..	.. ..	23 44	23 21	22 59	22 36	22 08	21 52	21 33
14	2 48	2 05	1 35	1 11	0 52	0 35	0 07	.. ..	.. ..	23 56	23 31	23 02	22 45	22 25
15	3 54	3 09	2 37	2 13	1 53	1 36	1 07	0 42	0 19	.. ..	.. ..	.. ..	23 44	23 25
16	4 38	3 57	3 27	3 04	2 45	2 29	2 01	1 37	1 15	0 53	0 29	0 01	.. ..	.. ..
17	5 05	4 31	4 06	3 46	3 29	3 14	2 49	2 28	2 08	1 47	1 26	1 00	0 46	0 28
18	5 21	4 55	4 35	4 19	4 05	3 53	3 32	3 14	2 57	2 40	2 21	2 00	1 47	1 33
19	5 32	5 13	4 58	4 46	4 35	4 26	4 09	3 55	3 42	3 29	3 14	2 58	2 48	2 37
20	5 40	5 27	5 17	5 08	5 01	4 55	4 43	4 33	4 24	4 15	4 05	3 53	3 47	3 39
21	5 46	5 39	5 33	5 29	5 25	5 21	5 15	5 09	5 04	4 59	4 53	4 47	4 43	4 39
22	5 51	5 50	5 49	5 48	5 47	5 46	5 45	5 44	5 43	5 42	5 41	5 40	5 39	5 38
23	5 56	6 00	6 04	6 07	6 09	6 11	6 15	6 19	6 22	6 25	6 28	6 33	6 35	6 38
24	6 02	6 12	6 20	6 26	6 32	6 37	6 46	6 54	7 01	7 09	7 17	7 26	7 31	7 37
25	6 09	6 25	6 37	6 48	6 57	7 05	7 19	7 31	7 43	7 54	8 07	8 21	8 29	8 39
26	6 19	6 41	6 59	7 13	7 25	7 36	7 55	8 11	8 27	8 42	8 59	9 18	9 29	9 42
27	6 33	7 02	7 25	7 44	7 59	8 12	8 36	8 56	9 14	9 33	9 54	10 17	10 31	10 48
28	6 55	7 32	8 00	8 21	8 39	8 55	9 22	9 45	10 06	10 28	10 51	11 18	11 34	11 53
29	7 31	8 14	8 45	9 09	9 28	9 45	10 14	10 38	11 01	11 24	11 49	12 18	12 35	12 55
30	8 28	9 12	9 43	10 07	10 26	10 43	11 12	11 36	11 59	12 22	12 46	13 14	13 31	13 51
Oct. 1	9 47	10 25	10 53	11 14	11 32	11 48	12 14	12 36	12 57	13 18	13 40	14 06	14 21	14 39
2	11 19	11 49	12 11	12 29	12 43	12 56	13 18	13 37	13 54	14 12	14 31	14 52	15 04	15 19

MOONSET

Lat.	−55°	−50°	−45°	−40°	−35°	−30°	−20°	−10°	0°	+10°	+20°	+30°	+35°	+40°
	h m	h m	h m	h m	h m	h m	h m	h m	h m	h m	h m	h m	h m	h m
Sept. 8	6 41	6 38	6 36	6 34	6 32	6 31	6 28	6 25	6 23	6 21	6 18	6 15	6 13	6 11
9	6 49	6 53	6 57	6 59	7 02	7 04	7 08	7 11	7 14	7 18	7 21	7 25	7 27	7 29
10	6 57	7 09	7 18	7 26	7 32	7 38	7 49	7 58	8 06	8 15	8 24	8 34	8 40	8 47
11	7 08	7 27	7 42	7 55	8 05	8 15	8 31	8 46	8 59	9 13	9 27	9 44	9 54	10 05
12	7 22	7 50	8 11	8 28	8 43	8 56	9 17	9 36	9 54	10 12	10 31	10 54	11 07	11 22
13	7 44	8 20	8 47	9 08	9 26	9 41	10 08	10 30	10 51	11 12	11 35	12 01	12 17	12 35
14	8 19	9 02	9 33	9 57	10 16	10 33	11 02	11 26	11 49	12 12	12 36	13 05	13 22	13 42
15	9 12	9 57	10 28	10 53	11 13	11 30	11 59	12 23	12 46	13 09	13 33	14 02	14 19	14 38
16	10 23	11 03	11 32	11 55	12 13	12 29	12 56	13 19	13 41	14 02	14 25	14 51	15 07	15 25
17	11 43	12 16	12 40	12 59	13 15	13 29	13 53	14 13	14 32	14 50	15 10	15 33	15 46	16 02
18	13 05	13 30	13 49	14 04	14 17	14 28	14 47	15 04	15 19	15 34	15 50	16 09	16 19	16 32
19	14 25	14 42	14 56	15 07	15 17	15 25	15 39	15 51	16 03	16 14	16 26	16 40	16 47	16 56
20	15 42	15 53	16 01	16 08	16 14	16 19	16 29	16 36	16 44	16 51	16 59	17 07	17 12	17 18
21	16 57	17 01	17 05	17 08	17 10	17 13	17 17	17 20	17 23	17 26	17 29	17 33	17 35	17 37
22	18 11	18 09	18 08	18 07	18 06	18 05	18 04	18 03	18 02	18 01	17 59	17 58	17 57	17 56
23	19 25	19 17	19 11	19 06	19 02	18 58	18 52	18 46	18 41	18 35	18 30	18 23	18 19	18 15
24	20 41	20 27	20 16	20 07	19 59	19 52	19 41	19 30	19 21	19 11	19 01	18 50	18 43	18 36
25	22 00	21 39	21 23	21 09	20 58	20 48	20 32	20 17	20 03	19 50	19 36	19 19	19 10	18 59
26	23 21	22 53	22 31	22 14	21 59	21 46	21 25	21 06	20 49	20 32	20 14	19 53	19 40	19 26
27	.. ..	.. ..	23 40	23 19	23 01	22 46	22 21	21 59	21 39	21 18	20 57	20 32	20 17	20 00
28	0 43	0 07	.. ..	.. ..	.. ..	23 47	23 19	22 55	22 32	22 10	21 46	21 18	21 01	20 42
29	1 59	1 17	0 46	0 23	0 03	.. ..	.. ..	23 52	23 29	23 06	22 41	22 12	21 55	21 35
30	3 01	2 17	1 46	1 22	1 02	0 45	0 16	.. ..	.. ..	.. ..	23 41	23 13	22 57	22 38
Oct. 1	3 44	3 05	2 36	2 14	1 56	1 40	1 12	0 49	0 27	0 05	.. ..	.. ..	.. ..	23 49
2	4 11	3 40	3 17	2 58	2 42	2 28	2 05	1 44	1 25	1 05	0 44	0 20	0 06	.. ..

.. .. indicates phenomenon will occur the next day.

MOONRISE AND MOONSET, 2006

UNIVERSAL TIME FOR MERIDIAN OF GREENWICH

MOONRISE

Lat.	+40°	+42°	+44°	+46°	+48°	+50°	+52°	+54°	+56°	+58°	+60°	+62°	+64°	+66°
	h m	h m	h m	h m	h m	h m	h m	h m	h m	h m	h m	h m	h m	h m
Sept. 8	18 49	18 49	18 48	18 48	18 48	18 48	18 48	18 48	18 48	18 47	18 47	18 47	18 47	18 47
9	19 14	19 12	19 10	19 08	19 06	19 03	19 00	18 57	18 54	18 50	18 46	18 42	18 36	18 30
10	19 42	19 38	19 34	19 29	19 25	19 20	19 14	19 08	19 01	18 54	18 45	18 36	18 25	18 11
11	20 13	20 07	20 01	19 55	19 48	19 40	19 31	19 22	19 12	19 00	18 46	18 30	18 10	17 45
12	20 49	20 42	20 34	20 26	20 16	20 06	19 55	19 42	19 27	19 10	18 49	18 22	17 44	16 22
13	21 33	21 25	21 16	21 05	20 54	20 42	20 28	20 12	19 52	19 29	18 58	18 08	□	□
14	22 25	22 16	22 06	21 56	21 44	21 30	21 15	20 57	20 35	20 06	19 25	□	□	□
15	23 25	23 16	23 06	22 56	22 44	22 31	22 16	21 59	21 38	21 11	20 33	□	□	□
16	..	..	..	23 52	23 41	23 28	23 13	22 56	22 35	22 07	21 28	□	□	□
17	0 28	0 20	0 12	0 03	..	..	..	..	..	..	23 45	23 22	22 51	22 01
18	1 33	1 27	1 20	1 12	1 04	0 55	0 44	0 33	0 19	0 04	..	..	..	..
19	2 37	2 32	2 27	2 21	2 15	2 08	2 00	1 52	1 42	1 32	1 19	1 04	0 46	0 23
20	3 39	3 36	3 32	3 28	3 24	3 19	3 14	3 09	3 02	2 55	2 47	2 38	2 28	2 15
21	4 39	4 37	4 35	4 33	4 31	4 28	4 26	4 23	4 19	4 16	4 12	4 07	4 01	3 55
22	5 38	5 38	5 38	5 37	5 37	5 37	5 36	5 35	5 35	5 34	5 34	5 33	5 32	5 31
23	6 38	6 39	6 40	6 41	6 43	6 44	6 46	6 48	6 50	6 52	6 55	6 58	7 01	7 05
24	7 37	7 40	7 43	7 46	7 49	7 53	7 57	8 02	8 06	8 12	8 18	8 25	8 34	8 43
25	8 39	8 43	8 48	8 53	8 58	9 04	9 10	9 18	9 26	9 35	9 45	9 57	10 12	10 30
26	9 42	9 48	9 55	10 01	10 09	10 17	10 26	10 36	10 48	11 01	11 17	11 37	12 01	12 35
27	10 48	10 55	11 03	11 11	11 21	11 32	11 43	11 57	12 13	12 32	12 55	13 27	14 18	■
28	11 53	12 01	12 10	12 21	12 32	12 45	12 59	13 16	13 36	14 01	14 35	15 41	■	■
29	12 55	13 04	13 14	13 25	13 37	13 51	14 06	14 25	14 48	15 17	16 01	■	■	■
30	13 51	14 00	14 10	14 20	14 32	14 45	15 00	15 18	15 39	16 06	16 44	■	■	■
Oct. 1	14 39	14 47	14 55	15 05	15 15	15 26	15 39	15 54	16 11	16 31	16 57	17 32	18 40	■
2	15 19	15 25	15 32	15 39	15 47	15 56	16 06	16 17	16 29	16 44	17 01	17 21	17 47	18 23

MOONSET

Lat.	+40°	+42°	+44°	+46°	+48°	+50°	+52°	+54°	+56°	+58°	+60°	+62°	+64°	+66°
	h m	h m	h m	h m	h m	h m	h m	h m	h m	h m	h m	h m	h m	h m
Sept. 8	6 11	6 10	6 09	6 08	6 07	6 06	6 05	6 03	6 02	6 00	5 58	5 56	5 53	5 50
9	7 29	7 31	7 32	7 33	7 34	7 36	7 37	7 39	7 41	7 43	7 46	7 49	7 52	7 56
10	8 47	8 50	8 54	8 57	9 01	9 05	9 10	9 15	9 20	9 27	9 34	9 42	9 52	10 03
11	10 05	10 10	10 15	10 21	10 28	10 35	10 42	10 51	11 01	11 12	11 25	11 40	11 58	12 22
12	11 22	11 29	11 36	11 44	11 53	12 03	12 14	12 26	12 40	12 57	13 17	13 43	14 20	15 42
13	12 35	12 43	12 52	13 02	13 13	13 25	13 39	13 55	14 14	14 37	15 08	15 57	□	□
14	13 42	13 51	14 00	14 11	14 23	14 37	14 52	15 10	15 32	16 00	16 41	□	□	□
15	14 38	14 47	14 57	15 08	15 19	15 33	15 48	16 05	16 27	16 54	17 32	□	□	□
16	15 25	15 33	15 42	15 51	16 02	16 13	16 27	16 42	17 00	17 21	17 49	18 28	□	□
17	16 02	16 09	16 16	16 24	16 33	16 42	16 53	17 05	17 19	17 35	17 54	18 18	18 50	19 41
18	16 32	16 37	16 43	16 49	16 56	17 03	17 11	17 21	17 31	17 42	17 56	18 11	18 30	18 54
19	16 56	17 00	17 05	17 09	17 14	17 19	17 25	17 31	17 38	17 46	17 55	18 05	18 17	18 31
20	17 18	17 20	17 23	17 26	17 29	17 32	17 36	17 40	17 44	17 49	17 54	18 00	18 07	18 15
21	17 37	17 39	17 40	17 41	17 42	17 43	17 45	17 46	17 48	17 50	17 52	17 55	17 58	18 01
22	17 56	17 56	17 55	17 55	17 55	17 54	17 53	17 53	17 52	17 51	17 51	17 50	17 49	17 47
23	18 15	18 14	18 12	18 09	18 07	18 05	18 02	17 59	17 56	17 53	17 49	17 44	17 39	17 33
24	18 36	18 33	18 29	18 25	18 21	18 17	18 12	18 07	18 01	17 54	17 47	17 39	17 29	17 18
25	18 59	18 54	18 49	18 44	18 38	18 31	18 24	18 16	18 07	17 57	17 46	17 33	17 17	16 58
26	19 26	19 20	19 13	19 06	18 58	18 49	18 40	18 29	18 17	18 03	17 46	17 26	17 01	16 26
27	20 00	19 52	19 44	19 35	19 25	19 14	19 02	18 48	18 32	18 12	17 48	17 16	16 24	■
28	20 42	20 33	20 24	20 14	20 02	19 49	19 35	19 18	18 57	18 32	17 57	16 51	■	■
29	21 35	21 25	21 16	21 05	20 52	20 39	20 23	20 04	19 42	19 12	18 28	■	■	■
30	22 38	22 29	22 19	22 09	21 57	21 44	21 29	21 12	20 51	20 24	19 47	■	■	■
Oct. 1	23 49	23 41	23 33	23 24	23 14	23 03	22 51	22 37	22 20	22 00	21 35	21 00	19 54	■
2	..	..	..	..	..	..	..	..	23 59	23 46	23 30	23 10	22 45	22 11

□ indicates Moon continuously above horizon.
■ indicates Moon continuously below horizon.
.. .. indicates phenomenon will occur the next day.

MOONRISE AND MOONSET, 2006
UNIVERSAL TIME FOR MERIDIAN OF GREENWICH
MOONRISE

Lat.	−55°	−50°	−45°	−40°	−35°	−30°	−20°	−10°	0°	+10°	+20°	+30°	+35°	+40°
Oct.	h m	h m	h m	h m	h m	h m	h m	h m	h m	h m	h m	h m	h m	h m
1	9 47	10 25	10 53	11 14	11 32	11 48	12 14	12 36	12 57	13 18	13 40	14 06	14 21	14 39
2	11 19	11 49	12 11	12 29	12 43	12 56	13 18	13 37	13 54	14 12	14 31	14 52	15 04	15 19
3	12 57	13 17	13 33	13 46	13 57	14 06	14 22	14 37	14 50	15 03	15 17	15 32	15 41	15 52
4	14 36	14 47	14 56	15 04	15 11	15 16	15 26	15 35	15 43	15 51	15 59	16 09	16 14	16 21
5	16 13	16 17	16 20	16 22	16 24	16 26	16 29	16 32	16 34	16 37	16 40	16 43	16 45	16 47
6	17 51	17 46	17 43	17 40	17 38	17 36	17 32	17 29	17 26	17 23	17 20	17 16	17 14	17 12
7	19 30	19 17	19 07	18 59	18 52	18 46	18 36	18 26	18 18	18 10	18 01	17 51	17 45	17 39
8	21 10	20 49	20 32	20 19	20 07	19 58	19 41	19 26	19 12	18 59	18 45	18 28	18 19	18 08
9	22 51	22 20	21 57	21 38	21 23	21 09	20 47	20 27	20 09	19 51	19 32	19 11	18 58	18 43
10	.. ..	23 45	23 16	22 54	22 35	22 19	21 53	21 30	21 08	20 47	20 25	19 58	19 43	19 25
11	0 25	.. ..	.. ..	.. ..	23 42	23 25	22 56	22 31	22 08	21 45	21 21	20 52	20 36	20 16
12	1 42	0 58	0 26	0 02	.. ..	.. ..	23 54	23 29	23 07	22 44	22 20	21 51	21 34	21 14
13	2 36	1 53	1 23	0 59	0 39	0 22	.. ..	.. ..	.. ..	23 41	23 18	22 52	22 36	22 18
14	3 09	2 32	2 06	1 44	1 27	1 11	0 45	0 23	0 02	.. ..	.. ..	23 53	23 39	23 24
15	3 28	3 00	2 38	2 20	2 06	1 53	1 30	1 11	0 53	0 35	0 15	.. ..	.. ..	.. ..
16	3 41	3 20	3 03	2 49	2 38	2 28	2 10	1 54	1 40	1 25	1 09	0 51	0 41	0 29
17	3 50	3 35	3 23	3 14	3 05	2 58	2 45	2 34	2 23	2 12	2 01	1 48	1 40	1 31
18	3 56	3 48	3 41	3 35	3 30	3 25	3 17	3 10	3 04	2 57	2 50	2 42	2 37	2 32
19	4 02	3 59	3 56	3 54	3 52	3 50	3 48	3 45	3 43	3 40	3 38	3 35	3 33	3 31
20	4 07	4 09	4 11	4 13	4 14	4 15	4 18	4 20	4 21	4 23	4 25	4 27	4 29	4 30
21	4 13	4 20	4 27	4 32	4 37	4 41	4 48	4 55	5 01	5 07	5 13	5 21	5 25	5 30
22	4 19	4 33	4 44	4 53	5 01	5 08	5 21	5 31	5 41	5 52	6 03	6 15	6 23	6 31
23	4 28	4 48	5 04	5 18	5 29	5 39	5 56	6 11	6 25	6 39	6 55	7 12	7 23	7 34
24	4 41	5 08	5 29	5 46	6 01	6 13	6 35	6 54	7 12	7 30	7 49	8 11	8 24	8 40
25	5 00	5 35	6 01	6 22	6 39	6 54	7 20	7 42	8 02	8 23	8 46	9 12	9 27	9 45

MOONSET

Lat.	−55°	−50°	−45°	−40°	−35°	−30°	−20°	−10°	0°	+10°	+20°	+30°	+35°	+40°
Oct.	h m	h m	h m	h m	h m	h m	h m	h m	h m	h m	h m	h m	h m	h m
1	3 44	3 05	2 36	2 14	1 56	1 40	1 12	0 49	0 27	0 05	.. ..	.. ..	.. ..	23 49
2	4 11	3 40	3 17	2 58	2 42	2 28	2 05	1 44	1 25	1 05	0 44	0 20	0 06	.. ..
3	4 28	4 06	3 48	3 34	3 22	3 11	2 53	2 36	2 21	2 05	1 49	1 30	1 18	1 05
4	4 40	4 26	4 14	4 05	3 57	3 49	3 37	3 26	3 15	3 04	2 53	2 40	2 32	2 23
5	4 49	4 42	4 37	4 32	4 28	4 24	4 18	4 12	4 07	4 02	3 56	3 49	3 45	3 41
6	4 57	4 57	4 57	4 57	4 58	4 58	4 58	4 58	4 58	4 59	4 59	4 59	4 59	4 59
7	5 05	5 12	5 18	5 23	5 28	5 32	5 38	5 44	5 50	5 56	6 02	6 09	6 13	6 17
8	5 14	5 29	5 41	5 51	6 00	6 07	6 21	6 32	6 43	6 54	7 06	7 20	7 28	7 37
9	5 26	5 50	6 08	6 23	6 36	6 47	7 06	7 23	7 39	7 55	8 12	8 32	8 43	8 57
10	5 45	6 17	6 42	7 01	7 18	7 32	7 56	8 18	8 37	8 57	9 18	9 43	9 58	10 15
11	6 15	6 55	7 25	7 48	8 07	8 23	8 51	9 15	9 37	9 59	10 23	10 51	11 08	11 27
12	7 02	7 47	8 18	8 43	9 03	9 20	9 49	10 14	10 37	11 00	11 24	11 53	12 10	12 30
13	8 08	8 51	9 21	9 44	10 04	10 20	10 48	11 12	11 34	11 56	12 19	12 47	13 03	13 21
14	9 28	10 03	10 29	10 50	11 07	11 21	11 46	12 07	12 27	12 47	13 08	13 32	13 46	14 02
15	10 51	11 18	11 39	11 55	12 09	12 21	12 42	12 59	13 16	13 32	13 50	14 10	14 21	14 35
16	12 12	12 31	12 47	12 59	13 10	13 19	13 35	13 48	14 01	14 14	14 27	14 42	14 51	15 01
17	13 30	13 42	13 53	14 01	14 08	14 14	14 25	14 34	14 43	14 51	15 01	15 11	15 17	15 23
18	14 45	14 51	14 57	15 01	15 04	15 08	15 13	15 18	15 23	15 27	15 32	15 37	15 40	15 44
19	15 59	15 59	16 00	16 00	16 00	16 00	16 01	16 01	16 01	16 02	16 02	16 02	16 02	16 02
20	17 13	17 07	17 03	16 59	16 56	16 53	16 48	16 44	16 40	16 36	16 32	16 27	16 25	16 21
21	18 28	18 16	18 07	17 59	17 53	17 47	17 37	17 28	17 20	17 12	17 03	16 53	16 48	16 42
22	19 46	19 28	19 13	19 01	18 51	18 43	18 27	18 14	18 02	17 50	17 37	17 22	17 14	17 04
23	21 08	20 42	20 22	20 06	19 52	19 40	19 20	19 03	18 47	18 31	18 14	17 54	17 43	17 30
24	22 30	21 56	21 31	21 11	20 55	20 40	20 16	19 55	19 36	19 16	18 56	18 32	18 18	18 02
25	23 49	23 08	22 39	22 16	21 57	21 41	21 13	20 50	20 28	20 06	19 43	19 16	19 00	18 41

.. .. indicates phenomenon will occur the next day.

MOONRISE AND MOONSET, 2006

UNIVERSAL TIME FOR MERIDIAN OF GREENWICH

MOONRISE

Lat.	+40°	+42°	+44°	+46°	+48°	+50°	+52°	+54°	+56°	+58°	+60°	+62°	+64°	+66°
	h m	h m	h m	h m	h m	h m	h m	h m	h m	h m	h m	h m	h m	h m
Oct. 1	14 39	14 47	14 55	15 05	15 15	15 26	15 39	15 54	16 11	16 31	16 57	17 32	18 40	■
2	15 19	15 25	15 32	15 39	15 47	15 56	16 06	16 17	16 29	16 44	17 01	17 21	17 47	18 23
3	15 52	15 56	16 01	16 07	16 12	16 19	16 25	16 33	16 41	16 51	17 01	17 14	17 28	17 46
4	16 21	16 23	16 26	16 29	16 33	16 36	16 40	16 45	16 49	16 55	17 01	17 07	17 15	17 24
5	16 47	16 48	16 49	16 50	16 51	16 52	16 53	16 55	16 56	16 58	17 00	17 02	17 04	17 07
6	17 12	17 11	17 10	17 09	17 08	17 07	17 05	17 04	17 02	17 01	16 59	16 56	16 54	16 51
7	17 39	17 36	17 33	17 30	17 26	17 23	17 19	17 14	17 09	17 04	16 58	16 51	16 43	16 34
8	18 08	18 04	17 59	17 53	17 48	17 41	17 34	17 27	17 18	17 09	16 58	16 45	16 30	16 12
9	18 43	18 37	18 30	18 22	18 14	18 05	17 55	17 44	17 31	17 17	16 59	16 38	16 12	15 34
10	19 25	19 17	19 09	18 59	18 49	18 37	18 24	18 10	17 52	17 31	17 05	16 29	15 13	□
11	20 16	20 07	19 57	19 47	19 35	19 22	19 07	18 49	18 28	18 01	17 24	□	□	□
12	21 14	21 06	20 56	20 45	20 33	20 20	20 04	19 46	19 25	18 57	18 16	□	□	□
13	22 18	22 10	22 01	21 51	21 41	21 28	21 15	20 59	20 40	20 17	19 46	18 58	□	□
14	23 24	23 17	23 09	23 01	22 52	22 42	22 31	22 19	22 04	21 47	21 26	20 59	20 19	□
15	.. ..	.. ..	.. ..	.. ..	.. ..	23 56	23 48	23 39	23 28	23 16	23 02	22 44	22 23	21 55
16	0 29	0 23	0 17	0 11	0 04	.. ..	.. ..	.. ..	.. ..	.. ..	.. ..	.. ..	.. ..	23 53
17	1 31	1 27	1 23	1 19	1 14	1 09	1 03	0 56	0 49	0 41	0 32	0 21	0 08	.. ..
18	2 32	2 30	2 27	2 24	2 21	2 18	2 15	2 11	2 07	2 02	1 57	1 51	1 44	1 35
19	3 31	3 30	3 30	3 29	3 28	3 26	3 25	3 24	3 22	3 21	3 19	3 17	3 15	3 12
20	4 30	4 31	4 32	4 32	4 33	4 34	4 35	4 36	4 37	4 39	4 40	4 42	4 44	4 46
21	5 30	5 32	5 35	5 37	5 40	5 43	5 46	5 50	5 53	5 58	6 03	6 09	6 15	6 23
22	6 31	6 35	6 39	6 43	6 48	6 53	6 59	7 05	7 12	7 20	7 29	7 39	7 51	8 06
23	7 34	7 40	7 46	7 52	7 59	8 06	8 14	8 23	8 34	8 46	9 00	9 16	9 37	10 03
24	8 40	8 46	8 54	9 02	9 11	9 21	9 32	9 44	9 58	10 15	10 36	11 02	11 40	■
25	9 45	9 53	10 02	10 12	10 23	10 35	10 48	11 04	11 23	11 45	12 16	13 03	■	■

MOONSET

Lat.	+40°	+42°	+44°	+46°	+48°	+50°	+52°	+54°	+56°	+58°	+60°	+62°	+64°	+66°
	h m	h m	h m	h m	h m	h m	h m	h m	h m	h m	h m	h m	h m	h m
Oct. 1	23 49	23 41	23 33	23 24	23 14	23 03	22 51	22 37	22 20	22 00	21 35	21 00	19 54	■
2	.. ..	.. ..	.. ..	.. ..	.. ..	.. ..	.. ..	.. ..	23 59	23 46	23 30	23 10	22 45	22 11
3	1 05	0 59	0 53	0 46	0 39	0 30	0 21	0 11	.. ..	.. ..	.. ..	.. ..	.. ..	.. ..
4	2 23	2 19	2 15	2 10	2 05	2 00	1 54	1 47	1 40	1 32	1 22	1 11	0 58	0 42
5	3 41	3 39	3 37	3 35	3 32	3 30	3 27	3 24	3 20	3 16	3 12	3 06	3 01	2 54
6	4 59	4 59	4 59	4 59	4 59	4 59	4 59	4 59	4 59	4 59	4 59	4 59	4 59	5 00
7	6 17	6 20	6 22	6 24	6 27	6 29	6 32	6 36	6 39	6 43	6 48	6 53	6 59	7 06
8	7 37	7 41	7 45	7 50	7 55	8 01	8 07	8 13	8 21	8 29	8 39	8 51	9 04	9 21
9	8 57	9 03	9 09	9 16	9 24	9 32	9 42	9 52	10 04	10 18	10 34	10 54	11 20	11 56
10	10 15	10 22	10 31	10 40	10 50	11 01	11 14	11 28	11 45	12 05	12 31	13 07	14 22	□
11	11 27	11 36	11 45	11 56	12 08	12 21	12 36	12 53	13 14	13 40	14 18	□	□	□
12	12 30	12 39	12 49	13 00	13 12	13 25	13 40	13 59	14 20	14 48	15 29	□	□	□
13	13 21	13 30	13 39	13 49	14 00	14 12	14 26	14 43	15 02	15 25	15 56	16 45	□	□
14	14 02	14 09	14 17	14 26	14 35	14 46	14 57	15 10	15 25	15 43	16 05	16 33	17 12	□
15	14 35	14 40	14 47	14 54	15 01	15 09	15 18	15 28	15 39	15 52	16 07	16 25	16 47	17 16
16	15 01	15 05	15 10	15 15	15 21	15 27	15 33	15 40	15 48	15 57	16 08	16 19	16 33	16 50
17	15 23	15 26	15 30	15 33	15 36	15 40	15 45	15 49	15 54	16 00	16 07	16 14	16 22	16 32
18	15 44	15 45	15 47	15 48	15 50	15 52	15 54	15 57	15 59	16 02	16 05	16 09	16 13	16 18
19	16 02	16 03	16 03	16 03	16 03	16 03	16 03	16 03	16 03	16 03	16 04	16 04	16 04	16 04
20	16 21	16 20	16 19	16 17	16 15	16 14	16 12	16 10	16 07	16 05	16 02	15 59	15 55	15 51
21	16 42	16 39	16 36	16 33	16 29	16 25	16 21	16 17	16 12	16 06	16 00	15 53	15 45	15 36
22	17 04	17 00	16 55	16 50	16 45	16 39	16 33	16 26	16 18	16 09	15 59	15 48	15 34	15 18
23	17 30	17 24	17 18	17 11	17 04	16 56	16 47	16 37	16 26	16 14	15 59	15 42	15 20	14 53
24	18 02	17 55	17 47	17 38	17 29	17 19	17 08	16 55	16 40	16 22	16 01	15 34	14 55	■
25	18 41	18 33	18 24	18 14	18 03	17 51	17 37	17 21	17 02	16 38	16 08	15 20	■	■

□ indicates Moon continuously above horizon.
■ indicates Moon continuously below horizon.
.. .. indicates phenomenon will occur the next day.

MOONRISE AND MOONSET, 2006

UNIVERSAL TIME FOR MERIDIAN OF GREENWICH

MOONRISE

Lat.	−55°	−50°	−45°	−40°	−35°	−30°	−20°	−10°	0°	+10°	+20°	+30°	+35°	+40°
	h m	h m	h m	h m	h m	h m	h m	h m	h m	h m	h m	h m	h m	h m
Oct. 24	4 41	5 08	5 29	5 46	6 01	6 13	6 35	6 54	7 12	7 30	7 49	8 11	8 24	8 40
25	5 00	5 35	6 01	6 22	6 39	6 54	7 20	7 42	8 02	8 23	8 46	9 12	9 27	9 45
26	5 32	6 13	6 43	7 06	7 25	7 42	8 10	8 34	8 57	9 19	9 43	10 12	10 29	10 48
27	6 22	7 05	7 36	8 00	8 20	8 37	9 06	9 30	9 53	10 16	10 40	11 09	11 26	11 46
28	7 32	8 12	8 41	9 04	9 22	9 38	10 05	10 29	10 50	11 12	11 35	12 01	12 17	12 35
29	8 59	9 31	9 55	10 14	10 30	10 44	11 07	11 27	11 46	12 05	12 25	12 48	13 01	13 17
30	10 32	10 55	11 13	11 28	11 40	11 51	12 09	12 25	12 40	12 55	13 11	13 29	13 39	13 51
31	12 06	12 21	12 33	12 43	12 51	12 58	13 11	13 22	13 32	13 42	13 53	14 05	14 12	14 20
Nov. 1	13 40	13 47	13 53	13 57	14 02	14 05	14 11	14 17	14 22	14 27	14 32	14 39	14 42	14 46
2	15 14	15 13	15 13	15 13	15 13	15 12	15 12	15 12	15 12	15 11	15 11	15 11	15 11	15 11
3	16 49	16 41	16 35	16 29	16 25	16 21	16 14	16 08	16 02	15 57	15 51	15 44	15 40	15 36
4	18 28	18 12	17 59	17 48	17 39	17 31	17 17	17 06	16 55	16 44	16 33	16 20	16 12	16 04
5	20 09	19 43	19 24	19 08	18 55	18 43	18 23	18 06	17 51	17 35	17 18	16 59	16 48	16 36
6	21 49	21 14	20 48	20 27	20 10	19 55	19 31	19 09	18 50	18 30	18 09	17 45	17 31	17 15
7	23 18	22 35	22 05	21 41	21 22	21 05	20 37	20 13	19 51	19 29	19 05	18 37	18 21	18 02
8	.. ..	23 40	23 09	22 45	22 25	22 08	21 39	21 15	20 52	20 29	20 04	19 36	19 19	18 59
9	0 24	.. ..	.. ..	23 37	23 19	23 03	22 36	22 12	21 50	21 29	21 05	20 38	20 22	20 03
10	1 07	0 28	0 00	.. ..	.. ..	23 48	23 25	23 04	22 45	22 25	22 05	21 41	21 26	21 10
11	1 32	1 01	0 37	0 18	0 02	.. ..	.. ..	23 50	23 34	23 18	23 01	22 41	22 30	22 16
12	1 48	1 24	1 05	0 50	0 38	0 26	0 07	.. ..	.. ..	.. ..	23 54	23 39	23 31	23 21
13	1 58	1 41	1 28	1 17	1 07	0 59	0 44	0 31	0 19	0 07	.. ..	.. ..	.. ..	.. ..
14	2 05	1 55	1 46	1 39	1 33	1 27	1 18	1 09	1 01	0 53	0 45	0 35	0 29	0 23
15	2 11	2 06	2 02	1 59	1 56	1 53	1 49	1 45	1 41	1 37	1 33	1 28	1 26	1 23
16	2 17	2 17	2 18	2 18	2 18	2 18	2 19	2 19	2 20	2 20	2 20	2 21	2 21	2 21
17	2 22	2 28	2 33	2 37	2 41	2 44	2 49	2 54	2 58	3 03	3 08	3 14	3 17	3 21

MOONSET

Lat.	−55°	−50°	−45°	−40°	−35°	−30°	−20°	−10°	0°	+10°	+20°	+30°	+35°	+40°
	h m	h m	h m	h m	h m	h m	h m	h m	h m	h m	h m	h m	h m	h m
Oct. 24	22 30	21 56	21 31	21 11	20 55	20 40	20 16	19 55	19 36	19 16	18 56	18 32	18 18	18 02
25	23 49	23 08	22 39	22 16	21 57	21 41	21 13	20 50	20 28	20 06	19 43	19 16	19 00	18 41
26	.. ..	.. ..	23 40	23 16	22 56	22 40	22 11	21 46	21 23	21 01	20 36	20 07	19 50	19 30
27	0 55	0 11	.. ..	.. ..	23 51	23 34	23 07	22 43	22 20	21 58	21 34	21 06	20 49	20 29
28	1 43	1 02	0 33	0 10	.. ..	.. ..	23 59	23 37	23 17	22 57	22 35	22 09	21 54	21 36
29	2 14	1 40	1 15	0 55	0 38	0 24	.. ..	.. ..	.. ..	23 55	23 37	23 16	23 03	22 49
30	2 33	2 08	1 49	1 33	1 19	1 07	0 47	0 29	0 12	.. ..	.. ..	.. ..	.. ..	.. ..
31	2 47	2 29	2 16	2 04	1 54	1 46	1 31	1 17	1 05	0 52	0 39	0 23	0 14	0 03
Nov. 1	2 56	2 46	2 38	2 32	2 26	2 20	2 11	2 03	1 56	1 48	1 40	1 30	1 25	1 18
2	3 04	3 01	2 59	2 57	2 55	2 53	2 50	2 48	2 45	2 43	2 40	2 37	2 35	2 33
3	3 12	3 16	3 19	3 22	3 24	3 26	3 29	3 32	3 35	3 38	3 41	3 45	3 47	3 49
4	3 20	3 31	3 40	3 48	3 54	4 00	4 10	4 18	4 27	4 35	4 44	4 54	5 00	5 06
5	3 31	3 50	4 05	4 17	4 28	4 37	4 53	5 07	5 21	5 34	5 48	6 05	6 15	6 26
6	3 47	4 14	4 35	4 52	5 07	5 20	5 41	6 00	6 18	6 36	6 55	7 18	7 31	7 46
7	4 11	4 47	5 14	5 35	5 53	6 09	6 35	6 57	7 19	7 40	8 03	8 29	8 45	9 03
8	4 50	5 33	6 04	6 28	6 47	7 04	7 33	7 57	8 20	8 43	9 07	9 36	9 53	10 13
9	5 50	6 34	7 04	7 28	7 48	8 05	8 33	8 58	9 20	9 43	10 07	10 35	10 52	11 11
10	7 07	7 45	8 13	8 35	8 53	9 08	9 34	9 56	10 17	10 38	11 00	11 25	11 40	11 57
11	8 31	9 01	9 24	9 42	9 57	10 10	10 32	10 51	11 09	11 27	11 45	12 07	12 19	12 34
12	9 55	10 17	10 34	10 48	11 00	11 10	11 27	11 42	11 56	12 10	12 25	12 42	12 52	13 03
13	11 15	11 30	11 41	11 51	11 59	12 07	12 19	12 30	12 40	12 50	13 00	13 12	13 19	13 27
14	12 31	12 39	12 46	12 52	12 57	13 01	13 08	13 15	13 20	13 26	13 32	13 39	13 44	13 48
15	13 45	13 47	13 49	13 51	13 53	13 54	13 56	13 58	13 59	14 01	14 03	14 05	14 06	14 07
16	14 58	14 55	14 52	14 50	14 48	14 46	14 43	14 41	14 38	14 36	14 33	14 30	14 28	14 26
17	16 13	16 04	15 56	15 50	15 44	15 40	15 31	15 24	15 18	15 11	15 04	14 56	14 51	14 46

.. .. indicates phenomenon will occur the next day.

UNIVERSAL TIME FOR MERIDIAN OF GREENWICH

MOONRISE

Lat.	+40°	+42°	+44°	+46°	+48°	+50°	+52°	+54°	+56°	+58°	+60°	+62°	+64°	+66°
	h m	h m	h m	h m	h m	h m	h m	h m	h m	h m	h m	h m	h m	h m
Oct. 24	8 40	8 46	8 54	9 02	9 11	9 21	9 32	9 44	9 58	10 15	10 36	11 02	11 40	■
25	9 45	9 53	10 02	10 12	10 23	10 35	10 48	11 04	11 23	11 45	12 16	13 03	■	■
26	10 48	10 57	11 07	11 18	11 30	11 43	11 58	12 16	12 38	13 06	13 47	■	■	■
27	11 46	11 55	12 05	12 15	12 27	12 41	12 56	13 14	13 36	14 04	14 44	■	■	■
28	12 35	12 44	12 53	13 02	13 13	13 25	13 39	13 54	14 13	14 35	15 04	15 47	■	■
29	13 17	13 24	13 31	13 39	13 48	13 58	14 08	14 21	14 35	14 51	15 10	15 35	16 07	17 00
30	13 51	13 56	14 02	14 08	14 14	14 22	14 30	14 38	14 48	14 59	15 12	15 27	15 45	16 07
31	14 20	14 23	14 27	14 31	14 36	14 40	14 45	14 51	14 57	15 04	15 12	15 21	15 31	15 43
Nov. 1	14 46	14 48	14 50	14 52	14 54	14 56	14 59	15 01	15 04	15 08	15 11	15 16	15 20	15 26
2	15 11	15 11	15 11	15 11	15 11	15 11	15 11	15 11	15 11	15 11	15 10	15 10	15 10	15 10
3	15 36	15 34	15 32	15 30	15 28	15 26	15 23	15 20	15 17	15 13	15 10	15 05	15 00	14 54
4	16 04	16 00	15 56	15 52	15 47	15 43	15 37	15 31	15 25	15 17	15 09	15 00	14 49	14 36
5	16 36	16 30	16 25	16 18	16 11	16 04	15 55	15 46	15 36	15 24	15 10	14 54	14 35	14 11
6	17 15	17 08	17 00	16 51	16 42	16 32	16 20	16 08	15 53	15 35	15 14	14 48	14 11	12 53
7	18 02	17 54	17 45	17 35	17 23	17 11	16 57	16 41	16 21	15 58	15 26	14 37	□	□
8	18 59	18 50	18 40	18 30	18 18	18 04	17 49	17 31	17 09	16 42	16 02	□	□	□
9	20 03	19 54	19 45	19 35	19 23	19 11	18 56	18 39	18 19	17 54	17 20	16 15	□	□
10	21 10	21 02	20 54	20 45	20 36	20 25	20 13	19 59	19 43	19 24	19 00	18 27	17 31	□
11	22 16	22 10	22 04	21 57	21 49	21 41	21 32	21 21	21 09	20 55	20 39	20 19	19 53	19 17
12	23 21	23 16	23 12	23 07	23 01	22 55	22 48	22 41	22 33	22 23	22 12	22 00	21 44	21 26
13	.. ..	.. ..	.. ..	.. ..	.. ..	.. ..	.. ..	23 57	23 52	23 46	23 40	23 32	23 23	23 13
14	0 23	0 20	0 17	0 13	0 10	0 06	0 02	.. ..	.. ..	.. ..	.. ..	.. ..	.. ..	.. ..
15	1 23	1 21	1 20	1 18	1 17	1 15	1 13	1 11	1 08	1 06	1 03	0 59	0 55	0 51
16	2 21	2 22	2 22	2 22	2 22	2 22	2 23	2 23	2 23	2 23	2 24	2 24	2 25	2 25
17	3 21	3 22	3 24	3 26	3 28	3 30	3 33	3 35	3 38	3 42	3 45	3 50	3 55	4 00

MOONSET

Lat.	+40°	+42°	+44°	+46°	+48°	+50°	+52°	+54°	+56°	+58°	+60°	+62°	+64°	+66°
	h m	h m	h m	h m	h m	h m	h m	h m	h m	h m	h m	h m	h m	h m
Oct. 24	18 02	17 55	17 47	17 38	17 29	17 19	17 08	16 55	16 40	16 22	16 01	15 34	14 55	■
25	18 41	18 33	18 24	18 14	18 03	17 51	17 37	17 21	17 02	16 38	16 08	15 20	■	■
26	19 30	19 21	19 11	19 01	18 49	18 35	18 20	18 02	17 40	17 11	16 30	■	■	■
27	20 29	20 20	20 11	20 00	19 48	19 35	19 20	19 02	18 40	18 12	17 32	■	■	■
28	21 36	21 28	21 20	21 10	21 00	20 48	20 35	20 20	20 02	19 40	19 11	18 29	■	■
29	22 49	22 42	22 35	22 28	22 19	22 10	22 00	21 48	21 35	21 19	21 01	20 37	20 05	19 14
30	.. ..	23 59	23 54	23 48	23 42	23 36	23 29	23 21	23 12	23 01	22 49	22 36	22 19	21 58
31	0 03	.. ..	.. ..	.. ..	.. ..	.. ..	.. ..	.. ..	.. ..	.. ..	.. ..	.. ..	.. ..	.. ..
Nov. 1	1 18	1 15	1 12	1 09	1 06	1 02	0 58	0 53	0 48	0 42	0 35	0 28	0 19	0 09
2	2 33	2 32	2 31	2 30	2 29	2 28	2 27	2 25	2 23	2 22	2 20	2 17	2 14	2 11
3	3 49	3 50	3 51	3 52	3 54	3 55	3 56	3 58	4 00	4 02	4 04	4 07	4 09	4 13
4	5 06	5 09	5 13	5 16	5 20	5 24	5 28	5 33	5 38	5 45	5 51	5 59	6 09	6 20
5	6 26	6 31	6 36	6 42	6 48	6 55	7 02	7 11	7 20	7 31	7 44	7 59	8 17	8 40
6	7 46	7 53	8 00	8 08	8 17	8 26	8 37	8 50	9 04	9 21	9 41	10 07	10 43	12 00
7	9 03	9 11	9 20	9 30	9 41	9 53	10 07	10 23	10 42	11 05	11 36	12 25	□	□
8	10 13	10 21	10 31	10 42	10 54	11 07	11 23	11 40	12 02	12 30	13 09	□	□	□
9	11 11	11 20	11 29	11 39	11 51	12 04	12 18	12 35	12 56	13 21	13 56	15 01	□	□
10	11 57	12 05	12 13	12 23	12 33	12 44	12 56	13 11	13 27	13 47	14 12	14 45	15 41	□
11	12 34	12 40	12 47	12 55	13 03	13 12	13 21	13 33	13 45	14 00	14 17	14 37	15 04	15 41
12	13 03	13 08	13 13	13 19	13 25	13 32	13 39	13 47	13 56	14 06	14 18	14 32	14 48	15 08
13	13 27	13 30	13 34	13 38	13 42	13 47	13 52	13 57	14 03	14 10	14 18	14 27	14 37	14 49
14	13 48	13 50	13 52	13 54	13 57	13 59	14 02	14 05	14 09	14 13	14 17	14 22	14 27	14 33
15	14 07	14 08	14 09	14 09	14 10	14 11	14 11	14 12	14 13	14 14	14 16	14 17	14 18	14 20
16	14 26	14 26	14 25	14 24	14 23	14 21	14 20	14 19	14 17	14 16	14 14	14 12	14 10	14 07
17	14 46	14 44	14 41	14 39	14 36	14 33	14 30	14 26	14 22	14 18	14 13	14 07	14 01	13 53

□ indicates Moon continuously above horizon.
■ indicates Moon continuously below horizon.
.. .. indicates phenomenon will occur the next day.

MOONRISE AND MOONSET, 2006

UNIVERSAL TIME FOR MERIDIAN OF GREENWICH

MOONRISE

Lat.	−55°	−50°	−45°	−40°	−35°	−30°	−20°	−10°	0°	+10°	+20°	+30°	+35°	+40°
	h m	h m	h m	h m	h m	h m	h m	h m	h m	h m	h m	h m	h m	h m
Nov. 16	2 17	2 17	2 18	2 18	2 18	2 18	2 19	2 19	2 20	2 20	2 20	2 21	2 21	2 21
17	2 22	2 28	2 33	2 37	2 41	2 44	2 49	2 54	2 58	3 03	3 08	3 14	3 17	3 21
18	2 29	2 40	2 50	2 58	3 04	3 10	3 21	3 30	3 39	3 48	3 57	4 08	4 14	4 21
19	2 37	2 55	3 09	3 21	3 31	3 40	3 55	4 09	4 21	4 34	4 48	5 04	5 13	5 24
20	2 48	3 13	3 32	3 48	4 02	4 13	4 33	4 51	5 08	5 24	5 42	6 03	6 15	6 29
21	3 06	3 38	4 02	4 22	4 38	4 52	5 17	5 38	5 58	6 17	6 39	7 04	7 18	7 35
22	3 34	4 13	4 41	5 04	5 23	5 39	6 06	6 29	6 51	7 13	7 37	8 05	8 21	8 40
23	4 18	5 01	5 32	5 56	6 15	6 32	7 01	7 25	7 48	8 11	8 35	9 04	9 21	9 41
24	5 24	6 05	6 34	6 57	7 16	7 33	8 00	8 24	8 46	9 07	9 31	9 58	10 14	10 33
25	6 46	7 21	7 46	8 06	8 23	8 37	9 01	9 22	9 42	10 02	10 22	10 46	11 00	11 17
26	8 17	8 43	9 02	9 18	9 32	9 43	10 03	10 20	10 36	10 52	11 09	11 28	11 40	11 52
27	9 49	10 07	10 20	10 31	10 41	10 49	11 04	11 16	11 28	11 39	11 51	12 05	12 13	12 22
28	11 21	11 30	11 38	11 44	11 50	11 54	12 03	12 10	12 17	12 23	12 30	12 39	12 43	12 48
29	12 51	12 53	12 55	12 57	12 58	12 59	13 01	13 03	13 05	13 06	13 08	13 10	13 11	13 13
30	14 22	14 17	14 13	14 10	14 07	14 04	14 00	13 56	13 53	13 49	13 46	13 42	13 39	13 37
Dec. 1	15 56	15 43	15 33	15 24	15 17	15 11	15 00	14 51	14 42	14 34	14 25	14 15	14 09	14 02
2	17 33	17 11	16 55	16 41	16 30	16 20	16 03	15 49	15 35	15 22	15 08	14 51	14 42	14 31
3	19 11	18 41	18 18	18 00	17 44	17 31	17 09	16 49	16 31	16 14	15 55	15 33	15 21	15 06
4	20 46	20 07	19 38	19 16	18 58	18 42	18 15	17 52	17 31	17 10	16 48	16 22	16 07	15 49
5	22 04	21 20	20 49	20 25	20 06	19 49	19 20	18 56	18 33	18 10	17 46	17 18	17 01	16 42
6	22 59	22 17	21 47	21 24	21 05	20 48	20 20	19 56	19 34	19 11	18 47	18 19	18 03	17 43
7	23 32	22 57	22 31	22 11	21 54	21 39	21 14	20 52	20 31	20 11	19 49	19 23	19 08	18 50
8	23 51	23 25	23 04	22 48	22 33	22 21	22 00	21 41	21 24	21 07	20 48	20 27	20 14	19 59
9	.. ..	23 45	23 29	23 17	23 06	22 56	22 40	22 26	22 12	21 58	21 44	21 27	21 17	21 06
10	0 04	.. ..	23 50	23 41	23 33	23 27	23 15	23 05	22 56	22 46	22 36	22 25	22 18	22 10

MOONSET

Lat.	−55°	−50°	−45°	−40°	−35°	−30°	−20°	−10°	0°	+10°	+20°	+30°	+35°	+40°
	h m	h m	h m	h m	h m	h m	h m	h m	h m	h m	h m	h m	h m	h m
Nov. 16	14 58	14 55	14 52	14 50	14 48	14 46	14 43	14 41	14 38	14 36	14 33	14 30	14 28	14 26
17	16 13	16 04	15 56	15 50	15 44	15 40	15 31	15 24	15 18	15 11	15 04	14 56	14 51	14 46
18	17 30	17 14	17 02	16 51	16 42	16 35	16 21	16 10	15 59	15 48	15 37	15 24	15 16	15 08
19	18 51	18 28	18 10	17 55	17 43	17 32	17 14	16 58	16 43	16 28	16 13	15 55	15 45	15 33
20	20 14	19 43	19 19	19 01	18 45	18 32	18 09	17 49	17 31	17 13	16 53	16 31	16 18	16 03
21	21 35	20 57	20 29	20 07	19 49	19 33	19 07	18 44	18 23	18 02	17 39	17 13	16 58	16 40
22	22 47	22 04	21 33	21 10	20 50	20 33	20 05	19 41	19 18	18·56	18 31	18 03	17 46	17 27
23	23 41	22 59	22 30	22 06	21 47	21 30	21 02	20 38	20 16	19 53	19 29	19 00	18 43	18 24
24	.. ..	23 41	23 15	22 54	22 37	22 22	21 56	21 34	21 13	20 52	20 29	20 03	19 47	19 29
25	0 16	.. ..	23 51	23 34	23 19	23 07	22 45	22 26	22 08	21 50	21 31	21 09	20 55	20 40
26	0 39	0 12	.. ..	.. ..	23 55	23 46	23 29	23 15	23 01	22 47	22 32	22 15	22 05	21 53
27	0 54	0 34	0 19	0 06	.. ..	.. ..	.. ..	.. ..	23 51	23 42	23 32	23 20	23 14	23 06
28	1 04	0 52	0 42	0 34	0 27	0 21	0 10	0 00	.. ..	.. ..	.. ..	.. ..	.. ..	.. ..
29	1 12	1 07	1 03	0 59	0 56	0 53	0 48	0 44	0 39	0 35	0 31	0 25	0 22	0 19
30	1 20	1 21	1 22	1 23	1 24	1 24	1 25	1 26	1 27	1 28	1 29	1 30	1 31	1 31
Dec. 1	1 28	1 36	1 42	1 48	1 52	1 56	2 04	2 10	2 16	2 22	2 28	2 36	2 40	2 45
2	1 37	1 52	2 04	2 15	2 23	2 31	2 44	2 56	3 07	3 18	3 30	3 44	3 52	4 01
3	1 50	2 13	2 31	2 46	2 59	3 10	3 29	3 46	4 01	4 17	4 34	4 54	5 05	5 19
4	2 09	2 41	3 05	3 25	3 41	3 55	4 19	4 40	5 00	5 19	5 40	6 05	6 19	6 36
5	2 40	3 20	3 49	4 12	4 31	4 47	5 15	5 39	6 01	6 23	6 47	7 14	7 31	7 50
6	3 30	4 14	4 45	5 10	5 29	5 46	6 15	6 40	7 02	7 25	7 50	8 18	8 35	8 54
7	4 42	5 23	5 52	6 15	6 34	6 50	7 17	7 40	8 02	8 23	8 47	9 13	9 29	9 47
8	6 06	6 39	7 04	7 23	7 40	7 54	8 18	8 38	8 57	9 16	9 36	10 00	10 13	10 29
9	7 32	7 57	8 16	8 32	8 45	8 56	9 15	9 32	9 48	10 03	10 20	10 38	10 49	11 02
10	8 55	9 12	9 26	9 37	9 47	9 55	10 10	10 22	10 34	10 45	10 57	11 11	11 19	11 28

.. .. indicates phenomenon will occur the next day.

UNIVERSAL TIME FOR MERIDIAN OF GREENWICH

MOONRISE

Lat.	+40°	+42°	+44°	+46°	+48°	+50°	+52°	+54°	+56°	+58°	+60°	+62°	+64°	+66°
	h m	h m	h m	h m	h m	h m	h m	h m	h m	h m	h m	h m	h m	h m
Nov. 16	2 21	2 22	2 22	2 22	2 22	2 22	2 23	2 23	2 23	2 23	2 24	2 24	2 25	2 25
17	3 21	3 22	3 24	3 26	3 28	3 30	3 33	3 35	3 38	3 42	3 45	3 50	3 55	4 00
18	4 21	4 25	4 28	4 32	4 36	4 40	4 45	4 50	4 56	5 02	5 10	5 18	5 29	5 41
19	5 24	5 29	5 34	5 40	5 46	5 52	5 59	6 08	6 17	6 27	6 39	6 53	7 10	7 32
20	6 29	6 35	6 42	6 50	6 58	7 07	7 17	7 28	7 41	7 56	8 14	8 36	9 06	9 51
21	7 35	7 43	7 52	8 01	8 11	8 22	8 35	8 49	9 07	9 27	9 54	10 31	■	■
22	8 40	8 49	8 59	9 09	9 21	9 34	9 49	10 06	10 27	10 53	11 30	■	■	■
23	9 41	9 50	9 59	10 10	10 22	10 36	10 51	11 09	11 31	11 59	12 40	■	■	■
24	10 33	10 41	10 51	11 01	11 12	11 24	11 38	11 55	12 14	12 38	13 09	13 59	■	■
25	11 17	11 24	11 32	11 40	11 50	12 00	12 11	12 24	12 39	12 57	13 19	13 46	14 25	■
26	11 52	11 58	12 04	12 11	12 18	12 26	12 35	12 44	12 55	13 07	13 22	13 39	14 00	14 26
27	12 22	12 26	12 31	12 35	12 40	12 46	12 52	12 58	13 05	13 13	13 22	13 33	13 45	14 00
28	12 48	12 51	12 53	12 56	12 59	13 02	13 05	13 09	13 13	13 17	13 22	13 28	13 34	13 42
29	13 13	13 13	13 14	13 15	13 15	13 16	13 17	13 18	13 19	13 20	13 21	13 23	13 24	13 26
30	13 37	13 36	13 34	13 33	13 32	13 30	13 29	13 27	13 25	13 23	13 21	13 18	13 15	13 11
Dec. 1	14 02	13 59	13 56	13 53	13 50	13 46	13 42	13 37	13 32	13 26	13 20	13 13	13 05	12 55
2	14 31	14 27	14 22	14 16	14 11	14 04	13 57	13 50	13 41	13 32	13 21	13 08	12 53	12 35
3	15 06	15 00	14 53	14 45	14 37	14 28	14 18	14 07	13 55	13 40	13 23	13 03	12 37	12 00
4	15 49	15 41	15 33	15 23	15 13	15 02	14 49	14 34	14 17	13 57	13 31	12 56	11 51	□
5	16 42	16 33	16 23	16 13	16 01	15 48	15 33	15 16	14 55	14 29	13 54	12 39	□	□
6	17 43	17 34	17 25	17 14	17 03	16 50	16 35	16 17	15 56	15 29	14 52	□	□	□
7	18 50	18 43	18 34	18 24	18 14	18 02	17 49	17 34	17 16	16 55	16 26	15 45	□	□
8	19 59	19 53	19 45	19 38	19 29	19 20	19 09	18 58	18 44	18 28	18 09	17 45	17 12	16 16
9	21 06	21 01	20 56	20 50	20 43	20 36	20 29	20 20	20 11	20 00	19 47	19 32	19 13	18 50
10	22 10	22 07	22 03	21 59	21 55	21 50	21 45	21 39	21 33	21 26	21 18	21 08	20 57	20 44

MOONSET

Lat.	+40°	+42°	+44°	+46°	+48°	+50°	+52°	+54°	+56°	+58°	+60°	+62°	+64°	+66°
	h m	h m	h m	h m	h m	h m	h m	h m	h m	h m	h m	h m	h m	h m
Nov. 16	14 26	14 26	14 25	14 24	14 23	14 21	14 20	14 19	14 17	14 16	14 14	14 12	14 10	14 07
17	14 46	14 44	14 41	14 39	14 36	14 33	14 30	14 26	14 22	14 18	14 13	14 07	14 01	13 53
18	15 08	15 04	15 00	14 56	14 51	14 46	14 40	14 34	14 28	14 20	14 12	14 02	13 51	13 37
19	15 33	15 27	15 22	15 16	15 09	15 02	14 54	14 45	14 35	14 24	14 11	13 56	13 38	13 16
20	16 03	15 56	15 49	15 41	15 32	15 23	15 13	15 01	14 47	14 32	14 13	13 50	13 20	12 33
21	16 40	16 32	16 24	16 14	16 04	15 52	15 39	15 24	15 07	14 45	14 19	13 41	■	■
22	17 27	17 18	17 09	16 58	16 46	16 33	16 18	16 01	15 40	15 13	14 36	■	■	■
23	18 24	18 15	18 05	17 54	17 42	17 29	17 14	16 56	16 34	16 06	15 25	■	■	■
24	19 29	19 21	19 12	19 02	18 51	18 39	18 25	18 09	17 50	17 27	16 56	16 06	■	■
25	20 40	20 33	20 26	20 18	20 09	19 59	19 48	19 35	19 21	19 04	18 43	18 16	17 38	■
26	21 53	21 48	21 42	21 36	21 30	21 23	21 15	21 06	20 56	20 44	20 30	20 14	19 55	19 29
27	23 06	23 03	22 59	22 55	22 51	22 46	22 41	22 36	22 30	22 23	22 15	22 05	21 54	21 41
28	.. ..	.. ..	.. ..	.. ..	.. ..	.. ..	.. ..	.. ..	.. ..	23 59	23 55	23 51	23 47	23 41
29	0 19	0 17	0 15	0 14	0 12	0 10	0 07	0 05	0 02	.. ..	.. ..	.. ..	.. ..	.. ..
30	1 31	1 32	1 32	1 32	1 32	1 33	1 33	1 34	1 34	1 35	1 35	1 36	1 37	1 38
Dec. 1	2 45	2 47	2 49	2 52	2 55	2 57	3 01	3 04	3 08	3 12	3 17	3 23	3 29	3 37
2	4 01	4 05	4 09	4 14	4 19	4 24	4 31	4 37	4 45	4 53	5 03	5 15	5 28	5 45
3	5 19	5 24	5 31	5 38	5 45	5 54	6 03	6 13	6 25	6 39	6 55	7 15	7 40	8 15
4	6 36	6 44	6 52	7 01	7 11	7 22	7 34	7 49	8 05	8 25	8 50	9 25	10 29	□
5	7 50	7 58	8 08	8 18	8 30	8 43	8 57	9 14	9 35	10 01	10 36	11 51	□	□
6	8 54	9 03	9 13	9 23	9 35	9 48	10 04	10 21	10 42	11 09	11 46	□	□	□
7	9 47	9 55	10 04	10 14	10 25	10 37	10 50	11 06	11 24	11 46	12 14	12 56	□	□
8	10 29	10 36	10 43	10 51	11 00	11 10	11 21	11 33	11 48	12 04	12 24	12 49	13 22	14 19
9	11 02	11 07	11 13	11 19	11 26	11 34	11 42	11 51	12 02	12 13	12 27	12 43	13 03	13 27
10	11 28	11 32	11 36	11 41	11 46	11 51	11 57	12 04	12 11	12 19	12 28	12 38	12 50	13 05

□ indicates Moon continuously above horizon.
■ indicates Moon continuously below horizon.
.. .. indicates phenomenon will occur the next day.

MOONRISE AND MOONSET, 2006
UNIVERSAL TIME FOR MERIDIAN OF GREENWICH
MOONRISE

Lat.	−55°	−50°	−45°	−40°	−35°	−30°	−20°	−10°	0°	+10°	+20°	+30°	+35°	+40°
	h m	h m	h m	h m	h m	h m	h m	h m	h m	h m	h m	h m	h m	h m
Dec. 9	.. ..	23 45	23 29	23 17	23 06	22 56	22 40	22 26	22 12	21 58	21 44	21 27	21 17	21 06
10	0 04	.. ..	23 50	23 41	23 33	23 27	23 15	23 05	22 56	22 46	22 36	22 25	22 18	22 10
11	0 13	0 00	.. ..	.. ..	23 58	23 54	23 48	23 42	23 37	23 31	23 26	23 19	23 16	23 11
12	0 19	0 12	0 07	0 02	.. ..	.. ..	.. ..	.. ..	.. ..	.. ..	.. ..	.. ..	.. ..	.. ..
13	0 25	0 24	0 22	0 21	0 20	0 20	0 18	0 17	0 16	0 15	0 14	0 12	0 12	0 11
14	0 31	0 35	0 38	0 40	0 43	0 45	0 48	0 52	0 55	0 58	1 01	1 05	1 07	1 10
15	0 37	0 46	0 54	1 00	1 06	1 11	1 19	1 27	1 34	1 41	1 49	1 58	2 03	2 09
16	0 44	1 00	1 12	1 22	1 31	1 39	1 53	2 04	2 16	2 27	2 39	2 53	3 02	3 11
17	0 54	1 16	1 34	1 48	2 00	2 11	2 29	2 45	3 00	3 16	3 32	3 51	4 02	4 15
18	1 09	1 39	2 01	2 19	2 34	2 48	3 11	3 30	3 49	4 08	4 28	4 51	5 05	5 21
19	1 33	2 10	2 37	2 58	3 16	3 32	3 58	4 21	4 42	5 03	5 26	5 53	6 09	6 27
20	2 12	2 54	3 24	3 47	4 07	4 23	4 51	5 16	5 38	6 01	6 25	6 54	7 11	7 31
21	3 11	3 53	4 23	4 47	5 06	5 23	5 51	6 15	6 37	6 59	7 23	7 51	8 08	8 27
22	4 30	5 07	5 34	5 55	6 12	6 27	6 53	7 15	7 35	7 56	8 17	8 43	8 57	9 14
23	6 01	6 30	6 51	7 08	7 22	7 35	7 56	8 14	8 31	8 48	9 06	9 27	9 39	9 53
24	7 35	7 55	8 10	8 22	8 33	8 42	8 58	9 12	9 24	9 37	9 51	10 06	10 15	10 25
25	9 07	9 19	9 28	9 36	9 42	9 48	9 58	10 06	10 15	10 22	10 31	10 41	10 46	10 52
26	10 38	10 42	10 45	10 48	10 50	10 53	10 56	10 59	11 03	11 06	11 09	11 12	11 15	11 17
27	12 07	12 04	12 02	12 00	11 58	11 57	11 54	11 52	11 50	11 48	11 46	11 43	11 42	11 41
28	13 37	13 27	13 19	13 12	13 06	13 01	12 52	12 45	12 38	12 31	12 23	12 15	12 10	12 05
29	15 10	14 52	14 38	14 26	14 16	14 07	13 53	13 40	13 28	13 16	13 03	12 49	12 41	12 32
30	16 46	16 19	15 58	15 42	15 28	15 16	14 55	14 37	14 21	14 05	13 47	13 28	13 16	13 03
31	18 20	17 44	17 18	16 57	16 39	16 25	15 59	15 38	15 18	14 58	14 37	14 12	13 58	13 42
32	19 44	19 02	18 31	18 08	17 48	17 32	17 04	16 40	16 18	15 55	15 32	15 04	14 48	14 29
33	20 48	20 05	19 34	19 10	18 51	18 34	18 05	17 41	17 18	16 55	16 31	16 03	15 46	15 26

MOONSET

Lat.	−55°	−50°	−45°	−40°	−35°	−30°	−20°	−10°	0°	+10°	+20°	+30°	+35°	+40°
	h m	h m	h m	h m	h m	h m	h m	h m	h m	h m	h m	h m	h m	h m
Dec. 9	7 32	7 57	8 16	8 32	8 45	8 56	9 15	9 32	9 48	10 03	10 20	10 38	10 49	11 02
10	8 55	9 12	9 26	9 37	9 47	9 55	10 10	10 22	10 34	10 45	10 57	11 11	11 19	11 28
11	10 13	10 24	10 33	10 40	10 46	10 51	11 00	11 08	11 16	11 23	11 31	11 40	11 45	11 51
12	11 29	11 33	11 37	11 40	11 43	11 45	11 49	11 53	11 56	11 59	12 02	12 06	12 08	12 11
13	12 42	12 41	12 40	12 39	12 38	12 38	12 37	12 36	12 35	12 34	12 33	12 31	12 31	12 30
14	13 56	13 49	13 43	13 38	13 34	13 31	13 24	13 19	13 14	13 08	13 03	12 57	12 53	12 49
15	15 12	14 58	14 48	14 39	14 31	14 25	14 13	14 03	13 54	13 45	13 35	13 24	13 17	13 10
16	16 31	16 10	15 54	15 41	15 30	15 21	15 04	14 50	14 37	14 24	14 09	13 53	13 44	13 33
17	17 53	17 25	17 04	16 46	16 32	16 20	15 59	15 40	15 23	15 06	14 48	14 27	14 15	14 02
18	19 16	18 40	18 14	17 53	17 36	17 21	16 56	16 34	16 14	15 54	15 32	15 08	14 53	14 36
19	20 33	19 51	19 21	18 58	18 39	18 22	17 55	17 31	17 09	16 46	16 23	15 55	15 39	15 20
20	21 34	20 52	20 22	19 58	19 38	19 22	18 53	18 29	18 06	17 44	17 19	16 51	16 34	16 14
21	22 17	21 39	21 12	20 50	20 32	20 16	19 50	19 27	19 05	18 43	18 20	17 53	17 37	17 18
22	22 43	22 14	21 51	21 33	21 18	21 04	20 41	20 21	20 02	19 44	19 23	18 59	18 45	18 29
23	23 00	22 39	22 22	22 08	21 56	21 46	21 28	21 12	20 57	20 42	20 26	20 07	19 56	19 43
24	23 12	22 58	22 47	22 38	22 29	22 22	22 10	21 59	21 49	21 38	21 27	21 14	21 06	20 58
25	23 21	23 14	23 08	23 03	22 59	22 55	22 49	22 43	22 37	22 32	22 26	22 19	22 15	22 10
26	23 29	23 28	23 28	23 27	23 27	23 27	23 26	23 25	23 25	23 24	23 24	23 23	23 23	23 22
27	23 36	23 42	23 47	23 51	23 54	23 58	.. ..	.. ..	.. ..	.. ..	.. ..	.. ..	.. ..	.. ..
28	23 45	23 57	.. ..	.. ..	.. ..	.. ..	0 03	0 08	0 12	0 17	0 22	0 27	0 30	0 34
29	23 55	.. ..	0 08	0 16	0 24	0 30	0 42	0 52	1 01	1 11	1 21	1 33	1 39	1 47
30	.. ..	0 16	0 32	0 45	0 56	1 06	1 23	1 39	1 53	2 07	2 22	2 40	2 50	3 02
31	0 11	0 40	1 02	1 20	1 35	1 48	2 10	2 29	2 48	3 06	3 26	3 49	4 02	4 18
32	0 36	1 13	1 41	2 02	2 20	2 36	3 02	3 25	3 46	4 07	4 30	4 57	5 13	5 31
33	1 17	2 00	2 31	2 54	3 14	3 31	3 59	4 24	4 47	5 09	5 34	6 02	6 19	6 39

.. .. indicates phenomenon will occur the next day.

UNIVERSAL TIME FOR MERIDIAN OF GREENWICH
MOONRISE

Lat.	+40°	+42°	+44°	+46°	+48°	+50°	+52°	+54°	+56°	+58°	+60°	+62°	+64°	+66°
	h m	h m	h m	h m	h m	h m	h m	h m	h m	h m	h m	h m	h m	h m
Dec. 9	21 06	21 01	20 56	20 50	20 43	20 36	20 29	20 20	20 11	20 00	19 47	19 32	19 13	18 50
10	22 10	22 07	22 03	21 59	21 55	21 50	21 45	21 39	21 33	21 26	21 18	21 08	20 57	20 44
11	23 11	23 09	23 07	23 05	23 03	23 00	22 57	22 54	22 51	22 47	22 43	22 38	22 33	22 26
12	.. ..	.. ..	.. ..	.. ..	.. ..	.. ..	.. ..	.. ..	.. ..	.. ..	.. ..	.. ..	.. ..	.. ..
13	0 11	0 10	0 10	0 09	0 09	0 08	0 08	0 07	0 07	0 06	0 05	0 04	0 03	0 02
14	1 10	1 11	1 12	1 13	1 15	1 16	1 18	1 20	1 21	1 24	1 26	1 29	1 32	1 36
15	2 09	2 12	2 15	2 18	2 21	2 25	2 29	2 33	2 38	2 43	2 49	2 56	3 04	3 13
16	3 11	3 15	3 20	3 24	3 30	3 35	3 42	3 49	3 56	4 05	4 16	4 27	4 41	4 59
17	4 15	4 21	4 27	4 34	4 41	4 49	4 58	5 08	5 19	5 32	5 48	6 07	6 30	7 02
18	5 21	5 28	5 36	5 45	5 54	6 04	6 16	6 29	6 45	7 03	7 26	7 56	8 44	■
19	6 27	6 36	6 45	6 55	7 06	7 18	7 33	7 49	8 09	8 33	9 06	10 03	■	■
20	7 31	7 40	7 49	8 00	8 12	8 25	8 41	8 59	9 21	9 49	10 29	■	■	■
21	8 27	8 36	8 45	8 55	9 07	9 20	9 34	9 51	10 12	10 37	11 12	12 18	■	■
22	9 14	9 22	9 30	9 39	9 49	10 00	10 13	10 27	10 43	11 02	11 26	11 58	12 50	■
23	9 53	9 59	10 06	10 13	10 21	10 29	10 39	10 50	11 01	11 15	11 31	11 51	12 15	12 47
24	10 25	10 30	10 34	10 40	10 45	10 51	10 58	11 05	11 13	11 22	11 33	11 45	11 59	12 16
25	10 52	10 55	10 58	11 01	11 05	11 08	11 12	11 17	11 21	11 27	11 33	11 39	11 47	11 56
26	11 17	11 18	11 19	11 20	11 22	11 23	11 24	11 26	11 28	11 30	11 32	11 35	11 37	11 41
27	11 41	11 40	11 39	11 38	11 38	11 37	11 36	11 35	11 34	11 33	11 31	11 30	11 28	11 26
28	12 05	12 03	12 00	11 57	11 54	11 51	11 48	11 44	11 40	11 36	11 31	11 25	11 18	11 11
29	12 32	12 28	12 23	12 19	12 14	12 08	12 02	11 55	11 48	11 40	11 31	11 20	11 08	10 53
30	13 03	12 57	12 51	12 44	12 37	12 29	12 20	12 11	12 00	11 47	11 32	11 15	10 54	10 26
31	13 42	13 34	13 26	13 18	13 08	12 58	12 46	12 33	12 17	11 59	11 37	11 09	10 28	□
32	14 29	14 20	14 11	14 01	13 50	13 37	13 23	13 07	12 47	12 23	11 52	11 00	□	□
33	15 26	15 17	15 07	14 57	14 45	14 32	14 16	13 59	13 37	13 10	12 32	□	□	□

MOONSET

Lat.	+40°	+42°	+44°	+46°	+48°	+50°	+52°	+54°	+56°	+58°	+60°	+62°	+64°	+66°
	h m	h m	h m	h m	h m	h m	h m	h m	h m	h m	h m	h m	h m	h m
Dec. 9	11 02	11 07	11 13	11 19	11 26	11 34	11 42	11 51	12 02	12 13	12 27	12 43	13 03	13 27
10	11 28	11 32	11 36	11 41	11 46	11 51	11 57	12 04	12 11	12 19	12 28	12 38	12 50	13 05
11	11 51	11 53	11 56	11 59	12 02	12 05	12 09	12 13	12 17	12 22	12 27	12 33	12 40	12 49
12	12 11	12 12	12 13	12 14	12 16	12 17	12 18	12 20	12 22	12 24	12 26	12 29	12 32	12 35
13	12 30	12 30	12 29	12 29	12 28	12 28	12 27	12 27	12 26	12 26	12 25	12 24	12 23	12 22
14	12 49	12 47	12 46	12 44	12 41	12 39	12 37	12 34	12 31	12 27	12 24	12 19	12 14	12 09
15	13 10	13 07	13 03	13 00	12 56	12 51	12 47	12 42	12 36	12 30	12 23	12 14	12 05	11 54
16	13 33	13 29	13 24	13 18	13 13	13 06	12 59	12 51	12 43	12 33	12 22	12 09	11 54	11 36
17	14 02	13 55	13 49	13 42	13 34	13 25	13 16	13 05	12 53	12 39	12 23	12 04	11 39	11 06
18	14 36	14 29	14 20	14 12	14 02	13 51	13 39	13 25	13 09	12 50	12 27	11 56	11 08	■
19	15 20	15 11	15 02	14 52	14 40	14 28	14 13	13 57	13 37	13 12	12 39	11 41	■	■
20	16 14	16 05	15 55	15 44	15 32	15 19	15 04	14 46	14 24	13 56	13 15	■	■	■
21	17 18	17 10	17 00	16 50	16 39	16 26	16 12	15 55	15 35	15 10	14 35	13 30	■	■
22	18 29	18 22	18 14	18 05	17 56	17 45	17 33	17 20	17 04	16 45	16 22	15 50	14 59	■
23	19 43	19 38	19 32	19 25	19 18	19 10	19 01	18 51	18 40	18 27	18 12	17 53	17 30	16 59
24	20 58	20 54	20 50	20 45	20 40	20 35	20 29	20 23	20 15	20 07	19 58	19 47	19 34	19 19
25	22 10	22 08	22 06	22 04	22 01	21 59	21 56	21 52	21 49	21 45	21 40	21 35	21 29	21 21
26	23 22	23 22	23 22	23 22	23 21	23 21	23 21	23 20	23 20	23 20	23 19	23 18	23 18	23 17
27	.. ..	.. ..	.. ..	.. ..	.. ..	.. ..	.. ..	.. ..	.. ..	.. ..	.. ..	.. ..	.. ..	.. ..
28	0 34	0 36	0 37	0 39	0 41	0 43	0 46	0 48	0 51	0 54	0 58	1 02	1 07	1 12
29	1 47	1 51	1 54	1 58	2 03	2 07	2 12	2 18	2 24	2 32	2 40	2 49	3 00	3 13
30	3 02	3 07	3 13	3 19	3 26	3 33	3 41	3 50	4 01	4 12	4 26	4 42	5 03	5 29
31	4 18	4 25	4 32	4 40	4 49	4 59	5 11	5 23	5 38	5 56	6 17	6 45	7 25	□
32	5 31	5 40	5 49	5 58	6 09	6 22	6 36	6 52	7 11	7 35	8 06	8 57	□	□
33	6 39	6 47	6 57	7 08	7 20	7 33	7 48	8 06	8 27	8 54	9 33	□	□	□

□ indicates Moon continuously above horizon.
■ indicates Moon continuously below horizon.
.. .. indicates phenomenon will occur the next day.

Information on the constants, ephemerides, and calculations is given in the Notes and References section, page L5.

Solar Eclipses

The solar eclipse maps show the path of the eclipse, beginning and ending times of the eclipse, and the region of visibility, including restrictions due to rising and setting of the Sun. The short-dash and long-dash lines show, respectively, the progress of the leading and trailing edge of the penumbra; thus, at a given location, times of first and last contact may be interpolated.

Besselian elements characterize the geometric position of the shadow of the Moon relative to the Earth. The exterior tangents to the surfaces of the Sun and Moon form the umbral cone; the interior tangents form the penumbral cone. The common axis of these two cones is the axis of the shadow. To form a system of geocentric rectangular coordinates, the geocentric plane perpendicular to the axis of the shadow is taken as the xy-plane. This is called the fundamental plane. The x-axis is the intersection of the fundamental plane with the plane of the equator; it is positive toward the east. The y-axis is positive toward the north. The z-axis is parallel to the axis of the shadow and is positive toward the Moon. The tabular values of x and y are the coordinates, in units of the Earth's equatorial radius, of the intersection of the axis of the shadow with the fundamental plane. The direction of the axis of the shadow is specified by the declination d and hour angle μ of the point on the celestial sphere toward which the axis is directed.

The radius of the umbral cone is regarded as positive for an annular eclipse and negative for a total eclipse. The angles f_1 and f_2 are the angles at which the tangents that form the penumbral and umbral cones, respectively, intersect the axis of the shadow.

To predict accurate local circumstances, calculate the geocentric coordinates $\rho \sin \phi'$ and $\rho \cos \phi'$ from the geodetic latitude ϕ and longitude λ, using the relationships given on pages K11–K12. Inclusion of the height h in this calculation is all that is necessary to obtain the local circumstances at high altitudes.

Obtain approximate times for the beginning, middle and end of the eclipse from the eclipse map. For each of these three times, take from the table of Besselian elements, or compute from the Besselian element polynomials, the values of x, y, $\sin d$, $\cos d$, μ and l_1 (the radius of the penumbra on the fundamental plane), except that at the approximate time of the middle of the eclipse l_2 (the radius of the umbra on the fundamental plane) is required instead of l_1 if the eclipse is central (i.e., total, annular or annular-total). The hourly variations x', y' of x and y are needed, and may be obtained with sufficient accuracy by multiplying the first differences of the tabular values by 6. Alternatively, these hourly variations may be obtained by evaluating the derivative of the polynomial expressions for x and y. Values of μ', d', $\tan f_1$ and $\tan f_2$ are nearly constant throughout the eclipse and are given at the bottom of the Besselian elements table.

For each of the three approximate times, calculate the coordinates ξ, η, ζ for the observer and the hourly variations ξ' and η' from

$$\xi = \rho \cos \phi' \sin \theta,$$
$$\eta = \rho \sin \phi' \cos d - \rho \cos \phi' \sin d \cos \theta,$$
$$\zeta = \rho \sin \phi' \sin d + \rho \cos \phi' \cos d \cos \theta,$$
$$\xi' = \mu' \rho \cos \phi' \cos \theta,$$
$$\eta' = \mu' \xi \sin d - \zeta d',$$

where

$$\theta = \mu + \lambda$$

for longitudes measured positive towards the east.

Next, calculate

$$
\begin{array}{ll}
u = x - \xi & u' = x' - \xi' \\
v = y - \eta & v' = y' - \eta' \\
m^2 = u^2 + v^2 & n^2 = u'^2 + v'^2
\end{array}
\qquad (m, n > 0)
$$

$$
L_i = l_i - \zeta \tan f_i
$$

$$
D = uu' + vv'
$$

$$
\Delta = \tfrac{1}{n}(uv' - u'v)
$$

$$
\sin \psi = \tfrac{\Delta}{L_i}
$$

where $i = 1, 2$.

At the approximate times of the beginning and end of the eclipse, L_1 is required. At the approximate time of the middle of the eclipse, L_2 is required if the eclipse is central; L_1 is required if the eclipse is partial.

Neglecting the variation of L, the correction τ to be applied to the approximate time of the middle of the eclipse to obtain the *Universal Time of greatest phase* is

$$
\tau = \frac{D}{n^2},
$$

which may be expressed in minutes by multiplying by 60.

The correction τ to be applied to the approximate times of the beginning and end of the eclipse to obtain the *Universal Times of the penumbral contacts* is

$$
\tau = \frac{L_1}{n} \cos \psi - \frac{D}{n^2},
$$

which may be expressed in minutes by multiplying by 60.

If the eclipse is central, use the approximate time for the middle of the eclipse as a first approximation to the times of umbral contact. The correction τ to be applied to obtain the *Universal Times of the umbral contacts* is

$$
\tau = \frac{L_2}{n} \cos \psi - \frac{D}{n^2},
$$

which may be expressed in minutes by multiplying by 60.

In the last two equations, the ambiguity in the quadrant of ψ is removed by noting that $\cos \psi$ must be *negative* for the beginning of the eclipse, for the beginning of the annular phase, or for the end of the total phase; $\cos \psi$ must be *positive* for the end of the eclipse, the end of the annular phase, or the beginning of the total phase.

For greater accuracy, the times resulting from the calculation outlined above should be used in place of the original approximate times, and the entire procedure repeated at least once. The calculations for each of the contact times and the time of greatest phase should be performed separately.

The *magnitude of greatest partial eclipse*, in units of the solar diameter is

$$
M_1 = \frac{L_1 - m}{(2L_1 - 0.5459)},
$$

where the value of m at the time of greatest phase is used. If the magnitude is negative at the time of greatest phase, no eclipse is visible from the location.

The *magnitude of the central phase*, in the same units is

$$
M_2 = \frac{L_1 - L_2}{(L_1 + L_2)}.
$$

The *position angle of a point of contact* measured eastward (counterclockwise) from the north point of the solar limb is given by

$$\tan P = \frac{u}{v},$$

where u and v are evaluated at the times of contacts computed in the final approximation. The quadrant of P is determined by noting that $\sin P$ has the algebraic sign of u, except for the contacts of the total phase, for which $\sin P$ has the opposite sign to u.

The position angle of the point of contact measured eastward from the vertex of the solar limb is given by

$$V = P - C,$$

where C, the parallactic angle, is obtained with sufficient accuracy from

$$\tan C = \frac{\xi}{\eta},$$

with $\sin C$ having the same algebraic sign as ξ, and the results of the final approximation again being used. The vertex point of the solar limb lies on a great circle arc drawn from the zenith to the center of the solar disk.

Lunar Eclipses

A calculator to produce local circumstances of recent and upcoming lunar eclipses is provided at http://aa.usno.navy.mil/data/docs/LunarEclipse.html.

Explanation of Lunar Eclipse Diagram

Information on lunar eclipses is presented in the form of a diagram consisting of two parts. The upper panel shows the path of the Moon relative to the penumbral and umbral shadows of the Earth. The lower panel shows the visibility of the eclipse from the surface of the Earth.

The title of the upper panel includes the type of eclipse, its place in the sequence of eclipses for the year and the Greenwich calendar date of the eclipse. The inner darker circle is the umbral shadow of the Earth and the outer lighter circle is that of the penumbra. The axis of the shadow of the Earth is denoted by (+) with the ecliptic shown for reference purposes. A 30-arcminute scale bar is provided on the right hand side of the diagram and the orientation is given by the cardinal points displayed on the small graphic on the left hand side of the diagram. The position angle (PA) is measured from North point of the lunar disk along the limb of the Moon to the point of contact. It is shown on the graphic by the use of an arc extending anti-clockwise (eastwards) from North terminated with an arrow head.

Moon symbols are plotted at the principal phases of the eclipse to show its position relative to the umbral and penumbral shadows. The UT times of the different phases of the eclipse to the nearest tenth of a minute are printed above or below the Moon symbols as appropriate. P1 and P4 are the first and last external contacts of the penumbra respectively and denote the beginning and end of the penumbral eclipse respectively. U1 and U4 are the first and last external contacts of the umbra denoting the beginning and end of the partial phase of the eclipse respectively. U2 and U3 are the first and last internal contacts of the umbra and denote the beginning and end of the total phase respectively. MID is the middle of the eclipse. The position angle is given for P1 and P4 for penumbral eclipses and U1 and U4 for partial and total eclipses. The UT time of the geocentric opposition in right ascension of the Sun and Moon and the magnitude of the eclipse are given above or below the Moon symbols as appropriate.

The lower panel is an cylindrical equidistant map projection showing the Earth centered on the longitude at which the Moon is in the zenith at the middle of the eclipse. The visibility of the eclipse is displayed by plotting the Moon rise/set terminator for the principal phases of the eclipse for which timing information is provided in the upper panel. The terminator for the middle of the eclipse is not plotted for the sake of clarity.

The unshaded area indicates the region of the Earth from which all the eclipse is visible whereas the darkest shading indicates the area from which the eclipse is invisible. The different shades of grey indicate regions where the Moon is either rising or setting during the principal phases of the eclipse. The Moon is rising on the left hand side of the diagram after the eclipse has started and is setting on the right hand side of the diagram before the eclipse ends. Labels are provided to this effect.

Symbols are plotted showing the locations for which the Moon is in the zenith at the principal phases of the eclipse. The points at which the Moon is in the zenith at P1 and P4 are denoted by (+), at U1 and U4 by (☉) and at U2 and U3 by (⊕). These symbols are also plotted on the upper panel where appropriate. The value of ΔT used for the calculation of the eclipse circumstances is given below the diagram. Country boundaries are also provided to assist the user in determining the visibility of the eclipse at a particular location.

Explanation of Solar Eclipse Diagram

The solar eclipse diagrams in *The Astronomical Almanac* show the region over which different phases of each eclipse may be seen and the times at which these phases occur. Each diagram has a series of dashed curves that show the outline of the Moon's penumbra on the Earth's surface at one-hour intervals. Short dashes show the leading edge and long dashes show the trailing edge. Except for certain extreme cases, the shadow outline moves generally from west to east. The Moon's shadow cone first contacts the Earth's surface where "First Contact" is indicated on the diagram. "Last Contact" is where the Moon's shadow cone last contacts the Earth's surface. The path of central eclipse, whether for a total, annular, or annular-total eclipse, is marked by two closely spaced curves that cut across all of the dashed curves. These two curves mark the extent of the Moon's umbral shadow on the Earth's surface. Viewers within these boundaries will observe a total, annular, or annular-total eclipse and viewers outside these boundaries will see a partial eclipse.

Solid curves labeled "Northern" and "Southern Limit of Eclipse" represent the furthest extent north or south of the Moon's penumbra on the Earth's surface. Viewers outside of these boundaries will not experience any eclipse. When only one of these two curves appears, only part of the Moon's penumbra touches the Earth; the other part is projected into space north or south of the Earth, and the terminator defines the other limit.

Another set of solid curves appears on some diagrams as two teardrop shapes (or lobes) on either end of the eclipse path, and on other diagrams as a distorted figure eight. These lobes represent in time the intersection of the Moon's penumbra with the Earth's terminator as the eclipse progresses. As time elapses, the Earth's terminator moves east-to-west while the Moon's penumbra moves west-to-east. These lobes connect to form an elongated figure eight on a diagram when part of the Moon's penumbra stays in contact with the Earth's terminator throughout the eclipse. The lobes become two separate teardrop shapes when the Moon's penumbra breaks contact with the Earth's terminator during the beginning of the eclipse and reconnects with it near the end. In the east, the outer portion of the lobe is labeled "Eclipse begins at Sunset" and marks the first contact between the Moon's penumbra and Earth's terminator in the east. Observers on this curve just fail to see the eclipse. The inner part of the lobe is labeled "Eclipse ends at Sunset" and marks the last contact between the Moon's penumbra and the Earth's terminator in the east. Observers on this curve just see the whole eclipse. The curve bisecting this lobe is labeled "Maximum

Eclipse at Sunset" and is part of the sunset terminator at maximum eclipse. Viewers in the eastern half of the lobe will see the Sun set before maximum eclipse; *i.e.* see less than half of the eclipse. Viewers in the western half of the lobe will see the Sun set after maximum eclipse; *i.e.* see more than half of the eclipse. A similar description holds for the western lobe except everything occurs at sunrise instead of sunset.

There are four eclipses, two of the Sun and two of the Moon.

I	March 14−15	Penumbral eclipse of the Moon
II	March 29	Total eclipse of the Sun
III	September 7	Partial eclipse of the Moon
IV	September 22	Annular eclipse of the Sun

Standard corrections of $+0\overset{''}{.}5$ and $-0\overset{''}{.}25$ have been applied to the longitude and latitude of the Moon, respectively, to help correct for the difference between the center of figure and the center of mass.

All time arguments are given provisionally in Universal Time, using $\Delta T(\mathrm{A})= +67\overset{s}{.}6$. Once an updated value of ΔT is known, the data on these pages may be expressed in Universal Time as follows:

• Define $\delta T = \Delta T - \Delta T(\mathrm{A})$, in units of seconds of time.

• Change the times of circumstances given in preliminary Universal Time by subtracting δT.

• Correct the tabulated longitudes, $\lambda(\mathrm{A})$, according to the formula

$\lambda = \lambda(\mathrm{A}) + 0.00417807\, \delta T$, where the longitudes have units of degrees.

• Leave all other quantities unchanged.

• The correction for δT is included in the Besselian elements.

Longitude is positive to the east, and negative to the west.

I. - Penumbral Eclipse of the Moon

UT of geocentric opposition in RA: March 14^d 22^h 40^m 7^{s}045

2006 March 14-15

Penumbral magnitude of the eclipse: 1.056

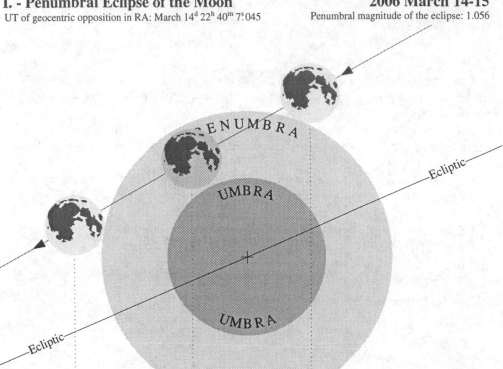

30 arc-minutes

N
E — W
P.A.
S

P4	MID	P1
02^h 13^{m}4	23^h 47^{m}4	21^h 21^{m}5
P.A. 259°3		P.A. 158°8

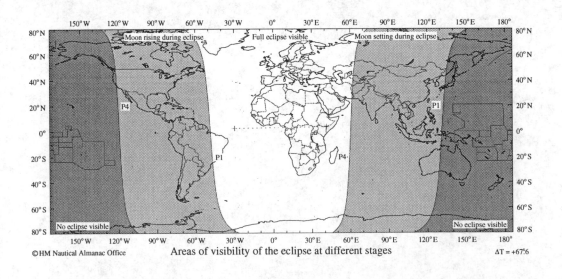

Areas of visibility of the eclipse at different stages

© HM Nautical Almanac Office

ΔT = +67°6

II. – Total Eclipse of the Sun, 2006 March 29

CIRCUMSTANCES OF THE ECLIPSE

UT of geocentric conjunction in right ascension, March 29^d 10^h 33^m $13\overset{s}{.}747$
Julian Date = 2453823.9397424360

		UT			Longitude	Latitude
	d	h	m	° ′	° ′	
Eclipse begins	March	29	7 36.8	−22 06.1	−14 27.7
Beginning of southern limit of umbra		29	8 35.0	−37 07.0	− 6 53.4
Beginning of center line; central eclipse begins		29	8 35.4	−37 15.5	− 6 18.3
Beginning of northern limit of umbra		29	8 35.8	−37 24.2	− 5 42.9
Central eclipse at local apparent noon		29	10 33.2	+22 53.9	+29 37.2
End of northern limit of umbra		29	11 46.4	+99 00.4	+52 08.1
End of center line; central eclipse ends		29	11 46.9	+98 48.5	+51 33.7
End of southern limit of umbra		29	11 47.3	+98 36.9	+50 59.4
Eclipse ends		29	12 45.6	+83 03.3	+43 26.3

BESSELIAN ELEMENTS

Let $t = (UT - 7^h) + \delta T / 3600$ in units of hours.

These equations are valid over the range $0\overset{h}{.}542 \le t \le 5\overset{h}{.}933$. Do not use t outside the given range, and do not omit any terms in the series. If μ is greater than 360°, then subtract 360° from its computed value.

Intersection of axis of shadow with fundamental plane:
$$x = -1.79816995 + 0.50575975\,t + 0.00009205\,t^2 - 0.00000827\,t^3$$
$$y = -0.55293617 + 0.27909547\,t + 0.00000394\,t^2 - 0.00000476\,t^3$$

Direction of axis of shadow:
$$\sin d = +0.05847790 + 0.00027116\,t - 0.00000002\,t^2$$
$$\cos d = +0.99828871 - 0.00001587\,t - 0.00000004\,t^2$$
$$\mu = 283\overset{\circ}{.}77951205 + 15.00436710\,t + 0.00000009\,t^2 - 0.00000002\,t^3 - 0.00417807\,\delta T$$

Radius of shadow on fundamental plane:
$$\text{penumbra} = +0.53671900 + 0.00014058\,t - 0.00001281\,t^2 + 0.00000001\,t^3$$
$$\text{umbra} = -0.00961849 + 0.00013985\,t - 0.00001272\,t^2$$

$$\tan f_1 = +0.004683$$
$$\tan f_2 = +0.004659$$
$$\mu' = +0.261876 \text{ radians per hour}$$
$$d' = +0.000272 \text{ radians per hour}$$

III. - Partial Eclipse of the Moon   2006 September 07

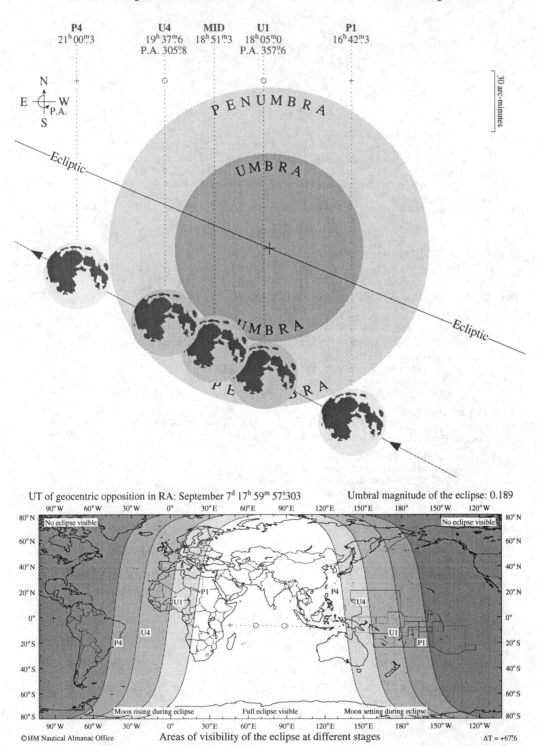

UT of geocentric opposition in RA: September 7^d 17^h 59^m 57^{s}303   Umbral magnitude of the eclipse: 0.189

©HM Nautical Almanac Office   Areas of visibility of the eclipse at different stages   ΔT = +67ˢ6

IV. –Annular Eclipse of the Sun, 2006 September 22

CIRCUMSTANCES OF THE ECLIPSE

UT of geocentric conjunction in right ascension, September 22^d 12^h 7^m $7^s.288$

Julian Date = 2454001.0049454630

		UT	Longitude	Latitude
	d	h m	° ′	° ′
Eclipse begins	September 22	8 39.9	−41 50.9	+14 17.0
Beginning of northern limit of umbra	22	9 50.3	−59 24.8	+ 6 41.8
Beginning of center line; central eclipse begins	22	9 51.5	−59 41.9	+ 5 15.5
Beginning of southern limit of umbra	22	9 52.7	−60 00.0	+ 3 48.2
Central eclipse at local apparent noon	22	12 07.1	− 3 35.5	−27 39.5
End of southern limit of umbra	22	13 27.2	+66 01.9	−54 51.1
End of center line; central eclipse ends	22	13 28.5	+65 44.1	−53 24.2
End of northern limit of umbra	22	13 29.7	+65 27.4	−51 58.3
Eclipse ends	22	14 40.2	+47 54.8	−44 24.1

BESSELIAN ELEMENTS

Let $t = (UT-8^h) + \delta T / 3600$ in units of hours.

These equations are valid over the range $0^h.542 \le t \le 6^h.842$. Do not use t outside the given range, and do not omit any terms in the series. If μ is greater than 360°, then subtract 360° from its computed value.

Intersection of axis of shadow with fundamental plane:
$$x = -1.81397676 + 0.44025861\, t + 0.00006039\, t^2 - 0.00000482\, t^3$$
$$y = +0.54835638 - 0.24611313\, t - 0.00001897\, t^2 + 0.00000286\, t^3$$

Direction of axis of shadow:
$$\sin d = +0.00565456 - 0.00027259\, t - 0.00000001\, t^2$$
$$\cos d = +0.99998389 + 0.00000168\, t - 0.00000008\, t^2$$
$$\mu = 301°.79256748 + 15.00473246\, t - 0.00000010\, t^2 - 0.00000002\, t^3 - 0.00417807\, \delta T$$

Radius of shadow on fundamental plane:
$$\text{penumbra} = +0.56932001 + 0.00006974\, t - 0.00000975\, t^2$$
$$\text{umbra} = +0.02282024 + 0.00006931\, t - 0.00000968\, t^2$$

$$\tan f_1 = +0.004659$$
$$\tan f_2 = +0.004636$$
$$\mu' = +0.261882 \text{ radians per hour}$$
$$d' = -0.000273 \text{ radians per hour}$$

TOTAL SOLAR ECLIPSE OF 2006 MARCH 29

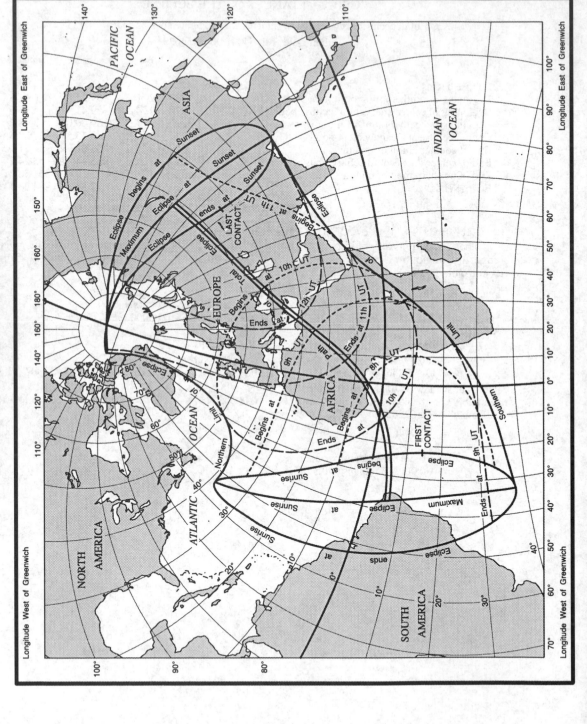

PATH OF CENTRAL PHASE: TOTAL SOLAR ECLIPSE OF MARCH 29

For limits, see Circumstances of the Eclipse

| Longitude | Latitude of: | | | Universal Time at: | | | On Central Line | | |
	Northern Limit	Central Line	Southern Limit	Northern Limit	Central Line	Southern Limit	Maximum Duration	Sun's Alt.	Sun's Az.
° ′	° ′	° ′	° ′	h m s	h m s	h m s	m s	°	°
−34 00	− 5 25.9	− 6 02.9	− 6 39.3	8 36 04.4	8 35 36.0	8 35 10.1	2 02.3	3	86
−33 00	− 5 19.2	− 5 56.7	− 6 33.8	8 36 14.7	8 35 45.2	8 35 17.7	2 04.2	4	86
−32 00	− 5 12.6	− 5 50.6	− 6 28.2	8 36 25.0	8 35 54.4	8 35 25.3	2 06.2	5	86
−31 00	− 5 05.4	− 5 44.0	− 6 22.3	8 36 37.1	8 36 05.0	8 35 34.2	2 08.2	6	86
−30 00	− 4 57.1	− 5 36.2	− 6 15.0	8 36 53.4	8 36 20.1	8 35 47.9	2 10.2	7	86
−29 00	− 4 47.9	− 5 27.5	− 6 06.7	8 37 12.5	8 36 38.2	8 36 05.3	2 12.3	9	86
−28 00	− 4 38.1	− 5 18.2	− 5 57.9	8 37 34.1	8 36 58.6	8 36 24.5	2 14.5	10	86
−27 00	− 4 27.5	− 5 08.1	− 5 48.3	8 37 58.4	8 37 21.6	8 36 46.3	2 16.7	11	86
−26 00	− 4 16.1	− 4 57.2	− 5 38.0	8 38 25.6	8 37 47.4	8 37 10.9	2 18.9	12	85
−25 00	− 4 03.9	− 4 45.6	− 5 26.9	8 38 55.7	8 38 16.1	8 37 38.2	2 21.2	13	85
−24 00	− 3 50.9	− 4 33.1	− 5 14.9	8 39 29.0	8 38 47.8	8 38 08.4	2 23.5	14	85
−23 00	− 3 36.9	− 4 19.8	− 5 02.2	8 40 05.3	8 39 22.6	8 38 41.7	2 25.9	15	85
−22 00	− 3 22.1	− 4 05.6	− 4 48.6	8 40 45.0	8 40 00.6	8 39 18.0	2 28.4	16	85
−21 00	− 3 06.3	− 3 50.4	− 4 34.0	8 41 28.1	8 40 41.9	8 39 57.6	2 30.9	18	85
−20 00	− 2 49.6	− 3 34.3	− 4 18.6	8 42 14.8	8 41 26.6	8 40 40.5	2 33.4	19	85
−19 00	− 2 31.8	− 3 17.3	− 4 02.2	8 43 05.1	8 42 15.0	8 41 26.9	2 36.0	20	85
−18 00	− 2 13.0	− 2 59.2	− 3 44.8	8 43 59.3	8 43 07.1	8 42 17.0	2 38.7	21	85
−17 00	− 1 53.1	− 2 40.0	− 3 26.4	8 44 57.5	8 44 03.0	8 43 10.8	2 41.4	23	85
−16 00	− 1 32.1	− 2 19.8	− 3 06.8	8 45 59.9	8 45 03.0	8 44 08.5	2 44.1	24	85
−15 00	− 1 09.9	− 1 58.4	− 2 46.2	8 47 06.6	8 46 07.2	8 45 10.3	2 47.0	25	85
−14 00	− 0 46.5	− 1 35.8	− 2 24.5	8 48 17.8	8 47 15.7	8 46 16.3	2 49.8	26	85
−13 00	− 0 21.8	− 1 12.0	− 2 01.5	8 49 33.6	8 48 28.8	8 47 26.7	2 52.8	28	86
−12 00	+ 0 04.2	− 0 46.9	− 1 37.3	8 50 54.4	8 49 46.7	8 48 41.7	2 55.8	29	86
−11 00	+ 0 31.6	− 0 20.4	− 1 11.7	8 52 20.4	8 51 09.5	8 50 01.5	2 58.8	30	86
−10 00	+ 1 00.4	+ 0 07.4	− 0 44.9	8 53 51.6	8 52 37.4	8 51 26.3	3 01.9	32	86
− 9 00	+ 1 30.7	+ 0 36.6	− 0 16.6	8 55 28.4	8 54 10.8	8 52 56.3	3 05.0	33	86
− 8 00	+ 2 02.5	+ 1 07.4	+ 0 13.2	8 57 11.0	8 55 49.7	8 54 31.8	3 08.2	35	87
− 7 00	+ 2 36.0	+ 1 39.7	+ 0 44.4	8 58 59.5	8 57 34.5	8 56 12.9	3 11.5	36	87
− 6 00	+ 3 11.1	+ 2 13.7	+ 1 17.3	9 00 54.4	8 59 25.3	8 57 59.9	3 14.7	38	87
− 5 00	+ 3 47.9	+ 2 49.4	+ 1 51.8	9 02 55.8	9 01 22.5	8 59 53.0	3 18.0	39	88
− 4 00	+ 4 26.6	+ 3 26.8	+ 2 27.9	9 05 03.8	9 03 26.3	9 01 52.5	3 21.4	41	88
− 3 00	+ 5 07.1	+ 4 06.0	+ 3 05.9	9 07 18.9	9 05 36.8	9 03 58.7	3 24.7	42	89
− 2 00	+ 5 49.5	+ 4 47.0	+ 3 45.7	9 09 41.1	9 07 54.3	9 06 11.7	3 28.1	44	90
− 1 00	+ 6 33.9	+ 5 30.1	+ 4 27.4	9 12 10.7	9 10 19.1	9 08 31.7	3 31.5	45	91
0 00	+ 7 20.3	+ 6 15.1	+ 5 11.0	9 14 47.9	9 12 51.3	9 10 59.1	3 34.8	47	92
+ 1 00	+ 8 08.7	+ 7 02.1	+ 5 56.6	9 17 32.7	9 15 31.1	9 13 33.9	3 38.1	49	93
+ 2 00	+ 8 59.3	+ 7 51.1	+ 6 44.3	9 20 25.3	9 18 18.6	9 16 16.4	3 41.4	50	94
+ 3 00	+ 9 51.9	+ 8 42.3	+ 7 34.0	9 23 25.6	9 21 13.9	9 19 06.5	3 44.6	52	96
+ 4 00	+10 46.5	+ 9 35.5	+ 8 25.8	9 26 33.5	9 24 16.9	9 22 04.5	3 47.8	54	97
+ 5 00	+11 43.2	+10 30.8	+ 9 19.6	9 29 49.0	9 27 27.5	9 25 10.2	3 50.8	55	99
+ 6 00	+12 41.9	+11 28.1	+10 15.5	9 33 11.6	9 30 45.6	9 28 23.5	3 53.7	57	102
+ 7 00	+13 42.4	+12 27.3	+11 13.4	9 36 40.9	9 34 10.7	9 31 44.1	3 56.5	58	104
+ 8 00	+14 44.6	+13 28.3	+12 13.2	9 40 16.4	9 37 42.5	9 35 11.8	3 59.1	60	107
+ 9 00	+15 48.4	+14 31.1	+13 14.8	9 43 57.4	9 41 20.4	9 38 46.1	4 01.4	61	110
+10 00	+16 53.5	+15 35.3	+14 17.9	9 47 43.1	9 45 03.5	9 42 26.2	4 03.6	63	114
+11 00	+17 59.7	+16 40.7	+15 22.6	9 51 32.4	9 48 51.1	9 46 11.5	4 05.5	64	118
+12 00	+19 06.8	+17 47.2	+16 28.4	9 55 24.3	9 52 42.1	9 50 01.0	4 07.1	65	122
+13 00	+20 14.3	+18 54.5	+17 35.1	9 59 17.6	9 56 35.5	9 53 53.6	4 08.4	66	127
+14 00	+21 22.1	+20 02.1	+18 42.5	10 03 11.1	10 00 30.0	9 57 48.3	4 09.5	66	133
+15 00	+22 29.8	+21 09.9	+19 50.3	10 07 03.7	10 04 24.4	10 01 43.9	4 10.2	67	138

ECLIPSES, 2006

PATH OF CENTRAL PHASE: TOTAL SOLAR ECLIPSE OF MARCH 29

| Longitude | Latitude of: | | | Universal Time at: | | | On Central Line | | |
	Northern Limit	Central Line	Southern Limit	Northern Limit	Central Line	Southern Limit	Maximum Duration	Sun's Alt.	Az.
° ′	° ′	° ′	° ′	h m s	h m s	h m s	m s	°	°
+16 00	+23 37.1	+22 17.5	+20 58.0	10 10 54.1	10 08 17.6	10 05 39.2	4 10.6	67	144
+17 00	+24 43.6	+23 24.6	+22 05.5	10 14 41.4	10 12 08.4	10 09 32.9	4 10.7	67	150
+18 00	+25 49.3	+24 30.9	+23 12.4	10 18 24.5	10 15 55.8	10 13 24.0	4 10.5	67	156
+19 00	+26 53.7	+25 36.2	+24 18.4	10 22 02.7	10 19 38.9	10 17 11.5	4 10.1	67	161
+20 00	+27 56.8	+26 40.2	+25 23.4	10 25 35.2	10 23 16.8	10 20 54.4	4 09.3	66	167
+21 00	+28 58.3	+27 42.8	+26 27.0	10 29 01.6	10 26 48.9	10 24 32.0	4 08.4	65	172
+22 00	+29 58.1	+28 43.9	+27 29.2	10 32 21.4	10 30 14.7	10 28 03.6	4 07.2	65	176
+23 00	+30 56.2	+29 43.2	+28 29.7	10 35 34.3	10 33 33.9	10 31 28.9	4 05.8	64	180
+24 00	+31 52.5	+30 40.7	+29 28.5	10 38 40.3	10 36 46.2	10 34 47.4	4 04.2	63	184
+25 00	+32 46.9	+31 36.4	+30 25.5	10 41 39.2	10 39 51.4	10 37 58.9	4 02.5	62	188
+26 00	+33 39.5	+32 30.3	+31 20.6	10 44 31.1	10 42 49.5	10 41 03.4	4 00.7	60	191
+27 00	+34 30.2	+33 22.3	+32 13.9	10 47 16.0	10 45 40.7	10 44 00.7	3 58.7	59	194
+28 00	+35 19.0	+34 12.4	+33 05.3	10 49 54.2	10 48 24.8	10 46 51.0	3 56.6	58	197
+29 00	+36 06.1	+35 00.7	+33 54.8	10 52 25.7	10 51 02.2	10 49 34.4	3 54.5	57	200
+30 00	+36 51.3	+35 47.2	+34 42.5	10 54 50.8	10 53 33.0	10 52 11.0	3 52.3	56	202
+31 00	+37 34.9	+36 31.9	+35 28.4	10 57 09.7	10 55 57.4	10 54 41.1	3 50.1	55	204
+32 00	+38 16.7	+37 14.9	+36 12.6	10 59 22.7	10 58 15.7	10 57 04.7	3 47.8	53	206
+33 00	+38 57.0	+37 56.2	+36 55.1	11 01 29.9	11 00 28.0	10 59 22.2	3 45.5	52	208
+34 00	+39 35.7	+38 36.0	+37 35.9	11 03 31.8	11 02 34.7	11 01 33.9	3 43.1	51	210
+35 00	+40 12.9	+39 14.2	+38 15.1	11 05 28.3	11 04 35.9	11 03 39.9	3 40.8	50	212
+36 00	+40 48.6	+39 50.9	+38 52.8	11 07 20.0	11 06 31.9	11 05 40.4	3 38.4	49	214
+37 00	+41 22.9	+40 26.1	+39 29.1	11 09 06.8	11 08 23.0	11 07 35.8	3 36.1	48	215
+38 00	+41 55.9	+41 00.0	+40 03.8	11 10 49.1	11 10 09.3	11 09 26.3	3 33.7	47	217
+39 00	+42 27.6	+41 32.5	+40 37.3	11 12 27.2	11 11 51.1	11 11 12.1	3 31.4	45	218
+40 00	+42 58.0	+42 03.8	+41 09.4	11 14 01.1	11 13 28.6	11 12 53.4	3 29.1	44	220
+41 00	+43 27.2	+42 33.8	+41 40.2	11 15 31.1	11 15 02.1	11 14 30.4	3 26.8	43	221
+42 00	+43 55.3	+43 02.7	+42 09.8	11 16 57.3	11 16 31.6	11 16 03.3	3 24.5	42	222
+43 00	+44 22.3	+43 30.4	+42 38.3	11 18 20.0	11 17 57.4	11 17 32.3	3 22.3	41	224
+44 00	+44 48.2	+43 57.0	+43 05.6	11 19 39.4	11 19 19.7	11 18 57.6	3 20.0	40	225
+45 00	+45 13.1	+44 22.5	+43 31.8	11 20 55.5	11 20 38.6	11 20 19.4	3 17.8	39	226
+46 00	+45 37.0	+44 47.1	+43 57.0	11 22 08.5	11 21 54.3	11 21 37.9	3 15.7	38	227
+47 00	+45 59.9	+45 10.6	+44 21.2	11 23 18.6	11 23 06.9	11 22 53.1	3 13.5	37	228
+48 00	+46 21.9	+45 33.2	+44 44.4	11 24 25.8	11 24 16.6	11 24 05.3	3 11.4	36	230
+49 00	+46 43.1	+45 54.9	+45 06.7	11 25 30.4	11 25 23.4	11 25 14.5	3 09.3	36	231
+50 00	+47 03.4	+46 15.7	+45 28.1	11 26 32.5	11 26 27.6	11 26 20.9	3 07.2	35	232
+51 00	+47 22.8	+46 35.7	+45 48.6	11 27 32.0	11 27 29.2	11 27 24.6	3 05.2	34	233
+52 00	+47 41.5	+46 54.9	+46 08.2	11 28 29.2	11 28 28.4	11 28 25.8	3 03.2	33	234
+53 00	+47 59.4	+47 13.3	+46 27.1	11 29 24.2	11 29 25.2	11 29 24.5	3 01.2	32	235
+54 00	+48 16.5	+47 30.9	+46 45.2	11 30 17.0	11 30 19.8	11 30 20.9	2 59.3	31	236
+55 00	+48 32.9	+47 47.7	+47 02.5	11 31 07.8	11 31 12.2	11 31 15.0	2 57.4	30	237
+56 00	+48 48.7	+48 03.9	+47 19.1	11 31 56.5	11 32 02.5	11 32 06.9	2 55.5	30	238
+57 00	+49 03.7	+48 19.3	+47 34.9	11 32 43.3	11 32 50.8	11 32 56.8	2 53.6	29	239
+58 00	+49 18.1	+48 34.1	+47 50.1	11 33 28.3	11 33 37.2	11 33 44.7	2 51.8	28	240
+59 00	+49 31.8	+48 48.2	+48 04.6	11 34 11.6	11 34 21.8	11 34 30.6	2 49.9	27	241
+60 00	+49 44.9	+49 01.7	+48 18.5	11 34 53.1	11 35 04.6	11 35 14.7	2 48.2	26	242
+61 00	+49 57.4	+49 14.5	+48 31.7	11 35 32.9	11 35 45.6	11 35 57.0	2 46.4	26	243
+62 00	+50 09.3	+49 26.8	+48 44.3	11 36 11.2	11 36 25.1	11 36 37.6	2 44.7	25	244
+63 00	+50 20.7	+49 38.5	+48 56.3	11 36 48.0	11 37 02.9	11 37 16.5	2 42.9	24	245
+64 00	+50 31.5	+49 49.6	+49 07.7	11 37 23.3	11 37 39.2	11 37 53.8	2 41.3	23	246
+65 00	+50 41.7	+50 00.1	+49 18.6	11 37 57.1	11 38 14.0	11 38 29.6	2 39.6	22	247

PATH OF CENTRAL PHASE: TOTAL SOLAR ECLIPSE OF MARCH 29

Longitude	Latitude of:			Universal Time at:			On Central Line		
	Northern Limit	Central Line	Southern Limit	Northern Limit	Central Line	Southern Limit	Maximum Duration	Sun's Alt.	Sun's Az.
° ′	° ′	° ′	° ′	h m s	h m s	h m s	m s	°	°
+66 00	+50 51.4	+50 10.1	+49 28.9	11 38 29.6	11 38 47.3	11 39 03.8	2 38.0	22	248
+67 00	+51 00.6	+50 19.6	+49 38.7	11 39 00.7	11 39 19.2	11 39 36.6	2 36.3	21	249
+68 00	+51 09.2	+50 28.5	+49 47.9	11 39 30.5	11 39 49.8	11 40 08.0	2 34.7	20	250
+69 00	+51 17.4	+50 37.0	+49 56.6	11 39 59.0	11 40 19.1	11 40 38.1	2 33.2	20	251
+70 00	+51 25.1	+50 44.9	+50 04.8	11 40 26.3	11 40 47.1	11 41 06.8	2 31.6	19	251
+71 00	+51 32.3	+50 52.4	+50 12.5	11 40 52.4	11 41 13.9	11 41 34.2	2 30.1	18	252
+72 00	+51 39.0	+50 59.3	+50 19.7	11 41 17.4	11 41 39.4	11 42 00.4	2 28.6	17	253
+73 00	+51 45.3	+51 05.8	+50 26.5	11 41 41.2	11 42 03.8	11 42 25.3	2 27.1	17	254
+74 00	+51 51.1	+51 11.9	+50 32.8	11 42 03.9	11 42 27.0	11 42 49.1	2 25.6	16	255
+75 00	+51 56.5	+51 17.5	+50 38.6	11 42 25.5	11 42 49.1	11 43 11.7	2 24.1	15	256
+76 00	+52 01.5	+51 22.7	+50 44.0	11 42 46.1	11 43 10.1	11 43 33.1	2 22.7	15	257
+77 00	+52 06.0	+51 27.4	+50 48.9	11 43 05.6	11 43 30.1	11 43 53.5	2 21.3	14	258
+78 00	+52 10.1	+51 31.7	+50 53.5	11 43 24.1	11 43 49.0	11 44 12.8	2 19.9	13	258
+79 00	+52 13.8	+51 35.6	+50 57.5	11 43 41.7	11 44 06.8	11 44 31.0	2 18.5	13	259
+80 00	+52 17.0	+51 39.1	+51 01.2	11 43 58.2	11 44 23.7	11 44 48.2	2 17.1	12	260
+81 00	+52 19.9	+51 42.1	+51 04.5	11 44 13.9	11 44 39.6	11 45 04.3	2 15.7	11	261
+82 00	+52 22.4	+51 44.8	+51 07.3	11 44 28.5	11 44 54.5	11 45 19.5	2 14.4	11	262
+83 00	+52 24.5	+51 47.0	+51 09.8	11 44 42.3	11 45 08.5	11 45 33.7	2 13.1	10	263
+84 00	+52 26.2	+51 48.9	+51 11.8	11 44 55.2	11 45 21.5	11 45 46.9	2 11.8	9	264
+85 00	+52 27.5	+51 50.4	+51 13.5	11 45 07.2	11 45 33.7	11 45 59.1	2 10.5	9	264
+86 00	+52 28.5	+51 51.6	+51 14.8	11 45 18.3	11 45 45.0	11 46 10.7	2 09.2	8	265
+87 00	+52 29.0	+51 52.3	+51 15.7	11 45 28.4	11 45 55.2	11 46 21.1	2 07.9	7	266
+88 00	+52 28.8	+51 52.3	+51 16.1	11 45 36.7	11 46 03.8	11 46 30.3	2 06.7	7	267
+89 00	+52 28.4	+51 51.9	+51 15.7	11 45 44.8	11 46 11.6	11 46 37.6	2 05.5	6	268
+90 00	+52 28.1	+51 51.6	+51 15.3	11 45 52.9	11 46 19.3	11 46 44.9	2 04.2	6	268

For limits, see Circumstances of the Eclipse

ANNULAR SOLAR ECLIPSE OF 2006 SEPTEMBER 22

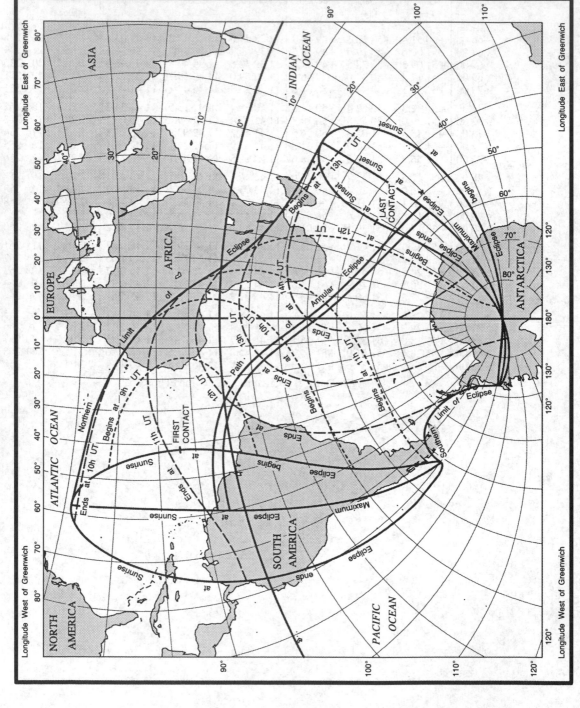

PATH OF CENTRAL PHASE: ANNULAR SOLAR ECLIPSE OF SEPTEMBER 22

For limits, see Circumstances of the Eclipse

| Longitude | Latitude of: | | | Universal Time at: | | | On Central Line | | |
	Northern Limit	Central Line	Southern Limit	Northern Limit	Central Line	Southern Limit	Maximum Duration	Sun's Alt.	Az.
° ′	° ′	° ′	° ′	h m s	h m s	h m s	m s	°	°
−56 00	+ 6 38.4	+ 5 11.6	+ 3 45.7	9 50 31.1	9 51 50.0	9 53 06.2	5 32.9	4	90
−55 00	+ 6 35.7	+ 5 10.2	+ 3 43.5	9 50 42.2	9 51 57.6	9 53 18.9	5 34.5	5	90
−54 00	+ 6 32.9	+ 5 07.9	+ 3 41.2	9 50 53.3	9 52 08.4	9 53 31.9	5 36.0	6	90
−53 00	+ 6 29.8	+ 5 04.3	+ 3 37.8	9 51 05.8	9 52 24.8	9 53 49.6	5 37.7	7	90
−52 00	+ 6 25.6	+ 5 00.0	+ 3 33.6	9 51 23.0	9 52 44.3	9 54 10.7	5 39.3	8	90
−51 00	+ 6 20.6	+ 4 55.1	+ 3 28.7	9 51 43.3	9 53 06.4	9 54 34.7	5 41.0	9	90
−50 00	+ 6 14.9	+ 4 49.5	+ 3 23.1	9 52 06.5	9 53 31.6	9 55 02.0	5 42.8	10	91
−49 00	+ 6 08.5	+ 4 43.1	+ 3 16.7	9 52 32.8	9 54 00.0	9 55 32.6	5 44.6	11	91
−48 00	+ 6 01.3	+ 4 35.9	+ 3 09.4	9 53 02.3	9 54 31.8	9 56 06.7	5 46.4	12	91
−47 00	+ 5 53.4	+ 4 27.9	+ 3 01.4	9 53 35.1	9 55 07.0	9 56 44.5	5 48.2	14	91
−46 00	+ 5 44.6	+ 4 19.0	+ 2 52.4	9 54 11.5	9 55 45.9	9 57 26.0	5 50.1	15	91
−45 00	+ 5 34.9	+ 4 09.2	+ 2 42.5	9 54 51.4	9 56 28.6	9 58 11.5	5 52.1	16	91
−44 00	+ 5 24.3	+ 3 58.5	+ 2 31.7	9 55 35.2	9 57 15.2	9 59 01.1	5 54.0	17	91
−43 00	+ 5 12.8	+ 3 46.8	+ 2 19.8	9 56 22.8	9 58 05.9	9 59 55.0	5 56.1	18	91
−42 00	+ 5 00.3	+ 3 34.1	+ 2 06.9	9 57 14.6	9 59 00.8	10 00 53.3	5 58.1	20	91
−41 00	+ 4 46.7	+ 3 20.4	+ 1 52.9	9 58 10.6	10 00 00.3	10 01 56.3	6 00.2	21	91
−40 00	+ 4 32.1	+ 3 05.6	+ 1 37.8	9 59 11.2	10 01 04.4	10 03 04.2	6 02.3	22	91
−39 00	+ 4 16.4	+ 2 49.6	+ 1 21.5	10 00 16.4	10 02 13.5	10 04 17.3	6 04.5	23	91
−38 00	+ 3 59.6	+ 2 32.4	+ 1 03.9	10 01 26.5	10 03 27.7	10 05 35.7	6 06.7	25	91
−37 00	+ 3 41.5	+ 2 13.9	+ 0 45.0	10 02 41.8	10 04 47.2	10 06 59.8	6 09.0	26	91
−36 00	+ 3 22.1	+ 1 54.1	+ 0 24.7	10 04 02.4	10 06 12.5	10 08 29.8	6 11.3	27	91
−35 00	+ 3 01.3	+ 1 32.8	+ 0 02.9	10 05 28.8	10 07 43.6	10 10 06.1	6 13.6	29	91
−34 00	+ 2 39.2	+ 1 10.1	− 0 20.4	10 07 01.1	10 09 21.1	10 11 48.9	6 16.0	30	90
−33 00	+ 2 15.5	+ 0 45.9	− 0 45.3	10 08 39.7	10 11 05.1	10 13 38.6	6 18.4	32	90
−32 00	+ 1 50.3	+ 0 20.0	− 1 12.0	10 10 24.9	10 12 56.1	10 15 35.7	6 20.8	33	90
−31 00	+ 1 23.4	− 0 07.7	− 1 40.4	10 12 17.2	10 14 54.5	10 17 40.4	6 23.3	35	90
−30 00	+ 0 54.7	− 0 37.2	− 2 10.8	10 14 16.8	10 17 00.6	10 19 53.3	6 25.8	36	89
−29 00	+ 0 24.2	− 1 08.6	− 2 43.2	10 16 24.2	10 19 14.9	10 22 14.7	6 28.3	38	89
−28 00	− 0 08.2	− 1 42.1	− 3 17.8	10 18 39.9	10 21 37.8	10 24 45.2	6 30.8	39	88
−27 00	− 0 42.8	− 2 17.7	− 3 54.7	10 21 04.3	10 24 09.8	10 27 25.2	6 33.3	41	88
−26 00	− 1 19.5	− 2 55.7	− 4 33.9	10 23 37.9	10 26 51.5	10 30 15.2	6 35.8	42	87
−25 00	− 1 58.6	− 3 36.1	− 5 15.7	10 26 21.2	10 29 43.2	10 33 15.8	6 38.4	44	86
−24 00	− 2 40.1	− 4 19.0	− 6 00.2	10 29 14.7	10 32 45.7	10 36 27.4	6 40.9	46	85
−23 00	− 3 24.2	− 5 04.6	− 6 47.5	10 32 19.0	10 35 59.2	10 39 50.4	6 43.3	48	84
−22 00	− 4 11.0	− 5 53.1	− 7 37.7	10 35 34.6	10 39 24.4	10 43 25.4	6 45.7	49	83
−21 00	− 5 00.7	− 6 44.5	− 8 31.0	10 39 01.9	10 43 01.7	10 47 12.7	6 48.1	51	81
−20 00	− 5 53.3	− 7 39.0	− 9 27.5	10 42 41.5	10 46 51.4	10 51 12.4	6 50.3	53	79
−19 00	− 6 49.1	− 8 36.7	−10 27.1	10 46 33.7	10 50 53.7	10 55 24.7	6 52.5	55	77
−18 00	− 7 47.9	− 9 37.5	−11 30.0	10 50 38.6	10 55 08.6	10 59 49.3	6 54.5	56	75
−17 00	− 8 50.0	−10 41.6	−12 36.1	10 54 56.3	10 59 36.1	11 04 25.9	6 56.4	58	72
−16 00	− 9 55.3	−11 48.8	−13 45.2	10 59 26.7	11 04 15.6	11 09 13.5	6 58.2	60	69
−15 00	−11 03.6	−12 59.0	−14 57.2	11 04 09.1	11 09 06.2	11 14 11.1	6 59.7	61	65
−14 00	−12 14.9	−14 12.1	−16 11.8	11 09 02.7	11 14 06.7	11 19 17.0	7 01.0	62	60
−13 00	−13 29.0	−15 27.5	−17 28.5	11 14 06.3	11 19 15.6	11 24 29.2	7 02.1	64	55
−12 00	−14 45.3	−16 45.0	−18 46.9	11 19 18.1	11 24 30.6	11 29 45.4	7 03.0	65	50
−11 00	−16 03.5	−18 04.0	−20 06.3	11 24 35.9	11 29 49.4	11 35 03.0	7 03.6	65	44
−10 00	−17 23.1	−19 23.9	−21 26.3	11 29 57.4	11 35 09.5	11 40 19.3	7 03.9	66	37
− 9 00	−18 43.4	−20 44.1	−22 46.1	11 35 19.8	11 40 28.0	11 45 31.8	7 04.0	66	31
− 8 00	−20 03.9	−22 04.0	−24 05.2	11 40 40.4	11 45 42.5	11 50 38.0	7 03.8	66	24
− 7 00	−21 23.8	−23 23.1	−25 23.0	11 45 56.7	11 50 50.4	11 55 35.9	7 03.4	65	18

ECLIPSES, 2006

PATH OF CENTRAL PHASE: ANNULAR SOLAR ECLIPSE OF SEPTEMBER 22

	Latitude of:			Universal Time at:			On Central Line		
Longitude	Northern Limit	Central Line	Southern Limit	Northern Limit	Central Line	Southern Limit	Maximum Duration	Sun's Alt.	Sun's Az.
° ′	° ′	° ′	° ′	h m s	h m s	h m s	m s	°	°
− 6 00	−22 42.7	−24 40.7	−26 39.2	11 51 06.3	11 55 49.9	12 00 23.9	7 02.7	65	12
− 5 00	−24 00.1	−25 56.5	−27 53.3	11 56 07.2	12 00 39.3	12 05 00.7	7 01.9	64	7
− 4 00	−25 15.5	−27 10.1	−29 05.1	12 00 57.9	12 05 17.4	12 09 25.5	7 00.9	63	2
− 3 00	−26 28.6	−28 21.4	−30 14.4	12 05 37.1	12 09 43.5	12 13 38.0	6 59.7	61	357
− 2 00	−27 39.2	−29 30.1	−31 21.1	12 10 04.3	12 13 57.2	12 17 38.0	6 58.4	60	353
− 1 00	−28 47.2	−30 36.1	−32 25.2	12 14 19.1	12 17 58.4	12 21 25.5	6 57.0	59	350
0 00	−29 52.6	−31 39.5	−33 26.7	12 18 21.4	12 21 47.2	12 25 01.0	6 55.4	57	346
+ 1 00	−30 55.1	−32 40.2	−34 25.5	12 22 11.3	12 25 23.9	12 28 24.7	6 53.8	56	343
+ 2 00	−31 55.1	−33 38.3	−35 21.9	12 25 49.2	12 28 49.0	12 31 37.3	6 52.2	55	341
+ 3 00	−32 52.4	−34 33.8	−36 15.7	12 29 15.4	12 32 03.0	12 34 39.2	6 50.4	53	338
+ 4 00	−33 47.1	−35 26.9	−37 07.3	12 32 30.6	12 35 06.3	12 37 31.1	6 48.7	52	336
+ 5 00	−34 39.4	−36 17.7	−37 56.5	12 35 35.2	12 37 59.6	12 40 13.4	6 46.9	50	334
+ 6 00	−35 29.3	−37 06.2	−38 43.7	12 38 29.9	12 40 43.5	12 42 46.9	6 45.1	49	332
+ 7 00	−36 17.0	−37 52.5	−39 28.7	12 41 15.1	12 43 18.4	12 45 11.9	6 43.3	48	330
+ 8 00	−37 02.6	−38 36.8	−40 11.9	12 43 51.4	12 45 45.0	12 47 29.1	6 41.5	47	328
+ 9 00	−37 46.2	−39 19.2	−40 53.1	12 46 19.4	12 48 03.8	12 49 38.9	6 39.6	45	327
+10 00	−38 27.8	−39 59.8	−41 32.6	12 48 39.6	12 50 15.1	12 51 41.8	6 37.8	44	325
+11 00	−39 07.5	−40 38.5	−42 10.4	12 50 52.4	12 52 19.6	12 53 38.2	6 36.0	43	323
+12 00	−39 45.6	−41 15.7	−42 46.7	12 52 58.3	12 54 17.5	12 55 28.5	6 34.2	42	322
+13 00	−40 22.0	−41 51.2	−43 21.4	12 54 57.7	12 56 09.4	12 57 13.1	6 32.5	41	321
+14 00	−40 56.8	−42 25.2	−43 54.7	12 56 51.1	12 57 55.6	12 58 52.3	6 30.7	39	319
+15 00	−41 30.1	−42 57.8	−44 26.6	12 58 38.7	12 59 36.3	13 00 26.5	6 29.0	38	318
+16 00	−42 02.0	−43 29.1	−44 57.2	13 00 20.9	13 01 12.0	13 01 55.9	6 27.2	37	317
+17 00	−42 32.6	−43 59.1	−45 26.5	13 01 58.0	13 02 43.0	13 03 20.9	6 25.6	36	315
+18 00	−43 01.9	−44 27.8	−45 54.7	13 03 30.3	13 04 09.5	13 04 41.7	6 23.9	35	314
+19 00	−43 30.0	−44 55.3	−46 21.8	13 04 58.2	13 05 31.7	13 05 58.5	6 22.2	34	313
+20 00	−43 56.9	−45 21.7	−46 47.7	13 06 21.8	13 06 49.9	13 07 11.5	6 20.6	33	312
+21 00	−44 22.6	−45 47.1	−47 12.6	13 07 41.3	13 08 04.4	13 08 21.0	6 19.0	32	311
+22 00	−44 47.3	−46 11.4	−47 36.6	13 08 57.1	13 09 15.2	13 09 27.1	6 17.4	31	310
+23 00	−45 11.0	−46 34.7	−47 59.5	13 10 09.2	13 10 22.7	13 10 30.1	6 15.9	30	309
+24 00	−45 33.7	−46 57.1	−48 21.6	13 11 17.9	13 11 27.0	13 11 30.0	6 14.4	29	308
+25 00	−45 55.5	−47 18.6	−48 42.8	13 12 23.4	13 12 28.2	13 12 27.1	6 12.9	28	307
+26 00	−46 16.4	−47 39.2	−49 03.1	13 13 25.8	13 13 26.5	13 13 21.5	6 11.4	28	305
+27 00	−46 36.4	−47 59.0	−49 22.7	13 14 25.2	13 14 22.1	13 14 13.2	6 09.9	27	304
+28 00	−46 55.5	−48 17.9	−49 41.4	13 15 21.9	13 15 15.0	13 15 02.5	6 08.5	26	303
+29 00	−47 13.9	−48 36.1	−49 59.4	13 16 15.9	13 16 05.4	13 15 49.5	6 07.1	25	302
+30 00	−47 31.5	−48 53.5	−50 16.7	13 17 07.4	13 16 53.4	13 16 34.2	6 05.7	24	302
+31 00	−47 48.3	−49 10.2	−50 33.3	13 17 56.4	13 17 39.2	13 17 16.8	6 04.3	23	301
+32 00	−48 04.5	−49 26.3	−50 49.1	13 18 43.1	13 18 22.8	13 17 57.3	6 03.0	23	300
+33 00	−48 19.9	−49 41.6	−51 04.4	13 19 27.6	13 19 04.3	13 18 35.8	6 01.6	22	299
+34 00	−48 34.7	−49 56.3	−51 19.0	13 20 09.9	13 19 43.7	13 19 12.5	6 00.3	21	298
+35 00	−48 48.8	−50 10.3	−51 32.9	13 20 50.2	13 20 21.3	13 19 47.3	5 59.1	20	297
+36 00	−49 02.2	−50 23.7	−51 46.3	13 21 28.6	13 20 57.0	13 20 20.5	5 57.8	20	296
+37 00	−49 15.1	−50 36.6	−51 59.1	13 22 05.1	13 21 30.9	13 20 51.9	5 56.6	19	295
+38 00	−49 27.3	−50 48.8	−52 11.4	13 22 39.7	13 22 03.2	13 21 21.8	5 55.3	18	294
+39 00	−49 39.0	−51 00.5	−52 23.1	13 23 12.6	13 22 33.8	13 21 50.1	5 54.1	17	293
+40 00	−49 50.1	−51 11.7	−52 34.2	13 23 43.8	13 23 02.8	13 22 17.0	5 52.9	17	292
+41 00	−50 00.7	−51 22.3	−52 44.8	13 24 13.4	13 23 30.3	13 22 42.4	5 51.8	16	291
+42 00	−50 10.8	−51 32.3	−52 55.0	13 24 41.5	13 23 56.3	13 23 06.4	5 50.6	15	290
+43 00	−50 20.3	−51 41.9	−53 04.6	13 25 08.0	13 24 20.8	13 23 29.1	5 49.5	14	289

PATH OF CENTRAL PHASE: ANNULAR SOLAR ECLIPSE OF SEPTEMBER 22

Longitude	Latitude of:			Universal Time at:			On Central Line		
	Northern Limit	Central Line	Southern Limit	Northern Limit	Central Line	Southern Limit	Maximum Duration	Sun's Alt.	Az.
° ′	° ′	° ′	° ′	h m s	h m s	h m s	m s	°	°
+44 00	−50 29.3	−51 51.0	−53 13.8	13 25 33.0	13 24 44.0	13 23 50.5	5 48.3	14	289
+45 00	−50 37.8	−51 59.6	−53 22.5	13 25 56.6	13 25 05.9	13 24 10.6	5 47.2	13	288
+46 00	−50 45.8	−52 07.8	−53 30.7	13 26 18.9	13 25 26.5	13 24 29.5	5 46.1	12	287
+47 00	−50 53.4	−52 15.4	−53 38.5	13 26 39.8	13 25 45.8	13 24 47.3	5 45.1	12	286
+48 00	−51 00.5	−52 22.7	−53 45.8	13 26 59.4	13 26 03.8	13 25 03.9	5 44.0	11	285
+49 00	−51 07.2	−52 29.4	−53 52.7	13 27 17.7	13 26 20.7	13 25 19.4	5 43.0	10	284
+50 00	−51 13.4	−52 35.8	−53 59.2	13 27 34.8	13 26 36.5	13 25 33.8	5 41.9	10	283
+51 00	−51 19.1	−52 41.7	−54 05.3	13 27 50.7	13 26 51.1	13 25 47.1	5 40.9	9	283
+52 00	−51 24.5	−52 47.2	−54 10.9	13 28 05.4	13 27 04.6	13 25 59.4	5 39.9	8	282
+53 00	−51 29.4	−52 52.4	−54 16.3	13 28 19.0	13 27 17.1	13 26 10.9	5 38.9	8	281
+54 00	−51 33.9	−52 57.0	−54 21.1	13 28 31.5	13 27 28.4	13 26 21.2	5 37.9	7	280
+55 00	−51 38.1	−53 00.9	−54 25.5	13 28 43.2	13 27 37.7	13 26 30.3	5 37.0	7	279
+56 00	−51 41.8	−53 04.7	−54 29.0	13 28 53.3	13 27 46.7	13 26 37.2	5 36.0	6	278
+57 00	−51 44.8	−53 08.5	−54 32.5	13 29 01.8	13 27 55.8	13 26 44.1	5 35.0	5	278

For limits, see Circumstances of the Eclipse

TRANSIT OF MERCURY OF 2006 NOVEMBER 8–9

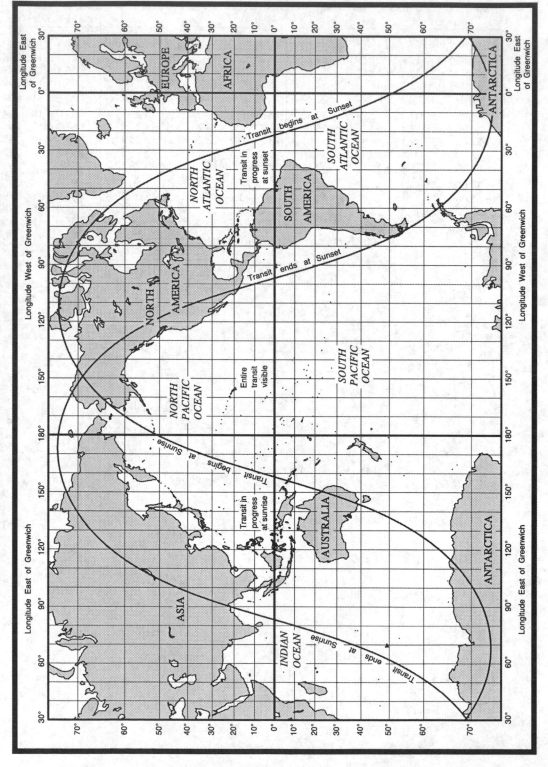

A transit of Mercury over the disk of the Sun will occur on November 8–9. The entire transit will be visible in eastern Australia, New Zealand, part of Antarctica, western North America, western Mexico, the southern coast of Chile, and most of the Pacific Ocean.

The times provided in the following tables are given provisionally in Universal Time, using $\Delta T(A) = +67.6$ seconds. Once the value of ΔT is known, the data on these pages may be expressed in Universal Time as follows:

Define $\delta T = \Delta T - \Delta T(A)$, in units of seconds of time.

Change the times given in provisional Universal Time by subtracting δT.

Apply the correction $0.00417807 \, \delta T$ degrees to the longitudes in such a way that if δT is positive, the longitudes shift to the east.

Leave all other quantities unchanged.

Longitude is positive to the east and negative to the west.

GEOCENTRIC CIRCUMSTANCES

		UT			Position Angle P	Mercury being in the Zenith in Longitude	Latitude
		d	h	m	s	°	° ′	° ′
Ingress, exterior contact	November	8	19	12	01.7	140.9	−111 53.3	−16 54.4
Ingress, interior contact		8	19	13	54.6	141.2	−112 21.7	−16 54.3
Least angular distance		8	21	41	01.7		−149 22.0	−16 50.0
Egress, interior contact		9	00	08	13.6	269.0	+173 36.5	−16 45.6
Egress, exterior contact		9	00	10	06.5	269.3	+173 08.1	−16 45.5

Least angular distance: $7' \, 02''.9$

The position angle P of the point of contact is reckoned from the north point of the limb of the Sun towards the east.

The position angle V of the point of contact, reckoned from the vertex of the limb of the Sun towards the east, is found by:

$$V = P - C$$

where C, the parallactic angle, is given by:

$$\tan C = \frac{\cos \phi' \sin h}{\sin \phi' \cos \delta - \cos \phi' \sin \delta \cos h}$$

in which ϕ' is the geocentric latitude of the place, δ is the declination of the Sun, and h is the local hour angle of the Sun; $\sin C$ has the same algebraic sign as $\sin h$.

TRANSIT OF MERCURY OF 2006 NOVEMBER 8–9

Location	Position Latitude ° ′	Longitude ° ′	Ingress Exterior Contact UT h m s	P °	Ingress Interior Contact UT h m s	P °	Least Angular Distance UT h m s	Separation ′ ″	Egress Interior Contact UT h m s	P °	Egress Exterior Contact UT h m s	P °
United States												
Boston, MA	+42 20.0	− 71 05.0	19 12 16.7	141.1	19 14 09.6	141.4	21 40 47.9	7 06.8	...	...	...	...
Black Moshannon Obs., Univ. Park, PA	+40 55.3	− 78 00.2	19 12 18.6	141.1	19 14 11.5	141.4	21 40 46.6	7 06.7	...	...	...	...
USNO, Washington, DC	+38 55.3	− 77 04.0	19 12 17.1	141.1	19 14 10.0	141.4	21 40 45.1	7 06.7	...	...	...	...
Morehead Obs., Chapel Hill, NC	+35 54.8	− 79 03.0	19 12 16.2	141.1	19 14 09.1	141.4	21 40 44.9	7 06.7	...	...	...	...
Fernbank Obs., Atlanta, GA	+33 46.7	− 84 19.1	19 12 17.4	141.1	19 14 10.2	141.4	21 40 44.9	7 06.6	...	...	...	...
Miami, FL	+25 45.0	− 80 15.0	19 12 10.9	141.1	19 14 03.7	141.4	21 40 39.8	7 06.3	...	...	...	...
Univ. of Fl. Radio Obs., Gainesville, FL	+29 31.7	− 83 02.1	19 12 14.4	141.1	19 14 07.3	141.4	21 40 42.3	7 06.5	...	...	...	...
Univ. of Alabama Obs., Tuscaloosa, AL	+33 12.6	− 87 32.5	19 12 18.5	141.1	19 14 11.4	141.4	21 40 45.3	7 06.6	...	...	...	...
Goethe Link Obs., Bloomington, IN	+39 33.0	− 86 23.7	19 12 21.3	141.1	19 14 14.2	141.4	21 40 48.6	7 06.8	...	...	...	...
Yerkes Obs., Williams Bay, WI	+42 34.2	− 88 33.4	19 12 23.7	141.1	19 14 16.6	141.4	21 40 50.8	7 06.9	...	...	...	...
Clyde W. Tombaugh Obs., Lawrence, KS	+38 57.6	− 95 15.0	19 12 24.8	141.1	19 14 17.7	141.4	21 40 50.4	7 06.8	...	...	...	...
Tiara Obs., Colorado Springs, CO	+38 58.2	−105 31.0	19 12 29.1	141.1	19 14 22.0	141.4	21 40 53.5	7 06.7	...	...	...	...
Salt Lake City, UT	+40 45.0	−111 55.0	19 12 32.3	141.1	19 14 25.2	141.4	21 40 56.6	7 06.7	0 07 38.6	268.8	0 09 31.7	269.1
McDonald Obs., Fort Davis, TX	+30 40.3	−104 01.3	19 12 24.9	141.1	19 14 17.7	141.3	21 40 48.9	7 06.5	0 07 34.6	268.8	0 09 27.6	269.1
Nat. Solar Obs., Sunspot, NM	+32 47.2	−105 49.1	19 12 26.7	141.1	19 14 19.5	141.4	21 40 50.6	7 06.5	0 07 36.0	268.8	0 09 29.0	269.1
Kitt Peak Nat. Obs., Tucson, AZ	+31 57.8	−111 36.0	19 12 28.9	141.1	19 14 21.7	141.3	21 40 52.4	7 06.5	0 07 39.2	268.8	0 09 32.2	269.1
USNO, Flagstaff, AZ	+35 11.0	−111 44.4	19 12 30.2	141.1	19 14 23.1	141.3	21 40 53.9	7 06.6	0 07 36.2	268.8	0 09 29.9	269.1
Lick Obs., Mt. Hamilton, CA	+37 20.6	−121 38.2	19 12 35.0	141.0	19 14 27.9	141.3	21 40 58.9	7 06.5	0 07 36.2	268.8	0 09 29.3	269.1
Mt. Wilson Obs., Pasadena, CA	+34 13.6	−118 03.4	19 12 32.5	141.0	19 14 25.4	141.3	21 40 56.1	7 06.5	0 07 43.4	268.8	0 09 36.4	269.1
Palomar Obs., Palomar Mtn., CA	+33 21.4	−116 51.8	19 12 31.7	141.0	19 14 24.5	141.3	21 40 55.2	7 06.4	0 07 43.6	268.8	0 09 36.7	269.1
Portland, OR	+45 32.0	−122 40.0	19 12 37.6	141.1	19 14 30.5	141.4	21 41 02.7	7 06.7	0 08 00.3	268.8	0 09 53.3	269.1
Manastash Ridge Obs., Seattle, WA	+46 57.1	−120 43.4	19 12 37.3	141.1	19 14 30.2	141.4	21 41 02.5	7 06.8	0 08 05.5	268.8	0 09 58.5	269.1
Fairbanks, AK	+64 50.0	−147 50.0	19 12 44.2	141.1	19 14 37.2	141.4	21 41 16.6	7 06.6	0 07 50.4	268.8	0 09 43.2	269.1
Nome, AK	+64 30.0	−165 30.0	...	...	...	...	21 41 21.1	7 06.4	...	...	...	...
Mauna Kea Obs., Honolulu, HI	+19 49.4	−155 28.2	19 12 39.8	140.9	19 14 32.7	141.2	21 41 10.5	7 05.0	...	...	...	...
Canada												
Algonquin Radio Obs., Ontario	+45 57.3	− 78 04.4	19 12 21.3	141.1	19 14 14.2	141.4	21 40 51.0	7 06.9	...	...	...	...
Dominion Astro. Obs., Victoria, BC	+48 31.2	−123 25.0	19 12 38.5	141.1	19 14 31.4	141.4	21 41 04.2	7 06.8	0 07 45.1	268.8	0 09 38.2	269.1
Halifax, Nova Scotia	+44 38.0	− 63 35.0	19 12 15.3	141.1	19 14 08.3	141.4	...	...	...	...	...	...
Devon Astro. Obs., Edmonton, Alberta	+53 23.4	−113 45.5	19 12 36.4	141.1	19 14 29.4	141.4	21 41 03.1	7 06.9	...	...	...	...
Ottawa River Solar Obs., Ontario	+45 23.2	− 75 53.6	19 12 20.2	141.1	19 14 13.1	141.4	...	...	...	...	...	...
Vancouver, British Columbia	+49 13.0	−123 06.0	19 12 38.5	141.1	19 14 31.4	141.4	21 41 04.3	7 06.8	0 07 45.4	268.8	0 09 38.5	269.1
Winnipeg, Manitoba	+49 53.0	− 97 10.0	19 12 30.0	141.1	19 14 22.9	141.4	21 40 56.9	7 07.0	...	...	...	...
Yellowknife, Northwest Territories	+62 30.0	−114 29.0	19 12 38.0	141.1	19 14 31.0	141.4	21 41 07.5	7 07.0	...	...	...	...
Hamilton, Bermuda	+32 18.0	− 64 48.0	19 12 08.0	141.1	19 14 00.9	141.4	...	...	...	...	...	...
Arecibo Obs., **Puerto Rico**	+18 20.6	− 66 45.2	19 11 59.8	141.1	19 13 52.6	141.4	21 40 34.4	7 05.8	...	...	...	...
Kingston, **Jamaica**	+17 58.0	− 76 48.0	19 12 04.4	141.1	19 13 57.2	141.3	21 40 35.4	7 05.9	...	...	...	...

Location	Position		Ingress Exterior Contact		Ingress Interior Contact		Least Angular Distance		Egress Interior Contact		Egress Exterior Contact	
	Latitude	Longitude	UT	P	UT	P	UT	Separation	UT	P	UT	P
	° ′	° ′	h m s	°	h m s	°	h m s	′ ″	h m s	°	h m s	°
Mexico												
Mexico City	+19 25.0	− 99 10.0	19 12 16.7	141.0	19 14 09.6	141.3	21 40 42.0	7 06.0	...	...	...	...
Monterrey	+25 40.0	−100 20.0	19 12 20.7	141.1	19 14 13.5	141.3	21 40 45.2	7 06.3	...	...	...	...
Hermosillo	+29 15.0	−110 59.0	19 12 27.4	141.0	19 14 20.3	141.3	21 40 50.9	7 06.4	0 07 33.4	268.8	0 09 26.5	269.1
Nat. Ast. Obs., Ensenada	+31 02.6	−115 27.8	19 12 30.2	141.0	19 14 23.0	141.3	21 40 53.6	7 06.4	0 07 35.0	268.8	0 09 28.0	269.1
Merida	+20 59.0	− 89 39.0	19 12 12.7	141.1	19 14 05.6	141.3	21 40 39.6	7 06.1	...	...	...	...
San Jose, Costa Rica	+ 9 59.0	− 84 04.0	19 12 03.3	141.0	19 13 56.1	141.3	21 40 33.5	7 05.6	...	...	...	...
Guatemala City, Guatemala	+14 38.0	− 90 22.0	19 12 09.4	141.0	19 14 02.2	141.3	21 40 37.0	7 05.8	...	...	...	...
San Salvador, El Salvador	+13 40.0	− 89 10.0	19 12 08.2	141.0	19 14 01.0	141.3	21 40 36.3	7 05.8	...	...	...	...
Tegucigalpa, Honduras	+14 05.0	− 87 14.0	19 12 07.4	141.0	19 14 00.2	141.3	21 40 35.9	7 05.8	...	...	...	...
Belmopan, Belize	+17 13.0	− 88 48.0	19 12 10.1	141.0	19 14 02.9	141.3	21 40 37.7	7 06.0	...	...	...	...
Managua, Nicaragua	+12 06.0	− 86 18.0	19 12 05.8	141.0	19 13 58.5	141.3	21 40 34.9	7 05.7	...	...	...	...
Panama City, Panama	+ 8 57.0	− 79 30.0	19 12 00.2	141.0	19 13 53.0	141.3	21 40 32.0	7 05.5	...	...	...	...
Argentina												
La Plata Ast. Obs.	−34 54.5	− 57 55.9	19 11 27.3	140.8	19 13 20.0	141.1	21 40 23.4	7 02.3	...	...	...	...
Cordoba Astro. Obs.	−31 25.2	− 64 11.9	19 11 31.0	140.9	19 13 23.7	141.1	21 40 23.2	7 02.6	...	...	...	...
Brazil												
Abrahao de Moraes Obs., Sao Paulo	−23 00.1	− 46 58.1	19 11 27.6	140.9	19 13 20.3	141.1	...	...	...	...	...	...
National Obs., Rio de Janeiro	−22 53.7	− 43 13.4	19 11 26.3	140.9	19 13 19.1	141.2	...	...	...	...	...	...
Piedade Obs., Belo Horizonte	−19 49.3	− 43 30.7	19 11 27.7	140.9	19 13 20.5	141.2	...	...	...	...	...	...
Manaus	− 3 06.0	− 60 00.0	19 11 43.1	141.0	19 13 35.9	141.3	21 40 26.1	7 04.5	...	...	...	...
Natal	− 5 46.0	− 35 15.0	19 11 32.0	141.0	19 13 24.8	141.3	...	...	...	...	...	...
Chile												
Cerro Tololo Inter-Am. Obs., La Serena	−30 09.9	− 70 48.9	19 11 34.4	140.9	19 13 27.0	141.1	21 40 23.6	7 02.8	...	...	...	...
Antofagasta	−23 40.0	− 70 23.0	19 11 37.1	140.9	19 13 29.8	141.2	21 40 23.6	7 03.3	...	...	...	...
National Astro. Obs., Bogota, **Columbia**	+ 4 35.9	− 74 04.9	19 11 54.7	141.0	19 13 47.5	141.3	21 40 29.5	7 05.2	...	...	...	...
Georgetown, **Guyana**	+ 6 46.0	− 58 10.0	19 11 48.3	141.0	19 13 41.1	141.3	...	...	...	...	...	...
Santa Cruz, **Bolivia**	−17 45.0	− 63 14.0	19 11 36.6	140.9	19 13 29.3	141.2	21 40 23.5	7 03.6	...	...	...	...
Quito Astro. Obs., **Ecuador**	− 0 13.0	− 78 29.9	19 11 54.1	141.0	19 13 46.8	141.3	21 40 28.7	7 04.9	...	...	...	...
Lima, **Peru**	−12 06.0	− 77 03.0	19 11 46.4	140.9	19 13 39.1	141.2	21 40 25.7	7 04.1	...	...	...	...
Cagigal Obs., Caracas, **Venezuela**	+10 30.4	− 66 55.7	19 11 54.8	141.0	19 13 47.6	141.3	21 40 30.9	7 05.4	...	...	...	...
Montevideo Obs., **Uruguay**	−34 54.3	− 56 10.4	19 11 26.7	140.8	19 13 19.4	141.1	21 40 23.5	7 02.3	...	...	...	...

TRANSIT OF MERCURY OF 2006 NOVEMBER 8–9

Location	Position Latitude	Position Longitude	Ingress Exterior Contact UT	P	Ingress Interior Contact UT	P	Least Angular Distance UT	Separation	Egress Interior Contact UT	P	Egress Exterior Contact UT	P
	° ′	° ′	h m s	°	h m s	°	h m s	′ ″	h m s	°	h m s	°
New Zealand												
Auckland Obs.	−36 54.4	+174 46.7	19 12 06.1	140.7	19 13 58.8	140.9	21 41 07.4	7 00.7	0 08 13.0	269.1	0 1 00 05.5	269.4
Carter Obs., Black Birch Sta., Blenheim	−41 44.9	+173 48.2	19 12 02.1	140.6	19 13 54.8	140.9	21 41 05.6	7 00.4	0 08 13.7	269.1	0 1 00 06.2	269.4
Wellington	−41 17.0	+174 47.0	19 12 02.5	140.6	19 13 55.2	140.9	21 41 05.5	7 00.5	0 08 13.1	269.1	0 1 00 05.6	269.4
Christchurch	−43 33.0	+172 40.0	19 12 00.6	140.6	19 13 53.3	140.9	21 41 05.2	7 00.3	0 08 14.4	269.1	0 1 00 06.9	269.4
Mt. John Univ. Obs., South Canterbury	−43 59.2	+170 27.9	19 12 00.2	140.6	19 13 52.9	140.9	21 41 05.7	7 00.2	0 08 15.7	269.2	0 1 00 08.2	269.4
Australia												
Anglo-Aust. Obs., Coonabarabran	−31 16.4	+149 03.7	19 12 07.4	140.6	19 14 00.2	140.9	21 41 18.8	7 00.2	0 08 30.4	269.1	0 1 00 22.9	269.4
Aust. Nat. Radio Ast. Obs., Parkes	−33 00.0	+148 15.7	19 12 05.9	140.6	19 13 58.7	140.9	21 41 18.1	7 00.1	0 08 30.6	269.2	0 1 00 23.1	269.4
Brisbane	−27 30.0	+153 00.0	19 12 11.1	140.7	19 14 03.9	140.9	21 41 19.6	7 00.5	0 08 28.3	269.1	0 1 00 20.8	269.4
Darwin	−12 23.0	+130 44.0	⋯ ⋯ ⋯	⋯	⋯ ⋯ ⋯	⋯	21 41 31.4	7 00.7	0 08 44.7	269.1	0 1 00 37.2	269.4
Melbourne	−37 45.0	+144 58.0	19 12 01.5	140.6	19 13 54.3	140.9	21 41 16.2	6 59.8	0 08 31.6	269.2	0 1 00 24.1	269.5
Mt. Stromlo Obs., Weston Creek	−35 19.2	+149 00.5	19 12 04.3	140.6	19 13 57.1	140.9	21 41 16.6	7 00.0	0 08 29.7	269.2	0 1 00 22.2	269.4
Perth	−31 58.0	+115 49.0	⋯ ⋯ ⋯	⋯	⋯ ⋯ ⋯	⋯	21 41 22.1	6 59.5	0 08 47.5	269.2	0 1 00 40.0	269.5
Sydney	−33 55.0	+151 10.0	19 12 05.8	140.6	19 13 58.6	140.9	21 41 16.8	7 00.1	0 08 28.6	269.2	0 1 00 21.1	269.4
Alice Springs	−23 42.0	+133 52.0	⋯ ⋯ ⋯	⋯	⋯ ⋯ ⋯	⋯	21 41 25.7	7 00.1	0 08 41.1	269.1	0 1 00 33.6	269.4
Papeete, **Tahiti**	−17 32.0	−149 34.0	19 12 16.5	140.8	19 14 09.2	141.1	21 40 56.3	7 02.9	0 07 46.8	269.0	0 09 39.5	269.3
Pago Pago, **Samoa**	−14 16.0	−170 43.0	19 12 23.0	140.7	19 14 15.8	141.0	21 41 09.3	7 02.4	0 08 01.2	269.0	0 09 53.8	269.3
Port Moresby, **Papau New Guinea**	− 9 30.0	+147 07.0	⋯ ⋯ ⋯	⋯	⋯ ⋯ ⋯	⋯	21 41 29.3	7 01.3	0 08 34.1	269.1	0 1 00 26.6	269.3
Suva (Viti Levu), **Fiji**	−18 08.0	+178 25.0	19 12 20.9	140.7	19 14 13.6	141.0	21 41 13.6	7 01.8	0 08 09.8	269.0	0 1 00 02.4	269.3
Majuro, **Marshall Islands**	+ 7 05.0	+171 08.0	19 12 37.0	140.8	19 14 29.8	141.1	21 41 25.3	7 03.1	0 08 15.2	268.9	0 1 00 07.9	269.2
Japan												
Nobeyama Solar Radio Obs., Nagano-ken	+35 56.3	+138 28.8	⋯ ⋯ ⋯	⋯	⋯ ⋯ ⋯	⋯	21 41 38.4	7 03.9	0 08 34.9	268.9	0 1 00 27.6	269.2
Norikura Solar Obs., Nagano	+36 06.8	+137 33.3	⋯ ⋯ ⋯	⋯	⋯ ⋯ ⋯	⋯	21 41 38.5	7 03.9	0 08 35.3	268.9	0 1 00 28.1	269.2
Nat. Ast. Obs., Tokyo	+35 40.3	+139 32.5	⋯ ⋯ ⋯	⋯	⋯ ⋯ ⋯	⋯	21 41 38.2	7 03.9	0 08 34.3	268.9	0 1 00 27.1	269.2
Kyoto Univ. Astro. Obs.	+35 01.7	+135 47.2	⋯ ⋯ ⋯	⋯	⋯ ⋯ ⋯	⋯	21 41 38.9	7 03.8	0 08 36.6	268.9	0 1 00 29.3	269.2
Osaka	+34 40.0	+135 30.0	⋯ ⋯ ⋯	⋯	⋯ ⋯ ⋯	⋯	21 41 38.9	7 03.8	0 08 36.8	268.9	0 1 00 29.6	269.2
Sapporo	+43 05.0	+141 21.0	⋯ ⋯ ⋯	⋯	⋯ ⋯ ⋯	⋯	21 41 37.0	7 04.4	0 08 31.2	268.9	0 1 00 24.0	269.2

Location	Position		Ingress Exterior Contact		Ingress Interior Contact		Least Angular Distance		Egress Interior Contact		Egress Exterior Contact	
	Latitude	Longitude	UT	P	UT	P	UT	Separation	UT	P	UT	P
	° ′	° ′	h m s	°	h m s	°	h m s	′ ″	h m s	°	h m s	°
Manila Obs., **Philippines**	+14 38.2	+121 04.6	…	…	…	…	…	…	0 08 49.3	269.0	0 10 42.0	269.3
Indonesia												
Bosscha Obs., Bandung	− 6 49.5	+107 37.0	…	…	…	…	…	…	0 08 56.1	269.1	0 10 48.8	269.4
Jakarta (Java)	− 6 08.0	+106 45.0	…	…	…	…	…	…	0 08 56.4	269.1	0 10 49.1	269.4
Bangkok, **Thailand**	+13 44.0	+100 30.0	…	…	…	…	…	…	0 08 57.0	269.1	0 10 49.7	269.4
Korea Ast. Obs., **Korea, Rep. of**	+36 23.9	+127 22.3	…	…	…	…	…	…	0 08 40.3	268.9	0 10 33.1	269.2
China, People's Republic of												
Purple Mountain Obs., Nanjing	+32 04.0	+118 49.3	…	…	…	…	…	…	0 08 45.6	269.0	0 10 38.4	269.2
Yunnan Obs., Kunming	+25 01.5	+102 47.3	…	…	…	…	…	…	0 08 53.4	269.0	0 10 46.2	269.3
Beijing	+39 55.0	+116 26.0	…	…	…	…	…	…	0 08 43.3	268.9	0 10 36.1	269.2
Wuhan	+30 35.0	+114 19.0	…	…	…	…	…	…	0 08 47.9	269.0	0 10 40.7	269.3
Harbin	+45 50.0	+126 40.0	…	…	…	…	…	…	0 08 36.9	268.9	0 10 29.7	269.2
Victoria, Hong Kong	+22 16.0	+114 13.0	…	…	…	…	…	…	0 08 50.6	269.0	0 10 43.3	269.3
Taipei Obs., **Taiwan**	+25 04.7	+121 31.6	…	…	…	…	…	…	0 08 46.7	269.0	0 10 39.4	269.3
Ulaanbaatar, **Mongolia**	+47 54.0	+106 52.0	…	…	…	…	…	…	0 08 41.9	268.9	0 10 34.9	269.2
Hanoi, **Vietnam**	+21 01.0	+105 52.0	…	…	…	…	…	…	0 08 53.8	269.0	0 10 46.6	269.3
Yangon, **Myanmar**	+16 47.0	+ 96 10.0	…	…	…	…	…	…	0 08 57.2	269.1	0 10 50.0	269.3
Kuala Lumpur, **Malaysia**	+ 3 08.0	+101 42.0	…	…	…	…	…	…	0 08 58.0	269.1	0 10 50.7	269.4
Russia												
Magadan	+59 38.0	+150 50.0	…	…	…	…	…	…	0 08 22.0	268.8	0 10 14.9	269.1
Vladivostok	+43 09.0	+131 53.0	…	…	…	…	…	…	0 08 35.8	268.9	0 10 28.6	269.2

Dot leaders indicate the phenomenon occurs below the horizon. Blanks indicate the phenomenon does not occur for the location.

CONTENTS OF SECTION B

Introduction

The tables and formulae in this section are produced in accordance with the recommendations of the International Astronomical Union at its General Assemblies up to and including 2000. They are intended for use with relativistic coordinate time-scales, the International Celestial Reference System (ICRS), and the standard epoch of J2000·0.

Because of its consistency with previous reference systems, implementation of the ICRS will be transparent to any applications with accuracy requirements of no better than 0.″1 near epoch J2000·0. At this level of accuracy the distinctions between the Internatiomal Celestial Reference Frame, FK5, and dynamical equator and equinox of J2000·0 are not significant.

Procedures are given to calculate the apparent right ascension, declination and hour angle of planetary and stellar objects which are referred to the ICRS, e.g. JPL DE405/LE405 Planetary and Lunar Ephemerides or the Hipparcos catalogue star. These procedures include the differences between time-scales, light-time and the relativistic effects of light deflection, parallax and aberration, and the rotations, i.e. frame bias and precession-nutation, to give the "of date" system.

In particular the rotations from the ICRS to the equator of date are illustrated using both equinox-based and CIO-based techniques. The equinox approach is based on the equinox, the true or mean equator of date, and involves the well-known angles of precession, nutation and Greenwich apparent (or mean) sidereal time. The CIO-based method is defined in terms of the position of the celestial intermediate pole (CIP), its equator (the true equator of date), the celestial intermediate origin (CIO), and the Earth rotation angle (ERA). It must be pointed out that the celestial intermediate pole is the pole of **both** the equinox-based approach and the CIO-based approach. Thus the intermediate equator and the true equator of date are the same plane. The only difference between the two approaches is the location of their origins.

This section includes the long-standing daily tabulations of the nutation angles, $\Delta\psi$ and $\Delta\epsilon$, the true obliquity of the ecliptic, Greenwich mean and apparent sidereal time and the equation of the equinoxes, as well as the new parameters that define the Celestial Intermediate Reference System $\mathcal{X}$, $\mathcal{Y}$, s, and the Earth rotation angle, together with various useful formulae.

The IAU 2000 definitions of all these quantities and the relevant formulae are given by the International Earth Rotation Service, *IERS Conventions 2003*, Technical Note 32 (http://www.iers.org/iers/publications/tn/). However, these quantities may only be calculated to full precision by using the software code that implements them. This code is available from the IAU Standards Of Fundamental Astronomy (SOFA) web site (http://www.iau-sofa.rl.ac.uk) or from the IERS (http://www.iers.org). All the fundamental quantities that are calculated in this section use the IAU SOFA code.

The IAU 2000 definitions involving the relationship between universal time and sidereal time contain both universal and dynamical time scales, and thus require knowledge of ΔT. However, accurate values of ΔT are only available in retrospect (see http://www.iers.org). Therefore tables in this section adopt the most likely value at the time of production, and the value used, and the errors, are clearly stated in the text.

Background information about time-scales and coordinate reference systems recommended by the IAU and adopted in this almanac, and about the changes in the procedures, are given in Section L *Notes and References* and in the *The Glossary*, Section M.

Notes on the ICRS and IAU 2000 Resolutions

The practical consequences of adoption of the ICRS and IAU 2000 resolutions B1.6, B1.7 and B1.8, are summarized below.

- The ICRS is not identical to the system defined by the dynamical mean equator and equinox of J2000·0, although the difference in orientation is only about $0\rlap{.}''02$. For precise applications a small rotation (frame bias, see B27) is required before precession and nutation are applied.

- The Celestial Intermediate Reference System (CIRS); the chosen celestial geocentric system of date. This system is defined by the coordinates of its pole ($\mathcal{X}$, $\mathcal{Y}$) and the position (s) of the celestial intermediate origin (CIO) (see page B56). It is the system between the geocentric celestial system and the terrestrial system that separates the components we label precession-nutation and polar motion.

- The celestial intermediate origin (CIO); the chosen origin of the Celestial Intermediate Reference System; the origin that makes the relationship between UT1 and Earth rotation, a simple linear function (see page B9). Right ascensions measured from this origin are called right ascensions with respect to the CIO, or CIO right ascensions.

- The true equinox and equator of date reference system; a geocentric system, the pole of which is the celestial intermediate pole and its equator is the true equator of date. It is also the system between the geocentric celestial system and the terrestrial system that separates the components we label precession-nutation and polar motion, but the origin of right ascension is at the true equinox of date. Thus the true equator of date and the intermediate equator are the same plane, and apparent declinations derived using either equinox-based or CIO-based methods, are identical.

- The origin of the right ascension system depends on the system being used. When using the equinox and equator of date system, right ascensions are measured from the equinox. However, when using the CIRS, right ascensions are measured from the celestial intermediate origin. This means that the correct angle, Greenwich apparent sidereal time, or Earth rotation angle, respectively, **must** be used to calculate the hour angle.

- In this section, the only difference between apparent and intermediate right ascensions is their origin. Apparent right ascensions are measured from the true equinox, while intermediate right ascensions are measured from the CIO.

- Intermediate right ascension is subtracted from Earth rotation angle to give hour angle.

- Apparent right ascension is subtracted from Greenwich apparent sidereal time to give hour angle.

Note: Some of the nomenclature used in this section is not contained in the IAU resolutions. This edition of section B has attempted to follow what are thought to be the likely recommendations of the IAU Working Group on Nomenclature for Fundamental Astronomy, which improve the consistency of the nomenclature referred to the intermediate system. Readers should note that in the IAU resolutions the origin compatible with the Earth rotation angle is called the celestial ephemeris origin (CEO), and not the celestial intermediate origin (CIO). Similarly, the origin of the terrestrial system is called the terrestrial ephemeris origin (TEO) and not the terrestrial intermediate origin (TIO).

	JANUARY		FEBRUARY		MARCH		APRIL		MAY		JUNE	
Day of Month	Day of Week	Day of Year	Day of Week	Day of Year	Day of Week	Day of Year	Day of Week	Day of Year	Day of Week	Day of Year	Day of Week	Day of Year
1	Sun.	1	Wed.	32	Wed.	60	Sat.	91	Mon.	121	Thu.	152
2	Mon.	2	Thu.	33	Thu.	61	Sun.	92	Tue.	122	Fri.	153
3	Tue.	3	Fri.	34	Fri.	62	Mon.	93	Wed.	123	Sat.	154
4	Wed.	4	Sat.	35	Sat.	63	Tue.	94	Thu.	124	Sun.	155
5	Thu.	5	Sun.	36	Sun.	64	Wed.	95	Fri.	125	Mon.	156
6	Fri.	6	Mon.	37	Mon.	65	Thu.	96	Sat.	126	Tue.	157
7	Sat.	7	Tue.	38	Tue.	66	Fri.	97	Sun.	127	Wed.	158
8	Sun.	8	Wed.	39	Wed.	67	Sat.	98	Mon.	128	Thu.	159
9	Mon.	9	Thu.	40	Thu.	68	Sun.	99	Tue.	129	Fri.	160
10	Tue.	10	Fri.	41	Fri.	69	Mon.	100	Wed.	130	Sat.	161
11	Wed.	11	Sat.	42	Sat.	70	Tue.	101	Thu.	131	Sun.	162
12	Thu.	12	Sun.	43	Sun.	71	Wed.	102	Fri.	132	Mon.	163
13	Fri.	13	Mon.	44	Mon.	72	Thu.	103	Sat.	133	Tue.	164
14	Sat.	14	Tue.	45	Tue.	73	Fri.	104	Sun.	134	Wed.	165
15	Sun.	15	Wed.	46	Wed.	74	Sat.	105	Mon.	135	Thu.	166
16	Mon.	16	Thu.	47	Thu.	75	Sun.	106	Tue.	136	Fri.	167
17	Tue.	17	Fri.	48	Fri.	76	Mon.	107	Wed.	137	Sat.	168
18	Wed.	18	Sat.	49	Sat.	77	Tue.	108	Thu.	138	Sun.	169
19	Thu.	19	Sun.	50	Sun.	78	Wed.	109	Fri.	139	Mon.	170
20	Fri.	20	Mon.	51	Mon.	79	Thu.	110	Sat.	140	Tue.	171
21	Sat.	21	Tue.	52	Tue.	80	Fri.	111	Sun.	141	Wed.	172
22	Sun.	22	Wed.	53	Wed.	81	Sat.	112	Mon.	142	Thu.	173
23	Mon.	23	Thu.	54	Thu.	82	Sun.	113	Tue.	143	Fri.	174
24	Tue.	24	Fri.	55	Fri.	83	Mon.	114	Wed.	144	Sat.	175
25	Wed.	25	Sat.	56	Sat.	84	Tue.	115	Thu.	145	Sun.	176
26	Thu.	26	Sun.	57	Sun.	85	Wed.	116	Fri.	146	Mon.	177
27	Fri.	27	Mon.	58	Mon.	86	Thu.	117	Sat.	147	Tue.	178
28	Sat.	28	Tue.	59	Tue.	87	Fri.	118	Sun.	148	Wed.	179
29	Sun.	29			Wed.	88	Sat.	119	Mon.	149	Thu.	180
30	Mon.	30			Thu.	89	Sun.	120	Tue.	150	Fri.	181
31	Tue.	31			Fri.	90			Wed.	151		

CHRONOLOGICAL CYCLES AND ERAS

Dominical Letter	A	Julian Period (year of)	6719
Epact	30	Roman Indiction	14
Golden Number (Lunar Cycle) ...	XII	Solar Cycle	27

All dates are given in terms of the Gregorian calendar in which
2006 January 14 corresponds to 2006 January 1 of the Julian calendar.

ERA	YEAR	BEGINS	ERA	YEAR	BEGINS
Byzantine	7515	Sept. 14	Japanese	2666	Jan. 1
Jewish (A.M.)*	5767	Sept. 22	Grecian (Seleucidæ) ...	2318	Sept. 14
Chinese (Bing-xu) ...	(4643)	Jan. 29			(or Oct. 14)
Roman (A.U.C.)	2759	Jan. 14	Indian (Saka)	1928	Mar. 22
Nabonassar	2755	Apr. 22	Diocletian	1723	Sept. 11
			Islamic (Hegira)* ...	1427	Jan. 30

* Year begins at sunset

Day of Month	JULY Day of Week	JULY Day of Year	AUGUST Day of Week	AUGUST Day of Year	SEPTEMBER Day of Week	SEPTEMBER Day of Year	OCTOBER Day of Week	OCTOBER Day of Year	NOVEMBER Day of Week	NOVEMBER Day of Year	DECEMBER Day of Week	DECEMBER Day of Year
1	Sat.	182	Tue.	213	Fri.	244	Sun.	274	Wed.	305	Fri.	335
2	Sun.	183	Wed.	214	Sat.	245	Mon.	275	Thu.	306	Sat.	336
3	Mon.	184	Thu.	215	Sun.	246	Tue.	276	Fri.	307	Sun.	337
4	Tue.	185	Fri.	216	Mon.	247	Wed.	277	Sat.	308	Mon.	338
5	Wed.	186	Sat.	217	Tue.	248	Thu.	278	Sun.	309	Tue.	339
6	Thu.	187	Sun.	218	Wed.	249	Fri.	279	Mon.	310	Wed.	340
7	Fri.	188	Mon.	219	Thu.	250	Sat.	280	Tue.	311	Thu.	341
8	Sat.	189	Tue.	220	Fri.	251	Sun.	281	Wed.	312	Fri.	342
9	Sun.	190	Wed.	221	Sat.	252	Mon.	282	Thu.	313	Sat.	343
10	Mon.	191	Thu.	222	Sun.	253	Tue.	283	Fri.	314	Sun.	344
11	Tue.	192	Fri.	223	Mon.	254	Wed.	284	Sat.	315	Mon.	345
12	Wed.	193	Sat.	224	Tue.	255	Thu.	285	Sun.	316	Tue.	346
13	Thu.	194	Sun.	225	Wed.	256	Fri.	286	Mon.	317	Wed.	347
14	Fri.	195	Mon.	226	Thu.	257	Sat.	287	Tue.	318	Thu.	348
15	Sat.	196	Tue.	227	Fri.	258	Sun.	288	Wed.	319	Fri.	349
16	Sun.	197	Wed.	228	Sat.	259	Mon.	289	Thu.	320	Sat.	350
17	Mon.	198	Thu.	229	Sun.	260	Tue.	290	Fri.	321	Sun.	351
18	Tue.	199	Fri.	230	Mon.	261	Wed.	291	Sat.	322	Mon.	352
19	Wed.	200	Sat.	231	Tue.	262	Thu.	292	Sun.	323	Tue.	353
20	Thu.	201	Sun.	232	Wed.	263	Fri.	293	Mon.	324	Wed.	354
21	Fri.	202	Mon.	233	Thu.	264	Sat.	294	Tue.	325	Thu.	355
22	Sat.	203	Tue.	234	Fri.	265	Sun.	295	Wed.	326	Fri.	356
23	Sun.	204	Wed.	235	Sat.	266	Mon.	296	Thu.	327	Sat.	357
24	Mon.	205	Thu.	236	Sun.	267	Tue.	297	Fri.	328	Sun.	358
25	Tue.	206	Fri.	237	Mon.	268	Wed.	298	Sat.	329	Mon.	359
26	Wed.	207	Sat.	238	Tue.	269	Thu.	299	Sun.	330	Tue.	360
27	Thu.	208	Sun.	239	Wed.	270	Fri.	300	Mon.	331	Wed.	361
28	Fri.	209	Mon.	240	Thu.	271	Sat.	301	Tue.	332	Thu.	362
29	Sat.	210	Tue.	241	Fri.	272	Sun.	302	Wed.	333	Fri.	363
30	Sun.	211	Wed.	242	Sat.	273	Mon.	303	Thu.	334	Sat.	364
31	Mon.	212	Thu.	243			Tue.	304			Sun.	365

RELIGIOUS CALENDARS

Epiphany	Jan. 6	Ascension Day	May 25
Ash Wednesday	Mar. 1	Whit Sunday—Pentecost ...	June 4
Palm Sunday	Apr. 9	Trinity Sunday	June 11
Good Friday	Apr. 14	First Sunday in Advent	Dec. 3
Easter Day	Apr. 16	Christmas Day (Monday) ...	Dec. 25
First Day of Passover (Pesach)	Apr. 13	Day of Atonement	
Feast of Weeks (Shavuot) ...	June 2	(Yom Kippur)	Oct. 2
Jewish New Year (tabular)		First day of Tabernacles	
(Rosh Hashanah)	Sept. 23	(Succoth)	Oct. 7
Islamic New Year	Jan. 31	First day of Ramadân	Sept. 24
(tabular)		(tabular)	

The Jewish and Islamic dates above are tabular dates, which begin at sunset on the previous evening and end at sunset on the date tabulated. In practice, the dates of Islamic fasts and festivals are determined by an actual sighting of the appropriate new moon.

Julian date

A Julian date (JD) may be associated with any time scale. A tabulation of Julian date (JD) at 0^h UT1 against calendar date is given with the ephemeris of universal and sidereal times on pages B12–B19. Similarly, pages B20–B23 tabulate the UT1 Julian date together with the Earth rotation angle. The following relationship holds during 2006:

UT1 Julian date = 245 3735·5 + day of year + fraction of day from 0^h UT1

TT Julian date = 245 3735·5 + d + fraction of day from 0^h TT

where the day of the year (d) for the current year of the Gregorian calendar is given on pages B4–B5. The following table gives the Julian dates at day 0 of each month of 2006:

0^h UT1		JD	0^h UT1		JD	0^h UT1		JD
Jan.	0	245 3735·5	May	0	245 3855·5	Sept.	0	245 3978·5
Feb.	0	245 3766·5	June	0	245 3886·5	Oct.	0	245 4008·5
Mar.	0	245 3794·5	July	0	245 3916·5	Nov.	0	245 4039·5
Apr.	0	245 3825·5	Aug.	0	245 3947·5	Dec.	0	245 4069·5

Tabulations of Julian date against calendar date for other years are given on pages K2–K4. Other relevant dates are:

400-day date, JD 245 4000·5 = 2006 September 22·0

Standard epoch,	1900 January 0, 12^h UT1	= JD 241 5020·0
Standard epoch	B1900·0 = 1899 Dec. 31·813 52	= JD 241 5020·313 52
	B1950·0 = 1950 Jan. 0·923	= JD 243 3282·423
	B2006·0 = 2006 Jan. 0·487	= JD 245 3735·987
	J2006·5 = 2006 July 2·625	= JD 245 3919·125
Standard epoch,	J2000·0 = 2000 Jan. 1·5 TT	= JD 245 1545·0

The "*modified Julian date*" (MJD) is the Julian date minus 240 0000·5 and in 2006 is given by: MJD = 53735·0 + day of year + fraction of day from 0^h in the time scale being used.

A date may also be expressed in years as a Julian epoch, or for some purposes as a Besselian epoch, using:

Julian epoch = J[2000·0 + (JD − 245 1545·0)/365·25]

Besselian epoch = B[1900·0 + (JD − 241 5020·313 52)/365·242 198 781]

where JD is the TT Julian date; the prefixes J and B may be omitted only where the context, or precision, make them superfluous.

Notation for time-scales and related quantities

A summary of the notation for time-scales and related quantities used in this Almanac is given below. Additional information is given in the *Glossary* (section M) and in the *Notes and References* (section L).

UT1	universal time (also UT); counted from 0^h (midnight); unit is second of mean solar time
UT0	local approximation to universal time; not corrected for polar motion
GMST	Greenwich mean sidereal time; GHA of mean equinox of date
GAST	Greenwich apparent sidereal time; GHA of true equinox of date
ERA	Earth rotation angle (θ); the angle between the celestial and terrestrial intermediate origins; it is proportional to UT1.
TAI	international atomic time; unit is the SI second
UTC	coordinated universal time; differs from TAI by an integral number of seconds, and is the basis of most radio time signals and legal time systems

Notation for time-scales and related quantities (continued)

ΔUT   = UT1−UTC; increment to be applied to UTC to give UT1

DUT   predicted value of ΔUT, rounded to 0^s1, given in some radio time signals.

TDT   terrestrial dynamical time; TDT = TAI + 32^s184. It was used in the Almanac from 1984–2000. TDT was replaced by TT.

TDB   barycentric dynamical time; used as time-scale of ephemerides, referred to the barycentre of the solar system.

T_{eph} the independent variable of the equations of motion used by the JPL ephemerides, in particular DE405/LE405. For most purposes T_{eph} and TDB may be considered to be equivalent.

TT   terrestrial time; used as time-scale of ephemerides for observations from the Earth's surface (geoid). TT = TAI + 32^s184

ΔT = TT − UT1; increment to be applied to UT1 to give TT.
        = TAI + 32^s184 − UT1

ΔAT   = TAI − UTC; increment to be applied to UTC to give TAI; an integral number of seconds.

ΔTT   = TT − UTC; increment to be applied to UTC to give TT.

JD_{TT} Julian date and fraction, where the time fraction is expressed in the terrestrial time scale, e.g. 2000 January 1, 12^h TT is JD 245 1545·0 TT

JD_{UT1} Julian date and fraction, where the time fraction is expressed in the universal time scale, e.g. 2000 January 1, 12^h UT1 is JD 245 1545·0 UT1

The following intervals are used in this section.

$$T = (JD_{TT} − 245\,1545\cdot0)/36\,525 = \text{Julian centuries of 365 25 days from J2000·0}$$
$$D = JD − 245\,1545\cdot0 = \text{days and fraction from J2000·0}$$
$$D_U = JD_{UT1} − 245\,1545\cdot0 = \text{days and UT1 fraction from J2000·0}$$
$$d = \text{Day of the year, January 1 = 1, etc., see B4–B5}$$

Note that the intervals above use different time scales. T implies the TT time scale while D_U implies at UT1 time scale. This is an important distinction when calculating Greenwich mean sidereal time. T is the number of Julian centuries from J2000·0 to the required epoch (TT), while D, D_U and d are all in days.

The name Greenwich mean time (GMT) is not used in this Almanac since it is ambiguous. It is now used, although not in astronomy, in the sense of UTC, in addition to the earlier sense of UT; prior to 1925 it was reckoned for astronomical purposes from Greenwich mean noon (12^h UT).

Relationships between time-scales

The relationships between universal and sidereal times are described on page B8 and a daily ephemeris is given on pages B12–B19; examples of the use of the ephemeris are given on page B11. The Earth rotation angle, which is proportional to UT1, is described on page B9 and a daily ephemeris is given on pages B20–B23. A diagram showing the relationships between these concepts is given on page B10.

The scale of coordinated universal time (UTC) contains step adjustments of exactly one second (leap seconds) so that universal time (UT1) may be obtained directly from it with an accuracy of 1 second or better and so that international atomic time (TAI) may be obtained by the addition of an integral number of seconds. The step adjustments are usually inserted after the 60th second of the last minute of December 31 or June 30. Values of the differences ΔAT for 1972 onwards are given on page K9. Accurate values of the increment ΔUT to be applied to UTC to give UT1 are derived from observations, but predicted values are transmitted in code in some time signals. Wherever UT is used in this volume it always means UT1.

Relationships between time-scales (continued)

The difference between the terrestrial time scale (TT) and the barycentric dynamical time scale (TDB), or the equivalent T_{eph} of the DE405/LE405 ephemeris, is often ignored, since the two time scales differ by no more than 2 milliseconds of time.

An expression for the relationship between the barycentric and terrestrial time-scales (due to the variations in gravitational potential around the Earth's orbit) is:

and
$$\text{TDB} = \text{TT} + 0\!\!^s\!001\,658 \sin g + 0.000\,021 \sin(L - L_J)$$
$$g = 357°53 + 0.985\,600\,28(\text{JD} - 245\,1545.0)$$
$$L - L_J = 246°11 + 0.902\,556\,17(\text{JD} - 245\,1545.0)$$

where g is the mean anomaly of the Earth in its orbit around the Sun, and $L - L_J$ is the difference in mean longitudes of the Earth and Jupiter. The above formula for $\text{TDB} - \text{TT}$ is accurate to about $\pm 30 \mu s$ over the period 1980 to 2050. For 2006 $g = 356°49 + 0°985\,60\,d$ and $L - L_J = 216°20 + 0°902\,56\,d$ where d is the day of the year and fraction of the day.

The TDB time scale should be used for quantities such as precession angles and the fundamental arguments. However, for these quantities, the difference between TDB and TT is negligible at the microarcsecond (μas) level.

Relationships between universal and sidereal time

The ephemeris of universal and sidereal times on pages B12–B19 is primarily intended to facilitate the conversion of universal time to local apparent sidereal time, and vice versa, for use in the computation and reduction of quantities dependent on local hour angle.

Greenwich mean (or apparent) sidereal time is the Greenwich hour angle of the mean (or apparent) equinox. Greenwich hour angle is measured westward from the plane containing the geocentre, the celestial intermediate pole, and the terrestrial intermediate origin (TIO). For most astronomical purposes where s' is negligible (see page B76), the TIO can be considered to be the origin of longitude of the International Terrestrial Reference System. The formulae used to generate the ephemeris and those given below are consistent with the IAU 2000A precession-nutation model.

Numerical examples of such conversions using the ephemeris and other tables are given on page B11. Alternatively, such conversions may be carried out using the basic formulae given below.

Greenwich Mean Sidereal Time

Universal time is defined in terms of Greenwich mean sidereal time, (i.e. the hour angle of the mean equinox of date) by:

$$\text{GMST}(D_U, T) = 360°(0.7790\,5727\,32640 + 1.0027\,3781\,1911\,35448\,D_U)$$
$$+ 0\!\!''\!0145\,06 + 4612\!\!''\!1573\,9966\,T + 1\!\!''\!3966\,7721\,T^2$$
$$- 0\!\!''\!0000\,9344\,T^3 + 0\!\!''\!0000\,1882\,T^4$$

where D_U is the interval, in days, elapsed since the epoch 2000 January $1^d\,12^h$ UT1 (JD 245 1545.0), whereas T is measured in the terrestrial time scale, in Julian centuries of 36 525 days, from JD 245 1545.0 at 12^h TT. The first two terms form the Earth rotation angle (see B9), and are expressed in degrees, while the remainder of the terms are in seconds of arc. GMST is tabulated on pages B12–B19 and the equivalent expression in time units is

$$\text{GMST}(D_U, T) = 86400^s(0.7790\,5727\,32640 + 0.0027\,3781\,1911\,35448\,D_U + D_U \bmod 1)$$
$$+ 0\!\!^s\!0009\,6707 + 307\!\!^s\!4771\,5997\,73\,T + 0\!\!^s\!0931\,11814 T^2$$
$$- 0\!\!^s\!0000\,06229\,T^3 + 0\!\!^s\!0000\,01255\,T^4$$

It is only necessary to distinguish the different time scale (TT = UT1 + ΔT) used for the T terms for the most precise work. The table on pages B12–B19 are calculated assuming $\Delta T = 65^s$. An error of $\pm 1^s$ in ΔT introduces differences of $\mp 1\!\!''\!5 \times 10^{-6}$ or equivalently $\mp 0\!\!^s\!10 \times 10^{-6}$ during 2006.

Relationships between universal and sidereal time (continued)

The following relationship holds during 2006:

on day of year d at t^h UT1, GMST $= 6^h634\ 7450 + 0^h065\ 709\ 8244\ d + 1^h002\ 737\ 91\ t$

where the day of year d is tabulated on pages B4–B5. Add or subtract multiples of 24^h as necessary.

In 2006:   1 mean solar day $= 1·002\ 737\ 909\ 35$ mean sidereal days
                               $= 24^h\ 03^m\ 56^s555\ 37$ of mean sidereal time
            1 mean sidereal day $= 0·997\ 269\ 566\ 33$ mean solar days
                               $= 23^h\ 56^m\ 04^s090\ 53$ of mean solar time

Greenwich Apparent Sidereal Time

The hour angle of the true equinox of date, (GAST) is given by:

$$\text{GAST}(D_U, T) = \text{GMST}(D_U, T) + Eq\,E(T)$$
$$Eq\,E(T) = \text{Equation of the Equinoxes}$$
$$= \Delta\psi\ \cos\epsilon_A - \sum_k C'_k \sin A_k - 0''000\ 000\ 87\ T\ \sin\Omega$$

where GMST is the Greenwich mean sidereal time given above. $\Delta\psi$ is the total nutation in longitude, ϵ_A is the mean obliquity of the ecliptic, and Ω is the mean longitude of the ascending node of the Moon (see B57, D2). A table containing the coefficients (C'_k, A_k) for all the "complementary" terms exceeding 0.5μas during 1975–2025 is given with the coefficients for s, the position of the celestial intermediate origin, on page B57.

Pages B12–B19 tabulate GAST and the equation of the equinoxes, daily at 0^h UT1. The quantities have been calculated using the IAU 2000A nutation model, are expressed in time units, and include a predicted $\Delta T = 65^s$. An error of $\pm1^s$ in ΔT introduces a maximum error of $\pm3''8 \times 10^{-6}$ or equivalently $\pm0^s18 \times 10^{-6}$ during 2006.

Interpolation may be used to obtain the equation of the equinoxes for another instant, or if full precision is required.

The following approximate expression for the equation of the equinoxes (in time units), incorporates the two largest complementary terms, and is accurate to better than $2^s \times 10^{-6}$ assuming $\Delta\psi$ and ϵ_A are supplied with sufficient accuracy.

$$Eq\,E^h = \tfrac{1}{15}\left(\Delta\psi\ \cos\epsilon_A + 0''002\ 64\sin\Omega + 0''000\ 06\sin 2\Omega\right)$$

During 2006, $\Omega = 9°05 - 0°052\ 953\ 76\ d$, and d is the day of the year and fraction of day.

Relationship between universal time and Earth rotation angle

The Earth rotation angle (θ) is measured in the Celestial Intermediate Reference System along its equator (the true equator of date) between the terrestrial (TIO) and the celestial (CIO) origins. It is proportional to UT1, and its time derivative is the Earth's angular velocity; it is defined by the following relationship

$$\theta(D_U) = 2\pi(0·7790\ 5727\ 32640 + 1·0027\ 3781\ 1911\ 35448\ D_U)\ \text{radians}$$
$$= 360°(0·7790\ 5727\ 32640 + 0·0027\ 3781\ 1911\ 35448\ D_U + D_U\ \text{mod}\ 1)$$

where D_U is the interval, in days, elapsed since the epoch 2000 January $1^d\ 12^h$ UT1 (JD 245 1545·0), and D_U mod 1 is the fraction remaining after removing all the whole days. The Earth rotation angle is tabulated daily at 0^h UT1 on pages B20–B23.

During 2006, on day d, at t^h UT1, the Earth rotation angle, expressed in arc and time, respectively, is given by:

$$\theta = 99°444\ 335 + 0°985\ 612\ 288\ d + 15°041\ 0672\ t$$
$$= 6^h629\ 6224 + 0^h065\ 707\ 4859\ d + 1^h002\ 737\ 81\ t$$

Relationships between origins

The following schematic diagram shows the relationship between the "zero longitude" defined by the terrestrial intermediate origin, the true equinox and the celestial intermediate origin.

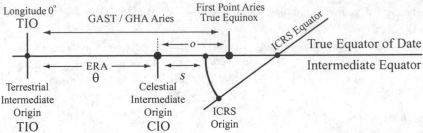

The diagram illustrates that Greenwich hour angle may be calculated by use of either Greenwich apparent sidereal time (GAST) and right ascension with respect to the true equinox of date, or the Earth rotation angle (ERA) and right ascension with respect to celestial intermediate origin. Note that the true equator of date and the intermediate equator (the pole of which is the celestial intermediate pole (CIP)) are the same plane. The angle s positions the ICRS origin on the true equator of date, see page B56.

The equation of the origins, the angular difference between the CIO (origin of intermediate right ascension) and the true equinox (the origin of equinox right ascension), is tabulated with the ERA on pages B20–B23, and is calculated in the sense

$$\text{The equation of the origins} = o = \theta - \text{GAST} = \alpha_i - \alpha_e$$

therefore
$$\alpha_i = \alpha_e + o$$

Thus, given an apparent right ascension (α_e) and the equation of the origins, the intermediate right ascension (α_i) may be calculated so that it can be used with the Earth rotation angle (θ) to form an hour angle.

Relationships with local time and hour angle

The following general relationships are used to relate the right ascensions of celestial objects with locations on the Earth, and universal time (UT1):

Equinox-based

> local mean solar time = universal time + east longitude
> local mean sidereal time = Greenwich mean sidereal time + east longitude
> local apparent sidereal time = local mean sidereal time + equation of equinoxes
>   = Greenwich apparent sidereal time + east longitude
> local hour angle = local apparent sidereal time − apparent right ascension

CIO-based

> local hour angle = Earth rotation angle − intermediate right ascension
>   + east longitude
>   = Greenwich apparent sidereal time + equation of origins
>   − intermediate right ascension + east longitude

Greenwich apparent and mean sidereal times, and the equation of the equinoxes are tabulated on pages B12–B19, while Earth rotation angle and equation of the origins are tabulated on pages B20–B23. **Note:** ensure that the units of all quantities used are compatible.

Alternatively, the rotation of the origin of the celestial axes to the origin of the terrestrial axes about the axis in the direction of the celestial intermediate pole (z-axis), may be made by using one of the following rotation matrices (see page B77), as appropriate.

$$\mathbf{R}_3(\text{GAST}) \quad \text{or} \quad \mathbf{R}_3(\theta) \quad \text{or} \quad \mathbf{R}_3(\text{GAST} + \lambda) \quad \text{or} \quad \mathbf{R}_3(\theta + \lambda)$$

Two further small corrections, for alignment of the terrestrial intermediate origin onto the origin of the International Terrestrial Reference Frame (longitude zero), and for the effect of polar motion, are required in the reduction of very precise observations (see page B76).

Examples of the use of the ephemeris of universal and sidereal times

1. *Conversion of universal time to local sidereal time*

To find the local apparent sidereal time at $09^h 44^m 30^s$ UT on 2006 July 8 in longitude $80° 22' 55''.79$ west.

	h	m	s
Greenwich mean sidereal time on July 8 at 0^h UT (page B16)	19	03	14·0465
Add the equivalent mean sidereal time interval from 0^h to $09^h 44^m 30^s$ UT (multiply UT interval by 1·002 737 9093)	9	46	06·0185
Greenwich mean sidereal time at required UT:	4	49	20·0650
Add equation of equinoxes, interpolated using second-order differences to approximate UT = $0^d.41$			+0·0442
Greenwich apparent sidereal time:	4	49	20·1092
Subtract west longitude (add east longitude)	5	21	31·7193
Local apparent sidereal time:	23	27	48·3899

The calculation for local mean sidereal time is similar, but omit the step which allows for the equation of the equinoxes.

2. *Conversion of local sidereal time to universal time*

To find the universal time at $23^h 27^m 48^s.3899$ local apparent sidereal time on 2006 July 8 in longitude $80° 22' 55''.79$ west.

	h	m	s
Local apparent sidereal time:	23	27	48·3899
Add west longitude (subtract east longitude)	5	21	31·7193
Greenwich apparent sidereal time:	4	49	20·1092
Subtract equation of equinoxes, interpolated using second-order differences to approximate UT = $0^d.41$			+0·0442
Greenwich mean sidereal time:	4	49	20·0650
Subtract Greenwich mean sidereal time at 0^h UT	19	03	14·0465
Mean sidereal time interval from 0^h UT:	9	46	06·0185
Equivalent UT interval (multiply mean sidereal time interval by 0·997 269 5663)	9	44	30·0000

The conversion of mean sidereal time to universal time is carried out by a similar procedure; omit the step which allows for the equation of the equinoxes.

Date 0ʰ UT1		Julian Date	G. SIDEREAL TIME (GHA of the Equinox) Apparent	Mean	Equation of Equinoxes at 0ʰ UT1	GSD at 0ʰ GMST	UT1 at 0ʰ GMST (Greenwich Transit of the Mean Equinox)		
		245	h m s	s	s	246		h m s	
Jan.	0	3735.5	6 38 04.9478	05.0820	−0.1342	0455.0	Jan.	0	17 19 04.2251
	1	3736.5	6 42 01.5159	01.6374	−0.1215	0456.0		1	17 15 08.3157
	2	3737.5	6 45 58.0811	58.1928	−0.1117	0457.0		2	17 11 12.4062
	3	3738.5	6 49 54.6418	54.7481	−0.1063	0458.0		3	17 07 16.4967
	4	3739.5	6 53 51.1980	51.3035	−0.1055	0459.0		4	17 03 20.5873
	5	3740.5	6 57 47.7509	47.8589	−0.1080	0460.0		5	16 59 24.6778
	6	3741.5	7 01 44.3024	44.4142	−0.1118	0461.0		6	16 55 28.7683
	7	3742.5	7 05 40.8545	40.9696	−0.1151	0462.0		7	16 51 32.8589
	8	3743.5	7 09 37.4088	37.5250	−0.1161	0463.0		8	16 47 36.9494
	9	3744.5	7 13 33.9662	34.0803	−0.1142	0464.0		9	16 43 41.0399
	10	3745.5	7 17 30.5265	30.6357	−0.1092	0465.0		10	16 39 45.1305
	11	3746.5	7 21 27.0894	27.1911	−0.1017	0466.0		11	16 35 49.2210
	12	3747.5	7 25 23.6537	23.7464	−0.0927	0467.0		12	16 31 53.3115
	13	3748.5	7 29 20.2183	20.3018	−0.0835	0468.0		13	16 27 57.4020
	14	3749.5	7 33 16.7819	16.8572	−0.0753	0469.0		14	16 24 01.4926
	15	3750.5	7 37 13.3436	13.4125	−0.0690	0470.0		15	16 20 05.5831
	16	3751.5	7 41 09.9027	09.9679	−0.0652	0471.0		16	16 16 09.6736
	17	3752.5	7 45 06.4590	06.5233	−0.0642	0472.0		17	16 12 13.7642
	18	3753.5	7 49 03.0129	03.0786	−0.0658	0473.0		18	16 08 17.8547
	19	3754.5	7 52 59.5647	59.6340	−0.0693	0474.0		19	16 04 21.9452
	20	3755.5	7 56 56.1155	56.1894	−0.0739	0475.0		20	16 00 26.0358
	21	3756.5	8 00 52.6662	52.7447	−0.0786	0476.0		21	15 56 30.1263
	22	3757.5	8 04 49.2179	49.3001	−0.0823	0477.0		22	15 52 34.2168
	23	3758.5	8 08 45.7717	45.8555	−0.0838	0478.0		23	15 48 38.3074
	24	3759.5	8 12 42.3284	42.4108	−0.0824	0479.0		24	15 44 42.3979
	25	3760.5	8 16 38.8888	38.9662	−0.0775	0480.0		25	15 40 46.4884
	26	3761.5	8 20 35.4525	35.5216	−0.0691	0481.0		26	15 36 50.5789
	27	3762.5	8 24 32.0186	32.0770	−0.0583	0482.0		27	15 32 54.6695
	28	3763.5	8 28 28.5853	28.6323	−0.0470	0483.0		28	15 28 58.7600
	29	3764.5	8 32 25.1502	25.1877	−0.0375	0484.0		29	15 25 02.8505
	30	3765.5	8 36 21.7112	21.7431	−0.0319	0485.0		30	15 21 06.9411
	31	3766.5	8 40 18.2673	18.2984	−0.0312	0486.0		31	15 17 11.0316
Feb.	1	3767.5	8 44 14.8190	14.8538	−0.0348	0487.0	Feb.	1	15 13 15.1221
	2	3768.5	8 48 11.3684	11.4092	−0.0408	0488.0		2	15 09 19.2127
	3	3769.5	8 52 07.9178	07.9645	−0.0468	0489.0		3	15 05 23.3032
	4	3770.5	8 56 04.4690	04.5199	−0.0508	0490.0		4	15 01 27.3937
	5	3771.5	9 00 01.0233	01.0753	−0.0519	0491.0		5	14 57 31.4843
	6	3772.5	9 03 57.5808	57.6306	−0.0498	0492.0		6	14 53 35.5748
	7	3773.5	9 07 54.1408	54.1860	−0.0452	0493.0		7	14 49 39.6653
	8	3774.5	9 11 50.7025	50.7414	−0.0389	0494.0		8	14 45 43.7558
	9	3775.5	9 15 47.2645	47.2967	−0.0322	0495.0		9	14 41 47.8464
	10	3776.5	9 19 43.8257	43.8521	−0.0264	0496.0		10	14 37 51.9369
	11	3777.5	9 23 40.3852	40.4075	−0.0222	0497.0		11	14 33 56.0274
	12	3778.5	9 27 36.9423	36.9628	−0.0205	0498.0		12	14 30 00.1180
	13	3779.5	9 31 33.4967	33.5182	−0.0215	0499.0		13	14 26 04.2085
	14	3780.5	9 35 30.0484	30.0736	−0.0251	0500.0		14	14 22 08.2990
	15	3781.5	9 39 26.5980	26.6289	−0.0309	0501.0		15	14 18 12.3896

Date 0ʰ UT1		Julian Date	G. SIDEREAL TIME (GHA of the Equinox) Apparent	Mean	Equation of Equinoxes at 0ʰ UT1	GSD at 0ʰ GMST	UT1 at 0ʰ GMST (Greenwich Transit of the Mean Equinox)			
		245	h m s	s	s	246		h m s		
Feb.	15	3781·5	9 39 26·5980	26·6289	− 0·0309	0501·0	Feb.	15 14 18 12·3896		
	16	3782·5	9 43 23·1463	23·1843	− 0·0380	0502·0		16 14 14 16·4801		
	17	3783·5	9 47 19·6941	19·7397	− 0·0455	0503·0		17 14 10 20·5706		
	18	3784·5	9 51 16·2427	16·2950	− 0·0523	0504·0		18 14 06 24·6612		
	19	3785·5	9 55 12·7931	12·8504	− 0·0573	0505·0		19 14 02 28·7517		
	20	3786·5	9 59 09·3461	09·4058	− 0·0597	0506·0		20 13 58 32·8422		
	21	3787·5	10 03 05·9023	05·9611	− 0·0589	0507·0		21 13 54 36·9328		
	22	3788·5	10 07 02·4617	02·5165	− 0·0548	0508·0		22 13 50 41·0233		
	23	3789·5	10 10 59·0238	59·0719	− 0·0481	0509·0		23 13 46 45·1138		
	24	3790·5	10 14 55·5872	55·6272	− 0·0400	0510·0		24 13 42 49·2043		
	25	3791·5	10 18 52·1500	52·1826	− 0·0326	0511·0		25 13 38 53·2949		
	26	3792·5	10 22 48·7102	48·7380	− 0·0278	0512·0		26 13 34 57·3854		
	27	3793·5	10 26 45·2659	45·2934	− 0·0274	0513·0		27 13 31 01·4759		
	28	3794·5	10 30 41·8171	41·8487	− 0·0317	0514·0		28 13 27 05·5665		
Mar.	1	3795·5	10 34 38·3647	38·4041	− 0·0393	0515·0	Mar.	1 13 23 09·6570		
	2	3796·5	10 38 34·9113	34·9595	− 0·0481	0516·0		2 13 19 13·7475		
	3	3797·5	10 42 31·4593	31·5148	− 0·0556	0517·0		3 13 15 17·8381		
	4	3798·5	10 46 28·0102	28·0702	− 0·0600	0518·0		4 13 11 21·9286		
	5	3799·5	10 50 24·5647	24·6256	− 0·0608	0519·0		5 13 07 26·0191		
	6	3800·5	10 54 21·1223	21·1809	− 0·0586	0520·0		6 13 03 30·1097		
	7	3801·5	10 58 17·6819	17·7363	− 0·0544	0521·0		7 12 59 34·2002		
	8	3802·5	11 02 14·2421	14·2917	− 0·0495	0522·0		8 12 55 38·2907		
	9	3803·5	11 06 10·8018	10·8470	− 0·0452	0523·0		9 12 51 42·3812		
	10	3804·5	11 10 07·3599	07·4024	− 0·0425	0524·0		10 12 47 46·4718		
	11	3805·5	11 14 03·9157	03·9578	− 0·0421	0525·0		11 12 43 50·5623		
	12	3806·5	11 18 00·4688	00·5131	− 0·0443	0526·0		12 12 39 54·6528		
	13	3807·5	11 21 57·0194	57·0685	− 0·0491	0527·0		13 12 35 58·7434		
	14	3808·5	11 25 53·5677	53·6239	− 0·0562	0528·0		14 12 32 02·8339		
	15	3809·5	11 29 50·1145	50·1792	− 0·0648	0529·0		15 12 28 06·9244		
	16	3810·5	11 33 46·6607	46·7346	− 0·0739	0530·0		16 12 24 11·0150		
	17	3811·5	11 37 43·2075	43·2900	− 0·0825	0531·0		17 12 20 15·1055		
	18	3812·5	11 41 39·7559	39·8453	− 0·0895	0532·0		18 12 16 19·1960		
	19	3813·5	11 45 36·3068	36·4007	− 0·0939	0533·0		19 12 12 23·2866		
	20	3814·5	11 49 32·8607	32·9561	− 0·0953	0534·0		20 12 08 27·3771		
	21	3815·5	11 53 29·4179	29·5114	− 0·0936	0535·0		21 12 04 31·4676		
	22	3816·5	11 57 25·9777	26·0668	− 0·0891	0536·0		22 12 00 35·5582		
	23	3817·5	12 01 22·5392	22·6222	− 0·0830	0537·0		23 11 56 39·6487		
	24	3818·5	12 05 19·1007	19·1775	− 0·0769	0538·0		24 11 52 43·7392		
	25	3819·5	12 09 15·6605	15·7329	− 0·0724	0539·0		25 11 48 47·8297		
	26	3820·5	12 13 12·2169	12·2883	− 0·0714	0540·0		26 11 44 51·9203		
	27	3821·5	12 17 08·7690	08·8436	− 0·0746	0541·0		27 11 40 56·0108		
	28	3822·5	12 21 05·3173	05·3990	− 0·0817	0542·0		28 11 37 00·1013		
	29	3823·5	12 25 01·8636	01·9544	− 0·0908	0543·0		29 11 33 04·1919		
	30	3824·5	12 28 58·4101	58·5098	− 0·0996	0544·0		30 11 29 08·2824		
	31	3825·5	12 32 54·9593	55·0651	− 0·1059	0545·0		31 11 25 12·3729		
Apr.	1	3826·5	12 36 51·5122	51·6205	− 0·1083	0546·0	Apr.	1 11 21 16·4635		
	2	3827·5	12 40 48·0689	48·1759	− 0·1070	0547·0		2 11 17 20·5540		

Date 0ʰ UT1	Julian Date	G. SIDEREAL TIME (GHA of the Equinox)		Equation of Equinoxes at 0ʰ UT1	GSD at 0ʰ GMST	UT1 at 0ʰ GMST (Greenwich Transit of the Mean Equinox)		
		Apparent	Mean					
	245	h m s	s	s	**246**		h m s	
Apr. 1	**3826.5**	12 36 51.5122	51.6205	− 0.1083	**0546.0**	Apr. 1	11 21 16.4635	
2	**3827.5**	12 40 48.0689	48.1759	− 0.1070	**0547.0**	2	11 17 20.5540	
3	**3828.5**	12 44 44.6283	44.7312	− 0.1029	**0548.0**	3	11 13 24.6445	
4	**3829.5**	12 48 41.1890	41.2866	− 0.0976	**0549.0**	4	11 09 28.7351	
5	**3830.5**	12 52 37.7495	37.8420	− 0.0925	**0550.0**	5	11 05 32.8256	
6	**3831.5**	12 56 34.3086	34.3973	− 0.0887	**0551.0**	6	11 01 36.9161	
7	**3832.5**	13 00 30.8656	30.9527	− 0.0871	**0552.0**	7	10 57 41.0066	
8	**3833.5**	13 04 27.4199	27.5081	− 0.0882	**0553.0**	8	10 53 45.0972	
9	**3834.5**	13 08 23.9716	24.0634	− 0.0918	**0554.0**	9	10 49 49.1877	
10	**3835.5**	13 12 20.5210	20.6188	− 0.0978	**0555.0**	10	10 45 53.2782	
11	**3836.5**	13 16 17.0687	17.1742	− 0.1055	**0556.0**	11	10 41 57.3688	
12	**3837.5**	13 20 13.6157	13.7295	− 0.1139	**0557.0**	12	10 38 01.4593	
13	**3838.5**	13 24 10.1629	10.2849	− 0.1220	**0558.0**	13	10 34 05.5498	
14	**3839.5**	13 28 06.7117	06.8403	− 0.1286	**0559.0**	14	10 30 09.6404	
15	**3840.5**	13 32 03.2628	03.3956	− 0.1328	**0560.0**	15	10 26 13.7309	
16	**3841.5**	13 35 59.8170	59.9510	− 0.1340	**0561.0**	16	10 22 17.8214	
17	**3842.5**	13 39 56.3746	56.5064	− 0.1318	**0562.0**	17	10 18 21.9120	
18	**3843.5**	13 43 52.9349	53.0617	− 0.1268	**0563.0**	18	10 14 26.0025	
19	**3844.5**	13 47 49.4971	49.6171	− 0.1200	**0564.0**	19	10 10 30.0930	
20	**3845.5**	13 51 46.0597	46.1725	− 0.1128	**0565.0**	20	10 06 34.1836	
21	**3846.5**	13 55 42.6210	42.7278	− 0.1069	**0566.0**	21	10 02 38.2741	
22	**3847.5**	13 59 39.1794	39.2832	− 0.1038	**0567.0**	22	9 58 42.3646	
23	**3848.5**	14 03 35.7341	35.8386	− 0.1045	**0568.0**	23	9 54 46.4551	
24	**3849.5**	14 07 32.2851	32.3939	− 0.1089	**0569.0**	24	9 50 50.5457	
25	**3850.5**	14 11 28.8335	28.9493	− 0.1159	**0570.0**	25	9 46 54.6362	
26	**3851.5**	14 15 25.3813	25.5047	− 0.1234	**0571.0**	26	9 42 58.7267	
27	**3852.5**	14 19 21.9308	22.0600	− 0.1292	**0572.0**	27	9 39 02.8173	
28	**3853.5**	14 23 18.4838	18.6154	− 0.1316	**0573.0**	28	9 35 06.9078	
29	**3854.5**	14 27 15.0408	15.1708	− 0.1300	**0574.0**	29	9 31 10.9983	
30	**3855.5**	14 31 11.6013	11.7261	− 0.1249	**0575.0**	30	9 27 15.0889	
May 1	**3856.5**	14 35 08.1639	08.2815	− 0.1176	**0576.0**	May 1	9 23 19.1794	
2	**3857.5**	14 39 04.7270	04.8369	− 0.1099	**0577.0**	2	9 19 23.2699	
3	**3858.5**	14 43 01.2891	01.3923	− 0.1031	**0578.0**	3	9 15 27.3605	
4	**3859.5**	14 46 57.8492	57.9476	− 0.0984	**0579.0**	4	9 11 31.4510	
5	**3860.5**	14 50 54.4066	54.5030	− 0.0964	**0580.0**	5	9 07 35.5415	
6	**3861.5**	14 54 50.9613	51.0584	− 0.0970	**0581.0**	6	9 03 39.6320	
7	**3862.5**	14 58 47.5135	47.6137	− 0.1002	**0582.0**	7	8 59 43.7226	
8	**3863.5**	15 02 44.0639	44.1691	− 0.1052	**0583.0**	8	8 55 47.8131	
9	**3864.5**	15 06 40.6132	40.7245	− 0.1113	**0584.0**	9	8 51 51.9036	
10	**3865.5**	15 10 37.1625	37.2798	− 0.1173	**0585.0**	10	8 47 55.9942	
11	**3866.5**	15 14 33.7129	33.8352	− 0.1222	**0586.0**	11	8 44 00.0847	
12	**3867.5**	15 18 30.2656	30.3906	− 0.1250	**0587.0**	12	8 40 04.1752	
13	**3868.5**	15 22 26.8213	26.9459	− 0.1247	**0588.0**	13	8 36 08.2658	
14	**3869.5**	15 26 23.3804	23.5013	− 0.1209	**0589.0**	14	8 32 12.3563	
15	**3870.5**	15 30 19.9426	20.0567	− 0.1141	**0590.0**	15	8 28 16.4468	
16	**3871.5**	15 34 16.5070	16.6120	− 0.1050	**0591.0**	16	8 24 20.5374	
17	**3872.5**	15 38 13.0722	13.1674	− 0.0952	**0592.0**	17	8 20 24.6279	

Date 0ʰ UT1	Julian Date	G. SIDEREAL TIME (GHA of the Equinox) Apparent	Mean	Equation of Equinoxes at 0ʰ UT1	GSD at 0ʰ GMST	UT1 at 0ʰ GMST (Greenwich Transit of the Mean Equinox)	
	245	h m s	s	s	246		h m s
May 17	3872·5	15 38 13·0722	13·1674	− 0·0952	0592·0	May 17	8 20 24·6279
18	3873·5	15 42 09·6362	09·7228	− 0·0866	0593·0	18	8 16 28·7184
19	3874·5	15 46 06·1976	06·2781	− 0·0806	0594·0	19	8 12 32·8090
20	3875·5	15 50 02·7553	02·8335	− 0·0782	0595·0	20	8 08 36·8995
21	3876·5	15 53 59·3093	59·3889	− 0·0795	0596·0	21	8 04 40·9900
22	3877·5	15 57 55·8605	55·9442	− 0·0837	0597·0	22	8 00 45·0805
23	3878·5	16 01 52·4107	52·4996	− 0·0890	0598·0	23	7 56 49·1711
24	3879·5	16 05 48·9617	49·0550	− 0·0933	0599·0	24	7 52 53·2616
25	3880·5	16 09 45·5155	45·6103	− 0·0948	0600·0	25	7 48 57·3521
26	3881·5	16 13 42·0731	42·1657	− 0·0926	0601·0	26	7 45 01·4427
27	3882·5	16 17 38·6345	38·7211	− 0·0866	0602·0	27	7 41 05·5332
28	3883·5	16 21 35·1986	35·2764	− 0·0779	0603·0	28	7 37 09·6237
29	3884·5	16 25 31·7639	31·8318	− 0·0679	0604·0	29	7 33 13·7143
30	3885·5	16 29 28·3288	28·3872	− 0·0583	0605·0	30	7 29 17·8048
31	3886·5	16 33 24·8920	24·9425	− 0·0505	0606·0	31	7 25 21·8953
June 1	3887·5	16 37 21·4526	21·4979	− 0·0453	0607·0	June 1	7 21 25·9859
2	3888·5	16 41 18·0104	18·0533	− 0·0429	0608·0	2	7 17 30·0764
3	3889·5	16 45 14·5654	14·6087	− 0·0433	0609·0	3	7 13 34·1669
4	3890·5	16 49 11·1183	11·1640	− 0·0458	0610·0	4	7 09 38·2574
5	3891·5	16 53 07·6697	07·7194	− 0·0496	0611·0	5	7 05 42·3480
6	3892·5	16 57 04·2209	04·2748	− 0·0539	0612·0	6	7 01 46·4385
7	3893·5	17 01 00·7727	00·8301	− 0·0575	0613·0	7	6 57 50·5290
8	3894·5	17 04 57·3263	57·3855	− 0·0592	0614·0	8	6 53 54·6196
9	3895·5	17 08 53·8827	53·9409	− 0·0582	0615·0	9	6 49 58·7101
10	3896·5	17 12 50·4424	50·4962	− 0·0538	0616·0	10	6 46 02·8006
11	3897·5	17 16 47·0055	47·0516	− 0·0461	0617·0	11	6 42 06·8912
12	3898·5	17 20 43·5713	43·6070	− 0·0357	0618·0	12	6 38 10·9817
13	3899·5	17 24 40·1383	40·1623	− 0·0240	0619·0	13	6 34 15·0722
14	3900·5	17 28 36·7047	36·7177	− 0·0130	0620·0	14	6 30 19·1628
15	3901·5	17 32 33·2686	33·2731	− 0·0044	0621·0	15	6 26 23·2533
16	3902·5	17 36 29·8288	29·8284	+ 0·0003	0622·0	16	6 22 27·3438
17	3903·5	17 40 26·3849	26·3838	+ 0·0011	0623·0	17	6 18 31·4344
18	3904·5	17 44 22·9378	22·9392	− 0·0014	0624·0	18	6 14 35·5249
19	3905·5	17 48 19·4891	19·4945	− 0·0054	0625·0	19	6 10 39·6154
20	3906·5	17 52 16·0409	16·0499	− 0·0090	0626·0	20	6 06 43·7059
21	3907·5	17 56 12·5949	12·6053	− 0·0103	0627·0	21	6 02 47·7965
22	3908·5	18 00 09·1523	09·1606	− 0·0084	0628·0	22	5 58 51·8870
23	3909·5	18 04 05·7132	05·7160	− 0·0028	0629·0	23	5 54 55·9775
24	3910·5	18 08 02·2771	02·2714	+ 0·0058	0630·0	24	5 51 00·0681
25	3911·5	18 11 58·8427	58·8267	+ 0·0160	0631·0	25	5 47 04·1586
26	3912·5	18 15 55·4085	55·3821	+ 0·0264	0632·0	26	5 43 08·2491
27	3913·5	18 19 51·9729	51·9375	+ 0·0354	0633·0	27	5 39 12·3397
28	3914·5	18 23 48·5349	48·4928	+ 0·0421	0634·0	28	5 35 16·4302
29	3915·5	18 27 45·0941	45·0482	+ 0·0459	0635·0	29	5 31 20·5207
30	3916·5	18 31 41·6504	41·6036	+ 0·0468	0636·0	30	5 27 24·6113
July 1	3917·5	18 35 38·2042	38·1589	+ 0·0452	0637·0	July 1	5 23 28·7018
2	3918·5	18 39 34·7562	34·7143	+ 0·0419	0638·0	2	5 19 32·7923

Date 0ʰ UT1		Julian Date	G. SIDEREAL TIME (GHA of the Equinox)		Equation of Equinoxes at 0ʰ UT1	GSD at 0ʰ GMST	UT1 at 0ʰ GMST (Greenwich Transit of the Mean Equinox)		
			Apparent	Mean					
		245	h m s	s	s	246		h m s	
July	2	3918·5	18 39 34·7562	34·7143	+0·0419	0638·0	July 2	5 19 32·7923	
	3	3919·5	18 43 31·3075	31·2697	+0·0378	0639·0	3	5 15 36·8828	
	4	3920·5	18 47 27·8591	27·8251	+0·0340	0640·0	4	5 11 40·9734	
	5	3921·5	18 51 24·4120	24·3804	+0·0316	0641·0	5	5 07 45·0639	
	6	3922·5	18 55 20·9672	20·9358	+0·0314	0642·0	6	5 03 49·1544	
	7	3923·5	18 59 17·5255	17·4912	+0·0344	0643·0	7	4 59 53·2450	
	8	3924·5	19 03 14·0872	14·0465	+0·0406	0644·0	8	4 55 57·3355	
	9	3925·5	19 07 10·6518	10·6019	+0·0500	0645·0	9	4 52 01·4260	
	10	3926·5	19 11 07·2185	07·1573	+0·0612	0646·0	10	4 48 05·5166	
	11	3927·5	19 15 03·7853	03·7126	+0·0726	0647·0	11	4 44 09·6071	
	12	3928·5	19 19 00·3501	00·2680	+0·0821	0648·0	12	4 40 13·6976	
	13	3929·5	19 22 56·9113	56·8234	+0·0880	0649·0	13	4 36 17·7882	
	14	3930·5	19 26 53·4681	53·3787	+0·0894	0650·0	14	4 32 21·8787	
	15	3931·5	19 30 50·0211	49·9341	+0·0870	0651·0	15	4 28 25·9692	
	16	3932·5	19 34 46·5718	46·4895	+0·0824	0652·0	16	4 24 30·0597	
	17	3933·5	19 38 43·1225	43·0448	+0·0777	0653·0	17	4 20 34·1503	
	18	3934·5	19 42 39·6750	39·6002	+0·0748	0654·0	18	4 16 38·2408	
	19	3935·5	19 46 36·2306	36·1556	+0·0750	0655·0	19	4 12 42·3313	
	20	3936·5	19 50 32·7896	32·7109	+0·0787	0656·0	20	4 08 46·4219	
	21	3937·5	19 54 29·3517	29·2663	+0·0853	0657·0	21	4 04 50·5124	
	22	3938·5	19 58 25·9155	25·8217	+0·0939	0658·0	22	4 00 54·6029	
	23	3939·5	20 02 22·4799	22·3770	+0·1028	0659·0	23	3 56 58·6935	
	24	3940·5	20 06 19·0433	18·9324	+0·1109	0660·0	24	3 53 02·7840	
	25	3941·5	20 10 15·6046	15·4878	+0·1168	0661·0	25	3 49 06·8745	
	26	3942·5	20 14 12·1631	12·0431	+0·1200	0662·0	26	3 45 10·9651	
	27	3943·5	20 18 08·7187	08·5985	+0·1202	0663·0	27	3 41 15·0556	
	28	3944·5	20 22 05·2716	05·1539	+0·1177	0664·0	28	3 37 19·1461	
	29	3945·5	20 26 01·8224	01·7092	+0·1132	0665·0	29	3 33 23·2367	
	30	3946·5	20 29 58·3722	58·2646	+0·1076	0666·0	30	3 29 27·3272	
	31	3947·5	20 33 54·9219	54·8200	+0·1019	0667·0	31	3 25 31·4177	
Aug.	1	3948·5	20 37 51·4725	51·3753	+0·0971	0668·0	Aug. 1	3 21 35·5082	
	2	3949·5	20 41 48·0250	47·9307	+0·0943	0669·0	2	3 17 39·5988	
	3	3950·5	20 45 44·5802	44·4861	+0·0942	0670·0	3	3 13 43·6893	
	4	3951·5	20 49 41·1386	41·0415	+0·0971	0671·0	4	3 09 47·7798	
	5	3952·5	20 53 37·7000	37·5968	+0·1032	0672·0	5	3 05 51·8704	
	6	3953·5	20 57 34·2638	34·1522	+0·1116	0673·0	6	3 01 55·9609	
	7	3954·5	21 01 30·8287	30·7076	+0·1211	0674·0	7	2 58 00·0514	
	8	3955·5	21 05 27·3926	27·2629	+0·1297	0675·0	8	2 54 04·1420	
	9	3956·5	21 09 23·9536	23·8183	+0·1353	0676·0	9	2 50 08·2325	
	10	3957·5	21 13 20·5103	20·3737	+0·1366	0677·0	10	2 46 12·3230	
	11	3958·5	21 17 17·0625	16·9290	+0·1335	0678·0	11	2 42 16·4136	
	12	3959·5	21 21 13·6116	13·4844	+0·1272	0679·0	12	2 38 20·5041	
	13	3960·5	21 25 10·1598	10·0398	+0·1200	0680·0	13	2 34 24·5946	
	14	3961·5	21 29 06·7094	06·5951	+0·1143	0681·0	14	2 30 28·6851	
	15	3962·5	21 33 03·2621	03·1505	+0·1116	0682·0	15	2 26 32·7757	
	16	3963·5	21 36 59·8183	59·7059	+0·1125	0683·0	16	2 22 36·8662	
	17	3964·5	21 40 56·3777	56·2612	+0·1165	0684·0	17	2 18 40·9567	

Date 0ʰ UT1	Julian Date	G. SIDEREAL TIME (GHA of the Equinox) Apparent	Mean	Equation of Equinoxes at 0ʰ UT1	GSD at 0ʰ GMST	UT1 at 0ʰ GMST (Greenwich Transit of the Mean Equinox)
	245	h m s	s	s	246	h m s
Aug. 17	3964·5	21 40 56·3777	56·2612	+0·1165	0684·0	Aug. 17 2 18 40·9567
18	3965·5	21 44 52·9391	52·8166	+0·1225	0685·0	18 2 14 45·0473
19	3966·5	21 48 49·5012	49·3720	+0·1292	0686·0	19 2 10 49·1378
20	3967·5	21 52 46·0625	45·9273	+0·1352	0687·0	20 2 06 53·2283
21	3968·5	21 56 42·6221	42·4827	+0·1393	0688·0	21 2 02 57·3189
22	3969·5	22 00 39·1790	39·0381	+0·1409	0689·0	22 1 59 01·4094
23	3970·5	22 04 35·7330	35·5934	+0·1395	0690·0	23 1 55 05·4999
24	3971·5	22 08 32·2842	32·1488	+0·1354	0691·0	24 1 51 09·5905
25	3972·5	22 12 28·8332	28·7042	+0·1290	0692·0	25 1 47 13·6810
26	3973·5	22 16 25·3809	25·2595	+0·1213	0693·0	26 1 43 17·7715
27	3974·5	22 20 21·9282	21·8149	+0·1133	0694·0	27 1 39 21·8621
28	3975·5	22 24 18·4762	18·3703	+0·1059	0695·0	28 1 35 25·9526
29	3976·5	22 28 15·0258	14·9256	+0·1002	0696·0	29 1 31 30·0431
30	3977·5	22 32 11·5779	11·4810	+0·0969	0697·0	30 1 27 34·1336
31	3978·5	22 36 08·1328	08·0364	+0·0965	0698·0	31 1 23 38·2242
Sept. 1	3979·5	22 40 04·6908	04·5917	+0·0990	0699·0	Sept. 1 1 19 42·3147
2	3980·5	22 44 01·2512	01·1471	+0·1041	0700·0	2 1 15 46·4052
3	3981·5	22 47 57·8132	57·7025	+0·1107	0701·0	3 1 11 50·4958
4	3982·5	22 51 54·3752	54·2579	+0·1173	0702·0	4 1 07 54·5863
5	3983·5	22 55 50·9353	50·8132	+0·1221	0703·0	5 1 03 58·6768
6	3984·5	22 59 47·4919	47·3686	+0·1233	0704·0	6 1 00 02·7674
7	3985·5	23 03 44·0440	43·9240	+0·1201	0705·0	7 0 56 06·8579
8	3986·5	23 07 40·5923	40·4793	+0·1130	0706·0	8 0 52 10·9484
9	3987·5	23 11 37·1386	37·0347	+0·1039	0707·0	9 0 48 15·0390
10	3988·5	23 15 33·6856	33·5901	+0·0955	0708·0	10 0 44 19·1295
11	3989·5	23 19 30·2353	30·1454	+0·0899	0709·0	11 0 40 23·2200
12	3990·5	23 23 26·7890	26·7008	+0·0882	0710·0	12 0 36 27·3105
13	3991·5	23 27 23·3462	23·2562	+0·0901	0711·0	13 0 32 31·4011
14	3992·5	23 31 19·9060	19·8115	+0·0945	0712·0	14 0 28 35·4916
15	3993·5	23 35 16·4669	16·3669	+0·1000	0713·0	15 0 24 39·5821
16	3994·5	23 39 13·0272	12·9223	+0·1050	0714·0	16 0 20 43·6727
17	3995·5	23 43 09·5859	09·4776	+0·1082	0715·0	17 0 16 47·7632
18	3996·5	23 47 06·1420	06·0330	+0·1090	0716·0	18 0 12 51·8537
19	3997·5	23 51 02·6954	02·5884	+0·1070	0717·0	19 0 08 55·9443
20	3998·5	23 54 59·2459	59·1437	+0·1022	0718·0	20 0 05 00·0348
21	3999·5	23 58 55·7942	55·6991	+0·0951	0719·0	21 0 01 04·1253
					0720·0	21 23 57 08·2159
22	4000·5	0 02 52·3409	52·2545	+0·0865	0721·0	22 23 53 12·3064
23	4001·5	0 06 48·8871	48·8098	+0·0773	0722·0	23 23 49 16·3969
24	4002·5	0 10 45·4338	45·3652	+0·0686	0723·0	24 23 45 20·4875
25	4003·5	0 14 41·9820	41·9206	+0·0614	0724·0	25 23 41 24·5780
26	4004·5	0 18 38·5325	38·4759	+0·0566	0725·0	26 23 37 28·6685
27	4005·5	0 22 35·0858	35·0313	+0·0545	0726·0	27 23 33 32·7590
28	4006·5	0 26 31·6420	31·5867	+0·0553	0727·0	28 23 29 36·8496
29	4007·5	0 30 28·2008	28·1420	+0·0587	0728·0	29 23 25 40·9401
30	4008·5	0 34 24·7613	24·6974	+0·0639	0729·0	30 23 21 45·0306
Oct. 1	4009·5	0 38 21·3223	21·2528	+0·0695	0730·0	Oct. 1 23 17 49·1212

Date 0h UT1	Julian Date	G. SIDEREAL TIME (GHA of the Equinox)		Equation of Equinoxes at 0h UT1	GSD at 0h GMST	UT1 at 0h GMST (Greenwich Transit of the Mean Equinox)			
		Apparent	Mean						
	245	h m s	s	s	246			h m s	
Oct. 1	4009·5	0 38 21·3223	21·2528	+0·0695	0730·0	Oct. 1	23	17	49·1212
2	4010·5	0 42 17·8822	17·8081	+0·0741	0731·0	2	23	13	53·2117
3	4011·5	0 46 14·4395	14·3635	+0·0760	0732·0	3	23	09	57·3022
4	4012·5	0 50 10·9930	10·9189	+0·0742	0733·0	4	23	06	01·3928
5	4013·5	0 54 07·5427	07·4743	+0·0684	0734·0	5	23	02	05·4833
6	4014·5	0 58 04·0895	04·0296	+0·0599	0735·0	6	22	58	09·5738
7	4015·5	1 02 00·6358	00·5850	+0·0508	0736·0	7	22	54	13·6644
8	4016·5	1 05 57·1842	57·1404	+0·0438	0737·0	8	22	50	17·7549
9	4017·5	1 09 53·7364	53·6957	+0·0407	0738·0	9	22	46	21·8454
10	4018·5	1 13 50·2929	50·2511	+0·0418	0739·0	10	22	42	25·9359
11	4019·5	1 17 46·8529	46·8065	+0·0464	0740·0	11	22	38	30·0265
12	4020·5	1 21 43·4146	43·3618	+0·0528	0741·0	12	22	34	34·1170
13	4021·5	1 25 39·9763	39·9172	+0·0591	0742·0	13	22	30	38·2075
14	4022·5	1 29 36·5365	36·4726	+0·0640	0743·0	14	22	26	42·2981
15	4023·5	1 33 33·0943	33·0279	+0·0664	0744·0	15	22	22	46·3886
16	4024·5	1 37 29·6493	29·5833	+0·0660	0745·0	16	22	18	50·4791
17	4025·5	1 41 26·2014	26·1387	+0·0627	0746·0	17	22	14	54·5697
18	4026·5	1 45 22·7511	22·6940	+0·0571	0747·0	18	22	10	58·6602
19	4027·5	1 49 19·2991	19·2494	+0·0497	0748·0	19	22	07	02·7507
20	4028·5	1 53 15·8465	15·8048	+0·0417	0749·0	20	22	03	06·8413
21	4029·5	1 57 12·3941	12·3601	+0·0339	0750·0	21	21	59	10·9318
22	4030·5	2 01 08·9430	08·9155	+0·0275	0751·0	22	21	55	15·0223
23	4031·5	2 05 05·4942	05·4709	+0·0234	0752·0	23	21	51	19·1128
24	4032·5	2 09 02·0482	02·0262	+0·0220	0753·0	24	21	47	23·2034
25	4033·5	2 12 58·6052	58·5816	+0·0236	0754·0	25	21	43	27·2939
26	4034·5	2 16 55·1649	55·1370	+0·0279	0755·0	26	21	39	31·3844
27	4035·5	2 20 51·7265	51·6923	+0·0342	0756·0	27	21	35	35·4750
28	4036·5	2 24 48·2888	48·2477	+0·0411	0757·0	28	21	31	39·5655
29	4037·5	2 28 44·8504	44·8031	+0·0473	0758·0	29	21	27	43·6560
30	4038·5	2 32 41·4099	41·3584	+0·0514	0759·0	30	21	23	47·7466
31	4039·5	2 36 37·9661	37·9138	+0·0523	0760·0	31	21	19	51·8371
Nov. 1	4040·5	2 40 34·5188	34·4692	+0·0496	0761·0	Nov. 1	21	15	55·9276
2	4041·5	2 44 31·0685	31·0245	+0·0439	0762·0	2	21	12	00·0182
3	4042·5	2 48 27·6168	27·5799	+0·0369	0763·0	3	21	08	04·1087
4	4043·5	2 52 24·1661	24·1353	+0·0308	0764·0	4	21	04	08·1992
5	4044·5	2 56 20·7186	20·6907	+0·0279	0765·0	5	21	00	12·2898
6	4045·5	3 00 17·2754	17·2460	+0·0294	0766·0	6	20	56	16·3803
7	4046·5	3 04 13·8365	13·8014	+0·0351	0767·0	7	20	52	20·4708
8	4047·5	3 08 10·4004	10·3568	+0·0436	0768·0	8	20	48	24·5613
9	4048·5	3 12 06·9652	06·9121	+0·0531	0769·0	9	20	44	28·6519
10	4049·5	3 16 03·5290	03·4675	+0·0615	0770·0	10	20	40	32·7424
11	4050·5	3 20 00·0906	00·0229	+0·0677	0771·0	11	20	36	36·8329
12	4051·5	3 23 56·6491	56·5782	+0·0709	0772·0	12	20	32	40·9235
13	4052·5	3 27 53·2047	53·1336	+0·0711	0773·0	13	20	28	45·0140
14	4053·5	3 31 49·7576	49·6890	+0·0687	0774·0	14	20	24	49·1045
15	4054·5	3 35 46·3087	46·2443	+0·0643	0775·0	15	20	20	53·1951
16	4055·5	3 39 42·8587	42·7997	+0·0590	0776·0	16	20	16	57·2856

Date 0ʰ UT1	Julian Date	G. SIDEREAL TIME (GHA of the Equinox) Apparent	Mean	Equation of Equinoxes at 0ʰ UT1	GSD at 0ʰ GMST	UT1 at 0ʰ GMST (Greenwich Transit of the Mean Equinox)
	245	h m s	s	s	246	h m s
Nov. 16	4055·5	3 39 42·8587	42·7997	+0·0590	0776·0	Nov. 16 20 16 57·2856
17	4056·5	3 43 39·4087	39·3551	+0·0537	0777·0	17 20 13 01·3761
18	4057·5	3 47 35·9599	35·9104	+0·0494	0778·0	18 20 09 05·4667
19	4058·5	3 51 32·5130	32·4658	+0·0472	0779·0	19 20 05 09·5572
20	4059·5	3 55 29·0689	29·0212	+0·0478	0780·0	20 20 01 13·6477
21	4060·5	3 59 25·6279	25·5765	+0·0514	0781·0	21 19 57 17·7382
22	4061·5	4 03 22·1898	22·1319	+0·0579	0782·0	22 19 53 21·8288
23	4062·5	4 07 18·7538	18·6873	+0·0665	0783·0	23 19 49 25·9193
24	4063·5	4 11 15·3188	15·2426	+0·0762	0784·0	24 19 45 30·0098
25	4064·5	4 15 11·8833	11·7980	+0·0853	0785·0	25 19 41 34·1004
26	4065·5	4 19 08·4459	08·3534	+0·0925	0786·0	26 19 37 38·1909
27	4066·5	4 23 05·0053	04·9087	+0·0966	0787·0	27 19 33 42·2814
28	4067·5	4 27 01·5613	01·4641	+0·0972	0788·0	28 19 29 46·3720
29	4068·5	4 30 58·1142	58·0195	+0·0947	0789·0	29 19 25 50·4625
30	4069·5	4 34 54·6653	54·5748	+0·0905	0790·0	30 19 21 54·5530
Dec. 1	4070·5	4 38 51·2167	51·1302	+0·0864	0791·0	Dec. 1 19 17 58·6436
2	4071·5	4 42 47·7702	47·6856	+0·0846	0792·0	2 19 14 02·7341
3	4072·5	4 46 44·3276	44·2410	+0·0866	0793·0	3 19 10 06·8246
4	4073·5	4 50 40·8892	40·7963	+0·0929	0794·0	4 19 06 10·9152
5	4074·5	4 54 37·4544	37·3517	+0·1027	0795·0	5 19 02 15·0057
6	4075·5	4 58 34·0214	33·9071	+0·1144	0796·0	6 18 58 19·0962
7	4076·5	5 02 30·5884	30·4624	+0·1260	0797·0	7 18 54 23·1867
8	4077·5	5 06 27·1535	27·0178	+0·1357	0798·0	8 18 50 27·2773
9	4078·5	5 10 23·7158	23·5732	+0·1426	0799·0	9 18 46 31·3678
10	4079·5	5 14 20·2747	20·1285	+0·1462	0800·0	10 18 42 35·4583
11	4080·5	5 18 16·8307	16·6839	+0·1468	0801·0	11 18 38 39·5489
12	4081·5	5 22 13·3843	13·2393	+0·1451	0802·0	12 18 34 43·6394
13	4082·5	5 26 09·9366	09·7946	+0·1419	0803·0	13 18 30 47·7299
14	4083·5	5 30 06·4885	06·3500	+0·1385	0804·0	14 18 26 51·8205
15	4084·5	5 34 03·0411	02·9054	+0·1357	0805·0	15 18 22 55·9110
16	4085·5	5 37 59·5953	59·4607	+0·1346	0806·0	16 18 19 00·0015
17	4086·5	5 41 56·1520	56·0161	+0·1359	0807·0	17 18 15 04·0921
18	4087·5	5 45 52·7117	52·5715	+0·1403	0808·0	18 18 11 08·1826
19	4088·5	5 49 49·2744	49·1268	+0·1476	0809·0	19 18 07 12·2731
20	4089·5	5 53 45·8397	45·6822	+0·1575	0810·0	20 18 03 16·3636
21	4090·5	5 57 42·4063	42·2376	+0·1687	0811·0	21 17 59 20·4542
22	4091·5	6 01 38·9728	38·7929	+0·1798	0812·0	22 17 55 24·5447
23	4092·5	6 05 35·5375	35·3483	+0·1892	0813·0	23 17 51 28·6352
24	4093·5	6 09 32·0991	31·9037	+0·1954	0814·0	24 17 47 32·7258
25	4094·5	6 13 28·6569	28·4590	+0·1979	0815·0	25 17 43 36·8163
26	4095·5	6 17 25·2114	25·0144	+0·1970	0816·0	26 17 39 40·9068
27	4096·5	6 21 21·7636	21·5698	+0·1939	0817·0	27 17 35 44·9974
28	4097·5	6 25 18·3156	18·1251	+0·1904	0818·0	28 17 31 49·0879
29	4098·5	6 29 14·8691	14·6805	+0·1886	0819·0	29 17 27 53·1784
30	4099·5	6 33 11·4258	11·2359	+0·1899	0820·0	30 17 23 57·2690
31	4100·5	6 37 07·9863	07·7912	+0·1950	0821·0	31 17 20 01·3595
32	4101·5	6 41 04·5504	04·3466	+0·2038	0822·0	32 17 16 05·4500

Date 0ʰ UT1	Julian Date 245	Earth Rotation Angle ° ′ ″	Equation of the Origins ′ ″	Date 0ʰ UT1	Julian Date 245	Earth Rotation Angle ° ′ ″	Equation of the Origins ′ ″
Jan. 0	3735.5	99 26 39.6076	− 4 34.6091	Feb. 15	3781.5	144 46 57.0025	− 4 41.9679
1	3736.5	100 25 47.8118	− 4 34.9270	16	3782.5	145 46 05.2067	− 4 41.9872
2	3737.5	101 24 56.0160	− 4 35.2004	17	3783.5	146 45 13.4109	− 4 42.0010
3	3738.5	102 24 04.2203	− 4 35.4072	18	3784.5	147 44 21.6152	− 4 42.0258
4	3739.5	103 23 12.4245	− 4 35.5460	19	3785.5	148 43 29.8194	− 4 42.0771
5	3740.5	104 22 20.6287	− 4 35.6349	20	3786.5	149 42 38.0236	− 4 42.1679
6	3741.5	105 21 28.8330	− 4 35.7030	21	3787.5	150 41 46.2279	− 4 42.3065
7	3742.5	106 20 37.0372	− 4 35.7807	22	3788.5	151 40 54.4321	− 4 42.4937
8	3743.5	107 19 45.2414	− 4 35.8911	23	3789.5	152 40 02.6364	− 4 42.7206
9	3744.5	108 18 53.4457	− 4 36.0466	24	3790.5	153 39 10.8406	− 4 42.9676
10	3745.5	109 18 01.6499	− 4 36.2482	25	3791.5	154 38 19.0448	− 4 43.2059
11	3746.5	110 17 09.8542	− 4 36.4870	26	3792.5	155 37 27.2491	− 4 43.4034
12	3747.5	111 16 18.0584	− 4 36.7477	27	3793.5	156 36 35.4533	− 4 43.5359
13	3748.5	112 15 26.2626	− 4 37.0119	28	3794.5	157 35 43.6575	− 4 43.5984
14	3749.5	113 14 34.4669	− 4 37.2617	Mar. 1	3795.5	158 34 51.8618	− 4 43.6093
15	3750.5	114 13 42.6711	− 4 37.4824	2	3796.5	159 34 00.0660	− 4 43.6037
16	3751.5	115 12 50.8753	− 4 37.6648	3	3797.5	160 33 08.2703	− 4 43.6185
17	3752.5	116 11 59.0796	− 4 37.8059	4	3798.5	161 32 16.4745	− 4 43.6788
18	3753.5	117 11 07.2838	− 4 37.9092	5	3799.5	162 31 24.6787	− 4 43.7922
19	3754.5	118 10 15.4881	− 4 37.9830	6	3800.5	163 30 32.8830	− 4 43.9517
20	3755.5	119 09 23.6923	− 4 38.0402	7	3801.5	164 29 41.0872	− 4 44.1409
21	3756.5	120 08 31.8965	− 4 38.0960	8	3802.5	165 28 49.2914	− 4 44.3402
22	3757.5	121 07 40.1008	− 4 38.1672	9	3803.5	166 27 57.4957	− 4 44.5310
23	3758.5	122 06 48.3050	− 4 38.2698	10	3804.5	167 27 05.6999	− 4 44.6981
24	3759.5	123 05 56.5092	− 4 38.4175	11	3805.5	168 26 13.9041	− 4 44.8309
25	3760.5	124 05 04.7135	− 4 38.6180	12	3806.5	169 25 22.1084	− 4 44.9241
26	3761.5	125 04 12.9177	− 4 38.8695	13	3807.5	170 24 30.3126	− 4 44.9780
27	3762.5	126 03 21.1220	− 4 39.1573	14	3808.5	171 23 38.5169	− 4 44.9985
28	3763.5	127 02 29.3262	− 4 39.4537	15	3809.5	172 22 46.7211	− 4 44.9961
29	3764.5	128 01 37.5304	− 4 39.7230	16	3810.5	173 21 54.9253	− 4 44.9854
30	3765.5	129 00 45.7347	− 4 39.9332	17	3811.5	174 21 03.1296	− 4 44.9827
31	3766.5	129 59 53.9389	− 4 40.0698	18	3812.5	175 20 11.3338	− 4 45.0043
Feb. 1	3767.5	130 59 02.1431	− 4 40.1421	19	3813.5	176 19 19.5380	− 4 45.0635
2	3768.5	131 58 10.3474	− 4 40.1786	20	3814.5	177 18 27.7423	− 4 45.1688
3	3769.5	132 57 18.5516	− 4 40.2148	21	3815.5	178 17 35.9465	− 4 45.3216
4	3770.5	133 56 26.7559	− 4 40.2799	22	3816.5	179 16 44.1508	− 4 45.5147
5	3771.5	134 55 34.9601	− 4 40.3900	23	3817.5	180 15 52.3550	− 4 45.7324
6	3772.5	135 54 43.1643	− 4 40.5476	24	3818.5	181 15 00.5592	− 4 45.9511
7	3773.5	136 53 51.3686	− 4 40.7440	25	3819.5	182 14 08.7635	− 4 46.1435
8	3774.5	137 52 59.5728	− 4 40.9641	26	3820.5	183 13 16.9677	− 4 46.2851
9	3775.5	138 52 07.7770	− 4 41.1902	27	3821.5	184 12 25.1719	− 4 46.3633
10	3776.5	139 51 15.9813	− 4 41.4048	28	3822.5	185 11 33.3762	− 4 46.3840
11	3777.5	140 50 24.1855	− 4 41.5932	29	3823.5	186 10 41.5804	− 4 46.3731
12	3778.5	141 49 32.3897	− 4 41.7452	30	3824.5	187 09 49.7847	− 4 46.3673
13	3779.5	142 48 40.5940	− 4 41.8565	31	3825.5	188 08 57.9889	− 4 46.4001
14	3780.5	143 47 48.7982	− 4 41.9283	Apr. 1	3826.5	189 08 06.1931	− 4 46.4898
15	3781.5	144 46 57.0025	− 4 41.9679	2	3827.5	190 07 14.3974	− 4 46.6356

GHA = Earth rotation angle − α_i, $\alpha_i = \alpha_e$ + equation of the origins

α_i, α_e are the right ascensions with respect to the CIO and the true equinox of date, respectively.

Date 0ʰ UT1		Julian Date 245	Earth Rotation Angle ° ′ ″	Equation of the Origins ′ ″	Date 0ʰ UT1		Julian Date 245	Earth Rotation Angle ° ′ ″	Equation of the Origins ′ ″
Apr.	1	3826·5	189 08 06·1931	− 4 46·4898	May 17		3872·5	234 28 23·5880	− 4 52·4943
	2	3827·5	190 07 14·3974	− 4 46·6356		18	3873·5	235 27 31·7923	− 4 52·7507
	3	3828·5	191 06 22·6016	− 4 46·8227		19	3874·5	236 26 39·9965	− 4 52·9672
	4	3829·5	192 05 30·8058	− 4 47·0288		20	3875·5	237 25 48·2007	− 4 53·1291
	5	3830·5	193 04 39·0101	− 4 47·2323		21	3876·5	238 24 56·4050	− 4 53·2351
	6	3831·5	194 03 47·2143	− 4 47·4149		22	3877·5	239 24 04·6092	− 4 53·2990
	7	3832·5	195 02 55·4186	− 4 47·5648		23	3878·5	240 23 12·8135	− 4 53·3464
	8	3833·5	196 02 03·6228	− 4 47·6755		24	3879·5	241 22 21·0177	− 4 53·4080
	9	3834·5	197 01 11·8270	− 4 47·7468		25	3880·5	242 21 29·2219	− 4 53·5111
	10	3835·5	198 00 20·0313	− 4 47·7835		26	3881·5	243 20 37·4262	− 4 53·6708
	11	3836·5	198 59 28·2355	− 4 47·7951		27	3882·5	244 19 45·6304	− 4 53·8867
	12	3837·5	199 58 36·4397	− 4 47·7952		28	3883·5	245 18 53·8346	− 4 54·1441
	13	3838·5	200 57 44·6440	− 4 47·8001		29	3884·5	246 18 02·0389	− 4 54·4199
	14	3839·5	201 56 52·8482	− 4 47·8266		30	3885·5	247 17 10·2431	− 4 54·6894
	15	3840·5	202 56 01·0524	− 4 47·8896		31	3886·5	248 16 18·4474	− 4 54·9329
	16	3841·5	203 55 09·2567	− 4 47·9990	June	1	3887·5	249 15 26·6516	− 4 55·1378
	17	3842·5	204 54 17·4609	− 4 48·1575		2	3888·5	250 14 34·8558	− 4 55·2996
	18	3843·5	205 53 25·6652	− 4 48·3588		3	3889·5	251 13 43·0601	− 4 55·4209
	19	3844·5	206 52 33·8694	− 4 48·5878		4	3890·5	252 12 51·2643	− 4 55·5095
	20	3845·5	207 51 42·0736	− 4 48·8222		5	3891·5	253 11 59·4685	− 4 55·5777
	21	3846·5	208 50 50·2779	− 4 49·0369		6	3892·5	254 11 07·6728	− 4 55·6400
	22	3847·5	209 49 58·4821	− 4 49·2091		7	3893·5	255 10 15·8770	− 4 55·7130
	23	3848·5	210 49 06·6863	− 4 49·3251		8	3894·5	256 09 24·0813	− 4 55·8130
	24	3849·5	211 48 14·8906	− 4 49·3854		9	3895·5	257 08 32·2855	− 4 55·9544
	25	3850·5	212 47 23·0948	− 4 49·4070		10	3896·5	258 07 40·4897	− 4 56·1461
	26	3851·5	213 46 31·2991	− 4 49·4201		11	3897·5	259 06 48·6940	− 4 56·3886
	27	3852·5	214 45 39·5033	− 4 49·4589		12	3898·5	260 05 56·8982	− 4 56·6712
	28	3853·5	215 44 47·7075	− 4 49·5490		13	3899·5	261 05 05·1024	− 4 56·9726
	29	3854·5	216 43 55·9118	− 4 49·6998		14	3900·5	262 04 13·3067	− 4 57·2643
	30	3855·5	217 43 04·1160	− 4 49·9031		15	3901·5	263 03 21·5109	− 4 57·5186
May	1	3856·5	218 42 12·3202	− 4 50·1383		16	3902·5	264 02 29·7151	− 4 57·7164
	2	3857·5	219 41 20·5245	− 4 50·3807		17	3903·5	265 01 37·9194	− 4 57·8539
	3	3858·5	220 40 28·7287	− 4 50·6081		18	3904·5	266 00 46·1236	− 4 57·9433
	4	3859·5	221 39 36·9330	− 4 50·8048		19	3905·5	266 59 54·3279	− 4 58·0093
	5	3860·5	222 38 45·1372	− 4 50·9620		20	3906·5	267 59 02·5321	− 4 58·0818
	6	3861·5	223 37 53·3414	− 4 51·0782		21	3907·5	268 58 10·7363	− 4 58·1876
	7	3862·5	224 37 01·5457	− 4 51·1574		22	3908·5	269 57 18·9406	− 4 58·3436
	8	3863·5	225 36 09·7499	− 4 51·2084		23	3909·5	270 56 27·1448	− 4 58·5536
	9	3864·5	226 35 17·9541	− 4 51·2438		24	3910·5	271 55 35·3490	− 4 58·8080
	10	3865·5	227 34 26·1584	− 4 51·2792		25	3911·5	272 54 43·5533	− 4 59·0877
	11	3866·5	228 33 34·3626	− 4 51·3316		26	3912·5	273 53 51·7575	− 4 59·3694
	12	3867·5	229 32 42·5669	− 4 51·4171		27	3913·5	274 52 59·9618	− 4 59·6315
	13	3868·5	230 31 50·7711	− 4 51·5481		28	3914·5	275 52 08·1660	− 4 59·8581
	14	3869·5	231 30 58·9753	− 4 51·7303		29	3915·5	276 51 16·3702	− 5 00·0414
	15	3870·5	232 30 07·1796	− 4 51·9596		30	3916·5	277 50 24·5745	− 5 00·1811
	16	3871·5	233 29 15·3838	− 4 52·2218	July	1	3917·5	278 49 32·7787	− 5 00·2838
	17	3872·5	234 28 23·5880	− 4 52·4943		2	3918·5	279 48 40·9829	− 5 00·3605

GHA = Earth rotation angle − α_i, $\alpha_i = \alpha_e +$ equation of the origins

α_i, α_e are the right ascensions with respect to the CIO and the true equinox of date, respectively.

Date 0^h UT1	Julian Date 245	Earth Rotation Angle ° ′ ″	Equation of the Origins ′ ″	Date 0^h UT1	Julian Date 245	Earth Rotation Angle ° ′ ″	Equation of the Origins ′ ″
July 1	3917·5	278 49 32·7787	− 5 00·2838	Aug. 16	3963·5	324 09 50·1736	− 5 07·1013
2	3918·5	279 48 40·9829	− 5 00·3605	17	3964·5	325 08 58·3779	− 5 07·2876
3	3919·5	280 47 49·1872	− 5 00·4255	18	3965·5	326 08 06·5821	− 5 07·5045
4	3920·5	281 46 57·3914	− 5 00·4948	19	3966·5	327 07 14·7863	− 5 07·7314
5	3921·5	282 46 05·5957	− 5 00·5842	20	3967·5	328 06 22·9906	− 5 07·9476
6	3922·5	283 45 13·7999	− 5 00·7084	21	3968·5	329 05 31·1948	− 5 08·1360
7	3923·5	284 44 22·0041	− 5 00·8785	22	3969·5	330 04 39·3990	− 5 08·2854
8	3924·5	285 43 30·2084	− 5 01·0991	23	3970·5	331 03 47·6033	− 5 08·3911
9	3925·5	286 42 38·4126	− 5 01·3651	24	3971·5	332 02 55·8075	− 5 08·4554
10	3926·5	287 41 46·6168	− 5 01·6603	25	3972·5	333 02 04·0117	− 5 08·4866
11	3927·5	288 40 54·8211	− 5 01·9579	26	3973·5	334 01 12·2160	− 5 08·4972
12	3928·5	289 40 03·0253	− 5 02·2267	27	3974·5	335 00 20·4202	− 5 08·5025
13	3929·5	290 39 11·2296	− 5 02·4406	28	3975·5	335 59 28·6245	− 5 08·5182
14	3930·5	291 38 19·4338	− 5 02·5884	29	3976·5	336 58 36·8287	− 5 08·5587
15	3931·5	292 37 27·6380	− 5 02·6785	30	3977·5	337 57 45·0329	− 5 08·6355
16	3932·5	293 36 35·8423	− 5 02·7353	31	3978·5	338 56 53·2372	− 5 08·7556
17	3933·5	294 35 44·0465	− 5 02·7909	Sept. 1	3979·5	339 56 01·4414	− 5 08·9200
18	3934·5	295 34 52·2507	− 5 02·8741	2	3980·5	340 55 09·6456	− 5 09·1225
19	3935·5	296 34 00·4550	− 5 03·0039	3	3981·5	341 54 17·8499	− 5 09·3480
20	3936·5	297 33 08·6592	− 5 03·1853	4	3982·5	342 53 26·0541	− 5 09·5735
21	3937·5	298 32 16·8634	− 5 03·4113	5	3983·5	343 52 34·2584	− 5 09·7710
22	3938·5	299 31 25·0677	− 5 03·6653	6	3984·5	344 51 42·4626	− 5 09·9152
23	3939·5	300 30 33·2719	− 5 03·9261	7	3985·5	345 50 50·6668	− 5 09·9933
24	3940·5	301 29 41·4762	− 5 04·1728	8	3986·5	346 49 58·8711	− 5 10·0133
25	3941·5	302 28 49·6804	− 5 04·3883	9	3987·5	347 49 07·0753	− 5 10·0040
26	3942·5	303 27 57·8846	− 5 04·5622	10	3988·5	348 48 15·2795	− 5 10·0040
27	3943·5	304 27 06·0889	− 5 04·6915	11	3989·5	349 47 23·4838	− 5 10·0461
28	3944·5	305 26 14·2931	− 5 04·7807	12	3990·5	350 46 31·6880	− 5 10·1462
29	3945·5	306 25 22·4973	− 5 04·8394	13	3991·5	351 45 39·8923	− 5 10·3012
30	3946·5	307 24 30·7016	− 5 04·8813	14	3992·5	352 44 48·0965	− 5 10·4942
31	3947·5	308 23 38·9058	− 5 04·9220	15	3993·5	353 43 56·3007	− 5 10·7024
Aug. 1	3948·5	309 22 47·1101	− 5 04·9771	16	3994·5	354 43 04·5050	− 5 10·9034
2	3949·5	310 21 55·3143	− 5 05·0609	17	3995·5	355 42 12·7092	− 5 11·0790
3	3950·5	311 21 03·5185	− 5 05·1850	18	3996·5	356 41 20·9134	− 5 11·2173
4	3951·5	312 20 11·7228	− 5 05·3559	19	3997·5	357 40 29·1177	− 5 11·3129
5	3952·5	313 19 19·9270	− 5 05·5730	20	3998·5	358 39 37·3219	− 5 11·3672
6	3953·5	314 18 28·1312	− 5 05·8261	21	3999·5	359 38 45·5261	− 5 11·3869
7	3954·5	315 17 36·3355	− 5 06·0946	22	4000·5	0 37 53·7304	− 5 11·3838
8	3955·5	316 16 44·5397	− 5 06·3493	23	4001·5	1 37 01·9346	− 5 11·3724
9	3956·5	317 15 52·7440	− 5 06·5600	24	4002·5	2 36 10·1389	− 5 11·3686
10	3957·5	318 15 00·9482	− 5 06·7058	25	4003·5	3 35 18·3431	− 5 11·3872
11	3958·5	319 14 09·1524	− 5 06·7848	26	4004·5	4 34 26·5473	− 5 11·4403
12	3959·5	320 13 17·3567	− 5 06·8169	27	4005·5	5 33 34·7516	− 5 11·5356
13	3960·5	321 12 25·5609	− 5 06·8359	28	4006·5	6 32 42·9558	− 5 11·6744
14	3961·5	322 11 33·7651	− 5 06·8763	29	4007·5	7 31 51·1600	− 5 11·8517
15	3962·5	323 10 41·9694	− 5 06·9621	30	4008·5	8 30 59·3643	− 5 12·0552
16	3963·5	324 09 50·1736	− 5 07·1013	Oct. 1	4009·5	9 30 07·5685	− 5 12·2659

GHA = Earth rotation angle − α_i, $\alpha_i = \alpha_e$ + equation of the origins

α_i, α_e are the right ascensions with respect to the CIO and the true equinox of date, respectively.

Date 0ʰ UT1	Julian Date 245	Earth Rotation Angle (° ′ ″)	Equation of the Origins (′ ″)	Date 0ʰ UT1	Julian Date 245	Earth Rotation Angle (° ′ ″)	Equation of the Origins (′ ″)
Oct. 1	4009.5	9 30 07.5685	− 5 12.2659	Nov. 16	4055.5	54 50 24.9634	− 5 17.9167
2	4010.5	10 29 15.7728	− 5 12.4606	17	4056.5	55 49 33.1677	− 5 17.9633
3	4011.5	11 28 23.9770	− 5 12.6158	18	4057.5	56 48 41.3719	− 5 18.0261
4	4012.5	12 27 32.1812	− 5 12.7144	19	4058.5	57 47 49.5761	− 5 18.1193
5	4013.5	13 26 40.3855	− 5 12.7543	20	4059.5	58 46 57.7804	− 5 18.2537
6	4014.5	14 25 48.5897	− 5 12.7527	21	4060.5	59 46 05.9846	− 5 18.4340
7	4015.5	15 24 56.7939	− 5 12.7434	22	4061.5	60 45 14.1889	− 5 18.6577
8	4016.5	16 24 04.9982	− 5 12.7645	23	4062.5	61 44 22.3931	− 5 18.9140
9	4017.5	17 23 13.2024	− 5 12.8435	24	4063.5	62 43 30.5973	− 5 19.1849
10	4018.5	18 22 21.4067	− 5 12.9871	25	4064.5	63 42 38.8016	− 5 19.4482
11	4019.5	19 21 29.6109	− 5 13.1821	26	4065.5	64 41 47.0058	− 5 19.6820
12	4020.5	20 20 37.8151	− 5 13.4036	27	4066.5	65 40 55.2100	− 5 19.8699
13	4021.5	21 19 46.0194	− 5 13.6249	28	4067.5	66 40 03.4143	− 5 20.0052
14	4022.5	22 18 54.2236	− 5 13.8242	29	4068.5	67 39 11.6185	− 5 20.0945
15	4023.5	23 18 02.4278	− 5 13.9869	30	4069.5	68 38 19.8227	− 5 20.1573
16	4024.5	24 17 10.6321	− 5 14.1067	Dec. 1	4070.5	69 37 28.0270	− 5 20.2229
17	4025.5	25 16 18.8363	− 5 14.1842	2	4071.5	70 36 36.2312	− 5 20.3220
18	4026.5	26 15 27.0406	− 5 14.2258	3	4072.5	71 35 44.4355	− 5 20.4779
19	4027.5	27 14 35.2448	− 5 14.2423	4	4073.5	72 34 52.6397	− 5 20.6981
20	4028.5	28 13 43.4490	− 5 14.2477	5	4074.5	73 34 00.8439	− 5 20.9716
21	4029.5	29 12 51.6533	− 5 14.2579	6	4075.5	74 33 09.0482	− 5 21.2733
22	4030.5	30 11 59.8575	− 5 14.2882	7	4076.5	75 32 17.2524	− 5 21.5735
23	4031.5	31 11 08.0617	− 5 14.3518	8	4077.5	76 31 25.4566	− 5 21.8463
24	4032.5	32 10 16.2660	− 5 14.4576	9	4078.5	77 30 33.6609	− 5 22.0754
25	4033.5	33 09 24.4702	− 5 14.6083	10	4079.5	78 29 41.8651	− 5 22.2557
26	4034.5	34 08 32.6744	− 5 14.7993	11	4080.5	79 28 50.0694	− 5 22.3910
27	4035.5	35 07 40.8787	− 5 15.0188	12	4081.5	80 27 58.2736	− 5 22.4913
28	4036.5	36 06 49.0829	− 5 15.2490	13	4082.5	81 27 06.4778	− 5 22.5708
29	4037.5	37 05 57.2872	− 5 15.4687	14	4083.5	82 26 14.6821	− 5 22.6449
30	4038.5	38 05 05.4914	− 5 15.6566	15	4084.5	83 25 22.8863	− 5 22.7295
31	4039.5	39 04 13.6956	− 5 15.7963	16	4085.5	84 24 31.0905	− 5 22.8391
Nov. 1	4040.5	40 03 21.8999	− 5 15.8821	17	4086.5	85 23 39.2948	− 5 22.9859
2	4041.5	41 02 30.1041	− 5 15.9231	18	4087.5	86 22 47.4990	− 5 23.1771
3	4042.5	42 01 38.3083	− 5 15.9439	19	4088.5	87 21 55.7033	− 5 23.4135
4	4043.5	43 00 46.5126	− 5 15.9792	20	4089.5	88 21 03.9075	− 5 23.6874
5	4044.5	43 59 54.7168	− 5 16.0617	21	4090.5	89 20 12.1117	− 5 23.9825
6	4045.5	44 59 02.9211	− 5 16.2100	22	4091.5	90 19 20.3160	− 5 24.2756
7	4046.5	45 58 11.1253	− 5 16.4217	23	4092.5	91 18 28.5202	− 5 24.5421
8	4047.5	46 57 19.3295	− 5 16.6761	24	4093.5	92 17 36.7244	− 5 24.7617
9	4048.5	47 56 27.5338	− 5 16.9439	25	4094.5	93 16 44.9287	− 5 24.9252
10	4049.5	48 55 35.7380	− 5 17.1971	26	4095.5	94 15 53.1329	− 5 25.0376
11	4050.5	49 54 43.9422	− 5 17.4160	27	4096.5	95 15 01.3372	− 5 25.1174
12	4051.5	50 53 52.1465	− 5 17.5906	28	4097.5	96 14 09.5414	− 5 25.1920
13	4052.5	51 53 00.3507	− 5 17.7198	29	4098.5	97 13 17.7456	− 5 25.2906
14	4053.5	52 52 08.5550	− 5 17.8096	30	4099.5	98 12 25.9499	− 5 25.4364
15	4054.5	53 51 16.7592	− 5 17.8706	31	4100.5	99 11 34.1541	− 5 25.6403
16	4055.5	54 50 24.9634	− 5 17.9167	32	4101.5	100 10 42.3583	− 5 25.8980

GHA = Earth rotation angle − α_i, $\alpha_i = \alpha_e$ + equation of the origins

α_i, α_e are the right ascensions with respect to the CIO and the true equinox of date, respectively.

Purpose, explanation and arrangement

The formulae, tables and ephemerides in the remainder of this section are mainly intended to provide for the reduction of celestial coordinates (especially of right ascension, declination and hour angle) from one reference system to another; in particular from the International Celestial Reference System (ICRS) to an apparent (geocentric) place, but some of the data may be used for other purposes.

Formulae and numerical values are given on pages B24–B31 for the separate steps in such reductions, i.e. for proper motion, aberration, light-deflection, parallax, frame bias, precession and nutation. Formulae and examples are given for full-precision reductions using vectors and rotation matrices on pages B59–B67. The examples given use **both** the long-standing equator and equinox of date system, as well as the IAU 2000 Celestial Intermediate Reference System (CIRS). Finally, formulae and numerical values are given for the reduction from geocentric to topocentric place on pages B76–B78. Background information is given in the *Notes and References* and the *Glossary*.

Notation and units

The following is a list of some frequently used coordinate systems and their designations:

1. The International Celestial Reference System (ICRS) is an implementation of the Barycentric Celestial Reference System (BCRS). The ICRS is defined by its origin and pole which are realized by the International Celestial Reference Frame (ICRF).

2. The J2000·0 dynamical reference system; mean equinox and equator of J2000·0, origin is the intersection of the mean ecliptic and equator of J2000·0 (J2000); the system in which the IAU 2000 precession-nutation is defined.

3. The mean frame (system) of date (*m*); mean equinox and equator of date.

4. The true frame (system) of date (*t*); true equinox and equator of date, the pole is the celestial intermediate pole (CIP).

5. The Celestial Intermediate Reference System (of date) (*i*); origin is the celestial intermediate origin (CIO) on the intermediate equator (true equator of date), and pole is the celestial intermediate pole.

6. The Terrestrial Intermediate Reference System; origin is the terrestrial intermediate origin (TIO) on true equator of date, and pole is the celestial intermediate pole.

No.	System/Frame	RA Origin	Equator/Pole	Epoch
1	ICRS/F	ICRS/F	ICRS/F equator and pole	—
2	J2000·0	mean equinox	mean equator	J2000·0
3	Mean (*m*)	mean equinox	mean equator	date
4	True (*t*)	true equinox	true equator	date
5	Intermediate (*i*)	CIO	true equator/CIP	date
6	Terrestrial (TIRS)	TIO	true equator/CIP	date

Matrices for Equinox-Based Techniques

B   Bias matrix: transformation of the ICRS to J2000·0 system; mean equator and equinox of J2000·0.

P   Precession matrix: transformation of the J2000·0 system to the mean equator and equinox of date.

N   Nutation matrix: transformation of the mean equator and equinox of date to true equator and equinox of date.

$\mathbf{R}_3(\text{GAST})$ Earth rotation matrix: the transformation of the true equinox of date (origin is the true equinox of date) to the geocentric terrestrial system (origin is the TIO on the true equator of date).

Notation and units (continued)

Matrices for IAU 2000 Techniques

C	Celestial to Intermediate matrix: transformation of the ICRS to the CIRS; CIO and true equator of date. **C** includes frame bias and precession-nutation.
$\mathbf{R}_3(\theta)$	Earth rotation matrix: transformation of the CIRS to the geocentric terrestrial system (Terrestrial Intermediate Reference System); origin is the TIO on the true equator of date.

Other terms

t	an epoch expressed in terms of the Julian year; (see page B6); the difference between two epochs represents a time-interval expressed in Julian years; subscripts zero and one are used to indicate the epoch of a catalogue place, usually the standard epoch of J2000·0, and the epoch of the middle of a Julian year (here shortened to "epoch of year"), respectively.
T	an interval of time expressed in Julian centuries of 36 525 days; usually measured from J2000·0, i.e. from JD245 1545·0 TT.
$\mathbf{r}_m, \mathbf{r}_t, \mathbf{r}_i$	column position vectors, with respect to mean equinox, true equinox, and intermediate system, respectively.
α, δ, π	right ascension, declination and annual parallax; in the formulae for computation, right ascension and related quantities are expressed in time-measure ($1^h = 15°$, etc.), while declination and related quantities, including annual parallax, are expressed in sexagesimal angular measure, unless the contrary is indicated.
α_e, α_i	equinox and intermediate right ascensions, respectively; α_e is measured from the equinox, while α_i is measured from the CIO.
μ_α, μ_δ	components of *centennial* proper motion in right ascension and declination.
λ, β	ecliptic longitude and latitude.
Ω, i, ω	orbital elements referred to the ecliptic; longitude of ascending node, inclination, argument of perihelion.
X, Y, Z	rectangular coordinates of the Earth with respect to the barycentre of the solar system, referred to the ICRS and expressed in astronomical units (au).
$\dot{X}, \dot{Y}, \dot{Z}$	first derivatives of X, Y, Z with respect to time expressed in days.
$\mathcal{X}, \mathcal{Y},$	Components of the unit vector in the direction of the celestial intermediate pole.
$\eta_0, \xi_0, d\alpha_0$	Frame bias offsets: offsets from the dynamical J2000·0 system.

Since the origin of the right ascension system may be one of five different locations (ICRS origin, J2000·0, mean equinox, true equinox, or the CIO), the notation will make it clear which is being referred to when necessary.

Approximate reduction for proper motion

In its simplest form the reduction for the proper motion is given by:

$$\alpha = \alpha_0 + (t - t_0)\mu_\alpha/100 \qquad \delta = \delta_0 + (t - t_0)\mu_\delta/100$$

In some cases it is necessary to allow also for second-order terms, radial velocity and orbital motion, but appropriate formulae are usually given in the catalogue.

Approximate reduction for annual parallax

The reduction for annual parallax from the catalogue place (α_0, δ_0) to the geocentric place (α, δ) is given by:

$$\alpha = \alpha_0 + (\pi/15 \cos \delta_0)(X \sin \alpha_0 - Y \cos \alpha_0)$$
$$\delta = \delta_0 + \pi(X \cos \alpha_0 \sin \delta_0 + Y \sin \alpha_0 \sin \delta_0 - Z \cos \delta_0)$$

where X, Y, Z are the coordinates of the Earth tabulated on pages B68-B75. Expressions for X, Y, Z may be obtained from page C24, since $X = -x, Y = -y, Z = -z$.

Approximate reduction for annual parallax (continued)

The times of reception of periodic phenomena, such as pulsar signals, may be reduced to a common origin at the barycentre by adding the light-time corresponding to the component of the Earth's position vector along the direction to the object; that is by adding to the observed times $(X \cos \alpha \, \cos \delta + Y \sin \alpha \, \cos \delta + Z \sin \delta)/c$, where the velocity of light, $c = 173 \cdot 14$ au/d, and the light time for 1 au, $1/c = 0^{\text{d}} \cdot 005\,7755$.

Approximate reduction for annual aberration

The reduction for annual aberration from a geometric geocentric place (α_0, δ_0) to an apparent geocentric place (α, δ) is given by:

$$\alpha = \alpha_0 + (-\dot{X} \sin \alpha_0 + \dot{Y} \cos \alpha_0)/(c \cos \delta_0)$$

$$\delta = \delta_0 + (-\dot{X} \cos \alpha_0 \sin \delta_0 - \dot{Y} \sin \alpha_0 \sin \delta_0 + \dot{Z} \cos \delta_0)/c$$

where $c = 173 \cdot 14$ au/d, and $\dot{X}, \dot{Y}, \dot{Z}$ are the velocity components of the Earth given on pages B68-B75. Alternatively, but to lower precision, it is possible to use the expressions

$$\dot{X} = +0 \cdot 0172 \sin \lambda \qquad \dot{Y} = -0 \cdot 0158 \cos \lambda \qquad \dot{Z} = -0 \cdot 0068 \cos \lambda$$

where the apparent longitude of the Sun λ is given by the expression on page C24. The reduction may also be carried out by using the rotation-matrix technique (see page B60) when full precision is required.

Measurements of radial velocity may be reduced to a common origin at the barycentre by adding the component of the Earth's velocity in the direction of the object; that is by adding

$$\dot{X} \cos \alpha_0 \cos \delta_0 + \dot{Y} \sin \alpha_0 \cos \delta_0 + \dot{Z} \sin \delta_0$$

Traditional reduction for planetary aberration

In the case of a body in the solar system the apparent direction at the instant of observation (t) differs from the geometric direction at that instant because of (a) the motion of the body during the light-time and (b) the relative motion of the Earth and the light. The reduction may be carried out in two stages: (i) by combining the barycentric position of the body at time $t - \Delta t$, where Δt is the light-time, with the barycentric position of the Earth at time t, and then (ii) by applying the correction for annual aberration as described above. Alternatively it is possible to interpolate the geometric (geocentric) ephemeris of the body to the time $t - \Delta t$; it is usually sufficient to subtract the product of the light-time and the first derivative of the coordinate. The light-time Δt in days is given by the distance in au between the body and the Earth, multiplied by $0 \cdot 005\,7755$; strictly, the light-time corresponds to the distance from the position of the Earth at time t to the position of the body at time $t - \Delta t$, but it is usually sufficient to use the geocentric distance at time t.

Differential aberration

The corrections for differential annual aberration to be added to the observed differences (in the sense moving object minus star) of right ascension and declination to give the true differences are:

$$\text{in right ascension} \qquad a \, \Delta \alpha + b \, \Delta \delta \qquad \text{in units of } 0^{\text{s}} \cdot 001$$
$$\text{in declination} \qquad c \, \Delta \alpha + d \, \Delta \delta \qquad \text{in units of } 0 \cdot \!''01$$

where $\Delta \alpha, \Delta \delta$ are the observed differences in units of 1^{m} and $1'$ respectively, and where a, b, c, d are coefficients defined by:

$$a = -5 \cdot 701 \cos (H + \alpha) \sec \delta \qquad b = -0 \cdot 380 \sin (H + \alpha) \sec \delta \tan \delta$$
$$c = +8 \cdot 552 \sin (H + \alpha) \sin \delta \qquad d = -0 \cdot 570 \cos (H + \alpha) \cos \delta$$
$$H^{\text{h}} = 23 \cdot 4 - (\text{day of year}/15 \cdot 2)$$

The day of year is tabulated on pages B4–B5.

Approximate reduction for light-deflection

The apparent direction of a star or a body in the solar system may be significantly affected by the deflection of light in the gravitational field of the Sun. The elongation (E) from the centre of the Sun is increased by an amount (ΔE) that, for a star, depends on the elongation in the following manner:

$$\Delta E = 0.''004\ 07 / \tan{(E/2)}$$

E	$0°25$	$0°5$	$1°$	$2°$	$5°$	$10°$	$20°$	$50°$	$90°$
ΔE	$1.''866$	$0.''933$	$0.''466$	$0.''233$	$0.''093$	$0.''047$	$0.''023$	$0.''009$	$0.''004$

The body disappears behind the Sun when E is less than the limiting grazing value of about $0°25$. The effects in right ascension and declination may be calculated approximately from:

$$\cos E = \sin \delta \sin \delta_0 + \cos \delta \cos \delta_0 \cos{(\alpha - \alpha_0)}$$
$$\Delta \alpha = 0°000\ 271 \cos \delta_0 \sin{(\alpha - \alpha_0)}/(1 - \cos E) \cos \delta$$
$$\Delta \delta = 0.''004\ 07[\sin \delta \cos \delta_0 \cos{(\alpha - \alpha_0)} - \cos \delta \sin \delta_0]/(1 - \cos E)$$

where α, δ refer to the star, and α_0, δ_0 to the Sun. See also page B60.

Reduction from ICRS to J2000 — frame bias — rigorous formulae

Positions of objects with respect to the ICRS must be rotated to the J2000·0 dynamical system before precession and nutation are applied. Objects whose positions are given with respect to another system, e.g. FK5, may first be transformed to the ICRS before using the methods given here. An ICRS position $\mathbf{r}$ may be transformed to a J2000·0 or FK5 position $\mathbf{r}_0$ and vice versa, as follows,

$$\mathbf{r}_0 = \mathbf{B}\mathbf{r} \quad \text{and} \quad \mathbf{r} = \mathbf{B}^{-1}\mathbf{r}_0 = \mathbf{B}'\mathbf{r}_0$$

where $\mathbf{B}$ is the frame bias matrix. The frame bias is given in terms of offsets (η_0, ξ_0) from the ICRS pole together with the shift in origin ($d\alpha_0$),

Offsets of the ICRS Pole and Origin

Rotation From	η_0 mas	ξ_0 mas	$d\alpha_0$ mas
ICRS to J2000·0	$-\ 6·8192$	$-16·617$	$-14·6$
ICRS to FK5	$-19·9$	$+\ 9·1$	$-22·9$

The matrices for transforming from and to ICRS are given by,

$$\mathbf{B} = \mathbf{R}_1(-\eta_0)\ \mathbf{R}_2(\xi_0)\ \mathbf{R}_3(d\alpha_0) \qquad \mathbf{B}^{-1} = \mathbf{R}_3(-d\alpha_0)\ \mathbf{R}_2(-\xi_0)\ \mathbf{R}_1(+\eta_0)$$
$$= \mathbf{R}_1(-\delta\epsilon_0)\ \mathbf{R}_2(\delta\psi_0 \sin \epsilon_0)\ \mathbf{R}_3(d\alpha_0) \qquad = \mathbf{R}_3(-d\alpha_0)\ \mathbf{R}_2(-\delta\psi_0 \sin \epsilon_0)\ \mathbf{R}_1(+\delta\epsilon_0)$$

where the second equation is in terms of corrections provided by the IAU 2000 precession-nutation theory, and $\xi_0 = \delta\psi_0 \sin \epsilon_0 = -41·775 \sin(23°\ 26'\ 21.''448) = -16·617$ mas.

Evaluating the matrix for ICRS to J2000·0 gives

$$\mathbf{B} = \begin{pmatrix} +0·9999\ 9999\ 9999\ 9942 & -0·0000\ 0007\ 0782\ 7974 & +0·0000\ 0008\ 0562\ 1715 \\ +0·0000\ 0007\ 0782\ 7948 & +0·9999\ 9999\ 9999\ 9969 & +0·0000\ 0003\ 3060\ 4145 \\ -0·0000\ 0008\ 0562\ 1738 & -0·0000\ 0003\ 3060\ 4088 & +0·9999\ 9999\ 9999\ 9962 \end{pmatrix}$$

Approximate reduction from ICRS to J2000

Since the rotations to orient the ICRS to J2000·0 system are small the following approximate matrix, accurate to 1×10^{-14} radians, may be used:

$$\mathbf{B} = \begin{pmatrix} 1 & d\alpha_0 & -\xi_0 \\ -d\alpha_0 & 1 & -\eta_0 \\ \xi_0 & \eta_0 & 1 \end{pmatrix}$$

where η_0, ξ_0 and $d\alpha_0$ are the offsets of the pole and the origin (expressed in radians) from J2000·0 given in the table above.

Reduction for precession—rigorous formulae

Rigorous formulae for the reduction of mean equatorial positions from J2000·0 to epoch of date t, and vice versa, are as follows:

For equatorial rectangular coordinates (x_0, y_0, z_0), or direction cosines $(\mathbf{r}_0)$,

$$\mathbf{r}_m = \mathbf{P}\,\mathbf{r}_0 \qquad \mathbf{r}_0 = \mathbf{P}^{-1}\,\mathbf{r}_m = \mathbf{P}'\mathbf{r}_m$$

where

$$\mathbf{P} = \mathbf{R}_3(\chi_A)\,\mathbf{R}_1(-\omega_A)\,\mathbf{R}_3(-\psi_A)\,\mathbf{R}_1(\epsilon_0) = \mathbf{R}_3(-z_A)\,\mathbf{R}_2(\theta_A)\,\mathbf{R}_3(-\zeta_A)$$

$\mathbf{r}_m$ is the position vector precessed from t_0 to the mean equinox t. The inverse of the rotation matrix $\mathbf{P}$ is equal to its transpose, i.e. $\mathbf{P}^{-1} = \mathbf{P}'$. The definitive method to calculate $\mathbf{P}$ is to use the angles χ_A, ω_A, ψ_A and ϵ_0. $\mathbf{P}$ expressed in terms of ζ_A, z_A, θ_A is

$$\mathbf{P} = \begin{pmatrix} \cos\zeta_A \cos\theta_A \cos z_A - \sin\zeta_A \sin z_A & -\sin\zeta_A \cos\theta_A \cos z_A - \cos\zeta_A \sin z_A & -\sin\theta_A \cos z_A \\ \cos\zeta_A \cos\theta_A \sin z_A + \sin\zeta_A \cos z_A & -\sin\zeta_A \cos\theta_A \sin z_A + \cos\zeta_A \cos z_A & -\sin\theta_A \sin z_A \\ \cos\zeta_A \sin\theta_A & -\sin\zeta_A \sin\theta_A & \cos\theta_A \end{pmatrix}$$

For right ascension and declination:

$$\sin(\alpha - z_A)\cos\delta = \sin(\alpha_0 + \zeta_A)\cos\delta_0$$
$$\cos(\alpha - z_A)\cos\delta = \cos(\alpha_0 + \zeta_A)\cos\theta_A \cos\delta_0 - \sin\theta_A \sin\delta_0$$
$$\sin\delta = \cos(\alpha_0 + \zeta_A)\sin\theta_A \cos\delta_0 + \cos\theta_A \sin\delta_0$$

$$\sin(\alpha_0 + \zeta_A)\cos\delta_0 = \sin(\alpha - z_A)\cos\delta$$
$$\cos(\alpha_0 + \zeta_A)\cos\delta_0 = \cos(\alpha - z_A)\cos\theta_A \cos\delta + \sin\theta_A \sin\delta$$
$$\sin\delta_0 = -\cos(\alpha - z_A)\sin\theta_A \cos\delta + \cos\theta_A \sin\delta$$

where ζ_A, z_A, θ_A, given below, are angles that serve to specify the position of the mean equinox and equator of date with respect to the mean equinox and equator of J2000·0.

$$\zeta_A = +2\rlap{.}''597\,6176 + 2306\rlap{.}''080\,9506\,T + 0\rlap{.}''301\,9015\,T^2 + 0\rlap{.}''017\,9663\,T^3$$
$$- 32\rlap{.}''7 \times 10^{-6}\,T^4 - 0\rlap{.}''2 \times 10^{-6}\,T^5$$
$$z_A = -2\rlap{.}''597\,6176 + 2306\rlap{.}''080\,3226\,T + 1\rlap{.}''094\,7790\,T^2 + 0\rlap{.}''018\,2273\,T^3$$
$$+ 47\rlap{.}''0 \times 10^{-6}\,T^4 - 0\rlap{.}''3 \times 10^{-6}\,T^5$$
$$\theta_A = +2004\rlap{.}''191\,7476\,T - 0\rlap{.}''426\,9353\,T^2 - 0\rlap{.}''041\,8251\,T^3$$
$$- 60\rlap{.}''1 \times 10^{-6}\,T^4 - 0\rlap{.}''1 \times 10^{-6}\,T^5$$

Alternatively, the definitive angles χ_A, ω_A, ψ_A and ϵ_0 are

$$\psi_A = 5038\rlap{.}''478\,75\,T - 1\rlap{.}''072\,59\,T^2 - 0\rlap{.}''001\,147\,T^3$$
$$\omega_A = \epsilon_0 - 0\rlap{.}''025\,24\,T + 0\rlap{.}''051\,27\,T^2 - 0\rlap{.}''007\,726\,T^3$$
$$\chi_A = 10\rlap{.}''5526\,T - 2\rlap{.}''380\,64\,T^2 - 0\rlap{.}''001\,125\,T^3$$
$$\epsilon_0 = 23° \ 26' \ 21\rlap{.}''448 = 84\,381\rlap{.}''448$$

where $T = (t - 2000\cdot0)/100 = (\text{JD} - 245\,1545\cdot0)/36\,525$, and ϵ_0 is the obliquity of the ecliptic with respect to the dynamical equinox at J2000.

Values of the angles ζ_A, z_A, θ_A, ψ_A, ω_A, χ_A, and of the elements of $\mathbf{P}$ for reduction from J2000·0 to epoch and mean equinox of the middle of the year (J2006·5) are as follows:

$$\zeta_A = +152\rlap{.}''49 = +0\rlap{.}°042\,359 \qquad \psi_A = +327\rlap{.}''50 = +0\rlap{.}°090\,971$$
$$z_A = +147\rlap{.}''30 = +0\rlap{.}°040\,917 \qquad \omega_A = +843\,81\rlap{.}''45 = +23\rlap{.}°439\,291$$
$$\theta_A = +130\rlap{.}''27 = +0\rlap{.}°036\,186 \qquad \chi_A = +0\rlap{.}''68 = +0\rlap{.}°000\,188$$

The rotation matrix for precession from J2000·0 to J2006·5 is

$$\mathbf{P} = \begin{pmatrix} +0\cdot999\,998\,74 & -0\cdot001\,453\,45 & -0\cdot000\,631\,57 \\ +0\cdot001\,453\,45 & +0\cdot999\,998\,94 & -0\cdot000\,000\,45 \\ +0\cdot000\,631\,57 & -0\cdot000\,000\,47 & +0\cdot999\,999\,80 \end{pmatrix}$$

Reduction for precession—rigorous formulae (continued)

The obliquity of the ecliptic of date (with respect to the mean equator of date) is given by:

$$\epsilon_A = 23° 26' 21''.448 - 46''.840\ 24\ T - 0''.000\ 59\ T^2 + 0''.001\ 813\ T^3$$
$$\epsilon_A = 23°.4392\ 9111 - 0°.0130\ 1118\ T - 0°.1639 \times 10^{-6}\ T^2 + 0°.5036 \times 10^{-6}\ T^3$$

The precessional motion of the ecliptic is specified by the inclination (π_A) and longitude of the node (Π_A) of the ecliptic of date with respect to the ecliptic and equinox of J2000·0; they are given by:

$$\pi_A \sin \Pi_A = + \ 4''.199\ T + 0''.1940\ T^2 - 0''.000\ 22\ T^3$$
$$\pi_A \cos \Pi_A = -46''.811\ T + 0''.0510\ T^2 + 0''.000\ 52\ T^3$$

For epoch J2006·5
$$\epsilon = 23° 26' 18''.40 = \ \ 23°.438\ 445$$
$$\pi_A = \ \ \ \ \ \ \ \ +3''.055 = \ \ 0°.000\ 8486$$
$$\Pi_A = \ \ \ \ 174° 51'.5 = 174°.858$$

Reduction for precession—approximate formulae

Approximate formulae for the reduction of coordinates and orbital elements referred to the mean equinox and equator or ecliptic of date (t) are as follows:

For reduction to J2000·0
$$\alpha_0 = \alpha - M - N \sin \alpha_m \tan \delta_m$$
$$\delta_0 = \delta - N \cos \alpha_m$$
$$\lambda_0 = \lambda - a + b \cos (\lambda + c') \tan \beta_0$$
$$\beta_0 = \beta - b \sin (\lambda + c')$$
$$\Omega_0 = \Omega - a + b \sin (\Omega + c') \cot i_0$$
$$i_0 = i - b \cos (\Omega + c')$$
$$\omega_0 = \omega - b \sin (\Omega + c') \operatorname{cosec} i_0$$

For reduction from J2000·0
$$\alpha = \alpha_0 + M + N \sin \alpha_m \tan \delta_m$$
$$\delta = \delta_0 + N \cos \alpha_m$$
$$\lambda = \lambda_0 + a - b \cos (\lambda_0 + c) \tan \beta$$
$$\beta = \beta_0 + b \sin (\lambda_0 + c)$$
$$\Omega = \Omega_0 + a - b \sin (\Omega_0 + c) \cot i$$
$$i = i_0 + b \cos (\Omega_0 + c)$$
$$\omega = \omega_0 + b \sin (\Omega_0 + c) \operatorname{cosec} i$$

where the subscript zero refers to epoch J2000·0 and α_m, δ_m refer to the mean epoch; with sufficient accuracy:

$$\alpha_m = \alpha - \tfrac{1}{2}(M + N \sin \alpha \tan \delta)$$
$$\delta_m = \delta - \tfrac{1}{2}N \cos \alpha_m$$

or

$$\alpha_m = \alpha_0 + \tfrac{1}{2}(M + N \sin \alpha_0 \tan \delta_0)$$
$$\delta_m = \delta_0 + \tfrac{1}{2}N \cos \alpha_m$$

The precessional constants M, N, etc., are given by:

$$M = 0°.0014\ 4312 + 1°.2811\ 5591\ T + 0°.0003\ 8797\ T^2$$
$$+ 0°.0000\ 1005\ T^3 + 0°.04 \times 10^{-7}\ T^4$$
$$N = 0°.5567\ 1993\ T - 0°.0001\ 1859\ T^2 - 0°.0000\ 1162\ T^3 - 0°.2 \times 10^{-7}\ T^4$$
$$a = 1°.3968\ 8783\ T + 0°.0003\ 0707\ T^2 + 0°.0000\ 0002\ T^3 - 0°.7 \times 10^{-7}\ T^4$$
$$b = 0°.0130\ 5527\ T - 0°.0000\ 0930\ T^2 + 0°.0000\ 0003\ T^3$$
$$c = 5°.125\ 89 + 0°.818\ 994\ T + 0°.000\ 1426\ T^2$$
$$c' = 5°.125\ 89 - 0°.577\ 894\ T - 0°.000\ 1645\ T^2$$

where $T = (t - 2000·0)/100 = (\text{JD} - 245\ 1545·0)/36\ 525$

Formulae for the reduction from the mean equinox and equator or ecliptic of the middle of year (t_1) to date (t) are as follows:

$$\alpha = \alpha_1 + \tau(m + n \sin \alpha_1 \tan \delta_1)$$
$$\lambda = \lambda_1 + \tau(p - \pi \cos (\lambda_1 + 6°) \tan \beta)$$
$$\Omega = \Omega_1 + \tau(p - \pi \sin (\Omega_1 + 6°) \cot i)$$
$$\omega = \omega_1 + \tau \pi \sin (\Omega_1 + 6°) \operatorname{cosec} i$$

$$\delta = \delta_1 + \tau n \cos \alpha_1$$
$$\beta = \beta_1 + \tau \pi \sin (\lambda_1 + 6°)$$
$$i = i_1 + \tau \pi \cos (\Omega_1 + 6°)$$

where $\tau = t - t_1$ and π is the annual rate of rotation of the ecliptic.

Reduction for precession—approximate formulae (continued)

The precessional constants p, m, etc. are as follows:

Annual　　　　　Epoch J2006·5　　　　　　　　　　　　　　Epoch J2006·5
general precession $p = +0°.013\,9693$　　Annual rate of rotation　$\pi = +0°.000\,1305$
precession in R.A. $m = +0°.012\,8121$　　Longitude of axis　　　$\Pi = +174°.8584$
precession in Dec. $n = +0°.005\,5670$　　　　　　$\gamma = 180° - \Pi = +5°.1416$

where Π is the longitude of the instantaneous rotation axis of the ecliptic, measured from the mean equinox of date.

Reduction for nutation — rigorous formulae

Nutations in longitude ($\Delta\psi$) and in obliquity ($\Delta\epsilon$) together with the true obliquity of the ecliptic (ϵ) for 2006 have been calculated using the IAU 2000A series, and are tabulated on pages B32–B39. A mean place ($\mathbf{r}_m$) may be transformed to a true place ($\mathbf{r}_t$), and vice versa, as follows:

$$\mathbf{r}_t = \mathbf{N}\,\mathbf{r}_m \qquad \mathbf{r}_m = \mathbf{N}^{-1}\,\mathbf{r}_t = \mathbf{N}'\,\mathbf{r}_t$$

$$\text{where} \qquad \mathbf{N} = \mathbf{R}_1(-\epsilon)\,\mathbf{R}_3(\Delta\psi)\,\mathbf{R}_1(+\epsilon_A)$$

and $\epsilon = \epsilon_A + \Delta\epsilon$. The matrix for nutation is given by

$$\mathbf{N} = \begin{pmatrix} \cos\Delta\psi & -\sin\Delta\psi\cos\epsilon_0 & -\sin\Delta\psi\sin\epsilon_0 \\ \sin\Delta\psi\cos\epsilon & \cos\Delta\psi\cos\epsilon\cos\epsilon_0 + \sin\epsilon\sin\epsilon_0 & \cos\Delta\psi\cos\epsilon\sin\epsilon_0 - \sin\epsilon\cos\epsilon_0 \\ \sin\Delta\psi\sin\epsilon & \cos\Delta\psi\sin\epsilon\cos\epsilon_0 - \cos\epsilon\sin\epsilon_0 & \cos\Delta\psi\sin\epsilon\sin\epsilon_0 + \cos\epsilon\cos\epsilon_0 \end{pmatrix}$$

where $\epsilon_0 = 23° 26' 21''.448 = 84\,381''.448$ and ϵ_A is given at the top of page B29.

Approximate reduction for nutation

To first order, the contributions of the nutations in longitude ($\Delta\psi$) and in obliquity ($\Delta\epsilon$) to the reduction from mean place to true place are given by:

$$\Delta\alpha = (\cos\epsilon + \sin\epsilon\,\sin\alpha\,\tan\delta)\,\Delta\psi - \cos\alpha\,\tan\delta\,\Delta\epsilon \qquad \Delta\lambda = \Delta\psi$$

$$\Delta\delta = \sin\epsilon\,\cos\alpha\,\Delta\psi + \sin\alpha\,\Delta\epsilon \qquad\qquad\qquad \Delta\beta = 0$$

The following formulae may be used to compute $\Delta\psi$ and $\Delta\epsilon$ to a precision of about $0°.0002$ ($1''$) during 2006.

$$\Delta\psi = -0°.0048\,\sin(9°.0 - 0.053\,d) \qquad \Delta\epsilon = +0°.0026\,\cos(9°.0 - 0.053\,d)$$

$$-0°.0004\,\sin(199°.1 + 1.971\,d) \qquad\qquad +0°.0002\,\cos(199°.1 + 1.971\,d)$$

where $d = \text{JD} - 245\,3735·5$ is the day of the year and fraction; for this precision

$$\epsilon = 23°.44 \qquad \cos\epsilon = 0.917 \qquad \sin\epsilon = 0.398$$

The corrections to be added to the mean rectangular coordinates (x, y, z) to produce the true rectangular coordinates are given by:

$$\Delta x = -(y\cos\epsilon + z\sin\epsilon)\,\Delta\psi \quad \Delta y = +x\cos\epsilon\,\Delta\psi - z\,\Delta\epsilon \quad \Delta z = +x\sin\epsilon\,\Delta\psi + y\,\Delta\epsilon$$

where $\Delta\psi$ and $\Delta\epsilon$ are expressed in radians. The corresponding rotation matrix is

$$\mathbf{N} = \begin{pmatrix} 1 & -\Delta\psi\cos\epsilon & -\Delta\psi\sin\epsilon \\ +\Delta\psi\cos\epsilon & 1 & -\Delta\epsilon \\ +\Delta\psi\sin\epsilon & +\Delta\epsilon & 1 \end{pmatrix}$$

Combined reduction for frame bias, precession and nutation — rigorous formulae

The reduction from a geocentric position $\mathbf{r}$ with respect to the ICRS to a position $\mathbf{r}_t$ with respect to the true equator and equinox of date, and vice versa, is given by:

$$\mathbf{r}_t = \mathbf{N}\mathbf{P}\mathbf{B}\,\mathbf{r} \qquad \mathbf{r} = \mathbf{B}^{-1}\mathbf{P}^{-1}\mathbf{N}^{-1}\,\mathbf{r}_t = \mathbf{B}'\mathbf{P}'\mathbf{N}'\,\mathbf{r}_t$$

and the matrices $\mathbf{B}$, $\mathbf{P}$ and $\mathbf{N}$ are defined in the preceding sections and $\mathbf{NPB}$ is tabulated daily on even pages B40–B54. It should be noted that the third row (elements (3,1), (3,2) (3,3)) of the resulting matrix $\mathbf{NPB}$ matrix are the components of the unit vector pointing in the direction of the celestial intermediate pole.

Approximate reduction for precession and nutation

The following formulae and table may be used for the approximate reduction from the equinox and equator of J2000·0 (ignoring the small frame bias from the ICRS to the J2000·0 system) to the true equinox and equator of date during 2006:

$$\alpha = \alpha_0 + f + g \, \sin(G + \alpha_0) \tan \delta_0$$
$$\delta = \delta_0 + g \, \cos(G + \alpha_0)$$

where the units of the correction to α_0 and δ_0 are seconds of time and minutes of arc, respectively.

Date		f	g	g	G	Date		f	g	g	G
		s	s	'	h m			s	s	'	h m
Jan.	−5	+18·2	7·9	1·98	23 44	July	4*	+20·0	8·7	2·18	23 45
	5	+18·4	8·0	2·00	23 44		14	+20·2	8·8	2·20	23 45
	15	+18·5	8·1	2·01	23 44		24	+20·3	8·8	2·21	23 45
	25*	+18·6	8·1	2·02	23 44	Aug.	3	+20·3	8·9	2·22	23 45
Feb.	4	+18·7	8·1	2·04	23 43		13*	+20·5	8·9	2·23	23 44
	14	+18·8	8·2	2·05	23 43		23	+20·6	9·0	2·24	23 44
	24	+18·9	8·2	2·06	23 43	Sept.	2	+20·6	9·0	2·24	23 44
Mar.	6*	+18·9	8·2	2·06	23 43		12	+20·7	9·0	2·25	23 44
	16	+19·0	8·3	2·07	23 42		22*†	+20·8	9·0	2·26	23 44
	26	+19·1	8·3	2·08	23 42	Oct.	2	+20·8	9·1	2·27	23 44
Apr.	5	+19·1	8·3	2·09	23 43		12	+20·9	9·1	2·28	23 44
	15*	+19·2	8·4	2·09	23 43		22	+21·0	9·1	2·28	23 44
	25	+19·3	8·4	2·10	23 43	Nov.	1*	+21·1	9·2	2·29	23 45
May	5	+19·4	8·5	2·11	23 44		11	+21·2	9·2	2·30	23 45
	15	+19·5	8·5	2·12	23 44		21	+21·2	9·2	2·31	23 46
	25*	+19·6	8·5	2·13	23 44	Dec.	1	+21·3	9·3	2·32	23 46
June	4	+19·7	8·6	2·14	23 45		11*	+21·5	9·4	2·34	23 46
	14	+19·8	8·6	2·16	23 45		21	+21·6	9·4	2·35	23 47
	24	+19·9	8·7	2·17	23 45		31	+21·7	9·4	2·36	23 47
July	4*	+20·0	8·7	2·18	23 45						

* 40-day date   † 400-day date for osculation epoch

Differential precession and nutation

The corrections for differential precession and nutation are given below. These are to be added to the observed differences of the right ascension and declination, $\Delta\alpha$ and $\Delta\delta$, of an object relative to a comparison star to obtain the differences in the mean place for a standard epoch (e.g. J2000·0 or the beginning of the year). The differences $\Delta\alpha$ and $\Delta\delta$ are measured in the sense "object − comparison star", and the corrections are in the same units as $\Delta\alpha$ and $\Delta\delta$.

In the correction to right ascension the same units must be used for $\Delta\alpha$ and $\Delta\delta$.

$$\text{correction to right ascension} \qquad e \tan \delta \, \Delta\alpha - f \sec^2 \delta \, \Delta\delta$$
$$\text{correction to declination} \qquad f \, \Delta\alpha$$

where
$$e = -\cos\alpha \, (nt + \sin\epsilon \, \Delta\psi) - \sin\alpha \, \Delta\epsilon$$
$$f = +\sin\alpha \, (nt + \sin\epsilon \, \Delta\psi) - \cos\alpha \, \Delta\epsilon$$
$$\epsilon = 23°44, \sin\epsilon = 0·3978, \text{ and } n = 0·000\,0972 \text{ radians for epoch J2006·5}$$

t is the time in years *from* the standard epoch *to* the time of observation. $\Delta\psi$, $\Delta\epsilon$ are nutations in longitude and obliquity at the time of observation, *expressed in radians*. ($1'' = 0·000\,004\,8481$ rad).

The errors in arc units caused by using these formulae are of order $10^{-8} t^2 \sec^2 \delta$ multiplied by the displacement in arc from the comparison star.

FOR 0ʰ TERRESTRIAL TIME

Date	NUTATION in Long. $\Delta\psi$	in Obl. $\Delta\epsilon$	True Obl. of Ecliptic ϵ 23° 26′	Julian Date 0ʰ TT	CELESTIAL INTERMEDIATE SYSTEM Pole x	y	Origin s
0ʰ TT	"	"	"		"	"	"
Jan. 0	− 2·1954	+ 8·3424	26·9813	3735·5	+ 119·3163	+ 8·2546	− 0·0025
1	− 1·9865	+ 8·3810	27·0186	3736·5	+ 119·4543	+ 8·2931	− 0·0025
2	− 1·8262	+ 8·4452	27·0815	3737·5	+ 119·5731	+ 8·3570	− 0·0025
3	− 1·7383	+ 8·5198	27·1548	3738·5	+ 119·6630	+ 8·4316	− 0·0026
4	− 1·7246	+ 8·5872	27·2209	3739·5	+ 119·7234	+ 8·4989	− 0·0026
5	− 1·7653	+ 8·6328	27·2653	3740·5	+ 119·7621	+ 8·5445	− 0·0026
6	− 1·8287	+ 8·6496	27·2808	3741·5	+ 119·7918	+ 8·5612	− 0·0026
7	− 1·8817	+ 8·6388	27·2687	3742·5	+ 119·8256	+ 8·5503	− 0·0026
8	− 1·8990	+ 8·6079	27·2365	3743·5	+ 119·8736	+ 8·5193	− 0·0026
9	− 1·8672	+ 8·5679	27·1952	3744·5	+ 119·9410	+ 8·4793	− 0·0026
10	− 1·7852	+ 8·5304	27·1564	3745·5	+ 120·0285	+ 8·4417	− 0·0025
11	− 1·6625	+ 8·5053	27·1300	3746·5	+ 120·1321	+ 8·4164	− 0·0025
12	− 1·5160	+ 8·4991	27·1226	3747·5	+ 120·2453	+ 8·4101	− 0·0025
13	− 1·3657	+ 8·5146	27·1368	3748·5	+ 120·3600	+ 8·4254	− 0·0025
14	− 1·2311	+ 8·5505	27·1714	3749·5	+ 120·4684	+ 8·4612	− 0·0025
15	− 1·1281	+ 8·6024	27·2221	3750·5	+ 120·5643	+ 8·5130	− 0·0026
16	− 1·0669	+ 8·6636	27·2820	3751·5	+ 120·6436	+ 8·5740	− 0·0026
17	− 1·0506	+ 8·7264	27·3434	3752·5	+ 120·7051	+ 8·6367	− 0·0026
18	− 1·0757	+ 8·7833	27·3990	3753·5	+ 120·7500	+ 8·6936	− 0·0026
19	− 1·1329	+ 8·8279	27·4424	3754·5	+ 120·7823	+ 8·7382	− 0·0026
20	− 1·2082	+ 8·8559	27·4691	3755·5	+ 120·8072	+ 8·7661	− 0·0026
21	− 1·2850	+ 8·8650	27·4769	3756·5	+ 120·8316	+ 8·7751	− 0·0026
22	− 1·3451	+ 8·8557	27·4664	3757·5	+ 120·8625	+ 8·7659	− 0·0026
23	− 1·3709	+ 8·8316	27·4410	3758·5	+ 120·9071	+ 8·7417	− 0·0026
24	− 1·3476	+ 8·7993	27·4074	3759·5	+ 120·9712	+ 8·7093	− 0·0026
25	− 1·2667	+ 8·7684	27·3752	3760·5	+ 121·0582	+ 8·6782	− 0·0026
26	− 1·1303	+ 8·7503	27·3558	3761·5	+ 121·1673	+ 8·6600	− 0·0026
27	− 0·9542	+ 8·7562	27·3604	3762·5	+ 121·2922	+ 8·6658	− 0·0026
28	− 0·7688	+ 8·7932	27·3961	3763·5	+ 121·4209	+ 8·7026	− 0·0026
29	− 0·6129	+ 8·8601	27·4618	3764·5	+ 121·5379	+ 8·7693	− 0·0026
30	− 0·5213	+ 8·9459	27·5463	3765·5	+ 121·6293	+ 8·8550	− 0·0026
31	− 0·5100	+ 9·0323	27·6314	3766·5	+ 121·6888	+ 8·9413	− 0·0027
Feb. 1	− 0·5688	+ 9·1003	27·6982	3767·5	+ 121·7204	+ 9·0093	− 0·0027
2	− 0·6666	+ 9·1379	27·7345	3768·5	+ 121·7364	+ 9·0469	− 0·0027
3	− 0·7648	+ 9·1432	27·7385	3769·5	+ 121·7522	+ 9·0521	− 0·0027
4	− 0·8316	+ 9·1233	27·7173	3770·5	+ 121·7805	+ 9·0322	− 0·0027
5	− 0·8492	+ 9·0905	27·6832	3771·5	+ 121·8283	+ 8·9993	− 0·0027
6	− 0·8152	+ 9·0575	27·6490	3772·5	+ 121·8967	+ 8·9663	− 0·0027
7	− 0·7387	+ 9·0353	27·6254	3773·5	+ 121·9820	+ 8·9439	− 0·0027
8	− 0·6364	+ 9·0307	27·6195	3774·5	+ 122·0775	+ 8·9392	− 0·0027
9	− 0·5276	+ 9·0469	27·6345	3775·5	+ 122·1757	+ 8·9553	− 0·0027
10	− 0·4314	+ 9·0833	27·6696	3776·5	+ 122·2689	+ 8·9915	− 0·0027
11	− 0·3637	+ 9·1360	27·7211	3777·5	+ 122·3508	+ 9·0442	− 0·0027
12	− 0·3355	+ 9·1991	27·7828	3778·5	+ 122·4170	+ 9·1071	− 0·0027
13	− 0·3519	+ 9·2651	27·8476	3779·5	+ 122·4654	+ 9·1731	− 0·0027
14	− 0·4112	+ 9·3265	27·9076	3780·5	+ 122·4968	+ 9·2344	− 0·0027
15	− 0·5056	+ 9·3764	27·9562	3781·5	+ 122·5142	+ 9·2842	− 0·0027

Date 0ʰ TT	NUTATION in Long. $\Delta\psi$	in Obl. $\Delta\epsilon$	True Obl. of Ecliptic ϵ 23° 26′	Julian Date 0ʰ TT	CELESTIAL INTERMEDIATE SYSTEM Pole x	y	Origin s
	″	″	″		″	″	″
Feb. 15	− 0·5056	+ 9·3764	27·9562	3781·5	+ 122·5142	+ 9·2842	− 0·0027
16	− 0·6222	+ 9·4097	27·9883	3782·5	+ 122·5227	+ 9·3176	− 0·0028
17	− 0·7448	+ 9·4239	28·0012	3783·5	+ 122·5288	+ 9·3317	− 0·0028
18	− 0·8555	+ 9·4190	27·9950	3784·5	+ 122·5397	+ 9·3268	− 0·0028
19	− 0·9372	+ 9·3980	27·9728	3785·5	+ 122·5620	+ 9·3058	− 0·0027
20	− 0·9759	+ 9·3668	27·9403	3786·5	+ 122·6015	+ 9·2746	− 0·0027
21	− 0·9625	+ 9·3338	27·9059	3787·5	+ 122·6616	+ 9·2414	− 0·0027
22	− 0·8962	+ 9·3087	27·8796	3788·5	+ 122·7428	+ 9·2163	− 0·0027
23	− 0·7866	+ 9·3019	27·8715	3789·5	+ 122·8413	+ 9·2093	− 0·0027
24	− 0·6549	+ 9·3213	27·8897	3790·5	+ 122·9486	+ 9·2286	− 0·0027
25	− 0·5328	+ 9·3698	27·9369	3791·5	+ 123·0521	+ 9·2770	− 0·0027
26	− 0·4552	+ 9·4420	28·0078	3792·5	+ 123·1380	+ 9·3491	− 0·0027
27	− 0·4483	+ 9·5240	28·0885	3793·5	+ 123·1957	+ 9·4310	− 0·0028
28	− 0·5178	+ 9·5965	28·1598	3794·5	+ 123·2230	+ 9·5034	− 0·0028
Mar. 1	− 0·6435	+ 9·6423	28·2042	3795·5	+ 123·2280	+ 9·5492	− 0·0028
2	− 0·7872	+ 9·6527	28·2134	3796·5	+ 123·2257	+ 9·5596	− 0·0028
3	− 0·9087	+ 9·6310	28·1904	3797·5	+ 123·2322	+ 9·5379	− 0·0028
4	− 0·9807	+ 9·5890	28·1471	3798·5	+ 123·2583	+ 9·4959	− 0·0028
5	− 0·9947	+ 9·5419	28·0987	3799·5	+ 123·3076	+ 9·4487	− 0·0028
6	− 0·9586	+ 9·5029	28·0584	3800·5	+ 123·3768	+ 9·4096	− 0·0028
7	− 0·8900	+ 9·4811	28·0353	3801·5	+ 123·4589	+ 9·3876	− 0·0028
8	− 0·8104	+ 9·4803	28·0333	3802·5	+ 123·5455	+ 9·3868	− 0·0028
9	− 0·7401	+ 9·5004	28·0520	3803·5	+ 123·6283	+ 9·4067	− 0·0028
10	− 0·6956	+ 9·5376	28·0879	3804·5	+ 123·7010	+ 9·4438	− 0·0028
11	− 0·6885	+ 9·5861	28·1352	3805·5	+ 123·7588	+ 9·4923	− 0·0028
12	− 0·7245	+ 9·6390	28·1868	3806·5	+ 123·7994	+ 9·5451	− 0·0028
13	− 0·8033	+ 9·6886	28·2351	3807·5	+ 123·8230	+ 9·5946	− 0·0028
14	− 0·9186	+ 9·7279	28·2731	3808·5	+ 123·8320	+ 9·6339	− 0·0028
15	− 1·0588	+ 9·7513	28·2953	3809·5	+ 123·8312	+ 9·6573	− 0·0028
16	− 1·2081	+ 9·7554	28·2981	3810·5	+ 123·8266	+ 9·6614	− 0·0028
17	− 1·3487	+ 9·7395	28·2810	3811·5	+ 123·8256	+ 9·6456	− 0·0028
18	− 1·4629	+ 9·7063	28·2464	3812·5	+ 123·8350	+ 9·6124	− 0·0028
19	− 1·5360	+ 9·6612	28·2001	3813·5	+ 123·8607	+ 9·5672	− 0·0028
20	− 1·5589	+ 9·6122	28·1498	3814·5	+ 123·9064	+ 9·5182	− 0·0028
21	− 1·5301	+ 9·5688	28·1051	3815·5	+ 123·9727	+ 9·4746	− 0·0028
22	− 1·4572	+ 9·5403	28·0753	3816·5	+ 124·0565	+ 9·4460	− 0·0028
23	− 1·3576	+ 9·5345	28·0682	3817·5	+ 124·1510	+ 9·4401	− 0·0028
24	− 1·2568	+ 9·5550	28·0874	3818·5	+ 124·2460	+ 9·4605	− 0·0028
25	− 1·1847	+ 9·5997	28·1309	3819·5	+ 124·3296	+ 9·5051	− 0·0028
26	− 1·1679	+ 9·6593	28·1891	3820·5	+ 124·3913	+ 9·5645	− 0·0028
27	− 1·2203	+ 9·7181	28·2466	3821·5	+ 124·4254	+ 9·6233	− 0·0028
28	− 1·3353	+ 9·7586	28·2859	3822·5	+ 124·4346	+ 9·6638	− 0·0028
29	− 1·4848	+ 9·7676	28·2936	3823·5	+ 124·4300	+ 9·6728	− 0·0028
30	− 1·6288	+ 9·7413	28·2660	3824·5	+ 124·4275	+ 9·6465	− 0·0028
31	− 1·7307	+ 9·6872	28·2106	3825·5	+ 124·4418	+ 9·5924	− 0·0028
Apr. 1	− 1·7707	+ 9·6200	28·1422	3826·5	+ 124·4807	+ 9·5251	− 0·0028
2	− 1·7494	+ 9·5558	28·0767	3827·5	+ 124·5439	+ 9·4608	− 0·0028

FOR 0^h TERRESTRIAL TIME

Date	NUTATION		True Obl. of	Julian	CELESTIAL INTERMEDIATE SYSTEM		
	in Long.	in Obl.	Ecliptic	Date	Pole		Origin
0^h TT	$\Delta\psi$	$\Delta\epsilon$	ϵ 23° 26′	0^h TT	x	y	s
	$''$	$''$	$''$		$''$	$''$	$''$
Apr. 1	− 1·7707	+ 9·6200	28·1422	3826·5	+ 124·4807	+ 9·5251	− 0·0028
2	− 1·7494	+ 9·5558	28·0767	3827·5	+ 124·5439	+ 9·4608	− 0·0028
3	− 1·6832	+ 9·5070	28·0266	3828·5	+ 124·6251	+ 9·4119	− 0·0027
4	− 1·5961	+ 9·4801	27·9984	3829·5	+ 124·7146	+ 9·3849	− 0·0027
5	− 1·5120	+ 9·4760	27·9931	3830·5	+ 124·8029	+ 9·3807	− 0·0027
6	− 1·4505	+ 9·4915	28·0072	3831·5	+ 124·8823	+ 9·3960	− 0·0027
7	− 1·4248	+ 9·5204	28·0349	3832·5	+ 124·9474	+ 9·4249	− 0·0027
8	− 1·4417	+ 9·5556	28·0688	3833·5	+ 124·9956	+ 9·4600	− 0·0027
9	− 1·5016	+ 9·5895	28·1014	3834·5	+ 125·0267	+ 9·4939	− 0·0027
10	− 1·5993	+ 9·6149	28·1256	3835·5	+ 125·0428	+ 9·5193	− 0·0028
11	− 1·7242	+ 9·6260	28·1353	3836·5	+ 125·0479	+ 9·5303	− 0·0028
12	− 1·8617	+ 9·6185	28·1265	3837·5	+ 125·0481	+ 9·5228	− 0·0028
13	− 1·9940	+ 9·5909	28·0977	3838·5	+ 125·0503	+ 9·4952	− 0·0027
14	− 2·1028	+ 9·5448	28·0503	3839·5	+ 125·0618	+ 9·4492	− 0·0027
15	− 2·1719	+ 9·4852	27·9895	3840·5	+ 125·0892	+ 9·3895	− 0·0027
16	− 2·1903	+ 9·4199	27·9228	3841·5	+ 125·1366	+ 9·3241	− 0·0027
17	− 2·1551	+ 9·3583	27·8600	3842·5	+ 125·2054	+ 9·2624	− 0·0027
18	− 2·0734	+ 9·3104	27·8107	3843·5	+ 125·2927	+ 9·2144	− 0·0027
19	− 1·9615	+ 9·2838	27·7829	3844·5	+ 125·3921	+ 9·1877	− 0·0026
20	− 1·8437	+ 9·2828	27·7806	3845·5	+ 125·4938	+ 9·1865	− 0·0026
21	− 1·7472	+ 9·3059	27·8025	3846·5	+ 125·5871	+ 9·2095	− 0·0026
22	− 1·6971	+ 9·3458	27·8411	3847·5	+ 125·6620	+ 9·2493	− 0·0027
23	− 1·7082	+ 9·3898	27·8837	3848·5	+ 125·7125	+ 9·2932	− 0·0027
24	− 1·7802	+ 9·4225	27·9152	3849·5	+ 125·7388	+ 9·3259	− 0·0027
25	− 1·8943	+ 9·4303	27·9217	3850·5	+ 125·7483	+ 9·3336	− 0·0027
26	− 2·0175	+ 9·4057	27·8958	3851·5	+ 125·7541	+ 9·3090	− 0·0027
27	− 2·1130	+ 9·3506	27·8394	3852·5	+ 125·7709	+ 9·2539	− 0·0027
28	− 2·1525	+ 9·2758	27·7634	3853·5	+ 125·8100	+ 9·1791	− 0·0026
29	− 2·1257	+ 9·1970	27·6833	3854·5	+ 125·8754	+ 9·1002	− 0·0026
30	− 2·0418	+ 9·1291	27·6141	3855·5	+ 125·9635	+ 9·0321	− 0·0026
May 1	− 1·9231	+ 9·0821	27·5658	3856·5	+ 126·0656	+ 8·9850	− 0·0026
2	− 1·7966	+ 9·0599	27·5423	3857·5	+ 126·1708	+ 8·9626	− 0·0026
3	− 1·6863	+ 9·0603	27·5414	3858·5	+ 126·2695	+ 8·9629	− 0·0026
4	− 1·6096	+ 9·0777	27·5576	3859·5	+ 126·3549	+ 8·9802	− 0·0026
5	− 1·5757	+ 9·1045	27·5830	3860·5	+ 126·4233	+ 9·0069	− 0·0026
6	− 1·5867	+ 9·1326	27·6098	3861·5	+ 126·4739	+ 9·0349	− 0·0026
7	− 1·6380	+ 9·1545	27·6305	3862·5	+ 126·5083	+ 9·0568	− 0·0026
8	− 1·7201	+ 9·1640	27·6387	3863·5	+ 126·5306	+ 9·0662	− 0·0026
9	− 1·8191	+ 9·1564	27·6298	3864·5	+ 126·5461	+ 9·0586	− 0·0026
10	− 1·9181	+ 9·1295	27·6016	3865·5	+ 126·5615	+ 9·0317	− 0·0026
11	− 1·9987	+ 9·0837	27·5546	3866·5	+ 126·5843	+ 8·9859	− 0·0026
12	− 2·0432	+ 9·0228	27·4924	3867·5	+ 126·6213	+ 8·9249	− 0·0025
13	− 2·0381	+ 8·9539	27·4222	3868·5	+ 126·6782	+ 8·8559	− 0·0025
14	− 1·9772	+ 8·8864	27·3534	3869·5	+ 126·7572	+ 8·7883	− 0·0025
15	− 1·8649	+ 8·8309	27·2967	3870·5	+ 126·8566	+ 8·7327	− 0·0025
16	− 1·7167	+ 8·7965	27·2609	3871·5	+ 126·9704	+ 8·6981	− 0·0025
17	− 1·5573	+ 8·7883	27·2515	3872·5	+ 127·0887	+ 8·6898	− 0·0025

FOR 0^h TERRESTRIAL TIME

| Date | NUTATION | | True Obl. of | Julian | CELESTIAL INTERMEDIATE SYSTEM | | |
| | in Long. | in Obl. | Ecliptic | Date | Pole | | Origin |
0^h TT	$\Delta\psi$	$\Delta\epsilon$	ϵ 23° 26′	0^h TT	x	y	s
	"	"	"		"	"	"
May 17	− 1·5573	+ 8·7883	27·2515	**3872·5**	+ 127·0887	+ 8·6898	− 0·0025
18	− 1·4155	+ 8·8058	27·2677	**3873·5**	+ 127·2000	+ 8·7071	− 0·0025
19	− 1·3171	+ 8·8422	27·3028	**3874·5**	+ 127·2941	+ 8·7433	− 0·0025
20	− 1·2783	+ 8·8855	27·3448	**3875·5**	+ 127·3644	+ 8·7865	− 0·0025
21	− 1·3004	+ 8·9214	27·3794	**3876·5**	+ 127·4106	+ 8·8224	− 0·0025
22	− 1·3683	+ 8·9368	27·3936	**3877·5**	+ 127·4384	+ 8·8378	− 0·0025
23	− 1·4543	+ 8·9236	27·3791	**3878·5**	+ 127·4591	+ 8·8246	− 0·0025
24	− 1·5248	+ 8·8811	27·3353	**3879·5**	+ 127·4859	+ 8·7820	− 0·0025
25	− 1·5501	+ 8·8165	27·2694	**3880·5**	+ 127·5306	+ 8·7173	− 0·0025
26	− 1·5138	+ 8·7427	27·1943	**3881·5**	+ 127·5998	+ 8·6434	− 0·0024
27	− 1·4161	+ 8·6743	27·1247	**3882·5**	+ 127·6935	+ 8·5749	− 0·0024
28	− 1·2731	+ 8·6236	27·0726	**3883·5**	+ 127·8051	+ 8·5240	− 0·0024
29	− 1·1102	+ 8·5971	27·0448	**3884·5**	+ 127·9248	+ 8·4973	− 0·0024
30	− 0·9540	+ 8·5954	27·0419	**3885·5**	+ 128·0418	+ 8·4955	− 0·0024
31	− 0·8263	+ 8·6142	27·0594	**3886·5**	+ 128·1475	+ 8·5141	− 0·0024
June 1	− 0·7406	+ 8·6460	27·0900	**3887·5**	+ 128·2365	+ 8·5458	− 0·0024
2	− 0·7018	+ 8·6824	27·1250	**3888·5**	+ 128·3069	+ 8·5821	− 0·0024
3	− 0·7073	+ 8·7151	27·1565	**3889·5**	+ 128·3596	+ 8·6147	− 0·0024
4	− 0·7482	+ 8·7374	27·1775	**3890·5**	+ 128·3982	+ 8·6370	− 0·0024
5	− 0·8116	+ 8·7443	27·1831	**3891·5**	+ 128·4279	+ 8·6438	− 0·0024
6	− 0·8813	+ 8·7328	27·1703	**3892·5**	+ 128·4551	+ 8·6323	− 0·0024
7	− 0·9394	+ 8·7026	27·1389	**3893·5**	+ 128·4868	+ 8·6020	− 0·0024
8	− 0·9680	+ 8·6563	27·0912	**3894·5**	+ 128·5302	+ 8·5556	− 0·0024
9	− 0·9516	+ 8·5995	27·0332	**3895·5**	+ 128·5915	+ 8·4988	− 0·0024
10	− 0·8803	+ 8·5409	26·9733	**3896·5**	+ 128·6747	+ 8·4400	− 0·0023
11	− 0·7537	+ 8·4910	26·9221	**3897·5**	+ 128·7798	+ 8·3900	− 0·0023
12	− 0·5833	+ 8·4604	26·8902	**3898·5**	+ 128·9024	+ 8·3592	− 0·0023
13	− 0·3925	+ 8·4564	26·8849	**3899·5**	+ 129·0332	+ 8·3550	− 0·0023
14	− 0·2121	+ 8·4805	26·9078	**3900·5**	+ 129·1599	+ 8·3790	− 0·0023
15	− 0·0726	+ 8·5271	26·9531	**3901·5**	+ 129·2703	+ 8·4255	− 0·0023
16	+ 0·0054	+ 8·5843	27·0090	**3902·5**	+ 129·3563	+ 8·4825	− 0·0023
17	+ 0·0177	+ 8·6368	27·0602	**3903·5**	+ 129·4162	+ 8·5349	− 0·0024
18	− 0·0224	+ 8·6709	27·0930	**3904·5**	+ 129·4551	+ 8·5689	− 0·0024
19	− 0·0881	+ 8·6778	27·0986	**3905·5**	+ 129·4839	+ 8·5758	− 0·0024
20	− 0·1467	+ 8·6560	27·0756	**3906·5**	+ 129·5154	+ 8·5540	− 0·0024
21	− 0·1691	+ 8·6114	27·0297	**3907·5**	+ 129·5613	+ 8·5092	− 0·0024
22	− 0·1368	+ 8·5550	26·9720	**3908·5**	+ 129·6290	+ 8·4528	− 0·0023
23	− 0·0456	+ 8·5002	26·9160	**3909·5**	+ 129·7200	+ 8·3979	− 0·0023
24	+ 0·0941	+ 8·4593	26·8738	**3910·5**	+ 129·8304	+ 8·3568	− 0·0023
25	+ 0·2613	+ 8·4404	26·8535	**3911·5**	+ 129·9518	+ 8·3377	− 0·0023
26	+ 0·4307	+ 8·4462	26·8581	**3912·5**	+ 130·0740	+ 8·3433	− 0·0023
27	+ 0·5788	+ 8·4744	26·8849	**3913·5**	+ 130·1879	+ 8·3713	− 0·0023
28	+ 0·6882	+ 8·5185	26·9278	**3914·5**	+ 130·2863	+ 8·4153	− 0·0023
29	+ 0·7503	+ 8·5703	26·9783	**3915·5**	+ 130·3660	+ 8·4670	− 0·0023
30	+ 0·7650	+ 8·6211	27·0278	**3916·5**	+ 130·4268	+ 8·5177	− 0·0023
July 1	+ 0·7393	+ 8·6634	27·0688	**3917·5**	+ 130·4715	+ 8·5599	− 0·0023
2	+ 0·6853	+ 8·6914	27·0956	**3918·5**	+ 130·5049	+ 8·5879	− 0·0024

FOR 0ʰ TERRESTRIAL TIME

Date 0ʰ TT		NUTATION in Long. $\Delta\psi$	in Obl. $\Delta\epsilon$	True Obl. of Ecliptic ϵ 23° 26′	Julian Date 0ʰ TT	CELESTIAL INTERMEDIATE SYSTEM Pole x	y	Origin s
		″	″	″		″	″	″
July	1	+ 0·7393	+ 8·6634	27·0688	3917·5	+ 130·4715	+ 8·5599	− 0·0023
	2	+ 0·6853	+ 8·6914	27·0956	3918·5	+ 130·5049	+ 8·5879	− 0·0024
	3	+ 0·6186	+ 8·7019	27·1048	3919·5	+ 130·5333	+ 8·5984	− 0·0024
	4	+ 0·5564	+ 8·6939	27·0955	3920·5	+ 130·5634	+ 8·5903	− 0·0024
	5	+ 0·5162	+ 8·6690	27·0694	3921·5	+ 130·6023	+ 8·5654	− 0·0023
	6	+ 0·5139	+ 8·6318	27·0308	3922·5	+ 130·6562	+ 8·5281	− 0·0023
	7	+ 0·5617	+ 8·5894	26·9872	3923·5	+ 130·7300	+ 8·4856	− 0·0023
	8	+ 0·6644	+ 8·5514	26·9479	3924·5	+ 130·8257	+ 8·4475	− 0·0023
	9	+ 0·8167	+ 8·5286	26·9238	3925·5	+ 130·9411	+ 8·4244	− 0·0023
	10	+ 1·0008	+ 8·5300	26·9240	3926·5	+ 131·0692	+ 8·4257	− 0·0023
	11	+ 1·1876	+ 8·5607	26·9533	3927·5	+ 131·1984	+ 8·4562	− 0·0023
	12	+ 1·3429	+ 8·6180	27·0093	3928·5	+ 131·3152	+ 8·5133	− 0·0023
	13	+ 1·4384	+ 8·6913	27·0814	3929·5	+ 131·4082	+ 8·5865	− 0·0023
	14	+ 1·4620	+ 8·7645	27·1533	3930·5	+ 131·4725	+ 8·6596	− 0·0024
	15	+ 1·4225	+ 8·8213	27·2088	3931·5	+ 131·5118	+ 8·7164	− 0·0024
	16	+ 1·3469	+ 8·8505	27·2368	3932·5	+ 131·5366	+ 8·7455	− 0·0024
	17	+ 1·2698	+ 8·8493	27·2342	3933·5	+ 131·5608	+ 8·7442	− 0·0024
	18	+ 1·2229	+ 8·8229	27·2065	3934·5	+ 131·5970	+ 8·7177	− 0·0024
	19	+ 1·2266	+ 8·7823	27·1647	3935·5	+ 131·6533	+ 8·6771	− 0·0024
	20	+ 1·2867	+ 8·7409	27·1220	3936·5	+ 131·7320	+ 8·6356	− 0·0023
	21	+ 1·3953	+ 8·7106	27·0905	3937·5	+ 131·8301	+ 8·6052	− 0·0023
	22	+ 1·5345	+ 8·7001	27·0786	3938·5	+ 131·9403	+ 8·5945	− 0·0023
	23	+ 1·6812	+ 8·7130	27·0903	3939·5	+ 132·0535	+ 8·6072	− 0·0023
	24	+ 1·8124	+ 8·7485	27·1244	3940·5	+ 132·1607	+ 8·6425	− 0·0023
	25	+ 1·9097	+ 8·8014	27·1761	3941·5	+ 132·2543	+ 8·6953	− 0·0024
	26	+ 1·9616	+ 8·8641	27·2375	3942·5	+ 132·3299	+ 8·7579	− 0·0024
	27	+ 1·9650	+ 8·9282	27·3003	3943·5	+ 132·3862	+ 8·8219	− 0·0024
	28	+ 1·9246	+ 8·9854	27·3563	3944·5	+ 132·4251	+ 8·8791	− 0·0024
	29	+ 1·8510	+ 9·0295	27·3991	3945·5	+ 132·4508	+ 8·9232	− 0·0024
	30	+ 1·7591	+ 9·0564	27·4247	3946·5	+ 132·4691	+ 8·9500	− 0·0024
	31	+ 1·6657	+ 9·0646	27·4316	3947·5	+ 132·4869	+ 8·9582	− 0·0024
Aug.	1	+ 1·5881	+ 9·0552	27·4209	3948·5	+ 132·5109	+ 8·9487	− 0·0024
	2	+ 1·5419	+ 9·0320	27·3964	3949·5	+ 132·5473	+ 8·9255	− 0·0024
	3	+ 1·5394	+ 9·0010	27·3642	3950·5	+ 132·6012	+ 8·8944	− 0·0024
	4	+ 1·5880	+ 8·9706	27·3325	3951·5	+ 132·6753	+ 8·8639	− 0·0024
	5	+ 1·6869	+ 8·9503	27·3109	3952·5	+ 132·7695	+ 8·8435	− 0·0024
	6	+ 1·8252	+ 8·9498	27·3091	3953·5	+ 132·8794	+ 8·8428	− 0·0024
	7	+ 1·9801	+ 8·9761	27·3341	3954·5	+ 132·9960	+ 8·8689	− 0·0024
	8	+ 2·1202	+ 9·0307	27·3874	3955·5	+ 133·1066	+ 8·9234	− 0·0024
	9	+ 2·2123	+ 9·1070	27·4625	3956·5	+ 133·1983	+ 8·9995	− 0·0024
	10	+ 2·2335	+ 9·1906	27·5447	3957·5	+ 133·2617	+ 9·0830	− 0·0025
	11	+ 2·1820	+ 9·2630	27·6159	3958·5	+ 133·2962	+ 9·1554	− 0·0025
	12	+ 2·0794	+ 9·3089	27·6605	3959·5	+ 133·3103	+ 9·2012	− 0·0025
	13	+ 1·9625	+ 9·3211	27·6714	3960·5	+ 133·3187	+ 9·2134	− 0·0025
	14	+ 1·8689	+ 9·3032	27·6522	3961·5	+ 133·3363	+ 9·1955	− 0·0025
	15	+ 1·8248	+ 9·2666	27·6143	3962·5	+ 133·3736	+ 9·1588	− 0·0025
	16	+ 1·8388	+ 9·2257	27·5721	3963·5	+ 133·4340	+ 9·1178	− 0·0025

Date 0ʰ TT	NUTATION in Long. $\Delta\psi$	in Obl. $\Delta\epsilon$	True Obl. of Ecliptic ϵ 23° 26′	Julian Date 0ʰ TT	CELESTIAL INTERMEDIATE SYSTEM Pole x	y	Origin s
	″	″	″		″	″	″
Aug. 16	+ 1·8388	+ 9·2257	27·5721	3963·5	+ 133·4340	+ 9·1178	− 0·0025
17	+ 1·9041	+ 9·1938	27·5390	3964·5	+ 133·5148	+ 9·0859	− 0·0025
18	+ 2·0029	+ 9·1804	27·5243	3965·5	+ 133·6090	+ 9·0723	− 0·0024
19	+ 2·1126	+ 9·1896	27·5323	3966·5	+ 133·7075	+ 9·0814	− 0·0024
20	+ 2·2106	+ 9·2212	27·5626	3967·5	+ 133·8014	+ 9·1128	− 0·0025
21	+ 2·2784	+ 9·2708	27·6109	3968·5	+ 133·8833	+ 9·1623	− 0·0025
22	+ 2·3036	+ 9·3316	27·6703	3969·5	+ 133·9483	+ 9·2230	− 0·0025
23	+ 2·2812	+ 9·3952	27·7327	3970·5	+ 133·9944	+ 9·2865	− 0·0025
24	+ 2·2137	+ 9·4537	27·7899	3971·5	+ 134·0225	+ 9·3449	− 0·0025
25	+ 2·1101	+ 9·5000	27·8350	3972·5	+ 134·0362	+ 9·3913	− 0·0025
26	+ 1·9840	+ 9·5295	27·8631	3973·5	+ 134·0410	+ 9·4207	− 0·0026
27	+ 1·8522	+ 9·5399	27·8722	3974·5	+ 134·0434	+ 9·4311	− 0·0026
28	+ 1·7316	+ 9·5318	27·8629	3975·5	+ 134·0503	+ 9·4230	− 0·0026
29	+ 1·6381	+ 9·5085	27·8383	3976·5	+ 134·0680	+ 9·3997	− 0·0025
30	+ 1·5841	+ 9·4756	27·8041	3977·5	+ 134·1013	+ 9·3667	− 0·0025
31	+ 1·5774	+ 9·4404	27·7677	3978·5	+ 134·1534	+ 9·3315	− 0·0025
Sept. 1	+ 1·6189	+ 9·4118	27·7377	3979·5	+ 134·2248	+ 9·3027	− 0·0025
2	+ 1·7019	+ 9·3983	27·7230	3980·5	+ 134·3127	+ 9·2892	− 0·0025
3	+ 1·8101	+ 9·4075	27·7309	3981·5	+ 134·4106	+ 9·2982	− 0·0025
4	+ 1·9182	+ 9·4431	27·7652	3982·5	+ 134·5085	+ 9·3337	− 0·0025
5	+ 1·9959	+ 9·5028	27·8236	3983·5	+ 134·5944	+ 9·3932	− 0·0025
6	+ 2·0155	+ 9·5766	27·8962	3984·5	+ 134·6572	+ 9·4670	− 0·0026
7	+ 1·9630	+ 9·6481	27·9664	3985·5	+ 134·6913	+ 9·5384	− 0·0026
8	+ 1·8472	+ 9·6989	28·0159	3986·5	+ 134·7002	+ 9·5891	− 0·0026
9	+ 1·6995	+ 9·7162	28·0318	3987·5	+ 134·6963	+ 9·6064	− 0·0026
10	+ 1·5618	+ 9·6979	28·0123	3988·5	+ 134·6964	+ 9·5881	− 0·0026
11	+ 1·4701	+ 9·6532	27·9664	3989·5	+ 134·7147	+ 9·5435	− 0·0026
12	+ 1·4415	+ 9·5981	27·9100	3990·5	+ 134·7582	+ 9·4883	− 0·0026
13	+ 1·4727	+ 9·5485	27·8591	3991·5	+ 134·8254	+ 9·4386	− 0·0025
14	+ 1·5454	+ 9·5164	27·8256	3992·5	+ 134·9091	+ 9·4063	− 0·0025
15	+ 1·6347	+ 9·5073	27·8153	3993·5	+ 134·9995	+ 9·3971	− 0·0025
16	+ 1·7161	+ 9·5215	27·8282	3994·5	+ 135·0868	+ 9·4112	− 0·0025
17	+ 1·7699	+ 9·5548	27·8603	3995·5	+ 135·1631	+ 9·4444	− 0·0025
18	+ 1·7830	+ 9·6005	27·9047	3996·5	+ 135·2233	+ 9·4900	− 0·0025
19	+ 1·7497	+ 9·6506	27·9535	3997·5	+ 135·2650	+ 9·5400	− 0·0026
20	+ 1·6713	+ 9·6969	27·9985	3998·5	+ 135·2887	+ 9·5863	− 0·0026
21	+ 1·5552	+ 9·7324	28·0327	3999·5	+ 135·2975	+ 9·6218	− 0·0026
22	+ 1·4142	+ 9·7517	28·0508	4000·5	+ 135·2963	+ 9·6411	− 0·0026
23	+ 1·2641	+ 9·7520	28·0497	4001·5	+ 135·2914	+ 9·6413	− 0·0026
24	+ 1·1222	+ 9·7331	28·0295	4002·5	+ 135·2899	+ 9·6224	− 0·0026
25	+ 1·0049	+ 9·6977	27·9928	4003·5	+ 135·2980	+ 9·5870	− 0·0026
26	+ 0·9252	+ 9·6510	27·9449	4004·5	+ 135·3211	+ 9·5403	− 0·0026
27	+ 0·8913	+ 9·6004	27·8930	4005·5	+ 135·3624	+ 9·4896	− 0·0025
28	+ 0·9049	+ 9·5540	27·8453	4006·5	+ 135·4227	+ 9·4431	− 0·0025
29	+ 0·9605	+ 9·5200	27·8101	4007·5	+ 135·4996	+ 9·4091	− 0·0025
30	+ 1·0446	+ 9·5056	27·7944	4008·5	+ 135·5879	+ 9·3945	− 0·0025
Oct. 1	+ 1·1367	+ 9·5150	27·8025	4009·5	+ 135·6794	+ 9·4037	− 0·0025

FOR 0^h TERRESTRIAL TIME

Date 0^h TT	NUTATION in Long. $\Delta\psi$ "	in Obl. $\Delta\epsilon$ "	True Obl. of Ecliptic ϵ 23° 26′ "	Julian Date 0^h TT	CELESTIAL INTERMEDIATE SYSTEM Pole x "	y "	Origin s "
Oct. 1	+ 1·1367	+ 9·5150	27·8025	4009·5	+ 135·6794	+ 9·4037	− 0·0025
2	+ 1·2113	+ 9·5478	27·8340	4010·5	+ 135·7640	+ 9·4364	− 0·0025
3	+ 1·2428	+ 9·5978	27·8827	4011·5	+ 135·8315	+ 9·4864	− 0·0025
4	+ 1·2128	+ 9·6527	27·9364	4012·5	+ 135·8745	+ 9·5412	− 0·0025
5	+ 1·1187	+ 9·6960	27·9783	4013·5	+ 135·8920	+ 9·5844	− 0·0026
6	+ 0·9793	+ 9·7118	27·9929	4014·5	+ 135·8915	+ 9·6003	− 0·0026
7	+ 0·8314	+ 9·6918	27·9716	4015·5	+ 135·8875	+ 9·5803	− 0·0026
8	+ 0·7168	+ 9·6390	27·9175	4016·5	+ 135·8967	+ 9·5274	− 0·0025
9	+ 0·6653	+ 9·5666	27·8438	4017·5	+ 135·9310	+ 9·4550	− 0·0025
10	+ 0·6841	+ 9·4928	27·7688	4018·5	+ 135·9932	+ 9·3811	− 0·0025
11	+ 0·7589	+ 9·4335	27·7081	4019·5	+ 136·0778	+ 9·3216	− 0·0025
12	+ 0·8627	+ 9·3978	27·6712	4020·5	+ 136·1739	+ 9·2858	− 0·0025
13	+ 0·9663	+ 9·3879	27·6599	4021·5	+ 136·2700	+ 9·2757	− 0·0025
14	+ 1·0459	+ 9·3999	27·6707	4022·5	+ 136·3565	+ 9·2876	− 0·0025
15	+ 1·0856	+ 9·4268	27·6963	4023·5	+ 136·4272	+ 9·3144	− 0·0025
16	+ 1·0786	+ 9·4602	27·7284	4024·5	+ 136·4794	+ 9·3477	− 0·0025
17	+ 1·0255	+ 9·4917	27·7587	4025·5	+ 136·5132	+ 9·3792	− 0·0025
18	+ 0·9332	+ 9·5140	27·7796	4026·5	+ 136·5313	+ 9·4014	− 0·0025
19	+ 0·8135	+ 9·5213	27·7857	4027·5	+ 136·5386	+ 9·4088	− 0·0025
20	+ 0·6819	+ 9·5103	27·7734	4028·5	+ 136·5411	+ 9·3977	− 0·0025
21	+ 0·5553	+ 9·4801	27·7419	4029·5	+ 136·5456	+ 9·3675	− 0·0025
22	+ 0·4506	+ 9·4325	27·6931	4030·5	+ 136·5588	+ 9·3199	− 0·0025
23	+ 0·3823	+ 9·3724	27·6317	4031·5	+ 136·5864	+ 9·2598	− 0·0024
24	+ 0·3600	+ 9·3067	27·5647	4032·5	+ 136·6323	+ 9·1940	− 0·0024
25	+ 0·3866	+ 9·2437	27·5004	4033·5	+ 136·6976	+ 9·1309	− 0·0024
26	+ 0·4570	+ 9·1920	27·4474	4034·5	+ 136·7805	+ 9·0790	− 0·0024
27	+ 0·5586	+ 9·1586	27·4128	4035·5	+ 136·8757	+ 9·0455	− 0·0024
28	+ 0·6720	+ 9·1480	27·4008	4036·5	+ 136·9756	+ 9·0347	− 0·0024
29	+ 0·7738	+ 9·1603	27·4119	4037·5	+ 137·0710	+ 9·0469	− 0·0024
30	+ 0·8409	+ 9·1908	27·4411	4038·5	+ 137·1527	+ 9·0773	− 0·0024
31	+ 0·8556	+ 9·2298	27·4788	4039·5	+ 137·2135	+ 9·1162	− 0·0024
Nov. 1	+ 0·8116	+ 9·2635	27·5113	4040·5	+ 137·2509	+ 9·1499	− 0·0024
2	+ 0·7187	+ 9·2777	27·5242	4041·5	+ 137·2688	+ 9·1640	− 0·0024
3	+ 0·6037	+ 9·2614	27·5065	4042·5	+ 137·2779	+ 9·1477	− 0·0024
4	+ 0·5045	+ 9·2117	27·4556	4043·5	+ 137·2932	+ 9·0980	− 0·0024
5	+ 0·4567	+ 9·1363	27·3789	4044·5	+ 137·3290	+ 9·0225	− 0·0023
6	+ 0·4807	+ 9·0508	27·2921	4045·5	+ 137·3933	+ 8·9369	− 0·0023
7	+ 0·5738	+ 8·9730	27·2130	4046·5	+ 137·4851	+ 8·8589	− 0·0023
8	+ 0·7134	+ 8·9167	27·1554	4047·5	+ 137·5954	+ 8·8025	− 0·0023
9	+ 0·8676	+ 8·8880	27·1255	4048·5	+ 137·7116	+ 8·7737	− 0·0023
10	+ 1·0060	+ 8·8855	27·1217	4049·5	+ 137·8215	+ 8·7709	− 0·0023
11	+ 1·1070	+ 8·9023	27·1372	4050·5	+ 137·9166	+ 8·7876	− 0·0023
12	+ 1·1597	+ 8·9292	27·1628	4051·5	+ 137·9924	+ 8·8144	− 0·0023
13	+ 1·1629	+ 8·9571	27·1894	4052·5	+ 138·0487	+ 8·8422	− 0·0023
14	+ 1·1232	+ 8·9777	27·2088	4053·5	+ 138·0877	+ 8·8628	− 0·0023
15	+ 1·0521	+ 8·9851	27·2149	4054·5	+ 138·1143	+ 8·8701	− 0·0023
16	+ 0·9646	+ 8·9752	27·2037	4055·5	+ 138·1344	+ 8·8602	− 0·0023

Date 0ʰ TT	NUTATION in Long. $\Delta\psi$	NUTATION in Obl. $\Delta\epsilon$	True Obl. of Ecliptic ϵ 23° 26′	Julian Date 0ʰ TT	CELESTIAL INTERMEDIATE SYSTEM Pole x	Pole y	Origin s
	″	″	″		″	″	″
Nov. 16	+ 0·9646	+ 8·9752	27·2037	4055·5	+ 138·1344	+ 8·8602	− 0·0023
17	+ 0·8778	+ 8·9467	27·1739	4056·5	+ 138·1547	+ 8·8316	− 0·0023
18	+ 0·8086	+ 8·9006	27·1265	4057·5	+ 138·1820	+ 8·7855	− 0·0022
19	+ 0·7725	+ 8·8409	27·0655	4058·5	+ 138·2224	+ 8·7257	− 0·0022
20	+ 0·7813	+ 8·7739	26·9973	4059·5	+ 138·2807	+ 8·6587	− 0·0022
21	+ 0·8402	+ 8·7079	26·9300	4060·5	+ 138·3589	+ 8·5925	− 0·0022
22	+ 0·9464	+ 8·6519	26·8727	4061·5	+ 138·4559	+ 8·5364	− 0·0022
23	+ 1·0881	+ 8·6138	26·8333	4062·5	+ 138·5671	+ 8·4981	− 0·0021
24	+ 1·2457	+ 8·5989	26·8171	4063·5	+ 138·6847	+ 8·4830	− 0·0021
25	+ 1·3951	+ 8·6081	26·8250	4064·5	+ 138·7990	+ 8·4920	− 0·0021
26	+ 1·5123	+ 8·6370	26·8527	4065·5	+ 138·9005	+ 8·5208	− 0·0021
27	+ 1·5794	+ 8·6766	26·8910	4066·5	+ 138·9822	+ 8·5602	− 0·0022
28	+ 1·5893	+ 8·7143	26·9274	4067·5	+ 139·0410	+ 8·5979	− 0·0022
29	+ 1·5490	+ 8·7371	26·9490	4068·5	+ 139·0799	+ 8·6206	− 0·0022
30	+ 1·4799	+ 8·7345	26·9450	4069·5	+ 139·1073	+ 8·6179	− 0·0022
Dec. 1	+ 1·4137	+ 8·7018	26·9110	4070·5	+ 139·1358	+ 8·5852	− 0·0022
2	+ 1·3841	+ 8·6425	26·8505	4071·5	+ 139·1788	+ 8·5258	− 0·0021
3	+ 1·4163	+ 8·5679	26·7746	4072·5	+ 139·2464	+ 8·4511	− 0·0021
4	+ 1·5186	+ 8·4938	26·6992	4073·5	+ 139·3418	+ 8·3769	− 0·0021
5	+ 1·6790	+ 8·4357	26·6398	4074·5	+ 139·4604	+ 8·3186	− 0·0021
6	+ 1·8703	+ 8·4036	26·6065	4075·5	ǀ 139·5913	ǀ 8·2863	− 0·0021
7	+ 2·0599	+ 8·4000	26·6016	4076·5	+ 139·7216	+ 8·2825	− 0·0020
8	+ 2·2195	+ 8·4204	26·6207	4077·5	+ 139·8400	+ 8·3028	− 0·0021
9	+ 2·3317	+ 8·4560	26·6550	4078·5	+ 139·9396	+ 8·3381	− 0·0021
10	+ 2·3906	+ 8·4964	26·6941	4079·5	+ 140·0180	+ 8·3785	− 0·0021
11	+ 2·4004	+ 8·5325	26·7289	4080·5	+ 140·0768	+ 8·4144	− 0·0021
12	+ 2·3722	+ 8·5569	26·7520	4081·5	+ 140·1205	+ 8·4387	− 0·0021
13	+ 2·3212	+ 8·5651	26·7589	4082·5	+ 140·1551	+ 8·4469	− 0·0021
14	+ 2·2643	+ 8·5551	26·7476	4083·5	+ 140·1873	+ 8·4368	− 0·0021
15	+ 2·2189	+ 8·5275	26·7188	4084·5	+ 140·2241	+ 8·4092	− 0·0021
16	+ 2·2007	+ 8·4853	26·6753	4085·5	+ 140·2717	+ 8·3669	− 0·0021
17	+ 2·2230	+ 8·4341	26·6228	4086·5	+ 140·3353	+ 8·3156	− 0·0020
18	+ 2·2937	+ 8·3813	26·5687	4087·5	+ 140·4182	+ 8·2627	− 0·0020
19	+ 2·4137	+ 8·3359	26·5220	4088·5	+ 140·5208	+ 8·2171	− 0·0020
20	+ 2·5746	+ 8·3067	26·4916	4089·5	+ 140·6396	+ 8·1877	− 0·0020
21	+ 2·7586	+ 8·3005	26·4842	4090·5	+ 140·7677	+ 8·1814	− 0·0020
22	+ 2·9405	+ 8·3202	26·5025	4091·5	+ 140·8949	+ 8·2008	− 0·0020
23	+ 3·0933	+ 8·3624	26·5435	4092·5	+ 141·0107	+ 8·2429	− 0·0020
24	+ 3·1951	+ 8·4185	26·5983	4093·5	+ 141·1061	+ 8·2988	− 0·0020
25	+ 3·2358	+ 8·4755	26·6539	4094·5	+ 141·1773	+ 8·3557	− 0·0020
26	+ 3·2207	+ 8·5196	26·6968	4095·5	+ 141·2262	+ 8·3998	− 0·0021
27	+ 3·1700	+ 8·5401	26·7161	4096·5	+ 141·2609	+ 8·4202	− 0·0021
28	+ 3·1136	+ 8·5321	26·7067	4097·5	+ 141·2934	+ 8·4121	− 0·0021
29	+ 3·0834	+ 8·4978	26·6711	4098·5	+ 141·3362	+ 8·3777	− 0·0020
30	+ 3·1047	+ 8·4464	26·6184	4099·5	+ 141·3995	+ 8·3262	− 0·0020
31	+ 3·1893	+ 8·3914	26·5622	4100·5	+ 141·4879	+ 8·2711	− 0·0020
32	+ 3·3325	+ 8·3471	26·5166	4101·5	+ 141·5996	+ 8·2267	− 0·0020

MATRIX ELEMENTS FOR CONVERSION FROM
ICRS TO TRUE EQUATOR AND EQUINOX OF DATE

Date 0^h TT	$NPB_{11}-1$	NPB_{12}	NPB_{13}	NPB_{21}	$NPB_{22}-1$	NPB_{23}	NPB_{31}	NPB_{32}	$NPB_{33}-1$
Jan. 0	− 105	− 133 134	− 57 841	+133 132	− 89	− 4079	+ 57 846	+4002	− 17
1	− 106	− 133 288	− 57 908	+133 286	− 89	− 4098	+ 57 913	+4021	− 17
2	− 106	− 133 421	− 57 965	+133 418	− 89	− 4129	+ 57 971	+4052	− 17
3	− 106	− 133 521	− 58 009	+133 519	− 89	− 4165	+ 58 014	+4088	− 17
4	− 106	− 133 588	− 58 038	+133 586	− 89	− 4198	+ 58 044	+4120	− 17
5	− 106	− 133 631	− 58 057	+133 629	− 89	− 4220	+ 58 062	+4142	− 17
6	− 106	− 133 664	− 58 071	+133 662	− 89	− 4228	+ 58 077	+4151	− 17
7	− 106	− 133 702	− 58 088	+133 700	− 89	− 4223	+ 58 093	+4145	− 17
8	− 106	− 133 756	− 58 111	+133 753	− 90	− 4208	+ 58 116	+4130	− 17
9	− 106	− 133 831	− 58 144	+133 829	− 90	− 4189	+ 58 149	+4111	− 17
10	− 107	− 133 929	− 58 186	+133 926	− 90	− 4171	+ 58 191	+4093	− 17
11	− 107	− 134 045	− 58 236	+134 042	− 90	− 4158	+ 58 242	+4080	− 17
12	− 107	− 134 171	− 58 291	+134 169	− 90	− 4156	+ 58 297	+4077	− 17
13	− 107	− 134 299	− 58 347	+134 297	− 90	− 4163	+ 58 352	+4085	− 17
14	− 107	− 134 420	− 58 399	+134 418	− 90	− 4181	+ 58 405	+4102	− 17
15	− 108	− 134 527	− 58 446	+134 525	− 91	− 4206	+ 58 451	+4127	− 17
16	− 108	− 134 616	− 58 484	+134 613	− 91	− 4236	+ 58 490	+4157	− 17
17	− 108	− 134 684	− 58 514	+134 682	− 91	− 4266	+ 58 519	+4187	− 17
18	− 108	− 134 734	− 58 536	+134 732	− 91	− 4294	+ 58 541	+4215	− 17
19	− 108	− 134 770	− 58 551	+134 767	− 91	− 4315	+ 58 557	+4236	− 17
20	− 108	− 134 798	− 58 563	+134 795	− 91	− 4329	+ 58 569	+4250	− 17
21	− 108	− 134 825	− 58 575	+134 822	− 91	− 4333	+ 58 581	+4254	− 17
22	− 108	− 134 859	− 58 590	+134 857	− 91	− 4329	+ 58 596	+4250	− 17
23	− 108	− 134 909	− 58 612	+134 906	− 91	− 4317	+ 58 617	+4238	− 17
24	− 108	− 134 980	− 58 643	+134 978	− 91	− 4302	+ 58 648	+4222	− 17
25	− 108	− 135 078	− 58 685	+135 075	− 91	− 4287	+ 58 691	+4207	− 17
26	− 109	− 135 200	− 58 738	+135 197	− 91	− 4278	+ 58 744	+4198	− 17
27	− 109	− 135 339	− 58 798	+135 337	− 92	− 4281	+ 58 804	+4201	− 17
28	− 109	− 135 483	− 58 861	+135 480	− 92	− 4299	+ 58 867	+4219	− 17
29	− 109	− 135 613	− 58 917	+135 611	− 92	− 4331	+ 58 923	+4252	− 17
30	− 109	− 135 715	− 58 962	+135 713	− 92	− 4373	+ 58 968	+4293	− 17
31	− 110	− 135 782	− 58 990	+135 779	− 92	− 4415	+ 58 996	+4335	− 18
Feb. 1	− 110	− 135 817	− 59 006	+135 814	− 92	− 4448	+ 59 012	+4368	− 18
2	− 110	− 135 834	− 59 013	+135 832	− 92	− 4466	+ 59 019	+4386	− 18
3	− 110	− 135 852	− 59 021	+135 849	− 92	− 4469	+ 59 027	+4389	− 18
4	− 110	− 135 883	− 59 035	+135 881	− 92	− 4459	+ 59 041	+4379	− 18
5	− 110	− 135 937	− 59 058	+135 934	− 92	− 4443	+ 59 064	+4363	− 18
6	− 110	− 136 013	− 59 091	+136 011	− 93	− 4427	+ 59 097	+4347	− 18
7	− 110	− 136 108	− 59 133	+136 106	− 93	− 4417	+ 59 139	+4336	− 18
8	− 110	− 136 215	− 59 179	+136 213	− 93	− 4414	+ 59 185	+4334	− 18
9	− 110	− 136 325	− 59 226	+136 322	− 93	− 4422	+ 59 232	+4342	− 18
10	− 111	− 136 429	− 59 272	+136 426	− 93	− 4440	+ 59 278	+4359	− 18
11	− 111	− 136 520	− 59 311	+136 518	− 93	− 4466	+ 59 317	+4385	− 18
12	− 111	− 136 594	− 59 343	+136 591	− 93	− 4496	+ 59 349	+4415	− 18
13	− 111	− 136 648	− 59 367	+136 645	− 93	− 4528	+ 59 373	+4447	− 18
14	− 111	− 136 683	− 59 382	+136 680	− 94	− 4558	+ 59 388	+4477	− 18
15	− 111	− 136 702	− 59 390	+136 699	− 94	− 4582	+ 59 397	+4501	− 18

Values are in units of 10^{-8}. Matrix used with GAST (B12–B19). CIP is $\mathcal{X} = NPB_{31}$, $\mathcal{Y} = NPB_{32}$.

MATRIX ELEMENTS FOR CONVERSION FROM
ICRS TO CELESTIAL INTERMEDIATE ORIGIN AND TRUE EQUATOR OF DATE

Julian Date	$C_{11}-1$	C_{12}	C_{13}	C_{21}	$C_{22}-1$	C_{23}	C_{31}	C_{32}	$C_{33}-1$
245									
3735.5	− 1673	+ 6	− 578 4616	− 237	− 8	− 40 0195	+ 578 4616	+ 40 0195	− 1681
3736.5	− 1677	+ 6	− 579 1308	− 238	− 8	− 40 2059	+ 579 1308	+ 40 2060	− 1685
3737.5	− 1680	+ 5	− 579 7065	− 240	− 8	− 40 5160	+ 579 7065	+ 40 5161	− 1689
3738.5	− 1683	+ 5	− 580 1425	− 242	− 8	− 40 8775	+ 580 1425	+ 40 8775	− 1691
3739.5	− 1685	+ 5	− 580 4354	− 244	− 8	− 41 2038	+ 580 4354	+ 41 2038	− 1693
3740.5	− 1686	+ 5	− 580 6232	− 245	− 9	− 41 4247	+ 580 6232	+ 41 4247	− 1694
3741.5	− 1686	+ 5	− 580 7672	− 246	− 9	− 41 5060	+ 580 7672	+ 41 5060	− 1695
3742.5	− 1687	+ 5	− 580 9309	− 246	− 9	− 41 4531	+ 580 9309	+ 41 4531	− 1696
3743.5	− 1689	+ 5	− 581 1634	− 245	− 9	− 41 3029	+ 581 1634	+ 41 3029	− 1697
3744.5	− 1691	+ 5	− 581 4906	− 244	− 8	− 41 1086	+ 581 4906	+ 41 1086	− 1699
3745.5	− 1693	+ 4	− 581 9146	− 243	− 8	− 40 9263	+ 581 9146	+ 40 9263	− 1701
3746.5	− 1696	+ 4	− 582 4169	− 242	− 8	− 40 8038	+ 582 4169	+ 40 8038	− 1704
3747.5	− 1699	+ 4	− 582 9655	− 242	− 8	− 40 7732	+ 582 9655	+ 40 7732	− 1708
3748.5	− 1702	+ 4	− 583 5216	− 242	− 8	− 40 8475	+ 583 5216	+ 40 8475	− 1711
3749.5	− 1706	+ 4	− 584 0475	− 243	− 8	− 41 0210	+ 584 0475	+ 41 0210	− 1714
3750.5	− 1708	+ 3	− 584 5124	− 245	− 9	− 41 2721	+ 584 5124	+ 41 2721	− 1717
3751.5	− 1711	+ 3	− 584 8969	− 246	− 9	− 41 5682	+ 584 8969	+ 41 5682	− 1719
3752.5	− 1712	+ 3	− 585 1947	− 248	− 9	− 41 8721	+ 585 1947	+ 41 8721	− 1721
3753.5	− 1714	+ 3	− 585 4127	− 250	− 9	− 42 1475	+ 585 4127	+ 42 1475	− 1722
3754.5	− 1714	+ 3	− 585 5689	− 251	− 9	− 42 3638	+ 585 5689	+ 42 3638	− 1723
3755.5	− 1715	+ 3	− 585 6899	− 252	− 9	− 42 4991	+ 585 6899	+ 42 4991	− 1724
3756.5	− 1716	+ 3	− 585 8079	− 252	− 9	− 42 5431	+ 585 8079	+ 42 5431	− 1725
3757.5	− 1717	+ 3	− 585 9580	− 252	− 9	− 42 4981	+ 585 9580	+ 42 4981	− 1726
3758.5	− 1718	+ 3	− 586 1741	− 251	− 9	− 42 3810	+ 586 1741	+ 42 3811	− 1727
3759.5	− 1720	+ 3	− 586 4848	− 250	− 9	− 42 2239	+ 586 4848	+ 42 2240	− 1729
3760.5	− 1722	+ 2	− 586 9066	− 249	− 9	− 42 0732	+ 586 9066	+ 42 0732	− 1731
3761.5	− 1725	+ 2	− 587 4356	− 249	− 9	− 41 9848	+ 587 4356	+ 41 9848	− 1734
3762.5	− 1729	+ 2	− 588 0414	− 249	− 9	− 42 0128	+ 588 0414	+ 42 0128	− 1738
3763.5	− 1733	+ 2	− 588 6653	− 250	− 9	− 42 1912	+ 588 6653	+ 42 1912	− 1742
3764.5	− 1736	+ 1	− 589 2324	− 252	− 9	− 42 5150	+ 589 2324	+ 42 5150	− 1745
3765.5	− 1739	+ 1	− 589 6756	− 254	− 9	− 42 9304	+ 589 6756	+ 42 9304	− 1748
3766.5	− 1740	+ 1	− 589 9641	− 257	− 9	− 43 3487	+ 589 9641	+ 43 3487	− 1750
3767.5	− 1741	+ 1	− 590 1171	− 259	− 10	− 43 6783	+ 590 1171	+ 43 6783	− 1751
3768.5	− 1742	+ 1	− 590 1948	− 260	− 10	− 43 8604	+ 590 1948	+ 43 8604	− 1751
3769.5	− 1742	+ 1	− 590 2714	− 260	− 10	− 43 8859	+ 590 2714	+ 43 8859	− 1752
3770.5	− 1743	+ 1	− 590 4086	− 259	− 10	− 43 7894	+ 590 4086	+ 43 7894	− 1752
3771.5	− 1744	+ 1	− 590 6405	− 258	− 10	− 43 6298	+ 590 6405	+ 43 6298	− 1754
3772.5	− 1746	+ 1	− 590 9719	− 258	− 9	− 43 4697	+ 590 9719	+ 43 4697	− 1756
3773.5	− 1749	0	− 591 3852	− 257	− 9	− 43 3611	+ 591 3852	+ 43 3611	− 1758
3774.5	− 1751	0	− 591 8486	− 257	− 9	− 43 3383	+ 591 8486	+ 43 3383	− 1761
3775.5	− 1754	0	− 592 3245	− 257	− 9	− 43 4163	+ 592 3245	+ 43 4163	− 1764
3776.5	− 1757	0	− 592 7765	− 258	− 10	− 43 5921	+ 592 7765	+ 43 5921	− 1766
3777.5	− 1759	0	− 593 1735	− 260	− 10	− 43 8473	+ 593 1735	+ 43 8473	− 1769
3778.5	− 1761	0	− 593 4942	− 262	− 10	− 44 1526	+ 593 4942	+ 44 1526	− 1771
3779.5	− 1763	− 1	− 593 7291	− 263	− 10	− 44 4723	+ 593 7291	+ 44 4723	− 1772
3780.5	− 1763	− 1	− 593 8812	− 265	− 10	− 44 7695	+ 593 8812	+ 44 7695	− 1773
3781.5	− 1764	− 1	− 593 9655	− 267	− 10	− 45 0112	+ 593 9655	+ 45 0112	− 1774

Values are in units of 10^{-10}. Matrix used with ERA (B20–B23).

MATRIX ELEMENTS FOR CONVERSION FROM
ICRS TO TRUE EQUATOR AND EQUINOX OF DATE

Date 0^h TT	NPB$_{11}$−1	NPB$_{12}$	NPB$_{13}$	NPB$_{21}$	NPB$_{22}$−1	NPB$_{23}$	NPB$_{31}$	NPB$_{32}$	NPB$_{33}$−1
Feb. 15	−111	−136 702	− 59 390	+136 699	− 94	−4582	+ 59 397	+4501	− 18
16	−111	−136 711	− 59 394	+136 709	− 94	−4599	+ 59 401	+4517	− 18
17	−111	−136 718	− 59 397	+136 715	− 94	−4605	+ 59 404	+4524	− 18
18	−111	−136 730	− 59 403	+136 727	− 94	−4603	+ 59 409	+4522	− 18
19	−111	−136 755	− 59 414	+136 752	− 94	−4593	+ 59 420	+4512	− 18
20	−111	−136 799	− 59 433	+136 796	− 94	−4578	+ 59 439	+4496	− 18
21	−111	−136 866	− 59 462	+136 863	− 94	−4562	+ 59 468	+4480	− 18
22	−111	−136 957	− 59 501	+136 954	− 94	−4550	+ 59 507	+4468	− 18
23	−112	−137 067	− 59 549	+137 064	− 94	−4546	+ 59 555	+4465	− 18
24	−112	−137 186	− 59 601	+137 184	− 94	−4556	+ 59 607	+4474	− 18
25	−112	−137 302	− 59 651	+137 299	− 94	−4580	+ 59 657	+4498	− 18
26	−112	−137 398	− 59 693	+137 395	− 94	−4615	+ 59 699	+4533	− 18
27	−112	−137 462	− 59 721	+137 459	− 95	−4654	+ 59 727	+4572	− 18
28	−112	−137 492	− 59 734	+137 490	− 95	−4690	+ 59 740	+4607	− 18
Mar. 1	−112	−137 498	− 59 736	+137 495	− 95	−4712	+ 59 743	+4630	− 18
2	−112	−137 495	− 59 735	+137 492	− 95	−4717	+ 59 742	+4635	− 18
3	−112	−137 502	− 59 738	+137 499	− 95	−4706	+ 59 745	+4624	− 18
4	−112	−137 531	− 59 751	+137 529	− 95	−4686	+ 59 757	+4604	− 18
5	−113	−137 586	− 59 775	+137 584	− 95	−4663	+ 59 781	+4581	− 18
6	−113	−137 664	− 59 808	+137 661	− 95	−4644	+ 59 815	+4562	− 18
7	−113	−137 755	− 59 848	+137 753	− 95	−4634	+ 59 855	+4551	− 18
8	−113	−137 852	− 59 890	+137 849	− 95	−4633	+ 59 897	+4551	− 18
9	−113	−137 944	− 59 930	+137 942	− 95	−4643	+ 59 937	+4560	− 18
10	−113	−138 025	− 59 966	+138 023	− 95	−4661	+ 59 972	+4578	− 18
11	−113	−138 090	− 59 994	+138 087	− 95	−4685	+ 60 000	+4602	− 18
12	−113	−138 135	− 60 013	+138 132	− 96	−4710	+ 60 020	+4628	− 18
13	−113	−138 161	− 60 025	+138 158	− 96	−4735	+ 60 031	+4652	− 18
14	−113	−138 171	− 60 029	+138 168	− 96	−4754	+ 60 035	+4671	− 18
15	−113	−138 170	− 60 029	+138 167	− 96	−4765	+ 60 035	+4682	− 18
16	−113	−138 165	− 60 026	+138 162	− 96	−4767	+ 60 033	+4684	− 18
17	−113	−138 164	− 60 026	+138 161	− 96	−4759	+ 60 032	+4676	− 18
18	−113	−138 174	− 60 030	+138 171	− 96	−4743	+ 60 037	+4660	− 18
19	−114	−138 203	− 60 043	+138 200	− 96	−4721	+ 60 049	+4638	− 18
20	−114	−138 254	− 60 065	+138 251	− 96	−4698	+ 60 072	+4615	− 18
21	−114	−138 328	− 60 097	+138 325	− 96	−4677	+ 60 104	+4593	− 18
22	−114	−138 421	− 60 138	+138 419	− 96	−4663	+ 60 144	+4580	− 18
23	−114	−138 527	− 60 184	+138 524	− 96	−4660	+ 60 190	+4577	− 18
24	−114	−138 633	− 60 230	+138 630	− 96	−4670	+ 60 236	+4587	− 18
25	−114	−138 726	− 60 270	+138 723	− 96	−4692	+ 60 277	+4608	− 18
26	−115	−138 795	− 60 300	+138 792	− 96	−4721	+ 60 307	+4637	− 18
27	−115	−138 833	− 60 317	+138 830	− 96	−4749	+ 60 323	+4666	− 18
28	−115	−138 843	− 60 321	+138 840	− 97	−4769	+ 60 328	+4685	− 18
29	−115	−138 838	− 60 319	+138 835	− 96	−4773	+ 60 325	+4689	− 18
30	−115	−138 835	− 60 318	+138 832	− 96	−4761	+ 60 324	+4677	− 18
31	−115	−138 851	− 60 325	+138 848	− 97	−4734	+ 60 331	+4651	− 18
Apr. 1	−115	−138 894	− 60 343	+138 891	− 97	−4702	+ 60 350	+4618	− 18
2	−115	−138 965	− 60 374	+138 962	− 97	−4671	+ 60 381	+4587	− 18

Values are in units of 10^{-8}. Matrix used with GAST (B12–B19). CIP is $\mathcal{X} = $ NPB$_{31}$, $\mathcal{Y} = $ NPB$_{32}$.

MATRIX ELEMENTS FOR CONVERSION FROM
ICRS TO CELESTIAL INTERMEDIATE ORIGIN AND TRUE EQUATOR OF DATE

Julian Date	$C_{11}-1$	C_{12}	C_{13}	C_{21}	$C_{22}-1$	C_{23}	C_{31}	C_{32}	$C_{33}-1$
245									
3781·5	− 1764	− 1	− 593 9655	− 267	− 10	− 45 0112	+ 593 9655	+ 45 0112	− 1774
3782·5	− 1764	− 1	− 594 0068	− 268	− 10	− 45 1729	+ 594 0068	+ 45 1729	− 1774
3783·5	− 1764	− 1	− 594 0366	− 268	− 10	− 45 2416	+ 594 0366	+ 45 2416	− 1775
3784·5	− 1765	− 1	− 594 0891	− 268	− 10	− 45 2177	+ 594 0891	+ 45 2177	− 1775
3785·5	− 1765	− 1	− 594 1974	− 267	− 10	− 45 1159	+ 594 1974	+ 45 1159	− 1776
3786·5	− 1766	− 1	− 594 3887	− 266	− 10	− 44 9645	+ 594 3887	+ 44 9645	− 1777
3787·5	− 1768	− 1	− 594 6803	− 265	− 10	− 44 8037	+ 594 6803	+ 44 8038	− 1778
3788·5	− 1771	− 1	− 595 0741	− 265	− 10	− 44 6819	+ 595 0741	+ 44 6819	− 1781
3789·5	− 1773	− 1	− 595 5515	− 264	− 10	− 44 6482	+ 595 5515	+ 44 6482	− 1783
3790·5	− 1777	− 2	− 596 0715	− 265	− 10	− 44 7416	+ 596 0715	+ 44 7417	− 1787
3791·5	− 1779	− 2	− 596 5734	− 266	− 10	− 44 9759	+ 596 5734	+ 44 9760	− 1790
3792·5	− 1782	− 2	− 596 9897	− 269	− 10	− 45 3255	+ 596 9897	+ 45 3255	− 1792
3793·5	− 1784	− 2	− 597 2696	− 271	− 10	− 45 7226	+ 597 2696	+ 45 7226	− 1794
3794·5	− 1784	− 2	− 597 4021	− 273	− 11	− 46 0740	+ 597 4021	+ 46 0740	− 1795
3795·5	− 1785	− 2	− 597 4260	− 274	− 11	− 46 2956	+ 597 4260	+ 46 2956	− 1795
3796·5	− 1785	− 2	− 597 4150	− 275	− 11	− 46 3463	+ 597 4150	+ 46 3463	− 1795
3797·5	− 1785	− 2	− 597 4465	− 274	− 11	− 46 2410	+ 597 4465	+ 46 2410	− 1795
3798·5	− 1785	− 2	− 597 5733	− 273	− 11	− 46 0373	+ 597 5733	+ 46 0373	− 1796
3799·5	− 1787	− 2	− 597 8121	− 271	− 10	− 45 8084	+ 597 8121	+ 45 8084	− 1797
3800·5	− 1789	− 3	− 598 1477	− 270	− 10	− 45 6190	+ 598 1477	+ 45 6190	− 1799
3801·5	− 1791	− 3	− 598 5457	− 270	− 10	− 45 5126	+ 598 5457	+ 45 5126	− 1802
3802·5	− 1794	− 3	− 598 9653	− 270	− 10	− 45 5084	+ 598 9653	+ 45 5084	− 1804
3803·5	− 1796	− 3	− 599 3671	− 270	− 10	− 45 6049	+ 599 3671	+ 45 6049	− 1807
3804·5	− 1798	− 3	− 599 7193	− 271	− 10	− 45 7848	+ 599 7193	+ 45 7848	− 1809
3805·5	− 1800	− 3	− 599 9994	− 273	− 11	− 46 0199	+ 599 9994	+ 46 0199	− 1811
3806·5	− 1801	− 3	− 600 1963	− 274	− 11	− 46 2758	+ 600 1963	+ 46 2758	− 1812
3807·5	− 1802	− 4	− 600 3107	− 276	− 11	− 46 5160	+ 600 3107	+ 46 5160	− 1813
3808·5	− 1802	− 4	− 600 3546	− 277	− 11	− 46 7066	+ 600 3546	+ 46 7066	− 1813
3809·5	− 1802	− 4	− 600 3504	− 278	− 11	− 46 8201	+ 600 3504	+ 46 8201	− 1813
3810·5	− 1802	− 4	− 600 3285	− 278	− 11	− 46 8399	+ 600 3285	+ 46 8400	− 1813
3811·5	− 1802	− 4	− 600 3234	− 277	− 11	− 46 7632	+ 600 3234	+ 46 7632	− 1813
3812·5	− 1802	− 4	− 600 3690	− 276	− 11	− 46 6021	+ 600 3690	+ 46 6021	− 1813
3813·5	− 1803	− 4	− 600 4937	− 275	− 11	− 46 3833	+ 600 4937	+ 46 3833	− 1814
3814·5	− 1804	− 4	− 600 7152	− 273	− 11	− 46 1455	+ 600 7152	+ 46 1455	− 1815
3815·5	− 1806	− 4	− 601 0366	− 272	− 11	− 45 9343	+ 601 0366	+ 45 9343	− 1817
3816·5	− 1809	− 4	− 601 4430	− 271	− 10	− 45 7956	+ 601 4430	+ 45 7956	− 1819
3817·5	− 1811	− 4	− 601 9011	− 271	− 10	− 45 7667	+ 601 9011	+ 45 7667	− 1822
3818·5	− 1814	− 5	− 602 3616	− 272	− 11	− 45 8657	+ 602 3616	+ 45 8658	− 1825
3819·5	− 1817	− 5	− 602 7670	− 273	− 11	− 46 0820	+ 602 7670	+ 46 0820	− 1827
3820·5	− 1818	− 5	− 603 0659	− 275	− 11	− 46 3702	+ 603 0659	+ 46 3702	− 1829
3821·5	− 1819	− 5	− 603 2313	− 277	− 11	− 46 6550	+ 603 2313	+ 46 6550	− 1830
3822·5	− 1820	− 5	− 603 2758	− 278	− 11	− 46 8515	+ 603 2758	+ 46 8515	− 1831
3823·5	− 1820	− 5	− 603 2536	− 278	− 11	− 46 8949	+ 603 2536	+ 46 8949	− 1831
3824·5	− 1820	− 5	− 603 2417	− 277	− 11	− 46 7675	+ 603 2417	+ 46 7675	− 1830
3825·5	− 1820	− 5	− 603 3108	− 276	− 11	− 46 5051	+ 603 3108	+ 46 5051	− 1831
3826·5	− 1821	− 5	− 603 4993	− 274	− 11	− 46 1791	+ 603 4993	+ 46 1791	− 1832
3827·5	− 1823	− 5	− 603 8061	− 272	− 11	− 45 8675	+ 603 8061	+ 45 8675	− 1833

Values are in units of 10^{-10}. Matrix used with ERA (B20–B23).

MATRIX ELEMENTS FOR CONVERSION FROM
ICRS TO TRUE EQUATOR AND EQUINOX OF DATE

Date 0^h TT	$NPB_{11}-1$	NPB_{12}	NPB_{13}	NPB_{21}	$NPB_{22}-1$	NPB_{23}	NPB_{31}	NPB_{32}	$NPB_{33}-1$
Apr. 1	− 115	− 138 894	− 60 343	+ 138 891	− 97	− 4702	+ 60 350	+ 4618	− 18
2	− 115	− 138 965	− 60 374	+ 138 962	− 97	− 4671	+ 60 381	+ 4587	− 18
3	− 115	− 139 055	− 60 414	+ 139 053	− 97	− 4647	+ 60 420	+ 4563	− 18
4	− 115	− 139 155	− 60 457	+ 139 153	− 97	− 4634	+ 60 463	+ 4550	− 18
5	− 115	− 139 254	− 60 500	+ 139 251	− 97	− 4632	+ 60 506	+ 4548	− 18
6	− 115	− 139 343	− 60 538	+ 139 340	− 97	− 4640	+ 60 545	+ 4555	− 18
7	− 116	− 139 415	− 60 570	+ 139 413	− 97	− 4654	+ 60 576	+ 4569	− 18
8	− 116	− 139 469	− 60 593	+ 139 466	− 97	− 4671	+ 60 600	+ 4586	− 18
9	− 116	− 139 504	− 60 608	+ 139 501	− 97	− 4687	+ 60 615	+ 4603	− 18
10	− 116	− 139 521	− 60 616	+ 139 519	− 97	− 4700	+ 60 622	+ 4615	− 18
11	− 116	− 139 527	− 60 618	+ 139 524	− 97	− 4705	+ 60 625	+ 4620	− 18
12	− 116	− 139 527	− 60 619	+ 139 524	− 97	− 4701	+ 60 625	+ 4617	− 18
13	− 116	− 139 529	− 60 620	+ 139 527	− 97	− 4688	+ 60 626	+ 4603	− 18
14	− 116	− 139 542	− 60 625	+ 139 539	− 97	− 4666	+ 60 632	+ 4581	− 18
15	− 116	− 139 573	− 60 639	+ 139 570	− 98	− 4637	+ 60 645	+ 4552	− 18
16	− 116	− 139 626	− 60 662	+ 139 623	− 98	− 4605	+ 60 668	+ 4520	− 19
17	− 116	− 139 703	− 60 695	+ 139 700	− 98	− 4575	+ 60 701	+ 4491	− 19
18	− 116	− 139 800	− 60 737	+ 139 798	− 98	− 4552	+ 60 744	+ 4467	− 19
19	− 116	− 139 911	− 60 786	+ 139 909	− 98	− 4539	+ 60 792	+ 4454	− 19
20	− 117	− 140 025	− 60 835	+ 140 022	− 98	− 4539	+ 60 841	+ 4454	− 19
21	− 117	− 140 129	− 60 880	+ 140 126	− 98	− 4550	+ 60 886	+ 4465	− 19
22	− 117	− 140 213	− 60 916	+ 140 210	− 98	− 4570	+ 60 923	+ 4484	− 19
23	− 117	− 140 269	− 60 941	+ 140 266	− 98	− 4591	+ 60 947	+ 4505	− 19
24	− 117	− 140 298	− 60 953	+ 140 295	− 99	− 4607	+ 60 960	+ 4521	− 19
25	− 117	− 140 308	− 60 958	+ 140 306	− 99	− 4611	+ 60 964	+ 4525	− 19
26	− 117	− 140 315	− 60 961	+ 140 312	− 99	− 4599	+ 60 967	+ 4513	− 19
27	− 117	− 140 334	− 60 969	+ 140 331	− 99	− 4572	+ 60 975	+ 4486	− 19
28	− 117	− 140 377	− 60 988	+ 140 375	− 99	− 4536	+ 60 994	+ 4450	− 19
29	− 117	− 140 450	− 61 020	+ 140 448	− 99	− 4498	+ 61 026	+ 4412	− 19
30	− 117	− 140 549	− 61 063	+ 140 546	− 99	− 4465	+ 61 069	+ 4379	− 19
May 1	− 118	− 140 663	− 61 112	+ 140 660	− 99	− 4442	+ 61 118	+ 4356	− 19
2	− 118	− 140 780	− 61 163	+ 140 778	− 99	− 4431	+ 61 169	+ 4345	− 19
3	− 118	− 140 891	− 61 211	+ 140 888	− 99	− 4432	+ 61 217	+ 4345	− 19
4	− 118	− 140 986	− 61 252	+ 140 983	− 99	− 4440	+ 61 259	+ 4354	− 19
5	− 118	− 141 062	− 61 286	+ 141 060	− 100	− 4453	+ 61 292	+ 4367	− 19
6	− 118	− 141 119	− 61 310	+ 141 116	− 100	− 4467	+ 61 316	+ 4380	− 19
7	− 118	− 141 157	− 61 327	+ 141 154	− 100	− 4477	+ 61 333	+ 4391	− 19
8	− 118	− 141 182	− 61 337	+ 141 179	− 100	− 4482	+ 61 344	+ 4395	− 19
9	− 119	− 141 199	− 61 345	+ 141 196	− 100	− 4478	+ 61 351	+ 4392	− 19
10	− 119	− 141 216	− 61 353	+ 141 213	− 100	− 4465	+ 61 359	+ 4379	− 19
11	− 119	− 141 242	− 61 364	+ 141 239	− 100	− 4443	+ 61 370	+ 4356	− 19
12	− 119	− 141 283	− 61 382	+ 141 280	− 100	− 4414	+ 61 388	+ 4327	− 19
13	− 119	− 141 347	− 61 409	+ 141 344	− 100	− 4380	+ 61 415	+ 4293	− 19
14	− 119	− 141 435	− 61 448	+ 141 432	− 100	− 4348	+ 61 454	+ 4261	− 19
15	− 119	− 141 546	− 61 496	+ 141 543	− 100	− 4321	+ 61 502	+ 4234	− 19
16	− 119	− 141 673	− 61 551	+ 141 670	− 100	− 4304	+ 61 557	+ 4217	− 19
17	− 120	− 141 805	− 61 608	+ 141 803	− 101	− 4300	+ 61 614	+ 4213	− 19

Values are in units of 10^{-8}. Matrix used with GAST (B12–B19). CIP is $\mathcal{X} = NPB_{31}$, $\mathcal{Y} = NPB_{32}$.

MATRIX ELEMENTS FOR CONVERSION FROM
ICRS TO CELESTIAL INTERMEDIATE ORIGIN AND TRUE EQUATOR OF DATE

Julian Date	$C_{11}-1$	C_{12}	C_{13}	C_{21}	$C_{22}-1$	C_{23}	C_{31}	C_{32}	$C_{33}-1$
245									
3826·5	− 1821	− 5	− 603 4993	− 274	− 11	− 46 1791	+ 603 4993	+ 46 1791	− 1832
3827·5	− 1823	− 5	− 603 8061	− 272	− 11	− 45 8675	+ 603 8061	+ 45 8675	− 1833
3828·5	− 1825	− 5	− 604 1994	− 270	− 10	− 45 6303	+ 604 1994	+ 45 6303	− 1836
3829·5	− 1828	− 5	− 604 6333	− 270	− 10	− 45 4994	+ 604 6333	+ 45 4994	− 1838
3830·5	− 1830	− 6	− 605 0614	− 269	− 10	− 45 4791	+ 605 0614	+ 45 4791	− 1841
3831·5	− 1833	− 6	− 605 4462	− 270	− 10	− 45 5532	+ 605 4462	+ 45 5532	− 1843
3832·5	− 1835	− 6	− 605 7620	− 271	− 10	− 45 6930	+ 605 7620	+ 45 6930	− 1845
3833·5	− 1836	− 6	− 605 9958	− 272	− 11	− 45 8634	+ 605 9958	+ 45 8634	− 1847
3834·5	− 1837	− 6	− 606 1465	− 273	− 11	− 46 0275	+ 606 1465	+ 46 0275	− 1848
3835·5	− 1838	− 6	− 606 2244	− 274	− 11	− 46 1508	+ 606 2244	+ 46 1508	− 1848
3836·5	− 1838	− 6	− 606 2495	− 274	− 11	− 46 2043	+ 606 2495	+ 46 2043	− 1848
3837·5	− 1838	− 6	− 606 2504	− 274	− 11	− 46 1678	+ 606 2504	+ 46 1678	− 1848
3838·5	− 1838	− 6	− 606 2610	− 273	− 11	− 46 0341	+ 606 2610	+ 46 0341	− 1848
3839·5	− 1838	− 6	− 606 3169	− 271	− 10	− 45 8108	+ 606 3169	+ 45 8108	− 1849
3840·5	− 1839	6	606 4494	− 270	− 10	− 45 5217	+ 606 4494	+ 45 5217	− 1849
3841·5	− 1840	− 6	− 606 6795	− 268	− 10	− 45 2044	+ 606 6795	+ 45 2045	− 1851
3842·5	− 1842	− 7	− 607 0129	− 266	− 10	− 44 9056	+ 607 0129	+ 44 9056	− 1852
3843·5	− 1845	− 7	− 607 4363	− 265	− 10	− 44 6724	+ 607 4363	+ 44 6724	− 1855
3844·5	− 1848	− 7	− 607 9179	− 264	− 10	− 44 5432	+ 607 9179	+ 44 5432	− 1858
3845·5	− 1851	− 7	− 608 4112	− 264	− 10	− 44 5375	+ 608 4112	+ 44 5375	1861
3846·5	− 1854	− 7	− 608 8634	− 264	− 10	− 44 6490	+ 608 8634	+ 44 6490	− 1864
3847·5	− 1856	− 8	− 609 2265	− 266	− 10	− 44 8418	+ 609 2265	+ 44 8418	− 1866
3848·5	− 1857	− 8	− 609 4713	− 267	− 10	− 45 0546	+ 609 4713	+ 45 0546	− 1867
3849·5	− 1858	− 8	− 609 5988	− 268	− 10	− 45 2131	+ 609 5988	+ 45 2131	− 1868
3850·5	− 1858	− 8	− 609 6449	− 268	− 10	− 45 2507	+ 609 6449	+ 45 2507	− 1869
3851·5	− 1859	− 8	− 609 6730	− 267	− 10	− 45 1313	+ 609 6730	+ 45 1313	− 1869
3852·5	− 1859	− 8	− 609 7546	− 266	− 10	44 8642	+ 609 7546	+ 44 8642	− 1869
3853·5	− 1860	− 8	− 609 9440	− 264	− 10	− 44 5015	+ 609 9440	+ 44 5015	− 1870
3854·5	− 1862	− 8	− 610 2611	− 261	− 10	− 44 1189	+ 610 2611	+ 44 1189	− 1872
3855·5	− 1865	− 8	− 610 6885	− 259	− 10	− 43 7890	+ 610 6885	+ 43 7890	− 1874
3856·5	− 1868	− 8	− 611 1831	− 258	− 9	− 43 5607	+ 611 1831	+ 43 5607	− 1877
3857·5	− 1871	− 9	− 611 6931	− 257	− 9	− 43 4520	+ 611 6931	+ 43 4520	− 1880
3858·5	− 1874	− 9	− 612 1718	− 257	− 9	− 43 4534	+ 612 1718	+ 43 4534	− 1883
3859·5	− 1876	− 9	− 612 5859	− 258	− 9	− 43 5372	+ 612 5859	+ 43 5372	− 1886
3860·5	− 1878	− 9	− 612 9174	− 258	− 10	− 43 6665	+ 612 9174	+ 43 6665	− 1888
3861·5	− 1880	− 9	− 613 1625	− 259	− 10	− 43 8023	+ 613 1625	+ 43 8023	− 1889
3862·5	− 1881	− 9	− 613 3298	− 260	− 10	− 43 9084	+ 613 3298	+ 43 9084	− 1891
3863·5	− 1882	− 9	− 613 4376	260	− 10	− 43 9542	+ 613 4376	+ 43 9542	− 1891
3864·5	− 1882	− 9	− 613 5126	− 260	− 10	− 43 9174	+ 613 5126	+ 43 9175	− 1892
3865·5	− 1882	− 10	− 613 5875	− 259	− 10	− 43 7868	+ 613 5875	+ 43 7868	− 1892
3866·5	− 1883	− 10	− 613 6978	− 258	− 9	− 43 5647	+ 613 6978	+ 43 5647	− 1893
3867·5	− 1884	− 10	− 613 8776	− 256	− 9	− 43 2693	+ 613 8776	+ 43 2693	− 1894
3868·5	− 1886	− 10	− 614 1531	− 254	− 9	− 42 9347	+ 614 1531	+ 42 9347	− 1895
3869·5	− 1888	− 10	− 614 5361	− 252	− 9	− 42 6071	+ 614 5361	+ 42 6071	− 1897
3870·5	− 1891	− 10	− 615 0183	− 250	− 9	− 42 3373	+ 615 0183	+ 42 3373	− 1900
3871·5	− 1895	− 10	− 615 5699	− 249	− 9	− 42 1696	+ 615 5699	+ 42 1696	− 1904
3872·5	− 1898	− 11	− 616 1433	− 249	− 9	− 42 1291	+ 616 1433	+ 42 1291	− 1907

Values are in units of 10^{-10}. Matrix used with ERA (B20–B23).

MATRIX ELEMENTS FOR CONVERSION FROM
ICRS TO TRUE EQUATOR AND EQUINOX OF DATE

Date 0^h TT	$NPB_{11}-1$	NPB_{12}	NPB_{13}	NPB_{21}	$NPB_{22}-1$	NPB_{23}	NPB_{31}	NPB_{32}	$NPB_{33}-1$
May 17	− 120	− 141 805	− 61 608	+ 141 803	− 101	− 4300	+ 61 614	+ 4213	− 19
18	− 120	− 141 930	− 61 662	+ 141 927	− 101	− 4309	+ 61 668	+ 4221	− 19
19	− 120	− 142 035	− 61 708	+ 142 032	− 101	− 4327	+ 61 714	+ 4239	− 19
20	− 120	− 142 113	− 61 742	+ 142 110	− 101	− 4348	+ 61 748	+ 4260	− 19
21	− 120	− 142 164	− 61 764	+ 142 162	− 101	− 4365	+ 61 770	+ 4277	− 19
22	− 120	− 142 195	− 61 778	+ 142 193	− 101	− 4373	+ 61 784	+ 4285	− 19
23	− 120	− 142 218	− 61 788	+ 142 216	− 101	− 4366	+ 61 794	+ 4278	− 19
24	− 120	− 142 248	− 61 801	+ 142 246	− 101	− 4346	+ 61 807	+ 4258	− 19
25	− 120	− 142 298	− 61 822	+ 142 296	− 101	− 4314	+ 61 829	+ 4226	− 19
26	− 120	− 142 376	− 61 856	+ 142 373	− 101	− 4279	+ 61 862	+ 4190	− 19
27	− 121	− 142 480	− 61 902	+ 142 478	− 102	− 4245	+ 61 908	+ 4157	− 19
28	− 121	− 142 605	− 61 956	+ 142 602	− 102	− 4221	+ 61 962	+ 4133	− 19
29	− 121	− 142 739	− 62 014	+ 142 736	− 102	− 4208	+ 62 020	+ 4120	− 19
30	− 121	− 142 869	− 62 070	+ 142 867	− 102	− 4207	+ 62 076	+ 4119	− 19
31	− 122	− 142 987	− 62 122	+ 142 985	− 102	− 4217	+ 62 128	+ 4128	− 19
June 1	− 122	− 143 087	− 62 165	+ 143 084	− 102	− 4232	+ 62 171	+ 4143	− 19
2	− 122	− 143 165	− 62 199	+ 143 163	− 103	− 4250	+ 62 205	+ 4161	− 19
3	− 122	− 143 224	− 62 224	+ 143 221	− 103	− 4266	+ 62 231	+ 4177	− 19
4	− 122	− 143 267	− 62 243	+ 143 264	− 103	− 4277	+ 62 249	+ 4187	− 19
5	− 122	− 143 300	− 62 258	+ 143 298	− 103	− 4280	+ 62 264	+ 4191	− 19
6	− 122	− 143 330	− 62 271	+ 143 328	− 103	− 4274	+ 62 277	+ 4185	− 19
7	− 122	− 143 366	− 62 286	+ 143 363	− 103	− 4260	+ 62 292	+ 4170	− 19
8	− 122	− 143 414	− 62 307	+ 143 412	− 103	− 4237	+ 62 313	+ 4148	− 20
9	− 122	− 143 483	− 62 337	+ 143 480	− 103	− 4210	+ 62 343	+ 4120	− 20
10	− 123	− 143 576	− 62 377	+ 143 573	− 103	− 4181	+ 62 383	+ 4092	− 20
11	− 123	− 143 693	− 62 428	+ 143 691	− 103	− 4157	+ 62 434	+ 4068	− 20
12	− 123	− 143 830	− 62 488	+ 143 828	− 104	− 4143	+ 62 494	+ 4053	− 20
13	− 123	− 143 976	− 62 551	+ 143 974	− 104	− 4141	+ 62 557	+ 4051	− 20
14	− 123	− 144 118	− 62 613	+ 144 115	− 104	− 4152	+ 62 618	+ 4062	− 20
15	− 124	− 144 241	− 62 666	+ 144 239	− 104	− 4175	+ 62 672	+ 4085	− 20
16	− 124	− 144 337	− 62 708	+ 144 334	− 104	− 4203	+ 62 714	+ 4112	− 20
17	− 124	− 144 404	− 62 737	+ 144 401	− 104	− 4228	+ 62 743	+ 4138	− 20
18	− 124	− 144 447	− 62 756	+ 144 444	− 104	− 4245	+ 62 762	+ 4154	− 20
19	− 124	− 144 479	− 62 769	+ 144 476	− 104	− 4248	+ 62 776	+ 4158	− 20
20	− 124	− 144 514	− 62 785	+ 144 512	− 105	− 4238	+ 62 791	+ 4147	− 20
21	− 124	− 144 565	− 62 807	+ 144 563	− 105	− 4216	+ 62 813	+ 4125	− 20
22	− 124	− 144 641	− 62 840	+ 144 638	− 105	− 4189	+ 62 846	+ 4098	− 20
23	− 125	− 144 743	− 62 884	+ 144 740	− 105	− 4162	+ 62 890	+ 4071	− 20
24	− 125	− 144 866	− 62 938	+ 144 864	− 105	− 4143	+ 62 944	+ 4051	− 20
25	− 125	− 145 002	− 62 996	+ 144 999	− 105	− 4134	+ 63 002	+ 4042	− 20
26	− 125	− 145 138	− 63 056	+ 145 136	− 105	− 4136	+ 63 062	+ 4045	− 20
27	− 125	− 145 265	− 63 111	+ 145 263	− 106	− 4150	+ 63 117	+ 4059	− 20
28	− 126	− 145 375	− 63 159	+ 145 373	− 106	− 4172	+ 63 165	+ 4080	− 20
29	− 126	− 145 464	− 63 197	+ 145 462	− 106	− 4197	+ 63 203	+ 4105	− 20
30	− 126	− 145 532	− 63 227	+ 145 529	− 106	− 4222	+ 63 233	+ 4130	− 20
July 1	− 126	− 145 582	− 63 248	+ 145 579	− 106	− 4242	+ 63 254	+ 4150	− 20
2	− 126	− 145 619	− 63 264	+ 145 616	− 106	− 4256	+ 63 271	+ 4164	− 20

Values are in units of 10^{-8}. Matrix used with GAST (B12–B19). CIP is $\mathcal{X} = NPB_{31}$, $\mathcal{Y} = NPB_{32}$.

MATRIX ELEMENTS FOR CONVERSION FROM
ICRS TO CELESTIAL INTERMEDIATE ORIGIN AND TRUE EQUATOR OF DATE

Julian Date	$C_{11}-1$	C_{12}	C_{13}	C_{21}	$C_{22}-1$	C_{23}	C_{31}	C_{32}	$C_{33}-1$
245									
3872·5	− 1898	− 11	− 616 1433	− 249	− 9	− 42 1291	+ 616 1433	+ 42 1291	− 1907
3873·5	− 1901	− 11	− 616 6830	− 249	− 9	− 42 2132	+ 616 6830	+ 42 2132	− 1910
3874·5	− 1904	− 11	− 617 1390	− 251	− 9	− 42 3889	+ 617 1390	+ 42 3889	− 1913
3875·5	− 1906	− 11	− 617 4802	− 252	− 9	− 42 5984	+ 617 4802	+ 42 5984	− 1915
3876·5	− 1908	− 11	− 617 7040	− 253	− 9	− 42 7721	+ 617 7040	+ 42 7721	− 1917
3877·5	− 1909	− 11	− 617 8390	− 253	− 9	− 42 8467	+ 617 8390	+ 42 8468	− 1918
3878·5	− 1909	− 11	− 617 9392	− 253	− 9	− 42 7826	+ 617 9392	+ 42 7826	− 1918
3879·5	− 1910	− 11	− 618 0691	− 252	− 9	− 42 5764	+ 618 0691	+ 42 5764	− 1919
3880·5	− 1911	− 12	− 618 2857	− 250	− 9	− 42 2628	+ 618 2857	+ 42 2628	− 1920
3881·5	− 1913	− 12	− 618 6214	− 248	− 9	− 41 9045	+ 618 6214	+ 41 9045	− 1922
3882·5	− 1916	− 12	− 619 0754	− 246	− 9	− 41 5724	+ 619 0754	+ 41 5724	− 1925
3883·5	− 1920	− 12	− 619 6167	− 244	− 9	− 41 3254	+ 619 6167	+ 41 3254	− 1928
3884·5	− 1923	− 12	− 620 1968	− 243	− 8	− 41 1961	+ 620 1968	+ 41 1961	− 1932
3885·5	− 1927	− 13	− 620 7640	− 243	− 8	− 41 1873	+ 620 7640	+ 41 1873	− 1935
3886·5	− 1930	− 13	− 621 2766	− 244	− 9	− 41 2777	+ 621 2766	+ 41 2777	− 1938
3887·5	− 1933	− 13	− 621 7081	− 245	− 9	− 41 4314	+ 621 7081	+ 41 4314	− 1941
3888·5	− 1935	− 13	− 622 0492	− 246	− 9	− 41 6070	+ 622 0492	+ 41 6071	− 1943
3889·5	− 1936	− 13	− 622 3050	− 247	− 9	− 41 7654	+ 622 3050	+ 41 7654	− 1945
3890·5	− 1937	− 13	− 622 4922	− 247	− 9	− 41 8734	+ 622 4922	+ 41 8734	− 1946
3891·5	− 1938	− 13	− 622 6361	− 248	− 9	− 41 9064	+ 622 6361	ǀ 41 9064	− 1947
3892·5	− 1939	− 13	− 622 7677	− 247	− 9	− 41 8505	+ 622 7677	+ 41 8505	− 1948
3893·5	− 1940	− 13	− 622 9214	− 246	− 9	− 41 7039	+ 622 9214	+ 41 7039	− 1949
3894·5	− 1941	− 14	− 623 1320	− 245	− 9	− 41 4789	+ 623 1320	+ 41 4790	− 1950
3895·5	− 1943	− 14	− 623 4293	− 243	− 8	− 41 2032	+ 623 4293	+ 41 2032	− 1952
3896·5	− 1946	− 14	− 623 8323	− 241	− 8	− 40 9184	+ 623 8323	+ 40 9184	− 1954
3897·5	− 1949	− 14	− 624 3422	− 240	− 8	− 40 6760	+ 624 3422	+ 40 6760	− 1957
3898·5	− 1953	− 14	− 624 9367	− 239	− 8	− 40 5266	+ 624 9367	+ 40 5266	− 1961
3899·5	− 1957	− 15	− 625 5707	− 239	− 8	− 40 5062	+ 625 5707	+ 40 5062	− 1965
3900·5	− 1961	− 15	− 626 1848	− 240	− 8	− 40 6224	+ 626 1848	+ 40 6224	− 1969
3901·5	− 1964	− 15	− 626 7202	− 241	− 8	− 40 8477	+ 626 7202	+ 40 8478	− 1972
3902·5	− 1967	− 15	− 627 1372	− 243	− 8	− 41 1241	+ 627 1372	+ 41 1241	− 1975
3903·5	− 1968	− 15	− 627 4272	− 244	− 9	− 41 3783	+ 627 4272	+ 41 3783	− 1977
3904·5	− 1970	− 15	− 627 6161	− 245	− 9	− 41 5433	+ 627 6161	+ 41 5433	− 1978
3905·5	− 1970	− 15	− 627 7556	− 246	− 9	− 41 5766	+ 627 7556	+ 41 5766	− 1979
3906·5	− 1971	− 15	− 627 9084	− 245	− 9	− 41 4708	+ 627 9084	+ 41 4708	− 1980
3907·5	− 1973	− 16	− 628 1309	− 244	− 9	− 41 2540	+ 628 1309	+ 41 2540	− 1981
3908·5	− 1975	− 16	− 628 4590	− 242	− 8	− 40 9802	+ 628 4590	+ 40 9802	− 1983
3909·5	− 1978	− 16	− 628 9005	− 240	− 8	− 40 7141	+ 628 9005	+ 40 7141	− 1986
3910·5	− 1981	− 16	− 629 4356	− 239	− 8	− 40 5149	+ 629 4356	+ 40 5149	− 1989
3911·5	− 1985	− 16	− 630 0239	− 238	− 8	− 40 4222	+ 630 0239	+ 40 4222	− 1993
3912·5	− 1988	− 17	− 630 6168	− 238	− 8	− 40 4496	+ 630 6168	+ 40 4496	− 1997
3913·5	− 1992	− 17	− 631 1686	− 239	− 8	− 40 5853	+ 631 1686	+ 40 5853	− 2000
3914·5	− 1995	− 17	− 631 6460	− 241	− 8	− 40 7987	+ 631 6460	+ 40 7987	− 2003
3915·5	− 1997	− 17	− 632 0322	− 242	− 8	− 41 0491	+ 632 0322	+ 41 0491	− 2006
3916·5	− 1999	− 17	− 632 3270	− 244	− 9	− 41 2950	+ 632 3270	+ 41 2950	− 2008
3917·5	− 2001	− 17	− 632 5437	− 245	− 9	− 41 4996	+ 632 5437	+ 41 4996	− 2009
3918·5	− 2002	− 17	− 632 7058	− 246	− 9	− 41 6355	+ 632 7058	+ 41 6355	− 2010

Values are in units of 10^{-10}. Matrix used with ERA (B20–B23).

MATRIX ELEMENTS FOR CONVERSION FROM
ICRS TO TRUE EQUATOR AND EQUINOX OF DATE

Date 0ʰ TT	$NPB_{11}-1$	NPB_{12}	NPB_{13}	NPB_{21}	$NPB_{22}-1$	NPB_{23}	NPB_{31}	NPB_{32}	$NPB_{33}-1$
July 1	− 126	− 145 582	− 63 248	+ 145 579	− 106	− 4242	+ 63 254	+ 4150	− 20
2	− 126	− 145 619	− 63 264	+ 145 616	− 106	− 4256	+ 63 271	+ 4164	− 20
3	− 126	− 145 651	− 63 278	+ 145 648	− 106	− 4261	+ 63 284	+ 4169	− 20
4	− 126	− 145 684	− 63 293	+ 145 681	− 106	− 4257	+ 63 299	+ 4165	− 20
5	− 126	− 145 727	− 63 312	+ 145 725	− 106	− 4245	+ 63 318	+ 4153	− 20
6	− 126	− 145 788	− 63 338	+ 145 785	− 106	− 4227	+ 63 344	+ 4135	− 20
7	− 126	− 145 870	− 63 374	+ 145 867	− 106	− 4206	+ 63 380	+ 4114	− 20
8	− 127	− 145 977	− 63 420	+ 145 974	− 107	− 4188	+ 63 426	+ 4095	− 20
9	− 127	− 146 106	− 63 476	+ 146 103	− 107	− 4177	+ 63 482	+ 4084	− 20
10	− 127	− 146 249	− 63 538	+ 146 246	− 107	− 4178	+ 63 544	+ 4085	− 20
11	− 127	− 146 393	− 63 601	+ 146 391	− 107	− 4193	+ 63 607	+ 4100	− 20
12	− 128	− 146 524	− 63 657	+ 146 521	− 107	− 4221	+ 63 663	+ 4127	− 20
13	− 128	− 146 627	− 63 702	+ 146 625	− 108	− 4256	+ 63 708	+ 4163	− 20
14	− 128	− 146 699	− 63 733	+ 146 696	− 108	− 4292	+ 63 740	+ 4198	− 20
15	− 128	− 146 743	− 63 752	+ 146 740	− 108	− 4319	+ 63 759	+ 4226	− 20
16	− 128	− 146 770	− 63 764	+ 146 768	− 108	− 4334	+ 63 771	+ 4240	− 20
17	− 128	− 146 797	− 63 776	+ 146 795	− 108	− 4333	+ 63 782	+ 4239	− 20
18	− 128	− 146 838	− 63 794	+ 146 835	− 108	− 4320	+ 63 800	+ 4226	− 20
19	− 128	− 146 901	− 63 821	+ 146 898	− 108	− 4301	+ 63 827	+ 4207	− 20
20	− 128	− 146 988	− 63 859	+ 146 986	− 108	− 4281	+ 63 865	+ 4187	− 20
21	− 129	− 147 098	− 63 907	+ 147 095	− 108	− 4266	+ 63 913	+ 4172	− 21
22	− 129	− 147 221	− 63 960	+ 147 218	− 108	− 4261	+ 63 966	+ 4167	− 21
23	− 129	− 147 348	− 64 015	+ 147 345	− 109	− 4267	+ 64 021	+ 4173	− 21
24	− 129	− 147 467	− 64 067	+ 147 464	− 109	− 4284	+ 64 073	+ 4190	− 21
25	− 129	− 147 572	− 64 112	+ 147 569	− 109	− 4310	+ 64 119	+ 4216	− 21
26	− 130	− 147 656	− 64 149	+ 147 653	− 109	− 4341	+ 64 155	+ 4246	− 21
27	− 130	− 147 719	− 64 176	+ 147 716	− 109	− 4372	+ 64 183	+ 4277	− 21
28	− 130	− 147 762	− 64 195	+ 147 759	− 109	− 4400	+ 64 202	+ 4305	− 21
29	− 130	− 147 790	− 64 207	+ 147 788	− 109	− 4421	+ 64 214	+ 4326	− 21
30	− 130	− 147 811	− 64 216	+ 147 808	− 109	− 4434	+ 64 223	+ 4339	− 21
31	− 130	− 147 831	− 64 225	+ 147 828	− 109	− 4438	+ 64 231	+ 4343	− 21
Aug. 1	− 130	− 147 857	− 64 237	+ 147 854	− 109	− 4433	+ 64 243	+ 4338	− 21
2	− 130	− 147 898	− 64 254	+ 147 895	− 109	− 4422	+ 64 261	+ 4327	− 21
3	− 130	− 147 958	− 64 280	+ 147 955	− 110	− 4407	+ 64 287	+ 4312	− 21
4	− 130	− 148 041	− 64 316	+ 148 038	− 110	− 4393	+ 64 323	+ 4297	− 21
5	− 130	− 148 146	− 64 362	+ 148 143	− 110	− 4383	+ 64 368	+ 4287	− 21
6	− 131	− 148 269	− 64 415	+ 148 266	− 110	− 4383	+ 64 422	+ 4287	− 21
7	− 131	− 148 399	− 64 472	+ 148 396	− 110	− 4395	+ 64 478	+ 4300	− 21
8	− 131	− 148 522	− 64 525	+ 148 520	− 110	− 4422	+ 64 532	+ 4326	− 21
9	− 131	− 148 625	− 64 570	+ 148 622	− 111	− 4459	+ 64 576	+ 4363	− 21
10	− 131	− 148 695	− 64 600	+ 148 692	− 111	− 4500	+ 64 607	+ 4404	− 21
11	− 131	− 148 734	− 64 617	+ 148 731	− 111	− 4535	+ 64 624	+ 4439	− 21
12	− 132	− 148 749	− 64 624	+ 148 746	− 111	− 4557	+ 64 631	+ 4461	− 21
13	− 132	− 148 758	− 64 628	+ 148 755	− 111	− 4563	+ 64 635	+ 4467	− 21
14	− 132	− 148 778	− 64 637	+ 148 775	− 111	− 4554	+ 64 643	+ 4458	− 21
15	− 132	− 148 820	− 64 655	+ 148 817	− 111	− 4537	+ 64 661	+ 4440	− 21
16	− 132	− 148 887	− 64 684	+ 148 884	− 111	− 4517	+ 64 691	+ 4420	− 21

Values are in units of 10^{-8}. Matrix used with GAST (B12–B19). CIP is $\mathcal{X} = NPB_{31}$, $\mathcal{Y} = NPB_{32}$.

MATRIX ELEMENTS FOR CONVERSION FROM
ICRS TO CELESTIAL INTERMEDIATE ORIGIN AND TRUE EQUATOR OF DATE

Julian Date	$C_{11}-1$	C_{12}	C_{13}	C_{21}	$C_{22}-1$	C_{23}	C_{31}	C_{32}	$C_{33}-1$
245									
3917·5	− 2001	− 17	− 632 5437	− 245	− 9	− 41 4996	+ 632 5437	+ 41 4996	− 2009
3918·5	− 2002	− 17	− 632 7058	− 246	− 9	− 41 6355	+ 632 7058	+ 41 6355	− 2010
3919·5	− 2002	− 17	− 632 8432	− 246	− 9	− 41 6862	+ 632 8432	+ 41 6862	− 2011
3920·5	− 2003	− 18	− 632 9893	− 246	− 9	− 41 6470	+ 632 9893	+ 41 6470	− 2012
3921·5	− 2005	− 18	− 633 1776	− 245	− 9	− 41 5261	+ 633 1776	+ 41 5261	− 2013
3922·5	− 2006	− 18	− 633 4391	− 244	− 9	− 41 3452	+ 633 4391	+ 41 3452	− 2015
3923·5	− 2008	− 18	− 633 7968	− 243	− 8	− 41 1392	+ 633 7968	+ 41 1392	− 2017
3924·5	− 2011	− 18	− 634 2607	− 242	− 8	− 40 9545	+ 634 2607	+ 40 9546	− 2020
3925·5	− 2015	− 18	− 634 8204	− 241	− 8	− 40 8427	+ 634 8204	+ 40 8427	− 2023
3926·5	− 2019	− 19	− 635 4415	− 241	− 8	− 40 8490	+ 635 4415	+ 40 8490	− 2027
3927·5	− 2023	− 19	− 636 0679	− 242	− 8	− 40 9967	+ 636 0679	+ 40 9967	− 2031
3928 5	2027	− 19	− 636 6340	− 244	− 9	− 41 2736	+ 636 6340	+ 41 2736	− 2035
3929·5	− 2029	− 19	− 637 0848	− 246	− 9	− 41 6283	+ 637 0848	+ 41 6283	− 2038
3930·5	− 2031	− 19	− 637 3967	− 248	− 9	− 41 9829	+ 637 3967	+ 41 9829	− 2040
3931·5	− 2033	− 19	− 637 5871	− 250	− 9	42 2581	+ 637 5871	+ 42 2581	− 2042
3932·5	− 2033	− 20	− 637 7074	− 251	− 9	− 42 3995	+ 637 7074	+ 42 3995	− 2042
3933·5	− 2034	− 20	− 637 8248	− 251	− 9	− 42 3932	+ 637 8248	+ 42 3932	− 2043
3934·5	− 2035	− 20	− 638 0002	− 250	− 9	− 42 2648	+ 638 0002	+ 42 2648	− 2044
3935·5	− 2037	− 20	− 638 2731	− 249	− 9	− 42 0680	+ 638 2731	+ 42 0680	− 2046
3936·5	− 2039	− 20	− 638 6548	− 248	− 9	− 41 8666	+ 638 6548	+ 41 8666	− 2048
3937·5	− 2042	− 20	− 639 1302	− 247	− 9	− 41 7191	+ 639 1302	+ 41 7191	− 2051
3938·5	− 2046	− 20	− 639 6645	− 246	− 9	− 41 6671	+ 639 6645	+ 41 6671	− 2055
3939·5	− 2049	− 21	− 640 2135	− 247	− 9	− 41 7290	+ 640 2135	+ 41 7291	− 2058
3940·5	− 2053	− 21	− 640 7329	− 248	− 9	− 41 9001	+ 640 7329	+ 41 9001	− 2061
3941·5	− 2056	21	641 1869	− 249	− 9	− 42 1560	+ 641 1869	+ 42 1560	− 2064
3942·5	− 2058	− 21	641 5535	− 251	− 9	− 42 4597	+ 641 5535	+ 42 4597	− 2067
3943·5	− 2060	− 21	− 641 8267	− 253	− 9	− 42 7697	+ 641 8266	+ 42 7697	− 2069
3944·5	− 2061	− 21	− 642 0151	− 255	− 9	− 43 0471	+ 642 0151	+ 43 0471	− 2070
3945·5	− 2062	− 21	− 642 1395	− 256	− 9	− 43 2607	+ 642 1395	+ 43 2607	− 2071
3946·5	− 2062	− 21	− 642 2285	− 257	− 9	− 43 3909	+ 642 2285	+ 43 3909	− 2072
3947·5	− 2063	− 21	− 642 3146	− 258	− 9	− 43 4304	+ 642 3146	+ 43 4304	− 2072
3948·5	− 2064	− 21	− 642 4309	− 257	− 9	− 43 3847	+ 642 4309	+ 43 3847	− 2073
3949·5	− 2065	− 22	− 642 6075	− 257	− 9	− 43 2718	+ 642 6075	+ 43 2718	− 2074
3950·5	− 2066	− 22	− 642 8687	− 256	− 9	− 43 1214	+ 642 8687	+ 43 1214	− 2076
3951·5	− 2069	− 22	− 643 2282	− 255	− 9	− 42 9734	+ 643 2282	+ 42 9734	− 2078
3952·5	− 2072	− 22	− 643 6849	− 254	− 9	− 42 8745	+ 643 6849	+ 42 8745	− 2081
3953·5	− 2075	− 22	− 644 2175	− 254	− 9	− 42 8712	+ 644 2175	+ 42 8712	− 2084
3954·5	− 2079	− 23	− 644 7826	− 255	− 9	− 42 9979	+ 644 7826	+ 42 9979	− 2088
3955·5	− 2082	− 23	− 645 3192	− 256	− 9	− 43 2617	+ 645 3192	+ 43 2617	− 2092
3956·5	− 2085	− 23	− 645 7634	− 259	− 10	− 43 6309	+ 645 7634	+ 43 6309	− 2095
3957·5	− 2087	− 23	− 646 0710	− 261	− 10	− 44 0356	+ 646 0710	+ 44 0356	− 2097
3958·5	− 2088	− 23	− 646 2383	− 264	− 10	− 44 3867	+ 646 2383	+ 44 3867	− 2098
3959·5	− 2089	− 23	− 646 3067	− 265	− 10	− 44 6088	+ 646 3067	+ 44 6088	− 2099
3960·5	− 2089	− 23	− 646 3474	− 266	− 10	− 44 6680	+ 646 3474	+ 44 6680	− 2099
3961·5	− 2089	− 23	− 646 4328	− 265	− 10	− 44 5811	+ 646 4328	+ 44 5811	− 2099
3962·5	− 2091	− 23	− 646 6134	− 264	− 10	− 44 4031	+ 646 6134	+ 44 4031	− 2100
3963·5	− 2092	− 23	− 646 9063	− 263	− 10	− 44 2045	+ 646 9063	+ 44 2045	− 2102

Values are in units of 10^{-10}. Matrix used with ERA (B20–B23).

MATRIX ELEMENTS FOR CONVERSION FROM
ICRS TO TRUE EQUATOR AND EQUINOX OF DATE

Date 0ʰ TT	$NPB_{11}-1$	NPB_{12}	NPB_{13}	NPB_{21}	$NPB_{22}-1$	NPB_{23}	NPB_{31}	NPB_{32}	$NPB_{33}-1$
Aug. 16	− 132	− 148 887	− 64 684	+ 148 884	− 111	− 4517	+ 64 691	+ 4420	− 21
17	− 132	− 148 977	− 64 723	+ 148 974	− 111	− 4501	+ 64 730	+ 4405	− 21
18	− 132	− 149 082	− 64 769	+ 149 080	− 111	− 4495	+ 64 775	+ 4398	− 21
19	− 132	− 149 192	− 64 817	+ 149 190	− 111	− 4499	+ 64 823	+ 4403	− 21
20	− 132	− 149 297	− 64 862	+ 149 294	− 112	− 4515	+ 64 869	+ 4418	− 21
21	− 133	− 149 389	− 64 902	+ 149 386	− 112	− 4539	+ 64 908	+ 4442	− 21
22	− 133	− 149 461	− 64 933	+ 149 458	− 112	− 4568	+ 64 940	+ 4471	− 21
23	− 133	− 149 512	− 64 956	+ 149 509	− 112	− 4599	+ 64 962	+ 4502	− 21
24	− 133	− 149 544	− 64 969	+ 149 541	− 112	− 4628	+ 64 976	+ 4531	− 21
25	− 133	− 149 559	− 64 976	+ 149 556	− 112	− 4650	+ 64 983	+ 4553	− 21
26	− 133	− 149 564	− 64 978	+ 149 561	− 112	− 4664	+ 64 985	+ 4567	− 21
27	− 133	− 149 566	− 64 979	+ 149 563	− 112	− 4670	+ 64 986	+ 4572	− 21
28	− 133	− 149 574	− 64 983	+ 149 571	− 112	− 4666	+ 64 989	+ 4568	− 21
29	− 133	− 149 594	− 64 991	+ 149 591	− 112	− 4654	+ 64 998	+ 4557	− 21
30	− 133	− 149 631	− 65 007	+ 149 628	− 112	− 4638	+ 65 014	+ 4541	− 21
31	− 133	− 149 689	− 65 033	+ 149 686	− 112	− 4621	+ 65 039	+ 4524	− 21
Sept. 1	− 133	− 149 769	− 65 067	+ 149 766	− 112	− 4608	+ 65 074	+ 4510	− 21
2	− 134	− 149 867	− 65 110	+ 149 864	− 112	− 4601	+ 65 117	+ 4504	− 21
3	− 134	− 149 976	− 65 157	+ 149 973	− 113	− 4606	+ 65 164	+ 4508	− 21
4	− 134	− 150 086	− 65 205	+ 150 083	− 113	− 4623	+ 65 212	+ 4525	− 21
5	− 134	− 150 181	− 65 246	+ 150 178	− 113	− 4652	+ 65 253	+ 4554	− 21
6	− 134	− 150 251	− 65 277	+ 150 248	− 113	− 4688	+ 65 284	+ 4590	− 21
7	− 134	− 150 289	− 65 293	+ 150 286	− 113	− 4722	+ 65 300	+ 4624	− 21
8	− 134	− 150 299	− 65 297	+ 150 296	− 113	− 4747	+ 65 305	+ 4649	− 21
9	− 134	− 150 294	− 65 296	+ 150 291	− 113	− 4755	+ 65 303	+ 4657	− 21
10	− 134	− 150 294	− 65 296	+ 150 291	− 113	− 4747	+ 65 303	+ 4648	− 21
11	− 134	− 150 315	− 65 305	+ 150 312	− 113	− 4725	+ 65 312	+ 4627	− 21
12	− 134	− 150 363	− 65 326	+ 150 360	− 113	− 4698	+ 65 333	+ 4600	− 21
13	− 135	− 150 438	− 65 358	+ 150 435	− 113	− 4674	+ 65 365	+ 4576	− 21
14	− 135	− 150 532	− 65 399	+ 150 529	− 113	− 4659	+ 65 406	+ 4560	− 21
15	− 135	− 150 633	− 65 443	+ 150 630	− 114	− 4654	+ 65 450	+ 4556	− 22
16	− 135	− 150 730	− 65 485	+ 150 727	− 114	− 4661	+ 65 492	+ 4563	− 22
17	− 135	− 150 816	− 65 522	+ 150 812	− 114	− 4678	+ 65 529	+ 4579	− 22
18	− 135	− 150 883	− 65 551	+ 150 880	− 114	− 4700	+ 65 558	+ 4601	− 22
19	− 135	− 150 929	− 65 571	+ 150 926	− 114	− 4724	+ 65 578	+ 4625	− 22
20	− 135	− 150 955	− 65 583	+ 150 952	− 114	− 4747	+ 65 590	+ 4648	− 22
21	− 135	− 150 965	− 65 587	+ 150 962	− 114	− 4764	+ 65 594	+ 4665	− 22
22	− 135	− 150 963	− 65 586	+ 150 960	− 114	− 4773	+ 65 593	+ 4674	− 22
23	− 135	− 150 958	− 65 584	+ 150 955	− 114	− 4773	+ 65 591	+ 4674	− 22
24	− 135	− 150 956	− 65 583	+ 150 953	− 114	− 4764	+ 65 590	+ 4665	− 22
25	− 135	− 150 965	− 65 587	+ 150 962	− 114	− 4747	+ 65 594	+ 4648	− 22
26	− 136	− 150 991	− 65 598	+ 150 988	− 114	− 4724	+ 65 606	+ 4625	− 22
27	− 136	− 151 037	− 65 619	+ 151 034	− 114	− 4700	+ 65 626	+ 4601	− 22
28	− 136	− 151 104	− 65 648	+ 151 101	− 114	− 4677	+ 65 655	+ 4578	− 22
29	− 136	− 151 190	− 65 685	+ 151 187	− 114	− 4661	+ 65 692	+ 4562	− 22
30	− 136	− 151 289	− 65 728	+ 151 286	− 115	− 4654	+ 65 735	+ 4555	− 22
Oct. 1	− 136	− 151 391	− 65 772	+ 151 388	− 115	− 4659	+ 65 779	+ 4559	− 22

Values are in units of 10^{-8}. Matrix used with GAST (B12–B19). CIP is $\mathcal{X} = \mathbf{NPB}_{31}$, $\mathcal{Y} = \mathbf{NPB}_{32}$.

MATRIX ELEMENTS FOR CONVERSION FROM
ICRS TO CELESTIAL INTERMEDIATE ORIGIN AND TRUE EQUATOR OF DATE

Julian Date	$C_{11}-1$	C_{12}	C_{13}	C_{21}	$C_{22}-1$	C_{23}	C_{31}	C_{32}	$C_{33}-1$
245									
3963·5	− 2092	− 23	− 646 9063	− 263	− 10	− 44 2045	+ 646 9063	+ 44 2045	− 2102
3964·5	− 2095	− 24	− 647 2981	− 262	− 10	− 44 0496	+ 647 2981	+ 44 0496	− 2105
3965·5	− 2098	− 24	− 647 7546	− 261	− 10	− 43 9836	+ 647 7546	+ 43 9837	− 2108
3966·5	− 2101	− 24	− 648 2321	− 261	− 10	− 44 0279	+ 648 2321	+ 44 0279	− 2111
3967·5	− 2104	− 24	− 648 6875	− 262	− 10	− 44 1803	+ 648 6875	+ 44 1803	− 2114
3968·5	− 2107	− 24	− 649 0846	− 264	− 10	− 44 4202	+ 649 0846	+ 44 4202	− 2116
3969·5	− 2109	− 25	− 649 3997	− 266	− 10	− 44 7142	+ 649 3997	+ 44 7142	− 2119
3970·5	− 2110	− 25	− 649 6230	− 268	− 10	− 45 0224	+ 649 6230	+ 45 0224	− 2120
3971·5	− 2111	− 25	− 649 7593	− 270	− 10	− 45 3056	+ 649 7593	+ 45 3056	− 2121
3972·5	− 2111	− 25	− 649 8258	− 271	− 10	− 45 5302	+ 649 8258	+ 45 5302	− 2122
3973·5	− 2112	− 25	− 649 8490	− 272	− 10	− 45 6730	+ 649 8490	+ 45 6730	− 2122
3974·5	− 2112	− 25	− 649 8609	− 272	− 10	− 45 7233	+ 649 8609	+ 45 7233	− 2122
3975·5	− 2112	− 25	− 649 8944	− 272	− 10	− 45 6840	+ 649 8944	+ 45 6840	− 2122
3976·5	− 2112	− 25	− 649 9799	− 271	− 10	− 45 5710	+ 649 9799	+ 45 5710	− 2123
3977·5	− 2113	− 25	− 650 1415	− 270	10	− 45 4111	+ 650 1415	+ 45 4111	− 2124
3978·5	− 2115	− 25	− 650 3943	− 269	− 10	− 45 2405	+ 650 3943	+ 45 2405	− 2125
3979·5	− 2117	− 25	− 650 7403	− 268	− 10	− 45 1010	+ 650 7403	+ 45 1010	− 2127
3980·5	− 2120	− 25	− 651 1663	− 268	− 10	− 45 0352	+ 651 1663	+ 45 0352	− 2130
3981·5	− 2123	− 26	− 651 6410	− 268	− 10	− 45 0790	+ 651 6410	+ 45 0790	− 2133
3982·5	− 2126	− 26	− 652 1158	− 269	− 10	− 45 2508	+ 652 1158	+ 45 2508	− 2137
3983·5	− 2129	− 26	− 652 5322	− 271	− 10	− 45 5396	+ 652 5322	+ 45 5396	− 2139
3984·5	− 2131	− 26	− 652 8365	− 274	− 11	− 45 8971	+ 652 8365	+ 45 8971	− 2142
3985·5	− 2132	− 26	− 653 0019	− 276	− 11	− 46 2432	+ 653 0019	+ 46 2433	− 2143
3986·5	− 2132	− 26	− 653 0450	− 277	− 11	− 46 4895	+ 653 0450	+ 46 4895	− 2143
3987·5	2132	− 26	− 653 0262	− 278	− 11	− 46 5732	+ 653 0262	+ 46 5732	− 2143
3988·5	− 2132	− 26	− 653 0266	− 277	− 11	− 46 4845	+ 653 0266	+ 46 4845	− 2143
3989·5	− 2133	− 26	− 653 1154	− 276	− 11	− 46 2681	+ 653 1154	+ 46 2681	− 2144
3990·5	− 2134	− 26	− 653 3260	− 274	− 11	− 46 0004	+ 653 3260	+ 46 0004	− 2145
3991·5	− 2136	− 26	− 653 6519	− 273	− 10	− 45 7596	+ 653 6519	+ 45 7596	− 2147
3992·5	− 2139	− 27	− 654 0579	− 272	− 10	− 45 6030	+ 654 0579	+ 45 6030	− 2149
3993·5	− 2142	− 27	− 654 4961	− 271	− 10	− 45 5584	+ 654 4961	+ 45 5584	− 2152
3994·5	− 2145	− 27	− 654 9192	− 272	− 10	− 45 6266	+ 654 9192	+ 45 6266	− 2155
3995·5	− 2147	− 27	− 655 2893	− 273	− 10	− 45 7877	+ 655 2893	+ 45 7877	− 2158
3996·5	− 2149	− 27	− 655 5810	− 274	− 11	− 46 0088	+ 655 5810	+ 46 0088	− 2160
3997·5	− 2150	− 27	− 655 7831	− 276	− 11	− 46 2511	+ 655 7831	+ 46 2512	− 2161
3998·5	− 2151	− 27	− 655 8982	− 277	− 11	− 46 4756	+ 655 8982	+ 46 4756	− 2162
3999·5	− 2151	− 28	− 655 9406	− 278	− 11	− 46 6476	+ 655 9406	+ 46 6476	− 2162
4000·5	− 2151	− 28	− 655 9348	− 279	− 11	− 46 7413	+ 655 9348	+ 46 7413	− 2162
4001·5	− 2151	− 27	− 655 9114	− 279	− 11	− 46 7425	+ 655 9114	+ 46 7425	− 2162
4002·5	− 2151	− 27	− 655 9038	− 278	− 11	− 46 6507	+ 655 9038	+ 46 6508	− 2162
4003·5	− 2151	− 28	− 655 9432	− 277	− 11	− 46 4791	+ 655 9432	+ 46 4791	− 2162
4004·5	− 2152	− 28	− 656 0552	− 276	− 11	− 46 2529	+ 656 0552	+ 46 2529	− 2163
4005·5	− 2153	− 28	− 656 2555	− 274	− 11	− 46 0070	+ 656 2555	+ 46 0070	− 2164
4006·5	− 2155	− 28	− 656 5476	− 273	− 10	− 45 7815	+ 656 5476	+ 45 7815	− 2166
4007·5	− 2158	− 28	− 656 9206	− 272	− 10	− 45 6164	+ 656 9206	+ 45 6164	− 2168
4008·5	− 2161	− 28	− 657 3487	− 271	− 10	− 45 5460	+ 657 3487	+ 45 5460	− 2171
4009·5	− 2163	− 28	− 657 7924	− 272	− 10	− 45 5906	+ 657 7924	+ 45 5906	− 2174

Values are in units of 10^{-10}. Matrix used with ERA (B20–B23).

MATRIX ELEMENTS FOR CONVERSION FROM
ICRS TO TRUE EQUATOR AND EQUINOX OF DATE

Date 0^h TT	NPB$_{11}$−1	NPB$_{12}$	NPB$_{13}$	NPB$_{21}$	NPB$_{22}$−1	NPB$_{23}$	NPB$_{31}$	NPB$_{32}$	NPB$_{33}$−1
Oct. 1	− 136	− 151 391	− 65 772	+ 151 388	− 115	− 4659	+ 65 779	+ 4559	− 22
2	− 136	− 151 485	− 65 813	+ 151 482	− 115	− 4675	+ 65 820	+ 4575	− 22
3	− 137	− 151 561	− 65 846	+ 151 558	− 115	− 4699	+ 65 853	+ 4599	− 22
4	− 137	− 151 608	− 65 867	+ 151 605	− 115	− 4726	+ 65 874	+ 4626	− 22
5	− 137	− 151 628	− 65 875	+ 151 625	− 115	− 4747	+ 65 882	+ 4647	− 22
6	− 137	− 151 627	− 65 875	+ 151 624	− 115	− 4754	+ 65 882	+ 4654	− 22
7	− 137	− 151 622	− 65 873	+ 151 619	− 115	− 4745	+ 65 880	+ 4645	− 22
8	− 137	− 151 633	− 65 878	+ 151 630	− 115	− 4719	+ 65 885	+ 4619	− 22
9	− 137	− 151 671	− 65 894	+ 151 668	− 115	− 4684	+ 65 901	+ 4584	− 22
10	− 137	− 151 741	− 65 924	+ 151 738	− 115	− 4648	+ 65 931	+ 4548	− 22
11	− 137	− 151 835	− 65 965	+ 151 832	− 115	− 4619	+ 65 972	+ 4519	− 22
12	− 137	− 151 943	− 66 012	+ 151 939	− 116	− 4602	+ 66 019	+ 4502	− 22
13	− 137	− 152 050	− 66 059	+ 152 047	− 116	− 4597	+ 66 066	+ 4497	− 22
14	− 138	− 152 146	− 66 101	+ 152 143	− 116	− 4603	+ 66 108	+ 4503	− 22
15	− 138	− 152 225	− 66 135	+ 152 222	− 116	− 4616	+ 66 142	+ 4516	− 22
16	− 138	− 152 283	− 66 160	+ 152 280	− 116	− 4633	+ 66 167	+ 4532	− 22
17	− 138	− 152 321	− 66 176	+ 152 318	− 116	− 4648	+ 66 183	+ 4547	− 22
18	− 138	− 152 341	− 66 185	+ 152 338	− 116	− 4659	+ 66 192	+ 4558	− 22
19	− 138	− 152 349	− 66 189	+ 152 346	− 116	− 4662	+ 66 196	+ 4561	− 22
20	− 138	− 152 352	− 66 190	+ 152 349	− 116	− 4657	+ 66 197	+ 4556	− 22
21	− 138	− 152 357	− 66 192	+ 152 354	− 116	− 4642	+ 66 199	+ 4541	− 22
22	− 138	− 152 371	− 66 199	+ 152 368	− 116	− 4619	+ 66 206	+ 4518	− 22
23	− 138	− 152 402	− 66 212	+ 152 399	− 116	− 4590	+ 66 219	+ 4489	− 22
24	− 138	− 152 454	− 66 234	+ 152 451	− 116	− 4558	+ 66 241	+ 4457	− 22
25	− 138	− 152 527	− 66 266	+ 152 524	− 116	− 4528	+ 66 273	+ 4427	− 22
26	− 138	− 152 619	− 66 306	+ 152 616	− 117	− 4503	+ 66 313	+ 4402	− 22
27	− 139	− 152 726	− 66 352	+ 152 723	− 117	− 4487	+ 66 359	+ 4385	− 22
28	− 139	− 152 837	− 66 401	+ 152 834	− 117	− 4482	+ 66 408	+ 4380	− 22
29	− 139	− 152 944	− 66 447	+ 152 941	− 117	− 4488	+ 66 454	+ 4386	− 22
30	− 139	− 153 035	− 66 487	+ 153 032	− 117	− 4503	+ 66 493	+ 4401	− 22
31	− 139	− 153 103	− 66 516	+ 153 100	− 117	− 4521	+ 66 523	+ 4420	− 22
Nov. 1	− 139	− 153 144	− 66 534	+ 153 141	− 117	− 4538	+ 66 541	+ 4436	− 22
2	− 139	− 153 164	− 66 543	+ 153 161	− 117	− 4545	+ 66 550	+ 4443	− 22
3	− 139	− 153 174	− 66 547	+ 153 171	− 117	− 4537	+ 66 554	+ 4435	− 22
4	− 139	− 153 191	− 66 555	+ 153 188	− 117	− 4513	+ 66 562	+ 4411	− 22
5	− 140	− 153 231	− 66 572	+ 153 228	− 117	− 4476	+ 66 579	+ 4374	− 22
6	− 140	− 153 303	− 66 603	+ 153 300	− 118	− 4435	+ 66 610	+ 4333	− 22
7	− 140	− 153 406	− 66 648	+ 153 403	− 118	− 4397	+ 66 655	+ 4295	− 22
8	− 140	− 153 529	− 66 702	+ 153 526	− 118	− 4370	+ 66 708	+ 4268	− 22
9	− 140	− 153 659	− 66 758	+ 153 656	− 118	− 4356	+ 66 764	+ 4254	− 22
10	− 141	− 153 782	− 66 811	+ 153 779	− 118	− 4355	+ 66 818	+ 4252	− 22
11	− 141	− 153 888	− 66 857	+ 153 885	− 119	− 4363	+ 66 864	+ 4260	− 22
12	− 141	− 153 972	− 66 894	+ 153 970	− 119	− 4376	+ 66 901	+ 4273	− 22
13	− 141	− 154 035	− 66 921	+ 154 032	− 119	− 4390	+ 66 928	+ 4287	− 22
14	− 141	− 154 079	− 66 940	+ 154 076	− 119	− 4400	+ 66 947	+ 4297	− 23
15	− 141	− 154 108	− 66 953	+ 154 105	− 119	− 4404	+ 66 960	+ 4300	− 23
16	− 141	− 154 131	− 66 963	+ 154 128	− 119	− 4399	+ 66 969	+ 4296	− 23

Values are in units of 10^{-8}. Matrix used with GAST (B12–B19). CIP is $\mathcal{X} = $ **NPB**$_{31}$, $\mathcal{Y} = $ **NPB**$_{32}$.

MATRIX ELEMENTS FOR CONVERSION FROM
ICRS TO CELESTIAL INTERMEDIATE ORIGIN AND TRUE EQUATOR OF DATE

Julian Date	$C_{11}-1$	C_{12}	C_{13}	C_{21}	$C_{22}-1$	C_{23}	C_{31}	C_{32}	$C_{33}-1$
245									
4009·5	− 2163	− 28	− 657 7924	− 272	− 10	− 45 5906	+ 657 7924	+ 45 5906	− 2174
4010·5	− 2166	− 29	− 658 2026	− 273	− 10	− 45 7490	+ 658 2026	+ 45 7490	− 2177
4011·5	− 2168	− 29	− 658 5297	− 274	− 11	− 45 9911	+ 658 5297	+ 45 9911	− 2179
4012·5	− 2170	− 29	− 658 7382	− 276	− 11	− 46 2570	+ 658 7382	+ 46 2570	− 2180
4013·5	− 2170	− 29	− 658 8232	− 277	− 11	− 46 4664	+ 658 8232	+ 46 4664	− 2181
4014·5	− 2170	− 29	− 658 8205	− 278	− 11	− 46 5433	+ 658 8205	+ 46 5434	− 2181
4015·5	− 2170	− 29	− 658 8012	− 277	− 11	− 46 4465	+ 658 8012	+ 46 4465	− 2181
4016·5	− 2170	− 29	− 658 8458	− 275	− 11	− 46 1901	+ 658 8458	+ 46 1902	− 2181
4017·5	− 2171	− 29	− 659 0119	− 273	− 11	− 45 8390	+ 659 0119	+ 45 8391	− 2182
4018·5	− 2173	− 29	− 659 3137	− 271	− 10	− 45 4809	+ 659 3137	+ 45 4809	− 2184
4019·5	− 2176	− 29	− 659 7236	− 269	− 10	− 45 1924	+ 659 7236	+ 45 1924	− 2186
4020·5	− 2179	− 29	− 660 1896	− 268	− 10	− 45 0189	+ 660 1896	+ 45 0189	− 2189
4021·5	− 2182	− 30	− 660 6554	− 267	− 10	− 44 9699	+ 660 6554	+ 44 9699	− 2192
4022·5	− 2185	− 30	− 661 0750	− 268	− 10	− 45 0276	+ 661 0750	+ 45 0276	− 2195
4023·5	− 2187	− 30	− 661 4179	− 269	− 10	− 45 1576	+ 661 4179	+ 45 1576	− 2198
4024·5	− 2189	− 30	− 661 6706	− 270	− 10	− 45 3190	+ 661 6706	+ 45 3191	− 2199
4025·5	− 2190	− 30	− 661 8345	− 271	− 10	− 45 4715	+ 661 8345	+ 45 4715	− 2200
4026·5	− 2191	− 30	− 661 9226	− 271	− 10	− 45 5793	+ 661 9226	+ 45 5793	− 2201
4027·5	− 2191	− 30	− 661 9580	− 272	− 10	− 45 6149	+ 661 9580	+ 45 6149	− 2201
4028·5	− 2191	− 30	− 661 9701	− 271	− 10	− 45 5615	+ 661 9700	+ 45 5615	− 2201
4029·5	− 2191	− 30	− 661 9917	− 270	− 10	− 45 4148	+ 661 9917	+ 45 4148	− 2201
4030·5	− 2192	− 30	− 662 0556	− 269	− 10	− 45 1843	+ 662 0556	+ 45 1843	− 2202
4031·5	− 2192	− 30	662 1895	− 267	− 10	− 44 8926	+ 662 1895	+ 44 8926	− 2203
4032·5	− 2194	− 30	− 662 4120	− 265	− 10	− 44 5736	+ 662 4120	+ 44 5736	− 2204
4033·5	− 2196	− 31	− 662 7288	− 263	− 10	− 44 2678	+ 662 7288	+ 44 2678	− 2206
4034·5	− 2199	− 31	− 663 1303	− 261	− 10	− 44 0164	+ 663 1303	+ 44 0164	− 2208
4035·5	− 2202	− 31	− 663 5921	− 260	− 10	43 8540	+ 663 5921	+ 43 8540	− 2211
4036·5	− 2205	− 31	− 664 0766	− 260	− 10	− 43 8017	+ 664 0766	+ 43 8017	− 2215
4037·5	− 2208	− 31	− 664 5392	− 260	− 10	− 43 8606	+ 664 5392	+ 43 8606	− 2218
4038·5	− 2211	− 32	− 664 9349	− 261	− 10	− 44 0080	+ 664 9349	+ 44 0080	− 2220
4039·5	− 2213	− 32	− 665 2296	− 262	− 10	− 44 1964	+ 665 2296	+ 44 1964	− 2222
4040·5	− 2214	− 32	− 665 4109	− 263	− 10	− 44 3599	+ 665 4109	+ 44 3599	− 2224
4041·5	− 2214	− 32	− 665 4979	− 264	− 10	− 44 4284	+ 665 4979	+ 44 4285	− 2224
4042·5	− 2215	− 32	− 665 5422	− 263	− 10	− 44 3491	+ 665 5422	+ 44 3491	− 2225
4043·5	− 2215	− 32	− 665 6164	− 262	− 10	− 44 1083	+ 665 6164	+ 44 1083	− 2225
4044·5	− 2216	− 32	− 665 7898	− 259	− 10	− 43 7425	+ 665 7898	+ 43 7425	− 2226
4045·5	− 2218	− 32	− 666 1015	− 257	− 9	− 43 3273	+ 666 1015	+ 43 3273	− 2228
4046·5	− 2221	− 32	− 666 5464	254	− 9	− 42 9494	+ 666 5464	+ 42 9494	− 2231
4047·5	− 2225	− 32	− 667 0813	252	− 9	− 42 6756	+ 667 0813	+ 42 6757	− 2234
4048·5	− 2229	− 33	− 667 6445	− 251	− 9	− 42 5359	+ 667 6445	+ 42 5359	− 2238
4049·5	− 2232	− 33	− 668 1775	− 251	− 9	− 42 5228	+ 668 1775	+ 42 5228	− 2241
4050·5	− 2235	− 33	− 668 6384	− 252	− 9	− 42 6034	+ 668 6384	+ 42 6034	− 2244
4051·5	− 2238	− 33	− 669 0062	− 253	− 9	− 42 7335	+ 669 0062	+ 42 7335	− 2247
4052·5	− 2240	− 33	− 669 2787	− 253	− 9	− 42 8680	+ 669 2787	+ 42 8680	− 2249
4053·5	− 2241	− 34	− 669 4683	− 254	− 9	− 42 9679	+ 669 4683	+ 42 9679	− 2250
4054·5	− 2242	− 34	− 669 5972	− 254	− 9	− 43 0034	+ 669 5972	+ 43 0034	− 2251
4055·5	− 2242	− 34	− 669 6946	− 254	− 9	− 42 9554	+ 669 6946	+ 42 9554	− 2252

Values are in units of 10^{-10}. Matrix used with ERA (B20–B23).

MATRIX ELEMENTS FOR CONVERSION FROM
ICRS TO TRUE EQUATOR AND EQUINOX OF DATE

Date 0^h TT	$NPB_{11}-1$	NPB_{12}	NPB_{13}	NPB_{21}	$NPB_{22}-1$	NPB_{23}	NPB_{31}	NPB_{32}	$NPB_{33}-1$
Nov. 16	− 141	− 154 131	− 66 963	+ 154 128	− 119	− 4399	+ 66 969	+ 4296	− 23
17	− 141	− 154 153	− 66 973	+ 154 150	− 119	− 4385	+ 66 979	+ 4282	− 23
18	− 141	− 154 184	− 66 986	+ 154 181	− 119	− 4363	+ 66 993	+ 4259	− 23
19	− 141	− 154 229	− 67 006	+ 154 226	− 119	− 4334	+ 67 012	+ 4230	− 23
20	− 142	− 154 294	− 67 034	+ 154 291	− 119	− 4301	+ 67 040	+ 4198	− 23
21	− 142	− 154 381	− 67 072	+ 154 379	− 119	− 4269	+ 67 078	+ 4166	− 23
22	− 142	− 154 490	− 67 119	+ 154 487	− 119	− 4242	+ 67 125	+ 4139	− 23
23	− 142	− 154 614	− 67 173	+ 154 611	− 120	− 4224	+ 67 179	+ 4120	− 23
24	− 142	− 154 745	− 67 230	+ 154 743	− 120	− 4217	+ 67 236	+ 4113	− 23
25	− 143	− 154 873	− 67 285	+ 154 870	− 120	− 4221	+ 67 292	+ 4117	− 23
26	− 143	− 154 986	− 67 334	+ 154 984	− 120	− 4235	+ 67 341	+ 4131	− 23
27	− 143	− 155 078	− 67 374	+ 155 075	− 120	− 4255	+ 67 380	+ 4150	− 23
28	− 143	− 155 143	− 67 402	+ 155 140	− 120	− 4273	+ 67 409	+ 4168	− 23
29	− 143	− 155 186	− 67 421	+ 155 184	− 121	− 4284	+ 67 428	+ 4179	− 23
30	− 143	− 155 217	− 67 435	+ 155 214	− 121	− 4283	+ 67 441	+ 4178	− 23
Dec. 1	− 143	− 155 249	− 67 448	+ 155 246	− 121	− 4267	+ 67 455	+ 4162	− 23
2	− 143	− 155 297	− 67 469	+ 155 294	− 121	− 4238	+ 67 476	+ 4133	− 23
3	− 143	− 155 372	− 67 502	+ 155 370	− 121	− 4202	+ 67 509	+ 4097	− 23
4	− 144	− 155 479	− 67 548	+ 155 476	− 121	− 4166	+ 67 555	+ 4061	− 23
5	− 144	− 155 612	− 67 606	+ 155 609	− 121	− 4138	+ 67 612	+ 4033	− 23
6	− 144	− 155 758	− 67 669	+ 155 755	− 121	− 4123	+ 67 676	+ 4017	− 23
7	− 144	− 155 903	− 67 733	+ 155 901	− 122	− 4121	+ 67 739	+ 4015	− 23
8	− 145	− 156 036	− 67 790	+ 156 033	− 122	− 4131	+ 67 796	+ 4025	− 23
9	− 145	− 156 147	− 67 838	+ 156 144	− 122	− 4148	+ 67 845	+ 4042	− 23
10	− 145	− 156 234	− 67 876	+ 156 231	− 122	− 4168	+ 67 883	+ 4062	− 23
11	− 145	− 156 300	− 67 905	+ 156 297	− 122	− 4186	+ 67 911	+ 4079	− 23
12	− 145	− 156 349	− 67 926	+ 156 346	− 122	− 4197	+ 67 932	+ 4091	− 23
13	− 145	− 156 387	− 67 943	+ 156 384	− 122	− 4201	+ 67 949	+ 4095	− 23
14	− 145	− 156 423	− 67 958	+ 156 420	− 122	− 4197	+ 67 965	+ 4090	− 23
15	− 146	− 156 464	− 67 976	+ 156 461	− 122	− 4183	+ 67 983	+ 4077	− 23
16	− 146	− 156 517	− 67 999	+ 156 514	− 123	− 4163	+ 68 006	+ 4056	− 23
17	− 146	− 156 588	− 68 030	+ 156 585	− 123	− 4138	+ 68 036	+ 4032	− 23
18	− 146	− 156 681	− 68 070	+ 156 678	− 123	− 4113	+ 68 077	+ 4006	− 23
19	− 146	− 156 796	− 68 120	+ 156 793	− 123	− 4091	+ 68 126	+ 3984	− 23
20	− 146	− 156 928	− 68 178	+ 156 926	− 123	− 4077	+ 68 184	+ 3970	− 23
21	− 147	− 157 071	− 68 240	+ 157 069	− 123	− 4074	+ 68 246	+ 3966	− 23
22	− 147	− 157 213	− 68 301	+ 157 211	− 124	− 4083	+ 68 308	+ 3976	− 23
23	− 147	− 157 343	− 68 358	+ 157 340	− 124	− 4104	+ 68 364	+ 3996	− 23
24	− 147	− 157 449	− 68 404	+ 157 446	− 124	− 4131	+ 68 410	+ 4023	− 23
25	− 148	− 157 528	− 68 438	+ 157 526	− 124	− 4159	+ 68 445	+ 4051	− 24
26	− 148	− 157 583	− 68 462	+ 157 580	− 124	− 4180	+ 68 468	+ 4072	− 24
27	− 148	− 157 622	− 68 479	+ 157 619	− 124	− 4190	+ 68 485	+ 4082	− 24
28	− 148	− 157 658	− 68 494	+ 157 655	− 124	− 4186	+ 68 501	+ 4078	− 24
29	− 148	− 157 706	− 68 515	+ 157 703	− 124	− 4170	+ 68 522	+ 4062	− 24
30	− 148	− 157 776	− 68 546	+ 157 774	− 125	− 4145	+ 68 552	+ 4037	− 24
31	− 148	− 157 875	− 68 589	+ 157 872	− 125	− 4118	+ 68 595	+ 4010	− 24
32	− 148	− 158 000	− 68 643	+ 157 997	− 125	− 4097	+ 68 649	+ 3988	− 24

Values are in units of 10^{-8}. Matrix used with GAST (B12–B19). CIP is $\mathcal{X} = NPB_{31}$, $\mathcal{Y} = NPB_{32}$.

MATRIX ELEMENTS FOR CONVERSION FROM
ICRS TO CELESTIAL INTERMEDIATE ORIGIN AND TRUE EQUATOR OF DATE

Julian Date	$C_{11}-1$	C_{12}	C_{13}	C_{21}	$C_{22}-1$	C_{23}	C_{31}	C_{32}	$C_{33}-1$
245									
4055·5	− 2242	− 34	− 669 6946	− 254	− 9	− 42 9554	+ 669 6946	+ 42 9554	− 2252
4056·5	− 2243	− 34	− 669 7929	− 253	− 9	− 42 8169	+ 669 7929	+ 42 8169	− 2252
4057·5	− 2244	− 34	− 669 9252	− 252	− 9	− 42 5934	+ 669 9252	+ 42 5934	− 2253
4058·5	− 2245	− 34	− 670 1213	− 250	− 9	− 42 3036	+ 670 1213	+ 42 3036	− 2254
4059·5	− 2247	− 34	− 670 4037	− 248	− 9	− 41 9784	+ 670 4037	+ 41 9784	− 2256
4060·5	− 2250	− 34	− 670 7829	− 245	− 9	− 41 6578	+ 670 7829	+ 41 6579	− 2258
4061·5	− 2253	− 34	− 671 2533	− 244	− 9	− 41 3854	+ 671 2533	+ 41 3854	− 2261
4062·5	− 2257	− 34	− 671 7923	− 242	− 8	− 41 2000	+ 671 7923	+ 41 2000	− 2265
4063·5	− 2260	− 35	− 672 3622	− 242	− 8	− 41 1269	+ 672 3622	+ 41 1269	− 2269
4064·5	− 2264	− 35	− 672 9164	− 242	− 8	− 41 1705	+ 672 9164	+ 41 1705	− 2273
4065·5	− 2267	− 35	− 673 4088	− 243	− 9	− 41 3099	+ 673 4088	+ 41 3099	− 2276
4066·5	− 2270	− 35	− 673 8046	− 244	− 9	− 41 5011	+ 673 8046	+ 41 5011	− 2279
4067·5	− 2272	− 35	− 674 0899	− 246	− 9	− 41 6837	+ 674 0899	+ 41 6838	− 2281
4068·5	− 2273	− 35	− 674 2785	− 246	− 9	− 41 7940	+ 674 2785	+ 41 7940	− 2282
4069·5	− 2274	− 36	− 674 4113	− 246	− 9	− 41 7809	+ 674 4113	+ 41 7809	− 2283
4070·5	− 2275	− 36	− 674 5493	− 245	− 9	− 41 6221	+ 674 5493	+ 41 6221	− 2284
4071·5	− 2276	− 36	− 674 7577	− 243	− 9	− 41 3344	+ 674 7577	+ 41 3344	− 2285
4072·5	− 2279	− 36	− 675 0854	− 241	− 8	− 40 9722	+ 675 0854	+ 40 9722	− 2287
4073·5	− 2282	− 36	− 675 5482	− 238	− 8	− 40 6124	+ 675 5482	+ 40 6124	− 2290
4074·5	− 2286	− 36	− 676 1232	− 236	− 8	− 40 3297	∣ 676 1232	+ 40 3298	− 2294
4075·5	− 2290	− 37	− 676 7579	− 235	− 8	− 40 1732	+ 676 7579	+ 40 1732	− 2298
4076·5	− 2294	− 37	− 677 3894	− 235	− 8	− 40 1548	+ 677 3894	+ 40 1548	− 2302
4077·5	− 2298	− 37	− 677 9636	− 236	− 8	− 40 2529	+ 677 9636	+ 40 2529	− 2306
4078·5	− 2301	− 37	− 678 4463	− 237	− 8	− 40 4244	+ 678 4463	+ 40 4244	− 2310
4079·5	− 2304	− 37	− 678 8263	− 238	− 8	− 40 6199	+ 678 8263	+ 40 6199	− 2312
4080·5	− 2306	− 37	− 679 1115	− 240	− 8	− 40 7941	+ 679 1115	+ 40 7941	− 2314
4081·5	− 2307	− 38	− 679 3233	− 240	− 8	− 40 9122	+ 679 3233	+ 40 9122	− 2316
4082·5	− 2309	− 38	− 679 4910	− 241	− 8	− 40 9516	+ 679 4910	+ 40 9516	− 2317
4083·5	− 2310	− 38	− 679 6473	− 240	− 8	− 40 9029	+ 679 6473	+ 40 9029	− 2318
4084·5	− 2311	− 38	− 679 8254	− 239	− 8	− 40 7688	+ 679 8254	+ 40 7688	− 2319
4085·5	− 2312	− 38	− 680 0562	− 238	− 8	− 40 5640	+ 680 0562	+ 40 5640	− 2321
4086·5	− 2314	− 38	− 680 3648	− 236	− 8	− 40 3151	+ 680 3648	+ 40 3151	− 2323
4087·5	− 2317	− 38	− 680 7669	− 235	− 8	− 40 0586	+ 680 7669	+ 40 0586	− 2325
4088·5	− 2321	− 38	− 681 2640	− 233	− 8	− 39 8376	+ 681 2640	+ 39 8376	− 2329
4089·5	− 2325	− 39	− 681 8401	− 232	− 8	− 39 6952	+ 681 8401	+ 39 6952	− 2332
4090·5	− 2329	− 39	− 682 4608	− 232	− 8	− 39 6645	+ 682 4608	+ 39 6646	− 2337
4091·5	− 2333	− 39	− 683 0779	− 233	− 8	− 39 7586	+ 683 0779	+ 39 7586	− 2341
4092·5	− 2337	− 39	− 683 6389	− 234	− 8	− 39 9627	+ 683 6389	+ 39 9627	− 2345
4093·5	− 2340	− 39	− 684 1017	− 236	− 8	− 40 2338	+ 684 1017	+ 40 2338	− 2348
4094·5	− 2342	− 40	− 684 4466	− 238	− 8	− 40 5094	+ 684 4466	+ 40 5094	− 2351
4095·5	− 2344	− 40	− 684 6839	− 239	− 8	− 40 7231	+ 684 6839	+ 40 7232	− 2352
4096·5	− 2345	− 40	− 684 8523	− 240	− 8	− 40 8224	+ 684 8523	+ 40 8224	− 2353
4097·5	− 2346	− 40	− 685 0096	− 240	− 8	− 40 7830	+ 685 0096	+ 40 7830	− 2355
4098·5	− 2348	− 40	− 685 2172	− 238	− 8	− 40 6164	+ 685 2172	+ 40 6164	− 2356
4099·5	− 2350	− 40	− 685 5239	− 237	− 8	− 40 3667	+ 685 5239	+ 40 3667	− 2358
4100·5	− 2353	− 40	− 685 9526	− 235	− 8	− 40 0995	+ 685 9526	+ 40 0995	− 2361
4101·5	− 2356	− 40	− 686 4945	− 233	− 8	− 39 8840	+ 686 4945	+ 39 8840	− 2364

Values are in units of 10^{-10}. Matrix used with ERA (B20–B23).

The Celestial Intermediate Reference System

The IAU 2000 resolutions very precisely define the Celestial Intermediate Reference System (CIRS) by the direction of its pole (CIP) and the chosen position of its origin (CIO) on a specific date in the Geocentric Celestial Reference System (GCRS). The CIRS is similar to the true equinox and equator of date, but the origin is at the CIO. The quantities, $\mathcal{X}$, $\mathcal{Y}$, and s that define the pole and origin are tabulated daily at 0^h TT, on pages B32–B39.

Pole of the Celestial Intermediate Reference System

The direction of the pole of the Celestial Intermediate Reference System at any instant is defined by the transformation from the ICRS to the CIRS. This transformation is given by the rotations for frame bias and precession-nutation, **NPB**. The unit vector components of the CIP are given by elements one and two from the third row of this rotation matrix, namely

$$\mathcal{X} = \mathbf{NPB}_{3,1} \qquad \text{and} \qquad \mathcal{Y} = \mathbf{NPB}_{3,2}$$

These quantities are tabulated, in radians, at 0^h TT on even pages B40–B54, and in seconds of arc on pages B32–B39.

The unit vector components ($\mathcal{X}$, $\mathcal{Y}$) of the CIP, expressed in arc seconds, accurate to $0\rlap{.}''0001$, may also be calculated from the following series expansions,

$$\mathcal{X} = -0\rlap{.}''0166\,1699 + 2004\rlap{.}''1917\,4288\,T - 0\rlap{.}''4272\,1905\,T^2$$
$$- 0\rlap{.}''1986\,2054\,T^3 - 0\rlap{.}''0000\,4605\,T^4 + 0\rlap{.}''0000\,0598\,T^5$$
$$+ \sum_{j,i}[(a_{\text{s},j})_i\,T^j\sin(\text{ARGUMENT}) + (a_{\text{c},j})_i\,T^j\cos(\text{ARGUMENT})] + \cdots$$

$$\mathcal{Y} = -0\rlap{.}''0069\,5078 - 0\rlap{.}''0253\,8199\,T - 22\rlap{.}''4072\,5099\,T^2$$
$$+ 0\rlap{.}''0018\,4228\,T^3 + 0\rlap{.}''0011\,1306\,T^4 + 0\rlap{.}''0000\,0099\,T^5$$
$$+ \sum_{j,i}[(b_{\text{c},j})_i\,T^j\cos(\text{ARGUMENT}) + (b_{\text{s},j})_i\,T^j\sin(\text{ARGUMENT})] + \cdots$$

where T is measured in TT Julian centuries from J2000·0 and the coefficients and arguments are given in Tables 5.2a and 5.2b of the IERS Conventions 2003.

Approximate formulae for the pole of the Celestial Intermediate Reference System

The following formulae may be used to compute $\mathcal{X}$ and $\mathcal{Y}$ to a precision of $0\rlap{.}''3$ during 2006:

$$\mathcal{X} = 120\rlap{.}''18 + 0\rlap{.}''0549\,d \qquad\qquad \mathcal{Y} = -0\rlap{.}''09$$
$$- 6\rlap{.}''8\sin\Omega - 0\rlap{.}''5\sin 2L \qquad\qquad + 9\rlap{.}''2\cos\Omega + 0\rlap{.}''6\cos 2L$$

where $\Omega = 9\rlap{.}°0 - 0.053\,d$, $L = 297\rlap{.}°5 + 0.996\,d$ and d is the day of the year and fraction of the day in the TT time scale.

Origin of the Celestial Intermediate Reference System

The angle s defines the position of the celestial intermediate origin (CIO) on the equator of the Celestial Intermediate Reference System. It is the difference in the right ascension of the same location in two systems, i.e. the ICRS and the Celestial Intermediate Reference System, and is tabulated daily at 0^h TT, in seconds of arc, on pages B32–B39. The series for s is given in the IERS Conventions 2003.

Approximate position of the celestial intermediate origin

The position of the CIO on the true equator of date is given by s, and is represented by $s + \mathcal{X}\mathcal{Y}/2$.

$$s(T) = -\mathcal{X}\mathcal{Y}/2 + 94'' \times 10^{-6} + \sum_k C_k \sin A_k$$
$$+ (+0\rlap{.}''003\,808\,35 + 1\rlap{.}''71 \times 10^{-6} \sin \Omega + 3\rlap{.}''57 \times 10^{-6} \cos 2\Omega)\, T$$
$$+ (-0\rlap{.}''000\,119\,94 + 743\rlap{.}''53 \times 10^{-6} \sin \Omega - 8\rlap{.}''85 \times 10^{-6} \sin 2\Omega$$
$$+ 56\rlap{.}''91 \times 10^{-6} \sin 2(F - D + \Omega) + 9\rlap{.}''84 \times 10^{-6} \sin 2(F + \Omega))\, T^2$$
$$- 0\rlap{.}''072\,574\,09\, T^3 + 27\rlap{.}''70 \times 10^{-6}\, T^4 + 15\rlap{.}''61 \times 10^{-6}\, T^5$$

where $\mathcal{X}$, $\mathcal{Y}$ is the position of the CIP at the required TT instant, and T is the interval in TT Julian centuries from J2000·0. The definition above and table below include all terms exceeding $0\cdot5\mu$as during the interval 1975–2025. Also tabulated are the "complementary" terms C'_k, part of the equation of the equinoxes which make up Greenwich apparent sidereal time (see page B9).

	Coefficient	Argument	Coefficient		Coefficient Argument
k	C_k for s	A_k	C'_k for EqE	k	C_k, C'_k for s, EqE A_k
	$''$				$''$
1	$-0\cdot002\,640\,73$	Ω	$+0\cdot002\,640\,96$	7	$-0\cdot000\,001\,98$ $2F + \Omega$
2	$-0\cdot000\,063\,53$	2Ω	$+0\cdot000\,063\,52$	8	$+0\cdot000\,001\,72$ 3Ω
3	$-0\cdot000\,011\,75$	$2F - 2D + 3\Omega$	$+0\cdot000\,011\,75$	9	$+0\cdot000\,001\,41$ $l' + \Omega$
4	$-0\cdot000\,011\,21$	$2F - 2D + \Omega$	$+0\cdot000\,011\,21$	10	$+0\cdot000\,001\,26$ $l' - \Omega$
5	$+0\cdot000\,004\,57$	$2F - 2D + 2\Omega$	$-0\cdot000\,004\,55$	11	$+0\cdot000\,000\,63$ $l + \Omega$
6	$-0\cdot000\,002\,02$	$2F + 3\Omega$	$+0\cdot000\,002\,02$	12	$+0\cdot000\,000\,63$ $l - \Omega$

Terms for the Series Parts of s and the Equation of the Equinoxes

where the expressions for the fundamental arguments are

$$l = 134\rlap{.}°963\,402\,51 + 1\,717\,915\,923\rlap{.}''2178T + 31\rlap{.}''8792T^2 + 0\rlap{.}''051\,635T^3 - 0\rlap{.}''000\,244\,70T^4$$
$$l' = 357\rlap{.}°529\,109\,18 + 129\,596\,581\rlap{.}''0481T - 0\rlap{.}''5532T^2 + 0\rlap{.}''000\,136T^3 - 0\rlap{.}''000\,011\,49T^4$$
$$F = 93\rlap{.}°272\,090\,62 + 1\,739\,527\,262\rlap{.}''8478T - 12\rlap{.}''7512T^2 - 0\rlap{.}''001\,037T^3 + 0\rlap{.}''000\,004\,17T^4$$
$$D = 297\rlap{.}°850\,195\,47 + 1\,602\,961\,601\rlap{.}''2090T - 6\rlap{.}''3706T^2 + 0\rlap{.}''006\,593T^3 - 0\rlap{.}''000\,031\,69T^4$$
$$\Omega = 125\rlap{.}°044\,555\,01 - 6\,962\,890\rlap{.}''5431T + 7\rlap{.}''4722T^2 + 0\rlap{.}''007702T^3 - 0\rlap{.}''000\,059\,39T^4$$

During 2006 $s + \mathcal{X}\mathcal{Y}/2$ may be computed to a precision of $1'' \times 10^{-5}$ from

$$s(t) + \mathcal{X}\mathcal{Y}/2 = 0\rlap{.}''00031 - 0\rlap{.}''0026 \sin(9\rlap{.}°0 - 0\rlap{.}°053\,d) - 0\rlap{.}''0001 \sin(18\rlap{.}°1 - 0\rlap{.}°106\,d)$$

where d is the day of the year and fraction of the day in the TT time scale. However, s may be ignored (i.e. set $s = 0$) if accuracies less than $0\rlap{.}''01$ are acceptable.

Reduction from ICRS to the Celestial Intermediate Reference System — rigorous formulae

Given an equatorial geocentric position vector $\mathbf{r}$ of an object with respect to the ICRS, then $\mathbf{r}_i$, its position with respect to the Celestial Intermediate Reference System, is given by

$$\mathbf{r}_i = \mathbf{C}\,\mathbf{r} \qquad \text{and} \qquad \mathbf{r} = \mathbf{C}^{-1}\mathbf{r}_i = \mathbf{C}'\,\mathbf{r}_i$$

where
$$\mathbf{C} = \mathbf{C}(\mathcal{X}, \mathcal{Y}, s) = \mathbf{C}(\mathbf{NPB}_{3,1}, \mathbf{NPB}_{3,2}, s)$$
$$= \mathbf{R}_3[-(E + s)]\, \mathbf{R}_2(d)\, \mathbf{R}_3(E)$$

The matrix $\mathbf{C}$ is tabulated daily at 0^h TT on odd pages B41–B55.

Reduction from ICRS to the Celestial Intermediate Reference System — rigorous formulae (continued)

$\mathbf{NPB}_{3,1}$, $\mathbf{NPB}_{3,1}$ are from the third row of the combined frame bias, precession-nutation matrix tabulated daily on even pages B40–B54. The angle s positions the CIO on the equator of the CIP (true equator of date), and is tabulated daily at 0^h TT with $\mathcal{X}$ and $\mathcal{Y}$, in seconds of arc, on pages B32–B39. The relationships between $\mathcal{X}$, $\mathcal{Y}$, E and d are:

$$\mathcal{X} = \sin d \cos E = \mathbf{NPB}_{3,1} = \mathbf{C}_{3,1}$$
$$\mathcal{Y} = \sin d \sin E = \mathbf{NPB}_{3,2} = \mathbf{C}_{3,2}$$
$$\mathcal{Z} = \cos d$$

$$E = \tan^{-1}(\mathcal{Y}/\mathcal{X})$$
$$d = \tan^{-1}\left(\frac{\mathcal{X}^2 + \mathcal{Y}^2}{1 - \mathcal{X}^2 - \mathcal{Y}^2}\right)^{\frac{1}{2}}$$

The rotation matrix from the ICRS to the CIRS (CIO and equator of date) is also given by

$$\mathbf{C} = \mathbf{R}_3(-s) \begin{pmatrix} 1 - a\mathcal{X}^2 & -a\mathcal{X}\mathcal{Y} & -\mathcal{X} \\ -a\mathcal{X}\mathcal{Y} & 1 - a\mathcal{Y}^2 & -\mathcal{Y} \\ \mathcal{X} & \mathcal{Y} & 1 - a(\mathcal{X}^2 + \mathcal{Y}^2) \end{pmatrix}$$

where $\mathcal{X}$, $\mathcal{Y}$ are expressed in radians and $a = 1/(1 + \cos d)$, which may also be written, with an accuracy of 1 μas, as $a = 1/2 + 1/8(\mathcal{X}^2 + \mathcal{Y}^2)$.

Approximate reduction from ICRS to the Celestial Intermediate Reference System

The matrix $\mathbf{C}$ given below together with the approximate formulae for $\mathcal{X}$ and $\mathcal{Y}$ on page B56 (expressed in radians) may be used when the resulting position is required to $0\rlap{.}''3$, during 2006:

$$\mathbf{C} = \begin{pmatrix} 1 - \mathcal{X}^2/2 & 0 & -\mathcal{X} \\ 0 & 1 & -\mathcal{Y} \\ \mathcal{X} & \mathcal{Y} & 1 - \mathcal{X}^2/2 \end{pmatrix}$$

Thus the position vector $\mathbf{r}_i = (x_i, y_i, z_i)$ with respect to the CIRS (CIO and equator of date) may be calculated from geocentric position vector $\mathbf{r} = (r_x, r_y, r_z)$ with respect to the ICRS using

therefore
$$\mathbf{r}_i = \mathbf{C}\,\mathbf{r}$$
$$x_i = (1 - \mathcal{X}^2/2)\,r_x - \mathcal{X}\,r_z$$
$$y_i = r_y - \mathcal{Y}\,r_z$$
$$z_i = \mathcal{X}\,r_x + \mathcal{Y}\,r_y + (1 - \mathcal{X}^2/2)\,r_z$$

and thus
$$\alpha_i = \tan^{-1}(y_i/x_i) \qquad \delta = \tan^{-1}\left(z_i/\sqrt{x_i^2 + y_i^2}\right)$$

where α_i, δ, are the intermediate right ascension and declination, and the quadrant of α_i is determined by the signs of x_i and y_i. During 2006, the $\mathcal{X}^2$ term may be dropped without loss of accuracy.

Astrometric positions

An astrometric position of a body in the solar system is formed by applying the correction for the barycentric motion of the body during the light-time to the geometric geocentric position referred to the ICRS (ICRS coordinates are comparable to those referred to the equator and equinox of J2000·0 to within $0\rlap{.}''02$). Such a position is then directly comparable with the astrometric positions of stars formed by applying the corrections for proper motion and annual parallax to the catalogue positions for the standard epoch of J2000·0. The gravitational deflection of light has been ignored.

Planetary reduction overview

Data and formulae are provided for the precise computation of the geocentric apparent right ascension, intermediate right ascension, declination, and the hour angle, for an object within the solar system, ignoring polar motion (see page B76), at an instant of time, from a barycentric ephemeris in rectangular coordinates and relativistic coordinate time referred to the International Celestial Reference System (ICRS).

1. Given an instant for which the position of the planet is required, obtain the dynamical time (TDB) to use with the ephemeris. If the position is required at a given Universal Time (UT1), or the hour angle is required, then obtain a value for ΔT, which may have to be predicted.

2. Calculate the geocentric rectangular coordinates of the planet from barycentric ephemerides of the planet and the Earth for the ICRS and coordinate time argument TDB, allowing for light time calculated from heliocentric coordinates.

3. Calculate the direction of the planet relative to the natural frame (i.e. the geocentric inertial frame that is instantaneously stationary in the space-time reference frame of the solar system), allowing for light deflection due to solar gravitation.

4. Calculate the direction of the planet relative to the geocentric proper frame by applying the correction for the Earth's orbital velocity about the barycentre (i.e. annual aberration). The resulting direction is for the ICRS.

Equinox Method	*CIO Method*
5. Apply frame bias, precession and nutation to convert from the ICRS to the system defined by the true equator and equinox of date.	5. Rotate the ICRS to the intermediate system using $\mathcal{X}, \mathcal{Y}$ and s to apply frame bias, precession-nutation.
6. Convert to spherical coordinates, giving the geocentric apparent right ascension and declination with respect to the true equinox and equator of date.	6. Convert to spherical coordinates, giving the geocentric intermediate right ascension and declination with respect to the CIO and the true equator of date.
7. Calculate Greenwich apparent sidereal time and form the Greenwich hour angle for the given UT1.	7. Calculate the Earth Rotation Angle and form the Greenwich hour angle for the given UT1.

Alternatively, if right ascension is not required, combine Steps 5 and 7

*5. Apply frame bias, precession, nutation, and Greenwich apparent sidereal time to convert from the ICRS to the terrestrial system; origin the TIO and the true equator of date.	*5. Rotate, using $\mathcal{X}, \mathcal{Y}$, s and θ to apply frame bias, precession-nutation and Earth rotation, from the ICRS to the terrestrial system; origin the TIO and the true equator of date.

*6. Convert to spherical coordinates, giving the (apparent) Greenwich hour angle and declination with respect to the TIO and the true equator of date.

Note: In *Steps 7* and *Steps *5* the very small difference between the International Terrestrial Reference Frame (ITRF) zero meridian and the terrestrial intermediate origin and the effects of polar motion (see page B76) have been ignored.

Formulae and method for planetary reduction

Step 1.   Depending on the instant at which the planetary position is required, obtain the terrestrial or proper time (TT) and the barycentric dynamical time (TDB). Terrestrial time is related to UT1, whereas TDB is used as the time argument for the barycentric ephemeris.

Formulae and method for planetary reduction (continued)

For calculating an apparent place the following approximate formulae are sufficient for converting from UT1 to TT and TDB:

$$\text{TT} = \text{UT1} - \Delta T$$
$$\text{TDB} = \text{TT} + 0\overset{s}{\cdot}001\,658 \sin g + 0 \cdot 000\,021 \sin(L - L_J)$$
$$g = 357\overset{\circ}{\cdot}53 + 0 \cdot 985\,600\,28\,D \quad \text{and} \quad L - L_J = 246\overset{\circ}{\cdot}11 + 0 \cdot 902\,556\,17\,D$$

where $D = \text{JD} - 245\,1545 \cdot 0$ and ΔT may be obtained from page K9 and JD is the Julian date to two decimals of a day. The difference between TT and TDB may be ignored.

Step 2.   Obtain the Earth's barycentric position $\mathbf{E_B}(t)$ in au and velocity $\mathbf{\dot{E}_B}(t)$ in au/d, at coordinate time $t = \text{TDB}$ referred to the ICRS.

Using an ephemeris, obtain the barycentric ICRS position of the planet $\mathbf{Q_B}$ in au at time $(t - \tau)$ where τ is the light time, so that light emitted by the planet at the event $\mathbf{Q_B}(t - \tau)$ arrives at the Earth at the event $\mathbf{E_B}(t)$.

The light time equation is solved iteratively using the heliocentric position of the Earth (**E**) and the planet (**Q**), starting with the approximation $\tau = 0$, as follows:

Form **P**, the vector from the Earth to the planet from the equation:

$$\mathbf{P} = \mathbf{Q_B}(t - \tau) - \mathbf{E_B}(t)$$

Form **E** and **Q** from the equations: $\mathbf{E} = \mathbf{E_B}(t) - \mathbf{S_B}(t)$
$$\mathbf{Q} = \mathbf{Q_B}(t - \tau) - \mathbf{S_B}(t - \tau)$$

where $\mathbf{S_B}$ is the barycentric position of the Sun.

Calculate τ from: $c\tau = P + (2\mu/c^2) \ln[(E + P + Q)/(E - P + Q)]$

where the light time (τ) includes the effect of gravitational retardation due to the Sun, and

$$\mu = GM_0 \qquad\qquad\qquad c = \text{velocity of light} = 173 \cdot 1446 \text{ au/d}$$
$$G = \text{the gravitational constant} \qquad \mu/c^2 = 9 \cdot 87 \times 10^{-9} \text{ au}$$
$$M_0 = \text{mass of Sun} \qquad\qquad P = |\mathbf{P}|, \ Q = |\mathbf{Q}|, \ E = |\mathbf{E}|$$

where | | means calculate the square root of the sum of the squares of the components.

After convergence, form unit vectors **p**, **q**, **e** by dividing **P**, **Q**, **E** by P, Q, E respectively.

Step 3.   Calculate the geocentric direction $(\mathbf{p}_1)$ of the planet, corrected for light deflection in the natural frame, from:

$$\mathbf{p}_1 = \mathbf{p} + (2\mu/c^2 E)((\mathbf{p} \cdot \mathbf{q})\,\mathbf{e} - (\mathbf{e} \cdot \mathbf{p})\,\mathbf{q})/(1 + \mathbf{q} \cdot \mathbf{e})$$

where the dot indicates a scalar product. (The scalar product of two vectors is the sum of the products of their corresponding components in the same reference frame.)

The vector $\mathbf{p}_1$ is a unit vector to order μ/c^2.

Step 4.   Calculate the proper direction of the planet $(\mathbf{p}_2)$ in the geocentric inertial frame that is moving with the instantaneous velocity (**V**) of the Earth relative to the natural frame from:

$$\mathbf{p}_2 = (\beta^{-1}\mathbf{p}_1 + (1 + (\mathbf{p}_1 \cdot \mathbf{V})/(1 + \beta^{-1}))\,\mathbf{V})/(1 + \mathbf{p}_1 \cdot \mathbf{V})$$

where $\mathbf{V} = \mathbf{\dot{E}_B}/c = 0 \cdot 005\,7755\,\mathbf{\dot{E}_B}$ and $\beta = (1 - V^2)^{-1/2}$; the velocity (**V**) is expressed in units of the velocity of light and is equal to the Earth's velocity in the barycentric frame to order V^2.

Formulae and method for planetary reduction (continued)

| Equinox method | CIO method |

Step 5. Apply frame bias, precession and nutation to the proper direction (p_2) by multiplying by the rotation matrix **NPB** given on the even pages B40–B54 to obtain the apparent direction p_3 from:

$$p_3 = \mathbf{NPB}\,p_2$$

using row by column multiplication.

Step 5. Rotate the proper direction (p_2) from the ICRS to the CIRS by multiplying by the matrix $\mathbf{C}(\mathcal{X}, \mathcal{Y}, s)$ given on the odd pages B41–B55 to obtain the apparent direction p_3 from:

$$p_3 = \mathbf{C}\,p_2$$

using row by column multiplication.

Step 6. Convert to spherical coordinates α_e, δ using:

$$\alpha_e = \tan^{-1}(\eta/\xi) \quad \delta = \tan^{-1}(\zeta/\beta)$$

Step 6. Convert to spherical coordinates α_i, δ using:

$$\alpha_i = \tan^{-1}(\eta/\xi) \quad \delta = \tan^{-1}(\zeta/\beta)$$

where $p_3 = (\xi, \eta, \zeta)$, $\beta = \sqrt{(\xi^2 + \eta^2)}$ and the quadrant of α_e or α_i is determined by the signs of ξ and η.

Step 7. Calculate Greenwich apparent sidereal time (GAST) for the required UT1 (B12–B19), and then form

$$H = \text{GAST} - \alpha_e$$

Note: H is usually given in terms of arc measure, while GAST and right ascension are given in time.

Step 7. Calculate the Earth rotation angle (θ) for the required UT1 (B20–B23), and then form

$$H = \theta - \alpha_i$$

Note: H and θ are usually given in terms of arc measure.

Alternatively combining steps 5 and 7 before forming spherical coordinates

Step *5. Apply frame bias, precession, nutation, and sidereal time, to the proper direction (p_2) by multiplying by the rotation matrix $\mathbf{R}_3(\text{GAST})\mathbf{NPB}$ to obtain the position (p_4) measured relative to the terrestrial system:

$$p_4 = \mathbf{R}_3(\text{GAST})\mathbf{NPB}\,p_2$$

Step *5. Rotate the proper direction (p_2) from the ICRS to the terrestrial system, by multiplying by the matrix $\mathbf{R}_3(\theta)\mathbf{C}(\mathcal{X}, \mathcal{Y}, s)$ to obtain the position (p_4) measured with respect to the terrestrial system:

$$p_4 = \mathbf{R}_3(\theta)\,\mathbf{C}\,p_2$$

Step *6. Convert to spherical coordinates H, δ using:

$$H = \tan^{-1}(\eta/\xi), \quad \delta = \tan^{-1}(\zeta/\beta)$$

where $p_4 = (\xi, \eta, \zeta)$, $\beta = \sqrt{(\xi^2 + \eta^2)}$, and the quadrant of H is determined by the signs of ξ and η.

Example of planetary reduction: Equinox Method

Calculate the apparent place, the equinox right ascension, declination and the Greenwich hour angle, of Venus on 2006 October 16 at $12^h\,00^m\,00^s$ UT1.

Step 1.   From page B18, on 2006 October 16 the tabular JD = 245 4024·5. Assume a $\Delta T = \text{TT}-\text{UT1} = 65^s0 = 7\cdot523\,148 \times 10^{-4}$ days, and hence $g = 281°82$, $L-L_J = 324°45$ and thus $\text{TDB} - \text{TT} = -18\cdot9 \times 10^{-9}$ days. Therefore the TT instant required is JD 245 402 5·000 75, and the difference between TDB and TT may be neglected.

Example of planetary reduction: Equinox Method (continued)

Step 2.   Tabular values, taken from the JPL DE405/LE405 barycentric ephemeris, referred to the ICRS at J2000·0, which are required for the calculation, are as follows:

Vector	Julian date (0^h TDB)	Rectangular components with respect to ICRS		
		x	y	z
$\mathbf{E_B}$	245 4024·5	+0·924 554 475	+0·352 044 569	+0·152 501 157
$\mathbf{\dot{E}_B}$	245 4024·5	−0·006 835 647	+0·014 542 969	+0·006 305 455
$\mathbf{Q_B}$	245 4022·5	−0·701 459 948	−0·148 854 737	−0·022 582 138
	245 4023·5	−0·697 122 498	−0·166 822 552	−0·030 940 772
	245 4024·5	−0·692 232 609	−0·184 655 924	−0·039 273 878
	245 4025·5	−0·686 794 423	−0·202 340 849	−0·047 574 896
	245 4026·5	−0·680 812 514	−0·219 863 456	−0·055 837 294
$\mathbf{S_B}$	245 4023·5	+0·002 756 749	+0·003 512 043	+0·001 403 509
	245 4024·5	+0·002 751 846	+0·003 516 179	+0·001 405 364
	245 4025·5	+0·002 746 937	+0·003 520 308	+0·001 407 216

Hence for the TT instant JD 245 402 5·000 75

$\mathbf{E} = (+0·918 347 511,\quad +0·355 795 721,\quad +0·154 246 701)$ $E = 0·996 867 489$

The first iteration, with $\tau = 0$, gives:

$\mathbf{P} = (−1·610 674 586,\quad −0·552 845 086,\quad −0·199 088 045)$ $P = 1·714 510 531$

$\mathbf{Q} = (−0·692 327 075,\quad −0·197 049 365,\quad −0·044 841 344)$ $Q = 0·721 218 397$

$\tau = 0^d\!009 902 19$

The second iteration, with $\tau = 0^d\!009 902 19$ using Stirling's central-difference formula up to δ^4 to interpolate $\mathbf{Q_B}$, and up to δ^2 to interpolate $\mathbf{S_B}$, gives:

$\mathbf{P} = (−1·610 728 415,\quad −0·552 669 954,\quad −0·199 005 843)$ $P = 1·714 495 095$

$\mathbf{Q} = (−0·692 380 952,\quad −0·196 874 192,\quad −0·044 759 123)$ $Q = 0·721 217 172$

$\tau = 0^d\!009 902 10$

Iterate until P changes by less than 10^{-9}.

Hence the unit vectors are:

$\mathbf{p} = (−0·939 476 828,\quad −0·322 351 436,\quad −0·116 072 565)$

$\mathbf{q} = (−0·960 017 285,\quad −0·272 974 911,\quad −0·062 060 536)$

$\mathbf{e} = (+0·921 233 284,\quad +0·356 913 758,\quad +0·154 731 399)$

Step 3.   Calculate the scalar products:

$\mathbf{p} \cdot \mathbf{q} = +0·997 111 375 \quad \mathbf{e} \cdot \mathbf{p} = −0·998 489 057 \quad \mathbf{q} \cdot \mathbf{e} = −0·991 431 091$ then

$(2\mu/c^2 E)((\mathbf{p} \cdot \mathbf{q})\mathbf{e} − (\mathbf{e} \cdot \mathbf{p})\mathbf{q})/(1 + \mathbf{q} \cdot \mathbf{e}) = (−0·000 000 092, +0·000 000 193, +0·000 000 213)$

and $\mathbf{p}_1 = (−0·939 476 921, −0·322 351 244, −0·116 072 352)$

Step 4.   Take $\mathbf{\dot{E}_B}$ from the table in *Step* 2 and calculate:

$\mathbf{V} = 0·005 7755 \,\mathbf{\dot{E}_B} = (−0·000 040 277,\quad +0·000 083 692,\quad +0·000 036 287)$

Then $V = 0·000 099 716$, $\beta = 1·000 000 005$ and $\beta^{-1} = 0·999 999 995$

Calculate the scalar product $\mathbf{p}_1 \cdot \mathbf{V} = +0·000 006 650$

Then $1 + (\mathbf{p}_1 \cdot \mathbf{V})/(1 + \beta^{-1}) = 1·000 003 325$

Hence $\mathbf{p}_2 = (−0·939 510 946,\quad −0·322 265 407,\quad −0·116 035 293)$

Example of planetary reduction: Equinox Method (continued)

Step 5.   From page B52, the bias, precession and nutation matrix **NPB**, interpolated to the required TT instant JD 245 402 5.000 75, is given by:

$$\mathbf{NPB} = \begin{bmatrix} +0.999\ 998\ 62 & -0.001\ 523\ 05 & -0.000\ 661\ 69 \\ +0.001\ 523\ 02 & +0.999\ 998\ 84 & -0.000\ 046\ 41 \\ +0.000\ 661\ 76 & +0.000\ 045\ 40 & +0.999\ 999\ 78 \end{bmatrix}$$

Hence $\mathbf{p}_3 = \mathbf{NPB}\,\mathbf{p}_2 = (-0.938\ 942\ 05,\ -0.323\ 690\ 54,\ -0.116\ 671\ 63)$

Step 6.   Converting to spherical coordinates $\alpha_e = 13^{\rm h}\ 16^{\rm m}\ 05\overset{s}{.}0645, \quad \delta = -6° 42' 00\overset{''}{.}19$

Step 7.   From page B18, interpolating in the daily values to the required UT1 instant gives

$$\text{GAST} - \text{UT1} = 1^{\rm h}\ 39^{\rm m}\ 27\overset{s}{.}9256, \qquad \text{and thus}$$

$$H = (\text{GAST} - \text{UT1}) - \alpha_e + \text{UT1}$$

$$= 1^{\rm h}\ 39^{\rm m}\ 27\overset{s}{.}9256 - 13^{\rm h}\ 16^{\rm m}\ 05\overset{s}{.}0645 + 12^{\rm h}\ 00^{\rm m}\ 00^{\rm s} = 5° 50' 42\overset{''}{.}92$$

where H, the Greenwich hour angle of Venus, is expressed in angular measure.

Example of planetary reduction: CIO Method

Step 1-4.   Repeat Steps 1-4 of the planetary reduction given on page B59, calculating the proper direction of the planet ($\mathbf{p}_2$) in the geocentric inertial frame that is moving with the instantaneous velocity ($\mathbf{V}$) of the Earth relative to the natural frame, hence

$$\mathbf{p}_2 = (-0.939\ 510\ 946,\quad -0.322\ 265\ 407,\quad -0.116\ 035\ 293)$$

Step 5.   From pages B53 extract **C**, interpolated to the required TT time, that rotates the ICRS to the intermediate frame of date, viz:

$$\mathbf{C} = \begin{bmatrix} +0.999\ 999\ 78 & 0.000\ 000\ 00 & -0.000\ 661\ 76 \\ -0.000\ 000\ 03 & +1.000\ 000\ 00 & -0.000\ 045\ 40 \\ +0.000\ 661\ 76 & +0.000\ 045\ 40 & +0.999\ 999\ 78 \end{bmatrix}$$

Hence $\mathbf{p}_3 = \mathbf{C}\,\mathbf{p}_2 = (-0.939\ 433\ 95,\ -0.322\ 260\ 11,\ -0.116\ 671\ 63)$

Step 6.   Converting to spherical coordinates $\alpha_i = 13^{\rm h}\ 15^{\rm m}\ 44\overset{s}{.}1212, \quad \delta = -6° 42' 00\overset{''}{.}19.$

Step 7.   From page B23, interpolating to the required UT1, gives $\theta - \text{UT1} = 24° 46' 44\overset{''}{.}734$, and thus the Greenwich hour angle of Venus is

$$H = (\theta - \text{UT1}) - \alpha_i + \text{UT1} = 24° 46' 44\overset{''}{.}734 - 13^{\rm h}\ 15^{\rm m}\ 44\overset{s}{.}1212 + 12^{\rm h}\ 00^{\rm m}\ 00^{\rm s} = 5° 50' 42\overset{''}{.}92$$

taking care that all quantities are expressed in the same unit.

Summary: Thus on 2006 October 16 at $12^{\rm h}\ 00^{\rm m}\ 00^{\rm s}$ UT1, Venus's position is

$$\alpha_e = 13^{\rm h}\ 16^{\rm m}\ 05\overset{s}{.}0645,\ \alpha_i = 13^{\rm h}\ 15^{\rm m}\ 44\overset{s}{.}1212,\ \delta = -6° 42' 00\overset{''}{.}19,\ \text{and } H = 5° 50' 42\overset{''}{.}92$$

where α_e is the apparent (equinox) right ascension, α_i is the (apparent) intermediate right ascension, δ is the apparent declination, and H is the Greenwich hour angle, ignoring polar motion.

The geometric distance between the Earth and Venus at time $t = \text{JD}\ 245\ 402\ 5.000\ 75$ is the value of $P = 1.714\ 510\ 531$ au in the first iteration in *Step* 2, where $\tau = 0$. The distance between the Earth at time t and Venus at time $(t - \tau)$ is the value of $P = 1.714\ 495\ 095$ au in the final iteration in *Step* 2, where $\tau = 0\overset{d}{.}009\ 902\ 10$.

Solar reduction

The method for solar reduction is identical to the method for planetary reduction, except for the following differences:

In *Step* 2 set $\mathbf{Q}_B = \mathbf{S}_B$ and hence $\mathbf{P} = \mathbf{S}_B(t - \tau) - \mathbf{E}_B(t)$. Calculate the light time (τ) by iteration from $\tau = P/c$ and form the unit vector $\mathbf{p}$ only.

In *Step* 3 set $\mathbf{p}_1 = \mathbf{p}$ since there is no light deflection from the centre of the Sun's disk.

Stellar reduction overview

The method for planetary reduction may be applied with some modification to the calculation of the apparent places of stars.

The barycentric direction of a star at a particular epoch is calculated from its right ascension, declination and space motion with respect to the ICRS. If the position of the star is not on the ICRS, and its accuracy warrants it, convert it to the ICRS. See page B27 for FK5 to ICRS conversion.

The main modifications to the planetary reduction in the stellar case are: in *Step* 1, the distinction between TDB and TT is not significant; in *Step* 2, the space motion of the star is included but light time is ignored; in *Step* 3, the relativity term for light deflection is modified to the asymptotic case where the star is assumed to be at infinity.

Formulae and method for stellar reduction

The steps in the stellar reduction are as follows:

Step 1.   Set TDB = TT.

Step 2.   Obtain the Earth's barycentric position $\mathbf{E}_B$ in au and velocity $\dot{\mathbf{E}}_B$ in au/d, at coordinate time $t = $ TDB referred to the ICRS.

The barycentric direction $(\mathbf{q})$ of a star at epoch J2000·0, referred to the ICRS, is given by:

$$\mathbf{q} = (\cos \alpha_0 \cos \delta_0, \ \sin \alpha_0 \cos \delta_0, \ \sin \delta_0)$$

where α_0 and δ_0 are the ICRS right ascension and declination at epoch J2000·0.

The space motion vector $\mathbf{m} = (m_x, m_y, m_z)$ of the star expressed in radians per century, is given by:

$$
\begin{aligned}
m_x &= -\mu_\alpha \cos \delta_0 \sin \alpha_0 \ - \mu_\delta \sin \delta_0 \cos \alpha_0 \ + v \pi \cos \delta_0 \cos \alpha_0 \\
m_y &= \ \ \ \mu_\alpha \cos \delta_0 \cos \alpha_0 \ - \mu_\delta \sin \delta_0 \sin \alpha_0 \ + v \pi \cos \delta_0 \sin \alpha_0 \\
m_z &= \ \ \ \ \ \ \ \ \ \ \ \ \ \ \ \mu_\delta \cos \delta_0 \ \ \ \ \ \ \ \ \ + v \pi \sin \delta_0
\end{aligned}
$$

where these expressions take into account radial velocity (v) in au/century (1 km/s = 21·095 au/century), measured positively away from the Earth, as well as proper motion (μ_α, μ_δ) in right ascension and declination in radians/century, and π is the parallax in radians.

Calculate $\mathbf{P}$, the geocentric vector of the star at the required epoch, from:

$$\mathbf{P} = \mathbf{q} + T \mathbf{m} - \pi \mathbf{E}_B$$

where $T = (\text{JD} - 245\ 1545 \cdot 0)/36\ 525$, which is the interval in Julian centuries from J2000·0, and JD is the Julian date to one decimal of a day.

Formulae and method for stellar reduction (continued)

Form the heliocentric position of the Earth (**E**) from:
$$\mathbf{E} = \mathbf{E_B} - \mathbf{S_B}$$
where $\mathbf{S_B}$ is the barycentric position of the Sun at time t.

Form the geocentric direction (**p**) of the star and the unit vector (**e**) from $\mathbf{p} = \mathbf{P}/|\mathbf{P}|$ and $\mathbf{e} = \mathbf{E}/|\mathbf{E}|$.

Step 3. Calculate the geocentric direction ($\mathbf{p_1}$) of the star, corrected for light deflection in the natural frame, from:
$$\mathbf{p_1} = \mathbf{p} + (2\mu/c^2 E)(\mathbf{e} - (\mathbf{p} \cdot \mathbf{e})\mathbf{p})/(1 + \mathbf{p} \cdot \mathbf{e})$$
where the dot indicates a scalar product, $\mu/c^2 = 9.87 \times 10^{-9}$ au and $E = |\mathbf{E}|$. Note that the expression is derived from the planetary case by substituting $\mathbf{q} = \mathbf{p}$ in the small term which allows for light deflection.

The vector $\mathbf{p_1}$ is a unit vector to order μ/c^2.

Step 4. Calculate the proper direction ($\mathbf{p_2}$) in the geocentric inertial frame, that is moving with the instantaneous velocity (**V**) of the Earth relative to the natural frame, from:
$$\mathbf{p_2} = (\beta^{-1}\mathbf{p_1} + (1 + (\mathbf{p_1} \cdot \mathbf{V})/(1 + \beta^{-1}))\mathbf{V})/(1 + \mathbf{p_1} \cdot \mathbf{V})$$
where $\mathbf{V} = \dot{\mathbf{E}}_B/c = 0.005\,7755\,\dot{\mathbf{E}}_B$ and $\beta = (1 - V^2)^{-1/2}$; the velocity (**V**) is expressed in units of velocity of light and is equal to the Earth's velocity in the barycentric frame to order V^2.

Equinox method	*CIO method*
Step 5. Follow the left-hand *Steps 5–7* or *Steps *5–*6* on page B59.	*Step* 5. Follow the right-hand *Steps 5–7* or *Steps *5–*6* on page B59.

Example of stellar reduction: Equinox Method

Calculate the apparent position of a fictitious star on 2006 January 1 at $0^h\ 00^m\ 00^s$ TT. The ICRS right ascension (α_0), declination (δ_0), centennial proper motions (μ_α, μ_δ), parallax (π) and radial velocity (v) of the star at J2000·0 are given by:

$\alpha_0 = 14^h\ 39^m\ 36^s\!\cdot\!496$	$\delta_0 = -60° \ 50'\ 02''\!\cdot\!31$	$\pi = 0''\!\cdot\!742 = 3.5979 \times 10^{-6}$ rad
$\mu_\alpha = -50\cdot315$ s/cy	$\mu_\delta = +48\cdot29$ ″/cy	$v = -21\cdot6$ km/s
$\quad= -0\cdot003\,658\,974$ rad/cy,	$= +0\cdot000\,234\,101$ rad/cy,	$v\pi = -0\cdot001\,639\,386$ rad/cy

Step 1.   TDB $=$ TT $=$ JD 245 3736·5

Step 2.   Tabular values of $\mathbf{E_B}$, $\dot{\mathbf{E}}_B$ and $\mathbf{S_B}$, taken from the JPL DE405/LE405 barycentric ephemeris, referred to the ICRS, which are required for the calculation are as follows:

Vector	Julian date (0^h TDB)	Rectangular components with respect to ICRS		
		x	y	z
$\mathbf{E_B}$	245 3736·5	$-0\cdot172\,673\,997$	$+0\cdot889\,621\,516$	$+0\cdot385\,558\,870$
$\dot{\mathbf{E}}_B$	245 3736·5	$-0\cdot017\,214\,574$	$-0\cdot002\,889\,454$	$-0\cdot001\,252\,867$
$\mathbf{S_B}$	245 3736·5	$+0\cdot003\,878\,813$	$+0\cdot002\,068\,572$	$+0\cdot000\,768\,750$

From the positional data, calculate:
$$\mathbf{q} = (-0\cdot373\,860\,496,\ -0\cdot312\,618\,799,\ -0\cdot873\,211\,209)$$
$$\mathbf{m} = (-0\cdot000\,687\,781,\ +0\cdot001\,749\,318,\ +0\cdot001\,545\,618)$$

Example of stellar reduction: Equinox Method (continued)

Form $\mathbf{P} = \mathbf{q} + T\,\mathbf{m} - \pi\,\mathbf{E_B} = (-0.373\ 901\ 142,\ -0.312\ 517\ 041,\ -0.873\ 119\ 859)$

where $T = (245\ 3736.5 - 245\ 1545.0)/36\ 525 = +0.060\ 000\ 000,$

and form $\mathbf{E} = \mathbf{E_B} - \mathbf{S_B} = (-0.176\ 552\ 810,\ +0.887\ 552\ 944,\ +0.384\ 790\ 120),$
          $E = 0.983\ 353\ 730$

Hence the unit vectors are:
$$\mathbf{p} = (-0.373\ 937\ 181,\ -0.312\ 547\ 163,\ -0.873\ 204\ 017)$$
$$\mathbf{e} = (-0.179\ 541\ 507,\ +0.902\ 577\ 492,\ +0.391\ 303\ 870)$$

Step 3.   Calculate the scalar product $\mathbf{p} \cdot \mathbf{e} = -0.556\ 648\ 901$, then

$(2\mu/c^2 E)(\mathbf{e} - (\mathbf{p} \cdot \mathbf{e})\mathbf{p})/(1 + \mathbf{p} \cdot \mathbf{e}) = (-0.000\ 000\ 018,\ +0.000\ 000\ 033,\ -0.000\ 000\ 004)$

and $\mathbf{p_1} = (-0.373\ 937\ 198,\ -0.312\ 547\ 130,\ -0.873\ 204\ 021)$

Step 4.   Using $\dot{\mathbf{E}}_B$ given in the table in *Step* 2, calculate

$\mathbf{V} = 0.005\ 7755\ \dot{\mathbf{E}}_B = (-0.000\ 099\ 423,\ -0.000\ 016\ 688,\ -0.000\ 007\ 236)$

Then $V = 0.000\ 101\ 073$, $\beta = 1.000\ 000\ 005$ and $\beta^{-1} = 0.999\ 999\ 995$

Calculate the scalar product $\mathbf{p_1} \cdot \mathbf{V} = +0.000\ 048\ 712$

Then $1 + (\mathbf{p_1} \cdot \mathbf{V})/(1 + \beta^{-1}) = 1.000\ 024\ 356$

Hence $\mathbf{p_2} = (-0.374\ 018\ 403,\ -0.312\ 548\ 592,\ -0.873\ 168\ 719)$

Step 5.   From page B40, the bias, precession and nutation matrix **NPB** is given by:
$$\mathbf{NPB} = \begin{bmatrix} +0.999\ 998\ 94 & -0.001\ 332\ 88 & -0.000\ 579\ 08 \\ +0.001\ 332\ 86 & +0.999\ 999\ 11 & -0.000\ 040\ 98 \\ +0.000\ 579\ 13 & +0.000\ 040\ 21 & +0.999\ 999\ 83 \end{bmatrix}$$
hence $\mathbf{p_3} = \mathbf{NPB}\,\mathbf{p_2} = (-0.373\ 095\ 79,\ -0.313\ 011\ 05,\ -0.873\ 397\ 74)$

Step 6.   Converting to spherical coordinates: $\alpha_e = 14^h\ 39^m\ 58\overset{s}{.}843, \delta = -60° 51' 21\overset{''}{.}29$

Example of stellar reduction: CIO Method

Steps 1-4.   Repeat Steps 1-4 above, calculating the proper direction of the star $(\mathbf{p_2})$ in the geocentric inertial frame that is moving with the instantaneous velocity $(\mathbf{V})$ of the Earth relative to the natural frame:

Hence $\mathbf{p_2} = (-0.374\ 018\ 403,\ \ \ -0.312\ 548\ 592,\ \ \ -0.873\ 168\ 719)$

Step 5. From page B41 extract $\mathbf{C}$ that rotates the ICRS to the Celestial Intermediate Reference System, viz:
$$\mathbf{C} = \begin{bmatrix} +0.999\ 999\ 83 & 0.000\ 000\ 00 & -0.000\ 579\ 13 \\ -0.000\ 000\ 02 & +1.000\ 000\ 00 & -0.000\ 040\ 21 \\ +0.000\ 579\ 13 & +0.000\ 040\ 21 & +0.999\ 999\ 83 \end{bmatrix}$$
hence $\mathbf{p_3} = \mathbf{C}\,\mathbf{p_2} = (-0.373\ 512\ 66,\ -0.312\ 513\ 48,\ -0.873\ 397\ 74)$

Step 6. Converting to spherical coordinates $\alpha_i = 14^h\ 39^m\ 40\overset{s}{.}515, \delta = -60° 51' 21\overset{''}{.}29$

Note, the intermediate right ascension may also be calculated from the equinox right ascension (α_e) by
$$\alpha_i = \alpha_e + o = 14^h\ 39^m\ 58\overset{s}{.}843 - 18\overset{s}{.}328$$
where o, the equation of the origins, is tabulated daily at 0^h UT1, on pages B20–B23.

Approximate reduction to apparent geocentric altitude and azimuth

The following example illustrates an approximate procedure based on the CIO method for calculating the altitude and azimuth of a star for a specified UT1 instant. The procedure given is accurate to about $\pm 1''$. It is valid for 2006 as it uses the relevant annual equations given earlier in this section. Strictly, all the parameters, except the Earth rotation angle (θ), should be evaluated for the equivalent TT (UT1+ΔT) instant.

Example On 2006 January 1 at $8^h\ 20^m\ 47^s$ UT1 calculate the *LHA*, declination, and altitude and azimuth of the fictitious star given on page B65, for an observer at W $60°0$, S $30°0$.

Step A. Day of the year is 1; time $8^h 346\ 39$ UT1; the ICRS barycentric direction ($\mathbf{q}$) and space motion ($\mathbf{m}$) of the star at epoch J2000·0 (see page B65) are

$$\mathbf{q} = (-0.373\ 860\ 496,\ -0.312\ 618\ 799,\ -0.873\ 211\ 209),$$
$$\mathbf{m} = (-0.000\ 687\ 781,\ +0.001\ 749\ 318,\ +0.001\ 545\ 618)\cdot$$

Apply space motion and ignore parallax to give the geocentric position of the star with respect to the ICRS at the epoch of date,

$$\mathbf{p} = \mathbf{q} + T\mathbf{m} = (-0.373\ 901\ 769,\ -0.312\ 513\ 823,\ -0.873\ 118\ 457)$$

where $T = +0.0600$ centuries from 245 1545·0 and $\mathbf{p} = (p_x, p_y, p_z)$ is a column vector.

Step B. Apply aberration (from $\dot{\mathbf{e}}$) and precession-nutation (using $\mathcal{X}$, $\mathcal{Y}$) to form

$$
\begin{aligned}
x_i &= (1 - \mathcal{X}^2/2)\ p_x - \mathcal{X}\ p_z + \dot{e}_x/c & = -0.373\ 494 \\
y_i &= p_y - \mathcal{Y}\ p_z + \dot{e}_y/c & = -0.312\ 495 \\
z_i &= \mathcal{X}\ p_x + \mathcal{Y}\ p_y + (1 - \mathcal{X}^2/2)\ p_z + \dot{e}_z/c & = 0.873\ 355
\end{aligned}
$$

where (x_i, y_i, z_i) is with respect to the CIO and equator of date (CIRS), $c = 173\cdot\ 14$ au/d,

$$\dot{\mathbf{e}} = (0.0172 \sin L, -0.0158 \cos L, -0.0068 \cos L) = (-0.016\ 89, -0.002\ 97, -0.001\ 28)$$

and $\mathcal{X} = +0.000\ 579$, $\mathcal{Y} = +0.000\ 041$, the position of the CIP, are evaluated using the approximate formulae on page B56, with arguments $\Omega = 8°9$, $2L = 201°7$. For aberration the longitude of the Earth $L = 280°8$. Converting to spherical coordinates gives $\alpha_i = 14^h\ 39^m\ 40^s5$ and $\delta = -60°\ 51'\ 22''$ (see page B61).

Step C. Transform from the celestial intermediate origin and equator of date to the observer's meridian (longitude $\lambda = -60°0$, west longitudes are negative)

$$
\begin{aligned}
x_g &= +x_i \cos(\theta + \lambda) + y_i \sin(\theta + \lambda) & = +0.286\ 584 \\
y_g &= -x_i \sin(\theta + \lambda) + y_i \cos(\theta + \lambda) & = +0.393\ 727 \\
z_g &= +z_i & = -0.873\ 355
\end{aligned}
$$

where $\theta = 99°444\ 335 + 0°985\ 6123 \times$ day of year $+ 15°041\ 07 \times$ UT1 $= 225°968\ 542$ is the Earth rotation angle (see B9). Thus *LHA* $= \tan^{-1} -y_g/x_g = 306°\ 03'\ 00''$, measured clockwise from south is the local hour angle, and $\delta = -60°\ 51'\ 22''$ is unchanged (Step B).

Step D. Transform to altitude and azimuth (B78), for the observer at latitude, $\phi = -30°0$:

$$
\begin{aligned}
x_t &= -x_g \sin\phi + z_g \cos\phi & = -0.613\ 056 \\
y_t &= +y_g & = +0.393\ 727 \\
z_t &= +x_g \cos\phi + z_g \sin\phi & = +0.684\ 866
\end{aligned}
$$

$$\text{Altitude} = \tan^{-1} \frac{z_t}{\sqrt{(x_t^2 + y_t^2)}} = +43°\ 13'\ 40'', \quad \text{Azimuth} = \tan^{-1} \frac{y_t}{x_t} = 147°\ 17'\ 24''$$

where azimuth is measured from north through east in the plane of the horizon.

POSITION AND VELOCITY OF THE EARTH, 2006

ICRS, ORIGIN AT SOLAR SYSTEM BARYCENTRE
FOR 0^h BARYCENTRIC DYNAMICAL TIME

Date 0^h TDB		X	Y	Z	$\dot{X}$	$\dot{Y}$	$\dot{Z}$
Jan.	0	−0·155 432 571	+0·892 371 943	+0·386 751 376	−1726 7305	− 261 1244	− 113 2078
	1	−0·172 673 997	+0·889 621 516	+0·385 558 870	−1721 4574	− 288 9454	− 125 2867
	2	−0·189 859 784	+0·886 593 380	+0·384 245 795	−1715 6037	− 316 6627	− 137 3197
	3	−0·206 984 162	+0·883 288 675	+0·382 812 662	−1709 1775	− 344 2563	− 149 2969
	4	−0·224 041 466	+0·879 708 724	+0·381 260 072	−1702 1912	− 371 7091	− 161 2098
	5	−0·241 026 166	+0·875 855 007	+0·379 588 702	−1694 6591	− 399 0078	− 173 0519
	6	−0·257 932 879	+0·871 729 115	+0·377 799 285	−1686 5962	− 426 1425	− 184 8187
	7	−0·274 756 367	+0·867 332 725	+0·375 892 588	−1678 0163	− 453 1066	− 196 5074
	8	−0·291 491 523	+0·862 667 566	+0·373 869 402	−1668 9317	− 479 8956	− 208 1164
	9	−0·308 133 352	+0·857 735 406	+0·371 730 529	−1659 3526	− 506 5065	− 219 6448
	10	−0·324 676 955	+0·852 538 037	+0·369 476 776	−1649 2875	− 532 9370	− 231 0923
	11	−0·341 117 504	+0·847 077 273	+0·367 108 953	−1638 7428	− 559 1852	− 242 4588
	12	−0·357 450 230	+0·841 354 946	+0·364 627 870	−1627 7238	− 585 2494	− 253 7443
	13	−0·373 670 410	+0·835 372 905	+0·362 034 338	−1616 2339	− 611 1275	− 264 9486
	14	−0·389 773 348	+0·829 133 025	+0·359 329 171	−1604 2757	− 636 8170	− 276 0712
	15	−0·405 754 368	+0·822 637 203	+0·356 513 187	−1591 8507	− 662 3151	− 287 1117
	16	−0·421 608 807	+0·815 887 373	+0·353 587 214	−1578 9593	− 687 6180	− 298 0689
	17	−0·437 332 001	+0·808 885 508	+0·350 552 092	−1565 6019	− 712 7213	− 308 9414
	18	−0·452 919 290	+0·801 633 629	+0·347 408 676	−1551 7782	− 737 6199	− 319 7273
	19	−0·468 366 009	+0·794 133 812	+0·344 157 841	−1537 4878	− 762 3080	− 330 4246
	20	−0·483 667 491	+0·786 388 193	+0·340 800 488	−1522 7306	− 786 7792	− 341 0306
	21	−0·498 819 063	+0·778 398 974	+0·337 337 542	−1507 5060	− 811 0267	− 351 5427
	22	−0·513 816 051	+0·770 168 430	+0·333 769 958	−1491 8135	− 835 0432	− 361 9577
	23	−0·528 653 771	+0·761 698 907	+0·330 098 723	−1475 6521	− 858 8209	− 372 2724
	24	−0·543 327 526	+0·752 992 836	+0·326 324 858	−1459 0205	− 882 3512	− 382 4829
	25	−0·557 832 608	+0·744 052 741	+0·322 449 426	−1441 9169	− 905 6241	− 392 5849
	26	−0·572 164 285	+0·734 881 251	+0·318 473 540	−1424 3395	− 928 6281	− 402 5728
	27	−0·586 317 813	+0·725 481 123	+0·314 398 373	−1406 2870	− 951 3491	− 412 4399
	28	−0·600 288 444	+0·715 855 268	+0·310 225 173	−1387 7603	− 973 7706	− 422 1780
	29	−0·614 071 453	+0·706 006 771	+0·305 955 273	−1368 7639	− 995 8742	− 431 7780
	30	−0·627 662 187	+0·695 938 908	+0·301 590 105	−1349 3073	−1017 6406	− 441 2301
	31	−0·641 056 113	+0·685 655 142	+0·297 131 195	−1329 4050	−1039 0522	− 450 5252
Feb.	1	−0·654 248 866	+0·675 159 096	+0·292 580 149	−1309 0762	−1060 0945	− 459 6562
	2	−0·667 236 285	+0·664 454 515	+0·287 938 634	−1288 3419	−1080 7580	− 468 6183
	3	−0·680 014 421	+0·653 545 217	+0·283 208 352	−1267 2228	−1101 0374	− 477 4094
	4	−0·692 579 522	+0·642 435 053	+0·278 391 018	−1245 7376	−1120 9311	− 486 0290
	5	−0·704 928 006	+0·631 127 879	+0·273 488 340	−1223 9020	−1140 4397	− 494 4781
	6	−0·717 056 438	+0·619 627 538	+0·268 502 019	−1201 7290	−1159 5647	− 502 7581
	7	−0·728 961 496	+0·607 937 859	+0·263 433 737	−1179 2290	−1178 3075	− 510 8704
	8	−0·740 639 956	+0·596 062 656	+0·258 285 164	−1156 4107	−1196 6697	− 518 8164
	9	−0·752 088 674	+0·584 005 732	+0·253 057 959	−1133 2815	−1214 6519	− 526 5972
	10	−0·763 304 572	+0·571 770 883	+0·247 753 767	−1109 8478	−1232 2547	− 534 2137
	11	−0·774 284 633	+0·559 361 903	+0·242 374 231	−1086 1151	−1249 4780	− 541 6664
	12	−0·785 025 893	+0·546 782 590	+0·236 920 985	−1062 0881	−1266 3212	− 548 9556
	13	−0·795 525 430	+0·534 036 748	+0·231 395 663	−1037 7712	−1282 7835	− 556 0815
	14	−0·805 780 362	+0·521 128 195	+0·225 799 900	−1013 1679	−1298 8632	− 563 0438
	15	−0·815 787 844	+0·508 060 766	+0·220 135 333	− 988 2815	−1314 5583	− 569 8420

$\dot{X}$, $\dot{Y}$, $\dot{Z}$ are in units of 10^{-9} au / d.

ICRS, ORIGIN AT SOLAR SYSTEM BARYCENTRE
FOR 0^h BARYCENTRIC DYNAMICAL TIME

Date 0^h TDB	X	Y	Z	$\dot{X}$	$\dot{Y}$	$\dot{Z}$
Feb. 15	−0·815 787 844	+0·508 060 766	+0·220 135 333	− 988 2815	−1314 5583	− 569 8420
16	−0·825 545 058	+0·494 838 320	+0·214 403 610	− 963 1150	−1329 8661	− 576 4751
17	−0·835 049 219	+0·481 464 746	+0·208 606 387	− 937 6711	−1344 7832	− 582 9418
18	−0·844 297 564	+0·467 943 971	+0·202 745 334	− 911 9524	−1359 3057	− 589 2406
19	−0·853 287 360	+0·454 279 962	+0·196 822 141	− 885 9615	−1373 4291	− 595 3695
20	−0·862 015 896	+0·440 476 736	+0·190 838 518	− 859 7008	−1387 1483	− 601 3262
21	−0·870 480 483	+0·426 538 364	+0·184 796 201	− 833 1724	−1400 4571	− 607 1079
22	−0·878 678 458	+0·412 468 985	+0·178 696 956	− 806 3785	−1413 3485	− 612 7111
23	−0·886 607 176	+0·398 272 814	+0·172 542 589	− 779 3215	−1425 8138	− 618 1315
24	−0·894 264 021	+0·383 954 163	+0·166 334 952	− 752 0046	−1437 8426	− 623 3639
25	−0·901 646 419	+0·369 517 459	+0·160 075 959	− 724 4333	−1449 4222	− 628 4018
26	−0·908 751 866	+0·354 967 262	+0·153 767 589	− 696 6159	−1460 5388	− 633 2378
27	−0·915 577 960	+0·340 308 275	+0·147 411 901	− 668 5656	−1471 1779	− 637 8644
28	−0·922 122 461	+0·325 545 340	+0·141 011 023	− 640 3004	−1481 3264	− 642 2746
Mar. 1	−0·928 383 327	+0·310 683 414	+0·134 567 146	− 611 8427	−1490 9749	− 646 4635
2	−0·934 358 754	+0·295 727 524	+0·128 082 498	− 583 2166	−1500 1190	− 650 4288
3	−0·940 047 176	+0·280 682 714	+0·121 559 315	− 554 4455	−1508 7591	− 654 1707
4	−0·945 447 250	+0·265 554 007	+0·114 999 820	− 525 5502	−1516 8995	− 657 6918
5	−0·950 557 822	+0·250 346 368	+0·108 406 203	− 496 5477	−1524 5466	− 660 9957
6	−0·955 377 890	+0·235 064 695	+0·101 780 616	− 467 4512	−1531 7075	− 664 0866
7	−0·959 906 569	+0·219 713 816	+0·095 125 169	− 438 2714	−1538 3890	− 666 9681
8	−0·964 143 069	+0·204 298 495	+0·088 441 940	− 409 0168	−1544 5967	− 669 6137
9	−0·968 086 680	+0·188 823 444	+0·081 732 972	− 379 6946	−1550 3358	− 672 1162
10	−0·971 736 759	+0·173 293 328	+0·075 000 284	− 350 3115	−1555 6104	− 674 3881
11	0·975 092 726	+0·157 712 773	+0·068 245 871	− 320 8732	−1560 4240	− 676 4615
12	0·978 154 058	+0·142 086 373	+0·061 471 709	− 291 3854	−1564 7799	− 678 3383
13	−0·980 920 285	+0·126 418 691	+0·054 679 756	− 261 8530	−1568 6808	− 680 0200
14	−0·983 390 984	+0·110 714 266	+0·047 871 955	− 232 2805	−1572 1290	− 681 5079
15	−0·985 565 775	+0·094 977 614	+0·041 050 239	− 202 6720	−1575 1263	− 682 8033
16	−0·987 444 316	+0·079 213 237	+0·034 216 529	− 173 0310	−1577 6741	− 683 9068
17	−0·989 026 298	+0·063 425 629	+0·027 372 740	− 143 3607	−1579 7728	− 684 8189
18	−0·990 311 442	+0·047 619 278	+0·020 520 790	− 113 6639	−1581 4223	− 685 5393
19	−0·991 299 498	+0·031 798 683	+0·013 662 594	− 83 9436	−1582 6214	− 686 0676
20	−0·991 990 244	+0·015 968 357	+0·006 800 081	− 54 2024	−1583 3682	− 686 4027
21	−0·992 383 488	+0·000 132 837	−0·000 064 809	− 24 4437	−1583 6597	− 686 5428
22	−0·992 479 071	−0·015 703 305	−0·006 930 117	+ 5 3292	−1583 4917	− 686 4857
23	−0·992 276 871	−0·031 535 448	−0·013 793 855	+ 35 1120	−1582 8589	− 686 2283
24	−0·991 776 816	−0·047 358 911	−0·020 654 003	+ 64 8991	−1581 7545	− 685 7670
25	−0·990 978 900	−0·063 168 940	−0·027 508 500	+ 94 6829	−1580 1707	− 685 0972
26	−0·989 883 205	−0·078 960 698	−0·034 355 235	+ 124 4527	−1578 0986	− 684 2139
27	−0·988 489 940	−0·094 729 256	−0·041 192 049	+ 154 1941	−1575 5296	− 683 1122
28	−0·986 799 478	−0·110 469 609	−0·048 016 736	+ 183 8887	−1572 4567	− 681 7880
29	−0·984 812 395	−0·126 176 697	−0·054 827 058	+ 213 5146	−1568 8763	− 680 2390
30	−0·982 529 493	−0·141 845 445	−0·061 620 767	+ 243 0486	−1564 7893	− 678 4654
31	−0·979 951 806	−0·157 470 812	−0·068 395 627	+ 272 4681	−1560 2013	− 676 4699
Apr. 1	−0·977 080 579	−0·173 047 831	−0·075 149 441	+ 301 7536	−1555 1216	− 674 2573
2	−0·973 917 232	−0·188 571 642	−0·081 880 070	+ 330 8897	−1549 5616	− 671 8336

$\dot{X}, \dot{Y}, \dot{Z}$ are in units of 10^{-9} au / d.

ICRS, ORIGIN AT SOLAR SYSTEM BARYCENTRE
FOR 0^h BARYCENTRIC DYNAMICAL TIME

Date 0^h TDB	X	Y	Z	$\dot{X}$	$\dot{Y}$	$\dot{Z}$
Apr. 1	−0·977 080 579	−0·173 047 831	−0·075 149 441	+ 301 7536	−1555 1216	− 674 2573
2	−0·973 917 232	−0·188 571 642	−0·081 880 070	+ 330 8897	−1549 5616	− 671 8336
3	−0·970 463 322	−0·204 037 502	−0·088 585 431	+ 359 8648	−1543 5333	− 669 2050
4	−0·966 720 502	−0·219 440 785	−0·095 263 506	+ 388 6704	−1537 0479	− 666 3773
5	−0·962 690 499	−0·234 776 969	−0·101 912 330	+ 417 3005	−1530 1153	− 663 3557
6	−0·958 375 095	−0·250 041 631	−0·108 529 988	+ 445 7499	−1522 7445	− 660 1448
7	−0·953 776 118	−0·265 230 424	−0·115 114 608	+ 474 0144	−1514 9430	− 656 7485
8	−0·948 895 437	−0·280 339 079	−0·121 664 351	+ 502 0899	−1506 7179	− 653 1702
9	−0·943 734 961	−0·295 363 391	−0·128 177 416	+ 529 9730	−1498 0755	− 649 4132
10	−0·938 296 631	−0·310 299 217	−0·134 652 029	+ 557 6601	−1489 0217	− 645 4804
11	−0·932 582 422	−0·325 142 474	−0·141 086 447	+ 585 1484	−1479 5624	− 641 3745
12	−0·926 594 333	−0·339 889 130	−0·147 478 951	+ 612 4356	−1469 7025	− 637 0980
13	−0·920 334 387	−0·354 535 204	−0·153 827 846	+ 639 5198	−1459 4467	− 632 6530
14	−0·913 804 618	−0·369 076 757	−0·160 131 456	+ 666 3998	−1448 7988	− 628 0413
15	−0·907 007 074	−0·383 509 881	−0·166 388 119	+ 693 0748	−1437 7615	− 623 2639
16	−0·899 943 809	−0·397 830 694	−0·172 596 183	+ 719 5439	−1426 3365	− 618 3213
17	−0·892 616 886	−0·412 035 319	−0·178 753 994	+ 745 8059	−1414 5241	− 613 2133
18	−0·885 028 385	−0·426 119 881	−0·184 859 895	+ 771 8593	−1402 3234	− 607 9390
19	−0·877 180 405	−0·440 080 486	−0·190 912 215	+ 797 7012	−1389 7323	− 602 4968
20	−0·869 075 079	−0·453 913 216	−0·196 909 265	+ 823 3274	−1376 7479	− 596 8845
21	−0·860 714 595	−0·467 614 119	−0·202 849 330	+ 848 7319	−1363 3660	− 591 0995
22	−0·852 101 209	−0·481 179 198	−0·208 730 670	+ 873 9062	−1349 5825	− 585 1389
23	−0·843 237 275	−0·494 604 415	−0·214 551 513	+ 898 8392	−1335 3930	− 578 9998
24	−0·834 125 277	−0·507 885 694	−0·220 310 062	+ 923 5167	−1320 7943	− 572 6798
25	−0·824 767 849	−0·521 018 933	−0·226 004 501	+ 947 9219	−1305 7852	− 566 1776
26	−0·815 167 810	−0·534 000 035	−0·231 633 009	+ 972 0357	−1290 3675	− 559 4937
27	−0·805 328 172	−0·546 824 939	−0·237 193 778	+ 995 8384	−1274 5468	− 552 6305
28	−0·795 252 140	−0·559 489 660	−0·242 685 036	+1019 3117	−1258 3328	− 545 5925
29	−0·784 943 089	−0·571 990 326	−0·248 105 065	+1042 4398	−1241 7381	− 538 3860
30	−0·774 404 535	−0·584 323 201	−0·253 452 219	+1065 2108	−1224 7772	− 531 0184
May 1	−0·763 640 092	−0·596 484 699	−0·258 724 921	+1087 6165	−1207 4649	− 523 4971
2	−0·752 653 438	−0·608 471 374	−0·263 921 671	+1109 6522	−1189 8151	− 515 8291
3	−0·741 448 292	−0·620 279 919	−0·269 041 036	+1131 3149	−1171 8407	− 508 0209
4	−0·730 028 389	−0·631 907 144	−0·274 081 640	+1152 6031	−1153 5529	− 500 0780
5	−0·718 397 480	−0·643 349 966	−0·279 042 162	+1173 5162	−1134 9617	− 492 0052
6	−0·706 559 318	−0·654 605 398	−0·283 921 326	+1194 0534	−1116 0762	− 483 8070
7	−0·694 517 666	−0·665 670 537	−0·288 717 897	+1214 2144	−1096 9047	− 475 4872
8	−0·682 276 286	−0·676 542 565	−0·293 430 678	+1233 9989	−1077 4552	− 467 0496
9	−0·669 838 943	−0·687 218 741	−0·298 058 508	+1253 4070	−1057 7353	− 458 4977
10	−0·657 209 399	−0·697 696 395	−0·302 600 262	+1272 4394	−1037 7521	− 449 8348
11	−0·644 391 404	−0·707 972 927	−0·307 054 843	+1291 0973	−1017 5121	− 441 0636
12	−0·631 388 695	−0·718 045 799	−0·311 421 182	+1309 3827	− 997 0209	− 432 1868
13	−0·618 204 985	−0·727 912 522	−0·315 698 232	+1327 2978	− 976 2829	− 423 2059
14	−0·604 843 966	−0·737 570 644	−0·319 884 957	+1344 8450	− 955 3012	− 414 1220
15	−0·591 309 305	−0·747 017 737	−0·323 980 329	+1362 0263	− 934 0770	− 404 9352
16	−0·577 604 657	−0·756 251 375	−0·327 983 314	+1378 8424	− 912 6101	− 395 6445
17	−0·563 733 677	−0·765 269 126	−0·331 892 868	+1395 2924	− 890 8992	− 386 2486

$\dot{X}, \dot{Y}, \dot{Z}$ are in units of 10^{-9} au / d.

ICRS, ORIGIN AT SOLAR SYSTEM BARYCENTRE
FOR 0^h BARYCENTRIC DYNAMICAL TIME

Date 0^h TDB	X	Y	Z	$\dot{X}$	$\dot{Y}$	$\dot{Z}$
May 17	$-0.563\ 733\ 677$	$-0.765\ 269\ 126$	$-0.331\ 892\ 868$	$+1395\ 2924$	$-\ 890\ 8992$	$-\ 386\ 2486$
18	$-0.549\ 700\ 041$	$-0.774\ 068\ 537$	$-0.335\ 707\ 930$	$+1411\ 3730$	$-\ 868\ 9417$	$-\ 376\ 7455$
19	$-0.535\ 507\ 468$	$-0.782\ 647\ 131$	$-0.339\ 427\ 414$	$+1427\ 0785$	$-\ 846\ 7354$	$-\ 367\ 1331$
20	$-0.521\ 159\ 749$	$-0.791\ 002\ 408$	$-0.343\ 050\ 221$	$+1442\ 4005$	$-\ 824\ 2782$	$-\ 357\ 4095$
21	$-0.506\ 660\ 772$	$-0.799\ 131\ 855$	$-0.346\ 575\ 230$	$+1457\ 3282$	$-\ 801\ 5692$	$-\ 347\ 5736$
22	$-0.492\ 014\ 543$	$-0.807\ 032\ 956$	$-0.350\ 001\ 317$	$+1471\ 8486$	$-\ 778\ 6095$	$-\ 337\ 6251$
23	$-0.477\ 225\ 206$	$-0.814\ 703\ 220$	$-0.353\ 327\ 360$	$+1485\ 9473$	$-\ 755\ 4025$	$-\ 327\ 5651$
24	$-0.462\ 297\ 054$	$-0.822\ 140\ 203$	$-0.356\ 552\ 256$	$+1499\ 6091$	$-\ 731\ 9545$	$-\ 317\ 3963$
25	$-0.447\ 234\ 530$	$-0.829\ 341\ 538$	$-0.359\ 674\ 939$	$+1512\ 8194$	$-\ 708\ 2749$	$-\ 307\ 1231$
26	$-0.432\ 042\ 214$	$-0.836\ 304\ 970$	$-0.362\ 694\ 390$	$+1525\ 5653$	$-\ 684\ 3760$	$-\ 296\ 7512$
27	$-0.416\ 724\ 807$	$-0.843\ 028\ 374$	$-0.365\ 609\ 658$	$+1537\ 8363$	$-\ 660\ 2720$	$-\ 286\ 2878$
28	$-0.401\ 287\ 095$	$-0.849\ 509\ 778$	$-0.368\ 419\ 867$	$+1549\ 6254$	$-\ 635\ 9786$	$-\ 275\ 7406$
29	$-0.385\ 733\ 919$	$-0.855\ 747\ 367$	$-0.371\ 124\ 217$	$+1560\ 9287$	$-\ 611\ 5114$	$-\ 265\ 1174$
30	$-0.370\ 070\ 144$	$-0.861\ 739\ 477$	$-0.373\ 721\ 986$	$+1571\ 7452$	$-\ 586\ 8854$	$-\ 254\ 4255$
31	$-0.354\ 300\ 634$	$-0.867\ 484\ 591$	$-0.376\ 212\ 521$	$+1582\ 0759$	$-\ 562\ 1142$	$-\ 243\ 6717$
June 1	$-0.338\ 430\ 238$	$-0.872\ 981\ 319$	$-0.378\ 595\ 233$	$+1591\ 9230$	$-\ 537\ 2101$	$-\ 232\ 8618$
2	$-0.322\ 463\ 776$	$-0.878\ 228\ 386$	$-0.380\ 869\ 588$	$+1601\ 2895$	$-\ 512\ 1837$	$-\ 222\ 0010$
3	$-0.306\ 406\ 040$	$-0.883\ 224\ 620$	$-0.383\ 035\ 100$	$+1610\ 1784$	$-\ 487\ 0451$	$-\ 211\ 0940$
4	$-0.290\ 261\ 789$	$-0.887\ 968\ 944$	$-0.385\ 091\ 328$	$+1618\ 5930$	$-\ 461\ 8033$	$-\ 200\ 1449$
5	$-0.274\ 035\ 751$	$-0.892\ 460\ 369$	$-0.387\ 037\ 870$	$+1626\ 5365$	$-\ 436\ 4667$	$-\ 189\ 1575$
6	$-0.257\ 732\ 617$	$-0.896\ 697\ 988$	$-0.388\ 874\ 363$	$+1634\ 0126$	$-\ 411\ 0434$	$-\ 178\ 1356$
7	$-0.241\ 357\ 044$	$-0.900\ 680\ 973$	$-0.390\ 600\ 478$	$+1641\ 0252$	$-\ 385\ 5411$	$-\ 167\ 0825$
8	$-0.224\ 913\ 643$	$-0.904\ 408\ 570$	$-0.392\ 215\ 919$	$+1647\ 5790$	$-\ 359\ 9667$	$-\ 156\ 0012$
9	$-0.208\ 406\ 976$	$-0.907\ 880\ 088$	$-0.393\ 720\ 418$	$+1653\ 6792$	$-\ 334\ 3264$	$-\ 144\ 8943$
10	$-0.191\ 841\ 551$	$-0.911\ 094\ 894$	$-0.395\ 113\ 727$	$+1659\ 3316$	$-\ 308\ 6249$	$-\ 133\ 7636$
11	$-0.175\ 221\ 818$	$-0.914\ 052\ 393$	$-0.396\ 395\ 614$	$+1664\ 5419$	$-\ 282\ 8652$	$-\ 122\ 6100$
12	$-0.158\ 552\ 169$	$-0.916\ 752\ 009$	$-0.397\ 565\ 851$	$+1669\ 3154$	$-\ 257\ 0486$	$-\ 111\ 4333$
13	$-0.141\ 836\ 953$	$-0.919\ 193\ 171$	$-0.398\ 624\ 200$	$+1673\ 6556$	$-\ 231\ 1741$	$-\ 100\ 2323$
14	$-0.125\ 080\ 496$	$-0.921\ 375\ 291$	$-0.399\ 570\ 409$	$+1677\ 5637$	$-\ 205\ 2396$	$-\ 89\ 0051$
15	$-0.108\ 287\ 127$	$-0.923\ 297\ 754$	$-0.400\ 404\ 206$	$+1681\ 0376$	$-\ 179\ 2425$	$-\ 77\ 7493$
16	$-0.091\ 461\ 210$	$-0.924\ 959\ 924$	$-0.401\ 125\ 294$	$+1684\ 0721$	$-\ 153\ 1804$	$-\ 66\ 4630$
17	$-0.074\ 607\ 177$	$-0.926\ 361\ 144$	$-0.401\ 733\ 361$	$+1686\ 6591$	$-\ 127\ 0527$	$-\ 55\ 1450$
18	$-0.057\ 729\ 554$	$-0.927\ 500\ 764$	$-0.402\ 228\ 089$	$+1688\ 7883$	$-\ 100\ 8608$	$-\ 43\ 7954$
19	$-0.040\ 832\ 975$	$-0.928\ 378\ 160$	$-0.402\ 609\ 167$	$+1690\ 4484$	$-\ 74\ 6090$	$-\ 32\ 4155$
20	$-0.023\ 922\ 189$	$-0.928\ 992\ 766$	$-0.402\ 876\ 308$	$+1691\ 6278$	$-\ 48\ 3041$	$-\ 21\ 0085$
21	$-0.007\ 002\ 058$	$-0.929\ 344\ 098$	$-0.403\ 029\ 261$	$+1692\ 3157$	$-\ 21\ 9559$	$-\ 9\ 5787$
22	$+0.009\ 922\ 457$	$-0.929\ 431\ 779$	$-0.403\ 067\ 826$	$+1692\ 5030$	$+\ 4\ 4239$	$+\ 1\ 8681$
23	$+0.026\ 846\ 310$	$-0.929\ 255\ 560$	$-0.402\ 991\ 865$	$+1692\ 1825$	$+\ 30\ 8216$	$+\ 13\ 3253$
24	$+0.043\ 764\ 398$	$-0.928\ 815\ 337$	$-0.402\ 801\ 310$	$+1691\ 3495$	$+\ 57\ 2224$	$+\ 24\ 7856$
25	$+0.060\ 671\ 585$	$-0.928\ 111\ 152$	$-0.402\ 496\ 167$	$+1690\ 0022$	$+\ 83\ 6112$	$+\ 36\ 2416$
26	$+0.077\ 562\ 729$	$-0.927\ 143\ 204$	$-0.402\ 076\ 516$	$+1688\ 1413$	$+\ 109\ 9728$	$+\ 47\ 6859$
27	$+0.094\ 432\ 708$	$-0.925\ 911\ 835$	$-0.401\ 542\ 512$	$+1685\ 7697$	$+\ 136\ 2931$	$+\ 59\ 1114$
28	$+0.111\ 276\ 435$	$-0.924\ 417\ 524$	$-0.400\ 894\ 373$	$+1682\ 8920$	$+\ 162\ 5589$	$+\ 70\ 5118$
29	$+0.128\ 088\ 880$	$-0.922\ 660\ 877$	$-0.400\ 132\ 379$	$+1679\ 5140$	$+\ 188\ 7586$	$+\ 81\ 8815$
30	$+0.144\ 865\ 070$	$-0.920\ 642\ 607$	$-0.399\ 256\ 862$	$+1675\ 6421$	$+\ 214\ 8817$	$+\ 93\ 2156$
July 1	$+0.161\ 600\ 097$	$-0.918\ 363\ 529$	$-0.398\ 268\ 200$	$+1671\ 2828$	$+\ 240\ 9187$	$+\ 104\ 5097$
2	$+0.178\ 289\ 123$	$-0.915\ 824\ 548$	$-0.397\ 166\ 814$	$+1666\ 4428$	$+\ 266\ 8611$	$+\ 115\ 7599$

$\dot{X}, \dot{Y}, \dot{Z}$ are in units of 10^{-9} au / d.

ICRS, ORIGIN AT SOLAR SYSTEM BARYCENTRE
FOR 0^h BARYCENTRIC DYNAMICAL TIME

Date 0^h TDB	X	Y	Z	$\dot{X}$	$\dot{Y}$	$\dot{Z}$
July 1	+0·161 600 097	−0·918 363 529	−0·398 268 200	+1671 2828	+ 240 9187	+ 104 5097
2	+0·178 289 123	−0·915 824 548	−0·397 166 814	+1666 4428	+ 266 8611	+ 115 7599
3	+0·194 927 374	−0·913 026 648	−0·395 953 160	+1661 1290	+ 292 7010	+ 126 9627
4	+0·211 510 146	−0·909 970 894	−0·394 627 729	+1655 3481	+ 318 4309	+ 138 1148
5	+0·228 032 803	−0·906 658 420	−0·393 191 043	+1649 1074	+ 344 0439	+ 149 2133
6	+0·244 490 788	−0·903 090 425	−0·391 643 651	+1642 4148	+ 369 5339	+ 160 2555
7	+0·260 879 620	−0·899 268 171	−0·389 986 128	+1635 2784	+ 394 8953	+ 171 2393
8	+0·277 194 906	−0·895 192 961	−0·388 219 065	+1627 7071	+ 420 1243	+ 182 1632
9	+0·293 432 342	−0·890 866 133	−0·386 343 064	+1619 7098	+ 445 2188	+ 193 0270
10	+0·309 587 709	−0·886 289 035	−0·384 358 723	+1611 2945	+ 470 1786	+ 203 8314
11	+0·325 656 860	−0·881 463 004	−0·382 266 628	+1602 4674	+ 495 0059	+ 214 5783
12	+0·341 635 696	−0·876 389 347	−0·380 067 340	+1593 2318	+ 519 7043	+ 225 2703
13	+0·357 520 132	−0·871 069 334	−0·377 761 394	+1583 5868	+ 544 2778	+ 235 9105
14	+0·373 306 053	−0·865 504 198	−0·375 349 295	+1573 5278	+ 568 7293	+ 246 5011
15	+0·388 989 283	−0·859 695 152	−0·372 831 533	+1563 0472	+ 593 0593	+ 257 0431
16	+0·404 565 558	−0·853 643 425	−0·370 208 598	+1552 1352	+ 617 2649	+ 267 5355
17	+0·420 030 517	−0·847 350 290	−0·367 480 997	+1540 7824	+ 641 3396	+ 277 9756
18	+0·435 379 708	−0·840 817 100	−0·364 649 275	+1528 9803	+ 665 2741	+ 288 3589
19	+0·450 608 604	−0·834 045 314	−0·361 714 026	+1516 7226	+ 689 0568	+ 298 6798
20	+0·465 712 628	−0·827 036 515	−0·358 675 908	+1504 0054	+ 712 6745	+ 308 9318
21	+0·480 687 176	−0·819 792 421	−0·355 535 642	+1490 8274	+ 736 1133	+ 319 1081
22	+0·495 527 643	−0·812 314 891	−0·352 294 021	+1477 1895	+ 759 3593	+ 329 2017
23	+0·510 229 443	−0·804 605 923	−0·348 951 906	+1463 0948	+ 782 3987	+ 339 2057
24	+0·524 788 034	−0·796 667 651	−0·345 510 226	+1448 5486	+ 805 2180	+ 349 1137
25	+0·539 198 933	−0·788 502 337	−0·341 969 973	+1433 5576	+ 827 8051	+ 358 9196
26	+0·553 457 730	−0·780 112 362	−0·338 332 194	+1418 1297	+ 850 1486	+ 368 6179
27	+0·567 560 101	−0·771 500 212	−0·334 597 990	+1402 2739	+ 872 2382	+ 378 2038
28	+0·581 501 813	−0·762 668 473	−0·330 768 507	+1385 9996	+ 894 0651	+ 387 6730
29	+0·595 278 731	−0·753 619 812	−0·326 844 930	+1369 3166	+ 915 6213	+ 397 0220
30	+0·608 886 815	−0·744 356 974	−0·322 828 478	+1352 2346	+ 936 8995	+ 406 2476
31	+0·622 322 127	−0·734 882 768	−0·318 720 399	+1334 7636	+ 957 8936	+ 415 3469
Aug. 1	+0·635 580 824	−0·725 200 068	−0·314 521 968	+1316 9135	+ 978 5978	+ 424 3176
2	+0·648 659 167	−0·715 311 796	−0·310 234 483	+1298 6945	+ 999 0069	+ 433 1575
3	+0·661 553 519	−0·705 220 927	−0·305 859 261	+1280 1170	+1019 1166	+ 441 8649
4	+0·674 260 348	−0·694 930 474	−0·301 397 632	+1261 1919	+1038 9234	+ 450 4385
5	+0·686 776 235	−0·684 443 477	−0·296 850 937	+1241 9305	+1058 4251	+ 458 8780
6	+0·699 097 873	−0·673 762 990	−0·292 220 517	+1222 3438	+1077 6215	+ 467 1838
7	+0·711 222 061	−0·662 892 060	−0·287 507 702	+1202 4422	+1096 5142	+ 475 3574
8	+0·723 145 695	−0·651 833 706	−0·282 713 800	+1182 2340	+1115 1071	+ 483 4018
9	+0·734 865 736	−0·640 590 899	−0·277 840 086	+1161 7241	+1133 4059	+ 491 3204
10	+0·746 379 174	−0·629 166 550	−0·272 887 798	+1140 9132	+1151 4162	+ 499 1170
11	+0·757 682 984	−0·617 563 521	−0·267 858 142	+1119 7974	+1169 1424	+ 506 7946
12	+0·768 774 083	−0·605 784 644	−0·262 752 300	+1098 3697	+1186 5856	+ 514 3541
13	+0·779 649 308	−0·593 832 763	−0·257 571 457	+1076 6213	+1203 7425	+ 521 7943
14	+0·790 305 413	−0·581 710 773	−0·252 316 822	+1054 5445	+1220 6058	+ 529 1118
15	+0·800 739 085	−0·569 421 660	−0·246 989 648	+1032 1340	+1237 1651	+ 536 3011
16	+0·810 946 975	−0·556 968 526	−0·241 591 247	+1009 3878	+1253 4078	+ 543 3561

$\dot{X}$, $\dot{Y}$, $\dot{Z}$ are in units of 10^{-9} au / d.

ICRS, ORIGIN AT SOLAR SYSTEM BARYCENTRE
FOR 0^h BARYCENTRIC DYNAMICAL TIME

Date 0^h TDB	X	Y	Z	$\dot{X}$	$\dot{Y}$	$\dot{Z}$
Aug. 16	+0·810 946 975	−0·556 968 526	−0·241 591 247	+1009 3878	+1253 4078	+ 543 3561
17	+0·820 925 726	−0·544 354 602	−0·236 122 995	+ 986 3069	+1269 3211	+ 550 2702
18	+0·830 672 010	−0·531 583 245	−0·230 586 335	+ 962 8952	+1284 8920	+ 557 0368
19	+0·840 182 548	−0·518 657 944	−0·224 982 772	+ 939 1588	+1300 1082	+ 563 6497
20	+0·849 454 130	−0·505 582 301	−0·219 313 873	+ 915 1056	+1314 9584	+ 570 1032
21	+0·858 483 633	−0·492 360 031	−0·213 581 256	+ 890 7445	+1329 4321	+ 576 3922
22	+0·867 268 028	−0·478 994 946	−0·207 786 593	+ 866 0858	+1343 5198	+ 582 5119
23	+0·875 804 395	−0·465 490 950	−0·201 931 596	+ 841 1406	+1357 2129	+ 588 4583
24	+0·884 089 923	−0·451 852 028	−0·196 018 017	+ 815 9204	+1370 5041	+ 594 2277
25	+0·892 121 926	−0·438 082 231	−0·190 047 642	+ 790 4373	+1383 3867	+ 599 8171
26	+0·899 897 834	−0·424 185 673	−0·184 022 284	+ 764 7037	⊦1395 8554	+ 605 2239
27	+0·907 415 206	−0·410 166 519	−0·177 943 779	+ 738 7321	+1407 9054	+ 610 4463
28	+0·914 671 724	−0·396 028 973	−0·171 813 979	+ 712 5349	+1419 5331	+ 615 4825
29	+0·921 665 195	−0·381 777 274	−0·165 634 753	+ 686 1248	+1430 7355	+ 620 3315
30	+0·928 393 552	−0·367 415 687	−0·159 407 977	+ 659 5143	+1441 5104	+ 624 9924
31	+0·934 854 855	−0·352 948 495	−0·153 135 532	+ 632 7160	+1451 8564	+ 629 4651
Sept. 1	+0·941 047 289	−0·338 379 989	−0·146 819 303	+ 605 7427	+1461 7732	+ 633 7496
2	+0·946 969 168	−0·323 714 460	−0·140 461 164	+ 578 6071	+1471 2614	+ 637 8470
3	+0·952 618 932	−0·308 956 181	−0·134 062 981	+ 551 3216	+1480 3237	+ 641 7589
4	+0·957 995 140	−0·294 109 392	−0·127 626 595	+ 523 8977	+1488 9644	+ 645 4882
5	+0·963 096 456	−0·279 178 278	−0·121 153 813	+ 496 3447	+1497 1897	+ 649 0387
6	+0·967 921 625	−0·264 166 957	−0·114 646 401	+ 468 6687	+1505 0074	+ 652 4149
7	+0·972 469 427	−0·249 079 463	−0·108 106 079	+ 440 8715	+1512 4253	+ 655 6215
8	+0·976 738 641	−0·233 919 761	−0·101 534 524	+ 412 9502	+1519 4498	+ 658 6620
9	+0·980 727 997	−0·218 691 770	−0·094 933 386	+ 384 8985	+1526 0833	+ 661 5382
10	+0·984 436 153	−0·203 399 403	−0·088 304 312	+ 356 7091	+1532 3240	+ 664 2489
11	+0·987 861 699	−0·188 046 622	−0·081 648 970	+ 328 3759	+1538 1649	+ 666 7909
12	+0·991 003 181	−0·172 637 470	−0·074 969 075	+ 299 8960	+1543 5963	+ 669 1586
13	+0·993 859 136	−0·157 176 099	−0·068 266 399	+ 271 2710	+1548 6066	+ 671 3461
14	+0·996 428 134	−0·141 666 781	−0·061 542 775	+ 242 5059	+1553 1841	+ 673 3471
15	+0·998 708 815	−0·126 113 896	−0·054 800 097	+ 213 6090	+1557 3182	+ 675 1561
16	+1·000 699 908	−0·110 521 927	−0·048 040 309	+ 184 5904	+1560 9995	+ 676 7682
17	+1·002 400 255	−0·094 895 441	−0·041 265 402	+ 155 4616	+1564 2203	+ 678 1793
18	+1·003 808 813	−0·079 239 079	−0·034 477 404	+ 126 2348	+1566 9737	+ 679 3859
19	+1·004 924 667	−0·063 557 543	−0·027 678 374	+ 96 9230	+1569 2542	+ 680 3852
20	+1·005 747 032	−0·047 855 586	−0·020 870 398	+ 67 5392	+1571 0572	+ 681 1749
21	+1·006 275 256	−0·032 138 004	−0·014 055 582	+ 38 0970	+1572 3789	+ 681 7529
22	⊦1·006 508 824	−0·016 409 623	−0·007 236 049	+ 8 6104	+1573 2164	+ 682 1181
23	+1·006 447 362	−0·000 675 297	−0·000 413 933	− 20 9067	+1573 5677	+ 682 2694
24	+1·006 090 636	+0·015 060 108	+0·006 408 625	− 50 4399	+1573 4320	+ 682 2065
25	+1·005 438 557	+0·030 791 719	+0·013 229 483	− 79 9751	+1572 8090	+ 681 9295
26	+1·004 491 174	+0·046 514 667	+0·020 046 502	− 109 4981	+1571 6998	+ 681 4389
27	+1·003 248 682	+0·062 224 099	+0·026 857 552	− 138 9948	+1570 1060	+ 680 7359
28	+1·001 711 411	+0·077 915 182	+0·033 660 517	− 168 4516	+1568 0306	+ 679 8221
29	+0·999 879 829	+0·093 583 119	+0·040 453 299	− 197 8548	+1565 4775	+ 678 6997
30	+0·997 754 536	+0·109 223 156	+0·047 233 825	− 227 1917	+1562 4516	+ 677 3715
Oct. 1	+0·995 336 257	+0·124 830 597	+0·054 000 055	− 256 4501	+1558 9594	+ 675 8412

$\dot{X}$, $\dot{Y}$, $\dot{Z}$ are in units of 10^{-9} au / d.

POSITION AND VELOCITY OF THE EARTH, 2006

ICRS, ORIGIN AT SOLAR SYSTEM BARYCENTRE
FOR 0^h BARYCENTRIC DYNAMICAL TIME

Date 0^h TDB		X	Y	Z	$\dot{X}$	$\dot{Y}$	$\dot{Z}$
Oct.	1	+0·995 336 257	+0·124 830 597	+0·054 000 055	− 256 4501	+1558 9594	+ 675 8412
	2	+0·992 625 833	+0·140 400 817	+0·060 749 988	− 285 6189	+1555 0089	+ 674 1129
	3	+0·989 624 205	+0·155 929 277	+0·067 481 670	− 314 6897	+1550 6092	+ 672 1918
	4	+0·986 332 386	+0·171 411 537	+0·074 193 199	− 343 6566	+1545 7706	+ 670 0833
	5	+0·982 751 426	+0·186 843 261	+0·080 882 730	− 372 5179	+1540 5034	+ 667 7930
	6	+0·978 882 373	+0·202 220 204	+0·087 548 467	− 401 2759	+1534 8158	+ 665 3251
	7	+0·974 726 235	+0·217 538 192	+0·094 188 649	− 429 9361	+1528 7127	+ 662 6822
	8	+0·970 283 956	+0·232 793 076	+0·100 801 527	− 458 5048	+1522 1946	+ 659 8642
	9	+0·965 556 425	+0·247 980 686	+0·107 385 340	− 486 9872	+1515 2570	+ 656 8684
	10	+0·960 544 496	+0·263 096 793	+0·113 938 288	− 515 3844	+1507 8924	+ 653 6904
	11	+0·955 249 032	+0·278 137 080	+0·120 458 524	− 543 6931	+1500 0916	+ 650 3251
	12	+0·949 670 953	+0·293 097 142	+0·126 944 149	− 571 9060	+1491 8460	+ 646 7675
	13	+0·943 811 266	+0·307 972 493	+0·133 393 219	− 600 0126	+1483 1483	+ 643 0134
	14	+0·937 671 098	+0·322 758 582	+0·139 803 752	− 628 0002	+1473 9930	+ 639 0597
	15	+0·931 251 704	+0·337 450 815	+0·146 173 740	− 655 8555	+1464 3765	+ 634 9041
	16	+0·924 554 475	+0·352 044 569	+0·152 501 157	− 683 5647	+1454 2969	+ 630 5455
	17	+0·917 580 943	+0·366 535 207	+0·158 783 970	− 711 1140	+1443 7532	+ 625 9830
	18	+0·910 332 775	+0·380 918 086	+0·165 020 137	− 738 4894	+1432 7455	+ 621 2165
	19	+0·902 811 780	+0·395 188 572	+0·171 207 621	− 765 6772	+1421 2746	+ 616 2463
	20	+0·895 019 904	+0·409 342 040	+0·177 344 386	− 792 6632	+1409 3421	+ 611 0729
	21	+0·886 959 236	+0·423 373 885	+0·183 428 406	− 819 4334	+1396 9506	+ 605 6975
	22	+0·878 632 004	+0·437 279 532	+0·189 457 667	− 845 9734	+1384 1033	+ 600 1215
	23	+0·870 040 582	+0·451 054 446	+0·195 430 174	− 872 2691	+1370 8047	+ 594 3471
	24	+0·861 187 485	+0·464 694 139	+0·201 343 956	− 898 3062	+1357 0602	+ 588 3770
	25	+0·852 075 366	+0·478 194 185	+0·207 197 072	− 924 0711	+1342 8765	+ 582 2144
	26	+0·842 707 014	+0·491 550 231	+0·212 987 617	− 949 5507	+1328 2614	+ 575 8635
	27	+0·833 085 345	+0·504 758 006	+0·218 713 728	− 974 7327	+1313 2240	+ 569 3285
	28	+0·823 213 390	+0·517 813 337	+0·224 373 591	− 999 6060	+1297 7744	+ 562 6147
	29	+0·813 094 287	+0·530 712 156	+0·229 965 445	−1024 1608	+1281 9235	+ 555 7277
	30	+0·802 731 261	+0·543 450 510	+0·235 487 587	−1048 3893	+1265 6835	+ 548 6735
	31	+0·792 127 607	+0·556 024 571	+0·240 938 380	−1072 2858	+1249 0670	+ 541 4587
Nov.	1	+0·781 286 661	+0·568 430 637	+0·246 316 246	−1095 8475	+1232 0868	+ 534 0895
	2	+0·770 211 772	+0·580 665 135	+0·251 619 675	−1119 0747	+1214 7551	+ 526 5720
	3	+0·758 906 271	+0·592 724 601	+0·256 847 209	−1141 9709	+1197 0820	+ 518 9112
	4	+0·747 373 439	+0·604 605 661	+0·261 997 432	−1164 5418	+1179 0747	+ 511 1101
	5	+0·735 616 498	+0·616 304 991	+0·267 068 948	−1186 7938	+1160 7361	+ 503 1698
	6	+0·723 638 609	+0·627 819 276	+0·272 060 360	−1208 7318	+1142 0653	+ 495 0889
	7	+0·711 442 903	+0·639 145 176	+0·276 970 248	−1230 3573	+1123 0582	+ 486 8646
	8	+0·699 032 515	+0·650 279 301	+0·281 797 161	−1251 6672	+1103 7094	+ 478 4932
	9	+0·686 410 632	+0·661 218 208	+0·286 539 611	−1272 6547	+1084 0140	+ 469 9715
	10	+0·673 580 529	+0·671 958 414	+0·291 196 081	−1293 3096	+1063 9687	+ 461 2969
	11	+0·660 545 589	+0·682 496 411	+0·295 765 036	−1313 6199	+1043 5722	+ 452 4684
	12	+0·647 309 322	+0·692 828 690	+0·300 244 934	−1333 5727	+1022 8253	+ 443 4856
	13	+0·633 875 368	+0·702 951 758	+0·304 634 235	−1353 1554	+1001 7306	+ 434 3493
	14	+0·620 247 491	+0·712 862 155	+0·308 931 413	−1372 3553	+ 980 2918	+ 425 0610
	15	+0·606 429 579	+0·722 556 464	+0·313 134 956	−1391 1602	+ 958 5139	+ 415 6228
	16	+0·592 425 642	+0·732 031 319	+0·317 243 376	−1409 5583	+ 936 4021	+ 406 0367

$\dot{X}, \dot{Y}, \dot{Z}$ are in units of 10^{-9} au / d.

ICRS, ORIGIN AT SOLAR SYSTEM BARYCENTRE
FOR 0^h BARYCENTRIC DYNAMICAL TIME

Date 0^h TDB	X	Y	Z	$\dot{X}$	$\dot{Y}$	$\dot{Z}$
Nov. 16	+0·592 425 642	+0·732 031 319	+0·317 243 376	−1409 5583	+ 936 4021	+ 406 0367
17	+0·578 239 808	+0·741 283 413	+0·321 255 208	−1427 5378	+ 913 9626	+ 396 3057
18	+0·563 876 322	+0·750 309 500	+0·325 169 016	−1445 0868	+ 891 2021	+ 386 4326
19	+0·549 339 547	+0·759 106 411	+0·328 983 397	−1462 1934	+ 868 1284	+ 376 4209
20	+0·534 633 967	+0·767 671 052	+0·332 696 986	−1478 8459	+ 844 7499	+ 366 2747
21	+0·519 764 183	+0·776 000 426	+0·336 308 458	−1495 0325	+ 821 0766	+ 355 9986
22	+0·504 734 908	+0·784 091 638	+0·339 816 542	−1510 7421	+ 797 1196	+ 345 5979
23	+0·489 550 964	+0·791 941 913	+0·343 220 021	−1525 9647	+ 772 8915	+ 335 0788
24	+0·474 217 267	+0·799 548 610	+0·346 517 746	−1540 6916	+ 748 4061	+ 324 4481
25	+0·458 738 808	+0·806 909 228	+0·349 708 636	−1554 9160	+ 723 6783	+ 313 7130
26	+0·443 120 638	+0·814 021 419	+0·352 791 683	−1568 6333	+ 698 7234	+ 302 8809
27	+0·427 367 841	+0·820 882 991	+0·355 765 957	−1581 8411	+ 673 5570	+ 291 9596
28	+0·411 485 512	+0·827 491 906	+0·358 630 602	−1594 5398	+ 648 1945	+ 280 9565
29	+0·395 478 733	+0·833 846 275	+0·361 384 836	−1606 7321	+ 622 6503	+ 269 8783
30	+0·379 352 542	+0·839 944 349	+0·364 027 938	−1618 4229	+ 596 9373	+ 258 7311
Dec. 1	+0·363 111 922	+0·845 784 494	+0·366 559 244	−1629 6193	+ 571 0662	+ 247 5197
2	+0·346 761 777	+0·851 365 172	+0·368 978 129	−1640 3293	+ 545 0448	+ 236 2473
3	+0·330 306 930	+0·856 684 905	+0·371 283 992	−1650 5607	+ 518 8778	+ 224 9152
4	+0·313 752 136	+0·861 742 248	+0·373 476 235	−1660 3198	+ 492 5666	+ 213 5233
5	+0·297 102 099	+0·866 535 755	+0·375 554 254	−1669 6097	+ 466 1105	+ 202 0701
6	+0·280 361 508	+0·871 063 969	+0·377 517 426	−1678 4301	+ 439 5076	+ 190 5536
7	+0·263 535 075	+0·875 325 413	+0·379 365 109	−1686 7770	+ 412 7565	+ 178 9721
8	+0·246 627 568	+0·879 318 604	+0·381 096 647	−1694 6437	+ 385 8571	+ 167 3247
9	+0·229 643 831	+0·883 042 067	+0·382 711 383	−1702 0215	+ 358 8114	+ 155 6115
10	+0·212 588 799	+0·886 494 357	+0·384 208 663	−1708 9013	+ 331 6233	+ 143 8340
11	+0·195 467 497	+0·889 674 078	+0·385 587 856	−1715 2738	+ 304 2987	+ 131 9944
12	+0·178 285 043	+0·892 579 899	+0·386 848 353	−1721 1303	+ 276 8445	+ 120 0955
13	+0·161 046 637	+0·895 210 563	+0·387 989 580	−1726 4628	+ 249 2687	+ 108 1409
14	+0·143 757 560	+0·897 564 897	+0·389 010 997	−1731 2634	+ 221 5799	+ 96 1343
15	+0·126 423 165	+0·899 641 815	+0·389 912 106	−1735 5250	+ 193 7873	+ 84 0798
16	+0·109 048 880	+0·901 440 328	+0·390 692 449	−1739 2404	+ 165 9003	+ 71 9818
17	+0·091 640 202	+0·902 959 542	+0·391 351 612	−1742 4024	+ 137 9294	+ 59 8448
18	+0·074 202 701	+0·904 198 673	+0·391 889 233	−1745 0038	+ 109 8856	+ 47 6742
19	+0·056 742 018	+0·905 157 052	+0·392 305 004	−1747 0377	+ 81 7813	+ 35 4757
20	+0·039 263 861	+0·905 834 144	+0·392 598 677	−1748 4978	+ 53 6305	+ 23 2560
21	+0·021 773 993	+0·906 229 557	+0·392 770 078	−1749 3789	+ 25 4483	+ 11 0225
22	+0·004 278 223	+0·906 343 062	+0·392 819 108	−1749 6780	− 2 7483	− 1 2167
23	−0·013 217 624	+0·906 174 601	+0·392 745 753	−1749 3944	− 30 9419	− 13 4530
24	−0·030 707 731	+0·905 724 294	+0·392 550 086	−1748 5306	− 59 1145	− 25 6778
25	−0·048 186 320	+0·904 992 438	+0·392 232 264	−1747 0920	− 87 2489	− 37 8827
26	−0·065 647 681	+0·903 979 495	+0·391 792 522	−1745 0865	− 115 3294	− 50 0605
27	−0·083 086 196	+0·902 686 076	+0·391 231 166	−1742 5246	− 143 3422	− 62 2047
28	−0·100 496 356	+0·901 112 914	+0·390 548 556	−1739 4176	− 171 2761	− 74 3106
29	−0·117 872 770	+0·899 260 847	+0·389 745 094	−1735 7775	− 199 1222	− 86 3745
30	−0·135 210 168	+0·897 130 783	+0·388 821 213	−1731 6161	− 226 8746	− 98 3944
31	−0·152 503 389	+0·894 723 681	+0·387 777 357	−1726 9438	− 254 5296	− 110 3694
32	−0·169 747 369	+0·892 040 522	+0·386 613 973	−1721 7691	− 282 0856	− 122 2999

$\dot{X}$, $\dot{Y}$, $\dot{Z}$ are in units of 10^{-9} au / d.

Reduction for polar motion

The rotation of the Earth is represented by a diurnal rotation around a reference axis whose motion with respect to the inertial reference frame is represented by the theories of precession and nutation. This reference axis does not coincide with the axis of figure (maximum moment of inertia) of the Earth, but moves slowly (in a terrestrial reference frame) in a quasi-circular path around it. The reference axis is the celestial intermediate pole (normal to the true equator) and its motion with respect to the terrestrial reference frame is known as polar motion. The maximum amplitude of the polar motion is typically about $0''\!.3$ (corresponding to a displacement of about 9 m on the surface of the Earth) and the principal periods are about 365 and 428 days. The motion is affected by unpredictable geophysical forces and is determined from observations of stars, of radio sources and of appropriate satellites of the Earth.

The pole and origin of the terrestrial reference system – the International Terrestrial Reference System (ITRS) are defined implicitly by the adoption of a set of coordinates for the instruments that are used to determine UT1 and polar motion from astronomical and satellite observations. The position of the ITRS with respect to the Terrestrial Intermediate Reference System (TIRS) (see page B24) is defined by successive rotations through the three small angles x, y (for polar motion) and s', and then, either Greenwich apparent sidereal time (GAST) or the Earth rotation angle (θ), depending on whether the equinox or the celestial intermediate origin is the origin of the celestial system.

The angle s', is the portion due to the secular drift of the pole and positions the terrestrial intermediate origin (TIO) onto the ITRS origin (zero longitude). The value of s' (see below) is very tiny and may be set to zero unless very precise results are needed. The quantities x, y correspond to the coordinates of the celestial intermediate pole with respect to the ITRS, measured along the meridians at longitudes $0°$ and $270°$ ($90°$ west). Current values of the coordinates, x, y, of the pole for use in the reduction of observations are published by the Central Bureau of IERS. Previous values from 1970 January 1 onwards are given on page K10 at 3-monthly intervals. For precise work the values at 5-day intervals from the BIH tables should be used. Values before 1988 were published by the International Polar Motion Service. The coordinates x and y are usually measured in seconds of arc.

Polar motion causes variations in the zenith distance and azimuth of the celestial intermediate pole and hence in the values of terrestrial latitude (ϕ) and longitude (λ) that are determined from direct astronomical observations of latitude and time. To first order, the departures from the mean values ϕ_m, λ_m are given by:

$$\Delta\phi = x\cos\lambda_m - y\sin\lambda_m \quad \text{and} \quad \Delta\lambda = (x\sin\lambda_m + y\cos\lambda_m)\tan\phi_m$$

The variation in longitude must be taken into account in the determination of GMST, and hence of UT1, from observations.

The rigorous transformation of a vector $\mathbf{p}_3$ with respect to the celestial system to the corresponding vector $\mathbf{p}_4$ with respect to the terrestrial system is given by the formula:

$$\mathbf{p}_4 = \mathbf{R}_2(-x)\,\mathbf{R}_1(-y)\,\mathbf{R}_3(s')\,\mathbf{R}_3(A)\,\mathbf{p}_3$$

and conversely,

$$\mathbf{p}_3 = \mathbf{R}_3(-A)\,\mathbf{R}_3(-s')\,\mathbf{R}_1(y)\,\mathbf{R}_2(x)\,\mathbf{p}_4$$

where

$$s' = -0''\!.000\,047\,T$$

and T is measured in Julian centuries of 365 25 days from 245 1545·0 at 0^h TT.

The method to form the vector $\mathbf{p}_3$ is given on page B61. The quantity A depends on whether the true equinox or the celestial intermediate origin (CIO) is used, viz:

Equinox method	*CIO method*
where A = GAST, Greenwich apparent sidereal time, tabulated daily at 0^h UT1 on pages B12–B19. GAST must be used if $\mathbf{p}_3$ is an equinox based position,	or $A = \theta$, the Earth rotation angle, tabulated daily at 0^h UT1 on pages B20–B23. ERA must be used when $\mathbf{p}_3$ is a CIO based position.

Note, $\mathbf{R}_1(\alpha)$, $\mathbf{R}_2(\alpha)$, $\mathbf{R}_3(\alpha)$ are, respectively, the matrices:

$$\begin{bmatrix} 1 & 0 & 0 \\ 0 & \cos\alpha & \sin\alpha \\ 0 & -\sin\alpha & \cos\alpha \end{bmatrix} \quad \begin{bmatrix} \cos\alpha & 0 & -\sin\alpha \\ 0 & 1 & 0 \\ \sin\alpha & 0 & \cos\alpha \end{bmatrix} \quad \begin{bmatrix} \cos\alpha & \sin\alpha & 0 \\ -\sin\alpha & \cos\alpha & 0 \\ 0 & 0 & 1 \end{bmatrix}$$

corresponding to rotations α about the x, y and z axes. The vector $\mathbf{p}$ could represent, for example, the coordinates of a point on the Earth's surface or of a satellite in orbit around the Earth.

Reduction for diurnal parallax and diurnal aberration

The computation of diurnal parallax and aberration due to the displacement of the observer from the centre of the Earth requires a knowledge of the geocentric coordinates (ρ, geocentric distance in units of the Earth's equatorial radius, and ϕ', geocentric latitude, see page K11) of the place of observation, and the relationship between the ITRF meridian and CIO (Greenwich apparent sidereal time or Earth rotation angle, depending on the origin of the right ascension).

For bodies whose equatorial horizontal parallax (π) normally amounts to only a few seconds of arc the corrections for diurnal parallax in right ascension and declination (in the sense geocentric place *minus* topocentric place) are given by:

$$\Delta\alpha = \pi(\rho\cos\phi'\sin h \sec\delta)$$
$$\Delta\delta = \pi(\rho\sin\phi'\cos\delta - \rho\cos\phi'\cos h \sin\delta)$$

and

$$h = \text{GAST} - \alpha_e + \lambda = \theta - \alpha_i + \lambda$$

where h is the local hour angle, and λ is the longitude. $\text{GAST} - \alpha_e$ is the hour angle calculated from the Greenwich apparent sidereal time and the equinox-right ascension, whereas $\theta - \alpha_i$ is the hour angle formed from the Earth rotation angle and the right ascension with respect to the celestial intermediate origin. π may be calculated from $8\rlap{.}''794$ divided by the geocentric distance of the body (in au). For the Moon (and other very close bodies) more precise formulae are required (see page D3).

The corrections for diurnal aberration in right ascension and declination (in the sense apparent place *minus* mean place) are given by:

$$\Delta\alpha = 0\rlap{.}^s0213\,\rho\cos\phi'\cos h \sec\delta \quad \Delta\delta = 0\rlap{.}''319\,\rho\cos\phi'\sin h \sin\delta$$

For a body at transit the local hour angle (h) is zero and so $\Delta\delta$ is zero, but

$$\Delta\alpha = \pm0\rlap{.}^s0213\,\rho\cos\phi'\sec\delta$$

where the plus and minus signs are used for the upper and lower transits, respectively; this may be regarded as a correction to the time of transit.

Alternatively, the effects may be computed in rectangular coordinates using the following expressions for the geocentric coordinates and velocity components of the observer with respect to the celestial equatorial reference system:

$$\text{position:} \quad (a\rho\cos\phi'\cos A, \ a\rho\cos\phi'\sin A, \ a\rho\sin\phi')$$
$$\text{velocity:} \quad (-a\omega\rho\cos\phi'\sin A, \ a\omega\rho\cos\phi'\cos A, \ 0)$$

where A is the local sidereal time (mean or apparent) or the Earth rotation angle (as appropriate), a is the equatorial radius of the Earth and ω the angular velocity of the Earth.

A = Greenwich sidereal time or Earth rotation angle + east longitude

$$a\omega = 0.464 \text{ km/s} = 0.268 \times 10^{-3} \text{au/d} \qquad c = 2.998 \times 10^5 \text{ km/s} = 173.14 \text{ au/d}$$

$$a\omega/c = 1.55 \times 10^{-6} \text{ rad} = 0''.319 = 0^s.0213$$

These geocentric position and velocity vectors of the observer are added to the barycentric position and velocity of the Earth's centre, respectively, to obtain the corresponding barycentric vectors of the observer.

Conversion to altitude and azimuth

It is convenient to use the local hour angle (h) as an intermediary in the conversion from the right ascension $(\alpha_e$ or $\alpha_i)$ and declination (δ) to the azimuth (A) and altitude (a).

In order to determine the local hour angle corresponding to the UT1 of the observation, first obtain either Greenwich apparent sidereal time (GAST), see pages B12–B19, or the Earth rotation angle (θ) tabulated on pages B20–B23. This choice depends on whether the right ascension is with respect to the equinox or the celestial intermediate origin, respectively. The formulae are:

$$h = \text{GAST} + \lambda - \alpha_e = \theta + \lambda - \alpha_i$$

then
$$\cos a \sin A = -\cos \delta \sin h$$
$$\cos a \cos A = \quad \sin \delta \cos \phi - \cos \delta \cos h \sin \phi$$
$$\sin a = \quad \sin \delta \sin \phi + \cos \delta \cos h \cos \phi$$

where azimuth (A) is measured from the north through east in the plane of the horizon, altitude (a) is measured perpendicular to the horizon, and λ, ϕ are the astronomical values of the east longitude and latitude of the place of observation. The plane of the horizon is defined to be perpendicular to the apparent direction of gravity. Zenith distance is given by $z = 90° - a$.

For most purposes the values of the geodetic longitude and latitude may be used but in some cases the effects of local gravity anomalies and polar motion must be included. For full precision, the values of α, δ must be corrected for diurnal parallax and diurnal aberration. The inverse formulae are:

$$\cos \delta \sin h = -\cos a \sin A$$
$$\cos \delta \cos h = \quad \sin a \cos \phi - \cos a \cos A \sin \phi$$
$$\sin \delta = \quad \sin a \sin \phi + \cos a \cos A \cos \phi$$

Correction for refraction

For most astronomical purposes the effect of refraction in the Earth's atmosphere is to decrease the zenith distance (computed by the formulae of the previous section) by an amount R that depends on the zenith distance and on the meteorological conditions at the site. A simple expression for R for zenith distances less than $75°$ (altitudes greater than $15°$) is:

$$R = 0°.004\ 52\ P \tan z/(273 + T)$$
$$= 0°.004\ 52\ P/((273 + T) \tan a)$$

where T is the temperature (°C) and P is the barometric pressure (millibars). This formula is usually accurate to about $0'.1$ for altitudes above $15°$, but the error increases rapidly at lower altitudes, especially in abnormal meteorological conditions. For observed apparent altitudes below $15°$ use the approximate formula:

$$R = P(0.1594 + 0.0196a + 0.000\ 02a^2)/[(273 + T)(1 + 0.505a + 0.0845a^2)]$$

where the altitude a is in degrees.

DETERMINATION OF LATITUDE AND AZIMUTH

Use of the Polaris Table

The table on pages B81-B84 gives data for obtaining latitude from an observed altitude of Polaris (suitably corrected for instrumental errors and refraction) and the azimuth of this star (measured from north, positive to the east and negative to the west), for all hour angles and northern latitudes. The six tabulated quantities, each given to a precision of $0\overset{\prime}{.}1$, are a_0, a_1, a_2, referring to the correction to altitude, and b_0, b_1, b_2, to the azimuth.

$$\text{latitude} = \text{corrected observed altitude } + a_0 + a_1 + a_2$$
$$\text{azimuth} = (b_0 + b_1 + b_2)/\cos(\text{latitude})$$

The table is to be entered with the local sidereal time of observation (LST), and gives the values of a_0, b_0 directly; interpolation, with maximum differences of $0\overset{\prime}{.}7$, can be done mentally. In the same vertical column, the values of a_1, b_1 are found with the latitude, and those of a_2, b_2 with the date, as argument. Thus all six quantities can, if desired, be extracted together. The errors due to the adoption of a mean value of the local sidereal time for each of the subsidiary tables have been reduced to a minimum, and the total error is not likely to exceed $0\overset{\prime}{.}2$. Interpolation between columns should not be attempted.

The observed altitude must be corrected for refraction before being used to determine the astronomical latitude of the place of observation. Both the latitude and the azimuth so obtained are affected by local gravity anomalies.

Pole Star formulae

The formulae below provide a method for obtaining latitude from the observed altitude of one of the pole stars, *Polaris* or σ Octantis, and an assumed *east* longitude of the observer λ. In addition, the azimuth of a pole star may be calculated from an assumed *east* longitude λ and the observed altitude a, or from λ and an assumed latitude ϕ. An error of $0\overset{\circ}{.}002$ in a or $0\overset{\circ}{.}1$ in λ will produce an error of about $0\overset{\circ}{.}002$ in the calculated latitude. Likewise an error of $0\overset{\circ}{.}03$ in λ, a or ϕ will produce an error of about $0\overset{\circ}{.}002$ in the calculated azimuth for latitudes below $70°$.

Step 1. Calculate the hour angle HA and polar distance p, in degrees, from expressions of the form:

$$\text{HA} = a_0 + a_1 L + a_2 \sin L + a_3 \cos L + 15\,t$$
$$p = a_0 + a_1 L + a_2 \sin L + a_3 \cos L$$

where $\quad\quad L = 0\overset{\circ}{.}985\ 65\,d$

$\quad\quad\quad\quad\quad d = \text{day of year (from pages B4–B5)} + t/24$

and where the coefficients a_0, a_1, a_2, a_3 are given in the table below, t is the universal time in hours, d is the interval in days from 2006 January 0 at 0^h UT1 to the time of observation, and the quantity L is in degrees. In the above formulae d is required to two decimals of a day, L to two decimals of a degree and t to three decimals of an hour.

Step 2. Calculate the local hour angle *LHA* from:

$$LHA = \text{HA} + \lambda \quad \text{(add or subtract multiples of } 360°\text{)}$$

where λ is the assumed longitude measured east from the Greenwich meridian.

Form the quantities: $\quad S = p \sin(LHA) \quad\quad C = p \cos(LHA)$

Step 3. The latitude of the place of observation, in degrees, is given by:

$$\text{latitude} = a - C + 0{\cdot}0087\,S^2 \tan a$$

where a is the observed altitude of the pole star after correction for instrument error and atmospheric refraction.

Step 4. The azimuth of the pole star, in degrees, is given by:

$$\text{azimuth of } Polaris = -S/\cos a$$
$$\text{azimuth of } \sigma \text{ Octantis} = 180° + S/\cos a$$

where azimuth is measured eastwards around the horizon from north.

In step 4, if a has not been observed, use the quantity:

$$a = \phi + C - 0.0087\, S^2 \tan \phi$$

where ϕ is an assumed latitude, taken to be positive in either hemisphere.

POLE STAR COEFFICIENTS FOR 2006

| | *Polaris* | | σ Octantis | |
	GHA	p	GHA	p
	°	°	°	°
a_0	60·00	0·7083	140·94	1·0666
a_1	0·999 04	−0·0000 118	0·999 38	0·0000 119
a_2	0·37	−0·0024	0·18	0·0040
a_3	−0·24	−0·0049	0·23	−0·0036

LST	0^h		1^h		2^h		3^h		4^h		5^h	
	a_0	b_0	a_0	b_0	a_0	b_0	a_0	b_0	a_0	b_0	a_0	b_0
m	′	′	′	′	′	′	′	′	′	′	′	′
0	−32·4	+27·3	−38·4	+17·9	−41·7	+7·2	−42·1	−4·0	−39·6	−14·9	−34·4	−24·7
3	32·8	26·9	38·6	17·4	41·8	6·7	42·1	4·5	39·4	15·4	34·1	25·2
6	33·1	26·5	38·8	16·9	41·9	6·1	42·0	5·1	39·2	15·9	33·8	25·6
9	33·5	26·0	39·0	16·4	41·9	5·6	41·9	5·6	39·0	16·4	33·4	26·1
12	33·8	25·6	39·3	15·9	42·0	5·0	41·9	6·2	38·8	16·9	33·1	26·5
15	−34·1	+25·1	−39·5	+15·3	−42·1	+4·5	−41·8	−6·7	−38·6	−17·5	−32·7	−26·9
18	34·5	24·7	39·7	14·8	42·1	3·9	41·7	7·3	38·3	18·0	32·4	27·4
21	34·8	24·2	39·8	14·3	42·2	3·3	41·6	7·8	38·1	18·5	32·0	27·8
24	35·1	23·8	40·0	13·8	42·2	2·8	41·5	8·4	37·9	19·0	31·7	28·2
27	35·4	23·3	40·2	13·2	42·2	2·2	41·4	8·9	37·6	19·5	31·3	28·6
30	−35·7	+22·8	−40·4	+12·7	−42·3	+1·7	−41·2	−9·5	−37·4	−20·0	−30·9	−29·0
33	36·0	22·4	40·5	12·2	42·3	1·1	41·1	10·0	37·1	20·5	30·5	29·4
36	36·3	21·9	40·7	11·6	42·3	+0·5	41·0	10·6	36·8	21·0	30·1	29·8
39	36·6	21·4	40·8	11·1	42·3	0·0	40·8	11·1	36·5	21·4	29·7	30·2
42	36·8	20·9	41·0	10·5	42·3	−0·6	40·7	11·7	36·3	21·9	29·3	30·6
45	−37·1	+20·4	−41·1	+10·0	−42·3	−1·1	−40·5	−12·2	−36·0	−22·4	−28·9	−31·0
48	37·4	19·9	41·2	9·4	42·3	1·7	40·4	12·7	35·7	22·9	28·5	31·4
51	37·6	19·4	41·4	8·9	42·2	2·3	40·2	13·3	35·4	23·3	28·1	31·8
54	37·9	18·9	41·5	8·3	42·2	2·8	40·0	13·8	35·1	23·8	27·7	32·1
57	38·1	18·4	41·6	7·8	42·2	3·4	39·8	14·3	34·7	24·3	27·3	32·5
60	−38·4	+17·9	−41·7	+7·2	−42·1	−4·0	−39·6	−14·9	−34·4	−24·7	−26·8	−32·8

Lat.	a_1	b_1	a_1	b_1	a_1	b_1	a_1	b_1	a_1	b_1	a_1	b_1
°												
0	−·1	−·3	·0	−·2	·0	·0	·0	+·1	−·1	+·3	−·1	+·3
10	−·1	−·2	·0	−·1	·0	·0	·0	+·1	−·1	+·2	−·1	+·3
20	−·1	−·2	·0	−·1	·0	·0	·0	+·1	·0	+·2	−·1	+·2
30	·0	·1	·0	−·1	·0	·0	·0	+·1	·0	+·1	−·1	+·2
40	·0	−·1	·0	−·1	·0	·0	·0	0	·0	+·1	·0	+·1
45	·0	·0	·0	·0	·0	·0	·0	·0	·0	·0	·0	·0
50	·0	·0	·0	·0	·0	·0	·0	·0	·0	0	·0	·0
55	·0	+·1	·0	·0	·0	·0	·0	·0	·0	−·1	·0	−·1
60	·0	+·1	·0	+·1	·0	0	·0	−·1	·0	−·1	+·1	−·1
62	+·1	+·2	·0	+·1	·0	·0	·0	−·1	·0	−·1	+·1	−·2
64	+·1	+·2	·0	+·1	·0	·0	·0	−·1	·0	−·2	+·1	−·2
66	+·1	+·2	·0	+·2	·0	·0	·0	−·1	+·1	−·2	+·1	−·3

Month	a_2	b_2	a_2	b_2	a_2	b_2	a_2	b_2	a_2	b_2	a_2	b_2
Jan.	+·1	−·1	+·1	−·1	+·1	·0	+·1	·0	+·1	·0	+·1	+·1
Feb.	·0	−·2	+·1	−·2	+·1	−·2	+·2	−·1	+·2	−·1	+·2	·0
Mar.	−·1	−·3	·0	−·3	+·1	−·3	+·1	−·3	+·2	−·2	+·3	−·2
Apr.	−·3	−·3	−·2	−·3	−·1	−·4	·0	−·4	+·1	−·4	+·2	−·3
May	−·4	−·2	−·3	−·3	−·2	−·3	−·1	−·4	·0	−·4	+·1	−·4
June	−·4	·0	−·4	−·1	−·3	−·2	−·3	−·3	−·2	−·4	−·1	−·4
July	−·4	+·1	−·4	·0	−·4	−·1	−·3	−·2	−·3	−·3	−·2	−·3
Aug.	−·2	+·2	−·3	+·2	−·3	+·1	−·3	·0	−·3	−·1	−·3	−·2
Sept.	−·1	+·3	−·1	+·3	−·2	+·2	−·3	+·2	−·3	+·1	−·3	·0
Oct.	+·1	+·3	·0	+·3	·0	+·3	−·1	+·3	−·2	+·3	−·3	+·2
Nov.	+·3	+·3	+·2	+·3	+·1	+·4	·0	+·4	−·1	+·4	−·2	+·4
Dec.	+·4	+·1	+·4	+·2	+·3	+·3	+·2	+·4	+·1	+·4	·0	+·4

Latitude = Corrected observed altitude of *Polaris* + $a_0 + a_1 + a_2$

Azimuth of *Polaris* = $(b_0 + b_1 + b_2) /$ cos (latitude)

POLARIS TABLE, 2006

LST	6^h		7^h		8^h		9^h		10^h		11^h	
	a_0	b_0	a_0	b_0	a_0	b_0	a_0	b_0	a_0	b_0	a_0	b_0
m	′	′	′	′	′	′	′	′	′	′	′	′
0	−26·8	−32·8	−17·4	−38·7	− 6·8	−41·8	+ 4·2	−42·1	+14·9	−39·5	+24·6	−34·2
3	26·4	33·2	16·9	38·9	6·3	41·9	4·8	42·0	15·5	39·3	25·1	33·9
6	26·0	33·5	16·4	39·1	5·7	42·0	5·3	41·9	16·0	39·1	25·5	33·6
9	25·5	33·9	15·9	39·3	5·2	42·0	5·8	41·9	16·5	38·9	26·0	33·2
12	25·1	34·2	15·4	39·5	4·6	42·1	6·4	41·8	17·0	38·6	26·4	32·9
15	−24·6	−34·5	−14·9	−39·7	− 4·1	−42·1	+ 6·9	−41·7	+17·5	−38·4	+26·8	−32·6
18	24·2	34·8	14·3	39·9	3·5	42·2	7·5	41·6	18·0	38·2	27·2	32·2
21	23·7	35·2	13·8	40·1	3·0	42·2	8·0	41·5	18·5	37·9	27·7	31·8
24	23·3	35·5	13·3	40·3	2·4	42·3	8·6	41·4	19·0	37·7	28·1	31·5
27	22·8	35·8	12·8	40·4	1·9	42·3	9·1	41·2	19·5	37·4	28·5	31·1
30	−22·3	−36·1	−12·2	−40·6	− 1·3	−42·3	+ 9·7	−41·1	+20·0	−37·2	+28·9	−30·7
33	21·9	36·4	11·7	40·7	0·8	42·3	10·2	41·0	20·4	36·9	29·3	30·4
36	21·4	36·6	11·2	40·9	− 0·2	42·3	10·7	40·8	20·9	36·6	29·7	30·0
39	20·9	36·9	10·6	41·0	+ 0·3	42·3	11·3	40·7	21·4	36·4	30·1	29·6
42	20·4	37·2	10·1	41·2	0·9	42·3	11·8	40·5	21·9	36·1	30·5	29·2
45	−19·9	−37·4	− 9·6	−41·3	+ 1·4	−42·3	+12·3	−40·4	+22·3	−35·8	+30·8	−28·8
48	19·4	37·7	9·0	41·4	2·0	42·2	12·8	40·2	22·8	35·5	31·2	28·4
51	18·9	38·0	8·5	41·5	2·5	42·2	13·4	40·0	23·3	35·2	31·6	28·0
54	18·4	38·2	7·9	41·6	3·1	42·2	13·9	39·9	23·7	34·9	32·0	27·6
57	17·9	38·4	7·4	41·7	3·7	42·1	14·4	39·7	24·2	34·6	32·3	27·1
60	−17·4	−38·7	− 6·8	−41·8	+ 4·2	−42·1	+14·9	−39·5	+24·6	−34·2	+32·7	−26·7

Lat.	a_1	b_1	a_1	b_1	a_1	b_1	a_1	b_1	a_1	b_1	a_1	b_1
°												
0	−·2	+·3	−·3	+·2	−·3	·0	−·3	−·1	−·2	−·3	−·2	−·3
10	−·2	+·2	−·2	+·1	−·3	·0	−·3	−·1	−·2	−·2	−·1	−·3
20	−·2	+·2	−·2	+·1	−·2	·0	−·2	−·1	−·2	−·2	−·1	−·2
30	−·1	+·1	−·1	+·1	−·2	·0	−·2	−·1	−·1	−·1	−·1	−·2
40	−·1	+·1	−·1	+·1	−·1	·0	−·1	−·0	−·1	−·1	·0	−·1
45	·0	·0	·0	·0	·0	·0	·0	·0	·0	·0	·0	·0
50	·0	·0	·0	·0	·0	·0	·0	·0	·0	·0	·0	·0
55	·0	−·1	+·1	·0	+·1	·0	+·1	·0	·0	+·1	·0	+·1
60	+·1	−·1	+·1	−·1	+·1	·0	+·1	+·1	+·1	+·1	+·1	+·1
62	+·1	−·2	+·2	−·1	+·2	·0	+·2	+·1	+·1	+·1	+·1	+·2
64	+·2	−·2	+·2	−·1	+·2	·0	+·2	+·1	+·2	+·2	+·1	+·2
66	+·2	−·2	+·3	−·2	+·3	·0	+·3	+·1	+·2	+·2	+·1	+·3

Month	a_2	b_2	a_2	b_2	a_2	b_2	a_2	b_2	a_2	b_2	a_2	b_2
Jan.	+·1	+·1	+·1	+·1	·0	+·1	·0	+·1	·0	+·1	−·1	+·1
Feb.	+·2	·0	+·2	+·1	+·2	+·1	+·1	+·2	+·1	+·2	·0	+·2
Mar.	+·3	−·1	+·3	·0	+·3	+·1	+·3	+·1	+·2	+·2	+·2	+·3
Apr.	+·3	−·3	+·3	−·2	+·4	−·1	+·4	·0	+·4	+·1	+·3	+·2
May	+·2	−·4	+·3	−·3	+·3	−·2	+·4	−·1	+·4	·0	+·4	+·1
June	·0	−·4	+·1	−·4	+·2	−·3	+·3	−·3	+·4	−·2	+·4	−·1
July	−·1	−·4	·0	−·4	+·1	−·4	+·2	−·3	+·3	−·3	+·3	−·2
Aug.	−·2	−·2	−·2	−·3	−·1	−·3	·0	−·3	+·1	−·3	+·2	−·3
Sept.	−·3	−·1	−·3	−·1	−·2	−·2	−·2	−·3	−·1	−·3	·0	−·3
Oct.	−·3	+·1	−·3	·0	−·3	·0	−·3	−·1	−·3	−·2	−·2	−·3
Nov.	−·3	+·3	−·3	+·2	−·4	+·1	−·4	·0	−·4	−·1	−·4	−·2
Dec.	−·1	+·4	−·2	+·4	−·3	+·3	−·4	+·2	−·4	+·1	−·4	·0

Latitude = Corrected observed altitude of *Polaris* + a_0 + a_1 + a_2

Azimuth of *Polaris* = (b_0 + b_1 + b_2) / cos (latitude)

LST	12ʰ a_0	b_0	13ʰ a_0	b_0	14ʰ a_0	b_0	15ʰ a_0	b_0	16ʰ a_0	b_0	17ʰ a_0	b_0
m	′	′	′	′	′	′	′	′	′	′	′	′
0	+32·7	−26·7	+38·5	−17·5	+41·7	−7·0	+42·1	+3·8	+39·7	+14·5	+34·6	+24·1
3	33·0	26·3	38·7	17·0	41·8	6·5	42·1	4·4	39·5	15·0	34·3	24·6
6	33·4	25·9	38·9	16·5	41·9	6·0	42·0	4·9	39·3	15·5	34·0	25·0
9	33·7	25·4	39·1	15·9	41·9	5·4	41·9	5·5	39·1	16·0	33·7	25·5
12	34·0	25·0	39·3	15·4	42·0	4·9	41·9	6·0	38·9	16·5	33·3	25·9
15	+34·3	−24·5	+39·5	−14·9	+42·1	−4·3	+41·8	+6·5	+38·7	+17·0	+33·0	+26·3
18	34·7	24·1	39·7	14·4	42·1	3·8	41·7	7·1	38·5	17·5	32·6	26·8
21	35·0	23·6	39·9	13·9	42·2	3·2	41·6	7·6	38·2	18·0	32·3	27·2
24	35·3	23·2	40·1	13·4	42·2	2·7	41·5	8·2	38·0	18·5	31·9	27·6
27	35·6	22·7	40·3	12·9	42·2	2·2	41·4	8·7	37·7	19·0	31·6	28·0
30	+35·9	−22·3	+40·4	−12·3	+42·3	−1·6	+41·3	+9·2	+37·5	+19·5	+31·2	+28·4
33	36·2	21·8	40·6	11·8	42·3	1·1	41·1	9·8	37·2	19·9	30·8	28·8
36	36·4	21·3	40·7	11·3	42·3	−0·5	41·0	10·3	37·0	20·4	30·4	29·2
39	36·7	20·9	40·9	10·8	42·3	0·0	40·9	10·8	36·7	20·9	30·0	29·6
42	37·0	20·4	41·0	10·2	42·3	+0·6	40·7	11·3	36·4	21·4	29·7	30·0
45	+37·3	19·9	+41·2	−9·7	+42·3	+1·1	+40·6	+11·9	+36·1	+21·8	+29·3	+30·4
48	37·5	19·4	41·3	9·2	42·3	1·7	40·4	12·4	35·9	22·3	28·9	30·8
51	37·8	18·9	41·4	8·6	42·2	2·2	40·3	12·9	35·6	22·8	28·5	31·1
54	38·0	18·4	41·5	8·1	42·2	2·7	40·1	13·4	35·3	23·2	28·0	31·5
57	38·2	17·9	41·6	7·6	42·2	3·3	39·9	13·9	34·9	23·7	27·6	31·9
60	+38·5	−17·5	+41·7	−7·0	+42·1	+3·8	+39·7	+14·5	+34·6	+24·1	+27·2	+32·2

Lat.	a_1	b_1	a_1	b_1	a_1	b_1	a_1	b_1	a_1	b_1	a_1	b_1
°												
0	−·1	−·3	·0	−·2	·0	·0	·0	+·1	−·1	+·3	−·1	+·3
10	−·1	−·2	0	·1	·0	·0	·0	+·1	−·1	+·2	−·1	+·3
20	−·1	−·2	·0	−·1	·0	·0	·0	+·1	·0	+·2	−·1	+·2
30	·0	−·1	·0	−·1	·0	·0	·0	+·1	·0	+·1	−·1	+·2
40	·0	−·1	·0	−·1	·0	·0	·0	·0	·0	+·1	·0	+·1
45	·0	·0	·0	·0	·0	·0	·0	·0	·0	·0	·0	·0
50	·0	·0	·0	·0	·0	0	·0	·0	·0	·0	·0	·0
55	·0	+·1	·0	·0	·0	·0	·0	·0	·0	−·1	·0	−·1
60	·0	+·1	·0	+·1	·0	·0	·0	−·1	·0	−·1	+·1	−·1
62	+·1	+·2	·0	+·1	·0	·0	·0	−·1	·0	−·1	+·1	−·2
64	+·1	+·2	·0	+·1	·0	·0	·0	−·1	·0	−·2	+·1	−·2
66	+·1	+·2	·0	+·2	·0	·0	·0	−·1	+·1	−·2	+·1	−·3

Month	a_2	b_2	a_2	b_2	a_2	b_2	a_2	b_2	a_2	b_2	a_2	b_2
Jan.	−·1	+·1	−·1	+·1	−·1	·0	−·1	·0	−·1	·0	−·1	−·1
Feb.	·0	+·2	−·1	+·2	−·1	+·2	−·2	+·1	−·2	+·1	−·2	·0
Mar.	+·1	+·3	·0	+·3	−·1	+·3	−·1	+·3	−·2	+·2	−·3	+·2
Apr.	+·3	+·3	+·2	+·3	+·1	+·4	·0	+·4	−·1	+·4	−·2	+·3
May	+·4	+·2	+·3	+·3	+·2	+·3	+·1	+·4	·0	+·4	−·1	+·4
June	+·4	·0	+·4	+·1	+·3	+·2	+·3	+·3	+·2	+·4	+·1	+·4
July	+·4	−·1	+·4	·0	+·4	+·1	+·3	+·2	+·3	+·3	+·2	+·3
Aug.	+·2	−·2	+·3	−·2	+·3	−·1	+·3	·0	+·3	+·1	+·3	+·2
Sept.	+·1	−·3	+·1	−·3	+·2	−·2	+·3	−·2	+·3	−·1	+·3	·0
Oct.	−·1	−·3	·0	−·3	·0	−·3	+·1	−·3	+·2	−·3	+·3	−·2
Nov.	−·3	−·3	−·2	−·3	−·1	−·4	·0	−·4	+·1	−·4	+·2	−·4
Dec.	−·4	−·1	−·4	−·2	−·3	−·3	−·2	−·4	−·1	−·4	·0	−·4

Latitude = Corrected observed altitude of *Polaris* + $a_0 + a_1 + a_2$

Azimuth of *Polaris* = $(b_0 + b_1 + b_2) / \cos(\text{latitude})$

LST	18ʰ		19ʰ		20ʰ		21ʰ		22ʰ		23ʰ	
	a_0	b_0	a_0	b_0	a_0	b_0	a_0	b_0	a_0	b_0	a_0	b_0
m	'	'	'	'	'	'	'	'	'	'	'	'
0	+27.2	+32.2	+17.9	+38.2	+ 7.4	+41.6	− 3.6	+42.2	−14.4	+39.9	−24.2	+34.8
3	26.8	32.6	17.4	38.4	6.9	41.7	4.1	42.1	14.9	39.7	24.7	34.5
6	26.4	32.9	16.9	38.6	6.4	41.8	4.7	42.1	15.4	39.5	25.1	34.2
9	25.9	33.3	16.4	38.9	5.8	41.9	5.2	42.0	15.9	39.3	25.6	33.8
12	25.5	33.6	15.9	39.1	5.3	41.9	5.8	41.9	16.5	39.1	26.0	33.5
15	+25.0	+33.9	+15.4	+39.3	+ 4.7	+42.0	− 6.3	+41.9	−17.0	+38.9	−26.5	+33.2
18	24.6	34.3	14.9	39.5	4.2	42.1	6.9	41.8	17.5	38.6	26.9	32.8
21	24.2	34.6	14.4	39.7	3.6	42.1	7.4	41.7	18.0	38.4	27.3	32.5
24	23.7	34.9	13.9	39.9	3.1	42.2	8.0	41.6	18.5	38.2	27.7	32.1
27	23.2	35.2	13.3	40.1	2.5	42.2	8.5	41.5	19.0	37.9	28.2	31.7
30	+22.8	+35.5	+12.8	+40.2	+ 1.9	+42.2	− 9.1	+41.4	−19.5	+37.7	−28.6	+31.4
33	22.3	35.8	12.3	40.4	1.4	42.3	9.6	41.3	20.0	37.4	29.0	31.0
36	21.8	36.1	11.7	40.6	0.8	42.3	10.1	41.1	20.5	37.2	29.4	30.6
39	21.4	36.4	11.2	40.7	+ 0.3	42.3	10.7	41.0	20.9	36.9	29.8	30.2
42	20.9	36.7	10.7	40.9	− 0.3	42.3	11.2	40.9	21.4	36.6	30.2	29.8
45	+20.4	+36.9	+10.1	+41.0	− 0.8	+42.3	−11.8	+40.7	−21.9	+36.3	−30.6	+29.4
48	19.9	37.2	9.6	41.1	1.4	42.3	12.3	40.6	22.4	36.0	30.9	29.0
51	19.4	37.4	9.1	41.3	1.9	42.3	12.8	40.4	22.8	35.7	31.3	28.6
54	18.9	37.7	8.5	41.4	2.5	42.2	13.3	40.2	23.3	35.4	31.7	28.2
57	18.4	37.9	8.0	41.5	3.0	42.2	13.9	40.1	23.8	35.1	32.0	27.8
60	+17.9	+38.2	+ 7.4	+41.6	− 3.6	+42.2	−14.4	+39.9	−24.2	+34.8	−32.4	+27.3

Lat.	a_1	b_1	a_1	b_1	a_1	b_1	a_1	b_1	a_1	b_1	a_1	b_1
°												
0	−.2	+.3	−.3	+.2	−.3	.0	−.3	−.1	−.2	−.3	−.2	−.3
10	−.2	+.2	−.2	+.1	−.3	.0	−.3	−.1	−.2	−.2	−.1	−.3
20	−.2	+.2	−.2	+.1	−.2	.0	−.2	−.1	−.2	−.2	−.1	−.2
30	−.1	+.1	−.1	+.1	−.2	.0	−.2	−.1	−.1	−.1	−.1	−.2
40	−.1	+.1	−.1	+.1	−.1	.0	−.1	.0	−.1	−.1	.0	−.1
45	.0	.0	.0	.0	.0	.0	.0	.0	.0	.0	.0	.0
50	.0	.0	.0	.0	.0	.0	.0	.0	.0	.0	.0	.0
55	.0	−.1	+.1	.0	+.1	.0	+.1	.0	.0	+.1	.0	+.1
60	+.1	−.1	+.1	−.1	+.1	.0	+.1	+.1	+.1	+.1	+.1	+.1
62	+.1	−.2	+.2	−.1	+.2	.0	+.2	+.1	+.1	+.1	+.1	+.2
64	+.2	−.2	+.2	−.1	+.2	.0	+.2	+.1	+.2	+.2	+.1	+.2
66	+.2	−.2	+.3	−.2	+.3	.0	+.3	+.1	+.2	+.2	+.1	+.3

Month	a_2	b_2	a_2	b_2	a_2	b_2	a_2	b_2	a_2	b_2	a_2	b_2
Jan.	−.1	−.1	−.1	−.1	.0	−.1	.0	−.1	.0	−.1	+.1	−.1
Feb.	−.2	.0	−.2	−.1	−.2	−.1	−.1	−.2	−.1	−.2	.0	−.2
Mar.	−.3	+.1	−.3	.0	−.3	−.1	−.3	−.1	−.2	−.2	−.2	−.3
Apr.	−.3	+.3	−.3	+.2	−.4	+.1	−.4	.0	−.4	−.1	−.3	−.2
May	−.2	+.4	−.3	+.3	−.3	+.2	−.4	+.1	−.4	.0	−.4	−.1
June	.0	+.4	−.1	+.4	−.2	+.3	−.3	+.3	−.4	+.2	−.4	+.1
July	+.1	+.4	.0	+.4	−.1	+.4	−.2	+.3	−.3	+.3	−.3	+.2
Aug.	+.2	+.2	+.2	+.3	+.1	+.3	.0	+.3	−.1	+.3	−.2	+.3
Sept.	+.3	+.1	+.3	+.1	+.2	+.2	+.2	+.3	+.1	+.3	.0	+.3
Oct.	+.3	−.1	+.3	.0	+.3	.0	+.3	+.1	+.3	+.2	+.2	+.3
Nov.	+.3	−.3	+.3	−.2	+.4	−.1	+.4	.0	+.4	+.1	+.4	+.2
Dec.	+.1	−.4	+.2	−.4	+.3	−.3	+.4	−.2	+.4	−.1	+.4	.0

Latitude = Corrected observed altitude of *Polaris* + a_0 + a_1 + a_2

Azimuth of *Polaris* = $(b_0 + b_1 + b_2) / \cos(\text{latitude})$

CONTENTS OF SECTION C

NOTES AND FORMULAS

Mean orbital elements of the Sun

Mean elements of the orbit of the Sun, referred to the mean equinox and ecliptic of date, are given by the following expressions. The time argument d is the interval in days from 2006 January 0, 0^h TT. These expressions are intended for use only during the year of this volume.

$d = $ JD $- 245\,3735.5 = $ day of year (from B4–B5) + fraction of day from 0^h TT.

Geometric mean longitude: $279°\!.526\,989 + 0.985\,647\,36\,d$

Mean longitude of perigee: $283°\!.040\,463 + 0.000\,047\,07\,d$

Mean anomaly: $356°\!.486\,527 + 0.985\,600\,28\,d$

Eccentricity: $0.016\,683\,38 - 0.000\,000\,0116\,d$

Mean obliquity of the ecliptic with respect to the mean equator of date:
$$23°\!.438\,511 - 0.000\,000\,36\,d$$

The position of the ecliptic of date with respect to the ecliptic of the standard epoch is given by formulas on page B29.

Accurate osculating elements of the Earth/Moon barycenter are given on pages E3–E4.

Lengths of principal years

The lengths of the principal years at 2006.0 as derived from the Sun's mean motion are:

		d	d h m s
tropical year	(equinox to equinox)	365.242 190	365 05 48 45.2
sidereal year	(fixed star to fixed star)	365.256 363	365 06 09 09.8
anomalistic year	(perigee to perigee)	365.259 636	365 06 13 52.6
eclipse year	(node to node)	346.620 078	346 14 52 54.7

NOTES AND FORMULAS

Apparent ecliptic coordinates of the Sun

The apparent longitude may be computed from the geometric longitude tabulated on pages C4–C18 using:

apparent longitude = tabulated longitude + nutation in longitude $(\Delta\psi) - 20\rlap{.}''496/R$

where $\Delta\psi$ is tabulated on pages B32–B39 and R is the true distance; the tabulated longitude is the geometric longitude with respect to the mean equinox of date. The apparent latitude is equal to the geometric latitude to the precision of tabulation.

Time of transit of the Sun

The quantity tabulated as "Ephemeris Transit" on pages C5–C19 is the TT of transit of the Sun over the ephemeris meridian, which is at the longitude $1.002\,738\,\Delta T$ east of the prime (Greenwich) meridian; in this expression ΔT is the difference TT − UT. The TT of transit of the Sun over a local meridian is obtained by interpolation where the first differences are about 24 hours. The interpolation factor p is given by:

$$p = -\lambda + 1.002\,738\,\Delta T$$

where λ is the east longitude and the right-hand side is expressed in days. (Divide longitude in degrees by 360 and ΔT in seconds by 86 400). During 2006 it is expected that ΔT will be about 67 seconds, so that the second term is about +0.000 79 days.

The UT of transit is obtained by subtracting ΔT from the TT of transit obtained by interpolation.

Equation of time

The equation of time is defined so that:

local mean solar time = local apparent solar − equation of time.

To obtain the equation of time to a precision of about 1 second it is sufficient to use:

equation of time at 12^{h} UT = $12^{\mathrm{h}}-$ tabulated value of TT of ephemeris transit.

Alternatively, it may be calculated for any instant during 2006 in seconds of time to a precision of about 3 seconds directly from the expression:

$$\text{equation of time} = -108.0 \sin L + 596.0 \sin 2L + 4.5 \sin 3L - 12.7 \sin 4L$$
$$-427.8 \cos L - 2.1 \cos 2L + 19.2 \cos 3L$$

where L is the mean longitude of the Sun, given by:

$$L = 279\rlap{.}°521 + 0.985\,647d$$

and where d is the interval in days from 2006 January 0 at 0^{h} UT, given by:

$$d = \text{day of year (from B4–B5)} + \text{fraction of day from } 0^{\mathrm{h}} \text{ UT}.$$

ICRS Geocentric rectangular coordinates of the Sun

The ICRS geocentric equatorial rectangular coordinates of the Sun are given, in au, on pages C20–C23 and are referred to the ICRS axes. The direction of these axes are determined by the IERS, which observes several hundred extragalactic radio sources for this purpose. See pages B59–B63 for a rigorous method of forming an apparent place of an object in the solar system.

NOTES AND FORMULAS

Elements of the rotation of the Sun

The mean elements of the rotation of the Sun during 2006 are given by:

Longitude of the ascending node of the solar equator:

on the ecliptic of date, $75°84$ on the mean equator of date, $16°14$

Inclination of the solar equator:

on the ecliptic of date, $7°25$ on the mean equator of date, $26°12$

The mean position of the pole of the solar equator is at:

right ascension, $286°14$ declination, $63°88$

Sidereal period of rotation of the prime meridian is 25.38 days.

Mean synodic period of rotation of the prime meridian is 27.2753 days.

These data are derived from elements given by R. C. Carrington (*Observations of the Spots on the Sun*, p. 244, 1863).

Heliographic coordinates

The values of P (position angle of the northern extremity of the axis of rotation, measured eastwards from the north point of the disk), B_0 and L_0 (the heliographic latitude and longitude of the central point of the disk) are for 0^h UT; they may be interpolated linearly. The horizontal parallax and semidiameter are given for 0^h TT, but may be regarded as being for 0^h UT.

If ρ_1, θ are the observed angular distance and position angle of a sunspot from the center of the disk of the Sun as seen from the Earth, and ρ is the heliocentric angular distance of the spot on the solar surface from the center of the Sun's disk, then

$$\sin(\rho + \rho_1) = \rho_1/S$$

where S is the semidiameter of the Sun. The position angle is measured from the north point of the disk towards the east.

The formulas for the computation of the heliographic coordinates (L, B) of a sunspot (or other feature on the surface of the Sun) from (ρ, θ) are as follows:

$$\sin B = \sin B_0 \cos\rho + \cos B_0 \sin\rho \cos(P - \theta)$$
$$\cos B \sin(L - L_0) = \sin\rho \sin(P - \theta)$$
$$\cos B \cos(L - L_0) = \cos\rho \cos B_0 - \sin B_0 \sin\rho \cos(P - \theta)$$

where B is measured positive to the north of the solar equator and L is measured from $0°$ to $360°$ in the direction of rotation of the Sun, i.e., westwards on the apparent disk as seen from the Earth.

SYNODIC ROTATION NUMBERS, 2006

Number	Date of Commencement			Number	Date of Commencement			Number	Date of Commencement		
2038	2005	Dec.	22.61	2043	2006	May	8.16	2048	2006	Sept	21.27
2039	2006	Jan.	18.95	2044		June	4.37	2049		Oct.	18.55
2040		Feb.	15.29	2045		July	1.57	2050		Nov.	14.85
2041		Mar.	14.62	2046		July	28.78	2051	2006	Dec.	12.17
2042		Apr.	10.91	2047		Aug.	25.01	2052	2007	Jan.	8.50

At the date of commencement of each synodic rotation period the value of L_0 is zero; that is, the prime meridian passes through the central point of the disk.

SUN, 2006

FOR 0ʰ TERRESTRIAL TIME

Date		Julian Date	Ecliptic Long. for Mean Equinox of Date	Ecliptic Lat.	Apparent Right Ascension	Apparent Declination	True Geocentric Distance
		245	° ′ ″	″	h m s	° ′ ″	
Jan.	0	3735.5	279 24 26.15	−0.58	18 40 55.05	−23 06 28.0	0.983 3697
	1	3736.5	280 25 36.74	−0.56	18 45 20.30	−23 01 54.8	0.983 3537
	2	3737.5	281 26 47.35	−0.51	18 49 45.24	−22 56 54.0	0.983 3414
	3	3738.5	282 27 57.87	−0.43	18 54 09.83	−22 51 25.8	0.983 3327
	4	3739.5	283 29 08.19	−0.32	18 58 34.02	−22 45 30.3	0.983 3279
	5	3740.5	284 30 18.22	−0.19	19 02 57.80	−22 39 07.6	0.983 3273
	6	3741.5	285 31 27.89	−0.06	19 07 21.12	−22 32 18.1	0.983 3311
	7	3742.5	286 32 37.16	+0.08	19 11 43.97	−22 25 01.8	0.983 3398
	8	3743.5	287 33 45.97	+0.21	19 16 06.32	−22 17 19.0	0.983 3537
	9	3744.5	288 34 54.33	+0.33	19 20 28.14	−22 09 10.0	0.983 3730
	10	3745.5	289 36 02.20	+0.43	19 24 49.41	−22 00 35.1	0.983 3981
	11	3746.5	290 37 09.61	+0.50	19 29 10.12	−21 51 34.4	0.983 4290
	12	3747.5	291 38 16.56	+0.55	19 33 30.23	−21 42 08.2	0.983 4661
	13	3748.5	292 39 23.05	+0.58	19 37 49.73	−21 32 16.9	0.983 5093
	14	3749.5	293 40 29.11	+0.57	19 42 08.60	−21 22 00.6	0.983 5588
	15	3750.5	294 41 34.76	+0.53	19 46 26.82	−21 11 19.8	0.983 6145
	16	3751.5	295 42 40.00	+0.47	19 50 44.38	−21 00 14.6	0.983 6765
	17	3752.5	296 43 44.85	+0.39	19 55 01.26	−20 48 45.3	0.983 7445
	18	3753.5	297 44 49.31	+0.29	19 59 17.45	−20 36 52.4	0.983 8186
	19	3754.5	298 45 53.40	+0.18	20 03 32.93	−20 24 35.9	0.983 8986
	20	3755.5	299 46 57.11	+0.05	20 07 47.70	−20 11 56.4	0.983 9843
	21	3756.5	300 48 00.44	−0.07	20 12 01.74	−19 58 54.0	0.984 0754
	22	3757.5	301 49 03.37	−0.20	20 16 15.04	−19 45 29.1	0.984 1718
	23	3758.5	302 50 05.89	−0.31	20 20 27.60	−19 31 42.1	0.984 2732
	24	3759.5	303 51 07.97	−0.41	20 24 39.41	−19 17 33.4	0.984 3793
	25	3760.5	304 52 09.57	−0.49	20 28 50.45	−19 03 03.2	0.984 4897
	26	3761.5	305 53 10.65	−0.54	20 33 00.72	−18 48 11.9	0.984 6042
	27	3762.5	306 54 11.13	−0.57	20 37 10.21	−18 33 00.0	0.984 7225
	28	3763.5	307 55 10.95	−0.56	20 41 18.91	−18 17 27.9	0.984 8441
	29	3764.5	308 56 10.00	−0.51	20 45 26.80	−18 01 35.8	0.984 9690
	30	3765.5	309 57 08.16	−0.44	20 49 33.88	−17 45 24.4	0.985 0968
	31	3766.5	310 58 05.33	−0.33	20 53 40.13	−17 28 54.0	0.985 2275
Feb.	1	3767.5	311 59 01.38	−0.21	20 57 45.55	−17 12 04.9	0.985 3612
	2	3768.5	312 59 56.21	−0.07	21 01 50.14	−16 54 57.7	0.985 4980
	3	3769.5	314 00 49.73	+0.06	21 05 53.90	−16 37 32.7	0.985 6382
	4	3770.5	315 01 41.86	+0.20	21 09 56.82	−16 19 50.4	0.985 7820
	5	3771.5	316 02 32.58	+0.32	21 13 58.91	−16 01 51.2	0.985 9297
	6	3772.5	317 03 21.83	+0.42	21 18 00.18	−15 43 35.5	0.986 0815
	7	3773.5	318 04 09.60	+0.49	21 22 00.63	−15 25 03.7	0.986 2378
	8	3774.5	319 04 55.89	+0.54	21 26 00.26	−15 06 16.4	0.986 3988
	9	3775.5	320 05 40.69	+0.56	21 29 59.09	−14 47 13.8	0.986 5645
	10	3776.5	321 06 24.03	+0.55	21 33 57.12	−14 27 56.4	0.986 7351
	11	3777.5	322 07 05.90	+0.51	21 37 54.36	−14 08 24.7	0.986 9108
	12	3778.5	323 07 46.33	+0.45	21 41 50.82	−13 48 39.0	0.987 0915
	13	3779.5	324 08 25.35	+0.37	21 45 46.52	−13 28 39.6	0.987 2773
	14	3780.5	325 09 02.96	+0.26	21 49 41.46	−13 08 27.1	0.987 4681
	15	3781.5	326 09 39.20	+0.14	21 53 35.67	−12 48 01.8	0.987 6639

FOR 0ʰ TERRESTRIAL TIME

Date		Position Angle of Axis P	Heliographic		H. P.	Semi-Diameter	Ephemeris Transit
			Latitude B_0	Longitude L_0			
		°	°	°	″	′ ″	h m s
Jan.	0	+ 2.60	− 2.89	249.46	8.94	16 15.87	12 03 04.54
	1	+ 2.11	− 3.01	236.29	8.94	16 15.89	12 03 33.08
	2	+ 1.63	− 3.13	223.12	8.94	16 15.90	12 04 01.30
	3	+ 1.14	− 3.24	209.95	8.94	16 15.91	12 04 29.14
	4	+ 0.66	− 3.36	196.78	8.94	16 15.92	12 04 56.58
	5	+ 0.17	− 3.47	183.61	8.94	16 15.92	12 05 23.59
	6	− 0.31	− 3.58	170.44	8.94	16 15.91	12 05 50.14
	7	− 0.79	− 3.70	157.27	8.94	16 15.90	12 06 16.19
	8	− 1.28	− 3.81	144.10	8.94	16 15.89	12 06 41.73
	9	− 1.76	− 3.91	130.94	8.94	16 15.87	12 07 06.72
	10	− 2.24	− 4.02	117.77	8.94	16 15.85	12 07 31.16
	11	− 2.71	− 4.13	104.60	8.94	16 15.82	12 07 55.01
	12	− 3.19	− 4.23	91.43	8.94	16 15.78	12 08 18.25
	13	− 3.66	− 4.34	78.26	8.94	16 15.74	12 08 40.88
	14	− 4.14	− 4.44	65.09	8.94	16 15.69	12 09 02.87
	15	− 4.61	− 4.54	51.92	8.94	16 15.63	12 09 24.20
	16	− 5.07	− 4.64	38.76	8.94	16 15.57	12 09 44.86
	17	− 5.54	− 4.74	25.59	8.94	16 15.50	12 10 04.85
	18	− 6.00	− 4.84	12.42	8.94	16 15.43	12 10 24.13
	19	− 6.46	− 4.93	359.25	8.94	16 15.35	12 10 42.70
	20	− 6.92	− 5.02	346.09	8.94	16 15.26	12 11 00.56
	21	− 7.37	− 5.12	332.92	8.94	16 15.17	12 11 17.68
	22	− 7.82	− 5.21	319.75	8.94	16 15.08	12 11 34.05
	23	− 8.27	− 5.30	306.59	8.93	16 14.98	12 11 49.68
	24	− 8.71	− 5.38	293.42	8.93	16 14.87	12 12 04.54
	25	− 9.15	− 5.47	280.25	8.93	16 14.76	12 12 18.63
	26	− 9.59	− 5.55	267.09	8.93	16 14.65	12 12 31.94
	27	− 10.02	− 5.63	253.92	8.93	16 14.53	12 12 44.46
	28	− 10.45	− 5.71	240.75	8.93	16 14.41	12 12 56.19
	29	− 10.87	− 5.79	227.59	8.93	16 14.29	12 13 07.11
	30	− 11.29	− 5.87	214.42	8.93	16 14.16	12 13 17.21
	31	− 11.71	− 5.94	201.26	8.93	16 14.03	12 13 26.49
Feb.	1	− 12.12	− 6.02	188.09	8.92	16 13.90	12 13 34.93
	2	− 12.52	− 6.09	174.93	8.92	16 13.77	12 13 42.55
	3	− 12.93	− 6.16	161.76	8.92	16 13.63	12 13 49.33
	4	− 13.32	− 6.22	148.59	8.92	16 13.49	12 13 55.28
	5	− 13.72	− 6.29	135.43	8.92	16 13.34	12 14 00.39
	6	− 14.10	− 6.35	122.26	8.92	16 13.19	12 14 04.68
	7	− 14.48	− 6.41	109.09	8.92	16 13.04	12 14 08.15
	8	− 14.86	− 6.47	95.93	8.92	16 12.88	12 14 10.81
	9	− 15.23	− 6.53	82.76	8.91	16 12.71	12 14 12.67
	10	− 15.60	− 6.58	69.59	8.91	16 12.55	12 14 13.74
	11	− 15.96	− 6.64	56.42	8.91	16 12.37	12 14 14.02
	12	− 16.32	− 6.69	43.26	8.91	16 12.19	12 14 13.54
	13	− 16.67	− 6.74	30.09	8.91	16 12.01	12 14 12.30
	14	− 17.01	− 6.78	16.92	8.91	16 11.82	12 14 10.31
	15	− 17.35	− 6.83	3.75	8.90	16 11.63	12 14 07.60

SUN, 2006

FOR 0ʰ TERRESTRIAL TIME

Date		Julian Date	Ecliptic Long.	Ecliptic Lat.	Apparent Right Ascension	Apparent Declination	True Geocentric Distance
			for Mean Equinox of Date				
		245	° ′ ″	″	h m s	° ′ ″	
Feb.	15	3781.5	326 09 39.20	+0.14	21 53 35.67	− 12 48 01.8	0.987 6639
	16	3782.5	327 10 14.08	+0.01	21 57 29.16	− 12 27 24.0	0.987 8646
	17	3783.5	328 10 47.62	−0.12	22 01 21.93	− 12 06 34.2	0.988 0699
	18	3784.5	329 11 19.85	−0.25	22 05 14.02	− 11 45 32.8	0.988 2797
	19	3785.5	330 11 50.77	−0.37	22 09 05.43	− 11 24 20.1	0.988 4939
	20	3786.5	331 12 20.39	−0.48	22 12 56.18	− 11 02 56.5	0.988 7120
	21	3787.5	332 12 48.71	−0.57	22 16 46.29	− 10 41 22.5	0.988 9339
	22	3788.5	333 13 15.73	−0.63	22 20 35.78	− 10 19 38.3	0.989 1591
	23	3789.5	334 13 41.44	−0.66	22 24 24.65	− 9 57 44.6	0.989 3874
	24	3790.5	335 14 05.79	−0.66	22 28 12.93	− 9 35 41.6	0.989 6183
	25	3791.5	336 14 28.76	−0.63	22 32 00.62	− 9 13 29.7	0.989 8515
	26	3792.5	337 14 50.26	−0.56	22 35 47.74	− 8 51 09.5	0.990 0866
	27	3793.5	338 15 10.23	−0.47	22 39 34.30	− 8 28 41.3	0.990 3232
	28	3794.5	339 15 28.57	−0.35	22 43 20.30	− 8 06 05.5	0.990 5611
Mar.	1	3795.5	340 15 45.17	−0.21	22 47 05.78	− 7 43 22.7	0.990 8002
	2	3796.5	341 15 59.92	−0.07	22 50 50.73	− 7 20 33.1	0.991 0404
	3	3797.5	342 16 12.74	+0.07	22 54 35.17	− 6 57 37.4	0.991 2819
	4	3798.5	343 16 23.54	+0.20	22 58 19.13	− 6 34 35.7	0.991 5248
	5	3799.5	344 16 32.27	+0.31	23 02 02.62	− 6 11 28.7	0.991 7693
	6	3800.5	345 16 38.89	+0.39	23 05 45.65	− 5 48 16.6	0.992 0157
	7	3801.5	346 16 43.38	+0.45	23 09 28.25	− 5 24 59.9	0.992 2642
	8	3802.5	347 16 45.72	+0.48	23 13 10.43	− 5 01 39.1	0.992 5151
	9	3803.5	348 16 45.92	+0.48	23 16 52.21	− 4 38 14.4	0.992 7684
	10	3804.5	349 16 43.98	+0.45	23 20 33.62	− 4 14 46.2	0.993 0243
	11	3805.5	350 16 39.93	+0.39	23 24 14.67	− 3 51 15.0	0.993 2830
	12	3806.5	351 16 33.79	+0.31	23 27 55.39	− 3 27 41.1	0.993 5446
	13	3807.5	352 16 25.58	+0.20	23 31 35.79	− 3 04 04.8	0.993 8090
	14	3808.5	353 16 15.33	+0.09	23 35 15.91	− 2 40 26.5	0.994 0764
	15	3809.5	354 16 03.09	−0.04	23 38 55.76	− 2 16 46.6	0.994 3466
	16	3810.5	355 15 48.89	−0.17	23 42 35.37	− 1 53 05.4	0.994 6197
	17	3811.5	356 15 32.78	−0.31	23 46 14.76	− 1 29 23.1	0.994 8956
	18	3812.5	357 15 14.78	−0.43	23 49 53.96	− 1 05 40.3	0.995 1741
	19	3813.5	358 14 54.95	−0.54	23 53 33.00	− 0 41 57.2	0.995 4550
	20	3814.5	359 14 33.32	−0.63	23 57 11.89	− 0 18 14.1	0.995 7381
	21	3815.5	0 14 09.92	−0.70	0 00 50.65	+ 0 05 28.7	0.996 0232
	22	3816.5	1 13 44.78	−0.74	0 04 29.32	+ 0 29 10.7	0.996 3099
	23	3817.5	2 13 17.91	−0.75	0 08 07.91	+ 0 52 51.5	0.996 5979
	24	3818.5	3 12 49.33	−0.73	0 11 46.44	+ 1 16 31.0	0.996 8868
	25	3819.5	4 12 19.03	−0.67	0 15 24.92	+ 1 40 08.6	0.997 1761
	26	3820.5	5 11 46.99	−0.58	0 19 03.39	+ 2 03 44.0	0.997 4655
	27	3821.5	6 11 13.15	−0.47	0 22 41.84	+ 2 27 16.9	0.997 7545
	28	3822.5	7 10 37.48	−0.34	0 26 20.31	+ 2 50 46.8	0.998 0428
	29	3823.5	8 09 59.88	−0.20	0 29 58.81	+ 3 14 13.3	0.998 3301
	30	3824.5	9 09 20.27	−0.05	0 33 37.35	+ 3 37 36.1	0.998 6162
	31	3825.5	10 08 38.58	+0.08	0 37 15.96	+ 4 00 54.8	0.998 9011
Apr.	1	3826.5	11 07 54.73	+0.20	0 40 54.64	+ 4 24 09.0	0.999 1848
	2	3827.5	12 07 08.65	+0.30	0 44 33.42	+ 4 47 18.3	0.999 4674

FOR 0ʰ TERRESTRIAL TIME

Date		Position Angle of Axis P	Heliographic		H. P.	Semi-Diameter	Ephemeris Transit
			Latitude B_0	Longitude L_0			
		°	°	°	″	′ ″	h m s
Feb.	15	− 17.35	− 6.83	3.75	8.90	16 11.63	12 14 07.60
	16	− 17.69	− 6.87	350.58	8.90	16 11.43	12 14 04.17
	17	− 18.01	− 6.91	337.42	8.90	16 11.23	12 14 00.05
	18	− 18.34	− 6.95	324.25	8.90	16 11.03	12 13 55.24
	19	− 18.65	− 6.98	311.08	8.90	16 10.82	12 13 49.76
	20	− 18.96	− 7.02	297.91	8.89	16 10.60	12 13 43.63
	21	− 19.27	− 7.05	284.74	8.89	16 10.38	12 13 36.87
	22	− 19.57	− 7.08	271.57	8.89	16 10.16	12 13 29.48
	23	− 19.86	− 7.10	258.40	8.89	16 09.94	12 13 21.48
	24	− 20.15	− 7.13	245.23	8.89	16 09.71	12 13 12.90
	25	− 20.43	− 7.15	232.06	8.88	16 09.48	12 13 03.74
	26	− 20.70	− 7.17	218.89	8.88	16 09.25	12 12 54.01
	27	− 20.97	− 7.19	205.72	8.88	16 09.02	12 12 43.73
	28	− 21.24	− 7.20	192.55	8.88	16 08.79	12 12 32.92
Mar.	1	− 21.49	− 7.22	179.37	8.88	16 08.56	12 12 21.58
	2	− 21.74	− 7.23	166.20	8.87	16 08.32	12 12 09.72
	3	− 21.99	− 7.24	153.03	8.87	16 08.08	12 11 57.37
	4	− 22.22	− 7.24	139.86	8.87	16 07.85	12 11 44.54
	5	− 22.45	− 7.25	126.68	8.87	16 07.61	12 11 31.24
	6	− 22.68	− 7.25	113.51	8.86	16 07.37	12 11 17.49
	7	− 22.90	− 7.25	100.33	8.86	16 07.13	12 11 03.32
	8	− 23.11	− 7.25	87.16	8.86	16 06.88	12 10 48.74
	9	− 23.31	− 7.25	73.98	8.86	16 06.64	12 10 33.77
	10	− 23.51	− 7.24	60.80	8.86	16 06.39	12 10 18.44
	11	− 23.70	− 7.23	47.63	8.85	16 06.13	12 10 02.77
	12	− 23.89	− 7.22	34.45	8.85	16 05.88	12 09 46.78
	13	− 24.07	− 7.21	21.27	8.85	16 05.62	12 09 30.48
	14	− 24.24	− 7.19	8.09	8.85	16 05.36	12 09 13.92
	15	− 24.40	− 7.17	354.91	8.84	16 05.10	12 08 57.10
	16	− 24.56	− 7.15	341.73	8.84	16 04.84	12 08 40.05
	17	− 24.71	− 7.13	328.55	8.84	16 04.57	12 08 22.80
	18	− 24.86	− 7.11	315.36	8.84	16 04.30	12 08 05.37
	19	− 25.00	− 7.08	302.18	8.83	16 04.03	12 07 47.78
	20	− 25.13	− 7.05	289.00	8.83	16 03.75	12 07 30.05
	21	− 25.25	− 7.02	275.81	8.83	16 03.48	12 07 12.21
	22	− 25.37	− 6.99	262.63	8.83	16 03.20	12 06 54.28
	23	− 25.48	− 6.96	249.45	8.82	16 02.92	12 06 36.27
	24	− 25.58	− 6.92	236.26	8.82	16 02.64	12 06 18.22
	25	− 25.68	− 6.88	223.07	8.82	16 02.36	12 06 00.14
	26	− 25.77	− 6.84	209.89	8.82	16 02.08	12 05 42.05
	27	− 25.85	− 6.80	196.70	8.81	16 01.80	12 05 23.96
	28	− 25.93	− 6.75	183.51	8.81	16 01.53	12 05 05.90
	29	− 26.00	− 6.71	170.32	8.81	16 01.25	12 04 47.88
	30	− 26.06	− 6.66	157.13	8.81	16 00.97	12 04 29.90
	31	− 26.11	− 6.61	143.94	8.80	16 00.70	12 04 12.00
Apr.	1	− 26.16	− 6.55	130.75	8.80	16 00.43	12 03 54.18
	2	− 26.20	− 6.50	117.56	8.80	16 00.16	12 03 36.46

SUN, 2006

FOR 0ʰ TERRESTRIAL TIME

Date		Julian Date	Ecliptic Long. for Mean Equinox of Date	Ecliptic Lat.	Apparent Right Ascension	Apparent Declination	True Geocentric Distance
		245	° ′ ″	″	h m s	° ′ ″	
Apr.	1	3826.5	11 07 54.73	+0.20	0 40 54.64	+ 4 24 09.0	0.999 1848
	2	3827.5	12 07 08.65	+0.30	0 44 33.42	+ 4 47 18.3	0.999 4674
	3	3828.5	13 06 20.31	+0.37	0 48 12.31	+ 5 10 22.4	0.999 7492
	4	3829.5	14 05 29.67	+0.41	0 51 51.32	+ 5 33 20.9	1.000 0302
	5	3830.5	15 04 36.72	+0.42	0 55 30.48	+ 5 56 13.5	1.000 3109
	6	3831.5	16 03 41.46	+0.40	0 59 09.80	+ 6 18 59.7	1.000 5912
	7	3832.5	17 02 43.91	+0.35	1 02 49.29	+ 6 41 39.2	1.000 8714
	8	3833.5	18 01 44.07	+0.28	1 06 28.98	+ 7 04 11.8	1.001 1516
	9	3834.5	19 00 41.99	+0.19	1 10 08.88	+ 7 26 37.0	1.001 4320
	10	3835.5	19 59 37.68	+0.08	1 13 49.02	+ 7 48 54.6	1.001 7127
	11	3836.5	20 58 31.19	−0.05	1 17 29.41	+ 8 11 04.2	1.001 9937
	12	3837.5	21 57 22.57	−0.18	1 21 10.08	+ 8 33 05.5	1.002 2752
	13	3838.5	22 56 11.86	−0.30	1 24 51.04	+ 8 54 58.2	1.002 5570
	14	3839.5	23 54 59.13	−0.43	1 28 32.31	+ 9 16 42.0	1.002 8393
	15	3840.5	24 53 44.43	−0.54	1 32 13.92	+ 9 38 16.6	1.003 1220
	16	3841.5	25 52 27.82	−0.64	1 35 55.88	+ 9 59 41.6	1.003 4050
	17	3842.5	26 51 09.38	−0.71	1 39 38.22	+10 20 56.8	1.003 6880
	18	3843.5	27 49 49.15	−0.75	1 43 20.94	+10 42 01.9	1.003 9710
	19	3844.5	28 48 27.20	−0.77	1 47 04.07	+11 02 56.5	1.004 2536
	20	3845.5	29 47 03.58	−0.75	1 50 47.63	+11 23 40.3	1.004 5356
	21	3846.5	30 45 38.33	−0.71	1 54 31.61	+11 44 13.0	1.004 8166
	22	3847.5	31 44 11.48	−0.63	1 58 16.05	+12 04 34.3	1.005 0961
	23	3848.5	32 42 43.03	−0.53	2 02 00.95	+12 24 43.7	1.005 3738
	24	3849.5	33 41 12.99	−0.40	2 05 46.31	+12 44 41.0	1.005 6492
	25	3850.5	34 39 41.33	−0.27	2 09 32.16	+13 04 25.8	1.005 9219
	26	3851.5	35 38 08.02	−0.12	2 13 18.51	+13 23 57.7	1.006 1917
	27	3852.5	36 36 32.99	+0.01	2 17 05.35	+13 43 16.4	1.006 4581
	28	3853.5	37 34 56.19	+0.14	2 20 52.71	+14 02 21.5	1.006 7211
	29	3854.5	38 33 17.56	+0.24	2 24 40.57	+14 21 12.8	1.006 9805
	30	3855.5	39 31 37.05	+0.32	2 28 28.96	+14 39 49.8	1.007 2364
May	1	3856.5	40 29 54.60	+0.38	2 32 17.86	+14 58 12.2	1.007 4889
	2	3857.5	41 28 10.19	+0.40	2 36 07.29	+15 16 19.7	1.007 7381
	3	3858.5	42 26 23.79	+0.39	2 39 57.25	+15 34 12.0	1.007 9842
	4	3859.5	43 24 35.41	+0.35	2 43 47.73	+15 51 48.7	1.008 2274
	5	3860.5	44 22 45.06	+0.29	2 47 38.74	+16 09 09.5	1.008 4678
	6	3861.5	45 20 52.73	+0.20	2 51 30.30	+16 26 14.0	1.008 7057
	7	3862.5	46 18 58.47	+0.10	2 55 22.40	+16 43 02.1	1.008 9411
	8	3863.5	47 17 02.30	−0.01	2 59 15.04	+16 59 33.3	1.009 1744
	9	3864.5	48 15 04.27	−0.14	3 03 08.24	+17 15 47.5	1.009 4055
	10	3865.5	49 13 04.42	−0.26	3 07 01.99	+17 31 44.3	1.009 6348
	11	3866.5	50 11 02.80	−0.38	3 10 56.31	+17 47 23.5	1.009 8621
	12	3867.5	51 08 59.48	−0.49	3 14 51.19	+18 02 44.7	1.010 0877
	13	3868.5	52 06 54.53	−0.59	3 18 46.65	+18 17 47.8	1.010 3116
	14	3869.5	53 04 48.03	−0.66	3 22 42.68	+18 32 32.4	1.010 5339
	15	3870.5	54 02 40.06	−0.71	3 26 39.28	+18 46 58.3	1.010 7543
	16	3871.5	55 00 30.70	−0.73	3 30 36.46	+19 01 05.3	1.010 9730
	17	3872.5	55 58 20.03	−0.72	3 34 34.21	+19 14 53.1	1.011 1896

FOR 0ʰ TERRESTRIAL TIME

Date		Position Angle of Axis P	Heliographic		H. P.	Semi-Diameter	Ephemeris Transit
			Latitude B_0	Longitude L_0			
		°	°	°	″	′ ″	h m s
Apr.	1	− 26.16	− 6.55	130.75	8.80	16 00.43	12 03 54.18
	2	− 26.20	− 6.50	117.56	8.80	16 00.16	12 03 36.46
	3	− 26.23	− 6.44	104.36	8.80	15 59.89	12 03 18.85
	4	− 26.26	− 6.38	91.17	8.79	15 59.62	12 03 01.38
	5	− 26.27	− 6.32	77.97	8.79	15 59.35	12 02 44.06
	6	− 26.28	− 6.26	64.78	8.79	15 59.08	12 02 26.91
	7	− 26.29	− 6.20	51.58	8.79	15 58.81	12 02 09.94
	8	− 26.28	− 6.13	38.38	8.78	15 58.54	12 01 53.19
	9	− 26.27	− 6.07	25.19	8.78	15 58.27	12 01 36.66
	10	− 26.25	− 6.00	11.99	8.78	15 58.00	12 01 20.37
	11	− 26.23	− 5.93	358.79	8.78	15 57.74	12 01 04.36
	12	− 26.20	− 5.85	345.59	8.77	15 57.47	12 00 48.62
	13	− 26.16	5.78	332.38	8.77	15 57.20	12 00 33.19
	14	− 26.11	− 5.70	319.18	8.77	15 56.93	12 00 18.08
	15	− 26.05	− 5.63	305.98	8.77	15 56.66	12 00 03.32
	16	− 25.99	− 5.55	292.77	8.76	15 56.39	11 59 48.91
	17	− 25.92	− 5.47	279.57	8.76	15 56.12	11 59 34.88
	18	− 25.84	− 5.38	266.36	8.76	15 55.85	11 59 21.25
	19	− 25.76	− 5.30	253.16	8.76	15 55.58	11 59 08.03
	20	− 25.67	− 5.22	239.95	8.75	15 55.31	11 58 55.23
	21	− 25.57	− 5.13	226.74	8.75	15 55.04	11 58 42.89
	22	− 25.46	− 5.04	213.53	8.75	15 54.78	11 58 31.00
	23	− 25.35	− 4.95	200.32	8.75	15 54.52	11 58 19.57
	24	− 25.23	− 4.86	187.11	8.74	15 54.25	11 58 08.63
	25	− 25.10	− 4.77	173.90	8.74	15 54.00	11 57 58.18
	26	− 24.96	− 4.67	160.69	8.74	15 53.74	11 57 48.23
	27	− 24.82	− 4.58	147.48	8.74	15 53.49	11 57 38.77
	28	− 24.67	− 4.48	134.26	8.74	15 53.24	11 57 29.83
	29	− 24.51	− 4.39	121.05	8.73	15 52.99	11 57 21.40
	30	− 24.35	− 4.29	107.84	8.73	15 52.75	11 57 13.48
May	1	− 24.17	− 4.19	94.62	8.73	15 52.51	11 57 06.08
	2	− 23.99	− 4.09	81.40	8.73	15 52.28	11 56 59.21
	3	− 23.81	− 3.99	68.19	8.72	15 52.04	11 56 52.86
	4	− 23.61	− 3.88	54.97	8.72	15 51.81	11 56 47.05
	5	− 23.41	− 3.78	41.75	8.72	15 51.59	11 56 41.78
	6	− 23.20	− 3.67	28.53	8.72	15 51.36	11 56 37.05
	7	− 22.99	− 3.57	15.31	8.72	15 51.14	11 56 32.87
	8	− 22.77	− 3.46	2.09	8.71	15 50.92	11 56 29.24
	9	− 22.54	− 3.35	348.87	8.71	15 50.70	11 56 26.16
	10	− 22.30	− 3.24	335.65	8.71	15 50.49	11 56 23.65
	11	− 22.06	− 3.13	322.42	8.71	15 50.27	11 56 21.70
	12	− 21.81	− 3.02	309.20	8.71	15 50.06	11 56 20.31
	13	− 21.55	− 2.91	295.98	8.70	15 49.85	11 56 19.49
	14	− 21.29	− 2.80	282.75	8.70	15 49.64	11 56 19.24
	15	− 21.02	− 2.69	269.53	8.70	15 49.43	11 56 19.57
	16	− 20.75	− 2.57	256.30	8.70	15 49.23	11 56 20.47
	17	− 20.46	− 2.46	243.07	8.70	15 49.03	11 56 21.95

SUN, 2006

FOR 0ʰ TERRESTRIAL TIME

Date		Julian Date	Ecliptic Long. for Mean Equinox of Date	Ecliptic Lat.	Apparent Right Ascension	Apparent Declination	True Geocentric Distance
		245	° ′ ″	″	h m s	° ′ ″	
May	17	3872.5	55 58 20.03	−0.72	3 34 34.21	+19 14 53.1	1.011 1896
	18	3873.5	56 56 08.13	−0.68	3 38 32.54	+19 28 21.4	1.011 4039
	19	3874.5	57 53 55.08	−0.61	3 42 31.44	+19 41 29.9	1.011 6157
	20	3875.5	58 51 40.92	−0.52	3 46 30.90	+19 54 18.4	1.011 8245
	21	3876.5	59 49 25.70	−0.40	3 50 30.92	+20 06 46.6	1.012 0301
	22	3877.5	60 47 09.44	−0.27	3 54 31.50	+20 18 54.3	1.012 2319
	23	3878.5	61 44 52.16	−0.13	3 58 32.62	+20 30 41.1	1.012 4296
	24	3879.5	62 42 33.84	0.00	4 02 34.29	+20 42 06.8	1.012 6228
	25	3880.5	63 40 14.46	+0.13	4 06 36.48	+20 53 11.1	1.012 8113
	26	3881.5	64 37 53.98	+0.23	4 10 39.18	+21 03 53.9	1.012 9947
	27	3882.5	65 35 32.36	+0.32	4 14 42.39	+21 14 14.9	1.013 1729
	28	3883.5	66 33 09.57	+0.37	4 18 46.07	+21 24 13.8	1.013 3458
	29	3884.5	67 30 45.55	+0.40	4 22 50.21	+21 33 50.5	1.013 5135
	30	3885.5	68 28 20.28	+0.40	4 26 54.80	+21 43 04.7	1.013 6760
	31	3886.5	69 25 53.74	+0.37	4 30 59.80	+21 51 56.2	1.013 8334
June	1	3887.5	70 23 25.92	+0.32	4 35 05.21	+22 00 24.9	1.013 9859
	2	3888.5	71 20 56.81	+0.24	4 39 11.00	+22 08 30.4	1.014 1337
	3	3889.5	72 18 26.42	+0.14	4 43 17.16	+22 16 12.7	1.014 2770
	4	3890.5	73 15 54.77	+0.03	4 47 23.66	+22 23 31.7	1.014 4159
	5	3891.5	74 13 21.89	−0.09	4 51 30.50	+22 30 27.0	1.014 5506
	6	3892.5	75 10 47.81	−0.21	4 55 37.65	+22 36 58.7	1.014 6814
	7	3893.5	76 08 12.56	−0.32	4 59 45.10	+22 43 06.5	1.014 8085
	8	3894.5	77 05 36.21	−0.43	5 03 52.83	+22 48 50.4	1.014 9319
	9	3895.5	78 02 58.80	−0.53	5 08 00.82	+22 54 10.3	1.015 0520
	10	3896.5	79 00 20.41	−0.60	5 12 09.05	+22 59 06.0	1.015 1689
	11	3897.5	79 57 41.11	−0.65	5 16 17.52	+23 03 37.5	1.015 2826
	12	3898.5	80 55 01.00	−0.68	5 20 26.19	+23 07 44.7	1.015 3934
	13	3899.5	81 52 20.17	−0.67	5 24 35.06	+23 11 27.5	1.015 5012
	14	3900.5	82 49 38.71	−0.63	5 28 44.09	+23 14 45.8	1.015 6059
	15	3901.5	83 46 56.73	−0.56	5 32 53.28	+23 17 39.7	1.015 7074
	16	3902.5	84 44 14.31	−0.47	5 37 02.60	+23 20 08.9	1.015 8056
	17	3903.5	85 41 31.54	−0.36	5 41 12.04	+23 22 13.4	1.015 9001
	18	3904.5	86 38 48.48	−0.23	5 45 21.56	+23 23 53.3	1.015 9905
	19	3905.5	87 36 05.18	−0.10	5 49 31.16	+23 25 08.3	1.016 0766
	20	3906.5	88 33 21.68	+0.04	5 53 40.81	+23 25 58.5	1.016 1579
	21	3907.5	89 30 37.98	+0.16	5 57 50.49	+23 26 23.8	1.016 2341
	22	3908.5	90 27 54.08	+0.27	6 02 00.17	+23 26 24.4	1.016 3049
	23	3909.5	91 25 09.97	+0.35	6 06 09.83	+23 26 00.0	1.016 3699
	24	3910.5	92 22 25.63	+0.41	6 10 19.43	+23 25 10.9	1.016 4291
	25	3911.5	93 19 41.03	+0.44	6 14 28.95	+23 23 57.0	1.016 4823
	26	3912.5	94 16 56.13	+0.44	6 18 38.37	+23 22 18.3	1.016 5294
	27	3913.5	95 14 10.91	+0.42	6 22 47.64	+23 20 15.0	1.016 5703
	28	3914.5	96 11 25.35	+0.37	6 26 56.74	+23 17 47.0	1.016 6053
	29	3915.5	97 08 39.43	+0.29	6 31 05.65	+23 14 54.5	1.016 6344
	30	3916.5	98 05 53.14	+0.20	6 35 14.33	+23 11 37.4	1.016 6577
July	1	3917.5	99 03 06.48	+0.09	6 39 22.77	+23 07 56.0	1.016 6755
	2	3918.5	100 00 19.45	−0.03	6 43 30.94	+23 03 50.3	1.016 6878

FOR 0ʰ TERRESTRIAL TIME

Date	Position Angle of Axis P	Heliographic		H. P.	Semi-Diameter	Ephemeris Transit
		Latitude B_0	Longitude L_0			
	°	°	°	″	′ ″	h m s
May 17	− 20.46	− 2.46	243.07	8.70	15 49.03	11 56 21.95
18	− 20.17	− 2.34	229.85	8.69	15 48.82	11 56 23.99
19	− 19.88	− 2.23	216.62	8.69	15 48.63	11 56 26.61
20	− 19.58	− 2.11	203.39	8.69	15 48.43	11 56 29.80
21	− 19.27	− 2.00	190.16	8.69	15 48.24	11 56 33.55
22	− 18.95	− 1.88	176.93	8.69	15 48.05	11 56 37.85
23	− 18.63	− 1.76	163.70	8.69	15 47.86	11 56 42.69
24	− 18.31	− 1.64	150.47	8.68	15 47.68	11 56 48.07
25	− 17.98	− 1.53	137.24	8.68	15 47.51	11 56 53.96
26	− 17.64	− 1.41	124.01	8.68	15 47.33	11 57 00.36
27	− 17.30	− 1.29	110.78	8.68	15 47.17	11 57 07.24
28	− 16.95	− 1.17	97.55	8.68	15 47.01	11 57 14.59
29	− 16.59	− 1.05	84.32	8.68	15 46.85	11 57 22.39
30	− 16.23	− 0.93	71.09	8.68	15 46.70	11 57 30.62
31	− 15.87	− 0.81	57.86	8.67	15 46.55	11 57 39.27
June 1	− 15.50	− 0.69	44.62	8.67	15 46.41	11 57 48.31
2	− 15.12	− 0.57	31.39	8.67	15 46.27	11 57 57.73
3	− 14.74	− 0.45	18.15	8.67	15 46.14	11 58 07.51
4	− 14.36	− 0.33	4.92	8.67	15 46.01	11 58 17.64
5	− 13.97	− 0.21	351.69	8.67	15 45.88	11 58 28.08
6	− 13.58	− 0.08	338.45	8.67	15 45.76	11 58 38.83
7	− 13.18	+ 0.04	325.22	8.67	15 45.64	11 58 49.87
8	− 12.78	+ 0.16	311.98	8.66	15 45.53	11 59 01.18
9	− 12.38	+ 0.28	298.74	8.66	15 45.41	11 59 12.74
10	− 11.97	+ 0.40	285.51	8.66	15 45.31	11 59 24.53
11	− 11.56	+ 0.52	272.27	8.66	15 45.20	11 59 36.54
12	− 11.14	+ 0.64	259.04	8.66	15 45.10	11 59 48.75
13	− 10.72	+ 0.76	245.80	8.66	15 45.00	12 00 01.13
14	− 10.30	+ 0.88	232.56	8.66	15 44.90	12 00 13.69
15	− 9.87	+ 1.00	219.33	8.66	15 44.80	12 00 26.38
16	− 9.44	+ 1.12	206.09	8.66	15 44.71	12 00 39.21
17	− 9.01	+ 1.24	192.85	8.66	15 44.63	12 00 52.14
18	− 8.58	+ 1.36	179.62	8.66	15 44.54	12 01 05.15
19	− 8.14	+ 1.47	166.38	8.66	15 44.46	12 01 18.23
20	− 7.70	+ 1.59	153.14	8.65	15 44.39	12 01 31.34
21	− 7.26	+ 1.71	139.90	8.65	15 44.31	12 01 44.47
22	− 6.82	+ 1.83	126.67	8.65	15 44.25	12 01 57.59
23	− 6.37	+ 1.94	113.43	8.65	15 44.19	12 02 10.66
24	− 5.93	+ 2.06	100.19	8.65	15 44.13	12 02 23.67
25	− 5.48	+ 2.17	86.96	8.65	15 44.08	12 02 36.57
26	− 5.03	+ 2.29	73.72	8.65	15 44.04	12 02 49.36
27	− 4.58	+ 2.40	60.49	8.65	15 44.00	12 03 01.98
28	− 4.13	+ 2.51	47.25	8.65	15 43.97	12 03 14.43
29	− 3.67	+ 2.63	34.01	8.65	15 43.94	12 03 26.67
30	− 3.22	+ 2.74	20.78	8.65	15 43.92	12 03 38.68
July 1	− 2.77	+ 2.85	7.54	8.65	15 43.90	12 03 50.44
2	− 2.31	+ 2.96	354.30	8.65	15 43.89	12 04 01.91

SUN, 2006

FOR 0ʰ TERRESTRIAL TIME

Date		Julian Date	Ecliptic Long. for Mean Equinox of Date	Ecliptic Lat.	Apparent Right Ascension	Apparent Declination	True Geocentric Distance
		245	° ′ ″	″	h m s	° ′ ″	
July	1	3917.5	99 03 06.48	+0.09	6 39 22.77	+23 07 56.0	1.016 6755
	2	3918.5	100 00 19.45	−0.03	6 43 30.94	+23 03 50.3	1.016 6878
	3	3919.5	100 57 32.06	−0.15	6 47 38.82	+22 59 20.4	1.016 6950
	4	3920.5	101 54 44.34	−0.26	6 51 46.38	+22 54 26.5	1.016 6973
	5	3921.5	102 51 56.32	−0.37	6 55 53.62	+22 49 08.6	1.016 6948
	6	3922.5	103 49 08.03	−0.47	7 00 00.51	+22 43 26.9	1.016 6878
	7	3923.5	104 46 19.50	−0.55	7 04 07.03	+22 37 21.6	1.016 6767
	8	3924.5	105 43 30.81	−0.60	7 08 13.17	+22 30 52.9	1.016 6616
	9	3925.5	106 40 42.02	−0.63	7 12 18.91	+22 24 00.9	1.016 6427
	10	3926.5	107 37 53.20	−0.62	7 16 24.23	+22 16 45.7	1.016 6204
	11	3927.5	108 35 04.46	−0.59	7 20 29.13	+22 09 07.6	1.016 5947
	12	3928.5	109 32 15.89	−0.52	7 24 33.58	+22 01 06.8	1.016 5658
	13	3929.5	110 29 27.60	−0.43	7 28 37.57	+21 52 43.3	1.016 5336
	14	3930.5	111 26 39.69	−0.32	7 32 41.11	+21 43 57.4	1.016 4981
	15	3931.5	112 23 52.28	−0.19	7 36 44.16	+21 34 49.2	1.016 4591
	16	3932.5	113 21 05.43	−0.06	7 40 46.73	+21 25 19.0	1.016 4164
	17	3933.5	114 18 19.22	+0.08	7 44 48.82	+21 15 26.8	1.016 3695
	18	3934.5	115 15 33.69	+0.20	7 48 50.40	+21 05 12.8	1.016 3182
	19	3935.5	116 12 48.89	+0.31	7 52 51.47	+20 54 37.4	1.016 2621
	20	3936.5	117 10 04.81	+0.40	7 56 52.02	+20 43 40.8	1.016 2010
	21	3937.5	118 07 21.46	+0.46	8 00 52.04	+20 32 23.1	1.016 1346
	22	3938.5	119 04 38.84	+0.50	8 04 51.50	+20 20 44.7	1.016 0626
	23	3939.5	120 01 56.92	+0.50	8 08 50.41	+20 08 45.7	1.015 9849
	24	3940.5	120 59 15.69	+0.48	8 12 48.75	+19 56 26.6	1.015 9014
	25	3941.5	121 56 35.12	+0.43	8 16 46.50	+19 43 47.4	1.015 8121
	26	3942.5	122 53 55.18	+0.35	8 20 43.66	+19 30 48.6	1.015 7169
	27	3943.5	123 51 15.86	+0.26	8 24 40.22	+19 17 30.3	1.015 6159
	28	3944.5	124 48 37.13	+0.15	8 28 36.16	+19 03 53.0	1.015 5093
	29	3945.5	125 45 58.99	+0.03	8 32 31.49	+18 49 56.7	1.015 3971
	30	3946.5	126 43 21.43	−0.09	8 36 26.20	+18 35 41.9	1.015 2796
	31	3947.5	127 40 44.43	−0.21	8 40 20.29	+18 21 08.9	1.015 1570
Aug.	1	3948.5	128 38 08.02	−0.33	8 44 13.76	+18 06 17.8	1.015 0294
	2	3949.5	129 35 32.19	−0.43	8 48 06.60	+17 51 09.1	1.014 8971
	3	3950.5	130 32 56.96	−0.51	8 51 58.82	+17 35 43.0	1.014 7604
	4	3951.5	131 30 22.35	−0.57	8 55 50.42	+17 19 59.9	1.014 6197
	5	3952.5	132 27 48.41	−0.60	8 59 41.40	+17 04 00.0	1.014 4751
	6	3953.5	133 25 15.17	−0.61	9 03 31.77	+16 47 43.6	1.014 3270
	7	3954.5	134 22 42.70	−0.58	9 07 21.52	+16 31 11.1	1.014 1758
	8	3955.5	135 20 11.07	−0.52	9 11 10.68	+16 14 22.8	1.014 0217
	9	3956.5	136 17 40.37	−0.43	9 14 59.23	+15 57 18.8	1.013 8650
	10	3957.5	137 15 10.70	−0.32	9 18 47.20	+15 39 59.7	1.013 7059
	11	3958.5	138 12 42.18	−0.19	9 22 34.59	+15 22 25.4	1.013 5443
	12	3959.5	139 10 14.90	−0.05	9 26 21.42	+15 04 36.5	1.013 3804
	13	3960.5	140 07 48.97	+0.09	9 30 07.69	+14 46 33.0	1.013 2138
	14	3961.5	141 05 24.47	+0.22	9 33 53.43	+14 28 15.3	1.013 0444
	15	3962.5	142 03 01.47	+0.34	9 37 38.65	+14 09 43.7	1.012 8719
	16	3963.5	143 00 40.00	+0.44	9 41 23.36	+13 50 58.4	1.012 6959

FOR 0ʰ TERRESTRIAL TIME

Date		Position Angle of Axis P	Heliographic		H. P.	Semi-Diameter	Ephemeris Transit
			Latitude B_0	Longitude L_0			
		°	°	°	''	' ''	h m s
July	1	− 2.77	+ 2.85	7.54	8.65	15 43.90	12 03 50.44
	2	− 2.31	+ 2.96	354.30	8.65	15 43.89	12 04 01.91
	3	− 1.86	+ 3.07	341.07	8.65	15 43.89	12 04 13.09
	4	− 1.41	+ 3.18	327.83	8.65	15 43.88	12 04 23.94
	5	− 0.95	+ 3.29	314.60	8.65	15 43.89	12 04 34.45
	6	− 0.50	+ 3.39	301.36	8.65	15 43.89	12 04 44.60
	7	− 0.05	+ 3.50	288.13	8.65	15 43.90	12 04 54.37
	8	+ 0.41	+ 3.61	274.89	8.65	15 43.92	12 05 03.75
	9	+ 0.86	+ 3.71	261.66	8.65	15 43.94	12 05 12.72
	10	+ 1.31	+ 3.81	248.42	8.65	15 43.96	12 05 21.26
	11	+ 1.76	+ 3.91	235.19	8.65	15 43.98	12 05 29.37
	12	+ 2.21	+ 4.02	221.95	8.65	15 44.01	12 05 37.03
	13	+ 2.65	+ 4.11	208.72	8.65	15 44.04	12 05 44.24
	14	+ 3.10	+ 4.21	195.48	8.65	15 44.07	12 05 50.98
	15	+ 3.54	+ 4.31	182.25	8.65	15 44.11	12 05 57.24
	16	+ 3.99	+ 4.41	169.02	8.65	15 44.15	12 06 03.01
	17	+ 4.43	+ 4.50	155.79	8.65	15 44.19	12 06 08.29
	18	+ 4.87	+ 4.60	142.55	8.65	15 44.24	12 06 13.07
	19	+ 5.30	+ 4.69	129.32	8.65	15 44.29	12 06 17.32
	20	+ 5.74	+ 4.78	116.09	8.65	15 44.35	12 06 21.04
	21	+ 6.17	+ 4.87	102.86	8.65	15 44.41	12 06 24.22
	22	+ 6.60	+ 4.96	89.63	8.66	15 44.47	12 06 26.84
	23	+ 7.03	+ 5.05	76.40	8.66	15 44.55	12 06 28.90
	24	+ 7.45	+ 5.13	63.17	8.66	15 44.62	12 06 30.38
	25	+ 7.88	+ 5.22	49.94	8.66	15 44.71	12 06 31.28
	26	+ 8.30	+ 5.30	36.71	8.66	15 44.80	12 06 31.57
	27	+ 8.71	+ 5.38	23.49	8.66	15 44.89	12 06 31.27
	28	+ 9.13	+ 5.46	10.26	8.66	15 44.99	12 06 30.35
	29	+ 9.54	+ 5.54	357.03	8.66	15 45.09	12 06 28.82
	30	+ 9.94	+ 5.62	343.80	8.66	15 45.20	12 06 26.67
	31	+ 10.35	+ 5.70	330.58	8.66	15 45.32	12 06 23.89
Aug.	1	+ 10.75	+ 5.77	317.35	8.66	15 45.44	12 06 20.49
	2	+ 11.14	+ 5.84	304.13	8.67	15 45.56	12 06 16.46
	3	+ 11.54	+ 5.91	290.90	8.67	15 45.69	12 06 11.81
	4	+ 11.93	+ 5.98	277.68	8.67	15 45.82	12 06 06.54
	5	+ 12.31	+ 6.05	264.45	8.67	15 45.95	12 06 00.65
	6	+ 12.69	+ 6.12	251.23	8.67	15 46.09	12 05 54.15
	7	+ 13.07	+ 6.18	238.00	8.67	15 46.23	12 05 47.03
	8	+ 13.44	+ 6.24	224.78	8.67	15 46.37	12 05 39.32
	9	+ 13.81	+ 6.30	211.56	8.67	15 46.52	12 05 31.02
	10	+ 14.18	+ 6.36	198.34	8.68	15 46.67	12 05 22.15
	11	+ 14.54	+ 6.42	185.12	8.68	15 46.82	12 05 12.70
	12	+ 14.89	+ 6.48	171.89	8.68	15 46.97	12 05 02.70
	13	+ 15.25	+ 6.53	158.67	8.68	15 47.13	12 04 52.16
	14	+ 15.59	+ 6.58	145.45	8.68	15 47.29	12 04 41.09
	15	+ 15.94	+ 6.63	132.24	8.68	15 47.45	12 04 29.49
	16	+ 16.27	+ 6.68	119.02	8.68	15 47.61	12 04 17.38

SUN, 2006

FOR 0ʰ TERRESTRIAL TIME

Date		Julian Date	Ecliptic Long. for Mean Equinox of Date	Ecliptic Lat.	Apparent Right Ascension	Apparent Declination	True Geocentric Distance
		245	° ′ ″	″	h m s	° ′ ″	
Aug.	16	3963.5	143 00 40.00	+0.44	9 41 23.36	+13 50 58.4	1.012 6959
	17	3964.5	143 58 20.09	+0.50	9 45 07.56	+13 31 59.8	1.012 5163
	18	3965.5	144 56 01.76	+0.54	9 48 51.26	+13 12 48.2	1.012 3328
	19	3966.5	145 53 45.00	+0.55	9 52 34.48	+12 53 24.0	1.012 1451
	20	3967.5	146 51 29.80	+0.53	9 56 17.22	+12 33 47.4	1.011 9530
	21	3968.5	147 49 16.14	+0.48	9 59 59.49	+12 13 58.8	1.011 7565
	22	3969.5	148 47 04.02	+0.41	10 03 41.30	+11 53 58.6	1.011 5555
	23	3970.5	149 44 53.39	+0.32	10 07 22.65	+11 33 47.0	1.011 3498
	24	3971.5	150 42 44.23	+0.21	10 11 03.56	+11 13 24.4	1.011 1396
	25	3972.5	151 40 36.53	+0.09	10 14 44.03	+10 52 51.2	1.010 9249
	26	3973.5	152 38 30.24	−0.04	10 18 24.09	+10 32 07.6	1.010 7058
	27	3974.5	153 36 25.35	−0.16	10 22 03.74	+10 11 14.1	1.010 4823
	28	3975.5	154 34 21.85	−0.28	10 25 43.00	+ 9 50 10.9	1.010 2548
	29	3976.5	155 32 19.70	−0.39	10 29 21.87	+ 9 28 58.4	1.010 0234
	30	3977.5	156 30 18.91	−0.48	10 33 00.38	+ 9 07 36.9	1.009 7883
	31	3978.5	157 28 19.46	−0.55	10 36 38.55	+ 8 46 06.8	1.009 5498
Sept.	1	3979.5	158 26 21.35	−0.59	10 40 16.38	+ 8 24 28.4	1.009 3082
	2	3980.5	159 24 24.60	−0.61	10 43 53.89	+ 8 02 42.0	1.009 0639
	3	3981.5	160 22 29.21	−0.59	10 47 31.09	+ 7 40 48.0	1.008 8172
	4	3982.5	161 20 35.22	−0.54	10 51 08.01	+ 7 18 46.7	1.008 5684
	5	3983.5	162 18 42.67	−0.46	10 54 44.67	+ 6 56 38.4	1.008 3179
	6	3984.5	163 16 51.63	−0.35	10 58 21.07	+ 6 34 23.5	1.008 0662
	7	3985.5	164 15 02.17	−0.23	11 01 57.24	+ 6 12 02.2	1.007 8135
	8	3986.5	165 13 14.39	−0.08	11 05 33.21	+ 5 49 34.8	1.007 5601
	9	3987.5	166 11 28.40	+0.06	11 09 09.00	+ 5 27 01.5	1.007 3059
	10	3988.5	167 09 44.28	+0.20	11 12 44.63	+ 5 04 22.8	1.007 0512
	11	3989.5	168 08 02.14	+0.33	11 16 20.14	+ 4 41 38.8	1.006 7957
	12	3990.5	169 06 22.04	+0.44	11 19 55.54	+ 4 18 49.8	1.006 5392
	13	3991.5	170 04 44.04	+0.52	11 23 30.85	+ 3 55 56.1	1.006 2815
	14	3992.5	171 03 08.17	+0.56	11 27 06.11	+ 3 32 58.1	1.006 0223
	15	3993.5	172 01 34.46	+0.58	11 30 41.31	+ 3 09 56.1	1.005 7615
	16	3994.5	173 00 02.90	+0.57	11 34 16.49	+ 2 46 50.5	1.005 4987
	17	3995.5	173 58 33.49	+0.53	11 37 51.65	+ 2 23 41.5	1.005 2338
	18	3996.5	174 57 06.22	+0.46	11 41 26.82	+ 2 00 29.6	1.004 9666
	19	3997.5	175 55 41.06	+0.37	11 45 02.02	+ 1 37 15.0	1.004 6971
	20	3998.5	176 54 17.98	+0.26	11 48 37.26	+ 1 13 58.2	1.004 4251
	21	3999.5	177 52 56.96	+0.14	11 52 12.56	+ 0 50 39.5	1.004 1507
	22	4000.5	178 51 37.96	+0.01	11 55 47.93	+ 0 27 19.3	1.003 8737
	23	4001.5	179 50 20.93	−0.12	11 59 23.41	+ 0 03 57.9	1.003 5944
	24	4002.5	180 49 05.85	−0.24	12 02 59.00	− 0 19 24.4	1.003 3126
	25	4003.5	181 47 52.66	−0.35	12 06 34.72	− 0 42 47.1	1.003 0287
	26	4004.5	182 46 41.35	−0.45	12 10 10.60	− 1 06 09.9	1.002 7426
	27	4005.5	183 45 31.86	−0.53	12 13 46.65	− 1 29 32.5	1.002 4547
	28	4006.5	184 44 24.16	−0.58	12 17 22.89	− 1 52 54.5	1.002 1651
	29	4007.5	185 43 18.24	−0.60	12 20 59.34	− 2 16 15.5	1.001 8742
	30	4008.5	186 42 14.06	−0.59	12 24 36.01	− 2 39 35.1	1.001 5822
Oct.	1	4009.5	187 41 11.60	−0.56	12 28 12.93	− 3 02 53.0	1.001 2896

FOR 0ʰ TERRESTRIAL TIME

Date		Position Angle of Axis P	Heliographic		H. P.	Semi-Diameter	Ephemeris Transit
			Latitude B_0	Longitude L_0			
		°	°	°	″	′ ″	h m s
Aug.	16	+ 16.27	+ 6.68	119.02	8.68	15 47.61	12 04 17.38
	17	+ 16.61	+ 6.73	105.80	8.69	15 47.78	12 04 04.78
	18	+ 16.94	+ 6.77	92.58	8.69	15 47.95	12 03 51.68
	19	+ 17.26	+ 6.81	79.37	8.69	15 48.13	12 03 38.10
	20	+ 17.58	+ 6.85	66.15	8.69	15 48.31	12 03 24.04
	21	+ 17.90	+ 6.89	52.93	8.69	15 48.49	12 03 09.52
	22	+ 18.21	+ 6.93	39.72	8.69	15 48.68	12 02 54.54
	23	+ 18.51	+ 6.97	26.50	8.70	15 48.88	12 02 39.12
	24	+ 18.81	+ 7.00	13.29	8.70	15 49.07	12 02 23.26
	25	+ 19.11	+ 7.03	0.08	8.70	15 49.27	12 02 06.98
	26	+ 19.40	+ 7.06	346.87	8.70	15 49.48	12 01 50.29
	27	+ 19.68	+ 7.09	333.65	8.70	15 49.69	12 01 33.19
	28	+ 19.96	+ 7.11	320.44	8.70	15 49.90	12 01 15.71
	29	+ 20.23	+ 7.13	307.23	8.71	15 50.12	12 00 57.86
	30	+ 20.50	+ 7.16	294.02	8.71	15 50.34	12 00 39.64
	31	+ 20.76	+ 7.17	280.81	8.71	15 50.57	12 00 21.09
Sept.	1	+ 21.02	+ 7.19	267.60	8.71	15 50.79	12 00 02.20
	2	+ 21.27	+ 7.21	254.39	8.72	15 51.02	11 59 43.00
	3	+ 21.52	+ 7.22	241.18	8.72	15 51.26	11 59 23.50
	4	+ 21.76	+ 7.23	227.97	8.72	15 51.49	11 59 03.73
	5	+ 21.99	+ 7.24	214.77	8.72	15 51.73	11 58 43.70
	6	+ 22.22	+ 7.24	201.56	8.72	15 51.97	11 58 23.44
	7	+ 22.45	+ 7.25	188.35	8.73	15 52.20	11 58 02.96
	8	+ 22.67	+ 7.25	175.14	8.73	15 52.44	11 57 42.30
	9	+ 22.88	+ 7.25	161.94	8.73	15 52.68	11 57 21.46
	10	+ 23.08	+ 7.25	148.73	8.73	15 52.93	11 57 00.49
	11	+ 23.28	+ 7.25	135.53	8.73	15 53.17	11 56 39.39
	12	+ 23.48	+ 7.24	122.32	8.74	15 53.41	11 56 18.19
	13	+ 23.66	+ 7.23	109.12	8.74	15 53.65	11 55 56.92
	14	+ 23.85	+ 7.22	95.92	8.74	15 53.90	11 55 35.59
	15	+ 24.02	+ 7.21	82.71	8.74	15 54.15	11 55 14.23
	16	+ 24.19	+ 7.20	69.51	8.75	15 54.40	11 54 52.84
	17	+ 24.36	+ 7.18	56.31	8.75	15 54.65	11 54 31.45
	18	+ 24.51	+ 7.16	43.11	8.75	15 54.90	11 54 10.09
	19	+ 24.66	+ 7.14	29.91	8.75	15 55.16	11 53 48.75
	20	+ 24.81	+ 7.12	16.71	8.76	15 55.42	11 53 27.47
	21	+ 24.95	+ 7.09	3.51	8.76	15 55.68	11 53 06.27
	22	+ 25.08	+ 7.06	350.31	8.76	15 55.94	11 52 45.15
	23	+ 25.20	+ 7.04	337.11	8.76	15 56.21	11 52 24.14
	24	+ 25.32	+ 7.00	323.91	8.77	15 56.48	11 52 03.25
	25	+ 25.43	+ 6.97	310.71	8.77	15 56.75	11 51 42.50
	26	+ 25.54	+ 6.94	297.52	8.77	15 57.02	11 51 21.92
	27	+ 25.64	+ 6.90	284.32	8.77	15 57.29	11 51 01.51
	28	+ 25.73	+ 6.86	271.12	8.78	15 57.57	11 50 41.29
	29	+ 25.81	+ 6.82	257.92	8.78	15 57.85	11 50 21.30
	30	+ 25.89	+ 6.77	244.73	8.78	15 58.13	11 50 01.53
Oct.	1	+ 25.96	+ 6.73	231.53	8.78	15 58.41	11 49 42.02

SUN, 2006

FOR 0ʰ TERRESTRIAL TIME

Date		Julian Date	Ecliptic Long. for Mean Equinox of Date	Ecliptic Lat.	Apparent Right Ascension	Apparent Declination	True Geocentric Distance
		245	° ′ ″	″	h m s	° ′ ″	
Oct.	1	4009.5	187 41 11.60	−0.56	12 28 12.93	− 3 02 53.0	1.001 2896
	2	4010.5	188 40 10.88	−0.49	12 31 50.11	− 3 26 08.8	1.000 9966
	3	4011.5	189 39 11.89	−0.39	12 35 27.57	− 3 49 22.2	1.000 7037
	4	4012.5	190 38 14.65	−0.27	12 39 05.33	− 4 12 32.8	1.000 4113
	5	4013.5	191 37 19.23	−0.14	12 42 43.42	− 4 35 40.3	1.000 1199
	6	4014.5	192 36 25.67	+0.01	12 46 21.85	− 4 58 44.3	0.999 8297
	7	4015.5	193 35 34.06	+0.15	12 50 00.66	− 5 21 44.6	0.999 5410
	8	4016.5	194 34 44.48	+0.29	12 53 39.87	− 5 44 40.8	0.999 2540
	9	4017.5	195 33 57.01	+0.40	12 57 19.51	− 6 07 32.6	0.998 9687
	10	4018.5	196 33 11.74	+0.49	13 00 59.60	− 6 30 19.8	0.998 6850
	11	4019.5	197 32 28.72	+0.56	13 04 40.16	− 6 53 01.9	0.998 4028
	12	4020.5	198 31 47.99	+0.58	13 08 21.23	− 7 15 38.5	0.998 1219
	13	4021.5	199 31 09.58	+0.58	13 12 02.80	− 7 38 09.4	0.997 8420
	14	4022.5	200 30 33.49	+0.55	13 15 44.90	− 8 00 34.1	0.997 5629
	15	4023.5	201 29 59.73	+0.48	13 19 27.56	− 8 22 52.3	0.997 2845
	16	4024.5	202 29 28.27	+0.40	13 23 10.78	− 8 45 03.5	0.997 0066
	17	4025.5	203 28 59.08	+0.30	13 26 54.58	− 9 07 07.4	0.996 7289
	18	4026.5	204 28 32.15	+0.18	13 30 38.98	− 9 29 03.6	0.996 4515
	19	4027.5	205 28 07.43	+0.05	13 34 23.99	− 9 50 51.5	0.996 1741
	20	4028.5	206 27 44.87	−0.08	13 38 09.64	−10 12 31.0	0.995 8969
	21	4029.5	207 27 24.43	−0.20	13 41 55.93	−10 34 01.5	0.995 6196
	22	4030.5	208 27 06.06	−0.32	13 45 42.88	−10 55 22.6	0.995 3424
	23	4031.5	209 26 49.70	−0.42	13 49 30.50	−11 16 33.9	0.995 0653
	24	4032.5	210 26 35.28	−0.50	13 53 18.81	−11 37 35.0	0.994 7884
	25	4033.5	211 26 22.76	−0.56	13 57 07.81	−11 58 25.6	0.994 5117
	26	4034.5	212 26 12.06	−0.59	14 00 57.52	−12 19 05.1	0.994 2355
	27	4035.5	213 26 03.13	−0.59	14 04 47.95	−12 39 33.2	0.993 9599
	28	4036.5	214 25 55.92	−0.56	14 08 39.11	−12 59 49.4	0.993 6854
	29	4037.5	215 25 50.38	−0.50	14 12 31.00	−13 19 53.4	0.993 4121
	30	4038.5	216 25 46.48	−0.42	14 16 23.63	−13 39 44.7	0.993 1404
	31	4039.5	217 25 44.17	−0.31	14 20 17.02	−13 59 22.9	0.992 8707
Nov.	1	4040.5	218 25 43.46	−0.18	14 24 11.16	−14 18 47.5	0.992 6035
	2	4041.5	219 25 44.34	−0.04	14 28 06.08	−14 37 58.3	0.992 3391
	3	4042.5	220 25 46.84	+0.10	14 32 01.79	−14 56 54.8	0.992 0779
	4	4043.5	221 25 51.00	+0.23	14 35 58.29	−15 15 36.7	0.991 8204
	5	4044.5	222 25 56.88	+0.35	14 39 55.61	−15 34 03.5	0.991 5668
	6	4045.5	223 26 04.54	+0.45	14 43 53.76	−15 52 15.0	0.991 3171
	7	4046.5	224 26 14.04	+0.52	14 47 52.74	−16 10 10.8	0.991 0716
	8	4047.5	225 26 25.44	+0.56	14 51 52.57	−16 27 50.5	0.990 8302
	9	4048.5	226 26 38.79	+0.56	14 55 53.26	−16 45 13.6	0.990 5926
	10	4049.5	227 26 54.10	+0.54	14 59 54.80	−17 02 19.9	0.990 3588
	11	4050.5	228 27 11.41	+0.48	15 03 57.21	−17 19 08.9	0.990 1286
	12	4051.5	229 27 30.69	+0.40	15 08 00.47	−17 35 40.1	0.989 9017
	13	4052.5	230 27 51.95	+0.30	15 12 04.61	−17 51 53.3	0.989 6780
	14	4053.5	231 28 15.14	+0.19	15 16 09.60	−18 07 47.9	0.989 4573
	15	4054.5	232 28 40.25	+0.07	15 20 15.46	−18 23 23.5	0.989 2395
	16	4055.5	233 29 07.23	−0.06	15 24 22.19	−18 38 39.8	0.989 0243

FOR 0ʰ TERRESTRIAL TIME

Date	Position Angle of Axis P	Heliographic Latitude B_0	Heliographic Longitude L_0	H. P.	Semi-Diameter	Ephemeris Transit
	°	°	°	″	′ ″	h m s
Oct. 1	+ 25.96	+ 6.73	231.53	8.78	15 58.41	11 49 42.02
2	+ 26.03	+ 6.68	218.34	8.79	15 58.69	11 49 22.78
3	+ 26.08	+ 6.63	205.14	8.79	15 58.97	11 49 03.84
4	+ 26.13	+ 6.58	191.95	8.79	15 59.25	11 48 45.21
5	+ 26.18	+ 6.53	178.75	8.79	15 59.53	11 48 26.92
6	+ 26.21	+ 6.47	165.56	8.80	15 59.81	11 48 08.99
7	+ 26.24	+ 6.41	152.36	8.80	16 00.09	11 47 51.45
8	+ 26.26	+ 6.36	139.17	8.80	16 00.36	11 47 34.32
9	+ 26.28	+ 6.29	125.98	8.80	16 00.64	11 47 17.63
10	+ 26.29	+ 6.23	112.78	8.81	16 00.91	11 47 01.39
11	+ 26.29	+ 6.17	99.59	8.81	16 01.18	11 46 45.64
12	+ 26.28	+ 6.10	86.40	8.81	16 01.45	11 46 30.39
13	+ 26.26	+ 6.03	73.21	8.81	16 01.72	11 46 15.67
14	+ 26.24	+ 5.96	60.01	8.82	16 01.99	11 46 01.48
15	+ 26.21	+ 5.89	46.82	8.82	16 02.26	11 45 47.85
16	+ 26.17	+ 5.81	33.63	8.82	16 02.53	11 45 34.80
17	+ 26.13	+ 5.74	20.44	8.82	16 02.79	11 45 22.35
18	+ 26.08	+ 5.66	7.25	8.83	16 03.06	11 45 10.50
19	+ 26.02	+ 5.58	354.06	8.83	16 03.33	11 44 59.27
20	+ 25.95	+ 5.50	340.87	8.83	16 03.60	11 44 48.69
21	+ 25.87	+ 5.42	327.68	8.83	16 03.87	11 44 38.75
22	+ 25.79	+ 5.33	314.49	8.84	16 04.14	11 44 29.48
23	+ 25.70	+ 5.25	301.31	8.84	16 04.40	11 44 20.88
24	+ 25.60	+ 5.16	288.12	8.84	16 04.67	11 44 12.98
25	+ 25.49	+ 5.07	274.93	8.84	16 04.94	11 44 05.77
26	+ 25.38	+ 4.98	261.74	8.85	16 05.21	11 43 59.27
27	+ 25.26	+ 4.88	248.55	8.85	16 05.48	11 43 53.49
28	+ 25.13	+ 4.79	235.37	8.85	16 05.74	11 43 48.45
29	+ 24.99	+ 4.70	222.18	8.85	16 06.01	11 43 44.14
30	+ 24.85	+ 4.60	208.99	8.85	16 06.27	11 43 40.58
31	+ 24.69	+ 4.50	195.81	8.86	16 06.54	11 43 37.78
Nov. 1	+ 24.53	+ 4.40	182.62	8.86	16 06.80	11 43 35.75
2	+ 24.36	+ 4.30	169.43	8.86	16 07.05	11 43 34.50
3	+ 24.19	+ 4.20	156.25	8.86	16 07.31	11 43 34.05
4	+ 24.00	+ 4.09	143.06	8.87	16 07.56	11 43 34.40
5	+ 23.81	+ 3.99	129.87	8.87	16 07.81	11 43 35.56
6	+ 23.61	+ 3.88	116.69	8.87	16 08.05	11 43 37.56
7	+ 23.40	+ 3.77	103.50	8.87	16 08.29	11 43 40.40
8	+ 23.18	+ 3.66	90.32	8.88	16 08.53	11 43 44.08
9	+ 22.96	+ 3.55	77.13	8.88	16 08.76	11 43 48.62
10	+ 22.73	+ 3.44	63.95	8.88	16 08.99	11 43 54.02
11	+ 22.49	+ 3.33	50.77	8.88	16 09.21	11 44 00.29
12	+ 22.24	+ 3.22	37.58	8.88	16 09.43	11 44 07.42
13	+ 21.99	+ 3.10	24.40	8.89	16 09.65	11 44 15.42
14	+ 21.73	+ 2.99	11.21	8.89	16 09.87	11 44 24.29
15	+ 21.46	+ 2.87	358.03	8.89	16 10.08	11 44 34.03
16	+ 21.18	+ 2.75	344.85	8.89	16 10.29	11 44 44.62

SUN, 2006

FOR 0ʰ TERRESTRIAL TIME

Date		Julian Date	Ecliptic Long.	Ecliptic Lat.	Apparent Right Ascension	Apparent Declination	True Geocentric Distance
			for Mean Equinox of Date				
		245	° ′ ″	″	h m s	° ′ ″	
Nov.	16	4055.5	233 29 07.23	−0.06	15 24 22.19	−18 38 39.8	0.989 0243
	17	4056.5	234 29 36.03	−0.18	15 28 29.77	−18 53 36.4	0.988 8117
	18	4057.5	235 30 06.59	−0.30	15 32 38.20	−19 08 12.8	0.988 6015
	19	4058.5	236 30 38.86	−0.40	15 36 47.47	−19 22 28.7	0.988 3938
	20	4059.5	237 31 12.77	−0.48	15 40 57.59	−19 36 23.6	0.988 1883
	21	4060.5	238 31 48.24	−0.55	15 45 08.52	−19 49 57.3	0.987 9851
	22	4061.5	239 32 25.19	−0.58	15 49 20.27	−20 03 09.3	0.987 7842
	23	4062.5	240 33 03.54	−0.59	15 53 32.82	−20 15 59.3	0.987 5857
	24	4063.5	241 33 43.21	−0.56	15 57 46.14	−20 28 26.8	0.987 3898
	25	4064.5	242 34 24.11	−0.51	16 02 00.23	−20 40 31.6	0.987 1965
	26	4065.5	243 35 06.16	−0.43	16 06 15.06	−20 52 13.2	0.987 0061
	27	4066.5	244 35 49.29	−0.32	16 10 30.61	−21 03 31.4	0.986 8190
	28	4067.5	245 36 33.45	−0.20	16 14 46.86	−21 14 25.8	0.986 6354
	29	4068.5	246 37 18.58	−0.07	16 19 03.81	−21 24 56.1	0.986 4558
	30	4069.5	247 38 04.66	+0.07	16 23 21.42	−21 35 02.0	0.986 2805
Dec.	1	4070.5	248 38 51.67	+0.20	16 27 39.69	−21 44 43.1	0.986 1099
	2	4071.5	249 39 39.62	+0.32	16 31 58.59	−21 53 59.4	0.985 9445
	3	4072.5	250 40 28.52	+0.42	16 36 18.12	−22 02 50.4	0.985 7844
	4	4073.5	251 41 18.42	+0.49	16 40 38.25	−22 11 15.9	0.985 6300
	5	4074.5	252 42 09.35	+0.53	16 44 58.96	−22 19 15.8	0.985 4815
	6	4075.5	253 43 01.36	+0.54	16 49 20.24	−22 26 49.8	0.985 3388
	7	4076.5	254 43 54.48	+0.52	16 53 42.06	−22 33 57.6	0.985 2020
	8	4077.5	255 44 48.75	+0.47	16 58 04.40	−22 40 39.0	0.985 0709
	9	4078.5	256 45 44.18	+0.40	17 02 27.23	−22 46 53.9	0.984 9454
	10	4079.5	257 46 40.77	+0.30	17 06 50.53	−22 52 41.9	0.984 8254
	11	4080.5	258 47 38.52	+0.19	17 11 14.27	−22 58 03.0	0.984 7106
	12	4081.5	259 48 37.41	+0.07	17 15 38.42	−23 02 56.8	0.984 6008
	13	4082.5	260 49 37.42	−0.06	17 20 02.95	−23 07 23.2	0.984 4959
	14	4083.5	261 50 38.49	−0.18	17 24 27.84	−23 11 22.1	0.984 3956
	15	4084.5	262 51 40.60	−0.30	17 28 53.05	−23 14 53.2	0.984 2997
	16	4085.5	263 52 43.69	−0.40	17 33 18.56	−23 17 56.6	0.984 2081
	17	4086.5	264 53 47.70	−0.48	17 37 44.32	−23 20 32.0	0.984 1205
	18	4087.5	265 54 52.56	−0.54	17 42 10.30	−23 22 39.3	0.984 0369
	19	4088.5	266 55 58.20	−0.58	17 46 36.47	−23 24 18.6	0.983 9570
	20	4089.5	267 57 04.52	−0.59	17 51 02.79	−23 25 29.6	0.983 8808
	21	4090.5	268 58 11.45	−0.57	17 55 29.22	−23 26 12.5	0.983 8081
	22	4091.5	269 59 18.87	−0.51	17 59 55.71	−23 26 27.0	0.983 7391
	23	4092.5	271 00 26.68	−0.43	18 04 22.23	−23 26 13.3	0.983 6736
	24	4093.5	272 01 34.79	−0.33	18 08 48.74	−23 25 31.3	0.983 6120
	25	4094.5	273 02 43.09	−0.21	18 13 15.20	−23 24 21.0	0.983 5542
	26	4095.5	274 03 51.50	−0.07	18 17 41.56	−23 22 42.5	0.983 5007
	27	4096.5	275 04 59.95	+0.06	18 22 07.80	−23 20 35.7	0.983 4516
	28	4097.5	276 06 08.38	+0.19	18 26 33.88	−23 18 00.8	0.983 4074
	29	4098.5	277 07 16.75	+0.31	18 30 59.77	−23 14 57.9	0.983 3685
	30	4099.5	278 08 25.04	+0.41	18 35 25.44	−23 11 27.0	0.983 3351
	31	4100.5	279 09 33.23	+0.49	18 39 50.86	−23 07 28.4	0.983 3075
	32	4101.5	280 10 41.35	+0.53	18 44 16.01	−23 03 02.0	0.983 2861

FOR 0^h TERRESTRIAL TIME

Date		Position Angle of Axis P	Heliographic		H. P.	Semi-Diameter	Ephemeris Transit
			Latitude B_0	Longitude L_0			
		°	°	°	″	′ ″	h m s
Nov.	16	+ 21.18	+ 2.75	344.85	8.89	16 10.29	11 44 44.62
	17	+ 20.89	+ 2.64	331.67	8.89	16 10.50	11 44 56.07
	18	+ 20.60	+ 2.52	318.49	8.90	16 10.71	11 45 08.36
	19	+ 20.30	+ 2.40	305.30	8.90	16 10.91	11 45 21.50
	20	+ 19.99	+ 2.28	292.12	8.90	16 11.12	11 45 35.46
	21	+ 19.68	+ 2.15	278.94	8.90	16 11.32	11 45 50.24
	22	+ 19.36	+ 2.03	265.76	8.90	16 11.51	11 46 05.82
	23	+ 19.03	+ 1.91	252.58	8.90	16 11.71	11 46 22.19
	24	+ 18.70	+ 1.79	239.40	8.91	16 11.90	11 46 39.33
	25	+ 18.35	+ 1.66	226.22	8.91	16 12.09	11 46 57.22
	26	+ 18.01	+ 1.54	213.04	8.91	16 12.28	11 47 15.85
	27	+ 17.65	+ 1.41	199.86	8.91	16 12.46	11 47 35.20
	28	+ 17.29	+ 1.29	186.68	8.91	16 12.64	11 47 55.24
	29	+ 16.92	+ 1.16	173.50	8.91	16 12.82	11 48 15.97
	30	+ 16.55	+ 1.03	160.32	8.92	16 12.99	11 48 37.36
Dec.	1	+ 16.17	+ 0.91	147.14	8.92	16 13.16	11 48 59.40
	2	+ 15.78	+ 0.78	133.96	8.92	16 13.33	11 49 22.06
	3	+ 15.39	+ 0.65	120.78	8.92	16 13.48	11 49 45.33
	4	+ 14.99	+ 0.53	107.60	8.92	16 13.64	11 50 09.20
	5	+ 14.59	+ 0.40	94.43	8.92	16 13.78	11 50 33.64
	6	+ 14.18	+ 0.27	81.25	8.92	16 13.92	11 50 58.62
	7	+ 13.76	+ 0.14	68.07	8.93	16 14.06	11 51 24.14
	8	+ 13.34	+ 0.01	54.89	8.93	16 14.19	11 51 50.17
	9	+ 12.92	− 0.11	41.72	8.93	16 14.31	11 52 16.68
	10	+ 12.49	− 0.24	28.54	8.93	16 14.43	11 52 43.65
	11	+ 12.06	− 0.37	15.36	8.93	16 14.55	11 53 11.05
	12	+ 11.62	− 0.50	2.19	8.93	16 14.65	11 53 38.85
	13	+ 11.18	− 0.63	349.01	8.93	16 14.76	11 54 07.02
	14	+ 10.73	− 0.75	335.83	8.93	16 14.86	11 54 35.54
	15	+ 10.28	− 0.88	322.66	8.93	16 14.95	11 55 04.35
	16	+ 9.83	− 1.01	309.48	8.94	16 15.04	11 55 33.44
	17	+ 9.37	− 1.14	296.31	8.94	16 15.13	11 56 02.77
	18	+ 8.91	− 1.26	283.14	8.94	16 15.21	11 56 32.30
	19	+ 8.45	− 1.39	269.96	8.94	16 15.29	11 57 02.00
	20	+ 7.98	− 1.52	256.79	8.94	16 15.37	11 57 31.82
	21	+ 7.51	− 1.64	243.62	8.94	16 15.44	11 58 01.73
	22	+ 7.04	− 1.77	230.44	8.94	16 15.51	11 58 31.68
	23	+ 6.57	− 1.89	217.27	8.94	16 15.57	11 59 01.65
	24	+ 6.09	− 2.01	204.10	8.94	16 15.63	11 59 31.59
	25	+ 5.61	− 2.14	190.93	8.94	16 15.69	12 00 01.46
	26	+ 5.13	− 2.26	177.75	8.94	16 15.74	12 00 31.22
	27	+ 4.65	− 2.38	164.58	8.94	16 15.79	12 01 00.84
	28	+ 4.17	− 2.50	151.41	8.94	16 15.84	12 01 30.29
	29	+ 3.69	− 2.62	138.24	8.94	16 15.88	12 01 59.53
	30	+ 3.20	− 2.74	125.07	8.94	16 15.91	12 02 28.53
	31	+ 2.72	− 2.86	111.90	8.94	16 15.94	12 02 57.26
	32	+ 2.23	− 2.98	98.72	8.94	16 15.96	12 03 25.70

SUN, 2006

ICRS GEOCENTRIC RECTANGULAR COORDINATES

Date 0^{h}TT	x	y	z	Date 0^{h}TT	x	y	z
Jan. 0	+0.159 3141	−0.890 3092	−0.385 9851	Feb. 15	+0.819 5361	−0.505 7350	−0.219 2549
1	+0.176 5528	−0.887 5529	−0.384 7901	16	+0.829 2902	−0.492 5069	−0.213 5207
2	+0.193 7359	−0.884 5190	−0.383 4745	17	+0.838 7912	−0.479 1277	−0.207 7210
3	+0.210 8576	−0.881 2086	−0.382 0389	18	+0.848 0365	−0.465 6013	−0.201 8575
4	+0.227 9122	−0.877 6228	−0.380 4838	19	+0.857 0231	−0.451 9316	−0.195 9319
5	+0.244 8941	−0.873 7633	−0.378 8099	20	+0.865 7485	−0.438 1228	−0.189 9458
6	+0.261 7981	−0.869 6317	−0.377 0180	21	+0.874 2099	−0.424 1788	−0.183 9011
7	+0.278 6189	−0.865 2295	−0.375 1088	22	+0.882 4047	−0.410 1038	−0.177 7994
8	+0.295 3513	−0.860 5586	−0.373 0832	23	+0.890 3302	−0.395 9020	−0.171 6426
9	+0.311 9903	−0.855 6207	−0.370 9418	24	+0.897 9838	−0.381 5777	−0.165 4325
10	+0.328 5312	−0.850 4176	−0.368 6855	25	+0.905 3630	−0.367 1354	−0.159 1710
11	+0.344 9690	−0.844 9510	−0.366 3152	26	+0.912 4653	−0.352 5796	−0.152 8602
12	+0.361 2989	−0.839 2230	−0.363 8316	27	+0.919 2881	−0.337 9151	−0.146 5021
13	+0.377 5163	−0.833 2352	−0.361 2356	28	+0.925 8294	−0.323 1465	−0.140 0988
14	+0.393 6164	−0.826 9895	−0.358 5280	Mar. 1	+0.932 0870	−0.308 2790	−0.133 6525
15	+0.409 5946	−0.820 4880	−0.355 7095	2	+0.938 0591	−0.293 3175	−0.127 1654
16	+0.425 4462	−0.813 7324	−0.352 7810	3	+0.943 7443	−0.278 2672	−0.120 6398
17	+0.441 1666	−0.806 7248	−0.349 7434	4	+0.949 1411	−0.263 1329	−0.114 0778
18	+0.456 7510	−0.799 4672	−0.346 5975	5	+0.954 2484	−0.247 9197	−0.107 4818
19	+0.472 1949	−0.791 9616	−0.343 3442	6	+0.959 0651	−0.232 6324	−0.100 8538
20	+0.487 4935	−0.784 2103	−0.339 9843	7	+0.963 5905	−0.217 2760	−0.094 1959
21	+0.502 6422	−0.776 2153	−0.336 5189	8	+0.967 8236	−0.201 8551	−0.087 5103
22	+0.517 6363	−0.767 9791	−0.332 9488	9	+0.971 7639	−0.186 3745	−0.080 7989
23	+0.532 4712	−0.759 5038	−0.329 2751	10	+0.975 4106	−0.170 8388	−0.074 0638
24	+0.547 1420	−0.750 7920	−0.325 4988	11	+0.978 7633	−0.155 2527	−0.067 3069
25	+0.561 6442	−0.741 8462	−0.321 6208	12	+0.981 8212	−0.139 6208	−0.060 5303
26	+0.575 9730	−0.732 6690	−0.317 6425	13	+0.984 5841	−0.123 9476	−0.053 7360
27	+0.590 1236	−0.723 2632	−0.313 5648	14	+0.987 0514	−0.108 2377	−0.046 9258
28	+0.604 0913	−0.713 6316	−0.309 3892	15	+0.989 2228	−0.092 4955	−0.040 1016
29	+0.617 8713	−0.703 7774	−0.305 1168	16	+0.991 0979	−0.076 7256	−0.033 2655
30	+0.631 4591	−0.693 7038	−0.300 7491	17	+0.992 6764	−0.060 9325	−0.026 4193
31	+0.644 8501	−0.683 4144	−0.296 2877	18	+0.993 9582	−0.045 1206	−0.019 5650
Feb. 1	+0.658 0398	−0.672 9126	−0.291 7342	19	+0.994 9428	−0.029 2945	−0.012 7044
2	+0.671 0243	−0.662 2024	−0.287 0902	20	+0.995 6301	−0.013 4587	−0.005 8394
3	+0.683 7994	−0.651 2874	−0.282 3575	21	+0.996 0198	+0.002 3823	+0.001 0278
4	+0.696 3615	−0.640 1715	−0.277 5377	22	+0.996 1120	+0.018 2239	+0.007 8955
5	+0.708 7070	−0.628 8587	−0.272 6325	23	+0.995 9063	+0.034 0615	+0.014 7617
6	+0.720 8324	−0.617 3527	−0.267 6437	24	+0.995 4027	+0.049 8904	+0.021 6242
7	+0.732 7344	−0.605 6573	−0.262 5730	25	+0.994 6013	+0.065 7059	+0.028 4811
8	+0.744 4098	−0.593 7764	−0.257 4220	26	+0.993 5021	+0.081 5031	+0.035 3302
9	+0.755 8555	−0.581 7139	−0.252 1923	27	+0.992 1053	+0.097 2771	+0.042 1694
10	+0.767 0683	−0.569 4733	−0.246 8856	28	+0.990 4113	+0.113 0229	+0.048 9965
11	+0.778 0453	−0.557 0587	−0.241 5036	29	+0.988 4207	+0.128 7355	+0.055 8092
12	+0.788 7835	−0.544 4737	−0.236 0479	30	+0.986 1342	+0.144 4096	+0.062 6053
13	+0.799 2799	−0.531 7222	−0.230 5201	31	+0.983 5530	+0.160 0404	+0.069 3825
14	+0.809 5318	−0.518 8080	−0.224 9219	Apr. 1	+0.980 6782	+0.175 6229	+0.076 1387
15	+0.819 5361	−0.505 7350	−0.219 2549	2	+0.977 5113	+0.191 1521	+0.082 8717

ICRS GEOCENTRIC RECTANGULAR COORDINATES

Date 0^h TT	x	y	z	Date 0^h TT	x	y	z
Apr. 1	+0.980 6782	+0.175 6229	+0.076 1387	May 17	+0.567 1576	+0.768 0856	+0.332 9881
2	+0.977 5113	+0.191 1521	+0.082 8717	18	+0.553 1200	+0.776 8901	+0.336 8054
3	+0.974 0537	+0.206 6233	+0.089 5794	19	+0.538 9235	+0.785 4738	+0.340 5271
4	+0.970 3073	+0.222 0320	+0.096 2599	20	+0.524 5718	+0.793 8341	+0.344 1521
5	+0.966 2737	+0.237 3736	+0.102 9110	21	+0.510 0689	+0.801 9686	+0.347 6794
6	+0.961 9547	+0.252 6436	+0.109 5311	22	+0.495 4186	+0.809 8748	+0.351 1077
7	+0.957 3521	+0.267 8378	+0.116 1180	23	+0.480 6253	+0.817 5501	+0.354 4360
8	+0.952 4678	+0.282 9518	+0.122 6701	24	+0.465 6932	+0.824 9921	+0.357 6631
9	+0.947 3036	+0.297 9815	+0.129 1855	25	+0.450 6267	+0.832 1985	+0.360 7880
10	+0.941 8617	+0.312 9227	+0.135 6625	26	+0.435 4303	+0.839 1670	+0.363 8096
11	+0.936 1438	+0.327 7713	+0.142 0993	27	+0.420 1089	+0.845 8954	+0.366 7271
12	+0.930 1520	+0.342 5233	+0.148 4941	28	+0.404 6672	+0.852 3818	+0.369 5395
13	+0.923 8884	+0.357 1747	+0.154 8453	29	+0.389 1100	+0.858 6244	+0.372 2461
14	+0.917 3549	+0.371 7216	+0.161 1513	30	+0.373 4422	+0.864 6215	+0.374 8461
15	+0.910 5537	+0.386 1600	+0.167 4103	31	+0.357 6686	+0.870 3716	+0.377 3388
16	+0.903 4867	+0.400 4861	+0.173 6207	June 1	+0.341 7942	+0.875 8733	+0.379 7237
17	+0.896 1561	+0.414 6961	+0.179 7808	2	+0.325 8236	+0.881 1254	+0.382 0002
18	+0.888 5638	+0.428 7859	+0.185 8890	3	+0.309 7618	+0.886 1266	+0.384 1679
19	+0.880 7121	+0.442 7518	+0.191 9437	4	+0.293 6135	+0.890 8759	+0.386 2264
20	+0.872 6031	+0.456 5898	+0.197 9430	5	+0.277 3834	+0.895 3723	+0.388 1751
21	+0.864 2388	+0.470 2960	+0.203 8854	6	+0.261 0762	+0.899 6148	+0.390 0138
22	+0.855 6217	+0.483 8663	+0.209 7691	7	+0.244 6965	+0.903 6028	+0.391 7421
23	+0.846 7540	+0.497 2968	+0.215 5922	8	+0.228 2490	+0.907 3353	+0.393 3597
24	+0.837 6382	+0.510 5834	+0.221 3531	9	+0.211 7383	+0.910 8118	+0.394 8663
25	+0.828 2770	+0.523 7218	+0.227 0498	10	+0.195 1687	+0.914 0315	+0.396 2618
26	+0.818 6732	+0.536 7082	+0.232 6806	11	+0.178 5449	+0.916 9939	+0.397 5459
27	+0.808 8297	+0.549 5383	+0.238 2437	12	+0.161 8711	+0.919 6984	+0.398 7183
28	+0.798 7499	+0.562 2083	+0.243 7373	13	+0.145 1518	+0.922 1445	+0.399 7788
29	+0.788 4370	+0.574 7141	+0.249 1596	14	+0.128 3912	+0.924 3315	+0.400 7272
30	+0.777 8946	+0.587 0522	+0.254 5090	15	+0.111 5937	+0.926 2589	+0.401 5631
May 1	+0.767 1263	+0.599 2189	+0.259 7840	16	+0.094 7636	+0.927 9259	+0.402 2864
2	+0.756 1359	+0.611 2108	+0.264 9830	17	+0.077 9054	+0.929 3320	+0.402 8966
3	+0.744 9269	+0.623 0245	+0.270 1047	18	+0.061 0237	+0.930 4765	+0.403 3935
4	+0.733 5031	+0.634 6569	+0.275 1476	19	+0.044 1229	+0.931 3588	+0.403 7767
5	+0.721 8683	+0.646 1049	+0.280 1104	20	+0.027 2080	+0.931 9782	+0.404 0460
6	+0.710 0263	+0.657 3655	+0.284 9918	21	+0.010 2836	+0.932 3344	+0.404 2011
7	+0.697 9808	+0.668 4358	+0.289 7906	22	−0.006 6451	+0.932 4269	+0.404 2418
8	+0.685 7355	+0.679 3130	+0.294 5057	23	−0.023 5731	+0.932 2556	+0.404 1679
9	+0.673 2943	+0.689 9943	+0.299 1358	24	−0.040 4954	+0.931 8202	+0.403 9795
10	+0.660 6608	+0.700 4771	+0.303 6798	25	−0.057 4068	+0.931 1208	+0.403 6765
11	+0.647 8389	+0.710 7588	+0.308 1366	26	−0.074 3021	+0.930 1577	+0.403 2590
12	+0.634 8323	+0.720 8368	+0.312 5052	27	−0.091 1763	+0.928 9311	+0.402 7271
13	+0.621 6447	+0.730 7086	+0.316 7845	28	−0.108 0242	+0.927 4416	+0.402 0811
14	+0.608 2797	+0.740 3719	+0.320 9735	29	−0.124 8409	+0.925 6898	+0.401 3212
15	+0.594 7411	+0.749 8241	+0.325 0711	30	−0.141 6213	+0.923 6763	+0.400 4478
16	+0.581 0325	+0.759 0628	+0.329 0763	July 1	−0.158 3606	+0.921 4020	+0.399 4613
17	+0.567 1576	+0.768 0856	+0.332 9881	2	−0.175 0539	+0.918 8678	+0.398 3620

SUN, 2006

ICRS GEOCENTRIC RECTANGULAR COORDINATES

Date 0^h TT	x	y	z	Date 0^h TT	x	y	z
July 1	−0.158 3606	+0.921 4020	+0.399 4613	Aug. 16	−0.807 9084	+0.560 2205	+0.242 8788
2	−0.175 0539	+0.918 8678	+0.398 3620	17	−0.817 8917	+0.547 6111	+0.237 4125
3	−0.191 6964	+0.916 0747	+0.397 1504	18	−0.827 6424	+0.534 8442	+0.231 8778
4	−0.208 2834	+0.913 0237	+0.395 8271	19	−0.837 1575	+0.521 9234	+0.226 2763
5	−0.224 8103	+0.909 7160	+0.394 3925	20	−0.846 4336	+0.508 8523	+0.220 6094
6	−0.241 2726	+0.906 1527	+0.392 8472	21	−0.855 4676	+0.495 6345	+0.214 8787
7	−0.257 6657	+0.902 3352	+0.391 1918	22	−0.864 2566	+0.482 2739	+0.209 0861
8	−0.273 9852	+0.898 2648	+0.389 4268	23	−0.872 7975	+0.468 7743	+0.203 2331
9	−0.290 2269	+0.893 9427	+0.387 5529	24	−0.881 0875	+0.455 1399	+0.197 3215
10	−0.306 3866	+0.889 3703	+0.385 5707	25	−0.889 1241	+0.441 3746	+0.191 3531
11	−0.322 4600	+0.884 5490	+0.383 4807	26	−0.896 9045	+0.427 4825	+0.185 3297
12	−0.338 4432	+0.879 4800	+0.381 2835	27	−0.904 4265	+0.413 4678	+0.179 2532
13	−0.354 3319	+0.874 1647	+0.378 9796	28	−0.911 6876	+0.399 3347	+0.173 1253
14	−0.370 1221	+0.868 6043	+0.376 5696	29	−0.918 6856	+0.385 0874	+0.166 9481
15	−0.385 8097	+0.862 7999	+0.374 0539	30	−0.925 4186	+0.370 7303	+0.160 7233
16	−0.401 3903	+0.856 7529	+0.371 4330	31	−0.931 8845	+0.356 2675	+0.154 4528
17	−0.416 8596	+0.850 4645	+0.368 7075	Sept. 1	−0.938 0815	+0.341 7034	+0.148 1386
18	−0.432 2131	+0.843 9359	+0.365 8778	2	−0.944 0080	+0.327 0423	+0.141 7824
19	−0.447 4463	+0.837 1688	+0.362 9447	3	−0.949 6623	+0.312 2884	+0.135 3862
20	−0.462 5547	+0.830 1647	+0.359 9086	4	−0.955 0432	+0.297 4461	+0.128 9517
21	−0.477 5336	+0.822 9253	+0.356 7704	5	−0.960 1491	+0.282 5194	+0.122 4809
22	−0.492 3784	+0.815 4524	+0.353 5308	6	−0.964 9789	+0.267 5124	+0.115 9755
23	−0.507 0846	+0.807 7481	+0.350 1908	7	−0.969 5313	+0.252 4293	+0.109 4371
24	−0.521 6475	+0.799 8144	+0.346 7512	8	−0.973 8052	+0.237 2740	+0.102 8675
25	−0.536 0628	+0.791 6538	+0.343 2129	9	−0.977 7992	+0.222 0504	+0.096 2683
26	−0.550 3260	+0.783 2684	+0.339 5772	10	−0.981 5120	+0.206 7624	+0.089 6412
27	−0.564 4327	+0.774 6609	+0.335 8451	11	−0.984 9422	+0.191 4140	+0.082 9878
28	−0.578 3788	+0.765 8338	+0.332 0176	12	−0.988 0884	+0.176 0092	+0.076 3098
29	−0.592 1601	+0.756 7897	+0.328 0961	13	−0.990 9490	+0.160 5522	+0.069 6091
30	−0.605 7726	+0.747 5315	+0.324 0817	14	−0.993 5227	+0.145 0472	+0.062 8874
31	−0.619 2123	+0.738 0619	+0.319 9756	15	−0.995 8081	+0.129 4987	+0.056 1467
Aug. 1	−0.632 4754	+0.728 3838	+0.315 7792	16	−0.997 8039	+0.113 9110	+0.049 3888
2	−0.645 5582	+0.718 5001	+0.311 4938	17	−0.999 5089	+0.098 2889	+0.042 6159
3	−0.658 4570	+0.708 4138	+0.307 1206	18	−1.000 9222	+0.082 6369	+0.035 8298
4	−0.671 1682	+0.698 1279	+0.302 6610	19	−1.002 0428	+0.066 9596	+0.029 0327
5	−0.683 6885	+0.687 6455	+0.298 1163	20	−1.002 8699	+0.051 2620	+0.022 2266
6	−0.696 0146	+0.676 9696	+0.293 4879	21	−1.003 4028	+0.035 5487	+0.015 4137
7	−0.708 1433	+0.666 1032	+0.288 7771	22	−1.003 6411	+0.019 8246	+0.008 5961
8	−0.720 0713	+0.655 0494	+0.283 9852	23	−1.003 5844	+0.004 0946	+0.001 7759
9	−0.731 7958	+0.643 8112	+0.279 1135	24	−1.003 2325	−0.011 6365	−0.005 0447
10	−0.743 3137	+0.632 3914	+0.274 1633	25	−1.002 5851	−0.027 3639	−0.011 8637
11	−0.754 6220	+0.620 7929	+0.269 1356	26	−1.001 6425	−0.043 0825	−0.018 6788
12	−0.765 7176	+0.609 0185	+0.264 0318	27	−1.000 4048	−0.058 7877	−0.025 4879
13	−0.776 5973	+0.597 0712	+0.258 8530	28	−0.998 8723	−0.074 4745	−0.032 2890
14	−0.787 2579	+0.584 9537	+0.253 6003	29	−0.997 0455	−0.090 1382	−0.039 0799
15	−0.797 6960	+0.572 6691	+0.248 2752	30	−0.994 9250	−0.105 7740	−0.045 8585
16	−0.807 9084	+0.560 2205	+0.242 8788	Oct. 1	−0.992 5116	−0.121 3772	−0.052 6228

ICRS GEOCENTRIC RECTANGULAR COORDINATES

Date 0^h TT	x	y	z	Date 0^h TT	x	y	z
Oct. 1	−0.992 5116	−0.121 3772	−0.052 6228	Nov. 16	−0.589 8288	−0.728 3905	−0.315 7820
2	−0.989 8059	−0.136 9432	−0.059 3709	17	−0.575 6481	−0.737 6387	−0.319 7920
3	−0.986 8091	−0.152 4674	−0.066 1006	18	−0.561 2897	−0.746 6609	−0.323 7041
4	−0.983 5221	−0.167 9455	−0.072 8103	19	−0.546 7580	−0.755 4539	−0.327 5167
5	−0.979 9460	−0.183 3730	−0.079 4979	20	−0.532 0576	−0.764 0147	−0.331 2285
6	−0.976 0818	−0.198 7457	−0.086 1618	21	−0.517 1929	−0.772 3402	−0.334 8383
7	−0.971 9305	−0.214 0595	−0.092 8001	22	−0.502 1687	−0.780 4276	−0.338 3446
8	−0.967 4931	−0.229 3102	−0.099 4111	23	−0.486 9899	−0.788 2740	−0.341 7463
9	−0.962 7704	−0.244 4936	−0.105 9930	24	−0.471 6614	−0.795 8768	−0.345 0423
10	−0.957 7633	−0.259 6055	−0.112 5441	25	−0.456 1881	−0.803 2336	−0.348 2315
11	−0.952 4727	−0.274 6417	−0.119 0625	26	−0.440 5750	−0.810 3419	−0.351 3128
12	−0.946 8995	−0.289 5975	−0.125 5462	27	−0.424 8274	−0.817 1997	−0.354 2853
13	−0.941 0447	−0.304 4687	−0.131 9934	28	−0.408 9502	−0.823 8048	−0.357 1482
14	−0.934 9095	−0.319 2507	−0.138 4021	29	−0.392 9486	−0.830 1553	−0.359 9008
15	−0.928 4950	−0.333 9388	−0.144 7702	30	−0.376 8276	−0.836 2496	−0.362 5421
16	−0.921 8026	−0.348 5284	−0.151 0958	Dec. 1	−0.360 5921	−0.842 0859	−0.365 0717
17	−0.914 8340	−0.363 0149	−0.157 3768	2	−0.344 2472	−0.847 6628	−0.367 4889
18	−0.907 5908	−0.377 3937	−0.163 6111	3	−0.327 7975	−0.852 9788	−0.369 7930
19	−0.900 0747	−0.391 6600	−0.169 7967	4	−0.311 2479	−0.858 0323	−0.371 9836
20	−0.892 2877	−0.405 8094	−0.175 9316	5	−0.294 6031	−0.862 8221	−0.374 0599
21	−0.884 2320	−0.419 8371	−0.182 0138	6	−0.277 8677	−0.867 3465	−0.376 0214
22	−0.875 9097	−0.433 7387	−0.188 0412	7	−0.261 0465	−0.871 6042	−0.377 8673
23	−0.867 3232	−0.447 5095	−0.194 0119	8	−0.244 1442	−0.875 5937	−0.379 5972
24	−0.858 4751	−0.461 1451	−0.199 9239	9	−0.227 1657	−0.879 3134	−0.381 2102
25	−0.849 3679	−0.474 6411	−0.205 7751	10	−0.210 1158	−0.882 7620	−0.382 7058
26	−0.840 0045	−0.487 9931	0.211 5639	11	0.192 9998	0.885 9380	0.384 0833
27	−0.830 3879	−0.501 1968	−0.217 2881	12	−0.175 8226	−0.888 8401	−0.385 3421
28	−0.820 5209	−0.514 2481	−0.222 9462	13	−0.158 5894	−0.891 4670	−0.386 4817
29	−0.810 4068	−0.527 1429	−0.228 5362	14	−0.141 3056	−0.893 8177	0.387 5014
30	−0.800 0487	−0.539 8772	−0.234 0566	15	−0.123 9764	−0.895 8909	−0.388 4008
31	−0.789 4501	−0.552 4472	−0.239 5055	16	−0.106 6074	−0.897 6857	−0.389 1795
Nov. 1	−0.778 6141	−0.564 8493	−0.244 8816	17	−0.089 2040	−0.899 2013	−0.389 8370
2	−0.767 5442	−0.577 0798	−0.250 1832	18	−0.071 7717	−0.900 4367	−0.390 3730
3	−0.756 2438	−0.589 1352	−0.255 4090	19	−0.054 3163	−0.901 3915	−0.390 7871
4	−0.744 7159	−0.601 0123	−0.260 5574	20	−0.036 8434	−0.902 0649	−0.391 0791
5	−0.732 9640	−0.612 7076	−0.265 6271	21	−0.019 3589	−0.902 4567	−0.391 2488
6	−0.720 9912	−0.624 2179	−0.270 6167	22	−0.001 8684	−0.902 5665	−0.391 2962
7	−0.708 8005	−0.635 5399	−0.275 5248	23	+0.015 6222	−0.902 3945	−0.391 2212
8	−0.696 3952	−0.646 6700	−0.280 3499	24	+0.033 1070	−0.901 9405	−0.391 0239
9	−0.683 7783	−0.657 6050	−0.285 0906	25	+0.050 5803	−0.901 2051	−0.390 7044
10	−0.670 9533	−0.668 3412	−0.289 7453	26	+0.068 0363	−0.900 1885	−0.390 2631
11	−0.657 9234	−0.678 8753	−0.294 3125	27	+0.085 4695	−0.898 8915	−0.389 7001
12	−0.644 6922	−0.689 2036	−0.298 7906	28	+0.102 8744	−0.897 3147	−0.389 0158
13	−0.631 2633	−0.699 3227	−0.303 1781	29	+0.120 2455	−0.895 4591	−0.388 2107
14	−0.617 6405	−0.709 2292	−0.307 4735	30	+0.137 5776	−0.893 3255	−0.387 2852
15	−0.603 8277	−0.718 9196	−0.311 6753	31	+0.154 8655	−0.890 9148	−0.386 2398
16	−0.589 8288	−0.728 3905	−0.315 7820	32	+0.172 1041	−0.888 2281	−0.385 0748

NOTES AND FORMULAS

Low-precision formulas for the Sun's coordinates and the equation of time

The following formulas give the apparent coordinates of the Sun to a precision of $0°.01$ and the equation of time to a precision of $0^m.1$ between 1950 and 2050; on this page the time argument n is the number of days from J2000.0.

$n = $ JD $- 2451545.0 = 2190.5 + $ day of year (from B4–B5) $+$ fraction of day from 0^h UT

Mean longitude of Sun, corrected for aberration: $L = 280°.460 + 0°.985\,6474\,n$

Mean anomaly: $g = 357°.528 + 0°.985\,6003\,n$

Put L and g in the range $0°$ to $360°$ by adding multiples of $360°$.

Ecliptic longitude: $\lambda = L + 1°.915 \sin g + 0°.020 \sin 2g$

Ecliptic latitude: $\beta = 0°$

Obliquity of ecliptic: $\epsilon = 23°.439 - 0°.000\,0004\,n$

Right ascension (in same quadrant as λ): $\alpha = \tan^{-1}(\cos\epsilon \tan\lambda)$

Alternatively, α may be calculated directly from

$$\alpha = \lambda - ft \sin 2\lambda + (f/2)t^2 \sin 4\lambda$$
$$\text{where } f = 180/\pi \quad \text{and} \quad t = \tan^2(\epsilon/2)$$

Declination: $\delta = \sin^{-1}(\sin\epsilon \sin\lambda)$

Distance of Sun from Earth, in au: $R = 1.000\,14 - 0.016\,71 \cos g - 0.000\,14 \cos 2g$

Equatorial rectangular coordinates of the Sun, in au:

$$x = R\cos\lambda, \qquad y = R\cos\epsilon \sin\lambda, \qquad z = R\sin\epsilon \sin\lambda$$

Equation of time (apparent time minus mean time):

$$E, \text{ in minutes of time} = (L - \alpha), \text{ in degrees, multiplied by 4.}$$

Horizontal parallax: $0°.0024$

Semidiameter: $0°.2666/R$

Light-time: $0^d.0058$

CONTENTS OF SECTION D

NOTE: The pages concerning the daily lunar polynomial coefficients for R.A., Dec. and H.P. and how to use them, can be found on *The Astronomical Almanac Online* at http://asa.usno.navy.mil & http://asa.nao.rl.ac.uk.

See also

NOTE: All the times on this page are expressed in Universal Time (UT1).

PHASES OF THE MOON

Lunation	New Moon			First Quarter			Full Moon			Last Quarter		
		d	h m		d	h m		d	h m		d	h m
1027				Jan.	6	18 56	Jan.	14	09 48	Jan.	22	15 14
1028	Jan.	29	14 15	Feb.	5	06 29	Feb.	13	04 44	Feb.	21	07 17
1029	Feb.	28	00 31	Mar.	6	20 16	Mar.	14	23 35	Mar.	22	19 11
1030	Mar.	29	10 15	Apr.	5	12 01	Apr.	13	16 40	Apr.	21	03 28
1031	Apr.	27	19 44	May	5	05 13	May	13	06 51	May	20	09 21
1032	May	27	05 26	June	3	23 06	June	11	18 03	June	18	14 08
1033	June	25	16 05	July	3	16 37	July	11	03 02	July	17	19 13
1034	July	25	04 31	Aug.	2	08 46	Aug.	9	10 54	Aug.	16	01 51
1035	Aug.	23	19 10	Aug.	31	22 57	Sept.	7	18 42	Sept.	14	11 15
1036	Sept.	22	11 45	Sept.	30	11 04	Oct.	7	03 13	Oct.	14	00 26
1037	Oct.	22	05 14	Oct.	29	21 25	Nov.	5	12 58	Nov.	12	17 45
1038	Nov.	20	22 18	Nov.	28	06 29	Dec.	5	00 25	Dec.	12	14 32
1039	Dec.	20	14 01	Dec.	27	14 48						

MOON AT PERIGEE						MOON AT APOGEE					
	d h		d h		d h		d h		d h		d h
Jan.	1 23	May	22 15	Oct.	6 14	Jan.	17 19	June	4 02	Oct.	19 10
Jan.	30 08	June	16 17	Nov.	4 00	Feb.	14 01	July	1 20	Nov.	15 23
Feb.	27 20	July	13 18	Dec.	2 00	Mar.	13 02	July	29 13	Dec.	13 19
Mar.	28 07	Aug.	10 18	Dec.	28 02	Apr.	9 13	Aug.	26 01		
Apr.	25 11	Sept.	8 03			May	7 07	Sept.	22 05		

NOTES AND FORMULAE

Mean elements of the orbit of the Moon

The following expressions for the mean elements of the Moon are based on the fundamental arguments developed by Simon *et al.* (*Astron. & Astrophys.*, **282**, 663, 1994). The angular elements are referred to the mean equinox and ecliptic of date. The time argument (d) is the interval in days from 2006 January 0 at 0^h TT. These expressions are intended for use during 2006 only.

$$d = JD - 245\ 3735 \cdot 5 = \text{day of year (from B4–B5)} + \text{fraction of day from } 0^h \text{ TT}$$

Mean longitude of the Moon, measured in the ecliptic to the mean ascending node and then along the mean orbit:

$$L' = 281°213\ 116 + 13 \cdot 176\ 396\ 47\,d$$

Mean longitude of the lunar perigee, measured as for L':

$$\Gamma' = 327°382\ 621 + 0 \cdot 111\ 403\ 49\,d$$

Mean longitude of the mean ascending node of the lunar orbit on the ecliptic:

$$\Omega = 9°049\ 341 - 0 \cdot 052\ 953\ 76\,d$$

Mean elongation of the Moon from the Sun:

$$D = L' - L = 1°686\ 127 + 12 \cdot 190\ 749\ 11\,d$$

Mean inclination of the lunar orbit to the ecliptic: $5°145\ 3964$.

Mean elements of the rotation of the Moon

The following expressions give the mean elements of the mean equator of the Moon, referred to the true equator of the Earth, during 2006 to a precision of about $0°001$; the time-argument d is as defined above for the orbital elements.

Inclination of the mean equator of the Moon to the true equator of the Earth:

$$i = 21°9190 - 0 \cdot 000\ 239\,d + 0 \cdot 000\ 000\ 697\,d^2$$

Arc of the mean equator of the Moon from its ascending node on the true equator of the Earth to its ascending node on the ecliptic of date:

$$\Delta = 189°6499 - 0 \cdot 056\ 473\,d + 0 \cdot 000\ 000\ 023\,d^2$$

Arc of the true equator of the Earth from the true equinox of date to the ascending node of the mean equator of the Moon:

$$\Omega' = -0°6514 + 0 \cdot 003\ 816\,d - 0 \cdot 000\ 000\ 023\,d^2$$

The inclination (I) of the mean lunar equator to the ecliptic: $1° 32' 32''7$

The ascending node of the mean lunar equator on the ecliptic is at the descending node of the mean lunar orbit on the ecliptic, that is at longitude $\Omega + 180°$.

Lengths of mean months

The lengths of the mean months at 2006·0, as derived from the mean orbital elements are:

		d	d h m s
synodic month	(new moon to new moon)	29·530 589	29 12 44 02·9
tropical month	(equinox to equinox)	27·321 582	27 07 43 04·7
sidereal month	(fixed star to fixed star)	27·321 662	27 07 43 11·6
anomalistic month	(perigee to perigee)	27·554 550	27 13 18 33·1
draconic month	(node to node)	27·212 221	27 05 05 35·9

NOTES AND FORMULAE

Geocentric coordinates

The apparent longitude (λ) and latitude (β) of the Moon given on pages D6–D20 are referred to the ecliptic of date: the apparent right ascension (α) and declination (δ) are referred to the true equator of date. These coordinates are primarily intended for planning purposes. The true distance (r) is expressed in Earth-radii and is derived, as is the semi-diameter (s), from the horizontal parallax (π).

The maximum errors which may result if Bessel's second-order interpolation formula is used are as follows:

λ	β	α	δ	r	π	s
$\pm0°.02$	$\pm0°.02$	$\pm2^{s}.4$	$\pm24''$	±0.002	$\pm0''.07$	$\pm0''.02$

More precise values of right ascension, declination and horizontal parallax may be obtained by using the polynomial coefficients given on the web (see page 1). Precise values of true distance and semi-diameter may be obtained from the parallax using:

$$r = 6\,378 \cdot 1366 / \sin \pi \text{ km} \qquad \sin s = 0 \cdot 272\,399 \sin \pi$$

The tabulated values are all referred to the centre of the Earth, and may differ from the topocentric values by up to about 1 degree in angle and 2 per cent in distance.

Time of transit of the Moon

The TT of upper (or lower) transit of the Moon over a local meridian may be obtained by interpolation in the tabulation of the time of upper (or lower) transit over the ephemeris meridian given on pages D6–D20, where the first differences are about 25 hours. The interpolation factor p is given by:

$$p = -\lambda + 1 \cdot 002\,738 \, \Delta T$$

where λ is the *east* longitude and the right-hand side is expressed in days. (Divide longitude in degrees by 360 and ΔT in seconds by 86 400). During 2006 it is expected that ΔT will be about 65 seconds, so that the second term is about $+0 \cdot 000\,75$ days. In general, second-order differences are sufficient to give times to a few seconds, but higher-order differences must be taken into account if a precision of better than 1 second is required. The UT1 of transit is obtained by subtracting ΔT from the TT of transit, which is obtained by interpolation.

Topocentric coordinates

The topocentric equatorial rectangular coordinates of the Moon (x', y', z'), referred to the true equinox of date, are equal to the geocentric equatorial rectangular coordinates of the Moon *minus* the geocentric equatorial rectangular coordinates of the observer. Hence, the topocentric right ascension (α'), declination (δ') and distance (r') of the Moon may be calculated from the formulae:

$$\begin{aligned}
x' &= r' \cos \delta' \cos \alpha' = r \cos \delta \cos \alpha - \rho \cos \phi' \cos \theta_0 \\
y' &= r' \cos \delta' \sin \alpha' = r \cos \delta \sin \alpha - \rho \cos \phi' \sin \theta_0 \\
z' &= r' \sin \delta' \qquad\quad = r \sin \delta \qquad - \rho \sin \phi'
\end{aligned}$$

where θ_0 is the local apparent sidereal time (see B10) and ρ and ϕ' are the geocentric distance and latitude of the observer.

Then
$$r'^2 = x'^2 + y'^2 + z'^2, \quad \alpha' = \tan^{-1}(y'/x'), \quad \delta' = \sin^{-1}(z'/r')$$

The topocentric hour angle (h') may be calculated from $h' = \theta_0 - \alpha'$.

Physical ephemeris

See page D4 for notes on the physical ephemeris of the Moon on pages D7–D21.

NOTES AND FORMULAE

Appearance of the Moon

The quantities tabulated in the ephemeris for physical observations of the Moon on odd pages D7–D21 represent the geocentric aspect and illumination of the Moon's disk. For most purposes it is sufficient to regard the instant of tabulation as 0^h universal time. The fraction illuminated (or phase) is the ratio of the illuminated area to the total area of the lunar disk; it is also the fraction of the diameter illuminated perpendicular to the line of cusps. This quantity indicates the general aspect of the Moon, while the precise times of the four principal phases are given on pages A1 and D1; they are the times when the apparent longitudes of the Moon and Sun differ by $0°$, $90°$, $180°$ and $270°$.

The position angle of the bright limb is measured anticlockwise around the disk from the north point (of the hour circle through the centre of the apparent disk) to the midpoint of the bright limb. Before full moon the morning terminator is visible and the position angle of the northern cusp is $90°$ greater than the position angle of the bright limb; after full moon the evening terminator is visible and the position angle of the northern cusp is $90°$ less than the position angle of the bright limb.

The brightness of the Moon is determined largely by the fraction illuminated, but it also depends on the distance of the Moon, on the nature of the part of the lunar surface that is illuminated, and on other factors. The integrated visual magnitude of the full Moon at mean distance is about -12.7. The crescent Moon is not normally visible to the naked eye when the phase is less than 0.01, but much depends on the conditions of observation.

Selenographic coordinates

The positions of points on the Moon's surface are specified by a system of selenographic coordinates, in which latitude is measured positively to the north from the equator of the pole of rotation, and longitude is measured positively to the east on the selenocentric celestial sphere from the lunar meridian through the mean centre of the apparent disk. Selenographic longitudes are measured positive to the west (towards Mare Crisium) on the apparent disk; this sign convention implies that the longitudes of the Sun and of the terminators are decreasing functions of time, and so for some purposes it is convenient to use colongitude which is $90°$ (or $450°$) minus longitude.

The tabulated values of the Earth's selenographic longitude and latitude specify the sub-terrestrial point on the Moon's surface (that is, the centre of the apparent disk). The position angle of the axis of rotation is measured anticlockwise from the north point, and specifies the orientation of the lunar meridian through the sub-terrestrial point, which is the pole of the great circle that corresponds to the limb of the Moon.

The tabulated values of the Sun's selenographic colongitude and latitude specify the sub-solar point of the Moon's surface (that is at the pole of the great circle that bounds the illuminated hemisphere). The following relations hold approximately:

longitude of morning terminator $= 360°$ − colongitude of Sun
longitude of evening terminator $= 180°$ (or $540°$) − colongitude of Sun

The altitude (a) of the Sun above the lunar horizon at a point at selenographic longitude and latitude (l, b) may be calculated from:

$$\sin a = \sin b_0 \sin b + \cos b_0 \cos b \sin (c_0 + l)$$

where (c_0, b_0) are the Sun's colongitude and latitude at the time.

NOTES AND FORMULAE

Librations of the Moon

On average the same hemisphere of the Moon is always turned to the Earth but there is a periodic oscillation or libration of the apparent position of the lunar surface that allows about 59 per cent of the surface to be seen from the Earth. The libration is due partly to a physical libration, which is an oscillation of the actual rotational motion about its mean rotation, but mainly to the much larger geocentric optical libration, which results from the non-uniformity of the revolution of the Moon around the centre of the Earth. Both of these effects are taken into account in the computation of the Earth's selenographic longitude (l) and latitude (b) and of the position angle (C) of the axis of rotation. The contributions due to the physical libration are tabulated separately. There is a further contribution to the optical libration due to the difference between the viewpoints of the observer on the surface of the Earth and of the hypothetical observer at the centre of the Earth. These topocentric optical librations may be as much as 1° and have important effects on the apparent contour of the limb.

When the libration in longitude, that is the selenographic longitude of the Earth, is positive the mean centre of the disk is displaced eastwards on the celestial sphere, exposing to view a region on the west limb. When the libration in latitude, or selenographic latitude of the Earth, is positive the mean centre of the disk is displaced towards the south, and a region on the north limb is exposed to view. In a similar way the selenographic coordinates of the Sun show which regions of the lunar surface are illuminated.

Differential corrections to be applied to the tabular geocentric librations to form the topocentric librations may be computed from the following formulae:

$$\Delta l = -\pi' \sin(Q - C) \sec b$$
$$\Delta b = +\pi' \cos(Q - C)$$
$$\Delta C = +\sin(b + \Delta b) \Delta l - \pi' \sin Q \tan \delta$$

where Q is the geocentric parallactic angle of the Moon and π' is the topocentric horizontal parallax. The latter is obtained from the geocentric horizontal parallax (π), which is tabulated on even pages D6–D20 by using:

$$\pi' = \pi(\sin z + 0.0084 \sin 2z)$$

where z is the geocentric zenith distance of the Moon. The values of z and Q may be calculated from the geocentric right ascension (α) and declination (δ) of the Moon by using:

$$\sin z \sin Q = \cos \phi \sin h$$
$$\sin z \cos Q = \cos \delta \sin \phi - \sin \delta \cos \phi \cos h$$
$$\cos z = \sin \delta \sin \phi + \cos \delta \cos \phi \cos h$$

where ϕ is the geocentric latitude of the observer and h is the local hour angle of the Moon, given by:

$$h = \text{local apparent sidereal time} - \alpha$$

Second differences must be taken into account in the interpolation of the tabular geocentric librations to the time of observation.

MOON, 2006

FOR 0ʰ TERRESTRIAL TIME

Date 0ʰ TT	Apparent Long.	Lat.	Apparent R.A.	Dec.	True Dist.	Horiz. Parallax	Semi-diameter	Ephemeris Transit for date Upper	Lower
	°	°	h m s	° ′ ″		′ ″	′ ″	h	h
Jan. 0	277·56	−5·00	18 34 14·12	−28 12 48·7	57·195	60 06·56	16 22·38	12·4764	...
1	292·38	−4·86	19 40 13·54	−26 22 32·1	56·831	60 29·64	16 28·67	13·5366	01·0130
2	307·30	−4·40	20 43 39·58	−22 41 34·6	56·718	60 36·89	16 30·64	14·5297	02·0430
3	322·17	−3·63	21 43 03·91	−17 33 06·3	56·848	60 28·57	16 28·37	15·4437	02·9963
4	336·86	−2·63	22 38 20·51	−11 26 08·5	57·188	60 06·95	16 22·48	16·2896	03·8739
5	351·29	−1·48	23 30 19·00	− 4 48 50·5	57·690	59 35·58	16 13·94	17·0898	04·6939
6	5·40	−0·26	0 20 13·74	+ 1 54 33·3	58·297	58 58·34	16 03·80	17·8694	05·4806
7	19·20	+0·95	1 09 23·68	+ 8 23 53·2	58·957	58 18·75	15 53·01	18·6521	06·2590
8	32·69	+2·09	1 59 01·26	+14 21 56·5	59·626	57 39·45	15 42·31	19·4575	07·0509
9	45·93	+3·08	2 50 04·31	+19 33 11·5	60·276	57 02·17	15 32·16	20·2982	07·8730
10	58·93	+3·90	3 43 06·71	+23 43 10·2	60·887	56 27·82	15 22·80	21·1764	08·7330
11	71·73	+4·50	4 38 07·82	+26 39 01·4	61·451	55 56·71	15 14·33	22·0806	09·6265
12	84·35	+4·87	5 34 26·40	+28 11 15·0	61·965	55 28·86	15 06·74	22·9878	10·5356
13	96·80	+5·01	6 30 47·88	+28 15 57·1	62·427	55 04·24	15 00·04	23·8707	11·4339
14	109·10	+4·91	7 25 47·48	+26 56 07·3	62·832	54 42·91	14 54·23	...	12·2959
15	121·24	+4·58	8 18 18·42	+24 20 57·4	63·173	54 25·23	14 49·41	00·7079	13·1058
16	133·25	+4·06	9 07 49·13	+20 43 27·2	63·433	54 11·83	14 45·76	01·4897	13·8602
17	145·15	+3·35	9 54 23·98	+16 17 41·9	63·594	54 03·58	14 43·52	02·2183	14·5658
18	156·97	+2·51	10 38 34·01	+11 16 56·7	63·634	54 01·56	14 42·97	02·9043	15·2359
19	168·76	+1·56	11 21 06·51	+ 5 52 50·5	63·530	54 06·89	14 44·42	03·5627	15·8871
20	180·58	+0·53	12 02 57·92	+ 0 15 33·1	63·262	54 20·60	14 48·15	04·2115	16·5383
21	192·50	−0·53	12 45 10·50	− 5 25 29·7	62·821	54 43·51	14 54·39	04·8701	17·2096
22	204·62	−1·58	13 28 51·25	−11 00 29·0	62·206	55 15·98	15 03·24	05·5595	17·9228
23	217·02	−2·58	14 15 10·74	−16 17 47·4	61·432	55 57·78	15 14·62	06·3022	18·7003
24	229·78	−3·49	15 05 18·31	−21 02 27·1	60·531	56 47·76	15 28·23	07·1196	19·5618
25	242·99	−4·24	16 00 09·17	−24 55 01·5	59·554	57 43·66	15 43·46	08·0277	20·5167
26	256·68	−4·79	16 59 59·92	−27 32 01·9	58·568	58 41·95	15 59·33	09·0266	21·5532
27	270·88	−5·06	18 03 59·16	−28 29 36·2	57·654	59 37·82	16 14·55	10·0909	22·6328
28	285·53	−5·01	19 09 59·21	−27 30 47·9	56·893	60 25·65	16 27·58	11·1718	23·7015
29	300·52	−4·63	20 15 15·60	−24 33 15·4	56·361	60 59·87	16 36·90	12·2171	...
30	315·71	−3·91	21 17 36·58	−19 51 32·4	56·111	61 16·22	16 41·35	13·1955	00·7155
31	330·92	−2·92	22 16 06·99	−13 52 27·1	56·162	61 12·85	16 40·43	14·1026	01·6573
Feb. 1	345·97	−1·73	23 11 03·44	− 7 07 23·5	56·501	60 50·84	16 34·44	14·9534	02·5337
2	0·74	−0·44	0 03 24·82	− 0 06 23·5	57·080	60 13·80	16 24·35	15·7704	03·3646
3	15·13	+0·85	0 54 25·35	+ 6 44 43·5	57·832	59 26·77	16 11·54	16·5776	04·1738
4	29·12	+2·05	1 45 17·64	+13 04 44·0	58·684	58 35·02	15 57·45	17·3955	04·9841
5	42·70	+3·10	2 37 01·93	+18 36 12·0	59·564	57 43·08	15 43·30	18·2388	05·8134
6	55·91	+3·96	3 30 16·71	+23 04 34·4	60·414	56 54·34	15 30·02	19·1127	06·6721
7	68·80	+4·59	4 25 09·36	+26 17 58·1	61·193	56 10·88	15 18·19	20·0105	07·5595
8	81·42	+4·98	5 21 10·37	+28 07 56·5	61·874	55 33·77	15 08·08	20·9140	08·4630
9	93·82	+5·13	6 17 18·12	+28 30 54·0	62·446	55 03·26	14 59·77	21·7993	09·3604
10	106·04	+5·05	7 12 17·37	+27 29 06·6	62·905	54 39·11	14 53·19	22·6451	10·2281
11	118·12	+4·74	8 05 03·98	+25 10 22·4	63·257	54 20·88	14 48·23	23·4398	11·0492
12	130·09	+4·22	8 55 02·62	+21 46 19·3	63·507	54 08·06	14 44·74	...	11·8172
13	141·99	+3·52	9 42 10·56	+17 30 14·2	63·658	54 00·34	14 42·63	00·1823	12·5361
14	153·82	+2·67	10 26 51·20	+12 35 20·3	63·711	53 57·63	14 41·89	00·8801	13·2162
15	165·63	+1·70	11 09 44·77	+ 7 13 52·7	63·662	54 00·12	14 42·57	01·5462	13·8721

EPHEMERIS FOR PHYSICAL OBSERVATIONS
FOR 0^h TERRESTRIAL TIME

Date 0^h TT	The Earth's Selenographic		Physical Libration			The Sun's Selenographic		Position Angle		Frac-tion
	Long.	Lat.	Lg.	Lt.	P.A.	Colong.	Lat.	Axis	Bright Limb	Illum.
	°	°	(0°001)			°	°	°	°	
Jan. 0	− 3·659	+ 6·544	− 7	+ 5	− 18	271·81	− 1·54	356·535	16·80	0·002
1	− 1·977	+ 6·367	− 6	+ 6	− 17	284·00	− 1·53	350·607	282·06	0·013
2	− 0·204	+ 5·757	− 5	+ 6	− 17	296·19	− 1·53	345·572	263·83	0·052
3	+ 1·502	+ 4·758	− 4	+ 6	− 16	308·37	− 1·52	341·803	255·12	0·117
4	+ 3·009	+ 3·452	− 3	+ 6	− 16	320·55	− 1·52	339·381	250·04	0·203
5	+ 4·232	+ 1·946	− 2	+ 5	− 16	332·73	− 1·52	338·215	247·39	0·304
6	+ 5·134	+ 0·350	− 2	+ 3	− 15	344·89	− 1·52	338·180	246·70	0·413
7	+ 5·718	− 1·233	− 1	+ 2	− 15	357·05	− 1·52	339·183	247·73	0·524
8	+ 6·011	− 2·713	− 1	+ 1	− 15	9·21	− 1·52	341·178	250·35	0·632
9	+ 6·051	− 4·015	− 1	− 1	− 15	21·36	− 1·52	344·139	254·52	0·730
10	+ 5·875	− 5·085	− 1	− 2	− 15	33·50	− 1·51	348·014	260·23	0·817
11	+ 5·513	− 5·879	− 1	− 3	− 14	45·63	− 1·51	352·662	267·53	0·889
12	+ 4·981	− 6·372	− 2	− 4	− 14	57·77	− 1·51	357·816	276·80	0·943
13	+ 4·290	− 6·553	− 3	− 5	− 14	69·90	− 1·51	3·095	290·16	0·979
14	+ 3·440	− 6·426	− 4	− 5	− 14	82·03	− 1·51	8·090	325·32	0·997
15	+ 2·435	− 6·006	− 6	− 6	− 14	94·16	− 1·50	12·470	68·30	0·995
16	+ 1·285	− 5·322	− 7	− 6	− 14	106·29	− 1·49	16·041	94·34	0·976
17	+ 0·008	− 4·410	− 9	− 6	− 14	118·42	− 1·48	18·739	103·72	0·939
18	− 1·362	− 3·311	− 11	− 5	− 15	130·55	− 1·47	20·583	108·85	0·887
19	− 2·773	− 2·071	− 12	− 5	− 15	142·69	− 1·46	21·622	111·79	0·822
20	− 4·161	− 0·736	− 14	− 4	− 16	154·83	− 1·45	21·895	113·14	0·745
21	− 5·445	+ 0·645	− 16	− 3	− 16	166·98	− 1·44	21·408	113·14	0·658
22	− 6·537	+ 2·021	− 17	− 2	− 17	179·14	− 1·42	20·123	111·82	0·564
23	− 7·341	+ 3·334	− 18	− 1	− 18	191·30	− 1·41	17·958	109·14	0·465
24	− 7·764	+ 4·521	− 19	0	− 19	203·47	− 1·39	14·806	104·98	0·364
25	− 7·730	+ 5·511	− 20	+ 2	− 20	215·64	− 1·38	10·589	99·23	0·266
26	− 7·188	+ 6·227	− 20	+ 3	− 20	227·82	− 1·36	5·355	91·81	0·175
27	− 6·135	+ 6·592	− 20	+ 5	− 20	240·00	− 1·35	359·400	82·69	0·098
28	− 4·624	+ 6·544	− 19	+ 6	− 20	252·19	− 1·33	353·299	71·13	0·040
29	− 2·770	+ 6·052	− 18	+ 7	− 20	264·39	− 1·31	347·754	48·56	0·007
30	− 0·737	+ 5·129	− 17	+ 8	− 19	276·58	− 1·30	343·316	286·42	0·004
31	+ 1·293	+ 3·840	− 16	+ 8	− 18	288·77	− 1·28	340·241	256·99	0·031
Feb. 1	+ 3·151	+ 2·294	− 15	+ 7	− 18	300·96	− 1·26	338·531	249·67	0·086
2	+ 4·707	+ 0·620	− 13	+ 6	− 17	313·15	− 1·24	338·076	246·96	0·164
3	+ 5·886	− 1·056	− 12	+ 5	− 17	325·33	− 1·23	338·763	246·78	0·260
4	+ 6·662	− 2·622	− 12	+ 4	− 16	337·51	− 1·21	340·513	248·51	0·364
5	+ 7·047	− 3·995	− 11	+ 3	− 16	349·68	− 1·20	343·275	251·85	0·472
6	+ 7·078	− 5·115	− 11	+ 1	− 16	1·84	− 1·18	346·978	256·59	0·578
7	+ 6·803	− 5·945	− 12	0	− 16	14·00	− 1·16	351·483	262·50	0·678
8	+ 6·270	− 6·467	− 12	− 1	− 15	26·15	− 1·15	356·541	269·29	0·767
9	+ 5·525	− 6·673	− 13	− 2	− 15	38·30	− 1·13	1·796	276·62	0·845
10	+ 4·603	− 6·570	− 14	− 2	− 15	50·44	− 1·11	6·854	284·26	0·908
11	+ 3·537	− 6·172	− 16	− 3	− 15	62·58	− 1·10	11·379	292·46	0·955
12	+ 2·352	− 5·506	− 17	− 3	− 15	74·72	− 1·08	15·149	303·63	0·986
13	+ 1·071	− 4·602	− 19	− 3	− 15	86·86	− 1·06	18·072	347·72	0·999
14	− 0·280	− 3·503	− 21	− 3	− 15	98·99	− 1·03	20·143	94·52	0·994
15	− 1·669	− 2·253	− 22	− 3	− 16	111·13	− 1·01	21·401	108·07	0·971

MOON, 2006

FOR 0ʰ TERRESTRIAL TIME

Date 0ʰ TT	Apparent Long.	Lat.	R.A.	Apparent Dec.	True Dist.	Horiz. Parallax	Semi-diameter	Ephemeris Transit for date Upper	Lower
	°	°	h m s	° ′ ″		′ ″	′ ″	h	h
Feb. 15	165·63	+ 1·70	11 09 44·77	+ 7 13 52·7	63·662	54 00·12	14 42·57	01·5462	13·8721
16	177·45	+ 0·66	11 51 41·20	+ 1 36 59·3	63·502	54 08·27	14 44·79	02·1960	14·5203
17	189·32	− 0·42	12 33 36·14	− 4 04 57·6	63·221	54 22·76	14 48·74	02·8471	15·1788
18	201·31	− 1·49	13 16 29·27	− 9 41 39·8	62·806	54 44·30	14 54·61	03·5178	15·8667
19	213·46	− 2·51	14 01 23·31	− 15 01 55·2	62·252	55 13·50	15 02·56	04·2280	16·6040
20	225·86	− 3·44	14 49 20·96	− 19 52 32·2	61·562	55 50·67	15 12·68	04·9972	17·4095
21	238·57	− 4·22	15 41 16·94	− 23 57 19·4	60·749	56 35·51	15 24·89	05·8423	18·2963
22	251·68	− 4·81	16 37 41·70	− 26 56 51·2	59·844	57 26·87	15 38·88	06·7709	19·2643
23	265·22	− 5·15	17 38 18·59	− 28 30 05·7	58·894	58 22·46	15 54·03	07·7732	20·2928
24	279·23	− 5·21	18 41 47·99	− 28 18 46·4	57·964	59 18·65	16 09·33	08·8176	21·3418
25	293·69	− 4·94	19 46 00·97	− 26 13 33·1	57·131	60 10·56	16 23·47	09·8599	22·3675
26	308·55	− 4·34	20 48 47·07	− 22 18 36·6	56·475	60 52·50	16 34·89	10·8619	23·3415
27	323·68	− 3·43	21 48 44·25	− 16 51 30·5	56·068	61 19·04	16 42·12	11·8064	…
28	338·94	− 2·26	22 45 36·38	− 10 18 57·1	55·958	61 26·28	16 44·09	12·6973	00·2577
Mar. 1	354·14	− 0·94	23 39 58·60	− 3 11 25·9	56·161	61 12·97	16 40·46	13·5515	01·1277
2	9·13	+ 0·43	0 32 52·75	+ 4 01 00·0	56·654	60 40·95	16 31·74	14·3904	01·9715
3	23·79	+ 1·75	1 25 26·82	+ 10 51 15·3	57·385	59 54·59	16 19·12	15·2347	02·8107
4	38·02	+ 2·92	2 18 40·50	+ 16 56 18·9	58·277	58 59·56	16 04·13	16·0998	03·6640
5	51·81	+ 3·88	3 13 13·24	+ 21 57 29·1	59·248	58 01·56	15 48·33	16·9923	04·5427
6	65·15	+ 4·59	4 09 13·62	+ 25 40 33·9	60·219	57 05·38	15 33·03	17·9069	05·4477
7	78·10	+ 5·05	5 06 13·25	+ 27 56 22·5	61·127	56 14·50	15 19·17	18·8265	06·3675
8	90·70	+ 5·26	6 03 11·60	+ 28 41 35·6	61·924	55 31·08	15 07·35	19·7276	07·2808
9	103·03	+ 5·21	6 58 54·66	+ 27 59 05·8	62·580	54 56·18	14 57·84	20·5890	08·1643
10	115·14	+ 4·93	7 52 19·57	+ 25 57 06·4	63·081	54 29·97	14 50·70	21·3982	09·0005
11	127·10	+ 4·44	8 42 52·04	+ 22 47 15·7	63·428	54 12·09	14 45·83	22·1538	09·7824
12	138·97	+ 3·76	9 30 29·87	+ 18 42 31·0	63·629	54 01·81	14 43·03	22·8625	10·5133
13	150·78	+ 2·92	10 15 36·31	+ 13 55 39·0	63·698	53 58·29	14 42·07	23·5368	11·2031
14	162·59	+ 1·96	10 58 50·72	+ 8 38 37·3	63·651	54 00·69	14 42·73	…	11·8656
15	174·44	+ 0·91	11 41 01·35	+ 3 02 35·3	63·501	54 08·34	14 44·81	00·1915	12·5166
16	186·35	− 0·19	12 23 01·15	− 2 41 42·2	63·258	54 20·82	14 48·21	00·8431	13·1731
17	198·36	− 1·29	13 05 45·88	− 8 23 20·4	62·927	54 37·96	14 52·88	01·5089	13·8526
18	210·51	− 2·34	13 50 12·87	− 13 50 33·4	62·510	54 59·85	14 58·84	02·2066	14·5730
19	222·83	− 3·30	14 37 18·27	− 18 50 01·6	62·004	55 26·77	15 06·17	02·9539	15·3511
20	235·37	− 4·12	15 27 50·55	− 23 06 18·0	61·410	55 58·97	15 14·94	03·7660	16·1992
21	248·17	− 4·76	16 22 18·02	− 26 21 48·1	60·731	56 36·50	15 25·17	04·6509	17·1198
22	261·28	− 5·16	17 20 31·48	− 28 18 04·5	59·982	57 18·95	15 36·73	05·6037	18·0991
23	274·74	− 5·30	18 21 31·44	− 28 38 49·7	59·187	58 05·15	15 49·31	06·6019	19·1072
24	288·57	− 5·14	19 23 35·55	− 27 14 14·6	58·387	58 52·90	16 02·32	07·6103	20·1072
25	302·77	− 4·66	20 24 52·32	− 24 04 29·4	57·636	59 38·92	16 14·85	08·5945	21·0705
26	317·31	− 3·88	21 24 02·36	− 19 20 23·2	56·999	60 18·91	16 25·74	09·5344	21·9865
27	332·14	− 2·83	22 20 39·76	− 13 21 15·3	56·543	60 48·11	16 33·69	10·4281	22·8612
28	347·13	− 1·57	23 15 07·09	− 6 31 47·8	56·325	61 02·23	16 37·54	11·2880	23·7111
29	2·17	− 0·20	0 08 17·36	+ 0 40 37·5	56·382	60 58·54	16 36·54	12·1334	…
30	17·11	+ 1·17	1 01 15·57	+ 7 48 02·7	56·720	60 36·73	16 30·60	12·9850	00·5572
31	31·80	+ 2·45	1 55 03·52	+ 14 23 36·2	57·313	59 59·10	16 20·35	13·8604	01·4189
Apr. 1	46·16	+ 3·53	2 50 25·83	+ 20 03 07·0	58·106	59 09·96	16 06·96	14·7688	02·3103
2	60·09	+ 4·38	3 47 36·05	+ 24 26 41·1	59·027	58 14·61	15 51·89	15·7069	03·2349

EPHEMERIS FOR PHYSICAL OBSERVATIONS
FOR 0ʰ TERRESTRIAL TIME

Date	The Earth's Selenographic		Physical Libration			The Sun's Selenographic		Position Angle		Frac-tion
0ʰ TT	Long.	Lat.	Lg.	Lt.	P.A.	Colong.	Lat.	Axis	Bright Limb	Illum.
	°	°	(0°001)			°	°	°	°	
Feb. 15	− 1·669	− 2·253	− 22	− 3	− 16	111·13	− 1·01	21·401	108·07	0·971
16	− 3·057	− 0·903	− 24	− 2	− 16	123·27	− 0·99	21·887	112·30	0·932
17	− 4·394	+ 0·495	− 26	− 1	− 17	135·42	− 0·97	21·618	113·66	0·877
18	− 5·621	+ 1·887	− 28	− 1	− 18	147·57	− 0·94	20·576	113·25	0·808
19	− 6·668	+ 3·214	− 29	0	− 19	159·72	− 0·92	18·704	111·36	0·726
20	− 7·461	+ 4·420	− 30	+ 2	− 20	171·88	− 0·89	15·919	108·08	0·633
21	− 7·922	+ 5·441	− 31	+ 3	− 21	184·05	− 0·87	12·150	103·39	0·533
22	− 7·980	+ 6·213	− 32	+ 4	− 21	196·22	− 0·85	7·399	97·35	0·428
23	− 7·584	+ 6·670	− 32	+ 6	− 22	208·40	− 0·82	1·846	90·19	0·323
24	− 6·711	+ 6·753	− 32	+ 7	− 22	220·59	− 0·80	355·907	82·34	0·222
25	− 5·384	+ 6·416	− 31	+ 8	− 22	232·78	− 0·77	350·183	74·38	0·134
26	− 3·676	+ 5·646	− 30	+ 8	− 22	244·98	− 0·75	345·268	66·59	0·063
27	− 1·712	+ 4·472	− 28	+ 9	− 21	257·18	− 0·72	341·555	57·48	0·017
28	+ 0·352	+ 2·970	− 27	+ 9	− 20	269·39	− 0·70	339·188	345·77	0·000
Mar. 1	+ 2·348	+ 1·262	− 25	+ 9	− 19	281·59	− 0·67	338·141	250·45	0·015
2	+ 4·123	− 0·513	− 24	+ 8	− 19	293·79	− 0·64	338·334	246·00	0·058
3	+ 5·563	− 2·215	− 23	+ 7	− 18	305·99	− 0·61	339·694	246·27	0·126
4	+ 6·597	− 3·731	− 22	+ 6	− 18	318·19	− 0·59	342·165	248·82	0·213
5	+ 7·200	− 4·981	− 21	+ 5	− 17	330·38	− 0·56	345·676	253·02	0·310
6	+ 7·382	− 5·917	− 21	+ 4	− 17	342·57	− 0·54	350·080	258·49	0·414
7	+ 7·177	− 6·520	− 21	+ 3	− 17	354·75	− 0·51	355·121	264·83	0·517
8	+ 6·637	− 6·789	− 21	+ 3	− 16	6·92	− 0·48	0·432	271·57	0·617
9	+ 5·819	− 6·735	− 22	+ 2	− 16	19·09	− 0·46	5·608	278·23	0·710
10	+ 4·784	− 6·379	− 23	+ 1	− 16	31·26	− 0·43	10·293	284·39	0·793
11	+ 3·588	− 5·747	− 25	+ 1	− 16	43·42	− 0·40	14·255	289·80	0·864
12	+ 2·282	− 4·873	− 26	+ 1	− 16	55·57	− 0·38	17·385	294·39	0·922
13	+ 0·916	− 3·792	− 28	+ 1	− 16	67·73	− 0·35	19·669	298·34	0·965
14	− 0·469	− 2·549	− 29	+ 1	− 16	79·88	− 0·32	21·137	302·86	0·991
15	− 1·830	− 1·192	− 31	+ 2	− 17	92·03	− 0·29	21·827	34·41	1·000
16	− 3·131	+ 0·225	− 33	+ 2	− 17	104·18	− 0·26	21·757	114·28	0·991
17	− 4·330	+ 1·645	− 34	+ 3	− 18	116·34	− 0·23	20·916	115·60	0·963
18	− 5·387	+ 3·008	− 36	+ 4	− 19	128·50	− 0·21	19·257	114·23	0·918
19	− 6·257	+ 4·252	− 37	+ 5	− 20	140·66	− 0·18	16·713	111·30	0·856
20	− 6·895	+ 5·316	− 38	+ 6	− 21	152·82	− 0·15	13·221	106·99	0·779
21	− 7·254	+ 6·139	− 39	+ 7	− 22	164·99	− 0·12	8·784	101·42	0·688
22	− 7·292	+ 6·666	− 39	+ 8	− 22	177·17	− 0·10	3·541	94·83	0·587
23	− 6·975	+ 6·846	− 39	+ 9	− 23	189·35	− 0·07	357·831	87·62	0·479
24	− 6·286	+ 6·640	− 38	+ 9	− 23	201·54	− 0·05	352·159	80·40	0·369
25	− 5·231	+ 6·029	− 38	+ 10	− 23	213·74	− 0·02	347·069	73·83	0·263
26	− 3·847	+ 5·022	− 36	+ 10	− 22	225·95	+ 0·01	342·975	68·44	0·166
27	− 2·207	+ 3·664	− 35	+ 10	− 22	238·16	+ 0·03	340·094	64·63	0·087
28	− 0·413	+ 2·040	− 33	+ 10	− 21	250·37	+ 0·06	338·476	62·72	0·031
29	+ 1·410	+ 0·272	− 31	+ 10	− 20	262·59	+ 0·09	338·096	64·64	0·003
30	+ 3·129	− 1·502	− 29	+ 9	− 20	274·81	+ 0·12	338·918	239·12	0·005
31	+ 4·620	− 3·147	− 28	+ 8	− 19	287·03	+ 0·15	340·923	243·44	0·036
Apr. 1	+ 5·782	− 4·553	− 27	+ 8	− 19	299·25	+ 0·18	344·074	247·92	0·092
2	+ 6·549	− 5·645	− 26	+ 7	− 18	311·47	+ 0·21	348·266	253·48	0·167

MOON, 2006

FOR 0ʰ TERRESTRIAL TIME

Date 0ʰ TT	Apparent Long.	Lat.	Apparent R.A.	Dec.	True Dist.	Horiz. Parallax	Semi-diameter	Ephemeris Transit for date Upper	Lower
	°	°	h m s	° ′ ″		′ ″	′ ″	h	h
Apr. 1	46·16	+3·53	2 50 25·83	+20 03 07·0	58·106	59 09·96	16 06·96	14·7688	02·3103
2	60·09	+4·38	3 47 36·05	+24 26 41·1	59·027	58 14·61	15 51·89	15·7069	03·2349
3	73·59	+4·95	4 46 06·27	+27 20 27·1	59·994	57 18·25	15 36·54	16·6573	04·1822
4	86·66	+5·24	5 44 49·30	+28 38 11·5	60·933	56 25·26	15 22·10	17·5931	05·1288
5	99·34	+5·27	6 42 18·78	+28 21 52·8	61·780	55 38·84	15 09·46	18·4882	06·0471
6	111·69	+5·05	7 37 19·32	+26 40 22·4	62·488	55 01·01	14 59·16	19·3262	06·9148
7	123·79	+4·61	8 29 08·87	+23 46 37·2	63·027	54 32·80	14 51·47	20·1038	07·7223
8	135·72	+3·97	9 17 43·32	+19 54 43·1	63·383	54 14·37	14 46·46	20·8280	08·4719
9	147·55	+3·17	10 03 28·00	+15 18 00·1	63·560	54 05·34	14 43·99	21·5119	09·1740
10	159·34	+2·24	10 47 05·91	+10 08 22·6	63·569	54 04·86	14 43·86	22·1715	09·8437
11	171·17	+1·21	11 29 28·82	+ 4 36 33·9	63·433	54 11·83	14 45·76	22·8240	10·4975
12	183·09	+0·12	12 11 32·37	− 1 07 12·0	63·177	54 25·02	14 49·35	23·4870	11·1530
13	195·14	−0·99	12 54 13·99	− 6 52 19·5	62·827	54 43·22	14 54·31	...	11·8282
14	207·35	−2·06	13 38 31·59	−12 27 01·9	62·407	55 05·32	15 00·33	00·1787	12·5408
15	219·75	−3·05	14 25 20·94	−17 37 37·8	61·936	55 30·45	15 07·18	00·9166	13·3077
16	232·36	−3·91	15 15 29·34	−22 08 07·7	61·428	55 58·00	15 14·68	01·7156	14·1411
17	245·19	−4·59	16 09 23·55	−25 40 31·3	60·891	56 27·62	15 22·75	02·5843	15·0441
18	258·25	−5·04	17 06 53·46	−27 56 20·7	60·330	56 59·08	15 31·32	03·5186	16·0045
19	271·54	−5·23	18 07 00·40	−28 39 48·2	59·752	57 32·16	15 40·32	04·4979	16·9941
20	285·08	−5·14	19 08 04·84	−27 41 43·6	59·166	58 06·35	15 49·64	05·4886	17·9773
21	298·87	−4·76	20 08 18·72	−25 02 22·3	58·589	58 40·68	15 58·99	06·4569	18·9253
22	312·90	−4·09	21 06 24·58	−20 51 19·4	58·049	59 13·45	16 07·91	07·3816	19·8258
23	327·16	−3·15	22 01 56·29	−15 25 00·5	57·583	59 42·24	16 15·75	08·2591	20·6832
24	341·61	−2·01	22 55 15·09	− 9 03 49·0	57·234	60 04·06	16 21·70	09·1004	21·5133
25	356·21	−0·72	23 47 13·39	− 2 10 15·8	57·048	60 15·81	16 24·90	09·9245	22·3370
26	10·86	+0·61	0 38 58·20	+ 4 51 46·2	57·062	60 14·94	16 24·66	10·7533	23·1760
27	25·48	+1·90	1 31 37·57	+11 37 27·5	57·295	60 00·22	16 20·65	11·6073	...
28	39·95	+3·06	2 26 07·82	+17 41 47·0	57·746	59 32·12	16 13·00	12·5013	00·0488
29	54·18	+4·00	3 22 58·27	+22 41 08·9	58·386	58 52·95	16 02·33	13·4385	00·9649
30	68·07	+4·67	4 21 55·35	+26 15 58·3	59·167	58 06·33	15 49·63	14·4059	01·9199
May 1	81·59	+5·07	5 21 55·75	+28 13 53·9	60·024	57 16·51	15 36·06	15·3752	02·8924
2	94·71	+5·19	6 21 20·88	+28 32 12·7	60·890	56 27·66	15 22·76	16·3130	03·8500
3	107·44	+5·04	7 18 31·66	+27 17 44·0	61·697	55 43·34	15 10·69	17·1938	04·7616
4	119·84	+4·66	8 12 22·47	+24 43 52·8	62·389	55 06·25	15 00·58	18·0075	05·6091
5	131·97	+4·07	9 02 34·35	+21 06 32·0	62·923	54 38·19	14 52·94	18·7580	06·3900
6	143·90	+3·32	9 49 27·43	+16 40 52·0	63·271	54 20·14	14 48·03	19·4582	07·1133
7	155·73	+2·43	10 33 45·89	+11 39 57·1	63·423	54 12·32	14 45·90	20·1252	07·7947
8	167·54	+1·44	11 16 25·50	+ 6 14 47·1	63·383	54 14·37	14 46·45	20·7776	08·4520
9	179·41	+0·38	11 58 26·64	+ 0 35 07·0	63·169	54 25·42	14 49·46	21·4346	09·1043
10	191·41	−0·70	12 40 51·44	− 5 09 25·2	62·809	54 44·15	14 54·57	22·1156	09·7709
11	203·60	−1·76	13 24 42·62	−10 48 06·8	62·338	55 08·96	15 01·32	22·8400	10·4712
12	216·02	−2·76	14 11 01·46	−16 08 04·5	61·795	55 38·01	15 09·24	23·6252	11·2241
13	228·71	−3·65	15 00 42·11	−20 53 27·9	61·220	56 09·42	15 17·79	...	12·0446
14	241·66	−4·36	15 54 19·44	−24 45 30·7	60·644	56 41·40	15 26·50	00·4829	12·9396
15	254·87	−4·85	16 51 50·68	−27 24 02·9	60·095	57 12·49	15 34·97	01·4129	13·8999
16	268·31	−5·09	17 52 19·37	−28 31 02·9	59·590	57 41·58	15 42·89	02·3965	14·8979
17	281·95	−5·04	18 53 59·19	−27 55 29·7	59·139	58 07·99	15 50·08	03·3986	15·8940

EPHEMERIS FOR PHYSICAL OBSERVATIONS
FOR 0ʰ TERRESTRIAL TIME

Date 0ʰ TT	The Earth's Selenographic Long.	Lat.	Physical Libration Lg.	Lt.	P.A.	The Sun's Selenographic Colong.	Lat.	Position Angle Axis	Bright Limb	Fraction Illum.
	°	°	(0°001)			°	°	°	°	
Apr. 1	+ 5·782	− 4·553	− 27	+ 8	− 19	299·25	+ 0·18	344·074	247·92	0·092
2	+ 6·549	− 5·645	− 26	+ 7	− 18	311·47	+ 0·21	348·266	253·48	0·167
3	+ 6·892	− 6·384	− 26	+ 6	− 18	323·68	+ 0·24	353·258	259·94	0·256
4	+ 6·816	− 6·763	− 26	+ 6	− 17	335·88	+ 0·27	358·668	266·84	0·352
5	+ 6·355	− 6·796	− 26	+ 5	− 17	348·08	+ 0·29	4·045	273·68	0·452
6	+ 5·565	− 6·509	− 26	+ 5	− 17	0·27	+ 0·32	8·981	279·97	0·550
7	+ 4·513	− 5·936	− 27	+ 5	− 17	12·46	+ 0·35	13·202	285·38	0·645
8	+ 3·273	− 5·112	− 28	+ 5	− 17	24·65	+ 0·38	16·582	289·71	0·733
9	+ 1·919	− 4·076	− 29	+ 5	− 17	36·83	+ 0·41	19·102	292·89	0·812
10	+ 0·523	− 2·869	− 31	+ 5	− 17	49·00	+ 0·44	20·795	294·82	0·880
11	− 0·850	− 1·537	− 32	+ 5	− 17	61·17	+ 0·47	21·703	295·34	0·934
12	− 2·143	− 0·128	− 33	+ 6	− 18	73·34	+ 0·49	21·850	293·76	0·973
13	− 3·306	+ 1·300	− 35	+ 7	− 18	85·51	+ 0·52	21·224	285·59	0·995
14	− 4·300	+ 2·687	− 36	+ 7	− 19	97·68	+ 0·55	19·781	142·05	0·999
15	− 5·094	+ 3·968	− 37	+ 8	− 20	109·85	+ 0·57	17·451	120·05	0·983
16	− 5·667	+ 5·079	− 38	+ 9	− 21	122·02	+ 0·60	14·166	112·99	0·947
17	− 6·003	+ 5·954	− 38	+ 10	− 22	134·19	+ 0·62	9·919	106·44	0·891
18	− 6·095	+ 6·538	− 39	+ 11	− 22	146·37	+ 0·65	4·836	99·41	0·818
19	− 5·940	+ 6·785	− 39	+ 12	− 23	158·55	+ 0·67	359·231	91·99	0·729
20	− 5·539	+ 6·663	− 38	+ 13	− 23	170·74	+ 0·69	353·582	84·63	0·628
21	− 4·896	+ 6·159	− 37	+ 13	− 23	182·94	+ 0·71	348·411	77·92	0·518
22	− 4·024	+ 5·282	− 36	+ 13	− 22	195·14	+ 0·73	344·124	72·35	0·405
23	− 2·942	+ 4·068	− 35	+ 13	− 22	207·35	+ 0·75	340·945	68·28	0·294
24	− 1·684	+ 2·581	− 33	+ 12	− 21	219·57	+ 0·77	338·942	65·96	0·194
25	− 0·301	+ 0·915	− 31	+ 12	− 21	231·80	+ 0·79	338·107	65·69	0·109
26	+ 1·138	− 0·815	− 29	+ 11	− 20	244·03	+ 0·82	338·423	68·24	0·046
27	+ 2·545	− 2·485	− 28	+ 10	− 19	256·26	+ 0·84	339·897	78·08	0·010
28	+ 3·823	− 3·976	− 26	+ 9	− 19	268·49	+ 0·86	342·544	199·24	0·001
29	+ 4·872	− 5·191	− 25	+ 9	− 19	280·73	+ 0·89	346·331	241·40	0·020
30	+ 5·610	− 6·066	− 24	+ 8	− 18	292·96	+ 0·91	351·094	251·95	0·063
May 1	+ 5·980	− 6·574	− 24	+ 8	− 18	305·19	+ 0·94	356·493	260·43	0·125
2	+ 5·956	− 6·717	− 23	+ 7	− 18	317·42	+ 0·96	2·054	268·27	0·203
3	+ 5·548	− 6·519	− 23	+ 7	− 18	329·65	+ 0·99	7·294	275·37	0·291
4	+ 4·796	− 6·016	− 24	+ 7	− 17	341·86	+ 1·01	11·857	281·47	0·384
5	+ 3·761	− 5·251	− 24	+ 7	− 17	354·08	+ 1·03	15·564	286·40	0·480
6	+ 2·521	− 4·268	− 25	+ 8	− 18	6·28	+ 1·06	18·378	290·11	0·576
7	+ 1·160	− 3·110	− 26	+ 8	− 18	18·49	+ 1·08	20·335	292·59	0·667
8	− 0·233	− 1·821	− 27	+ 8	− 18	30·68	+ 1·10	21·491	293·84	0·753
9	− 1·574	− 0·449	− 28	+ 9	− 19	42·88	+ 1·13	21·882	293·78	0·830
10	− 2·786	+ 0·957	− 28	+ 10	− 19	55·06	+ 1·15	21·508	292·15	0·896
11	− 3·803	+ 2·339	− 29	+ 10	− 20	67·25	+ 1·17	20·328	288·26	0·947
12	− 4·577	+ 3·635	− 30	+ 11	− 21	79·43	+ 1·19	18·266	279·45	0·982
13	− 5·076	+ 4·779	− 31	+ 12	− 21	91·61	+ 1·21	15·237	239·41	0·998
14	− 5·292	+ 5·701	− 31	+ 13	− 22	103·79	+ 1·22	11·200	128·72	0·993
15	− 5·236	+ 6·340	− 31	+ 14	− 22	115·98	+ 1·24	6·241	109·25	0·966
16	− 4·936	+ 6·643	− 31	+ 15	− 23	128·16	+ 1·25	0·648	98·45	0·917
17	− 4·434	+ 6·576	− 30	+ 16	− 23	140·35	+ 1·26	354·903	89·51	0·847

MOON, 2006

FOR 0ʰ TERRESTRIAL TIME

Date 0ʰ TT	Apparent Long.	Apparent Lat.	R.A.	Dec.	True Dist.	Horiz. Parallax	Semi-diameter	Ephemeris Transit for date Upper	Lower
	°	°	h m s	° ′ ″		′ ″	′ ″	h	h
May 17	281·95	−5·04	18 53 59·19	−27 55 29·7	59·139	58 07·99	15 50·08	03·3986	15·8940
18	295·75	−4·71	19 54 47·80	−25 36 59·6	58·745	58 31·37	15 56·45	04·3798	16·8532
19	309·69	−4·09	20 53 12·84	−21 45 43·0	58·410	58 51·51	16 01·94	05·3128	17·7582
20	323·73	−3·22	21 48 38·47	−16 38 59·7	58·137	59 08·08	16 06·45	06·1902	18·6104
21	337·86	−2·15	22 41 22·38	−10 37 16·2	57·934	59 20·50	16 09·83	07·0211	19·4249
22	352·05	−0·95	23 32 17·45	− 4 01 35·3	57·816	59 27·81	16 11·82	07·8246	20·2231
23	6·28	+0·32	0 22 33·61	+ 2 47 05·9	57·800	59 28·77	16 12·09	08·6235	21·0286
24	20·52	+1·56	1 13 24·72	+ 9 27 36·1	57·908	59 22·14	16 10·28	09·4410	21·8631
25	34·71	+2·70	2 05 57·78	+15 38 01·8	58·154	59 07·05	16 06·17	10·2966	22·7426
26	48·78	+3·67	3 01 00·03	+20 56 03·6	58·545	58 43·37	15 59·72	11·2013	23·6718
27	62·68	+4·40	3 58 42·19	+25 00 30·6	59·071	58 11·97	15 51·17	12·1519	...
28	76·33	+4·86	4 58 23·62	+27 34 30·3	59·709	57 34·69	15 41·01	13·1270	00·6384
29	89·68	+5·05	5 58 33·82	+28 29 17·1	60·417	56 54·16	15 29·97	14·0919	01·6131
30	102·70	+4·97	6 57 20·17	+27 46 28·7	61·148	56 13·38	15 18·87	15·0121	02·5593
31	115·39	+4·64	7 53 09·39	+25 36 57·1	61·845	55 35·35	15 08·51	15·8668	03·4483
June 1	127·77	+4·09	8 45 15·33	+22 16 47·4	62·455	55 02·75	14 59·63	16·6520	04·2677
2	139·89	+3·38	9 33 40·45	+18 02 56·4	62·932	54 37·72	14 52·81	17·3768	05·0210
3	151·83	+2·52	10 19 01·15	+13 10 29·4	63·239	54 21·80	14 48·48	18·0574	05·7215
4	163·66	+1·56	11 02 11·81	+ 7 51 52·1	63·354	54 15·91	14 46·87	18·7127	06·3870
5	175·48	+0·53	11 44 14·49	+ 2 17 19·0	63·267	54 20·34	14 48·08	19·3628	07·0371
6	187·37	−0·52	12 26 14·25	− 3 23 59·7	62·988	54 34·80	14 52·02	20·0281	07·6922
7	199·42	−1·56	13 09 17·64	− 9 02 37·8	62·538	54 58·37	14 58·44	20·7296	08·3730
8	211·71	−2·55	13 54 31·65	−14 27 27·7	61·953	55 29·54	15 06·93	21·4876	09·1004
9	224·29	−3·44	14 42 59·86	−19 24 23·5	61·277	56 06·23	15 16·92	22·3192	09·8934
10	237·21	−4·17	15 35 32·33	−23 35 35·5	60·564	56 45·89	15 27·72	23·2318	10·7655
11	250·47	−4·70	16 32 26·89	−26 40 06·0	59·865	57 25·66	15 38·55	...	11·7161
12	264·06	−4·98	17 33 06·55	−28 16 49·4	59·229	58 02·67	15 48·63	00·2151	12·7239
13	277·92	−4·97	18 35 50·91	−28 10 01·6	58·694	58 34·42	15 57·28	01·2371	13·7485
14	291·99	−4·67	19 38 22·31	−26 15 01·8	58·285	58 59·09	16 04·00	02·2528	14·7456
15	306·19	−4·08	20 38 39·31	−22 40 12·4	58·011	59 15·79	16 08·55	03·2238	15·6861
16	320·44	−3·23	21 35 38·96	−17 43 54·4	57·869	59 24·52	16 10·93	04·1324	16·5638
17	334·68	−2·17	22 29 22·79	−11 49 03·3	57·846	59 25·96	16 11·32	04·9822	17·3900
18	348·87	−0·99	23 20 37·62	− 5 18 53·3	57·924	59 21·14	16 10·01	05·7902	18·1857
19	2·98	+0·25	0 10 33·13	+ 1 24 52·4	58·088	59 11·10	16 07·27	06·5795	18·9748
20	17·01	+1·46	1 00 25·84	+ 8 01 59·8	58·325	58 56·63	16 03·33	07·3743	19·7809
21	30·93	+2·58	1 51 28·42	+14 12 56·0	58·631	58 38·18	15 58·31	08·1967	20·6236
22	44·73	+3·54	2 44 39·15	+19 38 08·2	59·003	58 15·99	15 52·26	09·0629	21·5146
23	58·40	+4·28	3 40 27·89	+23 58 20·1	59·441	57 50·24	15 45·25	09·9780	22·4513
24	71·89	+4·77	4 38 40·16	+26 56 20·8	59·941	57 21·28	15 37·36	10·9311	23·4137
25	85·18	+4·99	5 38 09·63	+28 20 22·2	60·493	56 49·86	15 28·81	11·8944	...
26	98·23	+4·95	6 37 12·64	+28 07 15·7	61·079	56 17·16	15 19·90	12·8325	00·3687
27	111·02	+4·65	7 34 04·54	+26 23 30·8	61·670	55 44·78	15 11·08	13·7166	01·2825
28	123·54	+4·14	8 27 35·73	+23 22 54·8	62·232	55 14·59	15 02·86	14·5334	02·1336
29	135·82	+3·44	9 17 25·59	+19 22 23·8	62·725	54 48·56	14 55·77	15·2852	02·9169
30	147·88	+2·59	10 03 54·56	+14 38 26·9	63·108	54 28·59	14 50·33	15·9842	03·6403
July 1	159·78	+1·64	10 47 48·28	+ 9 25 16·1	63·346	54 16·32	14 46·99	16·6478	04·3193
2	171·59	+0·62	11 30 04·67	+ 3 54 29·7	63·409	54 13·05	14 46·09	17·2951	04·9722

EPHEMERIS FOR PHYSICAL OBSERVATIONS
FOR 0ʰ TERRESTRIAL TIME

Date 0ʰ TT	The Earth's Selenographic Long.	Lat.	Physical Libration Lg.	Lt.	P.A.	The Sun's Selenographic Colong.	Lat.	Position Angle Axis	Bright Limb	Fraction Illum.
	°	°	(0°001)			°	°	°	°	
May 17	−4·434	+6·576	−30	+16	−23	140·35	+1·26	354·903	89·51	0·847
18	−3·773	+6·130	−29	+16	−22	152·54	+1·27	349·558	81·79	0·759
19	−2·994	+5·319	−28	+16	−22	164·74	+1·28	345·057	75·47	0·657
20	−2·126	+4·184	−26	+16	−21	176·95	+1·29	341·641	70·73	0·546
21	−1·192	+2·789	−25	+15	−21	189·16	+1·30	339·376	67·68	0·431
22	−0·207	+1·217	−23	+14	−20	201·38	+1·31	338·238	66·37	0·320
23	+0·811	−0·432	−21	+13	−20	213·61	+1·32	338·196	66·90	0·217
24	+1·837	−2·053	−19	+12	−19	225·85	+1·33	339·248	69·53	0·130
25	+2·827	−3·537	−18	+11	−19	238·08	+1·34	341·420	75·02	0·063
26	+3·724	−4·792	−17	+10	−18	250·33	+1·35	344·730	86·40	0·020
27	+4·459	−5·742	−16	+10	−18	262·57	+1·37	349·102	134·90	0·002
28	+4·961	−6·344	−15	+ 9	−18	274·82	+1·38	354·294	237·75	0·009
29	+5·169	−6·581	−14	+ 9	−18	287·07	+1·40	359·879	257·68	0·039
30	+5·047	−6·466	−14	+ 9	−18	299·31	+1·41	5·344	268·43	0·089
31	+4·585	−6·031	−14	+ 9	−18	311·55	+1·43	10·246	276·44	0·154
June 1	+3·804	−5·318	−14	+ 9	−18	323·79	+1·44	14·321	282·65	0·232
2	+2·754	−4·377	−14	+ 9	−18	336·02	+1·46	17·478	287·34	0·319
3	+1·503	−3·256	−15	+ 9	−18	348·25	+1·47	19·741	290·64	0·410
4	+0·136	−2·004	−16	+10	−19	0·47	+1·48	21·173	292·68	0·505
5	−1·255	−0·667	−16	+10	−20	12·69	+1·50	21·828	293·49	0·599
6	−2·574	+0·707	−17	+11	−20	24·90	+1·51	21·727	293·07	0·690
7	−3·730	+2·068	−18	+12	−21	37·10	+1·52	20·845	291·30	0·775
8	4·641	+3·358	−18	+13	−22	49·30	+1·53	19·112	287·94	0·851
9	−5·243	+4·515	−19	+14	−22	61·50	+1·54	16·431	282·45	0·915
10	−5·494	+5·474	−19	+15	−23	73·69	+1·54	12·723	273·29	0·963
11	−5·385	+6·165	−19	+17	−23	85·88	+1·55	8·003	252·43	0·992
12	−4·941	+6·529	−18	+18	−24	98·07	+1·55	2·484	150·30	0·997
13	−4·215	+6·520	−17	+19	−23	110·26	+1·55	356·614	103·19	0·979
14	−3·288	+6·120	−16	+19	−23	122·45	+1·55	350·989	88·73	0·935
15	−2·245	+5·342	−15	+19	−22	134·64	+1·54	346·139	79·70	0·869
16	−1·168	+4·229	−13	+19	−22	146·84	+1·54	342·384	73·41	0·782
17	−0·118	+2·854	−11	+19	−21	159·04	+1·53	339·820	69·28	0·680
18	+0·866	+1·307	− 9	+18	−20	171·26	+1·52	338·414	67·06	0·569
19	+1·767	−0·311	− 7	+17	−19	183·47	+1·52	338·106	66·61	0·454
20	+2·580	−1·899	− 6	+15	−19	195·70	+1·52	338·864	67·90	0·343
21	+3·301	−3·361	− 4	+14	−18	207·93	+1·51	340·695	70·97	0·240
22	+3·921	−4·611	− 3	+13	−18	220·17	+1·51	343·619	75·98	0·152
23	+4·419	−5·581	− 2	+12	−17	232·42	+1·51	347·603	83·36	0·082
24	+4·761	−6·224	− 1	+11	−17	244·67	+1·51	352·487	94·57	0·033
25	+4·906	−6·517	0	+11	−17	256·92	+1·51	357·929	119·11	0·007
26	+4·815	−6·461	0	+10	−17	269·17	+1·52	3·453	222·40	0·003
27	+4·458	−6·077	0	+10	−17	281·42	+1·52	8·582	263·16	0·021
28	+3·825	−5·404	0	+10	−17	293·67	+1·52	12·972	275·92	0·057
29	+2·928	−4·489	− 1	+10	−18	305·92	+1·52	16·465	283·32	0·111
30	+1·802	−3·386	− 1	+10	−18	318·16	+1·53	19·043	288·19	0·178
July 1	+0·505	−2·145	− 2	+11	−19	330·40	+1·53	20·761	291·32	0·257
2	−0·889	−0·820	− 3	+11	−20	342·64	+1·53	21·683	293·02	0·343

MOON, 2006

FOR 0ʰ TERRESTRIAL TIME

Date 0ʰ TT	Apparent Long.	Lat.	Apparent R.A.	Dec.	True Dist.	Horiz. Parallax	Semi-diameter	Ephemeris Transit for date Upper	Lower
	°	°	h m s	° ′ ″		′ ″	′ ″	h	h
July 1	159·78	+1·64	10 47 48·28	+ 9 25 16·1	63·346	54 16·32	14 46·99	16·6478	04·3193
2	171·59	+0·62	11 30 04·67	+ 3 54 29·7	63·409	54 13·05	14 46·09	17·2951	04·9722
3	183·39	−0·42	12 11 46·93	− 1 44 06·1	63·281	54 19·64	14 47·89	17·9464	05·6189
4	195·28	−1·45	12 54 00·94	− 7 21 28·2	62·957	54 36·43	14 52·46	18·6224	06·2800
5	207·34	−2·44	13 37 54·45	− 12 47 54·0	62·447	55 03·16	14 59·74	19·3446	06·9765
6	219·66	−3·33	14 24 35·20	− 17 51 34·0	61·780	55 38·86	15 09·47	20·1332	07·7295
7	232·31	−4·08	15 15 04·57	− 22 17 14·4	60·996	56 21·78	15 21·16	21·0032	08·5575
8	245·35	−4·65	16 10 02·89	− 25 45 45·4	60·151	57 09·30	15 34·10	21·9564	09·4700
9	258·81	−4·97	17 09 26·17	− 27 55 23·2	59·308	57 58·01	15 47·37	22·9736	10·4592
10	272·67	−5·03	18 12 05·16	− 28 26 08·1	58·535	58 43·95	15 59·88	...	11·4938
11	286·87	−4·77	19 15 51·16	− 27 06 19·6	57·893	59 23·06	16 10·53	00·0137	12·5274
12	301·34	−4·21	20 18 21·11	− 23 57 48·0	57·428	59 51·86	16 18·38	01·0300	13·5182
13	315·96	−3·37	21 17 54·50	− 19 15 53·2	57·170	60 08·09	16 22·80	01·9903	14·4459
14	330·60	−2·30	22 14 00·22	− 13 24 31·9	57·122	60 11·12	16 23·62	02·8861	15·3127
15	345·18	−1·08	23 07 06·15	− 6 50 24·2	57·268	60 01·96	16 21·12	03·7283	16·1356
16	359·60	+0·19	23 58 14·19	+ 0 01 00·4	57·573	59 42·84	16 15·92	04·5377	16·9376
17	13·83	+1·44	0 48 39·18	+ 6 46 49·1	57·998	59 16·59	16 08·77	05·3383	17·7427
18	27·83	+2·58	1 39 35·11	+ 13 06 34·7	58·502	58 45·97	16 00·43	06·1531	18·5719
19	41·61	+3·55	2 32 04·53	+ 18 41 29·8	59·049	58 13·26	15 51·52	07·0006	19·4401
20	55·17	+4·31	3 26 46·62	+ 23 14 01·4	59·615	57 40·09	15 42·49	07·8905	20·3508
21	68·51	+4·82	4 23 43·28	+ 26 28 32·4	60·183	57 07·45	15 33·60	08·8191	21·2924
22	81·64	+5·06	5 22 09·65	+ 28 13 25·1	60·742	56 35·90	15 25·00	09·7671	22·2389
23	94·56	+5·04	6 20 40·68	+ 28 23 46·1	61·286	56 05·76	15 16·79	10·7038	23·1584
24	107·28	+4·77	7 17 38·19	+ 27 03 02·8	61·808	55 37·34	15 09·05	11·5996	...
25	119·78	+4·27	8 11 45·18	+ 24 22 09·7	62·297	55 11·15	15 01·92	12·4358	00·0257
26	132·08	+3·58	9 02 26·18	+ 20 36 25·1	62·737	54 47·89	14 55·59	13·2084	00·8298
27	144·19	+2·74	9 49 46·75	+ 16 02 09·1	63·108	54 28·56	14 50·32	13·9249	01·5729
28	156·15	+1·78	10 34 21·19	+ 10 54 26·7	63·385	54 14·32	14 46·44	14·5996	02·2665
29	167·99	+0·75	11 16 59·58	+ 5 26 14·4	63·539	54 06·42	14 44·29	15·2497	02·9266
30	179·77	−0·31	11 58 39·46	− 0 11 31·3	63·545	54 06·11	14 44·20	15·8938	03·5713
31	191·56	−1·36	12 40 21·96	− 5 49 10·1	63·382	54 14·46	14 46·48	16·5512	04·2196
Aug. 1	203·43	−2·36	13 23 10·56	− 11 17 14·5	63·037	54 32·25	14 51·32	17·2421	04·8912
2	215·47	−3·26	14 08 10·07	− 16 25 15·5	62·510	54 59·82	14 58·83	17·9866	05·6064
3	227·77	−4·04	14 56 23·15	− 21 00 25·5	61·815	55 36·93	15 08·94	18·8025	06·3847
4	240·41	−4·65	15 48 40·89	− 24 46 39·0	60·982	56 22·52	15 21·36	19·7002	07·2410
5	253·45	−5·04	16 45 25·04	− 27 24 36·2	60·059	57 14·54	15 35·53	20·6746	08·1789
6	266·93	−5·16	17 46 05·60	− 28 33 56·4	59·107	58 09·83	15 50·59	21·6991	09·1830
7	280·88	−5·00	18 49 10·29	− 27 58 16·7	58·202	59 04·14	16 05·38	22·7314	10·2171
8	295·25	−4·51	19 52 26·62	− 25 31 18·4	57·419	59 52·47	16 18·54	23·7309	11·2372
9	309·95	−3·73	20 53 52·96	− 21 20 17·9	56·829	60 29·76	16 28·70	...	12·2105
10	324·88	−2·67	21 52 22·63	− 15 44 39·2	56·484	60 51·90	16 34·73	00·6754	13·1262
11	339·88	−1·43	22 47 53·03	− 9 11 00·8	56·411	60 56·67	16 36·03	01·5645	13·9926
12	354·82	−0·09	23 41 07·87	− 2 08 10·4	56·602	60 44·32	16 32·66	02·4130	14·8286
13	9·58	+1·25	0 33 13·72	+ 4 56 19·5	57·024	60 17·32	16 25·31	03·2424	15·6571
14	24·05	+2·47	1 25 21·91	+ 11 37 44·3	57·624	59 39·67	16 15·06	04·0753	16·4994
15	38·21	+3·52	2 18 35·17	+ 17 34 24·9	58·338	58 55·83	16 03·12	04·9311	17·3715
16	52·02	+4·34	3 13 35·26	+ 22 27 40·4	59·107	58 09·87	15 50·60	05·8212	18·2797

EPHEMERIS FOR PHYSICAL OBSERVATIONS
FOR 0ʰ TERRESTRIAL TIME

Date 0ʰ TT	The Earth's Selenographic Long.	Lat.	Physical Libration Lg.	Lt.	P.A.	The Sun's Selenographic Colong.	Lat.	Position Angle Axis	Bright Limb	Fraction Illum.
	°	°	(0°001)			°	°	°	°	
July 1	+0·505	−2·145	− 2	+11	−19	330·40	+1·53	20·761	291·32	0·257
2	−0·889	−0·820	− 3	+11	−20	342·64	+1·53	21·683	293·02	0·343
3	−2·294	+0·543	− 3	+12	−21	354·87	+1·53	21·849	293·46	0·436
4	−3·616	+1·892	− 4	+13	−22	7·09	+1·53	21·259	292·68	0·531
5	−4·757	+3·177	− 5	+14	−23	19·31	+1·53	19·861	290·62	0·626
6	−5·627	+4·343	− 5	+15	−24	31·52	+1·53	17·570	287·16	0·719
7	−6·148	+5·330	− 5	+16	−24	43·72	+1·53	14·288	282·11	0·805
8	−6·264	+6·073	− 5	+17	−25	55·92	+1·52	9·967	275·18	0·880
9	−5·953	+6·509	− 5	+19	−25	68·12	+1·51	4·713	265·70	0·941
10	−5·232	+6·582	− 4	+20	25	80·31	+1·50	358·870	250·65	0·981
11	−4·164	+6·256	− 3	+21	−25	92·50	+1·49	353·001	192·25	0·998
12	−2·847	+5·529	− 1	+22	−24	104·69	+1·47	347·722	96·25	0·988
13	−1·399	+4·435	+ 1	+22	−23	116·88	+1·45	343·479	79·39	0·951
14	+0·059	+3·046	+ 3	+22	−22	129·07	+1·43	340·467	71·95	0·888
15	+1·429	+1·464	+ 5	+21	−21	141·27	+1·41	338·691	68·03	0·803
16	+2·640	−0·197	+ 7	+20	−20	153·48	+1·39	338·082	66·48	0·702
17	+3·654	−1·824	+ 9	+19	−19	165·69	+1·37	338·578	66·84	0·592
18	+4·456	3 316	+10	+18	−18	177·90	+1·35	340·155	68·94	0·479
19	+5·048	−4·588	+12	+17	−18	190·13	+1·33	342·811	72·68	0·369
20	+5·436	−5·580	+13	+15	−17	202·36	+1·32	346·516	77·97	0·267
21	+5·625	−6·249	+14	+14	−17	214·60	+1·30	351·139	84·71	0·178
22	+5·614	−6·575	+14	+14	−17	226·84	+1·29	356·400	92·81	0·105
23	+5·397	−6·557	+14	+13	−17	239·09	+1·28	1·875	102·51	0·051
24	+4·964	−6·211	+13	+13	−17	251·34	+1·27	7·099	116·44	0·016
25	+4·312	−5·570	+14	+13	−17	263·59	+1·26	11·697	165·68	0·002
26	+3·443	−4·676	+13	+13	−17	275·84	+1·25	15·456	265·44	0·007
27	+2·373	−3·580	+12	+13	−18	288·09	+1·24	18·313	282·28	0·032
28	+1·132	−2·337	+12	+13	−18	300·33	+1·23	20·297	288·83	0·074
29	−0·234	−1·001	+11	+13	−19	312·58	+1·22	21·469	292·18	0·130
30	−1·664	+0·374	+10	+14	−20	324·82	+1·21	21·879	293·67	0·200
31	−3·085	+1·737	+ 9	+14	−22	337·05	+1·20	21·543	293·73	0·281
Aug. 1	−4·415	+3·037	+ 8	+15	−23	349·28	+1·19	20·437	292·49	0·370
2	−5·564	+4·223	+ 7	+16	−24	1·51	+1·18	18·493	289·97	0·465
3	−6·443	+5·241	+ 6	+17	−25	13·72	+1·17	15·624	286·13	0·564
4	−6·969	+6·036	+ 6	+18	−26	25·93	+1·16	11·761	280·91	0·663
5	−7·078	+6·550	+ 6	+19	−27	38·14	+1·14	6·930	274·32	0·757
6	−6·728	+6·725	+ 7	+21	−27	50·33	+1·12	1·345	266·50	0·844
7	−5·921	+6·515	+ 8	+22	−27	62·53	+1·10	355·456	257·63	0·916
8	−4·699	+5·897	+ 9	+23	−26	74·71	+1·08	349·861	247·02	0·968
9	−3·154	+4·881	+11	+23	−25	86·90	+1·05	345·104	223·76	0·996
10	−1·410	+3·520	+13	+24	−24	99·08	+1·02	341·521	89·41	0·995
11	+0·392	+1·909	+15	+24	−23	111·27	+0·99	339·216	71·35	0·965
12	+2·117	+0·173	+17	+23	−22	123·45	+0·95	338·163	66·76	0·907
13	+3·655	−1·554	+19	+22	−20	135·64	+0·92	338·300	65·75	0·826
14	+4·928	−3·150	+21	+22	−19	147·84	+0·89	339·588	66·97	0·728
15	+5·894	−4·515	+23	+21	−19	160·04	+0·86	342·006	69·99	0·621
16	+6·537	−5·582	+24	+20	−18	172·25	+0·83	345·510	74·57	0·510

MOON, 2006

FOR 0ʰ TERRESTRIAL TIME

Date 0ʰ TT	Apparent Long.	Apparent Lat.	Apparent R.A.	Apparent Dec.	True Dist.	Horiz. Parallax	Semi-diameter	Ephemeris Transit Upper	Ephemeris Transit Lower
	°	°	h m s	° ′ ″		′ ″	′ ″	h	h
Aug. 16	52·02	+4·34	3 13 35·26	+22 27 40·4	59·107	58 09·87	15 50·60	05·8212	18·2797
17	65·50	+4·89	4 10 29·99	+26 02 06·1	59·877	57 24·94	15 38·36	06·7455	19·2163
18	78·67	+5·18	5 08 44·36	+28 06 47·7	60·612	56 43·19	15 26·99	07·6891	20·1602
19	91·56	+5·19	6 07 05·06	+28 37 10·3	61·286	56 05·78	15 16·80	08·6258	21·0826
20	104·20	+4·95	7 04 03·05	+27 36 06·9	61·884	55 33·21	15 07·93	09·5277	21·9588
21	116·63	+4·48	7 58 24·26	+25 13 15·8	62·403	55 05·52	15 00·38	10·3749	22·7754
22	128·87	+3·81	8 49 30·22	+21 42 34·1	62·840	54 42·55	14 54·13	11·1608	23·5320
23	140·95	+2·97	9 37 20·46	+17 19 27·8	63·193	54 24·18	14 49·13	11·8902	...
24	152·90	+2·01	10 22 22·83	+12 18 47·4	63·460	54 10·46	14 45·39	12·5750	00·2373
25	164·76	+0·97	11 05 21·64	+ 6 53 52·1	63·632	54 01·68	14 43·00	13·2306	00·9054
26	176·55	−0·11	11 47 09·18	+ 1 16 24·1	63·697	53 58·35	14 42·09	13·8739	01·5527
27	188·32	−1·18	12 28 41·33	− 4 23 05·8	63·640	54 01·23	14 42·88	14·5225	02·1964
28	200·12	−2·21	13 10 55·86	− 9 54 35·7	63·446	54 11·18	14 45·58	15·1947	02·8545
29	212·01	−3·15	13 54 51·46	−15 07 40·0	63·099	54 29·02	14 50·44	15·9085	03·5453
30	224·07	−3·97	14 41 25·46	−19 50 32·8	62·594	54 55·43	14 57·64	16·6810	04·2865
31	236·35	−4·62	15 31 27·61	−23 49 16·4	61·931	55 30·69	15 07·24	17·5247	05·0935
Sept. 1	248·94	−5·06	16 25 27·84	−26 47 24·6	61·128	56 14·49	15 19·17	18·4417	05·9745
2	261·91	−5·27	17 23 18·97	−28 27 03·0	60·215	57 05·66	15 33·11	19·4183	06·9242
3	275·30	−5·20	18 24 03·41	−28 31 48·4	59·242	58 01·91	15 48·43	20·4241	07·9199
4	289·16	−4·84	19 25 59·80	−26 51 22·8	58·275	58 59·65	16 04·15	21·4224	08·9264
5	303·46	−4·16	20 27 16·39	−23 25 37·3	57·393	59 54·08	16 18·98	22·3852	09·9093
6	318·16	−3·20	21 26 32·95	−18 25 45·8	56·676	60 39·59	16 31·37	23·3024	10·8494
7	333·17	−2·00	22 23 23·05	−12 12 25·6	56·195	61 10·70	16 39·85	...	11·7456
8	348·35	−0·65	23 18 09·57	− 5 12 09·4	56·002	61 23·33	16 43·29	00·1810	12·6110
9	3·54	+0·76	0 11 46·46	+ 2 05 57·5	56·116	61 15·88	16 41·26	01·0382	13·4655
10	18·58	+2·09	1 05 19·72	+ 9 12 56·2	56·519	60 49·70	16 34·13	01·8952	14·3300
11	33·34	+3·27	1 59 51·40	+15 41 48·2	57·161	60 08·66	16 22·95	02·7716	15·2215
12	47·74	+4·20	2 56 04·71	+21 08 58·2	57·975	59 18·02	16 09·16	03·6803	16·1478
13	61·72	+4·86	3 54 09·07	+25 15 29·0	58·881	58 23·22	15 54·23	04·6228	17·1029
14	75·28	+5·22	4 53 29·82	+27 48 34·0	59·808	57 28·92	15 39·44	05·5853	18·0662
15	88·43	+5·29	5 52 52·36	+28 43 10·9	60·695	56 38·56	15 25·73	06·5419	19·0086
16	101·22	+5·10	6 50 45·51	+28 02 37·1	61·495	55 54·33	15 13·68	07·4633	19·9038
17	113·71	+4·67	7 45 53·63	+25 57 07·3	62·181	55 17·31	15 03·60	08·3286	20·7373
18	125·96	+4·03	8 37 37·93	+22 41 00·9	62·739	54 47·79	14 55·56	09·1301	21·5078
19	138·01	+3·22	9 25 58·61	+18 29 42·4	63·167	54 25·51	14 49·49	09·8718	22·2239
20	149·93	+2·28	10 11 24·31	+13 37 46·6	63·470	54 09·94	14 45·25	10·5657	22·8994
21	161·77	+1·25	10 54 39·71	+ 8 18 15·9	63·655	54 00·49	14 42·67	11·2270	23·5505
22	173·56	+0·17	11 36 36·63	+ 2 42 47·4	63·731	53 56·63	14 41·62	11·8722	...
23	185·34	−0·92	12 18 09·41	− 2 57 55·9	63·702	53 58·08	14 42·02	12·5184	00·1941
24	197·16	−1·97	13 00 13·05	− 8 33 26·8	63·571	54 04·79	14 43·85	13·1824	00·8471
25	209·04	−2·94	13 43 42·16	−13 52 52·7	63·332	54 17·00	14 47·17	13·8811	01·5264
26	221·04	−3·79	14 29 28·89	−18 44 17·4	62·982	54 35·13	14 52·11	14·6299	02·2484
27	233·19	−4·48	15 18 17·88	−22 54 10·7	62·512	54 59·73	14 58·81	15·4403	03·0269
28	245·54	−4·98	16 10 36·62	−26 07 24·9	61·921	55 31·23	15 07·39	16·3161	03·8703
29	258·15	−5·25	17 06 22·30	−28 08 05·3	61·213	56 09·79	15 17·89	17·2482	04·7762
30	271·07	−5·26	18 04 51·23	−28 41 39·0	60·402	56 55·01	15 30·21	18·2139	05·7287
Oct. 1	284·35	−5·00	19 04 42·50	−27 38 06·5	59·520	57 45·62	15 43·99	19·1828	06·6998

EPHEMERIS FOR PHYSICAL OBSERVATIONS
FOR 0^h TERRESTRIAL TIME

Date 0^h TT	The Earth's Selenographic Long.	Lat.	Physical Libration Lg.	Lt.	P.A.	The Sun's Selenographic Colong.	Lat.	Position Angle Axis	Bright Limb	Fraction Illum.
	°	°	(0°001)			°	°	°	°	
Aug. 16	+ 6·537	− 5·582	+ 24	+ 20	− 18	172·25	+ 0·83	345·510	74·57	0·510
17	+ 6·863	− 6·310	+ 25	+ 19	− 17	184·47	+ 0·80	349·971	80·42	0·402
18	+ 6·889	− 6·684	+ 25	+ 18	− 17	196·69	+ 0·78	355·122	87·19	0·301
19	+ 6·638	− 6·708	+ 25	+ 17	− 17	208·92	+ 0·75	0·562	94·42	0·210
20	+ 6·137	− 6·402	+ 25	+ 17	− 17	221·15	+ 0·73	5·842	101·67	0·134
21	+ 5·410	− 5·795	+ 24	+ 17	− 17	233·39	+ 0·71	10·578	108·71	0·074
22	+ 4·483	− 4·929	+ 24	+ 16	− 17	245·63	+ 0·69	14·531	115·97	0·031
23	+ 3·383	− 3·851	+ 23	+ 16	− 17	257·87	+ 0·67	17·609	127·40	0·007
24	+ 2·140	− 2·611	+ 22	+ 16	− 18	270·11	+ 0·65	19·821	248·82	0·001
25	+ 0·787	− 1·267	+ 20	+ 17	− 19	282·35	+ 0·63	21·215	288·58	0·013
26	− 0·633	+ 0·128	+ 19	+ 17	− 20	294·59	+ 0·62	21·840	293·65	0·043
27	− 2·073	+ 1·518	+ 18	+ 17	− 21	306·83	+ 0·60	21·722	294·96	0·090
28	− 3·474	+ 2·848	+ 16	+ 18	− 22	319·07	+ 0·58	20·848	294·45	0·151
29	− 4·774	+ 4·068	+ 15	+ 19	− 24	331·29	+ 0·57	19·173	292·54	0·225
30	− 5·901	+ 5·126	+ 14	+ 20	− 25	343·52	+ 0·55	16·626	289·32	0·311
31	− 6·782	+ 5·971	+ 13	+ 20	− 26	355·73	+ 0·53	13·144	284·85	0·405
Sept. 1	− 7·343	+ 6·555	+ 13	+ 21	− 27	7·95	+ 0·51	8·727	279·17	0·506
2	− 7·520	+ 6·828	+ 13	+ 22	− 28	20·15	+ 0·49	3·510	272·48	0·609
3	− 7·265	+ 6·745	+ 13	+ 23	− 28	32·34	+ 0·47	357·824	265·19	0·711
4	− 6·556	+ 6·275	+ 14	+ 24	− 28	44·53	+ 0·44	352·170	257·84	0·806
5	− 5·408	+ 5·408	+ 15	+ 25	− 27	56·72	+ 0·41	347·087	251·02	0·889
6	− 3·878	+ 4·167	+ 17	+ 25	− 26	68·90	+ 0·38	342·993	245·00	0·952
7	− 2·065	+ 2·618	+ 19	+ 25	− 25	81·07	+ 0·34	340·103	238·59	0·990
8	− 0·100	+ 0·870	+ 21	+ 25	− 24	93·24	+ 0·31	338·476	78·61	0·999
9	+ 1·870	− 0·941	+ 23	+ 25	− 22	105·41	+ 0·27	338·096	64·17	0·977
10	+ 3·702	− 2·668	+ 25	+ 24	− 21	117·59	+ 0·23	338·943	64·12	0·927
11	+ 5·273	− 4·184	+ 27	+ 24	− 20	129·76	+ 0·19	341·010	66·57	0·852
12	+ 6·496	− 5·393	+ 28	+ 23	− 19	141·95	+ 0·16	344·263	70·78	0·760
13	+ 7·321	− 6·242	+ 29	+ 22	− 18	154·13	+ 0·12	348·580	76·37	0·658
14	+ 7·732	− 6·711	+ 30	+ 22	− 17	166·33	+ 0·09	353·694	82·91	0·551
15	+ 7·746	− 6·807	+ 30	+ 21	− 17	178·53	+ 0·05	359·189	89·88	0·446
16	+ 7·397	− 6·558	+ 30	+ 21	− 17	190·73	+ 0·02	4·592	96·71	0·345
17	+ 6·735	− 5·999	+ 29	+ 21	− 16	202·95	− 0·01	9·494	102·91	0·254
18	+ 5·814	− 5·174	+ 29	+ 21	− 17	215·16	− 0·03	13·638	108·16	0·173
19	+ 4·691	− 4·130	+ 28	+ 21	− 17	227·39	− 0·06	16·918	112·29	0·107
20	+ 3·418	− 2·915	+ 26	+ 21	− 17	239·61	− 0·08	19·333	115·22	0·055
21	+ 2·048	− 1·583	+ 25	+ 21	− 18	251·84	− 0·11	20·928	116·77	0·020
22	+ 0·628	− 0·187	+ 23	+ 21	− 19	264·07	− 0·13	21·751	115·13	0·002
23	− 0·799	+ 1·217	+ 22	+ 22	− 20	276·30	− 0·15	21·829	302·80	0·002
24	− 2·189	+ 2·574	+ 20	+ 22	− 21	288·52	− 0·17	21·155	299·28	0·021
25	− 3·500	+ 3·827	+ 19	+ 23	− 23	300·75	− 0·19	19·691	296·68	0·056
26	− 4·688	+ 4·925	+ 17	+ 24	− 24	312·97	− 0·20	17·377	293·26	0·109
27	− 5·707	+ 5·817	+ 16	+ 24	− 25	325·19	− 0·22	14·159	288·82	0·177
28	− 6·510	+ 6·457	+ 15	+ 25	− 26	337·40	− 0·24	10·034	283·34	0·258
29	− 7·046	+ 6·802	+ 14	+ 26	− 27	349·60	− 0·26	5·112	276·97	0·351
30	− 7·268	+ 6·816	+ 14	+ 26	− 28	1·80	− 0·28	359·663	270·03	0·452
Oct. 1	− 7·134	+ 6·474	+ 14	+ 27	− 28	14·00	− 0·30	354·110	263·03	0·559

MOON, 2006

FOR 0ʰ TERRESTRIAL TIME

Date 0ʰ TT	Apparent Long.	Lat.	Apparent R.A.	Dec.	True Dist.	Horiz. Parallax	Semi-diameter	Ephemeris Transit for date Upper	Lower
	°	°	h m s	° ′ ″		′ ″	′ ″	h	h
Oct. 1	284·35	−5·00	19 04 42·50	−27 38 06·5	59·520	57 45·62	15 43·99	19·1828	06·6998
2	298·02	−4·45	20 04 21·85	−24 54 58·8	58·613	58 39·24	15 58·60	20·1286	07·6598
3	312·10	−3·62	21 02 35·23	−20 38 28·7	57·744	59 32·24	16 13·03	21·0387	08·5883
4	326·59	−2·55	21 58 51·26	−15 02 39·6	56·985	60 19·82	16 25·99	21·9153	09·4805
5	341·42	−1·27	22 53 23·25	− 8 27 38·4	56·412	60 56·59	16 36·01	22·7726	10·3452
6	356·49	+0·10	23 46 57·27	− 1 17 54·6	56·090	61 17·57	16 41·72	23·6304	11·2001
7	11·68	+1·49	0 40 36·43	+ 5 59 02·6	56·062	61 19·41	16 42·22	...	12·0661
8	26·81	+2·76	1 35 25·73	+12 54 14·2	56·338	61 01·43	16 37·32	00·5096	12·9626
9	41·74	+3·82	2 32 15·97	+18 59 11·1	56·890	60 25·84	16 27·63	01·4265	13·9014
10	56·34	+4·61	3 31 25·33	+23 48 31·2	57·665	59 37·15	16 14·37	02·3865	14·8799
11	70·52	+5·08	4 32 22·88	+27 03 12·2	58·584	58 41·00	15 59·08	03·3784	15·8779
12	84·22	+5·25	5 33 47·06	+28 33 38·8	59·567	57 42·90	15 43·25	04·3740	16·8621
13	97·47	+5·13	6 33 49·79	+28 21 11·3	60·536	56 47·47	15 28·15	05·3381	17·7990
14	110·29	+4·76	7 30 56·67	+26 36 32·8	61·427	55 58·04	15 14·69	06·2427	18·6682
15	122·75	+4·17	8 24 16·69	+23 35 47·9	62·193	55 16·67	15 03·42	07·0757	19·4659
16	134·92	+3·40	9 13 46·59	+19 36 09·1	62·805	54 44·34	14 54·62	07·8402	20·2004
17	146·89	+2·49	9 59 57·59	+14 53 17·5	63·251	54 21·20	14 48·31	08·5487	20·8871
18	158·73	+1·49	10 43 39·22	+ 9 40 33·8	63·531	54 06·83	14 44·40	09·2180	21·5435
19	170·51	+0·43	11 25 48·12	+ 4 09 20·1	63·656	54 00·44	14 42·66	09·8661	22·1878
20	182·29	−0·65	12 07 22·46	− 1 30 09·1	63·644	54 01·05	14 42·83	10·5109	22·8376
21	194·12	−1·70	12 49 19·76	− 7 07 50·3	63·514	54 07·68	14 44·63	11·1701	23·5105
22	206·04	−2·68	13 32 35·96	−12 32 58·7	63·285	54 19·44	14 47·84	11·8607	...
23	218·08	−3·55	14 18 03·41	−17 33 27·0	62·971	54 35·69	14 52·26	12·5981	00·2227
24	230·28	−4·27	15 06 25·96	−21 55 22·4	62·583	54 56·02	14 57·80	13·3941	00·9883
25	242·64	−4·80	15 58 09·65	−25 23 17·2	62·125	55 20·32	15 04·42	14·2524	01·8156
26	255·19	−5·10	16 53 10·25	−27 41 16·8	61·599	55 48·66	15 12·13	15·1651	02·7030
27	267·96	−5·17	17 50 43·68	−28 35 17·2	61·007	56 21·15	15 20·99	16·1106	03·6355
28	280·96	−4·97	18 49 30·35	−27 56 06·8	60·354	56 57·76	15 30·96	17·0595	04·5865
29	294·22	−4·50	19 47 58·51	−25 41 49·2	59·651	57 38·02	15 41·92	17·9857	05·5267
30	307·78	−3·77	20 44 56·12	−21 58 10·0	58·923	58 20·73	15 53·55	18·8753	06·4353
31	321·65	−2·81	21 39 52·28	−16 57 08·9	58·207	59 03·82	16 05·29	19·7295	07·3063
Nov. 1	335·83	−1·66	22 32 59·37	−10 55 01·1	57·552	59 44·15	16 16·27	20·5610	08·1469
2	350·33	−0·38	23 25 02·56	− 4 11 02·7	57·017	60 17·78	16 25·43	21·3896	08·9742
3	5·07	+0·94	0 17 06·30	+ 2 52 46·6	56·662	60 40·47	16 31·62	22·2379	09·8098
4	19·97	+2·22	1 10 21·69	+ 9 51 36·6	56·536	60 48·55	16 33·82	23·1269	10·6762
5	34·91	+3·34	2 05 53·06	+16 18 09·4	56·671	60 39·89	16 31·46	...	11·5914
6	49·76	+4·22	3 04 19·79	+21 44 19·1	57·067	60 14·61	16 24·57	00·0701	12·5622
7	64·35	+4·82	4 05 33·76	+25 44 39·5	57·697	59 35·17	16 13·83	01·0654	13·5762
8	78·59	+5·09	5 08 24·35	+28 01 21·4	58·505	58 45·79	16 00·38	02·0896	14·6002
9	92·39	+5·06	6 10 50·85	+28 28 38·1	59·420	57 51·49	15 45·59	03·1025	15·5917
10	105·74	+4·75	7 10 46·75	+27 13 40·5	60·364	56 57·15	15 30·79	04·0639	16·5170
11	118·64	+4·21	8 06 47·38	+24 32 52·1	61·266	56 06·87	15 17·10	04·9497	17·3624
12	131·14	+3·47	8 58 28·14	+20 45 57·1	62·062	55 23·69	15 05·33	05·7560	18·1324
13	143·34	+2·60	9 46 13·11	+16 11 25·8	62·706	54 49·52	14 56·03	06·4936	18·8420
14	155·30	+1·62	10 30 53·60	+11 04 38·4	63·171	54 25·33	14 49·44	07·1801	19·5104
15	167·12	+0·59	11 13 31·80	+ 5 37 47·9	63·444	54 11·28	14 45·61	07·8355	20·1578
16	178·89	−0·46	11 55 12·10	+ 0 01 01·2	63·528	54 06·94	14 44·43	08·4798	20·8038

EPHEMERIS FOR PHYSICAL OBSERVATIONS
FOR 0ʰ TERRESTRIAL TIME

Date 0ʰ TT	The Earth's Selenographic Long.	Lat.	Physical Libration Lg.	Lt.	P.A.	The Sun's Selenographic Colong.	Lat.	Position Angle Axis	Bright Limb	Fraction Illum.
	°	°	(0°001)			°	°	°	°	
Oct. 1	− 7·134	+ 6·474	+ 14	+ 27	− 28	14·00	− 0·30	354·110	263·03	0·559
2	− 6·613	+ 5·761	+ 15	+ 27	− 28	26·18	− 0·33	348·938	256·55	0·666
3	− 5·696	+ 4·687	+ 16	+ 27	− 27	38·36	− 0·36	344·557	251·14	0·769
4	− 4·399	+ 3·290	+ 18	+ 27	− 26	50·53	− 0·39	341·229	247·26	0·860
5	− 2·777	+ 1·645	+ 20	+ 27	− 25	62·69	− 0·42	339·070	245·40	0·932
6	− 0·919	− 0·138	+ 22	+ 27	− 23	74·85	− 0·45	338·117	246·96	0·980
7	+ 1·050	− 1·921	+ 23	+ 26	− 22	87·01	− 0·49	338·389	284·76	1·000
8	+ 2·984	− 3·560	+ 25	+ 26	− 21	99·16	− 0·52	339·920	56·15	0·988
9	+ 4·734	− 4·930	+ 27	+ 25	− 19	111·32	− 0·56	342·730	64·00	0·948
10	+ 6·170	− 5·943	+ 28	+ 25	− 18	123·48	− 0·60	346·758	70·55	0·883
11	+ 7·197	− 6·557	+ 28	+ 25	− 17	135·64	− 0·63	351·776	77·61	0·801
12	+ 7·765	− 6·769	+ 29	+ 24	− 17	147·81	− 0·66	357·363	85·02	0·706
13	+ 7·870	− 6·606	+ 29	+ 24	− 16	159·99	− 0·69	2·987	92·27	0·605
14	+ 7·543	− 6·112	+ 28	+ 24	− 16	172·17	− 0·72	8·168	98·86	0·503
15	+ 6·842	− 5·338	+ 28	+ 24	− 16	184·35	− 0·75	12·592	104·41	0·404
16	+ 5·841	− 4·336	+ 27	+ 25	− 16	196·55	− 0·78	16·128	108·75	0·311
17	+ 4·619	− 3·160	+ 26	+ 25	− 17	208·75	− 0·80	18·774	111·81	0·226
18	+ 3·256	− 1·860	+ 24	+ 25	− 18	220·95	− 0·83	20·581	113·54	0·152
19	+ 1·825	− 0·487	+ 23	+ 25	− 18	233·16	− 0·85	21·607	113·78	0·091
20	+ 0·392	+ 0·906	+ 21	+ 26	− 19	245·36	− 0·87	21·886	111·99	0·044
21	− 0·986	+ 2·265	+ 19	+ 27	− 21	257·58	− 0·89	21·415	105·77	0·014
22	− 2·263	+ 3·534	+ 18	+ 27	− 22	269·79	− 0·91	20·156	63·47	0·001
23	− 3·405	+ 4·659	+ 16	+ 28	− 23	282·00	− 0·92	18·050	311·32	0·007
24	− 4·384	+ 5·586	+ 15	+ 28	− 24	294·21	− 0·94	15·036	297·55	0·031
25	− 5·179	+ 6·267	+ 13	+ 29	− 25	306·42	− 0·95	11·104	289·53	0·074
26	− 5·773	+ 6·659	+ 12	+ 30	− 26	318·62	− 0·96	6·350	282·09	0·135
27	− 6·151	+ 6·731	+ 12	+ 30	− 27	330·82	− 0·98	1·029	274·59	0·212
28	− 6·293	+ 6·462	+ 12	+ 30	− 27	343·01	− 0·99	355·539	267·24	0·303
29	− 6·179	+ 5·848	+ 12	+ 31	− 27	355·20	− 1·00	350·341	260·45	0·404
30	− 5·789	+ 4·898	+ 13	+ 31	− 26	7·38	− 1·02	345·829	254·68	0·513
31	− 5·104	+ 3·644	+ 14	+ 30	− 26	19·55	− 1·04	342·261	250·25	0·624
Nov. 1	− 4·116	+ 2·143	+ 15	+ 30	− 25	31·71	− 1·06	339·758	247·45	0·731
2	− 2·838	+ 0·478	+ 16	+ 29	− 23	43·87	− 1·08	338·364	246·52	0·828
3	− 1·311	− 1·243	+ 18	+ 28	− 22	56·02	− 1·10	338·110	247·95	0·908
4	+ 0·386	− 2·893	+ 19	+ 28	− 21	68·16	− 1·13	339·051	253·32	0·965
5	+ 2·139	− 4·346	+ 21	+ 27	− 19	80·30	− 1·16	341·257	273·95	0·995
6	+ 3·810	− 5·491	+ 22	+ 27	− 18	92·44	− 1·18	344·761	40·35	0·996
7	+ 5·255	− 6·254	+ 22	+ 26	− 17	104·58	− 1·21	349·448	65·94	0·969
8	+ 6·353	− 6·604	+ 23	+ 26	− 17	116·72	− 1·23	354·975	77·15	0·917
9	+ 7·018	− 6·552	+ 23	+ 26	− 16	128·87	− 1·26	0·799	86·21	0·847
10	+ 7·215	− 6·139	+ 23	+ 26	− 16	141·02	− 1·28	6·339	94·04	0·763
11	+ 6·956	− 5·420	+ 22	+ 26	− 16	153·18	− 1·30	11·166	100·59	0·670
12	+ 6·291	− 4·458	+ 22	+ 27	− 16	165·34	− 1·32	15·075	105·75	0·573
13	+ 5·295	− 3·313	+ 21	+ 27	− 16	177·51	− 1·34	18·038	109·54	0·476
14	+ 4·057	− 2·042	+ 19	+ 28	− 17	189·68	− 1·36	20·115	112·01	0·382
15	+ 2·672	− 0·696	+ 18	+ 28	− 18	201·86	− 1·37	21·380	113·20	0·293
16	+ 1·234	+ 0·672	+ 16	+ 29	− 19	214·04	− 1·39	21·886	113·11	0·211

MOON, 2006

FOR 0ʰ TERRESTRIAL TIME

Date 0ʰ TT	Apparent Long.	Lat.	R.A.	Apparent Dec.	True Dist.	Horiz. Parallax	Semi-diameter	Ephemeris Transit for date Upper	Lower
	°	°	h m s	° ′ ″		′ ″	′ ″	h	h
Nov. 16	178·89	−0·46	11 55 12·10	+ 0 01 01·2	63·528	54 06·94	14 44·43	08·4798	20·8038
17	190·69	−1·49	12 36 57·95	− 5 36 23·3	63·442	54 11·39	14 45·64	09·1323	21·4676
18	202·59	−2·47	13 19 50·95	−11 04 40·6	63·209	54 23·38	14 48·91	09·8120	22·1676
19	214·64	−3·34	14 04 49·34	−16 12 34·3	62·860	54 41·45	14 53·83	10·5363	22·9199
20	226·88	−4·07	14 52 43·69	−20 46 31·8	62·430	55 04·09	15 00·00	11·3195	23·7359
21	239·33	−4·62	15 44 07·48	−24 30 39·8	61·947	55 29·85	15 07·01	12·1689	...
22	252·00	−4·95	16 39 02·93	−27 07 48·6	61·436	55 57·51	15 14·55	13·0788	00·6172
23	264·88	−5·03	17 36 48·19	−28 22 10·1	60·917	56 26·16	15 22·35	14·0285	01·5506
24	277·96	−4·86	18 35 58·38	−28 03 01·7	60·399	56 55·20	15 30·26	14·9858	02·5083
25	291·23	−4·42	19 34 49·56	−26 07 55·8	59·888	57 24·34	15 38·20	15·9191	03·4570
26	304·67	−3·74	20 31 55·81	−22 43 15·8	59·387	57 53·38	15 46·11	16·8097	04·3702
27	318·30	−2·83	21 26 35·77	−18 02 08·6	58·902	58 22·02	15 53·91	17·6552	05·2376
28	332·11	−1·75	22 18 56·43	−12 21 19·0	58·442	58 49·56	16 01·41	18·4670	06·0642
29	346·10	−0·54	23 09 41·36	− 5 58 59·0	58·028	59 14·76	16 08·27	19·2644	06·8661
30	0·29	+0·71	23 59 55·79	+ 0 45 50·6	57·687	59 35·73	16 13·98	20·0709	07·6650
Dec. 1	14·64	+1·93	0 50 54·55	+ 7 32 51·7	57·456	59 50·11	16 17·90	20·9101	08·4850
2	29·12	+3·03	1 43 51·55	+13 59 40·2	57·371	59 55·43	16 19·35	21·8022	09·3486
3	43·65	+3·94	2 39 46·08	+19 41 34·5	57·463	59 49·70	16 17·79	22·7568	10·2717
4	58·13	+4·59	3 39 02·17	+24 13 01·9	57·748	59 31·99	16 12·96	23·7648	11·2557
5	72·46	+4·95	4 41 05·28	+27 11 27·7	58·223	59 02·86	16 05·03	...	12·2794
6	86·52	+4·99	5 44 14·54	+28 22 52·0	58·862	58 24·38	15 54·55	00·7938	13·3020
7	100·24	+4·74	6 46 10·95	+27 46 17·2	59·620	57 39·79	15 42·40	01·7985	14·2788
8	113·56	+4·24	7 44 52·19	+25 33 32·9	60·439	56 52·91	15 29·64	02·7400	15·1806
9	126·47	+3·53	8 39 14·03	+22 04 10·3	61·254	56 07·54	15 17·28	03·6003	16·0000
10	139·02	+2·66	9 29 14·60	+17 39 10·4	62·000	55 27·01	15 06·24	04·3815	16·7469
11	151·24	+1·70	10 15 34·22	+12 37 01·3	62·623	54 53·91	14 57·22	05·0985	17·4391
12	163·23	+0·67	10 59 13·40	+ 7 12 24·2	63·080	54 30·05	14 50·72	05·7712	18·0976
13	175·07	−0·38	11 41 19·18	+ 1 36 44·3	63·343	54 16·44	14 47·02	06·4207	18·7432
14	186·86	−1·40	12 22 59·08	− 4 00 32·1	63·402	54 13·40	14 46·19	07·0677	19·3968
15	198·69	−2·36	13 05 19·43	− 9 30 30·6	63·263	54 20·59	14 48·15	07·7328	20·0782
16	210·64	−3·23	13 49 24·59	−14 43 23·9	62·944	54 37·11	14 52·65	08·4355	20·8067
17	222·78	−3·97	14 36 14·15	−19 27 18·5	62·479	55 01·51	14 59·29	09·1938	21·5982
18	235·18	−4·54	15 26 35·32	−23 27 29·3	61·909	55 31·88	15 07·57	10·0206	22·4609
19	247·86	−4·89	16 20 48·76	−26 26 35·8	61·282	56 05·98	15 16·85	10·9179	23·3892
20	260·83	−5·00	17 18 31·12	−28 06 44·7	60·644	56 41·37	15 26·49	11·8713	...
21	274·08	−4·85	18 18 26·40	−28 13 30·2	60·038	57 15·71	15 35·84	12·8495	00·3597
22	287·56	−4·43	19 18 41·92	−26 40 31·7	59·497	57 47·00	15 44·37	13·8148	01·3359
23	301·24	−3·75	20 17 28·35	−23 32 02·1	59·040	58 13·83	15 51·68	14·7382	02·2828
24	315·07	−2·84	21 13 38·25	−19 01 29·1	58·676	58 35·48	15 57·57	15·6090	03·1801
25	328·99	−1·75	22 06 59·63	−13 27 45·4	58·404	58 51·85	16 02·03	16·4333	04·0260
26	342·98	−0·55	22 58 05·90	− 7 11 28·1	58·216	59 03·25	16 05·14	17·2284	04·8331
27	357·02	+0·69	23 47 58·06	− 0 32 58·2	58·104	59 10·12	16 07·00	18·0168	05·6219
28	11·10	+1·89	0 37 49·98	+ 6 07 57·5	58·062	59 12·69	16 07·71	18·8228	06·4161
29	25·20	+2·98	1 28 57·63	+12 31 25·4	58·091	59 10·87	16 07·21	19·6687	07·2395
30	39·31	+3·89	2 22 28·46	+18 16 34·1	58·201	59 04·18	16 05·39	20·5706	08·1121
31	53·40	+4·55	3 19 05·97	+23 01 30·7	58·402	58 51·97	16 02·06	21·5313	09·0442
32	67·41	+4·94	4 18 48·81	+26 25 02·0	58·706	58 33·68	15 57·08	22·5332	10·0291

EPHEMERIS FOR PHYSICAL OBSERVATIONS
FOR 0^h TERRESTRIAL TIME

Date 0^h TT	The Earth's Selenographic Long.	Lat.	Physical Libration Lg.	Lt.	P.A.	The Sun's Selenographic Colong.	Lat.	Position Angle Axis	Bright Limb	Fraction Illum.
	°	°	(0°001)			°	°	°	°	
Nov. 16	+ 1·234	+ 0·672	+ 16	+ 29	− 19	214·04	− 1·39	21·886	113·11	0·211
17	− 0·172	+ 2·015	+ 15	+ 29	− 20	226·23	− 1·40	21·645	111·57	0·140
18	− 1·473	+ 3·279	+ 13	+ 30	− 21	238·43	− 1·41	20·627	108·18	0·081
19	− 2·611	+ 4·413	+ 12	+ 31	− 22	250·62	− 1·42	18·768	101·67	0·037
20	− 3·545	+ 5·361	+ 10	+ 32	− 23	262·82	− 1·43	15·994	86·21	0·010
21	− 4·255	+ 6·072	+ 9	+ 32	− 24	275·02	− 1·44	12·267	2·93	0·002
22	− 4·736	+ 6·498	+ 8	+ 33	− 25	287·21	− 1·44	7·650	299·24	0·014
23	− 5·000	+ 6·606	+ 7	+ 34	− 26	299·41	− 1·44	2·372	283·29	0·046
24	− 5·064	+ 6·372	+ 7	+ 34	− 26	311·60	− 1·45	356·831	272·97	0·099
25	− 4·948	+ 5·797	+ 7	+ 34	− 26	323·79	− 1·45	351·509	264·65	0·171
26	− 4·666	+ 4·896	+ 7	+ 34	− 25	335·97	− 1·45	346·831	257·86	0·260
27	− 4·223	+ 3·708	+ 8	+ 34	− 24	348·15	− 1·45	343·068	252·63	0·361
28	− 3·612	+ 2·290	+ 9	+ 33	− 24	0·31	− 1·46	340·338	249·01	0·471
29	− 2·824	+ 0·718	+ 10	+ 32	− 22	12·47	− 1·46	338·666	247·06	0·584
30	− 1·853	− 0·916	+ 11	+ 31	− 21	24·63	− 1·47	338·060	246·85	0·694
Dec. 1	− 0·708	− 2·507	+ 12	+ 30	− 20	36·77	− 1·48	338·552	248·55	0·795
2	+ 0·576	− 3·948	+ 13	+ 29	− 19	48·91	− 1·48	340·215	252·55	0·880
3	+ 1·930	− 5·134	+ 14	+ 28	− 18	61·05	− 1·49	343·125	259·87	0·945
4	+ 3·257	− 5·982	+ 15	+ 28	− 17	73·18	− 1·50	347·276	275·06	0·985
5	+ 4·440	− 6·441	+ 15	+ 27	− 16	85·30	− 1·51	352·471	349·50	0·998
6	+ 5·363	− 6·496	+ 15	+ 27	− 15	97·43	− 1·52	358·264	67·50	0·986
7	+ 5·935	− 6·169	+ 15	+ 27	− 15	109·56	− 1·53	4·056	84·76	0·950
8	+ 6·100	− 5·508	+ 15	+ 27	− 15	121·70	− 1·53	9·300	94·71	0·894
9	+ 5·847	− 4·579	+ 14	+ 28	− 15	133·83	− 1·54	13·663	101·80	0·823
10	+ 5·205	− 3·448	+ 13	+ 28	− 16	145·97	− 1·55	17·040	106·91	0·741
11	+ 4·234	− 2·182	+ 12	+ 29	− 16	158·12	− 1·55	19·468	110·40	0·652
12	+ 3·017	− 0·840	+ 11	+ 29	− 17	170·28	− 1·56	21·030	112·50	0·559
13	+ 1·648	+ 0·524	+ 9	+ 30	− 18	182·43	− 1·56	21·802	113·33	0·464
14	+ 0·228	+ 1·860	+ 8	+ 31	− 20	194·60	− 1·57	21·822	112·95	0·372
15	− 1·146	+ 3·121	+ 6	+ 32	− 21	206·77	− 1·57	21·079	111·32	0·283
16	− 2·387	+ 4·259	+ 4	+ 32	− 22	218·95	− 1·57	19·520	108·31	0·202
17	− 3·418	+ 5·223	+ 3	+ 33	− 24	231·13	− 1·57	17·067	103·66	0·131
18	− 4·184	+ 5·963	+ 2	+ 34	− 25	243·31	− 1·56	13·651	96·76	0·072
19	− 4·655	+ 6·430	+ 1	+ 35	− 25	255·50	− 1·56	9·278	85·79	0·029
20	− 4·828	+ 6·580	0	+ 36	− 26	267·69	− 1·55	4·110	59·20	0·006
21	− 4·723	+ 6·384	0	+ 37	− 26	279·88	− 1·55	358·506	311·55	0·004
22	− 4·385	+ 5·833	0	+ 37	− 26	292·07	− 1·54	352·967	275·97	0·025
23	− 3·868	+ 4·943	0	+ 37	− 25	304·25	− 1·53	347·987	263·39	0·069
24	− 3·225	+ 3·755	+ 1	+ 37	− 24	316·44	− 1·51	343·911	255·70	0·136
25	− 2·498	+ 2·336	+ 2	+ 37	− 23	328·61	− 1·50	340·895	250·66	0·221
26	− 1·716	+ 0·770	+ 3	+ 36	− 22	340·79	− 1·49	338·965	247·67	0·321
27	− 0·889	− 0·847	+ 4	+ 35	− 20	352·95	− 1·48	338·102	246·49	0·431
28	− 0·020	− 2·416	+ 5	+ 34	− 19	5·11	− 1·46	338·303	247·05	0·545
29	+ 0·887	− 3·839	+ 5	+ 32	− 18	17·26	− 1·45	339·607	249·34	0·656
30	+ 1·820	− 5·025	+ 6	+ 31	− 17	29·40	− 1·44	342·076	253·43	0·759
31	+ 2·745	− 5·902	+ 6	+ 30	− 16	41·54	− 1·43	345·738	259·48	0·848
32	+ 3·610	− 6·416	+ 7	+ 30	− 15	53·67	− 1·42	350·491	267·80	0·919

NOTES AND FORMULAE

Low-precision formulae for geocentric coordinates of the Moon

The following formulae give approximate geocentric coordinates of the Moon. The errors will rarely exceed $0°3$ in ecliptic longitude (λ), $0°2$ in ecliptic latitude (β), $0°003$ in horizontal parallax (π), $0°001$ in semidiameter (SD), $0\cdot2$ Earth radii in distance (r), $0°3$ in right ascension (α) and $0°2$ in declination (δ).

On this page the time argument T is the number of Julian centuries from J2000·0.
$$T = (\text{JD} - 245\ 1545\cdot0)/36\ 525 = (2190\cdot5 + \text{day of year} + \text{UT1}/24)/36\ 525$$
where day of year is given on pages B4–B5 and UT1 is the universal time in hours.

$$\begin{aligned}
\lambda = {}& 218°32 + 481\ 267°881\ T \\
&+ 6°29 \sin(135°0 + 477\ 198°87\ T) - 1°27 \sin(259°3 - 413\ 335°36\ T) \\
&+ 0°66 \sin(235°7 + 890\ 534°22\ T) + 0°21 \sin(269°9 + 954\ 397°74\ T) \\
&- 0°19 \sin(357°5 + 35\ 999°05\ T) - 0°11 \sin(186°5 + 966\ 404°03\ T) \\
\beta = {}& + 5°13 \sin(93°3 + 483\ 202°02\ T) + 0°28 \sin(228°2 + 960\ 400°89\ T) \\
&- 0°28 \sin(318°3 + 6\ 003°15\ T) - 0°17 \sin(217°6 - 407\ 332°21\ T) \\
\pi = {}& + 0°9508 \\
&+ 0°0518 \cos(135°0 + 477\ 198°87\ T) + 0°0095 \cos(259°3 - 413\ 335°36\ T) \\
&+ 0°0078 \cos(235°7 + 890\ 534°22\ T) + 0°0028 \cos(269°9 + 954\ 397°74\ T) \\
SD = {}& 0\cdot2724\ \pi \\
r = {}& 1/\sin\pi
\end{aligned}$$

Form the geocentric direction cosines (l, m, n) from:

$$\begin{aligned}
l &= \cos\beta\ \cos\lambda & &= \cos\delta\ \cos\alpha \\
m &= +0\cdot9175 \cos\beta\ \sin\lambda - 0\cdot3978 \sin\beta &&= \cos\delta\ \sin\alpha \\
n &= +0\cdot3978 \cos\beta\ \sin\lambda + 0\cdot9175 \sin\beta &&= \sin\delta
\end{aligned}$$

Then
$$\alpha = \tan^{-1}(m/l) \qquad \text{and} \qquad \delta = \sin^{-1}(n)$$

where the quadrant of α is determined by the signs of l and m, and where α, δ are referred to the mean equator and equinox of date.

Low-precision formulae for topocentric coordinates of the Moon

The following formulae give approximate topocentric values of right ascension (α'), declination (δ'), distance (r'), parallax (π') and semi-diameter (SD′).

Form the geocentric rectangular coordinates (x, y, z) from:
$$\begin{aligned}
x &= rl = r \cos\delta\ \cos\alpha \\
y &= rm = r \cos\delta\ \sin\alpha \\
z &= rn = r \sin\delta
\end{aligned}$$

Form the topocentric rectangular coordinates (x', y', z') from:
$$\begin{aligned}
x' &= x - \cos\phi'\ \cos\theta_0 \\
y' &= y - \cos\phi'\ \sin\theta_0 \\
z' &= z - \sin\phi'
\end{aligned}$$

where ϕ' is the observer's geocentric latitude and θ_0 is the local sidereal time.
$$\theta_0 = 100°46 + 36\ 000°77\ T + \lambda' + 15\ \text{UT1}$$
where λ' is the observer's east longitude.

Then
$$\begin{aligned}
r' &= (x'^2 + y'^2 + z'^2)^{1/2} & \alpha' &= \tan^{-1}(y'/x') & \delta' &= \sin^{-1}(z'/r') \\
\pi' &= \sin^{-1}(1/r') & SD' &= 0\cdot2724\pi'
\end{aligned}$$

CONTENTS OF SECTION E

NOTES

1. Other data, explanatory notes and formulas are given on the following pages:

2. Other data on the planets are given on the following pages:

NOTES AND FORMULAS

Orbital elements

The heliocentric osculating orbital elements for the Earth given on pages E5–E6 refer to the Earth/Moon barycenter. In ecliptic rectangular coordinates, the correction from the Earth/Moon barycenter to the Earth's center is given by:

(Earth's center) = (Earth/Moon barycenter) − (0.000 0312 cos L, 0.000 0312 sin L, 0.0)

where $L = 218° + 481\,268° \, T$, with T in Julian centuries from JD 245 1545.0 to 5 decimal places; the coordinates are in au and are referred to the mean equinox and ecliptic of date.

Linear interpolation of the heliocentric osculating orbital elements usually leads to errors of about $1''$ or $2''$ in the geocentric positions of the Sun and planets: the errors may, however, reach about $7''$ for Venus at inferior conjunction and about $3''$ for Mars at opposition.

Heliocentric coordinates

The heliocentric ecliptic coordinates of the Earth may be obtained from the geocentric ecliptic coordinates of the Sun given on pages C6–C20 by adding $\pm 180°$ to the longitude, and reversing the sign of the latitude.

Geocentric coordinates

Precise values of apparent semidiameter and horizontal parallax may be computed from the formulas and values given on page E45. Values of apparent diameter are tabulated in the ephemerides for physical observations on pages E56 onwards.

Times of transit, rising and setting

Formulas for obtaining the universal times of transit, rising and setting of the planets are given on page E45.

Ephemerides for physical observations

A description of the planetographic coordinates used for the physical ephemerides is on pages E54-E55. Information is also given in the Notes and References (Section L).

Invariable plane of the solar system

Approximate coordinates of the north pole of the invariable plane for J2000.0 are:

$$\alpha_0 = 273°\!.8527 \quad \delta_0 = 66°\!.9911$$

This is the direction of the total angular momentum vector of the Solar System (Sun and major planets) with respect to the ICRS coordinate axes.

ROTATION ELEMENTS FOR MEAN EQUINOX AND EQUATOR OF DATE
2006 JANUARY 0, 0^h TT

	North Pole		Argument of Prime Meridian		Longitude of Central Meridian	Inclination of Equator to Orbit
	Right Ascension	Declin- ation	at epoch	var./day		
	α_1	δ_1	W_0	$\dot{W}$	λ_e	
	°	°	°	°	°	°
Mercury	281.02	61.46	96.01	6.1385338	21.91	0.01
Venus	272.76	67.16	155.35	$-$ 1.4813296	322.64	2.64
Mars	317.72	52.91	205.55	350.8919993	21.49	25.19
Jupiter I	268.06	64.49	347.13	877.9000354	272.21	3.13
II	268.06	64.49	169.81	870.2700354	95.16	3.13
III	268.06	64.49	275.54	870.5366774	200.88	3.13
Saturn	40.86	83.56	202.75	810.7938135	340.26	26.73
Uranus	257.40	-15.18	52.66	-501.1600774	60.65	82.23
Neptune	299.42	42.97	6.51	536.3128553	160.15	28.33
Pluto	313.09	9.11	255.13	$-$ 56.3623082	121.75	57.46

These data were derived from the "Report of the IAU/IAG Working Group on Cartographic Coordinates and Rotational Elements of the Planets and Satellites: 2000" (P. K. Seidelmann *et al.*, *Celest. Mech.*, **82**, 83–111, 2002).

DEFINITIONS AND FORMULAS

α_1, δ_1 right ascension and declination of the north pole of the planet; variations during one year are negligible.

W_0 the angle measured from the planet's equator in the positive sense with respect to the planet's north pole from the ascending node of the planet's equator on the Earth's mean equator of date to the prime meridian of the planet.

$\dot{W}$ the daily rate of change of W_0. Sidereal periods of rotation are given on page E4.

α, δ, Δ apparent right ascension, declination and true distance of the planet at the time of observation (pages E16–E44).

W_1 argument of the prime meridian at the time of observation antedated by the light-time from the planet to the Earth.

$$W_1 = W_0 + \dot{W}(d - 0.005\,7755\,\Delta)$$

where d is the interval in days from Jan. 0 at 0^h TT.

β_e planetocentric declination of the Earth, positive in the planet's northern hemisphere:

$$\sin\beta_e = -\sin\delta_1 \sin\delta - \cos\delta_1 \cos\delta \cos(\alpha_1 - \alpha), \text{ where } -90° < \beta_e < 90°.$$

p_n position angle of the central meridian, also called the position angle of the axis, measured eastwards from the north point:

$$\cos\beta_e \sin p_n = \cos\delta_1 \sin(\alpha_1 - \alpha)$$
$$\cos\beta_e \cos p_n = \sin\delta_1 \cos\delta - \cos\delta_1 \sin\delta \cos(\alpha_1 - \alpha), \text{ where } \cos\beta_e > 0.$$

λ_e planetographic longitude of the central meridian measured in the direction opposite to the direction of rotation:

$$\lambda_e = W_1 - K, \text{ if } \dot{W} \text{ is positive}$$
$$\lambda_e = K - W_1, \text{ if } \dot{W} \text{ is negative}$$

where K is given by

$$\cos\beta_e \sin K = -\cos\delta_1 \sin\delta + \sin\delta_1 \cos\delta \cos(\alpha_1 - \alpha)$$
$$\cos\beta_e \cos K = \cos\delta \sin(\alpha_1 - \alpha), \text{ where } \cos\beta_e > 0.$$

λ, φ planetographic longitude (measured in the direction opposite to the rotation) and latitude (measured positive to the planet's north) of a feature on the planet's surface (see page E54).

s apparent semidiameter of the planet (see page E45).

$\Delta\alpha$, $\Delta\delta$ displacements in right ascension and declination of the feature (λ, φ) from the center of the planet:

$$\Delta\alpha \cos\delta = X \cos p_n + Y \sin p_n$$
$$\Delta\delta \qquad = -X \sin p_n + Y \cos p_n$$

where

$$X = s \cos\varphi \sin(\lambda - \lambda_e), \text{ if } \dot{W} > 0; \quad X = -s \cos\varphi \sin(\lambda - \lambda_e), \text{ if } \dot{W} < 0;$$
$$Y = s(\sin\varphi \cos\beta_e - \cos\varphi \sin\beta_e \cos(\lambda - \lambda_e)).$$

MAJOR PLANETS
PHYSICAL AND PHOTOMETRIC DATA

Planet	Mass[1] ($\times 10^{24}$ kg)	Mean Equatorial Radius km	Maximum Angular Diameter[2] ''	Minimum Geocentric Distance[3] au	Flattening[4,5] (geometric)	Coefficients of the Potential		
						$10^3 J_2$	$10^6 J_3$	$10^6 J_4$
Mercury	0.330 22	2 439.7	12.3	0.549	0	—	—	—
Venus	4.869 0	6 051.8	63.0	0.265	0	0.027	—	—
Earth	5.974 2	6 378.14	—	—	0.003 353 64	1.082 63	− 2.54	− 1.61
(Moon)	0.073 483	1 737.4	2 010.7	0.002 38	0	0.202 7	—	—
Mars	0.641 91	3 396.2	25.1	0.373	0.006 772 0.005 000	1.964	36	—
Jupiter	1 898.8	71 492	49.9	3.949	0.064 874	14.75	—	− 580
Saturn	568.52	60 268	20.7	8.032	0.097 962	16.45	—	− 1 000
Uranus	86.840	25 559	4.1	17.292	0.022 927	12	—	—
Neptune	102.45	24 764	2.4	28.814	0.017 081	4	—	—
Pluto	0.013	1 195	0.11	28.687	0	—	—	—

	Sidereal Period of Rotation[6] d	Mean Density g/cm^3	Geometric Albedo[7]	Visual Magnitude[8] V(1,0)	V_0	Color Indices B − V	U − B
Mercury	58.646 2	5.43	0.106	− 0.42	—	0.93	0.41
Venus	− 243.018 5	5.24	0.65	− 4.40	—	0.82	0.50
Earth	0.997 269 63	5.515	0.367	− 3.86	—	—	—
(Moon)	27.321 66	3.35	0.12	+ 0.21	− 12.74	0.92	0.46
Mars	1.025 956 76	3.94	0.150	− 1.52	− 2.01	1.36	0.58
Jupiter	0.413 54 (System III)	1.33	0.52	− 9.40	− 2.70	0.83	0.48
Saturn	0.444 01 (System III)	0.69	0.47	− 8.88	+ 0.67	1.04	0.58
Uranus	− 0.718 33	1.27	0.51	− 7.19	+ 5.52	0.56	0.28
Neptune	0.671 25	1.64	0.41	− 6.87	+ 7.84	0.41	0.21
Pluto	− 6.387 2	1.8	0.3	− 1.0	+ 15.12	0.80	0.31

[1] Values for the masses include the atmospheres but exclude satellites.

[2] The tabulated Maximum Angular Diameter is based on the equatorial diameter when the planet is at the tabulated Minimum Geocentric Distance.

[3] The tabulated Minimum Geocentric Distance applies to the interval 1950 to 2050.

[4] The Flattening is the ratio of the difference of the equatorial and polar radii to the equatorial radius.

[5] Two flattening values are given for Mars. The first number is determined using the North polar radius and the second one using the South polar radius.

[6] The Sidereal Period of Rotation is the rotation at the equator with respect to a fixed frame of reference. A negative sign indicates that the rotation is retrograde with respect to the pole that lies north of the invariable plane of the solar system. The period is measured in days of 86 400 SI seconds. Rotation elements are tabulated on page E3.

[7] The Geometric Albedo is the ratio of the illumination of the planet at zero phase angle to the illumination produced by a plane, absolutely white Lambert surface of the same radius and position as the planet.

[8] $V(1,0)$ is the visual magnitude of the planet reduced to a distance of 1 au from both the Sun and Earth and with phase angle zero. V_0 is the mean opposition magnitude. For Saturn the photometric quantities refer to the disk only.

Data for the Mean Equatorial Radius, Flattening and Sidereal Period of Rotation are based on the "Report of the IAU/IAG Working Group on Cartographic Coordinates and Rotational Elements of the Planets and Satellites: 2000" (P. K. Seidelmann et al., Celest. Mech., 82, 83–111, 2002).

HELIOCENTRIC OSCULATING ORBITAL ELEMENTS
REFERRED TO THE MEAN ECLIPTIC AND EQUINOX OF J2000.0

Julian Date 245	Inclin- ation i	Longitude Asc. Node Ω	Longitude Perihelion ϖ	Mean Distance a	Daily Motion n	Eccen- tricity e	Mean Longitude L
MERCURY	°	°	°		°		°
3760.5	7.004 67	48.3234	77.4625	0.387 0990	4.092 333	0.205 6290	318.827 62
3960.5	7.004 61	48.3228	77.4675	0.387 0980	4.092 350	0.205 6397	57.293 48
VENUS							
3760.5	3.394 60	76.6641	131.422	0.723 3407	1.602 102	0.006 7696	131.500 24
3960.5	3.394 61	76.6622	131.178	0.723 3307	1.602 136	0.006 7613	91.926 52
EARTH*							
3760.5	0.000 79	174.8	102.9079	0.999 9878	0.985 627 2	0.016 6758	124.082 29
3960.5	0.000 87	175.3	103.0314	0.999 9852	0.985 631 1	0.016 7185	321.203 96
MARS							
3760.5	1.849 33	49.5385	336.1516	1.523 6846	0.524 036 5	0.093 4528	76.433 41
3960.5	1.849 31	49.5382	336.1128	1.523 6247	0.524 067 4	0.093 4658	181.249 43
JUPITER							
3760.5	1.303 78	100.5098	14.7314	5.201 924	0.083 112 30	0.048 9424	218.442 21
3960.5	1.303 76	100.5107	14.7004	5.201 980	0.083 110 96	0.048 9438	235.067 46
SATURN							
3760.5	2.486 77	113.6262	94.1093	9.558 862	0.033 354 69	0.055 1501	124.303 75
3960.5	2.487 17	113.6291	93.7563	9.552 395	0.033 388 56	0.054 6018	130.983 45
URANUS							
3760.5	0.771 92	73.9297	171.9253	19.157 62	0.011 754 42	0.049 0346	339.083 23
3960.5	0.771 94	73.9538	172.4030	19.173 40	0.011 739 91	0.048 2401	341.403 79
NEPTUNE							
3760.5	1.771 41	131.7857	48.682	30.053 45	0.005 982 376	0.006 8227	317.918 00
3960.5	1.770 96	131.7841	37.974	30.091 80	0.005 970 943	0.006 8546	319.104 99
PLUTO							
3760.5	17.136 90	110.2992	224.2750	39.735 40	0.003 934 937	0.253 7897	247.541 31
3960.5	17.128 91	110.3126	224.4943	39.776 85	0.003 928 787	0.254 2320	248.384 51

HELIOCENTRIC COORDINATES AND VELOCITY COMPONENTS
REFERRED TO THE MEAN EQUATOR AND EQUINOX OF J2000.0

	x	y	z	$\dot{x}$	$\dot{y}$	$\dot{z}$
MERCURY						
3760.5	+ 0.220 4392	− 0.321 8476	− 0.194 7807	+ 0.018 596 80	+ 0.014 583 51	+ 0.005 861 65
3960.5	+ 0.216 0729	+ 0.210 8115	+ 0.090 2037	− 0.026 043 00	+ 0.017 169 75	+ 0.011 872 13
VENUS						
3760.5	− 0.475 0649	+ 0.479 6193	+ 0.245 8462	− 0.015 231 09	− 0.012 660 54	− 0.004 732 15
3960.5	− 0.017 6824	+ 0.655 5849	+ 0.296 0706	− 0.020 289 71	− 0.001 016 55	+ 0.000 826 64
EARTH*						
3760.5	− 0.561 6582	+ 0.741 8220	+ 0.321 6079	− 0.014 409 58	− 0.009 064 41	− 0.003 929 73
3960.5	+ 0.776 6264	− 0.597 0669	− 0.258 8505	+ 0.010 769 70	+ 0.012 039 49	+ 0.005 219 53
MARS						
3760.5	+ 0.090 2684	+ 1.417 9632	+ 0.647 9419	− 0.013 440 47	+ 0.001 685 36	+ 0.001 136 20
3960.5	− 1.652 0907	+ 0.058 5147	+ 0.071 4797	− 0.000 171 89	− 0.011 621 49	− 0.005 325 82
JUPITER						
3760.5	− 4.380 106	− 2.997 727	− 1.178 278	+ 0.004 378 510	− 0.005 228 279	− 0.002 347 598
3960.5	− 3.353 797	− 3.920 004	− 1.598 580	+ 0.005 825 511	− 0.003 932 904	− 0.001 827 587
SATURN						
3760.5	− 5.567 403	+ 6.578 340	+ 2.956 698	− 0.004 712 403	− 0.003 242 112	− 0.001 136 256
3960.5	− 6.463 918	+ 5.880 456	+ 2.707 043	− 0.004 242 261	− 0.003 726 607	− 0.001 356 559
URANUS						
3760.5	+ 18.894 31	− 6.112 80	− 2.944 41	+ 0.001 301 828	+ 0.003 224 376	+ 0.001 393 847
3960.5	+ 19.140 97	− 5.463 51	− 2.663 51	+ 0.001 164 229	+ 0.003 267 891	+ 0.001 414 828
NEPTUNE						
3760.5	+ 22.030 45	− 18.725 97	− 8.213 14	+ 0.002 117 463	+ 0.002 160 733	+ 0.000 831 613
3960.5	+ 22.449 28	− 18.289 66	− 8.044 99	+ 0.002 070 488	+ 0.002 202 315	+ 0.000 849 829
PLUTO						
3760.5	− 2.968 02	− 29.759 83	− 8.394 16	+ 0.003 185 734	− 0.000 476 985	− 0.001 108 523
3960.5	− 2.330 15	− 29.849 24	− 8.614 15	+ 0.003 192 510	− 0.000 417 114	− 0.001 091 306

*Values labelled for the Earth are actually for the Earth/Moon barycenter (see note on page E2).

Distances are in astronomical units. Velocity components are in astronomical units per day.

INNER PLANETS, 2006

HELIOCENTRIC OSCULATING ORBITAL ELEMENTS
REFERRED TO THE MEAN ECLIPTIC AND EQUINOX OF DATE

Date	Julian Date 245	Inclin- ation i	Longitude Asc. Node Ω	Longitude Perihelion ϖ	Mean Distance a	Daily Motion n	Eccen- tricity e	Mean Longitude L
MERCURY		°	°	°		°		°
Jan. 25	3760.5	7.0051	48.403	77.547	0.387 099	4.092 33	0.205 629	318.9124
Mar. 6	3800.5	7.0052	48.404	77.549	0.387 099	4.092 34	0.205 627	122.6072
Apr. 15	3840.5	7.0051	48.406	77.554	0.387 099	4.092 33	0.205 634	286.3004
May 25	3880.5	7.0051	48.407	77.556	0.387 098	4.092 35	0.205 637	89.9956
July 4	3920.5	7.0051	48.408	77.558	0.387 099	4.092 34	0.205 638	253.6906
Aug. 13	3960.5	7.0051	48.409	77.560	0.387 098	4.092 35	0.205 640	57.3859
Sept. 22	4000.5	7.0051	48.411	77.561	0.387 098	4.092 35	0.205 640	221.0812
Nov. 1	4040.5	7.0051	48.412	77.562	0.387 098	4.092 35	0.205 642	24.7768
Dec. 11	4080.5	7.0051	48.414	77.563	0.387 098	4.092 35	0.205 640	188.4723
Dec. 51	4120.5	7.0051	48.415	77.565	0.387 099	4.092 33	0.205 638	352.1673
VENUS								
Jan. 25	3760.5	3.3947	76.736	131.51	0.723 341	1.602 10	0.006 770	131.5850
Mar. 6	3800.5	3.3947	76.735	131.43	0.723 333	1.602 13	0.006 763	195.6705
Apr. 15	3840.5	3.3947	76.736	131.37	0.723 328	1.602 14	0.006 767	259.7571
May 25	3880.5	3.3947	76.738	131.33	0.723 325	1.602 16	0.006 770	323.8450
July 4	3920.5	3.3947	76.739	131.29	0.723 330	1.602 14	0.006 765	27.9324
Aug. 13	3960.5	3.3947	76.740	131.27	0.723 331	1.602 14	0.006 761	92.0189
Sept. 22	4000.5	3.3947	76.741	131.29	0.723 329	1.602 14	0.006 759	156.1061
Nov. 1	4040.5	3.3947	76.743	131.33	0.723 333	1.602 13	0.006 764	220.1928
Dec. 11	4080.5	3.3947	76.744	131.33	0.723 331	1.602 13	0.006 773	284.2787
Dec. 51	4120.5	3.3947	76.745	131.32	0.723 328	1.602 15	0.006 778	348.3660
EARTH*								
Jan. 25	3760.5	0.0	-	102.993	0.999 988	0.985 627	0.016 676	124.1670
Mar. 6	3800.5	0.0	-	103.073	1.000 004	0.985 604	0.016 678	163.5950
Apr. 15	3840.5	0.0	-	103.124	1.000 018	0.985 583	0.016 679	203.0204
May 25	3880.5	0.0	-	103.131	1.000 014	0.985 589	0.016 689	242.4443
July 4	3920.5	0.0	-	103.122	0.999 996	0.985 615	0.016 707	281.8695
Aug. 13	3960.5	0.0	-	103.124	0.999 985	0.985 631	0.016 719	321.2963
Sept. 22	4000.5	0.0	-	103.116	0.999 988	0.985 627	0.016 717	0.7230
Nov. 1	4040.5	0.0	-	103.086	0.999 996	0.985 614	0.016 712	40.1487
Dec. 11	4080.5	0.0	-	103.065	0.999 997	0.985 613	0.016 707	79.5738
Dec. 51	4120.5	0.0	-	103.047	0.999 992	0.985 621	0.016 701	118.9993
MARS								
Jan. 25	3760.5	1.8498	49.603	336.236	1.523 685	0.524 037	0.093 453	76.5181
Mar. 6	3800.5	1.8498	49.604	336.224	1.523 650	0.524 054	0.093 460	97.4820
Apr. 15	3840.5	1.8498	49.605	336.214	1.523 613	0.524 073	0.093 476	118.4464
May 25	3880.5	1.8498	49.606	336.210	1.523 594	0.524 083	0.093 487	139.4115
July 4	3920.5	1.8498	49.607	336.209	1.523 596	0.524 082	0.093 485	160.3769
Aug. 13	3960.5	1.8498	49.609	336.205	1.523 625	0.524 067	0.093 466	181.3418
Sept. 22	4000.5	1.8498	49.610	336.195	1.523 674	0.524 042	0.093 437	202.3057
Nov. 1	4040.5	1.8498	49.612	336.183	1.523 723	0.524 017	0.093 409	223.2675
Dec. 11	4080.5	1.8497	49.613	336.175	1.523 754	0.524 001	0.093 383	244.2270
Dec. 51	4120.5	1.8497	49.614	336.180	1.523 738	0.524 009	0.093 358	265.1859

*Values labelled for the Earth are actually for the Earth/Moon barycenter (see note on page E2).

FORMULAS

Mean anomaly, $M = L - \varpi$

Argument of perihelion, measured from node, $\omega = \varpi - \Omega$

True anomaly, $\quad \nu = M + (2e - e^3/4)\sin M + (5e^2/4)\sin 2M + (13e^3/12)\sin 3M + \ldots$ in radians.

True distance, $\quad r = a(1 - e^2)/(1 + e\cos\nu)$

Heliocentric rectangular coordinates, referred to the ecliptic of date, may be computed from these elements by:
$$x = r\{\cos(\nu + \omega)\cos\Omega - \sin(\nu + \omega)\cos i \sin\Omega\}$$
$$y = r\{\cos(\nu + \omega)\sin\Omega + \sin(\nu + \omega)\cos i \cos\Omega\}$$
$$z = r\sin(\nu + \omega)\sin i$$

HELIOCENTRIC OSCULATING ORBITAL ELEMENTS
REFERRED TO THE MEAN ECLIPTIC AND EQUINOX OF DATE

Date	Julian Date 245	Inclin- ation i	Longitude Asc. Node Ω	Longitude Perihelion ϖ	Mean Distance a	Daily Motion n	Eccen- tricity e	Mean Longitude L
JUPITER		°	°	°		°		°
Jan. 25	3760.5	1.3036	100.561	14.816	5.201 92	0.083 112 3	0.048 942	218.5270
Mar. 6	3800.5	1.3036	100.561	14.799	5.202 05	0.083 109 3	0.048 922	221.8537
Apr. 15	3840.5	1.3036	100.562	14.781	5.202 09	0.083 108 2	0.048 921	225.1812
May 25	3880.5	1.3035	100.564	14.780	5.202 05	0.083 109 4	0.048 934	228.5081
July 4	3920.5	1.3035	100.565	14.785	5.202 00	0.083 110 5	0.048 943	231.8343
Aug. 13	3960.5	1.3035	100.567	14.793	5.201 98	0.083 111 0	0.048 944	235.1599
Sept. 22	4000.5	1.3035	100.567	14.787	5.202 04	0.083 109 5	0.048 933	238.4856
Nov. 1	4040.5	1.3035	100.567	14.780	5.202 08	0.083 108 6	0.048 930	241.8118
Dec. 11	4080.5	1.3036	100.568	14.776	5.202 10	0.083 108 1	0.048 929	245.1380
Dec. 51	4120.5	1.3035	100.569	14.780	5.202 08	0.083 108 5	0.048 932	248.4640
SATURN								
Jan. 25	3760.5	2.4864	113.695	94.194	9.558 86	0.033 354 7	0.055 150	124.3885
Mar. 6	3800.5	2.4864	113.697	94.148	9.557 54	0.033 361 6	0.055 025	125.7276
Apr. 15	3840.5	2.4865	113.698	94.073	9.556 02	0.033 369 6	0.054 891	127.0655
May 25	3880.5	2.4866	113.700	93.991	9.554 65	0.033 376 7	0.054 780	128.4021
July 4	3920.5	2.4867	113.702	93.916	9.553 45	0.033 383 0	0.054 685	129.7387
Aug. 13	3960.5	2.4868	113.704	93.849	9.552 40	0.033 388 6	0.054 602	131.0758
Sept. 22	4000.5	2.4868	113.706	93.780	9.551 25	0.033 394 6	0.054 508	132.4141
Nov. 1	4040.5	2.4868	113.707	93.694	9.549 97	0.033 401 3	0.054 411	133.7519
Dec. 11	4080.5	2.4869	113.709	93.602	9.548 71	0.033 407 9	0.054 320	135.0894
Dec. 51	4120.5	2.4869	113.711	93.509	9.547 53	0.033 414 1	0.054 242	136.4265
URANUS								
Jan 25	3760.5	0.7721	73.957	172.010	19.157 6	0.011 754 4	0.049 035	339.1680
Mar. 6	3800.5	0.7721	73.965	172.133	19.160 2	0.011 752 0	0.048 911	339.6306
Apr. 15	3840.5	0.7721	73.972	172.256	19.163 7	0.011 748 8	0.048 738	340.0942
May 25	3880.5	0.7721	73.975	172.349	19.167 3	0.011 745 5	0.048 556	340.5608
July 4	3920.5	0.7721	73.979	172.427	19.170 5	0.011 742 5	0.048 388	341.0283
Aug. 13	3960.5	0.7721	73.983	172.495	19.173 4	0.011 739 9	0.048 240	341.4962
Sept. 22	4000.5	0.7721	73.993	172.576	19.176 3	0.011 737 3	0.048 094	341.9626
Nov. 1	4040.5	0.7721	74.001	172.655	19.179 6	0.011 734 2	0.047 920	342.4294
Dec. 11	4080.5	0.7721	74.008	172.724	19.183 0	0.011 731 1	0.047 741	342.8972
Dec. 51	4120.5	0.7721	74.010	172.777	19.186 4	0.011 728 0	0.047 561	343.3662
NEPTUNE								
Jan. 25	3760.5	1.7708	131.853	48.77	30.053 5	0.005 982 38	0.006 823	318.0027
Mar. 6	3800.5	1.7708	131.854	46.68	30.060 9	0.005 980 16	0.006 768	318.2373
Apr. 15	3840.5	1.7707	131.855	44.18	30.069 7	0.005 977 53	0.006 750	318.4745
May 25	3880.5	1.7706	131.856	41.88	30.077 9	0.005 975 08	0.006 774	318.7150
July 4	3920.5	1.7704	131.857	39.85	30.085 3	0.005 972 89	0.006 812	318.9563
Aug. 13	3960.5	1.7703	131.857	38.07	30.091 8	0.005 970 94	0.006 855	319.1974
Sept. 22	4000.5	1.7703	131.859	36.19	30.098 7	0.005 968 89	0.006 894	319.4369
Nov. 1	4040.5	1.7702	131.860	34.16	30.106 4	0.005 966 61	0.006 961	319.6779
Dec. 11	4080.5	1.7701	131.860	32.24	30.113 9	0.005 964 37	0.007 047	319.9200
Dec. 51	4120.5	1.7700	131.861	30.52	30.121 0	0.005 962 26	0.007 150	320.1636
PLUTO								
Jan. 25	3760.5	17.1366	110.382	224.360	39.735 4	0.003 934 94	0.253 790	247.6261
Mar. 6	3800.5	17.1348	110.386	224.409	39.747 5	0.003 933 15	0.253 952	247.7938
Apr. 15	3840.5	17.1329	110.391	224.462	39.758 3	0.003 931 53	0.254 080	247.9649
May 25	3880.5	17.1312	110.395	224.509	39.765 7	0.003 930 45	0.254 145	248.1367
July 4	3920.5	17.1298	110.399	224.550	39.771 6	0.003 929 57	0.254 191	248.3075
Aug. 13	3960.5	17.1285	110.402	224.587	39.776 9	0.003 928 79	0.254 232	248.4770
Sept. 22	4000.5	17.1272	110.406	224.628	39.783 8	0.003 927 76	0.254 299	248.6463
Nov. 1	4040.5	17.1257	110.410	224.671	39.790 0	0.003 926 84	0.254 348	248.8175
Dec. 11	4080.5	17.1244	110.414	224.712	39.795 1	0.003 926 09	0.254 374	248.9892
Dec. 51	4120.5	17.1231	110.417	224.749	39.798 4	0.003 925 60	0.254 371	249.1608

MERCURY, 2006

HELIOCENTRIC POSITIONS FOR 0ʰ TERRESTRIAL TIME
MEAN EQUINOX AND ECLIPTIC OF DATE

Date		Longitude	Latitude	Radius Vector	Date		Longitude	Latitude	Radius Vector
		° ′ ″	° ′ ″				° ′ ″	° ′ ″	
Jan.	0	229 24 37.3	− 0 07 26.0	0.452 8532	Feb.	15	29 00 35.4	− 2 20 11.4	0.326 4091
	1	232 17 53.0	− 0 28 42.0	0.455 4606		16	34 40 51.2	− 1 40 10.8	0.322 2437
	2	235 09 17.3	− 0 49 39.9	0.457 8026		17	40 29 19.5	− 0 58 09.8	0.318 5069
	3	237 59 04.6	− 1 10 18.5	0.459 8761		18	46 25 23.6	− 0 14 35.9	0.315 2481
	4	240 47 28.8	− 1 30 36.5	0.461 6785		19	52 28 15.6	+ 0 29 57.6	0.312 5129
	5	243 34 43.5	− 1 50 32.8	0.463 2074		20	58 36 57.3	+ 1 14 52.8	0.310 3415
	6	246 21 01.7	− 2 10 06.5	0.464 4610		21	64 50 20.5	+ 1 59 28.0	0.308 7673
	7	249 06 36.4	− 2 29 16.4	0.465 4378		22	71 07 08.0	+ 2 42 59.6	0.307 8152
	8	251 51 40.1	− 2 48 01.5	0.466 1367		23	77 25 55.4	+ 3 24 43.8	0.307 5006
	9	254 36 25.2	− 3 06 20.8	0.466 5569		24	83 45 13.8	+ 4 03 59.1	0.307 8286
	10	257 21 04.1	− 3 24 13.2	0.466 6979		25	90 03 31.9	+ 4 40 08.0	0.308 7939
	11	260 05 49.0	− 3 41 37.5	0.466 5596		26	96 19 19.8	+ 5 12 38.8	0.310 3808
	12	262 50 52.0	− 3 58 32.6	0.466 1421		27	102 31 11.3	+ 5 41 07.1	0.312 5643
	13	265 36 25.4	− 4 14 57.0	0.465 4459		28	108 37 46.8	+ 6 05 16.3	0.315 3108
	14	268 22 41.5	− 4 30 49.4	0.464 4717	Mar.	1	114 37 55.8	+ 6 24 57.6	0.318 5801
	15	271 09 52.7	− 4 46 08.3	0.463 2208		2	120 30 37.9	+ 6 40 10.0	0.322 3263
	16	273 58 11.6	− 5 00 51.9	0.461 6945		3	126 15 04.3	+ 6 50 58.8	0.326 5001
	17	276 47 51.0	− 5 14 58.3	0.459 8947		4	131 50 37.7	+ 6 57 35.1	0.331 0498
	18	279 39 04.1	− 5 28 25.5	0.457 8238		5	137 16 52.2	+ 7 00 13.8	0.335 9233
	19	282 32 04.2	− 5 41 11.2	0.455 4843		6	142 33 32.3	+ 6 59 12.9	0.341 0685
	20	285 27 05.1	− 5 53 12.9	0.452 8795		7	147 40 31.8	+ 6 54 52.3	0.346 4352
	21	288 24 21.2	− 6 04 27.7	0.450 0130		8	152 37 52.8	+ 6 47 32.4	0.351 9751
	22	291 24 07.1	− 6 14 52.7	0.446 8891		9	157 25 44.0	+ 6 37 33.7	0.357 6424
	23	294 26 38.0	− 6 24 24.5	0.443 5128		10	162 04 19.5	+ 6 25 15.9	0.363 3947
	24	297 32 09.8	− 6 32 59.3	0.439 8897		11	166 33 57.7	+ 6 10 57.9	0.369 1925
	25	300 40 58.8	− 6 40 33.1	0.436 0262		12	170 55 00.0	+ 5 54 56.8	0.374 9997
	26	303 53 22.2	− 6 47 01.4	0.431 9297		13	175 07 50.1	+ 5 37 28.8	0.380 7831
	27	307 09 37.6	− 6 52 19.3	0.427 6086		14	179 12 52.9	+ 5 18 48.1	0.386 5129
	28	310 30 03.5	− 6 56 21.4	0.423 0724		15	183 10 34.1	+ 4 59 07.5	0.392 1621
	29	313 54 59.1	− 6 59 02.0	0.418 3317		16	187 01 19.7	+ 4 38 38.4	0.397 7063
	30	317 24 44.2	− 7 00 14.8	0.413 3988		17	190 45 35.4	+ 4 17 30.9	0.403 1239
	31	320 59 39.3	− 6 59 53.0	0.408 2873		18	194 23 46.7	+ 3 55 53.6	0.408 3953
Feb.	1	324 40 05.7	− 6 57 49.4	0.403 0126		19	197 56 18.2	+ 3 33 54.1	0.413 5032
	2	328 26 25.2	− 6 53 56.3	0.397 5922		20	201 23 33.7	+ 3 11 39.2	0.418 4323
	3	332 18 59.8	− 6 48 05.7	0.392 0456		21	204 45 56.4	+ 2 49 14.5	0.423 1689
	4	336 18 12.1	− 6 40 09.1	0.386 3945		22	208 03 48.2	+ 2 26 44.9	0.427 7008
	5	340 24 24.6	− 6 29 58.0	0.380 6632		23	211 17 30.4	+ 2 04 14.7	0.432 0174
	6	344 37 59.7	− 6 17 23.7	0.374 8790		24	214 27 23.0	+ 1 41 47.6	0.436 1091
	7	348 59 18.9	− 6 02 18.0	0.369 0717		25	217 33 45.5	+ 1 19 26.7	0.439 9677
	8	353 28 43.0	− 5 44 32.8	0.363 2744		26	220 36 56.1	+ 0 57 14.7	0.443 5859
	9	358 06 30.8	− 5 24 01.2	0.357 5234		27	223 37 12.6	+ 0 35 14.1	0.446 9571
	10	2 52 59.0	− 5 00 37.5	0.351 8582		28	226 34 51.6	+ 0 13 26.7	0.450 0758
	11	7 48 21.1	− 4 34 18.0	0.346 3215		29	229 30 09.5	− 0 08 05.5	0.452 9370
	12	12 52 46.6	− 4 05 01.6	0.340 9589		30	232 23 21.5	− 0 29 20.9	0.455 5365
	13	18 06 19.9	− 3 32 50.2	0.335 8188		31	235 14 42.6	− 0 50 18.3	0.457 8706
	14	23 28 59.2	− 2 57 49.8	0.330 9515	Apr.	1	238 04 27.2	− 1 10 56.2	0.459 9361
	15	29 00 35.4	− 2 20 11.4	0.326 4091		2	240 52 49.1	− 1 31 13.6	0.461 7303

HELIOCENTRIC POSITIONS FOR 0ʰ TERRESTRIAL TIME
MEAN EQUINOX AND ECLIPTIC OF DATE

Date	Longitude	Latitude	Radius Vector	Date	Longitude	Latitude	Radius Vector
	° ′ ″	° ′ ″			° ′ ″	° ′ ″	
Apr. 1	238 04 27.2	− 1 10 56.2	0.459 9361	May 17	46 36 20.9	− 0 13 16.4	0.315 1564
2	240 52 49.1	− 1 31 13.6	0.461 7303	18	52 39 24.5	+ 0 31 18.3	0.312 4370
3	243 40 01.8	− 1 51 09.3	0.463 2511	19	58 48 16.0	+ 1 16 13.5	0.310 2826
4	246 26 18.5	− 2 10 42.2	0.464 4965	20	65 01 46.9	+ 2 00 47.5	0.308 7263
5	249 11 51.9	− 2 29 51.3	0.465 4651	21	71 18 39.7	+ 2 44 16.5	0.307 7927
6	251 56 54.8	− 2 48 35.7	0.466 1557	22	77 37 29.9	+ 3 25 57.0	0.307 4969
7	254 41 39.5	− 3 06 54.1	0.466 5677	23	83 56 48.4	+ 4 05 07.3	0.307 8438
8	257 26 18.3	− 3 24 45.7	0.466 7004	24	90 15 04.0	+ 4 41 10.1	0.308 8276
9	260 11 03.4	− 3 42 09.1	0.466 5538	25	96 30 46.7	+ 5 13 33.9	0.310 4326
10	262 56 07.1	− 3 59 03.2	0.466 1281	26	102 42 30.5	+ 5 41 54.6	0.312 6333
11	265 41 41.5	− 4 15 26.7	0.465 4236	27	108 48 56.1	+ 6 05 55.8	0.315 3961
12	268 27 58.9	− 4 31 18.1	0.464 4413	28	114 48 53.2	+ 6 25 29.0	0.318 6803
13	271 15 11.8	− 4 46 35.9	0.463 1822	29	120 41 21.7	+ 6 40 33.3	0.322 4400
14	274 03 32.8	− 5 01 18.3	0.461 6478	30	126 25 33.3	+ 6 51 14.4	0.326 6259
15	276 53 14.7	− 5 15 23.6	0.459 8400	31	132 00 50.9	+ 6 57 43.2	0.331 1862
16	279 44 30.6	− 5 28 49.5	0.457 7611	June 1	137 26 48.9	+ 7 00 14.9	0.336 0687
17	282 37 33.9	− 5 41 33.9	0.455 4137	2	142 43 12.1	+ 6 59 07.7	0.341 2215
18	285 32 38.6	− 5 53 34.1	0.452 8011	3	147 49 54.7	+ 6 54 41.3	0.346 5943
19	288 29 58.7	− 6 04 47.5	0.449 9269	4	152 46 58.9	+ 6 47 16.3	0.352 1388
20	291 29 49.1	− 6 15 10.9	0.446 7955	5	157 34 33.5	+ 6 37 13.0	0.357 8096
21	294 32 25.0	− 6 24 41.0	0.443 4118	6	162 12 53.0	+ 6 24 51.2	0.363 5641
22	297 38 02.3	− 6 33 14.0	0.439 7814	7	166 42 15.7	+ 6 10 29.7	0.369 3630
23	300 46 57.2	− 6 40 45.8	0.435 9109	8	171 03 03.1	+ 5 54 25.8	0.375 1702
24	303 59 27.0	− 6 47 12.0	0.431 8076	9	175 15 39.0	+ 5 36 55.3	0.380 9527
25	307 15 49.4	− 6 52 27.7	0.427 4799	10	179 20 28.3	+ 5 18 12.5	0.386 6808
26	310 36 22.9	− 6 56 27.4	0.422 9374	11	183 17 56.8	+ 4 58 30.2	0.392 3274
27	314 01 26.5	− 6 59 05.4	0.418 1908	12	187 08 30.5	+ 4 37 59.8	0.397 8685
28	317 31 20.3	− 7 00 15.4	0.413 2522	13	190 52 35.0	+ 4 16 51.1	0.403 2822
29	321 06 24.8	− 6 59 50.7	0.408 1355	14	194 30 35.8	+ 3 55 13.0	0.408 5492
30	324 47 01.2	− 6 57 43.9	0.402 8562	15	198 02 57.5	+ 3 33 13.0	0.413 6523
May 1	328 33 31.2	− 6 53 47.4	0.397 4316	16	201 30 03.9	+ 3 10 57.7	0.418 5760
2	332 26 17.1	− 6 47 53.1	0.391 8814	17	204 52 18.2	+ 2 48 32.7	0.423 3069
3	336 25 41.4	− 6 39 52.5	0.386 2273	18	208 10 02.2	+ 2 26 03.0	0.427 8327
4	340 32 06.5	− 6 29 37.3	0.380 4939	19	211 23 37.2	+ 2 03 32.9	0.432 1429
5	344 45 54.9	− 6 16 58.6	0.374 7083	20	214 33 23.2	+ 1 41 05.9	0.436 2280
6	349 07 28.0	− 6 01 48.2	0.368 9005	21	217 39 39.6	+ 1 18 45.2	0.440 0796
7	353 37 06.6	− 5 43 58.1	0.363 1038	22	220 42 44.7	+ 0 56 33.5	0.443 6906
8	358 15 09.5	− 5 23 21.5	0.357 3545	23	223 42 56.1	+ 0 34 33.2	0.447 0545
9	3 01 53.2	− 4 59 52.6	0.351 6921	24	226 40 30.7	+ 0 12 46.3	0.450 1656
10	7 57 31.3	− 4 33 27.8	0.346 1596	25	229 35 44.4	− 0 08 45.4	0.453 0191
11	13 02 13.0	− 4 04 06.1	0.340 8025	26	232 28 52.9	− 0 30 00.3	0.455 6108
12	18 16 02.5	− 3 31 49.5	0.335 6693	27	235 20 10.8	− 0 50 57.1	0.457 9369
13	23 38 58.0	− 2 56 44.3	0.330 8106	28	238 09 52.6	− 1 11 34.4	0.459 9944
14	29 10 50.0	− 2 19 01.3	0.326 2782	29	240 58 12.2	− 1 31 51.1	0.461 7805
15	34 51 21.0	− 1 38 56.8	0.322 1244	30	243 45 23.0	− 1 51 46.1	0.463 2930
16	40 40 03.7	− 0 56 52.6	0.318 4007	July 1	246 31 38.1	− 2 11 18.3	0.464 5302
17	46 36 20.9	− 0 13 16.4	0.315 1564	2	249 17 10.4	− 2 30 26.6	0.465 4904

MERCURY, 2006

HELIOCENTRIC POSITIONS FOR 0ʰ TERRESTRIAL TIME

$$\text{HELIOCENTRIC POSITIONS FOR } 0^h \text{ TERRESTRIAL TIME}$$

MEAN EQUINOX AND ECLIPTIC OF DATE

Date	Longitude	Latitude	Radius Vector	Date	Longitude	Latitude	Radius Vector
	° ′ ″	° ′ ″			° ′ ″	° ′ ″	
July 1	246 31 38.1	− 2 11 18.3	0.464 5302	Aug. 16	65 13 30.1	+ 2 02 08.9	0.308 6874
2	249 17 10.4	− 2 30 26.6	0.465 4904	17	71 30 27.9	+ 2 45 35.3	0.307 7731
3	252 02 12.5	− 2 49 10.2	0.466 1727	18	77 49 20.4	+ 3 27 11.7	0.307 4969
4	254 46 56.8	− 3 07 27.8	0.466 5762	19	84 08 38.5	+ 4 06 16.8	0.307 8634
5	257 31 35.5	− 3 25 18.5	0.466 7005	20	90 26 50.9	+ 4 42 13.3	0.308 8665
6	260 16 21.0	− 3 42 41.0	0.466 5454	21	96 42 27.7	+ 5 14 30.0	0.310 4901
7	263 01 25.4	− 3 59 34.2	0.466 1112	22	102 54 03.0	+ 5 42 42.9	0.312 7086
8	265 47 00.9	− 4 15 56.7	0.465 3983	23	109 00 17.9	+ 6 06 36.0	0.315 4879
9	268 33 19.8	− 4 31 47.1	0.464 4075	24	115 00 02.2	+ 6 26 00.9	0.318 7874
10	271 20 34.5	− 4 47 03.8	0.463 1400	25	120 52 16.4	+ 6 40 57.0	0.322 5610
11	274 08 57.7	− 5 01 45.1	0.461 5973	26	126 36 12.2	+ 6 51 30.0	0.326 7591
12	276 58 42.2	− 5 15 49.2	0.459 7812	27	132 11 13.1	+ 6 57 51.3	0.331 3302
13	279 50 01.2	− 5 29 13.8	0.457 6940	28	137 36 53.8	+ 7 00 16.0	0.336 2218
14	282 43 08.0	− 5 41 56.9	0.455 3385	29	142 52 59.4	+ 6 59 02.4	0.341 3821
15	285 38 16.5	− 5 53 55.7	0.452 7178	30	147 59 24.3	+ 6 54 30.2	0.346 7610
16	288 35 41.0	− 6 05 07.6	0.449 8357	31	152 56 10.9	+ 6 46 59.9	0.352 3101
17	291 35 36.2	− 6 15 29.4	0.446 6965	Sept. 1	157 43 28.4	+ 6 36 52.0	0.357 9842
18	294 38 17.3	− 6 24 57.7	0.443 3051	2	162 21 31.1	+ 6 24 26.3	0.363 7407
19	297 44 00.3	− 6 33 28.9	0.439 6673	3	166 50 37.7	+ 6 10 01.3	0.369 5405
20	300 53 01.5	− 6 40 58.8	0.435 7896	4	171 11 09.8	+ 5 53 54.5	0.375 3474
21	304 05 38.1	− 6 47 22.9	0.431 6793	5	175 23 31.0	+ 5 36 21.5	0.381 1288
22	307 22 07.9	− 6 52 36.2	0.427 3448	6	179 28 06.4	+ 5 17 36.7	0.386 8549
23	310 42 49.3	− 6 56 33.5	0.422 7959	7	183 25 21.8	+ 4 57 52.8	0.392 4987
24	314 08 01.5	− 6 59 08.9	0.418 0432	8	187 15 43.1	+ 4 37 21.0	0.398 0362
25	317 38 04.4	− 7 00 16.1	0.413 0989	9	190 59 36.1	+ 4 16 11.3	0.403 4458
26	321 13 18.6	− 6 59 48.3	0.407 9770	10	194 37 26.1	+ 3 54 32.4	0.408 7081
27	324 54 05.5	− 6 57 38.3	0.402 6929	11	198 09 37.8	+ 3 32 31.8	0.413 8060
28	328 40 46.6	− 6 53 38.3	0.397 2641	12	201 36 34.9	+ 3 10 16.0	0.418 7241
29	332 33 44.3	− 6 47 40.2	0.391 7103	13	204 58 40.5	+ 2 47 50.9	0.423 4488
30	336 33 21.1	− 6 39 35.7	0.386 0534	14	208 16 16.6	+ 2 25 21.1	0.427 9682
31	340 39 59.4	− 6 29 16.1	0.380 3179	15	211 29 44.2	+ 2 02 51.0	0.432 2717
Aug. 1	344 54 01.6	− 6 16 32.9	0.374 5311	16	214 39 23.5	+ 1 40 24.1	0.436 3498
2	349 15 49.3	− 6 01 17.7	0.368 7231	17	217 45 33.7	+ 1 18 03.7	0.440 1942
3	353 45 43.0	− 5 43 22.6	0.362 9272	18	220 48 33.3	+ 0 55 52.3	0.443 7977
4	358 24 01.5	− 5 22 40.7	0.357 1799	19	223 48 39.6	+ 0 33 52.4	0.447 1539
5	3 11 01.4	− 4 59 06.5	0.351 5208	20	226 46 09.6	+ 0 12 06.0	0.450 2572
6	8 06 56.0	− 4 32 36.3	0.345 9928	21	229 41 19.2	− 0 09 25.2	0.453 1028
7	13 11 54.4	− 4 03 09.1	0.340 6418	22	232 34 24.0	− 0 30 39.6	0.455 6864
8	18 26 00.7	− 3 30 47.3	0.335 5162	23	235 25 38.8	− 0 51 35.8	0.458 0043
9	23 49 12.7	− 2 55 37.0	0.330 6665	24	238 15 17.8	− 1 12 12.5	0.460 0535
10	29 21 21.0	− 2 17 49.4	0.326 1448	25	241 03 35.1	− 1 32 28.5	0.461 8312
11	35 02 07.5	− 1 37 40.9	0.322 0033	26	243 50 43.9	− 1 52 22.8	0.463 3353
12	40 51 04.7	− 0 55 33.4	0.318 2935	27	246 36 57.5	− 2 11 54.3	0.464 5639
13	46 47 35.2	− 0 11 54.9	0.315 0645	28	249 22 28.7	− 2 31 01.9	0.465 5156
14	52 50 50.4	+ 0 32 41.1	0.312 3618	29	252 07 30.0	− 2 49 44.7	0.466 1893
15	58 59 51.7	+ 1 17 36.3	0.310 2251	30	254 52 13.9	− 3 08 01.5	0.466 5842
16	65 13 30.1	+ 2 02 08.9	0.308 6874	Oct. 1	257 36 52.7	− 3 25 51.3	0.466 6999

HELIOCENTRIC POSITIONS FOR 0^h TERRESTRIAL TIME
MEAN EQUINOX AND ECLIPTIC OF DATE

Date	Longitude	Latitude	Radius Vector	Date	Longitude	Latitude	Radius Vector
	° ′ ″	° ′ ″			° ′ ″	° ′ ″	
Oct. 1	257 36 52.7	− 3 25 51.3	0.466 6999	Nov. 16	90 38 45.0	+ 4 43 16.9	0.308 9073
2	260 21 38.6	− 3 43 12.9	0.466 5363	17	96 54 15.6	+ 5 15 26.4	0.310 5500
3	263 06 43.7	− 4 00 05.2	0.466 0934	18	103 05 42.2	+ 5 43 31.5	0.312 7865
4	265 52 20.3	− 4 16 26.7	0.465 3719	19	109 11 45.9	+ 6 07 16.3	0.315 5827
5	268 38 40.7	− 4 32 16.1	0.464 3726	20	115 11 17.1	+ 6 26 32.8	0.318 8977
6	271 25 57.4	− 4 47 31.7	0.463 0966	21	121 03 16.4	+ 6 41 20.6	0.322 6853
7	274 14 22.9	− 5 02 11.9	0.461 5453	22	126 46 56.1	+ 6 51 45.7	0.326 8959
8	277 04 10.1	− 5 16 14.7	0.459 7208	23	132 21 39.9	+ 6 57 59.3	0.331 4777
9	279 55 32.1	− 5 29 38.2	0.457 6253	24	137 47 02.8	+ 7 00 17.0	0.336 3785
10	282 48 42.5	− 5 42 19.9	0.455 2615	25	143 02 50.4	+ 6 58 56.9	0.341 5465
11	285 43 55.0	− 5 54 17.3	0.452 6326	26	148 08 57.2	+ 6 54 18.8	0.346 9314
12	288 41 23.9	− 6 05 27.6	0.449 7425	27	153 05 25.9	+ 6 46 43.3	0.352 4851
13	291 41 24.0	− 6 15 47.8	0.446 5953	28	157 52 25.9	+ 6 36 30.9	0.358 1623
14	294 44 10.5	− 6 25 14.5	0.443 1962	29	162 30 11.6	+ 6 24 01.2	0.363 9208
15	297 49 59.3	− 6 33 43.8	0.439 5508	30	166 59 01.9	+ 6 09 32.8	0.369 7213
16	300 59 07.0	− 6 41 11.7	0.435 6657	Dec. 1	171 19 18.3	+ 5 53 23.0	0.375 5280
17	304 11 50.5	− 6 47 33.7	0.431 5483	2	175 31 24.6	+ 5 35 47.6	0.381 3081
18	307 28 27.8	− 6 52 44.8	0.427 2070	3	179 35 45.9	+ 5 17 00.8	0.387 0320
19	310 49 17.2	− 6 56 39.7	0.422 6515	4	183 32 48.1	+ 4 57 15.2	0.392 6728
20	314 14 38.1	− 6 59 12.4	0.417 8926	5	187 22 56.9	+ 4 36 42.1	0.398 2067
21	317 44 50.4	− 7 00 16.8	0.412 9425	6	191 06 38.2	+ 4 15 31.4	0.403 6119
22	321 20 14.6	− 6 59 45.9	0.407 8153	7	194 44 17.3	+ 3 53 51.7	0.408 8694
23	325 01 12.1	− 6 57 32.6	0.402 5263	8	198 16 18.8	+ 3 31 50.6	0.413 9619
24	328 48 04.6	− 6 53 29.0	0.397 0933	9	201 43 06.6	+ 3 09 34.5	0.418 8741
25	332 41 14.4	− 6 47 27.2	0.391 5359	10	205 05 03.4	+ 2 47 09.1	0.423 5927
26	336 41 03.9	− 6 39 18.6	0.385 8761	11	208 22 31.5	+ 2 24 39.2	0.428 1055
27	340 47 55.7	− 6 28 54.7	0.380 1385	12	211 35 51.7	+ 2 02 09.2	0.432 4021
28	345 02 12.0	− 6 16 06.9	0.374 3505	13	214 45 24.2	+ 1 39 42.5	0.436 4730
29	349 24 14.5	− 6 00 46.8	0.368 5423	14	217 51 28.2	+ 1 17 22.3	0.440 3100
30	353 54 23.7	− 5 42 46.7	0.362 7472	15	220 54 22.1	+ 0 55 11.2	0.443 9059
31	358 32 58.2	− 5 21 59.5	0.357 0020	16	223 54 23.3	+ 0 33 11.7	0.447 2543
Nov. 1	3 20 14.6	− 4 58 19.9	0.351 3462	17	226 51 48.7	+ 0 11 25.7	0.450 3497
2	8 16 26.0	− 4 31 44.2	0.345 8230	18	229 46 54.2	− 0 10 05.0	0.453 1872
3	13 21 41.5	− 4 02 11.5	0.340 4782	19	232 39 55.3	− 0 31 18.9	0.455 7625
4	18 36 04.9	− 3 29 44.3	0.335 3603	20	235 31 06.9	− 0 52 14.5	0.458 0722
5	23 59 33.9	− 2 54 29.0	0.330 5200	21	238 20 43.2	− 1 12 50.5	0.460 1129
6	29 31 58.7	− 2 16 36.7	0.326 0093	22	241 08 58.2	− 1 33 05.9	0.461 8822
7	35 13 01.0	− 1 36 24.1	0.321 8804	23	243 56 05.1	− 1 52 59.5	0.463 3777
8	41 02 13.1	− 0 54 13.3	0.318 1848	24	246 42 17.2	− 2 12 30.2	0.464 5978
9	46 58 57.0	− 0 10 32.5	0.314 9716	25	249 27 47.3	− 2 31 37.1	0.465 5408
10	53 02 24.1	+ 0 34 04.7	0.312 2859	26	252 12 47.9	− 2 50 19.1	0.466 2059
11	59 11 35.1	+ 1 18 59.9	0.310 1674	27	254 57 31.4	− 3 08 35.1	0.466 5921
12	65 25 21.0	+ 2 03 31.1	0.308 6488	28	257 42 10.3	− 3 26 24.0	0.466 6991
13	71 42 23.8	+ 2 46 54.7	0.307 7542	29	260 26 56.5	− 3 43 44.8	0.466 5268
14	78 01 18.6	+ 3 28 27.1	0.307 4980	30	263 12 02.5	− 4 00 36.1	0.466 0753
15	84 20 36.0	+ 4 07 26.8	0.307 8845	31	265 57 40.3	− 4 16 56.6	0.465 3452
16	90 38 45.0	+ 4 43 16.9	0.308 9073	32	268 44 02.2	− 4 32 45.0	0.464 3372

VENUS, 2006

HELIOCENTRIC POSITIONS FOR 0ʰ TERRESTRIAL TIME
MEAN EQUINOX AND ECLIPTIC OF DATE

Date		Longitude	Latitude	Radius Vector	Date		Longitude	Latitude	Radius Vector
		° ′ ″	° ′ ″				° ′ ″	° ′ ″	
Jan.	-1	89 23 23.4	+ 0 44 40.2	0.719 6960	Apr.	1	238 06 03.0	+ 1 05 09.2	0.724 7043
	1	92 37 20.7	+ 0 55 49.0	0.719 5177		3	241 17 13.8	+ 0 54 18.9	0.724 9642
	3	95 51 24.7	+ 1 06 47.4	0.719 3515		5	244 28 15.4	+ 0 43 19.1	0.725 2188
	5	99 05 35.4	+ 1 17 33.4	0.719 1980		7	247 39 08.1	+ 0 32 11.6	0.725 4676
	7	102 19 52.4	+ 1 28 04.7	0.719 0575		9	250 49 52.4	+ 0 20 58.7	0.725 7095
	9	105 34 15.6	+ 1 38 19.5	0.718 9306		11	254 00 28.7	+ 0 09 42.4	0.725 9441
	11	108 48 44.6	+ 1 48 15.5	0.718 8177		13	257 10 57.5	− 0 01 35.3	0.726 1704
	13	112 03 19.2	+ 1 57 51.0	0.718 7192		15	260 21 19.4	− 0 12 52.3	0.726 3878
	15	115 17 58.9	+ 2 07 03.9	0.718 6354		17	263 31 34.8	− 0 24 06.6	0.726 5957
	17	118 32 43.4	+ 2 15 52.6	0.718 5665		19	266 41 44.4	− 0 35 16.0	0.726 7934
	19	121 47 32.1	+ 2 24 15.2	0.718 5127		21	269 51 48.7	− 0 46 18.6	0.726 9803
	21	125 02 24.7	+ 2 32 10.0	0.718 4743		23	273 01 48.3	− 0 57 12.4	0.727 1559
	23	128 17 20.6	+ 2 39 35.7	0.718 4514		25	276 11 43.8	− 1 07 55.4	0.727 3196
	25	131 32 19.3	+ 2 46 30.6	0.718 4440		27	279 21 35.7	− 1 18 25.7	0.727 4708
	27	134 47 20.1	+ 2 52 53.4	0.718 4521		29	282 31 24.7	− 1 28 41.5	0.727 6093
	29	138 02 22.5	+ 2 58 42.9	0.718 4758	May	1	285 41 11.2	− 1 38 40.8	0.727 7344
	31	141 17 25.8	+ 3 03 57.9	0.718 5149		3	288 50 56.0	− 1 48 21.8	0.727 8460
Feb.	2	144 32 29.4	+ 3 08 37.4	0.718 5693		5	292 00 39.4	− 1 57 43.0	0.727 9435
	4	147 47 32.6	+ 3 12 40.5	0.718 6389		7	295 10 22.1	− 2 06 42.5	0.728 0268
	6	151 02 34.7	+ 3 16 06.4	0.718 7233		9	298 20 04.5	− 2 15 18.8	0.728 0955
	8	154 17 35.0	+ 3 18 54.5	0.718 8224		11	301 29 47.3	− 2 23 30.3	0.728 1495
	10	157 32 32.9	+ 3 21 04.3	0.718 9357		13	304 39 30.7	− 2 31 15.5	0.728 1886
	12	160 47 27.5	+ 3 22 35.3	0.719 0630		15	307 49 15.4	− 2 38 33.1	0.728 2127
	14	164 02 18.3	+ 3 23 27.4	0.719 2038		17	310 59 01.7	− 2 45 21.8	0.728 2217
	16	167 17 04.5	+ 3 23 40.3	0.719 3576		19	314 08 50.1	− 2 51 40.2	0.728 2156
	18	170 31 45.4	+ 3 23 14.2	0.719 5239		21	317 18 40.9	− 2 57 27.4	0.728 1944
	20	173 46 20.5	+ 3 22 09.0	0.719 7023		23	320 28 34.4	− 3 02 42.1	0.728 1581
	22	177 00 49.0	+ 3 20 25.2	0.719 8921		25	323 38 31.1	− 3 07 23.5	0.728 1070
	24	180 15 10.4	+ 3 18 03.1	0.720 0927		27	326 48 31.3	− 3 11 30.7	0.728 0410
	26	183 29 24.0	+ 3 15 03.2	0.720 3035		29	329 58 35.1	− 3 15 02.9	0.727 9605
	28	186 43 29.5	+ 3 11 26.2	0.720 5238		31	333 08 42.9	− 3 17 59.5	0.727 8657
Mar.	2	189 57 26.1	+ 3 07 12.9	0.720 7529	June	2	336 18 54.9	− 3 20 19.8	0.727 7569
	4	193 11 13.6	+ 3 02 24.0	0.720 9900		4	339 29 11.3	− 3 22 03.5	0.727 6343
	6	196 24 51.5	+ 2 57 00.7	0.721 2345		6	342 39 32.3	− 3 23 10.1	0.727 4984
	8	199 38 19.4	+ 2 51 04.1	0.721 4855		8	345 49 58.2	− 3 23 39.5	0.727 3495
	10	202 51 37.1	+ 2 44 35.3	0.721 7421		10	349 00 28.9	− 3 23 31.4	0.727 1882
	12	206 04 44.3	+ 2 37 35.6	0.722 0038		12	352 11 04.8	− 3 22 46.0	0.727 0149
	14	209 17 40.7	+ 2 30 06.5	0.722 2694		14	355 21 45.9	− 3 21 23.1	0.726 8302
	16	212 30 26.4	+ 2 22 09.4	0.722 5384		16	358 32 32.3	− 3 19 23.2	0.726 6345
	18	215 43 01.1	+ 2 13 46.0	0.722 8097		18	1 43 24.1	− 3 16 46.3	0.726 4285
	20	218 55 24.9	+ 2 04 57.8	0.723 0826		20	4 54 21.5	− 3 13 33.1	0.726 2129
	22	222 07 37.7	+ 1 55 46.6	0.723 3561		22	8 05 24.6	− 3 09 44.0	0.725 9883
	24	225 19 39.7	+ 1 46 14.1	0.723 6295		24	11 16 33.3	− 3 05 19.6	0.725 7553
	26	228 31 31.1	+ 1 36 22.2	0.723 9019		26	14 27 47.8	− 3 00 20.7	0.725 5147
	28	231 43 11.9	+ 1 26 12.8	0.724 1724		28	17 39 08.3	− 2 54 48.2	0.725 2673
	30	234 54 42.4	+ 1 15 47.8	0.724 4401		30	20 50 34.6	− 2 48 43.0	0.725 0137
Apr.	1	238 06 03.0	+ 1 05 09.2	0.724 7043	July	2	24 02 07.1	− 2 42 06.1	0.724 7548

HELIOCENTRIC POSITIONS FOR 0ʰ TERRESTRIAL TIME
MEAN EQUINOX AND ECLIPTIC OF DATE

Date	Longitude	Latitude	Radius Vector	Date	Longitude	Latitude	Radius Vector
	° ′ ″	° ′ ″			° ′ ″	° ′ ″	
July 2	24 02 07.1	− 2 42 06.1	0.724 7548	Oct. 2	172 38 52.8	+ 3 22 36.3	0.719 6446
4	27 13 45.6	− 2 34 58.8	0.724 4914	4	175 53 23.4	+ 3 21 05.9	0.719 8310
6	30 25 30.3	− 2 27 22.4	0.724 2243	6	179 07 47.1	+ 3 18 57.1	0.720 0283
8	33 37 21.4	− 2 19 18.1	0.723 9543	8	182 22 03.2	+ 3 16 10.4	0.720 2360
10	36 49 18.8	− 2 10 47.4	0.723 6822	10	185 36 11.3	+ 3 12 46.2	0.720 4534
12	40 01 22.7	− 2 01 51.9	0.723 4090	12	188 50 10.8	+ 3 08 45.5	0.720 6798
14	43 13 33.1	− 1 52 33.1	0.723 1354	14	192 04 01.3	+ 3 04 08.9	0.720 9145
16	46 25 50.1	− 1 42 52.8	0.722 8623	16	195 17 42.3	+ 2 58 57.5	0.721 1567
18	49 38 13.9	− 1 32 52.8	0.722 5906	18	198 31 13.5	+ 2 53 12.4	0.721 4056
20	52 50 44.5	− 1 22 34.9	0.722 3211	20	201 44 34.5	+ 2 46 54.7	0.721 6606
22	56 03 22.0	− 1 12 00.9	0.722 0547	22	204 57 45.0	+ 2 40 05.6	0.721 9207
24	59 16 06.5	− 1 01 13.0	0.721 7923	24	208 10 45.0	+ 2 32 46.6	0.722 1852
26	62 28 57.9	− 0 50 13.0	0.721 5345	26	211 23 34.1	+ 2 24 59.2	0.722 4531
28	65 41 56.5	− 0 39 03.0	0.721 2824	28	214 36 12.4	+ 2 16 44.8	0.722 7238
30	68 55 02.2	0 27 45.2	0.721 0365	30	217 48 39.7	+ 2 08 05.0	0.722 9962
Aug. 1	72 08 15.1	− 0 16 21.7	0.720 7979	Nov. 1	221 00 56.1	+ 1 59 01.7	0.723 2697
3	75 21 35.2	− 0 04 54.7	0.720 5671	3	224 13 01.6	+ 1 49 36.4	0.723 5432
5	78 35 02.4	+ 0 06 33.7	0.720 3450	5	227 24 56.3	+ 1 39 51.1	0.723 8160
7	81 48 36.9	+ 0 18 01.3	0.720 1323	7	230 36 40.5	+ 1 29 47.6	0.724 0872
9	85 02 18.4	+ 0 29 25.9	0.719 9296	9	233 48 14.3	+ 1 19 27.9	0.724 3560
11	88 16 06.9	+ 0 40 45.2	0.719 7375	11	236 59 38.1	+ 1 08 53.8	0.724 6215
13	91 30 02.4	+ 0 51 57.1	0.719 5568	13	240 10 52.0	+ 0 58 07.4	0.724 8829
15	94 44 04.7	+ 1 02 59.4	0.719 3880	15	243 21 56.6	+ 0 47 10.6	0.725 1394
17	97 58 13.6	+ 1 13 49.9	0.719 2316	17	246 32 52.1	+ 0 36 05.6	0.725 3902
19	101 12 28.9	+ 1 24 26.6	0.719 0881	19	249 43 39.0	+ 0 24 54.4	0.725 6346
21	104 26 50.4	+ 1 34 47.4	0.718 9580	21	252 54 17.8	+ 0 13 39.0	0.725 8717
23	107 41 17.8	+ 1 44 50.2	0.718 8417	23	256 04 48.9	+ 0 02 21.6	0.726 1009
25	110 55 50.8	+ 1 54 33.0	0.718 7397	25	259 15 12.9	− 0 08 55.9	0.726 3215
27	114 10 29.0	+ 2 03 54.0	0.718 6521	27	262 25 30.3	− 0 20 11.3	0.726 5327
29	117 25 12.1	+ 2 12 51.3	0.718 5794	29	265 35 41.7	− 0 31 22.6	0.726 7340
31	120 39 59.6	+ 2 21 23.2	0.718 5217	Dec. 1	268 45 47.6	− 0 42 27.9	0.726 9247
Sept. 2	123 54 51.1	+ 2 29 27.9	0.718 4792	3	271 55 48.5	− 0 53 25.0	0.727 1043
4	127 09 46.0	+ 2 37 03.9	0.718 4521	5	275 05 45.1	− 1 04 12.0	0.727 2721
6	130 24 43.8	+ 2 44 09.7	0.718 4404	7	278 15 38.0	− 1 14 46.9	0.727 4278
8	133 39 43.9	+ 2 50 43.8	0.718 4443	9	281 25 27.7	− 1 25 07.9	0.727 5707
10	136 54 45.8	+ 2 56 45.1	0.718 4636	11	284 35 14.8	− 1 35 13.2	0.727 7005
12	140 09 48.9	+ 3 02 12.2	0.718 4983	13	287 44 59.9	− 1 45 00.8	0.727 8168
14	143 24 52.4	+ 3 07 04.2	0.718 5483	15	290 54 43.5	− 1 54 29.1	0.727 9193
16	146 39 55.7	+ 3 11 20.1	0.718 6135	17	294 04 26.2	− 2 03 36.4	0.728 0075
18	149 54 58.2	+ 3 14 59.0	0.718 6936	19	297 14 08.5	− 2 12 21.0	0.728 0813
20	153 09 59.1	+ 3 18 00.4	0.718 7884	21	300 23 50.8	− 2 20 41.3	0.728 1405
22	156 24 57.8	+ 3 20 23.6	0.718 8975	23	303 33 33.7	− 2 28 35.9	0.728 1848
24	159 39 53.4	+ 3 22 08.1	0.719 0206	25	306 43 17.7	− 2 36 03.3	0.728 2141
26	162 54 45.5	+ 3 23 13.8	0.719 1574	27	309 53 03.2	− 2 43 02.2	0.728 2283
28	166 09 33.2	+ 3 23 40.4	0.719 3073	29	313 02 50.6	− 2 49 31.4	0.728 2274
30	169 24 15.8	+ 3 23 27.9	0.719 4699	31	316 12 40.2	− 2 55 29.6	0.728 2114
Oct. 2	172 38 52.8	+ 3 22 36.3	0.719 6446	33	319 22 32.6	− 3 00 55.8	0.728 1804

MARS, 2006

HELIOCENTRIC POSITIONS FOR 0ʰ TERRESTRIAL TIME
MEAN EQUINOX AND ECLIPTIC OF DATE

Date		Longitude	Latitude	Radius Vector	Date		Longitude	Latitude	Radius Vector
		° ′ ″	° ′ ″				° ′ ″	° ′ ″	
Jan.	-3	72 32 39.5	+ 0 43 16.5	1.526 0760	July	4	159 41 22.0	+ 1 44 14.7	1.665 7140
	1	74 37 01.6	+ 0 46 56.6	1.531 2650		8	161 26 12.7	+ 1 43 02.1	1.665 3175
	5	76 40 33.7	+ 0 50 31.7	1.536 4265		12	163 11 06.8	+ 1 41 43.7	1.664 7620
	9	78 43 16.6	+ 0 54 01.4	1.541 5540		16	164 56 05.6	+ 1 40 19.6	1.664 0481
	13	80 45 11.0	+ 0 57 25.6	1.546 6412		20	166 41 10.3	+ 1 38 49.8	1.663 1761
	17	82 46 17.9	+ 1 00 44.2	1.551 6820		24	168 26 22.0	+ 1 37 14.3	1.662 1468
	21	84 46 38.3	+ 1 03 57.0	1.556 6704		28	170 11 42.0	+ 1 35 33.2	1.660 9609
	25	86 46 13.0	+ 1 07 04.0	1.561 6007	Aug.	1	171 57 11.4	+ 1 33 46.6	1.659 6193
	29	88 45 03.1	+ 1 10 05.0	1.566 4673		5	173 42 51.5	+ 1 31 54.5	1.658 1231
Feb.	2	90 43 09.5	+ 1 12 59.9	1.571 2648		9	175 28 43.4	+ 1 29 57.0	1.656 4733
	6	92 40 33.4	+ 1 15 48.6	1.575 9880		13	177 14 48.4	+ 1 27 54.1	1.654 6713
	10	94 37 15.8	+ 1 18 31.0	1.580 6318		17	179 01 07.7	+ 1 25 45.9	1.652 7184
	14	96 33 17.8	+ 1 21 07.2	1.585 1914		21	180 47 42.5	+ 1 23 32.4	1.650 6162
	18	98 28 40.5	+ 1 23 36.9	1.589 6620		25	182 34 33.9	+ 1 21 13.7	1.648 3662
	22	100 23 25.0	+ 1 26 00.3	1.594 0391		29	184 21 43.3	+ 1 18 49.9	1.645 9704
	26	102 17 32.4	+ 1 28 17.1	1.598 3184	Sept.	2	186 09 11.8	+ 1 16 21.1	1.643 4305
Mar.	2	104 11 03.9	+ 1 30 27.4	1.602 4956		6	187 57 00.5	+ 1 13 47.3	1.640 7487
	6	106 04 00.6	+ 1 32 31.2	1.606 5669		10	189 45 10.9	+ 1 11 08.6	1.637 9271
	10	107 56 23.8	+ 1 34 28.5	1.610 5282		14	191 33 43.9	+ 1 08 25.1	1.634 9680
	14	109 48 14.5	+ 1 36 19.1	1.614 3760		18	193 22 41.0	+ 1 05 36.9	1.631 8740
	18	111 39 34.0	+ 1 38 03.2	1.618 1067		22	195 12 03.2	+ 1 02 44.1	1.628 6476
	22	113 30 23.4	+ 1 39 40.7	1.621 7169		26	197 01 51.8	+ 0 59 46.7	1.625 2916
	26	115 20 43.9	+ 1 41 11.6	1.625 2035		30	198 52 08.0	+ 0 56 44.9	1.621 8089
	30	117 10 36.8	+ 1 42 35.9	1.628 5633	Oct.	4	200 42 53.0	+ 0 53 38.8	1.618 2026
Apr.	3	119 00 03.2	+ 1 43 53.6	1.631 7936		8	202 34 08.0	+ 0 50 28.4	1.614 4759
	7	120 49 04.3	+ 1 45 04.7	1.634 8914		12	204 25 54.2	+ 0 47 14.0	1.610 6320
	11	122 37 41.3	+ 1 46 09.3	1.637 8543		16	206 18 12.7	+ 0 43 55.6	1.606 6747
	15	124 25 55.4	+ 1 47 07.3	1.640 6797		20	208 11 04.9	+ 0 40 33.4	1.602 6075
	19	126 13 47.9	+ 1 47 58.8	1.643 3654		24	210 04 31.9	+ 0 37 07.5	1.598 4343
	23	128 01 19.9	+ 1 48 43.7	1.645 9091		28	211 58 34.8	+ 0 33 38.1	1.594 1592
	27	129 48 32.6	+ 1 49 22.2	1.648 3087	Nov.	1	213 53 14.7	+ 0 30 05.3	1.589 7863
May	1	131 35 27.2	+ 1 49 54.3	1.650 5625		5	215 48 33.0	+ 0 26 29.3	1.585 3199
	5	133 22 05.0	+ 1 50 19.9	1.652 6686		9	217 44 30.6	+ 0 22 50.2	1.580 7647
	9	135 08 27.1	+ 1 50 39.1	1.654 6253		13	219 41 08.7	+ 0 19 08.3	1.576 1253
	13	136 54 34.8	+ 1 50 51.9	1.656 4312		17	221 38 28.4	+ 0 15 23.8	1.571 4065
	17	138 40 29.1	+ 1 50 58.4	1.658 0848		21	223 36 30.8	+ 0 11 36.8	1.566 6135
	21	140 26 11.4	+ 1 50 58.6	1.659 5848		25	225 35 16.9	+ 0 07 47.5	1.561 7515
	25	142 11 42.8	+ 1 50 52.5	1.660 9303		29	227 34 47.8	+ 0 03 56.3	1.556 8258
	29	143 57 04.6	+ 1 50 40.2	1.662 1200	Dec.	3	229 35 04.5	+ 0 00 03.3	1.551 8421
June	2	145 42 17.8	+ 1 50 21.6	1.663 1531		7	231 36 08.0	− 0 03 51.2	1.546 8061
	6	147 27 23.8	+ 1 49 56.9	1.664 0289		11	233 37 59.1	− 0 07 47.0	1.541 7237
	10	149 12 23.7	+ 1 49 26.1	1.664 7467		15	235 40 38.9	− 0 11 43.7	1.536 6011
	14	150 57 18.7	+ 1 48 49.2	1.665 3060		19	237 44 08.1	− 0 15 41.1	1.531 4446
	18	152 42 10.0	+ 1 48 06.2	1.665 7063		23	239 48 27.5	− 0 19 38.9	1.526 2605
	22	154 26 58.8	+ 1 47 17.2	1.665 9474		27	241 53 38.1	− 0 23 36.8	1.521 0556
	26	156 11 46.2	+ 1 46 22.3	1.666 0290		31	243 59 40.4	− 0 27 34.4	1.515 8365
	30	157 56 33.6	+ 1 45 21.4	1.665 9512		35	246 06 35.1	− 0 31 31.4	1.510 6103

HELIOCENTRIC POSITIONS FOR 0ʰ TERRESTRIAL TIME
MEAN EQUINOX AND ECLIPTIC OF DATE

Date		Longitude	Latitude	Radius Vector	Date		Longitude	Latitude	Radius Vector
		JUPITER					**SATURN**		
		° ′ ″	° ′ ″				° ′ ″	° ′ ″	
Jan.	-5	214 07 05.7	+ 1 11 41.8	5.440 787	Jan.	-5	126 39 08.9	+ 0 33 28.4	9.106 098
	5	214 52 39.9	+ 1 11 16.6	5.439 542		5	127 01 10.1	+ 0 34 24.2	9.107 758
	15	215 38 15.5	+ 1 10 50.6	5.438 251		15	127 23 10.8	+ 0 35 19.9	9.109 433
	25	216 23 52.3	+ 1 10 23.9	5.436 914		25	127 45 11.0	+ 0 36 15.5	9.111 125
Feb.	4	217 09 30.5	+ 1 09 56.4	5.435 532	Feb.	4	128 07 10.7	+ 0 37 11.0	9.112 833
	14	217 55 10.2	+ 1 09 28.1	5.434 104		14	128 29 09.9	+ 0 38 06.4	9.114 556
	24	218 40 51.3	+ 1 08 59.1	5.432 631		24	128 51 08.6	+ 0 39 01.7	9.116 295
Mar.	6	219 26 33.8	+ 1 08 29.3	5.431 112	Mar.	6	129 13 06.7	+ 0 39 56.8	9.118 050
	16	220 12 18.0	+ 1 07 58.8	5.429 549		16	129 35 04.4	+ 0 40 51.8	9.119 821
	26	220 58 03.7	+ 1 07 27.6	5.427 941		26	129 57 01.5	+ 0 41 46.7	9.121 607
Apr.	5	221 43 51.0	+ 1 06 55.6	5.426 289	Apr.	5	130 18 58.1	+ 0 42 41.5	9.123 409
	15	222 29 40.1	+ 1 06 22.9	5.424 593		15	130 40 54.1	+ 0 43 36.2	9.125 226
	25	223 15 30.8	+ 1 05 49.4	5.422 853		25	131 02 49.6	+ 0 44 30.7	9.127 059
May	5	224 01 23.4	+ 1 05 15.3	5.421 069	May	5	131 24 44.6	+ 0 45 25.1	9.128 908
	15	224 47 17.7	+ 1 04 40.4	5.419 242		15	131 46 39.0	+ 0 46 19.3	9.130 772
	25	225 33 13.9	+ 1 04 04.8	5.417 372		25	132 08 32.8	+ 0 47 13.5	9.132 651
June	4	226 19 12.0	+ 1 03 28.5	5.415 460	June	4	132 30 26.1	+ 0 48 07.5	9.134 546
	14	227 05 12.0	+ 1 02 51.5	5.413 505		14	132 52 18.9	+ 0 49 01.3	9.136 456
	24	227 51 14.1	+ 1 02 13.7	5.411 509		24	133 14 11.1	+ 0 49 55.0	9.138 380
July	4	228 37 18.1	+ 1 01 35.3	5.409 471	July	4	133 36 02.7	+ 0 50 48.6	9.140 320
	14	229 23 24.3	+ 1 00 56.2	5.407 392		14	133 57 53.8	+ 0 51 42.0	9.142 275
	24	230 09 32.6	+ 1 00 16.4	5.405 272		24	134 19 44.3	+ 0 52 35.3	9.144 245
Aug.	3	230 55 43.0	+ 0 59 35.9	5.403 112	Aug.	3	134 41 34.2	+ 0 53 28.4	9.146 229
	13	231 41 55.7	+ 0 58 54.8	5.400 912		13	135 03 23.5	+ 0 54 21.3	9.148 228
	23	232 28 10.6	+ 0 58 12.9	5.398 672		23	135 25 12.3	+ 0 55 14.2	9.150 241
Sept.	2	233 14 27.9	+ 0 57 30.4	5.396 393	Sept.	2	135 47 00.5	+ 0 56 06.8	9.152 269
	12	234 00 47.5	+ 0 56 47.3	5.394 075		12	136 08 48.1	+ 0 56 59.3	9.154 310
	22	234 47 09.5	+ 0 56 03.5	5.391 718		22	136 30 35.1	+ 0 57 51.6	9.156 366
Oct.	2	235 33 33.9	+ 0 55 19.0	5.389 323	Oct.	2	136 52 21.5	+ 0 58 43.8	9.158 436
	12	236 20 00.8	+ 0 54 33.9	5.386 891		12	137 14 07.3	+ 0 59 35.8	9.160 520
	22	237 06 30.2	+ 0 53 48.1	5.384 420		22	137 35 52.5	+ 1 00 27.7	9.162 617
Nov.	1	237 53 02.2	+ 0 53 01.7	5.381 913	Nov.	1	137 57 37.1	+ 1 01 19.3	9.164 729
	11	238 39 36.8	+ 0 52 14.7	5.379 369		11	138 19 21.1	+ 1 02 10.8	9.166 854
	21	239 26 14.0	+ 0 51 27.1	5.376 789		21	138 41 04.5	+ 1 03 02.1	9.168 993
Dec.	1	240 12 53.9	+ 0 50 38.8	5.374 174	Dec.	1	139 02 47.2	+ 1 03 53.3	9.171 145
	11	240 59 36.5	+ 0 49 50.0	5.371 523		11	139 24 29.4	+ 1 04 44.3	9.173 311
	21	241 46 21.9	+ 0 49 00.5	5.368 837		21	139 46 10.9	+ 1 05 35.1	9.175 490
	31	242 33 10.1	+ 0 48 10.5	5.366 117		31	140 07 51.7	+ 1 06 25.7	9.177 682
		URANUS					**NEPTUNE**		
		° ′ ″	° ′ ″				° ′ ″	° ′ ″	
Jan.	-15	339 54 59.9	− 0 46 12.5	20.074 05	Jan.	-15	316 58 40.5	− 0 09 29.8	30.058 44
Jan.	25	340 20 45.2	− 0 46 13.9	20.075 63	Jan.	25	317 13 06.8	− 0 09 56.3	30.057 58
Mar.	6	340 46 30.3	− 0 46 15.2	20.077 17	Mar.	6	317 27 33.2	− 0 10 22.8	30.056 73
Apr.	15	341 12 15.3	− 0 46 16.3	20.078 66	Apr.	15	317 41 59.7	− 0 10 49.4	30.055 89
May	25	341 38 00.2	− 0 46 17.2	20.080 11	May	25	317 56 26.4	− 0 11 15.9	30.055 04
July	4	342 03 45.1	− 0 46 18.0	20.081 51	July	4	318 10 53.3	− 0 11 42.4	30.054 19
Aug.	13	342 29 29.9	− 0 46 18.6	20.082 85	Aug.	13	318 25 20.4	− 0 12 08.9	30.053 35
Sept.	22	342 55 14.6	− 0 46 19.1	20.084 14	Sept.	22	318 39 47.5	− 0 12 35.3	30.052 50
Nov.	1	343 20 59.3	− 0 46 19.4	20.085 39	Nov.	1	318 54 14.9	− 0 13 01.8	30.051 66
Dec.	11	343 46 43.9	− 0 46 19.6	20.086 58	Dec.	11	319 08 42.4	− 0 13 28.3	30.050 82
Dec.	51	344 12 28.5	− 0 46 19.6	20.087 72	Dec.	51	319 23 10.0	− 0 13 54.7	30.049 97

MERCURY, 2006

GEOCENTRIC COORDINATES FOR 0ʰ TERRESTRIAL TIME

Date	Apparent Right Ascension	Apparent Declination	True Geocentric Distance	Date	Apparent Right Ascension	Apparent Declination	True Geocentric Distance
	h m s	o ′ ″			h m s	o ′ ″	
Jan. 0	17 34 35.269	−23 21 14.36	1.320 8416	Feb. 15	22 48 54.109	− 8 14 37.00	1.173 0341
1	17 41 02.631	−23 31 56.06	1.331 2733	16	22 54 53.944	− 7 26 08.46	1.150 2825
2	17 47 33.017	−23 41 30.53	1.341 1229	17	23 00 42.200	− 6 37 42.98	1.126 4863
3	17 54 06.234	−23 49 55.90	1.350 3996	18	23 06 17.179	− 5 49 36.91	1.101 7081
4	18 00 42.106	−23 57 10.46	1.359 1121	19	23 11 37.042	− 5 02 08.19	1.076 0321
5	18 07 20.468	−24 03 12.60	1.367 2684	20	23 16 39.824	− 4 15 36.34	1.049 5642
6	18 14 01.168	−24 08 00.83	1.374 8758	21	23 21 23.463	− 3 30 22.21	1.022 4331
7	18 20 44.063	−24 11 33.78	1.381 9406	22	23 25 45.834	− 2 46 47.72	0.994 7888
8	18 27 29.017	−24 13 50.12	1.388 4685	23	23 29 44.800	− 2 05 15.59	0.966 8011
9	18 34 15.900	−24 14 48.65	1.394 4641	24	23 33 18.261	− 1 26 08.95	0.938 6569
10	18 41 04.586	−24 14 28.21	1.399 9311	25	23 36 24.217	− 0 49 50.89	0.910 5559
11	18 47 54.954	−24 12 47.69	1.404 8721	26	23 39 00.835	− 0 16 44.04	0.882 7072
12	18 54 46.886	−24 09 46.06	1.409 2889	27	23 41 06.516	+ 0 12 49.91	0.855 3237
13	19 01 40.268	−24 05 22.31	1.413 1820	28	23 42 39.975	+ 0 38 30.70	0.828 6183
14	19 08 34.988	−23 59 35.50	1.416 5509	Mar. 1	23 43 40.309	+ 1 00 00.05	0.802 7989
15	19 15 30.938	−23 52 24.71	1.419 3942	2	23 44 07.070	+ 1 17 02.20	0.778 0644
16	19 22 28.013	−23 43 49.09	1.421 7088	3	23 44 00.335	+ 1 29 24.50	0.754 6011
17	19 29 26.109	−23 33 47.81	1.423 4910	4	23 43 20.760	+ 1 36 58.06	0.732 5794
18	19 36 25.126	−23 22 20.09	1.424 7355	5	23 42 09.634	+ 1 39 38.37	0.712 1513
19	19 43 24.965	−23 09 25.19	1.425 4357	6	23 40 28.902	+ 1 37 25.93	0.693 4478
20	19 50 25.529	−22 55 02.43	1.425 5837	7	23 38 21.170	+ 1 30 26.80	0.676 5770
21	19 57 26.722	−22 39 11.18	1.425 1704	8	23 35 49.674	+ 1 18 52.95	0.661 6230
22	20 04 28.447	−22 21 50.83	1.424 1848	9	23 32 58.215	+ 1 03 02.37	0.648 6442
23	20 11 30.609	−22 03 00.88	1.422 6147	10	23 29 51.058	+ 0 43 18.87	0.637 6731
24	20 18 33.111	−21 42 40.85	1.420 4461	11	23 26 32.798	+ 0 20 11.53	0.628 7166
25	20 25 35.853	−21 20 50.35	1.417 6634	12	23 23 08.204	− 0 05 46.29	0.621 7563
26	20 32 38.732	−20 57 29.08	1.414 2493	13	23 19 42.045	− 0 33 58.17	0.616 7503
27	20 39 41.638	−20 32 36.80	1.410 1847	14	23 16 18.928	− 1 03 46.06	0.613 6356
28	20 46 44.453	−20 06 13.41	1.405 4485	15	23 13 03.141	− 1 34 31.78	0.612 3310
29	20 53 47.050	−19 38 18.94	1.400 0180	16	23 09 58.536	− 2 05 38.49	0.612 7400
30	21 00 49.294	−19 08 53.55	1.393 8685	17	23 07 08.436	− 2 36 31.83	0.614 7551
31	21 07 51.034	−18 37 57.57	1.386 9736	18	23 04 35.585	− 3 06 40.94	0.618 2613
Feb. 1	21 14 52.106	−18 05 31.51	1.379 3049	19	23 02 22.138	− 3 35 38.96	0.623 1392
2	21 21 52.327	−17 31 36.12	1.370 8327	20	23 00 29.674	− 4 03 03.38	0.629 2686
3	21 28 51.487	−16 56 12.45	1.361 5254	21	22 58 59.241	− 4 28 36.00	0.636 5311
4	21 35 49.347	−16 19 21.86	1.351 3501	22	22 57 51.411	− 4 52 02.72	0.644 8119
5	21 42 45.628	−15 41 06.14	1.340 2729	23	22 57 06.349	− 5 13 13.14	0.654 0019
6	21 49 40.003	−15 01 27.52	1.328 2592	24	22 56 43.882	− 5 32 00.15	0.663 9988
7	21 56 32.094	−14 20 28.81	1.315 2742	25	22 56 43.569	− 5 48 19.39	0.674 7075
8	22 03 21.453	−13 38 13.44	1.301 2839	26	22 57 04.760	− 6 02 08.76	0.686 0409
9	22 10 07.559	−12 54 45.59	1.286 2558	27	22 57 46.658	− 6 13 28.02	0.697 9196
10	22 16 49.805	−12 10 10.34	1.270 1603	28	22 58 48.360	− 6 22 18.30	0.710 2719
11	22 23 27.480	−11 24 33.73	1.252 9720	29	23 00 08.906	− 6 28 41.83	0.723 0337
12	22 29 59.764	−10 38 02.93	1.234 6714	30	23 01 47.304	− 6 32 41.59	0.736 1477
13	22 36 25.711	− 9 50 46.40	1.215 2471	31	23 03 42.561	− 6 34 21.11	0.749 5634
14	22 42 44.236	− 9 02 53.97	1.194 6976	Apr. 1	23 05 53.697	− 6 33 44.26	0.763 2359
15	22 48 54.109	− 8 14 37.00	1.173 0341	2	23 08 19.762	− 6 30 55.12	0.777 1258

GEOCENTRIC COORDINATES FOR 0ʰ TERRESTRIAL TIME

Date	Apparent Right Ascension	Apparent Declination	True Geocentric Distance	Date	Apparent Right Ascension	Apparent Declination	True Geocentric Distance
	h m s	° ′ ″			h m s	° ′ ″	
Apr. 1	23 05 53.697	− 6 33 44.26	0.763 2359	May 17	3 25 27.857	+18 39 18.41	1.323 1370
2	23 08 19.762	− 6 30 55.12	0.777 1258	18	3 34 12.787	+19 21 11.08	1.323 1656
3	23 10 59.846	− 6 25 57.87	0.791 1986	19	3 43 04.567	+20 01 34.47	1.321 8102
4	23 13 53.088	− 6 18 56.68	0.805 4240	20	3 52 02.234	+20 40 15.53	1.319 0353
5	23 16 58.676	− 6 09 55.66	0.819 7753	21	4 01 04.745	+21 17 03.23	1.314 8217
6	23 20 15.857	− 5 58 58.84	0.834 2295	22	4 10 10.914	+21 51 46.31	1.309 1689
7	23 23 43.930	− 5 46 10.10	0.848 7662	23	4 19 19.457	+22 24 14.76	1.302 0951
8	23 27 22.252	− 5 31 33.21	0.863 3676	24	4 28 29.021	+22 54 19.89	1.293 6375
9	23 31 10.234	− 5 15 11.77	0.878 0181	25	4 37 38.215	+23 21 54.50	1.283 8504
10	23 35 07.342	− 4 57 09.23	0.892 7041	26	4 46 45.638	+23 46 53.07	1.272 8041
11	23 39 13.092	− 4 37 28.89	0.907 4133	27	4 55 49.917	+24 09 11.78	1.260 5814
12	23 43 27.052	− 4 16 13.91	0.922 1349	28	5 04 49.727	+24 28 48.51	1.247 2752
13	23 47 48.836	− 3 53 27.30	0.936 8591	29	5 13 43.819	+24 45 42.77	1.232 9852
14	23 52 18.105	− 3 29 11.96	0.951 5767	30	5 22 31.036	+24 59 55.58	1.217 8145
15	23 56 54.563	− 3 03 30.63	0.966 2793	31	5 31 10.321	+25 11 29.32	1.201 8672
16	0 01 37.955	− 2 36 26.00	0.980 9587	June 1	5 39 40.726	+25 20 27.53	1.185 2458
17	0 06 28.064	− 2 08 00.63	0.995 6068	2	5 48 01.409	+25 26 54.70	1.168 0494
18	0 11 24.713	− 1 38 17.00	1.010 2155	3	5 56 11.631	+25 30 56.17	1.150 3719
19	0 16 27.759	− 1 07 17.54	1.024 7763	4	6 04 10.750	+25 32 37.85	1.132 3014
20	0 21 37.092	− 0 35 04.61	1.039 2804	5	6 11 58.213	+25 32 06.14	1.113 9196
21	0 26 52.636	− 0 01 40.56	1.053 7182	6	6 19 33.543	+25 29 27.77	1.095 3012
22	0 32 14.348	+ 0 32 52.33	1.068 0792	7	6 26 56.332	+25 24 49.70	1.076 5141
23	0 37 42.214	+ 1 08 31.76	1.082 3517	8	6 34 06.228	+25 18 19.00	1.057 6198
24	0 43 16.253	+ 1 45 15.44	1.096 5230	9	6 41 02.929	+25 10 02.82	1.038 6733
25	0 48 56.512	+ 2 23 01.07	1.110 5784	10	6 47 46.171	+25 00 08.28	1.019 7241
26	0 54 43.067	+ 3 01 46.29	1.124 5019	11	6 54 15.718	+24 48 42.47	1.000 8164
27	1 00 36.022	+ 3 41 28.71	1.138 2750	12	7 00 31.359	+24 35 52.43	0.981 9894
28	1 06 35.505	+ 4 22 05.83	1.151 8771	13	7 06 32.894	+24 21 45.06	0.963 2784
29	1 12 41.669	+ 5 03 35.05	1.165 2848	14	7 12 20.136	+24 06 27.19	0.944 7147
30	1 18 54.689	+ 5 45 53.62	1.178 4720	15	7 17 52.900	+23 50 05.52	0.926 3268
May 1	1 25 14.759	+ 6 28 58.59	1.191 4087	16	7 23 11.001	+23 32 46.64	0.908 1400
2	1 31 42.095	+ 7 12 46.82	1.204 0616	17	7 28 14.248	+23 14 37.04	0.890 1779
3	1 38 16.928	+ 7 57 14.88	1.216 3931	18	7 33 02.444	+22 55 43.12	0.872 4618
4	1 44 59.500	+ 8 42 19.05	1.228 3613	19	7 37 35.380	+22 36 11.21	0.855 0121
5	1 51 50.066	+ 9 27 55.21	1.239 9193	20	7 41 52.831	+22 16 07.59	0.837 8478
6	1 58 48.879	+10 13 58.86	1.251 0155	21	7 45 54.555	+21 55 38.49	0.820 9877
7	2 05 56.192	+11 00 24.98	1.261 5930	22	7 49 40.295	+21 34 50.15	0.804 4503
8	2 13 12.242	+11 47 08.01	1.271 5895	23	7 53 09.772	+21 13 48.78	0.788 2541
9	2 20 37.246	+12 34 01.78	1.280 9380	24	7 56 22.691	+20 52 40.58	0.772 4182
10	2 28 11.388	+13 20 59.43	1.289 5663	25	7 59 18.743	+20 31 31.81	0.756 9624
11	2 35 54.804	+14 07 53.40	1.297 3982	26	8 01 57.607	+20 10 28.72	0.741 9077
12	2 43 47.567	+14 54 35.33	1.304 3537	27	8 04 18.957	+19 49 37.60	0.727 2764
13	2 51 49.676	+15 40 56.10	1.310 3509	28	8 06 22.469	+19 29 04.77	0.713 0922
14	3 00 01.033	+16 26 45.78	1.315 3070	29	8 08 07.827	+19 08 56.58	0.699 3809
15	3 08 21.429	+17 11 53.71	1.319 1409	30	8 09 34.737	+18 49 19.41	0.686 1700
16	3 16 50.529	+17 56 08.54	1.321 7746	July 1	8 10 42.936	+18 30 19.63	0.673 4893
17	3 25 27.857	+18 39 18.41	1.323 1370	2	8 11 32.209	+18 12 03.62	0.661 3710

MERCURY, 2006

GEOCENTRIC COORDINATES FOR 0^h TERRESTRIAL TIME

Date	Apparent Right Ascension	Apparent Declination	True Geocentric Distance	Date	Apparent Right Ascension	Apparent Declination	True Geocentric Distance
	h m s	° ′ ″			h m s	° ′ ″	
July 1	8 10 42.936	+18 30 19.63	0.673 4893	Aug. 16	8 39 43.183	+18 58 14.76	1.119 3877
2	8 11 32.209	+18 12 03.62	0.661 3710	17	8 46 59.141	+18 41 43.38	1.143 4505
3	8 12 02.403	+17 54 37.70	0.649 8496	18	8 54 26.214	+18 22 27.72	1.166 6524
4	8 12 13.447	+17 38 08.12	0.638 9621	19	9 02 02.367	+18 00 29.71	1.188 8729
5	8 12 05.377	+17 22 40.96	0.628 7480	20	9 09 45.582	+17 35 53.21	1.210 0078
6	8 11 38.355	+17 08 22.12	0.619 2489	21	9 17 33.905	+17 08 43.82	1.229 9709
7	8 10 52.695	+16 55 17.21	0.610 5090	22	9 25 25.486	+16 39 08.73	1.248 6952
8	8 09 48.890	+16 43 31.46	0.602 5742	23	9 33 18.609	+16 07 16.39	1.266 1338
9	8 08 27.634	+16 33 09.63	0.595 4921	24	9 41 11.725	+15 33 16.23	1.282 2587
10	8 06 49.848	+16 24 15.90	0.589 3112	25	9 49 03.460	+14 57 18.37	1.297 0599
11	8 04 56.696	+16 16 53.78	0.584 0806	26	9 56 52.631	+14 19 33.32	1.310 5433
12	8 02 49.598	+16 11 05.96	0.579 8494	27	10 04 38.240	+13 40 11.69	1.322 7284
13	8 00 30.239	+16 06 54.25	0.576 6655	28	10 12 19.471	+12 59 23.98	1.333 6460
14	7 58 00.561	+16 04 19.47	0.574 5751	29	10 19 55.676	+12 17 20.41	1.343 3354
15	7 55 22.752	+16 03 21.44	0.573 6217	30	10 27 26.363	+11 34 10.75	1.351 8423
16	7 52 39.217	+16 03 58.91	0.573 8453	31	10 34 51.174	+10 50 04.25	1.359 2169
17	7 49 52.544	+16 06 09.59	0.575 2819	Sept. 1	10 42 09.872	+10 05 09.55	1.365 5118
18	7 47 05.454	+16 09 50.17	0.577 9621	2	10 49 22.317	+ 9 19 34.66	1.370 7805
19	7 44 20.757	+16 14 56.36	0.581 9116	3	10 56 28.455	+ 8 33 27.01	1.375 0763
20	7 41 41.283	+16 21 22.94	0.587 1496	4	11 03 28.305	+ 7 46 53.39	1.378 4514
21	7 39 09.836	+16 29 03.91	0.593 6893	5	11 10 21.942	+ 7 00 00.00	1.380 9562
22	7 36 49.132	+16 37 52.50	0.601 5377	6	11 17 09.485	+ 6 12 52.44	1.382 6384
23	7 34 41.753	+16 47 41.34	0.610 6949	7	11 23 51.090	+ 5 25 35.82	1.383 5432
24	7 32 50.100	+16 58 22.53	0.621 1553	8	11 30 26.940	+ 4 38 14.74	1.383 7126
25	7 31 16.366	+17 09 47.70	0.632 9066	9	11 36 57.239	+ 3 50 53.35	1.383 1857
26	7 30 02.510	+17 21 48.14	0.645 9311	10	11 43 22.204	+ 3 03 35.43	1.381 9983
27	7 29 10.241	+17 34 14.84	0.660 2053	11	11 49 42.059	+ 2 16 24.39	1.380 1830
28	7 28 41.020	+17 46 58.54	0.675 7002	12	11 55 57.032	+ 1 29 23.36	1.377 7697
29	7 28 36.059	+17 59 49.75	0.692 3819	13	12 02 07.345	+ 0 42 35.18	1.374 7852
30	7 28 56.333	+18 12 38.78	0.710 2110	14	12 08 13.219	− 0 03 57.53	1.371 2539
31	7 29 42.592	+18 25 15.75	0.729 1431	15	12 14 14.868	− 0 50 12.38	1.367 1973
Aug. 1	7 30 55.377	+18 37 30.60	0.749 1281	16	12 20 12.500	− 1 36 07.12	1.362 6348
2	7 32 35.035	+18 49 13.07	0.770 1103	17	12 26 06.313	− 2 21 39.71	1.357 5837
3	7 34 41.738	+19 00 12.72	0.792 0278	18	12 31 56.497	− 3 06 48.22	1.352 0592
4	7 37 15.488	+19 10 18.92	0.814 8118	19	12 37 43.232	− 3 51 30.85	1.346 0744
5	7 40 16.135	+19 19 20.89	0.838 3862	20	12 43 26.685	− 4 35 45.89	1.339 6409
6	7 43 43.378	+19 27 07.73	0.862 6667	21	12 49 07.013	− 5 19 31.74	1.332 7688
7	7 47 36.765	+19 33 28.48	0.887 5602	22	12 54 44.360	− 6 02 46.83	1.325 4664
8	7 51 55.700	+19 38 12.22	0.912 9644	23	13 00 18.856	− 6 45 29.68	1.317 7408
9	7 56 39.431	+19 41 08.17	0.938 7674	24	13 05 50.614	− 7 27 38.83	1.309 5980
10	8 01 47.053	+19 42 05.85	0.964 8479	25	13 11 19.736	− 8 09 12.84	1.301 0427
11	8 07 17.496	+19 40 55.29	0.991 0751	26	13 16 46.303	− 8 50 10.31	1.292 0786
12	8 13 09.527	+19 37 27.25	1.017 3105	27	13 22 10.381	− 9 30 29.81	1.282 7085
13	8 19 21.746	+19 31 33.46	1.043 4091	28	13 27 32.015	−10 10 09.94	1.272 9344
14	8 25 52.592	+19 23 06.87	1.069 2214	29	13 32 51.233	−10 49 09.25	1.262 7574
15	8 32 40.351	+19 12 01.93	1.094 5971	30	13 38 08.037	−11 27 26.27	1.252 1783
16	8 39 43.183	+18 58 14.76	1.119 3877	Oct. 1	13 43 22.408	−12 04 59.51	1.241 1971

GEOCENTRIC COORDINATES FOR 0ʰ TERRESTRIAL TIME

Date	Apparent Right Ascension	Apparent Declination	True Geocentric Distance	Date	Apparent Right Ascension	Apparent Declination	True Geocentric Distance
	h m s	° ′ ″			h m s	° ′ ″	
Oct. 1	13 43 22.408	−12 04 59.51	1.241 1971	Nov. 16	14 30 40.232	−12 50 20.96	0.766 9966
2	13 48 34.304	−12 41 47.39	1.229 8133	17	14 29 45.525	−12 35 21.28	0.789 0841
3	13 53 43.652	−13 17 48.31	1.218 0263	18	14 29 33.269	−12 25 51.35	0.812 5132
4	13 58 50.354	−13 53 00.60	1.205 8350	19	14 30 01.654	−12 21 37.37	0.836 9609
5	14 03 54.281	−14 27 22.48	1.193 2382	20	14 31 08.185	−12 22 18.39	0.862 1251
6	14 08 55.271	−15 00 52.14	1.180 2349	21	14 32 49.952	−12 27 28.84	0.887 7307
7	14 13 53.123	−15 33 27.64	1.166 8237	22	14 35 03.851	−12 36 40.70	0.913 5340
8	14 18 47.597	−16 05 06.94	1.153 0037	23	14 37 46.756	−12 49 25.15	0.939 3230
9	14 23 38.403	−16 35 47.86	1.138 7740	24	14 40 55.639	−13 05 13.86	0.964 9183
10	14 28 25.198	−17 05 28.07	1.124 1344	25	14 44 27.650	−13 23 39.77	0.990 1701
11	14 33 07.577	−17 34 05.05	1.109 0853	26	14 48 20.166	−13 44 17.65	1.014 9565
12	14 37 45.068	−18 01 36.03	1.093 6283	27	14 52 30.811	−14 06 44.34	1.039 1803
13	14 42 17.127	−18 27 58.06	1.077 7661	28	14 56 57.461	−14 30 38.90	1.062 7655
14	14 46 43.128	−18 53 07.87	1.061 5032	29	15 01 38.239	14 55 42.54	1.085 6548
15	14 51 02.353	−19 17 01.93	1.044 8463	30	15 06 31.501	−15 21 38.54	1.107 8063
16	14 55 13.987	−19 39 36.33	1.027 8047	Dec. 1	15 11 35.811	−15 48 12.10	1.129 1911
17	14 59 17.102	−20 00 46.81	1.010 3911	2	15 16 49.927	−16 15 10.18	1.149 7907
18	15 03 10.651	−20 20 28.66	0.992 6219	3	15 22 12.775	−16 42 21.28	1.169 5952
19	15 06 53.450	−20 38 36.65	0.974 5184	4	15 27 43.428	−17 09 35.32	1.188 6014
20	15 10 24.172	−20 55 04.99	0.956 1075	5	15 33 21.090	−17 36 43.41	1.206 8116
21	15 13 41.337	−21 09 47.25	0.937 4230	6	15 39 05.074	−18 03 37.72	1.224 2318
22	15 16 43.296	−21 22 36.23	0.918 5064	7	15 44 54.792	−18 30 11.35	1.240 8713
23	15 19 28.231	−21 33 23.91	0.899 4091	8	15 50 49.738	−18 56 18.20	1.256 7415
24	15 21 54.155	−21 42 01.36	0.880 1933	9	15 56 49.479	−19 21 52.86	1.271 8556
25	15 23 58.914	−21 48 18.61	0.860 9345	10	16 02 53.641	−19 46 50.51	1.286 2276
26	15 25 40.211	−21 52 04.61	0.841 7229	11	16 09 01.904	−20 11 06.88	1.299 8721
27	15 26 55.635	−21 53 07.26	0.822 6662	12	16 15 13.994	−20 34 38.11	1.312 8043
28	15 27 42.727	−21 51 13.37	0.803 8914	13	16 21 29.668	−20 57 20.75	1.325 0389
29	15 27 59.055	−21 46 08.93	0.785 5471	14	16 27 48.721	−21 19 11.68	1.336 5908
30	15 27 42.340	−21 37 39.47	0.767 8053	15	16 34 10.968	−21 40 08.06	1.347 4740
31	15 26 50.615	−21 25 30.67	0.750 8627	16	16 40 36.249	−22 00 07.30	1.357 7024
Nov. 1	15 25 22.427	−21 09 29.38	0.734 9405	17	16 47 04.418	−22 19 07.01	1.367 2890
2	15 23 17.082	−20 49 25.03	0.720 2839	18	16 53 35.346	−22 37 04.99	1.376 2461
3	15 20 34.909	−20 25 11.53	0.707 1574	19	17 00 08.913	−22 53 59.19	1.384 5851
4	15 17 17.533	−19 56 49.55	0.695 8395	20	17 06 45.007	−23 09 47.71	1.392 3167
5	15 13 28.105	−19 24 29.00	0.686 6127	21	17 13 23.524	−23 24 28.74	1.399 4507
6	15 09 11.436	−18 48 31.43	0.679 7513	22	17 20 04.363	−23 38 00.59	1.405 9960
7	15 04 33.996	−18 09 31.70	0.675 5056	23	17 26 47.427	−23 50 21.66	1.411 9606
8	14 59 43.723	−17 28 18.39	0.674 0854	24	17 33 32.623	−24 01 30.39	1.417 3515
9	14 54 49.634	−16 45 52.51	0.675 6436	25	17 40 19.860	−24 11 25.32	1.422 1751
10	14 50 01.273	−16 03 24.12	0.680 2621	26	17 47 09.048	−24 20 05.04	1.426 4364
11	14 45 28.060	−15 22 07.47	0.687 9430	27	17 54 00.102	−24 27 28.20	1.430 1397
12	14 41 18.648	−14 43 15.14	0.698 6061	28	18 00 52.933	−24 33 33.51	1.433 2882
13	14 37 40.385	−14 07 52.35	0.712 0933	29	18 07 47.455	−24 38 19.72	1.435 8841
14	14 34 38.950	−13 36 52.48	0.728 1788	30	18 14 43.577	−24 41 45.64	1.437 9286
15	14 32 18.204	−13 10 54.25	0.746 5844	31	18 21 41.210	−24 43 50.09	1.439 4216
16	14 30 40.232	−12 50 20.96	0.766 9966	32	18 28 40.256	−24 44 31.98	1.440 3620

VENUS, 2006

GEOCENTRIC COORDINATES FOR 0ʰ TERRESTRIAL TIME

Date	Apparent Right Ascension	Apparent Declination	True Geocentric Distance	Date	Apparent Right Ascension	Apparent Declination	True Geocentric Distance
	h m s	° ′ ″			h m s	° ′ ″	
Jan. 0	20 09 13.419	−18 00 35.00	0.291 3911	Feb. 15	19 16 44.231	−16 01 25.55	0.394 8188
1	20 07 47.865	−17 49 16.11	0.287 9265	16	19 18 31.920	−16 04 02.32	0.401 3971
2	20 06 12.685	−17 38 15.92	0.284 6923	17	19 20 26.761	−16 06 30.25	0.408 0579
3	20 04 28.242	−17 27 35.41	0.281 6968	18	19 22 28.494	−16 08 47.95	0.414 7967
4	20 02 34.978	−17 17 15.57	0.278 9484	19	19 24 36.861	−16 10 54.06	0.421 6088
5	20 00 33.419	−17 07 17.32	0.276 4552	20	19 26 51.606	−16 12 47.31	0.428 4900
6	19 58 24.181	−16 57 41.57	0.274 2250	21	19 29 12.478	−16 14 26.47	0.435 4363
7	19 56 07.961	−16 48 29.20	0.272 2651	22	19 31 39.228	−16 15 50.38	0.442 4436
8	19 53 45.541	−16 39 41.05	0.270 5822	23	19 34 11.610	−16 16 57.96	0.449 5085
9	19 51 17.778	−16 31 17.92	0.269 1822	24	19 36 49.385	−16 17 48.18	0.456 6273
10	19 48 45.597	−16 23 20.55	0.268 0702	25	19 39 32.314	−16 18 20.07	0.463 7968
11	19 46 09.980	−16 15 49.65	0.267 2506	26	19 42 20.167	−16 18 32.73	0.471 0141
12	19 43 31.958	−16 08 45.84	0.266 7265	27	19 45 12.718	−16 18 25.30	0.478 2763
13	19 40 52.593	−16 02 09.69	0.266 5001	28	19 48 09.751	−16 17 57.00	0.485 5809
14	19 38 12.967	−15 56 01.69	0.266 5724	Mar. 1	19 51 11.059	−16 17 07.08	0.492 9257
15	19 35 34.167	−15 50 22.24	0.266 9436	2	19 54 16.449	−16 15 54.85	0.500 3085
16	19 32 57.267	−15 45 11.66	0.267 6124	3	19 57 25.733	−16 14 19.66	0.507 7277
17	19 30 23.318	−15 40 30.15	0.268 5766	4	20 00 38.736	−16 12 20.91	0.515 1812
18	19 27 53.330	−15 36 17.80	0.269 8331	5	20 03 55.289	−16 09 58.04	0.522 6676
19	19 25 28.263	−15 32 34.58	0.271 3776	6	20 07 15.227	−16 07 10.51	0.530 1851
20	19 23 09.012	−15 29 20.35	0.273 2052	7	20 10 38.394	−16 03 57.84	0.537 7320
21	19 20 56.404	−15 26 34.81	0.275 3098	8	20 14 04.638	−16 00 19.56	0.545 3069
22	19 18 51.185	−15 24 17.55	0.277 6848	9	20 17 33.812	−15 56 15.24	0.552 9082
23	19 16 54.020	−15 22 28.00	0.280 3231	10	20 21 05.775	−15 51 44.47	0.560 5342
24	19 15 05.487	−15 21 05.46	0.283 2167	11	20 24 40.392	−15 46 46.91	0.568 1835
25	19 13 26.078	−15 20 09.12	0.286 3576	12	20 28 17.529	−15 41 22.22	0.575 8545
26	19 11 56.197	−15 19 38.01	0.289 7372	13	20 31 57.060	−15 35 30.12	0.583 5459
27	19 10 36.164	−15 19 31.08	0.293 3468	14	20 35 38.863	−15 29 10.36	0.591 2561
28	19 09 26.220	−15 19 47.16	0.297 1775	15	20 39 22.819	−15 22 22.72	0.598 9837
29	19 08 26.530	−15 20 24.98	0.301 2206	16	20 43 08.813	−15 15 07.04	0.606 7274
30	19 07 37.194	−15 21 23.18	0.305 4674	17	20 46 56.737	−15 07 23.18	0.614 4856
31	19 06 58.254	−15 22 40.32	0.309 9093	18	20 50 46.481	−14 59 11.05	0.622 2571
Feb. 1	19 06 29.703	−15 24 14.92	0.314 5382	19	20 54 37.944	−14 50 30.60	0.630 0406
2	19 06 11.496	−15 26 05.40	0.319 3459	20	20 58 31.023	−14 41 21.81	0.637 8345
3	19 06 03.548	−15 28 10.17	0.324 3245	21	21 02 25.620	−14 31 44.72	0.645 6377
4	19 06 05.745	−15 30 27.58	0.329 4666	22	21 06 21.639	−14 21 39.39	0.653 4490
5	19 06 17.941	−15 32 55.95	0.334 7645	23	21 10 18.987	−14 11 05.95	0.661 2669
6	19 06 39.967	−15 35 33.57	0.340 2110	24	21 14 17.572	−14 00 04.53	0.669 0904
7	19 07 11.633	−15 38 18.74	0.345 7991	25	21 18 17.304	−13 48 35.33	0.676 9184
8	19 07 52.727	−15 41 09.70	0.351 5219	26	21 22 18.098	−13 36 38.55	0.684 7498
9	19 08 43.024	−15 44 04.74	0.357 3726	27	21 26 19.872	−13 24 14.44	0.692 5836
10	19 09 42.287	−15 47 02.12	0.363 3449	28	21 30 22.547	−13 11 23.28	0.700 4191
11	19 10 50.269	−15 50 00.14	0.369 4324	29	21 34 26.053	−12 58 05.35	0.708 2556
12	19 12 06.714	−15 52 57.12	0.375 6293	30	21 38 30.323	−12 44 20.96	0.716 0926
13	19 13 31.365	−15 55 51.41	0.381 9296	31	21 42 35.295	−12 30 10.45	0.723 9296
14	19 15 03.958	−15 58 41.41	0.388 3279	Apr. 1	21 46 40.914	−12 15 34.17	0.731 7662
15	19 16 44.231	−16 01 25.55	0.394 8188	2	21 50 47.126	−12 00 32.48	0.739 6021

GEOCENTRIC COORDINATES FOR 0ʰ TERRESTRIAL TIME

Date	Apparent Right Ascension	Apparent Declination	True Geocentric Distance	Date	Apparent Right Ascension	Apparent Declination	True Geocentric Distance
	h m s	° ′ ″			h m s	° ′ ″	
Apr. 1	21 46 40.914	−12 15 34.17	0.731 7662	May 17	0 59 53.170	+ 4 23 01.43	1.082 7587
2	21 50 47.126	−12 00 32.48	0.739 6021	18	1 04 11.365	+ 4 48 12.99	1.089 9971
3	21 54 53.881	−11 45 05.75	0.747 4370	19	1 08 30.084	+ 5 13 23.43	1.097 2111
4	21 59 01.134	−11 29 14.38	0.755 2704	20	1 12 49.349	+ 5 38 32.07	1.104 4000
5	22 03 08.841	−11 12 58.73	0.763 1020	21	1 17 09.185	+ 6 03 38.21	1.111 5630
6	22 07 16.966	−10 56 19.21	0.770 9312	22	1 21 29.615	+ 6 28 41.17	1.118 6995
7	22 11 25.471	−10 39 16.23	0.778 7578	23	1 25 50.662	+ 6 53 40.25	1.125 8088
8	22 15 34.325	−10 21 50.20	0.786 5810	24	1 30 12.351	+ 7 18 34.76	1.132 8904
9	22 19 43.499	10 04 01.54	0.794 4004	25	1 34 34.706	+ 7 43 24.01	1.139 9438
10	22 23 52.965	− 9 45 50.70	0.802 2155	26	1 38 57.748	+ 8 08 07.31	1.146 9686
11	22 28 02.702	− 9 27 18.12	0.810 0256	27	1 43 21.499	+ 8 32 43.96	1.153 9646
12	22 32 12.687	− 9 08 24.25	0.817 8302	28	1 47 45.980	+ 8 57 13.26	1.160 9315
13	22 36 22.902	− 8 49 09.57	0.825 6286	29	1 52 11.213	+ 9 21 34.52	1.167 8691
14	22 40 33.332	− 8 29 34.57	0.833 4201	30	1 56 37.217	+ 9 45 47.05	1.174 7772
15	22 44 43.961	− 8 09 39.74	0.841 2040	31	2 01 04.015	+10 09 50.15	1.181 6558
16	22 48 54.777	− 7 49 25.59	0.848 9797	June 1	2 05 31.630	+10 33 43.13	1.188 5046
17	22 53 05.768	− 7 28 52.66	0.856 7463	2	2 10 00.084	+10 57 25.32	1.195 3236
18	22 57 16.923	− 7 08 01.49	0.864 5031	3	2 14 29.402	+11 20 56.03	1.202 1124
19	23 01 28.232	− 6 46 52.65	0.872 2493	4	2 18 59.607	+11 44 14.59	1.208 8710
20	23 05 39.684	− 6 25 26.72	0.879 9840	5	2 23 30.722	+12 07 20.31	1.215 5990
21	23 09 51.273	− 6 03 44.28	0.887 7065	6	2 28 02.771	+12 30 12.53	1.222 2963
22	23 14 02.988	− 5 41 45.96	0.895 4161	7	2 32 35.777	+12 52 50.58	1.228 9626
23	23 18 14.826	− 5 19 32.36	0.903 1119	8	2 37 09.762	+13 15 13.77	1.235 5975
24	23 22 26.782	− 4 57 04.11	0.910 7933	9	2 41 44.749	+13 37 21.45	1.242 2008
25	23 26 38.855	− 4 34 21.84	0.918 4598	10	2 46 20.757	+13 59 12.94	1.248 7721
26	23 30 51.044	− 4 11 26.18	0.926 1108	11	2 50 57.806	+14 20 47.56	1.255 3110
27	23 35 03.355	− 3 48 17.76	0.933 7459	12	2 55 35.913	+14 42 04.65	1.261 8171
28	23 39 15.790	− 3 24 57.23	0.941 3649	13	3 00 15.094	+15 03 03.51	1.268 2897
29	23 43 28.355	− 3 01 25.21	0.948 9676	14	3 04 55.362	+15 23 43.44	1.274 7283
30	23 47 41.059	− 2 37 42.35	0.956 5537	15	3 09 36.729	+15 44 03.76	1.281 1323
May 1	23 51 53.908	− 2 13 49.28	0.964 1232	16	3 14 19.206	+16 04 03.74	1.287 5010
2	23 56 06.914	− 1 49 46.65	0.971 6759	17	3 19 02.801	+16 23 42.68	1.293 8335
3	0 00 20.090	− 1 25 35.06	0.979 2116	18	3 23 47.524	+16 42 59.87	1.300 1293
4	0 04 33.449	− 1 01 15.14	0.986 7301	19	3 28 33.380	+17 01 54.61	1.306 3875
5	0 08 47.009	− 0 36 47.52	0.994 2313	20	3 33 20.374	+17 20 26.20	1.312 6076
6	0 13 00.788	− 0 12 12.80	1.001 7148	21	3 38 08.509	+17 38 33.96	1.318 7889
7	0 17 14.804	+ 0 12 28.40	1.009 1803	22	3 42 57.783	+17 56 17.21	1.324 9310
8	0 21 29.080	+ 0 37 15.47	1.016 6275	23	3 47 48.193	+18 13 35.28	1.331 0333
9	0 25 43.638	+ 1 02 07.80	1.024 0560	24	3 52 39.732	+18 30 27.49	1.337 0955
10	0 29 58.501	+ 1 27 04.77	1.031 4656	25	3 57 32.391	+18 46 53.19	1.343 1173
11	0 34 13.694	+ 1 52 05.77	1.038 8557	26	4 02 26.159	+19 02 51.72	1.349 0984
12	0 38 29.240	+ 2 17 10.18	1.046 2258	27	4 07 21.024	+19 18 22.42	1.355 0386
13	0 42 45.167	+ 2 42 17.38	1.053 5756	28	4 12 16.973	+19 33 24.67	1.360 9378
14	0 47 01.498	+ 3 07 26.74	1.060 9044	29	4 17 13.991	+19 47 57.84	1.366 7958
15	0 51 18.260	+ 3 32 37.64	1.068 2116	30	4 22 12.064	+20 02 01.31	1.372 6126
16	0 55 35.476	+ 3 57 49.42	1.075 4966	July 1	4 27 11.175	+20 15 34.49	1.378 3878
17	0 59 53.170	+ 4 23 01.43	1.082 7587	2	4 32 11.308	+20 28 36.79	1.384 1216

VENUS, 2006

GEOCENTRIC COORDINATES FOR 0ʰ TERRESTRIAL TIME

Date	Apparent Right Ascension	Apparent Declination	True Geocentric Distance	Date	Apparent Right Ascension	Apparent Declination	True Geocentric Distance
	h m s	° ′ ″			h m s	° ′ ″	
July 1	4 27 11.175	+20 15 34.49	1.378 3878	Aug. 16	8 25 11.574	+19 47 27.66	1.594 5774
2	4 32 11.308	+20 28 36.79	1.384 1216	17	8 30 16.775	+19 32 11.97	1.598 1128
3	4 37 12.443	+20 41 07.65	1.389 8136	18	8 35 21.145	+19 16 22.55	1.601 5950
4	4 42 14.561	+20 53 06.53	1.395 4639	19	8 40 24.661	+18 59 59.93	1.605 0238
5	4 47 17.638	+21 04 32.88	1.401 0722	20	8 45 27.303	+18 43 04.64	1.608 3990
6	4 52 21.652	+21 15 26.19	1.406 6384	21	8 50 29.050	+18 25 37.24	1.611 7204
7	4 57 26.577	+21 25 45.97	1.412 1624	22	8 55 29.886	+18 07 38.28	1.614 9879
8	5 02 32.386	+21 35 31.72	1.417 6439	23	9 00 29.797	+17 49 08.35	1.618 2015
9	5 07 39.048	+21 44 42.99	1.423 0829	24	9 05 28.773	+17 30 08.02	1.621 3610
10	5 12 46.531	+21 53 19.32	1.428 4790	25	9 10 26.804	+17 10 37.90	1.624 4665
11	5 17 54.801	+22 01 20.29	1.433 8319	26	9 15 23.887	+16 50 38.60	1.627 5181
12	5 23 03.823	+22 08 45.45	1.439 1413	27	9 20 20.017	+16 30 10.74	1.630 5160
13	5 28 13.557	+22 15 34.40	1.444 4067	28	9 25 15.193	+16 09 14.95	1.633 4601
14	5 33 23.966	+22 21 46.73	1.449 6274	29	9 30 09.418	+15 47 51.88	1.636 3507
15	5 38 35.009	+22 27 22.06	1.454 8030	30	9 35 02.695	+15 26 02.17	1.639 1880
16	5 43 46.645	+22 32 20.04	1.459 9328	31	9 39 55.030	+15 03 46.49	1.641 9722
17	5 48 58.833	+22 36 40.34	1.465 0161	Sept. 1	9 44 46.429	+14 41 05.50	1.644 7035
18	5 54 11.528	+22 40 22.68	1.470 0524	2	9 49 36.902	+14 17 59.88	1.647 3822
19	5 59 24.681	+22 43 26.78	1.475 0411	3	9 54 26.459	+13 54 30.31	1.650 0085
20	6 04 38.243	+22 45 52.43	1.479 9816	4	9 59 15.112	+13 30 37.46	1.652 5828
21	6 09 52.162	+22 47 39.42	1.484 8736	5	10 04 02.876	+13 06 22.03	1.655 1054
22	6 15 06.383	+22 48 47.56	1.489 7167	6	10 08 49.766	+12 41 44.69	1.657 5765
23	6 20 20.852	+22 49 16.72	1.494 5105	7	10 13 35.801	+12 16 46.10	1.659 9963
24	6 25 35.514	+22 49 06.76	1.499 2548	8	10 18 21.005	+11 51 26.94	1.662 3649
25	6 30 50.313	+22 48 17.58	1.503 9495	9	10 23 05.401	+11 25 47.87	1.664 6823
26	6 36 05.196	+22 46 49.11	1.508 5944	10	10 27 49.019	+10 59 49.54	1.666 9484
27	6 41 20.107	+22 44 41.32	1.513 1893	11	10 32 31.885	+10 33 32.64	1.669 1630
28	6 46 34.995	+22 41 54.18	1.517 7343	12	10 37 14.026	+10 06 57.87	1.671 3259
29	6 51 49.808	+22 38 27.71	1.522 2292	13	10 41 55.471	+ 9 40 05.92	1.673 4369
30	6 57 04.496	+22 34 21.95	1.526 6741	14	10 46 36.244	+ 9 12 57.53	1.675 4957
31	7 02 19.008	+22 29 36.99	1.531 0690	15	10 51 16.372	+ 8 45 33.40	1.677 5021
Aug. 1	7 07 33.298	+22 24 12.92	1.535 4138	16	10 55 55.882	+ 8 17 54.28	1.679 4559
2	7 12 47.316	+22 18 09.87	1.539 7086	17	11 00 34.802	+ 7 50 00.89	1.681 3570
3	7 18 01.017	+22 11 28.02	1.543 9535	18	11 05 13.162	+ 7 21 53.97	1.683 2053
4	7 23 14.355	+22 04 07.54	1.548 1485	19	11 09 50.992	+ 6 53 34.23	1.685 0008
5	7 28 27.287	+21 56 08.65	1.552 2936	20	11 14 28.324	+ 6 25 02.42	1.686 7436
6	7 33 39.769	+21 47 31.59	1.556 3889	21	11 19 05.191	+ 5 56 19.27	1.688 4336
7	7 38 51.759	+21 38 16.63	1.560 4344	22	11 23 41.627	+ 5 27 25.51	1.690 0709
8	7 44 03.216	+21 28 24.04	1.564 4302	23	11 28 17.667	+ 4 58 21.86	1.691 6557
9	7 49 14.102	+21 17 54.12	1.568 3760	24	11 32 53.347	+ 4 29 09.07	1.693 1882
10	7 54 24.380	+21 06 47.17	1.572 2719	25	11 37 28.704	+ 3 59 47.87	1.694 6686
11	7 59 34.016	+20 55 03.52	1.576 1175	26	11 42 03.774	+ 3 30 18.99	1.696 0970
12	8 04 42.981	+20 42 43.51	1.579 9124	27	11 46 38.595	+ 3 00 43.17	1.697 4738
13	8 09 51.246	+20 29 47.50	1.583 6564	28	11 51 13.205	+ 2 31 01.15	1.698 7994
14	8 14 58.784	+20 16 15.90	1.587 3488	29	11 55 47.641	+ 2 01 13.67	1.700 0740
15	8 20 05.569	+20 02 09.14	1.590 9893	30	12 00 21.942	+ 1 31 21.48	1.701 2980
16	8 25 11.574	+19 47 27.66	1.594 5774	Oct. 1	12 04 56.144	+ 1 01 25.30	1.702 4719

GEOCENTRIC COORDINATES FOR 0^h TERRESTRIAL TIME

Date	Apparent Right Ascension	Apparent Declination	True Geocentric Distance	Date	Apparent Right Ascension	Apparent Declination	True Geocentric Distance
	h m s	o ′ ″			h m s	o ′ ″	
Oct. 1	12 04 56.144	+ 1 01 25.30	1.702 4719	Nov. 16	15 44 35.221	−19 29 59.46	1.705 8802
2	12 09 30.287	+ 0 31 25.90	1.703 5962	17	15 49 45.256	−19 48 41.67	1.704 9277
3	12 14 04.410	+ 0 01 24.00	1.704 6713	18	15 54 56.508	−20 06 50.77	1.703 9336
4	12 18 38.553	− 0 28 39.65	1.705 6976	19	16 00 08.963	−20 24 26.03	1.702 8980
5	12 23 12.758	− 0 58 44.34	1.706 6757	20	16 05 22.604	−20 41 26.73	1.701 8210
6	12 27 47.070	− 1 28 49.34	1.707 6059	21	16 10 37.413	−20 57 52.17	1.700 7026
7	12 32 21.533	− 1 58 53.95	1.708 4885	22	16 15 53.365	−21 13 41.68	1.699 5429
8	12 36 56.195	− 2 28 57.46	1.709 3237	23	16 21 10.433	−21 28 54.58	1.698 3420
9	12 41 31.100	− 2 58 59.16	1.710 1118	24	16 26 28.587	−21 43 30.22	1.697 1001
10	12 46 06.294	− 3 28 58.32	1.710 8525	25	16 31 47.793	−21 57 27.96	1.695 8175
11	12 50 41.816	− 3 58 54.20	1.711 5459	26	16 37 08.014	−22 10 47.18	1.694 4944
12	12 55 17.709	− 4 28 46.05	1.712 1920	27	16 42 29.212	−22 23 27.29	1.693 1313
13	12 59 54.011	− 4 58 33.10	1.712 7905	28	16 47 51.347	−22 35 27.71	1.691 7284
14	13 04 30.761	− 5 28 14.59	1.713 3414	29	16 53 14.377	−22 46 47.89	1.690 2862
15	13 09 07.999	− 5 57 49.73	1.713 8447	30	16 58 38.261	−22 57 27.30	1.688 8052
16	13 13 45.764	− 6 27 17.76	1.714 3003	Dec. 1	17 04 02.956	−23 07 25.47	1.687 2859
17	13 18 24.093	− 6 56 37.89	1.714 7082	2	17 09 28.415	−23 16 41.94	1.685 7286
18	13 23 03.026	− 7 25 49.35	1.715 0685	3	17 14 54.594	−23 25 16.30	1.684 1339
19	13 27 42.601	− 7 54 51.35	1.715 3811	4	17 20 21.440	−23 33 08.14	1.682 5019
20	13 32 22.855	− 8 23 43.10	1.715 6462	5	17 25 48.903	−23 40 17.12	1.680 8332
21	13 37 03.826	− 8 52 23.82	1.715 8638	6	17 31 16.926	−23 46 42.89	1.679 1277
22	13 41 45.549	− 9 20 52.72	1.716 0342	7	17 36 45.452	−23 52 25.13	1.677 3856
23	13 46 28.060	− 9 49 09.01	1.716 1575	8	17 42 14.421	−23 57 23.55	1.675 6070
24	13 51 11.393	−10 17 11.88	1.716 2339	9	17 47 43.773	−24 01 37.88	1.673 7917
25	13 55 55.581	−10 45 00.55	1.716 2636	10	17 53 13.448	−24 05 07.88	1.671 9398
26	14 00 40.654	−11 12 34.21	1.716 2471	11	17 58 43.382	−24 07 53.35	1.670 0510
27	14 05 26.643	−11 39 52.07	1.716 1845	12	18 04 13.514	−24 09 54.14	1.668 1254
28	14 10 13.576	−12 06 53.33	1.716 0762	13	18 09 43.779	−24 11 10.10	1.666 1627
29	14 15 01.477	−12 33 37.20	1.715 9228	14	18 15 14.114	−24 11 41.14	1.664 1628
30	14 19 50.373	−13 00 02.83	1.715 7246	15	18 20 44.453	−24 11 27.21	1.662 1256
31	14 24 40.288	−13 26 09.41	1.715 4822	16	18 26 14.730	−24 10 28.30	1.660 0510
Nov. 1	14 29 31.250	−13 51 56.12	1.715 1961	17	18 31 44.880	−24 08 44.42	1.657 9387
2	14 34 23.282	−14 17 22.17	1.714 8668	18	18 37 14.837	−24 06 15.63	1.655 7887
3	14 39 16.413	−14 42 26.77	1.714 4948	19	18 42 44.533	−24 03 02.03	1.653 6009
4	14 44 10.666	−15 07 09.13	1.714 0806	20	18 48 13.902	−23 59 03.76	1.651 3750
5	14 49 06.067	−15 31 28.49	1.713 6246	21	18 53 42.876	−23 54 20.98	1.649 1110
6	14 54 02.637	−15 55 24.07	1.713 1271	22	18 59 11.388	−23 48 53.91	1.646 8088
7	14 59 00.393	−16 18 55.11	1.712 5882	23	19 04 39.371	−23 42 42.77	1.644 4685
8	15 03 59.351	−16 42 00.82	1.712 0082	24	19 10 06.762	−23 35 47.84	1.642 0901
9	15 08 59.523	−17 04 40.41	1.711 3869	25	19 15 33.498	−23 28 09.41	1.639 6737
10	15 14 00.917	−17 26 53.08	1.710 7243	26	19 20 59.520	−23 19 47.81	1.637 2195
11	15 19 03.541	−17 48 38.03	1.710 0205	27	19 26 24.772	−23 10 43.39	1.634 7279
12	15 24 07.401	−18 09 54.48	1.709 2753	28	19 31 49.203	−23 00 56.57	1.632 1989
13	15 29 12.499	−18 30 41.62	1.708 4888	29	19 37 12.762	−22 50 27.75	1.629 6331
14	15 34 18.837	−18 50 58.68	1.707 6607	30	19 42 35.404	−22 39 17.40	1.627 0307
15	15 39 26.412	−19 10 44.88	1.706 7912	31	19 47 57.083	−22 27 26.01	1.624 3921
16	15 44 35.221	−19 29 59.46	1.705 8802	32	19 53 17.758	−22 14 54.09	1.621 7175

MARS, 2006

GEOCENTRIC COORDINATES FOR 0ʰ TERRESTRIAL TIME

Date	Apparent Right Ascension	Apparent Declination	True Geocentric Distance	Date	Apparent Right Ascension	Apparent Declination	True Geocentric Distance
	h m s	o ′ ″			h m s	o ′ ″	
Jan. 0	2 31 39.440	+16 31 52.44	0.766 6776	Feb. 15	3 43 33.056	+21 35 39.36	1.200 7642
1	2 32 35.332	+16 37 12.57	0.775 1630	16	3 45 35.924	+21 42 09.32	1.210 7401
2	2 33 33.471	+16 42 40.14	0.783 7140	17	3 47 39.673	+21 48 35.69	1.220 7230
3	2 34 33.812	+16 48 14.83	0.792 3281	18	3 49 44.287	+21 54 58.33	1.230 7123
4	2 35 36.310	+16 53 56.35	0.801 0032	19	3 51 49.756	+22 01 17.08	1.240 7073
5	2 36 40.918	+16 59 44.38	0.809 7371	20	3 53 56.067	+22 07 31.81	1.250 7073
6	2 37 47.591	+17 05 38.62	0.818 5277	21	3 56 03.208	+22 13 42.36	1.260 7116
7	2 38 56.284	+17 11 38.76	0.827 3729	22	3 58 11.167	+22 19 48.61	1.270 7195
8	2 40 06.950	+17 17 44.49	0.836 2711	23	4 00 19.932	+22 25 50.41	1.280 7301
9	2 41 19.544	+17 23 55.52	0.845 2205	24	4 02 29.491	+22 31 47.63	1.290 7426
10	2 42 34.019	+17 30 11.53	0.854 2194	25	4 04 39.831	+22 37 40.12	1.300 7560
11	2 43 50.331	+17 36 32.24	0.863 2665	26	4 06 50.938	+22 43 27.72	1.310 7692
12	2 45 08.294	+17 42 57.34	0.872 3602	27	4 09 02.800	+22 49 10.27	1.320 7811
13	2 46 28.294	+17 49 26.55	0.881 4994	28	4 11 15.403	+22 54 47.62	1.330 7905
14	2 47 49.862	+17 55 59.57	0.890 6827	Mar. 1	4 13 28.737	+23 00 19.59	1.340 7961
15	2 49 13.102	+18 02 36.14	0.899 9090	2	4 15 42.788	+23 05 46.04	1.350 7968
16	2 50 37.979	+18 09 15.98	0.909 1770	3	4 17 57.543	+23 11 06.83	1.360 7914
17	2 52 04.458	+18 15 58.83	0.918 4858	4	4 20 12.988	+23 16 21.81	1.370 7788
18	2 53 32.508	+18 22 44.43	0.927 8341	5	4 22 29.106	+23 21 30.86	1.380 7580
19	2 55 02.098	+18 29 32.55	0.937 2209	6	4 24 45.878	+23 26 33.83	1.390 7284
20	2 56 33.200	+18 36 22.94	0.946 6451	7	4 27 03.288	+23 31 30.60	1.400 6890
21	2 58 05.786	+18 43 15.38	0.956 1056	8	4 29 21.317	+23 36 21.03	1.410 6393
22	2 59 39.832	+18 50 09.65	0.965 6013	9	4 31 39.949	+23 41 04.99	1.420 5786
23	3 01 15.312	+18 57 05.54	0.975 1311	10	4 33 59.167	+23 45 42.35	1.430 5064
24	3 02 52.203	+19 04 02.82	0.984 6939	11	4 36 18.957	+23 50 12.98	1.440 4223
25	3 04 30.481	+19 11 01.31	0.994 2885	12	4 38 39.303	+23 54 36.76	1.450 3256
26	3 06 10.124	+19 18 00.79	1.003 9137	13	4 41 00.193	+23 58 53.57	1.460 2160
27	3 07 51.109	+19 25 01.06	1.013 5683	14	4 43 21.615	+24 03 03.29	1.470 0930
28	3 09 33.413	+19 32 01.91	1.023 2508	15	4 45 43.557	+24 07 05.83	1.479 9562
29	3 11 17.010	+19 39 03.12	1.032 9599	16	4 48 06.009	+24 11 01.07	1.489 8052
30	3 13 01.878	+19 46 04.45	1.042 6940	17	4 50 28.961	+24 14 48.92	1.499 6397
31	3 14 47.992	+19 53 05.67	1.052 4515	18	4 52 52.404	+24 18 29.30	1.509 4591
Feb. 1	3 16 35.329	+20 00 06.55	1.062 2309	19	4 55 16.328	+24 22 02.11	1.519 2632
2	3 18 23.867	+20 07 06.84	1.072 0306	20	4 57 40.725	+24 25 27.28	1.529 0514
3	3 20 13.581	+20 14 06.32	1.081 8493	21	5 00 05.585	+24 28 44.72	1.538 8232
4	3 22 04.447	+20 21 04.77	1.091 6856	22	5 02 30.899	+24 31 54.36	1.548 5782
5	3 23 56.441	+20 28 01.98	1.101 5383	23	5 04 56.658	+24 34 56.12	1.558 3158
6	3 25 49.537	+20 34 57.72	1.111 4063	24	5 07 22.852	+24 37 49.93	1.568 0353
7	3 27 43.709	+20 41 51.79	1.121 2887	25	5 09 49.469	+24 40 35.69	1.577 7361
8	3 29 38.933	+20 48 43.97	1.131 1844	26	5 12 16.499	+24 43 13.31	1.587 4172
9	3 31 35.184	+20 55 34.06	1.141 0927	27	5 14 43.934	+24 45 42.70	1.597 0779
10	3 33 32.438	+21 02 21.84	1.151 0127	28	5 17 11.764	+24 48 03.75	1.606 7171
11	3 35 30.675	+21 09 07.11	1.160 9437	29	5 19 39.979	+24 50 16.39	1.616 3339
12	3 37 29.873	+21 15 49.69	1.170 8851	30	5 22 08.572	+24 52 20.52	1.625 9271
13	3 39 30.014	+21 22 29.38	1.180 8360	31	5 24 37.533	+24 54 16.09	1.635 4959
14	3 41 31.081	+21 29 06.00	1.190 7959	Apr. 1	5 27 06.848	+24 56 03.02	1.645 0393
15	3 43 33.056	+21 35 39.36	1.200 7642	2	5 29 36.503	+24 57 41.26	1.654 5566

GEOCENTRIC COORDINATES FOR 0ʰ TERRESTRIAL TIME

Date	Apparent Right Ascension	Apparent Declination	True Geocentric Distance	Date	Apparent Right Ascension	Apparent Declination	True Geocentric Distance
	h m s	° ′ ″			h m s	° ′ ″	
Apr. 1	5 27 06.848	+24 56 03.02	1.645 0393	May 17	7 24 41.109	+23 31 37.08	2.048 7712
2	5 29 36.503	+24 57 41.26	1.654 5566	18	7 27 15.033	+23 26 06.04	2.056 6228
3	5 32 06.484	+24 59 10.76	1.664 0470	19	7 29 48.859	+23 20 25.86	2.064 4305
4	5 34 36.773	+25 00 31.45	1.673 5098	20	7 32 22.580	+23 14 36.56	2.072 1938
5	5 37 07.355	+25 01 43.28	1.682 9447	21	7 34 56.195	+23 08 38.15	2.079 9122
6	5 39 38.216	+25 02 46.18	1.692 3512	22	7 37 29.700	+23 02 30.67	2.087 5852
7	5 42 09.341	+25 03 40.10	1.701 7288	23	7 40 03.094	+22 56 14.12	2.095 2121
8	5 44 40.717	+25 04 24.97	1.711 0771	24	7 42 36.373	+22 49 48.53	2.102 7924
9	5 47 12.332	+25 05 00.76	1.720 3959	25	7 45 09.536	+22 43 13.96	2.110 3252
10	5 49 44.175	+25 05 27.41	1.729 6849	26	7 47 42.578	+22 36 30.44	2.117 8099
11	5 52 16.234	+25 05 44.87	1.738 9438	27	7 50 15.494	+22 29 38.04	2.125 2458
12	5 54 48.501	+25 05 53.10	1.748 1722	28	7 52 48.277	+22 22 36.82	2.132 6324
13	5 57 20.966	+25 05 52.07	1.757 3701	29	7 55 20.917	+22 15 26.83	2.139 9691
14	5 59 53.620	+25 05 41.76	1.766 5372	30	7 57 53.408	+22 08 08.15	2.147 2554
15	6 02 26.456	+25 05 22.13	1.775 6731	31	8 00 25.741	+22 00 40.83	2.154 4911
16	6 04 59.464	+25 04 53.16	1.784 7779	June 1	8 02 57.910	+21 53 04.92	2.161 6757
17	6 07 32.638	+25 04 14.84	1.793 8510	2	8 05 29.908	+21 45 20.48	2.168 8091
18	6 10 05.968	+25 03 27.15	1.802 8924	3	8 08 01.730	+21 37 27.57	2.175 8911
19	6 12 39.447	+25 02 30.08	1.811 9016	4	8 10 33.372	+21 29 26.24	2.182 9215
20	6 15 13.064	+25 01 23.61	1.820 8783	5	8 13 04.830	+21 21 16.54	2.189 9002
21	6 17 46.812	+25 00 07.72	1.829 8220	6	8 15 36.103	+21 12 58.54	2.196 8271
22	6 20 20.681	+24 58 42.38	1.838 7322	7	8 18 07.186	+21 04 32.31	2.203 7023
23	6 22 54.663	+24 57 07.56	1.847 6082	8	8 20 38.079	+20 55 57.89	2.210 5256
24	6 25 28.752	+24 55 23.22	1.856 4494	9	8 23 08.779	+20 47 15.36	2.217 2972
25	6 28 02.940	+24 53 29.35	1.865 2549	10	8 25 39.286	+20 38 24.78	2.224 0170
26	6 30 37.222	+24 51 25.90	1.874 0240	11	8 28 09.598	+20 29 26.24	2.230 6852
27	6 33 11.591	+24 49 12.88	1.882 7557	12	8 30 39.713	+20 20 19.79	2.237 3017
28	6 35 46.038	+24 46 50.28	1.891 4494	13	8 33 09.630	+20 11 05.51	2.243 8667
29	6 38 20.555	+24 44 18.11	1.900 1041	14	8 35 39.347	+20 01 43.47	2.250 3801
30	6 40 55.129	+24 41 36.38	1.908 7192	15	8 38 08.862	+19 52 13.74	2.256 8418
May 1	6 43 29.747	+24 38 45.10	1.917 2940	16	8 40 38.175	+19 42 36.35	2.263 2517
2	6 46 04.397	+24 35 44.29	1.925 8282	17	8 43 07.287	+19 32 51.35	2.269 6095
3	6 48 39.064	+24 32 33.96	1.934 3212	18	8 45 36.199	+19 22 58.80	2.275 9149
4	6 51 13.738	+24 29 14.11	1.942 7726	19	8 48 04.914	+19 12 58.73	2.282 1673
5	6 53 48.406	+24 25 44.75	1.951 1822	20	8 50 33.436	+19 02 51.19	2.288 3664
6	6 56 23.060	+24 22 05.89	1.959 5498	21	8 53 01.767	+18 52 36.25	2.294 5116
7	6 58 57.689	+24 18 17.54	1.967 8750	22	8 55 29.907	+18 42 13.96	2.300 6023
8	7 01 32.286	+24 14 19.71	1.976 1578	23	8 57 57.858	+18 31 44.41	2.306 6378
9	7 04 06.843	+24 10 12.44	1.984 3979	24	9 00 25.618	+18 21 07.68	2.312 6178
10	7 06 41.353	+24 05 55.72	1.992 5952	25	9 02 53.185	+18 10 23.86	2.318 5416
11	7 09 15.809	+24 01 29.60	2.000 7496	26	9 05 20.556	+17 59 33.02	2.324 4089
12	7 11 50.206	+23 56 54.09	2.008 8611	27	9 07 47.729	+17 48 35.26	2.330 2191
13	7 14 24.539	+23 52 09.24	2.016 9295	28	9 10 14.700	+17 37 30.65	2.335 9721
14	7 16 58.801	+23 47 15.07	2.024 9548	29	9 12 41.469	+17 26 19.28	2.341 6675
15	7 19 32.987	+23 42 11.63	2.032 9370	30	9 15 08.034	+17 15 01.22	2.347 3052
16	7 22 07.092	+23 36 58.95	2.040 8758	July 1	9 17 34.395	+17 03 36.55	2.352 8850
17	7 24 41.109	+23 31 37.08	2.048 7712	2	9 20 00.553	+16 52 05.34	2.358 4068

MARS, 2006

GEOCENTRIC COORDINATES FOR 0ʰ TERRESTRIAL TIME

Date	Apparent Right Ascension	Apparent Declination	True Geocentric Distance	Date	Apparent Right Ascension	Apparent Declination	True Geocentric Distance
	h m s	° ′ ″			h m s	° ′ ″	
July 1	9 17 34.395	+17 03 36.55	2.352 8850	Aug. 16	11 06 54.385	+ 6 41 53.96	2.545 9085
2	9 20 00.553	+16 52 05.34	2.358 4068	17	11 09 14.699	+ 6 26 46.62	2.548 6858
3	9 22 26.510	+16 40 27.68	2.363 8706	18	11 11 35.003	+ 6 11 36.42	2.551 4015
4	9 24 52.266	+16 28 43.63	2.369 2764	19	11 13 55.299	+ 5 56 23.46	2.554 0553
5	9 27 17.823	+16 16 53.29	2.374 6241	20	11 16 15.593	+ 5 41 07.83	2.556 6467
6	9 29 43.183	+16 04 56.72	2.379 9139	21	11 18 35.888	+ 5 25 49.62	2.559 1756
7	9 32 08.350	+15 52 54.01	2.385 1458	22	11 20 56.189	+ 5 10 28.94	2.561 6416
8	9 34 33.325	+15 40 45.25	2.390 3200	23	11 23 16.499	+ 4 55 05.87	2.564 0446
9	9 36 58.109	+15 28 30.52	2.395 4367	24	11 25 36.824	+ 4 39 40.51	2.566 3844
10	9 39 22.706	+15 16 09.91	2.400 4959	25	11 27 57.169	+ 4 24 12.95	2.568 6608
11	9 41 47.115	+15 03 43.49	2.405 4979	26	11 30 17.540	+ 4 08 43.28	2.570 8739
12	9 44 11.340	+14 51 11.36	2.410 4429	27	11 32 37.942	+ 3 53 11.60	2.573 0236
13	9 46 35.383	+14 38 33.57	2.415 3308	28	11 34 58.382	+ 3 37 37.98	2.575 1100
14	9 48 59.247	+14 25 50.20	2.420 1617	29	11 37 18.865	+ 3 22 02.54	2.577 1331
15	9 51 22.937	+14 13 01.28	2.424 9354	30	11 39 39.398	+ 3 06 25.35	2.579 0931
16	9 53 46.461	+14 00 06.88	2.429 6518	31	11 41 59.987	+ 2 50 46.51	2.580 9901
17	9 56 09.825	+13 47 07.05	2.434 3104	Sept. 1	11 44 20.636	+ 2 35 06.12	2.582 8243
18	9 58 33.036	+13 34 01.84	2.438 9108	2	11 46 41.351	+ 2 19 24.27	2.584 5961
19	10 00 56.100	+13 20 51.32	2.443 4527	3	11 49 02.137	+ 2 03 41.07	2.586 3058
20	10 03 19.021	+13 07 35.57	2.447 9355	4	11 51 22.998	+ 1 47 56.61	2.587 9536
21	10 05 41.802	+12 54 14.69	2.452 3588	5	11 53 43.940	+ 1 32 10.99	2.589 5400
22	10 08 04.445	+12 40 48.75	2.456 7222	6	11 56 04.967	+ 1 16 24.32	2.591 0654
23	10 10 26.952	+12 27 17.85	2.461 0251	7	11 58 26.087	+ 1 00 36.67	2.592 5301
24	10 12 49.324	+12 13 42.08	2.465 2672	8	12 00 47.308	+ 0 44 48.11	2.593 9344
25	10 15 11.563	+12 00 01.53	2.469 4483	9	12 03 08.640	+ 0 28 58.72	2.595 2786
26	10 17 33.669	+11 46 16.30	2.473 5680	10	12 05 30.095	+ 0 13 08.56	2.596 5626
27	10 19 55.647	+11 32 26.46	2.477 6261	11	12 07 51.683	− 0 02 42.33	2.597 7865
28	10 22 17.497	+11 18 32.11	2.481 6225	12	12 10 13.414	− 0 18 33.85	2.598 9500
29	10 24 39.225	+11 04 33.33	2.485 5570	13	12 12 35.295	− 0 34 25.93	2.600 0529
30	10 27 00.834	+10 50 30.20	2.489 4297	14	12 14 57.334	− 0 50 18.47	2.601 0950
31	10 29 22.328	+10 36 22.80	2.493 2404	15	12 17 19.534	− 1 06 11.38	2.602 0760
Aug. 1	10 31 43.711	+10 22 11.23	2.496 9893	16	12 19 41.903	− 1 22 04.54	2.602 9957
2	10 34 04.989	+10 07 55.56	2.500 6764	17	12 22 04.444	− 1 37 57.85	2.603 8537
3	10 36 26.165	+ 9 53 35.89	2.504 3019	18	12 24 27.165	− 1 53 51.21	2.604 6500
4	10 38 47.245	+ 9 39 12.29	2.507 8658	19	12 26 50.070	− 2 09 44.50	2.605 3842
5	10 41 08.233	+ 9 24 44.87	2.511 3683	20	12 29 13.165	− 2 25 37.63	2.606 0564
6	10 43 29.132	+ 9 10 13.70	2.514 8098	21	12 31 36.457	− 2 41 30.48	2.606 6664
7	10 45 49.947	+ 8 55 38.89	2.518 1905	22	12 33 59.953	− 2 57 22.95	2.607 2142
8	10 48 10.681	+ 8 41 00.53	2.521 5107	23	12 36 23.659	− 3 13 14.93	2.607 6998
9	10 50 31.339	+ 8 26 18.69	2.524 7706	24	12 38 47.582	− 3 29 06.33	2.608 1232
10	10 52 51.924	+ 8 11 33.45	2.527 9705	25	12 41 11.728	− 3 44 57.04	2.608 4846
11	10 55 12.444	+ 7 56 44.88	2.531 1105	26	12 43 36.105	− 4 00 46.94	2.608 7840
12	10 57 32.908	+ 7 41 53.03	2.534 1906	27	12 46 00.717	− 4 16 35.94	2.609 0217
13	10 59 53.325	+ 7 26 57.95	2.537 2107	28	12 48 25.572	− 4 32 23.92	2.609 1979
14	11 02 13.705	+ 7 11 59.70	2.540 1706	29	12 50 50.674	− 4 48 10.76	2.609 3130
15	11 04 34.056	+ 6 56 58.35	2.543 0699	30	12 53 16.028	− 5 03 56.36	2.609 3672
16	11 06 54.385	+ 6 41 53.96	2.545 9085	Oct. 1	12 55 41.640	− 5 19 40.60	2.609 3611

GEOCENTRIC COORDINATES FOR 0ʰ TERRESTRIAL TIME

Date	Apparent Right Ascension	Apparent Declination	True Geocentric Distance	Date	Apparent Right Ascension	Apparent Declination	True Geocentric Distance
	h m s	o ′ ″			h m s	o ′ ″	
Oct. 1	12 55 41.640	− 5 19 40.60	2.609 3611	Nov. 16	14 53 55.765	−16 26 15.14	2.547 5582
2	12 58 07.513	− 5 35 23.35	2.609 2949	17	14 56 40.776	−16 38 42.20	2.544 9622
3	13 00 33.654	− 5 51 04.51	2.609 1693	18	14 59 26.321	−16 51 01.84	2.542 3163
4	13 03 00.068	− 6 06 43.96	2.608 9846	19	15 02 12.405	−17 03 13.94	2.539 6209
5	13 05 26.762	− 6 22 21.59	2.608 7415	20	15 04 59.028	−17 15 18.33	2.536 8760
6	13 07 53.747	− 6 37 57.31	2.608 4403	21	15 07 46.191	−17 27 14.87	2.534 0822
7	13 10 21.032	− 6 53 31.03	2.608 0815	22	15 10 33.895	−17 39 03.42	2.531 2396
8	13 12 48.629	− 7 09 02.67	2.607 6653	23	15 13 22.140	−17 50 43.82	2.528 3488
9	13 15 16.550	− 7 24 32.14	2.607 1919	24	15 16 10.923	−18 02 15.91	2.525 4101
10	13 17 44.801	− 7 39 59.37	2.606 6612	25	15 19 00.242	−18 13 39.54	2.522 4243
11	13 20 13.392	− 7 55 24.24	2.606 0732	26	15 21 50.097	−18 24 54.55	2.519 3918
12	13 22 42.327	− 8 10 46.64	2.605 4278	27	15 24 40.486	−18 36 00.78	2.516 3134
13	13 25 11.613	− 8 26 06.45	2.604 7248	28	15 27 31.408	−18 46 58.08	2.513 1898
14	13 27 41.255	− 8 41 23.54	2.603 9642	29	15 30 22.865	−18 57 46.28	2.510 0218
15	13 30 11.259	− 8 56 37.79	2.603 1457	30	15 33 14.858	−19 08 25.26	2.506 8100
16	13 32 41.631	− 9 11 49.07	2.602 2693	Dec. 1	15 36 07.389	−19 18 54.85	2.503 5553
17	13 35 12.377	− 9 26 57.24	2.601 3350	2	15 39 00.463	−19 29 14.95	2.500 2583
18	13 37 43.503	− 9 42 02.19	2.600 3427	3	15 41 54.081	−19 39 25.43	2.496 9196
19	13 40 15.016	− 9 57 03.78	2.599 2924	4	15 44 48.246	−19 49 26.16	2.493 5399
20	13 42 46.924	−10 12 01.88	2.598 1842	5	15 47 42.957	19 59 17.02	2.490 1195
21	13 45 19.233	−10 26 56.34	2.597 0181	6	15 50 38.213	−20 08 57.87	2.486 6589
22	13 47 51.949	−10 41 46.97	2.595 7943	7	15 53 34.012	20 18 28.56	2.483 1582
23	13 50 25.064	−10 56 33.48	2.594 5130	8	15 56 30.351	−20 27 48.95	2.479 6177
24	13 52 58.564	−11 11 16.36	2.593 1743	9	15 59 27.228	−20 36 58.88	2.476 0375
25	13 55 32.512	−11 25 55.45	2.591 7786	10	16 02 24.642	−20 45 58.20	2.472 4178
26	13 58 06.895	−11 40 30.13	2.590 3262	11	16 05 22.589	−20 54 46.75	2.468 7588
27	14 00 41.708	−11 55 00.35	2.588 8175	12	16 08 21.069	−21 03 24.40	2.465 0606
28	14 03 16.952	−12 09 26.00	2.587 2530	13	16 11 20.077	−21 11 50.98	2.461 3234
29	14 05 52.631	−12 23 46.97	2.585 6331	14	16 14 19.612	−21 20 06.37	2.457 5475
30	14 08 28.748	−12 38 03.10	2.583 9585	15	16 17 19.670	−21 28 10.41	2.453 7330
31	14 11 05.307	−12 52 14.28	2.582 2296	16	16 20 20.247	−21 36 02.98	2.449 8802
Nov. 1	14 13 42.314	−13 06 20.35	2.580 4472	17	16 23 21.336	−21 43 43.93	2.445 9893
2	14 16 19.774	−13 20 21.19	2.578 6119	18	16 26 22.934	−21 51 13.14	2.442 0608
3	14 18 57.696	−13 34 16.67	2.576 7243	19	16 29 25.032	−21 58 30.47	2.438 0949
4	14 21 36.090	−13 48 06.69	2.574 7849	20	16 32 27.623	−22 05 35.80	2.434 0920
5	14 24 14.963	−14 01 51.13	2.572 7942	21	16 35 30.698	−22 12 28.99	2.430 0527
6	14 26 54.323	−14 15 29.88	2.570 7525	22	16 38 34.245	−22 19 09.91	2.425 9774
7	14 29 34.178	−14 29 02.83	2.568 6602	23	16 41 38.256	−22 25 38.42	2.421 8667
8	14 32 14.532	−14 42 29.86	2.566 5172	24	16 44 42.719	−22 31 54.40	2.417 7215
9	14 34 55.389	−14 55 50.81	2.564 3238	25	16 47 47.625	−22 37 57.71	2.413 5423
10	14 37 36.752	−15 09 05.56	2.562 0799	26	16 50 52.966	−22 43 48.21	2.409 3300
11	14 40 18.624	−15 22 13.94	2.559 7856	27	16 53 58.736	−22 49 25.80	2.405 0855
12	14 43 01.010	−15 35 15.81	2.557 4408	28	16 57 04.928	−22 54 50.35	2.400 8097
13	14 45 43.913	−15 48 11.01	2.555 0456	29	17 00 11.536	−23 00 01.78	2.396 5032
14	14 48 27.338	−16 00 59.40	2.552 6000	30	17 03 18.556	−23 04 59.97	2.392 1671
15	14 51 11.287	−16 13 40.83	2.550 1041	31	17 06 25.979	−23 09 44.85	2.387 8019
16	14 53 55.765	−16 26 15.14	2.547 5582	32	17 09 33.799	−23 14 16.33	2.383 4084

JUPITER, 2006

GEOCENTRIC COORDINATES FOR 0ʰ TERRESTRIAL TIME

Date	Apparent Right Ascension	Apparent Declination	True Geocentric Distance	Date	Apparent Right Ascension	Apparent Declination	True Geocentric Distance
	h m s	° ′ ″			h m s	° ′ ″	
Jan. 0	14 44 06.663	−14 44 25.21	5.924 4067	Feb. 15	15 05 01.935	−16 08 18.66	5.211 3045
1	14 44 45.215	−14 47 13.94	5.910 7423	16	15 05 14.902	−16 09 01.39	5.195 2088
2	14 45 23.370	−14 50 00.26	5.896 9479	17	15 05 27.161	−16 09 41.12	5.179 1526
3	14 46 01.118	−14 52 44.13	5.883 0269	18	15 05 38.708	−16 10 17.83	5.163 1401
4	14 46 38.453	−14 55 25.52	5.868 9825	19	15 05 49.540	−16 10 51.53	5.147 1758
5	14 47 15.369	−14 58 04.41	5.854 8181	20	15 05 59.652	−16 11 22.21	5.131 2641
6	14 47 51.861	−15 00 40.79	5.840 5367	21	15 06 09.039	−16 11 49.87	5.115 4093
7	14 48 27.924	−15 03 14.66	5.826 1417	22	15 06 17.697	−16 12 14.51	5.099 6162
8	14 49 03.552	−15 05 46.03	5.811 6362	23	15 06 25.620	−16 12 36.13	5.083 8893
9	14 49 38.741	−15 08 14.88	5.797 0234	24	15 06 32.803	−16 12 54.72	5.068 2334
10	14 50 13.483	−15 10 41.22	5.782 3062	25	15 06 39.240	−16 13 10.26	5.052 6535
11	14 50 47.770	−15 13 05.03	5.767 4877	26	15 06 44.923	−16 13 22.75	5.037 1545
12	14 51 21.595	−15 15 26.31	5.752 5710	27	15 06 49.850	−16 13 32.15	5.021 7415
13	14 51 54.949	−15 17 45.03	5.737 5589	28	15 06 54.016	−16 13 38.45	5.006 4197
14	14 52 27.824	−15 20 01.17	5.722 4546	Mar. 1	15 06 57.422	−16 13 41.65	4.991 1942
15	14 53 00.211	−15 22 14.72	5.707 2609	2	15 07 00.070	−16 13 41.77	4.976 0703
16	14 53 32.104	−15 24 25.65	5.691 9809	3	15 07 01.961	−16 13 38.81	4.961 0529
17	14 54 03.493	−15 26 33.93	5.676 6178	4	15 07 03.098	−16 13 32.81	4.946 1469
18	14 54 34.372	−15 28 39.55	5.661 1746	5	15 07 03.480	−16 13 23.79	4.931 3571
19	14 55 04.734	−15 30 42.49	5.645 6544	6	15 07 03.109	−16 13 11.76	4.916 6881
20	14 55 34.572	−15 32 42.74	5.630 0606	7	15 07 01.983	−16 12 56.75	4.902 1447
21	14 56 03.879	−15 34 40.27	5.614 3964	8	15 07 00.104	−16 12 38.75	4.887 7312
22	14 56 32.649	−15 36 35.07	5.598 6651	9	15 06 57.470	−16 12 17.77	4.873 4521
23	14 57 00.874	−15 38 27.15	5.582 8703	10	15 06 54.083	−16 11 53.81	4.859 3118
24	14 57 28.547	−15 40 16.47	5.567 0155	11	15 06 49.943	−16 11 26.88	4.845 3147
25	14 57 55.661	−15 42 03.05	5.551 1043	12	15 06 45.053	−16 10 56.99	4.831 4652
26	14 58 22.206	−15 43 46.85	5.535 1405	13	15 06 39.416	−16 10 24.13	4.817 7674
27	14 58 48.174	−15 45 27.88	5.519 1279	14	15 06 33.033	−16 09 48.31	4.804 2259
28	14 59 13.555	−15 47 06.11	5.503 0707	15	15 06 25.910	−16 09 09.55	4.790 8448
29	14 59 38.336	−15 48 41.50	5.486 9729	16	15 06 18.050	−16 08 27.87	4.777 6284
30	15 00 02.510	−15 50 14.04	5.470 8390	17	15 06 09.459	−16 07 43.26	4.764 5811
31	15 00 26.066	−15 51 43.69	5.454 6732	18	15 06 00.140	−16 06 55.77	4.751 7071
Feb. 1	15 00 49.000	−15 53 10.42	5.438 4802	19	15 05 50.100	−16 06 05.41	4.739 0108
2	15 01 11.307	−15 54 34.24	5.422 2644	20	15 05 39.343	−16 05 12.20	4.726 4965
3	15 01 32.983	−15 55 55.14	5.406 0301	21	15 05 27.873	−16 04 16.17	4.714 1687
4	15 01 54.025	−15 57 13.13	5.389 7817	22	15 05 15.697	−16 03 17.35	4.702 0316
5	15 02 14.428	−15 58 28.22	5.373 5235	23	15 05 02.817	−16 02 15.74	4.690 0899
6	15 02 34.186	−15 59 40.42	5.357 2596	24	15 04 49.238	−16 01 11.38	4.678 3479
7	15 02 53.293	−16 00 49.72	5.340 9941	25	15 04 34.966	−16 00 04.27	4.666 8102
8	15 03 11.743	−16 01 56.12	5.324 7313	26	15 04 20.007	−15 58 54.44	4.655 4815
9	15 03 29.528	−16 02 59.61	5.308 4751	27	15 04 04.367	−15 57 41.89	4.644 3662
10	15 03 46.642	−16 04 00.18	5.292 2295	28	15 03 48.057	−15 56 26.65	4.633 4689
11	15 04 03.079	−16 04 57.81	5.275 9988	29	15 03 31.088	−15 55 08.76	4.622 7941
12	15 04 18.832	−16 05 52.48	5.259 7868	30	15 03 13.475	−15 53 48.28	4.612 3462
13	15 04 33.896	−16 06 44.19	5.243 5977	31	15 02 55.232	−15 52 25.25	4.602 1293
14	15 04 48.265	−16 07 32.92	5.227 4355	Apr. 1	15 02 36.372	−15 50 59.75	4.592 1474
15	15 05 01.935	−16 08 18.66	5.211 3045	2	15 02 16.907	−15 49 31.84	4.582 4042

GEOCENTRIC COORDINATES FOR 0ʰ TERRESTRIAL TIME

Date	Apparent Right Ascension	Apparent Declination	True Geocentric Distance	Date	Apparent Right Ascension	Apparent Declination	True Geocentric Distance
	h m s	° ′ ″			h m s	° ′ ″	
Apr. 1	15 02 36.372	−15 50 59.75	4.592 1474	May 17	14 41 38.193	−14 19 05.62	4.430 8048
2	15 02 16.907	−15 49 31.84	4.582 4042	18	14 41 09.586	−14 17 01.83	4.434 2167
3	15 01 56.851	−15 48 01.57	4.572 9033	19	14 40 41.239	−14 14 59.30	4.437 9174
4	15 01 36.214	−15 46 28.99	4.563 6482	20	14 40 13.171	−14 12 58.10	4.441 9053
5	15 01 15.009	−15 44 54.15	4.554 6420	21	14 39 45.399	−14 10 58.32	4.446 1788
6	15 00 53.250	−15 43 17.09	4.545 8880	22	14 39 17.944	−14 09 00.04	4.450 7363
7	15 00 30.949	−15 41 37.86	4.537 3891	23	14 38 50.825	−14 07 03.37	4.455 5759
8	15 00 08.121	−15 39 56.50	4.529 1483	24	14 38 24.063	−14 05 08.40	4.460 6956
9	14 59 44.782	−15 38 13.07	4.521 1684	25	14 37 57.679	−14 03 15.24	4.466 0930
10	14 59 20.946	−15 36 27.62	4.513 4523	26	14 37 31.689	−14 01 23.99	4.471 7658
11	14 58 56.631	−15 34 40.20	4.506 0024	27	14 37 06.113	−13 59 34.75	4.477 7112
12	14 58 31.852	−15 32 50.88	4.498 8215	28	14 36 40.966	−13 57 47.61	4.483 9264
13	14 58 06.627	−15 30 59.72	4.491 9120	29	14 36 16.261	−13 56 02.65	4.490 4083
14	14 57 40.974	−15 29 06.78	4.485 2763	30	14 35 52.014	−13 54 19.93	4.497 1536
15	14 57 14.910	−15 27 12.14	4.478 9169	31	14 35 28.238	−13 52 39.53	4.504 1590
16	14 56 48.453	−15 25 15.87	4.472 8361	June 1	14 35 04.946	−13 51 01.51	4.511 4211
17	14 56 21.618	−15 23 18.05	4.467 0361	2	14 34 42.152	−13 49 25.93	4.518 9363
18	14 55 54.424	−15 21 18.73	4.461 5192	3	14 34 19.870	−13 47 52.84	4.526 7010
19	14 55 26.886	−15 19 18.01	4.456 2876	4	14 33 58.112	−13 46 22.32	4.534 7116
20	14 54 59.021	−15 17 15.93	4.451 3436	5	14 33 36.891	−13 44 54.42	4.542 9643
21	14 54 30.845	−15 15 12.58	4.446 6892	6	14 33 16.220	−13 43 29.21	4.551 4555
22	14 54 02.376	−15 13 08.00	4.442 3265	7	14 32 56.110	−13 42 06.73	4.560 1813
23	14 53 33.632	−15 11 02.28	4.438 2576	8	14 32 36.573	−13 40 47.06	4.569 1380
24	14 53 04.634	−15 08 55.49	4.434 4844	9	14 32 17.619	13 39 30.25	4.578 3218
25	14 52 35.404	−15 06 47.70	4.431 0086	10	14 31 59.257	−13 38 16.35	4.587 7289
26	14 52 05.964	15 04 39.02	4.427 8319	11	14 31 41.497	−13 37 05.41	4.597 3555
27	14 51 36.340	−15 02 29.55	4.424 9557	12	14 31 24.345	−13 35 57.48	4.607 1979
28	14 51 06.555	−15 00 19.40	4.422 3810	13	14 31 07.807	−13 34 52.59	4.617 2525
29	14 50 36.631	−14 58 08.69	4.420 1089	14	14 30 51.889	−13 33 50.78	4.627 5155
30	14 50 06.591	−14 55 57.52	4.418 1399	15	14 30 36.596	−13 32 52.07	4.637 9834
May 1	14 49 36.454	−14 53 45.99	4.416 4744	16	14 30 21.934	−13 31 56.48	4.648 6525
2	14 49 06.242	−14 51 34.18	4.415 1125	17	14 30 07.910	−13 31 04.04	4.659 5193
3	14 48 35.975	−14 49 22.19	4.414 0544	18	14 29 54.531	−13 30 14.79	4.670 5800
4	14 48 05.672	−14 47 10.11	4.413 2997	19	14 29 41.806	−13 29 28.76	4.681 8310
5	14 47 35.356	−14 44 58.01	4.412 8481	20	14 29 29.745	−13 28 45.99	4.693 2682
6	14 47 05.048	−14 42 46.00	4.412 6993	21	14 29 18.354	−13 28 06.54	4.704 8878
7	14 46 34.768	−14 40 34.15	4.412 8526	22	14 29 07.642	−13 27 30.45	4.716 6855
8	14 46 04.539	−14 38 22.56	4.413 3074	23	14 28 57.614	−13 26 57.76	4.728 6572
9	14 45 34.382	−14 36 11.32	4.414 0628	24	14 28 48.274	−13 26 28.49	4.740 7984
10	14 45 04.319	−14 34 00.53	4.415 1180	25	14 28 39.625	−13 26 02.67	4.753 1047
11	14 44 34.369	−14 31 50.28	4.416 4719	26	14 28 31.670	−13 25 40.31	4.765 5714
12	14 44 04.556	−14 29 40.67	4.418 1235	27	14 28 24.411	−13 25 21.42	4.778 1941
13	14 43 34.897	−14 27 31.81	4.420 0716	28	14 28 17.850	−13 25 06.00	4.790 9680
14	14 43 05.414	−14 25 23.78	4.422 3151	29	14 28 11.989	−13 24 54.05	4.803 8884
15	14 42 36.124	−14 23 16.68	4.424 8526	30	14 28 06.829	−13 24 45.57	4.816 9507
16	14 42 07.045	−14 21 10.60	4.427 6830	July 1	14 28 02.372	−13 24 40.57	4.830 1503
17	14 41 38.193	−14 19 05.62	4.430 8048	2	14 27 58.621	−13 24 39.03	4.843 4825

JUPITER, 2006

GEOCENTRIC COORDINATES FOR 0ʰ TERRESTRIAL TIME

Date	Apparent Right Ascension	Apparent Declination	True Geocentric Distance	Date	Apparent Right Ascension	Apparent Declination	True Geocentric Distance
	h m s	° ′ ″			h m s	° ′ ″	
July 1	14 28 02.372	−13 24 40.57	4.830 1503	Aug. 16	14 36 52.248	−14 19 23.11	5.513 1235
2	14 27 58.621	−13 24 39.03	4.843 4825	17	14 37 18.441	−14 21 40.60	5.528 1418
3	14 27 55.576	−13 24 40.97	4.856 9427	18	14 37 45.188	−14 24 00.36	5.543 1109
4	14 27 53.240	−13 24 46.38	4.870 5265	19	14 38 12.483	−14 26 22.36	5.558 0272
5	14 27 51.612	−13 24 55.27	4.884 2292	20	14 38 40.319	−14 28 46.55	5.572 8873
6	14 27 50.693	−13 25 07.62	4.898 0465	21	14 39 08.690	−14 31 12.88	5.587 6878
7	14 27 50.483	−13 25 23.44	4.911 9740	22	14 39 37.590	−14 33 41.30	5.602 4251
8	14 27 50.980	−13 25 42.73	4.926 0074	23	14 40 07.014	−14 36 11.77	5.617 0958
9	14 27 52.182	−13 26 05.47	4.940 1424	24	14 40 36.957	−14 38 44.22	5.631 6965
10	14 27 54.086	−13 26 31.65	4.954 3749	25	14 41 07.414	−14 41 18.63	5.646 2239
11	14 27 56.689	−13 27 01.24	4.968 7009	26	14 41 38.379	−14 43 54.95	5.660 6747
12	14 27 59.985	−13 27 34.22	4.983 1166	27	14 42 09.849	−14 46 33.12	5.675 0457
13	14 28 03.971	−13 28 10.56	4.997 6180	28	14 42 41.818	−14 49 13.12	5.689 3337
14	14 28 08.645	−13 28 50.22	5.012 2015	29	14 43 14.282	−14 51 54.91	5.703 5357
15	14 28 14.005	−13 29 33.19	5.026 8632	30	14 43 47.235	−14 54 38.44	5.717 6487
16	14 28 20.052	−13 30 19.45	5.041 5993	31	14 44 20.672	−14 57 23.68	5.731 6697
17	14 28 26.786	−13 31 09.00	5.056 4059	Sept. 1	14 44 54.586	−15 00 10.59	5.745 5960
18	14 28 34.208	−13 32 01.84	5.071 2792	2	14 45 28.970	−15 02 59.12	5.759 4248
19	14 28 42.318	−13 32 57.96	5.086 2150	3	14 46 03.818	−15 05 49.22	5.773 1535
20	14 28 51.112	−13 33 57.35	5.101 2093	4	14 46 39.122	−15 08 40.86	5.786 7795
21	14 29 00.589	−13 35 00.01	5.116 2577	5	14 47 14.873	−15 11 33.98	5.800 3006
22	14 29 10.745	−13 36 05.91	5.131 3562	6	14 47 51.065	−15 14 28.51	5.813 7144
23	14 29 21.576	−13 37 15.03	5.146 5004	7	14 48 27.690	−15 17 24.40	5.827 0187
24	14 29 33.076	−13 38 27.32	5.161 6859	8	14 49 04.746	−15 20 21.61	5.840 2115
25	14 29 45.242	−13 39 42.75	5.176 9086	9	14 49 42.228	−15 23 20.09	5.853 2905
26	14 29 58.069	−13 41 01.28	5.192 1639	10	14 50 20.135	−15 26 19.82	5.866 2536
27	14 30 11.554	−13 42 22.88	5.207 4478	11	14 50 58.466	−15 29 20.79	5.879 0985
28	14 30 25.691	−13 43 47.51	5.222 7559	12	14 51 37.216	−15 32 22.97	5.891 8228
29	14 30 40.479	−13 45 15.14	5.238 0840	13	14 52 16.382	−15 35 26.33	5.904 4242
30	14 30 55.912	−13 46 45.72	5.253 4282	14	14 52 55.956	−15 38 30.85	5.916 8999
31	14 31 11.988	−13 48 19.23	5.268 7842	15	14 53 35.934	−15 41 36.48	5.929 2475
Aug. 1	14 31 28.701	−13 49 55.63	5.284 1482	16	14 54 16.309	−15 44 43.18	5.941 4644
2	14 31 46.049	−13 51 34.89	5.299 5162	17	14 54 57.074	−15 47 50.90	5.953 5478
3	14 32 04.025	−13 53 16.99	5.314 8844	18	14 55 38.225	−15 50 59.59	5.965 4953
4	14 32 22.627	−13 55 01.88	5.330 2490	19	14 56 19.755	−15 54 09.20	5.977 3043
5	14 32 41.846	−13 56 49.53	5.345 6065	20	14 57 01.660	−15 57 19.69	5.988 9722
6	14 33 01.677	−13 58 39.90	5.360 9532	21	14 57 43.935	−16 00 31.02	6.000 4965
7	14 33 22.113	−14 00 32.95	5.376 2858	22	14 58 26.575	−16 03 43.14	6.011 8748
8	14 33 43.146	−14 02 28.63	5.391 6010	23	14 59 09.577	−16 06 56.01	6.023 1046
9	14 34 04.768	−14 04 26.88	5.406 8956	24	14 59 52.935	−16 10 09.59	6.034 1838
10	14 34 26.973	−14 06 27.65	5.422 1665	25	15 00 36.646	−16 13 23.85	6.045 1099
11	14 34 49.756	−14 08 30.89	5.437 4107	26	15 01 20.703	−16 16 38.76	6.055 8809
12	14 35 13.113	−14 10 36.57	5.452 6252	27	15 02 05.103	−16 19 54.28	6.066 4946
13	14 35 37.044	−14 12 44.65	5.467 8069	28	15 02 49.838	−16 23 10.37	6.076 9490
14	14 36 01.545	−14 14 55.11	5.482 9527	29	15 03 34.904	−16 26 26.99	6.087 2422
15	14 36 26.614	−14 17 07.94	5.498 0593	30	15 04 20.292	−16 29 44.11	6.097 3724
16	14 36 52.248	−14 19 23.11	5.513 1235	Oct. 1	15 05 05.996	−16 33 01.68	6.107 3379

GEOCENTRIC COORDINATES FOR 0ʰ TERRESTRIAL TIME

Date	Apparent Right Ascension	Apparent Declination	True Geocentric Distance	Date	Apparent Right Ascension	Apparent Declination	True Geocentric Distance
	h m s	° ′ ″			h m s	° ′ ″	
Oct. 1	15 05 05.996	−16 33 01.68	6.107 3379	Nov. 16	15 44 23.497	−19 02 36.00	6.363 0773
2	15 05 52.008	−16 36 19.66	6.117 1369	17	15 45 18.390	−19 05 37.11	6.363 8132
3	15 06 38.321	−16 39 38.00	6.126 7681	18	15 46 13.359	−19 08 37.19	6.364 3314
4	15 07 24.930	−16 42 56.64	6.136 2299	19	15 47 08.398	−19 11 36.22	6.364 6316
5	15 08 11.827	−16 46 15.54	6.145 5212	20	15 48 03.503	−19 14 34.15	6.364 7134
6	15 08 59.011	−16 49 34.66	6.154 6405	21	15 48 58.669	−19 17 30.89	6.364 5763
7	15 09 46.479	−16 52 53.96	6.163 5865	22	15 49 53.864	−19 20 26.33	6.364 2203
8	15 10 34.229	−16 56 13.44	6.172 3581	23	15 50 49.096	−19 23 21.25	6.363 6452
9	15 11 22.260	−16 59 33.07	6.180 9537	24	15 51 44.390	−19 26 14.94	6.362 8510
10	15 12 10.567	−17 02 52.85	6.189 3718	25	15 52 39.713	−19 29 07.35	6.361 8379
11	15 12 59.145	−17 06 12.74	6.197 6108	26	15 53 35.057	−19 31 58.54	6.360 6060
12	15 13 47.988	−17 09 32.72	6.205 6690	27	15 54 30.412	−19 34 48.49	6.359 1556
13	15 14 37.090	−17 12 52.75	6.213 5446	28	15 55 25.775	−19 37 37.17	6.357 4873
14	15 15 26.444	−17 16 12.79	6.221 2360	29	15 56 21.139	−19 40 24.56	6.355 6015
15	15 16 16.046	−17 19 32.79	6.228 7413	30	15 57 16.500	−19 43 10.64	6.353 4987
16	15 17 05.890	−17 22 52.72	6.236 0588	Dec. 1	15 58 11.855	−19 45 55.40	6.351 1795
17	15 17 55.971	−17 26 12.53	6.243 1868	2	15 59 07.202	−19 48 38.84	6.348 6445
18	15 18 46.284	−17 29 32.18	6.250 1237	3	16 00 02.536	−19 51 20.96	6.345 8942
19	15 19 36.826	−17 32 51.64	6.256 8678	4	16 00 57.853	−19 54 01.75	6.342 9291
20	15 20 27.592	−17 36 10.88	6.263 4176	5	16 01 53.147	−19 56 41.22	6.339 7497
21	15 21 18.578	−17 39 29.86	6.269 7716	6	16 02 48.412	−19 59 19.36	6.336 3561
22	15 22 09.780	−17 42 48.56	6.275 9284	7	16 03 43.638	−20 01 56.16	6.332 7487
23	15 23 01.192	−17 46 06.94	6.281 8865	8	16 04 38.821	−20 04 31.58	6.328 9278
24	15 23 52.809	−17 49 24.99	6.287 6447	9	16 05 33.952	−20 07 05.61	6.324 8934
25	15 24 44.627	−17 52 42.66	6.293 2018	10	16 06 29.026	−20 09 38.22	6.320 6459
26	15 25 36.639	17 55 59.94	6.298 5568	11	16 07 24.037	20 12 09.40	6.316 1855
27	15 26 28.838	−17 59 16.79	6.303 7085	12	16 08 18.980	−20 14 39.12	6.311 5125
28	15 27 21.216	−18 02 33.18	6.308 6561	13	16 09 13.851	−20 17 07.36	6.306 6273
29	15 28 13.767	−18 05 49.07	6.313 3987	14	16 10 08.643	−20 19 34.13	6.301 5302
30	15 29 06.484	−18 09 04.42	6.317 9357	15	16 11 03.352	−20 21 59.40	6.296 2217
31	15 29 59.359	−18 12 19.19	6.322 2666	16	16 11 57.971	−20 24 23.17	6.290 7025
Nov. 1	15 30 52.387	−18 15 33.34	6.326 3906	17	16 12 52.495	−20 26 45.44	6.284 9730
2	15 31 45.563	−18 18 46.83	6.330 3075	18	16 13 46.918	−20 29 06.20	6.279 0341
3	15 32 38.886	−18 21 59.63	6.334 0167	19	16 14 41.233	−20 31 25.44	6.272 8864
4	15 33 32.352	−18 25 11.73	6.337 5180	20	16 15 35.430	−20 33 43.17	6.266 5309
5	15 34 25.959	−18 28 23.12	6.340 8108	21	16 16 29.503	−20 35 59.37	6.259 9685
6	15 35 19.704	−18 31 33.79	6.343 8946	22	16 17 23.442	−20 38 14.03	6.253 2003
7	15 36 13.583	−18 34 43.73	6.346 7689	23	16 18 17.237	−20 40 27.14	6.246 2277
8	15 37 07.589	−18 37 52.92	6.349 4328	24	16 19 10.881	−20 42 38.67	6.239 0520
9	15 38 01.717	−18 41 01.35	6.351 8857	25	16 20 04.364	−20 44 48.61	6.231 6746
10	15 38 55.958	−18 44 08.97	6.354 1266	26	16 20 57.682	−20 46 56.94	6.224 0970
11	15 39 50.308	−18 47 15.76	6.356 1548	27	16 21 50.828	−20 49 03.65	6.216 3210
12	15 40 44.760	−18 50 21.67	6.357 9695	28	16 22 43.799	−20 51 08.74	6.208 3482
13	15 41 39.310	−18 53 26.68	6.359 5698	29	16 23 36.589	−20 53 12.20	6.200 1802
14	15 42 33.952	−18 56 30.76	6.360 9550	30	16 24 29.195	−20 55 14.06	6.191 8187
15	15 43 28.682	−18 59 33.87	6.362 1244	31	16 25 21.612	−20 57 14.33	6.183 2652
16	15 44 23.497	−19 02 36.00	6.363 0773	32	16 26 13.832	−20 59 13.01	6.174 5215

SATURN, 2006

GEOCENTRIC COORDINATES FOR 0^h TERRESTRIAL TIME

Date	Apparent Right Ascension	Apparent Declination	True Geocentric Distance	Date	Apparent Right Ascension	Apparent Declination	True Geocentric Distance
	h m s	° ′ ″			h m s	° ′ ″	
Jan. 0	8 50 26.229	+18 20 49.38	8.246 5998	Feb. 15	8 36 00.472	+19 21 15.14	8.179 0381
1	8 50 10.603	+18 22 00.38	8.238 3364	16	8 35 42.307	+19 22 26.13	8.184 8366
2	8 49 54.681	+18 23 12.43	8.230 3484	17	8 35 24.344	+19 23 36.13	8.190 9275
3	8 49 38.472	+18 24 25.47	8.222 6390	18	8 35 06.595	+19 24 45.11	8.197 3085
4	8 49 21.984	+18 25 39.44	8.215 2112	19	8 34 49.071	+19 25 53.04	8.203 9774
5	8 49 05.228	+18 26 54.29	8.208 0679	20	8 34 31.782	+19 26 59.90	8.210 9318
6	8 48 48.217	+18 28 09.95	8.201 2117	21	8 34 14.739	+19 28 05.66	8.218 1691
7	8 48 30.962	+18 29 26.37	8.194 6449	22	8 33 57.951	+19 29 10.29	8.225 6867
8	8 48 13.475	+18 30 43.51	8.188 3698	23	8 33 41.428	+19 30 13.79	8.233 4820
9	8 47 55.766	+18 32 01.31	8.182 3886	24	8 33 25.177	+19 31 16.13	8.241 5523
10	8 47 37.847	+18 33 19.75	8.176 7032	25	8 33 09.205	+19 32 17.29	8.249 8944
11	8 47 19.726	+18 34 38.78	8.171 3157	26	8 32 53.520	+19 33 17.26	8.258 5054
12	8 47 01.413	+18 35 58.38	8.166 2279	27	8 32 38.129	+19 34 16.00	8.267 3818
13	8 46 42.915	+18 37 18.51	8.161 4416	28	8 32 23.041	+19 35 13.47	8.276 5202
14	8 46 24.242	+18 38 39.12	8.156 9585	Mar. 1	8 32 08.264	+19 36 09.63	8.285 9168
15	8 46 05.403	+18 40 00.17	8.152 7804	2	8 31 53.810	+19 37 04.44	8.295 5674
16	8 45 46.406	+18 41 21.62	8.148 9089	3	8 31 39.690	+19 37 57.85	8.305 4681
17	8 45 27.263	+18 42 43.41	8.145 3454	4	8 31 25.913	+19 38 49.87	8.315 6144
18	8 45 07.983	+18 44 05.50	8.142 0917	5	8 31 12.488	+19 39 40.47	8.326 0022
19	8 44 48.578	+18 45 27.83	8.139 1490	6	8 30 59.420	+19 40 29.66	8.336 6269
20	8 44 29.059	+18 46 50.35	8.136 5186	7	8 30 46.715	+19 41 17.42	8.347 4843
21	8 44 09.439	+18 48 13.01	8.134 2020	8	8 30 34.377	+19 42 03.76	8.358 5699
22	8 43 49.729	+18 49 35.77	8.132 2002	9	8 30 22.410	+19 42 48.65	8.369 8795
23	8 43 29.943	+18 50 58.56	8.130 5143	10	8 30 10.820	+19 43 32.10	8.381 4088
24	8 43 10.092	+18 52 21.36	8.129 1454	11	8 29 59.610	+19 44 14.09	8.393 1532
25	8 42 50.189	+18 53 44.11	8.128 0942	12	8 29 48.785	+19 44 54.60	8.405 1087
26	8 42 30.246	+18 55 06.78	8.127 3616	13	8 29 38.349	+19 45 33.61	8.417 2707
27	8 42 10.273	+18 56 29.34	8.126 9482	14	8 29 28.307	+19 46 11.12	8.429 6351
28	8 41 50.282	+18 57 51.75	8.126 8544	15	8 29 18.665	+19 46 47.10	8.442 1975
29	8 41 30.280	+18 59 13.98	8.127 0805	16	8 29 09.427	+19 47 21.54	8.454 9536
30	8 41 10.279	+19 00 35.97	8.127 6266	17	8 29 00.599	+19 47 54.43	8.467 8990
31	8 40 50.290	+19 01 57.67	8.128 4923	18	8 28 52.187	+19 48 25.75	8.481 0296
Feb. 1	8 40 30.325	+19 03 19.01	8.129 6770	19	8 28 44.194	+19 48 55.51	8.494 3410
2	8 40 10.399	+19 04 39.93	8.131 1801	20	8 28 36.625	+19 49 23.69	8.507 8288
3	8 39 50.527	+19 06 00.37	8.133 0004	21	8 28 29.485	+19 49 50.31	8.521 4888
4	8 39 30.722	+19 07 20.29	8.135 1366	22	8 28 22.775	+19 50 15.36	8.535 3164
5	8 39 10.998	+19 08 39.64	8.137 5875	23	8 28 16.499	+19 50 38.84	8.549 3074
6	8 38 51.366	+19 09 58.39	8.140 3515	24	8 28 10.658	+19 51 00.77	8.563 4571
7	8 38 31.837	+19 11 16.52	8.143 4271	25	8 28 05.253	+19 51 21.13	8.577 7611
8	8 38 12.421	+19 12 33.99	8.146 8125	26	8 28 00.285	+19 51 39.93	8.592 2145
9	8 37 53.128	+19 13 50.78	8.150 5063	27	8 27 55.755	+19 51 57.14	8.606 8126
10	8 37 33.967	+19 15 06.85	8.154 5064	28	8 27 51.667	+19 52 12.74	8.621 5504
11	8 37 14.946	+19 16 22.16	8.158 8112	29	8 27 48.025	+19 52 26.72	8.636 4228
12	8 36 56.077	+19 17 36.69	8.163 4188	30	8 27 44.833	+19 52 39.05	8.651 4245
13	8 36 37.368	+19 18 50.39	8.168 3271	31	8 27 42.095	+19 52 49.72	8.666 5501
14	8 36 18.829	+19 20 03.22	8.173 5342	Apr. 1	8 27 39.815	+19 52 58.76	8.681 7945
15	8 36 00.472	+19 21 15.14	8.179 0381	2	8 27 37.993	+19 53 06.15	8.697 1522

GEOCENTRIC COORDINATES FOR 0ʰ TERRESTRIAL TIME

Date	Apparent Right Ascension	Apparent Declination	True Geocentric Distance	Date	Apparent Right Ascension	Apparent Declination	True Geocentric Distance
	h m s	° ′ ″			h m s	° ′ ″	
Apr. 1	8 27 39.815	+19 52 58.76	8.681 7945	May 17	8 33 46.772	+19 31 53.27	9.428 9698
2	8 27 37.993	+19 53 06.15	8.697 1522	18	8 34 04.106	+19 30 51.54	9.444 5497
3	8 27 36.628	+19 53 11.93	8.712 6179	19	8 34 21.780	+19 29 48.50	9.460 0386
4	8 27 35.720	+19 53 16.11	8.728 1866	20	8 34 39.788	+19 28 44.16	9.475 4330
5	8 27 35.266	+19 53 18.69	8.743 8530	21	8 34 58.128	+19 27 38.52	9.490 7294
6	8 27 35.265	+19 53 19.67	8.759 6122	22	8 35 16.796	+19 26 31.56	9.505 9242
7	8 27 35.715	+19 53 19.07	8.775 4593	23	8 35 35.790	+19 25 23.29	9.521 0137
8	8 27 36.614	+19 53 16.88	8.791 3893	24	8 35 55.109	+19 24 13.70	9.535 9941
9	8 27 37.963	+19 53 13.10	8.807 3976	25	8 36 14.751	+19 23 02.80	9.550 8618
10	8 27 39.759	+19 53 07.72	8.823 4792	26	8 36 34.712	+19 21 50.60	9.565 6130
11	8 27 42.003	+19 53 00.75	8.839 6297	27	8 36 54.989	+19 20 37.12	9.580 2440
12	8 27 44.695	+19 52 52.19	8.855 8442	28	8 37 15.577	+19 19 22.39	9.594 7513
13	8 27 47.834	+19 52 42.03	8.872 1184	29	8 37 36.468	+19 18 06.43	9.609 1315
14	8 27 51.420	+19 52 30.27	8.888 4477	30	8 37 57.655	+19 16 49.26	9.623 3810
15	8 27 55.453	+19 52 16.93	8.904 8277	31	8 38 19.134	+19 15 30.90	9.637 4969
16	8 27 59.932	+19 52 02.00	8.921 2539	June 1	8 38 40.897	+19 14 11.34	9.651 4759
17	8 28 04.857	+19 51 45.51	8.937 7221	2	8 39 02.939	+19 12 50.61	9.665 3150
18	8 28 10.225	+19 51 27.46	8.954 2277	3	8 39 25.256	+19 11 28.70	9.679 0114
19	8 28 16.034	+19 51 07.87	8.970 7666	4	8 39 47.843	+19 10 05.62	9.692 5624
20	8 28 22.281	+19 50 46.76	8.987 3342	5	8 40 10.696	∣ 19 08 41.38	9.705 9651
21	8 28 28.963	+19 50 24.13	9.003 9263	6	8 40 33.811	+19 07 15.98	9.719 2171
22	8 28 36.075	+19 49 59.98	9.020 5382	7	8 40 57.186	+19 05 49.44	9.732 3158
23	8 28 43.615	+19 49 34.32	9.037 1655	8	8 41 20.815	+19 04 21.75	9.745 2587
24	8 28 51.582	+19 49 07.13	9.053 8036	9	8 41 44.697	+19 02 52.94	9.758 0435
25	8 28 59.973	+19 48 38.41	9.070 4477	10	8 42 08.827	+19 01 23.02	9.770 6679
26	8 29 08.791	∣ 19 48 08.13	9.087 0931	11	8 42 33.201	+18 59 52.00	9.783 1296
27	8 29 18.033	+19 47 36.31	9.103 7349	12	8 42 57.815	+18 58 19.91	9.795 4266
28	8 29 27.701	+19 47 02.94	9.120 3682	13	8 43 22.662	+18 56 46.78	9.807 5566
29	8 29 37.791	+19 46 28.05	9.136 9883	14	8 43 47.736	+18 55 12.61	9.819 5174
30	8 29 48.301	+19 45 51.65	9.153 5904	15	8 44 13.031	+18 53 37.43	9.831 3068
May 1	8 29 59.226	+19 45 13.76	9.170 1697	16	8 44 38.543	+18 52 01.24	9.842 9225
2	8 30 10.559	+19 44 34.41	9.186 7219	17	8 45 04.266	+18 50 24.04	9.854 3622
3	8 30 22.296	+19 43 53.61	9.203 2424	18	8 45 30.197	+18 48 45.82	9.865 6235
4	8 30 34.432	+19 43 11.37	9.219 7270	19	8 45 56.334	+18 47 06.58	9.876 7039
5	8 30 46.961	+19 42 27.68	9.236 1714	20	8 46 22.675	+18 45 26.32	9.887 6009
6	8 30 59.881	+19 41 42.57	9.252 5716	21	8 46 49.218	+18 43 45.04	9.898 3119
7	8 31 13.186	+19 40 56.03	9.268 9235	22	8 47 15.960	+18 42 02.77	9.908 8346
8	8 31 26.873	+19 40 08.06	9.285 2234	23	8 47 42.897	+18 40 19.52	9.919 1663
9	8 31 40.940	+19 39 18.66	9.301 4672	24	8 48 10.024	+18 38 35.32	9.929 3046
10	8 31 55.383	+19 38 27.85	9.317 6514	25	8 48 37.335	+18 36 50.19	9.939 2474
11	8 32 10.200	+19 37 35.63	9.333 7722	26	8 49 04.823	+18 35 04.15	9.948 9923
12	8 32 25.388	+19 36 41.99	9.349 8260	27	8 49 32.482	+18 33 17.23	9.958 5374
13	8 32 40.944	+19 35 46.97	9.365 8094	28	8 50 00.306	+18 31 29.44	9.967 8805
14	8 32 56.865	+19 34 50.57	9.381 7189	29	8 50 28.289	+18 29 40.80	9.977 0199
15	8 33 13.146	+19 33 52.80	9.397 5510	30	8 50 56.426	+18 27 51.30	9.985 9538
16	8 33 29.784	+19 32 53.70	9.413 3025	July 1	8 51 24.713	+18 26 00.96	9.994 6806
17	8 33 46.772	+19 31 53.27	9.428 9698	2	8 51 53.145	+18 24 09.79	10.003 1987

SATURN, 2006

GEOCENTRIC COORDINATES FOR 0ʰ TERRESTRIAL TIME

Date	Apparent Right Ascension	Apparent Declination	True Geocentric Distance	Date	Apparent Right Ascension	Apparent Declination	True Geocentric Distance
	h m s	° ′ ″			h m s	° ′ ″	
July 1	8 51 24.713	+18 26 00.96	9.994 6806	Aug. 16	9 14 36.843	+16 50 34.53	10.152 8743
2	8 51 53.145	+18 24 09.79	10.003 1987	17	9 15 07.509	+16 48 22.27	10.150 7690
3	8 52 21.720	+18 22 17.79	10.011 5066	18	9 15 38.128	+16 46 09.97	10.148 4240
4	8 52 50.433	+18 20 24.98	10.019 6030	19	9 16 08.697	+16 43 57.68	10.145 8395
5	8 53 19.281	+18 18 31.37	10.027 4865	20	9 16 39.208	+16 41 45.41	10.143 0154
6	8 53 48.261	+18 16 36.98	10.035 1560	21	9 17 09.656	+16 39 33.20	10.139 9522
7	8 54 17.369	+18 14 41.81	10.042 6102	22	9 17 40.036	+16 37 21.07	10.136 6501
8	8 54 46.602	+18 12 45.89	10.049 8482	23	9 18 10.342	+16 35 09.04	10.133 1097
9	8 55 15.954	+18 10 49.25	10.056 8687	24	9 18 40.570	+16 32 57.12	10.129 3315
10	8 55 45.422	+18 08 51.91	10.063 6710	25	9 19 10.716	+16 30 45.33	10.125 3162
11	8 56 14.998	+18 06 53.89	10.070 2539	26	9 19 40.777	+16 28 33.70	10.121 0645
12	8 56 44.677	+18 04 55.22	10.076 6164	27	9 20 10.748	+16 26 22.24	10.116 5775
13	8 57 14.453	+18 02 55.91	10.082 7575	28	9 20 40.627	+16 24 10.97	10.111 8559
14	8 57 44.321	+18 00 55.96	10.088 6761	29	9 21 10.410	+16 21 59.91	10.106 9009
15	8 58 14.279	+17 58 55.36	10.094 3710	30	9 21 40.094	+16 19 49.09	10.101 7137
16	8 58 44.323	+17 56 54.13	10.099 8408	31	9 22 09.675	+16 17 38.52	10.096 2953
17	8 59 14.452	+17 54 52.25	10.105 0841	Sept. 1	9 22 39.149	+16 15 28.25	10.090 6470
18	8 59 44.665	+17 52 49.75	10.110 0997	2	9 23 08.512	+16 13 18.30	10.084 7702
19	9 00 14.958	+17 50 46.62	10.114 8861	3	9 23 37.758	+16 11 08.71	10.078 6663
20	9 00 45.329	+17 48 42.91	10.119 4421	4	9 24 06.883	+16 08 59.50	10.072 3367
21	9 01 15.773	+17 46 38.63	10.123 7663	5	9 24 35.880	+16 06 50.71	10.065 7827
22	9 01 46.283	+17 44 33.82	10.127 8575	6	9 25 04.743	+16 04 42.36	10.059 0057
23	9 02 16.855	+17 42 28.49	10.131 7147	7	9 25 33.469	+16 02 34.46	10.052 0071
24	9 02 47.482	+17 40 22.68	10.135 3369	8	9 26 02.053	+16 00 27.03	10.044 7882
25	9 03 18.158	+17 38 16.40	10.138 7232	9	9 26 30.494	+15 58 20.07	10.037 3501
26	9 03 48.877	+17 36 09.68	10.141 8728	10	9 26 58.791	+15 56 13.57	10.029 6938
27	9 04 19.634	+17 34 02.52	10.144 7851	11	9 27 26.943	+15 54 07.57	10.021 8205
28	9 04 50.426	+17 31 54.94	10.147 4596	12	9 27 54.946	+15 52 02.08	10.013 7310
29	9 05 21.248	+17 29 46.96	10.149 8956	13	9 28 22.797	+15 49 57.15	10.005 4266
30	9 05 52.097	+17 27 38.58	10.152 0931	14	9 28 50.491	+15 47 52.81	9.996 9084
31	9 06 22.969	+17 25 29.82	10.154 0515	15	9 29 18.021	+15 45 49.09	9.988 1776
Aug. 1	9 06 53.861	+17 23 20.69	10.155 7707	16	9 29 45.381	+15 43 46.04	9.979 2356
2	9 07 24.769	+17 21 11.22	10.157 2507	17	9 30 12.565	+15 41 43.69	9.970 0840
3	9 07 55.692	+17 19 01.42	10.158 4913	18	9 30 39.568	+15 39 42.05	9.960 7243
4	9 08 26.625	+17 16 51.32	10.159 4925	19	9 31 06.384	+15 37 41.17	9.951 1584
5	9 08 57.564	+17 14 40.96	10.160 2545	20	9 31 33.010	+15 35 41.05	9.941 3880
6	9 09 28.507	+17 12 30.39	10.160 7774	21	9 31 59.440	+15 33 41.72	9.931 4152
7	9 09 59.444	+17 10 19.78	10.161 0613	22	9 32 25.670	+15 31 43.21	9.921 2419
8	9 10 30.339	+17 08 08.85	10.161 1065	23	9 32 51.698	+15 29 45.54	9.910 8704
9	9 11 01.238	+17 05 57.40	10.160 9130	24	9 33 17.519	+15 27 48.72	9.900 3030
10	9 11 32.126	+17 03 45.93	10.160 4810	25	9 33 43.130	+15 25 52.79	9.889 5419
11	9 12 02.987	+17 01 34.36	10.159 8104	26	9 34 08.528	+15 23 57.77	9.878 5896
12	9 12 33.820	+16 59 22.66	10.158 9012	27	9 34 33.709	+15 22 03.68	9.867 4487
13	9 13 04.624	+16 57 10.81	10.157 7533	28	9 34 58.669	+15 20 10.57	9.856 1218
14	9 13 35.397	+16 54 58.83	10.156 3663	29	9 35 23.404	+15 18 18.46	9.844 6114
15	9 14 06.138	+16 52 46.73	10.154 7400	30	9 35 47.907	+15 16 27.39	9.832 9204
16	9 14 36.843	+16 50 34.53	10.152 8743	Oct. 1	9 36 12.175	+15 14 37.39	9.821 0515

GEOCENTRIC COORDINATES FOR 0ʰ TERRESTRIAL TIME

Date	Apparent Right Ascension	Apparent Declination	True Geocentric Distance	Date	Apparent Right Ascension	Apparent Declination	True Geocentric Distance
	h m s	° ′ ″			h m s	° ′ ″	
Oct. 1	9 36 12.175	+15 14 37.39	9.821 0515	Nov. 16	9 49 23.316	+14 16 41.56	9.135 3396
2	9 36 36.201	+15 12 48.50	9.809 0075	17	9 49 32.023	+14 16 09.35	9.118 7810
3	9 36 59.981	+15 11 00.75	9.796 7911	18	9 49 40.317	+14 15 39.29	9.102 2199
4	9 37 23.508	+15 09 14.15	9.784 4052	19	9 49 48.195	+14 15 11.40	9.085 6616
5	9 37 46.778	+15 07 28.72	9.771 8524	20	9 49 55.657	+14 14 45.69	9.069 1111
6	9 38 09.790	+15 05 44.48	9.759 1354	21	9 50 02.700	+14 14 22.18	9.052 5736
7	9 38 32.542	+15 04 01.42	9.746 2569	22	9 50 09.323	+14 14 00.88	9.036 0543
8	9 38 55.032	+15 02 19.56	9.733 2191	23	9 50 15.522	+14 13 41.81	9.019 5585
9	9 39 17.260	+15 00 38.92	9.720 0246	24	9 50 21.295	+14 13 24.99	9.003 0915
10	9 39 39.221	+14 58 59.53	9.706 6759	25	9 50 26.639	+14 13 10.44	8.986 6585
11	9 40 00.911	+14 57 21.43	9.693 1755	26	9 50 31.550	+14 12 58.17	8.970 2648
12	9 40 22.324	+14 55 44.67	9.679 5260	27	9 50 36.028	+14 12 48.18	8.953 9157
13	9 40 43.453	+14 54 09.28	9.665 7301	28	9 50 40.069	+14 12 40.47	8.937 6163
14	9 41 04.293	+14 52 35.30	9.651 7907	29	9 50 43.675	+14 12 35.03	8.921 3717
15	9 41 24.838	+14 51 02.75	9.637 7108	30	9 50 46.845	+14 12 31.85	8.905 1869
16	9 41 45.082	+14 49 31.67	9.623 4935	Dec. 1	9 50 49.582	+14 12 30.93	8.889 0667
17	9 42 05.022	+14 48 02.08	9.609 1421	2	9 50 51.887	+14 12 32.23	8.873 0161
18	9 42 24.652	+14 46 33.99	9.594 6600	3	9 50 53.762	+14 12 35.77	8.857 0397
19	9 42 43.969	+14 45 07.43	9.580 0506	4	9 50 55.207	+14 12 41.55	8.841 1422
20	9 43 02.970	+14 43 42.43	9.565 3175	5	9 50 56.221	+14 12 49.58	8.825 3283
21	9 43 21.651	+14 42 19.00	9.550 4643	6	9 50 56.803	+14 12 59.86	8.809 6027
22	9 43 40.010	+14 40 57.16	9.535 4948	7	9 50 56.951	+14 13 12.43	8.793 9701
23	9 43 58.042	+14 39 36.95	9.520 4129	8	9 50 56.661	+14 13 27.27	8.778 4355
24	9 44 15.746	ǀ 14 38 18.38	9.505 2225	9	9 50 55.933	ǀ 14 13 44.39	8.763 0037
25	9 44 33.116	+14 37 01.49	9.489 9276	10	9 50 54.766	+14 14 03.78	8.747 6798
26	9 44 50.148	+14 35 46.31	9.474 5324	11	9 50 53.160	+14 14 25.43	8.732 4688
27	9 45 06.839	+14 34 32.87	9.459 0409	12	9 50 51.117	+14 14 49.34	8.717 3759
28	9 45 23.184	+14 33 21.20	9.443 4574	13	9 50 48.637	+14 15 15.48	8.702 4063
29	9 45 39.177	+14 32 11.34	9.427 7860	14	9 50 45.723	+14 15 43.84	8.687 5653
30	9 45 54.814	+14 31 03.30	9.412 0309	15	9 50 42.377	+14 16 14.40	8.672 8580
31	9 46 10.089	+14 29 57.12	9.396 1965	16	9 50 38.601	+14 16 47.16	8.658 2899
Nov. 1	9 46 25.000	+14 28 52.79	9.380 2867	17	9 50 34.398	+14 17 22.10	8.643 8662
2	9 46 39.544	+14 27 50.34	9.364 3058	18	9 50 29.769	+14 17 59.20	8.629 5922
3	9 46 53.719	+14 26 49.76	9.348 2578	19	9 50 24.718	+14 18 38.46	8.615 4732
4	9 47 07.526	+14 25 51.06	9.332 1466	20	9 50 19.246	+14 19 19.86	8.601 5147
5	9 47 20.962	+14 24 54.24	9.315 9761	21	9 50 13.355	+14 20 03.39	8.587 7219
6	9 47 34.028	+14 23 59.33	9.299 7502	22	9 50 07.046	+14 20 49.05	8.574 1001
7	9 47 46.719	+14 23 06.36	9.283 4727	23	9 50 00.321	+14 21 36.81	8.560 6543
8	9 47 59.032	+14 22 15.37	9.267 1476	24	9 49 53.182	+14 22 26.66	8.547 3898
9	9 48 10.960	+14 21 26.38	9.250 7788	25	9 49 45.632	+14 23 18.55	8.534 3114
10	9 48 22.498	+14 20 39.42	9.234 3706	26	9 49 37.676	+14 24 12.46	8.521 4239
11	9 48 33.642	+14 19 54.53	9.217 9272	27	9 49 29.319	+14 25 08.34	8.508 7321
12	9 48 44.387	+14 19 11.72	9.201 4530	28	9 49 20.567	+14 26 06.14	8.496 2403
13	9 48 54.730	+14 18 31.00	9.184 9524	29	9 49 11.428	+14 27 05.83	8.483 9529
14	9 49 04.667	+14 17 52.40	9.168 4302	30	9 49 01.909	+14 28 07.36	8.471 8740
15	9 49 14.196	+14 17 15.91	9.151 8910	31	9 48 52.014	+14 29 10.71	8.460 0079
16	9 49 23.316	+14 16 41.56	9.135 3396	32	9 48 41.750	+14 30 15.85	8.448 3585

URANUS, 2006

GEOCENTRIC COORDINATES FOR 0ʰ TERRESTRIAL TIME

Date	Apparent Right Ascension	Apparent Declination	True Geocentric Distance	Date	Apparent Right Ascension	Apparent Declination	True Geocentric Distance
	h m s	o ′ ″			h m s	o ′ ″	
Jan. 0	22 38 35.632	− 9 23 06.92	20.574 164	Feb. 15	22 46 51.901	− 8 32 26.71	21.034 390
1	22 38 43.809	− 9 22 16.24	20.588 844	16	22 47 04.518	− 8 31 09.82	21.038 575
2	22 38 52.134	− 9 21 24.70	20.603 366	17	22 47 17.171	− 8 29 52.71	21.042 485
3	22 39 00.603	− 9 20 32.31	20.617 724	18	22 47 29.858	− 8 28 35.39	21.046 119
4	22 39 09.214	− 9 19 39.09	20.631 915	19	22 47 42.578	− 8 27 17.88	21.049 477
5	22 39 17.965	− 9 18 45.02	20.645 934	20	22 47 55.329	− 8 26 00.17	21.052 557
6	22 39 26.857	− 9 17 50.13	20.659 778	21	22 48 08.110	− 8 24 42.30	21.055 359
7	22 39 35.888	− 9 16 54.39	20.673 443	22	22 48 20.918	− 8 23 24.26	21.057 882
8	22 39 45.058	− 9 15 57.84	20.686 925	23	22 48 33.749	− 8 22 06.10	21.060 125
9	22 39 54.365	− 9 15 00.47	20.700 221	24	22 48 46.600	− 8 20 47.83	21.062 087
10	22 40 03.808	− 9 14 02.30	20.713 329	25	22 48 59.467	− 8 19 29.49	21.063 768
11	22 40 13.384	− 9 13 03.35	20.726 244	26	22 49 12.344	− 8 18 11.10	21.065 167
12	22 40 23.089	− 9 12 03.65	20.738 963	27	22 49 25.228	− 8 16 52.69	21.066 283
13	22 40 32.920	− 9 11 03.22	20.751 483	28	22 49 38.117	− 8 15 34.32	21.067 116
14	22 40 42.874	− 9 10 02.08	20.763 801	Mar. 1	22 49 51.008	− 8 14 16.18	21.067 666
15	22 40 52.947	− 9 09 00.24	20.775 915	2	22 50 03.853	− 8 12 57.93	21.067 933
16	22 41 03.137	− 9 07 57.72	20.787 820	3	22 50 16.728	− 8 11 39.23	21.067 918
17	22 41 13.440	− 9 06 54.52	20.799 514	4	22 50 29.608	− 8 10 20.73	21.067 621
18	22 41 23.855	− 9 05 50.67	20.810 994	5	22 50 42.483	− 8 09 02.32	21.067 043
19	22 41 34.380	− 9 04 46.16	20.822 257	6	22 50 55.350	− 8 07 43.98	21.066 184
20	22 41 45.014	− 9 03 41.00	20.833 299	7	22 51 08.204	− 8 06 25.74	21.065 046
21	22 41 55.755	− 9 02 35.20	20.844 119	8	22 51 21.043	− 8 05 07.61	21.063 629
22	22 42 06.602	− 9 01 28.77	20.854 711	9	22 51 33.863	− 8 03 49.62	21.061 934
23	22 42 17.554	− 9 00 21.71	20.865 075	10	22 51 46.660	− 8 02 31.78	21.059 962
24	22 42 28.610	− 8 59 14.03	20.875 207	11	22 51 59.431	− 8 01 14.11	21.057 714
25	22 42 39.767	− 8 58 05.75	20.885 103	12	22 52 12.173	− 7 59 56.63	21.055 190
26	22 42 51.024	− 8 56 56.89	20.894 761	13	22 52 24.883	− 7 58 39.36	21.052 393
27	22 43 02.377	− 8 55 47.46	20.904 178	14	22 52 37.560	− 7 57 22.29	21.049 323
28	22 43 13.821	− 8 54 37.51	20.913 352	15	22 52 50.201	− 7 56 05.44	21.045 982
29	22 43 25.351	− 8 53 27.05	20.922 278	16	22 53 02.806	− 7 54 48.82	21.042 369
30	22 43 36.963	− 8 52 16.12	20.930 956	17	22 53 15.373	− 7 53 32.43	21.038 486
31	22 43 48.652	− 8 51 04.73	20.939 381	18	22 53 27.900	− 7 52 16.28	21.034 335
Feb. 1	22 44 00.415	− 8 49 52.89	20.947 553	19	22 53 40.386	− 7 51 00.39	21.029 917
2	22 44 12.252	− 8 48 40.61	20.955 468	20	22 53 52.830	− 7 49 44.77	21.025 231
3	22 44 24.162	− 8 47 27.87	20.963 126	21	22 54 05.229	− 7 48 29.43	21.020 281
4	22 44 36.145	− 8 46 14.70	20.970 524	22	22 54 17.581	− 7 47 14.39	21.015 066
5	22 44 48.198	− 8 45 01.11	20.977 661	23	22 54 29.881	− 7 45 59.68	21.009 588
6	22 45 00.319	− 8 43 47.11	20.984 535	24	22 54 42.126	− 7 44 45.33	21.003 849
7	22 45 12.506	− 8 42 32.74	20.991 145	25	22 54 54.311	− 7 43 31.37	20.997 849
8	22 45 24.753	− 8 41 18.01	20.997 491	26	22 55 06.432	− 7 42 17.80	20.991 590
9	22 45 37.058	− 8 40 02.94	21.003 570	27	22 55 18.486	− 7 41 04.67	20.985 074
10	22 45 49.417	− 8 38 47.57	21.009 381	28	22 55 30.469	− 7 39 51.96	20.978 302
11	22 46 01.826	− 8 37 31.92	21.014 925	29	22 55 42.382	− 7 38 39.70	20.971 276
12	22 46 14.281	− 8 36 15.99	21.020 198	30	22 55 54.222	− 7 37 27.87	20.963 999
13	22 46 26.781	− 8 34 59.80	21.025 201	31	22 56 05.991	− 7 36 16.48	20.956 472
14	22 46 39.321	− 8 33 43.37	21.029 932	Apr. 1	22 56 17.688	− 7 35 05.55	20.948 698
15	22 46 51.901	− 8 32 26.71	21.034 390	2	22 56 29.308	− 7 33 55.10	20.940 681

GEOCENTRIC COORDINATES FOR 0^h TERRESTRIAL TIME

Date	Apparent Right Ascension	Apparent Declination	True Geocentric Distance	Date	Apparent Right Ascension	Apparent Declination	True Geocentric Distance
	h m s	° ′ ″			h m s	° ′ ″	
Apr. 1	22 56 17.688	− 7 35 05.55	20.948 698	May 17	23 03 16.716	− 6 53 13.29	20.374 608
2	22 56 29.308	− 7 33 55.10	20.940 681	18	23 03 22.553	− 6 52 39.30	20.358 705
3	22 56 40.851	− 7 32 45.15	20.932 421	19	23 03 28.225	− 6 52 06.35	20.342 719
4	22 56 52.310	− 7 31 35.73	20.923 923	20	23 03 33.728	− 6 51 34.45	20.326 652
5	22 57 03.684	− 7 30 26.85	20.915 188	21	23 03 39.062	− 6 51 03.63	20.310 509
6	22 57 14.968	− 7 29 18.55	20.906 221	22	23 03 44.225	− 6 50 33.86	20.294 294
7	22 57 26.160	− 7 28 10.84	20.897 022	23	23 03 49.218	− 6 50 05.16	20.278 012
8	22 57 37.256	− 7 27 03.73	20.887 596	24	23 03 54.043	− 6 49 37.51	20.261 667
9	22 57 48.255	− 7 25 57.23	20.877 945	25	23 03 58.699	− 6 49 10.91	20.245 264
10	22 57 59.154	− 7 24 51.35	20.868 071	26	23 04 03.187	− 6 48 45.37	20.228 808
11	22 58 09.954	− 7 23 46.11	20.857 978	27	23 04 07.505	6 48 20.90	20.212 303
12	22 58 20.651	− 7 22 41.49	20.847 669	28	23 04 11.652	− 6 47 57.50	20.195 754
13	22 58 31.246	− 7 21 37.52	20.837 145	29	23 04 15.626	− 6 47 35.21	20.179 166
14	22 58 41.738	− 7 20 34.19	20.826 410	30	23 04 19.424	− 6 47 14.02	20.162 545
15	22 58 52.125	− 7 19 31.51	20.815 466	31	23 04 23.045	− 6 46 53.96	20.145 895
16	22 59 02.407	− 7 18 29.50	20.804 317	June 1	23 04 26.486	− 6 46 35.02	20.129 221
17	22 59 12.581	− 7 17 28.16	20.792 965	2	23 04 29.748	− 6 46 17.22	20.112 527
18	22 59 22.646	− 7 16 27.51	20.781 412	3	23 04 32.829	− 6 46 00.54	20.095 819
19	22 59 32.599	− 7 15 27.58	20.769 662	4	23 04 35.729	− 6 45 44.99	20.079 101
20	22 59 42.435	− 7 14 28.39	20.757 718	5	23 04 38.450	− 6 45 30.56	20.062 378
21	22 59 52.152	− 7 13 29.96	20.745 582	6	23 04 40.992	− 6 45 17.25	20.045 654
22	23 00 01.745	− 7 12 32.30	20.733 257	7	23 04 43.356	− 6 45 05.04	20.028 934
23	23 00 11.212	− 7 11 35.45	20.720 746	8	23 04 45.543	− 6 44 53.94	20.012 223
24	23 00 20.550	− 7 10 39.40	20.708 053	9	23 04 47.553	6 44 43.94	19.995 525
25	23 00 29.758	− 7 09 44.16	20.695 181	10	23 04 49.388	− 6 44 35.03	19.978 844
26	23 00 38.835	− 7 08 49.74	20.682 133	11	23 04 51.046	− 6 44 27.22	19.962 184
27	23 00 47.783	− 7 07 56.12	20.668 913	12	23 04 52.528	− 6 44 20.52	19.945 551
28	23 00 56.601	− 7 07 03.31	20.655 525	13	23 04 53.833	− 6 44 14.93	19.928 948
29	23 01 05.288	− 7 06 11.34	20.641 973	14	23 04 54.957	− 6 44 10.47	19.912 379
30	23 01 13.841	− 7 05 20.21	20.628 261	15	23 04 55.898	− 6 44 07.16	19.895 849
May 1	23 01 22.257	− 7 04 29.95	20.614 393	16	23 04 56.657	− 6 44 04.98	19.879 362
2	23 01 30.533	− 7 03 40.58	20.600 373	17	23 04 57.231	− 6 44 03.95	19.862 923
3	23 01 38.666	− 7 02 52.13	20.586 205	18	23 04 57.621	− 6 44 04.06	19.846 536
4	23 01 46.654	− 7 02 04.59	20.571 894	19	23 04 57.829	− 6 44 05.29	19.830 206
5	23 01 54.493	− 7 01 17.99	20.557 443	20	23 04 57.857	− 6 44 07.63	19.813 937
6	23 02 02.183	− 7 00 32.34	20.542 856	21	23 04 57.707	− 6 44 11.08	19.797 734
7	23 02 09.723	− 6 59 47.63	20.528 138	22	23 04 57.380	− 6 44 15.61	19.781 603
8	23 02 17.110	− 6 59 03.88	20.513 293	23	23 04 56.877	− 6 44 21.25	19.765 547
9	23 02 24.346	− 6 58 21.08	20.498 325	24	23 04 56.197	− 6 44 27.98	19.749 573
10	23 02 31.430	− 6 57 39.23	20.483 237	25	23 04 55.339	− 6 44 35.81	19.733 685
11	23 02 38.361	− 6 56 58.33	20.468 033	26	23 04 54.304	− 6 44 44.76	19.717 888
12	23 02 45.140	− 6 56 18.39	20.452 718	27	23 04 53.089	− 6 44 54.82	19.702 187
13	23 02 51.766	− 6 55 39.41	20.437 296	28	23 04 51.694	− 6 45 06.00	19.686 587
14	23 02 58.238	− 6 55 01.40	20.421 770	29	23 04 50.121	− 6 45 18.28	19.671 092
15	23 03 04.555	− 6 54 24.36	20.406 144	30	23 04 48.369	− 6 45 31.67	19.655 708
16	23 03 10.715	− 6 53 48.32	20.390 422	July 1	23 04 46.440	− 6 45 46.14	19.640 439
17	23 03 16.716	− 6 53 13.29	20.374 608	2	23 04 44.335	− 6 46 01.69	19.625 289

URANUS, 2006

GEOCENTRIC COORDINATES FOR 0ʰ TERRESTRIAL TIME

Date	Apparent Right Ascension	Apparent Declination	True Geocentric Distance	Date	Apparent Right Ascension	Apparent Declination	True Geocentric Distance
	h m s	° ′ ″			h m s	° ′ ″	
July 1	23 04 46.440	− 6 45 46.14	19.640 439	Aug. 16	23 00 35.584	− 7 13 09.59	19.131 496
2	23 04 44.335	− 6 46 01.69	19.625 289	17	23 00 27.416	− 7 14 01.15	19.125 946
3	23 04 42.058	− 6 46 18.29	19.610 263	18	23 00 19.178	− 7 14 53.10	19.120 675
4	23 04 39.609	− 6 46 35.95	19.595 366	19	23 00 10.872	− 7 15 45.42	19.115 685
5	23 04 36.992	− 6 46 54.63	19.580 601	20	23 00 02.499	− 7 16 38.09	19.110 978
6	23 04 34.208	− 6 47 14.32	19.565 972	21	22 59 54.063	− 7 17 31.11	19.106 557
7	23 04 31.261	− 6 47 35.02	19.551 485	22	22 59 45.566	− 7 18 24.45	19.102 423
8	23 04 28.150	− 6 47 56.71	19.537 142	23	22 59 37.012	− 7 19 18.10	19.098 578
9	23 04 24.878	− 6 48 19.38	19.522 949	24	22 59 28.403	− 7 20 12.01	19.095 024
10	23 04 21.445	− 6 48 43.05	19.508 908	25	22 59 19.745	− 7 21 06.17	19.091 762
11	23 04 17.850	− 6 49 07.70	19.495 023	26	22 59 11.041	− 7 22 00.55	19.088 792
12	23 04 14.093	− 6 49 33.35	19.481 299	27	22 59 02.297	− 7 22 55.10	19.086 118
13	23 04 10.172	− 6 50 00.00	19.467 739	28	22 58 53.518	− 7 23 49.81	19.083 738
14	23 04 06.090	− 6 50 27.63	19.454 347	29	22 58 44.707	− 7 24 44.64	19.081 655
15	23 04 01.847	− 6 50 56.22	19.441 126	30	22 58 35.871	− 7 25 39.57	19.079 869
16	23 03 57.445	− 6 51 25.77	19.428 082	31	22 58 27.012	− 7 26 34.57	19.078 380
17	23 03 52.890	− 6 51 56.23	19.415 217	Sept. 1	22 58 18.135	− 7 27 29.61	19.077 189
18	23 03 48.184	− 6 52 27.60	19.402 536	2	22 58 09.244	− 7 28 24.69	19.076 296
19	23 03 43.330	− 6 52 59.86	19.390 043	3	22 58 00.341	− 7 29 19.78	19.075 702
20	23 03 38.331	− 6 53 32.99	19.377 743	4	22 57 51.428	− 7 30 14.88	19.075 405
21	23 03 33.188	− 6 54 06.99	19.365 639	5	22 57 42.507	− 7 31 09.97	19.075 408
22	23 03 27.901	− 6 54 41.85	19.353 736	6	22 57 33.580	− 7 32 05.04	19.075 708
23	23 03 22.472	− 6 55 17.57	19.342 038	7	22 57 24.649	− 7 33 00.06	19.076 306
24	23 03 16.901	− 6 55 54.15	19.330 549	8	22 57 15.718	− 7 33 55.02	19.077 202
25	23 03 11.189	− 6 56 31.58	19.319 272	9	22 57 06.793	− 7 34 49.86	19.078 396
26	23 03 05.338	− 6 57 09.84	19.308 212	10	22 56 57.878	− 7 35 44.57	19.079 888
27	23 02 59.350	− 6 57 48.91	19.297 372	11	22 56 48.981	− 7 36 39.10	19.081 677
28	23 02 53.228	− 6 58 28.78	19.286 756	12	22 56 40.105	− 7 37 33.43	19.083 764
29	23 02 46.975	− 6 59 09.41	19.276 367	13	22 56 31.255	− 7 38 27.54	19.086 149
30	23 02 40.594	− 6 59 50.80	19.266 209	14	22 56 22.432	− 7 39 21.43	19.088 832
31	23 02 34.090	− 7 00 32.90	19.256 284	15	22 56 13.640	− 7 40 15.07	19.091 812
Aug. 1	23 02 27.465	− 7 01 15.70	19.246 596	16	22 56 04.880	− 7 41 08.47	19.095 089
2	23 02 20.724	− 7 01 59.18	19.237 149	17	22 55 56.155	− 7 42 01.59	19.098 662
3	23 02 13.871	− 7 02 43.30	19.227 943	18	22 55 47.468	− 7 42 54.43	19.102 531
4	23 02 06.908	− 7 03 28.06	19.218 984	19	22 55 38.822	− 7 43 46.95	19.106 696
5	23 01 59.838	− 7 04 13.44	19.210 272	20	22 55 30.222	− 7 44 39.13	19.111 154
6	23 01 52.664	− 7 04 59.42	19.201 811	21	22 55 21.670	− 7 45 30.95	19.115 905
7	23 01 45.388	− 7 05 45.99	19.193 603	22	22 55 13.173	− 7 46 22.37	19.120 948
8	23 01 38.010	− 7 06 33.15	19.185 651	23	22 55 04.735	− 7 47 13.35	19.126 280
9	23 01 30.530	− 7 07 20.90	19.177 955	24	22 54 56.360	− 7 48 03.89	19.131 902
10	23 01 22.951	− 7 08 09.22	19.170 520	25	22 54 48.054	− 7 48 53.93	19.137 810
11	23 01 15.274	− 7 08 58.09	19.163 347	26	22 54 39.821	− 7 49 43.47	19.144 003
12	23 01 07.503	− 7 09 47.47	19.156 438	27	22 54 31.665	− 7 50 32.47	19.150 478
13	23 00 59.644	− 7 10 37.35	19.149 796	28	22 54 23.590	− 7 51 20.92	19.157 235
14	23 00 51.702	− 7 11 27.67	19.143 424	29	22 54 15.599	− 7 52 08.79	19.164 270
15	23 00 43.681	− 7 12 18.43	19.137 323	30	22 54 07.695	− 7 52 56.08	19.171 580
16	23 00 35.584	− 7 13 09.59	19.131 496	Oct. 1	22 53 59.880	− 7 53 42.78	19.179 164

GEOCENTRIC COORDINATES FOR 0ʰ TERRESTRIAL TIME

Date	Apparent Right Ascension	Apparent Declination	True Geocentric Distance	Date	Apparent Right Ascension	Apparent Declination	True Geocentric Distance
	h m s	° ′ ″			h m s	° ′ ″	
Oct. 1	22 53 59.880	− 7 53 42.78	19.179 164	Nov. 16	22 50 23.452	− 8 14 12.08	19.769 046
2	22 53 52.155	− 7 54 28.87	19.187 019	17	22 50 22.665	− 8 14 14.32	19.785 611
3	22 53 44.523	− 7 55 14.35	19.195 142	18	22 50 22.070	− 8 14 15.39	19.802 263
4	22 53 36.985	− 7 55 59.20	19.203 530	19	22 50 21.667	− 8 14 15.26	19.818 994
5	22 53 29.544	− 7 56 43.40	19.212 181	20	22 50 21.458	− 8 14 13.94	19.835 801
6	22 53 22.204	− 7 57 26.92	19.221 092	21	22 50 21.444	− 8 14 11.43	19.852 677
7	22 53 14.969	− 7 58 09.73	19.230 260	22	22 50 21.626	− 8 14 07.73	19.869 617
8	22 53 07.846	− 7 58 51.80	19.239 682	23	22 50 22.002	− 8 14 02.83	19.886 616
9	22 53 00.838	− 7 59 33.10	19.249 357	24	22 50 22.572	− 8 13 56.76	19.903 668
10	22 52 53.951	− 8 00 13.63	19.259 281	25	22 50 23.335	− 8 13 49.52	19.920 767
11	22 52 47.184	− 8 00 53.37	19.269 453	26	22 50 24.290	− 8 13 41.12	19.937 908
12	22 52 40.541	− 8 01 32.32	19.279 868	27	22 50 25.434	− 8 13 31.56	19.955 085
13	22 52 34.022	− 8 02 10.48	19.290 525	28	22 50 26.767	− 8 13 20.85	19.972 293
14	22 52 27.628	− 8 02 47.83	19.301 421	29	22 50 28.289	− 8 13 08.98	19.989 527
15	22 52 21.362	− 8 03 24.37	19.312 552	30	22 50 30.001	− 8 12 55.94	20.006 781
16	22 52 15.226	− 8 04 00.07	19.323 915	Dec. 1	22 50 31.905	− 8 12 41.73	20.024 050
17	22 52 09.222	− 8 04 34.93	19.335 507	2	22 50 34.001	− 8 12 26.34	20.041 329
18	22 52 03.355	− 8 05 08.91	19.347 325	3	22 50 36.292	− 8 12 09.76	20.058 613
19	22 51 57.626	− 8 05 41.99	19.359 364	4	22 50 38.777	− 8 11 52.00	20.075 897
20	22 51 52.041	− 8 06 14.16	19.371 621	5	22 50 41.455	− 8 11 33.07	20.093 177
21	22 51 46.602	− 8 06 45.38	19.384 093	6	22 50 44.325	− 8 11 13.00	20.110 447
22	22 51 41.313	− 8 07 15.65	19.396 774	7	22 50 47.382	− 8 10 51.79	20.127 704
23	22 51 36.179	− 8 07 44.93	19.409 662	8	22 50 50.626	− 8 10 29.46	20.144 941
24	22 51 31.201	− 8 08 13.22	19.422 751	9	22 50 54.055	− 8 10 06.02	20.162 155
25	22 51 26.382	− 8 08 40.51	19.436 038	10	22 50 57.667	− 8 09 41.47	20.179 341
26	22 51 21.725	− 8 09 06.77	19.449 517	11	22 51 01.462	− 8 09 15.80	20.196 492
27	22 51 17.231	− 8 09 32.02	19.463 185	12	22 51 05.441	− 8 08 49.03	20.213 605
28	22 51 12.901	− 8 09 56.25	19.477 037	13	22 51 09.603	− 8 08 21.14	20.230 674
29	22 51 08.734	− 8 10 19.45	19.491 068	14	22 51 13.948	− 8 07 52.12	20.247 694
30	22 51 04.732	− 8 10 41.62	19.505 274	15	22 51 18.477	− 8 07 21.99	20.264 660
31	22 51 00.895	− 8 11 02.77	19.519 649	16	22 51 23.191	− 8 06 50.74	20.281 567
Nov. 1	22 50 57.224	− 8 11 22.87	19.534 190	17	22 51 28.088	− 8 06 18.37	20.298 410
2	22 50 53.721	− 8 11 41.92	19.548 891	18	22 51 33.169	− 8 05 44.89	20.315 182
3	22 50 50.389	− 8 11 59.89	19.563 747	19	22 51 38.432	− 8 05 10.30	20.331 880
4	22 50 47.231	− 8 12 16.77	19.578 755	20	22 51 43.876	− 8 04 34.63	20.348 498
5	22 50 44.251	− 8 12 32.53	19.593 910	21	22 51 49.498	− 8 03 57.88	20.365 031
6	22 50 41.452	− 8 12 47.17	19.609 208	22	22 51 55.296	− 8 03 20.08	20.381 473
7	22 50 38.835	− 8 13 00.68	19.624 644	23	22 52 01.266	− 8 02 41.24	20.397 819
8	22 50 36.399	− 8 13 13.07	19.640 214	24	22 52 07.406	− 8 02 01.38	20.414 065
9	22 50 34.145	− 8 13 24.36	19.655 913	25	22 52 13.713	− 8 01 20.52	20.430 205
10	22 50 32.071	− 8 13 34.54	19.671 737	26	22 52 20.185	− 8 00 38.65	20.446 235
11	22 50 30.178	− 8 13 43.61	19.687 682	27	22 52 26.822	− 7 59 55.77	20.462 149
12	22 50 28.466	− 8 13 51.57	19.703 743	28	22 52 33.623	− 7 59 11.89	20.477 944
13	22 50 26.936	− 8 13 58.41	19.719 914	29	22 52 40.589	− 7 58 27.01	20.493 614
14	22 50 25.589	− 8 14 04.11	19.736 192	30	22 52 47.720	− 7 57 41.13	20.509 157
15	22 50 24.427	− 8 14 08.68	19.752 571	31	22 52 55.014	− 7 56 54.26	20.524 567
16	22 50 23.452	− 8 14 12.08	19.769 046	32	22 53 02.470	− 7 56 06.42	20.539 840

NEPTUNE, 2006

GEOCENTRIC COORDINATES FOR 0ʰ TERRESTRIAL TIME

Date	Apparent Right Ascension	Apparent Declination	True Geocentric Distance	Date	Apparent Right Ascension	Apparent Declination	True Geocentric Distance
	h m s	° ′ ″			h m s	° ′ ″	
Jan. 0	21 13 48.942	−16 12 27.59	30.842 447	Feb. 15	21 20 27.404	−15 42 38.34	31.033 497
1	21 13 56.624	−16 11 53.58	30.852 650	16	21 20 36.348	−15 41 57.68	31.030 960
2	21 14 04.377	−16 11 19.25	30.862 612	17	21 20 45.271	−15 41 17.09	31.028 139
3	21 14 12.197	−16 10 44.61	30.872 330	18	21 20 54.171	−15 40 36.56	31.025 033
4	21 14 20.082	−16 10 09.66	30.881 800	19	21 21 03.049	−15 39 56.10	31.021 644
5	21 14 28.030	−16 09 34.38	30.891 022	20	21 21 11.903	−15 39 15.73	31.017 972
6	21 14 36.042	−16 08 58.78	30.899 991	21	21 21 20.733	−15 38 35.44	31.014 019
7	21 14 44.117	−16 08 22.86	30.908 707	22	21 21 29.535	−15 37 55.27	31.009 784
8	21 14 52.256	−16 07 46.61	30.917 166	23	21 21 38.308	−15 37 15.23	31.005 270
9	21 15 00.458	−16 07 10.06	30.925 367	24	21 21 47.049	−15 36 35.33	31.000 478
10	21 15 08.720	−16 06 33.22	30.933 307	25	21 21 55.753	−15 35 55.61	30.995 407
11	21 15 17.040	−16 05 56.11	30.940 986	26	21 22 04.415	−15 35 16.07	30.990 061
12	21 15 25.416	−16 05 18.74	30.948 401	27	21 22 13.032	−15 34 36.73	30.984 439
13	21 15 33.844	−16 04 41.13	30.955 550	28	21 22 21.602	−15 33 57.59	30.978 545
14	21 15 42.320	−16 04 03.30	30.962 432	Mar. 1	21 22 30.122	−15 33 18.65	30.972 379
15	21 15 50.843	−16 03 25.26	30.969 045	2	21 22 38.593	−15 32 39.88	30.965 944
16	21 15 59.409	−16 02 47.00	30.975 387	3	21 22 47.015	−15 32 01.30	30.959 243
17	21 16 08.015	−16 02 08.54	30.981 456	4	21 22 55.390	−15 31 22.92	30.952 277
18	21 16 16.661	−16 01 29.88	30.987 252	5	21 23 03.715	−15 30 44.74	30.945 050
19	21 16 25.345	−16 00 51.02	30.992 771	6	21 23 11.988	−15 30 06.80	30.937 563
20	21 16 34.065	−16 00 11.96	30.998 013	7	21 23 20.207	−15 29 29.10	30.929 820
21	21 16 42.822	−15 59 32.70	31.002 976	8	21 23 28.369	−15 28 51.68	30.921 823
22	21 16 51.613	−15 58 53.25	31.007 658	9	21 23 36.470	−15 28 14.54	30.913 574
23	21 17 00.438	−15 58 13.61	31.012 058	10	21 23 44.507	−15 27 37.69	30.905 077
24	21 17 09.296	−15 57 33.79	31.016 175	11	21 23 52.478	−15 27 01.15	30.896 334
25	21 17 18.187	−15 56 53.80	31.020 006	12	21 24 00.381	−15 26 24.91	30.887 348
26	21 17 27.107	−15 56 13.67	31.023 552	13	21 24 08.215	−15 25 48.99	30.878 121
27	21 17 36.054	−15 55 33.40	31.026 810	14	21 24 15.977	−15 25 13.38	30.868 656
28	21 17 45.024	−15 54 53.04	31.029 779	15	21 24 23.668	−15 24 38.08	30.858 955
29	21 17 54.011	−15 54 12.59	31.032 458	16	21 24 31.285	−15 24 03.10	30.849 022
30	21 18 03.012	−15 53 32.07	31.034 846	17	21 24 38.830	−15 23 28.43	30.838 860
31	21 18 12.023	−15 52 51.48	31.036 943	18	21 24 46.301	−15 22 54.08	30.828 470
Feb. 1	21 18 21.041	−15 52 10.82	31.038 749	19	21 24 53.699	−15 22 20.06	30.817 856
2	21 18 30.066	−15 51 30.08	31.040 262	20	21 25 01.021	−15 21 46.38	30.807 020
3	21 18 39.100	−15 50 49.27	31.041 483	21	21 25 08.267	−15 21 13.05	30.795 965
4	21 18 48.143	−15 50 08.37	31.042 413	22	21 25 15.436	−15 20 40.08	30.784 695
5	21 18 57.200	−15 49 27.41	31.043 051	23	21 25 22.523	−15 20 07.50	30.773 211
6	21 19 06.333	−15 48 47.00	31.043 398	24	21 25 29.526	−15 19 35.33	30.761 518
7	21 19 15.241	−15 48 05.78	31.043 454	25	21 25 36.442	−15 19 03.57	30.749 618
8	21 19 24.311	−15 47 24.57	31.043 220	26	21 25 43.266	−15 18 32.24	30.737 514
9	21 19 33.364	−15 46 43.52	31.042 696	27	21 25 49.997	−15 18 01.35	30.725 210
10	21 19 42.407	−15 46 02.53	31.041 883	28	21 25 56.631	−15 17 30.88	30.712 709
11	21 19 51.438	−15 45 21.58	31.040 781	29	21 26 03.171	−15 17 00.84	30.700 015
12	21 20 00.455	−15 44 40.69	31.039 390	30	21 26 09.615	−15 16 31.21	30.687 132
13	21 20 09.456	−15 43 59.85	31.037 713	31	21 26 15.967	−15 16 01.99	30.674 064
14	21 20 18.440	−15 43 19.06	31.035 748	Apr. 1	21 26 22.224	−15 15 33.21	30.660 816
15	21 20 27.404	−15 42 38.34	31.033 497	2	21 26 28.387	−15 15 04.86	30.647 391

GEOCENTRIC COORDINATES FOR 0ʰ TERRESTRIAL TIME

Date	Apparent Right Ascension	Apparent Declination	True Geocentric Distance	Date	Apparent Right Ascension	Apparent Declination	True Geocentric Distance
	h m s	o ′ ″			h m s	o ′ ″	
Apr. 1	21 26 22.224	−15 15 33.21	30.660 816	May 17	21 29 07.676	−15 03 10.94	29.929 836
2	21 26 28.387	−15 15 04.86	30.647 391	18	21 29 08.364	−15 03 08.75	29.913 006
3	21 26 34.454	−15 14 36.99	30.633 794	19	21 29 08.921	−15 03 07.20	29.896 210
4	21 26 40.420	−15 14 09.59	30.620 029	20	21 29 09.345	−15 03 06.29	29.879 453
5	21 26 46.285	−15 13 42.69	30.606 100	21	21 29 09.636	−15 03 06.01	29.862 739
6	21 26 52.044	−15 13 16.29	30.592 011	22	21 29 09.795	−15 03 06.35	29.846 074
7	21 26 57.697	−15 12 50.41	30.577 767	23	21 29 09.823	−15 03 07.30	29.829 462
8	21 27 03.242	−15 12 25.04	30.563 372	24	21 29 09.723	−15 03 08.85	29.812 907
9	21 27 08.676	−15 12 00.19	30.548 830	25	21 29 09.498	−15 03 10.98	29.796 416
10	21 27 14.001	−15 11 35.85	30.534 145	26	21 29 09.148	−15 03 13.71	29.779 993
11	21 27 19.215	−15 11 12.02	30.519 321	27	21 29 08.674	−15 03 17.03	29.763 644
12	21 27 24.318	−15 10 48.71	30.504 362	28	21 29 08.076	−15 03 20.97	29.747 373
13	21 27 29.310	−15 10 25.90	30.489 273	29	21 29 07.353	−15 03 25.52	29.731 186
14	21 27 34.192	−15 10 03.61	30.474 056	30	21 29 06.503	−15 03 30.69	29.715 087
15	21 27 38.964	−15 09 41.83	30.458 717	31	21 29 05.526	−15 03 36.49	29.699 082
16	21 27 43.626	−15 09 20.56	30.443 260	June 1	21 29 04.422	−15 03 42.92	29.683 174
17	21 27 48.176	−15 08 59.82	30.427 688	2	21 29 03.190	−15 03 49.95	29.667 369
18	21 27 52.615	−15 08 39.62	30.412 006	3	21 29 01.831	−15 03 57.59	29.651 672
19	21 27 56.940	−15 08 19.98	30.396 217	4	21 29 00.347	−15 04 05.82	29.636 086
20	21 28 01.148	−15 08 00.91	30.380 326	5	21 28 58.740	−15 04 14.63	29.620 616
21	21 28 05.237	−15 07 42.42	30.364 336	6	21 28 57.011	−15 04 24.01	29.605 266
22	21 28 09.205	−15 07 24.53	30.348 253	7	21 28 55.162	−15 04 33.95	29.590 042
23	21 28 13.048	−15 07 07.22	30.332 081	8	21 28 53.196	−15 04 44.44	29.574 945
24	21 28 16.766	−15 06 50.51	30.315 824	9	21 28 51.114	−15 04 55.47	29.559 982
25	21 28 20.359	−15 06 34.37	30.299 487	10	21 28 48.919	−15 05 07.04	29.545 156
26	21 28 23.828	−15 06 18.80	30.283 075	11	21 28 46.610	−15 05 19.15	29.530 470
27	21 28 27.175	−15 06 03.80	30.266 592	12	21 28 44.190	−15 05 31.81	29.515 929
28	21 28 30.401	−15 05 49.36	30.250 045	13	21 28 41.656	−15 05 45.02	29.501 536
29	21 28 33.506	−15 05 35.50	30.233 437	14	21 28 39.008	−15 05 58.80	29.487 296
30	21 28 36.490	−15 05 22.22	30.216 774	15	21 28 36.246	−15 06 13.13	29.473 212
May 1	21 28 39.350	−15 05 09.56	30.200 061	16	21 28 33.367	−15 06 28.02	29.459 288
2	21 28 42.085	−15 04 57.51	30.183 304	17	21 28 30.373	−15 06 43.45	29.445 528
3	21 28 44.693	−15 04 46.09	30.166 507	18	21 28 27.266	−15 06 59.40	29.431 936
4	21 28 47.171	−15 04 35.30	30.149 675	19	21 28 24.047	−15 07 15.86	29.418 517
5	21 28 49.519	−15 04 25.14	30.132 813	20	21 28 20.721	−15 07 32.81	29.405 275
6	21 28 51.737	−15 04 15.61	30.115 925	21	21 28 17.290	−15 07 50.24	29.392 213
7	21 28 53.824	−15 04 06.71	30.099 018	22	21 28 13.758	−15 08 08.14	29.379 336
8	21 28 55.781	−15 03 58.41	30.082 094	23	21 28 10.125	−15 08 26.52	29.366 648
9	21 28 57.609	−15 03 50.73	30.065 160	24	21 28 06.392	−15 08 45.37	29.354 154
10	21 28 59.309	−15 03 43.66	30.048 219	25	21 28 02.561	−15 09 04.70	29.341 857
11	21 29 00.881	−15 03 37.18	30.031 277	26	21 27 58.630	−15 09 24.52	29.329 761
12	21 29 02.327	−15 03 31.29	30.014 337	27	21 27 54.600	−15 09 44.81	29.317 870
13	21 29 03.647	−15 03 26.00	29.997 404	28	21 27 50.471	−15 10 05.58	29.306 189
14	21 29 04.843	−15 03 21.32	29.980 484	29	21 27 46.245	−15 10 26.82	29.294 720
15	21 29 05.914	−15 03 17.24	29.963 579	30	21 27 41.922	−15 10 48.50	29.283 466
16	21 29 06.859	−15 03 13.77	29.946 695	July 1	21 27 37.505	−15 11 10.61	29.272 432
17	21 29 07.676	−15 03 10.94	29.929 836	2	21 27 32.997	−15 11 33.14	29.261 621

NEPTUNE, 2006

GEOCENTRIC COORDINATES FOR 0ʰ TERRESTRIAL TIME

Date	Apparent Right Ascension	Apparent Declination	True Geocentric Distance	Date	Apparent Right Ascension	Apparent Declination	True Geocentric Distance
	h m s	° ′ ″			h m s	° ′ ″	
July 1	21 27 37.505	−15 11 10.61	29.272 432	Aug. 16	21 23 09.543	−15 32 56.81	29.043 929
2	21 27 32.997	−15 11 33.14	29.261 621	17	21 23 03.135	−15 33 27.46	29.045 624
3	21 27 28.400	−15 11 56.07	29.251 035	18	21 22 56.741	−15 33 58.03	29.047 612
4	21 27 23.717	−15 12 19.38	29.240 677	19	21 22 50.363	−15 34 28.53	29.049 894
5	21 27 18.951	−15 12 43.07	29.230 551	20	21 22 44.002	−15 34 58.93	29.052 470
6	21 27 14.106	−15 13 07.11	29.220 659	21	21 22 37.660	−15 35 29.24	29.055 339
7	21 27 09.183	−15 13 31.50	29.211 004	22	21 22 31.338	−15 35 59.45	29.058 500
8	21 27 04.185	−15 13 56.23	29.201 588	23	21 22 25.038	−15 36 29.53	29.061 953
9	21 26 59.115	−15 14 21.31	29.192 415	24	21 22 18.762	−15 36 59.48	29.065 696
10	21 26 53.972	−15 14 46.74	29.183 485	25	21 22 12.515	−15 37 29.26	29.069 729
11	21 26 48.756	−15 15 12.51	29.174 803	26	21 22 06.299	−15 37 58.86	29.074 051
12	21 26 43.468	−15 15 38.64	29.166 369	27	21 22 00.117	−15 38 28.27	29.078 660
13	21 26 38.106	−15 16 05.10	29.158 187	28	21 21 53.974	−15 38 57.47	29.083 555
14	21 26 32.673	−15 16 31.89	29.150 258	29	21 21 47.873	−15 39 26.44	29.088 733
15	21 26 27.169	−15 16 58.99	29.142 586	30	21 21 41.818	−15 39 55.16	29.094 194
16	21 26 21.598	−15 17 26.36	29.135 173	31	21 21 35.810	−15 40 23.65	29.099 936
17	21 26 15.965	−15 17 54.00	29.128 020	Sept. 1	21 21 29.854	−15 40 51.87	29.105 956
18	21 26 10.273	−15 18 21.88	29.121 132	2	21 21 23.950	−15 41 19.85	29.112 253
19	21 26 04.527	−15 18 49.99	29.114 511	3	21 21 18.101	−15 41 47.56	29.118 825
20	21 25 58.728	−15 19 18.33	29.108 158	4	21 21 12.306	−15 42 15.02	29.125 668
21	21 25 52.879	−15 19 46.91	29.102 076	5	21 21 06.566	−15 42 42.23	29.132 782
22	21 25 46.980	−15 20 15.71	29.096 268	6	21 21 00.881	−15 43 09.16	29.140 164
23	21 25 41.033	−15 20 44.74	29.090 736	7	21 20 55.252	−15 43 35.82	29.147 811
24	21 25 35.038	−15 21 13.99	29.085 482	8	21 20 49.681	−15 44 02.18	29.155 721
25	21 25 28.997	−15 21 43.46	29.080 507	9	21 20 44.172	−15 44 28.20	29.163 893
26	21 25 22.911	−15 22 13.13	29.075 813	10	21 20 38.730	−15 44 53.88	29.172 325
27	21 25 16.782	−15 22 42.98	29.071 403	11	21 20 33.359	−15 45 19.18	29.181 013
28	21 25 10.612	−15 23 13.00	29.067 277	12	21 20 28.062	−15 45 44.12	29.189 957
29	21 25 04.405	−15 23 43.17	29.063 436	13	21 20 22.843	−15 46 08.70	29.199 154
30	21 24 58.165	−15 24 13.46	29.059 882	14	21 20 17.701	−15 46 32.90	29.208 601
31	21 24 51.894	−15 24 43.86	29.056 617	15	21 20 12.638	−15 46 56.75	29.218 297
Aug. 1	21 24 45.596	−15 25 14.36	29.053 639	16	21 20 07.653	−15 47 20.24	29.228 239
2	21 24 39.275	−15 25 44.93	29.050 952	17	21 20 02.749	−15 47 43.35	29.238 424
3	21 24 32.934	−15 26 15.57	29.048 554	18	21 19 57.925	−15 48 06.09	29.248 849
4	21 24 26.577	−15 26 46.27	29.046 447	19	21 19 53.184	−15 48 28.43	29.259 512
5	21 24 20.205	−15 27 17.02	29.044 631	20	21 19 48.527	−15 48 50.37	29.270 408
6	21 24 13.820	−15 27 47.82	29.043 106	21	21 19 43.958	−15 49 11.88	29.281 536
7	21 24 07.424	−15 28 18.67	29.041 873	22	21 19 39.478	−15 49 32.96	29.292 891
8	21 24 01.017	−15 28 49.57	29.040 932	23	21 19 35.090	−15 49 53.58	29.304 470
9	21 23 54.598	−15 29 20.52	29.040 282	24	21 19 30.799	−15 50 13.74	29.316 269
10	21 23 48.168	−15 29 51.50	29.039 925	25	21 19 26.606	−15 50 33.41	29.328 285
11	21 23 41.730	−15 30 22.49	29.039 860	26	21 19 22.514	−15 50 52.60	29.340 514
12	21 23 35.285	−15 30 53.47	29.040 087	27	21 19 18.526	−15 51 11.29	29.352 952
13	21 23 28.840	−15 31 24.41	29.040 608	28	21 19 14.644	−15 51 29.49	29.365 594
14	21 23 22.399	−15 31 55.28	29.041 421	29	21 19 10.869	−15 51 47.20	29.378 437
15	21 23 15.965	−15 32 26.09	29.042 528	30	21 19 07.202	−15 52 04.41	29.391 477
16	21 23 09.543	−15 32 56.81	29.043 929	Oct. 1	21 19 03.642	−15 52 21.13	29.404 710

GEOCENTRIC COORDINATES FOR 0^h TERRESTRIAL TIME

Date	Apparent Right Ascension	Apparent Declination	True Geocentric Distance	Date	Apparent Right Ascension	Apparent Declination	True Geocentric Distance
	h m s	° ′ ″			h m s	° ′ ″	
Oct. 1	21 19 03.642	−15 52 21.13	29.404 710	Nov. 16	21 18 33.038	−15 54 53.05	30.144 912
2	21 19 00.190	−15 52 37.36	29.418 130	17	21 18 35.475	−15 54 42.07	30.162 036
3	21 18 56.846	−15 52 53.09	29.431 734	18	21 18 38.045	−15 54 30.47	30.179 122
4	21 18 53.608	−15 53 08.33	29.445 518	19	21 18 40.751	−15 54 18.23	30.196 165
5	21 18 50.479	−15 53 23.06	29.459 478	20	21 18 43.592	−15 54 05.36	30.213 160
6	21 18 47.459	−15 53 37.25	29.473 609	21	21 18 46.567	−15 53 51.88	30.230 102
7	21 18 44.553	−15 53 50.89	29.487 908	22	21 18 49.678	−15 53 37.78	30.246 986
8	21 18 41.764	−15 54 03.96	29.502 370	23	21 18 52.921	−15 53 23.07	30.263 804
9	21 18 39.096	−15 54 16.46	29.516 993	24	21 18 56.296	−15 53 07.78	30.280 554
10	21 18 36.550	−15 54 28.38	29.531 771	25	21 18 59.799	−15 52 51.91	30.297 228
11	21 18 34.128	−15 54 39.74	29.546 700	26	21 19 03.429	−15 52 35.47	30.313 823
12	21 18 31.828	−15 54 50.56	29.561 778	27	21 19 07.183	−15 52 18.47	30.330 332
13	21 18 29.650	−15 55 00.82	29.576 999	28	21 19 11.059	−15 52 00.90	30.346 751
14	21 18 27.594	−15 55 10.55	29.592 360	29	21 19 15.056	−15 51 42.75	30.363 075
15	21 18 25.659	−15 55 19.72	29.607 855	30	21 19 19.175	−15 51 24.02	30.379 299
16	21 18 23.846	−15 55 28.33	29.623 480	Dec. 1	21 19 23.417	−15 51 04.71	30.395 419
17	21 18 22.156	−15 55 36.37	29.639 231	2	21 19 27.782	−15 50 44.80	30.411 430
18	21 18 20.590	−15 55 43.83	29.655 103	3	21 19 32.272	−15 50 24.30	30.427 328
19	21 18 19.150	−15 55 50.70	29.671 091	4	21 19 36.887	−15 50 03.23	30.443 108
20	21 18 17.838	−15 55 56.96	29.687 189	5	21 19 41.624	−15 49 41.60	30.458 767
21	21 18 16.656	−15 56 02.62	29.703 394	6	21 19 46.480	−15 49 19.43	30.474 299
22	21 18 15.606	−15 56 07.65	29.719 699	7	21 19 51.454	−15 48 56.75	30.489 702
23	21 18 14.690	−15 56 12.06	29.736 100	8	21 19 56.541	−15 48 33.54	30.504 969
24	21 18 13.908	−15 56 15.84	29.752 591	9	21 20 01.740	−15 48 09.83	30.520 098
25	21 18 13.262	−15 56 19.00	29.769 167	10	21 20 07.048	−15 47 45.62	30.535 083
26	21 18 12.752	−15 56 21.54	29.785 823	11	21 20 12.466	−15 47 20.89	30.549 921
27	21 18 12.378	−15 56 23.46	29.802 554	12	21 20 17.991	−15 46 55.64	30.564 606
28	21 18 12.139	−15 56 24.78	29.819 353	13	21 20 23.625	−15 46 29.88	30.579 135
29	21 18 12.034	−15 56 25.51	29.836 216	14	21 20 29.367	−15 46 03.60	30.593 503
30	21 18 12.061	−15 56 25.63	29.853 138	15	21 20 35.216	−15 45 36.80	30.607 705
31	21 18 12.219	−15 56 25.16	29.870 112	16	21 20 41.173	−15 45 09.48	30.621 737
Nov. 1	21 18 12.509	−15 56 24.08	29.887 135	17	21 20 47.237	−15 44 41.66	30.635 595
2	21 18 12.929	−15 56 22.39	29.904 201	18	21 20 53.407	−15 44 13.33	30.649 273
3	21 18 13.482	−15 56 20.06	29.921 304	19	21 20 59.682	−15 43 44.51	30.662 769
4	21 18 14.170	−15 56 17.09	29.938 441	20	21 21 06.060	−15 43 15.22	30.676 078
5	21 18 14.996	−15 56 13.47	29.955 606	21	21 21 12.539	−15 42 45.46	30.689 194
6	21 18 15.961	−15 56 09.21	29.972 795	22	21 21 19.114	−15 42 15.27	30.702 115
7	21 18 17.065	−15 56 04.31	29.990 002	23	21 21 25.783	−15 41 44.64	30.714 837
8	21 18 18.307	−15 55 58.79	30.007 224	24	21 21 32.542	−15 41 13.60	30.727 354
9	21 18 19.685	−15 55 52.67	30.024 455	25	21 21 39.388	−15 40 42.14	30.739 664
10	21 18 21.197	−15 55 45.96	30.041 690	26	21 21 46.321	−15 40 10.25	30.751 763
11	21 18 22.842	−15 55 38.65	30.058 925	27	21 21 53.338	−15 39 37.95	30.763 648
12	21 18 24.618	−15 55 30.75	30.076 155	28	21 22 00.441	−15 39 05.22	30.775 315
13	21 18 26.525	−15 55 22.24	30.093 373	29	21 22 07.629	−15 38 32.06	30.786 762
14	21 18 28.564	−15 55 13.13	30.110 576	30	21 22 14.902	−15 37 58.48	30.797 985
15	21 18 30.735	−15 55 03.40	30.127 757	31	21 22 22.260	−15 37 24.49	30.808 982
16	21 18 33.038	−15 54 53.05	30.144 912	32	21 22 29.700	−15 36 50.11	30.819 749

PLUTO, 2006

GEOCENTRIC POSITIONS FOR 0ʰ TERRESTRIAL TIME

Date	Astrometric ICRS Right Ascension	Astrometric ICRS Declination	True Geocentric Distance	Date	Astrometric ICRS Right Ascension	Astrometric ICRS Declination	True Geocentric Distance
	h m s	° ′ ″			h m s	° ′ ″	
Jan. −4	17 37 50.956	−15 52 03.03	32.007704	July 5	17 38 49.461	−15 43 20.53	30.175931
1	17 38 36.206	−15 52 40.12	31.990364	10	17 38 19.540	−15 44 01.72	30.207250
6	17 39 20.611	−15 53 09.96	31.965994	15	17 37 50.975	−15 44 49.18	30.245189
11	17 40 03.901	−15 53 32.66	31.934819	20	17 37 24.016	−15 45 42.85	30.289511
16	17 40 45.828	−15 53 48.40	31.897106	25	17 36 58.927	−15 46 42.62	30.339941
21	17 41 26.160	−15 53 57.35	31.853130	30	17 36 35.963	−15 47 48.33	30.396122
26	17 42 04.661	−15 53 59.70	31.803194	Aug. 4	17 36 15.349	−15 48 59.70	30.457624
31	17 42 41.089	−15 53 55.67	31.747650	9	17 35 57.277	−15 50 16.39	30.523985
Feb. 5	17 43 15.211	−15 53 45.61	31.686943	14	17 35 41.904	−15 51 38.09	30.594746
10	17 43 46.831	−15 53 29.97	31.621577	19	17 35 29.385	−15 53 04.52	30.669454
15	17 44 15.781	−15 53 09.19	31.552053	24	17 35 19.871	−15 54 35.32	30.747600
20	17 44 41.906	−15 52 43.67	31.478876	29	17 35 13.487	−15 56 10.06	30.828616
25	17 45 05.054	−15 52 13.86	31.402568	Sept. 3	17 35 10.318	−15 57 48.21	30.911899
Mar. 2	17 45 25.080	−15 51 40.24	31.323705	8	17 35 10.411	−15 59 29.27	30.996853
7	17 45 41.870	−15 51 03.42	31.242927	13	17 35 13.791	−16 01 12.77	31.082916
12	17 45 55.358	−15 50 24.00	31.160876	18	17 35 20.485	−16 02 58.25	31.169524
17	17 46 05.502	−15 49 42.52	31.078163	23	17 35 30.503	−16 04 45.16	31.256064
22	17 46 12.271	−15 48 59.54	30.995381	28	17 35 43.818	−16 06 32.89	31.341900
27	17 46 15.644	−15 48 15.57	30.913139	Oct. 3	17 36 00.367	−16 08 20.84	31.426403
Apr. 1	17 46 15.621	−15 47 31.24	30.832081	8	17 36 20.057	−16 10 08.43	31.508992
6	17 46 12.250	−15 46 47.18	30.752868	13	17 36 42.788	−16 11 55.15	31.589133
11	17 46 05.621	−15 46 03.99	30.676105	18	17 37 08.462	−16 13 40.46	31.666280
16	17 45 55.838	−15 45 22.18	30.602347	23	17 37 36.955	−16 15 23.77	31.739866
21	17 45 43.016	−15 44 42.25	30.532124	28	17 38 08.110	−16 17 04.49	31.809341
26	17 45 27.280	−15 44 04.71	30.465965	Nov. 2	17 38 41.737	−16 18 42.06	31.874205
May 1	17 45 08.791	−15 43 30.11	30.404415	7	17 39 17.636	−16 20 16.00	31.934032
6	17 44 47.756	−15 42 58.98	30.347968	12	17 39 55.616	−16 21 45.91	31.988437
11	17 44 24.405	−15 42 31.75	30.297037	17	17 40 35.479	−16 23 11.33	32.037028
16	17 43 58.968	−15 42 08.78	30.251973	22	17 41 17.000	−16 24 31.80	32.079425
21	17 43 31.679	−15 41 50.42	30.213101	27	17 41 59.928	−16 25 46.90	32.115305
26	17 43 02.787	−15 41 37.05	30.180742	Dec. 2	17 42 43.998	−16 26 56.32	32.144427
31	17 42 32.575	−15 41 29.05	30.155185	7	17 43 28.951	−16 27 59.84	32.166627
June 5	17 42 01.350	−15 41 26.70	30.136628	12	17 44 14.545	−16 28 57.24	32.181767
10	17 41 29.417	−15 41 30.20	30.125186	17	17 45 00.522	−16 29 48.31	32.189715
15	17 40 57.071	−15 41 39.70	30.120919	22	17 45 46.609	−16 30 32.88	32.190388
20	17 40 24.595	−15 41 55.35	30.123871	27	17 46 32.516	−16 31 10.85	32.183780
25	17 39 52.289	−15 42 17.31	30.134069	32	17 47 17.961	−16 31 42.25	32.169982
30	17 39 20.474	−15 42 45.70	30.151469	37	17 48 02.686	−16 32 07.16	32.149137

HELIOCENTRIC POSITIONS FOR 0ʰ TERRESTRIAL TIME

MEAN ECLIPTIC AND EQUINOX OF DATE

Date	Longitude	Latitude	Radius Vector	Date	Longitude	Latitude	Radius Vector
	° ′ ″	° ′ ″			° ′ ″	° ′ ″	
Jan. −15	264 18 30.3	+ 7 43 02.5	31.04510	Aug. 13	265 46 03.8	+ 7 19 12.8	31.15462
Jan. 25	264 33 08.9	+ 7 39 04.7	31.06314	Sept. 22	266 00 35.1	+ 7 15 13.9	31.17317
Mar. 6	264 47 46.3	+ 7 35 06.7	31.08127	Nov. 1	266 15 05.2	+ 7 11 14.8	31.19180
Apr. 15	265 02 22.5	+ 7 31 08.5	31.09948 ,	Dec. 11	266 29 34.1	+ 7 07 15.6	31.21051
May 25	265 16 57.5	+ 7 27 10.1	31.11778	Dec. 51	266 44 01.8	+ 7 03 16.2	31.22929
July 4	265 31 31.3	+ 7 23 11.5	31.13616				

NOTES AND FORMULAS

Semidiameter and parallax

The apparent angular semidiameter, s, of a planet is given by:

$$s = \text{semidiameter at unit distance / true distance}$$

where the true distance is given in the daily geocentric ephemeris on pages E16–E44, and the adopted semidiameter at unit distance is given by:

	$''$			$''$		$''$
Mercury	3.36	Jupiter: equatorial	98.57	Uranus	35.24
Venus	8.34	polar	92.18	Neptune	34.14
Mars	4.68	Saturn: equatorial	83.10	Pluto	1.65
		polar	74.96		

The difference in transit times of the limb and center of a planet in seconds of time is given approximately by:

$$\text{difference in transit time} = (s \text{ in seconds of arc}) / 15 \cos \delta$$

where the sidereal motion of the planet is ignored.

The equatorial horizontal parallax of a planet is given by $8''.794\,148$ divided by its true geocentric distance; formulas for the corrections for diurnal parallax are given on page B77.

Time of transit of a planet

The transit times that are tabulated on pages E46–E53 are expressed in terrestrial time (TT) and refer to the transits over the ephemeris meridian; for most purposes this may be regarded as giving the universal time (UT) of transit over the Greenwich meridian.

The UT of transit over a local meridian is given by:

$$\text{time of ephemeris transit} - (\lambda/24) * \text{first difference}$$

with an error that is usually less than 1 second, where λ is the *east* longitude in hours and the first difference is about 24 hours.

Times of rising and setting

Approximate times of the rising and setting of a planet at a place with latitude φ may be obtained from the time of transit by applying the value of the hour angle h of the point on the horizon at the same declination as the planet; h is given by:

$$\cos h = -\tan \varphi \tan \delta$$

This ignores the sidereal motion of the planet during the interval between transit and rising or setting. Similarly, the time at which a planet reaches a zenith distance z may be obtained by determining the corresponding hour angle h from:

$$\cos h = -\tan \varphi \tan \delta + \sec \varphi \sec \delta \cos z$$

and applying h to the time of transit.

Date	Mercury	Venus	Mars	Jupiter	Saturn	Uranus	Neptune	Pluto
	h m s	h m s	h m s	h m s	h m s	h m s	h m s	h m
Jan. 0	10 57 39	13 28 09	19 51 05	8 04 55	2 11 58	15 57 59	14 33 25	10 59
1	11 00 11	13 22 43	19 48 06	8 01 37	2 07 47	15 54 11	14 29 37	10 55
2	11 02 47	13 17 07	19 45 10	7 58 19	2 03 35	15 50 23	14 25 49	10 51
3	11 05 25	13 11 22	19 42 16	7 55 01	1 59 23	15 46 36	14 22 01	10 48
4	11 08 06	13 05 29	19 39 24	7 51 42	1 55 11	15 42 49	14 18 13	10 44
5	11 10 49	12 59 29	19 36 34	7 48 23	1 50 58	15 39 02	14 14 25	10 40
6	11 13 34	12 53 21	19 33 46	7 45 03	1 46 45	15 35 15	14 10 37	10 36
7	11 16 22	12 47 06	19 31 00	7 41 43	1 42 32	15 31 28	14 06 49	10 32
8	11 19 12	12 40 46	19 28 16	7 38 22	1 38 19	15 27 41	14 03 01	10 29
9	11 22 03	12 34 21	19 25 34	7 35 01	1 34 05	15 23 55	13 59 13	10 25
10	11 24 57	12 27 52	19 22 54	7 31 40	1 29 51	15 20 08	13 55 26	10 21
11	11 27 51	12 21 20	19 20 15	7 28 18	1 25 37	15 16 22	13 51 38	10 17
12	11 30 48	12 14 46	19 17 39	7 24 55	1 21 23	15 12 36	13 47 51	10 14
13	11 33 46	12 08 12	19 15 04	7 21 32	1 17 09	15 08 50	13 44 03	10 10
14	11 36 45	12 01 38	19 12 30	7 18 09	1 12 55	15 05 04	13 40 16	10 06
15	11 39 45	11 55 05	19 09 58	7 14 45	1 08 40	15 01 18	13 36 28	10 02
16	11 42 47	11 48 35	19 07 28	7 11 21	1 04 25	14 57 32	13 32 41	9 58
17	11 45 49	11 42 08	19 05 00	7 07 56	1 00 10	14 53 47	13 28 54	9 55
18	11 48 52	11 35 45	19 02 33	7 04 31	0 55 55	14 50 01	13 25 06	9 51
19	11 51 56	11 29 28	19 00 07	7 01 05	0 51 40	14 46 16	13 21 19	9 47
20	11 55 01	11 23 17	18 57 43	6 57 38	0 47 25	14 42 30	13 17 32	9 43
21	11 58 06	11 17 13	18 55 21	6 54 12	0 43 09	14 38 45	13 13 45	9 39
22	12 01 12	11 11 16	18 52 59	6 50 44	0 38 54	14 35 00	13 09 57	9 36
23	12 04 18	11 05 28	18 50 40	6 47 16	0 34 38	14 31 15	13 06 10	9 32
24	12 07 25	10 59 48	18 48 21	6 43 48	0 30 22	14 27 30	13 02 23	9 28
25	12 10 31	10 54 18	18 46 04	6 40 18	0 26 07	14 23 46	12 58 36	9 24
26	12 13 38	10 48 57	18 43 49	6 36 49	0 21 51	14 20 01	12 54 49	9 20
27	12 16 45	10 43 46	18 41 34	6 33 19	0 17 35	14 16 16	12 51 02	9 17
28	12 19 51	10 38 45	18 39 21	6 29 48	0 13 19	14 12 32	12 47 15	9 13
29	12 22 58	10 33 54	18 37 10	6 26 16	0 09 04	14 08 48	12 43 28	9 09
30	12 26 04	10 29 14	18 34 59	6 22 44	0 04 48	14 05 03	12 39 41	9 05
31	12 29 09	10 24 44	18 32 50	6 19 12	0 00 32	14 01 19	12 35 54	9 01
Feb. 1	12 32 13	10 20 24	18 30 42	6 15 38	23 52 00	13 57 35	12 32 07	8 57
2	12 35 17	10 16 14	18 28 35	6 12 04	23 47 45	13 53 51	12 28 20	8 54
3	12 38 19	10 12 15	18 26 29	6 08 30	23 43 29	13 50 07	12 24 34	8 50
4	12 41 20	10 08 25	18 24 24	6 04 55	23 39 14	13 46 23	12 20 47	8 46
5	12 44 19	10 04 46	18 22 21	6 01 19	23 34 58	13 42 39	12 17 00	8 42
6	12 47 16	10 01 16	18 20 18	5 57 43	23 30 43	13 38 55	12 13 13	8 38
7	12 50 11	9 57 55	18 18 17	5 54 06	23 26 28	13 35 11	12 09 26	8 35
8	12 53 02	9 54 44	18 16 17	5 50 28	23 22 13	13 31 28	12 05 39	8 31
9	12 55 50	9 51 42	18 14 17	5 46 49	23 17 58	13 27 44	12 01 52	8 27
10	12 58 34	9 48 48	18 12 19	5 43 10	23 13 43	13 24 00	11 58 05	8 23
11	13 01 12	9 46 04	18 10 21	5 39 31	23 09 28	13 20 17	11 54 18	8 19
12	13 03 45	9 43 27	18 08 25	5 35 50	23 05 14	13 16 33	11 50 31	8 15
13	13 06 11	9 40 59	18 06 29	5 32 09	23 00 59	13 12 50	11 46 44	8 12
14	13 08 28	9 38 38	18 04 35	5 28 27	22 56 45	13 09 07	11 42 57	8 08
15	13 10 37	9 36 25	18 02 41	5 24 45	22 52 31	13 05 23	11 39 10	8 04

Second transit: Saturn, Jan. $31^d 23^h 56^m 16^s$.

Date	Mercury	Venus	Mars	Jupiter	Saturn	Uranus	Neptune	Pluto
	h m s	h m s	h m s	h m s	h m s	h m s	h m s	h m
Feb. 15	13 10 37	9 36 25	18 02 41	5 24 45	22 52 31	13 05 23	11 39 10	8 04
16	13 12 34	9 34 19	18 00 48	5 21 02	22 48 17	13 01 40	11 35 23	8 00
17	13 14 19	9 32 21	17 58 56	5 17 18	22 44 04	12 57 57	11 31 36	7 56
18	13 15 49	9 30 29	17 57 05	5 13 33	22 39 50	12 54 13	11 27 49	7 52
19	13 17 03	9 28 43	17 55 15	5 09 48	22 35 37	12 50 30	11 24 02	7 48
20	13 17 59	9 27 04	17 53 25	5 06 02	22 31 24	12 46 47	11 20 15	7 45
21	13 18 35	9 25 31	17 51 36	5 02 15	22 27 12	12 43 04	11 16 28	7 41
22	13 18 48	9 24 03	17 49 49	4 58 28	22 22 59	12 39 20	11 12 41	7 37
23	13 18 36	9 22 41	17 48 01	4 54 40	22 18 47	12 35 37	11 08 53	7 33
24	13 17 58	9 21 24	17 46 15	4 50 51	22 14 36	12 31 54	11 05 06	7 29
25	13 16 52	9 20 13	17 44 30	4 47 01	22 10 24	12 28 11	11 01 19	7 25
26	13 15 15	9 19 06	17 42 45	4 43 11	22 06 13	12 24 28	10 57 32	7 22
27	13 13 06	9 18 04	17 41 01	4 39 20	22 02 02	12 20 45	10 53 44	7 18
28	13 10 26	9 17 06	17 39 18	4 35 28	21 57 51	12 17 02	10 49 57	7 14
Mar. 1	13 07 11	9 16 12	17 37 35	4 31 35	21 53 41	12 13 19	10 46 09	7 10
2	13 03 24	9 15 23	17 35 53	4 27 42	21 49 31	12 09 36	10 42 22	7 06
3	12 59 03	9 14 37	17 34 12	4 23 47	21 45 21	12 05 53	10 38 34	7 02
4	12 54 11	9 13 55	17 32 32	4 19 53	21 41 12	12 02 09	10 34 47	6 58
5	12 48 49	9 13 16	17 30 52	4 15 57	21 37 03	11 58 26	10 30 59	6 54
6	12 42 58	9 12 41	17 29 12	4 12 00	21 32 54	11 54 43	10 27 11	6 51
7	12 36 42	9 12 09	17 27 34	4 08 03	21 28 46	11 51 00	10 23 24	6 47
8	12 30 05	9 11 40	17 25 56	4 04 05	21 24 38	11 47 17	10 19 36	6 43
9	12 23 10	9 11 13	17 24 18	4 00 07	21 20 31	11 43 34	10 15 48	6 39
10	12 16 03	9 10 50	17 22 42	3 56 07	21 16 24	11 39 51	10 12 00	6 35
11	12 08 46	9 10 29	17 21 05	3 52 07	21 12 17	11 36 07	10 08 12	6 31
12	12 01 26	9 10 10	17 19 30	3 48 06	21 08 11	11 32 24	10 04 24	6 27
13	11 54 06	9 09 54	17 17 55	3 44 05	21 04 05	11 28 41	10 00 36	6 23
14	11 46 52	9 09 40	17 16 20	3 40 02	20 59 59	11 24 57	9 56 48	6 19
15	11 39 47	9 09 28	17 14 46	3 35 59	20 55 54	11 21 14	9 52 59	6 16
16	11 32 54	9 09 19	17 13 12	3 31 55	20 51 49	11 17 31	9 49 11	6 12
17	11 26 17	9 09 11	17 11 39	3 27 51	20 47 45	11 13 47	9 45 23	6 08
18	11 19 59	9 09 05	17 10 06	3 23 46	20 43 41	11 10 04	9 41 34	6 04
19	11 14 00	9 09 00	17 08 34	3 19 40	20 39 38	11 06 20	9 37 45	6 00
20	11 08 22	9 08 57	17 07 02	3 15 33	20 35 35	11 02 37	9 33 57	5 56
21	11 03 07	9 08 56	17 05 31	3 11 25	20 31 32	10 58 53	9 30 08	5 52
22	10 58 14	9 08 56	17 04 00	3 07 17	20 27 30	10 55 10	9 26 19	5 48
23	10 53 43	9 08 57	17 02 30	3 03 09	20 23 28	10 51 26	9 22 30	5 44
24	10 49 35	9 09 00	17 01 00	2 58 59	20 19 27	10 47 42	9 18 41	5 40
25	10 45 49	9 09 03	16 59 30	2 54 49	20 15 26	10 43 58	9 14 52	5 36
26	10 42 23	9 09 08	16 58 01	2 50 38	20 11 25	10 40 14	9 11 03	5 33
27	10 39 18	9 09 13	16 56 32	2 46 26	20 07 25	10 36 30	9 07 14	5 29
28	10 36 32	9 09 20	16 55 04	2 42 14	20 03 26	10 32 46	9 03 25	5 25
29	10 34 04	9 09 27	16 53 36	2 38 01	19 59 26	10 29 02	8 59 35	5 21
30	10 31 54	9 09 35	16 52 09	2 33 48	19 55 28	10 25 18	8 55 46	5 17
31	10 30 00	9 09 44	16 50 41	2 29 34	19 51 29	10 21 34	8 51 56	5 13
Apr. 1	10 28 21	9 09 53	16 49 14	2 25 19	19 47 32	10 17 50	8 48 06	5 09
2	10 26 57	9 10 03	16 47 48	2 21 04	19 43 34	10 14 05	8 44 16	5 05

Date	Mercury	Venus	Mars	Jupiter	Saturn	Uranus	Neptune	Pluto
	h m s	h m s	h m s	h m s	h m s	h m s	h m s	h m
Apr. 1	10 28 21	9 09 53	16 49 14	2 25 19	19 47 32	10 17 50	8 48 06	5 09
2	10 26 57	9 10 03	16 47 48	2 21 04	19 43 34	10 14 05	8 44 16	5 05
3	10 25 46	9 10 13	16 46 22	2 16 48	19 39 37	10 10 21	8 40 26	5 01
4	10 24 48	9 10 24	16 44 56	2 12 31	19 35 41	10 06 36	8 36 36	4 57
5	10 24 02	9 10 35	16 43 30	2 08 14	19 31 45	10 02 52	8 32 46	4 53
6	10 23 28	9 10 47	16 42 04	2 03 57	19 27 49	9 59 07	8 28 56	4 49
7	10 23 04	9 10 59	16 40 39	1 59 39	19 23 54	9 55 22	8 25 06	4 45
8	10 22 50	9 11 12	16 39 14	1 55 20	19 20 00	9 51 37	8 21 15	4 41
9	10 22 45	9 11 24	16 37 50	1 51 01	19 16 05	9 47 52	8 17 25	4 37
10	10 22 50	9 11 37	16 36 25	1 46 41	19 12 12	9 44 07	8 13 34	4 33
11	10 23 03	9 11 51	16 35 01	1 42 21	19 08 18	9 40 22	8 09 43	4 29
12	10 23 23	9 12 04	16 33 37	1 38 00	19 04 26	9 36 37	8 05 53	4 25
13	10 23 52	9 12 18	16 32 13	1 33 39	19 00 33	9 32 51	8 02 02	4 22
14	10 24 28	9 12 32	16 30 49	1 29 18	18 56 41	9 29 06	7 58 11	4 18
15	10 25 11	9 12 46	16 29 26	1 24 56	18 52 50	9 25 20	7 54 19	4 14
16	10 26 01	9 13 00	16 28 02	1 20 34	18 48 58	9 21 34	7 50 28	4 10
17	10 26 57	9 13 15	16 26 39	1 16 11	18 45 08	9 17 48	7 46 37	4 06
18	10 28 00	9 13 30	16 25 16	1 11 48	18 41 18	9 14 03	7 42 45	4 02
19	10 29 09	9 13 44	16 23 53	1 07 25	18 37 28	9 10 16	7 38 53	3 58
20	10 30 25	9 13 59	16 22 30	1 03 01	18 33 38	9 06 30	7 35 02	3 54
21	10 31 47	9 14 14	16 21 08	0 58 37	18 29 49	9 02 44	7 31 10	3 50
22	10 33 15	9 14 30	16 19 45	0 54 13	18 26 01	8 58 58	7 27 18	3 46
23	10 34 49	9 14 45	16 18 23	0 49 49	18 22 13	8 55 11	7 23 26	3 42
24	10 36 29	9 15 00	16 17 01	0 45 24	18 18 25	8 51 24	7 19 33	3 38
25	10 38 16	9 15 16	16 15 38	0 40 59	18 14 38	8 47 38	7 15 41	3 34
26	10 40 09	9 15 32	16 14 16	0 36 34	18 10 51	8 43 51	7 11 49	3 30
27	10 42 08	9 15 48	16 12 54	0 32 08	18 07 05	8 40 04	7 07 56	3 26
28	10 44 14	9 16 03	16 11 32	0 27 43	18 03 19	8 36 16	7 04 03	3 22
29	10 46 27	9 16 20	16 10 10	0 23 17	17 59 33	8 32 29	7 00 10	3 18
30	10 48 47	9 16 36	16 08 48	0 18 51	17 55 48	8 28 42	6 56 17	3 14
May 1	10 51 14	9 16 52	16 07 27	0 14 26	17 52 03	8 24 54	6 52 24	3 10
2	10 53 48	9 17 09	16 06 05	0 10 00	17 48 19	8 21 06	6 48 31	3 06
3	10 56 30	9 17 25	16 04 43	0 05 34	17 44 35	8 17 18	6 44 38	3 02
4	10 59 20	9 17 42	16 03 21	0 01 08	17 40 52	8 13 30	6 40 44	2 58
5	11 02 18	9 17 59	16 01 59	23 52 16	17 37 08	8 09 42	6 36 51	2 54
6	11 05 25	9 18 17	16 00 37	23 47 50	17 33 26	8 05 54	6 32 57	2 50
7	11 08 40	9 18 34	15 59 16	23 43 24	17 29 43	8 02 06	6 29 03	2 46
8	11 12 04	9 18 52	15 57 54	23 38 58	17 26 01	7 58 17	6 25 09	2 42
9	11 15 38	9 19 10	15 56 32	23 34 32	17 22 20	7 54 28	6 21 15	2 38
10	11 19 20	9 19 29	15 55 10	23 30 06	17 18 38	7 50 39	6 17 21	2 34
11	11 23 12	9 19 47	15 53 48	23 25 41	17 14 57	7 46 50	6 13 26	2 30
12	11 27 13	9 20 06	15 52 26	23 21 15	17 11 17	7 43 01	6 09 32	2 26
13	11 31 24	9 20 26	15 51 03	23 16 50	17 07 37	7 39 12	6 05 37	2 22
14	11 35 44	9 20 46	15 49 41	23 12 25	17 03 57	7 35 22	6 01 42	2 18
15	11 40 13	9 21 06	15 48 19	23 08 00	17 00 17	7 31 32	5 57 47	2 14
16	11 44 50	9 21 27	15 46 56	23 03 36	16 56 38	7 27 43	5 53 52	2 10
17	11 49 36	9 21 48	15 45 34	22 59 11	16 52 59	7 23 53	5 49 57	2 06

Second transit: Jupiter, May 4^{d}23^{h}56^{m}42^s.

Date	Mercury	Venus	Mars	Jupiter	Saturn	Uranus	Neptune	Pluto
	h m s	h m s	h m s	h m s	h m s	h m s	h m s	h m
May 17	11 49 36	9 21 48	15 45 34	22 59 11	16 52 59	7 23 53	5 49 57	2 06
18	11 54 29	9 22 10	15 44 11	22 54 47	16 49 21	7 20 02	5 46 02	2 02
19	11 59 28	9 22 33	15 42 48	22 50 23	16 45 43	7 16 12	5 42 07	1 58
20	12 04 33	9 22 56	15 41 26	22 46 00	16 42 05	7 12 22	5 38 11	1 54
21	12 09 42	9 23 19	15 40 03	22 41 36	16 38 28	7 08 31	5 34 15	1 50
22	12 14 54	9 23 43	15 38 40	22 37 14	16 34 51	7 04 40	5 30 20	1 46
23	12 20 08	9 24 08	15 37 16	22 32 51	16 31 14	7 00 49	5 26 24	1 42
24	12 25 22	9 24 33	15 35 53	22 28 29	16 27 37	6 56 58	5 22 28	1 38
25	12 30 35	9 24 59	15 34 30	22 24 07	16 24 01	6 53 07	5 18 32	1 34
26	12 35 46	9 25 26	15 33 06	22 19 46	16 20 25	6 49 15	5 14 35	1 29
27	12 40 52	9 25 54	15 31 43	22 15 25	16 16 50	6 45 23	5 10 39	1 25
28	12 45 54	9 26 22	15 30 19	22 11 04	16 13 15	6 41 32	5 06 42	1 21
29	12 50 49	9 26 51	15 28 55	22 06 44	16 09 40	6 37 40	5 02 46	1 17
30	12 55 36	9 27 21	15 27 31	22 02 25	16 06 05	6 33 47	4 58 49	1 13
31	13 00 15	9 27 51	15 26 07	21 58 05	16 02 31	6 29 55	4 54 52	1 09
June 1	13 04 44	9 28 23	15 24 42	21 53 47	15 58 57	6 26 03	4 50 55	1 05
2	13 09 04	9 28 55	15 23 18	21 49 29	15 55 23	6 22 10	4 46 58	1 01
3	13 13 12	9 29 28	15 21 53	21 45 11	15 51 49	6 18 17	4 43 00	0 57
4	13 17 09	9 30 02	15 20 28	21 40 54	15 48 16	6 14 24	4 39 03	0 53
5	13 20 54	9 30 37	15 19 03	21 36 38	15 44 43	6 10 31	4 35 06	0 49
6	13 24 26	9 31 13	15 17 37	21 32 22	15 41 10	6 06 37	4 31 08	0 45
7	13 27 46	9 31 50	15 16 12	21 28 06	15 37 38	6 02 44	4 27 10	0 41
8	13 30 52	9 32 28	15 14 46	21 23 51	15 34 06	5 58 50	4 23 12	0 37
9	13 33 45	9 33 06	15 13 20	21 19 37	15 30 34	5 54 56	4 19 14	0 33
10	13 36 24	9 33 46	15 11 54	21 15 24	15 27 02	5 51 02	4 15 16	0 29
11	13 38 50	9 34 27	15 10 28	21 11 10	15 23 30	5 47 07	4 11 18	0 25
12	13 41 01	9 35 09	15 09 01	21 06 58	15 19 59	5 43 13	4 07 20	0 21
13	13 42 58	9 35 52	15 07 35	21 02 46	15 16 28	5 39 18	4 03 21	0 17
14	13 44 40	9 36 36	15 06 08	20 58 35	15 12 57	5 35 23	3 59 23	0 13
15	13 46 08	9 37 22	15 04 41	20 54 24	15 09 26	5 31 28	3 55 24	0 09
16	13 47 21	9 38 08	15 03 14	20 50 15	15 05 56	5 27 33	3 51 25	0 05
17	13 48 19	9 38 56	15 01 46	20 46 05	15 02 26	5 23 38	3 47 26	0 01
18	13 49 02	9 39 44	15 00 18	20 41 57	14 58 56	5 19 42	3 43 27	23 53
19	13 49 30	9 40 34	14 58 50	20 37 49	14 55 26	5 15 46	3 39 28	23 49
20	13 49 42	9 41 25	14 57 22	20 33 41	14 51 57	5 11 51	3 35 29	23 45
21	13 49 38	9 42 17	14 55 54	20 29 35	14 48 27	5 07 54	3 31 29	23 40
22	13 49 18	9 43 10	14 54 26	20 25 29	14 44 58	5 03 58	3 27 30	23 36
23	13 48 41	9 44 05	14 52 57	20 21 23	14 41 29	5 00 02	3 23 30	23 32
24	13 47 48	9 45 00	14 51 28	20 17 19	14 38 00	4 56 05	3 19 31	23 28
25	13 46 37	9 45 57	14 49 59	20 13 15	14 34 31	4 52 08	3 15 31	23 24
26	13 45 10	9 46 54	14 48 30	20 09 11	14 31 03	4 48 11	3 11 31	23 20
27	13 43 25	9 47 53	14 47 01	20 05 09	14 27 35	4 44 14	3 07 31	23 16
28	13 41 21	9 48 53	14 45 31	20 01 07	14 24 07	4 40 17	3 03 31	23 12
29	13 39 00	9 49 54	14 44 01	19 57 06	14 20 39	4 36 19	2 59 31	23 08
30	13 36 20	9 50 56	14 42 31	19 53 05	14 17 11	4 32 22	2 55 31	23 04
July 1	13 33 21	9 51 59	14 41 01	19 49 06	14 13 43	4 28 24	2 51 31	23 00
2	13 30 04	9 53 03	14 39 30	19 45 07	14 10 16	4 24 26	2 47 30	22 56

Second transit: Pluto, June 17^{d}23^{h}57^m.

Date	Mercury	Venus	Mars	Jupiter	Saturn	Uranus	Neptune	Pluto
	h m s	h m s	h m s	h m s	h m s	h m s	h m s	h m
July 1	13 33 21	9 51 59	14 41 01	19 49 06	14 13 43	4 28 24	2 51 31	23 00
2	13 30 04	9 53 03	14 39 30	19 45 07	14 10 16	4 24 26	2 47 30	22 56
3	13 26 27	9 54 08	14 38 00	19 41 08	14 06 48	4 20 28	2 43 30	22 52
4	13 22 32	9 55 14	14 36 29	19 37 11	14 03 21	4 16 29	2 39 29	22 48
5	13 18 17	9 56 21	14 34 58	19 33 14	13 59 54	4 12 31	2 35 28	22 44
6	13 13 44	9 57 29	14 33 27	19 29 17	13 56 27	4 08 32	2 31 28	22 40
7	13 08 53	9 58 38	14 31 55	19 25 22	13 53 00	4 04 33	2 27 27	22 36
8	13 03 44	9 59 47	14 30 24	19 21 27	13 49 33	4 00 34	2 23 26	22 32
9	12 58 18	10 00 58	14 28 52	19 17 33	13 46 06	3 56 35	2 19 25	22 28
10	12 52 37	10 02 09	14 27 20	19 13 39	13 42 40	3 52 35	2 15 24	22 24
11	12 46 41	10 03 21	14 25 48	19 09 47	13 39 14	3 48 36	2 11 23	22 20
12	12 40 32	10 04 34	14 24 15	19 05 55	13 35 47	3 44 36	2 07 22	22 16
13	12 34 12	10 05 48	14 22 43	19 02 03	13 32 21	3 40 36	2 03 20	22 12
14	12 27 43	10 07 02	14 21 10	18 58 12	13 28 55	3 36 36	1 59 19	22 08
15	12 21 07	10 08 17	14 19 37	18 54 22	13 25 29	3 32 36	1 55 18	22 04
16	12 14 27	10 09 32	14 18 04	18 50 33	13 22 03	3 28 36	1 51 16	22 00
17	12 07 45	10 10 48	14 16 31	18 46 44	13 18 37	3 24 35	1 47 15	21 56
18	12 01 04	10 12 04	14 14 58	18 42 56	13 15 11	3 20 35	1 43 13	21 52
19	11 54 27	10 13 21	14 13 24	18 39 09	13 11 45	3 16 34	1 39 12	21 48
20	11 47 57	10 14 38	14 11 51	18 35 22	13 08 20	3 12 33	1 35 10	21 44
21	11 41 35	10 15 56	14 10 17	18 31 36	13 04 54	3 08 32	1 31 08	21 40
22	11 35 26	10 17 14	14 08 43	18 27 51	13 01 29	3 04 31	1 27 06	21 36
23	11 29 30	10 18 32	14 07 09	18 24 06	12 58 03	3 00 30	1 23 05	21 32
24	11 23 52	10 19 50	14 05 35	18 20 23	12 54 38	2 56 28	1 19 03	21 28
25	11 18 32	10 21 08	14 04 01	18 16 39	12 51 12	2 52 27	1 15 01	21 24
26	11 13 32	10 22 27	14 02 26	18 12 57	12 47 47	2 48 25	1 10 59	21 20
27	11 08 55	10 23 45	14 00 52	18 09 15	12 44 22	2 44 23	1 06 57	21 16
28	11 04 41	10 25 04	13 59 17	18 05 33	12 40 56	2 40 21	1 02 55	21 12
29	11 00 52	10 26 22	13 57 42	18 01 52	12 37 31	2 36 19	0 58 53	21 08
30	10 57 28	10 27 40	13 56 07	17 58 12	12 34 06	2 32 17	0 54 51	21 04
31	10 54 30	10 28 58	13 54 32	17 54 33	12 30 41	2 28 14	0 50 48	20 59
Aug. 1	10 51 59	10 30 16	13 52 57	17 50 54	12 27 16	2 24 12	0 46 46	20 55
2	10 49 54	10 31 33	13 51 22	17 47 16	12 23 51	2 20 09	0 42 44	20 51
3	10 48 17	10 32 50	13 49 47	17 43 38	12 20 25	2 16 06	0 38 42	20 48
4	10 47 06	10 34 07	13 48 11	17 40 01	12 17 00	2 12 03	0 34 40	20 44
5	10 46 22	10 35 23	13 46 36	17 36 25	12 13 35	2 08 00	0 30 37	20 40
6	10 46 04	10 36 39	13 45 00	17 32 49	12 10 10	2 03 57	0 26 35	20 36
7	10 46 13	10 37 54	13 43 24	17 29 14	12 06 45	1 59 54	0 22 33	20 32
8	10 46 46	10 39 09	13 41 49	17 25 40	12 03 20	1 55 51	0 18 31	20 28
9	10 47 45	10 40 23	13 40 13	17 22 06	11 59 54	1 51 48	0 14 28	20 24
10	10 49 06	10 41 37	13 38 37	17 18 32	11 56 29	1 47 44	0 10 26	20 20
11	10 50 50	10 42 49	13 37 01	17 14 59	11 53 04	1 43 41	0 06 24	20 16
12	10 52 55	10 44 02	13 35 25	17 11 27	11 49 39	1 39 37	0 02 21	20 12
13	10 55 20	10 45 13	13 33 49	17 07 55	11 46 14	1 35 33	23 54 17	20 08
14	10 58 02	10 46 24	13 32 13	17 04 24	11 42 48	1 31 29	23 50 14	20 04
15	11 01 01	10 47 34	13 30 37	17 00 54	11 39 23	1 27 26	23 46 12	20 00
16	11 04 14	10 48 43	13 29 00	16 57 24	11 35 58	1 23 22	23 42 10	19 56

Second transit: Neptune, Aug. 12^{d}23^{h}58^{m}19^s.

Date	Mercury	Venus	Mars	Jupiter	Saturn	Uranus	Neptune	Pluto
	h m s	h m s	h m s	h m s	h m s	h m s	h m s	h m
Aug. 16	11 04 14	10 48 43	13 29 00	16 57 24	11 35 58	1 23 22	23 42 10	19 56
17	11 07 39	10 49 51	13 27 24	16 53 54	11 32 32	1 19 18	23 38 07	19 52
18	11 11 15	10 50 59	13 25 48	16 50 25	11 29 07	1 15 13	23 34 05	19 48
19	11 14 58	10 52 05	13 24 12	16 46 57	11 25 41	1 11 09	23 30 03	19 44
20	11 18 48	10 53 11	13 22 36	16 43 29	11 22 15	1 07 05	23 26 01	19 40
21	11 22 42	10 54 16	13 21 00	16 40 02	11 18 50	1 03 01	23 21 59	19 36
22	11 26 39	10 55 20	13 19 24	16 36 35	11 15 24	0 58 56	23 17 56	19 32
23	11 30 36	10 56 23	13 17 47	16 33 09	11 11 58	0 54 52	23 13 54	19 28
24	11 34 33	10 57 25	13 16 11	16 29 43	11 08 32	0 50 47	23 09 52	19 24
25	11 38 28	10 58 26	13 14 35	16 26 18	11 05 07	0 46 43	23 05 50	19 20
26	11 42 19	10 59 26	13 12 59	16 22 53	11 01 40	0 42 38	23 01 48	19 16
27	11 46 07	11 00 25	13 11 23	16 19 29	10 58 14	0 38 34	22 57 46	19 12
28	11 49 50	11 01 23	13 09 47	16 16 05	10 54 48	0 34 29	22 53 44	19 08
29	11 53 27	11 02 21	13 08 11	16 12 42	10 51 22	0 30 24	22 49 42	19 04
30	11 56 59	11 03 17	13 06 35	16 09 19	10 47 55	0 26 20	22 45 40	19 00
31	12 00 25	11 04 12	13 05 00	16 05 57	10 44 29	0 22 15	22 41 38	18 56
Sept. 1	12 03 44	11 05 07	13 03 24	16 02 35	10 41 02	0 18 10	22 37 37	18 52
2	12 06 58	11 06 00	13 01 48	15 59 13	10 37 35	0 14 06	22 33 35	18 48
3	12 10 04	11 06 53	13 00 12	15 55 52	10 34 09	0 10 01	22 29 33	18 45
4	12 13 05	11 07 45	12 58 37	15 52 32	10 30 42	0 05 56	22 25 32	18 41
5	12 15 59	11 08 35	12 57 01	15 49 12	10 27 14	0 01 51	22 21 30	18 37
6	12 18 47	11 09 25	12 55 26	15 45 52	10 23 47	23 53 42	22 17 28	18 33
7	12 21 30	11 10 15	12 53 51	15 42 33	10 20 20	23 49 37	22 13 27	18 29
8	12 24 06	11 11 03	12 52 16	15 39 14	10 16 52	23 45 32	22 09 26	18 25
9	12 26 38	11 11 50	12 50 41	15 35 56	10 13 25	23 41 27	22 05 24	18 21
10	12 29 04	11 12 37	12 49 06	15 32 38	10 09 57	23 37 23	22 01 23	18 17
11	12 31 25	11 13 23	12 47 31	15 29 21	10 06 29	23 33 18	21 57 22	18 13
12	12 33 41	11 14 08	12 45 56	15 26 03	10 03 01	23 29 13	21 53 21	18 09
13	12 35 52	11 14 53	12 44 22	15 22 47	9 59 33	23 25 08	21 49 20	18 05
14	12 38 00	11 15 37	12 42 47	15 19 30	9 56 04	23 21 04	21 45 19	18 01
15	12 40 03	11 16 20	12 41 13	15 16 15	9 52 35	23 16 59	21 41 18	17 57
16	12 42 02	11 17 03	12 39 39	15 12 59	9 49 07	23 12 55	21 37 17	17 54
17	12 43 57	11 17 45	12 38 05	15 09 44	9 45 38	23 08 50	21 33 16	17 50
18	12 45 49	11 18 27	12 36 32	15 06 29	9 42 09	23 04 46	21 29 16	17 46
19	12 47 38	11 19 08	12 34 58	15 03 15	9 38 39	23 00 41	21 25 15	17 42
20	12 49 23	11 19 48	12 33 25	15 00 01	9 35 10	22 56 37	21 21 15	17 38
21	12 51 06	11 20 28	12 31 52	14 56 47	9 31 40	22 52 32	21 17 14	17 34
22	12 52 45	11 21 08	12 30 19	14 53 34	9 28 10	22 48 28	21 13 14	17 30
23	12 54 22	11 21 47	12 28 47	14 50 21	9 24 40	22 44 24	21 09 14	17 26
24	12 55 55	11 22 26	12 27 14	14 47 09	9 21 10	22 40 20	21 05 14	17 22
25	12 57 27	11 23 05	12 25 42	14 43 56	9 17 39	22 36 16	21 01 14	17 18
26	12 58 55	11 23 43	12 24 10	14 40 45	9 14 09	22 32 11	20 57 14	17 15
27	13 00 22	11 24 22	12 22 38	14 37 33	9 10 38	22 28 08	20 53 14	17 11
28	13 01 46	11 25 00	12 21 07	14 34 22	9 07 07	22 24 04	20 49 14	17 07
29	13 03 07	11 25 37	12 19 36	14 31 11	9 03 35	22 20 00	20 45 15	17 03
30	13 04 26	11 26 15	12 18 05	14 28 00	9 00 04	22 15 56	20 41 15	16 59
Oct. 1	13 05 43	11 26 53	12 16 34	14 24 50	8 56 32	22 11 53	20 37 16	16 55

Second transit: Uranus, Sept. $5^d 23^h 57^m 46^s$.

Date	Mercury	Venus	Mars	Jupiter	Saturn	Uranus	Neptune	Pluto
	h m s	h m s	h m s	h m s	h m s	h m s	h m s	h m
Oct. 1	13 05 43	11 26 53	12 16 34	14 24 50	8 56 32	22 11 53	20 37 16	16 55
2	13 06 57	11 27 30	12 15 03	14 21 40	8 53 00	22 07 49	20 33 17	16 51
3	13 08 08	11 28 08	12 13 33	14 18 31	8 49 27	22 03 46	20 29 18	16 47
4	13 09 17	11 28 46	12 12 03	14 15 21	8 45 55	21 59 42	20 25 19	16 44
5	13 10 22	11 29 23	12 10 34	14 12 12	8 42 22	21 55 39	20 21 20	16 40
6	13 11 25	11 30 01	12 09 04	14 09 03	8 38 49	21 51 36	20 17 21	16 36
7	13 12 25	11 30 39	12 07 35	14 05 55	8 35 15	21 47 33	20 13 22	16 32
8	13 13 21	11 31 17	12 06 07	14 02 47	8 31 42	21 43 30	20 09 24	16 28
9	13 14 13	11 31 56	12 04 38	13 59 39	8 28 08	21 39 27	20 05 25	16 24
10	13 15 01	11 32 35	12 03 10	13 56 31	8 24 34	21 35 25	20 01 27	16 20
11	13 15 44	11 33 14	12 01 43	13 53 24	8 20 59	21 31 22	19 57 29	16 17
12	13 16 22	11 33 53	12 00 15	13 50 16	8 17 25	21 27 20	19 53 31	16 13
13	13 16 54	11 34 33	11 58 48	13 47 10	8 13 50	21 23 18	19 49 33	16 09
14	13 17 20	11 35 14	11 57 22	13 44 03	8 10 14	21 19 15	19 45 35	16 05
15	13 17 39	11 35 55	11 55 55	13 40 56	8 06 39	21 15 13	19 41 37	16 01
16	13 17 49	11 36 36	11 54 29	13 37 50	8 03 03	21 11 11	19 37 39	15 57
17	13 17 50	11 37 18	11 53 04	13 34 44	7 59 27	21 07 10	19 33 42	15 53
18	13 17 42	11 38 01	11 51 39	13 31 39	7 55 50	21 03 08	19 29 45	15 50
19	13 17 21	11 38 44	11 50 14	13 28 33	7 52 13	20 59 07	19 25 47	15 46
20	13 16 48	11 39 28	11 48 50	13 25 28	7 48 36	20 55 05	19 21 50	15 42
21	13 16 01	11 40 13	11 47 26	13 22 23	7 44 59	20 51 04	19 17 53	15 38
22	13 14 57	11 40 59	11 46 02	13 19 18	7 41 21	20 47 03	19 13 56	15 34
23	13 13 35	11 41 45	11 44 39	13 16 13	7 37 43	20 43 02	19 10 00	15 30
24	13 11 53	11 42 32	11 43 16	13 13 09	7 34 05	20 39 01	19 06 03	15 27
25	13 09 49	11 43 21	11 41 54	13 10 05	7 30 26	20 35 01	19 02 07	15 23
26	13 07 20	11 44 10	11 40 32	13 07 01	7 26 47	20 31 00	18 58 10	15 19
27	13 04 24	11 44 59	11 39 10	13 03 57	7 23 07	20 27 00	18 54 14	15 15
28	13 00 59	11 45 50	11 37 49	13 00 53	7 19 28	20 23 00	18 50 18	15 11
29	12 57 02	11 46 42	11 36 29	12 57 50	7 15 48	20 19 00	18 46 22	15 07
30	12 52 31	11 47 35	11 35 09	12 54 46	7 12 07	20 15 00	18 42 26	15 04
31	12 47 24	11 48 29	11 33 49	12 51 43	7 08 26	20 11 01	18 38 31	15 00
Nov. 1	12 41 41	11 49 24	11 32 30	12 48 40	7 04 45	20 07 01	18 34 35	14 56
2	12 35 21	11 50 20	11 31 11	12 45 37	7 01 03	20 03 02	18 30 40	14 52
3	12 28 26	11 51 17	11 29 53	12 42 34	6 57 22	19 59 03	18 26 45	14 48
4	12 20 57	11 52 15	11 28 35	12 39 32	6 53 39	19 55 04	18 22 49	14 45
5	12 12 59	11 53 15	11 27 17	12 36 29	6 49 57	19 51 06	18 18 54	14 41
6	12 04 38	11 54 16	11 26 00	12 33 27	6 46 14	19 47 07	18 15 00	14 37
7	11 55 59	11 55 17	11 24 44	12 30 25	6 42 30	19 43 09	18 11 05	14 33
8	11 47 13	11 56 20	11 23 28	12 27 22	6 38 46	19 39 10	18 07 10	14 29
9	11 38 27	11 57 25	11 22 13	12 24 20	6 35 02	19 35 12	18 03 16	14 26
10	11 29 51	11 58 30	11 20 58	12 21 19	6 31 18	19 31 15	17 59 22	14 22
11	11 21 34	11 59 37	11 19 43	12 18 17	6 27 33	19 27 17	17 55 27	14 18
12	11 13 45	12 00 45	11 18 30	12 15 15	6 23 47	19 23 19	17 51 33	14 14
13	11 06 29	12 01 54	11 17 16	12 12 14	6 20 02	19 19 22	17 47 39	14 10
14	10 59 51	12 03 05	11 16 03	12 09 12	6 16 16	19 15 25	17 43 46	14 06
15	10 53 55	12 04 16	11 14 51	12 06 11	6 12 29	19 11 28	17 39 52	14 03
16	10 48 41	12 05 29	11 13 39	12 03 09	6 08 42	19 07 31	17 35 58	13 59

Date	Mercury	Venus	Mars	Jupiter	Saturn	Uranus	Neptune	Pluto
	h m s	h m s	h m s	h m s	h m s	h m s	h m s	h m
Nov. 16	10 48 41	12 05 29	11 13 39	12 03 09	6 08 42	19 07 31	17 35 58	13 59
17	10 44 10	12 06 43	11 12 28	12 00 08	6 04 55	19 03 35	17 32 05	13 55
18	10 40 20	12 07 59	11 11 17	11 57 07	6 01 07	18 59 39	17 28 12	13 51
19	10 37 09	12 09 15	11 10 07	11 54 06	5 57 19	18 55 42	17 24 19	13 48
20	10 34 36	12 10 33	11 08 58	11 51 05	5 53 30	18 51 46	17 20 26	13 44
21	10 32 35	12 11 52	11 07 49	11 48 04	5 49 41	18 47 51	17 16 33	13 40
22	10 31 06	12 13 12	11 06 40	11 45 03	5 45 52	18 43 55	17 12 40	13 36
23	10 30 04	12 14 33	11 05 32	11 42 02	5 42 02	18 40 00	17 08 48	13 32
24	10 29 27	12 15 55	11 04 25	11 39 01	5 38 12	18 36 04	17 04 55	13 29
25	10 29 12	12 17 19	11 03 18	11 36 00	5 34 21	18 32 09	17 01 03	13 25
26	10 29 16	12 18 43	11 02 11	11 32 59	5 30 30	18 28 15	16 57 11	13 21
27	10 29 37	12 20 08	11 01 05	11 29 59	5 26 38	18 24 20	16 53 18	13 17
28	10 30 14	12 21 34	11 00 00	11 26 58	5 22 46	18 20 26	16 49 26	13 13
29	10 31 04	12 23 01	10 58 55	11 23 57	5 18 54	18 16 31	16 45 35	13 10
30	10 32 05	12 24 29	10 57 51	11 20 56	5 15 01	18 12 37	16 41 43	13 06
Dec. 1	10 33 18	12 25 58	10 56 47	11 17 55	5 11 08	18 08 43	16 37 51	13 02
2	10 34 39	12 27 27	10 55 44	11 14 54	5 07 14	18 04 50	16 34 00	12 58
3	10 36 09	12 28 57	10 54 41	11 11 54	5 03 20	18 00 56	16 30 08	12 54
4	10 37 46	12 30 28	10 53 39	11 08 53	4 59 25	17 57 03	16 26 17	12 51
5	10 39 31	12 31 59	10 52 38	11 05 52	4 55 30	17 53 10	16 22 26	12 47
6	10 41 21	12 33 31	10 51 37	11 02 51	4 51 35	17 49 17	16 18 35	12 43
7	10 43 16	12 35 03	10 50 36	10 59 50	4 47 39	17 45 24	16 14 44	12 39
8	10 45 17	12 36 36	10 49 36	10 56 49	4 43 43	17 41 32	16 10 53	12 36
9	10 47 23	12 38 09	10 48 37	10 53 48	4 39 46	17 37 39	16 07 03	12 32
10	10 49 32	12 39 42	10 47 38	10 50 47	4 35 49	17 33 47	16 03 12	12 28
11	10 51 46	12 41 16	10 46 40	10 47 46	4 31 51	17 29 55	15 59 22	12 24
12	10 54 03	12 42 50	10 45 42	10 44 44	4 27 53	17 26 03	15 55 31	12 20
13	10 56 24	12 44 24	10 44 45	10 41 43	4 23 55	17 22 12	15 51 41	12 17
14	10 58 49	12 45 58	10 43 48	10 38 42	4 19 56	17 18 20	15 47 51	12 13
15	11 01 16	12 47 31	10 42 52	10 35 40	4 15 57	17 14 29	15 44 01	12 09
16	11 03 46	12 49 05	10 41 56	10 32 38	4 11 57	17 10 38	15 40 11	12 05
17	11 06 19	12 50 39	10 41 01	10 29 37	4 07 57	17 06 47	15 36 21	12 02
18	11 08 55	12 52 12	10 40 06	10 26 35	4 03 56	17 02 56	15 32 32	11 58
19	11 11 34	12 53 45	10 39 12	10 23 33	3 59 55	16 59 06	15 28 42	11 54
20	11 14 15	12 55 18	10 38 18	10 20 31	3 55 54	16 55 15	15 24 52	11 50
21	11 16 58	12 56 50	10 37 25	10 17 29	3 51 52	16 51 25	15 21 03	11 46
22	11 19 44	12 58 22	10 36 32	10 14 27	3 47 50	16 47 35	15 17 14	11 43
23	11 22 32	12 59 53	10 35 40	10 11 24	3 43 47	16 43 45	15 13 24	11 39
24	11 25 22	13 01 24	10 34 48	10 08 21	3 39 44	16 39 55	15 09 35	11 35
25	11 28 13	13 02 54	10 33 56	10 05 19	3 35 40	16 36 06	15 05 46	11 31
26	11 31 07	13 04 23	10 33 05	10 02 16	3 31 36	16 32 17	15 01 57	11 28
27	11 34 03	13 05 51	10 32 15	9 59 13	3 27 32	16 28 27	14 58 08	11 24
28	11 37 01	13 07 19	10 31 25	9 56 09	3 23 28	16 24 38	14 54 20	11 20
29	11 40 00	13 08 45	10 30 35	9 53 06	3 19 23	16 20 49	14 50 31	11 16
30	11 43 00	13 10 11	10 29 46	9 50 02	3 15 17	16 17 01	14 46 42	11 12
31	11 46 03	13 11 35	10 28 57	9 46 59	3 11 11	16 13 12	14 42 54	11 09
32	11 49 06	13 12 59	10 28 08	9 43 54	3 07 05	16 09 24	14 39 05	11 05

Explanatory information for data presented in the Ephemeris for Physical Observations of the planets and the Planetary Central Meridians are given here. Additional information is given in the Notes and References section, beginning on page L8.

The diagram below illustrates many of the quantities tabulated. The primary reference points are the sub-Earth point, e (center of disk); the sub-solar point, s; and the north pole, n. Points e and s are on the line between the center of the planet and the centers of the Earth and Sun, respectively (for an oblate planet, the Sun and Earth are not exactly at the zeniths of these two points). For points e and s, planetographic longitudes, λ_e and λ_s, and planetographic latitudes, β_e and β_s, are given. For points s and n, apparent distances from the center of the disk, d_s and d_n, and apparent position angles, p_s and p_n, are given.

Position angles are measured east from the north on the celestial sphere, with north defined by the great circle on the celestial sphere passing through the center of the planet's apparent disk and the true celestial pole of date. Planetographic longitude is reckoned from the prime meridian and increases from 0° to 360° in the direction opposite rotation. Planetographic latitude is the angle between the planet's equator and the normal to the reference spheroid at the point. Latitudes north of the equator are positive. For points near the limb, the sign of the distance may change abruptly as distances are positive in the visible hemisphere and negative on the far side of the planet. Distance and position angle vary rapidly at points close to e and may appear to be discontinuous.

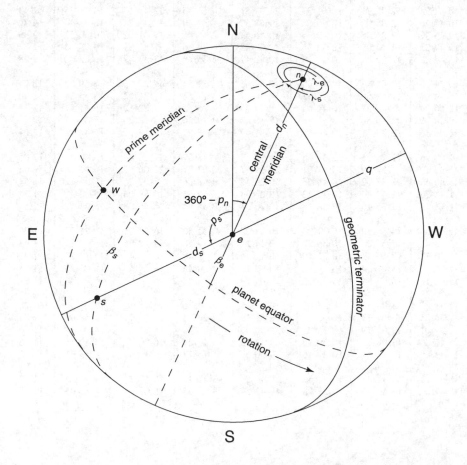

The phase is the ratio of the apparent illuminated area of the disk to the total area of the disk, as seen from the Earth. The phase angle is the planetocentric elongation of the Earth from the Sun. The defect of illumination, q, is the length of the unilluminated section of the diameter passing through e and s. The position angle of q can be computed by adding 180° to p_s. Phase and q are based on the geometric terminator, defined by the plane crossing through the planet's center of mass, orthogonal to the direction of the Sun.

The planetocentric orbital longitude of the Sun, L_s, is measured eastward in the planet's orbital plane from the planet's vernal equinox. Instantaneous orbital and equatorial planes are used in computing L_s. Values of L_s of 0°, 90°, 180° and 270° correspond to the beginning of spring, summer, autumn and winter, for the planet's northern hemisphere.

Planetary Central Meridians are sub-Earth planetocentric longitudes; none are given for Uranus and Neptune since their rotational periods are not well known. Jupiter has three longitude systems, corresponding to different apparent rates of rotation: System I applies to the visible cloud layer in the equatorial region; System II applies to the visible cloud layer at higher latitudes; System III, used in the physical ephemeris, applies to the origin of the radio emissions.

MERCURY, 2006

EPHEMERIS FOR PHYSICAL OBSERVATIONS
FOR 0^h TERRESTRIAL TIME

Date		Light-time	Magnitude	Surface Brightness	Diameter	Phase	Phase Angle	Defect of Illumination
		m			"		°	"
Jan.	−1	10.89	− 0.6	+2.5	5.14	0.903	36.2	0.50
	1	11.07	− 0.7	+2.5	5.05	0.918	33.4	0.42
	3	11.23	− 0.7	+2.5	4.98	0.930	30.7	0.35
	5	11.37	− 0.7	+2.4	4.92	0.941	28.1	0.29
	7	11.49	− 0.7	+2.4	4.87	0.951	25.7	0.24
	9	11.60	− 0.8	+2.3	4.82	0.959	23.3	0.20
	11	11.68	− 0.8	+2.3	4.79	0.967	21.0	0.16
	13	11.75	− 0.9	+2.2	4.76	0.974	18.7	0.13
	15	11.80	− 0.9	+2.2	4.74	0.980	16.4	0.10
	17	11.84	− 1.0	+2.1	4.73	0.985	14.1	0.07
	19	11.85	− 1.0	+2.0	4.72	0.989	11.8	0.05
	21	11.85	− 1.1	+2.0	4.72	0.993	9.5	0.03
	23	11.83	− 1.2	+1.9	4.73	0.996	7.3	0.02
	25	11.79	− 1.3	+1.8	4.75	0.998	5.5	0.01
	27	11.73	− 1.4	+1.8	4.77	0.998	4.8	0.01
	29	11.64	− 1.4	+1.7	4.81	0.997	6.0	0.01
	31	11.54	− 1.4	+1.7	4.85	0.994	8.6	0.03
Feb.	2	11.40	− 1.4	+1.8	4.91	0.989	12.0	0.05
	4	11.24	− 1.4	+1.8	4.98	0.981	16.0	0.10
	6	11.05	− 1.4	+1.8	5.06	0.968	20.5	0.16
	8	10.82	− 1.4	+1.9	5.17	0.951	25.6	0.25
	10	10.56	− 1.4	+1.9	5.30	0.927	31.3	0.39
	12	10.27	− 1.3	+2.0	5.45	0.896	37.7	0.57
	14	9.94	− 1.3	+2.0	5.63	0.855	44.7	0.81
	16	9.57	− 1.2	+2.1	5.85	0.804	52.5	1.14
	18	9.16	− 1.1	+2.3	6.11	0.742	61.0	1.57
	20	8.73	− 0.9	+2.4	6.41	0.669	70.2	2.12
	22	8.27	− 0.7	+2.6	6.76	0.587	80.0	2.79
	24	7.81	− 0.5	+2.8	7.17	0.497	90.3	3.60
	26	7.34	− 0.2	+3.0	7.62	0.405	101.0	4.54
	28	6.89	+ 0.1	+3.1	8.12	0.313	111.9	5.57
Mar.	2	6.47	+ 0.5	+3.3	8.65	0.228	122.9	6.67
	4	6.09	−	−	9.18	0.153	134.0	7.78
	6	5.77	−	−	9.70	0.091	144.9	8.82
	8	5.50	−	−	10.17	0.045	155.4	9.71
	10	5.30	−	−	10.55	0.017	164.9	10.37
	12	5.17	−	−	10.82	0.007	170.5	10.75
	14	5.10	−	−	10.96	0.013	167.0	10.82
	16	5.10	−	−	10.98	0.033	159.2	10.62
	18	5.14	−	−	10.88	0.063	150.9	10.20
	20	5.23	−	−	10.69	0.101	143.0	9.61
	22	5.36	−	−	10.43	0.143	135.6	8.94
	24	5.52	−	−	10.13	0.187	128.8	8.24
	26	5.71	+ 0.9	+4.0	9.81	0.231	122.6	7.54
	28	5.91	+ 0.7	+4.0	9.47	0.274	116.9	6.88
	30	6.12	+ 0.6	+3.9	9.14	0.315	111.7	6.26
Apr.	1	6.35	+ 0.5	+3.9	8.82	0.354	106.9	5.69

EPHEMERIS FOR PHYSICAL OBSERVATIONS
FOR 0^h TERRESTRIAL TIME

Date		Sub-Earth Point		Sub-Solar Point			North Pole	
		Long.	Lat.	Long.	Dist.	P.A.	Dist.	P.A.
		°	°	°	″	°	″	°
Jan.	−1	17.26	− 4.02	53.30	+ 1.52	93.45	−2.56	8.96
	1	26.56	− 4.07	59.72	+ 1.39	91.27	−2.52	7.48
	3	35.82	− 4.12	66.27	+ 1.27	88.97	−2.48	5.95
	5	45.06	− 4.17	72.91	+ 1.16	86.53	−2.45	4.39
	7	54.27	− 4.22	79.62	+ 1.05	83.94	−2.43	2.79
	9	63.45	− 4.28	86.37	+ 0.95	81.16	−2.41	1.18
	11	72.61	− 4.33	93.14	+ 0.86	78.13	−2.39	359.54
	13	81.74	− 4.38	99.89	+ 0.76	74.76	−2.37	357.90
	15	90.83	− 4.44	106.60	+ 0.67	70.91	−2.36	356.24
	17	99.90	− 4.49	113.25	+ 0.57	66.32	−2.36	354.59
	19	108.93	− 4.55	119.80	+ 0.48	60.50	−2.35	352.95
	21	117.93	− 4.60	126.22	+ 0.39	52.47	−2.35	351.32
	23	126.89	− 4.66	132.49	+ 0.30	40.05	−2.36	349.72
	25	135.81	− 4.72	138.56	+ 0.23	18.42	−2.36	348.14
	27	144.69	− 4.79	144.41	+ 0.20	343.22	−2.38	346.60
	29	153.53	− 4.86	149.98	+ 0.25	308.87	−2.39	345.10
	31	162.32	− 4.93	155.23	+ 0.36	288.28	−2.42	343.65
Feb.	2	171.07	− 5.01	160.12	+ 0.51	276.52	−2.44	342.26
	4	179.79	− 5.10	164.59	+ 0.69	269.01	−2.48	340.93
	6	188.48	− 5.20	168.58	+ 0.89	263.70	−2.52	339.67
	8	197.15	− 5.31	172.05	+ 1.12	259.64	−2.57	338.49
	10	205.82	− 5.44	174.93	+ 1.38	256.38	−2.64	337.40
	12	214.51	− 5.58	177.20	+ 1.66	253.66	−2.71	336.40
	14	223.26	− 5.75	178.84	+ 1.98	251.34	−2.80	335.51
	16	232.11	− 5.95	179.86	+ 2.32	249.30	−2.91	334.73
	18	241.13	− 6.18	180.31	+ 2.67	247.48	−3.04	334.05
	20	250.38	− 6.44	180.31	+ 3.02	245.81	−3.18	333.49
	22	259.94	− 6.74	180.00	+ 3.33	244.23	−3.36	333.04
	24	269.92	− 7.08	179.60	−3.58	242.65	−3.56	332.69
	26	280.38	− 7.45	179.29	−3.74	240.98	−3.78	332.44
	28	291.41	− 7.84	179.29	−3.77	239.11	−4.02	332.28
Mar.	2	303.07	− 8.24	179.74	−3.63	236.82	−4.28	332.20
	4	315.36	− 8.62	180.76	−3.30	233.79	−4.54	332.20
	6	328.28	− 8.96	182.40	−2.79	229.34	−4.79	332.27
	8	341.74	− 9.23	184.68	−2.12	221.69	−5.02	332.43
	10	355.64	− 9.39	187.57	−1.38	205.01	−5.20	332.67
	12	9.81	− 9.43	191.04	−0.89	160.42	−5.34	332.97
	14	24.07	− 9.34	195.03	−1.23	108.84	−5.41	333.31
	16	38.25	− 9.12	199.50	−1.95	88.67	−5.42	333.66
	18	52.21	− 8.80	204.39	−2.64	80.14	−5.38	333.98
	20	65.83	− 8.40	209.65	−3.22	75.53	−5.29	334.24
	22	79.06	− 7.95	215.22	−3.65	72.62	−5.17	334.43
	24	91.88	− 7.47	221.06	−3.95	70.57	−5.02	334.53
	26	104.30	− 6.98	227.14	−4.13	69.01	−4.87	334.54
	28	116.33	− 6.49	233.40	−4.22	67.76	−4.71	334.46
	30	128.01	− 6.02	239.83	−4.25	66.71	−4.54	334.31
Apr.	1	139.37	− 5.56	246.38	−4.22	65.79	−4.39	334.11

MERCURY, 2006

EPHEMERIS FOR PHYSICAL OBSERVATIONS
FOR 0^h TERRESTRIAL TIME

Date		Light-time	Magnitude	Surface Brightness	Diameter	Phase	Phase Angle	Defect of Illumination
		m			$''$		$\circ$	$''$
Apr.	1	6.35	+ 0.5	+ 3.9	8.82	0.354	106.9	5.69
	3	6.58	+ 0.5	+ 3.8	8.50	0.392	102.5	5.17
	5	6.82	+ 0.4	+ 3.8	8.21	0.427	98.4	4.71
	7	7.06	+ 0.3	+ 3.7	7.93	0.460	94.6	4.28
	9	7.30	+ 0.3	+ 3.7	7.66	0.491	91.0	3.90
	11	7.55	+ 0.2	+ 3.6	7.41	0.521	87.6	3.55
	13	7.79	+ 0.2	+ 3.5	7.18	0.550	84.2	3.23
	15	8.04	+ 0.1	+ 3.5	6.96	0.578	81.0	2.94
	17	8.28	+ 0.1	+ 3.4	6.76	0.605	77.8	2.67
	19	8.52	0.0	+ 3.3	6.57	0.632	74.7	2.41
	21	8.76	− 0.1	+ 3.2	6.39	0.659	71.5	2.18
	23	9.00	− 0.2	+ 3.1	6.22	0.686	68.2	1.95
	25	9.24	− 0.3	+ 3.0	6.06	0.713	64.8	1.74
	27	9.47	− 0.4	+ 2.9	5.91	0.740	61.3	1.54
	29	9.69	− 0.5	+ 2.8	5.77	0.768	57.6	1.34
May	1	9.91	− 0.6	+ 2.6	5.65	0.797	53.6	1.15
	3	10.12	− 0.8	+ 2.5	5.53	0.826	49.3	0.96
	5	10.31	− 0.9	+ 2.3	5.43	0.855	44.7	0.78
	7	10.49	− 1.1	+ 2.1	5.33	0.885	39.7	0.61
	9	10.65	− 1.3	+ 2.0	5.25	0.914	34.2	0.45
	11	10.79	− 1.5	+ 1.8	5.19	0.941	28.2	0.31
	13	10.90	− 1.7	+ 1.6	5.13	0.965	21.7	0.18
	15	10.97	− 1.9	+ 1.4	5.10	0.984	14.7	0.08
	17	11.00	− 2.1	+ 1.2	5.08	0.996	7.2	0.02
	19	10.99	−	−	5.09	1.000	1.2	0.00
	21	10.94	− 2.1	+ 1.1	5.12	0.994	9.0	0.03
	23	10.83	− 2.0	+ 1.3	5.17	0.977	17.3	0.12
	25	10.68	− 1.8	+ 1.5	5.24	0.951	25.6	0.26
	27	10.48	− 1.6	+ 1.7	5.34	0.916	33.6	0.45
	29	10.26	− 1.4	+ 1.9	5.46	0.876	41.3	0.68
	31	10.00	− 1.1	+ 2.1	5.60	0.831	48.6	0.95
June	2	9.72	− 0.9	+ 2.3	5.76	0.784	55.4	1.24
	4	9.42	− 0.7	+ 2.5	5.94	0.737	61.8	1.57
	6	9.11	− 0.6	+ 2.7	6.14	0.690	67.7	1.90
	8	8.80	− 0.4	+ 2.9	6.36	0.645	73.2	2.26
	10	8.48	− 0.2	+ 3.0	6.60	0.601	78.4	2.63
	12	8.17	− 0.1	+ 3.2	6.85	0.559	83.3	3.02
	14	7.86	+ 0.1	+ 3.3	7.12	0.518	87.9	3.43
	16	7.55	+ 0.2	+ 3.5	7.41	0.479	92.4	3.86
	18	7.26	+ 0.3	+ 3.6	7.71	0.441	96.8	4.31
	20	6.97	+ 0.4	+ 3.7	8.03	0.404	101.1	4.78
	22	6.69	+ 0.5	+ 3.8	8.36	0.368	105.3	5.29
	24	6.42	+ 0.6	+ 3.9	8.71	0.332	109.6	5.82
	26	6.17	+ 0.7	+ 4.0	9.07	0.296	114.0	6.38
	28	5.93	+ 0.9	+ 4.0	9.43	0.261	118.5	6.97
	30	5.71	−	−	9.80	0.226	123.2	7.59
July	2	5.50	−	−	10.17	0.192	128.0	8.22

EPHEMERIS FOR PHYSICAL OBSERVATIONS
FOR 0ʰ TERRESTRIAL TIME

Date		Sub-Earth Point		Sub-Solar Point			North Pole	
		Long.	Lat.	Long.	Dist.	P.A.	Dist.	P.A.
		°	°	°	″	°	″	°
Apr.	1	139.37	− 5.56	246.38	−4.22	65.79	−4.39	334.11
	3	150.44	− 5.12	253.02	−4.15	64.98	−4.23	333.85
	5	161.26	− 4.70	259.74	−4.06	64.25	−4.09	333.56
	7	171.86	− 4.30	266.49	−3.95	63.59	−3.95	333.25
	9	182.24	− 3.92	273.25	−3.83	63.00	−3.82	332.94
	11	192.44	− 3.57	280.00	+ 3.70	62.47	−3.70	332.63
	13	202.48	− 3.23	286.72	+ 3.57	62.01	−3.59	332.34
	15	212.35	− 2.91	293.36	+ 3.44	61.61	−3.48	332.07
	17	222.09	− 2.60	299.91	+ 3.30	61.28	−3.38	331.84
	19	231.68	− 2.31	306.33	+ 3.17	61.02	−3.28	331.65
	21	241.14	− 2.03	312.59	+ 3.03	60.84	−3.19	331.52
	23	250.48	− 1.77	318.66	+ 2.89	60.75	−3.11	331.45
	25	259.70	− 1.52	324.50	+ 2.74	60.74	−3.03	331.45
	27	268.79	− 1.27	330.07	+ 2.59	60.83	−2.95	331.53
	29	277.76	− 1.04	335.31	+ 2.44	61.03	−2.89	331.69
May	1	286.61	− 0.82	340.19	+ 2.27	61.35	−2.82	331.95
	3	295.34	− 0.61	344.65	+ 2.10	61.80	−2.77	332.32
	5	303.95	− 0.41	348.64	+ 1.91	62.39	−2.71	332.80
	7	312.44	− 0.22	352.10	+ 1.70	63.16	−2.67	333.40
	9	320.80	− 0.03	354.98	+ 1.48	64.12	−2.63	334.14
	11	329.05	+ 0.16	357.24	+ 1.23	65.35	+ 2.59	335.03
	13	337.18	+ 0.34	358.87	+ 0.95	66.95	+ 2.57	336.07
	15	345.22	+ 0.52	359.87	+ 0.65	69.29	+ 2.55	337.28
	17	353.18	+ 0.69	0.32	+ 0.32	74.23	+ 2.54	338.64
	19	1.08	+ 0.87	0.31	+ 0.05	201.46	+ 2.54	340.16
	21	8.97	+ 1.06	0.00	+ 0.40	245.11	+ 2.56	341.82
	23	16.87	+ 1.25	359.59	+ 0.77	249.59	+ 2.58	343.61
	25	24.82	+ 1.44	359.29	+ 1.13	252.46	+ 2.62	345.49
	27	32.87	+ 1.65	359.30	+ 1.48	254.95	+ 2.67	347.44
	29	41.03	+ 1.87	359.76	+ 1.80	257.29	+ 2.73	349.42
	31	49.34	+ 2.11	0.78	+ 2.10	259.54	+ 2.80	351.40
June	2	57.81	+ 2.36	2.43	+ 2.37	261.72	+ 2.88	353.35
	4	66.45	+ 2.63	4.72	+ 2.62	263.84	+ 2.97	355.24
	6	75.26	+ 2.91	7.62	+ 2.84	265.88	+ 3.07	357.07
	8	84.26	+ 3.22	11.09	+ 3.04	267.84	+ 3.18	358.80
	10	93.44	+ 3.54	15.09	+ 3.23	269.72	+ 3.29	0.44
	12	102.81	+ 3.88	19.57	+ 3.40	271.52	+ 3.42	1.97
	14	112.37	+ 4.25	24.47	+ 3.56	273.23	+ 3.55	3.38
	16	122.13	+ 4.63	29.73	−3.70	274.87	+ 3.69	4.67
	18	132.09	+ 5.04	35.30	−3.83	276.44	+ 3.84	5.84
	20	142.26	+ 5.47	41.15	−3.94	277.96	+ 4.00	6.88
	22	152.65	+ 5.92	47.23	−4.03	279.43	+ 4.16	7.79
	24	163.27	+ 6.40	53.50	−4.10	280.88	+ 4.33	8.58
	26	174.14	+ 6.89	59.93	−4.14	282.33	+ 4.50	9.23
	28	185.27	+ 7.40	66.48	−4.14	283.80	+ 4.68	9.75
	30	196.68	+ 7.92	73.13	−4.10	285.36	+ 4.86	10.13
July	2	208.38	+ 8.45	79.84	−4.01	287.05	+ 5.03	10.36

MERCURY, 2006

EPHEMERIS FOR PHYSICAL OBSERVATIONS
FOR 0^h TERRESTRIAL TIME

Date		Light-time	Magnitude	Surface Brightness	Diameter	Phase	Phase Angle	Defect of Illumination
		m			$''$		$\circ$	$''$
July	2	5.50	−	−	10.17	0.192	128.0	8.22
	4	5.31	−	−	10.53	0.158	133.1	8.86
	6	5.15	−	−	10.86	0.126	138.5	9.50
	8	5.01	−	−	11.16	0.095	144.0	10.10
	10	4.90	−	−	11.42	0.068	149.8	10.64
	12	4.82	−	−	11.60	0.045	155.6	11.09
	14	4.78	−	−	11.71	0.026	161.3	11.40
	16	4.77	−	−	11.72	0.014	166.2	11.56
	18	4.81	−	−	11.64	0.010	168.6	11.53
	20	4.88	−	−	11.46	0.013	166.7	11.30
	22	5.00	−	−	11.18	0.025	161.6	10.90
	24	5.17	−	−	10.83	0.046	155.2	10.33
	26	5.37	−	−	10.42	0.075	148.2	9.64
	28	5.62	−	−	9.96	0.112	141.0	8.85
	30	5.91	−	−	9.47	0.156	133.5	8.00
Aug.	1	6.23	−	−	8.98	0.207	125.9	7.12
	3	6.59	+ 0.6	+3.5	8.50	0.264	118.1	6.25
	5	6.97	+ 0.3	+3.3	8.03	0.328	110.1	5.39
	7	7.38	0.0	+3.2	7.58	0.397	101.9	4.57
	9	7.81	− 0.2	+3.0	7.17	0.470	93.5	3.80
	11	8.24	− 0.5	+2.8	6.79	0.546	84.8	3.08
	13	8.68	− 0.7	+2.6	6.45	0.622	75.8	2.43
	15	9.10	− 0.9	+2.4	6.15	0.697	66.7	1.86
	17	9.51	− 1.1	+2.2	5.88	0.768	57.6	1.37
	19	9.89	− 1.3	+2.0	5.66	0.830	48.7	0.96
	21	10.23	− 1.5	+1.8	5.47	0.883	40.0	0.64
	23	10.53	− 1.6	+1.7	5.31	0.925	31.7	0.40
	25	10.79	− 1.7	+1.6	5.19	0.957	24.0	0.22
	27	11.00	− 1.8	+1.5	5.09	0.978	17.0	0.11
	29	11.17	− 1.8	+1.4	5.01	0.991	10.8	0.04
	31	11.30	− 1.8	+1.4	4.95	0.997	6.1	0.01
Sept.	2	11.40	− 1.8	+1.4	4.91	0.998	5.2	0.01
	4	11.46	− 1.6	+1.6	4.88	0.995	8.3	0.03
	6	11.50	− 1.5	+1.7	4.87	0.989	12.3	0.06
	8	11.51	− 1.3	+1.8	4.86	0.980	16.2	0.10
	10	11.49	− 1.2	+2.0	4.87	0.970	19.8	0.14
	12	11.46	− 1.0	+2.1	4.88	0.960	23.2	0.20
	14	11.40	− 0.9	+2.2	4.91	0.948	26.4	0.26
	16	11.33	− 0.8	+2.3	4.94	0.936	29.4	0.32
	18	11.25	− 0.7	+2.4	4.98	0.923	32.2	0.38
	20	11.14	− 0.6	+2.5	5.02	0.910	35.0	0.45
	22	11.02	− 0.6	+2.6	5.08	0.896	37.6	0.53
	24	10.89	− 0.5	+2.7	5.14	0.882	40.2	0.61
	26	10.75	− 0.4	+2.7	5.21	0.867	42.8	0.69
	28	10.59	− 0.4	+2.8	5.28	0.851	45.4	0.79
	30	10.41	− 0.3	+2.9	5.37	0.835	48.0	0.89
Oct.	2	10.23	− 0.3	+2.9	5.47	0.817	50.6	1.00

EPHEMERIS FOR PHYSICAL OBSERVATIONS
FOR 0ʰ TERRESTRIAL TIME

Date		Sub-Earth Point		Sub-Solar Point			North Pole	
		Long.	Lat.	Long.	Dist.	P.A.	Dist.	P.A.
		°	°	°	″	°	″	°
July	2	208.38	+ 8.45	79.84	− 4.01	287.05	+ 5.03	10.36
	4	220.40	+ 8.98	86.59	− 3.84	288.97	+ 5.20	10.46
	6	232.72	+ 9.49	93.36	− 3.60	291.29	+ 5.36	10.40
	8	245.36	+ 9.97	100.11	− 3.28	294.24	+ 5.50	10.21
	10	258.30	+ 10.42	106.82	− 2.87	298.28	+ 5.61	9.88
	12	271.50	+ 10.79	113.47	− 2.39	304.34	+ 5.70	9.43
	14	284.92	+ 11.09	120.01	− 1.87	314.38	+ 5.75	8.88
	16	298.50	+ 11.29	126.43	− 1.40	332.79	+ 5.75	8.26
	18	312.14	+ 11.37	132.69	− 1.15	4.77	+ 5.71	7.60
	20	325.75	+ 11.35	138.76	− 1.32	38.89	+ 5.62	6.96
	22	339.24	+ 11.21	144.60	− 1.76	59.74	+ 5.49	6.38
	24	352.52	+ 10.97	150.16	− 2.27	71.08	+ 5.32	5.90
	26	5.51	+ 10.65	155.40	− 2.74	77.89	+ 5.12	5.56
	28	18.16	+ 10.26	160.27	− 3.14	82.50	+ 4.90	5.39
	30	30.41	+ 9.83	164.73	− 3.44	85.96	+ 4.67	5.41
Aug.	1	42.25	+ 9.37	168.70	− 3.64	88.79	+ 4.43	5.64
	3	53.67	+ 8.91	172.15	− 3.75	91.29	+ 4.20	6.08
	5	64.66	+ 8.44	175.02	− 3.77	93.62	+ 3.97	6.73
	7	75.23	+ 7.99	177.27	− 3.71	95.90	+ 3.75	7.59
	9	85.39	+ 7.57	178.89	3.58	98.18	+ 3.55	8.63
	11	95.17	+ 7.17	179.88	+ 3.38	100.52	+ 3.37	9.85
	13	104.60	+ 6.80	180.32	+ 3.13	102.94	+ 3.20	11.21
	15	113.72	+ 6.47	180.30	+ 2.82	105.48	+ 3.05	12.67
	17	122.57	+ 6.17	179.99	+ 2.49	108.15	+ 2.93	14.21
	19	131.19	+ 5.91	179.59	+ 2.12	111.02	+ 2.81	15.78
	21	139.66	+ 5.69	179.29	+ 1.76	114.17	+ 2.72	17.34
	23	148.01	+ 5.49	179.30	+ 1.40	117.79	+ 2.64	18.85
	25	156.30	+ 5.31	179.77	+ 1.06	122.32	+ 2.58	20.28
	27	164.58	+ 5.17	180.80	+ 0.74	128.79	+ 2.53	21.61
	29	172.87	+ 5.03	182.46	+ 0.47	140.24	+ 2.49	22.82
	31	181.20	+ 4.92	184.75	+ 0.26	167.96	+ 2.47	23.91
Sept.	2	189.58	+ 4.82	187.66	+ 0.22	226.72	+ 2.45	24.88
	4	198.04	+ 4.72	191.14	+ 0.35	261.51	+ 2.43	25.72
	6	206.56	+ 4.64	195.15	+ 0.52	274.66	+ 2.42	26.45
	8	215.16	+ 4.56	199.64	+ 0.68	281.14	+ 2.42	27.05
	10	223.84	+ 4.48	204.54	+ 0.82	285.02	+ 2.43	27.55
	12	232.60	+ 4.40	209.80	+ 0.96	287.62	+ 2.43	27.95
	14	241.43	+ 4.33	215.38	+ 1.09	289.49	+ 2.45	28.25
	16	250.33	+ 4.26	221.23	+ 1.21	290.88	+ 2.46	28.46
	18	259.30	+ 4.19	227.31	+ 1.33	291.94	+ 2.48	28.59
	20	268.34	+ 4.11	233.59	+ 1.44	292.74	+ 2.50	28.63
	22	277.45	+ 4.04	240.01	+ 1.55	293.34	+ 2.53	28.59
	24	286.62	+ 3.97	246.57	+ 1.66	293.79	+ 2.56	28.48
	26	295.86	+ 3.89	253.22	+ 1.77	294.10	+ 2.60	28.30
	28	305.16	+ 3.81	259.93	+ 1.88	294.29	+ 2.64	28.06
	30	314.53	+ 3.73	266.69	+ 1.99	294.39	+ 2.68	27.75
Oct.	2	323.96	+ 3.65	273.45	+ 2.11	294.39	+ 2.73	27.39

MERCURY, 2006

EPHEMERIS FOR PHYSICAL OBSERVATIONS
FOR 0ʰ TERRESTRIAL TIME

Date		Light-time	Magnitude	Surface Brightness	Diameter	Phase	Phase Angle	Defect of Illumination
		m			″		°	″
Oct.	2	10.23	− 0.3	+2.9	5.47	0.817	50.6	1.00
	4	10.03	− 0.3	+3.0	5.58	0.798	53.4	1.12
	6	9.82	− 0.2	+3.0	5.70	0.778	56.2	1.27
	8	9.59	− 0.2	+3.1	5.83	0.756	59.2	1.42
	10	9.35	− 0.2	+3.1	5.98	0.731	62.4	1.61
	12	9.10	− 0.2	+3.1	6.15	0.704	65.9	1.82
	14	8.83	− 0.1	+3.2	6.34	0.674	69.6	2.06
	16	8.55	− 0.1	+3.2	6.55	0.641	73.6	2.35
	18	8.26	− 0.1	+3.3	6.78	0.603	78.1	2.69
	20	7.95	0.0	+3.3	7.04	0.561	83.0	3.09
	22	7.64	0.0	+3.3	7.32	0.513	88.5	3.57
	24	7.32	+ 0.1	+3.4	7.64	0.459	94.7	4.13
	26	7.00	+ 0.2	+3.4	7.99	0.399	101.6	4.80
	28	6.69	+ 0.3	+3.5	8.37	0.333	109.5	5.58
	30	6.39	+ 0.5	+3.5	8.76	0.262	118.4	6.46
Nov.	1	6.11	−	−	9.15	0.189	128.5	7.43
	3	5.88	−	−	9.51	0.118	139.9	8.39
	5	5.71	−	−	9.80	0.057	152.5	9.24
	7	5.62	−	−	9.96	0.014	166.2	9.81
	9	5.62	−	−	9.96	0.000	179.2	9.96
	11	5.72	−	−	9.78	0.019	164.4	9.60
	13	5.92	−	−	9.45	0.069	149.5	8.80
	15	6.21	−	−	9.01	0.145	135.3	7.71
	17	6.56	+ 0.4	+3.2	8.53	0.236	121.9	6.52
	19	6.96	0.0	+3.1	8.04	0.332	109.6	5.37
	21	7.38	− 0.2	+3.0	7.58	0.427	98.5	4.35
	23	7.81	− 0.4	+2.9	7.16	0.513	88.5	3.49
	25	8.23	− 0.5	+2.8	6.80	0.590	79.6	2.78
	27	8.64	− 0.6	+2.7	6.47	0.657	71.7	2.22
	29	9.03	− 0.7	+2.7	6.20	0.714	64.7	1.77
Dec.	1	9.39	− 0.7	+2.6	5.96	0.761	58.5	1.42
	3	9.73	− 0.7	+2.6	5.75	0.801	52.9	1.14
	5	10.04	− 0.8	+2.5	5.58	0.835	48.0	0.92
	7	10.32	− 0.8	+2.5	5.42	0.863	43.5	0.74
	9	10.58	− 0.8	+2.4	5.29	0.886	39.4	0.60
	11	10.81	− 0.8	+2.4	5.18	0.906	35.8	0.49
	13	11.02	− 0.8	+2.4	5.08	0.922	32.4	0.39
	15	11.21	− 0.8	+2.4	4.99	0.936	29.2	0.32
	17	11.37	− 0.8	+2.3	4.92	0.948	26.3	0.26
	19	11.51	− 0.8	+2.3	4.86	0.958	23.6	0.20
	21	11.64	− 0.8	+2.3	4.81	0.967	21.0	0.16
	23	11.74	− 0.9	+2.2	4.76	0.974	18.5	0.12
	25	11.83	− 0.9	+2.2	4.73	0.980	16.2	0.09
	27	11.89	− 0.9	+2.1	4.70	0.985	13.9	0.07
	29	11.94	− 1.0	+2.1	4.69	0.990	11.6	0.05
	31	11.97	− 1.0	+2.0	4.67	0.993	9.4	0.03
	33	11.98	− 1.1	+2.0	4.67	0.996	7.3	0.02

EPHEMERIS FOR PHYSICAL OBSERVATIONS
FOR 0ʰ TERRESTRIAL TIME

Date		Sub-Earth Point		Sub-Solar Point			North Pole	
		Long.	Lat.	Long.	Dist.	P.A.	Dist.	P.A.
		°	°	°	″	°	″	°
Oct.	2	323.96	+ 3.65	273.45	+ 2.11	294.39	+ 2.73	27.39
	4	333.47	+ 3.56	280.20	+ 2.24	294.32	+ 2.78	26.97
	6	343.06	+ 3.48	286.91	+ 2.37	294.18	+ 2.84	26.51
	8	352.72	+ 3.38	293.56	+ 2.51	293.99	+ 2.91	26.00
	10	2.48	+ 3.29	300.10	+ 2.65	293.74	+ 2.99	25.46
	12	12.35	+ 3.19	306.52	+ 2.81	293.46	+ 3.07	24.89
	14	22.33	+ 3.08	312.78	+ 2.97	293.16	+ 3.16	24.31
	16	32.45	+ 2.97	318.84	+ 3.14	292.85	+ 3.27	23.72
	18	42.75	+ 2.86	324.68	+ 3.32	292.54	+ 3.38	23.14
	20	53.24	+ 2.73	330.23	+ 3.49	292.25	+ 3.51	22.59
	22	63.98	+ 2.60	335.47	+ 3.66	292.02	+ 3.66	22.10
	24	75.02	+ 2.45	340.34	− 3.81	291.87	+ 3.82	21.67
	26	86.42	+ 2.28	344.79	− 3.91	291.82	+ 3.99	21.36
	28	98.26	+ 2.10	348.76	− 3.94	291.92	+ 4.18	21.19
	30	110.63	+ 1.89	352.20	− 3.85	292.20	+ 4.38	21.19
Nov.	1	123.58	+ 1.65	355.06	− 3.58	292.67	+ 4.57	21.38
	3	137.17	+ 1.37	357.30	− 3.07	293.38	+ 4.76	21.77
	5	151.38	+ 1.06	358.91	− 2.27	294.34	+ 4.90	22.33
	7	166.08	+ 0.72	359.89	− 1.19	295.90	+ 4.98	23.01
	9	181.05	+ 0.36	0.32	− 0.07	87.74	ɪ 4.98	23.72
	11	195.94	0.00	0.30	− 1.32	114.38	+ 4.89	24.36
	13	210.45	− 0.34	359.99	− 2.40	115.45	− 4.72	24.86
	15	224.31	− 0.65	359.58	− 3.17	115.85	− 4.51	25.19
	17	237.40	− 0.92	359.29	− 3.62	115.92	− 4.26	25.34
	19	249.71	− 1.15	359.30	− 3.79	115.74	− 4.02	25.33
	21	261.33	− 1.36	359.78	− 3.75	115.36	− 3.79	25.16
	23	272.35	− 1.53	0.82	+ 3.58	114.82	− 3.58	24.86
	25	282.91	− 1.69	2.49	+ 3.34	114.12	− 3.40	24.43
	27	293.11	− 1.84	4.79	+ 3.07	113.27	− 3.24	23.89
	29	303.03	− 1.97	7.71	+ 2.80	112.30	− 3.10	23.24
Dec.	1	312.75	− 2.10	11.20	+ 2.54	111.19	− 2.98	22.49
	3	322.33	− 2.22	15.22	+ 2.30	109.95	− 2.87	21.65
	5	331.79	− 2.34	19.71	+ 2.07	108.59	− 2.79	20.71
	7	341.18	− 2.45	24.62	+ 1.87	107.09	− 2.71	19.69
	9	350.51	− 2.56	29.88	+ 1.68	105.47	− 2.64	18.60
	11	359.80	− 2.67	35.47	+ 1.51	103.70	− 2.59	17.43
	13	9.05	− 2.78	41.32	+ 1.36	101.79	− 2.54	16.19
	15	18.29	− 2.88	47.41	+ 1.22	99.71	− 2.49	14.89
	17	27.50	− 2.98	53.68	+ 1.09	97.46	− 2.46	13.52
	19	36.71	− 3.09	60.11	+ 0.97	94.99	− 2.43	12.10
	21	45.89	− 3.19	66.67	+ 0.86	92.27	− 2.40	10.63
	23	55.07	− 3.29	73.32	+ 0.76	89.22	− 2.38	9.12
	25	64.23	− 3.39	80.03	+ 0.66	85.72	− 2.36	7.56
	27	73.38	− 3.49	86.79	+ 0.56	81.60	− 2.35	5.96
	29	82.51	− 3.59	93.55	+ 0.47	76.50	− 2.34	4.33
	31	91.62	− 3.70	100.30	+ 0.38	69.77	− 2.33	2.68
	33	100.72	− 3.80	107.01	+ 0.30	60.00	− 2.33	1.01

VENUS, 2006

EPHEMERIS FOR PHYSICAL OBSERVATIONS
FOR 0^h TERRESTRIAL TIME

Date		Light-time	Magnitude	Surface Brightness	Diameter	Phase	Phase Angle	Defect of Illumination
		m			"		°	"
Jan.	−3	2.52	−4.4	+1.4	55.06	0.091	144.9	50.06
	1	2.39	−4.3	+1.2	57.96	0.058	152.2	54.60
	5	2.30	−4.1	+0.7	60.36	0.031	159.8	58.51
	9	2.24	−3.9	0.0	62.00	0.012	167.4	61.25
	13	2.22	−	−	62.62	0.004	172.4	62.35
	17	2.23	−3.8	−0.3	62.14	0.009	169.3	61.60
	21	2.29	−4.0	+0.6	60.62	0.024	162.1	59.15
	25	2.38	−4.2	+1.1	58.28	0.049	154.4	55.42
	29	2.51	−4.4	+1.3	55.40	0.080	147.1	50.95
Feb.	2	2.66	−4.5	+1.5	52.26	0.116	140.3	46.22
	6	2.83	−4.6	+1.6	49.05	0.152	134.1	41.58
	10	3.02	−4.6	+1.6	45.93	0.189	128.4	37.24
	14	3.23	−4.6	+1.7	42.98	0.225	123.3	33.30
	18	3.45	−4.6	+1.7	40.23	0.260	118.7	29.79
	22	3.68	−4.6	+1.7	37.72	0.292	114.5	26.69
	26	3.92	−4.6	+1.7	35.43	0.323	110.7	23.97
Mar.	2	4.16	−4.5	+1.7	33.36	0.353	107.1	21.59
	6	4.41	−4.5	+1.7	31.48	0.380	103.8	19.50
	10	4.66	−4.5	+1.7	29.77	0.407	100.8	17.67
	14	4.92	−4.4	+1.7	28.23	0.432	97.9	16.05
	18	5.17	−4.4	+1.6	26.82	0.455	95.2	14.61
	22	5.43	−4.3	+1.6	25.54	0.478	92.6	13.34
	26	5.69	−4.3	+1.6	24.37	0.499	90.1	12.21
	30	5.96	−4.3	+1.6	23.31	0.519	87.8	11.20
Apr.	3	6.22	−4.2	+1.6	22.33	0.539	85.5	10.29
	7	6.48	−4.2	+1.6	21.43	0.558	83.3	9.47
	11	6.74	−4.1	+1.6	20.60	0.576	81.2	8.73
	15	7.00	−4.1	+1.5	19.84	0.594	79.2	8.06
	19	7.25	−4.1	+1.5	19.13	0.611	77.2	7.45
	23	7.51	−4.0	+1.5	18.48	0.627	75.3	6.89
	27	7.77	−4.0	+1.5	17.87	0.643	73.4	6.38
May	1	8.02	−4.0	+1.5	17.31	0.658	71.6	5.92
	5	8.27	−4.0	+1.5	16.79	0.673	69.7	5.49
	9	8.52	−3.9	+1.5	16.30	0.688	67.9	5.09
	13	8.76	−3.9	+1.4	15.84	0.702	66.2	4.72
	17	9.00	−3.9	+1.4	15.41	0.716	64.5	4.38
	21	9.24	−3.9	+1.4	15.01	0.729	62.7	4.07
	25	9.48	−3.8	+1.4	14.64	0.742	61.0	3.78
	29	9.71	−3.8	+1.4	14.29	0.755	59.4	3.50
June	2	9.94	−3.8	+1.4	13.96	0.767	57.7	3.25
	6	10.17	−3.8	+1.4	13.65	0.779	56.0	3.01
	10	10.39	−3.8	+1.3	13.36	0.791	54.4	2.79
	14	10.60	−3.8	+1.3	13.09	0.803	52.7	2.58
	18	10.81	−3.8	+1.3	12.84	0.814	51.1	2.39
	22	11.02	−3.7	+1.3	12.60	0.825	49.5	2.21
	26	11.22	−3.7	+1.3	12.37	0.835	47.9	2.04
	30	11.42	−3.7	+1.3	12.16	0.846	46.3	1.88

EPHEMERIS FOR PHYSICAL OBSERVATIONS
FOR 0^h TERRESTRIAL TIME

Date		L_s	Sub-Earth Point		Sub-Solar Point				North Pole	
			Long.	Lat.	Long.	Lat.	Dist.	P.A.	Dist.	P.A.
		°	°	°	°	°	″	°	″	°
Jan.	−3	208.30	318.84	− 1.34	103.84	− 1.25	− 15.83	254.59	− 27.52	348.68
	1	214.77	323.82	− 2.32	116.24	− 1.50	− 13.53	251.43	− 28.96	349.08
	5	221.25	328.18	− 3.33	128.64	− 1.74	− 10.41	245.43	− 30.13	349.70
	9	227.74	332.02	− 4.30	141.05	− 1.95	− 6.77	231.01	− 30.91	350.51
	13	234.23	335.54	− 5.17	153.47	− 2.14	− 4.14	187.31	− 31.18	351.44
	17	240.72	339.01	− 5.89	165.89	− 2.30	− 5.76	132.20	− 30.90	352.39
	21	247.22	342.69	− 6.40	178.31	− 2.43	− 9.33	112.32	− 30.12	353.26
	25	253.71	346.82	− 6.71	190.74	− 2.53	− 12.59	104.36	− 28.94	353.97
	29	260.21	351.54	− 6.83	203.17	− 2.60	− 15.06	100.03	− 27.51	354.44
Feb.	2	266.70	356.91	− 6.78	215.59	− 2.63	− 16.70	97.09	− 25.95	354.65
	6	273.20	2.94	− 6.62	228.02	− 2.63	− 17.62	94.78	− 24.36	354.61
	10	279.68	9.58	− 6.35	240.44	− 2.60	− 17.99	92.76	− 22.82	354.32
	14	286.17	16.77	− 6.03	252.85	− 2.53	− 17.95	90.87	− 21.37	353.82
	18	292.65	24.46	− 5.66	265.26	− 2.43	− 17.64	89.04	− 20.02	353.13
	22	299.12	32.56	− 5.26	277.67	− 2.30	− 17.16	87.24	− 18.78	352.28
	26	305.59	41.03	− 4.85	290.06	− 2.14	− 16.57	85.45	− 17.65	351.31
Mar.	2	312.05	49.80	− 4.44	302.45	− 1.96	− 15.94	83.67	− 16.63	350.24
	6	318.50	58.82	− 4.02	314.82	− 1.75	− 15.28	81.90	− 15.70	349.11
	10	324.94	68.06	− 3.61	327.18	− 1.52	− 14.62	80.16	− 14.86	347.93
	14	331.37	77.50	− 3.21	339.54	− 1.26	− 13.98	78.46	− 14.09	346.74
	18	337.79	87.09	− 2.82	351.88	− 1.00	− 13.36	76.81	− 13.39	345.55
	22	344.20	96.82	− 2.45	4.21	− 0.72	− 12.76	75.22	− 12.76	344.39
	26	350.61	106.67	− 2.09	16.54	− 0.43	− 12.19	73.71	− 12.18	343.27
	30	357.00	116.62	− 1.75	28.85	− 0.14	+ 11.64	72.28	− 11.65	342.21
Apr.	3	3.38	126.66	− 1.43	41.15	+ 0.16	+ 11.13	70.96	− 11.16	341.23
	7	9.76	136.78	− 1.13	53.44	+ 0.45	+ 10.64	69.75	− 10.71	340.33
	11	16.12	146.96	− 0.86	65.73	+ 0.73	+ 10.18	68.66	− 10.30	339.53
	15	22.48	157.20	− 0.60	78.01	+ 1.01	+ 9.74	67.70	− 9.92	338.84
	19	28.83	167.49	− 0.37	90.28	+ 1.27	+ 9.33	66.87	− 9.57	338.26
	23	35.18	177.82	− 0.15	102.54	+ 1.52	+ 8.94	66.18	− 9.24	337.79
	27	41.51	188.20	+ 0.04	114.81	+ 1.75	+ 8.56	65.64	+ 8.94	337.46
May	1	47.85	198.61	+ 0.20	127.06	+ 1.96	+ 8.21	65.25	+ 8.66	337.24
	5	54.18	209.05	+ 0.35	139.32	+ 2.14	+ 7.87	65.01	+ 8.39	337.16
	9	60.50	219.52	+ 0.47	151.57	+ 2.30	+ 7.55	64.92	+ 8.15	337.21
	13	66.83	230.02	+ 0.57	163.83	+ 2.42	+ 7.25	64.99	+ 7.92	337.39
	17	73.15	240.54	+ 0.66	176.08	+ 2.52	+ 6.95	65.22	+ 7.71	337.70
	21	79.47	251.07	+ 0.72	188.33	+ 2.59	+ 6.67	65.60	+ 7.51	338.15
	25	85.79	261.63	+ 0.76	200.59	+ 2.63	+ 6.40	66.15	+ 7.32	338.73
	29	92.12	272.21	+ 0.79	212.85	+ 2.64	+ 6.15	66.85	+ 7.14	339.45
June	2	98.45	282.80	+ 0.80	225.11	+ 2.61	+ 5.90	67.72	+ 6.98	340.30
	6	104.78	293.40	+ 0.79	237.37	+ 2.55	+ 5.66	68.74	+ 6.83	341.28
	10	111.12	304.02	+ 0.77	249.64	+ 2.46	+ 5.43	69.92	+ 6.68	342.40
	14	117.46	314.66	+ 0.73	261.91	+ 2.34	+ 5.21	71.26	+ 6.55	343.64
	18	123.81	325.30	+ 0.69	274.19	+ 2.19	+ 5.00	72.74	+ 6.42	345.00
	22	130.17	335.96	+ 0.63	286.47	+ 2.02	+ 4.79	74.37	+ 6.30	346.48
	26	136.53	346.64	+ 0.57	298.77	+ 1.81	+ 4.59	76.15	+ 6.18	348.08
	30	142.91	357.32	+ 0.49	311.06	+ 1.59	+ 4.39	78.05	+ 6.08	349.78

VENUS, 2006

EPHEMERIS FOR PHYSICAL OBSERVATIONS
FOR 0^h TERRESTRIAL TIME

Date		Light-time	Magnitude	Surface Brightness	Diameter	Phase	Phase Angle	Defect of Illumination
		m			''		°	''
July	4	11.61	− 3.7	+ 1.2	11.96	0.856	44.7	1.73
	8	11.79	− 3.7	+ 1.2	11.77	0.865	43.0	1.58
	12	11.97	− 3.7	+ 1.2	11.60	0.875	41.4	1.45
	16	12.14	− 3.7	+ 1.2	11.43	0.884	39.8	1.33
	20	12.31	− 3.7	+ 1.2	11.28	0.893	38.2	1.21
	24	12.47	− 3.7	+ 1.1	11.13	0.901	36.6	1.10
	28	12.62	− 3.7	+ 1.1	11.00	0.909	35.0	1.00
Aug.	1	12.77	− 3.7	+ 1.1	10.87	0.917	33.5	0.90
	5	12.91	− 3.7	+ 1.1	10.75	0.925	31.9	0.81
	9	13.04	− 3.7	+ 1.1	10.64	0.932	30.3	0.73
	13	13.17	− 3.7	+ 1.1	10.54	0.939	28.7	0.65
	17	13.29	− 3.7	+ 1.0	10.44	0.945	27.1	0.57
	21	13.40	− 3.7	+ 1.0	10.35	0.951	25.6	0.51
	25	13.51	− 3.7	+ 1.0	10.27	0.957	24.0	0.44
	29	13.61	− 3.7	+ 1.0	10.20	0.962	22.4	0.39
Sept.	2	13.70	− 3.7	+ 1.0	10.13	0.967	20.9	0.33
	6	13.79	− 3.8	+ 1.0	10.07	0.972	19.3	0.28
	10	13.86	− 3.8	+ 1.0	10.01	0.976	17.8	0.24
	14	13.93	− 3.8	+ 0.9	9.96	0.980	16.3	0.20
	18	14.00	− 3.8	+ 0.9	9.91	0.984	14.7	0.16
	22	14.06	− 3.8	+ 0.9	9.87	0.987	13.2	0.13
	26	14.11	− 3.8	+ 0.9	9.84	0.990	11.7	0.10
	30	14.15	− 3.8	+ 0.9	9.81	0.992	10.3	0.08
Oct.	4	14.19	− 3.8	+ 0.9	9.78	0.994	8.8	0.06
	8	14.22	− 3.8	+ 0.9	9.76	0.996	7.4	0.04
	12	14.24	− 3.8	+ 0.8	9.75	0.997	5.9	0.03
	16	14.26	− 3.8	+ 0.8	9.73	0.998	4.5	0.02
	20	14.27	− 3.9	+ 0.8	9.73	0.999	3.2	0.01
	24	14.27	− 3.9	+ 0.8	9.72	1.000	2.0	0.00
	28	14.27	− 3.9	+ 0.8	9.72	1.000	1.3	0.00
Nov.	1	14.26	− 3.9	+ 0.8	9.73	1.000	1.9	0.00
	5	14.25	− 3.9	+ 0.8	9.74	0.999	3.0	0.01
	9	14.23	− 3.8	+ 0.8	9.75	0.999	4.3	0.01
	13	14.21	− 3.8	+ 0.9	9.77	0.998	5.6	0.02
	17	14.18	− 3.8	0+ 0.9	9.79	0.996	7.0	0.04
	21	14.14	− 3.8	+ 0.9	9.81	0.995	8.3	0.05
	25	14.10	− 3.8	+ 0.9	9.84	0.993	9.6	0.07
	29	14.06	− 3.8	+ 0.9	9.87	0.991	10.9	0.09
Dec.	3	14.01	− 3.8	+ 0.9	9.91	0.989	12.3	0.11
	7	13.95	− 3.8	+ 0.9	9.95	0.986	13.6	0.14
	11	13.89	− 3.8	+ 1.0	9.99	0.983	14.9	0.17
	15	13.82	− 3.8	+ 1.0	10.04	0.980	16.2	0.20
	19	13.75	− 3.8	+ 1.0	10.09	0.977	17.5	0.23
	23	13.68	− 3.7	+ 1.0	10.15	0.973	18.8	0.27
	27	13.60	− 3.7	+ 1.0	10.21	0.969	20.1	0.31
	31	13.51	− 3.7	+ 1.0	10.27	0.965	21.4	0.36
	35	13.42	− 3.7	+ 1.0	10.34	0.961	22.8	0.40

EPHEMERIS FOR PHYSICAL OBSERVATIONS
FOR 0ʰ TERRESTRIAL TIME

Date		L_s	Sub-Earth Point		Sub-Solar Point				North Pole	
			Long.	Lat.	Long.	Lat.	Dist.	P.A.	Dist.	P.A.
		°	°	°	°	°	″	°	″	°
July	4	149.29	8.02	+ 0.42	323.37	+ 1.35	+ 4.20	80.07	+ 5.98	351.57
	8	155.68	18.72	+ 0.33	335.68	+ 1.09	+ 4.02	82.20	+ 5.89	353.44
	12	162.09	29.44	+ 0.25	348.01	+ 0.81	+ 3.84	84.43	+ 5.80	355.37
	16	168.50	40.17	+ 0.16	0.34	+ 0.53	+ 3.66	86.73	+ 5.72	357.36
	20	174.92	50.91	+ 0.07	12.68	+ 0.23	+ 3.49	89.09	+ 5.64	359.38
	24	181.35	61.67	− 0.02	25.03	− 0.06	+ 3.32	91.49	− 5.57	1.41
	28	187.79	72.43	− 0.10	37.38	− 0.36	+ 3.16	93.91	− 5.50	3.44
Aug.	1	194.24	83.21	− 0.19	49.75	− 0.65	+ 3.00	96.33	− 5.43	5.44
	5	200.70	93.99	− 0.26	62.13	− 0.93	+ 2.84	98.74	− 5.38	7.39
	9	207.16	104.79	− 0.33	74.52	− 1.20	+ 2.68	101.10	− 5.32	9.28
	13	213.63	115.60	− 0.39	86.91	− 1.46	+ 2.53	103.41	− 5.27	11.09
	17	220.11	126.41	− 0.45	99.31	− 1.70	+ 2.38	105.65	− 5.22	12.80
	21	226.60	137.24	− 0.49	111.72	− 1.92	+ 2.23	107.82	− 5.18	14.41
	25	233.09	148.08	− 0.53	124.14	− 2.11	+ 2.09	109.89	− 5.14	15.89
	29	239.58	158.93	− 0.56	136.56	− 2.27	+ 1.95	111.86	− 5.10	17.24
Sept.	2	246.07	169.78	− 0.57	148.98	− 2.41	+ 1.81	113.73	− 5.06	18.46
	6	252.57	180.65	− 0.58	161.41	− 2.52	+ 1.67	115.50	− 5.03	19.53
	10	259.06	191.52	− 0.57	173.83	− 2.59	+ 1.53	117.17	− 5.01	20.46
	14	265.56	202.40	− 0.55	186.26	− 2.63	+ 1.39	118.75	− 4.98	21.23
	18	272.05	213.29	− 0.52	198.69	− 2.64	+ 1.26	120.26	− 4.96	21.86
	22	278.54	224.18	− 0.48	211.11	− 2.61	+ 1.13	121.71	− 4.94	22.33
	26	285.03	235.09	− 0.43	223.52	− 2.55	+ 1.00	123.15	− 4.92	22.65
	30	291.51	245.99	− 0.37	235.93	− 2.45	+ 0.87	124.62	− 4.90	22.82
Oct.	4	297.98	256.91	− 0.30	248.34	− 2.33	+ 0.75	126.24	− 4.89	22.83
	8	304.45	267.82	− 0.22	260.73	− 2.18	+ 0.62	128.17	− 4.88	22.69
	12	310.91	278.74	− 0.13	273.12	− 1.99	+ 0.50	130.75	− 4.87	22.39
	16	317.36	289.67	− 0.04	285.50	− 1.79	+ 0.38	134.71	− 4.87	21.95
	20	323.80	300.60	+ 0.06	297.87	− 1.56	+ 0.27	141.99	+ 4.86	21.34
	24	330.23	311.54	+ 0.17	310.22	− 1.31	+ 0.17	158.92	+ 4.86	20.59
	28	336.66	322.47	+ 0.28	322.57	− 1.04	+ 0.11	203.74	+ 4.86	19.68
Nov.	1	343.07	333.41	+ 0.39	334.90	− 0.77	+ 0.16	250.86	+ 4.86	18.63
	5	349.48	344.35	+ 0.50	347.23	− 0.48	+ 0.26	268.61	+ 4.87	17.42
	9	355.87	355.30	+ 0.61	359.54	− 0.19	+ 0.37	275.44	+ 4.88	16.08
	13	2.26	6.24	+ 0.72	11.84	+ 0.10	+ 0.48	278.36	+ 4.88	14.59
	17	8.63	17.19	+ 0.82	24.14	+ 0.40	+ 0.59	279.49	+ 4.89	12.97
	21	15.00	28.14	+ 0.93	36.43	+ 0.68	+ 0.71	279.61	+ 4.91	11.23
	25	21.36	39.09	+ 1.02	48.71	+ 0.96	+ 0.82	279.10	+ 4.92	9.37
	29	27.71	50.04	+ 1.11	60.98	+ 1.23	+ 0.94	278.15	+ 4.94	7.43
Dec.	3	34.06	60.99	+ 1.19	73.25	+ 1.48	+ 1.05	276.88	+ 4.95	5.40
	7	40.40	71.94	+ 1.26	85.51	+ 1.71	+ 1.17	275.38	+ 4.97	3.32
	11	46.73	82.89	+ 1.32	97.77	+ 1.92	+ 1.28	273.70	+ 4.99	1.19
	15	53.06	93.84	+ 1.37	110.03	+ 2.11	+ 1.40	271.90	+ 5.02	359.06
	19	59.39	104.79	+ 1.40	122.28	+ 2.27	+ 1.52	270.02	+ 5.04	356.93
	23	65.71	115.73	+ 1.43	134.53	+ 2.40	+ 1.64	268.10	+ 5.07	354.83
	27	72.04	126.68	+ 1.43	146.79	+ 2.51	+ 1.76	266.17	+ 5.10	352.79
	31	78.36	137.62	+ 1.43	159.04	+ 2.58	+ 1.88	264.26	+ 5.14	350.83
	35	84.68	148.56	+ 1.41	171.30	+ 2.63	+ 2.00	262.40	+ 5.17	348.96

MARS, 2006

EPHEMERIS FOR PHYSICAL OBSERVATIONS
FOR 0^h TERRESTRIAL TIME

Date		Light-time	Magnitude	Surface Brightness	Diameter		Phase	Phase Angle	Defect of Illumination
					Eq.	Pol.			
		m			″	″		°	″
Jan.	−3	6.17	− 0.7	+4.4	12.63	12.56	0.922	32.4	0.98
	1	6.45	− 0.6	+4.4	12.08	12.02	0.917	33.5	1.01
	5	6.73	− 0.5	+4.5	11.57	11.51	0.912	34.5	1.02
	9	7.03	− 0.4	+4.5	11.08	11.02	0.907	35.4	1.02
	13	7.33	− 0.3	+4.5	.10.62	10.57	0.904	36.1	1.02
	17	7.64	− 0.2	+4.5	10.20	10.14	0.901	36.8	1.01
	21	7.95	− 0.1	+4.5	9.80	9.74	0.898	37.3	1.00
	25	8.27	0.0	+4.5	9.42	9.37	0.896	37.7	0.98
	29	8.59	+ 0.1	+4.5	9.07	9.02	0.894	38.0	0.96
Feb.	2	8.92	+ 0.2	+4.5	8.74	8.69	0.893	38.2	0.94
	6	9.24	+ 0.3	+4.5	8.43	8.38	0.892	38.4	0.91
	10	9.57	+ 0.4	+4.6	8.14	8.09	0.892	38.5	0.88
	14	9.90	+ 0.5	+4.6	7.87	7.82	0.891	38.5	0.85
	18	10.23	+ 0.6	+4.6	7.61	7.57	0.892	38.4	0.82
	22	10.57	+ 0.6	+4.6	7.37	7.33	0.892	38.3	0.79
	26	10.90	+ 0.7	+4.6	7.15	7.10	0.893	38.2	0.76
Mar.	2	11.23	+ 0.8	+4.6	6.93	6.89	0.894	38.0	0.73
	6	11.57	+ 0.8	+4.6	6.73	6.70	0.895	37.8	0.71
	10	11.90	+ 0.9	+4.6	6.55	6.51	0.897	37.5	0.68
	14	12.23	+ 1.0	+4.6	6.37	6.33	0.898	37.2	0.65
	18	12.55	+ 1.0	+4.6	6.20	6.17	0.900	36.9	0.62
	22	12.88	+ 1.1	+4.6	6.05	6.01	0.902	36.5	0.59
	26	13.20	+ 1.1	+4.6	5.90	5.87	0.904	36.2	0.57
	30	13.52	+ 1.2	+4.6	5.76	5.73	0.906	35.7	0.54
Apr.	3	13.84	+ 1.2	+4.6	5.63	5.60	0.908	35.3	0.52
	7	14.15	+ 1.3	+4.6	5.50	5.47	0.910	34.8	0.49
	11	14.46	+ 1.3	+4.6	5.39	5.35	0.913	34.4	0.47
	15	14.77	+ 1.3	+4.6	5.27	5.24	0.915	33.9	0.45
	19	15.07	+ 1.4	+4.6	5.17	5.14	0.918	33.3	0.42
	23	15.37	+ 1.4	+4.6	5.07	5.04	0.920	32.8	0.40
	27	15.66	+ 1.5	+4.6	4.97	4.95	0.923	32.3	0.38
May	1	15.94	+ 1.5	+4.6	4.88	4.86	0.925	31.7	0.36
	5	16.23	+ 1.5	+4.6	4.80	4.77	0.928	31.1	0.34
	9	16.50	+ 1.5	+4.6	4.72	4.69	0.931	30.5	0.33
	13	16.77	+ 1.6	+4.6	4.64	4.62	0.933	29.9	0.31
	17	17.04	+ 1.6	+4.6	4.57	4.55	0.936	29.3	0.29
	21	17.30	+ 1.6	+4.6	4.50	4.48	0.939	28.7	0.28
	25	17.55	+ 1.7	+4.6	4.44	4.41	0.941	28.1	0.26
	29	17.80	+ 1.7	+4.5	4.38	4.35	0.944	27.4	0.25
June	2	18.04	+ 1.7	+4.5	4.32	4.29	0.946	26.8	0.23
	6	18.27	+ 1.7	+4.5	4.26	4.24	0.949	26.1	0.22
	10	18.50	+ 1.7	+4.5	4.21	4.19	0.952	25.4	0.20
	14	18.72	+ 1.7	+4.5	4.16	4.14	0.954	24.8	0.19
	18	18.93	+ 1.8	+4.5	4.12	4.09	0.956	24.1	0.18
	22	19.13	+ 1.8	+4.5	4.07	4.05	0.959	23.4	0.17
	26	19.33	+ 1.8	+4.5	4.03	4.01	0.961	22.7	0.16
	30	19.52	+ 1.8	+4.5	3.99	3.97	0.964	22.0	0.15

EPHEMERIS FOR PHYSICAL OBSERVATIONS
FOR 0ʰ TERRESTRIAL TIME

Date		L_s	Sub-Earth Point		Sub-Solar Point				North Pole	
			Long.	Lat.	Long.	Lat.	Dist.	P.A.	Dist.	P.A.
		°	°	°	°	°	″	°	″	°
Jan.	−3	347.42	49.54	− 19.39	19.51	− 5.38	+ 3.38	252.53	−5.93	321.10
	1	349.50	12.13	− 19.13	341.12	− 4.50	+ 3.34	252.68	−5.68	321.05
	5	351.56	334.57	− 18.80	302.74	− 3.63	+ 3.28	252.87	−5.45	321.00
	9	353.60	296.89	− 18.41	264.38	− 2.75	+ 3.21	253.10	−5.23	320.98
	13	355.64	259.10	− 17.97	226.04	− 1.88	+ 3.13	253.37	−5.03	320.97
	17	357.65	221.22	− 17.47	187.70	− 1.01	+ 3.05	253.68	−4.84	320.99
	21	359.66	183.25	− 16.92	149.38	− 0.15	+ 2.97	254.04	−4.66	321.04
	25	1.65	145.21	− 16.32	111.06	+ 0.71	+ 2.88	254.43	−4.50	321.13
	29	3.63	107.10	− 15.68	72.76	+ 1.56	+ 2.79	254.87	−4.34	321.25
Feb.	2	5.60	68.93	− 14.99	34.47	+ 2.41	+ 2.70	255.35	−4.20	321.42
	6	7.56	30.72	− 14.26	356.18	+ 3.25	+ 2.62	255.87	−4.06	321.64
	10	9.50	352.46	− 13.50	317.90	+ 4.08	+ 2.53	256.43	−3.94	321.91
	14	11.44	314.16	− 12.70	279.63	+ 4.90	+ 2.45	257.02	−3.82	322.24
	18	13.36	275.83	− 11.87	241.36	+ 5.71	+ 2.37	257.66	−3.70	322.62
	22	15.27	237.47	− 11.00	203.10	+ 6.51	+ 2.29	258.32	−3.60	323.05
	26	17.17	199.09	− 10.12	164.84	+ 7.30	+ 2.21	259.03	−3.50	323.54
Mar.	2	19.06	160.68	− 9.20	126.58	+ 8.09	+ 2.14	259.77	−3.40	324.09
	6	20.95	122.25	− 8.26	88.33	+ 8.86	+ 2.06	260.54	−3.31	324.70
	10	22.82	83.81	− 7.30	50.08	+ 9.61	+ 1.99	261.33	−3.23	325.36
	14	24.68	45.35	− 6.32	11.83	+ 10.36	+ 1.93	262.16	−3.15	326.08
	18	26.54	6.88	− 5.33	333.58	+ 11.09	+ 1.86	263.01	−3.07	326.86
	22	28.38	328.39	− 4.32	295.33	+ 11.81	+ 1.80	263.89	−3.00	327.69
	26	30.22	289.90	− 3.29	257.08	+ 12.51	+ 1.74	264.78	−2.93	328.58
	30	32.05	251.38	− 2.26	218.83	+ 13.21	+ 1.68	265.70	−2.86	329.52
Apr.	3	33.88	212.86	− 1.22	180.58	+ 13.88	+ 1.63	266.63	−2.80	330.51
	7	35.69	174.33	− 0.17	142.33	+ 14.54	+ 1.57	267.58	−2.74	331.55
	11	37.50	135.78	+ 0.89	104.07	+ 15.19	+ 1.52	268.53	+ 2.68	332.63
	15	39.30	97.22	+ 1.94	65.81	+ 15.82	+ 1.47	269.50	+ 2.62	333.76
	19	41.10	58.65	+ 3.00	27.54	+ 16.43	+ 1.42	270.47	+ 2.57	334.93
	23	42.89	20.06	+ 4.06	349.27	+ 17.03	+ 1.37	271.44	+ 2.51	336.14
	27	44.68	341.46	+ 5.11	311.00	+ 17.61	+ 1.33	272.41	+ 2.46	337.39
May	1	46.46	302.84	+ 6.16	272.72	+ 18.17	+ 1.28	273.37	+ 2.41	338.67
	5	48.23	264.21	+ 7.20	234.44	+ 18.72	+ 1.24	274.33	+ 2.37	339.99
	9	50.01	225.56	+ 8.23	196.15	+ 19.24	+ 1.20	275.29	+ 2.32	341.33
	13	51.77	186.90	+ 9.26	157.86	+ 19.75	+ 1.16	276.23	+ 2.28	342.71
	17	53.54	148.21	+ 10.27	119.56	+ 20.24	+ 1.12	277.15	+ 2.24	344.11
	21	55.30	109.51	+ 11.27	81.26	+ 20.71	+ 1.08	278.06	+ 2.20	345.53
	25	57.06	70.79	+ 12.25	42.94	+ 21.16	+ 1.04	278.95	+ 2.16	346.97
	29	58.81	32.04	+ 13.21	4.63	+ 21.58	+ 1.01	279.82	+ 2.12	348.44
June	2	60.56	353.27	+ 14.16	326.30	+ 21.99	+ 0.97	280.67	+ 2.08	349.92
	6	62.31	314.47	+ 15.08	287.97	+ 22.38	+ 0.94	281.49	+ 2.05	351.42
	10	64.06	275.66	+ 15.98	249.64	+ 22.75	+ 0.90	282.29	+ 2.01	352.94
	14	65.81	236.81	+ 16.85	211.29	+ 23.09	+ 0.87	283.05	+ 1.98	354.47
	18	67.56	197.95	+ 17.70	172.94	+ 23.41	+ 0.84	283.79	+ 1.95	356.01
	22	69.30	159.05	+ 18.51	134.59	+ 23.71	+ 0.81	284.50	+ 1.92	357.56
	26	71.05	120.13	+ 19.30	96.23	+ 23.99	+ 0.78	285.17	+ 1.89	359.11
	30	72.79	81.18	+ 20.05	57.86	+ 24.24	+ 0.75	285.81	+ 1.87	0.68

MARS, 2006

EPHEMERIS FOR PHYSICAL OBSERVATIONS
FOR 0^h TERRESTRIAL TIME

Date		Light-time	Magnitude	Surface Brightness	Diameter		Phase	Phase Angle	Defect of Illumination
					Eq.	Pol.			
		m			"	"		°	"
July	4	19.70	+ 1.8	+4.5	3.95	3.93	0.966	21.3	0.13
	8	19.88	+ 1.8	+4.5	3.92	3.90	0.968	20.6	0.12
	12	20.05	+ 1.8	+4.5	3.89	3.87	0.970	19.9	0.12
	16	20.21	+ 1.8	+4.5	3.85	3.84	0.972	19.1	0.11
	20	20.36	+ 1.8	+4.4	3.83	3.81	0.974	18.4	0.10
	24	20.50	+ 1.8	+4.4	3.80	3.78	0.976	17.7	0.09
	28	20.64	+ 1.8	+4.4	3.77	3.76	0.978	16.9	0.08
Aug.	1	20.77	+ 1.8	+4.4	3.75	3.73	0.980	16.2	0.07
	5	20.89	+ 1.8	+4.4	3.73	3.71	0.982	15.5	0.07
	9	21.00	+ 1.8	+4.4	3.71	3.69	0.984	14.7	0.06
	13	21.10	+ 1.8	+4.4	3.69	3.67	0.985	14.0	0.05
	17	21.20	+ 1.8	+4.4	3.67	3.66	0.987	13.2	0.05
	21	21.28	+ 1.8	+4.3	3.66	3.64	0.988	12.4	0.04
	25	21.36	+ 1.8	+4.3	3.65	3.63	0.990	11.7	0.04
	29	21.43	+ 1.8	+4.3	3.63	3.62	0.991	10.9	0.03
Sept.	2	21.50	+ 1.8	+4.3	3.62	3.61	0.992	10.1	0.03
	6	21.55	+ 1.8	+4.3	3.61	3.60	0.993	9.4	0.02
	10	21.59	+ 1.8	+4.3	3.61	3.59	0.994	8.6	0.02
	14	21.63	+ 1.7	+4.3	3.60	3.58	0.995	7.8	0.02
	18	21.66	+ 1.7	+4.2	3.60	3.58	0.996	7.0	0.01
	22	21.68	+ 1.7	+4.2	3.59	3.57	0.997	6.2	0.01
	26	21.70	+ 1.7	+4.2	3.59	3.57	0.998	5.4	0.01
	30	21.70	+ 1.7	+4.2	3.59	3.57	0.998	4.7	0.01
Oct.	4	21.70	+ 1.7	+4.2	3.59	3.57	0.999	3.9	0.00
	8	21.69	+ 1.7	+4.2	3.59	3.57	0.999	3.1	0.00
	12	21.67	+ 1.6	+4.1	3.59	3.58	1.000	2.3	0.00
	16	21.64	+ 1.6	+4.1	3.60	3.58	1.000	1.5	0.00
	20	21.61	+ 1.6	+4.1	3.60	3.59	1.000	0.7	0.00
	24	21.57	+ 1.6	+4.1	3.61	3.59	1.000	0.3	0.00
	28	21.52	+ 1.6	+4.1	3.62	3.60	1.000	1.0	0.00
Nov.	1	21.46	+ 1.6	+4.1	3.63	3.61	1.000	1.8	0.00
	5	21.40	+ 1.6	+4.1	3.64	3.62	1.000	2.6	0.00
	9	21.33	+ 1.6	+4.1	3.65	3.63	0.999	3.4	0.00
	13	21.25	+ 1.6	+4.1	3.67	3.65	0.999	4.2	0.00
	17	21.17	+ 1.6	+4.1	3.68	3.66	0.998	5.0	0.01
	21	21.08	+ 1.6	+4.1	3.70	3.68	0.997	5.8	0.01
	25	20.98	+ 1.6	+4.1	3.71	3.69	0.997	6.6	0.01
	29	20.88	+ 1.6	+4.1	3.73	3.71	0.996	7.4	0.02
Dec.	3	20.77	+ 1.6	+4.1	3.75	3.73	0.995	8.2	0.02
	7	20.65	+ 1.5	+4.2	3.77	3.75	0.994	9.0	0.02
	11	20.53	+ 1.5	+4.2	3.79	3.77	0.993	9.8	0.03
	15	20.41	+ 1.5	+4.2	3.82	3.79	0.992	10.6	0.03
	19	20.28	+ 1.5	+4.2	3.84	3.82	0.990	11.4	0.04
	23	20.14	+ 1.5	+4.2	3.87	3.84	0.989	12.1	0.04
	27	20.00	+ 1.5	+4.2	3.89	3.87	0.987	12.9	0.05
	31	19.86	+ 1.5	+4.2	3.92	3.90	0.986	13.7	0.06
	35	19.71	+ 1.5	+4.2	3.95	3.93	0.984	14.5	0.06

EPHEMERIS FOR PHYSICAL OBSERVATIONS
FOR 0^h TERRESTRIAL TIME

Date		L_s	Sub-Earth Point		Sub-Solar Point				North Pole	
			Long.	Lat.	Long.	Lat.	Dist.	P.A.	Dist.	P.A.
		°	°	°	°	°	″	°	″	°
July	4	74.54	42.20	+ 20.77	19.49	+ 24.48	+ 0.72	286.42	+ 1.84	2.25
	8	76.29	3.19	+ 21.45	341.11	+ 24.68	+ 0.69	286.99	+ 1.82	3.82
	12	78.03	324.16	+ 22.09	302.73	+ 24.87	+ 0.66	287.52	+ 1.79	5.40
	16	79.78	285.10	+ 22.70	264.34	+ 25.02	+ 0.63	288.02	+ 1.77	6.97
	20	81.53	246.01	+ 23.25	225.95	+ 25.16	+ 0.60	288.48	+ 1.75	8.54
	24	83.29	206.89	+ 23.77	187.55	+ 25.27	+ 0.58	288.89	+ 1.73	10.11
	28	85.04	167.75	+ 24.24	149.15	+ 25.35	+ 0.55	289.27	+ 1.71	11.67
Aug.	1	86.80	128.58	+ 24.66	110.75	+ 25.41	+ 0.52	289.61	+ 1.70	13.22
	5	88.56	89.40	+ 25.03	72.34	+ 25.45	+ 0.50	289.91	+ 1.68	14.76
	9	90.32	50.19	+ 25.35	33.93	+ 25.45	+ 0.47	290.16	+ 1.67	16.29
	13	92.09	10.96	+ 25.62	355.52	+ 25.44	+ 0.44	290.37	+ 1.66	17.79
	17	93.86	331.71	+ 25.83	317.11	+ 25.39	+ 0.42	290.53	+ 1.65	19.27
	21	95.64	292.45	+ 25.99	278.70	+ 25.32	+ 0.39	290.65	+ 1.64	20.73
	25	97.42	253.17	+ 26.10	240.28	+ 25.23	+ 0.37	290.71	+ 1.63	22.16
	29	99.20	213.89	+ 26.14	201.87	+ 25.10	+ 0.34	290.73	+ 1.63	23.56
Sept.	2	101.00	174.59	+ 26.14	163.46	+ 24.96	+ 0.32	290.69	+ 1.62	24.92
	6	102.79	135.29	+ 26.07	125.04	+ 24.78	+ 0.29	290.60	+ 1.62	26.24
	10	104.60	95.98	+ 25.94	86.63	+ 24.58	+ 0.27	290.44	+ 1.62	27.51
	14	106.40	56.68	+ 25.76	48.22	+ 24.35	+ 0.24	290.22	+ 1.62	28.73
	18	108.22	17.38	+ 25.52	9.81	+ 24.10	+ 0.22	289.92	+ 1.62	29.91
	22	110.04	338.08	+ 25.22	331.41	+ 23.82	+ 0.19	289.52	+ 1.62	31.02
	26	111.87	298.78	+ 24.87	293.01	+ 23.51	+ 0.17	289.00	+ 1.62	32.07
	30	113.71	259.50	+ 24.45	254.61	+ 23.18	+ 0.15	288.34	+ 1.63	33.06
Oct.	4	115.56	220.23	+ 23.98	216.21	+ 22.82	+ 0.12	287.45	+ 1.63	33.98
	8	117.41	180.96	+ 23.46	177.82	+ 22.44	+ 0.10	286.20	+ 1.64	34.82
	12	119.28	141.72	+ 22.88	139.43	+ 22.03	+ 0.07	284.26	+ 1.65	35.59
	16	121.15	102.49	+ 22.25	101.05	+ 21.59	+ 0.05	280.60	+ 1.66	36.28
	20	123.03	63.27	+ 21.57	62.66	+ 21.13	+ 0.02	269.66	+ 1.67	36.88
	24	124.92	24.07	+ 20.84	24.29	+ 20.65	+ 0.01	170.35	+ 1.68	37.41
	28	126.82	344.89	+ 20.06	345.91	+ 20.14	+ 0.03	122.88	+ 1.69	37.84
Nov.	1	128.73	305.73	+ 19.23	307.55	+ 19.61	+ 0.06	115.71	+ 1.71	38.18
	5	130.66	266.59	+ 18.36	269.18	+ 19.05	+ 0.08	112.58	+ 1.72	38.43
	9	132.59	227.46	+ 17.45	230.82	+ 18.47	+ 0.11	110.58	+ 1.73	38.59
	13	134.54	188.36	+ 16.49	192.46	+ 17.86	+ 0.13	109.05	+ 1.75	38.65
	17	136.49	149.26	+ 15.50	154.11	+ 17.23	+ 0.16	107.72	+ 1.76	38.62
	21	138.46	110.19	+ 14.47	115.75	+ 16.58	+ 0.19	106.50	+ 1.78	38.49
	25	140.44	71.13	+ 13.41	77.41	+ 15.91	+ 0.21	105.33	+ 1.80	38.26
	29	142.43	32.08	+ 12.31	39.06	+ 15.21	+ 0.24	104.18	+ 1.81	37.93
Dec.	3	144.44	353.05	+ 11.18	0.71	+ 14.50	+ 0.27	103.03	+ 1.83	37.51
	7	146.46	314.02	+ 10.03	322.37	+ 13.76	+ 0.29	101.88	+ 1.85	36.99
	11	148.49	275.01	+ 8.85	284.03	+ 13.00	+ 0.32	100.70	+ 1.86	36.37
	15	150.53	236.00	+ 7.65	245.68	+ 12.23	+ 0.35	99.51	+ 1.88	35.66
	19	152.59	197.00	+ 6.43	207.34	+ 11.43	+ 0.38	98.30	+ 1.90	34.86
	23	154.67	158.00	+ 5.19	169.00	+ 10.62	+ 0.41	97.07	+ 1.91	33.96
	27	156.75	119.00	+ 3.93	130.65	+ 9.78	+ 0.44	95.82	+ 1.93	32.98
	31	158.85	79.99	+ 2.67	92.30	+ 8.94	+ 0.46	94.54	+ 1.95	31.91
	35	160.97	40.99	+ 1.39	53.95	+ 8.07	+ 0.49	93.26	+ 1.96	30.76

JUPITER, 2006

EPHEMERIS FOR PHYSICAL OBSERVATIONS
FOR 0^h TERRESTRIAL TIME

Date		Light-time	Magnitude	Surface Brightness	Diameter		Phase Angle	Defect of Illumination
					Eq.	Pol.		
		m			$''$	$''$	$°$	$''$
Jan.	−3	49.61	− 1.8	+ 5.5	33.05	30.91	8.4	0.18
	1	49.16	− 1.8	+ 5.5	33.35	31.19	8.7	0.19
	5	48.70	− 1.8	+ 5.5	33.67	31.49	9.1	0.21
	9	48.22	− 1.9	+ 5.5	34.01	31.81	9.4	0.23
	13	47.72	− 1.9	+ 5.5	34.36	32.14	9.6	0.24
	17	47.22	− 1.9	+ 5.5	34.73	32.48	9.9	0.26
	21	46.70	− 1.9	+ 5.5	35.11	32.84	10.0	0.27
	25	46.17	− 2.0	+ 5.5	35.51	33.21	10.2	0.28
	29	45.64	− 2.0	+ 5.5	35.93	33.60	10.3	0.29
Feb.	2	45.10	− 2.0	+ 5.5	36.36	34.00	10.4	0.30
	6	44.56	− 2.0	+ 5.5	36.80	34.42	10.5	0.31
	10	44.02	− 2.1	+ 5.5	37.25	34.84	10.4	0.31
	14	43.48	− 2.1	+ 5.5	37.71	35.27	10.4	0.31
	18	42.94	− 2.1	+ 5.5	38.18	35.71	10.3	0.31
	22	42.42	− 2.1	+ 5.5	38.66	36.16	10.2	0.30
	26	41.90	− 2.2	+ 5.5	39.13	36.60	10.0	0.29
Mar.	2	41.39	− 2.2	+ 5.5	39.62	37.05	9.7	0.28
	6	40.89	− 2.2	+ 5.5	40.09	37.50	9.4	0.27
	10	40.42	− 2.2	+ 5.5	40.57	37.94	9.1	0.25
	14	39.96	− 2.3	+ 5.5	41.03	38.38	8.7	0.23
	18	39.52	− 2.3	+ 5.4	41.49	38.80	8.2	0.21
	22	39.11	− 2.3	+ 5.4	41.92	39.21	7.7	0.19
	26	38.72	− 2.4	+ 5.4	42.34	39.61	7.2	0.17
	30	38.36	− 2.4	+ 5.4	42.74	39.98	6.6	0.14
Apr.	3	38.03	− 2.4	+ 5.4	43.11	40.32	6.0	0.12
	7	37.74	− 2.4	+ 5.4	43.45	40.64	5.3	0.09
	11	37.48	− 2.4	+ 5.4	43.75	40.92	4.6	0.07
	15	37.25	− 2.5	+ 5.4	44.01	41.17	3.9	0.05
	19	37.06	− 2.5	+ 5.4	44.24	41.38	3.1	0.03
	23	36.91	− 2.5	+ 5.4	44.42	41.55	2.4	0.02
	27	36.80	− 2.5	+ 5.4	44.55	41.67	1.6	0.01
May	1	36.73	− 2.5	+ 5.4	44.64	41.75	0.8	0.00
	5	36.70	− 2.5	+ 5.4	44.68	41.79	0.3	0.00
	9	36.71	− 2.5	+ 5.4	44.66	41.78	0.9	0.00
	13	36.76	− 2.5	+ 5.4	44.60	41.72	1.7	0.01
	17	36.85	− 2.5	+ 5.4	44.50	41.62	2.5	0.02
	21	36.98	− 2.5	+ 5.4	44.34	41.47	3.3	0.04
	25	37.14	− 2.5	+ 5.4	44.14	41.29	4.0	0.05
	29	37.34	− 2.4	+ 5.4	43.91	41.07	4.8	0.08
June	2	37.58	− 2.4	+ 5.4	43.63	40.81	5.5	0.10
	6	37.85	− 2.4	+ 5.4	43.32	40.52	6.1	0.12
	10	38.15	− 2.4	+ 5.4	42.97	40.20	6.8	0.15
	14	38.48	− 2.4	+ 5.4	42.61	39.85	7.4	0.18
	18	38.84	− 2.3	+ 5.4	42.21	39.48	7.9	0.20
	22	39.22	− 2.3	+ 5.4	41.80	39.10	8.4	0.22
	26	39.63	− 2.3	+ 5.4	41.37	38.70	8.9	0.25
	30	40.06	− 2.3	+ 5.4	40.93	38.28	9.3	0.27

EPHEMERIS FOR PHYSICAL OBSERVATIONS
FOR 0ʰ TERRESTRIAL TIME

Date		L_s	Sub-Earth Point		Sub-Solar Point				North Pole	
			Long.	Lat.	Long.	Lat.	Dist.	P.A.	Dist.	P.A.
		°	°	°	°	°	″	°	″	°
Jan.	−3	256.92	109.56	−3.54	117.95	−3.48	+2.41	108.40	−15.43	18.55
	1	257.22	351.32	−3.56	0.06	−3.48	+2.53	108.13	−15.57	18.35
	5	257.53	233.12	−3.58	242.19	−3.49	+2.65	107.87	−15.72	18.15
	9	257.83	114.95	−3.60	124.32	−3.49	+2.76	107.63	−15.88	17.97
	13	258.13	356.83	−3.62	6.46	−3.50	+2.87	107.39	−16.04	17.78
	17	258.44	238.74	−3.64	248.61	−3.50	+2.97	107.16	−16.21	17.61
	21	258.74	120.70	−3.66	130.76	−3.50	+3.06	106.94	−16.39	17.45
	25	259.05	2.70	−3.68	12.92	−3.51	+3.15	106.73	−16.58	17.30
	29	259.35	244.74	−3.70	255.09	−3.51	+3.22	106.53	−16.77	17.16
Feb.	2	259.65	126.83	−3.72	137.26	−3.52	+3.29	106.34	−16.97	17.03
	6	259.96	8.96	−3.74	19.43	−3.52	+3.34	106.17	−17.18	16.92
	10	260.26	251.13	−3.75	261.59	−3.52	+3.38	106.00	−17.39	16.82
	14	260.57	133.35	−3.77	143.76	−3.53	+3.40	105.84	−17.60	16.73
	18	260.87	15.62	−3.79	25.93	−3.53	+3.41	105.69	−17.82	16.66
	22	261.18	257.92	−3.80	268.09	−3.53	+3.41	105.56	−18.04	16.61
	26	261.48	140.27	−3.82	150.24	−3.53	+3.38	105.43	−18.27	16.57
Mar.	2	261.79	22.67	−3.83	32.39	−3.54	+3.34	105.31	−18.49	16.55
	6	262.09	265.10	−3.84	274.53	−3.54	+3.28	105.19	−18.71	16.54
	10	262.39	147.58	−3.86	156.66	−3.54	+3.20	105.08	−18.93	16.56
	14	262.70	30.10	−3.87	38.78	−3.54	+3.09	104.97	−19.15	16.59
	18	263.00	272.65	−3.88	280.89	−3.55	+2.97	104.86	−19.36	16.63
	22	263.31	155.23	−3.88	162.98	−3.55	+2.82	104.75	−19.57	16.69
	26	263.61	37.85	−3.89	45.05	−3.55	+2.65	104.62	−19.76	16.77
	30	263.92	280.49	−3.90	287.11	−3.55	+2.46	104.46	−19.95	16.87
Apr.	3	264.22	163.16	−3.90	169.15	−3.56	+2.25	104.27	−20.12	16.97
	7	264.53	45.84	−3.90	51.17	−3.56	+2.02	104.02	−20.28	17.09
	11	264.83	288.55	−3.90	293.17	−3.56	+1.76	103.66	−20.42	17.22
	15	265.14	171.26	−3.90	175.15	−3.56	+1.49	103.15	−20.54	17.36
	19	265.45	53.97	−3.89	57.10	−3.56	+1.21	102.33	−20.65	17.50
	23	265.75	296.69	−3.88	299.03	−3.56	+0.91	100.90	−20.73	17.66
	27	266.06	179.39	−3.87	180.94	−3.56	+0.61	97.91	−20.79	17.81
May	1	266.36	62.09	−3.86	62.82	−3.57	+0.30	88.51	−20.83	17.97
	5	266.67	304.76	−3.85	304.68	−3.57	+0.10	0.19	−20.85	18.13
	9	266.97	187.41	−3.83	186.52	−3.57	+0.36	302.86	−20.85	18.29
	13	267.28	70.03	−3.82	68.33	−3.57	+0.67	295.66	−20.82	18.44
	17	267.59	312.62	−3.80	310.11	−3.57	+0.97	293.10	−20.77	18.59
	21	267.89	195.16	−3.78	191.88	−3.57	+1.27	291.82	−20.70	18.74
	25	268.20	77.66	−3.76	73.62	−3.57	+1.56	291.06	−20.61	18.87
	29	268.50	320.12	−3.74	315.33	−3.57	+1.83	290.58	−20.50	19.00
June	2	268.81	202.52	−3.71	197.03	−3.57	+2.08	290.24	−20.37	19.12
	6	269.12	84.86	−3.69	78.71	−3.57	+2.32	290.00	−20.22	19.22
	10	269.42	327.15	−3.67	320.36	−3.57	+2.53	289.81	−20.06	19.31
	14	269.73	209.38	−3.64	202.00	−3.57	+2.73	289.66	−19.89	19.40
	18	270.04	91.55	−3.62	83.63	−3.57	+2.90	289.53	−19.71	19.47
	22	270.34	333.66	−3.59	325.23	−3.57	+3.06	289.42	−19.51	19.52
	26	270.65	215.71	−3.57	206.83	−3.57	+3.19	289.31	−19.32	19.57
	30	270.96	97.70	−3.55	88.41	−3.57	+3.30	289.22	−19.11	19.59

JUPITER, 2006

EPHEMERIS FOR PHYSICAL OBSERVATIONS
FOR 0ʰ TERRESTRIAL TIME

Date		Light-time	Magnitude	Surface Brightness	Diameter		Phase Angle	Defect of Illumination
					Eq.	Pol.		
		m			$''$	$''$	$\circ$	$''$
July	4	40.50	-2.2	$+5.4$	40.48	37.86	9.6	0.29
	8	40.97	-2.2	$+5.4$	40.02	37.44	9.9	0.30
	12	41.44	-2.2	$+5.4$	39.57	37.01	10.2	0.31
	16	41.93	-2.2	$+5.4$	39.11	36.58	10.4	0.32
	20	42.42	-2.1	$+5.4$	38.65	36.15	10.6	0.33
	24	42.92	-2.1	$+5.4$	38.20	35.73	10.7	0.33
	28	43.43	-2.1	$+5.4$	37.75	35.31	10.8	0.33
Aug.	1	43.94	-2.1	$+5.4$	37.31	34.90	10.8	0.33
	5	44.45	-2.0	$+5.4$	36.88	34.50	10.8	0.33
	9	44.96	-2.0	$+5.4$	36.47	34.11	10.8	0.32
	13	45.47	-2.0	$+5.4$	36.06	33.73	10.7	0.31
	17	45.97	-2.0	$+5.4$	35.67	33.36	10.5	0.30
	21	46.47	-2.0	$+5.4$	35.29	33.00	10.4	0.29
	25	46.95	-1.9	$+5.4$	34.92	32.66	10.2	0.28
	29	47.43	-1.9	$+5.4$	34.57	32.33	10.0	0.26
Sept.	2	47.90	-1.9	$+5.4$	34.23	32.02	9.7	0.24
	6	48.35	-1.9	$+5.4$	33.91	31.72	9.4	0.23
	10	48.78	-1.9	$+5.4$	33.61	31.43	9.1	0.21
	14	49.21	-1.8	$+5.4$	33.32	31.17	8.7	0.19
	18	49.61	-1.8	$+5.4$	33.05	30.91	8.4	0.18
	22	50.00	-1.8	$+5.4$	32.79	30.67	8.0	0.16
	26	50.36	-1.8	$+5.4$	32.56	30.45	7.5	0.14
	30	50.71	-1.8	$+5.4$	32.33	30.24	7.1	0.12
Oct.	4	51.03	-1.8	$+5.4$	32.13	30.05	6.6	0.11
	8	51.33	-1.8	$+5.4$	31.94	29.87	6.2	0.09
	12	51.61	-1.8	$+5.4$	31.77	29.71	5.7	0.08
	16	51.86	-1.7	$+5.4$	31.62	29.57	5.2	0.06
	20	52.09	-1.7	$+5.4$	31.48	29.44	4.6	0.05
	24	52.29	-1.7	$+5.4$	31.36	29.33	4.1	0.04
	28	52.47	-1.7	$+5.4$	31.25	29.23	3.6	0.03
Nov.	1	52.61	-1.7	$+5.4$	31.16	29.15	3.0	0.02
	5	52.73	-1.7	$+5.4$	31.09	29.08	2.4	0.01
	9	52.83	-1.7	$+5.4$	31.04	29.03	1.9	0.01
	13	52.89	-1.7	$+5.4$	31.00	28.99	1.3	0.00
	17	52.93	-1.7	$+5.4$	30.98	28.97	0.7	0.00
	21	52.93	-1.7	$+5.4$	30.98	28.97	0.2	0.00
	25	52.91	-1.7	$+5.4$	30.99	28.98	0.5	0.00
	29	52.86	-1.7	$+5.4$	31.02	29.01	1.0	0.00
Dec.	3	52.78	-1.7	$+5.4$	31.07	29.06	1.6	0.01
	7	52.67	-1.7	$+5.4$	31.13	29.12	2.2	0.01
	11	52.53	-1.7	$+5.4$	31.21	29.19	2.7	0.02
	15	52.37	-1.7	$+5.4$	31.31	29.28	3.3	0.03
	19	52.17	-1.7	$+5.4$	31.43	29.39	3.8	0.04
	23	51.95	-1.8	$+5.4$	31.56	29.52	4.4	0.05
	27	51.70	-1.8	$+5.4$	31.71	29.66	4.9	0.06
	31	51.43	-1.8	$+5.4$	31.88	29.82	5.4	0.07
	35	51.13	-1.8	$+5.4$	32.07	29.99	5.9	0.09

EPHEMERIS FOR PHYSICAL OBSERVATIONS
FOR 0^h TERRESTRIAL TIME

Date		L_s	Sub-Earth Point		Sub-Solar Point				North Pole	
			Long.	Lat.	Long.	Lat.	Dist.	P.A.	Dist.	P.A.
		°	°	°	°	°	″	°	″	°
July	4	271.26	339.63	− 3.53	329.98	− 3.57	+ 3.39	289.12	− 18.90	19.61
	8	271.57	221.50	− 3.51	211.54	− 3.57	+ 3.46	289.02	− 18.69	19.61
	12	271.88	103.31	− 3.49	93.09	− 3.57	+ 3.50	288.92	− 18.47	19.60
	16	272.18	345.07	− 3.47	334.64	− 3.57	+ 3.54	288.81	− 18.26	19.58
	20	272.49	226.78	− 3.45	216.18	− 3.57	+ 3.55	288.70	− 18.05	19.54
	24	272.80	108.44	− 3.44	97.71	− 3.57	+ 3.55	288.59	− 17.84	19.49
	28	273.11	350.05	− 3.42	339.24	− 3.57	+ 3.53	288.46	− 17.63	19.43
Aug.	1	273.41	231.61	− 3.41	220.77	− 3.57	+ 3.50	288.33	− 17.42	19.35
	5	273.72	113.13	− 3.40	102.30	− 3.57	+ 3.46	288.19	− 17.22	19.26
	9	274.03	354.61	− 3.39	343.83	− 3.56	+ 3.41	288.04	− 17.03	19.16
	13	274.34	236.05	− 3.38	225.36	− 3.56	+ 3.34	287.88	− 16.84	19.04
	17	274.65	117.46	− 3.37	106.90	− 3.56	+ 3.26	287.71	− 16.65	18.92
	21	274.95	358.83	− 3.36	348.44	− 3.56	+ 3.18	287.54	− 16.48	18.78
	25	275.26	240.18	− 3.35	229.98	− 3.56	+ 3.09	287.35	− 16.31	18.63
	29	275.57	121.50	− 3.35	111.53	− 3.56	+ 2.99	287.15	− 16.14	18.46
Sept.	2	275.88	2.79	− 3.34	353.09	− 3.55	+ 2.88	286.94	− 15.99	18.29
	6	276.19	244.06	− 3.34	234.65	− 3.55	+ 2.77	286.71	− 15.84	18.10
	10	276.50	125.31	− 3.34	116.22	− 3.55	+ 2.65	286.48	− 15.69	17.91
	14	276.81	6.54	− 3.33	357.81	− 3.55	+ 2.53	286.23	− 15.56	17.70
	18	277.11	247.76	− 3.33	239.40	− 3.55	+ 2.40	285.97	− 15.43	17.48
	22	277.42	128.97	− 3.33	121.00	− 3.54	+ 2.27	285.70	− 15.31	17.25
	26	277.73	10.16	− 3.33	2.62	− 3.54	+ 2.13	285.41	− 15.20	17.01
	30	278.04	251.35	− 3.33	244.25	− 3.54	+ 2.00	285.10	− 15.10	16.76
Oct.	4	278.35	132.53	− 3.33	125.89	− 3.54	+ 1.86	284.77	− 15.00	16.51
	8	278.66	13.71	− 3.33	7.54	− 3.53	+ 1.71	284.42	− 14.92	16.24
	12	278.97	254.88	3.33	249.21	− 3.53	+ 1.57	284.05	− 14.84	15.96
	16	279.28	136.05	− 3.33	130.90	− 3.53	+ 1.42	283.64	− 14.76	15.67
	20	279.59	17.23	− 3.33	12.59	− 3.52	+ 1.27	283.19	− 14.70	15.38
	24	279.90	258.41	− 3.33	254.31	− 3.52	+ 1.12	282.68	− 14.64	15.07
	28	280.21	139.60	− 3.33	136.04	− 3.52	+ 0.97	282.10	− 14.59	14.76
Nov.	1	280.52	20.79	− 3.34	17.79	− 3.51	+ 0.82	281.41	− 14.55	14.45
	5	280.83	261.99	− 3.34	259.55	− 3.51	+ 0.66	280.52	− 14.52	14.12
	9	281.14	143.20	− 3.34	141.33	− 3.51	+ 0.51	279.26	− 14.49	13.79
	13	281.45	24.43	− 3.34	23.13	− 3.50	+ 0.35	277.17	− 14.48	13.45
	17	281.76	265.66	− 3.34	264.94	− 3.50	+ 0.20	272.28	− 14.47	13.11
	21	282.07	146.92	− 3.34	146.77	− 3.49	+ 0.05	240.10	− 14.46	12.76
	25	282.38	28.19	− 3.34	28.62	− 3.49	+ 0.12	119.09	− 14.47	12.41
	29	282.70	269.47	− 3.34	270.49	− 3.49	+ 0.28	109.17	− 14.48	12.06
Dec.	3	283.01	150.78	− 3.34	152.37	− 3.48	+ 0.43	106.12	− 14.51	11.70
	7	283.32	32.11	− 3.34	34.27	− 3.48	+ 0.59	104.52	− 14.54	11.34
	11	283.63	273.46	− 3.34	276.19	− 3.47	+ 0.74	103.44	− 14.57	10.98
	15	283.94	154.83	− 3.34	158.12	− 3.47	+ 0.90	102.63	− 14.62	10.62
	19	284.25	36.23	− 3.34	40.07	− 3.46	+ 1.05	101.95	− 14.67	10.26
	23	284.56	277.65	− 3.34	282.04	− 3.46	+ 1.21	101.36	− 14.74	9.90
	27	284.88	159.10	− 3.34	164.03	− 3.45	+ 1.36	100.83	− 14.81	9.54
	31	285.19	40.58	− 3.34	46.03	− 3.45	+ 1.51	100.34	− 14.89	9.18
	35	285.50	282.09	− 3.34	288.04	− 3.44	+ 1.66	99.88	− 14.97	8.83

SATURN, 2006

EPHEMERIS FOR PHYSICAL OBSERVATIONS
FOR 0^h TERRESTRIAL TIME

Date		Light-time	Magnitude	Surface Brightness	Diameter		Phase Angle	Defect of Illumination
					Eq.	Pol.		
		m			''	''	°	''
Jan.	−3	68.81	0.0	+ 6.8	20.09	18.31	3.5	0.02
	1	68.52	− 0.1	+ 6.8	20.17	18.39	3.1	0.01
	5	68.27	− 0.1	+ 6.8	20.25	18.46	2.6	0.01
	9	68.05	− 0.1	+ 6.8	20.31	18.52	2.2	0.01
	13	67.88	− 0.1	+ 6.7	20.36	18.57	1.8	0.00
	17	67.74	− 0.2	+ 6.7	20.40	18.61	1.3	0.00
	21	67.65	− 0.2	+ 6.7	20.43	18.63	0.8	0.00
	25	67.60	− 0.2	+ 6.7	20.45	18.65	0.4	0.00
	29	67.59	− 0.2	+ 6.7	20.45	18.66	0.1	0.00
Feb.	2	67.62	− 0.2	+ 6.7	20.44	18.65	0.6	0.00
	6	67.70	− 0.2	+ 6.7	20.42	18.63	1.1	0.00
	10	67.82	− 0.2	+ 6.7	20.38	18.60	1.5	0.00
	14	67.98	− 0.2	+ 6.7	20.33	18.56	2.0	0.01
	18	68.17	− 0.1	+ 6.8	20.28	18.51	2.4	0.01
	22	68.41	− 0.1	+ 6.8	20.21	18.45	2.8	0.01
	26	68.68	− 0.1	+ 6.8	20.13	18.38	3.3	0.02
Mar.	2	68.99	− 0.1	+ 6.8	20.04	18.30	3.6	0.02
	6	69.33	0.0	+ 6.8	19.94	18.21	4.0	0.02
	10	69.70	0.0	+ 6.9	19.83	18.11	4.4	0.03
	14	70.10	0.0	+ 6.9	19.72	18.01	4.7	0.03
	18	70.53	0.0	+ 6.9	19.60	17.90	5.0	0.04
	22	70.98	+ 0.1	+ 6.9	19.47	17.79	5.2	0.04
	26	71.45	+ 0.1	+ 6.9	19.34	17.67	5.5	0.04
	30	71.95	+ 0.1	+ 6.9	19.21	17.55	5.7	0.05
Apr.	3	72.45	+ 0.1	+ 6.9	19.08	17.43	5.9	0.05
	7	72.98	+ 0.2	+ 6.9	18.94	17.31	6.0	0.05
	11	73.51	+ 0.2	+ 6.9	18.80	17.18	6.1	0.05
	15	74.05	+ 0.2	+ 6.9	18.67	17.05	6.2	0.05
	19	74.60	+ 0.2	+ 6.9	18.53	16.93	6.3	0.06
	23	75.15	+ 0.2	+ 6.9	18.39	16.80	6.3	0.06
	27	75.71	+ 0.3	+ 6.9	18.26	16.68	6.3	0.06
May	1	76.26	+ 0.3	+ 6.9	18.13	16.56	6.3	0.05
	5	76.81	+ 0.3	+ 6.9	18.00	16.44	6.3	0.05
	9	77.35	+ 0.3	+ 6.9	17.87	16.32	6.2	0.05
	13	77.89	+ 0.3	+ 6.9	17.75	16.21	6.1	0.05
	17	78.41	+ 0.3	+ 6.9	17.63	16.10	6.0	0.05
	21	78.93	+ 0.3	+ 6.9	17.51	15.99	5.8	0.04
	25	79.43	+ 0.3	+ 6.9	17.40	15.89	5.7	0.04
	29	79.91	+ 0.4	+ 6.9	17.30	15.79	5.5	0.04
June	2	80.38	+ 0.4	+ 6.9	17.20	15.69	5.3	0.04
	6	80.83	+ 0.4	+ 6.9	17.10	15.60	5.0	0.03
	10	81.25	+ 0.4	+ 6.9	17.01	15.52	4.8	0.03
	14	81.66	+ 0.4	+ 6.9	16.93	15.44	4.6	0.03
	18	82.04	+ 0.4	+ 6.9	16.85	15.36	4.3	0.02
	22	82.40	+ 0.4	+ 6.8	16.77	15.30	4.0	0.02
	26	82.74	+ 0.4	+ 6.8	16.71	15.23	3.7	0.02
	30	83.05	+ 0.4	+ 6.8	16.64	15.17	3.4	0.01

EPHEMERIS FOR PHYSICAL OBSERVATIONS
FOR 0^h TERRESTRIAL TIME

Date		L_s	Sub-Earth Point		Sub-Solar Point				North Pole	
			Long.	Lat.	Long.	Lat.	Dist.	P.A.	Dist.	P.A.
		°	°	°	°	°	″	°	″	°
Jan.	−3	313.06	67.58	− 21.71	70.98	− 23.16	+ 0.60	104.76	− 8.62	353.24
	1	313.20	71.16	− 21.83	74.17	− 23.10	+ 0.53	104.50	− 8.65	353.23
	5	313.35	74.74	− 21.96	77.34	− 23.04	+ 0.46	104.17	− 8.68	353.23
	9	313.50	78.31	− 22.10	80.49	− 22.99	+ 0.39	103.74	− 8.70	353.22
	13	313.64	81.87	− 22.24	83.62	− 22.93	+ 0.31	103.13	− 8.71	353.22
	17	313.79	85.43	− 22.39	86.72	− 22.88	+ 0.23	102.15	− 8.72	353.21
	21	313.94	88.96	− 22.54	89.80	− 22.82	+ 0.15	100.19	− 8.73	353.21
	25	314.08	92.48	− 22.69	92.86	− 22.76	+ 0.06	93.40	− 8.73	353.20
	29	314.23	95.98	− 22.84	95.90	− 22.71	+ 0.02	316.57	− 8.72	353.20
Feb.	2	314.38	99.46	− 22.99	98.91	− 22.65	+ 0.11	291.97	− 8.71	353.19
	6	314.52	102.91	− 23.13	101.89	− 22.59	+ 0.19	288.72	− 8.70	353.19
	10	314.67	106.33	− 23.27	104.86	− 22.54	+ 0.27	287.39	− 8.68	353.18
	14	314.82	109.72	− 23.41	107.80	− 22.48	+ 0.35	286.63	− 8.65	353.18
	18	314.96	113.07	− 23.54	110.72	− 22.42	+ 0.42	286.11	− 8.62	353.17
	22	315.11	116.39	− 23.66	113.61	− 22.36	+ 0.50	285.73	− 8.58	353.17
	26	315.26	119.67	− 23.78	116.49	− 22.31	+ 0.57	285.43	− 8.54	353.17
Mar.	2	315.40	122.91	− 23.88	119.35	− 22.25	+ 0.63	285.17	− 8.50	353.17
	6	315.55	126.11	− 23.98	122.19	− 22.19	+ 0.69	284.96	− 8.46	353.16
	10	315.70	129.27	− 24.06	125.01	− 22.13	+ 0.75	284.78	− 8.41	353.16
	14	315.84	132.39	− 24.13	127.81	− 22.07	+ 0.80	284.62	− 8.35	353.16
	18	315.99	135.47	− 24.20	130.60	− 22.02	+ 0.84	284.49	− 8.30	353.16
	22	316.13	138.51	− 24.25	133.38	− 21.96	+ 0.88	284.37	− 8.25	353.16
	26	316.28	141.51	− 24.29	136.14	− 21.90	+ 0.91	284.27	− 8.19	353.16
	30	316.43	144.47	− 24.31	138.90	− 21.84	+ 0.94	284.18	− 8.13	353.16
Apr.	3	316.57	147.40	− 24.33	141.64	− 21.78	+ 0.96	284.11	− 8.07	353.16
	7	316.72	150.28	− 24.33	144.38	− 21.72	+ 0.98	284.05	− 8.02	353.16
	11	316.87	153.13	− 24.32	147.11	− 21.66	+ 0.99	284.01	− 7.96	353.16
	15	317.01	155.95	− 24.30	149.84	− 21.60	+ 1.00	283.97	− 7.90	353.16
	19	317.16	158.73	− 24.27	152.56	− 21.54	+ 1.00	283.95	− 7.85	353.16
	23	317.30	161.49	− 24.22	155.28	− 21.49	+ 1.00	283.94	− 7.79	353.16
	27	317.45	164.21	− 24.17	158.00	− 21.43	+ 1.00	283.94	− 7.73	353.16
May	1	317.60	166.91	− 24.10	160.72	− 21.37	+ 0.99	283.94	− 7.68	353.16
	5	317.74	169.58	− 24.02	163.44	− 21.31	+ 0.97	283.96	− 7.63	353.16
	9	317.89	172.24	− 23.93	166.17	− 21.25	+ 0.95	283.98	− 7.58	353.17
	13	318.03	174.87	− 23.83	168.90	− 21.19	+ 0.93	284.01	− 7.53	353.17
	17	318.18	177.49	− 23.72	171.64	− 21.13	+ 0.91	284.05	− 7.49	353.17
	21	318.33	180.09	− 23.60	174.38	− 21.07	+ 0.88	284.09	− 7.44	353.17
	25	318.47	182.67	− 23.47	177.13	− 21.01	+ 0.85	284.13	− 7.40	353.18
	29	318.62	185.25	− 23.33	179.89	− 20.94	+ 0.82	284.18	− 7.36	353.18
June	2	318.76	187.81	− 23.18	182.66	− 20.88	+ 0.78	284.23	− 7.32	353.19
	6	318.91	190.37	− 23.03	185.44	− 20.82	+ 0.75	284.28	− 7.29	353.19
	10	319.06	192.93	− 22.86	188.23	− 20.76	+ 0.71	284.32	− 7.26	353.20
	14	319.20	195.48	− 22.69	191.04	− 20.70	+ 0.67	284.37	− 7.23	353.20
	18	319.35	198.03	− 22.51	193.85	− 20.64	+ 0.62	284.40	− 7.20	353.21
	22	319.49	200.58	− 22.32	196.69	− 20.58	+ 0.58	284.43	− 7.18	353.22
	26	319.64	203.13	− 22.13	199.53	− 20.52	+ 0.53	284.44	− 7.15	353.22
	30	319.78	205.69	− 21.93	202.39	− 20.46	+ 0.49	284.43	− 7.13	353.23

SATURN, 2006

EPHEMERIS FOR PHYSICAL OBSERVATIONS
FOR 0^h TERRESTRIAL TIME

Date		Light-time	Magnitude	Surface Brightness	Diameter		Phase Angle	Defect of Illumination
					Eq.	Pol.		
		m			"	"	°	"
July	4	83.33	+ 0.4	+ 6.8	16.59	15.12	3.1	0.01
	8	83.58	+ 0.4	+ 6.8	16.54	15.07	2.7	0.01
	12	83.80	+ 0.4	+ 6.8	16.49	15.03	2.4	0.01
	16	84.00	+ 0.4	+ 6.8	16.46	14.99	2.0	0.01
	20	84.16	+ 0.4	+ 6.7	16.42	14.96	1.7	0.00
	24	84.29	+ 0.4	+ 6.7	16.40	14.93	1.3	0.00
	28	84.39	+ 0.4	+ 6.7	16.38	14.91	1.0	0.00
Aug.	1	84.46	+ 0.3	+ 6.7	16.36	14.89	0.6	0.00
	5	84.50	+ 0.3	+ 6.7	16.36	14.88	0.3	0.00
	9	84.51	+ 0.3	+ 6.7	16.36	14.88	0.2	0.00
	13	84.48	+ 0.4	+ 6.7	16.36	14.88	0.5	0.00
	17	84.42	+ 0.4	+ 6.7	16.37	14.89	0.9	0.00
	21	84.33	+ 0.4	+ 6.7	16.39	14.90	1.2	0.00
	25	84.21	+ 0.4	+ 6.7	16.41	14.92	1.6	0.00
	29	84.06	+ 0.4	+ 6.7	16.44	14.94	1.9	0.00
Sept.	2	83.88	+ 0.5	+ 6.8	16.48	14.97	2.3	0.01
	6	83.66	+ 0.5	+ 6.8	16.52	15.01	2.6	0.01
	10	83.42	+ 0.5	+ 6.8	16.57	15.05	3.0	0.01
	14	83.15	+ 0.5	+ 6.8	16.62	15.10	3.3	0.01
	18	82.85	+ 0.5	+ 6.8	16.68	15.15	3.6	0.02
	22	82.52	+ 0.5	+ 6.8	16.75	15.21	3.9	0.02
	26	82.16	+ 0.5	+ 6.8	16.82	15.27	4.2	0.02
	30	81.78	+ 0.5	+ 6.9	16.90	15.34	4.5	0.03
Oct.	4	81.38	+ 0.5	+ 6.9	16.98	15.41	4.7	0.03
	8	80.95	+ 0.6	+ 6.9	17.07	15.49	5.0	0.03
	12	80.51	+ 0.6	+ 6.9	17.17	15.57	5.2	0.03
	16	80.04	+ 0.6	+ 6.9	17.27	15.66	5.4	0.04
	20	79.56	+ 0.6	+ 6.9	17.37	15.76	5.6	0.04
	24	79.06	+ 0.6	+ 6.9	17.48	15.86	5.7	0.04
	28	78.55	+ 0.6	+ 6.9	17.60	15.96	5.9	0.05
Nov.	1	78.02	+ 0.5	+ 6.9	17.72	16.06	6.0	0.05
	5	77.49	+ 0.5	+ 6.9	17.84	16.17	6.1	0.05
	9	76.94	+ 0.5	+ 6.9	17.96	16.29	6.1	0.05
	13	76.40	+ 0.5	+ 6.9	18.09	16.40	6.2	0.05
	17	75.85	+ 0.5	+ 6.9	18.22	16.52	6.2	0.05
	21	75.30	+ 0.5	+ 6.9	18.36	16.64	6.2	0.05
	25	74.75	+ 0.5	+ 6.9	18.49	16.76	6.1	0.05
	29	74.20	+ 0.5	+ 6.9	18.63	16.88	6.0	0.05
Dec.	3	73.67	+ 0.4	+ 6.9	18.76	17.01	5.9	0.05
	7	73.14	+ 0.4	+ 6.9	18.90	17.13	5.8	0.05
	11	72.63	+ 0.4	+ 6.9	19.03	17.25	5.6	0.05
	15	72.14	+ 0.4	+ 6.9	19.16	17.37	5.4	0.04
	19	71.66	+ 0.3	+ 6.9	19.29	17.49	5.2	0.04
	23	71.20	+ 0.3	+ 6.9	19.41	17.60	5.0	0.04
	27	70.77	+ 0.3	+ 6.9	19.53	17.71	4.7	0.03
	31	70.36	+ 0.3	+ 6.9	19.64	17.81	4.4	0.03
	35	69.99	+ 0.2	+ 6.8	19.75	17.91	4.0	0.02

EPHEMERIS FOR PHYSICAL OBSERVATIONS
FOR 0ʰ TERRESTRIAL TIME

Date		L_s	Sub-Earth Point		Sub-Solar Point				North Pole	
			Long.	Lat.	Long.	Lat.	Dist.	P.A.	Dist.	P.A.
		°	°	°	°	°	"	°	"	°
July	4	319.93	208.25	− 21.72	205.27	− 20.39	+ 0.44	284.39	− 7.12	353.24
	8	320.07	210.82	− 21.51	208.16	− 20.33	+ 0.39	284.31	− 7.10	353.25
	12	320.22	213.40	− 21.29	211.07	− 20.27	+ 0.34	284.17	− 7.09	353.26
	16	320.37	215.99	− 21.07	213.99	− 20.21	+ 0.29	283.93	− 7.08	353.27
	20	320.51	218.59	− 20.84	216.93	− 20.15	+ 0.24	283.54	− 7.08	353.28
	24	320.66	221.20	− 20.62	219.89	− 20.08	+ 0.19	282.85	− 7.07	353.29
	28	320.80	223.83	− 20.38	222.87	− 20.02	+ 0.14	281.54	− 7.07	353.31
Aug.	1	320.95	226.48	− 20.15	225.86	− 19.96	+ 0.09	278.49	− 7.07	353.32
	5	321.09	229.14	− 19.91	228.88	− 19.90	+ 0.04	266.21	− 7.08	353.33
	9	321.24	231.82	− 19.67	231.91	− 19.83	+ 0.02	141.23	− 7.08	353.35
	13	321.38	234.52	− 19.43	234.96	− 19.77	+ 0.07	117.48	− 7.09	353.36
	17	321.53	237.24	− 19.20	238.03	− 19.71	+ 0.12	113.35	− 7.10	353.38
	21	321.68	239.98	− 18.96	241.11	− 19.64	+ 0.17	111.73	− 7.12	353.39
	25	321.82	242.74	− 18.72	244.21	− 19.58	+ 0.23	110.90	− 7.14	353.41
	29	321.97	245.53	− 18.48	247.33	− 19.52	+ 0.28	110.43	− 7.16	353.42
Sept.	2	322.11	248.34	− 18.24	250.47	− 19.46	+ 0.33	110.13	− 7.18	353.44
	6	322.26	251.18	− 18.01	253.63	− 19.39	+ 0.38	109.95	− 7.20	353.45
	10	322.40	254.04	− 17.78	256.80	− 19.33	+ 0.43	109.82	− 7.23	353.47
	14	322.55	256.92	− 17.56	259.99	− 19.26	+ 0.47	109.75	− 7.26	353.49
	18	322.69	259.83	− 17.34	263.19	− 19.20	+ 0.52	109.70	− 7.29	353.50
	22	322.84	262.77	− 17.12	266.41	− 19.14	+ 0.57	109.68	− 7.33	353.52
	26	322.98	265.74	− 16.91	269.65	− 19.07	+ 0.61	109.66	− 7.37	353.53
	30	323.13	268.74	− 16.71	272.90	− 19.01	+ 0.65	109.66	− 7.40	353.55
Oct.	4	323.27	271.76	16.52	276.16	18.94	+ 0.69	109.66	− 7.45	353.56
	8	323.42	274.81	− 16.33	279.44	− 18.88	+ 0.73	109.67	− 7.49	353.58
	12	323.56	277.89	− 16.15	282.73	− 18.81	+ 0.77	109.68	− 7.54	353.59
	16	323.71	281.00	− 15.99	286.02	− 18.75	+ 0.81	109.68	− 7.58	353.61
	20	323.85	284.14	− 15.83	289.33	− 18.69	+ 0.84	109.69	− 7.64	353.62
	24	324.00	287.31	− 15.68	292.65	− 18.62	+ 0.87	109.69	− 7.69	353.63
	28	324.14	290.51	− 15.55	295.98	− 18.56	+ 0.89	109.69	− 7.74	353.64
Nov.	1	324.29	293.73	− 15.43	299.31	− 18.49	+ 0.92	109.68	− 7.80	353.65
	5	324.43	296.99	− 15.32	302.65	− 18.43	+ 0.94	109.67	− 7.85	353.66
	9	324.58	300.27	− 15.22	305.99	− 18.36	+ 0.95	109.65	− 7.91	353.67
	13	324.72	303.58	− 15.14	309.33	− 18.29	+ 0.97	109.62	− 7.97	353.68
	17	324.87	306.92	− 15.07	312.68	− 18.23	+ 0.98	109.59	− 8.03	353.69
	21	325.01	310.28	− 15.02	316.03	− 18.16	+ 0.98	109.54	− 8.09	353.69
	25	325.16	313.67	− 14.99	319.37	− 18.10	+ 0.98	109.49	− 8.15	353.70
	29	325.30	317.08	− 14.97	322.72	− 18.03	+ 0.98	109.43	− 8.21	353.70
Dec.	3	325.45	320.52	− 14.96	326.05	− 17.97	+ 0.97	109.35	− 8.27	353.70
	7	325.59	323.97	− 14.97	329.39	− 17.90	+ 0.95	109.26	− 8.33	353.70
	11	325.73	327.45	− 15.00	332.71	− 17.83	+ 0.93	109.16	− 8.39	353.70
	15	325.88	330.95	− 15.04	336.03	− 17.77	+ 0.90	109.04	− 8.44	353.70
	19	326.02	334.46	− 15.10	339.34	− 17.70	+ 0.87	108.91	− 8.50	353.69
	23	326.17	337.99	− 15.17	342.63	− 17.64	+ 0.84	108.75	− 8.55	353.69
	27	326.31	341.53	− 15.26	345.91	− 17.57	+ 0.79	108.57	− 8.60	353.68
	31	326.46	345.08	− 15.36	349.18	− 17.50	+ 0.74	108.36	− 8.65	353.68
	35	326.60	348.63	− 15.47	352.43	− 17.44	+ 0.69	108.11	− 8.69	353.67

URANUS, 2006

EPHEMERIS FOR PHYSICAL OBSERVATIONS
FOR 0^h TERRESTRIAL TIME

Date		Light-time	Magnitude	Equatorial Diameter	Phase Angle	L_s	Sub-Earth Lat.	North Pole	
								Dist.	P.A.
		m		"	°	°	°	"	°
Jan.	−5	170.47	+5.9	3.44	2.5	352.40	− 10.48	− 1.65	256.10
	5	171.69	+5.9	3.41	2.3	352.50	− 10.11	− 1.64	256.04
	15	172.78	+5.9	3.39	1.9	352.61	− 9.68	− 1.64	255.96
	25	173.69	+5.9	3.37	1.6	352.72	− 9.19	− 1.63	255.88
Feb.	4	174.40	+5.9	3.36	1.2	352.83	− 8.65	− 1.62	255.79
	14	174.90	+5.9	3.35	0.7	352.93	− 8.08	− 1.62	255.71
	24	175.17	+5.9	3.35	0.3	353.04	− 7.50	− 1.62	255.62
Mar.	6	175.20	+5.9	3.35	0.2	353.15	− 6.90	− 1.62	255.53
	16	175.01	+5.9	3.35	0.7	353.25	− 6.31	− 1.63	255.45
	26	174.59	+5.9	3.36	1.1	353.36	− 5.74	− 1.63	255.37
Apr.	5	173.96	+5.9	3.37	1.5	353.47	− 5.20	− 1.64	255.30
	15	173.13	+5.9	3.39	1.9	353.57	− 4.70	− 1.65	255.24
	25	172.13	+5.9	3.41	2.2	353.68	− 4.25	− 1.66	255.18
May	5	170.99	+5.9	3.43	2.5	353.79	− 3.85	− 1.67	255.13
	15	169.73	+5.9	3.45	2.7	353.89	− 3.53	− 1.68	255.10
	25	168.39	+5.9	3.48	2.8	354.00	− 3.28	− 1.70	255.07
June	4	167.01	+5.8	3.51	2.9	354.11	− 3.11	− 1.71	255.05
	14	165.62	+5.8	3.54	2.9	354.21	− 3.02	− 1.73	255.04
	24	164.27	+5.8	3.57	2.8	354.32	− 3.02	− 1.74	255.04
July	4	162.98	+5.8	3.60	2.6	354.43	− 3.10	− 1.75	255.05
	14	161.81	+5.8	3.62	2.3	354.54	− 3.26	− 1.77	255.07
	24	160.78	+5.8	3.65	2.0	354.64	− 3.49	− 1.78	255.09
Aug.	3	159.92	+5.7	3.67	1.6	354.75	− 3.78	− 1.79	255.13
	13	159.27	+5.7	3.68	1.2	354.86	− 4.13	− 1.79	255.17
	23	158.84	+5.7	3.69	0.7	354.96	− 4.51	− 1.80	255.22
Sept.	2	158.65	+5.7	3.69	0.2	355.07	− 4.92	− 1.80	255.27
	12	158.71	+5.7	3.69	0.3	355.18	− 5.34	− 1.80	255.32
	22	159.02	+5.7	3.69	0.8	355.28	− 5.74	− 1.79	255.37
Oct.	2	159.57	+5.7	3.67	1.3	355.39	− 6.11	− 1.79	255.43
	12	160.34	+5.8	3.66	1.7	355.50	− 6.44	− 1.78	255.47
	22	161.31	+5.8	3.63	2.1	355.60	− 6.72	− 1.76	255.51
Nov.	1	162.45	+5.8	3.61	2.4	355.71	− 6.92	− 1.75	255.54
	11	163.72	+5.8	3.58	2.6	355.82	− 7.04	− 1.74	255.55
	21	165.09	+5.8	3.55	2.8	355.93	− 7.08	− 1.72	255.56
Dec.	1	166.52	+5.8	3.52	2.8	356.03	− 7.03	− 1.71	255.55
	11	167.95	+5.9	3.49	2.8	356.14	− 6.89	− 1.69	255.53
	21	169.35	+5.9	3.46	2.7	356.25	− 6.67	− 1.68	255.50
	31	170.68	+5.9	3.43	2.5	356.35	− 6.37	− 1.67	255.46
	41	171.90	+5.9	3.41	2.2	356.46	− 5.99	− 1.66	255.40

EPHEMERIS FOR PHYSICAL OBSERVATIONS
FOR 0^h TERRESTRIAL TIME

Date		Light-time	Magnitude	Equatorial Diameter	Phase Angle	L_s	Sub-Earth Lat.	North Pole	
								Dist.	P.A.
		m		"	°	°	°	"	°
Jan.	−5	256.04	+8.0	2.22	1.2	271.41	−29.13	−0.96	344.40
	5	256.90	+8.0	2.21	1.0	271.47	−29.13	−0.96	344.14
	15	257.55	+8.0	2.21	0.7	271.53	−29.14	−0.95	343.86
	25	257.98	+8.0	2.20	0.4	271.59	−29.15	−0.95	343.56
Feb.	4	258.17	+8.0	2.20	0.1	271.65	−29.15	−0.95	343.26
	14	258.12	+8.0	2.20	0.2	271.71	−29.16	−0.95	342.95
	24	257.83	+8.0	2.20	0.6	271.77	−29.16	−0.95	342.65
Mar.	6	257.31	+8.0	2.21	0.9	271.83	−29.16	−0.95	342.36
	16	256.58	+8.0	2.21	1.1	271.88	−29.16	−0.96	342.09
	26	255.65	+8.0	2.22	1.4	271.94	−29.16	−0.96	341.85
Apr.	5	254.56	+7.9	2.23	1.6	272.00	−29.15	−0.97	341.64
	15	253.34	+7.9	2.24	1.7	272.06	−29.15	−0.97	341.46
	25	252.02	+7.9	2.25	1.9	272.12	−29.14	−0.98	341.32
May	5	250.63	+7.9	2.27	1.9	272.18	−29.14	−0.98	341.23
	15	249.22	+7.9	2.28	1.9	272.24	−29.14	−0.99	341.17
	25	247.83	+7.9	2.29	1.9	272.30	−29.13	−0.99	341.16
June	4	246.50	+7.9	2.30	1.8	272.36	−29.13	−1.00	341.19
	14	245.26	+7.9	2.32	1.6	272.42	−29.13	−1.00	341.27
	24	244.15	+7.9	2.33	1.4	272.48	−29.13	−1.01	341.38
July	4	243.20	+7.8	2.34	1.2	272.54	−29.13	−1.01	341.52
	14	242.45	+7.8	2.34	0.9	272.60	−29.12	−1.01	341.69
	24	241.90	+7.8	2.35	0.6	272.66	−29.12	−1.02	341.89
Aug.	3	241.59	+7.8	2.35	0.3	272.72	−29.12	−1.02	342.10
	13	241.52	+7.8	2.35	0.1	272.78	−29.12	−1.02	342.32
	23	241.70	+7.8	2.35	0.4	272.84	−29.11	−1.02	342.53
Sept.	2	242.11	+7.8	2.35	0.7	272.90	−29.11	−1.02	342.74
	12	242.75	+7.8	2.34	1.0	272.96	−29.11	−1.01	342.93
	22	243.61	+7.9	2.33	1.3	273.02	−29.10	−1.01	343.10
Oct.	2	244.64	+7.9	2.32	1.5	273.08	−29.10	−1.00	343.23
	12	245.84	+7.9	2.31	1.7	273.14	−29.10	−1.00	343.33
	22	247.15	+7.9	2.30	1.8	273.20	−29.09	−0.99	343.38
Nov.	1	248.54	+7.9	2.29	1.9	273.25	−29.09	−0.99	343.40
	11	249.97	+7.9	2.27	1.9	273.31	−29.09	−0.98	343.36
	21	251.39	+7.9	2.26	1.8	273.37	−29.09	−0.98	343.28
Dec.	1	252.77	+7.9	2.25	1.8	273.43	−29.10	−0.97	343.16
	11	254.05	+7.9	2.24	1.6	273.49	−29.10	−0.97	342.99
	21	255.22	+8.0	2.23	1.4	273.55	−29.10	−0.96	342.79
	31	256.21	+8.0	2.22	1.2	273.61	−29.10	−0.96	342.55
	41	257.02	+8.0	2.21	0.9	273.67	−29.10	−0.96	342.29

PLUTO, 2006

EPHEMERIS FOR PHYSICAL OBSERVATIONS
FOR 0^h TERRESTRIAL TIME

Date		Light-time	Magnitude	Phase Angle	L_s	Sub-Earth Point		North Pole P.A.
						Long.	Lat.	
		m		°	°	°	°	°
Jan.	−5	266.23	+14.0	0.4	223.71	199.83	−35.80	65.92
	5	265.91	+14.0	0.6	223.78	43.67	−36.12	65.70
	15	265.36	+14.0	0.9	223.84	247.51	−36.43	65.49
	25	264.60	+14.0	1.2	223.90	91.33	−36.72	65.30
Feb.	4	263.66	+14.0	1.4	223.96	295.14	−36.98	65.13
	14	262.55	+14.0	1.6	224.02	138.92	−37.21	64.98
	24	261.32	+13.9	1.7	224.09	342.69	−37.40	64.87
Mar.	6	260.00	+13.9	1.8	224.15	186.42	−37.54	64.79
	16	258.63	+13.9	1.8	224.21	30.13	−37.65	64.74
	26	257.26	+13.9	1.8	224.27	233.80	−37.70	64.73
Apr.	5	255.92	+13.9	1.8	224.33	77.45	−37.70	64.75
	15	254.65	+13.9	1.6	224.40	281.06	−37.66	64.81
	25	253.50	+13.9	1.5	224.46	124.64	−37.57	64.89
May	5	252.50	+13.9	1.3	224.52	328.20	−37.44	64.99
	15	251.68	+13.9	1.0	224.58	171.74	−37.27	65.12
	25	251.06	+13.9	0.7	224.64	15.26	−37.07	65.26
June	4	250.67	+13.9	0.5	224.70	218.77	−36.85	65.40
	14	250.51	+13.9	0.3	224.77	62.27	−36.62	65.55
	24	250.59	+13.9	0.3	224.83	265.76	−36.37	65.70
July	4	250.91	+13.9	0.6	224.89	109.27	−36.14	65.84
	14	251.46	+13.9	0.9	224.95	312.77	−35.91	65.96
	24	252.23	+13.9	1.1	225.01	156.30	−35.70	66.06
Aug.	3	253.18	+13.9	1.4	225.08	359.83	−35.53	66.14
	13	254.31	+13.9	1.5	225.14	203.39	−35.38	66.19
	23	255.56	+13.9	1.7	225.20	46.98	−35.27	66.21
Sept.	2	256.92	+13.9	1.8	225.26	250.58	−35.21	66.20
	12	258.34	+13.9	1.8	225.32	94.22	−35.20	66.16
	22	259.78	+13.9	1.8	225.38	297.88	−35.23	66.09
Oct.	2	261.20	+14.0	1.8	225.45	141.57	−35.31	65.98
	12	262.56	+14.0	1.7	225.51	345.29	−35.43	65.85
	22	263.83	+14.0	1.5	225.57	189.04	−35.60	65.69
Nov.	1	264.97	+14.0	1.3	225.63	32.81	−35.81	65.50
	11	265.94	+14.0	1.1	225.69	236.60	−36.06	65.29
	21	266.72	+14.0	0.9	225.75	80.41	−36.33	65.07
Dec.	1	267.28	+14.0	0.6	225.82	284.24	−36.62	64.83
	11	267.62	+14.0	0.3	225.88	128.08	−36.94	64.59
	21	267.72	+14.0	0.2	225.94	331.93	−37.26	64.34
	31	267.58	+14.0	0.4	226.00	175.78	−37.58	64.10
	41	267.21	+14.0	0.7	226.06	19.63	−37.89	63.86

FOR 0^h TERRESTRIAL TIME

Date		Mars	Jupiter			Saturn
			System I	System II	System III	
		°	°	°	°	°
Jan.	0	21.49	272.21	95.16	200.88	340.26
	1	12.13	70.02	245.33	351.32	71.16
	2	2.75	227.83	35.51	141.77	162.05
	3	353.37	25.64	185.69	292.21	252.95
	4	343.97	183.45	335.88	82.66	343.84
	5	334.57	341.27	126.06	233.12	74.74
	6	325.16	139.09	276.25	23.57	165.63
	7	315.75	296.91	66.44	174.03	256.52
	8	306.32	94.74	216.64	324.49	347.42
	9	296.89	252.56	6.83	114.95	78.31
	10	287.45	50.39	157.03	265.42	169.20
	11	278.01	208.22	307.23	55.88	260.09
	12	268.56	6.06	97.43	206.35	350.98
	13	259.10	163.89	247.64	356.83	81.87
	14	249.64	321.73	37.85	147.30	172.76
	15	240.17	119.57	188.06	297.78	263.65
	16	230.70	277.42	338.27	88.26	354.54
	17	221.22	75.26	128.49	238.74	85.43
	18	211.74	233.11	278.71	29.23	176.31
	19	202.25	30.97	68.93	179.72	267.20
	20	192.75	188.82	219.15	330.21	358.08
	21	183.25	346.68	9.38	120.70	88.96
	22	173.75	144.54	159.61	271.20	179.85
	23	164.24	302.40	309.84	61.69	270.73
	24	154.73	100.27	100.08	212.20	1.61
	25	145.21	258.13	250.31	2.70	92.48
	26	135.69	56.00	40.55	153.21	183.36
	27	126.16	213.88	190.80	303.72	274.24
	28	116.63	11.75	341.04	94.23	5.11
	29	107.10	169.63	131.29	244.74	95.98
	30	97.56	327.51	281.54	35.26	186.86
	31	88.02	125.40	71.79	185.78	277.73
Feb.	1	78.48	283.28	222.05	336.30	8.59
	2	68.93	81.17	12.31	126.83	99.46
	3	59.38	239.07	162.57	277.36	190.32
	4	49.83	36.96	312.84	67.89	281.19
	5	40.28	194.86	103.10	218.42	12.05
	6	30.72	352.76	253.37	8.96	102.91
	7	21.16	150.67	43.65	159.50	193.77
	8	11.59	308.57	193.92	310.04	284.62
	9	2.02	106.48	344.20	100.59	15.48
	10	352.46	264.39	134.48	251.13	106.33
	11	342.88	62.31	284.76	41.68	197.18
	12	333.31	220.22	75.05	192.24	288.03
	13	323.74	18.14	225.34	342.79	18.87
	14	314.16	176.07	15.63	133.35	109.72
	15	304.58	333.99	165.93	283.91	200.56

PLANETARY CENTRAL MERIDIANS, 2006

FOR 0ʰ TERRESTRIAL TIME

Date		Mars	Jupiter			Saturn
			System I	System II	System III	
		°	°	°	°	°
Feb.	15	304.58	333.99	165.93	283.91	200.56
	16	295.00	131.92	316.23	74.48	291.40
	17	285.41	289.85	106.53	225.05	22.23
	18	275.83	87.79	256.83	15.62	113.07
	19	266.24	245.72	47.14	166.19	203.90
	20	256.65	43.66	197.44	316.76	294.73
	21	247.06	201.60	347.76	107.34	25.56
	22	237.47	359.55	138.07	257.92	116.39
	23	227.88	157.50	288.39	48.51	207.21
	24	218.28	315.45	78.71	199.09	298.03
	25	208.69	113.40	229.03	349.68	28.85
	26	199.09	271.36	19.35	140.27	119.67
	27	189.49	69.32	169.68	290.87	210.48
	28	179.89	227.28	320.01	81.47	301.29
Mar.	1	170.28	25.24	110.35	232.07	32.10
	2	160.68	183.21	260.68	22.67	122.91
	3	151.08	341.18	51.02	173.27	213.71
	4	141.47	139.15	201.36	323.88	304.52
	5	131.86	297.12	351.70	114.49	35.31
	6	122.25	95.10	142.05	265.10	126.11
	7	112.64	253.08	292.40	55.72	216.91
	8	103.03	51.06	82.75	206.34	307.70
	9	93.42	209.04	233.10	356.96	38.49
	10	83.81	7.03	23.46	147.58	129.27
	11	74.20	165.02	173.82	298.21	220.06
	12	64.58	323.01	324.18	88.83	310.84
	13	54.97	121.01	114.54	239.46	41.62
	14	45.35	279.00	264.91	30.10	132.39
	15	35.73	77.00	55.28	180.73	223.17
	16	26.12	235.00	205.65	331.37	313.94
	17	16.50	33.00	356.02	122.00	44.71
	18	6.88	191.01	146.39	272.65	135.47
	19	357.26	349.02	296.77	63.29	226.24
	20	347.64	147.02	87.15	213.93	317.00
	21	338.02	305.04	237.53	4.58	47.76
	22	328.39	103.05	27.91	155.23	138.51
	23	318.77	261.06	178.30	305.88	229.27
	24	309.15	59.08	328.68	96.53	320.02
	25	299.52	217.10	119.07	247.19	50.77
	26	289.90	15.12	269.46	37.85	141.51
	27	280.27	173.14	59.85	188.51	232.26
	28	270.64	331.17	210.25	339.17	323.00
	29	261.01	129.19	0.64	129.83	53.74
	30	251.38	287.22	151.04	280.49	144.47
	31	241.75	85.25	301.44	71.16	235.21
Apr.	1	232.12	243.28	91.84	221.82	325.94
	2	222.49	41.31	242.24	12.49	56.67

FOR 0^h TERRESTRIAL TIME

Date		Mars	Jupiter			Saturn
			System I	System II	System III	
		°	°	°	°	°
Apr.	1	232.12	243.28	91.84	221.82	325.94
	2	222.49	41.31	242.24	12.49	56.67
	3	212.86	199.34	32.64	163.16	147.40
	4	203.23	357.38	183.04	313.83	238.12
	5	193.59	155.41	333.45	104.50	328.84
	6	183.96	313.45	123.85	255.17	59.56
	7	174.33	111.48	274.26	45.84	150.28
	8	164.69	269.52	64.67	196.52	241.00
	9	155.05	67.56	215.07	347.19	331.71
	10	145.42	225.60	5.48	137.87	62.42
	11	135.78	23.64	155.89	288.55	153.13
	12	126.14	181.68	306.30	79.22	243.84
	13	116.50	339.72	96.71	229.90	334.54
	14	106.86	137.76	247.13	20.58	65.25
	15	97.22	295.80	37.54	171.26	155.95
	16	87.58	93.85	187.95	321.94	246.65
	17	77.93	251.89	338.36	112.61	337.34
	18	68.29	49.93	128.77	263.29	68.04
	19	58.65	207.97	279.19	53.97	158.73
	20	49.00	6.02	69.60	204.65	249.42
	21	39.36	164.06	220.01	355.33	340.11
	22	29.71	322.10	10.42	146.01	70.80
	23	20.06	120.14	160.83	296.69	161.49
	24	10.41	278.18	311.24	87.36	252.17
	25	0.76	76.22	101.65	238.04	342.85
	26	351.11	234.26	252.06	28.72	73.53
	27	341.46	32.30	42.47	179.39	164.21
	28	331.81	190.34	192.88	330.07	254.89
	29	322.15	348.38	343.29	120.74	345.56
	30	312.50	146.42	133.70	271.42	76.24
May	1	302.84	304.45	284.10	62.09	166.91
	2	293.19	102.49	74.51	212.76	257.58
	3	283.53	260.52	224.91	3.43	348.25
	4	273.87	58.55	15.31	154.10	78.92
	5	264.21	216.58	165.71	304.76	169.58
	6	254.55	14.61	316.11	95.43	260.25
	7	244.89	172.64	106.51	246.09	350.91
	8	235.23	330.66	256.90	36.75	81.58
	9	225.56	128.68	47.29	187.41	172.24
	10	215.90	286.71	197.69	338.07	262.90
	11	206.23	84.73	348.07	128.73	353.56
	12	196.57	242.74	138.46	279.38	84.21
	13	186.90	40.76	288.85	70.03	174.87
	14	177.23	198.77	79.23	220.68	265.53
	15	167.56	356.78	229.61	11.33	356.18
	16	157.89	154.79	19.99	161.98	86.83
	17	148.21	312.80	170.37	312.62	177.49

PLANETARY CENTRAL MERIDIANS, 2006

FOR 0ʰ TERRESTRIAL TIME

Date		Mars	Jupiter			Saturn
			System I	System II	System III	
		°	°	°	°	°
May	17	148.21	312.80	170.37	312.62	177.49
	18	138.54	110.80	320.74	103.26	268.14
	19	128.86	268.80	111.11	253.90	358.79
	20	119.19	66.80	261.48	44.53	89.44
	21	109.51	224.79	51.84	195.16	180.09
	22	99.83	22.79	202.21	345.79	270.73
	23	90.15	180.78	352.57	136.42	1.38
	24	80.47	338.76	142.93	287.04	92.03
	25	70.79	136.75	293.28	77.66	182.67
	26	61.10	294.73	83.63	228.28	273.32
	27	51.41	92.71	233.98	18.90	3.96
	28	41.73	250.68	24.32	169.51	94.61
	29	32.04	48.65	174.67	320.12	185.25
	30	22.35	206.62	325.00	110.72	275.89
	31	12.66	4.58	115.34	261.32	6.53
June	1	2.96	162.55	265.67	51.92	97.17
	2	353.27	320.50	56.00	202.52	187.81
	3	343.57	118.46	206.32	353.11	278.45
	4	333.87	276.41	356.64	143.70	9.09
	5	324.17	74.36	146.96	294.28	99.73
	6	314.47	232.30	297.28	84.86	190.37
	7	304.77	30.24	87.59	235.44	281.01
	8	295.07	188.18	237.89	26.01	11.65
	9	285.36	346.11	28.20	176.58	102.29
	10	275.66	144.04	178.50	327.15	192.93
	11	265.95	301.97	328.79	117.71	283.56
	12	256.24	99.89	119.09	268.27	14.20
	13	246.53	257.81	269.38	58.83	104.84
	14	236.81	55.72	59.66	209.38	195.48
	15	227.10	213.63	209.94	359.93	286.12
	16	217.38	11.54	0.22	150.47	16.75
	17	207.67	169.44	150.49	301.01	107.39
	18	197.95	327.34	300.76	91.55	198.03
	19	188.22	125.24	91.03	242.08	288.66
	20	178.50	283.13	241.29	32.61	19.30
	21	168.78	81.02	31.55	183.14	109.94
	22	159.05	238.90	181.81	333.66	200.58
	23	149.32	36.79	332.06	124.18	291.22
	24	139.59	194.66	122.31	274.69	21.85
	25	129.86	352.54	272.55	65.20	112.49
	26	120.13	150.40	62.79	215.71	203.13
	27	110.39	308.27	213.03	6.21	293.77
	28	100.66	106.13	3.26	156.71	24.41
	29	90.92	263.99	153.49	307.20	115.05
	30	81.18	61.84	303.71	97.70	205.69
July	1	71.43	219.70	93.93	248.18	296.33
	2	61.69	17.54	244.15	38.67	26.97

FOR 0[h] TERRESTRIAL TIME

Date		Mars	Jupiter			Saturn
			System I	System II	System III	
		°	°	°	°	°
July	1	71.43	219.70	93.93	248.18	296.33
	2	61.69	17.54	244.15	38.67	26.97
	3	51.94	175.39	34.36	189.15	117.61
	4	42.20	333.23	184.57	339.63	208.25
	5	32.45	131.06	334.78	130.10	298.89
	6	22.70	288.89	124.98	280.57	29.53
	7	12.95	86.72	275.18	71.03	120.18
	8	3.19	244.55	65.38	221.50	210.82
	9	353.44	42.37	215.57	11.96	301.46
	10	343.68	200.19	5.76	162.41	32.11
	11	333.92	358.00	155.95	312.86	122.75
	12	324.16	155.81	306.13	103.31	213.40
	13	314.39	313.62	96.31	253.76	304.04
	14	304.63	111.43	246.48	44.20	34.69
	15	294.86	269.23	36.65	194.64	125.34
	16	285.10	67.03	186.82	345.07	215.99
	17	275.33	224.82	336.99	135.50	306.64
	18	265.56	22.61	127.15	285.93	37.29
	19	255.78	180.40	277.31	76.36	127.94
	20	246.01	338.18	67.46	226.78	218.59
	21	236.23	135.97	217.62	17.20	309.24
	22	226.45	293.74	7.77	167.62	39.89
	23	216.67	91.52	157.91	318.03	130.55
	24	206.89	249.29	308.05	108.44	221.20
	25	197.11	47.06	98.19	258.84	311.86
	26	187.32	204.83	248.33	49.25	42.52
	27	177.54	2.59	38.47	199.65	133.17
	28	167.75	160.35	188.60	350.05	223.83
	29	157.96	318.11	338.73	140.44	314.49
	30	148.17	115.86	128.85	290.83	45.15
	31	138.38	273.62	278.97	81.22	135.81
Aug.	1	128.58	71.37	69.09	231.61	226.48
	2	118.79	229.11	219.21	21.99	317.14
	3	108.99	26.86	9.33	172.38	47.81
	4	99.20	184.60	159.44	322.75	138.47
	5	89.40	342.34	309.55	113.13	229.14
	6	79.60	140.07	99.65	263.50	319.81
	7	69.79	297.81	249.76	53.87	50.48
	8	59.99	95.54	39.86	204.24	141.15
	9	50.19	253.27	189.96	354.61	231.82
	10	40.38	50.99	340.06	144.97	322.49
	11	30.58	208.72	130.15	295.34	53.17
	12	20.77	6.44	280.25	85.70	143.84
	13	10.96	164.16	70.34	236.05	234.52
	14	1.15	321.88	220.43	26.41	325.20
	15	351.34	119.59	10.51	176.76	55.88
	16	341.53	277.31	160.60	327.11	146.56

FOR 0ʰ TERRESTRIAL TIME

Date		Mars	Jupiter			Saturn
			System I	System II	System III	
		°	°	°	°	°
Aug.	16	341.53	277.31	160.60	327.11	146.56
	17	331.71	75.02	310.68	117.46	237.24
	18	321.90	232.73	100.76	267.81	327.92
	19	312.08	30.44	250.84	58.15	58.61
	20	302.27	188.14	40.91	208.49	149.29
	21	292.45	345.84	190.99	358.83	239.98
	22	282.63	143.55	341.06	149.17	330.67
	23	272.81	301.25	131.13	299.51	61.36
	24	262.99	98.94	281.20	89.84	152.05
	25	253.17	256.64	71.26	240.18	242.74
	26	243.35	54.33	221.33	30.51	333.44
	27	233.53	212.03	11.39	180.84	64.13
	28	223.71	9.72	161.45	331.17	154.83
	29	213.89	167.41	311.51	121.50	245.53
	30	204.06	325.10	101.57	271.82	336.23
	31	194.24	122.78	251.63	62.14	66.93
Sept.	1	184.41	280.47	41.69	212.47	157.64
	2	174.59	78.15	191.74	2.79	248.34
	3	164.76	235.83	341.79	153.11	339.05
	4	154.94	33.51	131.84	303.43	69.75
	5	145.11	191.19	281.89	93.74	160.46
	6	135.29	348.87	71.94	244.06	251.18
	7	125.46	146.55	221.99	34.37	341.89
	8	115.64	304.23	12.04	184.69	72.60
	9	105.81	101.90	162.08	335.00	163.32
	10	95.98	259.57	312.13	125.31	254.04
	11	86.16	57.25	102.17	275.62	344.75
	12	76.33	214.92	252.21	65.93	75.48
	13	66.51	12.59	42.25	216.24	166.20
	14	56.68	170.26	192.29	6.54	256.92
	15	46.85	327.93	342.33	156.85	347.65
	16	37.03	125.60	132.37	307.15	78.37
	17	27.20	283.26	282.41	97.46	169.10
	18	17.38	80.93	72.45	247.76	259.83
	19	7.55	238.59	222.48	38.06	350.57
	20	357.73	36.26	12.52	188.36	81.30
	21	347.90	193.92	162.55	338.67	172.04
	22	338.08	351.59	312.59	128.97	262.77
	23	328.25	149.25	102.62	279.27	353.51
	24	318.43	306.91	252.65	69.56	84.25
	25	308.61	104.57	42.68	219.86	175.00
	26	298.78	262.23	192.71	10.16	265.74
	27	288.96	59.89	342.74	160.46	356.49
	28	279.14	217.55	132.77	310.75	87.23
	29	269.32	15.21	282.80	101.05	177.98
	30	259.50	172.87	72.83	251.35	268.74
Oct.	1	249.68	330.53	222.86	41.64	359.49

FOR 0ʰ TERRESTRIAL TIME

Date		Mars	Jupiter			Saturn
			System I	System II	System III	
		°	°	°	°	°
Oct.	1	249.68	330.53	222.86	41.64	359.49
	2	239.86	128.19	12.89	191.94	90.24
	3	230.04	285.85	162.92	342.23	181.00
	4	220.23	83.50	312.95	132.53	271.76
	5	210.41	241.16	102.98	282.82	2.52
	6	200.59	38.82	253.00	73.12	93.28
	7	190.78	196.48	43.03	223.41	184.05
	8	180.96	354.13	193.06	13.71	274.81
	9	171.15	151.79	343.09	164.00	5.58
	10	161.34	309.45	133.11	314.29	96.35
	11	151.53	107.10	283.14	104.59	187.12
	12	141.72	264.76	73.17	254.88	277.89
	13	131.91	62.42	223.19	45.17	8.67
	14	122.10	220.07	13.22	195.47	99.44
	15	112.29	17.73	163.25	345.76	190.22
	16	102.49	175.39	313.28	136.05	281.00
	17	92.68	333.04	103.30	286.35	11.78
	18	82.88	130.70	253.33	76.64	102.57
	19	73.07	288.36	43.36	226.94	193.35
	20	63.27	86.01	193.39	17.23	284.14
	21	53.47	243.67	343.41	167.53	14.93
	22	43.67	41.33	133.44	317.82	105.72
	23	33.87	198.99	283.47	108.12	196.51
	24	24.07	356.65	73.50	258.41	287.31
	25	14.28	154.31	223.53	48.71	18.11
	26	4.48	311.96	13.56	199.00	108.90
	27	354.69	109.62	163.59	349.30	199.70
	28	344.89	267.28	313.62	139.60	290.51
	29	335.10	64.94	103.65	289.89	21.31
	30	325.31	222.61	253.68	80.19	112.12
	31	315.52	20.27	43.71	230.49	202.92
Nov.	1	305.73	177.93	193.74	20.79	293.73
	2	295.94	335.59	343.78	171.09	24.54
	3	286.16	133.26	133.81	321.39	115.36
	4	276.37	290.92	283.84	111.69	206.17
	5	266.59	88.58	73.88	261.99	296.99
	6	256.81	246.25	223.91	52.29	27.80
	7	247.02	43.92	13.95	202.59	118.62
	8	237.24	201.58	163.99	352.90	209.45
	9	227.46	359.25	314.02	143.20	300.27
	10	217.68	156.92	104.06	293.51	31.09
	11	207.91	314.59	254.10	83.81	121.92
	12	198.13	112.26	44.14	234.12	212.75
	13	188.36	269.93	194.18	24.43	303.58
	14	178.58	67.60	344.22	174.73	34.41
	15	168.81	225.27	134.26	325.04	125.24
	16	159.04	22.94	284.31	115.35	216.08

PLANETARY CENTRAL MERIDIANS, 2006

FOR 0ʰ TERRESTRIAL TIME

Date		Mars	Jupiter			Saturn
			System I	System II	System III	
		°	°	°	°	°
Nov.	16	159.04	22.94	284.31	115.35	216.08
	17	149.26	180.62	74.35	265.66	306.92
	18	139.49	338.29	224.40	55.98	37.75
	19	129.72	135.97	14.44	206.29	128.59
	20	119.96	293.64	164.49	356.60	219.44
	21	110.19	91.32	314.54	146.92	310.28
	22	100.42	249.00	104.59	297.23	41.12
	23	90.66	46.68	254.64	87.55	131.97
	24	80.89	204.36	44.69	237.87	222.82
	25	71.13	2.05	194.74	28.19	313.67
	26	61.36	159.73	344.79	178.51	44.52
	27	51.60	317.41	134.85	328.83	135.37
	28	41.84	115.10	284.90	119.15	226.22
	29	32.08	272.79	74.96	269.47	317.08
	30	22.32	70.47	225.02	59.80	47.94
Dec.	1	12.56	228.16	15.08	210.12	138.79
	2	2.80	25.85	165.14	0.45	229.65
	3	353.05	183.55	315.20	150.78	320.52
	4	343.29	341.24	105.27	301.11	51.38
	5	333.53	138.94	255.33	91.44	142.24
	6	323.78	296.63	45.40	241.77	233.11
	7	314.02	94.33	195.46	32.11	323.97
	8	304.27	252.03	345.53	182.44	54.84
	9	294.52	49.73	135.60	332.78	145.71
	10	284.76	207.43	285.67	123.12	236.58
	11	275.01	5.13	75.75	273.46	327.45
	12	265.26	162.84	225.82	63.80	58.32
	13	255.50	320.54	15.90	214.14	149.20
	14	245.75	118.25	165.97	4.48	240.07
	15	236.00	275.96	316.05	154.83	330.95
	16	226.25	73.67	106.13	305.18	61.82
	17	216.50	231.38	256.22	95.53	152.70
	18	206.75	29.10	46.30	245.88	243.58
	19	197.00	186.81	196.38	36.23	334.46
	20	187.25	344.53	346.47	186.58	65.34
	21	177.50	142.25	136.56	336.94	156.22
	22	167.75	299.97	286.65	127.29	247.10
	23	158.00	97.69	76.74	277.65	337.99
	24	148.25	255.41	226.83	68.01	68.87
	25	138.50	53.14	16.93	218.37	159.75
	26	128.75	210.87	167.03	8.74	250.64
	27	119.00	8.60	317.13	159.10	341.53
	28	109.25	166.33	107.23	309.47	72.41
	29	99.50	324.06	257.33	99.84	163.30
	30	89.75	121.80	47.43	250.21	254.19
	31	79.99	279.53	197.54	40.58	345.08
	32	70.24	77.27	347.65	190.96	75.96

CONTENTS OF SECTION F

The satellite ephemerides were calculated using $\Delta T = 67$ seconds.

Satellite		Orbital Period[1] (R = Retrograde)	Max. Elong. at Mean Opposition	Semimajor Axis	Orbital Eccentricity	Inclination of Orbit to Planet's Equator	Motion of Node on Fixed Plane[2]
		d	° ′ ″	×10³ km		°	°/yr
Earth		Moon	27.321 661		384.400	0.054 900 489	18.28–28.58	19.34[7]
Mars	I	Phobos	0.318 910 203	25	9.380	0.015 1	1.08	158.8
	II	Deimos	1.262 440 8	1 02	23.460	0.000 2	1.793	6.260
Jupiter	I	Io	1.769 137 786	2 18	421.8	0.004 1	0.036	48.6
	II	Europa	3.551 181 041	3 40	671.1	0.009 4	0.467	12.0
	III	Ganymede	7.154 552 96	5 51	1 070.4	0.001	0.172	2.63
	IV	Callisto	16.689 018 4	10 18	1 882.7	0.007	0.307	0.643
	V	Amalthea	0.498 179 05	59	181.4	0.003	0.389	914.6
	VI	Himalia	250.56	1 02 46	11 461	0.162	27.50	524.4
	VII	Elara	259.64	1 04 10	11 741	0.217	26.63	506.1
	VIII	Pasiphae	743.63 R	2 08 26	23 624	0.409	151.4	185.6
	IX	Sinope	758.9 R	2 09 31	23 939	0.250	158.1	181.4
	X	Lysithea	259.2	1 03 53	11 717	0.112	28.30	506.9
	XI	Carme	734.17 R	2 07 37	23 404	0.253	164.9	187.1
	XII	Ananke	629.77 R	1 56 15	21 276	0.244	148.9	215.2
	XIII	Leda	240.92	1 00 50	11 165	0.164	27.46	545.4
	XIV	Thebe	0.674 5	1 13	221.9	0.018	1.070	
	XV	Adrastea	0.298 26	42	128.9	0.002	0.027	
	XVI	Metis	0.294 780	42	128.0	0.001	0.021	
	XVII	Callirrhoe	758.77 R	2 12 53	24 103	0.283	147.1	
	XVIII	Themisto	130.02	40 23	7 284	0.242	43.08	
	XIX	Megaclite	752.88 R		23 493	0.419 7	152.8	
	XX	Taygete	732.41 R		23 280	0.252 5	165.2	
	XXI	Chaldene	723.70 R		23 100	0.251 9	165.2	
	XXII	Harpalyke	623.3 R		20 858	0.226 8	148.6	
	XXIII	Kalyke	742.03 R		23 566	0.246 5	165.2	
	XXIV	Iocaste	631.60 R		21 061	0.216	149.4	
	XXV	Erinome	728.51 R		23 196	0.266 5	164.9	
	XXVI	Isonoe	726.25 R		23 155	0.247 1	165.2	
	XXVII	Praxidike	625.38 R		20 907	0.230 8	149.0	
	XXVIII	Autonoe	760.95 R		24 046	0.316 8	152.416	
	XXIX	Thyone	627.21 R		20 939	0.229	148.509	
	XXX	Hermippe	633.9 R		21 131	0.210	150.725	
	XXXI	Aitne	730.2 R		23 229	0.264	165.091	
	XXXII	Eurydome	717.3 R		22 865	0.276	150.3	
	XXXIII	Euanthe	620.49 R		20 797	0.232	148.9	
	XXXVI	Sponde	748.3 R		23 487	0.312	151.0	
	XXXVII	Kale	729.5 R		23 217	0.260	165.0	
Saturn	I	Mimas	0.942 421 813	30	185.60	0.021	1.566	365.0
	II	Enceladus	1.370 217 855	38	238.10	0.000 1	0.010	156.2[8]
	III	Tethys	1.887 802 160	48	294.70	0.000 1	0.168	72.25
	IV	Dione	2.736 914 742	1 01	377.40	0.000 2	0.002	30.85[8]
	V	Rhea	4.517 500 436	1 25	527.10	0.000 9	0.327	10.16
	VI	Titan	15.945 420 68	3 17	1 221.90	0.028 8	1.634	0.5213[8]
	VII	Hyperion	21.276 608 8	3 59	1 464.10	0.018	0.568	
	VIII	Iapetus	79.330 182 5	9 35	3 560.80	0.028 4	7.570	
	IX	Phoebe	548.2 R	34 51	12 944.30	0.164	174.8[9]	
	X	Janus	0.694 5	24	151.50	0.007	0.165	
	XI	Epimetheus	0.694 2	24	151.40	0.021	0.34	
	XII	Helene	2.736 9	1 01	377.40	0.000 1	0.212	
	XIII	Telesto	1.887 8	48	294.70	0.001	1.158	
	XIV	Calypso	1.887 8	48	294.70	0.001	1.473	
	XV	Atlas	0.601 9	22	137.70	0.000	0.000	
	XVI	Prometheus	0.613 0	23	139.40	0.002	0.0	
	XVII	Pandora	0.628 5	23	141.70	0.004	0.0	
	XVIII	Pan	0.575 0	21	133.60	0.000	0.000	
	XIX	Ymir	1315.33		23 130.00	0.333 9	173.104	
	XX	Paaliaq	686.94	40 13	15 198.00	0.363 2	45.077	
	XXI	Tarvos	926.13	46 18	18 239.00	0.536 5	33.495	
	XXII	Ijiraq	451.5	30 46	11 442.00	0.322	46.730	
	XXIV	Kiviuq	449.2	30 09	11 365.00	0.334	46.148	
	XXVI	Albiorix	783.5		16 394.00	0.479 1	33.98	
	XXVIII	Erriapo	871.25	48 52	17 604.00	0.474	34.469	
	XXIX	Siarnaq	895.55		18 195.00	0.296 2	45.539	

[1] Sidereal periods, except that tropical periods are given for satellites of Saturn.

[2] Rate of decrease (or increase) in the longitude of the ascending node.

[3] S = Synchronous, rotation period same as orbital period.

[4] $V(\text{Sun}) = -26.75$

[5] $V(1, 0)$ is the visual magnitude of the satellite reduced to a distance of 1 au from both the Sun and Earth and with phase angle of zero.

[6] V_0 is the mean opposition magnitude of the satellite.

	Satellite	Mass (1/Planet)	Radius	Sidereal Period of Rotation [3]	Geometric Albedo (V) [4]	$V(1,0)$ [5]	V_0 [6]	$B - V$	$U - B$
			km	d					
	Moon	0.01230002	1737.4	S	0.12	+ 0.21	−12.74	0.92	0.46
I	Phobos	1.65×10^{-8}	13.4 × 11.2 × 9.2	S	0.07	+11.8	11.4	0.6	
II	Deimos	3.71×10^{-9}	7.5 × 6.1 × 5.2	S	0.068	+12.89	12.5	0.65	0.18
I	Io	4.70×10^{-5}	1830×1819×1815	S	0.63	− 1.68	5.02	1.17	1.30
II	Europa	2.53×10^{-5}	1565	S	0.67	− 1.41	5.29	0.87	0.52
III	Ganymede	7.80×10^{-5}	2634	S	0.43	− 2.09	4.61	0.83	0.50
IV	Callisto	5.67×10^{-5}	2403	S	0.17	− 1.05	5.6	0.86	0.55
V	Amalthea		131 × 73 × 67	S	0.09	+ 7.4	14.1	1.50	
VI	Himalia		85	0.40	0.04	+ 8.14	14.6	0.67	0.30
VII	Elara		43 :		0.04	+10.0	16.3	0.69	0.28
VIII	Pasiphae		30 :		0.04	+10.33	17.03	0.63	0.34
IX	Sinope		19 :	0.548	0.04 :	+11.6	18.1	0.7	
X	Lysithea		18 :	0.533	0.04 :	+11.7	18.3	0.7	
XI	Carme		23 :	0.433	0.04 :	+11.3	17.6	0.7	
XII	Ananke		14 :	0.35	0.04 :	+12.2	18.8	0.7	
XIII	Leda		10 :		0.04 :	+13.5	19.5	0.7	
XIV	Thebe		55 × 45	S	0.047	+ 9.0	16.0	1.3	
XV	Adrastea		13 × 10 × 8	S	0.1	+12.4	18.7		
XVI	Metis		20	S	0.061	+10.8	17.5		
XVII	Callirrhoe		4 :		0.04 :	+14.2	20.7		
XVIII	Themisto		4 :		0.04 :	+14.4	21.0		
XIX	Megaclite		2.7 :		0.04 :	+15.0	21.7		
XX	Taygete		2.5 :		0.04 :	+15.4	21.9		
XXI	Chaldene		1.9 :		0.04 :	+15.7	22.5		
XXII	Harpalyke		2.2 :		0.04 :	+15.2	22.2		
XXIII	Kalyke		2.6 :		0.04 :	+15.3	21.8		
XXIV	Iocaste		2.6 :		0.04 :	+14.5	21.8		
XXV	Erinome		1.6 :		0.04 :	+16.0	22.8		
XXVI	Isonoe		1.9 :		0.04 :	+15.9	22.5		
XXVII	Praxidike		3.4 :		0.04 :	+15.0	21.2		
XXVIII	Autonoe		2 :		0.04 :	+15.4	22.0		
XXIX	Thyone		2 :		0.04 :	+15.7	22.3		
XXX	Hermippe		2 :		0.04 :	+15.5	22.1		
XXXI	Aitne		1.5 :		0.04 :	+16.1	22.7		
XXXII	Eurydome		1.5 :		0.04 :	+16.1	22.7		
XXXIII	Euanthe		1.5 :		0.04 :	+16.2	22.8		
XXXVI	Sponde		1 :		0.04 :	+16.4	23.0		
XXXVII	Kale		1 :		0.04 :	+16.4	23.0		
I	Mimas	6.60×10^{-8}	209 × 196 × 191	S	0.6	+ 3.3	12.8		
II	Enceladus	1×10^{-7}	256 × 247 × 245	S	1.0	+ 2.1	11.8	0.70	0.28
III	Tethys	1.10×10^{-6}	536 × 528 × 526	S	0.8	+ 0.6	10.3	0.73	0.30
IV	Dione	1.93×10^{-6}	560	S	0.6	+ 0.8	10.4	0.71	0.31
V	Rhea	4.06×10^{-6}	764	S	0.6	+ 0.1	9.7	0.78	0.38
VI	Titan	2.37×10^{-4}	2575		0.2	− 1.28	8.4	1.28	0.75
VII	Hyperion		180 × 140 ×113		0.3	+ 4.63	14.4	0.78	0.33
VIII	Iapetus	2.8×10^{-6}	718	S	0.2 [10]	+ 1.5	11.0	0.72	0.30
IX	Phoebe		110	0.4	0.081	+ 6.89	16.5	0.70	0.34
X	Janus	3.38×10^{-9}	97 × 95 × 77	S	0.6	+ 4.4 :	14.4		
XI	Epimetheus	9.5×10^{-10}	69 × 55 × 55	S	0.5	+ 5.4 :	15.6		
XII	Helene		18 × 16 × 15		0.6	+ 8.4 :	18.4		
XIII	Telesto		15 × 12.5 × 7.5		1.0 :	+ 8.9 :	18.5		
XIV	Calypso		15 × 8 × 8		0.7	+ 9.1 :	18.7		
XV	Atlas		18.5×17.2×13.5		0.4	+ 8.4 :	19.0		
XVI	Prometheus		74 × 50 × 34		0.6	+ 6.4 :	15.8		
XVII	Pandora		55 × 44 × 31		0.5	+ 6.4 :	16.4		
XVIII	Pan		10 :		0.5 :		19.4		
XIX	Ymir		8:		0.06		21.6		
XX	Paaliaq		9.5 :		0.06 :	+12.2	21.2		
XXI	Tarvos		6.5 :		0.06 :	+13.2	22.0		
XXII	Ijiraq		5 :		0.06 :	+13.6	22.5		
XXIV	Kiviuq		7 :		0.06 :	+13.1	21.9		
XXVI	Albiorix		13 :		0.06 :		20.4		
XXVIII	Erriapo		4.3 :		0.06 :	+14.0	22.9		
XXIX	Siarnaq		16 :		0.06 :		20.0		

[7] Motion on the ecliptic plane.
[8] Rate of increase in the longitude of the apse.
[9] Measured from the ecliptic plane.
[10] Bright side, 0.5; faint side, 0.05.
[11] Referred to Earth's equator of 1950.0.
: Quantity is uncertain.

Satellite			Orbital Period [1] (R = Retrograde)	Max. Elong. at Mean Opposition	Semimajor Axis	Orbital Eccentricity	Inclination of Orbit to Planet's Equator	Motion of Node on Fixed Plane [2]
			d	° ′ ″	×10³ km		°	°/yr
Uranus	I	Ariel	2.520 379 35	14	190.90	0.001 2	0.041	6.8
	II	Umbriel	4.144 177 2	20	266.00	0.003 9	0.128	3.6
	III	Titania	8.705 871 7	33	436.30	0.001 1	0.079	2.0
	IV	Oberon	13.463 238 9	44	583.50	0.001 4	0.068	1.4
	V	Miranda	1.413 479 25	10	129.90	0.001 3	4.338	19.8
	IX	Cressida	0.463 569 60	5	61.80	0.000 4	0.01	257
	X	Desdemona	0.473 649 60	5	62.70	0.000 1	0.113	244
	XI	Juliet	0.493 065 49	5	64.40	0.000 7	0.07	222
	XII	Portia	0.513 195 92	5	66.10	0.000 1	0.06	203
	XIII	Rosalind	0.558 459 53	5	69.90	0.000 1	0.28	166
	XIV	Belinda	0.623 527 47	6	75.30	0.000 1	0.03	129
	XV	Puck	0.761 832 87	7	86.00	0.000 1	0.32	81
	XVI	Caliban	579.7 R	9 03	7 231.00	0.158 7	140.881 [9]	
	XVII	Sycorax	1288.3 R	15 26	12 179.00	0.522 4	159.404 [9]	
Neptune	I	Triton	5.876 854 1 R	17	354.800	0.000 016	156.834	0.5232
	II	Nereid	360.135 38	4 21	5 513.400	0.751 2	7.232	−0.039
	V	Despina	0.334 655	2	52.526	0.000 2	0.064	466
	VI	Galatea	0.428 745	3	61.953	0.000 0	0.062	261
	VII	Larissa	0.554 654	3	73.548	0.001 39	0.205	143
	VIII	Proteus	1.122 316	6	117.647	0.000 5	0.026	28.80
Pluto	I	Charon	6.387 25	<1	19.410	0.000 2	99.089 [11]	

[1] Sidereal periods, except that tropical periods are given for satellites of Saturn.
[2] Rate of decrease (or increase) in the longitude of the ascending node.
[3] S = Synchronous, rotation period same as orbital period.
[4] V(Sun) = −26.75
[5] $V(1, 0)$ is the visual magnitude of the satellite reduced to a distance of 1 au from both the Sun and Earth and with phase angle of zero.
[6] V_0 is the mean opposition magnitude of the satellite.

A Note on the Satellite Diagrams

The satellite orbit diagrams have been designed to assist observers in locating many of the shorter period (< 21 days) satellites of the planets. Each diagram depicts a planet and the apparent orbits of its satellites at 0 hours UT on that planet's opposition date, unless no opposition date occurs during the year. In that case, the diagram depicts the planet and orbits at 0 hours UT on January 1 or December 31 depending on which date provides the better view. The diagrams are inverted to reproduce what an observer would normally see through a telescope. Two arrows in the diagram indicate the apparent motion of the satellite(s); for most satellites in the solar system, the orbital motion is counterclockwise when viewed from the northern side of the orbital plane. In the case of Jupiter, the diagram has an expanded scale in the north-south direction to better clarify the relative positions of the orbits.

Satellite		Mass (1/Planet)	Radius	Sidereal Period of Rotation [3]	Geometric Albedo (V) [4]	$V(1,0)$ [5]	V_0 [6]	$B-V$	$U-B$
			km	d					
I	Ariel	1.55×10^{-5}	$581 \times 578 \times 578$	S	0.39	+ 1.45	13.7	0.65	
II	Umbriel	1.35×10^{-5}	585	S	0.21	+ 2.10	14.5	0.68	
III	Titania	4.06×10^{-5}	789	S	0.27	+ 1.02	13.5	0.70	0.28
IV	Oberon	3.47×10^{-5}	761	S	0.23	+ 1.23	13.7	0.68	0.20
V	Miranda	0.08×10^{-5}	$240 \times 234 \times 233$	S	0.32	+ 3.6	15.8		
IX	Cressida		39.8 :		0.07 :	+ 9.5	22.3		
X	Desdemona		32 :		0.07 :	+ 9.8	22.5		
XI	Juliet		46.8 :		0.07 :	+ 8.8	21.7		
XII	Portia		67.6 :		0.07 :	+ 8.3	21.1		
XIII	Rosalind		36 :		0.07 :	+ 9.8	22.5		
XIV	Belinda		40.3 :		0.07 :	+ 9.4	22.1		
XV	Puck		81 :		0.07 :	+ 7.5	23.6		
XVI	Caliban		49 :		0.07 :	+ 9.7	22.4		
XVII	Sycorax		95 :		0.07 :	+ 8.2	20.8		
I	Triton	2.09×10^{-4}	1353	S	0.756	− 1.24	13.5	0.72	0.29
II	Nereid		170		0.155	+ 4.0	19.7	0.65	
V	Despina		75 :		0.090	+ 7.9	22.5		
VI	Galatea		88 :		0.079	+ 7.6 :	22.4		
VII	Larissa		104×89	S	0.091	+ 7.3	22.0		
VIII	Proteus		$218 \times 208 \times 201$	S	0.096	+ 5.6	20.3		
I	Charon	0.125	593	S	0.372	+ 0.9	17.3		

[7] Motion on the ecliptic plane.
[8] Rate of increase in the longitude of the apse.
[9] Measured from the ecliptic plane.
[10] Bright side, 0.5; faint side, 0.05.
[11] Referred to Earth's equator of 1950.0.
: Quantity is uncertain.

A Note on selection criteria for the satellite data tables

Due to the recent proliferation of satellites associated with the gas giant planets, a set of selection criteria have been established under which satellites will be included in the data tables presented on pages F2-F5. These criteria are the following: The value of the visual magnitude of the satellite must not be greater than 23.0 and the satellite must be sanctioned by the IAU with a roman numeral and a name designation. Satellites that have yet to recieve IAU approval shall be designated as "works in progress" and shall be included at a later time should such approval be granted, provided their visual magnitudes are not dimmer than 23.0. A more complete version of this table, including satellites with visual magnitude values larger than 23.0, is to be found at *The Astronomical Almanac Online* (**http://asa.usno.navy.mil** and **http://asa.nao.rl.ac.uk**).

SATELLITES OF MARS, 2006
APPARENT ORBITS OF THE SATELLITES ON JANUARY 1

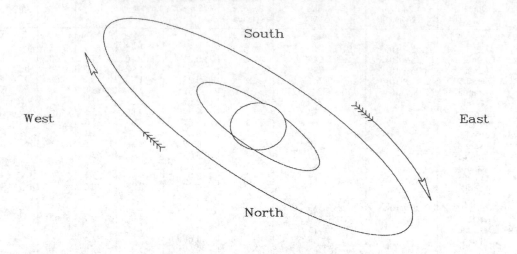

NAME		SIDEREAL PERIOD
		h m s
I	Phobos	7 39 13.84
II	Deimos	30 17 54.88

DEIMOS
UNIVERSAL TIME OF GREATEST EASTERN ELONGATION

Jan.	Feb.	Mar.	Apr.	May	June	July	Aug.	Sept.	Oct.	Nov.	Dec.
d h	d h	d h	d h	d h	d h	d h	d h	d h	d h	d h	d h
0 12.5	1 02.9	2 04.9	1 13.3	1 21.8	1 06.5	1 15.2	1 00.1	1 15.4	2 00.4	1 09.3	1 18.2
1 18.8	2 09.2	3 11.2	2 19.7	3 04.2	2 12.8	2 21.6	2 06.4	2 21.8	3 06.8	2 15.7	3 00.6
3 01.1	3 15.6	4 17.6	4 02.0	4 10.6	3 19.2	4 03.9	3 12.8	4 04.2	4 13.2	3 22.1	4 06.9
4 07.4	4 21.9	5 23.9	5 08.4	5 16.9	5 01.5	5 10.3	4 19.2	5 10.5	5 19.5	5 04.4	5 13.3
5 13.8	6 04.2	7 06.3	6 14.7	6 23.3	6 07.9	6 16.7	6 01.5	6 16.9	7 01.9	6 10.8	6 19.7
6 20.1	7 10.6	8 12.6	7 21.1	8 05.6	7 14.3	7 23.0	7 07.9	7 23.3	8 08.3	7 17.2	8 02.0
8 02.4	8 16.9	9 19.0	9 03.4	9 12.0	8 20.6	9 05.4	8 14.3	9 05.7	9 14.6	8 23.6	9 08.4
9 08.8	9 23.3	11 01.3	10 09.8	10 18.3	10 03.0	10 11.8	9 20.7	10 12.0	10 21.0	10 05.9	10 14.8
10 15.1	11 05.6	12 07.7	11 16.2	12 00.7	11 09.3	11 18.1	11 03.0	11 18.4	12 03.4	11 12.3	11 21.1
11 21.4	12 12.0	13 14.0	12 22.5	13 07.1	12 15.7	13 00.5	12 09.4	13 00.8	13 09.8	12 18.7	13 03.5
13 03.8	13 18.3	14 20.4	14 04.9	14 13.4	13 22.1	14 06.9	13 15.8	14 07.2	14 16.1	14 01.0	14 09.9
14 10.1	15 00.7	16 02.7	15 11.2	15 19.8	15 04.4	15 13.2	14 22.2	15 13.5	15 22.5	15 07.4	15 16.2
15 16.4	16 07.0	17 09.1	16 17.6	17 02.1	16 10.8	16 19.6	16 04.5	16 19.9	17 04.9	16 13.8	16 22.6
16 22.8	17 13.4	18 15.4	17 23.9	18 08.5	17 17.2	18 02.0	17 10.9	18 02.3	18 11.3	17 20.1	18 05.0
18 05.1	18 19.7	19 21.8	19 06.3	19 14.9	18 23.5	19 08.3	18 17.3	19 08.7	19 17.6	19 02.5	19 11.3
19 11.4	20 02.1	21 04.1	20 12.6	20 21.2	20 05.9	20 14.7	19 23.7	20 15.0	21 00.0	20 08.9	20 17.7
20 17.8	21 08.4	22 10.5	21 19.0	22 03.6	21 12.3	21 21.1	21 06.0	21 21.4	22 06.4	21 15.2	22 00.1
22 00.1	22 14.8	23 16.9	23 01.4	23 09.9	22 18.6	23 03.5	22 12.4	23 03.8	23 12.7	22 21.6	23 06.4
23 06.5	23 21.1	24 23.2	24 07.7	24 16.3	24 01.0	24 09.8	23 18.8	24 10.2	24 19.1	24 04.0	24 12.8
24 12.8	25 03.5	26 05.6	25 14.1	25 22.7	25 07.4	25 16.2	25 01.2	25 16.5	26 01.5	25 10.3	25 19.2
25 19.2	26 09.8	27 11.9	26 20.4	27 05.0	26 13.7	26 22.6	26 07.5	26 22.9	27 07.9	26 16.7	27 01.5
27 01.5	27 16.2	28 18.3	28 02.8	28 11.4	27 20.1	28 04.9	27 13.9	28 05.3	28 14.2	27 23.1	28 07.9
28 07.8	28 22.5	30 00.6	29 09.1	29 17.7	29 02.5	29 11.3	28 20.3	29 11.7	29 20.6	29 05.5	29 14.3
29 14.2		31 07.0	30 15.5	31 00.1	30 08.8	30 17.7	30 02.7	30 18.0	31 03.0	30 11.8	30 20.6
30 20.5							31 09.0				32 03.0

SATELLITES OF MARS, 2006

PHOBOS

UNIVERSAL TIME OF EVERY THIRD GREATEST EASTERN ELONGATION

Jan.	Feb.	Mar.	Apr.	May	June	July	Aug.	Sept.	Oct.	Nov.	Dec.
d h	d h	d h	d h	d h	d h	d h	d h	d h	d h	d h	d h
0 07.4	1 20.3	1 14.5	1 05.7	1 20.8	1 12.0	1 04.2	1 18.4	1 09.6	1 01.9	1 16.1	1 08.3
1 06.3	2 19.3	2 13.5	2 04.6	2 19.8	2 11.0	2 03.2	2 17.4	2 08.6	2 00.8	2 15.0	2 07.3
2 05.3	3 18.3	3 12.5	3 03.6	3 18.8	3 09.9	3 02.1	3 16.3	3 07.6	2 23.8	3 14.0	3 06.2
3 04.3	4 17.3	4 11.5	4 02.6	4 17.7	4 08.9	4 01.1	4 15.3	4 06.5	3 22.8	4 13.0	4 05.2
4 03.2	5 16.2	5 10.4	5 01.6	5 16.7	5 07.9	5 00.1	5 14.3	5 05.5	4 21.8	5 12.0	5 04.2
5 02.2	6 15.2	6 09.4	6 00.5	6 15.7	6 06.9	5 23.1	6 13.3	6 04.5	5 20.7	6 10.9	6 03.2
6 01.2	7 14.2	7 08.4	6 23.5	7 14.7	7 05.8	6 22.0	7 12.2	7 03.5	6 19.7	7 09.9	7 02.1
7 00.2	8 13.1	8 07.3	7 22.5	8 13.6	8 04.8	7 21.0	8 11.2	8 02.4	7 18.7	8 08.9	8 01.1
7 23.1	9 12.1	9 06.3	8 21.5	9 12.6	9 03.8	8 20.0	9 10.2	9 01.4	8 17.7	9 07.9	9 00.1
8 22.1	10 11.1	10 05.3	9 20.4	10 11.6	10 02.7	9 19.0	10 09.2	10 00.4	9 16.7	10 06.8	9 23.1
9 21.1	11 10.1	11 04.3	10 19.4	11 10.6	11 01.7	10 17.9	11 08.1	10 23.4	10 15.6	11 05.8	10 22.0
10 20.0	12 09.0	12 03.2	11 18.4	12 09.5	12 00.7	11 16.9	12 07.1	11 22.3	11 14.6	12 04.8	11 21.0
11 19.0	13 08.0	13 02.2	12 17.3	13 08.5	12 23.7	12 15.9	13 06.1	12 21.3	12 13.6	13 03.8	12 20.0
12 18.0	14 07.0	14 01.2	13 16.3	14 07.5	13 22.6	13 14.9	14 05.1	13 20.3	13 12.6	14 02.7	13 19.0
13 16.9	15 06.0	15 00.2	14 15.3	15 06.4	14 21.6	14 13.8	15 04.0	14 19.3	14 11.5	15 01.7	14 17.9
14 15.9	16 04.9	15 23.1	15 14.3	16 05.4	15 20.6	15 12.8	16 03.0	15 18.3	15 10.5	16 00.7	15 16.9
15 14.9	17 03.9	16 22.1	16 13.2	17 04.4	16 19.6	16 11.8	17 02.0	16 17.2	16 09.5	16 23.7	16 15.9
16 13.8	18 02.9	17 21.1	17 12.2	18 03.4	17 18.5	17 10.8	18 01.0	17 16.2	17 08.5	17 22.6	17 14.9
17 12.8	19 01.8	18 20.0	18 11.2	19 02.3	18 17.5	18 09.7	18 23.9	18 15.2	18 07.4	18 21.6	18 13.8
18 11.8	20 00.8	19 19.0	19 10.2	20 01.3	19 16.5	19 08.7	19 22.9	19 14.2	19 06.4	19 20.6	19 12.8
19 10.8	20 23.8	20 18.0	20 09.1	21 00.3	20 15.5	20 07.7	20 21.9	20 13.1	20 05.4	20 19.6	20 11.8
20 09.7	21 22.8	21 17.0	21 08.1	21 23.3	21 14.4	21 06.7	21 20.9	21 12.1	21 04.4	21 18.5	21 10.8
21 08.7	22 21.7	22 15.9	22 07.1	22 22.2	22 13.4	22 05.6	22 19.8	22 11.1	22 03.3	22 17.5	22 09.7
22 07.7	23 20.7	23 14.9	23 06.1	23 21.2	23 12.4	23 04.6	23 18.8	23 10.1	23 02.3	23 16.5	23 08.7
23 06.6	24 19.7	24 13.9	24 05.0	24 20.2	24 11.4	24 03.6	24 17.8	24 09.0	24 01.3	24 15.5	24 07.7
24 05.6	25 18.6	25 12.9	25 04.0	25 19.2	25 10.3	25 02.6	25 16.8	25 08.0	25 00.3	25 14.4	25 06.7
25 04.6	26 17.6	26 11.8	26 03.0	26 18.1	26 09.3	26 01.5	26 15.7	26 07.0	25 23.2	26 13.4	26 05.6
26 03.6	27 16.6	27 10.8	27 01.9	27 17.1	27 08.3	27 00.5	27 14.7	27 06.0	26 22.2	27 12.4	27 04.6
27 02.5	28 15.6	28 09.8	28 00.9	28 16.1	28 07.3	27 23.5	28 13.7	28 04.9	27 21.2	28 11.4	28 03.6
28 01.5		29 08.7	28 23.9	29 15.1	29 06.2	28 22.5	29 12.7	29 03.9	28 20.2	29 10.3	29 02.6
29 00.5		30 07.7	29 22.9	30 14.0	30 05.2	29 21.4	30 11.7	30 02.9	29 19.1	30 09.3	30 01.5
29 23.4		31 06.7	30 21.8	31 13.0		30 20.4	31 10.6		30 18.1		31 00.5
30 22.4						31 19.4			31 17.1		31 23.5
31 21.4											32 22.4

SATELLITES OF JUPITER, 2006

APPARENT ORBITS OF SATELLITES I-V AT OPPOSITION, MAY 4

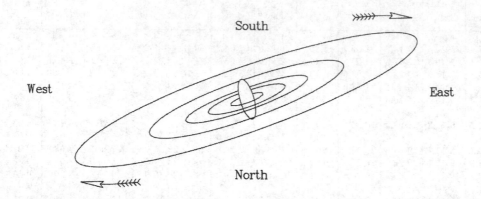

South

West   East

North

Orbits elongated in ratio of 3 to 1 in direction of minor axes.

	NAME	MEAN SYNODIC PERIOD		NAME	SIDEREAL PERIOD
		d h m s	d		d
V	Amalthea	0 11 57 27.619 =	0.498 236 33	XIII Leda	239.79
I	Io	1 18 28 35.946 =	1.769 860 49	X Lysithea	258.07
II	Europa	3 13 17 53.736 =	3.554 094 17	XII Ananke	633.68
III	Ganymede	7 03 59 35.856 =	7.166 387 22	XI Carme	728.93
IV	Callisto	16 18 05 06.916 =	16.753 552 27	VIII Pasiphae	735
VI	Himalia		266.00	IX Sinope	758
VII	Elara		276.67		

SATELLITE V

UNIVERSAL TIME OF EVERY TWENTIETH GREATEST EASTERN ELONGATION

	d h		d h		d h		d h		d h
Jan.	0 21.2	Mar.	21 14.2	June	9 06.9	Aug.	28 00.1	Nov.	15 17.7
	10 20.3		31 13.3		19 06.0	Sept.	6 23.3		25 16.9
	20 19.5	Apr.	10 12.3		29 05.1		16 22.5	Dec.	5 16.1
	30 18.6		20 11.4	July	9 04.3		26 21.7		15 15.3
Feb.	9 17.7		30 10.5		19 03.4	Oct.	6 20.9		25 14.5
	19 16.9	May	10 09.6		29 02.6		16 20.1		35 13.7
Mar.	1 16.0		20 08.7	Aug.	8 01.8		26 19.3		
	11 15.1		30 07.8		18 00.9	Nov.	5 18.5		

MULTIPLES OF THE MEAN SYNODIC PERIOD

	d h		d h		d h		d h
1............	0 12.0	6............	2 23.7	11............	5 11.5	16............	7 23.3
2............	0 23.9	7............	3 11.7	12............	5 23.5	17............	8 11.3
3............	1 11.9	8............	3 23.7	13............	6 11.4	18............	8 23.2
4............	1 23.8	9............	4 11.6	14............	6 23.4	19............	9 11.2
5............	2 11.8	10............	4 23.6	15............	7 11.4	20............	9 23.2

DIFFERENTIAL COORDINATES FOR 0ʰ U.T.

Date		Satellite VI		Satellite VII		Date		Satellite VI		Satellite VII	
		$\Delta\alpha$	$\Delta\delta$	$\Delta\alpha$	$\Delta\delta$			$\Delta\alpha$	$\Delta\delta$	$\Delta\alpha$	$\Delta\delta$
		m s	′	m s	′			m s	′	m s	′
Jan.	−3	+ 1 14	− 23.5	− 0 20	− 22.4	July	4	+ 2 11	− 25.3	+ 2 48	− 19.5
	1	+ 1 04	− 21.2	− 0 32	− 21.1		8	+ 2 16	− 27.6	+ 2 47	− 22.4
	5	+ 0 53	− 18.6	− 0 44	− 19.7		12	+ 2 20	− 29.6	+ 2 44	− 24.9
	9	+ 0 41	− 15.6	− 0 57	− 18.1		16	+ 2 23	− 31.3	+ 2 39	− 27.1
	13	+ 0 28	− 12.3	− 1 09	− 16.5		20	+ 2 25	− 32.8	+ 2 31	− 28.8
	17	+ 0 14	− 8.8	− 1 21	− 14.7		24	+ 2 25	− 33.9	+ 2 22	− 30.1
	21	0 00	− 5.0	− 1 33	− 12.8		28	+ 2 24	− 34.7	+ 2 12	− 31.1
	25	− 0 15	− 1.2	− 1 46	− 10.7	Aug.	1	+ 2 22	− 35.2	+ 2 01	− 31.7
	29	− 0 30	+ 2.8	− 1 58	− 8.6		5	+ 2 19	− 35.3	+ 1 49	− 32.0
Feb.	2	− 0 45	+ 6.9	− 2 10	− 6.3		9	+ 2 15	− 35.1	+ 1 36	− 32.0
	6	− 1 00	+ 10.9	− 2 22	− 3.9		13	+ 2 09	− 34.5	+ 1 23	− 31.8
	10	− 1 15	+ 14.9	− 2 33	− 1.4		17	+ 2 03	− 33.7	+ 1 10	− 31.2
	14	− 1 29	+ 18.7	− 2 44	+ 1.1		21	+ 1 56	− 32.4	+ 0 57	− 30.5
	18	− 1 42	+ 22.4	− 2 55	+ 3.7		25	+ 1 48	− 30.9	+ 0 44	− 29.6
	22	− 1 55	+ 25.8	− 3 05	+ 6.4		29	+ 1 39	− 29.0	+ 0 31	− 28.5
	26	− 2 06	+ 29.1	− 3 15	+ 9.1	Sept.	2	+ 1 29	− 26.8	+ 0 18	− 27.3
Mar.	2	− 2 16	+ 31.9	− 3 24	+ 11.9		6	+ 1 18	− 24.3	+ 0 06	− 25.9
	6	− 2 25	+ 34.5	− 3 31	+ 14.7		10	+ 1 07	− 21.5	− 0 06	− 24.4
	10	− 2 32	+ 36.7	− 3 38	+ 17.4		14	+ 0 55	− 18.6	− 0 18	− 22.8
	14	− 2 37	+ 38.6	− 3 43	+ 20.1		18	+ 0 43	− 15.4	− 0 29	− 21.2
	18	− 2 41	+ 40.0	− 3 47	+ 22.7		22	+ 0 30	− 12.0	− 0 40	− 19.5
	22	− 2 43	+ 41.1	− 3 49	+ 25.2		26	+ 0 18	− 8.6	− 0 50	− 17.7
	26	− 2 43	+ 41.7	3 49	+ 27.6		30	+ 0 05	− 5.1	− 1 00	− 15.9
	30	− 2 41	+ 42.0	− 3 47	+ 29.8	Oct.	4	− 0 08	− 1.6	− 1 09	− 14.0
Apr.	3	− 2 37	+ 41.8	− 3 44	+ 31.8		8	− 0 21	+ 1.9	− 1 18	− 12.1
	7	− 2 31	+ 41.2	− 3 37	+ 33.5		12	− 0 33	+ 5.3	− 1 26	− 10.2
	11	− 2 24	+ 40.2	− 3 29	+ 34.9		16	− 0 45	+ 8.5	− 1 34	− 8.3
	15	− 2 15	+ 38.8	− 3 18	+ 35.9		20	− 0 56	+ 11.6	− 1 42	− 6.4
	19	− 2 04	+ 37.0	− 3 05	+ 36.6		24	− 1 06	+ 14.4	− 1 49	− 4.5
	23	− 1 52	+ 34.9	− 2 49	+ 36.8		28	− 1 17	+ 17.1	− 1 56	− 2.6
	27	− 1 38	+ 32.4	− 2 31	+ 36.6	Nov.	1	− 1 26	+ 19.4	− 2 02	− 0.7
May	1	− 1 24	+ 29.6	− 2 10	+ 35.9		5	− 1 34	+ 21.5	− 2 08	+ 1.2
	5	− 1 09	+ 26.6	− 1 48	+ 34.7		9	− 1 42	+ 23.3	− 2 13	+ 3.1
	9	− 0 53	+ 23.3	− 1 25	+ 33.0		13	− 1 49	+ 24.9	− 2 18	+ 4.9
	13	− 0 36	+ 19.9	− 1 00	+ 30.8		17	− 1 56	+ 26.1	− 2 23	+ 6.8
	17	− 0 20	+ 16.2	− 0 34	+ 28.1		21	− 2 01	+ 27.1	− 2 27	+ 8.5
	21	− 0 03	+ 12.5	− 0 08	+ 25.0		25	− 2 06	+ 27.8	− 2 31	+ 10.3
	25	+ 0 13	+ 8.7	+ 0 18	+ 21.5		29	− 2 11	+ 28.3	− 2 34	+ 11.9
	29	+ 0 29	+ 4.8	+ 0 44	+ 17.6	Dec.	3	− 2 14	+ 28.5	− 2 37	+ 13.5
June	2	+ 0 44	+ 1.0	+ 1 07	+ 13.4		7	− 2 17	+ 28.4	− 2 40	+ 15.1
	6	+ 0 59	− 2.8	+ 1 30	+ 9.1		11	− 2 19	+ 28.2	− 2 41	+ 16.6
	10	+ 1 13	− 6.5	+ 1 50	+ 4.6		15	− 2 21	+ 27.7	− 2 43	+ 17.9
	14	+ 1 25	− 10.1	+ 2 07	+ 0.1		19	− 2 22	+ 27.1	− 2 43	+ 19.3
	18	+ 1 37	− 13.5	+ 2 22	− 4.3		23	− 2 22	+ 26.2	− 2 43	+ 20.4
	22	+ 1 47	− 16.8	+ 2 33	− 8.5		27	− 2 21	+ 25.2	− 2 43	+ 21.5
	26	+ 1 56	− 19.9	+ 2 41	− 12.4		31	− 2 20	+ 24.0	− 2 41	+ 22.4
	30	+ 2 04	− 22.7	+ 2 46	− 16.1		35	− 2 18	+ 22.6	− 2 39	+ 23.2

Differential coordinates are given in the sense "satellite minus planet."

SATELLITES OF JUPITER, 2006

DIFFERENTIAL COORDINATES FOR 0ʰ U.T.

Date		Satellite VIII		Satellite IX		Satellite X	
		$\Delta\alpha$	$\Delta\delta$	$\Delta\alpha$	$\Delta\delta$	$\Delta\alpha$	$\Delta\delta$
		m s	′	m s	′	m s	′
Jan.	−5	+ 6 50	+ 23.4	− 4 43	+ 43.6	− 1 39	+ 2.3
	5	+ 6 35	+ 27.6	− 5 22	+ 44.1	− 1 21	− 4.3
	15	+ 6 18	+ 31.7	− 5 59	+ 44.4	− 0 57	− 10.9
	25	+ 5 59	+ 35.9	− 6 36	+ 44.5	− 0 30	− 17.4
Feb.	4	+ 5 38	+ 39.8	− 7 12	+ 44.3	+ 0 03	− 23.5
	14	+ 5 16	+ 43.6	− 7 46	+ 43.9	+ 0 38	− 29.0
	24	+ 4 51	+ 47.2	− 8 18	+ 43.3	+ 1 15	− 33.7
Mar.	6	+ 4 24	+ 50.3	− 8 48	+ 42.5	+ 1 53	− 37.4
	16	+ 3 56	+ 53.0	− 9 16	+ 41.6	+ 2 28	− 39.6
	26	+ 3 26	+ 55.1	− 9 40	+ 40.4	+ 2 59	− 40.1
Apr.	5	+ 2 53	+ 56.6	− 10 00	+ 39.1	+ 3 20	− 38.6
	15	+ 2 19	+ 57.3	− 10 16	+ 37.5	+ 3 30	− 34.8
	25	+ 1 43	+ 57.1	− 10 26	+ 35.7	+ 3 24	− 28.6
May	5	+ 1 04	+ 56.0	− 10 31	+ 33.6	+ 3 03	− 20.1
	15	+ 0 24	+ 54.1	− 10 31	+ 31.1	+ 2 27	− 9.8
	25	− 0 17	+ 51.3	− 10 25	+ 28.3	+ 1 38	+ 1.4
June	4	− 0 58	+ 47.8	− 10 15	+ 25.3	+ 0 43	+ 12.3
	14	− 1 39	+ 43.5	− 10 00	+ 22.1	− 0 13	+ 21.8
	24	− 2 18	+ 38.5	− 9 42	+ 18.6	− 1 04	+ 28.7
July	4	− 2 53	+ 33.0	− 9 21	+ 15.0	− 1 45	+ 32.5
	14	− 3 23	+ 26.9	− 8 58	+ 11.3	− 2 14	+ 33.2
	24	− 3 48	+ 20.3	− 8 33	+ 7.5	− 2 30	+ 31.1
Aug.	3	− 4 04	+ 13.4	− 8 05	+ 3.7	− 2 35	+ 26.9
	13	− 4 12	+ 6.3	− 7 36	− 0.2	− 2 32	+ 21.2
	23	− 4 12	− 0.9	− 7 05	− 4.0	− 2 21	+ 14.8
Sept.	2	− 4 02	− 7.9	− 6 33	− 7.9	− 2 05	+ 8.0
	12	− 3 44	− 14.7	− 5 58	− 11.7	− 1 45	+ 1.4
	22	− 3 19	− 21.0	− 5 22	− 15.5	− 1 23	− 4.9
Oct.	2	− 2 48	− 26.9	− 4 44	− 19.1	− 0 58	− 10.6
	12	− 2 12	− 32.1	− 4 04	− 22.6	− 0 32	− 15.5
	22	− 1 31	− 36.8	− 3 23	− 25.9	− 0 05	− 19.6
Nov.	1	− 0 48	− 40.7	− 2 40	− 28.9	+ 0 22	− 22.8
	11	− 0 03	− 44.0	− 1 56	− 31.6	+ 0 50	− 25.0
	21	+ 0 43	− 46.6	− 1 11	− 33.8	+ 1 17	− 26.2
Dec.	1	+ 1 30	− 48.6	− 0 25	− 35.7	+ 1 43	− 26.2
	11	+ 2 17	− 49.9	+ 0 21	− 37.0	+ 2 07	− 25.2
	21	+ 3 04	− 50.7	+ 1 07	− 37.8	+ 2 28	− 23.1
	31	+ 3 50	− 50.8	+ 1 52	− 38.0	+ 2 45	− 19.8

Differential coordinates are given in the sense "satellite minus planet."

DIFFERENTIAL COORDINATES FOR 0ʰ U.T.

Date		Satellite XI		Satellite XII		Satellite XIII	
		$\Delta\alpha$	$\Delta\delta$	$\Delta\alpha$	$\Delta\delta$	$\Delta\alpha$	$\Delta\delta$
		m s	′	m s	′	m s	′
Jan.	−5	+ 1 29	− 35.4	− 4 04	− 10.2	+ 1 44	+ 0.7
	5	+ 0 56	− 33.2	− 4 45	− 11.7	+ 1 09	− 1.5
	15	+ 0 21	− 31.1	− 5 24	− 13.4	+ 0 28	− 3.8
	25	− 0 14	− 29.1	− 6 02	− 15.3	− 0 18	− 6.1
Feb.	4	− 0 49	− 26.9	− 6 38	− 17.3	− 1 07	− 8.1
	14	− 1 25	− 24.8	− 7 13	− 19.3	− 1 53	− 9.3
	24	− 2 00	− 22.4	− 7 45	− 21.3	− 2 32	− 9.6
Mar.	6	− 2 34	− 20.0	− 8 16	− 23.2	− 2 57	− 8.7
	16	− 3 07	− 17.3	− 8 44	− 24.9	− 3 01	− 6.6
	26	− 3 38	− 14.2	− 9 09	− 26.3	− 2 44	− 3.7
Apr.	5	− 4 05	− 10.9	− 9 30	− 27.2	− 2 05	− 0.4
	15	− 4 30	− 7.2	− 9 46	− 27.8	− 1 10	+ 2.8
	25	− 4 51	− 3.2	− 9 58	− 27.8	− 0 07	+ 5.7
May	5	− 5 09	+ 1.1	− 10 04	− 27.5	+ 1 00	+ 7.9
	15	− 5 23	+ 5.4	− 10 04	− 26.8	+ 2 01	+ 9.4
	25	− 5 33	+ 9.8	− 9 59	− 25.8	+ 2 54	+ 10.3
June	4	− 5 40	+ 14.1	− 9 48	− 24.6	+ 3 33	+ 10.7
	14	− 5 43	+ 18.1	− 9 33	− 23.4	+ 3 59	+ 10.6
	24	− 5 43	+ 21.8	− 9 14	− 22.1	+ 4 11	+ 10.2
July	4	− 5 40	+ 24.9	− 8 52	− 21.0	+ 4 10	+ 9.3
	14	− 5 32	+ 27.5	− 8 27	− 20.0	+ 3 58	+ 8.2
	24	− 5 21	+ 29.5	− 8 00	− 19.2	+ 3 37	+ 6.8
Aug.	3	− 5 05	+ 30.8	− 7 30	− 18.5	+ 3 08	+ 5.0
	13	− 4 45	+ 31.4	− 6 59	− 18.0	+ 2 34	+ 3.0
	23	− 4 20	+ 31.3	− 6 26	− 17.7	+ 1 55	+ 0.9
Sept.	2	− 3 50	+ 30.6	− 5 51	− 17.5	+ 1 13	− 1.4
	12	− 3 17	+ 29.3	− 5 15	− 17.4	+ 0 30	− 3.6
	22	− 2 39	+ 27.6	− 4 37	− 17.3	− 0 13	− 5.7
Oct.	2	− 1 58	+ 25.4	− 3 58	− 17.2	− 0 53	− 7.4
	12	− 1 14	+ 23.0	− 3 18	− 17.0	− 1 29	− 8.4
	22	− 0 29	+ 20.4	− 2 36	− 16.7	− 1 57	− 8.6
Nov.	1	+ 0 18	+ 17.8	− 1 53	− 16.2	− 2 15	− 7.8
	11	+ 1 05	+ 15.3	− 1 10	− 15.4	− 2 21	− 6.1
	21	+ 1 52	+ 12.9	− 0 27	− 14.3	− 2 15	− 3.5
Dec.	1	+ 2 37	+ 10.7	+ 0 17	− 12.8	− 1 59	− 0.4
	11	+ 3 20	+ 8.8	+ 1 00	− 10.9	− 1 36	+ 3.0
	21	+ 4 01	+ 7.1	+ 1 41	− 8.5	− 1 07	+ 6.6
	31	+ 4 39	+ 5.6	+ 2 20	− 5.7	− 0 34	+ 10.0

Differential coordinates are given in the sense "satellite minus planet."

TERRESTRIAL TIME OF SUPERIOR GEOCENTRIC CONJUNCTION

SATELLITE I

	d h m		d h m		d h m		d h m
Jan.	0 17 37	Mar.	21 08 41	June	8 22 21	Aug.	27 13 32
	2 12 07		23 03 08		10 16 47		29 08 01
	4 06 36		24 21 34		12 11 14		31 02 31
	6 01 05		26 16 01		14 05 41	Sept.	1 21 01
	7 19 34		28 10 27		16 00 08		3 15 30
	9 14 03		30 04 54		17 18 35		5 10 00
	11 08 32		31 23 20		19 13 02		7 04 30
	13 03 01	Apr.	2 17 47		21 07 29		8 23 00
	14 21 30		4 12 13		23 01 57		10 17 29
	16 15 59		6 06 39		24 20 24		12 11 59
	18 10 28		8 01 05		26 14 51		14 06 29
	20 04 57		9 19 32		28 09 19		16 00 59
	21 23 26		11 13 58		30 03 46		17 19 29
	23 17 54		13 08 24	July	1 22 14		19 13 59
	25 12 23		15 02 50		3 16 42		21 08 29
	27 06 52		16 21 16		5 11 09		23 02 59
	29 01 20		18 15 42		7 05 37		24 21 29
	30 19 49		20 10 08		9 00 05		26 16 00
Feb.	1 14 17		22 04 34		10 18 33		28 10 30
	3 08 46		23 23 00		12 13 01		30 05 00
	5 03 14		25 17 26		14 07 29	Oct.	1 23 30
	6 21 42		27 11 52		16 01 57		3 18 00
	8 16 10		29 06 18		17 20 25		5 12 30
	10 10 38	May	1 00 44		19 14 54		7 07 01
	12 05 06		2 19 10		21 09 22		9 01 31
	13 23 34		4 13 36		23 03 51		10 20 01
	15 18 02		6 08 02		24 22 19		12 14 32
	17 12 30		8 02 28		26 16 48		14 09 02
	19 06 58		9 20 54		28 11 16		16 03 32
	21 01 26		11 15 20		30 05 45		17 22 03
	22 19 54		13 09 46	Aug.	1 00 14		19 16 33
	24 14 21		15 04 12		2 18 42		21 11 03
	26 08 49		16 22 38		4 13 11		23 05 34
	28 03 16		18 17 04		6 07 40		25 00 04
Mar.	1 21 44		20 11 30		8 02 09		26 18 34
	3 16 11		22 05 56		9 20 38		.. .. ..
	5 10 38		24 00 22		11 15 07	Dec.	18 21 45
	7 05 06		25 18 49		13 09 37		20 16 15
	8 23 33		27 13 15		15 04 06		22 10 45
	10 18 00		29 07 41		16 22 35		24 05 15
	12 12 27		31 02 08		18 17 04		25 23 45
	14 06 54	June	1 20 34		20 11 34		27 18 15
	16 01 21		3 15 01		22 06 03		29 12 45
	17 19 48		5 09 27		24 00 33		31 07 15
	19 14 14		7 03 54		25 19 02		

TERRESTRIAL TIME OF SUPERIOR GEOCENTRIC CONJUNCTION

SATELLITE II

	d h m		d h m		d h m		d h m
Jan.	0 17 09	Mar.	23 10 41	June	13 00 54	Sept.	2 18 02
	4 06 32		26 23 51		16 14 05		6 07 22
	7 19 53		30 13 01		20 03 16		9 20 44
	11 09 15	Apr.	3 02 10		23 16 28		13 10 05
	14 22 36		6 15 20		27 05 40		16 23 27
	18 11 57		10 04 28		30 18 52		20 12 49
	22 01 16		13 17 37	July	4 08 06		24 02 11
	25 14 37		17 06 45		7 21 19		27 15 34
	29 03 55		20 19 53		11 10 33	Oct.	1 04 57
Feb.	1 17 15		24 09 00		14 23 48		4 18 20
	5 06 33		27 22 08		18 13 03		8 07 43
	8 19 51	May	1 11 15		22 02 19		11 21 06
	12 09 08		5 00 22		25 15 35		15 10 30
	15 22 25		8 13 29		29 04 52		18 23 54
	19 11 41		12 02 37	Aug.	1 18 09		22 13 17
	23 00 57		15 15 44		5 07 27		26 02 41
	26 14 11		19 04 52		8 20 45		.. .. ..
Mar.	2 03 26		22 18 00		12 10 03	Dec.	18 11 49
	5 16 40		26 07 08		15 23 22		22 01 14
	9 05 53		29 20 17		19 12 41		25 14 38
	12 19 06	June	2 09 25		23 02 01		29 04 03
	16 08 18		5 22 35		26 15 21		32 17 27
	19 21 29		9 11 44		30 04 41		

SATELLITE III

	d h m		d h m		d h m		d h m
Jan.	6 01 31	Apr.	1 23 31	June	26 15 59	Sept.	20 16 17
	13 05 43		9 02 55	July	3 19 39		27 20 38
	20 09 51		16 06 15		10 23 23	Oct.	5 01 00
	27 13 55		23 09 34		18 03 12		12 05 24
Feb.	3 17 56		30 12 51		25 07 05		19 09 49
	10 21 53	May	7 16 07	Aug.	1 11 02		26 14 16
	18 01 47		14 19 23		8 15 03		.. .. ..
	25 05 35		21 22 41		15 19 07	Dec.	23 01 58
Mar.	4 09 20		29 02 03		22 23 15		30 06 23
	11 12 59	June	5 05 26		30 03 26		
	18 16 34		12 08 54	Sept.	6 07 41		
	25 20 04		19 12 25		13 11 57		

SATELLITE IV

	d h m		d h m		d h m		d h m
Jan.	2 12 13	Mar.	27 03 50	June	18 04 48	Sept.	9 21 37
	19 07 24	Apr.	12 18 42	July	4 20 50		26 17 28
Feb.	5 01 53		29 09 00		21 13 47	Oct.	13 13 44
	21 19 29	May	15 23 11	Aug.	7 07 38		.. .. ..
Mar.	10 12 08	June	1 13 40		24 02 17	Dec.	20 00 21

SATELLITES OF JUPITER, 2006

TERRESTRIAL TIME OF GEOCENTRIC PHENOMENA

JANUARY

d	h m		d	h m		d	h m		d	h m	
0	13 45	II.Ec.D.	8	16 48	I.Sh.E.	16	15 54	III.Sh.E.	24	12 54	I.Sh.I.
	15 31	I.Ec.D.		17 53	I.Tr.E.		16 09	II.Sh.E.		14 06	I.Tr.I.
	18 27	II.Oc.R.	9	9 57	III.Sh.I.		17 04	I.Oc.R.		15 03	I.Sh.E.
	18 42	I.Oc.R.		11 03	II.Sh.I.		18 24	II.Tr.E.		16 14	I.Tr.E.
1	12 45	I.Sh.I.		11 53	I.Ec.D.		18 45	III.Tr.I.	25	10 06	I.Ec.D.
	13 47	I.Tr.I.		11 57	III.Sh.E.		20 28	III.Tr.E.		10 50	II.Ec.D.
	14 54	I.Sh.E.		13 14	II.Tr.I.	17	11 00	I.Sh.I.		13 27	I.Oc.R.
	15 56	I.Tr.E.		13 36	II.Sh.E.		12 10	I.Tr.I.		15 53	II.Oc.R.
2	6 00	III.Sh.I.		14 33	III.Tr.I.		13 09	I.Sh.E.	26	7 22	I.Sh.I.
	8 00	III.Sh.E.		15 08	I.Oc.R.		14 19	I.Tr.E.		8 35	I.Tr.I.
	8 30	II.Sh.I.		15 45	II.Tr.E.	18	8 14	I.Ec.D.		9 31	I.Sh.E.
	10 00	I.Ec.D.		16 20	III.Tr.E.		8 15	II.Ec.D.		10 43	I.Tr.E.
	10 18	III.Tr.I.	10	9 07	I.Sh.I.		11 33	I.Oc.R.	27	4 35	I.Ec.D.
	10 34	II.Tr.I.		10 13	I.Tr.I.		13 13	II.Oc.R.		5 25	II.Sh.I.
	11 03	II.Sh.E.		11 16	I.Sh.E.	19	5 29	I.Sh.I.		7 49	II.Tr.I.
	12 09	III.Tr.E.		12 22	I.Tr.E.		6 39	I.Tr.I.		7 56	I.Oc.R.
	13 05	II.Tr.E.	11	5 39	II.Ec.D.		7 38	I.Sh.E.		7 57	II.Sh.E.
	13 11	I.Oc.R.		6 21	I.Ec.D.		8 48	I.Tr.E.		8 01	III.Ec.D.
3	7 13	I.Sh.I.		9 37	I.Oc.R.	20	2 42	I.Ec.D.		10 01	III.Ec.R.
	8 16	I.Tr.I.		10 32	II.Oc.R.		2 52	II.Sh.I.		10 18	II.Tr.E.
	9 22	I.Sh.E.	12	3 35	I.Sh.I.		4 04	III.Ec.D.		13 05	III.Oc.D.
	10 25	I.Tr.E.		4 43	I.Tr.I.		5 12	II.Tr.I.		14 45	III.Oc.R.
4	3 03	II.Ec.D.		5 44	I.Sh.E.		5 25	II.Sh.E.	28	1 50	I.Sh.I.
	4 28	I.Ec.D.		6 52	I.Tr.E.		6 01	I.Oc.R.		3 03	I.Tr.I.
	7 41	I.Oc.R.	13	0 07	III.Ec.D.		6 05	III.Ec.R.		4 00	I.Sh.E.
	7 49	II.Oc.R.		0 20	II.Sh.I.		7 42	II.Tr.E.		5 12	I.Tr.E.
5	1 41	I.Sh.I.		0 49	I.Ec.D.		8 59	III.Oc.D.		23 03	I.Ec.D.
	2 46	I.Tr.I.		2 08	III.Ec.R.		10 43	III.Oc.R.	29	0 08	II.Ec.D.
	3 51	I.Sh.E.		2 34	II.Tr.I.		23 57	I.Sh.I.		2 25	I.Oc.R.
	4 55	I.Tr.E.		2 52	II.Sh.E.	21	1 08	I.Tr.I.		5 12	II.Oc.R.
	20 09	III.Ec.D.		4 06	I.Oc.R.		2 06	I.Sh.E.		20 19	I.Sh.I.
	21 47	II.Sh.I.		4 50	III.Oc.D.		3 17	I.Tr.E.		21 32	I.Tr.I.
	22 11	III.Ec.R.		5 05	II.Tr.E.		21 10	I.Ec.D.		22 28	I.Sh.E.
	22 56	I.Ec.D.		6 37	III.Oc.R.		21 32	II.Ec.D.		23 40	I.Tr.E.
	23 54	II.Tr.I.		22 03	I.Sh.I.	22	0 30	I.Oc.R.	30	17 31	I.Ec.D.
6	0 20	II.Sh.E.		23 12	I.Tr.I.		2 33	II.Oc.R.		18 42	II.Sh.I.
	0 36	III.Oc.D.	14	0 13	I.Sh.E.		18 25	I.Sh.I.		20 53	I.Oc.R.
	2 10	I.Oc.R.		1 21	I.Tr.E.		19 37	I.Tr.I.		21 07	II.Tr.I.
	2 25	II.Tr.E.		18 56	II.Ec.D.		20 35	I.Sh.E.		21 14	II.Sh.E.
	2 27	III.Oc.R.		19 17	I.Ec.D.		21 46	I.Tr.E.		21 51	III.Sh.I.
	20 10	I.Sh.I.		22 35	I.Oc.R.	23	15 38	I.Ec.D.		23 36	II.Tr.E.
	21 15	I.Tr.I.		23 52	II.Oc.R.		16 09	II.Sh.I.		23 49	III.Sh.E.
	22 19	I.Sh.E.	15	16 32	I.Sh.I.		17 53	III.Sh.I.	31	3 00	III.Tr.I.
	23 24	I.Tr.E.		17 41	I.Tr.I.		18 31	II.Tr.I.		4 35	III.Tr.E.
7	16 20	II.Ec.D.		18 41	I.Sh.E.		18 41	II.Sh.E.		14 47	I.Sh.I.
	17 24	I.Ec.D.		19 50	I.Tr.E.		18 59	I.Oc.R.		16 01	I.Tr.I.
	20 39	I.Oc.R.	16	13 36	II.Sh.I.		19 51	III.Sh.E.		16 56	I.Sh.E.
	21 10	II.Oc.R.		13 45	I.Ec.D.		21 01	II.Tr.E.		18 09	I.Tr.E.
8	14 38	I.Sh.I.		13 55	III.Sh.I.		22 54	III.Tr.I.			
	15 44	I.Tr.I.		15 53	II.Tr.I.	24	0 34	III.Tr.E.			

I. Jan. 16	II. Jan. 14	III. Jan. 13	IV. Jan.
$x_1 = -1.9,\ y_1 = -0.3$	$x_1 = -2.5,\ y_1 = -0.4$	$x_1 = -3.0,\ y_1 = -0.8$ $x_2 = -2.0,\ y_2 = -0.8$	No Eclipse

NOTE.–I. denotes ingress; E., egress; D., disappearance; R., reappearance; Ec., eclipse; Oc., occultation; Tr., transit of the satellite; Sh., transit of the shadow.

CONFIGURATIONS OF SATELLITES I–IV FOR JANUARY

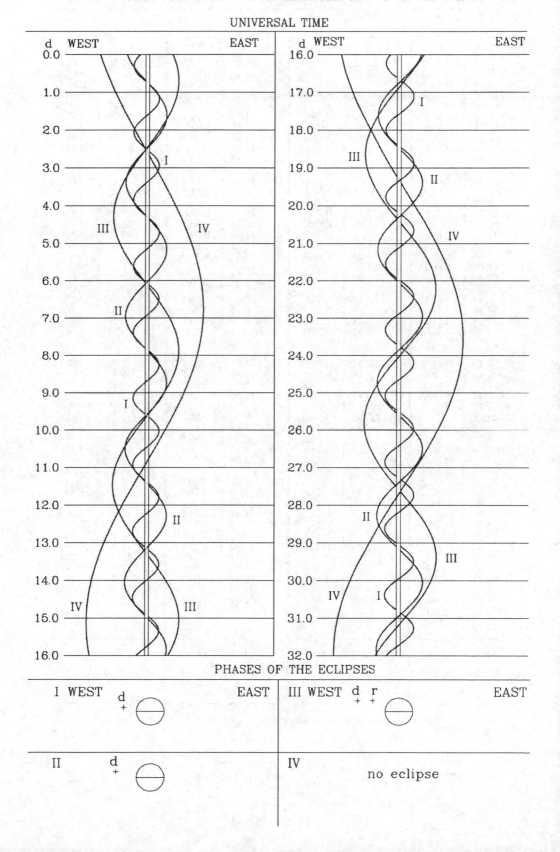

SATELLITES OF JUPITER, 2006

TERRESTRIAL TIME OF GEOCENTRIC PHENOMENA

FEBRUARY

d	h m		d	h m		d	h m		d	h m	
1	11 59	I.Ec.D.	8	13 52	I.Ec.D.	15	15 45	I.Ec.D.	22	17 38	I.Ec.D.
	13 26	II.Ec.D.		16 02	II.Ec.D.		18 37	II.Ec.D.		20 58	I.Oc.R.
	15 21	I.Oc.R.		17 14	I.Oc.R.		19 07	I.Oc.R.		21 13	II.Ec.D.
	18 31	II.Oc.R.		21 06	II.Oc.R.		23 40	II.Oc.R.			
									23	2 12	II.Oc.R.
2	9 16	I.Sh.I.	9	11 09	I.Sh.I.	16	13 02	I.Sh.I.		14 56	I.Sh.I.
	10 29	I.Tr.I.		12 23	I.Tr.I.		14 16	I.Tr.I.		16 07	I.Tr.I.
	11 25	I.Sh.E.		13 18	I.Sh.E.		15 12	I.Sh.E.		17 05	I.Sh.E.
	12 38	I.Tr.E.		14 31	I.Tr.E.		16 24	I.Tr.E.		18 15	I.Tr.E.
3	6 27	I.Ec.D.	10	8 20	I.Ec.D.	17	10 13	I.Ec.D.	24	12 06	I.Ec.D.
	7 58	II.Sh.I.		10 31	II.Sh.I.		13 03	II.Sh.I.		15 25	I.Oc.R.
	9 50	I.Oc.R.		11 43	I.Oc.R.		13 34	I.Oc.R.		15 36	II.Sh.I.
	10 24	II.Tr.I.		12 57	II.Tr.I.		15 28	II.Tr.I.		17 58	II.Tr.I.
	10 30	II.Sh.E.		13 03	II.Sh.E.		15 35	II.Sh.E.		18 08	II.Sh.E.
	11 58	III.Ec.D.		15 25	II.Tr.E.		17 56	II.Tr.E.		20 25	II.Tr.E.
	12 53	II.Tr.E.		15 55	III.Ec.D.		19 53	III.Ec.D.		23 50	III.Ec.D.
	13 57	III.Ec.R.		17 53	III.Ec.R.		21 51	III.Ec.R.			
	17 08	III.Oc.D.		21 07	III.Oc.D.				25	1 47	III.Ec.R.
	18 44	III.Oc.R.		22 39	III.Oc.R.	18	1 02	III.Oc.D.		4 52	III.Oc.D.
							2 31	III.Oc.R.		6 18	III.Oc.R.
4	3 44	I.Sh.I.	11	5 37	I.Sh.I.		7 31	I.Sh.I.		9 24	I.Sh.I.
	4 58	I.Tr.I.		6 51	I.Tr.I.		8 44	I.Tr.I.		10 35	I.Tr.I.
	5 53	I.Sh.E.		7 46	I.Sh.E.		9 40	I.Sh.E.		11 33	I.Sh.E.
	7 06	I.Tr.E.		8 59	I.Tr.E.		10 51	I.Tr.E.		12 43	I.Tr.E.
5	0 56	I.Ec.D.	12	2 48	I.Ec.D.	19	4 41	I.Ec.D.	26	6 34	I.Ec.D.
	2 43	II.Ec.D.		5 19	II.Ec.D.		7 55	II.Ec.D.		9 53	I.Oc.R.
	4 18	I.Oc.R.		6 11	I.Oc.R.		8 02	I.Oc.R.		10 30	II.Ec.D.
	7 48	II.Oc.R.		10 23	II.Oc.R.		12 56	II.Oc.R.		15 26	II.Oc.R.
	22 12	I.Sh.I.									
	23 26	I.Tr.I.	13	0 06	I.Sh.I.	20	1 59	I.Sh.I.	27	3 53	I.Sh.I.
				1 20	I.Tr.I.		3 12	I.Tr.I.		5 03	I.Tr.I.
6	0 21	I.Sh.E.		2 15	I.Sh.E.		4 08	I.Sh.E.		6 02	I.Sh.E.
	1 34	I.Tr.E.		3 27	I.Tr.E.		5 19	I.Tr.E.		7 10	I.Tr.E.
	19 24	I.Ec.D.		21 17	I.Ec.D.		23 09	I.Ec.D.			
	21 14	II.Sh.I.		23 47	II.Sh.I.				28	1 02	I.Ec.D.
	22 46	I.Oc.R.				21	2 20	II.Sh.I.		4 20	I.Oc.R.
	23 41	II.Tr.I.	14	0 39	I.Oc.R.		2 30	I.Oc.R.		4 53	II.Sh.I.
	23 46	II.Sh.E.		2 13	II.Tr.I.		4 43	II.Tr.I.		7 11	II.Tr.I.
				2 19	II.Sh.E.		4 52	II.Sh.E.		7 25	II.Sh.E.
7	1 50	III.Sh.I.		4 41	II.Tr.E.		7 11	II.Tr.E.		9 39	II.Tr.E.
	2 09	II.Tr.E.		5 47	III.Sh.I.		9 45	III.Sh.I.		13 42	III.Sh.I.
	3 46	III.Sh.E.		7 43	III.Sh.E.		11 40	III.Sh.E.		15 37	III.Sh.E.
	7 02	III.Tr.I.		10 59	III.Tr.I.		14 51	III.Tr.I.		18 39	III.Tr.I.
	8 33	III.Tr.E.		12 27	III.Tr.E.		16 16	III.Tr.E.		20 00	III.Tr.E.
	16 41	I.Sh.I.		18 34	I.Sh.I.		20 27	I.Sh.I.		22 21	I.Sh.I.
	17 55	I.Tr.I.		19 48	I.Tr.I.		21 40	I.Tr.I.		23 30	I.Tr.I.
	18 50	I.Sh.E.		20 43	I.Sh.E.		22 37	I.Sh.E.			
	20 03	I.Tr.E.		21 55	I.Tr.E.		23 47	I.Tr.E.			

I. Feb. 15	II. Feb. 15	III. Feb. 17	IV. Feb.
$x_1 = -2.0, \ y_1 = -0.3$	$x_1 = -2.6, \ y_1 = -0.4$	$x_1 = -3.2, \ y_1 = -0.8$ $x_2 = -2.2, \ y_2 = -0.8$	No Eclipse

NOTE.–I. denotes ingress; E., egress; D., disappearance; R., reappearance; Ec., eclipse; Oc., occultation; Tr., transit of the satellite; Sh., transit of the shadow.

CONFIGURATIONS OF SATELLITES I−IV FOR FEBRUARY

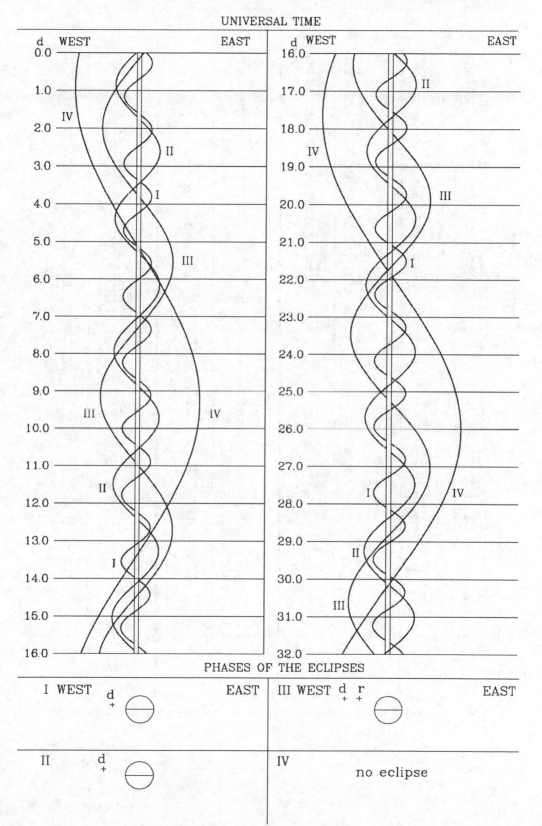

UNIVERSAL TIME

PHASES OF THE ECLIPSES

SATELLITES OF JUPITER, 2006

TERRESTRIAL TIME OF GEOCENTRIC PHENOMENA

MARCH

d	h m		d	h m		d	h m		d	h m	
1	0 30	I.Sh.E.	9	0 37	I.Oc.R.	16	21 36	I.Tr.I.	24	19 38	I.Ec.D.
	1 38	I.Tr.E.		2 24	II.Ec.D.		22 45	I.Sh.E.		22 38	I.Oc.R.
	19 31	I.Ec.D.		7 08	II.Oc.R.		23 43	I.Tr.E.			
	22 48	I.Oc.R.		18 43	I.Sh.I.				25	1 48	II.Sh.I.
	23 48	II.Ec.D.		19 47	I.Tr.I.	17	17 45	I.Ec.D.		3 33	II.Tr.I.
2	4 41	II.Oc.R.		20 52	I.Sh.E.		20 51	I.Oc.R.		4 21	II.Sh.E.
	16 49	I.Sh.I.		21 55	I.Tr.E.		23 15	II.Sh.I.		6 00	II.Tr.E.
	17 58	I.Tr.I.	10	15 52	I.Ec.D.	18	1 13	II.Tr.I.		15 40	III.Ec.D.
	18 58	I.Sh.E.		19 04	I.Oc.R.		1 47	II.Sh.E.		16 58	I.Sh.I.
	20 05	I.Tr.E.		20 42	II.Sh.I.		3 39	II.Tr.E.		17 35	III.Ec.R.
3	13 59	I.Ec.D.		22 50	II.Tr.I.		11 42	III.Ec.D.		17 50	I.Tr.I.
	17 15	I.Oc.R.		23 14	II.Sh.E.		13 38	III.Ec.R.		19 07	I.Sh.E.
	18 09	II.Sh.I.	11	1 17	II.Tr.E.		15 04	I.Sh.I.		19 26	III.Oc.D.
	20 25	II.Tr.I.		7 45	III.Ec.D.		15 55	III.Oc.D.		19 57	I.Tr.E.
	20 41	II.Sh.E.		9 42	III.Ec.R.		16 02	I.Tr.I.		20 42	III.Oc.R.
	22 52	II.Tr.E.		12 19	III.Oc.D.		17 12	III.Oc.R.	26	14 06	I.Ec.D.
4	3 48	III.Ec.D.		13 11	I.Sh.I.		17 14	I.Sh.E.		17 05	I.Oc.R.
	5 45	III.Ec.R.		13 39	III.Oc.R.		18 10	I.Tr.E.		20 52	II.Ec.D.
	8 39	III.Oc.D.		14 14	I.Tr.I.	19	12 13	I.Ec.D.	27	1 05	II.Oc.R.
	10 01	III.Oc.R.		15 20	I.Sh.E.		15 18	I.Oc.R.		11 26	I.Sh.I.
	11 18	I.Sh.I.		16 22	I.Tr.E.		18 17	II.Ec.D.		12 16	I.Tr.I.
	12 25	I.Tr.I.	12	10 20	I.Ec.D.		22 43	II.Oc.R.		13 35	I.Sh.E.
	13 27	I.Sh.E.		13 31	I.Oc.R.	20	9 33	I.Sh.I.		14 24	I.Tr.E.
	14 33	I.Tr.E.		15 41	II.Ec.D.		10 29	I.Tr.I.	28	8 34	I.Ec.D.
5	8 27	I.Ec.D.		20 20	II.Oc.R.		11 42	I.Sh.E.		11 31	I.Oc.R.
	11 42	I.Oc.R.	13	7 39	I.Sh.I.		12 37	I.Tr.E.		15 05	II.Sh.I.
	13 06	II.Ec.D.		8 42	I.Tr.I.	21	6 41	I.Ec.D.		16 43	II.Tr.I.
	17 54	II.Oc.R.		9 48	I.Sh.E.		9 45	I.Oc.R.		17 38	II.Sh.E.
6	5 46	I.Sh.I.		10 49	I.Tr.E.		12 32	II.Sh.I.		19 10	II.Tr.E.
	6 53	I.Tr.I.	14	4 48	I.Ec.D.		14 23	II.Tr.I.	29	5 34	III.Sh.I.
	7 55	I.Sh.E.		7 58	I.Oc.R.		15 04	II.Sh.E.		5 54	I.Sh.I.
	9 00	I.Tr.E.		9 59	II.Sh.I.		16 50	II.Tr.E.		6 43	I.Tr.I.
7	2 55	I.Ec.D.		12 01	II.Tr.I.	22	1 35	III.Sh.I.		7 27	III.Sh.E.
	6 09	I.Oc.R.		12 31	II.Sh.E.		3 29	III.Sh.E.		8 04	I.Sh.E.
	7 25	II.Sh.I.		14 28	II.Tr.E.		4 01	I.Sh.I.		8 50	I.Tr.E.
	9 37	II.Tr.I.		21 37	III.Sh.I.		4 56	I.Tr.I.		9 07	III.Tr.I.
	9 58	II.Sh.E.		23 31	III.Sh.E.		5 37	III.Tr.I.		10 18	III.Tr.E.
	12 04	II.Tr.E.	15	2 02	III.Tr.I.		6 10	I.Sh.E.	30	3 03	I.Ec.D.
	17 39	III.Sh.I.		2 08	I.Sh.I.		6 49	III.Tr.E.		5 58	I.Oc.R.
	19 34	III.Sh.E.		3 09	I.Tr.I.		7 04	I.Tr.E.		10 10	II.Ec.D.
	22 23	III.Tr.I.		3 17	III.Tr.E.	23	1 10	I.Ec.D.		14 15	II.Oc.R.
	23 40	III.Tr.E.		4 17	I.Sh.E.		4 12	I.Oc.R.	31	0 23	I.Sh.I.
8	0 14	I.Sh.I.		5 16	I.Tr.E.		7 35	II.Ec.D.		1 09	I.Tr.I.
	1 20	I.Tr.I.		23 16	I.Ec.D.		11 55	II.Oc.R.		2 32	I.Sh.E.
	2 23	I.Sh.E.	16	2 25	I.Oc.R.		22 29	I.Sh.I.		3 17	I.Tr.E.
	3 27	I.Tr.E.		4 59	II.Ec.D.		23 23	I.Tr.I.		21 31	I.Ec.D.
	21 23	I.Ec.D.		9 32	II.Oc.R.	24	0 39	I.Sh.E.			
				20 36	I.Sh.I.		1 30	I.Tr.E.			

I. Mar. 15	II. Mar. 16	III. Mar. 18	IV. Mar.
$x_1 = -1.8, \; y_1 = -0.3$	$x_1 = -2.3, \; y_1 = -0.5$	$x_1 = -2.7, \; y_1 = -0.9$	No Eclipse
		$x_2 = -1.6, \; y_2 = -0.9$	

NOTE.–I. denotes ingress; E., egress; D., disappearance; R., reappearance; Ec., eclipse; Oc., occultation; Tr., transit of the satellite; Sh., transit of the shadow.

CONFIGURATIONS OF SATELLITES I–IV FOR MARCH

UNIVERSAL TIME

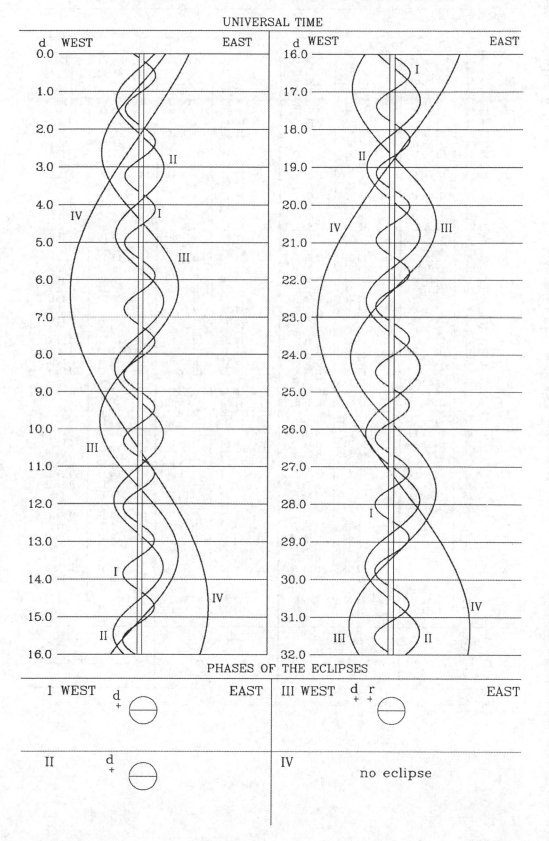

PHASES OF THE ECLIPSES

SATELLITES OF JUPITER, 2006

TERRESTRIAL TIME OF GEOCENTRIC PHENOMENA

APRIL

d	h m		d	h m		d	h m		d	h m	
1	0 24	I.Oc.R.	8	9 28	II.Sh.E.	16	0 48	I.Sh.E.	23	10 12	III.Oc.R.
	4 22	II.Sh.I.		10 37	II.Tr.E.		1 13	I.Tr.E.		21 40	I.Ec.D.
	5 52	II.Tr.I.		20 45	I.Sh.I.		3 34	III.Ec.D.			
	6 54	II.Sh.E.		21 21	I.Tr.I.		5 27	III.Ec.R.	24	0 04	I.Oc.R.
	8 19	II.Tr.E.		22 54	I.Sh.E.		5 37	III.Oc.D.		7 14	II.Ec.D.
	18 51	I.Sh.I.		23 28	I.Tr.E.		6 53	III.Oc.R.		10 14	II.Oc.R.
	19 36	I.Tr.I.		23 36	III.Ec.D.		19 46	I.Ec.D.		19 01	I.Sh.I.
	19 37	III.Ec.D.					22 20	I.Oc.R.		19 16	I.Tr.I.
	21 01	I.Sh.E.	9	1 30	III.Ec.R.					21 10	I.Sh.E.
	21 32	III.Ec.R.		17 53	I.Ec.D.	17	4 38	II.Ec.D.		21 23	I.Tr.E.
	21 43	I.Tr.E.		20 36	I.Oc.R.		7 59	II.Oc.R.			
	22 53	III.Oc.D.					17 07	I.Sh.I.	25	16 08	I.Ec.D.
			10	2 03	II.Ec.D.		17 32	I.Tr.I.		18 30	I.Oc.R.
2	0 08	III.Oc.R.		5 42	II.Oc.R.		19 17	I.Sh.E.			
	15 59	I.Ec.D.		15 13	I.Sh.I.		19 39	I.Tr.E.	26	1 21	II.Sh.I.
	18 51	I.Oc.R.		15 47	I.Tr.I.					1 48	II.Tr.I.
	23 28	II.Ec.D.		17 23	I.Sh.E.	18	14 15	I.Ec.D.		3 54	II.Sh.E.
				17 55	I.Tr.E.		16 46	I.Oc.R.		4 16	II.Tr.E.
3	3 24	II.Oc.R.					22 47	II.Sh.I.		13 29	I.Sh.I.
	13 20	I.Sh.I.	11	12 21	I.Ec.D.		23 34	II.Tr.I.		13 41	I.Tr.I.
	14 02	I.Tr.I.		15 02	I.Oc.R.					15 39	I.Sh.E.
	15 29	I.Sh.E.		20 13	II.Sh.I.	19	1 20	II.Sh.E.		15 49	I.Tr.E.
	16 10	I.Tr.E.		21 18	II.Tr.I.		2 01	II.Tr.E.		21 24	III.Sh.I.
				22 46	II.Sh.E.		11 35	I.Sh.I.		22 27	III.Tr.I.
4	10 28	I.Ec.D.		23 45	II.Tr.E.		11 58	I.Tr.I.		23 16	III.Sh.E.
	13 17	I.Oc.R.					13 45	I.Sh.E.		23 43	III.Tr.E.
	17 39	II.Sh.I.	12	9 42	I.Sh.I.		14 05	I.Tr.E.			
	19 01	II.Tr.I.		10 13	I.Tr.I.		17 26	III.Sh.I.	27	10 37	I.Ec.D.
	20 11	II.Sh.E.		11 51	I.Sh.E.		19 11	III.Tr.I.		12 56	I.Oc.R.
	21 28	II.Tr.E.		12 21	I.Tr.E.		19 19	III.Sh.E.		20 31	II.Ec.D.
				13 29	III.Sh.I.		20 24	III.Tr.E.		23 22	II.Oc.R.
5	7 48	I.Sh.I.		15 21	III.Sh.E.						
	8 28	I.Tr.I.		15 53	III.Tr.I.	20	8 43	I.Ec.D.	28	7 58	I.Sh.I.
	9 31	III.Sh.I.		17 04	III.Tr.E.		11 12	I.Oc.R.		8 07	I.Tr.I.
	9 57	I.Sh.E.					17 56	II.Ec.D.		10 07	I.Sh.E.
	10 36	I.Tr.E.	13	6 50	I.Ec.D.		21 07	II.Oc.R.		10 15	I.Tr.E.
	11 24	III.Sh.E.		9 28	I.Oc.R.						
	12 31	III.Tr.I.		15 21	II.Ec.D.	21	6 04	I.Sh.I.	29	5 05	I.Ec.D.
	13 43	III.Tr.E.		18 51	II.Oc.R.		6 24	I.Tr.I.		7 22	I.Oc.R.
							8 13	I.Sh.E.		14 39	II.Sh.I.
6	4 56	I.Ec.D.	14	4 10	I.Sh.I.		8 31	I.Tr.E.		14 55	II.Tr.I.
	7 43	I.Oc.R.		4 39	I.Tr.I.					17 12	II.Sh.E.
	12 46	II.Ec.D.		6 20	I.Sh.E.	22	3 12	I.Ec.D.		17 23	II.Tr.E.
	16 34	II.Oc.R.		6 47	I.Tr.E.		5 38	I.Oc.R.			
							12 04	II.Sh.I.	30	2 26	I.Sh.I.
7	2 16	I.Sh.I.	15	1 18	I.Ec.D.		12 41	II.Tr.I.		2 33	I.Tr.I.
	2 55	I.Tr.I.		3 54	I.Oc.R.		14 37	II.Sh.E.		4 36	I.Sh.E.
	4 26	I.Sh.E.		9 30	II.Sh.I.		15 09	II.Tr.E.		4 41	I.Tr.E.
	5 02	I.Tr.E.		10 26	II.Tr.I.					11 30	III.Ec.D.
	23 24	I.Ec.D.		12 03	II.Sh.E.	23	0 32	I.Sh.I.		13 31	III.Oc.R.
				12 53	II.Tr.E.		0 50	I.Tr.I.		23 34	I.Ec.D.
8	2 09	I.Oc.R.		22 38	I.Sh.I.		2 42	I.Sh.E.			
	6 56	II.Sh.I.		23 05	I.Tr.I.		2 57	I.Tr.E.			
	8 10	II.Tr.I.					7 32	III.Ec.D.			

I. Apr. 15	II. Apr. 13	III. Apr. 16	IV. Apr.
$x_1 = -1.3,\ y_1 = -0.3$	$x_1 = -1.6,\ y_1 = -0.5$	$x_1 = -1.5,\ y_1 = -0.9$ $x_2 = -0.4,\ y_2 = -0.9$	No Eclipse

NOTE.–I. denotes ingress; E., egress; D., disappearance; R., reappearance; Ec., eclipse; Oc., occultation; Tr., transit of the satellite; Sh., transit of the shadow.

CONFIGURATIONS OF SATELLITES I–IV FOR APRIL

UNIVERSAL TIME

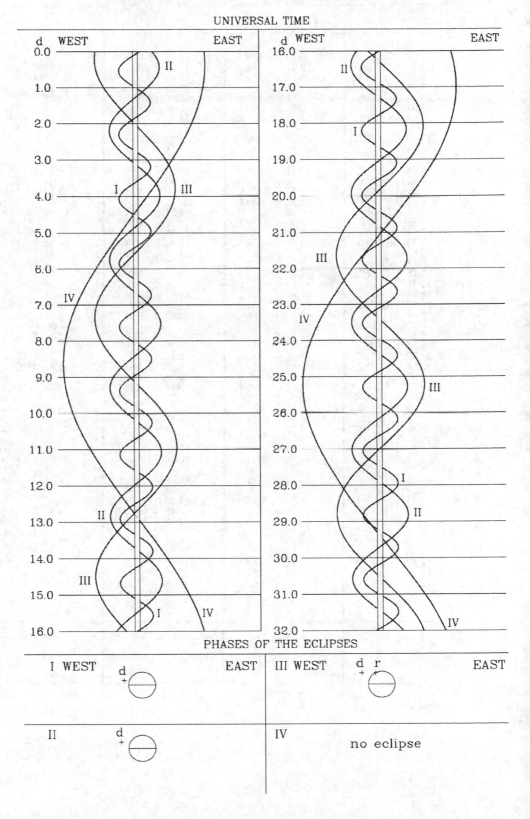

PHASES OF THE ECLIPSES

SATELLITES OF JUPITER, 2006

TERRESTRIAL TIME OF GEOCENTRIC PHENOMENA

MAY

d	h m		d	h m		d	h m		d	h m	
1	1 48	I.Oc.R.	9	0 58	I.Sh.E.	17	9 07	II.Sh.I.	24	22 46	I.Tr.E.
	9 49	II.Ec.D.		19 49	I.Oc.D.		11 01	II.Tr.E.		23 15	I.Sh.E.
	12 29	II.Oc.R.		22 06	I.Ec.R.		11 40	II.Sh.E.	25	11 29	III.Tr.I.
	20 55	I.Sh.I.	10	6 17	II.Tr.I.		18 53	I.Tr.I.		13 02	III.Tr.E.
	20 59	I.Tr.I.		6 31	II.Sh.I.		19 11	I.Sh.I.		13 19	III.Sh.I.
	23 04	I.Sh.E.		8 46	II.Tr.E.		21 01	I.Tr.E.		15 10	III.Sh.E.
	23 07	I.Tr.E.		9 05	II.Sh.E.		21 21	I.Sh.E.		17 44	I.Oc.D.
2	18 02	I.Ec.D.		17 09	I.Tr.I.	18	8 12	III.Tr.I.		20 23	I.Ec.R.
	20 14	I.Oc.R.		17 17	I.Sh.I.		9 21	III.Sh.I.	26	5 53	II.Oc.D.
3	3 56	II.Sh.I.		19 17	I.Tr.E.		9 40	III.Tr.E.		9 25	II.Ec.R.
	4 02	II.Tr.I.		19 27	I.Sh.E.		11 12	III.Sh.E.		15 04	I.Tr.I.
	6 29	II.Sh.E.	11	4 57	III.Tr.I.		16 00	I.Oc.D.		15 34	I.Sh.I.
	6 31	II.Tr.E.		5 22	III.Sh.I.		18 29	I.Ec.R.		17 12	I.Tr.E.
	15 23	I.Sh.I.		6 20	III.Tr.E.	19	3 37	II.Oc.D.		17 44	I.Sh.E.
	15 25	I.Tr.I.		7 13	III.Sh.E.		6 50	II.Ec.R.	27	12 11	I.Oc.D.
	17 33	I.Sh.E.		14 15	I.Oc.D.		13 19	I.Tr.I.		14 52	I.Ec.R.
	17 33	I.Tr.E.		16 35	I.Ec.R.		13 40	I.Sh.I.		23 56	II.Tr.I.
4	1 23	III.Sh.I.	12	1 22	II.Oc.D.		15 28	I.Tr.E.	28	1 00	II.Sh.I.
	3 15	III.Sh.E.		4 15	II.Ec.R.		15 49	I.Sh.E.		2 26	II.Tr.E.
	12 31	I.Ec.D.		11 35	I.Tr.I.	20	10 26	I.Oc.D.		3 33	II.Sh.E.
	14 40	I.Ec.R.		11 46	I.Sh.I.		12 57	I.Ec.R.		9 30	I.Tr.I.
	23 07	II.Ec.D.		13 43	I.Tr.E.		21 39	II.Tr.I.		10 03	I.Sh.I.
5	1 40	II.Ec.R.		13 55	I.Sh.E.		22 25	II.Sh.I.		11 39	I.Tr.E.
	9 51	I.Tr.I.	13	8 41	I.Oc.D.	21	0 09	II.Tr.E.		12 12	I.Sh.E.
	9 52	I.Sh.I.		11 03	I.Ec.R.		0 58	II.Sh.E.	29	1 14	III.Oc.D.
	11 59	I.Tr.E.		19 24	II.Tr.I.		7 45	I.Tr.I.		2 51	III.Oc.R.
	12 01	I.Sh.E.		19 49	II.Sh.I.		8 09	I.Sh.I.		3 24	III.Ec.D.
6	6 58	I.Oc.D.		21 53	II.Tr.E.		9 54	I.Tr.E.		5 16	III.Ec.R.
	9 09	I.Ec.R.		22 22	II.Sh.E.		10 18	I.Sh.E.		6 37	I.Oc.D.
	17 09	II.Tr.I.	14	6 01	I.Tr.I.		21 55	III.Oc.D.		9 21	I.Ec.R.
	17 14	II.Sh.I.		6 14	I.Sh.I.	22	1 17	III.Ec.R.		19 01	II.Oc.D.
	19 38	II.Tr.E.		8 09	I.Tr.E.		4 52	I.Oc.D.		22 43	II.Ec.R.
	19 47	II.Sh.E.		8 24	I.Sh.E.		7 26	I.Ec.R.	30	3 57	I.Tr.I.
7	4 17	I.Tr.I.		18 39	III.Oc.D.		16 45	II.Oc.D.		4 32	I.Sh.I.
	4 20	I.Sh.I.		21 19	III.Ec.R.		20 08	II.Ec.R.		6 05	I.Tr.E.
	6 25	I.Tr.E.	15	3 07	I.Oc.D.	23	2 12	I.Tr.I.		6 41	I.Sh.E.
	6 30	I.Sh.E.		5 32	I.Ec.R.		2 37	I.Sh.I.	31	1 03	I.Oc.D.
	15 25	III.Oc.D.		14 29	II.Oc.D.		4 20	I.Tr.E.		3 49	I.Ec.R.
	17 21	III.Ec.R.		17 33	II.Ec.R.		4 46	I.Sh.E.		13 05	II.Tr.I.
8	1 23	I.Oc.D.	16	0 27	I.Tr.I.		23 18	I.Oc.D.		14 19	II.Sh.I.
	3 38	I.Ec.R.		0 43	I.Sh.I.	24	1 55	I.Ec.R.		15 36	II.Tr.E.
	12 15	II.Oc.D.		2 35	I.Tr.E.		10 48	II.Tr.I.		16 52	II.Sh.E.
	14 58	II.Ec.R.		2 52	I.Sh.E.		11 43	II.Sh.I.		22 23	I.Tr.I.
	22 43	I.Tr.I.		21 33	I.Oc.D.		13 18	II.Tr.E.		23 00	I.Sh.I.
	22 49	I.Sh.I.	17	0 00	I.Ec.R.		14 16	II.Sh.E.			
9	0 51	I.Tr.E.		8 32	II.Tr.I.		20 38	I.Tr.I.			
							21 06	I.Sh.I.			

I. May 15	II. May 15	III. May 14	IV. May
$x_2 = +1.2,\ y_2 = -0.3$	$x_2 = +1.3,\ y_2 = -0.5$	$x_2 = +1.1,\ y_2 = -0.9$	No Eclipse

NOTE.–I. denotes ingress; E., egress; D., disappearance; R., reappearance; Ec., eclipse; Oc., occultation; Tr., transit of the satellite; Sh., transit of the shadow.

CONFIGURATIONS OF SATELLITES I–IV FOR MAY

UNIVERSAL TIME

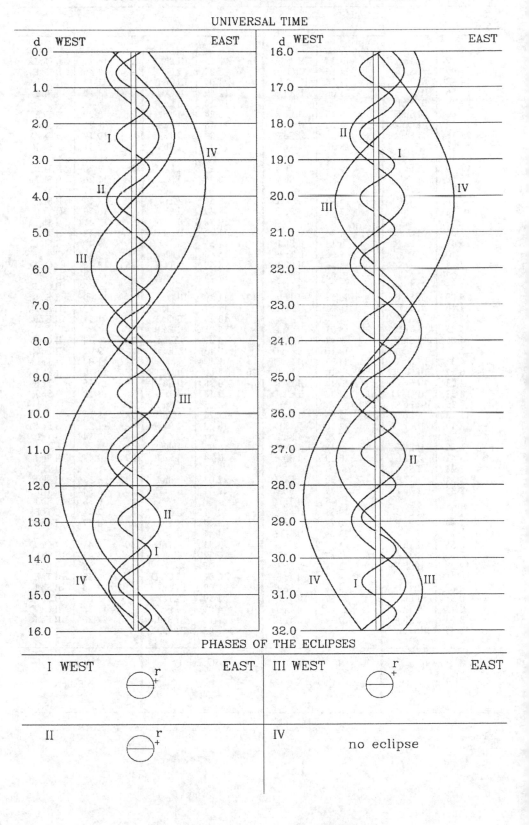

PHASES OF THE ECLIPSES

SATELLITES OF JUPITER, 2006

TERRESTRIAL TIME OF GEOCENTRIC PHENOMENA

JUNE

d	h m		d	h m		d	h m		d	h m	
1	0 32	I.Tr.E.	8	19 53	III.Tr.E.	16	1 15	III.Sh.I.	23	15 11	II.Oc.D.
	1 09	I.Sh.E.		21 16	I.Oc.D.		2 07	I.Ec.R.		19 45	II.Ec.R.
	14 48	III.Tr.I.		21 16	III.Sh.I.		3 04	III.Sh.E.		22 12	I.Tr.I.
	16 26	III.Tr.E.		23 06	III.Sh.E.		12 49	II.Oc.D.		23 12	I.Sh.I.
	17 18	III.Sh.I.	9	0 13	I.Ec.R.		17 10	II.Ec.R.	24	0 20	I.Tr.E.
	19 08	III.Sh.E.		10 28	II.Oc.D.		20 24	I.Tr.I.		1 21	I.Sh.E.
	19 30	I.Oc.D.		14 35	II.Ec.R.		21 18	I.Sh.I.		19 19	I.Oc.D.
	22 18	I.Ec.R.		18 36	I.Tr.I.		22 32	I.Tr.E.		22 31	I.Ec.R.
2	8 10	II.Oc.D.		19 23	I.Sh.I.		23 26	I.Sh.E.			
	12 00	II.Ec.R.		20 44	I.Tr.E.	17	17 30	I.Oc.D.	25	9 20	II.Tr.I.
	16 50	I.Tr.I.		21 32	I.Sh.E.		20 36	I.Ec.R.		11 26	II.Sh.I.
	17 29	I.Sh.I.	10	15 43	I.Oc.D.	18	6 56	II.Tr.I.		11 53	II.Tr.E.
	18 58	I.Tr.E.		18 41	I.Ec.R.		8 49	II.Sh.I.		13 59	II.Sh.E.
	19 38	I.Sh.E.	11	4 34	II.Tr.I.		9 28	II.Tr.E.		16 39	I.Tr.I.
3	13 56	I.Oc.D.		6 13	II.Sh.I.		11 22	II.Sh.E.		17 41	I.Sh.I.
	16 47	I.Ec.R.		7 06	II.Tr.E.		14 51	I.Tr.I.		18 48	I.Tr.E.
4	2 14	II.Tr.I.		8 46	II.Sh.E.		15 46	I.Sh.I.		19 49	I.Sh.E.
	3 37	II.Sh.I.		13 03	I.Tr.I.		16 59	I.Tr.E.			
	4 45	II.Tr.E.		13 52	I.Sh.I.		17 55	I.Sh.E.	26	13 46	I.Oc.D.
	6 09	II.Sh.E.		15 11	I.Tr.E.	19	11 29	III.Oc.D.		15 02	III.Oc.D.
	11 16	I.Tr.I.		16 01	I.Sh.E.		11 57	I.Oc.D.		16 56	III.Oc.R.
	11 57	I.Sh.I.	12	8 01	III.Oc.D.		13 20	III.Oc.R.		17 00	I.Ec.R.
	13 25	I.Tr.E.		9 47	III.Oc.R.		15 05	I.Ec.R.		19 20	III.Ec.D.
	14 06	I.Sh.E.		10 10	I.Oc.D.		15 22	III.Ec.D.		21 11	III.Ec.R.
5	4 35	III.Oc.D.		11 23	III.Ec.D.		17 13	III.Ec.R.	27	4 23	II.Oc.D.
	6 17	III.Oc.R.		13 10	I.Ec.R.	20	2 00	II.Oc.D.		9 02	II.Ec.R.
	7 23	III.Ec.D.		13 14	III.Ec.R.		6 28	II.Ec.R.		11 07	I.Tr.I.
	8 23	I.Oc.D.		23 38	II.Oc.D.		9 18	I.Tr.I.		12 10	I.Sh.I.
	9 15	III.Ec.R.	13	3 53	II.Ec.R.		10 15	I.Sh.I.		13 15	I.Tr.E.
	11 15	I.Ec.R.		7 30	I.Tr.I.		11 26	I.Tr.E.		14 18	I.Sh.E.
	21 19	II.Oc.D.		8 20	I.Sh.I.		12 24	I.Sh.E.	28	8 14	I.Oc.D.
6	1 18	II.Ec.R.		9 38	I.Tr.E.	21	6 24	I.Oc.D.		11 29	I.Ec.R.
	5 43	I.Tr.I.		10 29	I.Sh.E.		9 34	I.Ec.R.		22 34	II.Tr.I.
	6 26	I.Sh.I.	14	4 36	I.Oc.D.		20 08	II.Tr.I.	29	0 45	II.Sh.I.
	7 51	I.Tr.E.		7 39	I.Ec.R.		22 08	II.Sh.I.		1 06	II.Tr.E.
	8 35	I.Sh.E.		17 45	II.Tr.I.		22 41	II.Tr.E.		3 17	II.Sh.E.
7	2 49	I.Oc.D.		19 31	II.Sh.I.	22	0 41	II.Sh.E.		5 34	I.Tr.I.
	5 44	I.Ec.R.		20 17	II.Tr.E.		3 45	I.Tr.I.		6 38	I.Sh.I.
	15 24	II.Tr.I.		22 04	II.Sh.E.		4 44	I.Sh.I.		7 43	I.Tr.E.
	16 55	II.Sh.I.	15	1 57	I.Tr.I.		5 53	I.Tr.E.		8 47	I.Sh.E.
	17 55	II.Tr.E.		2 49	I.Sh.I.		6 52	I.Sh.E.	30	2 41	I.Oc.D.
	19 28	II.Sh.E.		4 05	I.Tr.E.	23	0 52	I.Oc.D.		4 45	III.Tr.I.
8	0 09	I.Tr.I.		4 58	I.Sh.E.		1 09	III.Tr.I.		5 58	I.Ec.R.
	0 55	I.Sh.I.		21 37	III.Tr.I.		2 59	III.Tr.E.		6 38	III.Tr.E.
	2 18	I.Tr.E.		23 03	I.Oc.D.		4 02	I.Ec.R.		9 14	III.Sh.I.
	3 03	I.Sh.E.		23 24	III.Tr.E.		5 14	III.Sh.I.		11 02	III.Sh.E.
	18 11	III.Tr.I.					7 03	III.Sh.E.		17 36	II.Oc.D.
										22 20	II.Ec.R.

I. June 16	II. June 16	III. June 12	IV. June
$x_2 = +1.7,\ y_2 = -0.3$	$x_2 = +2.1,\ y_2 = -0.4$	$x_1 = +1.4,\ y_1 = -0.8$ $x_2 = +2.4,\ y_2 = -0.8$	No Eclipse

NOTE.–I. denotes ingress; E., egress; D., disappearance; R., reappearance; Ec., eclipse; Oc., occultation; Tr., transit of the satellite; Sh., transit of the shadow.

CONFIGURATIONS OF SATELLITES I–IV FOR JUNE

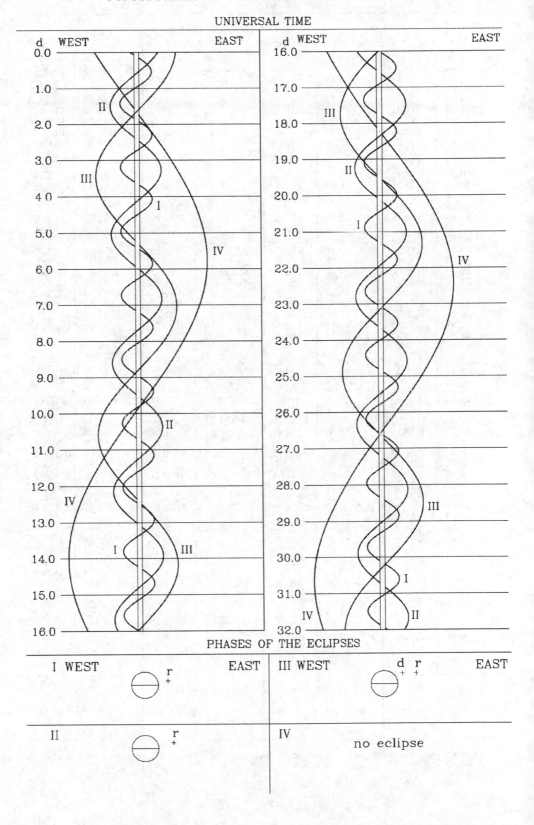

UNIVERSAL TIME

PHASES OF THE ECLIPSES

SATELLITES OF JUPITER, 2006

TERRESTRIAL TIME OF GEOCENTRIC PHENOMENA

JULY

d	h m		d	h m		d	h m		d	h m	
1	0 02	I.Tr.I.	9	2 21	I.Ec.R.	16	22 12	I.Tr.I.	24	21 14	I.Oc.D.
	1 07	I.Sh.I.		14 16	II.Tr.I.		23 25	I.Sh.I.			
	2 10	I.Tr.E.		16 40	II.Sh.I.				25	0 41	I.Ec.R.
	3 15	I.Sh.E.		16 49	II.Tr.E.	17	0 20	I.Tr.E.		6 02	III.Oc.D.
	21 09	I.Oc.D.		19 13	II.Sh.E.		1 33	I.Sh.E.		8 07	III.Oc.R.
2	0 26	I.Ec.R.		20 20	I.Tr.I.		19 20	I.Oc.D.		11 18	III.Ec.D.
	11 47	II.Tr.I.		21 30	I.Sh.I.		22 46	I.Ec.R.		13 08	III.Ec.R.
	14 03	II.Sh.I.		22 28	I.Tr.E.	18	2 10	III.Oc.D.		14 18	II.Oc.D.
	14 20	II.Tr.E.		23 38	I.Sh.E.		4 13	III.Oc.R.		18 33	I.Tr.I.
	16 36	II.Sh.E.	10	17 28	I.Oc.D.		7 18	III.Ec.D.		19 22	II.Ec.R.
	18 29	I.Tr.I.		20 50	I.Ec.R.		9 09	III.Ec.R.		19 48	I.Sh.I.
	19 36	I.Sh.I.		22 22	III.Oc.D.		11 46	II.Oc.D.		20 42	I.Tr.E.
	20 38	I.Tr.E.	11	0 23	III.Oc.R.		16 40	I.Tr.I.		21 56	I.Sh.E.
	21 44	I.Sh.E.		3 18	III.Ec.D.		16 47	II.Ec.R.	26	15 42	I.Oc.D.
3	15 37	I.Oc.D.		5 09	III.Ec.R.		17 54	I.Sh.I.		19 10	I.Ec.R.
	18 40	III.Oc.D.		9 16	II.Oc.D.		18 49	I.Tr.E.	27	8 38	II.Tr.I.
	18 55	I.Ec.R.		14 12	II.Ec.R.		20 02	I.Sh.E.		11 13	II.Tr.E.
	20 37	III.Oc.R.		14 48	I.Tr.I.	19	13 48	I.Oc.D.		11 14	II.Sh.I.
	23 19	III.Ec.D.		15 59	I.Sh.I.		17 14	I.Ec.R.		13 02	I.Tr.I.
4	1 10	III.Ec.R.		16 56	I.Tr.E.	20	6 04	II.Tr.I.		13 47	II.Sh.E.
	6 49	II.Oc.D.		18 07	I.Sh.E.		8 37	II.Sh.I.		14 17	I.Sh.I.
	11 37	II.Ec.R.	12	11 56	I.Oc.D.		8 38	II.Tr.E.		15 10	I.Tr.E.
	12 57	I.Tr.I.		15 19	I.Ec.R.		11 08	I.Tr.I.		16 25	I.Sh.E.
	14 04	I.Sh.I.	13	3 31	II.Tr.I.		11 09	II.Sh.E.	28	10 11	I.Oc.D.
	15 05	I.Tr.E.		5 59	II.Sh.I.		12 22	I.Sh.I.		13 38	I.Ec.R.
	16 12	I.Sh.E.		6 05	II.Tr.E.		13 17	I.Tr.E.		19 53	III.Tr.I.
5	10 04	I.Oc.D.		8 32	II.Sh.E.		14 30	I.Sh.E.		21 56	III.Tr.E.
	13 24	I.Ec.R.		9 16	I.Tr.I.	21	8 17	I.Oc.D.	29	1 09	III.Sh.I.
6	1 01	II.Tr.I.		10 28	I.Sh.I.		11 43	I.Ec.R.		2 58	III.Sh.E.
	3 22	II.Sh.I.		11 24	I.Tr.E.		15 59	III.Tr.I.		3 34	II.Oc.D.
	3 35	II.Tr.E.		12 36	I.Sh.E.		18 01	III.Tr.E.		7 30	I.Tr.I.
	5 55	II.Sh.E.	14	6 24	I.Oc.D.		21 11	III.Sh.I.		8 39	II.Ec.R.
	7 24	I.Tr.I.		9 48	I.Ec.R.		22 59	III.Sh.E.		8 46	I.Sh.I.
	8 33	I.Sh.I.		12 10	III.Tr.I.	22	1 02	II.Oc.D.		9 39	I.Tr.E.
	9 33	I.Tr.E.		14 10	III.Tr.E.		5 37	I.Tr.I.		10 54	I.Sh.E.
	10 41	I.Sh.E.		17 12	III.Sh.I.		6 04	II.Ec.R.	30	4 40	I.Oc.D.
7	4 32	I.Oc.D.		19 00	III.Sh.E.		6 51	I.Sh.I.		8 07	I.Ec.R.
	7 53	I.Ec.R.		22 31	II.Oc.D.		7 45	I.Tr.E.		21 56	II.Tr.I.
	8 26	III.Tr.I.	15	3 29	II.Ec.R.		8 59	I.Sh.E.	31	0 31	II.Tr.E.
	10 22	III.Tr.E.		3 44	I.Tr.I.	23	2 45	I.Oc.D.		0 33	II.Sh.I.
	13 13	III.Sh.I.		4 56	I.Sh.I.		6 12	I.Ec.R.		1 59	I.Tr.I.
	15 02	III.Sh.E.		5 52	I.Tr.E.		19 20	II.Tr.I.		3 05	II.Sh.E.
	20 02	II.Oc.D.		7 04	I.Sh.E.		21 55	II.Tr.E.		3 14	I.Sh.I.
8	0 55	II.Ec.R.	16	0 52	I.Oc.D.		21 55	II.Sh.I.		4 08	I.Tr.E.
	1 52	I.Tr.I.		4 17	I.Ec.R.	24	0 05	I.Tr.I.		5 22	I.Sh.E.
	3 02	I.Sh.I.		16 47	II.Tr.I.		0 27	II.Sh.E.		23 08	I.Oc.D.
	4 01	I.Tr.E.		19 18	II.Sh.I.		1 20	I.Sh.I.			
	5 10	I.Sh.E.		19 21	II.Tr.E.		2 14	I.Tr.E.			
	23 00	I.Oc.D.		21 50	II.Sh.E.		3 28	I.Sh.E.			

I. July 14	II. July 15	III. July 18	IV. July
$x_2 = +2.0,\ y_2 = -0.3$	$x_2 = +2.5,\ y_2 = -0.4$	$x_1 = +2.2,\ y_1 = -0.8$ $x_2 = +3.2,\ y_2 = -0.8$	No Eclipse

NOTE.–I. denotes ingress; E., egress; D., disappearance; R., reappearance; Ec., eclipse; Oc., occultation; Tr., transit of the satellite; Sh., transit of the shadow.

CONFIGURATIONS OF SATELLITES I–IV FOR JULY

UNIVERSAL TIME

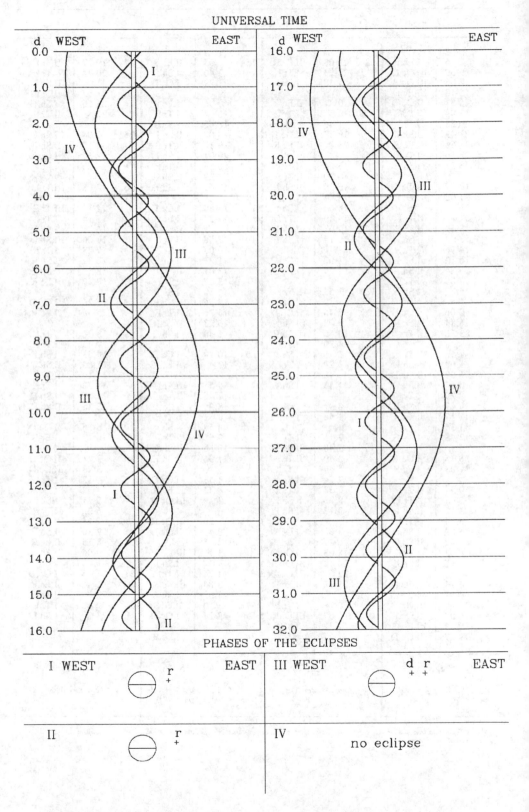

PHASES OF THE ECLIPSES

I WEST		EAST	III WEST		EAST
	r +			d r + +	
II	r +		IV	no eclipse	

SATELLITES OF JUPITER, 2006

TERRESTRIAL TIME OF GEOCENTRIC PHENOMENA

AUGUST

d	h m		d	h m		d	h m		d	h m	
1	2 36	I.Ec.R.	8	21 08	III.Ec.R.	16	3 05	II.Ec.R.	24	19 17	II.Tr.I.
	9 59	III.Oc.D.		22 23	I.Tr.I.		3 40	I.Sh.E.		20 44	I.Tr.I.
	12 06	III.Oc.R.		23 38	I.Sh.I.		21 29	I.Oc.D.		21 45	II.Sh.I.
	15 18	III.Ec.D.	9	0 31	II.Ec.R.	17	0 56	I.Ec.R.		21 52	II.Tr.E.
	16 51	III.Oc.D.		0 31	I.Tr.E.		16 34	II.Tr.I.		21 56	I.Sh.I.
	17 08	III.Ec.R.		1 46	I.Sh.E.		18 48	I.Tr.I.		22 53	I.Tr.E.
	20 28	I.Tr.I.		19 33	I.Oc.D.		19 07	II.Sh.I.	25	0 04	I.Sh.E.
	21 43	I.Sh.I.		23 00	I.Ec.R.		19 10	II.Tr.E.		0 17	II.Sh.E.
	21 56	II.Ec.R.	10	13 54	II.Tr.I.		20 01	I.Sh.I.		17 57	I.Oc.D.
	22 36	I.Tr.E.		16 29	II.Tr.E.		20 56	I.Tr.E.		21 20	I.Ec.R.
	23 51	I.Sh.E.		16 30	II.Sh.I.		21 39	II.Sh.E.	26	12 08	III.Tr.I.
2	17 37	I.Oc.D.		16 51	I.Tr.I.		22 09	I.Sh.E.		14 03	II.Oc.D.
	21 05	I.Ec.R.		18 06	I.Sh.I.	18	15 59	I.Oc.D.		14 16	III.Tr.E.
3	11 15	II.Tr.I.		19 00	I.Tr.E.		19 24	I.Ec.R.		15 14	I.Tr.I.
	13 50	II.Tr.E.		19 02	II.Sh.E.	19	7 58	III.Tr.I.		16 24	I.Sh.I.
	13 52	II.Sh.I.		20 14	I.Sh.E.		10 06	III.Tr.E.		17 06	III.Sh.I.
	14 56	I.Tr.I.	11	14 02	I.Oc.D.		11 23	II.Oc.D.		17 23	I.Tr.E.
	16 12	I.Sh.I.		17 29	I.Ec.R.		13 07	III.Sh.I.		18 32	I.Sh.E.
	16 24	II.Sh.E.	12	3 53	III.Tr.I.		13 17	I.Tr.I.		18 55	III.Sh.E.
	17 05	I.Tr.E.		5 59	III.Tr.E.		14 30	I.Sh.I.		18 57	II.Ec.R.
	18 20	I.Sh.E.		8 45	II.Oc.D.		14 56	III.Sh.E.	27	12 26	I.Oc.D.
4	12 06	I.Oc.D.		9 08	III.Sh.I.		15 26	I.Tr.E.		15 48	I.Ec.R.
	15 34	I.Ec.R.		10 56	III.Sh.E.		16 23	II.Ec.R.	28	8 38	II.Tr.I.
	23 50	III.Tr.I.		11 20	I.Tr.I.		16 38	I.Sh.E.		9 43	I.Tr.I.
5	1 56	III.Tr.E.		12 35	I.Sh.I.	20	10 28	I.Oc.D.		10 53	I.Sh.I.
	5 08	III.Sh.I.		13 29	I.Tr.E.		13 53	I.Ec.R.		11 03	II.Sh.I.
	6 09	II.Oc.D.		13 48	II.Ec.R.	21	5 55	II.Tr.I.		11 14	II.Tr.E.
	6 57	III.Sh.E.		14 43	I.Sh.E.		7 46	I.Tr.I.		11 52	I.Tr.E.
	9 25	I.Tr.I.	13	8 31	I.Oc.D.		8 26	II.Sh.I.		13 01	I.Sh.E.
	10 40	I.Sh.I.		11 58	I.Ec.R.		8 31	II.Tr.E.		13 36	II.Sh.E.
	11 13	II.Ec.R.	14	3 13	II.Tr.I.		8 58	I.Sh.I.	29	6 56	I.Oc.D.
	11 34	I.Tr.E.		5 48	II.Sh.I.		9 55	I.Tr.E.		10 17	I.Ec.R.
	12 48	I.Sh.E.		5 49	II.Tr.E.		10 58	II.Sh.E.	30	2 21	III.Oc.D.
6	6 35	I.Oc.D.		5 49	I.Tr.I.		11 06	I.Sh.E.		3 23	II.Oc.D.
	10 03	I.Ec.R.		7 04	I.Sh.I.	22	4 58	I.Oc.D.		4 12	I.Tr.I.
7	0 34	II.Tr.I.		7 58	I.Tr.E.		8 22	I.Ec.R.		4 32	III.Oc.R.
	3 09	II.Tr.E.		8 20	II.Sh.E.		22 10	III.Oc.D.		5 21	I.Sh.I.
	3 10	II.Sh.I.		9 12	I.Sh.E.	23	0 20	III.Oc.R.		6 22	I.Tr.E.
	3 54	I.Tr.I.	15	3 00	I.Oc.D.		0 43	II.Oc.D.		7 14	III.Ec.D.
	5 09	I.Sh.I.		6 27	I.Ec.R.		2 15	I.Tr.I.		7 30	I.Sh.E.
	5 42	II.Sh.E.		18 03	III.Oc.D.		3 15	III.Ec.D.		8 15	II.Ec.R.
	6 02	I.Tr.E.		20 12	III.Oc.R.		3 27	I.Sh.I.		9 05	III.Ec.R.
	7 17	I.Sh.E.		22 04	II.Oc.D.		4 24	I.Tr.E.	31	1 25	I.Oc.D.
8	1 04	I.Oc.D.		23 16	III.Ec.D.		5 06	III.Ec.R.		4 46	I.Ec.R.
	4 31	I.Ec.R.	16	0 18	I.Tr.I.		5 35	I.Sh.E.		22 00	II.Tr.I.
	13 59	III.Oc.D.		1 07	III.Ec.R.		5 40	II.Ec.R.		22 42	I.Tr.I.
	16 07	III.Oc.R.		1 32	I.Sh.I.		23 27	I.Oc.D.		23 50	I.Sh.I.
	19 17	III.Ec.D.		2 27	I.Tr.E.	24	2 51	I.Ec.R.			
	19 27	II.Oc.D.									

I. Aug. 15	II. Aug. 16	III. Aug. 15, 16	IV. Aug.
$x_2 = +2.0,\ y_2 = -0.3$	$x_2 = +2.6,\ y_2 = -0.4$	$x_1 = +2.3,\ y_1 = -0.8$ $x_2 = +3.3,\ y_2 = -0.8$	No Eclipse

NOTE.–I. denotes ingress; E., egress; D., disappearance; R., reappearance; Ec., eclipse; Oc., occultation; Tr., transit of the satellite; Sh., transit of the shadow.

CONFIGURATIONS OF SATELLITES I–IV FOR AUGUST

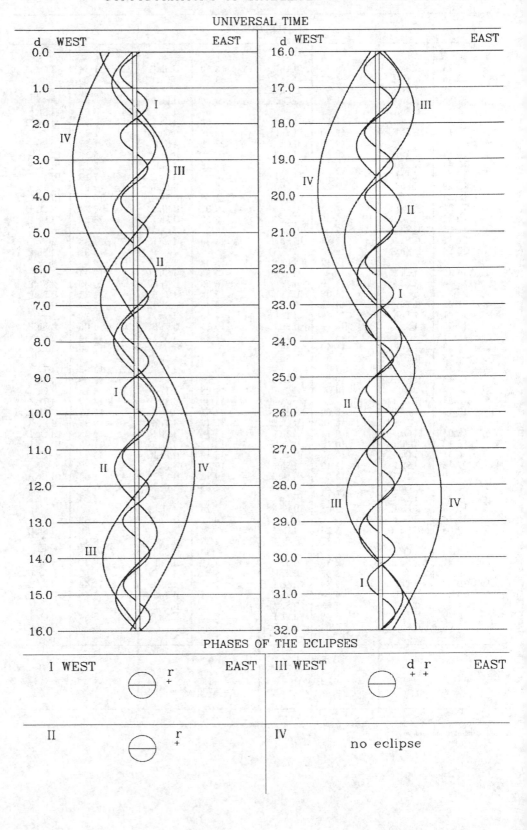

UNIVERSAL TIME

PHASES OF THE ECLIPSES

SATELLITES OF JUPITER, 2006

TERRESTRIAL TIME OF GEOCENTRIC PHENOMENA

SEPTEMBER

d	h m		d	h m		d	h m		d	h m	
1	0 23	II.Sh.I.	8	3 22	II.Tr.E.	15	8 10	II.Sh.E.	23	1 54	I.Oc.D.
	0 36	II.Tr.E.		3 53	I.Sh.E.		23 54	I.Oc.D.		5 00	I.Ec.R.
	0 51	I.Tr.E.		5 33	II.Sh.E.	16	3 05	I.Ec.R.		23 08	I.Tr.I.
	1 58	I.Sh.E.		21 54	I.Oc.D.		21 09	I.Tr.I.	24	0 02	I.Sh.I.
	2 55	II.Sh.E.	9	1 10	I.Ec.R.		22 08	I.Sh.I.		0 54	II.Oc.D.
	19 55	I.Oc.D.		19 10	I.Tr.I.		22 09	II.Oc.D.		1 17	I.Tr.E.
	23 15	I.Ec.R.		19 26	II.Oc.D.		23 18	I.Tr.E.		2 11	I.Sh.E.
2	16 19	III.Tr.I.		20 13	I.Sh.I.	17	0 16	I.Sh.E.		5 10	III.Tr.I.
	16 44	II.Oc.D.		20 34	III.Tr.I.		0 51	III.Tr.I.		5 15	II.Ec.R.
	17 11	I.Tr.I.		21 19	I.Tr.E.		2 41	II.Ec.R.		7 19	III.Tr.E.
	18 19	I.Sh.I.		22 22	I.Sh.E.		3 00	III.Tr.E.		9 01	III.Sh.I.
	18 28	III.Tr.E.		22 43	III.Tr.E.		5 02	III.Sh.I.		10 51	III.Sh.E.
	19 21	I.Tr.E.	10	0 06	II.Ec.R.		6 52	III.Sh.E.		20 24	I.Oc.D.
	20 27	I.Sh.E.		1 04	III.Sh.I.		18 24	I.Oc.D.		23 29	I.Ec.R.
	21 05	III.Sh.I.		2 53	III.Sh.E.		21 34	I.Ec.R.	25	17 38	I.Tr.I.
	21 32	II.Ec.R.		16 24	I.Oc.D.	18	15 38	I.Tr.I.		18 31	I.Sh.I.
	22 54	III.Sh.E.		19 39	I.Ec.R.		16 36	I.Sh.I.		19 43	II.Tr.I.
3	14 25	I.Oc.D.	11	13 39	I.Tr.I.		16 55	II.Tr.I.		19 47	I.Tr.E.
	17 44	I.Ec.R.		14 08	II.Tr.I.		17 48	I.Tr.E.		20 40	I.Sh.E.
4	11 22	II.Tr.I.		14 42	I.Sh.I.		18 45	I.Sh.E.		21 33	II.Sh.I.
	11 41	I.Tr.I.		15 49	I.Tr.E.		18 56	II.Sh.I.		22 19	II.Tr.E.
	12 47	I.Sh.I.		16 19	II.Sh.I.		19 31	II.Tr.E.	26	0 06	II.Sh.E.
	13 41	II.Sh.I.		16 44	II.Tr.E.		21 28	II.Sh.E.		14 54	I.Oc.D.
	13 50	I.Tr.E.		16 50	I.Sh.E.	19	12 54	I.Oc.D.		17 58	I.Ec.R.
	13 58	II.Tr.E.		18 51	II.Sh.E.		16 03	I.Ec.R.	27	12 08	I.Tr.I.
	14 56	I.Sh.E.	12	10 54	I.Oc.D.	20	10 08	I.Tr.I.		12 59	I.Sh.I.
	16 13	II.Sh.E.		14 08	I.Ec.R.		11 05	I.Sh.I.		14 16	II.Oc.D.
5	8 54	I.Oc.D.	13	8 09	I.Tr.I.		11 31	II.Oc.D.		14 17	I.Tr.E.
	12 13	I.Ec.R.		8 48	II.Oc.D.		12 18	I.Tr.E.		15 08	I.Sh.E.
6	6 05	II.Oc.D.		9 11	I.Sh.I.		13 14	I.Sh.E.		18 33	II.Ec.R.
	6 10	I.Tr.I.		10 18	I.Tr.E.		15 12	III.Oc.D.		19 32	III.Oc.D.
	6 35	III.Oc.D.		10 52	III.Oc.D.		15 58	II.Ec.R.		21 43	III.Oc.R.
	7 16	I.Sh.I.		11 19	I.Sh.E.		17 23	III.Oc.R.		23 12	III.Ec.D.
	8 20	I.Tr.E.		13 03	III.Oc.R.		19 13	III.Ec.D.	28	1 04	III.Ec.R.
	8 46	II.Oc.D.		13 24	II.Ec.R.		21 05	III.Ec.R.		9 24	I.Oc.D.
	9 24	I.Sh.E.		15 14	III.Ec.D.	21	7 24	I.Oc.D.		12 27	I.Ec.R.
	10 49	II.Ec.R.		17 05	III.Ec.R.		10 32	I.Ec.R.	29	6 38	I.Tr.I.
	11 14	III.Ec.D.	14	5 24	I.Oc.D.	22	4 38	I.Tr.I.		7 28	I.Sh.I.
	13 05	III.Ec.R.		8 37	I.Ec.R.		5 34	I.Sh.I.		8 47	I.Tr.E.
7	3 24	I.Oc.D.	15	2 39	I.Tr.I.		6 19	II.Tr.I.		9 08	II.Tr.I.
	6 41	I.Ec.R.		3 32	II.Tr.I.		6 48	I.Tr.E.		9 37	I.Sh.E.
8	0 40	I.Tr.I.		3 39	I.Sh.I.		7 42	I.Sh.E.		10 52	II.Sh.I.
	0 45	II.Tr.I.		4 48	I.Tr.E.		8 15	II.Sh.I.		11 44	II.Tr.E.
	1 45	I.Sh.I.		5 38	II.Sh.I.		8 56	II.Tr.E.		13 25	II.Sh.E.
	2 49	I.Tr.E.		5 48	I.Sh.E.		10 48	II.Sh.E.	30	3 54	I.Oc.D.
	3 00	II.Sh.I.		6 08	II.Tr.E.					6 56	I.Ec.R.

I. Sept. 14	II. Sept. 13	III. Sept. 13	IV. Sept.
$x_2 = +1.8,\ y_2 = -0.3$	$x_2 = +2.3,\ y_2 = -0.4$	$x_1 = +1.8,\ y_1 = -0.8$ $x_2 = +2.8,\ y_2 = -0.8$	No Eclipse

NOTE.–I. denotes ingress; E., egress; D., disappearance; R., reappearance; Ec., eclipse; Oc., occultation; Tr., transit of the satellite; Sh., transit of the shadow.

CONFIGURATIONS OF SATELLITES I–IV FOR SEPTEMBER

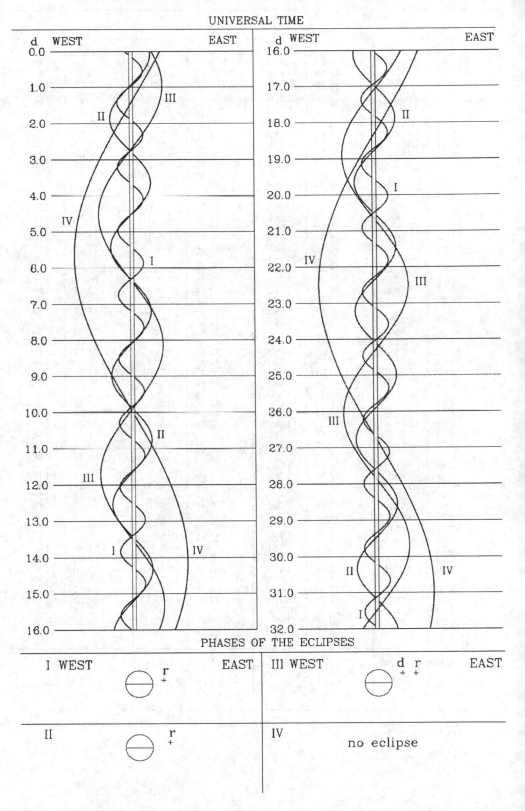

UNIVERSAL TIME

PHASES OF THE ECLIPSES

SATELLITES OF JUPITER, 2006

TERRESTRIAL TIME OF GEOCENTRIC PHENOMENA

OCTOBER

d	h m		d	h m		d	h m		d	h m	
1	1 08	I.Tr.I.	8	10 24	II.Ec.R.	16	2 27	I.Oc.D.	24	3 49	I.Tr.E.
	1 57	I.Sh.I.		13 56	III.Tr.I.		5 14	I.Ec.R.		4 17	I.Sh.E.
	3 17	I.Tr.E.		16 05	III.Tr.E.		23 38	I.Tr.I.		7 01	II.Tr.I.
	3 39	II.Oc.D.		16 59	III.Sh.I.					8 01	II.Sh.I.
	4 05	I.Sh.E.		18 50	III.Sh.E.	17	0 14	I.Sh.I.		9 37	II.Tr.E.
	7 50	II.Ec.R.					1 48	I.Tr.E.		10 34	II.Sh.E.
	9 32	III.Tr.I.	9	0 25	I.Oc.D.		2 23	I.Sh.E.		22 59	I.Oc.D.
	11 41	III.Tr.E.		3 19	I.Ec.R.		4 11	II.Tr.I.			
	13 00	III.Sh.I.		21 38	I.Tr.I.		5 24	II.Sh.I.	25	1 37	I.Ec.R.
	14 50	III.Sh.E.		22 20	I.Sh.I.		6 47	II.Tr.E.		20 09	I.Tr.I.
	22 24	I.Oc.D.		23 48	I.Tr.E.		7 57	II.Sh.E.		20 37	I.Sh.I.
							20 57	I.Oc.D.		22 19	I.Tr.E.
2	1 24	I.Ec.R.	10	0 29	I.Sh.E.		23 43	I.Ec.R.		22 46	I.Sh.E.
	19 38	I.Tr.I.		1 21	II.Tr.I.						
	20 25	I.Sh.I.		2 48	II.Sh.I.	18	18 08	I.Tr.I.	26	1 24	II.Oc.D.
	21 47	I.Tr.E.		3 57	II.Tr.E.		18 42	I.Sh.I.		4 51	II.Ec.R.
	22 32	II.Tr.I.		5 20	II.Sh.E.		20 19	I.Tr.E.		13 12	III.Oc.D.
	22 34	I.Sh.E.		18 56	I.Oc.D.		20 52	I.Sh.E.		17 00	III.Ec.R.
				21 48	I.Ec.R.		22 36	II.Oc.D.		17 29	I.Oc.D.
3	0 11	II.Sh.I.								20 06	I.Ec.R.
	1 08	II.Tr.E.	11	16 08	I.Tr.I.	19	2 16	II.Ec.R.			
	2 43	II.Sh.E.		16 48	I.Sh.I.		8 45	III.Oc.D.	27	14 39	I.Tr.I.
	16 55	I.Oc.D.		18 18	I.Tr.E.		10 54	III.Oc.R.		15 05	I.Sh.I.
	19 53	I.Ec.R.		18 57	I.Sh.E.		11 08	III.Ec.D.		16 50	I.Tr.E.
				19 49	II.Oc.D.		13 01	III.Ec.R.		17 15	I.Sh.E.
4	14 08	I.Tr.I.		23 42	II.Ec.R.		15 27	I.Oc.D.		20 27	II.Tr.I.
	14 54	I.Sh.I.					18 11	I.Ec.R.		21 20	II.Sh.I.
	16 17	I.Tr.E.	12	4 19	III.Oc.D.					23 03	II.Tr.E.
	17 02	II.Oc.D.		6 29	III.Oc.R.	20	12 39	I.Tr.I.		23 53	II.Sh.E.
	17 03	I.Sh.E.		7 09	III.Ec.D.		13 11	I.Sh.I.			
	21 07	II.Ec.R.		9 01	III.Ec.R.		14 49	I.Tr.E.	28	11 59	I.Oc.D.
	23 55	III.Oc.D.		13 26	I.Oc.D.		15 20	I.Sh.E.		14 35	I.Ec.R.
				16 17	I.Ec.R.		17 36	II.Tr.I.			
5	2 05	III.Oc.R.					18 43	II.Sh.I.	29	9 10	I.Tr.I.
	3 11	III.Ec.D.	13	10 38	I.Tr.I.		20 13	II.Tr.E.		9 34	I.Sh.I.
	5 03	III.Ec.R.		11 17	I.Sh.I.		21 16	II.Sh.E.		11 20	I.Tr.E.
	11 25	I.Oc.D.		12 48	I.Tr.E.					11 43	I.Sh.E.
	14 22	I.Ec.R.		13 26	I.Sh.E.	21	9 58	I.Oc.D.		14 48	II.Oc.D.
				14 46	II.Tr.I.		12 40	I.Ec.R.		18 08	II.Ec.R.
6	8 38	I.Tr.I.		16 06	II.Sh.I.						
	9 22	I.Sh.I.		17 23	II.Tr.E.	22	7 09	I.Tr.I.	30	3 13	III.Tr.I.
	10 48	I.Tr.E.		18 39	II.Sh.E.		7 39	I.Sh.I.		4 55	III.Sh.I.
	11 31	I.Sh.E.					9 19	I.Tr.E.		5 21	III.Tr.E.
	11 57	II.Tr.I.	14	7 56	I.Oc.D.		9 49	I.Sh.E.		6 30	I.Oc.D.
	13 29	II.Sh.I.		10 45	I.Ec.R.		12 00	II.Oc.D.		6 46	III.Sh.E.
	14 33	II.Tr.E.					15 34	II.Ec.R.		9 03	I.Ec.R.
	16 02	II.Sh.E.	15	5 08	I.Tr.I.		22 47	III.Tr.I.			
				5 45	I.Sh.I.				31	3 40	I.Tr.I.
7	5 55	I.Oc.D.		7 18	I.Tr.E.	23	0 55	III.Tr.E.		4 02	I.Sh.I.
	8 50	I.Ec.R.		7 54	I.Sh.E.		0 56	III.Sh.I.		5 50	I.Tr.E.
				9 12	II.Oc.D.		2 48	III.Sh.E.		6 12	I.Sh.E.
8	3 08	I.Tr.I.		12 59	II.Ec.R.		4 28	I.Oc.D.		9 52	II.Tr.I.
	3 51	I.Sh.I.		18 21	III.Tr.I.		7 09	I.Ec.R.		10 38	II.Sh.I.
	5 18	I.Tr.E.		20 30	III.Tr.E.					12 28	II.Tr.E.
	6 00	I.Sh.E.		20 58	III.Sh.I.	24	1 39	I.Tr.I.		13 10	II.Sh.E.
	6 25	II.Oc.D.		22 49	III.Sh.E.		2 08	I.Sh.I.			

I. Oct. 14	II. Oct. 15	III. Oct. 12	IV. Oct.
$x_2 = +1.5,\ y_2 = -0.3$	$x_2 = +1.7,\ y_2 = -0.4$	$x_1 = +1.0,\ y_1 = -0.8$ $x_2 = +2.0,\ y_2 = -0.8$	No Eclipse

NOTE.–I. denotes ingress; E., egress; D., disappearance; R., reappearance; Ec., eclipse; Oc., occultation; Tr., transit of the satellite; Sh., transit of the shadow.

CONFIGURATIONS OF SATELLITES I–IV FOR OCTOBER

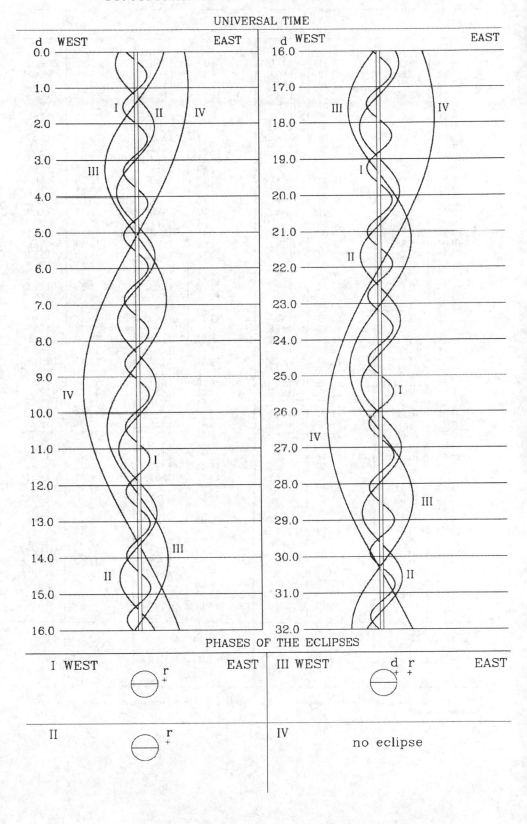

UNIVERSAL TIME

PHASES OF THE ECLIPSES

TERRESTRIAL TIME OF GEOCENTRIC PHENOMENA

NOVEMBER

d	h m		d	h m		d	h m		d	h m	
1	1 00	I.Oc.D.	9	0 11	I.Tr.I.	16	4 29	I.Sh.E.	24	1 33	I.Ec.D.
	3 32	I.Ec.R.		0 25	I.Sh.I.		9 50	II.Oc.D.		3 46	I.Oc.R.
	22 10	I.Tr.I.		2 22	I.Tr.E.		12 35	II.Ec.R.		7 01	III.Ec.D.
	22 31	I.Sh.I.		2 34	I.Sh.E.		23 34	I.Oc.D.		9 12	III.Oc.R.
				7 01	II.Oc.D.					22 41	I.Sh.I.
2	0 21	I.Tr.E.		10 00	II.Ec.R.	17	1 49	I.Ec.R.		22 44	I.Tr.I.
	0 40	I.Sh.E.		21 32	I.Oc.D.		2 37	III.Oc.D.			
	4 12	II.Oc.D.		22 08	III.Oc.D.		4 57	III.Ec.R.	25	0 51	I.Sh.E.
	7 25	II.Ec.R.		23 55	I.Ec.R.		20 43	I.Tr.I.		0 55	I.Tr.E.
	17 40	III.Oc.D.					20 47	I.Sh.I.		7 44	II.Sh.I.
	19 30	I.Oc.D.	10	0 59	III.Ec.R.		22 53	I.Tr.E.		7 50	II.Tr.I.
	20 59	III.Ec.R.		18 42	I.Tr.I.		22 57	I.Sh.E.		10 16	II.Sh.E.
	22 01	I.Ec.R.		18 53	I.Sh.I.					10 25	II.Tr.E.
				20 52	I.Tr.E.	18	4 59	II.Tr.I.		20 02	I.Ec.D.
3	16 40	I.Tr.I.		21 03	I.Sh.E.		5 08	II.Sh.I.		22 17	I.Oc.R.
	16 59	I.Sh.I.					7 34	II.Tr.E.			
	18 51	I.Tr.E.	11	2 08	II.Tr.I.		7 41	II.Sh.E.	26	17 10	I.Sh.I.
	19 09	I.Sh.E.		2 32	II.Sh.I.		18 04	I.Oc.D.		17 14	I.Tr.I.
	23 18	II.Tr.I.		4 44	II.Tr.E.		20 18	I.Ec.R.		19 20	I.Sh.E.
	23 56	II.Sh.I.		5 05	II.Sh.E.					19 25	I.Tr.E.
				16 03	I.Oc.D.	19	15 13	I.Tr.I.			
4	1 53	II.Tr.E.		18 24	I.Ec.R.		15 16	I.Sh.I.	27	1 55	II.Ec.D.
	2 29	II.Sh.E.					17 24	I.Tr.E.		4 39	II.Oc.R.
	14 01	I.Oc.D.	12	13 12	I.Tr.I.		17 26	I.Sh.E.		14 31	I.Ec.D.
	16 29	I.Ec.R.		13 22	I.Sh.I.		23 15	II.Oc.D.		16 47	I.Oc.R.
				15 22	I.Tr.E.					20 48	III.Sh.I.
5	11 11	I.Tr.I.		15 32	I.Sh.E.	20	1 52	II.Ec.R.		21 07	III.Tr.I.
	11 28	I.Sh.I.		20 26	II.Oc.D.		12 35	I.Oc.D.		22 42	III.Sh.E.
	13 21	I.Tr.E.		23 17	II.Ec.R.		14 47	I.Ec.R.		23 12	III.Tr.E.
	13 37	I.Sh.E.					16 38	III.Tr.I.			
	17 37	II.Oc.D.	13	10 33	I.Oc.D.		16 50	III.Sh.I.	28	11 38	I.Sh.I.
	20 43	II.Ec.R.		12 09	III.Tr.I.		18 43	III.Sh.E.		11 45	I.Tr.I.
				12 51	III.Sh.I.		18 44	III.Tr.E.		13 48	I.Sh.E.
6	7 41	III.Tr.I.		12 52	I.Ec.R.					13 55	I.Tr.E.
	8 31	I.Oc.D.		14 15	III.Tr.E.	21	9 43	I.Tr.I.		21 01	II.Sh.I.
	8 53	III.Sh.I.		14 43	III.Sh.E.		9 44	I.Sh.I.		21 15	II.Tr.I.
	9 48	III.Tr.E.					11 54	I.Tr.E.		23 34	II.Sh.E.
	10 45	III.Sh.E.	14	7 42	I.Tr.I.		11 54	I.Sh.E.		23 49	II.Tr.E.
	10 58	I.Ec.R.		7 50	I.Sh.I.		18 24	II.Tr.I.			
				9 53	I.Tr.E.		18 26	II.Sh.I.	29	8 59	I.Ec.D.
7	5 41	I.Tr.I.		10 00	I.Sh.E.		20 59	II.Sh.E.		11 17	I.Oc.R.
	5 56	I.Sh.I.		15 34	II.Tr.I.		20 59	II.Tr.E.			
	7 51	I.Tr.E.		15 50	II.Sh.I.				30	6 07	I.Sh.I.
	8 06	I.Sh.E.		18 09	II.Tr.E.	22	7 05	I.Oc.D.		6 15	I.Tr.I.
	12 43	II.Tr.I.		18 23	II.Sh.E.		9 16	I.Oc.R.		8 17	I.Sh.E.
	13 14	II.Sh.I.								8 26	I.Tr.E.
	15 18	II.Tr.E.	15	5 03	I.Oc.D.	23	4 13	I.Sh.I.		15 12	II.Ec.D.
	15 47	II.Sh.E.		7 21	I.Ec.R.		4 14	I.Tr.I.		18 04	II.Oc.R.
							6 23	I.Sh.E.			
8	3 02	I.Oc.D.	16	2 12	I.Tr.I.		6 24	I.Tr.E.			
	5 27	I.Ec.R.		2 19	I.Sh.I.		12 37	II.Ec.D.			
				4 23	I.Tr.E.		15 14	II.Oc.R.			

I. Nov. 15	II. Nov. 16	III. Nov. 17	IV. Nov.
$x_2 = +1.0,\ y_2 = -0.3$	$x_2 = +1.0,\ y_2 = -0.4$	$x_2 = +0.7,\ y_2 = -0.8$	No Eclipse

NOTE.–I. denotes ingress; E., egress; D., disappearance; R., reappearance; Ec., eclipse; Oc., occultation; Tr., transit of the satellite; Sh., transit of the shadow.

CONFIGURATIONS OF SATELLITES I–IV FOR NOVEMBER

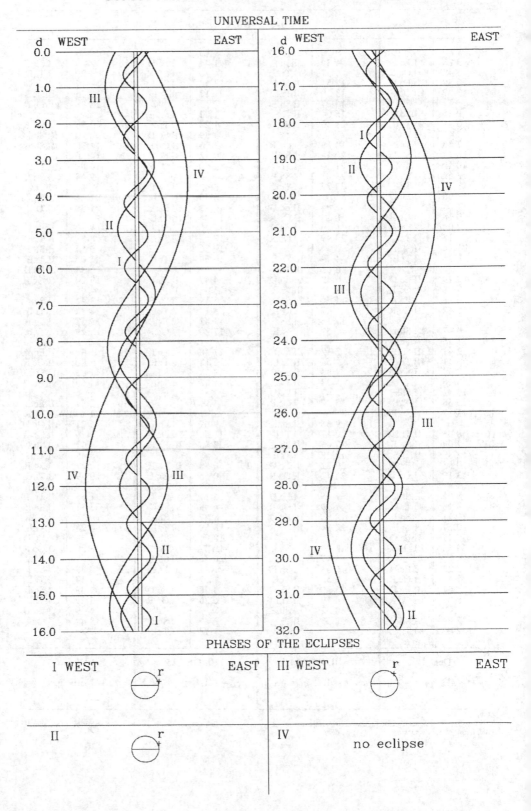

UNIVERSAL TIME

PHASES OF THE ECLIPSES

SATELLITES OF JUPITER, 2006

TERRESTRIAL TIME OF GEOCENTRIC PHENOMENA

DECEMBER

d	h m		d	h m		d	h m		d	h m	
1	3 28	I.Ec.D.	9	4 39	I.Sh.E.	17	1 44	I.Ec.D.	25	2 55	I.Sh.E.
	5 48	I.Oc.R.		4 57	I.Tr.E.		4 20	I.Oc.R.		3 29	I.Tr.E.
	10 59	III.Ec.D.		12 55	II.Sh.I.		22 52	I.Sh.I.		12 14	II.Ec.D.
	13 39	III.Oc.R.		13 30	II.Tr.I.		23 17	I.Tr.I.		15 55	II.Oc.R.
2	0 35	I.Sh.I.		15 27	II.Sh.E.					22 06	I.Ec.D.
	0 45	I.Tr.I.		16 04	II.Tr.E.	18	1 02	I.Sh.E.	26	0 50	I.Oc.R.
	2 45	I.Sh.E.		23 50	I.Ec.D.		1 28	I.Tr.E.		12 40	III.Sh.I.
	2 56	I.Tr.E.	10	2 19	I.Oc.R.		9 39	II.Ec.D.		14 35	III.Sh.E.
	10 19	II.Sh.I.		20 58	I.Sh.I.		13 06	II.Oc.R.		14 56	III.Tr.I.
	10 40	II.Tr.I.		21 17	I.Tr.I.		20 12	I.Ec.D.		16 59	III.Tr.E.
	12 52	II.Sh.E.		23 08	I.Sh.E.		22 50	I.Oc.R.		19 14	I.Sh.I.
	13 14	II.Tr.E.		23 27	I.Tr.E.	19	8 42	III.Sh.I.		19 48	I.Tr.I.
	21 56	I.Ec.D.	11	7 04	II.Ec.D.		10 30	III.Tr.I.		21 24	I.Sh.E.
3	0 18	I.Oc.R.		10 17	II.Oc.R.		10 37	III.Sh.E.		21 59	I.Tr.E.
	19 04	I.Sh.I.		18 19	I.Ec.D.		12 34	III.Tr.E.	27	7 22	II.Sh.I.
	19 15	I.Tr.I.		20 49	I.Oc.R.		17 20	I.Sh.I.		8 31	II.Tr.I.
	21 14	I.Sh.E.	12	4 44	III.Sh.I.		17 48	I.Tr.I.		9 54	II.Sh.E.
	21 26	I.Tr.E.		6 03	III.Tr.I.		19 30	I.Sh.E.		11 04	II.Tr.E.
4	4 29	II.Ec.D.		6 39	III.Sh.E.		19 58	I.Tr.E.		16 34	I.Ec.D.
	7 28	II.Oc.R.		8 08	III.Tr.E.	20	4 47	II.Sh.I.		19 20	I.Oc.R.
	16 25	I.Ec.D.		15 26	I.Sh.I.		5 43	II.Tr.I.	28	13 42	I.Sh.I.
	18 48	I.Oc.R.		15 47	I.Tr.I.		7 19	II.Sh.E.		14 18	I.Tr.I.
5	0 47	III.Sh.I.		17 36	I.Sh.E.		8 17	II.Tr.E.		15 52	I.Sh.E.
	1 35	III.Tr.I.		17 57	I.Tr.E.		14 41	I.Ec.D.		16 29	I.Tr.E.
	2 41	III.Sh.E.	13	2 12	II.Sh.I.		17 20	I.Oc.R.	29	1 32	II.Ec.D.
	3 41	III.Tr.E.		2 54	II.Tr.I.	21	11 48	I.Sh.I.		5 20	II.Oc.R.
	13 32	I.Sh.I.		4 44	II.Sh.E.		12 18	I.Tr.I.		11 03	I.Ec.D.
	13 46	I.Tr.I.		5 28	II.Tr.E.		13 58	I.Sh.E.		13 50	I.Oc.R.
	15 42	I.Sh.E.		12 47	I.Ec.D.		14 28	I.Tr.E.	30	2 51	III.Ec.D.
	15 56	I.Tr.E.		15 20	I.Oc.R.		22 57	II.Ec.D.		4 49	III.Ec.R.
	23 37	II.Sh.I.	14	9 55	I.Sh.I.	22	2 31	II.Oc.R.		5 21	III.Oc.D.
6	0 05	II.Tr.I.		10 17	I.Tr.I.		9 09	I.Ec.D.		7 26	III.Oc.R.
	2 09	II.Sh.E.		12 05	I.Sh.E.		11 50	I.Oc.R.		8 11	I.Sh.I.
	2 39	II.Tr.E.		12 28	I.Tr.E.		22 53	III.Ec.D.		8 48	I.Tr.I.
	10 53	I.Ec.D.		20 22	II.Ec.D.	23	0 50	III.Ec.R.		10 21	I.Sh.E.
	13 19	I.Oc.R.		23 42	II.Oc.R.		0 55	III.Oc.D.		10 59	I.Tr.E.
7	8 01	I.Sh.I.	15	7 15	I.Ec.D.		3 00	III.Oc.R.		20 39	II.Sh.I.
	8 16	I.Tr.I.		9 50	I.Oc.R.		6 17	I.Sh.I.		21 55	II.Tr.I.
	10 11	I.Sh.E.		18 55	III.Ec.D.		6 48	I.Tr.I.		23 11	II.Sh.E.
	10 27	I.Tr.E.		22 34	III.Oc.R.		8 27	I.Sh.E.	31	0 28	II.Tr.E.
	17 47	II.Ec.D.	16	4 23	I.Sh.I.		8 59	I.Tr.E.		5 31	I.Ec.D.
	20 53	II.Oc.R.		4 47	I.Tr.I.		18 04	II.Sh.I.		8 20	I.Oc.R.
8	5 22	I.Ec.D.		6 33	I.Sh.E.		19 07	II.Tr.I.	32	2 39	I.Sh.I.
	7 49	I.Oc.R.		6 58	I.Tr.E.		20 36	II.Sh.E.		3 18	I.Tr.I.
	14 57	III.Ec.D.		15 30	II.Sh.I.		21 41	II.Tr.E.		4 49	I.Sh.E.
	18 07	III.Oc.R.		16 19	II.Tr.I.	24	3 38	I.Ec.D.		5 29	I.Tr.E.
9	2 29	I.Sh.I.		18 02	II.Sh.E.		6 20	I.Oc.R.		14 49	II.Ec.D.
	2 46	I.Tr.I.		18 53	II.Tr.E.	25	0 45	I.Sh.I.		18 44	II.Oc.R.
							1 18	I.Tr.I.			

I. Dec. 15	II. Dec. 14	III. Dec. 15	IV. Dec.
$x_1 = -1.3,\ y_1 = -0.3$	$x_1 = -1.4,\ y_1 = -0.4$	$x_1 = -1.4,\ y_1 = -0.8$	No Eclipse

NOTE.–I. denotes ingress; E., egress; D., disappearance; R., reappearance; Ec., eclipse; Oc., occultation; Tr., transit of the satellite; Sh., transit of the shadow.

CONFIGURATIONS OF SATELLITES I–IV FOR DECEMBER

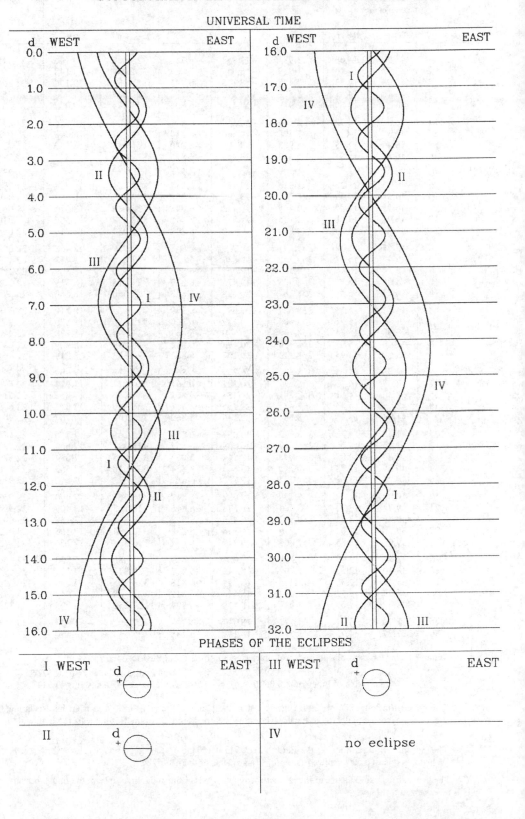

UNIVERSAL TIME

PHASES OF THE ECLIPSES

RINGS OF SATURN, 2006

FOR 0ʰ UNIVERSAL TIME

Date		Axes of outer edge of outer ring		U	B	P	U'	B'	P'
		Major	Minor						
		''	''	°	°	°	°	°	°
Jan.	−3	45.59	14.06	3.981	−17.958	−6.783	320.887	−19.196	−21.415
	1	45.78	14.20	3.739	−18.063	−6.788	321.034	−19.148	−21.461
	5	45.95	14.33	3.478	−18.175	−6.793	321.181	−19.100	−21.508
	9	46.10	14.47	3.202	−18.292	−6.799	321.327	−19.052	−21.554
	13	46.22	14.60	2.911	−18.414	−6.804	321.474	−19.004	−21.601
	17	46.31	14.72	2.609	−18.539	−6.809	321.620	−18.956	−21.647
	21	46.37	14.84	2.298	−18.666	−6.814	321.767	−18.908	−21.693
	25	46.40	14.95	1.982	−18.794	−6.820	321.913	−18.859	−21.739
	29	46.41	15.05	1.662	−18.923	−6.825	322.059	−18.811	−21.784
Feb.	2	46.39	15.14	1.342	−19.050	−6.829	322.205	−18.762	−21.830
	6	46.33	15.22	1.026	−19.175	−6.834	322.351	−18.713	−21.875
	10	46.25	15.29	0.716	−19.297	−6.838	322.497	−18.664	−21.920
	14	46.15	15.34	0.415	−19.413	−6.841	322.643	−18.615	−21.965
	18	46.01	15.38	0.125	−19.525	−6.845	322.788	−18.566	−22.010
	22	45.85	15.40	359.850	−19.630	−6.848	322.934	−18.517	−22.055
	26	45.67	15.42	359.591	−19.729	−6.851	323.079	−18.468	−22.099
Mar.	2	45.47	15.42	359.352	−19.819	−6.853	323.225	−18.418	−22.143
	6	45.24	15.40	359.133	−19.901	−6.855	323.370	−18.369	−22.187
	10	45.00	15.37	358.938	−19.975	−6.857	323.515	−18.319	−22.231
	14	44.74	15.33	358.767	−20.038	−6.858	323.660	−18.269	−22.275
	18	44.47	15.28	358.621	−20.092	−6.859	323.805	−18.219	−22.319
	22	44.19	15.21	358.503	−20.137	−6.860	323.950	−18.170	−22.362
	26	43.90	15.14	358.412	−20.170	−6.861	324.094	−18.120	−22.406
	30	43.60	15.05	358.350	−20.194	−6.862	324.239	−18.069	−22.449
Apr.	3	43.29	14.95	358.316	−20.207	−6.862	324.383	−18.019	−22.492
	7	42.98	14.85	358.312	−20.209	−6.862	324.528	−17.969	−22.534
	11	42.67	14.73	358.337	−20.201	−6.862	324.672	−17.918	−22.577
	15	42.36	14.61	358.391	−20.183	−6.861	324.816	−17.868	−22.619
	19	42.05	14.49	358.473	−20.155	−6.861	324.960	−17.817	−22.662
	23	41.74	14.35	358.584	−20.116	−6.860	325.104	−17.767	−22.704
	27	41.43	14.22	358.722	−20.067	−6.859	325.248	−17.716	−22.746
May	1	41.13	14.07	358.887	−20.009	−6.857	325.391	−17.665	−22.787
	5	40.84	13.93	359.078	−19.941	−6.856	325.535	−17.614	−22.829
	9	40.55	13.78	359.295	−19.863	−6.854	325.678	−17.563	−22.870
	13	40.27	13.63	359.535	−19.777	−6.851	325.822	−17.512	−22.912
	17	40.00	13.47	359.799	−19.682	−6.849	325.965	−17.460	−22.953
	21	39.74	13.32	0.085	−19.578	−6.846	326.108	−17.409	−22.994
	25	39.49	13.16	0.392	−19.466	−6.842	326.251	−17.358	−23.034
	29	39.25	13.00	0.719	−19.346	−6.838	326.394	−17.306	−23.075
June	2	39.02	12.85	1.065	−19.219	−6.834	326.537	−17.254	−23.115
	6	38.81	12.69	1.429	−19.084	−6.829	326.680	−17.203	−23.156
	10	38.60	12.53	1.809	−18.942	−6.824	326.823	−17.151	−23.196
	14	38.41	12.38	2.205	−18.794	−6.818	326.965	−17.099	−23.236
	18	38.23	12.22	2.614	−18.640	−6.811	327.108	−17.047	−23.275
	22	38.07	12.07	3.037	−18.479	−6.804	327.250	−16.995	−23.315
	26	37.91	11.91	3.471	−18.313	−6.797	327.392	−16.943	−23.354
	30	37.77	11.76	3.917	−18.141	−6.788	327.534	−16.890	−23.394

Factor by which axes of outer edge of outer ring are to be multiplied to obtain axes of:

Inner edge of outer ring 0.8932 Inner edge of inner ring 0.6726
Outer edge of inner ring 0.8596 Inner edge of dusky ring 0.5447

U = The geocentric longitude of Saturn, measured in the plane of the rings eastward from its ascending node on the mean equator of the Earth. The Saturnicentric longitude of the Earth, measured in the same way, is $U+180°$.

B = The Saturnicentric latitude of the Earth, referred to the plane of the rings, positive toward the north. When B is positive the visible surface of the rings is the northern surface.

P = The geocentric position angle of the northern semiminor axis of the apparent ellipse of the rings, measured eastward from north.

FOR 0ʰ UNIVERSAL TIME

Date		Axes of outer edge of outer ring		U	B	P	U′	B′	P′
		Major	Minor						
		″	*″*	°	°	°	°	°	°
July	4	37.64	11.61	4.372	−17.965	−6.780	327.676	−16.838	−23.433
	8	37.53	11.46	4.835	−17.784	−6.770	327.818	−16.785	−23.472
	12	37.43	11.32	5.305	−17.600	−6.760	327.960	−16.733	−23.510
	16	37.35	11.17	5.782	−17.411	−6.749	328.102	−16.680	−23.549
	20	37.27	11.03	6.264	−17.219	−6.738	328.243	−16.627	−23.587
	24	37.21	10.90	6.750	−17.025	−6.726	328.385	−16.575	−23.625
	28	37.17	10.76	7.239	−16.827	−6.714	328.526	−16.522	−23.663
Aug.	1	37.14	10.63	7.730	−16.628	−6.701	328.668	−16.469	−23.701
	5	37.12	10.50	8.222	−16.428	−6.687	328.809	−16.416	−23.739
	9	37.12	10.37	8.713	−16.226	−6.674	328.950	−16.363	−23.777
	13	37.13	10.25	9.203	−16.024	−6.659	329.091	−16.309	−23.814
	17	37.16	10.13	9.691	−15.821	−6.645	329.232	−16.256	−23.851
	21	37.20	10.02	10.176	−15.619	−6.630	329.373	−16.203	−23.888
	25	37.25	9.90	10.656	−15.418	−6.614	329.513	−16.149	−23.925
	29	37.32	9.80	11.131	−15.218	−6.599	329.654	−16.095	−23.962
Sept.	2	37.40	9.69	11.599	−15.020	−6.583	329.794	−16.042	−23.998
	6	37.50	9.59	12.060	−14.824	−6.567	329.935	−15.988	−24.035
	10	37.61	9.50	12.512	−14.632	6.551	330.075	−15.934	−24.071
	14	37.73	9.41	12.955	−14.442	−6.535	330.215	−15.880	−24.107
	18	37.87	9.33	13.387	−14.257	−6.519	330.355	−15.826	−24.143
	22	38.02	9.25	13.807	−14.077	−6.503	330.495	−15.772	−24.178
	26	38.18	9.17	14.215	−13.902	−6.487	330.635	−15.718	−24.214
	30	38.36	9.11	14.608	−13.733	−6.472	330.775	−15.664	−24.249
Oct.	4	38.55	9.04	14.987	−13.570	−6.457	330.915	−15.610	−24.284
	8	38.75	8.99	15.349	−13.414	−6.442	331.054	−15.555	−24.319
	12	38.97	8.94	15.695	−13.266	−6.428	331.194	−15.501	−24.354
	16	39.19	8.90	16.023	−13.126	−6.414	331.333	−15.446	−24.389
	20	39.43	8.87	16.331	−12.994	−6.401	331.473	−15.392	−24.423
	24	39.68	8.84	16.620	−12.872	−6.389	331.612	−15.337	−24.458
	28	39.94	8.82	16.887	−12.760	−6.377	331.751	−15.282	−24.492
Nov.	1	40.21	8.81	17.132	−12.658	−6.367	331.890	−15.227	−24.526
	5	40.49	8.81	17.354	−12.568	−6.357	332.029	−15.172	−24.560
	9	40.77	8.82	17.552	−12.488	−6.349	332.168	−15.117	−24.593
	13	41.07	8.83	17.726	−12.420	−6.341	332.306	−15.062	−24.627
	17	41.36	8.86	17.874	−12.364	−6.335	332.445	−15.007	−24.660
	21	41.67	8.89	17.997	−12.321	−6.329	332.584	−14.952	−24.693
	25	41.97	8.93	18.092	−12.291	−6.325	332.722	−14.897	−24.726
	29	42.28	8.99	18.160	−12.274	−6.322	332.860	−14.841	−24.759
Dec.	3	42.59	9.05	18.201	−12.269	−6.321	332.998	−14.786	−24.792
	7	42.89	9.12	18.215	−12.278	−6.321	333.137	−14.730	−24.824
	11	43.19	9.20	18.201	−12.300	−6.322	333.275	−14.675	−24.857
	15	43.49	9.29	18.160	−12.335	−6.324	333.413	−14.619	−24.889
	19	43.78	9.39	18.091	−12.383	−6.328	333.550	−14.564	−24.921
	23	44.06	9.49	17.996	−12.443	−6.332	333.688	−14.508	−24.953
	27	44.33	9.61	17.875	−12.515	−6.338	333.826	−14.452	−24.984
	31	44.58	9.73	17.729	−12.599	−6.345	333.963	−14.396	−25.016
	35	44.82	9.85	17.559	−12.693	−6.354	334.101	−14.340	−25.047

Factor by which axes of outer edge of outer ring are to be multiplied to obtain axes of:

Inner edge of outer ring 0.8932   Inner edge of inner ring 0.6726
Outer edge of inner ring 0.8596   Inner edge of dusky ring 0.5447

$U′$ = The heliocentric longitude of Saturn, measured in the plane of the rings eastward from its ascending node on the ecliptic. The Saturnicentric longitude of the Sun, measured in the same way is $U′ + 180°$.

$B′$ = The Saturnicentric latitude of the Sun, referred to the plane of the rings, positive toward the north. When B′ is positive the northern surface of the rings is illuminated.

$P′$ = The heliocentric position angle of the northern semiminor axis of the rings on the heliocentric celestial sphere, measured eastward from the great circle that passes through Saturn and the poles of the ecliptic.

APPARENT ORBITS OF SATELLITES I–VII AT DATE OF OPPOSITION, JANUARY 27

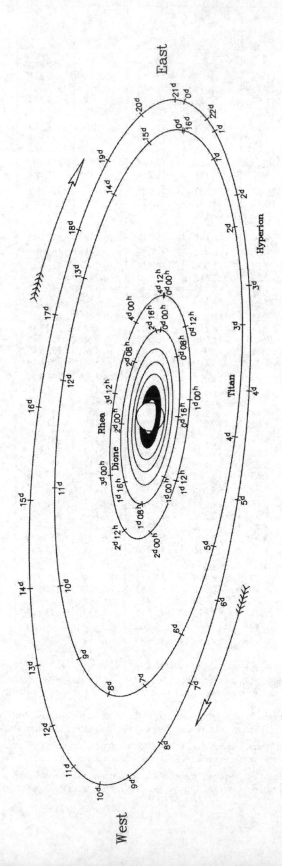

Orbits elongated in ratio of 1 to 1 in direction of minor axes.

Name		Mean Synodic Period	Name		Mean Synodic Period
		d h			d h
I	Mimas	0 22.6	VI	Titan	15 23.3
II	Enceladus	1 08.9	VII	Hyperion	21 07.6
III	Tethys	1 21.3	VIII	Iapetus	79 22.1
IV	Dione	2 17.7	IX	Phoebe	523 15.6
V	Rhea	4 12.5			

UNIVERSAL TIME OF GREATEST EASTERN ELONGATION

MIMAS

Jan.	Feb.	Mar.	Apr.	May	June	July	Aug.	Sept.	Oct.	Nov.	Dec.
d h	d h	d h	d h	d h	d h	d h	d h	d h	d h	d h	d h
0 11.7	1 12.6	1 19.0	1 21.4	1 02.7	1 05.3	1 09.3	1 12.0	1 14.6	1 18.6	1 21.1	1 02.3
1 10.3	2 11.2	2 17.6	2 20.0	2 01.3	2 03.9	2 07.9	2 10.6	2 13.2	2 17.2	2 19.8	2 01.0
2 08.9	3 09.8	3 16.3	3 18.7	2 23.9	3 02.5	3 06.5	3 09.2	3 11.9	3 15.8	3 18.4	2 23.6
3 07.5	4 08.4	4 14.9	4 17.3	3 22.6	4 01.2	4 05.2	4 07.8	4 10.5	4 14.5	4 17.0	3 22.2
4 06.1	5 07.0	5 13.5	5 15.9	4 21.2	4 23.8	5 03.8	5 06.5	5 09.1	5 13.1	5 15.6	4 20.8
5 04.8	6 05.6	6 12.1	6 14.5	5 19.8	5 22.4	6 02.4	6 05.1	6 07.7	6 11.7	6 14.2	5 19.4
6 03.4	7 04.3	7 10.7	7 13.1	6 18.4	6 21.0	7 01.1	7 03.7	7 06.4	7 10.3	7 12.9	6 18.1
7 02.0	8 02.9	8 09.3	8 11.8	7 17.0	7 19.7	7 23.7	8 02.3	8 05.0	8 09.0	8 11.5	7 16.7
8 00.6	9 01.5	9 08.0	9 10.4	8 15.7	8 18.3	8 22.3	9 01.0	9 03.6	9 07.6	9 10.1	8 15.3
8 23.2	10 00.1	10 06.6	10 09.0	9 14.3	9 16.9	9 20.9	9 23.6	10 02.2	10 06.2	10 08.7	9 13.9
9 21.8	10 22.7	11 05.2	11 07.6	10 12.9	10 15.5	10 19.6	10 22.2	11 00.9	11 04.8	11 07.3	10 12.5
10 20.4	11 21.3	12 03.8	12 06.2	11 11.5	11 14.2	11 18.2	11 20.8	11 23.5	12 03.4	12 06.0	11 11.1
11 19.1	12 19.9	13 02.4	13 04.9	12 10.2	12 12.8	12 16.8	12 19.5	12 22.1	13 02.1	13 04.6	12 09.8
12 17.7	13 18.6	14 01.0	14 03.5	13 08.8	13 11.4	13 15.4	13 18.1	13 20.7	14 00.7	14 03.2	13 08.4
13 16.3	14 17.2	14 23.7	15 02.1	14 07.4	14 10.0	14 14.1	14 16.7	14 19.4	14 23.3	15 01.8	14 07.0
14 14.9	15 15.8	15 22.3	16 00.7	15 06.0	15 08.7	15 12.7	15 15.3	15 18.0	15 21.9	16 00.4	15 05.6
15 13.5	16 14.4	16 20.9	16 23.4	16 04.7	16 07.3	16 11.3	16 14.0	16 16.6	16 20.6	16 23.1	16 04.2
16 12.1	17 13.0	17 19.5	17 22.0	17 03.3	17 05.9	17 09.9	17 12.6	17 15.2	17 19.2	17 21.7	17 02.8
17 10.7	18 11.6	18 18.1	18 20.6	18 01.9	18 04.5	18 08.6	18 11.2	18 13.9	18 17.8	18 20.3	18 01.5
18 09.4	19 10.3	19 16.8	19 19.2	19 00.5	19 03.2	19 07.2	19 09.8	19 12.5	19 16.4	19 18.9	19 00.1
19 08.0	20 08.9	20 15.4	20 17.8	19 23.2	20 01.8	20 05.8	20 08.5	20 11.1	20 15.1	20 17.5	19 22.7
20 06.6	21 07.5	21 14.0	21 16.5	20 21.8	21 00.4	21 04.4	21 07.1	21 09.7	21 13.7	21 16.2	20 21.3
21 05.2	22 06.1	22 12.6	22 15.1	21 20.4	21 23.0	22 03.1	22 05.7	22 08.4	22 12.3	22 14.8	21 19.9
22 03.8	23 04.7	23 11.2	23 13.7	22 19.0	22 21.7	23 01.7	23 04.4	23 07.0	23 10.9	23 13.4	22 18.5
23 02.4	24 03.3	24 09.8	24 12.3	23 17.7	23 20.3	24 00.3	24 03.0	24 05.6	24 09.5	24 12.0	23 17.2
24 01.0	25 01.9	25 08.5	25 10.9	24 16.3	24 18.9	24 22.9	25 01.6	25 04.2	25 08.2	25 10.6	24 15.8
24 23.7	26 00.6	26 07.1	26 09.6	25 14.9	25 17.5	25 21.6	26 00.2	26 02.9	26 06.8	26 09.2	25 14.4
25 22.3	26 23.2	27 05.7	27 08.2	26 13.5	26 16.2	26 20.2	26 22.9	27 01.5	27 05.4	27 07.9	26 13.0
26 20.9	27 21.8	28 04.3	28 06.8	27 12.2	27 14.8	27 18.8	27 21.5	28 00.1	28 04.0	28 06.5	27 11.6
27 19.5	28 20.4	29 02.9	29 05.4	28 10.8	28 13.4	28 17.5	28 20.1	28 22.7	29 02.6	29 05.1	28 10.2
28 18.1		30 01.6	30 04.1	29 09.4	29 12.0	29 16.1	29 18.7	29 21.3	30 01.3	30 03.7	29 08.9
29 16.7		31 00.2		30 08.0	30 10.7	30 14.7	30 17.4	30 20.0	30 23.9		30 07.5
30 15.3		31 22.8		31 06.7		31 13.3	31 16.0		31 22.5		31 06.1
31 14.0											32 04.7

ENCELADUS

Jan.	Feb.	Mar.	Apr.	May	June	July	Aug.	Sept.	Oct.	Nov.	Dec.
d h	d h	d h	d h	d h	d h	d h	d h	d h	d h	d h	d h
0 04.6	2 01.6	1 11.1	1 23.5	2 03.1	1 06.8	1 10.6	1 23.3	1 03.1	1 06.8	1 19.4	1 22.9
1 13.5	3 10.5	2 20.0	3 08.3	3 11.9	2 15.7	2 19.5	3 08.2	2 12.0	2 15.7	3 04.3	3 07.7
2 22.3	4 19.3	4 04.9	4 17.2	4 20.8	4 00.6	4 04.4	4 17.1	3 20.9	4 00.6	4 13.1	4 16.6
4 07.2	6 04.2	5 13.8	6 02.1	6 05.7	5 09.5	5 13.3	6 02.0	5 05.8	5 09.5	5 22.0	6 01.5
5 16.1	7 13.1	6 22.7	7 11.0	7 14.6	6 18.4	6 22.2	7 10.9	6 14.7	6 18.4	7 06.9	7 10.4
7 01.0	8 22.0	8 07.5	8 19.9	8 23.5	8 03.3	8 07.1	8 19.8	7 23.6	8 03.3	8 15.8	8 19.3
8 09.8	10 06.8	9 16.4	10 04.8	10 08.4	9 12.2	9 16.0	10 04.7	9 08.5	9 12.2	10 00.7	10 04.2
9 18.7	11 15.7	11 01.3	11 13.7	11 17.3	10 21.1	11 00.9	11 13.6	10 17.4	10 21.1	11 09.6	11 13.0
11 03.6	13 00.6	12 10.2	12 22.6	13 02.2	12 06.0	12 09.8	12 22.5	12 02.3	12 06.0	12 18.5	12 21.9
12 12.5	14 09.5	13 19.1	14 07.5	14 11.1	13 14.9	13 18.7	14 07.4	13 11.2	13 14.9	14 03.4	14 06.8
13 21.3	15 18.4	15 03.9	15 16.3	15 20.0	14 23.8	15 03.6	15 16.3	14 20.1	14 23.8	15 12.3	15 15.7
15 06.2	17 03.2	16 12.8	17 01.2	17 04.9	16 08.7	16 12.5	17 01.2	16 05.0	16 08.7	16 21.1	17 00.6
16 15.1	18 12.1	17 21.7	18 10.1	18 13.8	17 17.6	17 21.4	18 10.1	17 13.9	17 17.6	18 06.0	18 09.4
18 00.0	19 21.0	19 06.6	19 19.0	19 22.7	19 02.5	19 06.3	19 19.0	18 22.8	19 02.5	19 14.9	19 18.3
19 08.8	21 05.9	20 15.5	21 03.9	21 07.6	20 11.4	20 15.2	21 03.9	20 07.7	20 11.4	20 23.8	21 03.2
20 17.7	22 14.7	22 00.4	22 12.8	22 16.5	21 20.3	22 00.1	22 12.8	21 16.6	21 20.2	22 08.7	22 12.1
22 02.6	23 23.6	23 09.2	23 21.7	24 01.4	23 05.2	23 09.0	23 21.7	23 01.5	23 05.1	23 17.6	23 21.0
23 11.5	25 08.5	24 18.1	25 06.6	25 10.3	24 14.1	24 17.9	25 06.6	24 10.4	24 14.0	25 02.4	25 05.8
24 20.3	26 17.4	26 03.0	26 15.5	26 19.2	25 23.0	26 02.8	26 15.5	25 19.3	25 22.9	26 11.3	26 14.7
26 05.2	28 02.3	27 11.9	28 00.4	28 04.1	27 07.9	27 11.7	28 00.4	27 04.2	27 07.8	27 20.2	27 23.6
27 14.1		28 20.8	29 09.3	29 13.0	28 16.8	28 20.6	29 09.3	28 13.1	28 16.7	29 05.1	29 08.5
28 23.0		30 05.7	30 18.2	30 21.9	30 01.7	30 05.5	30 18.2	29 22.0	30 01.6	30 14.0	30 17.4
30 07.8		31 14.6				31 14.4			31 10.5		32 02.2
31 16.7											

SATELLITES OF SATURN, 2006

UNIVERSAL TIME OF GREATEST EASTERN ELONGATION

Jan.	Feb.	Mar.	Apr.	May	June	July	Aug.	Sept.	Oct.	Nov.	Dec.

TETHYS

d h	d h	d h	d h	d h	d h	d h	d h	d h	d h	d h	d h
0 19.0	1 20.9	2 04.2	1 09.1	1 14.1	2 16.7	1 00.7	2 03.5	1 08.8	1 14.1	2 16.6	1 00.3
2 16.3	3 18.2	4 01.5	3 06.4	3 11.5	4 14.0	2 22.1	4 00.8	3 06.2	3 11.5	4 13.9	2 21.6
4 13.5	5 15.4	5 22.8	5 03.7	5 08.8	6 11.4	4 19.4	5 22.1	5 03.5	5 08.8	6 11.2	4 18.9
6 10.8	7 12.7	7 20.1	7 01.0	7 06.1	8 08.7	6 16.7	7 19.5	7 00.8	7 06.1	8 08.6	6 16.2
8 08.1	9 10.0	9 17.4	8 22.3	9 03.4	10 06.0	8 14.1	9 16.8	8 22.2	9 03.4	10 05.9	8 13.5
10 05.4	11 07.3	11 14.7	10 19.6	11 00.8	12 03.4	10 11.4	11 14.2	10 19.5	11 00.8	12 03.2	10 10.8
12 02.7	13 04.6	13 12.0	12 17.0	12 22.1	14 00.7	12 08.8	13 11.5	12 16.8	12 22.1	14 00.5	12 08.1
14 00.0	15 01.9	15 09.3	14 14.3	14 19.4	15 22.0	14 06.1	15 08.8	14 14.2	14 19.4	15 21.8	14 05.4
15 21.3	16 23.2	17 06.6	16 11.6	16 16.7	17 19.4	16 03.4	17 06.2	16 11.5	16 16.7	17 19.1	16 02.7
17 18.6	18 20.5	19 03.9	18 08.9	18 14.1	19 16.7	18 00.8	19 03.5	18 08.8	18 14.1	19 16.4	18 00.0
19 15.9	20 17.8	21 01.2	20 06.2	20 11.4	21 14.1	19 22.1	21 00.8	20 06.2	20 11.4	21 13.7	19 21.3
21 13.1	22 15.1	22 22.5	22 03.5	22 08.7	23 11.4	21 19.4	22 22.2	22 03.5	22 08.7	23 11.1	21 18.6
23 10.4	24 12.4	24 19.8	24 00.9	24 06.1	25 08.7	23 16.8	24 19.5	24 00.8	24 06.0	25 08.4	23 15.9
25 07.7	26 09.7	26 17.2	25 22.2	26 03.4	27 06.1	25 14.1	26 16.8	25 22.2	26 03.3	27 05.7	25 13.2
27 05.0	28 06.9	28 14.5	27 19.5	28 00.7	29 03.4	27 11.5	28 14.2	27 19.5	28 00.7	29 03.0	27 10.5
29 02.3		30 11.8	29 16.8	29 22.0		29 08.8	30 11.5	29 16.8	29 22.0		29 07.8
30 23.6				31 19.4		31 06.1			31 19.3		31 05.1

DIONE

d h	d h	d h	d h	d h	d h	d h	d h	d h	d h	d h	d h
1 04.4	3 00.2	2 08.7	1 11.1	1 13.9	3 10.6	3 13.7	2 17.0	1 20.2	1 23.3	1 02.2	1 04.9
3 22.1	5 17.8	5 02.4	4 04.8	4 07.6	6 04.3	6 07.5	5 10.7	4 13.9	4 17.0	3 19.9	3 22.5
6 15.7	8 11.5	7 20.1	6 22.5	7 01.3	8 22.1	9 01.2	8 04.5	7 07.7	7 10.7	6 13.6	6 16.2
9 09.4	11 05.1	10 13.7	9 16.2	9 19.0	11 15.8	11 19.0	10 22.2	10 01.4	10 04.5	9 07.3	9 09.9
12 03.0	13 22.8	13 07.4	12 09.9	12 12.7	14 09.5	14 12.7	13 16.0	12 19.1	12 22.2	12 01.0	12 03.6
14 20.7	16 16.4	16 01.1	15 03.6	15 06.5	17 03.3	17 06.5	16 09.7	15 12.9	15 15.9	14 18.7	14 21.3
17 14.3	19 10.1	18 18.7	17 21.3	18 00.2	19 21.0	20 00.2	19 03.5	18 06.6	18 09.6	17 12.4	17 14.9
20 08.0	22 03.8	21 12.4	20 15.0	20 17.9	22 14.8	22 18.0	21 21.2	21 00.3	21 03.3	20 06.1	20 08.6
23 01.6	24 21.4	24 06.1	23 08.7	23 11.6	25 08.5	25 11.7	24 14.9	23 18.1	23 21.1	22 23.8	23 02.3
25 19.3	27 15.1	26 23.8	26 02.4	26 05.4	28 02.3	28 05.5	27 08.7	26 11.8	26 14.8	25 17.5	25 19.9
28 12.9		29 17.5	28 20.1	28 23.1	30 20.0	30 23.2	30 02.4	29 05.5	29 08.5	28 11.2	28 13.6
31 06.6				31 16.8							31 07.3

RHEA

d h	d h	d h	d h	d h	d h	d h	d h	d h	d h	d h	d h
1 01.5	1 15.7	5 06.0	1 08.3	2 23.5	3 15.2	5 07.2	1 10.7	2 02.8	3 18.7	4 10.3	1 13.0
5 13.8	6 04.0	9 18.3	5 20.7	7 12.0	8 03.7	9 19.8	5 23.3	6 15.4	8 07.2	8 22.8	6 01.4
10 02.1	10 16.3	14 06.7	10 09.1	12 00.5	12 16.3	14 08.3	10 11.9	11 03.9	12 19.8	13 11.2	10 13.8
14 14.4	15 04.6	18 19.1	14 21.6	16 13.0	17 04.9	18 20.9	15 00.5	15 16.5	17 08.3	17 23.7	15 02.2
19 02.7	19 17.0	23 07.5	19 10.0	21 01.5	21 17.4	23 09.5	19 13.0	20 05.1	21 20.8	22 12.2	19 14.6
23 15.1	24 05.3	27 19.9	23 22.5	25 14.1	26 06.0	27 22.1	24 01.6	24 17.6	26 09.3	27 00.6	24 03.0
28 03.4	28 17.6		28 11.0	30 02.6	30 18.6		28 14.2	29 06.2	30 21.8		28 15.4

UNIVERSAL TIME OF CONJUNCTIONS AND ELONGATIONS

TITAN

Eastern Elongation	Inferior Conjunction	Western Elongation	Superior Conjunction
d h	d h	d h	d h
	Jan. 1 22.5	Jan. 5 19.2	Jan. 9 18.4
Jan. 13 20.9	17 20.1	21 16.5	25 15.7
29 18.1	Feb. 2 17.5	Feb. 6 13.8	Feb. 10 13.0
Feb. 14 15.3	18 15.0	22 11.2	26 10.5
Mar. 2 12.8	Mar. 6 12.8	Mar. 10 08.9	Mar. 14 08.3
18 10.7	22 10.9	26 07.0	30 06.6
Apr. 3 09.1	Apr. 7 09.5	Apr. 11 05.7	Apr. 15 05.4
19 07.9	23 08.5	27 04.8	May 1 04.7
May 5 07.4	May 9 07.9	May 13 04.4	17 04.4
21 07.2	25 07.8	29 04.4	June 2 04.6
June 6 07.4	June 10 07.9	June 14 04.8	18 05.0
22 08.0	26 08.3	30 05.3	July 4 05.7
July 8 08.7	July 12 08.9	July 16 06.0	20 06.6
24 09.5	28 09.5	Aug. 1 06.9	Aug. 5 07.5
Aug. 9 10.4	Aug. 13 10.2	17 07.7	21 08.4
25 11.3	29 10.8	Sept. 2 08.4	Sept. 6 09.2
Sept. 10 12.0	Sept. 14 11.3	18 09.0	22 09.8
26 12.6	30 11.6	Oct. 4 09.4	Oct. 8 10.2
Oct. 12 12.9	Oct. 16 11.7	20 09.5	24 10.3
28 12.8	Nov. 1 11.4	Nov. 5 09.3	Nov. 9 09.9
Nov. 13 12.4	17 10.8	21 08.6	25 09.2
29 11.5	Dec. 3 09.8	Dec. 7 07.5	Dec. 11 07.9
Dec. 15 10.1	19 08.3	23 05.9	27 06.2
31 08.3			

HYPERION

Eastern Elongation	Inferior Conjunction	Western Elongation	Superior Conjunction
d h	d h	d h	d h
		Jan. 0 10.4	Jan. 6 13.5
Jan. 11 12.4	Jan. 16 01.1	21 15.7	27 17.8
Feb. 1 16.0	Feb. 6 05.0	Feb. 11 19.5	Feb. 17 21.8
22 20.0	27 09.2	Mar. 4 23.2	Mar. 11 02.0
Mar. 16 00.8	Mar. 20 14.9	26 04.2	Apr. 1 06.6
Apr. 6 04.6	Apr. 10 19.0	Apr. 16 09.3	22 12.1
27 10.0	May 2 00.3	May 7 15.0	May 13 18.3
May 18 16.6	23 07.2	28 22.4	June 4 01.2
June 8 22.4	June 13 12.9	June 19 05.8	25 09.0
30 05.7	July 4 19.7	July 10 13.3	July 16 16.5
July 21 13.2	26 03.5	31 21.8	Aug. 7 00.2
Aug. 11 19.9	Aug. 16 10.1	Aug. 22 06.3	28 08.9
Sept. 2 03.9	Sept. 6 17.6	Sept. 12 14.3	Sept. 18 16.5
23 11.4	28 01.4	Oct. 3 22.5	Oct. 9 23.7
Oct. 14 17.8	Oct. 19 07.9	25 06.7	31 08.0
Nov. 5 01.5	Nov. 9 15.2	Nov. 15 13.8	Nov. 21 14.7
26 08.1	30 21.9	Dec. 6 20.4	Dec. 12 20.5
Dec. 17 13.3	Dec. 22 03.3	28 02.7	

IAPETUS

Eastern Elongation	Inferior Conjunction	Western Elongation	Superior Conjunction
d h	d h	d h	d h
			Jan. 10 21.3
Jan. 31 04.6	Feb. 20 03.2	Mar. 10 17.0	Mar. 30 04.5
Apr. 19 13.7	May 10 08.6	May 29 10.3	June 18 11.6
July 9 13.0	July 30 09.8	Aug. 18 23.6	Sept. 7 23.9
Sept. 29 08.5	Oct. 19 14.8	Nov. 8 04.7	Nov. 27 16.5
Dec. 18 13.8			

SATELLITES OF SATURN, 2006

DIFFERENTIAL COORDINATES OF HYPERION FOR 0ʰ U.T.

Date		$\Delta\alpha$	$\Delta\delta$	Date		$\Delta\alpha$	$\Delta\delta$	Date		$\Delta\alpha$	$\Delta\delta$
		s	'			s	'			s	'
Jan.	−1	− 18	− 0.1	May	1	+ 4	+ 1.2	Sept.	2	+ 13	+ 0.3
	1	− 18	− 0.8		3	− 5	+ 1.0		4	+ 10	+ 0.7
	3	− 14	− 1.3		5	− 13	+ 0.4		6	+ 3	+ 0.8
	5	− 6	− 1.4		7	− 16	− 0.3		8	− 6	+ 0.6
	7	+ 3	− 1.2		9	− 15	− 0.9		10	− 12	+ 0.2
	9	+ 12	− 0.6		11	− 10	− 1.3		12	− 15	− 0.3
	11	+ 16	+ 0.1		13	− 2	− 1.3		14	− 14	− 0.7
	13	+ 14	+ 0.9		15	+ 6	− 1.0		16	− 9	− 0.9
	15	+ 5	+ 1.2		17	+ 12	− 0.3		18	− 2	− 0.9
	17	− 6	+ 1.0		19	+ 14	+ 0.4		20	+ 6	− 0.6
	19	− 15	+ 0.4		21	+ 9	+ 1.0		22	+ 12	− 0.1
	21	− 19	− 0.4		23	+ 1	+ 1.1		24	+ 13	+ 0.4
	23	− 17	− 1.0		25	− 8	+ 0.7		26	+ 8	+ 0.8
	25	− 11	− 1.4		27	− 14	+ 0.1		28	0	+ 0.7
	27	− 2	− 1.5		29	− 16	− 0.5		30	− 9	+ 0.5
	29	+ 7	− 1.1		31	− 13	− 1.0	Oct.	2	− 14	0.0
	31	+ 14	− 0.4	June	2	− 7	− 1.3		4	− 16	− 0.4
Feb.	2	+ 16	+ 0.5		4	+ 1	− 1.1		6	− 13	− 0.8
	4	+ 11	+ 1.1		6	+ 8	− 0.7		8	− 7	− 0.9
	6	0	+ 1.2		8	+ 13	0.0		10	+ 1	− 0.8
	8	− 10	+ 0.8		10	+ 12	+ 0.6		12	+ 8	− 0.4
	10	− 17	+ 0.1		12	+ 6	+ 1.0		14	+ 13	+ 0.1
	12	− 19	− 0.7		14	− 3	+ 0.9		16	+ 12	+ 0.6
	14	− 15	− 1.3		16	− 11	+ 0.5		18	+ 5	+ 0.8
	16	− 8	− 1.5		18	− 15	− 0.1		20	− 3	+ 0.7
	18	+ 2	− 1.4		20	− 15	− 0.7		22	− 11	+ 0.3
	20	+ 10	− 0.8		22	− 11	− 1.1		24	− 15	− 0.2
	22	+ 16	0.0		24	− 4	− 1.2		26	− 16	− 0.6
	24	+ 15	+ 0.8		26	+ 3	− 1.0		28	− 12	− 0.8
	26	+ 7	+ 1.2		28	+ 10	− 0.4		30	− 5	− 0.9
	28	− 4	+ 1.1		30	+ 13	+ 0.2	Nov.	1	+ 4	− 0.6
Mar.	2	− 13	+ 0.5	July	2	+ 10	+ 0.8		3	+ 11	− 0.2
	4	− 18	− 0.2		4	+ 3	+ 1.0		5	+ 14	ǀ 0.3
	6	− 17	− 1.0		6	− 6	+ 0.8		7	+ 10	+ 0.7
	8	− 12	− 1.4		8	− 12	+ 0.3		9	+ 2	+ 0.8
	10	− 4	− 1.5		10	− 15	− 0.3		11	− 7	+ 0.5
	12	+ 5	− 1.2		12	− 14	− 0.8		13	− 14	+ 0.1
	14	+ 13	− 0.5		14	− 9	− 1.1		15	− 17	− 0.3
	16	+ 16	+ 0.3		16	− 2	− 1.1		17	− 15	− 0.7
	18	+ 12	+ 1.0		18	+ 6	− 0.7		19	− 10	− 0.9
	20	+ 2	+ 1.2		20	+ 11	− 0.2		21	− 2	− 0.8
	22	− 8	+ 0.9		22	+ 13	+ 0.4		23	+ 7	− 0.5
	24	− 15	+ 0.2		24	+ 8	+ 0.8		25	+ 13	0.0
	26	− 18	− 0.5		26	0	+ 0.9		27	+ 14	+ 0.5
	28	− 15	− 1.1		28	− 8	+ 0.6		29	+ 8	+ 0.8
	30	− 9	− 1.5		30	− 14	+ 0.1	Dec.	1	− 1	+ 0.7
Apr.	1	0	− 1.4	Aug.	1	− 15	− 0.5		3	− 10	+ 0.4
	3	+ 9	− 0.9		3	− 13	− 0.9		5	− 16	0.0
	5	+ 14	− 0.2		5	− 7	− 1.0		7	− 17	− 0.5
	7	+ 14	+ 0.6		7	+ 1	− 0.9		9	− 15	− 0.8
	9	+ 8	+ 1.1		9	+ 8	− 0.5		11	− 8	− 0.9
	11	− 2	+ 1.1		11	+ 12	0.0		13	+ 1	− 0.8
	13	− 11	+ 0.7		13	+ 11	+ 0.6		15	+ 10	− 0.4
	15	− 16	− 0.1		15	+ 5	+ 0.9		17	+ 14	+ 0.2
	17	− 17	− 0.8		17	− 3	+ 0.8		19	+ 13	+ 0.7
	19	− 13	− 1.3		19	− 10	+ 0.4		21	+ 5	+ 0.8
	21	− 5	− 1.4		21	− 15	− 0.1		23	− 5	+ 0.7
	23	+ 3	− 1.2		23	− 15	− 0.6		25	− 13	+ 0.3
	25	+ 11	− 0.6		25	− 11	− 0.9		27	− 18	− 0.2
	27	+ 15	+ 0.1		27	− 5	− 1.0		29	− 17	− 0.6
	29	+ 12	+ 0.8		29	+ 3	− 0.8		31	− 13	− 0.9
May	1	+ 4	+ 1.2		31	+ 10	− 0.3		33	− 5	− 0.9

Differential coordinates are given in the sense "satellite minus planet."

DIFFERENTIAL COORDINATES OF IAPETUS FOR 0ʰ U.T.

Date		$\Delta\alpha$	$\Delta\delta$	Date		$\Delta\alpha$	$\Delta\delta$	Date		$\Delta\alpha$	$\Delta\delta$
		s	'			s	'			s	'
Jan.	−1	− 33	− 0.5	May	1	+ 25	+ 0.9	Sept.	2	− 15	− 0.1
	1	− 29	− 0.6		3	+ 20	+ 0.9		4	− 10	− 0.1
	3	− 24	− 0.6		5	+ 15	+ 0.9		6	− 5	− 0.1
	5	− 19	− 0.7		7	+ 9	+ 0.8		8	0	− 0.1
	7	− 12	− 0.7		9	+ 4	+ 0.8		10	+ 5	− 0.2
	9	− 6	− 0.7		11	− 2	+ 0.7		12	+ 10	− 0.2
	11	+ 1	− 0.6		13	− 8	+ 0.6		14	+ 15	− 0.2
	13	+ 7	− 0.6		15	− 14	+ 0.5		16	+ 20	− 0.2
	15	+ 14	− 0.5		17	− 19	+ 0.4		18	+ 24	− 0.2
	17	+ 20	− 0.5		19	− 23	+ 0.3		20	+ 27	− 0.2
	19	+ 26	− 0.4		21	− 27	+ 0.1		22	+ 30	− 0.2
	21	+ 31	− 0.3		23	− 31	0.0		24	+ 33	− 0.2
	23	+ 35	− 0.1		25	− 33	− 0.1		26	+ 34	− 0.2
	25	+ 39	0.0		27	− 35	− 0.2		28	+ 35	− 0.2
	27	+ 41	+ 0.1		29	− 35	− 0.3		30	+ 35	− 0.2
	29	+ 43	+ 0.2		31	− 35	− 0.4	Oct.	2	+ 34	− 0.2
	31	+ 44	+ 0.4	June	2	− 34	− 0.5		4	+ 33	− 0.2
Feb.	2	+ 43	+ 0.5		4	− 31	− 0.6		6	+ 31	− 0.2
	4	+ 42	+ 0.6		6	− 29	− 0.6		8	+ 28	− 0.2
	6	+ 39	+ 0.7		8	− 25	− 0.6		10	+ 24	− 0.2
	8	+ 35	+ 0.8		10	− 21	− 0.7		12	+ 20	− 0.1
	10	+ 31	+ 0.8		12	− 16	− 0.7		14	+ 15	− 0.1
	12	+ 26	+ 0.9		14	− 11	− 0.6		16	+ 10	− 0.1
	14	+ 20	+ 0.9		16	− 6	− 0.6		18	+ 4	− 0.1
	16	+ 14	+ 0.9		18	− 1	− 0.6		20	− 1	0.0
	18	+ 7	+ 0.9		20	+ 4	− 0.5		22	− 7	0.0
	20	0	+ 0.8		22	+ 10	− 0.5		24	− 12	+ 0.1
	22	− 7	+ 0.7		24	+ 15	− 0.4		26	− 18	+ 0.1
	24	− 13	+ 0.6		26	+ 19	− 0.3		28	− 22	+ 0.2
	26	− 20	+ 0.5		28	+ 23	− 0.2		30	− 26	+ 0.2
	28	− 25	+ 0.4		30	+ 27	− 0.2	Nov.	1	− 30	+ 0.2
Mar.	2	− 30	+ 0.2	July	2	+ 30	− 0.1		3	− 33	+ 0.3
	4	− 34	0.0		4	+ 32	0.0		5	− 35	+ 0.3
	6	− 37	− 0.1		6	+ 34	+ 0.1		7	− 36	+ 0.3
	8	− 39	− 0.3		8	+ 35	+ 0.1		9	− 36	+ 0.3
	10	− 40	− 0.4		10	+ 35	+ 0.2		11	− 35	+ 0.3
	12	− 40	− 0.6		12	+ 34	+ 0.2		13	− 33	+ 0.3
	14	− 39	− 0.7		14	+ 33	+ 0.3		15	− 30	+ 0.3
	16	− 36	− 0.8		16	+ 31	+ 0.3		17	− 27	+ 0.3
	18	− 33	− 0.9		18	+ 28	+ 0.3		19	− 23	+ 0.3
	20	− 29	− 0.9		20	+ 25	+ 0.4		21	− 18	+ 0.3
	22	− 24	− 1.0		22	+ 21	+ 0.4		23	− 13	+ 0.2
	24	− 18	− 1.0		24	+ 16	+ 0.4		25	− 7	+ 0.2
	26	− 13	− 1.0		26	+ 11	+ 0.4		27	− 2	+ 0.1
	28	− 6	− 0.9		28	+ 6	+ 0.4		29	+ 4	+ 0.1
	30	0	− 0.9		30	+ 1	+ 0.3	Dec.	1	+ 10	0.0
Apr.	1	+ 6	− 0.8	Aug.	1	− 4	+ 0.3		3	+ 16	− 0.1
	3	+ 12	− 0.7		3	− 10	+ 0.3		5	+ 21	− 0.1
	5	+ 18	− 0.6		5	− 15	+ 0.3		7	+ 26	− 0.2
	7	+ 23	− 0.4		7	− 19	+ 0.2		9	+ 30	− 0.2
	9	+ 28	− 0.3		9	− 23	+ 0.2		11	+ 34	− 0.3
	11	+ 32	− 0.1		11	− 27	+ 0.1		13	+ 36	− 0.3
	13	+ 35	0.0		13	− 29	+ 0.1		15	+ 38	− 0.4
	15	+ 37	+ 0.2		15	− 31	+ 0.1		17	+ 40	− 0.4
	17	+ 39	+ 0.3		17	− 33	0.0		19	+ 40	− 0.4
	19	+ 40	+ 0.4		19	− 33	0.0		21	+ 39	− 0.4
	21	+ 39	+ 0.5		21	− 32	0.0		23	+ 37	− 0.4
	23	+ 38	+ 0.6		23	− 31	0.0		25	+ 35	− 0.4
	25	+ 36	+ 0.7		25	− 29	− 0.1		27	+ 31	− 0.4
	27	+ 33	+ 0.8		27	− 26	− 0.1		29	+ 27	− 0.3
	29	+ 30	+ 0.9		29	− 23	− 0.1		31	+ 22	− 0.3
May	1	+ 25	+ 0.9		31	− 19	− 0.1		33	+ 16	− 0.2

Differential coordinates are given in the sense "satellite minus planet."

SATELLITES OF SATURN, 2006

DIFFERENTIAL COORDINATES OF PHOEBE FOR 0^h U.T.

Date		$\Delta\alpha$	$\Delta\delta$	Date		$\Delta\alpha$	$\Delta\delta$	Date		$\Delta\alpha$	$\Delta\delta$
		m s	′			m s	′			m s	′
Jan.	−1	+ 2 09	− 5.4	May	1	+ 0 12	+ 1.6	Sept.	2	− 2 10	+ 8.2
	1	+ 2 10	− 5.3		3	+ 0 09	+ 1.7		4	− 2 11	+ 8.2
	3	+ 2 10	− 5.2		5	+ 0 06	+ 1.8		6	− 2 12	+ 8.3
	5	+ 2 10	− 5.2		7	+ 0 03	+ 1.9		8	− 2 13	+ 8.3
	7	+ 2 10	− 5.1		9	0 00	+ 2.0		10	− 2 14	+ 8.4
	9	+ 2 10	− 5.0		11	− 0 03	+ 2.1		12	− 2 15	+ 8.4
	11	+ 2 09	− 4.9		13	− 0 06	+ 2.2		14	− 2 16	+ 8.5
	13	+ 2 09	− 4.8		15	− 0 09	+ 2.4		16	− 2 16	+ 8.5
	15	+ 2 09	− 4.7		17	− 0 12	+ 2.5		18	− 2 17	+ 8.6
	17	+ 2 08	− 4.5		19	− 0 15	+ 2.6		20	− 2 18	+ 8.6
	19	+ 2 08	− 4.4		21	− 0 18	+ 2.7		22	− 2 18	+ 8.6
	21	+ 2 07	− 4.3		23	− 0 21	+ 2.8		24	− 2 19	+ 8.6
	23	+ 2 06	− 4.2		25	− 0 24	+ 2.9		26	− 2 19	+ 8.7
	25	+ 2 05	− 4.1		27	− 0 27	+ 3.0		28	− 2 20	+ 8.7
	27	+ 2 04	− 4.0		29	− 0 30	+ 3.1		30	− 2 20	+ 8.7
	29	+ 2 03	− 3.8		31	− 0 33	+ 3.2	Oct.	2	− 2 20	+ 8.7
	31	+ 2 02	− 3.7	June	2	− 0 36	+ 3.4		4	− 2 20	+ 8.7
Feb.	2	+ 2 01	− 3.6		4	− 0 38	+ 3.5		6	− 2 21	+ 8.7
	4	+ 1 59	− 3.4		6	− 0 41	+ 3.6		8	− 2 21	+ 8.7
	6	+ 1 58	− 3.3		8	− 0 44	+ 3.7		10	− 2 21	+ 8.7
	8	+ 1 57	− 3.2		10	− 0 47	+ 3.8		12	− 2 21	+ 8.7
	10	+ 1 55	− 3.1		12	− 0 49	+ 3.9		14	− 2 21	+ 8.6
	12	+ 1 53	− 2.9		14	− 0 52	+ 4.1		16	− 2 21	+ 8.6
	14	+ 1 52	− 2.8		16	− 0 55	+ 4.2		18	− 2 21	+ 8.6
	16	+ 1 50	− 2.7		18	− 0 58	+ 4.3		20	− 2 21	+ 8.6
	18	+ 1 48	− 2.5		20	− 1 00	+ 4.4		22	− 2 20	+ 8.5
	20	+ 1 46	− 2.4		22	− 1 03	+ 4.5		24	− 2 20	+ 8.5
	22	+ 1 44	− 2.3		24	− 1 05	+ 4.6		26	− 2 20	+ 8.4
	24	+ 1 42	− 2.2		26	− 1 08	+ 4.8		28	− 2 19	+ 8.4
	26	+ 1 40	− 2.0		28	− 1 10	+ 4.9		30	− 2 19	+ 8.3
	28	+ 1 38	− 1.9		30	− 1 13	+ 5.0	Nov.	1	− 2 18	+ 8.3
Mar.	2	+ 1 36	− 1.8	July	2	− 1 15	+ 5.1		3	− 2 18	+ 8.2
	4	+ 1 34	1.7		4	− 1 18	+ 5.2		5	− 2 17	+ 8.1
	6	+ 1 31	− 1.5		6	− 1 20	+ 5.3		7	− 2 17	+ 8.0
	8	+ 1 29	− 1.4		8	− 1 22	+ 5.5		9	− 2 16	+ 7.9
	10	+ 1 26	− 1.3		10	− 1 25	+ 5.6		11	− 2 15	+ 7.9
	12	+ 1 24	− 1.2		12	− 1 27	+ 5.7		13	− 2 14	+ 7.8
	14	+ 1 21	− 1.1		14	− 1 29	+ 5.8		15	− 2 13	+ 7.7
	16	+ 1 19	− 0.9		16	− 1 31	+ 5.9		17	− 2 12	+ 7.6
	18	+ 1 16	− 0.8		18	− 1 33	+ 6.0		19	− 2 11	+ 7.5
	20	+ 1 14	− 0.7		20	− 1 35	+ 6.1		21	− 2 10	+ 7.3
	22	+ 1 11	− 0.6		22	− 1 37	+ 6.2		23	− 2 09	+ 7.2
	24	+ 1 08	− 0.5		24	− 1 40	+ 6.4		25	− 2 08	+ 7.1
	26	+ 1 05	− 0.4		26	− 1 41	+ 6.5		27	− 2 07	+ 7.0
	28	+ 1 03	− 0.2		28	− 1 43	+ 6.6		29	− 2 06	+ 6.8
	30	+ 1 00	− 0.1		30	− 1 45	+ 6.7	Dec.	1	− 2 04	+ 6.7
Apr.	1	+ 0 57	0.0	Aug.	1	− 1 47	+ 6.8		3	− 2 03	+ 6.6
	3	+ 0 54	+ 0.1		3	− 1 49	+ 6.9		5	− 2 01	+ 6.4
	5	+ 0 51	+ 0.2		5	− 1 51	+ 7.0		7	− 2 00	+ 6.3
	7	+ 0 48	+ 0.3		7	− 1 52	+ 7.1		9	− 1 58	+ 6.1
	9	+ 0 45	+ 0.4		9	− 1 54	+ 7.2		11	− 1 57	+ 6.0
	11	+ 0 42	+ 0.5		11	− 1 56	+ 7.3		13	− 1 55	+ 5.8
	13	+ 0 39	+ 0.6		13	− 1 57	+ 7.4		15	− 1 53	+ 5.6
	15	+ 0 36	+ 0.7		15	− 1 59	+ 7.5		17	− 1 51	+ 5.5
	17	+ 0 33	+ 0.8		17	− 2 00	+ 7.5		19	− 1 50	+ 5.3
	19	+ 0 30	+ 1.0		19	− 2 02	+ 7.6		21	− 1 48	+ 5.1
	21	+ 0 27	+ 1.1		21	− 2 03	+ 7.7		23	− 1 46	+ 5.0
	23	+ 0 24	+ 1.2		23	− 2 04	+ 7.8		25	− 1 44	+ 4.8
	25	+ 0 21	+ 1.3		25	− 2 06	+ 7.9		27	− 1 42	+ 4.6
	27	+ 0 18	+ 1.4		27	− 2 07	+ 7.9		29	− 1 40	+ 4.4
	29	+ 0 15	+ 1.5		29	− 2 08	+ 8.0		31	− 1 37	+ 4.2
May	1	+ 0 12	+ 1.6		31	− 2 09	+ 8.1		33	− 1 35	+ 4.0

Differential coordinates are given in the sense "satellite minus planet."

APPARENT ORBITS OF SATELLITES I–IV AT DATE OF OPPOSITION, SEPTEMBER 5

South

West　　　　　　　　　　　　　　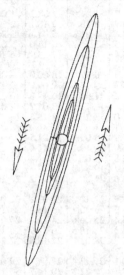　　　　　　　　　　East

North

	NAME	SIDEREAL PERIOD	
		d	h
V	Miranda............	1	09.924
I	Ariel	2	12.489
II	Umbriel...........	4	03.460
III	Titania............	8	16.941
IV	Oberon	13	11.118

RINGS OF URANUS

Ring	Semimajor Axis	Eccentricity	Azimuth of Periapse	Precession Rate
	km		°	°/d
6	41870	0.0014	236	2.77
5	42270	0.0018	182	2.66
4	42600	0.0012	120	2.60
α	44750	0.0007	331	2.18
β	45700	0.0005	231	2.03
η	47210	— —	—	—
γ	47660	— —	—	—
δ	48330	0.0005	140	—
ε	51180	0.0079	216	1.36

Epoch: 1977 March 10, 20^h UT (JD 244 3213.33)

SATELLITES OF URANUS, 2006

UNIVERSAL TIME OF GREATEST NORTHERN ELONGATION

MIRANDA

Jan.	Feb.	Mar.	Apr.	May	June	July	Aug.	Sept.	Oct.	Nov.	Dec.
d h	d h	d h	d h	d h	d h	d h	d h	d h	d h	d h	d h
1 00.3	1 02.7	1 09.1	1 11.4	1 03.7	1 06.0	2 08.2	1 00.6	1 02.9	2 05.3	2 07.6	2 00.1
2 10.3	2 12.6	2 19.1	2 21.3	2 13.7	2 15.9	3 18.1	2 10.5	2 12.8	3 15.2	3 17.6	3 10.0
3 20.2	3 22.5	4 05.0	4 07.2	3 23.6	4 01.8	5 04.1	3 20.4	3 22.8	5 01.1	5 03.5	4 20.0
5 06.1	5 08.4	5 14.9	5 17.2	5 09.5	5 11.7	6 14.0	5 06.4	5 08.7	6 11.0	6 13.4	6 05.9
6 16.0	6 18.4	7 00.8	7 03.1	6 19.4	6 21.7	7 23.9	6 16.3	6 18.6	7 21.0	7 23.3	7 15.8
8 02.0	8 04.3	8 10.7	8 13.0	8 05.3	8 07.6	8 00.0	8 02.2	8 04.5	9 06.9	9 09.3	9 01.7
9 11.9	9 14.2	9 20.7	9 22.9	9 15.3	9 17.5	9 09.8	9 12.1	9 14.4	10 16.8	10 19.2	10 11.7
10 21.8	11 00.1	11 06.6	11 08.9	11 01.2	11 03.4	10 19.8	10 22.0	11 00.4	12 02.7	12 05.1	11 21.6
12 07.7	12 10.1	12 16.5	12 18.8	12 11.1	12 13.3	12 05.7	12 08.0	12 10.3	13 12.7	13 15.1	13 07.5
13 17.7	13 20.0	14 02.4	14 04.7	13 21.0	13 23.3	13 15.6	13 17.9	13 20.2	14 22.6	15 01.0	14 17.4
15 03.6	15 05.9	15 12.4	15 14.6	15 06.9	15 09.2	15 01.5	15 03.8	15 06.1	16 08.5	16 10.9	16 03.4
16 13.5	16 15.8	16 22.3	17 00.5	16 16.9	16 19.1	16 11.4	16 13.7	16 16.1	17 18.4	17 20.8	17 13.3
17 23.4	18 01.8	18 08.2	18 10.5	18 02.8	18 05.0	17 21.4	17 23.7	18 02.0	19 04.4	19 06.8	18 23.2
18 00.0	19 11.7	19 18.1	19 20.4	19 12.7	19 14.9	19 07.3	19 09.6	19 11.9	20 14.3	20 16.7	20 09.1
19 09.4	20 21.6	21 04.0	21 06.3	20 22.6	21 00.9	20 17.2	20 19.5	20 21.9	22 00.2	22 02.6	21 19.1
20 19.3	22 07.5	22 14.0	22 16.2	22 08.5	22 10.8	22 03.1	22 05.4	22 07.8	23 10.2	23 12.5	23 05.0
22 05.2	23 17.4	23 23.9	24 02.1	23 18.5	23 20.7	23 13.0	23 15.4	23 17.7	24 20.1	24 22.5	24 14.9
23 15.1	25 03.4	25 09.8	25 12.0	25 04.4	25 06.6	24 23.0	25 01.3	25 03.6	26 06.0	26 08.4	26 00.9
25 01.1	26 13.3	26 19.7	26 22.0	26 14.3	26 16.5	26 08.9	26 11.2	26 13.6	27 15.9	27 18.3	27 10.8
26 11.0	27 23.2	28 05.6	28 07.9	28 00.2	28 02.5	27 18.8	27 21.1	27 23.5	29 01.9	29 04.3	28 20.7
27 20.9		29 15.6	29 17.8	29 10.1	29 12.4	29 04.7	29 07.0	29 09.4	30 11.8	30 14.2	30 06.6
29 06.8		31 01.5		30 20.1	30 22.3	30 14.7	30 17.0	30 19.3	31 21.7		31 16.6
30 16.7											

ARIEL

Jan.	Feb.	Mar.	Apr.	May	June	July	Aug.	Sept.	Oct.	Nov.	Dec.
d h	d h	d h	d h	d h	d h	d h	d h	d h	d h	d h	d h
1 14.5	3 08.9	3 02.3	2 08.1	2 13.9	1 19.7	2 01.5	1 07.3	3 01.7	3 07.6	2 13.5	2 19.4
4 03.0	5 21.4	5 14.8	4 20.6	5 02.4	4 08.2	4 14.0	3 19.8	5 14.2	5 20.1	5 02.0	5 07.9
6 15.5	8 09.9	8 03.2	7 09.1	7 14.9	6 20.6	7 02.4	6 08.3	8 02.7	8 08.6	7 14.5	7 20.4
9 04.0	10 22.4	10 15.7	9 21.5	10 03.3	9 09.1	9 14.9	8 20.8	10 15.1	10 21.1	10 03.0	10 08.9
11 16.5	13 10.9	13 04.2	12 10.0	12 15.8	11 21.6	12 03.4	11 09.3	13 03.6	13 09.6	12 15.5	12 21.4
14 05.0	15 23.4	15 16.7	14 22.5	15 04.3	14 10.1	14 15.9	13 21.8	15 16.1	15 22.1	15 04.0	15 9.9
16 17.5	18 11.8	18 05.2	17 11.0	17 16.8	16 22.6	17 04.4	16 10.2	18 04.6	18 10.5	17 16.5	17 22.4
19 06.0	21 00.3	20 17.7	19 23.5	20 05.3	19 11.1	19 16.9	18 22.7	20 17.1	20 23.0	20 05.0	20 10.9
21 18.5	23 12.8	23 06.2	22 12.0	22 17.7	21 23.5	22 05.4	21 11.2	23 05.6	23 11.5	22 17.5	22 23.4
24 07.0	26 01.3	25 18.6	25 00.4	25 06.2	24 12.0	24 17.8	23 23.7	25 18.1	26 00.0	25 06.0	25 11.9
26 19.5	28 13.8	28 07.1	27 12.9	27 18.7	27 00.5	27 06.3	26 12.2	28 06.6	28 12.5	27 18.5	28 00.4
29 07.9		30 19.6	30 01.4	30 07.2	29 13.0	29 18.8	29 00.7	30 19.1	31 01.0	30 07.0	30 12.9
31 20.4							31 13.2				

UNIVERSAL TIME OF GREATEST NORTHERN ELONGATION

UMBRIEL

Jan.	Feb.	Mar.	Apr.	May	June	July	Aug.	Sept.	Oct.	Nov.	Dec.
d h	d h	d h	d h	d h	d h	d h	d h	d h	d h	d h	d h
0 02.6	2 06.3	3 06.5	1 06.6	4 10.2	2 10.3	1 10.5	3 14.2	1 14.4	4 18.1	2 18.4	1 18.7
4 06.1	6 09.8	7 09.9	5 10.1	8 13.7	6 13.8	5 14.0	7 17.6	5 17.9	8 21.6	6 21.9	5 22.2
8 09.6	10 13.2	11 13.4	9 13.5	12 17.1	10 17.3	9 17.4	11 21.1	9 21.3	13 01.1	11 01.4	10 01.7
12 13.0	14 16.7	15 16.8	13 17.0	16 20.6	14 20.7	13 20.9	16 00.5	14 00.8	17 04.6	15 04.8	14 05.1
16 16.5	18 20.1	19 20.3	17 20.4	21 00.0	19 00.2	18 00.3	20 04.0	18 04.3	21 08.0	19 08.3	18 08.6
20 19.9	22 23.6	23 23.7	21 23.9	25 03.4	23 03.6	22 03.8	24 07.5	22 07.7	25 11.5	23 11.8	22 12.1
24 23.4	27 03.0	28 03.2	26 03.3	29 06.9	27 07.1	26 07.2	28 10.9	26 11.2	29 15.0	27 15.3	26 15.5
29 02.8			30 06.8			30 10.7		30 14.7			30 19.0

TITANIA

Jan.	Feb.	Mar.	Apr.	May	June	July	Aug.	Sept.	Oct.	Nov.	Dec.
d h	d h	d h	d h	d h	d h	d h	d h	d h	d h	d h	d h
7 17.8	2 20.5	9 16.2	4 18.9	9 14.5	4 17.3	9 12.9	4 15.8	8 11.6	4 14.5	8 10.4	4 13.2
16 10.7	11 13.5	18 09.1	13 11.8	18 07.4	13 10.2	18 05.9	13 08.7	17 04.6	13 07.5	17 3.3	13 06.2
25 03.6	20 06.3	27 02.0	22 04.7	27 00.3	22 03.1	26 22.9	22 01.7	25 21.6	22 00.4	25 20.3	21 23.1
	28 23.3		30 21.6		30 20.0		30 18.7		30 17.4		30 16.1

OBERON

Jan.	Feb.	Mar.	Apr.	May	June	July	Aug.	Sept.	Oct.	Nov.	Dec.
d h	d h	d h	d h	d h	d h	d h	d h	d h	d h	d h	d h
8 00.8	3 23.0	2 21.1	12 06.2	9 04.3	5 02.4	2 00.6	11 10.0	7 08.3	4 06.6	13 16.1	10 14.4
21 12.0	17 10.1	16 08.1	25 17.2	22 15.3	18 13.5	15 11.7	24 21.1	20 19.4	17 17.8	27 03.2	24 01.4
		29 19.1				28 22.8		21 00.0	31 04.9		

APPARENT ORBIT OF TRITON AT DATE OF OPPOSITION, AUG. 11

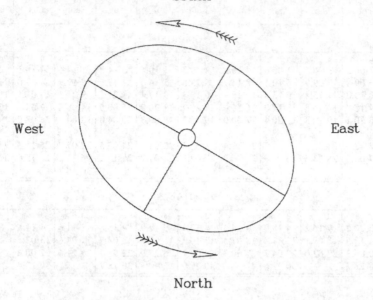

South

West   East

North

NAME	SIDEREAL PERIOD
I Triton	$5^d \; 21^h.044$
II Nereid	$360^d.1$

DIFFERENTIAL COORDINATES OF NEREID FOR 0^h UT

Date		$\Delta\alpha \cos\delta$	$\Delta\delta$	Date		$\Delta\alpha \cos\delta$	$\Delta\delta$	Date		$\Delta\alpha \cos\delta$	$\Delta\delta$
		′ ″	″			′ ″	″			′ ″	″
Jan.	−5	+4 21.5	+108.3	May	5	+0 35.2	+ 15.4	Sept.	12	+6 22.2	+160.5
	5	+4 01.7	+100.4		15	+1 44.7	+ 45.5		22	+6 20.2	+159.3
	15	+3 40.4	+ 91.9		25	+2 40.7	+ 69.6	Oct.	2	+6 15.6	+157.1
	25	+3 17.4	+ 82.7	June	4	+3 26.7	+ 89.4		12	+6 08.8	+154.0
Feb.	4	+2 52.6	+ 72.6		14	+4 05.1	+105.8		22	+5 59.8	+150.2
	14	+2 25.8	+ 61.5		24	+4 37.5	+119.5	Nov.	1	+5 48.8	+145.6
	24	+1 56.7	+ 49.3	July	4	+5 04.7	+130.8		11	+5 36.2	+140.4
Mar.	6	+1 24.9	+ 36.0		14	+5 27.1	+140.0		21	+5 22.0	+134.6
	16	+0 50.5	+ 21.3		24	+5 45.4	+147.4	Dec.	1	+5 06.3	+128.2
	26	+0 13.2	+ 5.4	Aug.	3	+5 59.7	+153.0		11	+4 49.2	+121.3
Apr.	5	−0 25.4	− 11.1		13	+6 10.3	+157.0		21	+4 30.6	+113.8
	15	−0 58.0	− 25.0		23	+6 17.4	+159.4		31	+4 10.6	+105.7
	25	−0 42.2	− 18.1	Sept.	2	+6 21.3	+160.6		41	+3 49.1	+ 96.8

TRITON

UNIVERSAL TIME OF GREATEST EASTERN ELONGATION

Jan.	Feb.	Mar.	Apr.	May	June	July	Aug.	Sept.	Oct.	Nov.	Dec.
d h	d h	d h	d h	d h	d h	d h	d h	d h	d h	d h	d h
3 05.5	1 14.1	2 22.7	1 07.4	6 13.2	4 22.4	4 07.8	2 17.4	1 03.0	6 09.8	4 19.1	4 04.2
9 02.4	7 11.0	8 19.6	7 04.3	12 10.2	10 19.4	10 04.9	8 14.5	7 00.2	12 06.9	10 16.2	10 01.2
14 23.3	13 08.0	14 16.6	13 01.3	18 07.3	16 16.5	16 02.0	14 11.6	12 21.3	18 03.9	16 13.2	15 22.2
20 20.3	19 04.9	20 13.5	18 22.3	24 04.3	22 13.6	21 23.1	20 08.8	18 18.4	24 01.0	22 10.2	21 19.2
26 17.2	25 01.8	26 10.4	24 19.2	30 01.3	28 10.7	27 20.2	26 05.9	24 15.6	29 22.1	28 07.2	27 16.1
			30 16.2					30 12.7			

SATELLITE OF PLUTO, 2006

APPARENT ORBIT OF CHARON AT DATE OF OPPOSITION, JUNE 16

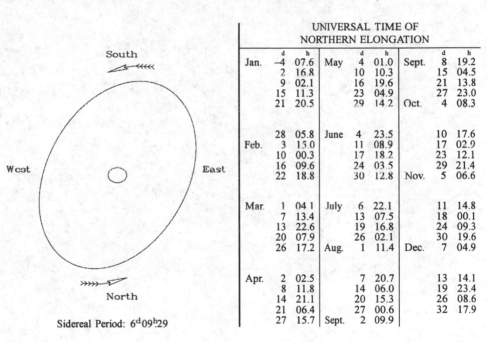

South

West   East

North

Sidereal Period: $6^d 09^h 29$

UNIVERSAL TIME OF NORTHERN ELONGATION

	d h		d h		d h
Jan.	−4 07.6	May	4 01.0	Sept.	8 19.2
	2 16.8		10 10.3		15 04.5
	9 02.1		16 19.6		21 13.8
	15 11.3		23 04.9		27 23.0
	21 20.5		29 14.2	Oct.	4 08.3
	28 05.8	June	4 23.5		10 17.6
Feb.	3 15.0		11 08.9		17 02.9
	10 00.3		17 18.2		23 12.1
	16 09.6		24 03.5		29 21.4
	22 18.8		30 12.8	Nov.	5 06.6
Mar.	1 04.1	July	6 22.1		11 14.8
	7 13.4		13 07.5		18 00.1
	13 22.6		19 16.8		24 09.3
	20 07.9		26 02.1		30 19.6
	26 17.2	Aug.	1 11.4	Dec.	7 04.9
Apr.	2 02.5		7 20.7		13 14.1
	8 11.8		14 06.0		19 23.4
	14 21.1		20 15.3		26 08.6
	21 06.4		27 00.6		32 17.9
	27 15.7	Sept.	2 09.9		

CONTENTS OF SECTION G

Notes on bright minor planets

The following pages contains various data on a selection of 93 of the largest and/or brightest minor planets. The first two pages tabulates their osculating orbital elements for epoch 2006 September 22·0 TT (JD 245 4000·5), with respect to the ecliptic and equinox J2000·0.

The opposition dates of all the objects are listed in chronological order together with the visual magnitude and declination. From these, a sub-set of the 15 larger minor planets, consisting of Ceres, Pallas, Juno, Vesta, Hebe, Iris, Flora, Metis, Hygiea, Eunomia, Psyche, Europa, Cybele, Davida and Interamnia are candidates for a daily ephemeris.

A daily geocentric astrometric ephemeris will be tabulated for those of the 15 larger minor planets that have an opposition date occurring between January 1 and January 31 of the following year. The daily ephemeris of each object is centred about the opposition date, which is repeated at the bottom of the first column and at the top of the second column. The highlighted dates indicate when the object is stationary in right ascension. It is very occasionally possible for a stationary date to be outside the period tabulated.

Linear interpolation is sufficient for the magnitude and ephemeris transit, but for the right ascension and declination second differences are significant. The tabulations are similar to those for Pluto, and the use of the data is similar to that for major planets.

BRIGHT MINOR PLANETS, 2006

OSCULATING ELEMENTS
FOR EPOCH 2006 SEPTEMBER 22·0 TT, ECLIPTIC AND EQUINOX J2000·0

Name	No.	Magnitude Parameters H	Magnitude Parameters G	Mean Diameter (km)	Inclination i (°)	Long. of Asc. Node Ω (°)	Argument of Perihelion ω (°)	Mean Distance a	Daily Motion n (°)	Eccentricity e	Mean Anomaly M (°)
Ceres	1	3·34	0·12	957	10·587	80·409	73·194	2·7656	0·21430	0·0799	172·897
Pallas	2	4·13	0·11	524	34·841	173·138	310·372	2·7718	0·21359	0·2307	156·963
Juno	3	5·33	0·32	274	12·972	170·122	247·823	2·6676	0·22621	0·2582	75·986
Vesta	4	3·20	0·32	512	7·134	103·926	150·326	2·3612	0·27164	0·0892	287·124
Astraea	5	6·85	0·15	120	5·369	141·685	357·510	2·5737	0·23871	0·1927	266·080
Hebe	6	5·71	0·24	190	14·752	138·744	239·557	2·4251	0·26098	0·2017	326·190
Iris	7	5·51	0·15	211	5·527	259·723	145·411	2·3855	0·26751	0·2314	349·830
Flora	8	6·49	0·28	138	5·888	110·964	285·398	2·2015	0·30173	0·1562	246·609
Metis	9	6·28	0·17	209	5·577	68·973	5·690	2·3872	0·26722	0·1214	127·849
Hygiea	10	5·43	0·15	444	3·842	283·458	313·003	3·1366	0·17742	0·1180	56·250
Parthenope	11	6·55	0·15	153	4·625	125·628	195·295	2·4522	0·25667	0·1001	178·974
Victoria	12	7·24	0·22	113	8·364	235·538	69·587	2·3347	0·27629	0·2206	301·907
Egeria	13	6·74	0·15	208	16·544	43·289	81·116	2·5755	0·23846	0·0859	170·704
Irene	14	6·30	0·15	180	9·107	86·461	96·329	2·5850	0·23715	0·1681	156·361
Eunomia	15	5·28	0·23	320	11·738	293·273	97·915	2·6433	0·22934	0·1872	309·036
Psyche	16	5·90	0·20	239	3·096	150·344	227·867	2·9198	0·19755	0·1395	101·784
Thetis	17	7·76	0·15	90	5·587	125·608	136·003	2·4701	0·25389	0·1344	216·014
Melpomene	18	6·51	0·25	138	10·125	150·535	228·000	2·2955	0·28339	0·2187	43·627
Fortuna	19	7·13	0·10	225	1·573	211·371	181·959	2·4414	0·25837	0·1593	89·352
Massalia	20	6·50	0·25	145	0·707	206·507	255·507	2·4092	0·26358	0·1429	346·250
Lutetia	21	7·35	0·11	116	3·064	80·914	250·107	2·4351	0·25938	0·1637	231·190
Kalliope	22	6·45	0·21	181	13·711	66·237	356·089	2·9092	0·19863	0·1028	3·206
Thalia	23	6·95	0·15	108	10·145	67·228	59·313	2·6274	0·23143	0·2330	351·825
Themis	24	7·08	0·19	175	0·760	36·008	107·940	3·1308	0·17792	0·1321	257·166
Phocaea	25	7·83	0·15	75	21·584	214·268	90·162	2·4000	0·26509	0·2554	33·436
Proserpina	26	7·50	0·15	95	3·562	45·885	193·162	2·6563	0·22766	0·0869	138·340
Euterpe	27	7·00	0·15	118	1·584	94·806	356·779	2·3477	0·27399	0·1719	153·802
Bellona	28	7·09	0·15	121	9·401	144·503	342·553	2·7780	0·21286	0·1482	15·279
Amphitrite	29	5·85	0·20	212	6·096	356·499	63·459	2·5540	0·24147	0·0726	253·790
Urania	30	7·57	0·15	100	2·097	307·775	86·723	2·3665	0·27073	0·1264	223·475
Euphrosyne	31	6·74	0·15	256	26·316	31·240	62·003	3·1498	0·17631	0·2259	356·862
Pomona	32	7·56	0·15	81	5·531	220·576	339·797	2·5879	0·23675	0·0830	22·315
Fides	37	7·29	0·24	108	3·073	7·412	62·695	2·6414	0·22959	0·1767	6·343
Laetitia	39	6·10	0·15	150	10·383	157·171	209·573	2·7687	0·21394	0·1142	36·856
Harmonia	40	7·00	0·15	108	4·256	94·292	268·908	2·2678	0·28859	0·0466	220·356
Daphne	41	7·12	0·10	187	15·765	178·163	46·222	2·7654	0·21432	0·2719	226·086
Isis	42	7·53	0·15	100	8·530	84·398	236·631	2·4420	0·25828	0·2228	96·044
Ariadne	43	7·93	0·11	66	3·468	264·934	15·951	2·2033	0·30137	0·1679	191·974
Nysa	44	7·03	0·46	71	3·703	131·603	342·432	2·4237	0·26121	0·1485	322·062
Eugenia	45	7·46	0·07	215	6·609	147·938	85·271	2·7204	0·21966	0·0820	111·036
Doris	48	6·90	0·15	222	6·554	183·756	257·629	3·1101	0·17970	0·0748	318·181
Nemausa	51	7·35	0·08	158	9·971	176·170	2·768	2·3657	0·27088	0·0665	289·629
Europa	52	6·31	0·18	302	7·468	128·832	344·013	3·1021	0·18040	0·1031	124·412
Alexandra	54	7·66	0·15	166	11·804	313·450	345·581	2·7123	0·22065	0·1964	81·759
Echo	60	8·21	0·27	60	3·602	191·804	270·416	2·3936	0·26615	0·1820	64·514
Ausonia	63	7·55	0·25	103	5·786	337·915	295·636	2·3956	0·26582	0·1261	356·806
Angelina	64	7·67	0·48	56	1·307	309·348	179·538	2·6843	0·22411	0·1237	85·421

OSCULATING ELEMENTS
FOR EPOCH 2006 SEPTEMBER 22·0 TT, ECLIPTIC AND EQUINOX J2000·0

Name	No.	Magnitude Parameters H	G	Mean Dia-meter km	Inclin-ation i °	Long. of Asc. Node Ω °	Argument of Peri-helion ω °	Mean Distance a	Daily Motion n °	Eccen-tricity e	Mean Anomaly M °
Cybele	65	6·62	0·01	230	3·548	155·808	105·730	3·4334	0·15493	0·1050	264·210
Asia	67	8·28	0·15	58	6·027	202·724	106·299	2·4213	0·26159	0·1848	156·018
Leto	68	6·78	0·05	123	7·972	44·182	305·389	2·7826	0·21234	0·1854	3·379
Hesperia	69	7·05	0·19	138	8·581	185·121	289·985	2·9801	0·19159	0·1670	137·449
Niobe	71	7·30	0·40	83	23·256	316·106	267·455	2·7549	0·21554	0·1765	352·316
Eurynome	79	7·96	0·25	66	4·623	206·801	200·355	2·4444	0·25789	0·1921	123·739
Sappho	80	7·98	0·15	79	8·665	218·821	139·115	2·2965	0·28320	0·2003	234·609
Io	85	7·61	0·15	164	11·966	203·441	122·205	2·6536	0·22801	0·1926	252·655
Sylvia	87	6·94	0·15	261	10·857	73·329	265·866	3·4894	0·15121	0·0798	113·990
Thisbe	88	7·04	0·14	232	5·219	276·764	36·595	2·7678	0·21404	0·1647	144·048
Julia	89	6·60	0 15	151	16·141	311·648	45·010	2·5501	0·24203	0·1838	104·935
Undina	92	6·61	0·15	126	9·922	101·830	242·211	3·1903	0·17297	0·1005	100·005
Aurora	94	7·57	0·15	204	7·966	2·717	59·742	3·1596	0·17549	0·0871	222·199
Klotho	97	7·63	0·15	83	11·783	159·778	268·676	2·6684	0·22612	0·2570	351·698
Hera	103	7·66	0·15	91	5·421	136·279	190·137	2·7026	0·22183	0·0796	52·677
Camilla	107	7·08	0·08	223	10·047	173·135	309·881	3·4773	0·15200	0·0785	346·539
Thyra	115	7·51	0·12	80	11·597	308·995	96·747	2·3806	0·26833	0·1915	221·983
Hermione	121	7·31	0·15	209	7·600	73·218	295·981	3·4573	0·15332	0·1384	233·083
Nemesis	128	7·49	0·15	188	6·254	76·459	302·414	2·7490	0·21625	0·1273	159·531
Antigone	129	7·07	0·33	138	12·218	136·440	108·179	2·8677	0·20295	0·2129	90·343
Hertha	135	8·23	0·15	79	2·306	343·898	340·035	2·4281	0·26050	0·2065	220·066
Eunike	185	7·62	0·15	158	23·220	153·947	224·097	2·7394	0·21738	0·1271	264·433
Nausikaa	192	7·13	0·03	95	6·817	343·414	29·840	2·4041	0·26441	0·2462	221·898
Prokne	194	7·68	0·15	169	18·486	159·519	162·834	2·6181	0·23266	0·2361	284·623
Philomela	196	6·54	0·15	136	7·261	72·555	199·925	3·1149	0·17928	0·0227	346·389
Kleopatra	216	7·30	0·29	118	13·134	215·665	179·349	2·7971	0·21069	0·2504	181·608
Athamantis	230	7·35	0·27	109	9·438	239·960	139·399	2·3832	0·26789	0·0609	230·917
Anahita	270	8·75	0·15	51	2·365	254·563	80·327	2 1980	0·30245	0·1508	210·763
Nephthys	287	8·30	0·22	68	10·023	142·483	120·557	2·3528	0·27311	0·0237	223·146
Bamberga	324	6·82	0·09	228	11·107	328·053	44·021	2·6825	0·22434	0·3383	139·205
Hermentaria	346	7·13	0·15	107	8·761	92·166	289·945	2·7950	0·21093	0·1025	152·330
Dembowska	349	5·93	0·37	140	8·257	32·500	347·524	2·9244	0·19709	0·0878	316·042
Eleonora	354	6·44	0·37	155	18·379	140·453	7·156	2·8005	0·21031	0·1133	84·077
Palma	372	7·20	0·15	189	23·861	327·460	116·032	3·1450	0·17672	0·2626	359·658
Aquitania	387	7·41	0·15	101	18·134	128·314	157·682	2·7391	0·21741	0·2371	180·645
Industria	389	7·88	0·15	79	8·134	282·559	263·552	2·6089	0·23389	0·0652	227·950
Aspasia	409	7·62	0·29	162	11·244	242·365	352·504	2·5764	0·23833	0·0707	123·383
Diotima	423	7·24	0·15	209	11·240	69·554	206·561	3·0676	0·18344	0·0410	290·600
Eros	433	11·16	0·46	16	10·829	304·386	178·650	1·4581	0·55976	0·2227	352·085
Patientia	451	6·65	0·19	225	15·221	89·396	340·524	3·0611	0·18403	0·0772	333·118
Papagena	471	6·73	0·37	134	14·985	84·095	314·482	2·8862	0·20101	0·2335	42·910
Davida	511	6·22	0·16	326	15·938	107·672	338·521	3·1659	0·17497	0·1856	247·717
Herculina	532	5·81	0·26	207	16·313	107·602	76·779	2·7706	0·21372	0·1786	81·371
Zelinda	654	8·52	0·15	127	18·125	278·570	214·072	2·2968	0·28315	0·2319	112·359
Alauda	702	7·25	0·15	195	20·602	289·974	352·370	3·1944	0·17263	0·0229	337·726
Interamnia	704	5·94	−0·02	329	17·291	280·395	95·789	3·0615	0·18399	0·1498	332·818

BRIGHT MINOR PLANETS, 2006

AT OPPOSITION

	Name	Date		Mag.	Dec.			Name	Date		Mag.	Dec.	
					°	′						°	′
4	**Vesta**	**Jan.**	**5**	**6·2**	**+22**	**51**	185	Eunike	May	27	12·2	+12	41
65	**Cybele**	**Jan.**	**20**	**11·8**	**+17**	**23**	94	Aurora	June	14	12·5	−34	26
270	Anahita	Jan.	22	11·7	+16	43	532	Herculina	June	16	9·2	−13	04
135	Hertha	Jan.	29	12·1	+19	43	13	Egeria	June	30	10·8	−44	30
79	Eurynome	Feb.	1	10·7	+09	35	2	**Pallas**	**July**	**1**	**9·5**	**+23**	**26**
324	Bamberga	Feb.	6	10·8	+18	49	29	Amphitrite	July	12	9·4	−30	51
346	Hermentaria	Feb.	6	11·2	+24	39	10	**Hygiea**	**July**	**13**	**9·2**	**−21**	**09**
128	Nemesis	Feb.	11	11·5	+22	00	15	**Eunomia**	**July**	**30**	**8·3**	**−14**	**07**
21	Lutetia	Feb.	16	11·2	+16	29	511	**Davida**	**July**	**31**	**11·2**	**−25**	**54**
71	Niobe	Feb.	18	10·5	+02	33	6	**Hebe**	**Aug.**	**5**	**7·8**	**−14**	**02**
9	**Metis**	**Mar.**	**2**	**9·1**	**+15**	**53**	1	**Ceres**	**Aug.**	**12**	**7·6**	**−27**	**54**
85	Io	Mar.	5	12·1	−04	16	349	Dembowska	Aug.	12	9·7	−26	31
423	Diotima	Mar.	6	11·8	+20	33	704	**Interamnia**	**Aug.**	**25**	**10·0**	**+09**	**25**
40	Harmonia	Mar.	8	9·9	+11	08	14	Irene	Sept.	5	10·6	−19	05
32	Pomona	Mar.	14	10·5	−03	45	45	Eugenia	Sept.	13	11·2	−07	17
12	Victoria	Mar.	14	10·7	−08	20	68	Leto	Sept.	16	9·6	−12	58
80	Sappho	Mar.	20	11·7	−07	47	129	Antigone	Sept.	21	11·3	−12	01
194	Prokne	Mar.	23	11·9	+09	09	25	Phocaea	Sept.	25	10·0	+22	28
64	Angelina	Mar.	26	10·6	−03	45	409	Aspasia	Sept.	30	11·3	+16	18
192	Nausikaa	Mar.	31	11·2	−08	27	26	Proserpina	Oct.	23	11·2	+09	59
216	Kleopatra	Apr.	3	12·1	−11	57	5	Astraea	Oct.	24	10·3	+04	21
230	Athamantis	Apr.	17	10·6	−18	29	24	Themis	Oct.	26	11·4	+12	21
354	Eleonora	Apr.	19	10·2	+14	23	103	Hera	Oct.	29	11·1	+05	20
121	Hermione	Apr.	22	12·8	−06	01	48	Doris	Nov.	4	10·9	+09	37
30	Urania	Apr.	27	11·0	−17	10	451	Patientia	Nov.	13	10·7	+03	45
63	Ausonia	May	2	10·0	−24	26	7	**Iris**	**Nov.**	**14**	**6·8**	**+23**	**42**
27	Euterpe	May	3	10·2	−13	44	54	Alexandra	Nov.	17	11·8	+36	02
52	**Europa**	**May**	**3**	**10·8**	**−05**	**27**	389	Industria	Nov.	25	11·5	+28	49
115	Thyra	May	11	11·6	−34	37	39	Laetitia	Dec.	2	9·7	+05	35
196	Philomela	May	15	10·7	−15	30	41	Daphne	Dec.	17	12·0	+00	56
654	Zelinda	May	18	11·6	−40	21	22	Kalliope	Dec.	19	9·9	+31	23
8	**Flora**	**May**	**19**	**9·6**	**−12**	**00**	97	Klotho	Dec.	22	9·9	+02	10
702	Alauda	May	19	12·0	−42	59	44	Nysa	Dec.	29	9·0	+19	17
69	Hesperia	May	26	11·7	−10	34							

AT OPPOSITION DURING 2007

	Name	Date		Mag.	Dec.			Name	Date		Mag.	Dec.	
42	Isis	Jan.	2	11·3	+26	51	17	Thetis	Feb.	8	11·0	+17	02
92	Undina	Jan.	13	11·3	+24	09	43	Ariadne	Feb.	10	11·0	+09	38
87	Sylvia	Jan.	17	12·2	+30	48	51	Nemausa	Feb.	12	10·0	+04	29
37	Fides	Jan.	17	9·9	+25	44	89	Julia	Feb.	17	10·7	+05	31
372	Palma	Jan.	22	10·5	+36	49	16	Psyche	Mar.	3	10·3	+07	46
18	Melpomene	Jan.	23	9·2	+11	26	287	Nephthys	Mar.	10	11·1	+11	25
31	Euphrosyne	Jan.	23	10·7	+58	50	11	Parthenope	Mar.	19	10·0	+06	06
387	Aquitania	Jan.	24	12·0	+17	17	23	Thalia	Mar.	20	9·6	+16	06
88	Thisbe	Jan.	27	11·5	+14	51	19	Fortuna	Mar.	21	10·6	−01	21
20	Massalia	Jan.	29	8·4	+16	39	3	Juno	Apr.	10	9·7	+01	05
107	Camilla	Jan.	31	11·7	+08	02	28	Bellona	Apr.	10	10·6	+03	40
471	Papagena	Feb.	3	10·7	+33	24	60	Echo	May	28	11·7	−16	47
67	Asia	Feb.	6	12·2	+07	35	433	Eros	July	9	12·0	−30	12

Daily ephemerides of minor planets printed in **bold** are given in this section

GEOCENTRIC POSITIONS FOR 0ʰ TERRESTRIAL TIME

Date	Astrometric ICRS R.A.	Dec.	Vis. Mag.	Ephemeris Transit	Date	Astrometric ICRS R.A.	Dec.	Vis. Mag.	Ephemeris Transit
	h m s	° ′ ″		h m		h m s	° ′ ″		h m
2006 June 14	22 10 12·5	−21 53 06	8·6	4 41·3	2006 Aug. 12	21 48 20·4	−27 52 05	7·6	0 27·3
15	22 10 29·0	−21 56 43	8·5	4 37·6	13	21 47 27·9	−27 57 53	7·6	0 22·5
16	22 10 44·1	−22 00 28	8·5	4 33·9	14	21 46 35·2	−28 03 33	7·6	0 17·7
17	22 10 58·0	−22 04 21	8·5	4 30·2	15	21 45 42·3	−28 09 05	7·6	0 12·9
18	22 11 10·5	−22 08 22	8·5	4 26·5	16	21 44 49·3	−28 14 29	7·6	0 08·1
19	22 11 21·6	−22 12 31	8·5	4 22·7	17	21 43 56·2	−28 19 44	7·6	0 03·3
20	22 11 31·4	−22 16 48	8·5	4 19·0	18	21 43 03·1	−28 24 50	7·7	23 53·7
21	22 11 39·8	−22 21 12	8·4	4 15·2	19	21 42 10·1	−28 29 46	7·7	23 48·9
22	22 11 46·9	−22 25 45	8·4	4 11·3	20	21 41 17·2	−28 34 33	7·7	23 44·0
23	22 11 52·5	−22 30 25	8·4	4 07·5	21	21 40 24·4	−28 39 10	7·7	23 39·2
24	22 11 56·7	−22 35 13	8·4	4 03·6	22	21 39 31·9	−28 43 37	7·7	23 34·5
25	22 11 59·5	−22 40 09	8·4	3 59·7	23	21 38 39·7	−28 47 54	7·7	23 29·7
June 26	22 12 00·9	−22 45 12	8·4	3 55·8	24	21 37 47·9	−28 52 01	7·7	23 24·9
27	22 12 00·8	−22 50 23	8·3	3 51·9	25	21 36 56·5	−28 55 56	7·8	23 20·1
28	22 11 59·4	−22 55 41	8·3	3 47·9	26	21 36 05·6	−28 59 41	7·8	23 15·3
29	22 11 56·5	−23 01 05	8·3	3 43·9	27	21 35 15·2	−29 03 15	7·8	23 10·6
30	22 11 52·1	−23 06 37	8·3	3 39·9	28	21 34 25·4	−29 06 38	7·8	23 05·8
July 1	22 11 46·3	−23 12 16	8·3	3 35·9	29	21 33 36·3	−29 09 50	7·8	23 01·1
2	22 11 39·1	−23 18 01	8·3	3 31·8	30	21 32 47·8	−29 12 51	7·8	22 56·4
3	22 11 30·4	−23 23 53	8·2	3 27·8	31	21 32 00·2	−29 15 40	7·9	22 51·7
4	22 11 20·3	−23 29 51	8·2	3 23·6	Sept. 1	21 31 13·3	−29 18 18	7·9	22 47·0
5	22 11 08·7	−23 35 55	8·2	3 19·5	2	21 30 27·3	−29 20 45	7·9	22 42·3
6	22 10 55·7	−23 42 05	8·2	3 15·4	3	21 29 42·2	−29 23 01	7·9	22 37·6
7	22 10 41·3	−23 48 21	8·2	3 11·2	4	21 28 58·0	−29 25 05	7·9	22 33·0
8	22 10 25·5	−23 54 42	8·1	3 07·0	5	21 28 14·8	−29 26 58	8·0	22 28·4
9	22 10 08·2	−24 01 08	8·1	3 02·8	6	21 27 32·6	−29 28 40	8·0	22 23·8
10	22 09 49·5	−24 07 39	8·1	2 58·5	7	21 26 51·5	−29 30 10	8·0	22 19·2
11	22 09 29·4	−24 14 14	8·1	2 54·2	8	21 26 11·5	−29 31 30	8·0	22 14·6
12	22 09 07·8	−24 20 54	8·1	2 50·0	9	21 25 32·7	−29 32 38	8·0	22 10·0
13	22 08 44·9	−24 27 39	8·1	2 45·6	10	21 24 55·0	−29 33 36	8·1	22 05·5
14	22 08 20·6	−24 34 27	8·0	2 41·3	11	21 24 18·5	−29 34 23	8·1	22 01·0
15	22 07 54·9	−24 41 18	8·0	2 36·9	12	21 23 43·2	−29 34 58	8·1	21 56·5
16	22 07 27·9	−24 48 13	8·0	2 32·5	13	21 23 09·2	−29 35 24	8·1	21 52·0
17	22 06 59·5	−24 55 11	8·0	2 28·1	14	21 22 36·4	−29 35 38	8·1	21 47·6
18	22 06 29·8	−25 02 11	8·0	2 23·7	15	21 22 05·0	−29 35 42	8·1	21 43·1
19	22 05 58·7	−25 09 13	7·9	2 19·3	16	21 21 34·9	−29 35 36	8·2	21 38·7
20	22 05 26·3	−25 16 18	7·9	2 14·8	17	21 21 06·2	−29 35 19	8·2	21 34·4
21	22 04 52·7	−25 23 24	7·9	2 10·3	18	21 20 38·9	−29 34 52	8·2	21 30·0
22	22 04 17·8	−25 30 31	7·9	2 05·8	19	21 20 13·0	−29 34 16	8·2	21 25·7
23	22 03 41·7	−25 37 38	7·9	2 01·2	20	21 19 48·5	−29 33 29	8·2	21 21·3
24	22 03 04·4	−25 44 47	7·9	1 56·7	21	21 19 25·5	−29 32 32	8·3	21 17·1
25	22 02 25·9	−25 51 55	7·8	1 52·1	22	21 19 03·9	−29 31 26	8·3	21 12·8
26	22 01 46·3	−25 59 02	7·8	1 47·5	23	21 18 43·8	−29 30 10	8·3	21 08·5
27	22 01 05·6	−26 06 09	7·8	1 42·9	24	21 18 25·2	−29 28 45	8·3	21 04·3
28	22 00 23·8	−26 13 14	7·8	1 38·3	25	21 18 08·0	−29 27 11	8·3	21 00·1
29	21 59 41·0	−26 20 17	7·8	1 33·7	26	21 17 52·4	−29 25 28	8·3	20 56·0
30	21 58 57·3	−26 27 18	7·8	1 29·0	27	21 17 38·3	−29 23 36	8·4	20 51·8
31	21 58 12·6	−26 34 17	7·7	1 24·3	28	21 17 25·8	−29 21 35	8·4	20 47·7
Aug. 1	21 57 27·0	−26 41 12	7·7	1 19·6	29	21 17 14·7	−29 19 26	8·4	20 43·6
2	21 56 40·5	−26 48 04	7·7	1 14·9	30	21 17 05·2	−29 17 08	8·4	20 39·6
3	21 55 53·3	−26 54 52	7·7	1 10·2	Oct. 1	21 16 57·1	−29 14 42	8·4	20 35·5
4	21 55 05·3	−27 01 36	7·7	1 05·5	2	21 16 50·6	−29 12 08	8·5	20 31·5
5	21 54 16·6	−27 08 15	7·7	1 00·7	3	21 16 45·6	−29 09 26	8·5	20 27·5
6	21 53 27·3	−27 14 49	7·7	0 56·0	4	21 16 42·1	−29 06 36	8·5	20 23·6
7	21 52 37·4	−27 21 17	7·6	0 51·2	Oct. 5	21 16 40·2	−29 03 39	8·5	20 19·6
8	21 51 46·9	−27 27 40	7·6	0 46·5	6	21 16 39·7	−29 00 35	8·5	20 15·7
9	21 50 55·9	−27 33 56	7·6	0 41·7	7	21 16 40·7	−28 57 23	8·5	20 11·8
10	21 50 04·4	−27 40 06	7·6	0 36·9	8	21 16 43·1	−28 54 04	8·6	20 07·9
11	21 49 12·6	−27 46 09	7·6	0 32·1	9	21 16 47·0	−28 50 38	8·6	20 04·1
Aug. 12	21 48 20·4	−27 52 05	7·6	0 27·3	Oct. 10	21 16 52·4	−28 47 06	8·6	20 00·3

Second transit for Ceres 2006 August 17ᵈ 23ʰ 58ᵐ5

PALLAS, 2006
GEOCENTRIC POSITIONS FOR 0^h TERRESTRIAL TIME

Date	Astrometric ICRS R.A.	Dec.	Vis. Mag.	Ephemeris Transit	Date	Astrometric ICRS R.A.	Dec.	Vis. Mag.	Ephemeris Transit
	h m s	° ′ ″		h m		h m s	° ′ ″		h m
2006 May 3	19 01 21·4	+18 51 13	9·9	4 17·9	2006 July 1	18 29 44·3	+23 28 03	9·5	23 49·5
4	19 01 21·0	+19 00 57	9·9	4 14·0	2	18 28 54·0	+23 25 08	9·5	23 44·7
5	19 01 19·2	+19 10 36	9·8	4 10·0	3	18 28 03·8	+23 21 56	9·5	23 40·0
6	19 01 16·2	+19 20 10	9·8	4 06·0	4	18 27 13·9	+23 18 27	9·5	23 35·2
7	19 01 11·8	+19 29 39	9·8	4 02·0	5	18 26 24·3	+23 14 40	9·5	23 30·5
8	19 01 06·2	+19 39 02	9·8	3 58·0	6	18 25 34·9	+23 10 37	9·5	23 25·7
9	19 00 59·3	+19 48 19	9·8	3 53·9	7	18 24 45·9	+23 06 16	9·5	23 21·0
10	19 00 51·1	+19 57 30	9·8	3 49·8	8	18 23 57·3	+23 01 40	9·5	23 16·3
11	19 00 41·6	+20 06 34	9·8	3 45·7	9	18 23 09·1	+22 56 46	9·6	23 11·6
12	19 00 30·9	+20 15 31	9·8	3 41·6	10	18 22 21·4	+22 51 37	9·6	23 06·8
13	19 00 18·8	+20 24 21	9·8	3 37·5	11	18 21 34·2	+22 46 12	9·6	23 02·1
14	19 00 05·5	+20 33 04	9·8	3 33·3	12	18 20 47·5	+22 40 31	9·6	22 57·4
15	18 59 50·9	+20 41 39	9·8	3 29·1	13	18 20 01·4	+22 34 34	9·6	22 52·8
16	18 59 35·1	+20 50 06	9·8	3 24·9	14	18 19 15·9	+22 28 22	9·6	22 48·1
17	18 59 17·9	+20 58 25	9·8	3 20·7	15	18 18 31·0	+22 21 55	9·6	22 43·4
18	18 58 59·6	+21 06 35	9·7	3 16·5	16	18 17 46·8	+22 15 13	9·6	22 38·8
19	18 58 39·9	+21 14 36	9·7	3 12·2	17	18 17 03·4	+22 08 17	9·6	22 34·1
20	18 58 19·0	+21 22 27	9·7	3 07·9	18	18 16 20·7	+22 01 06	9·6	22 29·5
21	18 57 56·9	+21 30 09	9·7	3 03·6	19	18 15 38·8	+21 53 41	9·6	22 24·9
22	18 57 33·5	+21 37 41	9·7	2 59·3	20	18 14 57·7	+21 46 03	9·6	22 20·3
23	18 57 09·0	+21 45 03	9·7	2 55·0	21	18 14 17·4	+21 38 11	9·6	22 15·7
24	18 56 43·2	+21 52 14	9·7	2 50·6	22	18 13 38·0	+21 30 06	9·6	22 11·2
25	18 56 16·2	+21 59 14	9·7	2 46·2	23	18 12 59·5	+21 21 48	9·6	22 06·6
26	18 55 48·1	+22 06 03	9·7	2 41·8	24	18 12 22·0	+21 13 17	9·6	22 02·1
27	18 55 18·8	+22 12 39	9·7	2 37·4	25	18 11 45·5	+21 04 34	9·6	21 57·5
28	18 54 48·3	+22 19 04	9·7	2 32·9	26	18 11 09·9	+20 55 40	9·7	21 53·0
29	18 54 16·8	+22 25 17	9·7	2 28·5	27	18 10 35·3	+20 46 34	9·7	21 48·6
30	18 53 44·1	+22 31 16	9·7	2 24·0	28	18 10 01·8	+20 37 17	9·7	21 44·1
31	18 53 10·4	+22 37 03	9·7	2 19·5	29	18 09 29·4	+20 27 50	9·7	21 39·6
June 1	18 52 35·6	+22 42 37	9·6	2 15·0	30	18 08 58·0	+20 18 12	9·7	21 35·2
2	18 51 59·9	+22 47 57	9·6	2 10·5	31	18 08 27·8	+20 08 24	9·7	21 30·8
3	18 51 23·1	+22 53 03	9·6	2 05·9	Aug. 1	18 07 58·6	+19 58 27	9·7	21 26·4
4	18 50 45·4	+22 57 55	9·6	2 01·4	2	18 07 30·7	+19 48 21	9·7	21 22·0
5	18 50 06·7	+23 02 32	9·6	1 56·8	3	18 07 03·8	+19 38 06	9·7	21 17·7
6	18 49 27·1	+23 06 55	9·6	1 52·2	4	18 06 38·1	+19 27 42	9·7	21 13·3
7	18 48 46·7	+23 11 03	9·6	1 47·6	5	18 06 13·6	+19 17 11	9·7	21 09·0
8	18 48 05·4	+23 14 56	9·6	1 43·0	6	18 05 50·3	+19 06 32	9·7	21 04·7
9	18 47 23·2	+23 18 34	9·6	1 38·3	7	18 05 28·2	+18 55 45	9·8	21 00·4
10	18 46 40·3	+23 21 56	9·6	1 33·7	8	18 05 07·3	+18 44 52	9·8	20 56·2
11	18 45 56·7	+23 25 02	9·6	1 29·0	9	18 04 47·6	+18 33 53	9·8	20 52·0
12	18 45 12·3	+23 27 53	9·6	1 24·4	10	18 04 29·1	+18 22 47	9·8	20 47·7
13	18 44 27·3	+23 30 27	9·6	1 19·7	11	18 04 11·8	+18 11 35	9·8	20 43·5
14	18 43 41·6	+23 32 45	9·6	1 15·0	12	18 03 55·7	+18 00 18	9·8	20 39·4
15	18 42 55·3	+23 34 47	9·6	1 10·3	13	18 03 40·9	+17 48 56	9·8	20 35·2
16	18 42 08·4	+23 36 32	9·6	1 05·6	14	18 03 27·3	+17 37 29	9·8	20 31·1
17	18 41 21·0	+23 38 00	9·6	1 00·9	15	18 03 15·0	+17 25 57	9·8	20 27·0
18	18 40 33·1	+23 39 11	9·6	0 56·1	16	18 03 03·8	+17 14 22	9·9	20 22·9
19	18 39 44·7	+23 40 05	9·6	0 51·4	17	18 02 54·0	+17 02 42	9·9	20 18·8
20	18 38 55·9	+23 40 42	9·5	0 46·7	18	18 02 45·3	+16 50 59	9·9	20 14·7
21	18 38 06·8	+23 41 01	9·5	0 41·9	19	18 02 38·0	+16 39 12	9·9	20 10·7
22	18 37 17·2	+23 41 03	9·5	0 37·2	20	18 02 31·8	+16 27 23	9·9	20 06·7
23	18 36 27·5	+23 40 47	9·5	0 32·4	21	18 02 27·0	+16 15 31	9·9	20 02·7
24	18 35 37·4	+23 40 14	9·5	0 27·6	22	18 02 23·3	+16 03 37	9·9	19 58·7
25	18 34 47·2	+23 39 22	9·5	0 22·9	23	18 02 20·9	+15 51 41	9·9	19 54·8
26	18 33 56·8	+23 38 13	9·5	0 18·1	Aug. 24	18 02 19·8	+15 39 43	9·9	19 50·8
27	18 33 06·3	+23 36 47	9·5	0 13·3	25	18 02 19·9	+15 27 44	9·9	19 46·9
28	18 32 15·8	+23 35 02	9·5	0 08·6	26	18 02 21·3	+15 15 44	10·0	19 43·0
29	18 31 25·2	+23 33 00	9·5	0 03·8	27	18 02 23·8	+15 03 43	10·0	19 39·2
30	18 30 34·7	+23 30 40	9·5	23 54·3	28	18 02 27·6	+14 51 42	10·0	19 35·3
July 1	18 29 44·3	+23 28 03	9·5	23 49·5	Aug. 29	18 02 32·7	+14 39 40	10·0	19 31·5

Second transit for Pallas 2006 June 29^d 23^h 59^{m}0

VESTA, 2006

GEOCENTRIC POSITIONS FOR 0ʰ TERRESTRIAL TIME

Date	Astrometric ICRS R.A.	Dec.	Vis. Mag.	Ephemeris Transit	Date	Astrometric ICRS R.A.	Dec.	Vis. Mag.	Ephemeris Transit
	h m s	° ′ ″		h m		h m s	° ′ ″		h m
2005 Nov. 7	7 36 19·4	+19 37 26	7·6	4 30·9	2006 Jan. 5	7 07 59·7	+22 46 30	6·3	0 10·4
8	7 36 40·2	+19 38 04	7·6	4 27·3	6	7 06 52·5	+22 51 11	6·2	0 05·4
9	7 36 59·4	+19 38 47	7·6	4 23·6	7	7 05 45·2	+22 55 50	6·3	0 00·3
10	7 37 16·9	+19 39 36	7·5	4 20·0	8	7 04 37·9	+23 00 26	6·3	23 50·2
11	7 37 32·8	+19 40 29	7·5	4 16·3	9	7 03 30·7	+23 05 01	6·3	23 45·2
12	7 37 47·0	+19 41 29	7·5	4 12·6	10	7 02 23·7	+23 09 32	6·4	23 40·1
13	7 37 59·6	+19 42 33	7·5	4 08·9	11	7 01 16·8	+23 14 02	6·4	23 35·1
14	7 38 10·4	+19 43 44	7·5	4 05·1	12	7 00 10·3	+23 18 28	6·4	23 30·1
15	7 38 19·5	+19 45 00	7·4	4 01·3	13	6 59 04·2	+23 22 51	6·4	23 25·1
16	7 38 26·9	+19 46 21	7·4	3 57·5	14	6 57 58·6	+23 27 11	6·5	23 20·1
17	7 38 32·5	+19 47 49	7·4	3 53·7	15	6 56 53·6	+23 31 27	6·5	23 15·1
18	7 38 36·4	+19 49 22	7·4	3 49·8	16	6 55 49·2	+23 35 40	6·5	23 10·1
Nov. 19	7 38 38·4	+19 51 02	7·4	3 45·9	17	6 54 45·6	+23 39 49	6·5	23 05·1
20	7 38 38·7	+19 52 48	7·4	3 42·0	18	6 53 42·7	+23 43 54	6·6	23 00·1
21	7 38 37·1	+19 54 39	7·3	3 38·0	19	6 52 40·7	+23 47 55	6·6	22 55·2
22	7 38 33·7	+19 56 37	7·3	3 34·0	20	6 51 39·7	+23 51 52	6·6	22 50·3
23	7 38 28·5	+19 58 41	7·3	3 30·0	21	6 50 39·8	+23 55 46	6·6	22 45·4
24	7 38 21·3	+20 00 51	7·3	3 25·9	22	6 49 40·9	+23 59 34	6·6	22 40·5
25	7 38 12·4	+20 03 08	7·3	3 21·8	23	6 48 43·2	+24 03 19	6·7	22 35·6
26	7 38 01·5	+20 05 31	7·2	3 17·7	24	6 47 46·7	+24 06 59	6·7	22 30·8
27	7 37 48·7	+20 08 00	7·2	3 13·5	25	6 46 51·6	+24 10 35	6·7	22 26·0
28	7 37 34·1	+20 10 35	7·2	3 09·4	26	6 45 57·8	+24 14 07	6·7	22 21·2
29	7 37 17·5	+20 13 17	7·2	3 05·2	27	6 45 05·4	+24 17 34	6·8	22 16·4
30	7 36 59·1	+20 16 05	7·1	3 01·0	28	6 44 14·6	+24 20 57	6·8	22 11·6
Dec. 1	7 36 38·7	+20 18 59	7·1	2 56·6	29	6 43 25·3	+24 24 15	6·8	22 06·9
2	7 36 16·5	+20 21 59	7·1	2 52·3	30	6 42 37·6	+24 27 29	6·8	22 02·2
3	7 35 52·4	+20 25 06	7·1	2 48·0	31	6 41 51·5	+24 30 38	6·8	21 57·6
4	7 35 26·4	+20 28 18	7·1	2 43·6	Feb. 1	6 41 07·2	+24 33 43	6·9	21 52·9
5	7 34 58·5	+20 31 37	7·0	2 39·2	2	6 40 24·5	+24 36 43	6·9	21 48·3
6	7 34 28·8	+20 35 01	7·0	2 34·8	3	6 39 43·7	+24 39 40	6·9	21 43·7
7	7 33 57·2	+20 38 31	7·0	2 30·3	4	6 39 04·7	+24 42 31	6·9	21 39·2
8	7 33 23·8	+20 42 06	7·0	2 25·8	5	6 38 27·6	+24 45 19	6·9	21 34·7
9	7 32 48·7	+20 45 47	7·0	2 21·3	6	6 37 52·3	+24 48 02	7·0	21 30·2
10	7 32 11·7	+20 49 33	6·9	2 16·8	7	6 37 18·9	+24 50 41	7·0	21 25·7
11	7 31 33·1	+20 53 25	6·9	2 12·2	8	6 36 47·5	+24 53 16	7·0	21 21·3
12	7 30 52·7	+20 57 21	6·9	2 07·6	9	6 36 18·0	+24 55 47	7·0	21 16·9
13	7 30 10·6	+21 01 22	6·9	2 02·9	10	6 35 50·4	+24 58 14	7·0	21 12·6
14	7 29 26·8	+21 05 27	6·8	1 58·3	11	6 35 24·8	+25 00 37	7·1	21 08·3
15	7 28 41·4	+21 09 37	6·8	1 53·6	12	6 35 01·2	+25 02 56	7·1	21 04·0
16	7 27 54·4	+21 13 51	6·8	1 48·9	13	6 34 39·6	+25 05 11	7·1	20 59·7
17	7 27 05·9	+21 18 09	6·8	1 44·1	14	6 34 20·0	+25 07 22	7·1	20 55·5
18	7 26 15·8	+21 22 30	6·8	1 39·4	15	6 34 02·3	+25 09 29	7·1	20 51·3
19	7 25 24·3	+21 26 56	6·7	1 34·6	16	6 33 46·7	+25 11 33	7·2	20 47·1
20	7 24 31·3	+21 31 24	6·7	1 29·8	17	6 33 33·1	+25 13 34	7·2	20 43·0
21	7 23 37·0	+21 35 55	6·7	1 24·9	18	6 33 21·4	+25 15 30	7·2	20 38·9
22	7 22 41·4	+21 40 29	6·7	1 20·1	19	6 33 11·8	+25 17 23	7·2	20 34·9
23	7 21 44·4	+21 45 05	6·6	1 15·2	20	6 33 04·2	+25 19 13	7·2	20 30·8
24	7 20 46·3	+21 49 44	6·6	1 10·3	21	6 32 58·5	+25 20 59	7·2	20 26·9
25	7 19 47·0	+21 54 24	6·6	1 05·4	22	6 32 54·9	+25 22 42	7·3	20 22·9
26	7 18 46·6	+21 59 06	6·6	1 00·4	Feb. 23	6 32 53·2	+25 24 22	7·3	20 19·0
27	7 17 45·2	+22 03 49	6·5	0 55·5	24	6 32 53·5	+25 25 58	7·3	20 15·1
28	7 16 42·9	+22 08 34	6·5	0 50·5	25	6 32 55·8	+25 27 31	7·3	20 11·2
29	7 15 39·7	+22 13 19	6·5	0 45·5	26	6 33 00·1	+25 29 01	7·3	20 07·4
30	7 14 35·7	+22 18 04	6·5	0 40·6	27	6 33 06·3	+25 30 27	7·4	20 03·6
31	7 13 30·9	+22 22 50	6·4	0 35·5	28	6 33 14·4	+25 31 51	7·4	19 59·8
2006 Jan. 1	7 12 25·6	+22 27 36	6·4	0 30·5	Mar. 1	6 33 24·5	+25 33 11	7·4	19 56·1
2	7 11 19·7	+22 32 21	6·4	0 25·5	2	6 33 36·5	+25 34 28	7·4	19 52·4
3	7 10 13·4	+22 37 05	6·3	0 20·5	3	6 33 50·3	+25 35 42	7·4	19 48·7
4	7 09 06·7	+22 41 48	6·3	0 15·4	4	6 34 06·1	+25 36 53	7·4	19 45·1
Jan. 5	7 07 59·7	+22 46 30	6·3	0 10·4	Mar. 5	6 34 23·7	+25 38 01	7·5	19 41·5

Second transit for Vesta 2006 January 7ᵈ 23ʰ 55ᵐ3

HEBE, 2006
GEOCENTRIC POSITIONS FOR 0ʰ TERRESTRIAL TIME

Date	Astrometric ICRS R.A. (h m s)	Dec. (° ′ ″)	Vis. Mag.	Ephemeris Transit (h m)
2006 June 7	21 11 25·3	− 7 14 08	9·5	4 10·3
8	21 11 53·4	− 7 14 15	9·5	4 06·8
9	21 12 20·1	− 7 14 33	9·5	4 03·3
10	21 12 45·4	− 7 15 03	9·5	3 59·8
11	21 13 09·3	− 7 15 44	9·4	3 56·2
12	21 13 31·7	− 7 16 37	9·4	3 52·7
13	21 13 52·7	− 7 17 43	9·4	3 49·1
14	21 14 12·2	− 7 19 00	9·4	3 45·5
15	21 14 30·1	− 7 20 31	9·3	3 41·8
16	21 14 46·6	− 7 22 14	9·3	3 38·1
17	21 15 01·5	− 7 24 10	9·3	3 34·4
18	21 15 14·9	− 7 26 20	9·3	3 30·7
19	21 15 26·7	− 7 28 43	9·2	3 27·0
20	21 15 36·9	− 7 31 20	9·2	3 23·2
21	21 15 45·4	− 7 34 12	9·2	3 19·4
22	21 15 52·4	− 7 37 18	9·2	3 15·6
23	21 15 57·7	− 7 40 38	9·1	3 11·7
24	21 16 01·4	− 7 44 14	9·1	3 07·8
June 25	21 16 03·4	− 7 48 04	9·1	3 03·9
26	21 16 03·8	− 7 52 10	9·0	3 00·0
27	21 16 02·5	− 7 56 31	9·0	2 56·0
28	21 15 59·5	− 8 01 08	9·0	2 52·1
29	21 15 54·8	− 8 06 01	9·0	2 48·0
30	21 15 48·5	− 8 11 10	8·9	2 44·0
July 1	21 15 40·5	− 8 16 34	8·9	2 39·9
2	21 15 30·8	− 8 22 15	8·9	2 35·8
3	21 15 19·5	− 8 28 12	8·9	2 31·7
4	21 15 06·5	− 8 34 25	8·8	2 27·5
5	21 14 51·9	− 8 40 54	8·8	2 23·3
6	21 14 35·5	− 8 47 39	8·8	2 19·1
7	21 14 17·6	− 8 54 41	8·7	2 14·9
8	21 13 58·0	− 9 01 59	8·7	2 10·6
9	21 13 36·9	− 9 09 33	8·7	2 06·3
10	21 13 14·1	− 9 17 24	8·7	2 02·0
11	21 12 49·7	− 9 25 30	8·6	1 57·7
12	21 12 23·8	− 9 33 53	8·6	1 53·3
13	21 11 56·3	− 9 42 31	8·6	1 48·9
14	21 11 27·2	− 9 51 25	8·5	1 44·5
15	21 10 56·7	− 10 00 35	8·5	1 40·1
16	21 10 24·7	− 10 10 00	8·5	1 35·6
17	21 09 51·2	− 10 19 41	8·4	1 31·1
18	21 09 16·3	− 10 29 36	8·4	1 26·6
19	21 08 40·0	− 10 39 46	8·4	1 22·0
20	21 08 02·3	− 10 50 11	8·3	1 17·5
21	21 07 23·4	− 11 00 49	8·3	1 12·9
22	21 06 43·2	− 11 11 41	8·3	1 08·3
23	21 06 01·8	− 11 22 47	8·3	1 03·7
24	21 05 19·2	− 11 34 05	8·2	0 59·0
25	21 04 35·6	− 11 45 36	8·2	0 54·4
26	21 03 50·9	− 11 57 18	8·2	0 49·7
27	21 03 05·2	− 12 09 12	8·1	0 45·0
28	21 02 18·7	− 12 21 16	8·1	0 40·3
29	21 01 31·3	− 12 33 30	8·1	0 35·6
30	21 00 43·2	− 12 45 54	8·0	0 30·8
31	20 59 54·4	− 12 58 26	8·0	0 26·1
Aug. 1	20 59 04·9	− 13 11 06	7·9	0 21·3
2	20 58 15·0	− 13 23 54	7·9	0 16·6
3	20 57 24·6	− 13 36 48	7·9	0 11·8
4	20 56 33·8	− 13 49 49	7·8	0 07·0
Aug. 5	20 55 42·7	− 14 02 54	7·8	0 02·3

Date	Astrometric ICRS R.A. (h m s)	Dec. (° ′ ″)	Vis. Mag.	Ephemeris Transit (h m)
2006 Aug. 5	20 55 42·7	− 14 02 54	7·8	0 02·3
6	20 54 51·4	− 14 16 04	7·8	23 52·7
7	20 54 00·0	− 14 29 18	7·8	23 47·9
8	20 53 08·5	− 14 42 35	7·9	23 43·1
9	20 52 17·1	− 14 55 54	7·9	23 38·4
10	20 51 25·7	− 15 09 15	7·9	23 33·6
11	20 50 34·6	− 15 22 36	7·9	23 28·8
12	20 49 43·7	− 15 35 58	8·0	23 24·0
13	20 48 53·1	− 15 49 19	8·0	23 19·3
14	20 48 03·0	− 16 02 39	8·0	23 14·5
15	20 47 13·4	− 16 15 57	8·0	23 09·8
16	20 46 24·4	− 16 29 12	8·0	23 05·1
17	20 45 36·0	− 16 42 23	8·1	23 00·3
18	20 44 48·5	− 16 55 31	8·1	22 55·6
19	20 44 01·7	− 17 08 34	8·1	22 50·9
20	20 43 16·0	− 17 21 31	8·1	22 46·3
21	20 42 31·2	− 17 34 22	8·2	22 41·6
22	20 41 47·5	− 17 47 07	8·2	22 37·0
23	20 41 05·0	− 17 59 44	8·2	22 32·4
24	20 40 23·8	− 18 12 13	8·2	22 27·8
25	20 39 43·9	− 18 24 34	8·2	22 23·2
26	20 39 05·4	− 18 36 45	8·3	22 18·7
27	20 38 28·3	− 18 48 47	8·3	22 14·2
28	20 37 52·8	− 19 00 39	8·3	22 09·7
29	20 37 18·9	− 19 12 21	8·3	22 05·2
30	20 36 46·6	− 19 23 51	8·4	22 00·8
31	20 36 16·0	− 19 35 10	8·4	21 56·4
Sept. 1	20 35 47·2	− 19 46 18	8·4	21 52·0
2	20 35 20·2	− 19 57 13	8·4	21 47·7
3	20 34 55·0	− 20 07 57	8·4	21 43·4
4	20 34 31·7	− 20 18 27	8·5	21 39·1
5	20 34 10·3	− 20 28 45	8·5	21 34·8
6	20 33 50·9	− 20 38 50	8·5	21 30·6
7	20 33 33·4	− 20 48 42	8·5	21 26·4
8	20 33 17·9	− 20 58 20	8·5	21 22·3
9	20 33 04·5	− 21 07 45	8·6	21 18·2
10	20 32 53·1	− 21 16 56	8·6	21 14·1
11	20 32 43·7	− 21 25 53	8·6	21 10·0
12	20 32 36·5	− 21 34 36	8·6	21 06·0
13	20 32 31·3	− 21 43 06	8·6	21 02·0
Sept. 14	20 32 28·2	− 21 51 21	8·7	20 58·1
15	20 32 27·3	− 21 59 23	8·7	20 54·2
16	20 32 28·5	− 22 07 10	8·7	20 50·3
17	20 32 31·8	− 22 14 42	8·7	20 46·5
18	20 32 37·3	− 22 22 01	8·7	20 42·7
19	20 32 44·9	− 22 29 05	8·8	20 38·9
20	20 32 54·7	− 22 35 54	8·8	20 35·2
21	20 33 06·7	− 22 42 30	8·8	20 31·5
22	20 33 20·9	− 22 48 51	8·8	20 27·8
23	20 33 37·2	− 22 54 57	8·8	20 24·2
24	20 33 55·6	− 23 00 50	8·9	20 20·6
25	20 34 16·2	− 23 06 28	8·9	20 17·1
26	20 34 38·9	− 23 11 52	8·9	20 13·5
27	20 35 03·7	− 23 17 01	8·9	20 10·1
28	20 35 30·6	− 23 21 57	8·9	20 06·6
29	20 35 59·6	− 23 26 38	9·0	20 03·2
30	20 36 30·7	− 23 31 06	9·0	19 59·8
Oct. 1	20 37 03·8	− 23 35 20	9·0	19 56·5
2	20 37 39·0	− 23 39 20	9·0	19 53·2
Oct. 3	20 38 16·1	− 23 43 06	9·0	19 49·9

Second transit for Hebe 2006 August 5ᵈ 23ʰ 57ᵐ5

GEOCENTRIC POSITIONS FOR 0^h TERRESTRIAL TIME

Date	Astrometric ICRS		Vis. Mag.	Ephemeris Transit	Date	Astrometric ICRS		Vis. Mag.	Ephemeris Transit
	R.A.	Dec.				R.A.	Dec.		
	h m s	° ′ ″		h m		h m s	° ′ ″		h m
2006 Sept. 16	3 21 26·0	+25 52 43	8·4	3 42·4	2006 Nov. 14	3 13 36·9	+23 47 08	6·8	23 37·3
17	3 22 18·9	+25 56 40	8·4	3 39·3	15	3 12 45·3	+23 38 43	6·8	23 32·5
18	3 23 10·0	+26 00 27	8·4	3 36·2	16	3 11 54·0	+23 30 11	6·8	23 27·7
19	3 23 59·2	+26 04 03	8·3	3 33·1	17	3 11 03·2	+23 21 34	6·8	23 23·0
20	3 24 46·4	+26 07 29	8·3	3 29·9	18	3 10 12·8	+23 12 52	6·8	23 18·2
21	3 25 31·6	+26 10 45	8·3	3 26·7	19	3 09 23·1	+23 04 06	6·8	23 13·5
22	3 26 14·8	+26 13 50	8·3	3 23·5	20	3 08 34·2	+22 55 17	6·9	23 08·8
23	3 26 56·0	+26 16 44	8·2	3 20·2	21	3 07 46·1	+22 46 25	6·9	23 04·0
24	3 27 35·0	+26 19 27	8·2	3 16·9	22	3 06 59·1	+22 37 33	6·9	22 59·4
25	3 28 12·0	+26 21 59	8·2	3 13·6	23	3 06 13·1	+22 28 39	7·0	22 54·7
26	3 28 46·7	+26 24 20	8·2	3 10·2	24	3 05 28·4	+22 19 46	7·0	22 50·0
27	3 29 19·3	+26 26 30	8·1	3 06·8	25	3 04 44·9	+22 10 55	7·0	22 45·4
28	3 29 49·7	+26 28 28	8·1	3 03·4	26	3 04 02·9	+22 02 04	7·1	22 40·8
29	3 30 17·9	+26 30 14	8·1	2 59·9	27	3 03 22·3	+21 53 17	7·1	22 36·2
30	3 30 43·8	+26 31 49	8·1	2 56·4	28	3 02 43·3	+21 44 33	7·1	22 31·7
Oct. 1	3 31 07·4	+26 33 11	8·0	2 52·8	29	3 02 06·0	+21 35 53	7·2	22 27·2
2	3 31 28·8	+26 34 21	8·0	2 49·3	30	3 01 30·4	+21 27 18	7·2	22 22·7
3	3 31 47·8	+26 35 19	8·0	2 45·6	Dec. 1	3 00 56·6	+21 18 49	7·2	22 18·2
4	3 32 04·5	+26 36 05	8·0	2 42·0	2	3 00 24·6	+21 10 26	7·3	22 13·8
5	3 32 18·9	+26 36 38	7·9	2 38·3	3	2 59 54·6	+21 02 10	7·3	22 09·4
6	3 32 30·9	+26 36 58	7·9	2 34·5	4	2 59 26·5	+20 54 01	7·3	22 05·1
7	3 32 40·5	+26 37 05	7·9	2 30·7	5	2 59 00·3	+20 46 00	7·4	22 00·7
8	3 32 47·8	+26 36 59	7·8	2 26·9	6	2 58 36·3	+20 38 07	7·4	21 56·4
9	3 32 52·7	+26 36 39	7·8	2 23·0	7	2 58 14·2	+20 30 24	7·4	21 52·2
Oct. 10	3 32 55·1	+26 36 06	7·8	2 19·1	8	2 57 54·3	+20 22 50	7·5	21 48·0
11	3 32 55·2	+26 35 19	7·8	2 15·2	9	2 57 36·6	+20 15 25	7·5	21 43·8
12	3 32 52·8	+26 34 18	7·7	2 11·2	10	2 57 20·9	+20 08 12	7·5	21 39·6
13	3 32 48·0	+26 33 03	7·7	2 07·2	11	2 57 07·5	+20 01 09	7·6	21 35·5
14	3 32 40·8	+26 31 34	7·7	2 03·1	12	2 56 56·3	+19 54 17	7·6	21 31·4
15	3 32 31·2	+26 29 50	7·6	1 59·0	13	2 56 47·3	+19 47 36	7·6	21 27·4
16	3 32 19·2	+26 27 51	7·6	1 54·9	14	2 56 40·6	+19 41 08	7·7	21 23·4
17	3 32 04·9	+26 25 38	7·6	1 50·7	15	2 56 36·1	+19 34 51	7·7	21 19·4
18	3 31 48·2	+26 23 10	7·6	1 46·5	Dec. 16	2 56 33·8	+19 28 47	7·7	21 15·5
19	3 31 29·3	+26 20 26	7·5	1 42·2	17	2 56 33·9	+19 22 55	7·8	21 11·6
20	3 31 08·0	+26 17 28	7·5	1 37·9	18	2 56 36·2	+19 17 16	7·8	21 07·8
21	3 30 44·6	+26 14 15	7·5	1 33·6	19	2 56 40·8	+19 11 50	7·8	21 03·9
22	3 30 19·0	+26 10 46	7·4	1 29·2	20	2 56 47·7	+19 06 37	7·9	21 00·2
23	3 29 51·3	+26 07 03	7·4	1 24·8	21	2 56 56·9	+19 01 37	7·9	20 56·4
24	3 29 21·5	+26 03 04	7·4	1 20·4	22	2 57 08·3	+18 56 51	7·9	20 52·7
25	3 28 49·8	+25 58 50	7·4	1 15·9	23	2 57 22·0	+18 52 18	7·9	20 49·1
26	3 28 16·2	+25 54 21	7·3	1 11·4	24	2 57 38·0	+18 47 58	8·0	20 45·4
27	3 27 40·7	+25 49 37	7·3	1 06·9	25	2 57 56·1	+18 43 52	8·0	20 41·8
28	3 27 03·5	+25 44 39	7·3	1 02·3	26	2 58 16·5	+18 39 58	8·0	20 38·3
29	3 26 24·6	+25 39 25	7·2	0 57·8	27	2 58 39·1	+18 36 17	8·1	20 34·8
30	3 25 44·1	+25 33 58	7·2	0 53·1	28	2 59 03·9	+18 32 50	8·1	20 31·3
31	3 25 02·2	+25 28 16	7·2	0 48·5	29	2 59 30·8	+18 29 36	8·1	20 27·8
Nov. 1	3 24 18·8	+25 22 21	7·1	0 43·9	30	2 59 59·8	+18 26 35	8·2	20 24·4
2	3 23 34·2	+25 16 12	7·1	0 39·2	31	3 00 30·9	+18 23 46	8·2	20 21·0
3	3 22 48·5	+25 09 49	7·1	0 34·5	2007 Jan. 1	3 01 04·1	+18 21 10	8·2	20 17·7
4	3 22 01·6	+25 03 14	7·0	0 29·8	2	3 01 39·3	+18 18 46	8·2	20 14·4
5	3 21 13·7	+24 56 26	7·0	0 25·0	3	3 02 16·5	+18 16 34	8·3	20 11·1
6	3 20 25·0	+24 49 26	7·0	0 20·3	4	3 02 55·6	+18 14 34	8·3	20 07·9
7	3 19 35·5	+24 42 15	7·0	0 15·5	5	3 03 36·7	+18 12 46	8·3	20 04·6
8	3 18 45·3	+24 34 52	6·9	0 10·8	6	3 04 19·7	+18 11 10	8·4	20 01·5
9	3 17 54·6	+24 27 18	6·9	0 06·0	7	3 05 04·6	+18 09 44	8·4	19 58·3
10	3 17 03·5	+24 19 34	6·9	0 01·2	8	3 05 51·3	+18 08 30	8·4	19 55·2
11	3 16 12·0	+24 11 41	6·8	23 51·7	9	3 06 39·9	+18 07 27	8·4	19 52·1
12	3 15 20·3	+24 03 38	6·8	23 46·9	10	3 07 30·2	+18 06 34	8·5	19 49·0
13	3 14 28·6	+23 55 27	6·8	23 42·1	11	3 08 22·3	+18 05 52	8·5	19 46·0
Nov. 14	3 13 36·9	+23 47 08	6·8	23 37·3	Jan. 12	3 09 16·1	+18 05 20	8·5	19 43·0

Second transit for Iris 2006 November 10^d 23^h 56^{m}4

FLORA, 2006
GEOCENTRIC POSITIONS FOR 0ʰ TERRESTRIAL TIME

Date	Astrometric ICRS R.A.	Dec.	Vis. Mag.	Ephemeris Transit	Date	Astrometric ICRS R.A.	Dec.	Vis. Mag.	Ephemeris Transit
	h m s	° ′ ″		h m		h m s	° ′ ″		h m
2006 Mar. 21	16 19 02·6	−14 17 57	10·8	4 25·3	2006 May 19	15 49 23·9	−11 59 04	9·6	0 03·4
22	16 19 20·1	−14 16 44	10·8	4 21·7	20	15 48 19·1	−11 56 52	9·6	23 53·4
23	16 19 35·9	−14 15 27	10·8	4 18·0	21	15 47 14·3	−11 54 44	9·7	23 48·3
24	16 19 50·1	−14 14 06	10·8	4 14·3	22	15 46 09·4	−11 52 41	9·7	23 43·3
25	16 20 02·6	−14 12 41	10·8	4 10·5	23	15 45 04·7	−11 50 42	9·7	23 38·3
26	16 20 13·4	−14 11 12	10·8	4 06·8	24	15 44 00·0	−11 48 47	9·7	23 33·3
27	16 20 22·5	−14 09 39	10·7	4 03·0	25	15 42 55·6	−11 46 58	9·7	23 28·4
28	16 20 29·9	−14 08 02	10·7	3 59·2	26	15 41 51·6	−11 45 13	9·7	23 23·4
29	16 20 35·6	−14 06 22	10·7	3 55·3	27	15 40 47·8	−11 43 34	9·7	23 18·4
30	16 20 39·5	−14 04 38	10·7	3 51·4	28	15 39 44·6	−11 42 00	9·8	23 13·4
Mar. 31	16 20 41·7	−14 02 50	10·7	3 47·5	29	15 38 41·9	−11 40 32	9·8	23 08·5
Apr. 1	16 20 42·1	−14 00 59	10·6	3 43·6	30	15 37 39·8	−11 39 10	9·8	23 03·5
2	16 20 40·8	−13 59 05	10·6	3 39·6	31	15 36 38·4	−11 37 54	9·8	22 58·6
3	16 20 37·6	−13 57 07	10·6	3 35·6	June 1	15 35 37·7	−11 36 44	9·8	22 53·7
4	16 20 32·7	−13 55 06	10·6	3 31·6	2	15 34 37·8	−11 35 40	9·8	22 48·8
5	16 20 26·0	−13 53 02	10·6	3 27·5	3	15 33 38·8	−11 34 43	9·9	22 43·9
6	16 20 17·5	−13 50 55	10·5	3 23·5	4	15 32 40·8	−11 33 52	9·9	22 39·0
7	16 20 07·2	−13 48 45	10·5	3 19·3	5	15 31 43·7	−11 33 08	9·9	22 34·1
8	16 19 55·1	−13 46 32	10·5	3 15·2	6	15 30 47·7	−11 32 31	9·9	22 29·3
9	16 19 41·2	−13 44 16	10·5	3 11·0	7	15 29 52·8	−11 32 01	9·9	22 24·5
10	16 19 25·5	−13 41 57	10·5	3 06·8	8	15 28 59·0	−11 31 37	10·0	22 19·7
11	16 19 08·0	−13 39 36	10·4	3 02·6	9	15 28 06·5	−11 31 21	10·0	22 14·9
12	16 18 48·7	−13 37 12	10·4	2 58·3	10	15 27 15·2	−11 31 12	10·0	22 10·1
13	16 18 27·6	−13 34 46	10·4	2 54·0	11	15 26 25·2	−11 31 10	10·0	22 05·4
14	16 18 04·8	−13 32 18	10·4	2 49·7	12	15 25 36·5	−11 31 15	10·0	22 00·7
15	16 17 40·1	−13 29 47	10·3	2 45·4	13	15 24 49·2	−11 31 28	10·1	21 56·0
16	16 17 13·7	−13 27 14	10·3	2 41·0	14	15 24 03·3	−11 31 48	10·1	21 51·4
17	16 16 45·6	−13 24 39	10·3	2 36·6	15	15 23 18·9	−11 32 15	10·1	21 46·7
18	16 16 15·7	−13 22 02	10·3	2 32·1	16	15 22 35·9	−11 32 49	10·1	21 42·1
19	16 15 44·0	−13 19 24	10·3	2 27·7	17	15 21 54·4	−11 33 31	10·1	21 37·5
20	16 15 10·7	−13 16 43	10·2	2 23·2	18	15 21 14·5	−11 34 21	10·2	21 32·9
21	16 14 35·6	−13 14 01	10·2	2 18·7	19	15 20 36·1	−11 35 18	10·2	21 28·4
22	16 13 58·9	−13 11 18	10·2	2 14·1	20	15 19 59·3	−11 36 22	10·2	21 23·9
23	16 13 20·5	−13 08 33	10·2	2 09·5	21	15 19 24·1	−11 37 34	10·2	21 19·4
24	16 12 40·4	−13 05 47	10·1	2 04·9	22	15 18 50·6	−11 38 54	10·2	21 15·0
25	16 11 58·8	−13 03 00	10·1	2 00·3	23	15 18 18·7	−11 40 21	10·3	21 10·5
26	16 11 15·6	−13 00 12	10·1	1 55·6	24	15 17 48·5	−11 41 55	10·3	21 06·1
27	16 10 30·9	−12 57 23	10·1	1 50·9	25	15 17 20·1	−11 43 37	10·3	21 01·8
28	16 09 44·6	−12 54 34	10·1	1 46·2	26	15 16 53·3	−11 45 26	10·3	20 57·4
29	16 08 57·0	−12 51 45	10·0	1 41·5	27	15 16 28·3	−11 47 23	10·3	20 53·1
30	16 08 07·9	−12 48 55	10·0	1 36·8	28	15 16 05·0	−11 49 27	10·3	20 48·8
May 1	16 07 17·4	−12 46 06	10·0	1 32·0	29	15 15 43·4	−11 51 38	10·4	20 44·6
2	16 06 25·7	−12 43 17	10·0	1 27·2	30	15 15 23·6	−11 53 57	10·4	20 40·3
3	16 05 32·7	−12 40 28	9·9	1 22·4	July 1	15 15 05·6	−11 56 23	10·4	20 36·1
4	16 04 38·6	−12 37 40	9·9	1 17·5	2	15 14 49·3	−11 58 55	10·4	20 32·0
5	16 03 43·2	−12 34 53	9·9	1 12·7	3	15 14 34·8	−12 01 35	10·4	20 27·8
6	16 02 46·8	−12 32 06	9·9	1 07·8	4	15 14 22·0	−12 04 21	10·5	20 23·7
7	16 01 49·4	−12 29 21	9·9	1 02·9	5	15 14 11·0	−12 07 14	10·5	20 19·6
8	16 00 51·0	−12 26 38	9·8	0 58·0	6	15 14 01·8	−12 10 14	10·5	20 15·6
9	15 59 51·8	−12 23 55	9·8	0 53·1	7	15 13 54·2	−12 13 21	10·5	20 11·6
10	15 58 51·6	−12 21 15	9·8	0 48·2	8	15 13 48·5	−12 16 33	10·5	20 07·6
11	15 57 50·8	−12 18 37	9·8	0 43·2	9	15 13 44·4	−12 19 52	10·5	20 03·6
12	15 56 49·2	−12 16 00	9·7	0 38·3	July 10	15 13 42·1	−12 23 18	10·6	19 59·7
13	15 55 46·9	−12 13 27	9·7	0 33·3	11	15 13 41·4	−12 26 49	10·6	19 55·7
14	15 54 44·1	−12 10 55	9·7	0 28·3	12	15 13 42·5	−12 30 26	10·6	19 51·9
15	15 53 40·8	−12 08 27	9·7	0 23·4	13	15 13 45·2	−12 34 09	10·6	19 48·0
16	15 52 37·1	−12 06 01	9·7	0 18·4	14	15 13 49·7	−12 37 58	10·6	19 44·2
17	15 51 33·0	−12 03 39	9·7	0 13·4	15	15 13 55·7	−12 41 52	10·6	19 40·4
18	15 50 28·6	−12 01 19	9·7	0 08·4	16	15 14 03·5	−12 45 52	10·7	19 36·6
May 19	15 49 23·9	−11 59 04	9·6	0 03·4	July 17	15 14 12·8	−12 49 58	10·7	19 32·9

Second transit for Flora 2006 May 19ᵈ 23ʰ 58ᵐ4

GEOCENTRIC POSITIONS FOR 0ʰ TERRESTRIAL TIME

Date	Astrometric ICRS R.A.	Dec.	Vis. Mag.	Ephemeris Transit	Date	Astrometric ICRS R.A.	Dec.	Vis. Mag.	Ephemeris Transit
	h m s	° ′ ″		h m		h m s	° ′ ″		h m
2006 Jan. 2	11 29 42.8	+11 08 36	10.3	4 43.5	2006 Mar. 2	11 09 55.7	+15 50 18	9.1	0 31.3
3	11 30 13.4	+11 09 05	10.3	4 40.1	3	11 08 56.3	+15 56 09	9.1	0 26.4
4	11 30 42.4	+11 09 46	10.2	4 36.6	4	11 07 56.8	+16 01 51	9.2	0 21.5
5	11 31 09.7	+11 10 38	10.2	4 33.1	5	11 06 57.2	+16 07 26	9.2	0 16.6
6	11 31 35.3	+11 11 41	10.2	4 29.6	6	11 05 57.7	+16 12 50	9.2	0 11.7
7	11 31 59.1	+11 12 55	10.2	4 26.1	7	11 04 58.3	+16 18 06	9.2	0 06.7
8	11 32 21.3	+11 14 21	10.2	4 22.5	8	11 03 59.2	+16 23 11	9.2	0 01.8
9	11 32 41.7	+11 15 58	10.2	4 18.9	9	11 03 00.3	+16 28 05	9.2	23 52.0
10	11 33 00.3	+11 17 47	10.1	4 15.2	10	11 02 01.8	+16 32 49	9.3	23 47.1
11	11 33 17.2	+11 19 46	10.1	4 11.6	11	11 01 03.7	+16 37 22	9.3	23 42.3
12	11 33 32.2	+11 21 57	10.1	4 07.9	12	11 00 06.2	+16 41 43	9.3	23 37.4
13	11 33 45.5	+11 24 20	10.1	4 04.2	13	10 59 09.3	+16 45 53	9.3	23 32.5
14	11 33 56.9	+11 26 53	10.1	4 00.4	14	10 58 13.0	+16 49 51	9.4	23 27.7
15	11 34 06.5	+11 29 38	10.0	3 56.6	15	10 57 17.5	+16 53 36	9.4	23 22.8
16	11 34 14.2	+11 32 35	10.0	3 52.8	16	10 56 22.8	+16 57 09	9.4	23 18.0
17	11 34 20.0	+11 35 42	10.0	3 49.0	17	10 55 29.0	+17 00 30	9.4	23 13.2
18	11 34 24.0	+11 39 00	10.0	3 45.1	18	10 54 36.2	+17 03 37	9.5	23 08.4
Jan. 19	11 34 26.1	+11 42 30	10.0	3 41.2	19	10 53 44.3	+17 06 32	9.5	23 03.7
20	11 34 26.2	+11 46 10	9.9	3 37.2	20	10 52 53.5	+17 09 14	9.5	22 58.9
21	11 34 24.5	+11 50 02	9.9	3 33.3	21	10 52 03.9	+17 11 43	9.5	22 54.2
22	11 34 20.8	+11 54 04	9.9	3 29.2	22	10 51 15.5	+17 13 59	9.6	22 49.5
23	11 34 15.1	+11 58 16	9.9	3 25.2	23	10 50 28.3	+17 16 01	9.6	22 44.8
24	11 34 07.6	+12 02 39	9.9	3 21.1	24	10 49 42.3	+17 17 51	9.6	22 40.1
25	11 33 58.0	+12 07 12	9.8	3 17.0	25	10 48 57.8	+17 19 27	9.6	22 35.5
26	11 33 46.6	+12 11 55	9.8	3 12.9	26	10 48 14.6	+17 20 49	9.7	22 30.9
27	11 33 33.2	+12 16 48	9.8	3 08.7	27	10 47 32.9	+17 21 58	9.7	22 26.3
28	11 33 17.8	+12 21 51	9.8	3 04.5	28	10 46 52.6	+17 22 54	9.7	22 21.7
29	11 33 00.6	+12 27 02	9.8	3 00.3	29	10 46 13.9	+17 23 37	9.7	22 17.2
30	11 32 41.4	+12 32 23	9.7	2 56.0	30	10 45 36.7	+17 24 06	9.8	22 12.6
31	11 32 20.3	+12 37 52	9.7	2 51.8	31	10 45 01.2	+17 24 22	9.8	22 08.2
Feb. 1	11 31 57.3	+12 43 29	9.7	2 47.4	Apr. 1	10 44 27.3	+17 24 25	9.8	22 03.7
2	11 31 32.4	+12 49 14	9.7	2 43.1	2	10 43 55.0	+17 24 15	9.9	21 59.3
3	11 31 05.7	+12 55 07	9.6	2 38.7	3	10 43 24.4	+17 23 52	9.9	21 54.9
4	11 30 37.2	+13 01 06	9.6	2 34.3	4	10 42 55.5	+17 23 16	9.9	21 50.5
5	11 30 06.9	+13 07 12	9.6	2 29.8	5	10 42 28.3	+17 22 27	9.9	21 46.1
6	11 29 34.8	+13 13 24	9.6	2 25.4	6	10 42 02.8	+17 21 27	10.0	21 41.8
7	11 29 01.0	+13 19 42	9.6	2 20.9	7	10 41 39.1	+17 20 14	10.0	21 37.5
8	11 28 25.5	+13 26 05	9.5	2 16.3	8	10 41 17.1	+17 18 48	10.0	21 33.3
9	11 27 48.4	+13 32 32	9.5	2 11.8	9	10 40 56.9	+17 17 11	10.0	21 29.0
10	11 27 09.6	+13 39 04	9.5	2 07.2	10	10 40 38.4	+17 15 22	10.1	21 24.8
11	11 26 29.3	+13 45 39	9.5	2 02.6	11	10 40 21.7	+17 13 22	10.1	21 20.6
12	11 25 47.4	+13 52 18	9.5	1 57.9	12	10 40 06.7	+17 11 11	10.1	21 16.5
13	11 25 04.0	+13 58 59	9.4	1 53.3	13	10 39 53.5	+17 08 48	10.1	21 12.4
14	11 24 19.2	+14 05 42	9.4	1 48.6	14	10 39 42.0	+17 06 14	10.1	21 08.3
15	11 23 33.0	+14 12 27	9.4	1 43.9	15	10 39 32.3	+17 03 30	10.2	21 04.2
16	11 22 45.4	+14 19 13	9.4	1 39.2	16	10 39 24.3	+17 00 35	10.2	21 00.2
17	11 21 56.6	+14 25 59	9.3	1 34.4	17	10 39 18.0	+16 57 29	10.2	20 56.2
18	11 21 06.6	+14 32 45	9.3	1 29.7	18	10 39 13.4	+16 54 14	10.2	20 52.2
19	11 20 15.3	+14 39 31	9.3	1 24.9	19	10 39 10.5	+16 50 49	10.3	20 48.3
20	11 19 23.0	+14 46 15	9.3	1 20.1	Apr. 20	10 39 09.3	+16 47 13	10.3	20 44.3
21	11 18 29.7	+14 52 58	9.3	1 15.3	21	10 39 09.8	+16 43 29	10.3	20 40.5
22	11 17 35.4	+14 59 38	9.2	1 10.4	22	10 39 12.0	+16 39 34	10.3	20 36.6
23	11 16 40.2	+15 06 15	9.2	1 05.6	23	10 39 15.8	+16 35 31	10.4	20 32.7
24	11 15 44.2	+15 12 48	9.2	1 00.7	24	10 39 21.2	+16 31 18	10.4	20 28.9
25	11 14 47.5	+15 19 17	9.2	0 55.8	25	10 39 28.3	+16 26 56	10.4	20 25.2
26	11 13 50.1	+15 25 41	9.2	0 50.9	26	10 39 37.0	+16 22 26	10.4	20 21.4
27	11 12 52.1	+15 32 00	9.2	0 46.1	27	10 39 47.4	+16 17 46	10.4	20 17.7
28	11 11 53.7	+15 38 13	9.2	0 41.1	28	10 39 59.2	+16 12 59	10.5	20 14.0
Mar. 1	11 10 54.8	+15 44 19	9.1	0 36.2	29	10 40 12.7	+16 08 03	10.5	20 10.3
Mar. 2	11 09 55.7	+15 50 18	9.1	0 31.3	Apr. 30	10 40 27.7	+16 02 58	10.5	20 06.6

Second transit for Metis 2006 March 8ᵈ 23ʰ 56ᵐ9

HYGIEA, 2006
GEOCENTRIC POSITIONS FOR 0ʰ TERRESTRIAL TIME

Date	Astrometric ICRS R.A.	Dec.	Vis. Mag.	Ephemeris Transit	Date	Astrometric ICRS R.A.	Dec.	Vis. Mag.	Ephemeris Transit
	h m s	° ′ ″		h m		h m s	° ′ ″		h m
2006 May 15	19 54 14·1	−21 19 02	10·4	4 23·7	2006 July 13	19 28 19·2	−21 09 18	9·2	0 05·6
16	19 54 26·7	−21 17 29	10·4	4 19·9	14	19 27 28·1	−21 09 49	9·2	0 00·8
17	19 54 37·9	−21 16 00	10·4	4 16·2	15	19 26 37·1	−21 10 19	9·2	23 51·2
18	19 54 47·6	−21 14 34	10·3	4 12·4	16	19 25 46·2	−21 10 48	9·3	23 46·5
19	19 54 55·7	−21 13 11	10·3	4 08·6	17	19 24 55·5	−21 11 17	9·3	23 41·7
20	19 55 02·4	−21 11 52	10·3	4 04·7	18	19 24 05·1	−21 11 45	9·4	23 36·9
21	19 55 07·6	−21 10 36	10·3	4 00·9	19	19 23 15·0	−21 12 12	9·4	23 32·2
22	19 55 11·3	−21 09 23	10·3	3 57·0	20	19 22 25·3	−21 12 38	9·4	23 27·4
May 23	19 55 13·4	−21 08 14	10·3	3 53·1	21	19 21 36·0	−21 13 02	9·4	23 22·7
24	19 55 14·1	−21 07 09	10·2	3 49·2	22	19 20 47·2	−21 13 26	9·5	23 18·0
25	19 55 13·2	−21 06 06	10·2	3 45·2	23	19 19 58·9	−21 13 48	9·5	23 13·3
26	19 55 10·7	−21 05 08	10·2	3 41·2	24	19 19 11·2	−21 14 10	9·5	23 08·6
27	19 55 06·8	−21 04 13	10·2	3 37·2	25	19 18 24·2	−21 14 30	9·6	23 03·9
28	19 55 01·3	−21 03 21	10·2	3 33·2	26	19 17 37·9	−21 14 48	9·6	22 59·2
29	19 54 54·3	−21 02 33	10·2	3 29·1	27	19 16 52·4	−21 15 05	9·6	22 54·5
30	19 54 45·7	−21 01 48	10·1	3 25·1	28	19 16 07·6	−21 15 21	9·6	22 49·8
31	19 54 35·7	−21 01 07	10·1	3 21·0	29	19 15 23·7	−21 15 36	9·7	22 45·2
June 1	19 54 24·1	−21 00 29	10·1	3 16·8	30	19 14 40·7	−21 15 49	9·7	22 40·6
2	19 54 11·1	−20 59 54	10·1	3 12·7	31	19 13 58·7	−21 16 00	9·7	22 36·0
3	19 53 56·6	−20 59 23	10·1	3 08·5	Aug. 1	19 13 17·6	−21 16 10	9·7	22 31·4
4	19 53 40·6	−20 58 55	10·1	3 04·3	2	19 12 37·5	−21 16 19	9·7	22 26·8
5	19 53 23·1	−20 58 31	10·0	3 00·1	3	19 11 58·5	−21 16 25	9·8	22 22·2
6	19 53 04·2	−20 58 09	10·0	2 55·8	4	19 11 20·7	−21 16 31	9·8	22 17·7
7	19 52 43·8	−20 57 51	10·0	2 51·5	5	19 10 43·9	−21 16 35	9·8	22 13·2
8	19 52 22·0	−20 57 36	10·0	2 47·2	6	19 10 08·3	−21 16 37	9·8	22 08·7
9	19 51 58·8	−20 57 23	10·0	2 42·9	7	19 09 33·9	−21 16 38	9·9	22 04·2
10	19 51 34·2	−20 57 14	9·9	2 38·5	8	19 09 00·7	−21 16 37	9·9	21 59·8
11	19 51 08·2	−20 57 07	9·9	2 34·2	9	19 08 28·8	−21 16 35	9·9	21 55·3
12	19 50 40·9	−20 57 04	9·9	2 29·8	10	19 07 58·1	−21 16 31	9·9	21 50·9
13	19 50 12·2	−20 57 03	9·9	2 25·4	11	19 07 28·7	−21 16 26	10·0	21 46·5
14	19 49 42·2	−20 57 05	9·9	2 20·9	12	19 07 00·6	−21 16 19	10·0	21 42·1
15	19 49 11·0	−20 57 09	9·8	2 16·5	13	19 06 33·8	−21 16 11	10·0	21 37·8
16	19 48 38·4	−20 57 15	9·8	2 12·0	14	19 06 08·4	−21 16 01	10·0	21 33·5
17	19 48 04·6	−20 57 25	9·8	2 07·5	15	19 05 44·4	−21 15 50	10·0	21 29·1
18	19 47 29·6	−20 57 36	9·8	2 03·0	16	19 05 21·7	−21 15 37	10·1	21 24·9
19	19 46 53·4	−20 57 50	9·8	1 58·5	17	19 05 00·4	−21 15 23	10·1	21 20·6
20	19 46 16·1	−20 58 05	9·7	1 53·9	18	19 04 40·6	−21 15 08	10·1	21 16·4
21	19 45 37·6	−20 58 23	9·7	1 49·3	19	19 04 22·2	−21 14 51	10·1	21 12·2
22	19 44 58·0	−20 58 43	9·7	1 44·7	20	19 04 05·2	−21 14 33	10·1	21 08·0
23	19 44 17·4	−20 59 04	9·7	1 40·1	21	19 03 49·6	−21 14 14	10·2	21 03·8
24	19 43 35·8	−20 59 27	9·7	1 35·5	22	19 03 35·6	−21 13 53	10·2	20 59·7
25	19 42 53·2	−20 59 52	9·6	1 30·9	23	19 03 23·0	−21 13 30	10·2	20 55·6
26	19 42 09·7	−21 00 18	9·6	1 26·2	24	19 03 11·9	−21 13 06	10·2	20 51·5
27	19 41 25·3	−21 00 45	9·6	1 21·5	25	19 03 02·3	−21 12 41	10·2	20 47·4
28	19 40 40·1	−21 01 14	9·6	1 16·8	26	19 02 54·1	−21 12 14	10·3	20 43·4
29	19 39 54·1	−21 01 43	9·6	1 12·1	27	19 02 47·5	−21 11 46	10·3	20 39·4
30	19 39 07·4	−21 02 14	9·5	1 07·4	28	19 02 42·3	−21 11 17	10·3	20 35·4
July 1	19 38 20·1	−21 02 45	9·5	1 02·7	29	19 02 38·6	−21 10 46	10·3	20 31·4
2	19 37 32·1	−21 03 17	9·5	0 58·0	30	19 02 36·4	−21 10 13	10·3	20 27·5
3	19 36 43·6	−21 03 50	9·5	0 53·3	Aug. 31	19 02 35·7	−21 09 39	10·4	20 23·5
4	19 35 54·5	−21 04 22	9·4	0 48·5	Sept. 1	19 02 36·5	−21 09 04	10·4	20 19·6
5	19 35 05·0	−21 04 56	9·4	0 43·8	2	19 02 38·8	−21 08 27	10·4	20 15·8
6	19 34 15·1	−21 05 29	9·4	0 39·0	3	19 02 42·5	−21 07 49	10·4	20 11·9
7	19 33 24·9	−21 06 02	9·4	0 34·2	4	19 02 47·6	−21 07 09	10·4	20 08·1
8	19 32 34·3	−21 06 36	9·3	0 29·5	5	19 02 54·2	−21 06 28	10·5	20 04·3
9	19 31 43·5	−21 07 09	9·3	0 24·7	6	19 03 02·2	−21 05 45	10·5	20 00·5
10	19 30 52·6	−21 07 42	9·3	0 19·9	7	19 03 11·7	−21 05 00	10·5	19 56·8
11	19 30 01·5	−21 08 14	9·2	0 15·1	8	19 03 22·6	−21 04 15	10·5	19 53·1
12	19 29 10·4	−21 08 46	9·2	0 10·4	9	19 03 34·8	−21 03 27	10·5	19 49·4
July 13	19 28 19·2	−21 09 18	9·2	0 05·6	Sept. 10	19 03 48·5	−21 02 38	10·6	19 45·7

Second transit for Hygiea 2006 July 14ᵈ 23ʰ 56ᵐ0

EUNOMIA, 2006
GEOCENTRIC POSITIONS FOR 0ʰ TERRESTRIAL TIME

Date	Astrometric ICRS R.A. (h m s)	Dec. (° ′ ″)	Vis. Mag.	Ephemeris Transit (h m)	Date	Astrometric ICRS R.A. (h m s)	Dec. (° ′ ″)	Vis. Mag.	Ephemeris Transit (h m)
2006 June 1	21 01 24·0	−17 05 12	9·8	4 23·8	2006 July 30	20 31 21·1	−14 08 07	8·3	0 01·5
2	21 01 37·1	−17 00 28	9·8	4 20·1	31	20 30 18·8	−14 06 39	8·3	23 51·6
3	21 01 48·7	−16 55 47	9·7	4 16·3	Aug. 1	20 29 16·5	−14 05 12	8·4	23 46·6
4	21 01 58·8	−16 51 10	9·7	4 12·5	2	20 28 14·3	−14 03 47	8·4	23 41·7
5	21 02 07·4	−16 46 36	9·7	4 08·7	3	20 27 12·2	−14 02 23	8·4	23 36·7
6	21 02 14·5	−16 42 05	9·7	4 04·9	4	20 26 10·3	−14 01 01	8·4	23 31·8
7	21 02 20·0	−16 37 38	9·7	4 01·1	5	20 25 08·8	−13 59 39	8·4	23 26·8
8	21 02 23·9	−16 33 14	9·6	3 57·2	6	20 24 07·6	−13 58 19	8·4	23 21·9
9	21 02 26·3	−16 28 53	9·6	3 53·3	7	20 23 06·8	−13 56 59	8·5	23 17·0
June 10	21 02 27·1	−16 24 36	9·6	3 49·4	8	20 22 06·6	−13 55 40	8·5	23 12·1
11	21 02 26·3	−16 20 23	9·6	3 45·4	9	20 21 06·9	−13 54 23	8·5	23 07·1
12	21 02 23·9	−16 16 13	9·5	3 41·4	10	20 20 07·9	−13 53 06	8·5	23 02·3
13	21 02 19·9	−16 12 06	9·5	3 37·4	11	20 19 09·6	−13 51 49	8·5	22 57·4
14	21 02 14·3	−16 08 03	9·5	3 33·4	12	20 18 12·0	−13 50 33	8·6	22 52·5
15	21 02 07·0	−16 04 05	9·5	3 29·3	13	20 17 15·3	−13 49 18	8·6	22 47·6
16	21 01 58·1	−16 00 09	9·4	3 25·2	14	20 16 19·5	−13 48 03	8·6	22 42·8
17	21 01 47·5	−15 56 18	9·4	3 21·1	15	20 15 24·7	−13 46 49	8·6	22 38·0
18	21 01 35·3	−15 52 30	9·4	3 17·0	16	20 14 30·9	−13 45 35	8·6	22 33·2
19	21 01 21·4	−15 48 47	9·4	3 12·8	17	20 13 38·1	−13 44 21	8·7	22 28·4
20	21 01 05·9	−15 45 07	9·4	3 08·6	18	20 12 46·6	−13 43 08	8·7	22 23·6
21	21 00 48·7	−15 41 31	9·3	3 04·4	19	20 11 56·2	−13 41 55	8·7	22 18·9
22	21 00 29·8	−15 37 59	9·3	3 00·1	20	20 11 07·1	−13 40 41	8·7	22 14·2
23	21 00 09·2	−15 34 32	9·3	2 55·8	21	20 10 19·3	−13 39 28	8·7	22 09·5
24	20 59 47·0	−15 31 08	9·3	2 51·5	22	20 09 32·8	−13 38 15	8·8	22 04·8
25	20 59 23·1	−15 27 48	9·2	2 47·2	23	20 08 47·8	−13 37 01	8·8	22 00·2
26	20 58 57·6	−15 24 32	9·2	2 42·8	24	20 08 04·3	−13 35 48	8·8	21 55·5
27	20 58 30·4	−15 21 21	9·2	2 38·4	25	20 07 22·3	−13 34 33	8·8	21 50·9
28	20 58 01·6	−15 18 13	9·2	2 34·0	26	20 06 41·8	−13 33 19	8·8	21 46·4
29	20 57 31·2	−15 15 09	9·1	2 29·6	27	20 06 02·9	−13 32 04	8·9	21 41·8
30	20 56 59·2	−15 12 09	9·1	2 25·1	28	20 05 25·7	−13 30 48	8·9	21 37·3
July 1	20 56 25·6	−15 09 13	9·1	2 20·6	29	20 04 50·1	−13 29 32	8·9	21 32·8
2	20 55 50·5	−15 06 21	9·1	2 16·1	30	20 04 16·2	−13 28 15	8·9	21 28·3
3	20 55 13·8	−15 03 32	9·0	2 11·5	31	20 03 44·0	−13 26 57	8·9	21 23·9
4	20 54 35·7	−15 00 48	9·0	2 07·0	Sept. 1	20 03 13·5	−13 25 39	8·9	21 19·5
5	20 53 56·1	−14 58 07	9·0	2 02·4	2	20 02 44·9	−13 24 19	9·0	21 15·1
6	20 53 15·0	−14 55 29	9·0	1 57·8	3	20 02 18·0	−13 22 59	9·0	21 10·8
7	20 52 32·5	−14 52 56	8·9	1 53·1	4	20 01 52·9	−13 21 37	9·0	21 06·5
8	20 51 48·6	−14 50 25	8·9	1 48·4	5	20 01 29·6	−13 20 14	9·0	21 02·2
9	20 51 03·3	−14 47 59	8·9	1 43·8	6	20 01 08·1	−13 18 51	9·0	20 57·9
10	20 50 16·8	−14 45 35	8·9	1 39·0	7	20 00 48·5	−13 17 25	9·1	20 53·7
11	20 49 28·9	−14 43 15	8·8	1 34·3	8	20 00 30·7	−13 15 59	9·1	20 49·5
12	20 48 39·8	−14 40 59	8·8	1 29·6	9	20 00 14·7	−13 14 32	9·1	20 45·4
13	20 47 49·5	−14 38 45	8·8	1 24·8	10	20 00 00·6	−13 13 03	9·1	20 41·2
14	20 46 58·1	−14 36 35	8·7	1 20·0	11	19 59 48·4	−13 11 32	9·1	20 37·1
15	20 46 05·5	−14 34 28	8·7	1 15·2	12	19 59 38·0	−13 10 00	9·1	20 33·0
16	20 45 11·9	−14 32 24	8·7	1 10·4	13	19 59 29·4	−13 08 27	9·2	20 29·0
17	20 44 17·2	−14 30 23	8·7	1 05·5	14	19 59 22·7	−13 06 52	9·2	20 25·0
18	20 43 21·6	−14 28 25	8·6	1 00·7	15	19 59 17·9	−13 05 15	9·2	20 21·0
19	20 42 25·0	−14 26 30	8·6	0 55·8	16	19 59 14·9	−13 03 37	9·2	20 17·1
20	20 41 27·6	−14 24 38	8·6	0 50·9	Sept. 17	19 59 13·8	−13 01 57	9·2	20 13·2
21	20 40 29·4	−14 22 48	8·6	0 46·0	18	19 59 14·5	−13 00 15	9·2	20 09·3
22	20 39 30·5	−14 21 01	8·5	0 41·1	19	19 59 17·1	−12 58 31	9·3	20 05·4
23	20 38 30·9	−14 19 17	8·5	0 36·2	20	19 59 21·5	−12 56 45	9·3	20 01·6
24	20 37 30·7	−14 17 35	8·5	0 31·3	21	19 59 27·7	−12 54 56	9·3	19 57·8
25	20 36 30·0	−14 15 55	8·4	0 26·3	22	19 59 35·8	−12 53 06	9·3	19 54·0
26	20 35 28·8	−14 14 17	8·4	0 21·4	23	19 59 45·7	−12 51 13	9·3	19 50·3
27	20 34 27·3	−14 12 42	8·4	0 16·4	24	19 59 57·4	−12 49 18	9·3	19 46·6
28	20 33 25·4	−14 11 09	8·4	0 11·5	25	20 00 10·9	−12 47 20	9·4	19 42·9
29	20 32 23·3	−14 09 37	8·4	0 06·5	26	20 00 26·1	−12 45 19	9·4	19 39·2
July 30	20 31 21·1	−14 08 07	8·3	0 01·5	Sept. 27	20 00 43·2	−12 43 16	9·4	19 35·6

Second transit for Eunomia 2006 July 30ᵈ 23ʰ 56ᵐ6

EUROPA, 2006
GEOCENTRIC POSITIONS FOR 0ʰ TERRESTRIAL TIME

Date	Astrometric ICRS R.A. (h m s)	Dec. (° ′ ″)	Vis. Mag.	Ephemeris Transit (h m)
2006 Mar. 5	15 18 35·0	− 8 58 55	11·7	4 27·9
6	15 18 47·6	− 8 56 47	11·7	4 24·1
7	15 18 58·9	− 8 54 34	11·7	4 20·4
8	15 19 08·9	− 8 52 16	11·7	4 16·6
9	15 19 17·6	− 8 49 52	11·7	4 12·8
10	15 19 25·0	− 8 47 24	11·6	4 09·0
11	15 19 31·1	− 8 44 51	11·6	4 05·2
12	15 19 35·8	− 8 42 13	11·6	4 01·3
13	15 19 39·3	− 8 39 31	11·6	3 57·4
14	15 19 41·4	− 8 36 44	11·6	3 53·5
Mar. 15	15 19 42·2	− 8 33 52	11·6	3 49·6
16	15 19 41·6	− 8 30 55	11·6	3 45·6
17	15 19 39·8	− 8 27 54	11·5	3 41·7
18	15 19 36·6	− 8 24 49	11·5	3 37·7
19	15 19 32·0	− 8 21 40	11·5	3 33·7
20	15 19 26·1	− 8 18 26	11·5	3 29·6
21	15 19 18·9	− 8 15 09	11·5	3 25·6
22	15 19 10·4	− 8 11 47	11·5	3 21·5
23	15 19 00·5	− 8 08 21	11·4	3 17·4
24	15 18 49·3	− 8 04 52	11·4	3 13·2
25	15 18 36·7	− 8 01 20	11·4	3 09·1
26	15 18 22·9	− 7 57 43	11·4	3 04·9
27	15 18 07·7	− 7 54 04	11·4	3 00·7
28	15 17 51·3	− 7 50 21	11·4	2 56·5
29	15 17 33·5	− 7 46 35	11·3	2 52·3
30	15 17 14·5	− 7 42 46	11·3	2 48·0
31	15 16 54·2	− 7 38 55	11·3	2 43·8
Apr. 1	15 16 32·6	− 7 35 01	11·3	2 39·5
2	15 16 09·9	− 7 31 05	11·3	2 35·1
3	15 15 45·9	− 7 27 07	11·3	2 30·8
4	15 15 20·8	− 7 23 07	11·3	2 26·5
5	15 14 54·5	− 7 19 05	11·2	2 22·1
6	15 14 27·0	− 7 15 02	11·2	2 17·7
7	15 13 58·4	− 7 10 57	11·2	2 13·3
8	15 13 28·8	− 7 06 51	11·2	2 08·8
9	15 12 58·1	− 7 02 44	11·2	2 04·4
10	15 12 26·3	− 6 58 36	11·2	1 59·9
11	15 11 53·5	− 6 54 28	11·1	1 55·5
12	15 11 19·8	− 6 50 19	11·1	1 51·0
13	15 10 45·1	− 6 46 10	11·1	1 46·4
14	15 10 09·5	− 6 42 01	11·1	1 41·9
15	15 09 32·9	− 6 37 52	11·1	1 37·4
16	15 08 55·6	− 6 33 44	11·1	1 32·8
17	15 08 17·4	− 6 29 37	11·0	1 28·3
18	15 07 38·4	− 6 25 30	11·0	1 23·7
19	15 06 58·6	− 6 21 24	11·0	1 19·1
20	15 06 18·1	− 6 17 20	11·0	1 14·5
21	15 05 37·0	− 6 13 17	11·0	1 09·9
22	15 04 55·2	− 6 09 16	11·0	1 05·2
23	15 04 12·8	− 6 05 17	10·9	1 00·6
24	15 03 29·8	− 6 01 20	10·9	0 55·9
25	15 02 46·3	− 5 57 26	10·9	0 51·3
26	15 02 02·4	− 5 53 34	10·9	0 46·6
27	15 01 18·0	− 5 49 46	10·9	0 42·0
28	15 00 33·2	− 5 46 00	10·9	0 37·3
29	14 59 48·1	− 5 42 19	10·9	0 32·6
30	14 59 02·8	− 5 38 40	10·9	0 27·9
May 1	14 58 17·1	− 5 35 06	10·9	0 23·2
2	14 57 31·3	− 5 31 36	10·8	0 18·5
May 3	14 56 45·4	− 5 28 11	10·8	0 13·8

Date	Astrometric ICRS R.A. (h m s)	Dec. (° ′ ″)	Vis. Mag.	Ephemeris Transit (h m)
2006 May 3	14 56 45·4	− 5 28 11	10·8	0 13·8
4	14 55 59·4	− 5 24 49	10·8	0 09·1
5	14 55 13·3	− 5 21 33	10·8	0 04·5
6	14 54 27·2	− 5 18 22	10·9	23 55·1
7	14 53 41·2	− 5 15 16	10·9	23 50·4
8	14 52 55·2	− 5 12 15	10·9	23 45·7
9	14 52 09·4	− 5 09 20	10·9	23 41·0
10	14 51 23·8	− 5 06 30	10·9	23 36·3
11	14 50 38·4	− 5 03 46	10·9	23 31·6
12	14 49 53·3	− 5 01 09	10·9	23 27·0
13	14 49 08·4	− 4 58 37	10·9	23 22·3
14	14 48 23·9	− 4 56 11	11·0	23 17·6
15	14 47 39·9	− 4 53 52	11·0	23 13·0
16	14 46 56·2	− 4 51 40	11·0	23 08·3
17	14 46 13·0	− 4 49 34	11·0	23 03·7
18	14 45 30·3	− 4 47 35	11·0	22 59·1
19	14 44 48·2	− 4 45 43	11·0	22 54·4
20	14 44 06·6	− 4 43 58	11·1	22 49·8
21	14 43 25·7	− 4 42 19	11·1	22 45·2
22	14 42 45·4	− 4 40 49	11·1	22 40·7
23	14 42 05·8	− 4 39 25	11·1	22 36·1
24	14 41 26·9	− 4 38 09	11·1	22 31·5
25	14 40 48·8	− 4 37 00	11·2	22 27·0
26	14 40 11·4	− 4 35 58	11·2	22 22·4
27	14 39 34·9	− 4 35 05	11·2	22 17·9
28	14 38 59·3	− 4 34 19	11·2	22 13·4
29	14 38 24·5	− 4 33 40	11·2	22 08·9
30	14 37 50·7	− 4 33 10	11·3	22 04·5
31	14 37 17·8	− 4 32 47	11·3	22 00·0
June 1	14 36 45·8	− 4 32 31	11·3	21 55·6
2	14 36 14·9	− 4 32 24	11·3	21 51·1
3	14 35 44·9	− 4 32 24	11·3	21 46·7
4	14 35 16·0	− 4 32 32	11·3	21 42·3
5	14 34 48·1	− 4 32 48	11·4	21 38·0
6	14 34 21·3	− 4 33 11	11·4	21 33·6
7	14 33 55·5	− 4 33 42	11·4	21 29·3
8	14 33 30·9	− 4 34 20	11·4	21 24·9
9	14 33 07·3	− 4 35 06	11·4	21 20·6
10	14 32 44·9	− 4 36 00	11·5	21 16·4
11	14 32 23·5	− 4 37 00	11·5	21 12·1
12	14 32 03·3	− 4 38 08	11·5	21 07·8
13	14 31 44·3	− 4 39 24	11·5	21 03·6
14	14 31 26·4	− 4 40 46	11·5	20 59·4
15	14 31 09·6	− 4 42 16	11·5	20 55·2
16	14 30 54·0	− 4 43 53	11·6	20 51·1
17	14 30 39·5	− 4 45 37	11·6	20 46·9
18	14 30 26·2	− 4 47 28	11·6	20 42·8
19	14 30 14·1	− 4 49 25	11·6	20 38·7
20	14 30 03·2	− 4 51 30	11·6	20 34·6
21	14 29 53·4	− 4 53 41	11·6	20 30·5
22	14 29 44·9	− 4 55 59	11·7	20 26·5
23	14 29 37·5	− 4 58 24	11·7	20 22·4
24	14 29 31·3	− 5 00 55	11·7	20 18·4
25	14 29 26·2	− 5 03 32	11·7	20 14·4
26	14 29 22·4	− 5 06 16	11·7	20 10·4
27	14 29 19·8	− 5 09 06	11·7	20 06·5
June 28	14 29 18·3	− 5 12 02	11·8	20 02·6
29	14 29 18·0	− 5 15 05	11·8	19 58·6
30	14 29 18·9	− 5 18 13	11·8	19 54·7
July 1	14 29 21·0	− 5 21 27	11·8	19 50·9

Second transit for Europa 2006 May 5ᵈ 23ʰ 59ᵐ8

GEOCENTRIC POSITIONS FOR 0ʰ TERRESTRIAL TIME

Date	Astrometric ICRS R.A.	Dec.	Vis. Mag.	Ephemeris Transit	Date	Astrometric ICRS R.A.	Dec.	Vis. Mag.	Ephemeris Transit
	h m s	° ′ ″		h m		h m s	° ′ ″		h m
2005 Nov. 22	8 31 23·7	+15 58 30	13·0	4 26·7	2006 Jan. 20	8 06 05·6	+17 22 58	11·8	0 09·3
23	8 31 28·1	+15 57 54	13·0	4 22·9	21	8 05 19·7	+17 25 50	11·8	0 04·6
24	8 31 31·4	+15 57 23	12·9	4 19·0	22	8 04 33·9	+17 28 43	11·8	23 55·2
25	8 31 33·5	+15 56 55	12·9	4 15·1	23	8 03 48·1	+17 31 35	11·8	23 50·5
Nov. 26	8 31 34·5	+15 56 32	12·9	4 11·1	24	8 03 02·4	+17 34 28	11·9	23 45·8
27	8 31 34·3	+15 56 14	12·9	4 07·2	25	8 02 16·8	+17 37 21	11·9	23 41·2
28	8 31 33·0	+15 56 00	12·9	4 03·2	26	8 01 31·4	+17 40 14	11·9	23 36·5
29	8 31 30·5	+15 55 51	12·9	3 59·3	27	8 00 46·2	+17 43 06	11·9	23 31·8
30	8 31 26·8	+15 55 46	12·9	3 55·3	28	8 00 01·3	+17 45 58	12·0	23 27·1
Dec. 1	8 31 22·0	+15 55 46	12·8	3 51·2	29	7 59 16·6	+17 48 50	12·0	23 22·5
2	8 31 16·0	+15 55 50	12·8	3 47·2	30	7 58 32·3	+17 51 41	12·0	23 17·8
3	8 31 08·8	+15 55 59	12·8	3 43·1	31	7 57 48·4	+17 54 31	12·0	23 13·2
4	8 31 00·5	+15 56 13	12·8	3 39·1	Feb. 1	7 57 04·9	+17 57 20	12·1	23 08·5
5	8 30 51·0	+15 56 32	12·8	3 35·0	2	7 56 21·9	+18 00 09	12·1	23 03·9
6	8 30 40·4	+15 56 55	12·8	3 30·8	3	7 55 39·4	+18 02 56	12·1	22 59·3
7	8 30 28·6	+15 57 23	12·7	3 26·7	4	7 54 57·4	+18 05 42	12·1	22 54·6
8	8 30 15·6	+15 57 55	12·7	3 22·6	5	7 54 16·0	+18 08 26	12·1	22 50·0
9	8 30 01·5	+15 58 33	12·7	3 18·4	6	7 53 35·3	+18 11 09	12·2	22 45·4
10	8 29 46·2	+15 59 15	12·7	3 14·2	7	7 52 55·2	+18 13 50	12·2	22 40·9
11	8 29 29·8	+16 00 01	12·7	3 10·0	8	7 52 15·8	+18 16 30	12·2	22 36·3
12	8 29 12·3	+16 00 53	12·7	3 05·8	9	7 51 37·1	+18 19 08	12·2	22 31·7
13	8 28 53·6	+16 01 48	12·6	3 01·5	10	7 50 59·2	+18 21 44	12·2	22 27·2
14	8 28 33·9	+16 02 49	12·6	2 57·2	11	7 50 22·1	+18 24 18	12·3	22 22·7
15	8 28 13·0	+16 03 54	12·6	2 53·0	12	7 49 45·8	+18 26 50	12·3	22 18·1
16	8 27 51·0	+16 05 03	12·6	2 48·6	13	7 49 10·3	+18 29 20	12·3	22 13·6
17	8 27 28·0	+16 06 17	12·6	2 44·3	14	7 48 35·7	+18 31 48	12·3	22 09·2
18	8 27 03·8	+16 07 35	12·5	2 40·0	15	7 48 02·0	+18 34 14	12·3	22 04·7
19	8 26 38·6	+16 08 58	12·5	2 35·6	16	7 47 29·2	+18 36 38	12·4	22 00·2
20	8 26 12·4	+16 10 25	12·5	2 31·3	17	7 46 57·4	+18 38 59	12·4	21 55·8
21	8 25 45·1	+16 11 57	12·5	2 26·9	18	7 46 26·5	+18 41 18	12·4	21 51·4
22	8 25 16·7	+16 13 32	12·5	2 22·5	19	7 45 56·6	+18 43 34	12·4	21 47·0
23	8 24 47·4	+16 15 12	12·4	2 18·0	20	7 45 27·8	+18 45 48	12·4	21 42·6
24	8 24 17·1	+16 16 56	12·4	2 13·6	21	7 45 00·0	+18 47 59	12·5	21 38·2
25	8 23 45·8	+16 18 44	12·4	2 09·1	22	7 44 33·2	+18 50 08	12·5	21 33·8
26	8 23 13·6	+16 20 35	12·4	2 04·7	23	7 44 07·5	+18 52 14	12·5	21 29·5
27	8 22 40·4	+16 22 31	12·4	2 00·2	24	7 43 42·9	+18 54 18	12·5	21 25·2
28	8 22 06·3	+16 24 31	12·3	1 55·7	25	7 43 19·4	+18 56 18	12·5	21 20·9
29	8 21 31·4	+16 26 34	12·3	1 51·2	26	7 42 57·0	+18 58 16	12·5	21 16·6
30	8 20 55·5	+16 28 40	12·3	1 46·6	27	7 42 35·8	+19 00 12	12·6	21 12·3
31	8 20 18·9	+16 30 51	12·3	1 42·1	28	7 42 15·7	+19 02 04	12·6	21 08·1
2006 Jan. 1	8 19 41·5	+16 33 04	12·3	1 37·5	Mar. 1	7 41 56·8	+19 03 54	12·6	21 03·9
2	8 19 03·3	+16 35 21	12·2	1 33·0	2	7 41 39·1	+19 05 41	12·6	20 59·7
3	8 18 24·4	+16 37 41	12·2	1 28·4	3	7 41 22·6	+19 07 24	12·6	20 55·5
4	8 17 44·7	+16 40 04	12·2	1 23·8	4	7 41 07·2	+19 09 05	12·6	20 51·3
5	8 17 04·4	+16 42 29	12·2	1 19·2	5	7 40 53·1	+19 10 43	12·7	20 47·2
6	8 16 23·5	+16 44 57	12·1	1 14·6	6	7 40 40·2	+19 12 18	12·7	20 43·1
7	8 15 42·0	+16 47 28	12·1	1 10·0	7	7 40 28·5	+19 13 50	12·7	20 39·0
8	8 15 00·0	+16 50 02	12·1	1 05·3	8	7 40 18·0	+19 15 19	12·7	20 34·9
9	8 14 17·4	+16 52 37	12·1	1 00·7	9	7 40 08·7	+19 16 45	12·7	20 30·8
10	8 13 34·3	+16 55 15	12·0	0 56·0	10	7 40 00·7	+19 18 08	12·7	20 26·8
11	8 12 50·8	+16 57 55	12·0	0 51·4	11	7 39 53·8	+19 19 28	12·8	20 22·8
12	8 12 06·9	+17 00 36	12·0	0 46·7	12	7 39 48·2	+19 20 45	12·8	20 18·8
13	8 11 22·6	+17 03 19	12·0	0 42·1	13	7 39 43·8	+19 21 59	12·8	20 14·8
14	8 10 38·0	+17 06 04	11·9	0 37·4	14	7 39 40·6	+19 23 09	12·8	20 10·8
15	8 09 53·1	+17 08 51	11·9	0 32·7	15	7 39 38·6	+19 24 17	12·8	20 06·9
16	8 09 07·9	+17 11 38	11·9	0 28·0	Mar. 16	7 39 37·8	+19 25 22	12·8	20 02·9
17	8 08 22·5	+17 14 27	11·8	0 23·4	17	7 39 38·2	+19 26 23	12·8	19 59·0
18	8 07 37·0	+17 17 17	11·8	0 18·7	18	7 39 39·8	+19 27 22	12·9	19 55·2
19	8 06 51·3	+17 20 07	11·8	0 14·0	19	7 39 42·6	+19 28 17	12·9	19 51·3
Jan. 20	8 06 05·6	+17 22 58	11·8	0 09·3	Mar. 20	7 39 46·6	+19 29 09	12·9	19 47·4

Second transit for Cybele 2006 January 21ᵈ 23ʰ 59ᵐ·9

DAVIDA, 2006
GEOCENTRIC POSITIONS FOR 0ʰ TERRESTRIAL TIME

Date	Astrometric ICRS R.A. h m s	Dec. ° ′ ″	Vis. Mag.	Ephemeris Transit h m	Date	Astrometric ICRS R.A. h m s	Dec. ° ′ ″	Vis. Mag.	Ephemeris Transit h m
2006 June 2	21 14 31.7	−20 24 40	12.2	4 32.9	2006 July 31	20 51 03.9	−25 52 27	11.2	0 17.3
3	21 14 38.8	−20 27 58	12.2	4 29.1	Aug. 1	20 50 16.7	−25 58 34	11.2	0 12.6
4	21 14 44.8	−20 31 23	12.2	4 25.3	2	20 49 29.5	−26 04 38	11.2	0 07.9
5	21 14 49.7	−20 34 53	12.2	4 21.4	3	20 48 42.1	−26 10 37	11.2	0 03.2
6	21 14 53.5	−20 38 30	12.2	4 17.5	4	20 47 54.6	−26 16 32	11.3	23 53.7
7	21 14 56.1	−20 42 14	12.1	4 13.6	5	20 47 07.2	−26 22 22	11.3	23 49.0
June 8	21 14 57.7	−20 46 03	12.1	4 09.7	6	20 46 19.8	−26 28 08	11.3	23 44.3
9	21 14 58.1	−20 49 59	12.1	4 05.8	7	20 45 32.4	−26 33 48	11.3	23 39.6
10	21 14 57.4	−20 54 01	12.1	4 01.8	8	20 44 45.1	−26 39 24	11.3	23 34.9
11	21 14 55.5	−20 58 09	12.1	3 57.9	9	20 43 58.1	−26 44 54	11.3	23 30.2
12	21 14 52.5	−21 02 23	12.1	3 53.9	10	20 43 11.2	−26 50 18	11.3	23 25.5
13	21 14 48.3	−21 06 44	12.1	3 49.9	11	20 42 24.5	−26 55 37	11.4	23 20.8
14	21 14 43.0	−21 11 10	12.0	3 45.8	12	20 41 38.1	−27 00 50	11.4	23 16.1
15	21 14 36.6	−21 15 43	12.0	3 41.8	13	20 40 52.1	−27 05 57	11.4	23 11.4
16	21 14 28.9	−21 20 21	12.0	3 37.7	14	20 40 06.4	−27 10 58	11.4	23 06.7
17	21 14 20.2	−21 25 06	12.0	3 33.6	15	20 39 21.1	−27 15 53	11.4	23 02.0
18	21 14 10.2	−21 29 56	12.0	3 29.5	16	20 38 36.3	−27 20 41	11.4	22 57.4
19	21 13 59.1	−21 34 52	12.0	3 25.4	17	20 37 51.9	−27 25 23	11.4	22 52.7
20	21 13 46.8	−21 39 54	11.9	3 21.3	18	20 37 08.1	−27 29 58	11.5	22 48.1
21	21 13 33.4	−21 45 02	11.9	3 17.1	19	20 36 24.9	−27 34 26	11.5	22 43.4
22	21 13 18.8	−21 50 15	11.9	3 12.9	20	20 35 42.3	−27 38 48	11.5	22 38.8
23	21 13 03.0	−21 55 33	11.9	3 08.7	21	20 35 00.4	−27 43 02	11.5	22 34.2
24	21 12 46.1	−22 00 57	11.9	3 04.5	22	20 34 19.1	−27 47 10	11.5	22 29.6
25	21 12 28.0	−22 06 25	11.9	3 00.3	23	20 33 38.6	−27 51 10	11.5	22 25.0
26	21 12 08.7	−22 11 59	11.8	2 56.0	24	20 32 58.9	−27 55 03	11.6	22 20.4
27	21 11 48.4	−22 17 38	11.8	2 51.7	25	20 32 20.0	−27 58 49	11.6	22 15.9
28	21 11 26.9	−22 23 21	11.8	2 47.4	26	20 31 41.9	−28 02 27	11.6	22 11.3
29	21 11 04.3	−22 29 09	11.8	2 43.1	27	20 31 04.7	−28 05 59	11.6	22 06.8
30	21 10 40.6	−22 35 01	11.8	2 38.8	28	20 30 28.5	−28 09 23	11.6	22 02.3
July 1	21 10 15.7	−22 40 57	11.8	2 34.4	29	20 29 53.2	−28 12 39	11.6	21 57.8
2	21 09 49.9	−22 46 58	11.7	2 30.1	30	20 29 18.8	−28 15 48	11.7	21 53.3
3	21 09 22.9	−22 53 01	11.7	2 25.7	31	20 28 45.5	−28 18 50	11.7	21 48.8
4	21 08 54.9	−22 59 09	11.7	2 21.3	Sept. 1	20 28 13.2	−28 21 45	11.7	21 44.4
5	21 08 25.9	−23 05 20	11.7	2 16.9	2	20 27 42.0	−28 24 32	11.7	21 40.0
6	21 07 55.8	−23 11 34	11.7	2 12.4	3	20 27 11.9	−28 27 12	11.7	21 35.6
7	21 07 24.8	−23 17 51	11.6	2 08.0	4	20 26 42.8	−28 29 45	11.7	21 31.2
8	21 06 52.7	−23 24 10	11.6	2 03.5	5	20 26 14.9	−28 32 10	11.7	21 26.8
9	21 06 19.7	−23 30 32	11.6	1 59.0	6	20 25 48.2	−28 34 28	11.8	21 22.4
10	21 05 45.8	−23 36 56	11.6	1 54.5	7	20 25 22.6	−28 36 39	11.8	21 18.1
11	21 05 11.0	−23 43 23	11.6	1 50.0	8	20 24 58.1	−28 38 44	11.8	21 13.8
12	21 04 35.2	−23 49 51	11.5	1 45.5	9	20 24 34.9	−28 40 41	11.8	21 09.5
13	21 03 58.6	−23 56 20	11.5	1 41.0	10	20 24 12.9	−28 42 31	11.8	21 05.2
14	21 03 21.1	−24 02 51	11.5	1 36.4	11	20 23 52.0	−28 44 14	11.8	21 01.0
15	21 02 42.8	−24 09 22	11.5	1 31.8	12	20 23 32.5	−28 45 50	11.8	20 56.7
16	21 02 03.7	−24 15 55	11.5	1 27.2	13	20 23 14.1	−28 47 20	11.9	20 52.5
17	21 01 23.9	−24 22 28	11.5	1 22.6	14	20 22 57.1	−28 48 43	11.9	20 48.3
18	21 00 43.3	−24 29 01	11.4	1 18.0	15	20 22 41.3	−28 49 59	11.9	20 44.2
19	21 00 01.9	−24 35 34	11.4	1 13.4	16	20 22 26.8	−28 51 09	11.9	20 40.0
20	20 59 19.9	−24 42 07	11.4	1 08.8	17	20 22 13.5	−28 52 12	11.9	20 35.9
21	20 58 37.3	−24 48 39	11.4	1 04.2	18	20 22 01.6	−28 53 09	11.9	20 31.8
22	20 57 54.0	−24 55 11	11.4	0 59.5	19	20 21 51.0	−28 53 59	11.9	20 27.7
23	20 57 10.2	−25 01 41	11.3	0 54.8	20	20 21 41.7	−28 54 43	12.0	20 23.6
24	20 56 25.9	−25 08 10	11.3	0 50.2	21	20 21 33.7	−28 55 21	12.0	20 19.6
25	20 55 41.0	−25 14 37	11.3	0 45.5	22	20 21 27.1	−28 55 52	12.0	20 15.6
26	20 54 55.7	−25 21 02	11.3	0 40.8	23	20 21 21.7	−28 56 18	12.0	20 11.6
27	20 54 10.0	−25 27 25	11.3	0 36.1	24	20 21 17.7	−28 56 37	12.0	20 07.6
28	20 53 23.9	−25 33 45	11.3	0 31.4	25	20 21 15.1	−28 56 51	12.0	20 03.7
29	20 52 37.5	−25 40 02	11.2	0 26.7	Sept. 26	20 21 13.7	−28 56 58	12.0	19 59.7
30	20 51 50.8	−25 46 16	11.2	0 22.0	27	20 21 13.7	−28 57 00	12.0	19 55.8
July 31	20 51 03.9	−25 52 27	11.2	0 17.3	Sept. 28	20 21 15.0	−28 56 56	12.1	19 51.9

Second transit for Davida 2006 August 3ᵈ 23ʰ 58ᵐ4

GEOCENTRIC POSITIONS FOR 0ʰ TERRESTRIAL TIME

Date	Astrometric ICRS R.A.	Dec.	Vis. Mag.	Ephemeris Transit	Date	Astrometric ICRS R.A.	Dec.	Vis. Mag.	Ephemeris Transit
	h m s	° ′ ″		h m		h m s	° ′ ″		h m
2006 June 27	22 16 37·3	+ 4 13 52	11·0	3 56·5	2006 Aug. 25	21 44 45·0	+ 9 22 44	10·0	23 27·7
28	22 16 39·7	+ 4 23 19	11·0	3 52·6	26	21 43 52·6	+ 9 22 11	10·0	23 22·9
June 29	22 16 40·8	+ 4 32 40	11·0	3 48·6	27	21 43 00·5	+ 9 21 27	10·0	23 18·1
30	22 16 40·6	+ 4 41 57	11·0	3 44·7	28	21 42 08·8	+ 9 20 31	10·0	23 13·3
July 1	22 16 39·0	+ 4 51 07	11·0	3 40·7	29	21 41 17·6	+ 9 19 25	10·0	23 08·6
2	22 16 36·0	+ 5 00 13	10·9	3 36·7	30	21 40 26·8	+ 9 18 07	10·0	23 03·8
3	22 16 31·7	+ 5 09 12	10·9	3 32·7	31	21 39 36·6	+ 9 16 39	10·0	22 59·1
4	22 16 26·0	+ 5 18 06	10·9	3 28·7	Sept. 1	21 38 47·0	+ 9 15 00	10·0	22 54·3
5	22 16 19·0	+ 5 26 54	10·9	3 24·6	2	21 37 58·0	+ 9 13 12	10·0	22 49·6
6	22 16 10·5	+ 5 35 35	10·9	3 20·6	3	21 37 09·8	+ 9 11 14	10·0	22 44·9
7	22 16 00·7	+ 5 44 10	10·8	3 16·5	4	21 36 22·3	+ 9 09 07	10·0	22 40·2
8	22 15 49·6	+ 5 52 38	10·8	3 12·3	5	21 35 35·7	+ 9 06 50	10·1	22 35·5
9	22 15 37·0	+ 6 01 00	10·8	3 08·2	6	21 34 49·9	+ 9 04 25	10·1	22 30·8
10	22 15 23·1	+ 6 09 14	10·8	3 04·0	7	21 34 05·1	+ 9 01 52	10·1	22 26·1
11	22 15 07·8	+ 6 17 21	10·7	2 59·8	8	21 33 21·2	+ 8 59 11	10·1	22 21·5
12	22 14 51·1	+ 6 25 20	10·7	2 55·6	9	21 32 38·2	+ 8 56 22	10·1	22 16·9
13	22 14 33·1	+ 6 33 12	10·7	2 51·4	10	21 31 56·4	+ 8 53 26	10·1	22 12·3
14	22 14 13·7	+ 6 40 56	10·7	2 47·1	11	21 31 15·6	+ 8 50 22	10·1	22 07·7
15	22 13 52·9	+ 6 48 31	10·7	2 42·8	12	21 30 36·0	+ 8 47 13	10·2	22 03·1
16	22 13 30·8	+ 6 55 59	10·6	2 38·5	13	21 29 57·5	+ 8 43 56	10·2	21 58·6
17	22 13 07·3	+ 7 03 17	10·6	2 34·2	14	21 29 20·2	+ 8 40 34	10·2	21 54·1
18	22 12 42·5	+ 7 10 27	10·6	2 29·8	15	21 28 44·1	+ 8 37 06	10·2	21 49·6
19	22 12 16·3	+ 7 17 27	10·6	2 25·5	16	21 28 09·4	+ 8 33 34	10·2	21 45·1
20	22 11 48·8	+ 7 24 18	10·6	2 21·1	17	21 27 35·9	+ 8 29 56	10·2	21 40·6
21	22 11 19·9	+ 7 30 59	10·5	2 16·6	18	21 27 03·8	+ 8 26 14	10·3	21 36·2
22	22 10 49·8	+ 7 37 31	10·5	2 12·2	19	21 26 33·1	+ 8 22 28	10·3	21 31·8
23	22 10 18·4	+ 7 43 52	10·5	2 07·7	20	21 26 03·8	+ 8 18 38	10·3	21 27·4
24	22 09 45·7	+ 7 50 03	10·5	2 03·3	21	21 25 35·9	+ 8 14 45	10·3	21 23·0
25	22 09 11·8	+ 7 56 03	10·4	1 58·8	22	21 25 09·4	+ 8 10 50	10·3	21 18·7
26	22 08 36·7	+ 8 01 53	10·4	1 54·2	23	21 24 44·5	+ 8 06 51	10·3	21 14·3
27	22 08 00·4	+ 8 07 32	10·4	1 49·7	24	21 24 21·0	+ 8 02 51	10·4	21 10·1
28	22 07 23·0	+ 8 12 59	10·4	1 45·1	25	21 23 59·1	+ 7 58 50	10·4	21 05·8
29	22 06 44·4	+ 8 18 15	10·4	1 40·6	26	21 23 38·8	+ 7 54 47	10·4	21 01·5
30	22 06 04·7	+ 8 23 20	10·3	1 36·0	27	21 23 19·9	+ 7 50 43	10·4	20 57·3
31	22 05 24·0	+ 8 28 13	10·3	1 31·4	28	21 23 02·7	+ 7 46 38	10·4	20 53·1
Aug. 1	22 04 42·2	+ 8 32 55	10·3	1 26·7	29	21 22 47·0	+ 7 42 34	10·5	20 49·0
2	22 03 59·4	+ 8 37 24	10·3	1 22·1	30	21 22 33·0	+ 7 38 29	10·5	20 44·8
3	22 03 15·7	+ 8 41 41	10·3	1 17·4	Oct. 1	21 22 20·5	+ 7 34 26	10·5	20 40·7
4	22 02 31·1	+ 8 45 46	10·2	1 12·8	2	21 22 09·6	+ 7 30 23	10·5	20 36·7
5	22 01 45·6	+ 8 49 39	10·2	1 08·1	3	21 22 00·3	+ 7 26 21	10·5	20 32·6
6	22 00 59·3	+ 8 53 20	10·2	1 03·4	4	21 21 52·7	+ 7 22 21	10·6	20 28·6
7	22 00 12·2	+ 8 56 48	10·2	0 58·6	5	21 21 46·6	+ 7 18 22	10·6	20 24·6
8	21 59 24·3	+ 9 00 03	10·2	0 53·9	6	21 21 42·1	+ 7 14 26	10·6	20 20·6
9	21 58 35·7	+ 9 03 06	10·1	0 49·2	7	21 21 39·3	+ 7 10 32	10·6	20 16·6
10	21 57 46·5	+ 9 05 56	10·1	0 44·4	Oct. 8	21 21 38·0	+ 7 06 40	10·6	20 12·7
11	21 56 56·7	+ 9 08 33	10·1	0 39·7	9	21 21 38·4	+ 7 02 51	10·6	20 08·8
12	21 56 06·3	+ 9 10 57	10·1	0 34·9	10	21 21 40·3	+ 6 59 05	10·7	20 04·9
13	21 55 15·5	+ 9 13 09	10·1	0 30·1	11	21 21 43·8	+ 6 55 23	10·7	20 01·1
14	21 54 24·1	+ 9 15 07	10·1	0 25·3	12	21 21 48·9	+ 6 51 43	10·7	19 57·3
15	21 53 32·3	+ 9 16 53	10·0	0 20·5	13	21 21 55·5	+ 6 48 08	10·7	19 53·5
16	21 52 40·2	+ 9 18 25	10·0	0 15·8	14	21 22 03·7	+ 6 44 36	10·7	19 49·7
17	21 51 47·8	+ 9 19 45	10·0	0 11·0	15	21 22 13·5	+ 6 41 09	10·7	19 46·0
18	21 50 55·2	+ 9 20 52	10·0	0 06·1	16	21 22 24·9	+ 6 37 46	10·8	19 42·3
19	21 50 02·3	+ 9 21 45	10·0	0 01·3	17	21 22 37·8	+ 6 34 27	10·8	19 38·6
20	21 49 09·4	+ 9 22 26	10·0	23 51·7	18	21 22 52·2	+ 6 31 14	10·8	19 34·9
21	21 48 16·4	+ 9 22 55	10·0	23 46·9	19	21 23 08·2	+ 6 28 05	10·8	19 31·3
22	21 47 23·4	+ 9 23 10	10·0	23 42·1	20	21 23 25·7	+ 6 25 01	10·8	19 27·6
23	21 46 30·4	+ 9 23 14	10·0	23 37·3	21	21 23 44·7	+ 6 22 03	10·8	19 24·1
24	21 45 37·6	+ 9 23 05	10·0	23 32·5	22	21 24 05·2	+ 6 19 11	10·9	19 20·5
Aug. 25	21 44 45·0	+ 9 22 44	10·0	23 27·7	Oct. 23	21 24 27·1	+ 6 16 24	10·9	19 16·9

Second transit for Interamnia 2006 August 19ᵈ 23ʰ 56ᵐ5

Notes on comets

The osculating elements for periodic comets returning to perihelion in 2006 have been supplied by B.G. Marsden, Smithsonian Astrophysical Observatory

The following table of osculating elements is for use in the generation of ephemerides by numerical integration. Typically, an ephemeris may be computed from these unperturbed elements to provide positions accurate to one to two arcminutes within a year of the epoch (Osc. epoch). The innate inaccuracy in some of these elements can be more of a problem, particularly for those comets that have been observed for no more than a few months in the past (i.e. those without a number in front of the P/). It is important to note that elements for numbered comets may be prone to uncertainty due to non-gravitational forces that effect their orbits. In some case these forces have a degree of predictability. However, calculations of these non-gravitational effects can never be absolute and their effects in common with short-arc uncertainties mainly affect the perihelion time T.

Up-to-date elements of the comets currently observable may be found at http://cfa-www.harvard.edu/iau/Ephemerides/Comets/index.html.

OSCULATING ELEMENTS FOR ECLIPTIC AND EQUINOX OF J2000·0

Name	Perihelion Time T	Perihelion Distance q	Eccen-tricity e	Period P	Arg. of Perihelion ω	Long. of Asc. Node Ω	Inclin-ation i	Osc. Epoch
		au		years	°	°	°	
132P/Helin-Roman-Alu	Feb. 14·993 40	1·924 1630	0·529 9947	8·28	221·098 40	178·387 73	5·765 93	Mar. 6
98P/Takamizawa	Mar. 6·476 23	1·662 8097	0·562 1050	7·40	157·878 42	114·765 63	10·556 67	Mar. 6
83P/Russell	Apr. 7·744 48	2·171 7853	0·438 9532	7·62	333·777 07	226·419 73	17·766 59	Apr. 15
P/1999 RO$_{28}$(LONEOS)	May 11·761 18	1·227 7991	0·651 2929	6·61	219·968 88	148·370 70	8·183 64	May 25
71P/Clark	June 7·213 09	1·562 1270	0·499 8552	5·52	208·751 49	59·655 34	9·488 62	May 25
102P/Shoemaker	June 7·331 29	1·973 6418	0·472 2634	7·23	18·559 13	339·944 45	26·253 10	May 25
73P/Schwassmann-Wachmann	June 7·376 60	0·939 1642	0·693 2574	5·36	198·808 81	69·894 12	11·397 05	May 25
41P/Tuttle-Giacobini-Kresák	June 11·275 36	1·047 7776	0·660 3571	5·42	62·197 24	141·089 77	9·229 49	May 25
45P/Honda-Mrkos-Pajdušáková	June 29·784 99	0·530 2485	0·824 5001	5·25	326·116 84	89·110 34	4·253 24	July 4
P/1999 X1 (Hug-Bell)	July 6·680 51	1·947 0026	0·470 9808	7·06	296·874 53	103·648 24	10·963 04	July 4
84P/Giclas	Aug. 7·455 19	1·851 7391	0·492 4123	6·97	276·326 74	112·474 46	7·280 86	Aug. 13
52P/Harrington-Abell	Aug. 14·774 87	1·757 1140	0·542 8550	7·54	139·084 69	337·177 85	10·220 47	Aug. 13
114P/Wiseman-Skiff	Sept. 13·204 57	1·577 5900	0·555 0977	6·68	172·899 79	271·043 30	18·265 54	Sept. 22
80P/Peters-Hartley	Sept. 25·820 17	1·633 6503	0·596 1529	8·14	338·609 26	259·881 59	29·896 27	Sept. 22
112P/Urata-Niijima	Oct. 29·575 87	1·464 6927	0·586 4884	6·67	21·448 13	31·928 06	24·167 46	Nov. 1
P/2000 C1 (Hergenrother)	Nov. 6·918 92	2·088 2890	0·407 7316	6·62	51·296 12	127·006 58	6·108 07	Nov. 1
4P/Faye	Nov. 15·454 23	1·667 3502	0·566 6914	7·55	205·015 81	199·308 14	9·031 57	Nov. 1
P/1991 V1 (Shoemaker-Levy)	Nov. 17·017 38	1·128 0837	0·706 2575	7·53	333·540 59	37·876 28	16·922 37	Nov. 1
76P/West-Kohoutek-Ikemura	Nov. 19·636 66	1·603 4285	0·538 4693	6·48	0·127 31	84·107 37	30·458 95	Nov. 1
P/2000 R2 (LINEAR)	Dec. 15·050 06	1·456 2213	0·565 0841	6·13	172·233 92	163·099 37	10·992 95	Dec. 11

CONTENTS OF SECTION H

Except for the tables of ICRF radio sources, radio flux calibrators, and pulsars, positions tabulated in Section H are referred to the mean equator and equinox of J2006.5 = 2006 July 2.625 = JD 245 3919.125. The positions of the ICRF radio sources provide a practical realization of the ICRS. The positions of radio flux calibrators and pulsars are referred to the equator and equinox of J2000.0 = JD 245 1545.0.

When present, notes associated with a table are found on the table's last page.

Flamsteed/Bayer Designation			BS=HR No.	Right Ascension[1]	Declination[1]	Notes	V	U−B	B−V	Spectral Type
				h m s	o ′ ″					
	ε	Tuc	9076	00 00 15.0	−65 32 28		4.50	−0.28	−0.08	B9 IV
	θ	Oct	9084	00 01 55.3	−77 01 47		4.78	+1.41	+1.27	K2 III
30	YY	Psc	9089	00 02 17.6	−05 58 41		4.41	+1.83	+1.63	M3 III
2		Cet	9098	00 04 04.3	−17 17 59	h	4.55	−0.12	−0.05	B9 IV
33	BC	Psc	3	00 05 40.1	−05 40 17	6	4.61	+0.89	+1.04	K0 III−IV
21	α	And	15	00 08 43.5	+29 07 35	hd6	2.06	−0.46	−0.11	B9p Hg Mn
11	β	Cas	21	00 09 31.7	+59 11 08	hsvd6	2.27	+0.11	+0.34	F2 III
	ε	Phe	25	00 09 44.3	−45 42 42		3.88	+0.84	+1.03	K0 III
22		And	27	00 10 39.6	+46 06 30		5.03	+0.25	+0.40	F0 II
	κ²	Scl	34	00 11 54.2	−27 45 49	d	5.41	+1.46	+1.34	K5 III
	θ	Scl	35	00 12 03.8	−35 05 48		5.25		+0.44	F3/5 V
88	γ	Peg	39	00 13 34.3	+15 13 11	hsvd6	2.83	−0.87	−0.23	B2 IV
89	χ	Peg	45	00 14 56.4	+20 14 34	as	4.80	+1.93	+1.57	M2⁺ III
7	AE	Cet	48	00 14 58.2	−18 53 49		4.44	+1.99	+1.66	M1 III
25	σ	And	68	00 18 40.1	+36 49 16	6	4.52	+0.07	+0.05	A2 Va
8	ι	Cet	74	00 19 45.5	−08 47 17	d	3.56	+1.25	+1.22	K1 IIIb
	ζ	Tuc	77	00 20 24.4	−64 50 12		4.23	+0.02	+0.58	F9 V
41		Psc	80	00 20 56.0	+08 13 35		5.37	+1.55	+1.34	K3⁻ III Ca 1 CN 0.5
27	ρ	And	82	00 21 27.9	+38 00 16		5.18	+0.05	+0.42	F6 IV
	R	And	90	00 24 22.7	+38 36 47	svd	7.39	+1.25	+1.97	S5/4.5e
	β	Hyi	98	00 26 05.1	−77 13 04		2.80	+0.11	+0.62	G1 IV
	κ	Phe	100	00 26 31.3	−43 38 38		3.94	+0.11	+0.17	A5 Vn
	α	Phe	99	00 26 36.2	−42 16 15	67	2.39	+0.88	+1.09	K0 IIIb
			118	00 30 42.1	−23 45 06	h6	5.19		+0.12	A5 Vn
	λ¹	Phe	125	00 31 43.7	−48 46 04	d6	4.77	+0.04	+0.02	A1 Va
	β¹	Tuc	126	00 31 50.4	−62 55 21	d6	4.37	−0.17	−0.07	B9 V
15	κ	Cas	130	00 33 22.4	+62 58 03	hs6	4.16	−0.80	+0.14	B0.7 Ia
29	π	And	154	00 37 13.8	+33 45 18	d6	4.36	−0.55	−0.14	B5 V
17	ζ	Cas	153	00 37 20.2	+53 55 57	h	3.66	−0.87	−0.20	B2 IV
			157	00 37 42.2	+35 26 07	s	5.42	+0.45	+0.88	G2 Ib−II
30	ε	And	163	00 38 54.0	+29 20 49		4.37	+0.47	+0.87	G6 III Fe−3 CH 1
31	δ	And	165	00 39 40.6	+30 53 47	sd6	3.27	+1.48	+1.28	K3 III
18	α	Cas	168	00 40 52.8	+56 34 22	hd	2.23	+1.13	+1.17	K0⁻ IIIa
	μ	Phe	180	00 41 37.9	−46 02 58		4.59	+0.72	+0.97	G8 III
	η	Phe	191	00 43 38.7	−57 25 39	d	4.36	−0.02	0.00	A0.5 IV
16	β	Cet	188	00 43 54.9	−17 57 04	h	2.04	+0.87	+1.02	G9 III CH−1 CN 0.5 Ca 1
22	o	Cas	193	00 45 05.4	+48 19 11	hd6	4.54	−0.51	−0.07	B5 III
34	ζ	And	215	00 47 41.1	+24 18 09	hvd6	4.06	+0.90	+1.12	K0 III
	λ	Hyi	236	00 48 48.8	−74 53 17		5.07	+1.68	+1.37	K5 III
63	δ	Psc	224	00 49 01.2	+07 37 13	d	4.43	+1.86	+1.50	K4.5 IIIb
64		Psc	225	00 49 19.3	+16 58 32	d6	5.07	0.00	+0.51	F7 V
24	η	Cas	219	00 49 30.1	+57 50 58	hsd6	3.44	+0.01	+0.57	F9 V
35	ν	And	226	00 50 10.5	+41 06 51	6	4.53	−0.58	−0.15	B5 V
19	φ²	Cet	235	00 50 27.1	−10 36 34		5.19	−0.02	+0.50	F8 V
			233	00 51 07.6	+64 16 58	cd6	5.39	+0.14	+0.49	G0 III−IV + B9.5 V
20		Cet	248	00 53 20.4	−01 06 33		4.77	+1.93	+1.57	M0⁻ IIIa
	λ²	Tuc	270	00 55 14.8	−69 29 31		5.45	+1.00	+1.09	K2 III
27	γ	Cas	264	00 57 06.4	+60 45 06	hd6	2.47	−1.08	−0.15	B0 IVnpe (shell)
37	μ	And	269	00 57 07.0	+38 32 04	hd	3.87	+0.15	+0.13	A5 IV−V
38	η	And	271	00 57 33.3	+23 27 09	d6	4.42	+0.69	+0.94	G8⁻ IIIb

Flamsteed/Bayer Designation			BS=HR No.	Right Ascension[1]	Declination[1]	Notes	V	U − B	B − V	Spectral Type
				h m s	° ′ ″					
68		Psc	274	00 58 11.3	+29 01 38		5.42		+1.08	gG6
	α	Scl	280	00 58 55.1	−29 19 21	s6	4.31	−0.56	−0.16	B4 Vp
	σ	Scl	293	01 02 45.0	−31 31 02		5.50	+0.13	+0.08	A2 V
71	ε	Psc	294	01 03 16.9	+07 55 30		4.28	+0.70	+0.96	G9 III Fe−2
	β	Phe	322	01 06 22.4	−46 41 01	d7	3.31	+0.57	+0.89	G8 III
	ι	Tuc	332	01 07 34.0	−61 44 26		5.37		+0.88	G5 III
	υ	Phe	331	01 08 05.6	−41 27 08	d	5.21	+0.09	+0.16	A3 IV/V
	ζ	Phe	338	01 08 39.4	−55 12 40	vd6	3.92	−0.41	−0.08	B7 V
30	μ	Cas	321	01 08 42.6	+54 57 07	d6	5.17	+0.09	+0.69	G5 Vb
31	η	Cet	334	01 08 55.0	−10 08 53	d	3.45	+1.19	+1.16	K2⁻ III CN 0.5
			285	01 09 45.1	+86 17 30		4.25	+1.33	+1.21	K2 III
42	φ	And	335	01 09 52.9	+47 16 35	d7	4.25	−0.34	−0.07	B7 III
43	β	And	337	01 10 05.9	+35 39 18	ad	2.06	+1.96	+1.58	M0⁺ IIIa
33	θ	Cas	343	01 11 30.1	+55 11 04	hd6	4.33	+0.12	+0.17	A7m
84	χ	Psc	351	01 11 48.3	+21 04 09		4.66	+0.82	+1.03	G8.5 III
83	τ	Psc	352	01 12 01.2	+30 07 26	6	4.51	+1.01	+1.09	K0.5 IIIb
86	ζ	Psc	361	01 14 04.3	+07 36 34	d67	5.24	+0.09	+0.32	F0 Vn
89		Psc	378	01 18 08.1	+03 38 55	6	5.16	+0.08	+0.07	A3 V
90	υ	Psc	383	01 19 49.5	+27 17 53	6	4.76	+0.10	+0.03	A2 IV
34	φ	Cas	382	01 20 29.7	+58 15 56	sd6	4.98	+0.49	+0.68	F0 Ia
46	ξ	And	390	01 22 43.5	+45 33 46	6	4.88	+0.99	+1.08	K0⁻ IIIb
45	θ	Cet	402	01 24 20.9	−08 09 00	hd	3.60	+0.93	+1.06	K0 IIIb
37	δ	Cas	403	01 26 14.8	+60 16 08	hsd6	2.68	+0.12	+0.13	A5 IV
36	ψ	Cas	399	01 26 24.0	+68 09 49	d	4.74	+0.94	+1.05	K0 III CN 0.5
94		Psc	414	01 27 02.8	+19 16 26		5.50	+1.05	+1.11	gK1
48	ω	And	417	01 28 02.9	+45 26 24	d	4.83	0.00	+0.42	F5 V
	γ	Phe	429	01 28 38.8	−43 17 06	v6	3.41	+1.85	+1.57	M0⁻ IIIa
48		Cet	433	01 29 54.8	−21 35 45	hd7	5.12	+0.04	+0.02	A1 Va
	δ	Phe	440	01 31 31.3	−49 02 21		3.95	+0.70	+0.99	G9 III
99	η	Psc	437	01 31 49.9	+15 22 45	d	3.62	+0.75	+0.97	G7 IIIa
50	υ	And	458	01 37 10.9	+41 26 16	hd6	4.09	+0.06	+0.54	F8 V
	α	Eri	472	01 37 57.3	−57 12 14	h	0.46	−0.66	−0.16	B3 Vnp (shell)
51		And	464	01 38 23.7	+48 39 39		3.57	+1.45	+1.28	K3⁻ III
40		Cas	456	01 39 02.8	+73 04 22	d	5.28	+0.72	+0.96	G7 III
106	ν	Psc	489	01 41 46.2	+05 31 13		4.44	+1.57	+1.36	K3 IIIb
	π	Scl	497	01 42 26.2	−32 17 40		5.25	+0.79	+1.05	K1 II/III
			500	01 43 03.3	−03 39 28		4.99	+1.58	+1.38	K3 II−III
	φ	Per	496	01 44 04.3	+50 43 16	6	4.07	−0.93	−0.04	B2 Vep
52	τ	Cet	509	01 44 22.2	−15 54 12	hd	3.50	+0.21	+0.72	G8 V
110	ο	Psc	510	01 45 44.3	+09 11 25	s	4.26	+0.71	+0.96	G8 III
	ε	Scl	514	01 45 57.0	−25 01 13	hd7	5.31	+0.02	+0.39	F0 V
			513	01 46 18.9	−05 42 04	s	5.34	+1.88	+1.52	K4 III
53	χ	Cet	531	01 49 54.3	−10 39 16	d	4.67	+0.03	+0.33	F2 IV−V
55	ζ	Cet	539	01 51 46.9	−10 18 11	d6	3.73	+1.07	+1.14	K0 III
2	α	Tri	544	01 53 27.2	+29 36 37	dv6	3.41	+0.06	+0.49	F6 IV
111	ξ	Psc	549	01 53 53.6	+03 13 10	6	4.62	+0.72	+0.94	G9 IIIb Fe−0.5
	ψ	Phe	555	01 53 54.3	−46 16 16	6	4.41	+1.70	+1.59	M4 III
	φ	Phe	558	01 54 38.2	−42 27 55	6	5.11	−0.15	−0.06	Ap Hg
45	ε	Cas	542	01 54 52.2	+63 42 07	h	3.38	−0.60	−0.15	B3 IV:p (shell)
6	β	Ari	553	01 55 00.0	+20 50 22	hd6	2.64	+0.10	+0.13	A4 V

Flamsteed/Bayer Designation		BS=HR No.	Right Ascension[1]	Declination[1]	Notes	V	U−B	B−V	Spectral Type
			h m s	° ′ ″					
	η^2 Hyi	570	01 55 06.1	−67 36 56		4.69	+0.64	+0.95	G8.5 III
	χ Eri	566	01 56 12.6	−51 34 36	d7	3.70	+0.46	+0.85	G8 III−IV CN−0.5 Hδ 0.5
	α Hyi	591	01 58 58.5	−61 32 18	h	2.86	+0.14	+0.28	F0n III−IV
59	υ Cet	585	02 00 18.7	−21 02 48		4.00	+1.91	+1.57	M0 IIIb
113	α Psc	596	02 02 23.0	+02 47 42	vd6	4.18	−0.05	+0.03	A0p Si Sr
4	Per	590	02 02 44.3	+54 31 07	h6	5.04	−0.32	−0.08	B8 III
50	Cas	580	02 04 00.1	+72 27 09	h6	3.98	+0.03	−0.01	A1 Va
57	γ^1 And	603	02 04 18.0	+42 21 38	hd6	2.26	+1.58	+1.37	K3⁻ IIb
	ν For	612	02 04 46.9	−29 15 57	v	4.69	−0.51	−0.17	B9.5p Si
13	α Ari	617	02 07 32.5	+23 29 34	ha6	2.00	+1.12	+1.15	K2 IIIab
4	β Tri	622	02 09 56.0	+35 01 04	d6	3.00	+0.10	+0.14	A5 IV
	μ For	652	02 13 11.6	−30 41 37		5.28	−0.06	−0.02	A0 Va⁺nn
65	ξ^1 Cet	649	02 13 20.7	+08 52 37	d6	4.37	+0.60	+0.89	G7 II−III Fe−1
		645	02 14 02.5	+51 05 44	d6	5.31	+0.62	+0.93	G8 III CN 1 CH 0.5 Fe−1
		641	02 14 09.4	+58 35 27	s	6.44	+0.23	+0.60	A3 Iab
	ϕ Eri	674	02 16 44.5	−51 28 56	d	3.56	−0.39	−0.12	B8 V
67	Cet	666	02 17 18.5	−06 23 33		5.51	+0.76	+0.96	G8.5 III
9	γ Tri	664	02 17 42.2	+33 52 37		4.01	+0.02	+0.02	A0 IV−Vn
68	o Cet	681	02 19 40.5	−02 56 54	vd	2−10	+1.09	+1.42	M5.5−9e III + pec
62	And	670	02 19 42.1	+47 24 35		5.30	0.00	−0.01	A1 V
	δ Hyi	705	02 21 52.0	−68 37 48		4.09	+0.05	+0.03	A1 Va
	κ For	695	02 22 50.4	−23 47 13	h	5.20	+0.12	+0.60	G0 Va
	κ Hyi	715	02 22 54.9	−73 36 59		5.01	+1.04	+1.09	K1 III
	λ Hor	714	02 25 04.8	−60 16 59		5.35	+0.06	+0.39	F2 IV−V
72	ρ Cet	708	02 26 15.9	−12 15 41		4.89	−0.07	−0.03	A0 III−IVn
	κ Eri	721	02 27 13.4	−47 40 30	6	4.25	−0.50	−0.14	B5 IV
73	ξ^2 Cet	718	02 28 30.3	+08 29 20	6	4.28	−0.12	−0.06	A0 III⁻
12	Tri	717	02 28 32.9	+29 41 53		5.30	+0.10	+0.30	F0 III
	ι Cas	707	02 29 36.6	+67 25 53	vd	4.52	+0.06	+0.12	A5p Sr
	μ Hyi	776	02 31 33.1	−79 04 51		5.28	+0.73	+0.98	G8 III
76	σ Cet	740	02 32 23.7	−15 12 59		4.75	−0.02	+0.45	F4 IV
14	Tri	736	02 32 30.1	+36 10 33		5.15	+1.78	+1.47	K5 III
78	ν Cet	754	02 36 13.0	+05 37 17	d67	4.97	+0.56	+0.87	G8 III
		753	02 36 26.3	+06 55 03	hsd6	5.82	+0.81	+0.98	K3⁻ V
		743	02 38 39.9	+72 50 46		5.16	+0.58	+0.88	G8 III
32	ν Ari	773	02 39 11.2	+21 59 21	6	5.46	+0.16	+0.16	A7 V
1	α UMi	424	02 39 23.5	+89 17 32	hvd6	2.02	+0.38	+0.60	F5−8 Ib
	ϵ Hyi	806	02 39 41.5	−68 14 21		4.11	−0.14	−0.06	B9 V
82	δ Cet	779	02 39 49.0	+00 21 23	hv6	4.07	−0.87	−0.22	B2 IV
	ζ Hor	802	02 40 51.8	−54 31 20	6	5.21	−0.01	+0.40	F4 IV
	ι Eri	794	02 40 55.4	−39 49 40		4.11	+0.74	+1.02	K0.5 IIIb Fe−0.5
86	γ Cet	804	02 43 38.3	+03 15 46	hd7	3.47	+0.07	+0.09	A2 Va
35	Ari	801	02 43 50.1	+27 44 04	6	4.66	−0.62	−0.13	B3 V
89	π Cet	811	02 44 25.9	−13 49 53	6	4.25	−0.45	−0.14	B7 V
14	Per	800	02 44 30.7	+44 19 27		5.43	+0.65	+0.90	G0 Ib Ca 1
13	θ Per	799	02 44 38.8	+49 15 20	hd	4.12	0.00	+0.49	F7 V
87	μ Cet	813	02 45 17.7	+10 08 29	d6	4.27	+0.08	+0.31	F0m F2 V⁺
1	τ^1 Eri	818	02 45 24.4	−18 32 43	6	4.47	0.00	+0.48	F5 V
	β For	841	02 49 21.7	−32 22 44	d	4.46	+0.69	+0.99	G8.5 III Fe−0.5
41	Ari	838	02 50 22.1	+27 17 13	d6	3.63	−0.37	−0.10	B8 Vn

Flamsteed/Bayer Designation			BS=HR No.	Right Ascension[1]	Declination[1]	Notes	V	U−B	B−V	Spectral Type
				h m s	° ′ ″					
16		Per	840	02 50 59.8	+38 20 42	d	4.23	+0.08	+0.34	F1 V+
15	η	Per	834	02 51 10.5	+55 55 19	d6	3.76	+1.89	+1.68	K3− Ib−IIa
2	τ²	Eri	850	02 51 20.0	−20 58 39	d	4.75	+0.63	+0.91	K0 III
43	σ	Ari	847	02 51 51.2	+15 06 31		5.49	−0.43	−0.09	B7 V
	R	Hor	868	02 54 05.8	−49 51 48	v	5−14	+0.43	+2.11	gM6.5e:
18	τ	Per	854	02 54 43.3	+52 47 19	hcd6	3.95	+0.46	+0.74	G5 III + A4 V
3	η	Eri	874	02 56 44.7	−08 52 21	h	3.89	+1.00	+1.11	K1 IIIb
			875	02 56 57.0	−03 41 11	6	5.17	+0.05	+0.08	A3 Vn
	θ¹	Eri	897	02 58 30.5	−40 16 44	d6	3.24	+0.14	+0.14	A5 IV
24		Per	882	02 59 28.0	+35 12 32		4.93	+1.29	+1.23	K2 III
91	λ	Cet	896	03 00 03.9	+08 55 59	h	4.70	−0.45	−0.12	B6 III
	θ	Hyi	939	03 02 16.5	−71 52 38	d7	5.53	−0.51	−0.14	B9 IVp
92	α	Cet	911	03 02 37.2	+04 06 54		2.53	+1.94	+1.64	M1.5 IIIa
11	τ³	Eri	919	03 02 40.7	−23 35 57	h	4.09	+0.08	+0.16	A4 V
	μ	Hor	934	03 03 46.1	−59 42 46		5.11	−0.03	+0.34	F0 IV−V
23	γ	Per	915	03 05 16.3	+53 31 53	hcd6	2.93	+0.45	+0.70	G5 III + A2 V
25	ρ	Per	921	03 05 35.7	+38 51 54		3.39	+1.79	+1.65	M4 II
			881	03 07 01.6	⏐79 26 36	d6	5.49		+1.57	M2 IIIab
26	β	Per	936	03 08 35.6	+40 58 49	hcvd6	2.12	−0.37	−0.05	B8 V + F:
	ι	Per	937	03 09 32.4	+49 38 15	d	4.05	+0.12	+0.59	G0 V
27	κ	Per	941	03 09 56.2	+44 52 54	d6	3.80	+0.83	+0.98	K0 III
57	δ	Ari	951	03 12 00.1	+19 45 03		4.35	+0.87	+1.03	K0 III
	α	For	963	03 12 21.1	−28 57 44	hd7	3.87	+0.02	+0.52	F6 V
	TW	Hor	977	03 12 43.1	−57 17 51	s	5.74	+2.83	+2.28	C6:,2.5 Ba2 Y4
94		Cet	962	03 13 06.4	−01 10 20	d7	5.06	+0.12	+0.57	G0 IV
58	ζ	Ari	972	03 15 16.6	+21 04 05		4.89	−0.01	−0.01	A0.5 Va¹
13	ζ	Eri	984	03 16 09.0	−08 47 45	6	4.80	+0.09	+0.23	A5m:
29		Per	987	03 19 05.7	+50 14 44	s6	5.15	−0.06	−0.05	B3 V
96	κ	Cet	996	03 19 42.2	+03 23 37	dasv	4.83	+0.19	+0.68	G5 V
16	τ⁴	Eri	1003	03 19 48.4	−21 44 04	d	3.69	+1.81	+1.62	M3+ IIIa Ca−1
			1008	03 20 11.2	−43 02 43		4.27	+0.22	+0.71	G8 V
			999	03 20 44.0	+29 04 18		4.47	+1.79	+1.55	K3 IIIa Ba 0.5
			961	03 21 10.6	+77 45 28	d	5.45	+0.11	+0.19	A5 III:
61	τ	Ari	1005	03 21 36.2	+21 10 12	dv	5.28	−0.52	−0.07	B5 IV
33	α	Per	1017	03 24 47.4	+49 53 02	hdas	1.79	+0.37	+0.48	F5 Ib
1	o	Tau	1030	03 25 09.8	+09 03 05	6	3.60	+0.61	+0.89	G6 IIIa Fe−1
			1009	03 25 14.8	+64 36 31		5.23	+2.06	+2.08	M0 II
			1029	03 26 25.2	+49 08 36	sv	6.09	−0.49	−0.07	B7 V
2	ξ	Tau	1038	03 27 31.3	+09 45 18	hd6	3.74	−0.33	−0.09	B9 Vn
	κ	Ret	1083	03 29 29.6	−62 54 53	d	4.72	−0.04	+0.40	F5 IV−V
			1035	03 29 36.0	+59 57 45	hvd	4.21	−0.24	+0.41	B9 Ia
			1040	03 30 26.2	+58 54 03	has6	4.54	−0.11	+0.56	A0 Ia
17		Eri	1070	03 30 56.4	−05 03 12	h	4.73	−0.27	−0.09	B9 Vs
35	σ	Per	1052	03 31 02.1	+48 01 02		4.36	+1.54	+1.35	K3 III
5		Tau	1066	03 31 14.0	+12 57 31	6	4.11	+1.02	+1.12	K0− II−III Fe−0.5
18	ε	Eri	1084	03 33 14.2	−09 26 12	das	3.73	+0.59	+0.88	K2 V
19	τ⁵	Eri	1088	03 34 04.5	−21 36 41	h6	4.27	−0.35	−0.11	B8 V
20	EG	Eri	1100	03 36 35.2	−17 26 45	dv	5.23	−0.49	−0.13	B9p Si
37	ψ	Per	1087	03 36 57.3	+48 12 50		4.23	−0.57	−0.06	B5 Ve
10		Tau	1101	03 37 12.3	+00 25 19		4.28	+0.07	+0.58	F9 IV−V

Flamsteed/Bayer Designation			BS=HR No.	Right Ascension[1]	Declination[1]	Notes	V	U−B	B−V	Spectral Type
				h m s	° ′ ″					
			1106	03 37 19.7	−40 15 13		4.58	+0.77	+1.04	K1 III
	δ	For	1134	03 42 30.4	−31 55 04	6	5.00	−0.60	−0.16	B5 IV
	BD	Cam	1105	03 42 43.5	+63 14 14	6	5.10	+1.82	+1.63	S3.5/2
39	δ	Per	1122	03 43 23.4	+47 48 28	hd6	3.01	−0.51	−0.13	B5 III
23	δ	Eri	1136	03 43 33.6	−09 44 30		3.54	+0.69	+0.92	K0+ IV
	β	Ret	1175	03 44 17.0	−64 47 12	d6	3.85	+1.10	+1.13	K2 III
38	o	Per	1131	03 44 43.7	+32 18 30	vd6	3.83	−0.75	+0.05	B1 III
24		Eri	1146	03 44 50.4	−01 08 35	6	5.25	−0.39	−0.10	B7 V
17		Tau	1142	03 45 15.8	+24 08 00	h6	3.70	−0.40	−0.11	B6 III
19		Tau	1145	03 45 35.8	+24 29 14	d6	4.30	−0.46	−0.11	B6 IV
41	ν	Per	1135	03 45 38.3	+42 35 55	d	3.77	+0.31	+0.42	F5 II
29		Tau	1153	03 46 01.2	+06 04 12	d6	5.35	−0.61	−0.12	B3 V
20		Tau	1149	03 46 12.9	+24 23 15	s6	3.87	−0.40	−0.07	B7 IIIp
26	π	Eri	1162	03 46 27.0	−12 04 54		4.42	+2.01	+1.63	M2− IIIab
23	v971	Tau	1156	03 46 42.8	+23 58 05		4.18	−0.42	−0.06	B6 IV
27	τ⁶	Eri	1173	03 47 07.7	−23 13 51		4.23	0.00	+0.42	F3 III
	γ	Hyi	1208	03 47 08.7	−74 13 08		3.24	+1.99	+1.62	M2 III
25	η	Tau	1165	03 47 52.3	+24 07 29	hd	2.87	−0.34	−0.09	B7 IIIn
27		Tau	1178	03 49 33.0	+24 04 22	d6	3.63	−0.36	−0.09	B8 III
			1195	03 49 41.9	−36 10 51		4.17	+0.69	+0.95	G7 IIIa
	BE	Cam	1155	03 50 07.4	+65 32 43		4.47	+2.13	+1.88	M2+ IIab
	γ	Cam	1148	03 51 03.3	+71 21 06	d	4.63	+0.07	+0.03	A1 IIIn
44	ζ	Per	1203	03 54 32.5	+31 54 09	sd67	2.85	−0.77	+0.12	B1 Ib
45	ε	Per	1220	03 58 17.5	+40 01 43	hsd67	2.89	−0.95	−0.20	B0.5 IV
34	γ	Eri	1231	03 58 20.0	−13 29 25	d	2.95	+1.96	+1.59	M0.5 IIIb Ca−1
	δ	Ret	1247	03 58 51.0	−61 22 55		4.56	+1.96	+1.62	M1 III
46	ξ	Per	1228	03 59 23.3	+35 48 33	6	4.04	−0.92	+0.01	O7.5 IIIf
35	λ	Tau	1239	04 01 02.5	+12 30 30	v6	3.47	−0.62	−0.12	B3 V
35		Eri	1244	04 01 51.8	−01 31 55		5.28	−0.55	−0.15	B5 V
38	ν	Tau	1251	04 03 30.2	+06 00 25		3.91	+0.07	+0.03	A1 Va
37		Tau	1256	04 05 04.8	+22 05 57	d	4.36	+0.95	+1.07	K0 III
47	λ	Per	1261	04 07 04.2	+50 22 06		4.29	−0.04	−0.02	A0 IIIn
			1279	04 08 04.1	+15 10 47	sd6	6.01	+0.02	+0.40	F3 V
48	MX	Per	1273	04 09 08.1	+47 43 46	h	4.04	−0.55	−0.03	B3 Ve
43		Tau	1283	04 09 32.7	+19 37 33		5.50		+1.07	K1 III
			1270	04 10 00.8	+59 55 29	s	6.32	+0.92	+1.16	G8 IIa
44	IM	Tau	1287	04 11 13.7	+26 29 51	v	5.41	+0.06	+0.34	F2 IV−V
38	o¹	Eri	1298	04 12 11.0	−06 49 16		4.04	+0.13	+0.33	F1 IV
	α	Hor	1326	04 14 13.1	−42 16 43		3.86	+1.00	+1.10	K2 III
	α	Ret	1336	04 14 30.6	−62 27 28	d6	3.35	+0.63	+0.91	G8 II−III
51	μ	Per	1303	04 15 22.6	+48 25 31	d67	4.14	+0.64	+0.95	G0 Ib
40	o²	Eri	1325	04 15 34.3	−07 38 35	hd	4.43	+0.45	+0.82	K0.5 V
49	μ	Tau	1320	04 15 53.3	+08 54 30	6	4.29	−0.53	−0.06	B3 IV
48		Tau	1319	04 16 08.5	+15 24 59	sd	6.32	+0.02	+0.40	F3 V
	γ	Dor	1338	04 16 11.8	−51 28 14	v	4.25	+0.03	+0.30	F1 V+
	ε	Ret	1355	04 16 35.8	−59 17 12	d	4.44	+1.07	+1.08	K2 IV
41		Eri	1347	04 18 08.4	−33 46 58	hd67	3.56	−0.37	−0.12	B9p Mn
54	γ	Tau	1346	04 20 09.8	+15 38 34	d6	3.63	+0.82	+0.99	G9.5 IIIab CN 0.5
57	v483	Tau	1351	04 20 19.7	+14 03 02	sd6	5.59	+0.08	+0.28	F0 IV
54		Per	1343	04 20 50.0	+34 34 55	d	4.93	+0.69	+0.94	G8 III Fe 0.5

Flamsteed/Bayer Designation			BS=HR No.	Right Ascension[1]	Declination[1]	Notes	V	U−B	B−V	Spectral Type
				h m s	° ′ ″					
			1367	04 20 56.0	−20 37 28		5.38		−0.02	A1 V
			1327	04 21 17.3	+65 09 20	s	5.27	+0.47	+0.81	G5 IIb
	η	Ret	1395	04 21 57.6	−63 22 16		5.24	+0.69	+0.96	G8 III
61	δ	Tau	1373	04 23 18.6	+17 33 26	d6	3.76	+0.82	+0.98	G9.5 III CN 0.5
63		Tau	1376	04 23 47.5	+16 47 31	cs6	5.64	+0.13	+0.30	F0m
42	ξ	Eri	1383	04 24 00.3	−03 43 51	6	5.17	+0.08	+0.08	A2 V
43		Eri	1393	04 24 16.9	−34 00 07		3.96	+1.80	+1.49	K3.5⁻ IIIb
65	κ¹	Tau	1387	04 25 45.5	+22 18 30	d6	4.22	+0.13	+0.13	A5 IV−V
68	v776	Tau	1389	04 25 52.0	+17 56 32	d6	4.29	+0.08	+0.05	A2 IV−Vs
69	υ	Tau	1392	04 26 41.9	+22 49 40	d6	4.28	+0.14	+0.26	A9 IV⁻n
71	v777	Tau	1394	04 26 43.0	+15 37 57	d6	4.49	+0.14	+0.25	F0n IV−V
77	θ¹	Tau	1411	04 28 56.8	+15 58 34	d6	3.84	+0.73	+0.95	G9 III Fe−0.5
74	ε	Tau	1409	04 28 59.8	+19 11 40	d	3.53	+0.88	+1.01	G9.5 III CN 0.5
78	θ²	Tau	1412	04 29 02.1	+15 53 05	sd6	3.40	+0.13	+0.18	A7 III
	δ	Cae	1443	04 31 02.1	−44 56 24		5.07	−0.78	−0.19	B2 IV−V
50	υ¹	Eri	1453	04 33 45.9	−29 45 13		4.51	+0.72	+0.98	K0⁺ III Fe−0.5
	α	Dor	1465	04 34 08.3	−55 01 54	hvd7	3.27	−0.35	−0.10	A0p Si
86	ρ	Tau	1444	04 34 13.1	+14 51 27	6	4.65	+0.08	+0.25	A9 V
52	υ²	Eri	1464	04 35 48.2	−30 32 58		3.82	+0.72	+0.98	G8.5 IIIa
88		Tau	1458	04 36 00.7	+10 10 25	d6	4.25	+0.11	+0.18	A5m
87	α	Tau	1457	04 36 17.7	+16 31 19	hsd6	0.85	+1.90	+1.54	K5⁺ III
48	ν	Eri	1463	04 36 38.7	−03 20 22	hvd6	3.93	−0.89	−0.21	B2 III
	R	Dor	1492	04 36 50.2	62 03 52	sd	5.40	+0.86	+1.58	M8e III:
58		Per	1454	04 37 08.5	+41 16 39	c6	4.25	+0.82	+1.22	K0 II−III + B9 V
53		Eri	1481	04 38 28.7	−14 17 30	d67	3.87	+1.01	+1.09	K1.5 IIIb
90		Tau	1473	04 38 31.3	+12 31 24	d6	4.27	+0.13	+0.12	A5 IV−V
54	DM	Eri	1496	04 40 43.6	−19 39 34	d	4.32	+1.81	+1.61	M3 II−III
	α	Cae	1502	04 40 46.3	−41 51 06	d	4.45	+0.01	+0.34	F1 V
	β	Cae	1503	04 42 17.3	−37 07 55		5.05	+0.04	+0.37	F2 V
94	τ	Tau	1497	04 42 38.2	+22 58 08	d67	4.28	−0.57	−0.13	B3 V
57	μ	Eri	1520	04 45 49.7	−03 14 35	h6	4.02	−0.60	−0.15	B4 IV
4		Cam	1511	04 48 32.9	+56 46 05	d	5.30	+0.15	+0.25	Am
1	π³	Ori	1543	04 50 11.6	+06 58 20	ad6	3.19	−0.01	+0.45	F6 V
			1533	04 50 21.0	+37 29 57		4.88	+1.70	+1.44	K3.5 III
2	π²	Ori	1544	04 50 58.0	+08 54 39	6	4.36	0.00	+0.01	A0.5 IVn
3	π⁴	Ori	1552	04 51 33.2	+05 36 57	s6	3.69	−0.81	−0.17	B2 III
97	v480	Tau	1547	04 51 45.3	+18 51 02	d	5.10	+0.12	+0.21	A9 V⁺
4	o¹	Ori	1556	04 52 54.1	+14 15 40	cv	4.74	+2.03	+1.84	S3.5/1⁻
61	ω	Eri	1560	04 53 12.9	−05 26 32	6	4.39	+0.16	+0.25	A9 IV
8	π⁵	Ori	1567	04 54 35.4	+02 27 03	hv6	3.72	−0.83	−0.18	B2 III
9	α	Cam	1542	04 54 42.0	+66 21 10	h	4.29	−0.88	+0.03	O9.5 Ia
	η	Men	1629	04 55 00.3	−74 55 36		5.47	+1.83	+1.52	K4 III
9	o²	Ori	1580	04 56 44.2	+13 31 27	d	4.07	+1.11	+1.15	K2⁻ III Fe−1
3	ι	Aur	1577	04 57 25.1	+33 10 33	a	2.69	+1.78	+1.53	K3 II
7		Cam	1568	04 57 48.6	+53 45 43	d67	4.47	−0.01	−0.02	A0m A1 III
10	π⁶	Ori	1601	04 58 53.1	+01 43 25		4.47	+1.55	+1.40	K2⁻ II
7	ε	Aur	1605	05 02 26.2	+43 49 56	hvd6	2.99	+0.33	+0.54	A9 Ia
8	ζ	Aur	1612	05 02 56.0	+41 05 05	cdv6	3.75	+0.38	+1.22	K5 II + B5 V
102	ι	Tau	1620	05 03 29.1	+21 35 55		4.64	+0.15	+0.16	A7 IV
10	β	Cam	1603	05 03 59.9	+60 27 04	d	4.03	+0.63	+0.92	G1 Ib−IIa

Flamsteed/Bayer Designation			BS=HR No.	Right Ascension[1]	Declination[1]	Notes	V	$U-B$	$B-V$	Spectral Type
				h m s	o ′ ″					
11	v1032	Ori	1638	05 04 56.5	+15 24 46	v	4.68	−0.09	−0.06	A0p Si
	η^2	Pic	1663	05 05 08.1	−49 34 09		5.03	+1.88	+1.49	K5 III
	ζ	Dor	1674	05 05 37.4	−57 27 50		4.72	−0.04	+0.52	F7 V
2	ϵ	Lep	1654	05 05 44.2	−22 21 46		3.19	+1.78	+1.46	K4 III
10	η	Aur	1641	05 06 58.3	+41 14 34	ha	3.17	−0.67	−0.18	B3 V
67	β	Eri	1666	05 08 10.2	−05 04 42	hd	2.79	+0.10	+0.13	A3 IVn
69	λ	Eri	1679	05 09 27.5	−08 44 46		4.27	−0.90	−0.19	B2 IVn
16		Ori	1672	05 09 41.1	+09 50 15	d6	5.43	+0.16	+0.24	A9m
3	ι	Lep	1696	05 12 36.1	−11 51 43	d	4.45	−0.40	−0.10	B9 V:
5	μ	Lep	1702	05 13 13.4	−16 11 53	hs	3.31	−0.39	−0.11	B9p Hg Mn
4	κ	Lep	1705	05 13 31.9	−12 56 02	d7	4.36	−0.37	−0.10	B7 V
17	ρ	Ori	1698	05 13 37.9	+02 52 07	d67	4.46	+1.16	+1.19	K1 III CN 0.5
	θ	Dor	1744	05 13 45.2	−67 10 41		4.83	+1.39	+1.28	K2.5 IIIa
11	μ	Aur	1689	05 13 52.5	+38 29 30		4.86	+0.09	+0.18	A7m
19	β	Ori	1713	05 14 51.0	−08 11 40	hvdas6	0.12	−0.66	−0.03	B8 Ia
13	α	Aur	1708	05 17 10.2	+46 00 14	hcd67	0.08	+0.44	+0.80	G6 III + G2 III
	o	Col	1743	05 17 43.2	−34 53 21		4.83	+0.80	+1.00	K0/1 III/IV
20	τ	Ori	1735	05 17 55.3	−06 50 16	sd6	3.60	−0.47	−0.11	B5 III
	ζ	Pic	1767	05 19 31.7	−50 35 57		5.45	+0.01	+0.51	F7 III−IV
15	λ	Aur	1729	05 19 36.0	+40 06 15	hd	4.71	+0.12	+0.63	G1.5 IV−V Fe−1
6	λ	Lep	1756	05 19 52.5	−13 10 14		4.29	−1.03	−0.26	B0.5 IV
22		Ori	1765	05 22 05.7	−00 22 35	6	4.73	−0.79	−0.17	B2 IV−V
			1686	05 23 38.4	+79 14 14	d	5.05	−0.13	+0.47	F7 Vs
29		Ori	1784	05 24 15.6	−07 48 09		4.14	+0.69	+0.96	G8 III Fe−0.5
28	η	Ori	1788	05 24 48.2	−02 23 30	hcdv6	3.36	−0.92	−0.17	B1 IV + B
24	γ	Ori	1790	05 25 28.8	+06 21 18	hd6	1.64	−0.87	−0.22	B2 III
112	β	Tau	1791	05 26 42.2	+28 36 45	hsd	1.65	−0.49	−0.13	B7 III
115		Tau	1808	05 27 32.9	+17 58 02	d	5.42	−0.53	−0.10	B5 V
9	β	Lep	1829	05 28 31.4	−20 45 17	hd	2.84	+0.46	+0.82	G5 II
			1856	05 30 20.2	−47 04 24	d7	5.46	+0.21	+0.62	G3 IV
17		Cam	1802	05 30 47.1	+63 04 19		5.42	+2.00	+1.71	M1 IIIa
32		Ori	1839	05 31 07.9	+05 57 09	d7	4.20	−0.55	−0.14	B5 V
	ϵ	Col	1862	05 31 26.6	−35 27 58		3.87	+1.08	+1.14	K1 II/III
	γ	Men	1953	05 31 37.8	−76 20 10	d	5.19	+1.19	+1.13	K2 III
34	δ	Ori	1852	05 32 20.3	−00 17 41	hdv6	2.23	−1.05	−0.22	O9.5 II
119	CE	Tau	1845	05 32 35.6	+18 35 55		4.38	+2.21	+2.07	M2 Iab−Ib
11	α	Lep	1865	05 33 01.0	−17 49 05	hdas	2.58	+0.23	+0.21	F0 Ib
25	χ	Aur	1843	05 33 09.1	+32 11 47	6	4.76	−0.46	+0.34	B5 Iab
	β	Dor	1922	05 33 40.9	−62 29 08	v	3.76	+0.55	+0.82	F7−G2 Ib
37	ϕ^1	Ori	1876	05 35 10.7	+09 29 37	d6	4.41	−0.97	−0.16	B0.5 IV−V
39	λ	Ori	1879	05 35 29.8	+09 56 17	d	3.54	−1.03	−0.18	O8 IIIf
	v1046	Ori	1890	05 35 41.2	−04 29 25	sdv6	6.55	−0.77	−0.13	B2 Vh
			1891	05 35 41.6	−04 25 14	ds	6.24	−0.70	−0.15	B2.5 V
44	ι	Ori	1899	05 35 45.1	−05 54 22	hds6	2.77	−1.08	−0.24	O9 III
46	ϵ	Ori	1903	05 36 32.6	−01 11 54	hdas6	1.70	−1.04	−0.19	B0 Ia
40	ϕ^2	Ori	1907	05 37 15.8	+09 17 37	s	4.09	+0.64	+0.95	K0 IIIb Fe−2
123	ζ	Tau	1910	05 38 02.0	+21 08 46	hs6	3.00	−0.67	−0.19	B2 IIIpe (shell)
48	σ	Ori	1931	05 39 04.4	−02 35 48	hd6	3.81	−1.01	−0.24	O9.5 V
	α	Col	1956	05 39 53.1	−34 04 15	hd	2.64	−0.46	−0.12	B7 IV
50	ζ	Ori	1948	05 41 05.2	−01 56 22	hd6	2.03	−1.04	−0.21	O9.5 Ib

Flamsteed/Bayer Designation			BS=HR No.	Right Ascension[1]	Declination[1]	Notes	V	U−B	B−V	Spectral Type
				h m s	° ′ ″					
13	γ	Lep	1983	05 44 44.1	−22 26 48	hd	3.60	0.00	+0.47	F7 V
	δ	Dor	2015	05 44 47.1	−65 43 59		4.35	+0.12	+0.21	A7 V⁺n
27	o	Aur	1971	05 46 24.3	+49 49 42		5.47	+0.07	+0.03	A0p Cr
14	ζ	Lep	1998	05 47 15.0	−14 49 12	h6	3.55	+0.07	+0.10	A2 Van
	β	Pic	2020	05 47 26.3	−51 03 52		3.85	+0.10	+0.17	A6 V
130		Tau	1990	05 47 49.0	+17 43 52		5.49	+0.27	+0.30	F0 III
53	κ	Ori	2004	05 48 03.9	−09 40 04	h	2.06	−1.03	−0.17	B0.5 Ia
	γ	Pic	2042	05 49 56.8	−56 09 55		4.51	+0.98	+1.10	K1 III
			2049	05 51 02.1	−52 06 27		5.17	+0.72	+0.99	G8 III
	β	Col	2040	05 51 11.4	−35 45 58		3.12	+1.21	+1.16	K1.5 III
15	δ	Lep	2035	05 51 36.1	−20 52 44		3.81	+0.68	+0.99	K0 III Fe−1.5 CH 0.5
32	ν	Aur	2012	05 51 56.4	+39 08 59	d	3.97	+1.09	+1.13	K0 III CN 0.5
136		Tau	2034	05 53 44.2	+27 36 48	6	4.58	+0.03	−0.02	A0 IV
54	χ¹	Ori	2047	05 54 46.1	+20 16 37	6	4.41	+0.07	+0.59	G0⁻ V Ca 0.5
30	ξ	Aur	2029	05 55 23.5	+55 42 28	h	4.99	+0.12	+0.05	A1 Va
58	α	Ori	2061	05 55 31.4	+07 24 28	had6	0.50	+2.06	+1.85	M1−M2 Ia−Iab
16	η	Lep	2085	05 56 42.1	−14 10 01	h	3.71	+0.01	+0.33	F1 V
	γ	Col	2106	05 57 46.1	−35 16 58	d	4.36	−0.66	−0.18	B2.5 IV
60		Ori	2103	05 59 09.6	+00 33 11	d6	5.22	+0.01	+0.01	A1 Vs
	η	Col	2120	05 59 20.8	−42 48 54		3.96	+1.08	+1.14	G8/K1 II
34	β	Aur	2088	06 00 00.3	+44 56 51	hvd6	1.90	+0.05	+0.03	A1 IV
33	δ	Aur	2077	06 00 03.8	+54 17 04	d	3.72	+0.87	+1.00	K0⁻ III
37	θ	Aur	2095	06 00 09.9	+37 12 45	hvd67	2.62	−0.18	−0.08	A0p Si
35	π	Aur	2091	06 00 25.1	+45 56 12		4.26	+1.83	+1.72	M3 II
61	μ	Ori	2124	06 02 44.5	+09 38 49	d6	4.12	+0.11	+0.16	A5m:
62	χ²	Ori	2135	06 04 18.4	+20 08 16	asv	4.63	−0.68	+0.28	B2 Ia
1		Gem	2134	06 04 30.9	+23 15 45	hd67	4.16	+0.53	+0.84	G5 III−IV
17	SS	Lep	2148	06 05 16.5	−16 29 07	s6	4.93	+0.12	+0.24	Ap (shell)
67	ν	Ori	2159	06 07 56.6	+14 46 02	d6	4.42	−0.66	−0.17	B3 IV
	ν	Dor	2221	06 08 41.8	−68 50 41		5.06	−0.21	−0.08	B8 V
			2180	06 09 14.3	−22 25 44		5.50		−0.01	A0 V
	α	Men	2261	06 10 02.8	−74 45 18		5.09	+0.33	+0.72	G5 V
	δ	Pic	2212	06 10 25.5	−54 58 13	v6	4.81	−1.03	−0.23	B0.5 IV
70	ξ	Ori	2199	06 12 18.6	+14 12 25	d6	4.48	−0.65	−0.18	B3 IV
36		Cam	2165	06 13 30.3	+65 42 59	6	5.38	+1.47	+1.34	K2 II−III
5	γ	Mon	2227	06 15 10.4	−06 16 38	d	3.98	+1.41	+1.32	K1 III Ba 0.5
7	η	Gem	2216	06 15 16.2	+22 30 16	hvd6	3.28	+1.66	+1.60	M2.5 III
44	κ	Aur	2219	06 15 47.5	+29 29 43		4.35	+0.80	+1.02	G9 IIIb
	κ	Col	2256	06 16 47.0	−35 08 35		4.37	+0.83	+1.00	K0.5 IIIa
74		Ori	2241	06 16 48.5	+12 16 12	d	5.04	−0.02	+0.42	F4 IV
			2209	06 19 33.7	+69 19 00	6	4.80	0.00	+0.03	A0 IV⁺nn
7		Mon	2273	06 20 01.6	−07 49 34	d6	5.27	−0.75	−0.19	B2.5 V
2	UZ	Lyn	2238	06 20 11.8	+59 00 28	h	4.48	+0.03	+0.01	A1 Va
1	ζ	CMa	2282	06 20 33.8	−30 04 00	hd6	3.02	−0.72	−0.19	B2.5 V
	δ	Col	2296	06 22 21.1	−33 26 24	6	3.85	+0.52	+0.88	G7 II
2	β	CMa	2294	06 22 59.2	−17 57 34	hsvd6	1.98	−0.98	−0.23	B1 II−III
13	μ	Gem	2286	06 23 21.2	+22 30 35	hsd	2.88	+1.85	+1.64	M3 IIIab
	α	Car	2326	06 24 05.8	−52 41 58	h	−0.72	+0.10	+0.15	A9 II
8		Mon	2298	06 24 06.8	+04 35 21	d6	4.44	+0.13	+0.20	A6 IV
			2305	06 24 28.5	−11 32 02		5.22	+1.20	+1.24	K3 III

Flamsteed/Bayer Designation			BS=HR No.	Right Ascension[1]	Declination[1]	Notes	V	U−B	B−V	Spectral Type
				h m s	° ′ ″					
46	ψ^1	Aur	2289	06 25 23.9	+49 17 02	6	4.91	+2.29	+1.97	K5−M0 Iab−Ib
10		Mon	2344	06 28 16.8	−04 46 00	d	5.06	−0.76	−0.17	B2 V
	λ	CMa	2361	06 28 24.7	−32 35 04		4.48	−0.61	−0.17	B4 V
18	ν	Gem	2343	06 29 20.9	+20 12 27	d6	4.15	−0.48	−0.13	B6 III
4	ξ^1	CMa	2387	06 32 07.6	−23 25 24	hvd6	4.33	−0.99	−0.24	B1 III
			2392	06 33 05.2	−11 10 18	ds6	6.24	+0.78	+1.11	G9.5 III: Ba 3
13		Mon	2385	06 33 15.3	+07 19 40		4.50	−0.18	0.00	A0 Ib−II
			2395	06 33 57.7	−01 13 32		5.10	−0.56	−0.14	B5 Vn
			2435	06 35 07.2	−52 58 52		4.39	−0.15	−0.02	A0 II
5	ξ^2	CMa	2414	06 35 19.7	−22 58 13	h	4.54	−0.03	−0.05	A0 III
7	ν^2	CMa	2429	06 36 58.1	−19 15 42		3.95	+1.01	+1.06	K1.5 III−IV Fe 1
	ν	Pup	2451	06 37 57.6	−43 12 07	6	3.17	−0.41	−0.11	B8 IIIn
24	γ	Gem	2421	06 38 05.2	+16 23 35	hd6	1.93	+0.04	0.00	A1 IVs
8	ν^3	CMa	2443	06 38 10.6	−18 14 37	d	4.43	+1.04	+1.15	K0.5 III
15	S	Mon	2456	06 41 20.1	+09 53 21	das6	4.66	−1.07	−0.25	O7 Vf
27	ϵ	Gem	2473	06 44 19.9	+25 07 27	das6	2.98	+1.46	+1.40	G8 Ib
30		Gem	2478	06 44 21.3	+13 13 16	d	4.49	+1.16	+1.16	K0.5 III CN 0.5
9	α	CMa	2491	06 45 26.1	−16 43 32	hd6	−1.46	−0.05	0.00	A0m A1 Va
			2513	06 45 35.1	−52 12 29	s	6.57		+1.08	G5 Iab
31	ξ	Gem	2484	06 45 39.2	+12 53 17		3.36	+0.06	+0.43	F5 IV
56	ψ^5	Aur	2483	06 47 12.4	+43 34 13	d	5.25	+0.05	+0.56	G0 V
			2401	06 47 20.1	+79 33 23	6	5.45	−0.02	+0.50	F8 V
			2518	06 47 34.8	−37 56 14	d	5.26	−0.25	−0.08	B8/9 V
57	ψ^6	Aur	2487	06 48 09.3	+48 46 55		5.22	+1.04	+1.12	K0 III
18		Mon	2506	06 48 12.0	+02 24 17	6	4.47	+1.04	+1.11	K0+ IIIa
	α	Pic	2550	06 48 15.4	−61 56 54		3.27	+0.13	+0.21	A6 Vn
	v415	Car	2554	06 49 59.8	−53 37 49	6	4.40	+0.61	+0.92	G4 II
13	κ	CMa	2538	06 50 05.0	−32 30 59	h	3.96	−0.92	−0.23	B1.5 IVne
	τ	Pup	2553	06 50 05.9	−50 37 21	6	2.93	+1.21	+1.20	K1 III
	v592	Mon	2534	06 51 01.1	−08 02 56	sv	6.29	+0.02	0.00	A2p Sr Cr Eu
	ι	Vol	2602	06 51 22.4	−70 58 17		5.40	−0.38	−0.11	B7 IV
34	θ	Gem	2540	06 53 13.0	+33 57 10	d6	3.60	+0.14	+0.10	A3 III−IV
43		Cam	2511	06 54 24.1	+68 52 48		5.12	−0.43	−0.13	B7 III
16	o^1	CMa	2580	06 54 24.1	−24 11 34	s	3.87	+1.99	+1.73	K2 Iab
14	θ	CMa	2574	06 54 29.5	−12 02 50		4.07	+1.70	+1.43	K4 III
	NP	Pup	2591	06 54 39.0	−42 22 27	s	6.32	+2.79	+2.24	C5,2.5
20	ι	CMa	2596	06 56 25.6	−17 03 47		4.37	−0.70	−0.07	B3 II
15		Lyn	2560	06 57 50.3	+58 24 49	d7	4.35	+0.52	+0.85	G5 III−IV
21	ϵ	CMa	2618	06 58 52.9	−28 58 53	hd	1.50	−0.93	−0.21	B2 II
			2527	07 01 00.4	+76 58 05	6	4.55	+1.66	+1.36	K4 III
22	σ	CMa	2646	07 01 58.7	−27 56 40	d	3.47	+1.88	+1.73	K7 Ib
42	ω	Gem	2630	07 02 48.5	+24 12 20	s	5.18	+0.68	+0.94	G5 IIa
24	o^2	CMa	2653	07 03 17.8	−23 50 35	vas6	3.02	−0.80	−0.08	B3 Ia
23	γ	CMa	2657	07 04 03.1	−15 38 36		4.12	−0.48	−0.12	B8 II
			2666	07 04 15.2	−42 20 50	d6	5.20	+0.15	+0.20	A9m
	v386	Car	2683	07 04 25.6	−56 45 35	v	5.17		−0.04	Ap Si
43	ζ	Gem	2650	07 04 29.6	+20 33 37	vd6	3.79	+0.62	+0.79	F9 Ib (var)
25	δ	CMa	2693	07 08 39.4	−26 24 14	hdas6	1.84	+0.54	+0.68	F8 Ia
	β^2	Vol	2736	07 08 41.5	−70 30 34	d	3.78	+0.88	+1.04	G9 III
20		Mon	2701	07 10 33.1	−04 14 52	d	4.92	+0.78	+1.03	K0 III

Flamsteed/Bayer Designation			BS=HR No.	Right Ascension[1]	Declination[1]	Notes	V	U−B	B−V	Spectral Type
				h m s	° ′ ″					
46	τ	Gem	2697	07 11 33.2	+30 14 02	d7	4.41	+1.41	+1.26	K2 III
63		Aur	2696	07 12 06.1	+39 18 34	6	4.90	+1.74	+1.45	K3.5 III
22	δ	Mon	2714	07 12 11.8	−00 30 14	d	4.15	+0.02	−0.01	A1 III⁺
	QW	Pup	2740	07 12 44.8	−46 46 13		4.49	−0.01	+0.32	F0 IVs
48		Gem	2706	07 12 50.1	+24 07 02	s	5.85	+0.09	+0.36	F5 III−IV
	L₂	Pup	2748	07 13 44.2	−44 39 02	vd	5.10		+1.56	M5 IIIe
51	BQ	Gem	2717	07 13 44.7	+16 08 51	d	5.00	+1.82	+1.66	M4 IIIab
27	EW	CMa	2745	07 14 31.1	−26 21 51	hd6	4.66	−0.71	−0.19	B3 IIIep
28	ω	CMa	2749	07 15 04.5	−26 47 03		3.85	−0.73	−0.17	B2 IV−Ve
	δ	Vol	2803	07 16 49.5	−67 58 09		3.98	+0.45	+0.79	F9 Ib
	π	Pup	2773	07 17 22.3	−37 06 34	d	2.70	+1.24	+1.62	K3 Ib
54	λ	Gem	2763	07 18 28.0	+16 31 42	d67	3.58	+0.10	+0.11	A4 IV
30	τ	CMa	2782	07 18 58.7	−24 58 00	hvd6	4.40	0.99	−0.15	O9 II
55	δ	Gem	2777	07 20 30.6	+21 58 12	hd67	3.53	+0.04	+0.34	F0 V⁺
31	η	CMa	2827	07 24 21.1	−29 18 58	hdas	2.45	−0.72	−0.08	B5 Ia
66		Aur	2805	07 24 35.4	+40 39 34	6	5.23	+1.25	+1.25	K1 IIIa Fe−1
60	ι	Gem	2821	07 26 07.8	+27 47 05		3.79	+0.85	+1.03	G9 IIIb
3	β	CMi	2845	07 27 30.2	+08 16 33	hd6	2.90	−0.28	−0.09	B8 V
4	γ	CMi	2854	07 28 31.0	+08 54 43	d6	4.32	+1.54	+1.43	K3 III Fe−1
	σ	Pup	2878	07 29 26.2	−43 18 53	vd6	3.25	+1.78	+1.51	K5 III
62	ρ	Gem	2852	07 29 31.8	+31 46 16	d6	4.18	−0.03	+0.32	F0 V⁺
6		CMi	2864	07 30 09.5	+11 59 34		4.54	+1.37	+1.28	K1 III
			2906	07 34 19.9	−22 18 38	h	4.45	+0.06	+0.51	F6 IV
66	α	Gem	2891	07 35 00.7	+31 52 24	hd6	1.98	+0.01	+0.03	A1m A2 Va
			2934	07 35 49.4	−52 32 55	6	4.94	+1.63	+1.40	K3 III
69	υ	Gem	2905	07 36 19.3	+26 52 51	d	4.06	+1.94	+1.54	M0 III−IIIb
25		Mon	2927	07 37 36.1	−04 07 33	d	5.13	+0.12	+0.44	F6 III
			2937	07 37 36.6	−34 59 00	d7	4.53	−0.31	−0.09	B8 V
10	α	CMi	2943	07 39 38.5	+05 12 28	hsd67	0.38	+0.02	+0.42	F5 IV−V
	R	Pup	2974	07 41 07.7	−31 40 36	s	6.56	+0.85	+1.18	G2 0−Ia
26	α	Mon	2970	07 41 33.5	−09 34 00		3.93	+0.88	+1.02	G9 III Fe−1
	ζ	Vol	3024	07 41 44.3	−72 37 18	d7	3.95	+0.83	+1.04	G9 III
	OV	Cep	2609	07 43 20.2	+87 00 16		5.07	+1.97	+1.63	M2⁻ IIIab
24		Lyn	2946	07 43 33.2	+58 41 40	hd	4.99	+0.08	+0.08	A2 IVn
75	σ	Gem	2973	07 43 43.1	+28 52 02	d6	4.28	+0.97	+1.12	K1 III
3		Pup	2996	07 44 04.1	−28 58 14	h6	3.96	−0.09	+0.18	A2 Ib
77	κ	Gem	2985	07 44 50.4	+24 22 55	ad7	3.57	+0.69	+0.93	G8 III
			3017	07 45 29.2	−37 59 05		3.61	+1.72	+1.73	K5 IIa
78	β	Gem	2990	07 45 42.8	+28 00 36	had	1.14	+0.85	+1.00	K0 IIIb
4		Pup	3015	07 46 14.8	−14 34 48		5.04	+0.09	+0.33	F2 V
81		Gem	3003	07 46 30.0	+18 29 38	6	4.88	+1.75	+1.45	K4 III
11		CMi	3008	07 46 37.6	+10 45 07	6	5.30	−0.02	+0.01	A0.5 IV⁻nn
			2999	07 47 05.2	+37 30 04		5.18	+1.94	+1.58	M2⁺ IIIb
			3037	07 47 43.3	−46 37 29	6	5.23	−0.85	−0.14	B1.5 IV
80	π	Gem	3013	07 47 55.4	+33 23 57	d7	5.14	+1.95	+1.60	M1⁺ IIIa
	o	Pup	3034	07 48 21.4	−25 57 13	hd	4.50	−1.02	−0.05	B1 IV:nne
			3055	07 49 26.2	−46 23 23	d	4.11	−1.01	−0.18	B0 III
7	ξ	Pup	3045	07 49 34.1	−24 52 35	d6	3.34	+1.16	+1.24	G6 Iab−Ib
13	ζ	CMi	3059	07 52 02.2	+01 45 00		5.14	−0.49	−0.12	B8 II
			3080	07 52 26.5	−40 35 34	c6	3.73	+0.78	+1.04	K1/2 II + A

Flamsteed/Bayer Designation			BS=HR No.	Right Ascension[1]	Declination[1]	Notes	V	U−B	B−V	Spectral Type
				h m s	° ′ ″					
	QZ	Pup	3084	07 52 52.5	−38 52 48	v6	4.49	−0.69	−0.19	B2.5 V
			3090	07 53 29.6	−48 07 12		4.24	−1.00	−0.14	B0.5 Ib
83	φ	Gem	3067	07 53 53.6	+26 44 55	6	4.97	+0.10	+0.09	A3 IV−V
26		Lyn	3066	07 55 11.0	+47 32 50		5.45	+1.73	+1.46	K3 III
	χ	Car	3117	07 56 56.6	−53 00 00		3.47	−0.67	−0.18	B3p Si
11		Pup	3102	07 57 08.3	−22 53 52		4.20	+0.42	+0.72	F8 II
			3113	07 57 55.7	−30 21 08		4.79	+0.18	+0.15	A6 II
	V	Pup	3129	07 58 25.7	−49 15 46	cvd6	4.41	−0.96	−0.17	B1 Vp + B2:
			3153	07 59 44.2	−60 36 18	s	5.17	+1.91	+1.74	M1.5 II
27		Mon	3122	08 00 03.6	−03 41 52		4.93	+1.21	+1.21	K2 III
			3131	08 00 09.5	−18 25 03		4.61	+0.08	+0.08	A2 IVn
			3075	08 00 57.7	+73 53 59		5.41	+1.64	+1.42	K3 III
			3145	08 02 36.2	+02 18 59	d	4.39	+1.28	+1.25	K2 IIIb Fe−0.5
	ζ	Pup	3165	08 03 48.8	−40 01 18	hs	2.25	−1.11	−0.26	O5 Iafn
	χ	Gem	3149	08 03 55.0	+27 46 32	d6	4.94	+1.09	+1.12	K1 III
15	ρ	Pup	3185	08 07 49.3	−24 19 24	hvd6	2.81	+0.19	+0.43	F5 (Ib−II)p
	ε	Vol	3223	08 07 56.9	−68 38 10	d67	4.35	−0.46	−0.11	B6 IV
29	ζ	Mon	3188	08 08 55.2	−03 00 11	d	4.34	+0.69	+0.97	G2 Ib
27		Lyn	3173	08 08 56.6	+51 29 15	d	4.84	0.00	+0.05	A1 Va
16		Pup	3192	08 09 19.1	−19 15 52	6	4.40	−0.60	−0.15	B5 IV
	γ²	Vel	3207	08 09 44.0	−47 21 21	hcd6	1.78	−0.99	−0.22	WC8 + O9I:
	NS	Pup	3225	08 11 35.4	−39 38 17	6	4.45	+1.86	+1.62	K4.5 Ib
			3182	08 13 27.2	+68 27 15		5.45	+0.80	+1.05	G7 II
20		Pup	3229	08 13 37.9	−15 48 29		4.99	+0.78	+1.07	G5 IIa
			3243	08 14 16.8	−40 22 05	d6	4.44	+1.09	+1.17	K1 II/III
17	β	Cnc	3249	08 16 52.0	+09 09 54	d	3.52	+1.77	+1.48	K4 III Ba 0.5
	α	Cha	3318	08 18 21.0	−76 56 24		4.07	−0.02	+0.39	F4 IV
			3270	08 18 47.9	−36 40 47		4.45	+0.11	+0.22	A7 IV
	θ	Cha	3340	08 20 26.3	−77 30 19	d	4.35	+1.20	+1.16	K2 III CN 0.5
18	χ	Cnc	3262	08 20 27.5	+27 11 46		5.14	−0.06	+0.47	F6 V
			3282	08 21 38.4	−33 04 31		4.83	+1.60	+1.45	K2.5 II−III
	ε	Car	3307	08 22 38.8	−59 31 50	hdc	1.86	+0.19	+1.28	K3: III + B2: V
31		Lyn	3275	08 23 16.7	+43 10 00		4.25	+1.90	+1.55	K4.5 III
			3315	08 25 20.6	−24 04 03	d6	5.28	+1.83	+1.48	K4.5 III CN 1
	β	Vol	3347	08 25 48.3	−66 09 31		3.77	+1.14	+1.13	K2 III
			3314	08 25 59.1	−03 55 41	h	3.90	−0.02	−0.02	A0 Va
1	o	UMa	3323	08 30 48.0	+60 41 45	hsd	3.37	+0.52	+0.85	G5 III
33	η	Cnc	3366	08 33 05.0	+20 25 07		5.33	+1.39	+1.25	K3 III
			3426	08 37 52.4	−43 00 43		4.14	+0.16	+0.11	A6 II
4	δ	Hya	3410	08 38 00.0	+05 40 51	d6	4.16	+0.01	0.00	A1 IVnn
5	σ	Hya	3418	08 39 05.8	+03 19 06		4.44	+1.28	+1.21	K1 III
6		Hya	3431	08 40 20.0	−12 29 55		4.98	+1.62	+1.42	K4 III
	β	Pyx	3438	08 40 21.4	−35 19 54	d6	3.97	+0.65	+0.94	G4 III
	o	Vel	3447	08 40 28.8	−52 56 43	v6	3.62	−0.64	−0.18	B3 IV
	v343	Car	3457	08 40 45.6	−59 47 04	d6	4.33	−0.80	−0.11	B1.5 III
			3445	08 40 50.5	−46 40 20	d	3.82	+0.33	+0.70	F0 Ia
	η	Cha	3502	08 41 05.4	−78 59 12		5.47	−0.35	−0.10	B8 V
34		Lyn	3422	08 41 27.9	+45 48 39		5.37	+0.75	+0.99	G8 IV
7	η	Hya	3454	08 43 33.8	+03 22 30	6	4.30	−0.74	−0.20	B4 V
43	γ	Cnc	3449	08 43 39.7	+21 26 41	d6	4.66	+0.01	+0.02	A1 Va

Flamsteed/Bayer Designation			BS=HR No.	Right Ascension[1]	Declination[1]	Notes	V	U−B	B−V	Spectral Type
				h m s	° ′ ″					
	α	Pyx	3468	08 43 51.2	−33 12 36		3.68	−0.88	−0.18	B1.5 III
			3477	08 44 37.9	−42 40 23	d	4.07	+0.52	+0.87	G6 II−III
	δ	Vel	3485	08 44 53.0	−54 43 58	hd7	1.96	+0.07	+0.04	A1 Va
47	δ	Cnc	3461	08 45 03.2	+18 07 48	d	3.94	+0.99	+1.08	K0 IIIb
			3487	08 46 14.9	−46 03 56		3.91	−0.05	0.00	A1 II
12		Hya	3484	08 46 41.0	−13 34 18	d6	4.32	+0.62	+0.90	G8 III Fe−1
	v344	Car	3498	08 46 52.6	−56 47 38		4.49	−0.73	−0.17	B3 Vne
48	ι	Cnc	3475	08 47 05.4	+28 44 09	d	4.02	+0.78	+1.01	G8 II−III
11	ε	Hya	3482	08 47 07.1	+06 23 41	cd67	3.38	+0.36	+0.68	G5: III + A:
13	ρ	Hya	3492	08 48 46.6	+05 48 49	d6	4.36	−0.04	−0.04	A0 Vn
14	KX	Hya	3500	08 49 41.3	−03 28 03		5.31	−0.35	−0.09	B9p Hg Mn
	γ	Pyx	3518	08 50 48.5	−27 44 03		4.01	+1.40	+1.27	K2.5 III
			3571	08 55 11.6	−60 40 10	d	3.84	−0.45	−0.10	B7 II−III
	ζ	Oct	3678	08 55 37.8	−85 41 18		5.42	+0.07	+0.31	F0 III
16	ζ	Hya	3547	08 55 44.2	+05 55 14		3.11	+0.80	+1.00	G9 IIIa
	v376	Car	3582	08 57 07.9	−59 15 16	d	4.92	−0.77	−0.19	B2 IV−V
65	α	Cnc	3572	08 58 50.5	+11 49 56	d6	4.25	+0.15	+0.14	A5m
9	ι	UMa	3569	08 59 39.0	+48 00 57	hd6	3.14	+0.07	+0.19	A7 IVn
64	σ[3]	Cnc	3575	08 59 56.5	+32 23 35	d	5.22	+0.64	+0.92	G8 III
			3591	09 00 20.0	−41 16 45	c6	4.45	+0.38	+0.65	G8/K1 III + A
			3579	09 01 03.5	+41 45 25	hd67	3.97	+0.04	+0.43	F7 V
	α	Vol	3615	09 02 32.9	−66 25 20	6	4.00	+0.13	+0.14	A5m
8	ρ	UMa	3576	09 03 07.4	+67 36 14		4.76	+1.88	+1.53	M3 IIIb Ca 1
12	κ	UMa	3594	09 04 04.0	+47 07 49	hd7	3.60	+0.01	0.00	A0 IIIn
			3614	09 04 22.8	−47 07 26		3.75	+1.22	+1.20	K2 III
			3643	09 05 09.6	−72 37 44		4.48	+0.22	+0.61	F8 II
			3612	09 06 56.5	+38 25 33		4.56	+0.82	+1.04	G7 Ib−II
76	κ	Cnc	3623	09 08 05.9	+10 38 30	d6	5.24	−0.43	0.11	B8p Hg Mn
	λ	Vel	3634	09 08 14.1	−43 27 33	d	2.21	+1.81	+1.66	K4.5 Ib
15		UMa	3619	09 09 19.6	+51 34 41	h	4.48	+0.12	+0.27	F0m
77	ξ	Cnc	3627	09 09 43.9	+22 01 08	d6	5.14	+0.80	+0.97	G9 IIIa Fe−0.5 CH−1
	v357	Car	3659	09 11 08.4	−58 59 37	6	3.44	−0.70	−0.19	B2 IV−V
			3663	09 11 25.6	−62 20 38		3.97	−0.67	−0.18	B3 III
	β	Car	3685	09 13 16.1	−69 44 39	h	1.68	+0.03	0.00	A1 III
36		Lyn	3652	09 14 13.6	+43 11 26	h	5.32	−0.48	−0.14	B8p Mn
22	θ	Hya	3665	09 14 42.1	+02 17 12	d6	3.88	−0.12	−0.06	B9.5 IV (C II)
			3696	09 16 23.1	−57 34 08		4.34	+1.98	+1.63	M0.5 III Ba 0.3
	ι	Car	3699	09 17 15.8	−59 18 09	h	2.25	+0.16	+0.18	A7 Ib
38		Lyn	3690	09 19 14.8	+36 46 29	hd67	3.82	+0.06	+0.06	A2 IV−
40	α	Lyn	3705	09 21 27.0	+34 21 53		3.13	+1.94	+1.55	K7 IIIab
	θ	Pyx	3718	09 21 46.9	−25 59 36		4.72	+2.02	+1.63	M0.5 III
	κ	Vel	3734	09 22 18.9	−55 02 19	h6	2.50	−0.75	−0.18	B2 IV−V
1	κ	Leo	3731	09 25 01.9	+26 09 15	d7	4.46	+1.31	+1.23	K2 III
30	α	Hya	3748	09 27 54.4	−08 41 13	d	1.98	+1.72	+1.44	K3 II−III
	ε	Ant	3765	09 29 30.8	−35 58 48	6	4.51	+1.68	+1.44	K3 III
	ψ	Vel	3786	09 30 57.4	−40 29 44	d7	3.60	−0.03	+0.36	F0 V+
			3803	09 31 25.2	−57 03 48		3.13	+1.89	+1.55	K5 III
			3821	09 31 39.0	−73 06 35		5.47	+1.75	+1.56	K4 III
23		UMa	3757	09 32 02.1	+63 01 59	hd	3.67	+0.10	+0.33	F0 IV
4	λ	Leo	3773	09 32 05.4	+22 56 20		4.31	+1.89	+1.54	K4.5 IIIb

Flamsteed/Bayer Designation			BS=HR No.	Right Ascension[1]	Declination[1]	Notes	V	U−B	B−V	Spectral Type
				h m s	° ′ ″					
5	ξ	Leo	3782	09 32 17.7	+11 16 15		4.97	+0.86	+1.05	G9.5 III
	R	Car	3816	09 32 24.4	−62 49 04	vd	4−10	+0.23	+1.43	gM5e
25	θ	UMa	3775	09 33 17.3	+51 38 50	hd6	3.17	+0.02	+0.46	F6 IV
			3808	09 33 30.4	−21 08 41		5.01	+0.87	+1.02	K0 III
10	SU	LMi	3800	09 34 37.2	+36 22 06		4.55	+0.62	+0.92	G7.5 III Fe−0.5
			3825	09 34 38.0	−59 15 32		4.08	−0.56	+0.01	B5 II
24	DK	UMa	3771	09 35 02.8	+69 48 05		4.56	+0.34	+0.77	G5 III−IV
26		UMa	3799	09 35 16.0	+52 01 20		4.50	+0.04	+0.01	A1 Va
			3836	09 37 03.5	−49 23 04	d	4.35	+0.13	+0.17	A5 IV−V
			3751	09 37 58.3	+81 17 49		4.29	+1.72	+1.48	K3 IIIa
			3834	09 38 47.6	+04 37 11		4.68	+1.46	+1.32	K3 III
35	ι	Hya	3845	09 40 11.3	−01 10 21		3.91	+1.46	+1.32	K2.5 III
38	κ	Hya	3849	09 40 37.1	−14 21 43		5.06	−0.57	−0.15	B5 V
14	o	Leo	3852	09 41 29.8	+09 51 45	cd6	3.52	+0.21	+0.49	F5 II + A5?
16	ψ	Leo	3866	09 44 05.1	+13 59 30	d	5.35	+1.95	+1.63	M24+ IIIab
	θ	Ant	3871	09 44 29.5	−27 47 58	cd7	4.79	+0.35	+0.51	F7 II−III + A8 V
	λ	Car	3884	09 45 25.5	−62 32 17	v	3.69	+0.85	+1.22	F9−G5 Ib
17	ε	Leo	3873	09 46 13.1	+23 44 39		2.98	+0.47	+0.80	G1 II
	υ	Car	3890	09 47 15.9	−65 06 08	d	3.01	+0.13	+0.27	A6 II
	R	Leo	3882	09 47 54.4	+11 23 54	v	4−11	−0.20	+1.30	gM7e
			3881	09 49 00.4	+45 59 26		5.09	+0.10	+0.62	G0.5 Va
29	υ	UMa	3888	09 51 26.8	+59 00 28	hvd	3.80	+0.18	+0.28	F0 IV
39	υ¹	Hya	3903	09 51 47.5	−14 52 38		4.12	+0.65	+0.92	G8.5 IIIa
24	μ	Leo	3905	09 53 07.9	+25 58 34	s	3.88	+1.39	+1.22	K2 III CN 1 Ca 1
			3923	09 55 10.6	−19 02 25	6	4.94	+1.93	+1.57	K5 III
	φ	Vel	3940	09 57 05.5	−54 35 56	d	3.54	−0.62	−0.08	B5 Ib
19		LMi	3928	09 58 04.8	+41 01 28	6	5.14	0.00	+0.46	F5 V
	η	Ant	3947	09 59 09.0	−35 55 20	d	5.23	+0.08	+0.31	F1 III−IV
29	π	Leo	3950	10 00 33.4	+08 00 46		4.70	+1.93	+1.60	M2− IIIab
20		LMi	3951	10 01 23.1	+31 53 29		5.36	+0.27	+0.66	G3 Va Hδ 1
40	υ²	Hya	3970	10 05 26.5	−13 05 47	6	4.60	−0.27	−0.09	B8 V
30	η	Leo	3975	10 07 41.2	+16 43 51	hasd	3.52	−0.21	−0.03	A0 Ib
21		LMi	3974	10 07 48.7	+35 12 46		4.48	+0.08	+0.18	A7 V
31		Leo	3980	10 08 14.9	+09 57 56	d	4.37	+1.75	+1.45	K3.5 IIIb Fe−1:
15	α	Sex	3981	10 08 16.2	−00 24 13		4.49	−0.07	−0.04	A0 III
32	α	Leo	3982	10 08 43.0	+11 56 07	hd6	1.35	−0.36	−0.11	B7 Vn
41	λ	Hya	3994	10 10 54.3	−12 23 11	d6	3.61	+0.92	+1.01	K0 III CN 0.5
	ω	Car	4037	10 13 53.5	−70 04 13		3.32	−0.33	−0.08	B8 IIIn
			4023	10 15 00.6	−42 09 15	6	3.85	+0.06	+0.05	A2 Va
36	ζ	Leo	4031	10 17 03.0	+23 23 05	hdas6	3.44	+0.20	+0.31	F0 III
	v337	Car	4050	10 17 18.0	−61 21 54	d	3.40	+1.72	+1.54	K2.5 II
33	λ	UMa	4033	10 17 29.2	+42 52 54	hs	3.45	+0.06	+0.03	A1 IV
22	ε	Sex	4042	10 17 57.2	−08 06 06		5.24	+0.13	+0.31	F1 IV−
	AG	Ant	4049	10 18 25.5	−29 01 29		5.34		+0.24	A0p Ib−II
41	γ¹	Leo	4057	10 20 19.8	+19 48 30	hd6	2.61	+1.00	+1.15	K1− IIIb Fe−0.5
			4080	10 22 36.4	−41 40 58		4.83	+1.08	+1.12	K1 III
34	μ	UMa	4069	10 22 42.8	+41 28 00	6	3.05	+1.89	+1.59	M0 III
			4086	10 23 46.4	−38 02 35		5.33		+0.25	A8 V
			4102	10 24 31.4	−74 03 53	6	4.00	−0.01	+0.35	F2 V
			4072	10 24 35.6	+65 32 00	6	4.97	−0.13	−0.06	A0p Hg

Flamsteed/Bayer Designation			BS=HR No.	Right Ascension[1]	Declination[1]	Notes	V	U−B	B−V	Spectral Type
				h m s	° ′ ″					
42	μ	Hya	4094	10 26 24.3	−16 52 11		3.81	+1.82	+1.48	K4⁺ III
	α	Ant	4104	10 27 27.0	−31 06 04	6	4.25	+1.63	+1.45	K4.5 III
			4114	10 28 07.1	−58 46 22		3.82	+0.24	+0.31	F0 Ib
31	β	LMi	4100	10 28 15.4	+36 40 25	d67	4.21	+0.64	+0.90	G9 IIIab
29	δ	Sex	4116	10 29 48.5	−02 46 21		5.21	−0.12	−0.06	B9.5 V
36		UMa	4112	10 31 02.3	+55 56 49	d	4.83	−0.01	+0.52	F8 V
			4084	10 31 49.4	+82 31 30		5.26	−0.05	+0.37	F4 V
	PP	Car	4140	10 32 15.4	−61 43 08	h	3.32	−0.72	−0.09	B4 Vne
46		Leo	4127	10 32 32.6	+14 06 13		5.46	+2.04	+1.68	M1 IIIb
47	ρ	Leo	4133	10 33 09.2	+09 16 23	vd6	3.85	−0.96	−0.14	B1 Iab
			4143	10 33 13.4	−47 02 13	d7	5.02	+0.59	+1.04	K1/2 III
44		Hya	4145	10 34 19.5	−23 46 44	d	5.08	+1.82	+1.60	K5 III
	γ	Cha	4174	10 35 32.5	−78 38 29		4.11	+1.95	+1.58	M0 III
37		UMa	4141	10 35 34.6	+57 02 56	h	5.16	−0.02	+0.34	F1 V
			4126	10 35 37.7	+75 40 45		4.84	+0.72	+0.96	G8 III
			4159	10 35 50.4	−57 35 29	6	4.45	+1.79	+1.62	K5 II
			4167	10 37 34.6	−48 15 34	hd67	3.84	+0.07	+0.30	F0m
37		LMi	4166	10 39 05.1	+31 56 32		4.71	+0.54	+0.81	G2.5 IIa
			4180	10 39 34.0	−55 38 14	d	4.28	+0.75	+1.04	G2 II
	θ	Car	4199	10 43 11.4	−64 25 43	h6	2.76	−1.01	−0.22	B0.5 Vp
			4181	10 43 31.5	+69 02 31		5.00	+1.54	+1.38	K3 III
41		LMi	4192	10 43 46.1	+23 09 15		5.08	+0.05	+0.04	A2 IV
			4191	10 43 55.7	+46 10 10	d6	5.18	+0.01	+0.33	F5 III
	δ²	Cha	4234	10 45 50.3	−80 34 28		4.45	−0.70	−0.19	B2.5 IV
42		LMi	4203	10 46 13.5	+30 38 53	d6	5.24	−0.14	−0.06	A1 Vn
51		Leo	4208	10 46 45.5	+18 51 26		5.50	+1.15	+1.13	gK3
	μ	Vel	4216	10 47 03.0	−49 27 17	cd67	2.69	+0.57	+0.90	G5 III + F8: V
53		Leo	4227	10 49 35.9	+10 30 38	6	5.34	+0.02	+0.03	A2 V
	ν	Hya	4232	10 49 56.8	−16 13 40	h	3.11	+1.30	+1.25	K1.5 IIIb Hδ−0.5
46		LMi	4247	10 53 40.4	+34 10 47		3.83	+0.91	+1.04	K0⁺ III−IV
			4257	10 53 45.6	−58 53 16	d6	3.78	+0.65	+0.95	K0 IIIb
54		Leo	4259	10 55 57.9	+24 42 54	cd	4.50	+0.01	+0.01	A1 IIIn + A1 IVn
	ι	Ant	4273	10 57 01.3	−37 10 22		4.60	+0.84	+1.03	K0 III
47		UMa	4277	10 59 49.7	+40 23 44		5.05	+0.13	+0.61	G1⁻ V Fe−0.5
7	α	Crt	4287	11 00 05.5	−18 20 01		4.08	+1.00	+1.09	K0⁺ III
			4293	11 00 27.2	−42 15 39		4.39	+0.12	+0.11	A3 IV
58		Leo	4291	11 00 53.8	+03 34 57	d	4.84	+1.12	+1.16	K0.5 III Fe−0.5
48	β	UMa	4295	11 02 13.8	+56 20 51	h6	2.37	+0.01	−0.02	A0m A1 IV−V
60		Leo	4300	11 02 40.6	+20 08 42		4.42	+0.05	+0.05	A0.5m A3 V
50	α	UMa	4301	11 04 07.4	+61 42 57	hd6	1.80	+0.90	+1.07	K0⁻ IIIa
63	χ	Leo	4310	11 05 21.1	+07 18 03	d7	4.63	+0.08	+0.33	F1 IV
	χ¹	Hya	4314	11 05 38.7	−27 19 44	d7	4.94	+0.04	+0.36	F3 IV
	v382	Car	4337	11 08 52.2	−59 00 37	c6	3.91	+0.94	+1.23	G4 0−Ia
52	ψ	UMa	4335	11 10 01.6	+44 27 47		3.01	+1.11	+1.14	K1 III
11	β	Crt	4343	11 11 58.7	−22 51 41	h6	4.48	+0.06	+0.03	A2 IV
			4350	11 12 50.9	−49 08 11	6	5.36		+0.18	A3 IV/V
68	δ	Leo	4357	11 14 27.2	+20 29 17	hd	2.56	+0.12	+0.12	A4 IV
70	θ	Leo	4359	11 14 34.8	+15 23 38		3.34	+0.06	−0.01	A2 IV (Kvar)
74	φ	Leo	4368	11 16 59.5	−03 41 14	d	4.47	+0.14	+0.21	A7 V⁺n
	SV	Crt	4369	11 17 18.0	−07 10 13	sd67	6.14	+0.15	+0.20	A8p Sr Cr

Flamsteed/Bayer Designation			BS=HR No.	Right Ascension[1]	Declination[1]	Notes	V	U−B	B−V	Spectral Type
				h m s	° ′ ″					
54	ν	UMa	4377	11 18 49.7	+33 03 32	d6	3.48	+1.55	+1.40	K3⁻ III
55		UMa	4380	11 19 29.1	+38 08 59	hd6	4.78	+0.03	+0.12	A1 Va
12	δ	Crt	4382	11 19 40.0	−14 48 50	h6	3.56	+0.97	+1.12	G9 IIIb CH 0.2
	π	Cen	4390	11 21 18.3	−54 31 36	d7	3.89	−0.59	−0.15	B5 Vn
77	σ	Leo	4386	11 21 28.3	+05 59 37	6	4.05	−0.12	−0.06	A0 III⁺
78	ι	Leo	4399	11 24 15.8	+10 29 37	d67	3.94	+0.07	+0.41	F2 IV
15	γ	Crt	4405	11 25 12.4	−17 43 11	hd	4.08	+0.11	+0.21	A7 V
84	τ	Leo	4418	11 28 16.3	+02 49 13	d	4.95	+0.79	+1.00	G7.5 IIIa
1	λ	Dra	4434	11 31 47.0	+69 17 42		3.84	+1.97	+1.62	M0 III Ca−1
	ξ	Hya	4450	11 33 19.4	−31 53 37	d	3.54	+0.71	+0.94	G7 III
	λ	Cen	4467	11 36 05.0	−63 03 21	d	3.13	−0.17	−0.04	B9.5 IIn
			4466	11 36 14.6	−47 40 40		5.25	+0.12	+0.25	A7m
21	θ	Crt	4468	11 37 00.7	−09 50 18	6	4.70	−0.18	−0.08	B9.5 Vn
91	υ	Leo	4471	11 37 16.9	−00 51 35		4.30	+0.75	+1.00	G8⁺ IIIb
	o	Hya	4494	11 40 32.2	−34 46 51		4.70	−0.22	−0.07	B9 V
61		UMa	4496	11 41 23.5	+34 09 54	das	5.33	+0.25	+0.72	G8 V
3		Dra	4504	11 42 49.8	+66 42 32		5.30	+1.24	+1.28	K3 III
	v810	Cen	4511	11 43 50.0	−62 31 32	s	5.03	+0.35	+0.80	G0 0−Ia Fe 1
27	ζ	Crt	4514	11 45 05.6	−18 23 13	d	4.73	+0.74	+0.97	G8 IIIa
	λ	Mus	4520	11 45 55.0	−66 45 53	d	3.64	+0.15	+0.16	A7 IV
3	ν	Vir	4517	11 46 11.6	+06 29 35		4.03	+1.79	+1.51	M1 III
63	χ	UMa	4518	11 46 23.5	+47 44 36		3.71	+1.16	+1.18	K0.5 IIIb
			4522	11 46 49.9	−61 12 52	d	4.11	+0.58	+0.90	G3 II
93	DQ	Leo	4527	11 48 19.2	+20 10 58	cd6	4.53	+0.28	+0.55	G4 III−IV + A7 V
	II	Hya	4532	11 49 04.8	−26 47 09		5.11	+1.67	+1.60	M4⁺ III
94	β	Leo	4534	11 49 23.4	+14 32 09	hd	2.14	+0.07	+0.09	A3 Va
			4537	11 50 00.3	−63 49 29	h	4.32	−0.59	−0.15	B3 V
5	β	Vir	4540	11 51 02.0	+01 43 41	d	3.61	+0.11	+0.55	F9 V
			4546	11 51 28.3	−45 12 35		4.46	+1.46	+1.30	K3 III
	β	Hya	4552	11 53 14.3	−33 56 39	vd7	4.28	−0.33	−0.10	Ap Si
64	γ	UMa	4554	11 54 10.2	+53 39 31	a6	2.44	+0.02	0.00	A0 Van
95		Leo	4564	11 56 00.6	+15 36 38	d6	5.53	+0.12	+0.11	A3 V
30	η	Crt	4567	11 56 20.9	−17 11 13		5.18	0.00	−0.02	A0 Va
8	π	Vir	4589	12 01 12.4	+06 34 41	6	4.66	+0.11	+0.13	A5 IV
	θ¹	Cru	4599	12 03 21.6	−63 20 57	d6	4.33	+0.04	+0.27	A8m
			4600	12 03 59.9	−42 28 14		5.15	−0.03	+0.41	F6 V
9	o	Vir	4608	12 05 32.4	+08 41 49	s	4.12	+0.63	+0.98	G8 IIIa CN−1 Ba 1 CH 1
	η	Cru	4616	12 07 13.5	−64 39 00	d6	4.15	+0.03	+0.34	F2 V⁺
			4618	12 08 25.6	−50 41 51	v	4.47	−0.67	−0.15	B2 IIIne
	δ	Cen	4621	12 08 41.9	−50 45 31	d	2.60	−0.90	−0.12	B2 IVne
1	α	Crv	4623	12 08 45.0	−24 45 54	h	4.02	−0.02	+0.32	F0 IV−V
2	ε	Crv	4630	12 10 27.6	−22 39 21	h	3.00	+1.47	+1.33	K2.5 IIIa
	ρ	Cen	4638	12 11 59.7	−52 24 17		3.96	−0.62	−0.15	B3 V
			4646	12 12 29.8	+77 34 49	v6	5.14	+0.10	+0.33	F2m
	δ	Cru	4656	12 15 29.6	−58 47 06		2.80	−0.91	−0.23	B2 IV
69	δ	UMa	4660	12 15 44.7	+56 59 48	hd	3.31	+0.07	+0.08	A2 Van
4	γ	Crv	4662	12 16 08.5	−17 34 41	h6	2.59	−0.34	−0.11	B8p Hg Mn
	ε	Mus	4671	12 17 55.7	−67 59 49	6	4.11	+1.55	+1.58	M5 III
	β	Cha	4674	12 18 44.4	−79 20 54		4.26	−0.51	−0.12	B5 Vn
	ζ	Cru	4679	12 18 47.6	−64 02 21	d	4.04	−0.69	−0.17	B2.5 V

Flamsteed/Bayer Designation			BS=HR No.	Right Ascension[1]	Declination[1]	Notes	V	U−B	B−V	Spectral Type
				h m s	° ′ ″					
3		CVn	4690	12 20 07.8	+48 56 53		5.29	+1.97	+1.66	M1+ IIIab
15	η	Vir	4689	12 20 14.3	−00 42 10	d6	3.89	+0.06	+0.02	A1 IV+
16		Vir	4695	12 20 40.8	+03 16 35	d	4.96	+1.15	+1.16	K0.5 IIIb Fe−0.5
	ε	Cru	4700	12 21 42.9	−60 26 13		3.59	+1.63	+1.42	K3 III
12		Com	4707	12 22 49.9	+25 48 36	cd6	4.81	+0.26	+0.49	G5 III + A5
6		CVn	4728	12 26 10.1	+38 58 57		5.02	+0.73	+0.96	G9 III
	α[1]	Cru	4730	12 26 57.8	−63 08 06	hcd6	1.33	−1.03	−0.24	B0.5 IV
15	γ	Com	4737	12 27 15.7	+28 13 56		4.36	+1.15	+1.13	K1 III Fe 0.5
	σ	Cen	4743	12 28 23.6	−50 16 00		3.91	−0.78	−0.19	B2 V
			4748	12 28 43.3	−39 04 38		5.44		−0.08	B8/9 V
7	δ	Crv	4757	12 30 12.1	−16 33 06	hd7	2.95	−0.08	−0.05	B9.5 IV−n
74		UMa	4760	12 30 15.4	+58 22 12		5.35	+0.14	+0.20	δ Del
	γ	Cru	4763	12 31 31.8	−57 08 58	hd	1.63	+1.78	+1.59	M3.5 III
8	η	Crv	4775	12 32 24.4	−16 13 55	6	4.31	+0.01	+0.38	F2 V
	γ	Mus	4773	12 32 51.8	−72 10 08		3.87	−0.62	−0.15	B5 V
5	κ	Dra	4787	12 33 45.4	+69 45 09	hv6	3.87	−0.57	−0.13	B6 IIIpe
			4783	12 33 58.1	+33 12 42		5.42	+0.83	+1.00	K0 III CN−1
8	β	CVn	4785	12 34 03.0	+41 19 20	ads6	4.26	+0.05	+0.59	G0 V
9	β	Crv	4786	12 34 43.8	−23 25 57	h	2.65	+0.60	+0.89	G5 IIb
23		Com	4789	12 35 10.5	+22 35 37	d6	4.81	−0.01	0.00	A0m A1 IV
24		Com	4792	12 35 27.3	+18 20 29	d	5.02	+1.11	+1.15	K2 III
	α	Mus	4798	12 37 34.7	−69 10 17	d	2.69	−0.83	−0.20	B2 IV−V
	τ	Cen	4802	12 38 03.6	−48 34 37		3.86	+0.03	+0.05	A1 IVnn
26	χ	Vir	4813	12 39 34.9	−08 01 53	d	4.66	+1.39	+1.23	K2 III CN 1.5
	γ	Cen	4819	12 41 52.7	−48 59 44	d67	2.17	−0.01	−0.01	A1 IV
29	γ	Vir	4825	12 41 59.4	−01 29 05	hcd6	3.48	0.03	+0.36	F1 V
30	ρ	Vir	4828	12 42 12.8	+10 12 00	6	4.88	+0.03	+0.09	A0 Va (λ Boo)
			4839	12 44 21.4	−28 21 34		5.48	+1.50	+1.34	K3 III
	Y	CVn	4846	12 45 26.1	+45 24 17		4.99	+6.33	+2.54	C5,5
32	FM	Vir	4847	12 45 56.8	+07 38 16	6	5.22	+0.15	+0.33	F2m
	β	Mus	4844	12 46 41.1	−68 08 37	hcd7	3.05	−0.74	−0.18	B2 V + B2.5 V
	β	Cru	4853	12 48 06.3	−59 43 27	hvd6	1.25	−1.00	−0.23	B0.5 III
			4874	12 51 02.4	−34 02 05	d	4.91	−0.11	−0.04	A0 IV
31		Com	4883	12 52 00.9	+27 30 20	s	4.94	+0.20	+0.67	G0 IIIp
			4888	12 53 29.1	−48 58 43	6	4.33	+1.58	+1.37	K3/4 III
			4889	12 53 47.9	−40 12 51		4.27	+0.12	+0.21	A7 V
77	ε	UMa	4905	12 54 18.8	+55 55 29	hdv6	1.77	+0.02	−0.02	A0p Cr
40	ψ	Vir	4902	12 54 41.5	−09 34 27		4.79	+1.53	+1.60	M3− III Ca−1
	μ[1]	Cru	4898	12 54 58.8	−57 12 47	d	4.03	−0.76	−0.17	B2 IV−V
	ι	Oct	4870	12 55 43.6	−85 09 30	d	5.46	+0.79	+1.02	K0 III
8		Dra	4916	12 55 44.0	+65 24 12	v	5.24	+0.02	+0.28	F0 IV−V
43	δ	Vir	4910	12 55 55.9	+03 21 44	d	3.38	+1.78	+1.58	M3+ III
12	α[2]	CVn	4915	12 56 19.9	+38 17 00	hvd	2.90	−0.32	−0.12	A0p Si Eu
78		UMa	4931	13 01 00.3	+56 19 53	hasd7	4.93	+0.01	+0.36	F2 V
47	ε	Vir	4932	13 02 30.0	+10 55 28	asd	2.83	+0.73	+0.94	G8 IIIab
	δ	Mus	4923	13 02 43.6	−71 35 01	6	3.62	+1.26	+1.18	K2 III
14		CVn	4943	13 06 02.6	+35 45 51	h	5.25	−0.20	−0.08	B9 V
	ξ[2]	Cen	4942	13 07 17.6	−49 56 27	d6	4.27	−0.79	−0.19	B1.5 V
51	θ	Vir	4963	13 10 17.2	−05 34 25	hd6	4.38	−0.01	−0.01	A1 IV
43	β	Com	4983	13 12 10.6	+27 50 43	d6	4.26	+0.07	+0.57	F9.5 V

Flamsteed/Bayer Designation			BS=HR No.	Right Ascension[1]	Declination[1]	Notes	V	U−B	B−V	Spectral Type
	η	Mus	4993	h m s 13 15 41.8	° ′ ″ −67 55 44	vd6	4.80	−0.35	−0.08	B7 V
			5006	13 17 14.9	−31 32 26		5.10	+0.61	+0.96	K0 III
20	AO	CVn	5017	13 17 50.0	+40 32 19	sv	4.73	+0.21	+0.30	F2 III (str. met.)
60	σ	Vir	5015	13 17 56.0	+05 26 09		4.80	+1.95	+1.67	M1 III
61		Vir	5019	13 18 44.8	−18 20 50	hd	4.74	+0.26	+0.71	G6.5 V
46	γ	Hya	5020	13 19 16.6	−23 12 20	hd	3.00	+0.66	+0.92	G8 IIIa
	ι	Cen	5028	13 20 57.9	−36 44 47		2.75	+0.03	+0.04	A2 Va
			5035	13 23 03.4	−61 01 20	d	4.53	−0.60	−0.13	B3 V
79	ζ	UMa	5054	13 24 11.2	+54 53 30	hd6	2.27	+0.03	+0.02	A1 Va+ (Si)
80		UMa	5062	13 25 29.1	+54 57 15	6	4.01	+0.08	+0.16	A5 Vn
67	α	Vir	5056	13 25 32.2	−11 11 42	hvd6	0.98	−0.93	−0.23	B1 V
68		Vir	5064	13 27 03.8	−12 44 29		5.25	+1.75	+1.52	M0 III
			5085	13 28 41.4	+59 54 44	d	5.40	−0.02	−0.01	A1 Vn
70		Vir	5072	13 28 44.9	+13 44 39	d	4.98	+0.26	+0.71	G4 V
			5089	13 31 25.4	−39 26 26	d67	3.88	+1.03	+1.17	G8 III
78	CW	Vir	5105	13 34 27.7	+03 37 33	v6	4.94	0.00	+0.03	A1p Cr Eu
79	ζ	Vir	5107	13 35 01.5	−00 37 44	h	3.37	+0.10	+0.11	A2 IV⁻
	BH	CVn	5110	13 35 05.2	+37 08 57	6	4.98	+0.06	+0.40	F1 V+
			5139	13 37 20.4	+71 12 33		5.50		+1.20	gK2
	ε	Cen	5132	13 40 18.2	−53 29 57	hd	2.30	−0.92	−0.22	B1 III
	v744	Cen	5134	13 40 24.1	−49 58 58	s	6.00	+1.15	+1.50	M6 III
82		Vir	5150	13 41 57.3	−08 44 08		5.01	+1.95	+1.63	M1.5 III
1		Cen	5168	13 46 03.5	−33 04 35	6	4.23	0.00	+0.38	F2 V+
4	τ	Boo	5185	13 47 34.3	+17 25 29	d7	4.50	+0.04	+0.48	F7 V
	v766	Cen	5171	13 47 38.4	−62 37 19	sd	6.51	+1.19	+1.98	K0 0−Ia
85	η	UMa	5191	13 47 47.8	+49 16 52	ha6	1.86	−0.67	−0.19	B3 V
5	υ	Boo	5200	13 49 47.5	+15 45 57		4.07	+1.87	+1.52	K5.5 III
2	v806	Cen	5192	13 49 49.4	−34 28 59		4.19	+1.45	+1.50	M4.5 III
	ν	Cen	5190	13 49 53.8	−41 43 11	v6	3.41	−0.84	−0.22	B2 IV
	μ	Cen	5193	13 50 00.6	−42 30 21	sd6	3.04	−0.72	−0.17	B2 IV−Vpne (shell)
89		Vir	5196	13 50 13.5	−18 09 59		4.97	+0.92	+1.06	K0.5 III
10	CU	Dra	5226	13 51 37.3	+64 41 29	d	4.65	+1.89	+1.58	M3.5 III
8	η	Boo	5235	13 54 59.7	+18 21 55	hasd6	2.68	+0.20	+0.58	G0 IV
	ζ	Cen	5231	13 55 56.9	−47 19 12	h6	2.55	−0.92	−0.22	B2.5 IV
			5241	13 58 07.5	−63 43 06		4.71	+1.04	+1.11	K1.5 III
	φ	Cen	5248	13 58 40.1	−42 07 56		3.83	−0.83	−0.21	B2 IV
47		Hya	5250	13 58 53.1	−25 00 13	h6	5.15	−0.40	−0.10	B8 V
	υ¹	Cen	5249	13 59 05.0	−44 50 06		3.87	−0.80	−0.20	B2 IV−V
93	τ	Vir	5264	14 01 58.7	+01 30 48	d6	4.26	+0.12	+0.10	A3 IV
	υ²	Cen	5260	14 02 08.0	−45 38 05	6	4.34	+0.27	+0.60	F6 II
			5270	14 02 51.0	+09 39 17	s	6.20	+0.38	+0.90	G8: II: Fe−5
	β	Cen	5267	14 04 17.2	−60 24 15	hd6	0.61	−0.98	−0.23	B1 III
11	α	Dra	5291	14 04 33.9	+64 20 42	hs6	3.65	−0.08	−0.05	A0 III
	θ	Aps	5261	14 05 59.0	−76 49 40	s	5.50	+1.05	+1.55	M6.5 III:
	χ	Cen	5285	14 06 26.7	−41 12 38		4.36	−0.77	−0.19	B2 V
49	π	Hya	5287	14 06 44.6	−26 42 48		3.27	+1.04	+1.12	K2⁻ III Fe−0.5
5	θ	Cen	5288	14 07 04.0	−36 24 06	d	2.06	+0.87	+1.01	K0⁻ IIIb
	BY	Boo	5299	14 08 11.3	+43 49 25		5.27	+1.66	+1.59	M4.5 III
4		UMi	5321	14 08 49.9	+77 31 01	d6	4.82	+1.39	+1.36	K3⁻ IIIb Fe−0.5
12		Boo	5304	14 10 41.7	+25 03 40	d6	4.83	+0.07	+0.54	F8 IV

Flamsteed/Bayer Designation			BS=HR No.	Right Ascension[1]	Declination[1]	Notes	V	U−B	B−V	Spectral Type
				h m s	° ′ ″					
98	κ	Vir	5315	14 13 14.6	−10 18 13		4.19	+1.47	+1.33	K2.5 III Fe−0.5
16	α	Boo	5340	14 15 57.5	+19 08 56	hd	−0.04	+1.27	+1.23	K1.5 III Fe−0.5
99	ι	Vir	5338	14 16 21.4	−06 01 53	h	4.08	+0.04	+0.52	F7 III−IV
21	ι	Boo	5350	14 16 23.7	+51 20 15	d6	4.75	+0.06	+0.20	A7 IV
19	λ	Boo	5351	14 16 37.8	+46 03 31		4.18	+0.05	+0.08	A0 Va (λ Boo)
			5361	14 18 16.3	+35 28 47	6	4.81	+0.92	+1.06	K0 III
100	λ	Vir	5359	14 19 27.8	−13 24 03	6	4.52	+0.12	+0.13	A5m:
18		Boo	5365	14 19 35.2	+12 58 28	d	5.41	−0.03	+0.38	F3 V
	ι	Lup	5354	14 19 49.4	−46 05 16		3.55	−0.72	−0.18	B2.5 IVn
			5358	14 20 47.0	−56 24 58		4.33	−0.43	+0.12	B6 Ib
	ψ	Cen	5367	14 20 57.3	−37 54 54	d	4.05	−0.11	−0.03	A0 III
	v761	Cen	5378	14 23 26.4	−39 32 28	v	4.42	−0.75	−0.18	B7 IIIp (var)
			5392	14 24 30.8	+05 47 27	6	5.10	+0.10	+0.12	A5 V
			5390	14 25 11.0	−24 50 08		5.32	+0.71	+0.96	K0 III
23	θ	Boo	5404	14 25 25.1	+51 49 15	d	4.05	+0.01	+0.50	F7 V
	τ[1]	Lup	5395	14 26 33.4	−45 15 02	vd	4.56	−0.79	−0.15	B2 IV
	τ[2]	Lup	5396	14 26 36.1	−45 24 30	cd67	4.35	+0.19	+0.43	F4 IV + A7:
22		Boo	5405	14 26 45.5	+19 11 53		5.39	+0.23	+0.23	F0m
5		UMi	5430	14 27 31.1	+75 40 02	d	4.25	+1.70	+1.44	K4⁻ III
	δ	Oct	5339	14 28 01.9	−83 41 49		4.32	+1.45	+1.31	K2 III
105	φ	Vir	5409	14 28 32.3	−02 15 25	sd67	4.81	+0.21	+0.70	G2 IV
52		Hya	5407	14 28 33.4	−29 31 14	hd	4.97	−0.41	−0.07	B8 IV
25	ρ	Boo	5429	14 32 06.6	+30 20 35	ad	3.58	+1.44	+1.30	K3 III
27	γ	Boo	5435	14 32 20.4	+38 16 48	hd	3.03	+0.12	+0.19	A7 IV⁺
	σ	Lup	5425	14 33 03.5	−50 29 08		4.42	−0.84	−0.19	B2 III
28	σ	Boo	5447	14 34 57.8	+29 43 02	d	4.46	−0.08	+0.36	F2 V
	η	Cen	5440	14 35 55.3	−42 11 10	hv7	2.31	−0.83	−0.19	B1.5 IVpne (shell)
	ρ	Lup	5453	14 38 19.7	−49 27 14		4.05	−0.56	−0.15	B5 V
33		Boo	5468	14 39 04.7	+44 22 36	6	5.39	−0.04	0.00	A1 V
	α²	Cen	5460	14 40 01.9	−60 51 47	hd	1.33	+0.68	+0.88	K1 V
	α¹	Cen	5459	14 40 03.2	−60 51 39	hd6	−0.01	+0.24	+0.71	G2 V
30	ζ	Boo	5478	14 41 27.6	+13 42 02	cd6	4.52	+0.05	+0.05	A2 Va
	α	Lup	5469	14 42 21.9	−47 24 57	hvd6	2.30	−0.89	−0.20	B1.5 III
			5471	14 42 21.9	−37 49 16		4.00	−0.70	−0.17	B3 V
	α	Cir	5463	14 43 02.3	−65 00 11	d6	3.19	+0.12	+0.24	A7p Sr Eu
107	μ	Vir	5487	14 43 24.2	−05 41 10	h6	3.88	−0.02	+0.38	F2 V
34	W	Boo	5490	14 43 42.5	+26 30 02	v	4.81	+1.94	+1.66	M3⁻ III
			5485	14 44 03.4	−35 12 05		4.05	+1.53	+1.35	K3 IIIb
36	ε	Boo	5506	14 45 16.3	+27 02 49	d	2.70	+0.73	+0.97	K0⁻ II−III
109		Vir	5511	14 46 34.7	+01 51 57		3.72	−0.03	−0.01	A0 IVnn
			5495	14 47 28.8	−52 24 38	d	5.21		+0.98	G8 III
56		Hya	5516	14 48 07.7	−26 06 52		5.24	+0.65	+0.94	G8/K0 III
	α	Aps	5470	14 48 41.8	−79 04 18		3.83	+1.68	+1.43	K3 III CN 0.5
58		Hya	5526	14 50 40.3	−27 59 14	h	4.41	+1.49	+1.40	K2.5 IIIb Fe−1:
7	β	UMi	5563	14 50 41.5	+74 07 44	hd	2.08	+1.78	+1.47	K4⁻ III
8	α¹	Lib	5530	14 51 02.8	−16 01 26	h	5.15	−0.03	+0.41	F3 V
9	α²	Lib	5531	14 51 14.4	−16 04 06	d6	2.75	+0.09	+0.15	A3 III−IV
			5552	14 51 36.4	+59 16 04		5.46	+1.60	+1.36	K4 III
	o	Lup	5528	14 52 03.9	−43 36 07	d67	4.32	−0.61	−0.15	B5 IV
			5558	14 56 08.8	−33 52 55	d6	5.32		+0.04	A0 V

Flamsteed/Bayer Designation			BS=HR No.	Right Ascension[1]	Declination[1]	Notes	V	U−B	B−V	Spectral Type
				h m s	° ′ ″					
15	ξ^2	Lib	5564	14 57 07.3	−11 26 08		5.46	+1.70	+1.49	gK4
16		Lib	5570	14 57 31.4	−04 22 21		4.49	+0.05	+0.32	F0 IV⁻
	RR	UMi	5589	14 57 41.3	+65 54 24	6	4.60	+1.59	+1.59	M4.5 III
	β	Lup	5571	14 58 57.6	−43 09 35		2.68	−0.87	−0.22	B2 IV
	κ	Cen	5576	14 59 35.2	−42 07 48	d	3.13	−0.79	−0.20	B2 V
19	δ	Lib	5586	15 01 19.2	−08 32 40	vd6	4.92	−0.10	0.00	B9.5 V
42	β	Boo	5602	15 02 11.5	+40 21 55		3.50	+0.72	+0.97	G8 IIIa Fe−0.5
110		Vir	5601	15 03 13.8	+02 03 58		4.40	+0.88	+1.04	K0⁺ IIIb Fe−0.5
20	σ	Lib	5603	15 04 27.1	−25 18 26		3.29	+1.94	+1.70	M2.5 III
43	ψ	Boo	5616	15 04 43.5	+26 55 21		4.54	+1.33	+1.24	K2 III
			5635	15 06 27.9	+54 31 53		5.25	+0.64	+0.96	G8 III Fe−1
45		Boo	5634	15 07 35.2	+24 50 39	d	4.93	−0.02	+0.43	F5 V
	λ	Lup	5626	15 09 17.0	−45 18 16	d67	4.05	−0.68	−0.18	B3 V
	κ^1	Lup	5646	15 12 23.4	−48 45 44	d	3.87	−0.13	−0.05	B9.5 IVnn
24	ι	Lib	5652	15 12 35.6	−19 48 57	hd6	4.54	−0.35	−0.08	B9p Si
	ζ	Lup	5649	15 12 45.3	−52 07 25	d	3.41	+0.66	+0.92	G8 III
			5691	15 14 43.0	+67 19 20		5.13	+0.08	+0.53	F8 V
1		Lup	5660	15 15 01.3	−31 32 35		4.91	+0.28	+0.37	F0 Ib−II
3		Ser	5675	15 15 30.8	+04 54 56	d	5.33	+0.91	+1.09	gK0
49	δ	Boo	5681	15 15 45.9	+33 17 27	d6	3.47	+0.66	+0.95	G8 III Fe−1
27	β	Lib	5685	15 17 21.4	−09 24 24	h6	2.61	−0.36	−0.11	B8 IIIn
	β	Cir	5670	15 18 01.7	−58 49 30	h	4.07	+0.09	+0.09	A3 Vb
2		Lup	5686	15 18 13.7	−30 10 20		4.34	+1.07	+1.10	K0⁻ IIIa CH−1
	μ	Lup	5683	15 18 59.3	−47 53 56	d7	4.27	−0.37	−0.08	B8 V
	γ	TrA	5671	15 19 31.5	−68 42 11		2.89	−0.02	0.00	A1 III
13	γ	UMi	5735	15 20 43.4	+71 48 39	h	3.05	+0.12	+0.05	A3 III
	δ	Lup	5695	15 21 48.0	−40 40 14		3.22	−0.89	−0.22	B1.5 IVn
	ϕ^1	Lup	5705	15 22 13.2	−36 17 04	d	3.56	+1.88	+1.54	K4 III
	ϵ	Lup	5708	15 23 07.5	−44 42 45	d67	3.37	−0.75	−0.18	B2 IV−V
	ϕ^2	Lup	5712	15 23 34.4	−36 52 53		4.54	−0.63	−0.15	B4 V
	γ	Cir	5704	15 23 54.0	−59 20 37	hcd7	4.51	−0.35	+0.19	B5 IV
51	μ^1	Boo	5733	15 24 44.2	+37 21 17	d6	4.31	+0.07	+0.31	F0 IV
12	ι	Dra	5744	15 25 04.5	+58 56 36	d	3.29	+1.22	+1.16	K2 III
9	τ^1	Ser	5739	15 26 05.5	+15 24 20		5.17	+1.95	+1.66	M1 IIIa
3	β	CrB	5747	15 28 05.8	+29 05 01	vd6	3.68	+0.11	+0.28	F0p Cr Eu
52	ν^1	Boo	5763	15 31 09.8	+40 48 40		5.02	+1.90	+1.59	K4.5 IIIb Ba 0.5
	κ^1	Aps	5730	15 32 14.1	−73 24 41	d	5.49	−0.77	−0.12	B1pne
4	θ	CrB	5778	15 33 11.5	+31 20 15	d	4.14	−0.54	−0.13	B6 Vnn
37		Lib	5777	15 34 32.1	−10 05 11		4.62	+0.86	+1.01	K1 III−IV
5	α	CrB	5793	15 34 57.8	+26 41 35	h6	2.23	−0.02	−0.02	A0 IV
13	δ	Ser	5789	15 35 06.8	+10 31 03	cd	4.23	+0.12	+0.26	F0 III−IV + F0 IIIb
	γ	Lup	5776	15 35 34.6	−41 11 17	dv67	2.78	−0.82	−0.20	B2 IVn
38	γ	Lib	5787	15 35 53.5	−14 48 39	hd	3.91	+0.74	+1.01	G8.5 III
			5784	15 36 39.0	−44 25 05		5.43	+1.82	+1.50	K4/5 III
	ϵ	TrA	5771	15 37 19.3	−66 20 18	d	4.11	+1.16	+1.17	K1/2 III
39	υ	Lib	5794	15 37 25.2	−28 09 22	d	3.58	+1.58	+1.38	K3.5 III
54	ϕ	Boo	5823	15 38 03.6	+40 19 57		5.24	+0.53	+0.88	G7 III−IV Fe−2
	ω	Lup	5797	15 38 29.6	−42 35 18	d6	4.33	+1.72	+1.42	K4.5 III
40	τ	Lib	5812	15 39 03.4	−29 47 55	h6	3.66	−0.70	−0.17	B2.5 V
			5798	15 39 18.6	−52 23 37	d	5.44	0.00	0.00	B9 V

Flamsteed/Bayer Designation			BS=HR No.	Right Ascension[1]	Declination[1]	Notes	V	U−B	B−V	Spectral Type
				h m s	° ′ ″					
43	κ	Lib	5838	15 42 19.3	−19 41 58	d6	4.74	+1.95	+1.57	M0⁻ IIIb
8	γ	CrB	5849	15 43 01.0	+26 16 31	d7	3.84	−0.04	0.00	A0 IV comp.?
16	ζ	UMi	5903	15 43 50.3	+77 46 27	h	4.32	+0.05	+0.04	A2 III−IVn
24	α	Ser	5854	15 44 35.3	+06 24 20	hd	2.65	+1.24	+1.17	K2 IIIb CN 1
28	β	Ser	5867	15 46 29.3	+15 24 07	d	3.67	+0.08	+0.06	A2 IV
27	λ	Ser	5868	15 46 45.6	+07 19 59	6	4.43	+0.11	+0.60	G0⁻ V
			5886	15 46 46.0	+62 34 46		5.19	−0.10	+0.04	A2 IV
35	κ	Ser	5879	15 49 01.9	+18 07 19		4.09	+1.95	+1.62	M0.5 IIIab
10	δ	CrB	5889	15 49 52.0	+26 02 56	s	4.62	+0.36	+0.80	G5 III−IV Fe−1
32	μ	Ser	5881	15 49 57.6	−03 26 59	hd6	3.53	−0.10	−0.04	A0 III
37	ε	Ser	5892	15 51 08.4	+04 27 31		3.71	+0.11	+0.15	A5m
5	χ	Lup	5883	15 51 22.4	−33 38 47	6	3.95	−0.13	−0.04	B9p Hg
11	κ	CrB	5901	15 51 28.6	+35 38 15	sd	4.82	‖0.87	+1.00	K1 IVa
1	χ	Her	5914	15 52 54.0	+42 26 01		4.62	0.00	+0.56	F8 V Fe−2 Hδ−1
45	λ	Lib	5902	15 53 42.8	−20 11 10	h6	5.03	−0.56	−0.01	B2.5 V
46	θ	Lib	5908	15 54 11.8	−16 44 53		4.15	+0.81	+1.02	G9 IIIb
	β	TrA	5897	15 55 43.2	−63 27 01	hd	2.85	+0.05	+0.29	F0 IV
41	γ	Ser	5933	15 56 45.2	+15 38 27	hd	3.85	−0.03	+0.48	F6 V
5	ρ	Sco	5928	15 57 17.2	−29 13 57	d6	3.88	−0.82	−0.20	B2 IV−V
13	ε	CrB	5947	15 57 51.4	+26 51 34	sd	4.15	+1.28	+1.23	K2 IIIab
	CL	Dra	5960	15 57 56.7	+54 43 54	6	4.95	+0.05	+0.26	F0 IV
48	FX	Lib	5941	15 58 33.3	−14 17 52	6	4.88	−0.20	−0.10	B5 IIIpe (shell)
6	π	Sco	5944	15 59 14.8	−26 07 57	hcvd6	2.89	−0.91	−0.19	B1 V + B2 V
	T	CrB	5958	15 59 46.5	+25 54 07	vd6	2−11	+0.59	+1.40	gM3: + Bep
			5943	15 59 56.9	−41 45 45		4.99		+1.00	K0 II/III
	η	Lup	5948	16 00 33.3	−38 24 53	d	3.41	−0.83	−0.22	B2.5 IVn
49		Lib	5954	16 00 41.5	−16 33 08	d6	5.47	+0.03	+0.52	F8 V
7	δ	Sco	5953	16 00 43.1	−22 38 23	hd6	2.32	−0.91	−0.12	B0.3 IV
13	θ	Dra	5986	16 02 00.7	+58 32 53	6	4.01	+0.10	+0.52	F8 IV−V
8	β¹	Sco	5984	16 05 49.0	−19 49 22	hd6	2.62	−0.87	−0.07	B0.5 V
8	β²	Sco	5985	16 05 49.3	−19 49 09	hsd	4.92	−0.70	−0.02	B2 V
	δ	Nor	5980	16 06 57.1	−45 11 25		4.72	+0.15	+0.23	A7m
	θ	Lup	5987	16 07 01.2	−36 49 10		4.23	−0.70	−0.17	B2.5 Vn
9	ω¹	Sco	5993	16 07 11.3	−20 41 11	hs	3.96	−0.81	−0.04	B1 V
10	ω²	Sco	5997	16 07 47.3	−20 53 09		4.32	+0.50	+0.84	G4 II−III
7	κ	Her	6008	16 08 22.1	+17 01 48	d	5.00	+0.61	+0.95	G5 III
11	φ	Her	6023	16 08 58.5	+44 55 05	v6	4.26	−0.28	−0.07	B9p Hg Mn
16	τ	CrB	6018	16 09 12.6	+36 28 29	d6	4.76	+0.86	+1.01	K1⁻ III−IV
19		UMi	6079	16 10 38.9	+75 51 40		5.48	−0.36	−0.11	B8 V
14	ν	Sco	6027	16 12 22.5	−19 28 38	hd6	4.01	−0.65	+0.04	B2 IVp
	κ	Nor	6024	16 13 59.7	−54 38 48	d	4.94	+0.78	+1.04	G8 III
1	δ	Oph	6056	16 14 41.2	−03 42 38	hd	2.74	+1.96	+1.58	M0.5 III
	δ	TrA	6030	16 16 02.0	−63 42 06	d	3.85	+0.86	+1.11	G2 Ib−IIa
21	η	UMi	6116	16 17 19.3	+75 44 24	d	4.95	+0.08	+0.37	F5 V
2	ε	Oph	6075	16 18 40.0	−04 42 29	hd	3.24	+0.75	+0.96	G9.5 IIIb Fe−0.5
22	τ	Her	6092	16 19 56.2	+46 17 53	vd	3.89	−0.56	−0.15	B5 IV
			6077	16 19 57.5	−30 55 19	d6	5.49	−0.01	+0.47	F6 III
	γ²	Nor	6072	16 20 19.7	−50 10 15	d	4.02	+1.16	+1.08	K1⁺ III
	δ¹	Aps	6020	16 21 20.2	−78 42 40	d	4.68	+1.69	+1.69	M4 IIIa
20	σ	Sco	6084	16 21 35.1	−25 36 29	vd6	2.89	−0.70	+0.13	B1 III

Flamsteed/Bayer Designation			BS=HR No.	Right Ascension[1]	Declination[1]	Notes	V	U−B	B−V	Spectral Type
				h m s	° ′ ″					
20	γ	Her	6095	16 22 12.4	+19 08 18	hd6	3.75	+0.18	+0.27	A9 IIIbn
50	σ	Ser	6093	16 22 24.1	+01 00 51		4.82	+0.04	+0.34	F1 IV−V
14	η	Dra	6132	16 24 04.8	+61 29 59	hd67	2.74	+0.70	+0.91	G8⁻ IIIab
4	ψ	Oph	6104	16 24 29.1	−20 03 07		4.50	+0.82	+1.01	K0⁻ II−III
24	ω	Her	6117	16 25 43.0	+14 01 07	vd	4.57	−0.04	0.00	B9p Cr
7	χ	Oph	6118	16 27 24.1	−18 28 14	h6	4.42	−0.75	+0.28	B1.5 Ve
	ε	Nor	6115	16 27 39.7	−47 34 09	d67	4.46	−0.53	−0.07	B4 V
15		Dra	6161	16 27 58.4	+68 45 15	h	5.00	−0.12	−0.06	B9.5 III
	ζ	TrA	6098	16 29 10.5	−70 05 54	6	4.91	+0.04	+0.55	F9 V
21	α	Sco	6134	16 29 48.4	−26 26 45	hd6	0.96	+1.34	+1.83	M1.5 Iab−Ib
27	β	Her	6148	16 30 30.0	+21 28 33	hd6	2.77	+0.69	+0.94	G7 IIIa Fe−0.5
10	λ	Oph	6149	16 31 14.5	+01 58 12	d67	3.82	+0.01	+0.01	A1 IV
8	φ	Oph	6147	16 31 30.7	−16 37 35	d	4.28	+0.72	+0.92	G8⁺ IIIa
			6143	16 31 48.5	−34 43 05		4.23	−0.80	−0.16	B2 III−IV
9	ω	Oph	6153	16 32 31.4	−21 28 47	h	4.45	+0.13	+0.13	Ap Sr Cr
35	σ	Her	6168	16 34 18.8	+42 25 26	d6	4.20	−0.10	−0.01	A0 IIIn
	γ	Aps	6102	16 34 28.0	−78 54 38	6	3.89	+0.62	+0.91	G8/K0 III
23	τ	Sco	6165	16 36 17.3	−28 13 44	s	2.82	−1.03	−0.25	B0 V
			6166	16 36 48.2	−35 16 05	6	4.16	+1.94	+1.57	K7 III
13	ζ	Oph	6175	16 37 31.0	−10 34 47	h	2.56	−0.86	+0.02	O9.5 Vn
42		Her	6200	16 38 55.5	+48 54 57	d	4.90	+1.76	+1.55	M3⁻ IIIab
40	ζ	Her	6212	16 41 31.9	+31 35 28	hd67	2.81	+0.21	+0.65	G0 IV
			6196	16 41 57.0	−17 45 15		4.96	+0.87	+1.11	G7.5 II−III CN 1 Ba 0.5
44	η	Her	6220	16 43 07.2	+38 54 37	d	3.53	+0.60	+0.92	G7 III Fe−1
	β	Aps	6163	16 44 01.2	−77 31 48	d	4.24	+0.95	+1.06	K0 III
22	ε	UMi	6322	16 45 19.5	+82 01 33	vd6	4.23	+0.55	+0.89	G5 III
			6237	16 45 25.3	+56 46 13	d6	4.85	−0.06	+0.38	F2 V⁺
	α	TrA	6217	16 49 21.5	−69 02 20		1.92	+1.56	+1.44	K2 IIb−IIIa
20		Oph	6243	16 50 11.6	−10 47 39	6	4.65	+0.07	+0.47	F7 III
	η	Ara	6229	16 50 21.0	−59 03 08	d	3.76	+1.94	+1.57	K5 III
26	ε	Sco	6241	16 50 35.1	−34 18 16		2.29	+1.27	+1.15	K2 III
51		Her	6270	16 52 01.4	+24 38 45		5.04	+1.29	+1.25	K0.5 IIIa Ca 0.5
	μ¹	Sco	6247	16 52 18.7	−38 03 29	hv6	3.08	−0.87	−0.20	B1.5 IVn
	μ²	Sco	6252	16 52 46.6	−38 01 41		3.57	−0.85	−0.21	B2 IV
53		Her	6279	16 53 12.9	+31 41 28	d	5.32	−0.02	+0.29	F2 V
25	ι	Oph	6281	16 54 18.9	+10 09 18	6	4.38	−0.32	−0.08	B8 V
	ζ²	Sco	6271	16 55 02.5	−42 22 19		3.62	+1.65	+1.37	K3.5 IIIb
27	κ	Oph	6299	16 57 58.6	+09 21 55	as	3.20	+1.18	+1.15	K2 III
	ζ	Ara	6285	16 59 09.6	−55 59 59		3.13	+1.97	+1.60	K4 III
	ε¹	Ara	6295	17 00 06.2	−53 10 11		4.06	+1.71	+1.45	K4 IIIab
58	ε	Her	6324	17 00 32.3	+30 55 02	d6	3.92	−0.10	−0.01	A0 IV⁺
30		Oph	6318	17 01 24.2	−04 13 55	d	4.82	+1.83	+1.48	K4 III
59		Her	6332	17 01 50.8	+33 33 33		5.25	+0.02	+0.02	A3 IV−Vs
60		Her	6355	17 05 40.8	+12 43 56	d	4.91	+0.05	+0.12	A4 IV
22	ζ	Dra	6396	17 08 48.4	+65 42 24	hd	3.17	−0.43	−0.12	B6 III
35	η	Oph	6378	17 10 45.1	−15 43 57	hd67	2.43	+0.09	+0.06	A2 Va⁺ (Sr)
	η	Sco	6380	17 12 37.2	−43 14 50		3.33	+0.09	+0.41	F2 V:p (Cr)
64	α¹	Her	6406	17 14 56.7	+14 23 00	sd	3.48	+1.01	+1.44	M5 Ib−II
67	π	Her	6418	17 15 16.4	+36 48 08		3.16	+1.66	+1.44	K3 II
65	δ	Her	6410	17 15 17.9	+24 49 55	d6	3.14	+0.08	+0.08	A1 Vann

Flamsteed/Bayer Designation			BS=HR No.	Right Ascension[1]	Declination[1]	Notes	V	U−B	B−V	Spectral Type
	v656	Her	6452	h m s 17 20 36.1	° ′ ″ +18 03 03		5.00	+2.06	+1.62	M1⁺ IIIab
72		Her	6458	17 20 54.2	+32 27 35	d	5.39	+0.07	+0.62	G0 V
53	ν	Ser	6446	17 21 11.6	−12 51 11	d7	4.33	+0.05	+0.03	A1.5 IV
40	ξ	Oph	6445	17 21 23.8	−21 07 10	hd7	4.39	−0.05	+0.39	F2 V
42	θ	Oph	6453	17 22 24.6	−25 00 20	hdv6	3.27	−0.86	−0.22	B2 IV
	ι	Aps	6411	17 22 49.6	−70 07 45	d7	5.41	−0.23	−0.04	B8/9 Vn
	β	Ara	6461	17 25 50.5	−55 32 07		2.85	+1.56	+1.46	K3 Ib−IIa
	γ	Ara	6462	17 25 56.6	−56 22 59	hd	3.34	−0.96	−0.13	B1 Ib
44		Oph	6486	17 26 46.1	−24 10 51		4.17	+0.12	+0.28	A9m:
49	σ	Oph	6498	17 26 50.2	+04 08 06	s	4.34	+1.62	+1.50	K2 II
			6493	17 26 58.6	−05 05 31	h6	4.54	−0.03	+0.39	F2 V
45		Oph	6492	17 27 46.2	−29 52 21		4.29	+0.09	+0.40	δ Del
23	δ	UMi	6789	17 30 08.7	+86 34 55		4.36	+0.03	+0.02	A1 Van
23	β	Dra	6536	17 30 34.8	+52 17 48	hsd	2.79	+0.64	+0.98	G2 Ib−IIa
76	λ	Her	6526	17 31 00.1	+26 06 22		4.41	+1.68	+1.44	K3.5 III
34	υ	Sco	6508	17 31 12.4	−37 18 02	6	2.69	−0.82	−0.22	B2 IV
	δ	Ara	6500	17 31 41.2	−60 41 19	d	3.62	−0.31	−0.10	B8 Vn
27		Dra	6566	17 31 56.4	+68 07 51	d6	5.05	+0.92	+1.08	G9 IIIb
24	ν¹	Dra	6554	17 32 18.3	+55 10 48	h6	4.88	+0.04	+0.26	A7m
	α	Ara	6510	17 32 20.7	−49 52 50	d6	2.95	−0.69	−0.17	B2 Vne
25	ν²	Dra	6555	17 32 23.7	+55 10 07	hd6	4.87	+0.06	+0.28	A7m
35	λ	Sco	6527	17 34 03.0	−37 06 29	hvd6	1.63	−0.89	−0.22	B1.5 IV
55	α	Oph	6556	17 35 14.2	+12 33 21	h6	2.08	+0.10	+0.15	A5 Vnn
28	ω	Dra	6596	17 36 54.9	+68 45 18	d6	4.80	−0.01	+0.43	F4 V
			6546	17 36 59.7	−38 38 22		4.29	+0.90	+1.09	G8/K0 III/IV
	θ	Sco	6553	17 37 47.2	−43 00 05	h	1.87	+0.22	+0.40	F1 III
55	ξ	Ser	6561	17 37 57.6	−15 24 08	d6	3.54	+0.14	+0.26	F0 IIIb
85	ι	Her	6588	17 39 38.9	+46 00 11	svd6	3.80	−0.69	−0.18	B3 IV
56	o	Ser	6581	17 41 46.8	−12 52 42	6	4.26	+0.10	+0.08	A2 Va
31	ψ	Dra	6636	17 41 49.5	+72 08 44	d	4.58	+0.01	+0.42	F5 V
	κ	Sco	6580	17 42 56.3	−39 01 58	hv6	2.41	−0.89	−0.22	B1.5 III
84		Her	6608	17 43 37.6	+24 19 31	s	5.71	+0.27	+0.65	G2 IIIb
60	β	Oph	6603	17 43 47.6	+04 33 54		2.77	+1.24	+1.16	K2 III CN 0.5
58		Oph	6595	17 43 49.2	−21 41 09	h	4.87	−0.03	+0.47	F7 V:
	μ	Ara	6585	17 44 39.7	−51 50 13		5.15	+0.24	+0.70	G5 V
	η	Pav	6582	17 46 22.3	−64 43 34		3.62	+1.17	+1.19	K1 IIIa CN 1
86	μ	Her	6623	17 46 42.8	+27 43 02	asd	3.42	+0.39	+0.75	G5 IV
3	X	Sgr	6616	17 47 58.2	−27 49 58	v	4.54	+0.50	+0.80	F3 II
	ι¹	Sco	6615	17 48 02.4	−40 07 44	sd6	3.03	+0.27	+0.51	F2 Ia
62	γ	Oph	6629	17 48 13.1	+02 42 19	6	3.75	+0.04	+0.04	A0 Van
35		Dra	6701	17 49 09.6	+76 57 42		5.04	+0.08	+0.49	F7 IV
			6630	17 50 18.0	−37 02 41	d	3.21	+1.19	+1.17	K2 III
32	ξ	Dra	6688	17 53 38.5	+56 52 18	d	3.75	+1.21	+1.18	K2 III
89	v441	Her	6685	17 55 40.9	+26 02 57	sv6	5.45	+0.26	+0.34	F2 Ibp
91	θ	Her	6695	17 56 28.6	+37 15 00		3.86	+1.46	+1.35	K1 IIa CN 2
33	γ	Dra	6705	17 56 45.4	+51 29 18	hasd	2.23	+1.87	+1.52	K5 III
92	ξ	Her	6703	17 58 01.1	+29 14 51	v	3.70	+0.70	+0.94	G8.5 III
94	ν	Her	6707	17 58 45.1	+30 11 21	d	4.41	+0.15	+0.39	F2m
64	ν	Oph	6698	17 59 23.1	−09 46 26		3.34	+0.88	+0.99	G9 IIIa
93		Her	6713	18 00 20.8	+16 45 03		4.67	+1.22	+1.26	K0.5 IIb

Flamsteed/Bayer Designation			BS=HR No.	Right Ascension[1]	Declination[1]	Notes	V	U−B	B−V	Spectral Type
				h m s	° ′ ″					
67		Oph	6714	18 00 58.3	+02 55 54	sd	3.97	−0.62	+0.02	B5 Ib
68		Oph	6723	18 02 05.0	+01 18 19	d67	4.45	0.00	+0.02	A0.5 Van
	W	Sgr	6742	18 05 26.1	−29 34 45	vd6	4.69	+0.52	+0.78	G0 Ib/II
70		Oph	6752	18 05 47.0	+02 29 56	dv67	4.03	+0.54	+0.86	K0− V
10	γ	Sgr	6746	18 06 13.5	−30 25 25	6	2.99	+0.77	+1.00	K0+ III
	θ	Ara	6743	18 07 08.2	−50 05 25		3.66	−0.85	−0.08	B2 Ib
72		Oph	6771	18 07 39.5	+09 33 55	hd6	3.73	+0.10	+0.12	A5 IV−V
			6791	18 07 40.5	+43 27 47	s6	5.00	+0.71	+0.91	G8 III CN−1 CH−3
103	o	Her	6779	18 07 47.8	+28 45 49	d6	3.83	−0.07	−0.03	A0 II−III
102		Her	6787	18 09 02.2	+20 48 57	d	4.36	−0.81	−0.16	B2 IV
	π	Pav	6745	18 09 12.4	−63 40 03	6	4.35	+0.18	+0.22	A7p Sr
	ε	Tel	6783	18 11 42.7	−45 57 10	d	4.53	+0.78	+1.01	K0 III
36		Dra	6850	18 13 56.1	+64 23 58	d	5.02	−0.06	+0.41	F5 V
13	μ	Sgr	6812	18 14 09.1	−21 03 24	hd6	3.86	−0.49	+0.23	B9 Ia
			6819	18 17 40.4	−56 01 14	6	5.33	−0.69	−0.05	B3 IIIpe
	η	Sgr	6832	18 18 04.0	−36 45 33	d7	3.11	+1.71	+1.56	M3.5 IIIab
1	κ	Lyr	6872	18 20 05.4	+36 04 04		4.33	+1.19	+1.17	K2− IIIab CN 0.5
43	φ	Dra	6920	18 20 39.8	+71 20 28	vd67	4.22	−0.33	−0.10	A0p Si
44	χ	Dra	6927	18 20 56.3	+72 44 08	hd6	3.57	−0.06	+0.49	F7 V
74		Oph	6866	18 21 11.5	+03 22 50	d	4.86	+0.62	+0.91	G8 III
19	δ	Sgr	6859	18 21 24.6	−29 49 29	d	2.70	+1.55	+1.38	K2.5 IIIa CN 0.5
58	η	Ser	6869	18 21 38.8	−02 53 48	d	3.26	+0.66	+0.94	K0 III−IV
	ξ	Pav	6855	18 23 49.5	−61 29 25	d67	4.36	+1.55	+1.48	K4 III
109		Her	6895	18 23 58.5	+21 46 23	sd	3.84	+1.17	+1.18	K2 IIIab
20	ε	Sgr	6879	18 24 36.2	−34 22 52	hd	1.85	−0.13	−0.03	A0 II−n (shell)
	α	Tel	6897	18 27 27.3	−45 57 51		3.51	−0.64	−0.17	B3 IV
22	λ	Sgr	6913	18 28 22.3	−25 25 03		2.81	+0.89	+1.04	K1 IIIb
	ζ	Tel	6905	18 29 19.9	−49 03 59		4.13	+0.82	+1.02	G8/K0 III
	γ	Sct	6930	18 29 34.1	−14 33 40		4.70	+0.06	+0.06	A2 III−
60		Ser	6935	18 30 01.3	−01 58 50	6	5.39	+0.76	+0.96	K0 III
	θ	CrA	6951	18 33 58.0	−42 18 26		4.64	+0.76	+1.01	G8 III
	α	Sct	6973	18 35 33.6	−08 14 21		3.85	+1.54	+1.33	K3 III
			6985	18 36 46.4	+09 07 41	6	5.39	−0.02	+0.37	F5 IIIs
3	α	Lyr	7001	18 37 09.5	+38 47 24	hasd	0.03	−0.01	0.00	A0 Va
	δ	Sct	7020	18 42 37.8	−09 02 45	vd6	4.72	+0.14	+0.35	F2 III (str. met.)
	ζ	Pav	6982	18 43 47.5	−71 25 18	d	4.01	+1.02	+1.14	K0 III
	ε	Sct	7032	18 43 52.5	−08 16 06	d	4.90	+0.87	+1.12	G8 IIb
6	ζ[1]	Lyr	7056	18 44 59.8	+37 36 44	d6	4.36	+0.16	+0.19	A5m
110		Her	7061	18 45 56.5	+20 33 10	d	4.19	+0.01	+0.46	F6 V
27	φ	Sgr	7039	18 46 03.7	−26 59 01	6	3.17	−0.36	−0.11	B8 III
50		Dra	7124	18 46 09.5	+75 26 29	6	5.35	+0.04	+0.05	A1 Vn
			7064	18 46 20.2	+26 40 10		4.83	+1.23	+1.20	K2 III
111		Her	7069	18 47 18.5	+18 11 21	d6	4.36	+0.07	+0.13	A3 Va+
	β	Sct	7063	18 47 31.2	−04 44 26	6	4.22	+0.81	+1.10	G4 IIa
	R	Sct	7066	18 47 49.8	−05 41 52	s	5.20	+1.64	+1.47	K0 Ib:p Ca−1
	η[1]	CrA	7062	18 49 18.6	−43 40 21		5.49		+0.13	A2 Vn
10	β	Lyr	7106	18 50 19.2	+33 22 14	cvd6	3.45	−0.56	0.00	B7 Vpe (shell)
47	o	Dra	7125	18 51 17.8	+59 23 47	dv6	4.66	+1.04	+1.19	G9 III Fe−0.5
	λ	Pav	7074	18 52 49.0	−62 10 46	hd	4.22	−0.89	−0.14	B2 II−III
52	υ	Dra	7180	18 54 19.0	+71 18 21	6	4.82	+1.10	+1.15	K0 III CN 0.5

Flamsteed/Bayer Designation			BS=HR No.	Right Ascension[1]	Declination[1]	Notes	V	U−B	B−V	Spectral Type
				h m s	° ′ ″					
12	δ^2	Lyr	7139	18 54 43.9	+36 54 26	d	4.30	+1.65	+1.68	M4 II
13	R	Lyr	7157	18 55 32.0	+43 57 18	s6	4.04	+1.41	+1.59	M5 III (var)
34	σ	Sgr	7121	18 55 40.1	−26 17 17	hd	2.02	−0.75	−0.22	B3 IV
63	θ^1	Ser	7141	18 56 32.6	+04 12 45	d	4.61	+0.11	+0.16	A5 V
	κ	Pav	7107	18 57 37.1	−67 13 28	v	4.44	+0.71	+0.60	F5 I−II
37	ξ^2	Sgr	7150	18 58 07.0	−21 05 51		3.51	+1.13	+1.18	K1 III
	χ	Oct	6721	18 58 27.8	−87 35 50		5.28	+1.60	+1.28	K3 III
	λ	Tel	7134	18 58 58.9	−52 55 46	6	4.87		−0.05	A0 III+
14	γ	Lyr	7178	18 59 11.2	+32 41 56	d	3.24	−0.09	−0.05	B9 II
13	ϵ	Aql	7176	18 59 55.1	+15 04 39	d6	4.02	+1.04	+1.08	K1− III CN 0.5
12		Aql	7193	19 02 01.6	−05 43 46		4.02	+1.04	+1.09	K1 III
38	ζ	Sgr	7194	19 03 01.5	−29 52 13	hd67	2.60	+0.06	+0.08	A2 IV−V
39	o	Sgr	7217	19 05 04.3	−21 43 53	d	3.77	+0.85	+1.01	G9 IIIb
17	ζ	Aql	7235	19 05 42.5	+13 52 25	d6	2.99	−0.01	+0.01	A0 Vann
16	λ	Aql	7236	19 06 35.6	−04 52 21	h	3.44	−0.27	−0.09	A0 IVp (wk 4481)
40	τ	Sgr	7234	19 07 20.7	−27 39 38	6	3.32	+1.15	+1.19	K1.5 IIIb
18	ι	Lyr	7262	19 07 32.1	+36 06 38	d	5.28	−0.51	−0.11	B6 IV
	α	CrA	7254	19 09 54.8	−37 53 38		4.11	+0.08	+0.04	A2 IVn
41	π	Sgr	7264	19 10 09.0	−21 00 46	hd7	2.89	+0.22	+0.35	F2 II−III
	β	CrA	7259	19 10 28.5	−39 19 48		4.11	+1.07	+1.20	K0 II
57	δ	Dra	7310	19 12 33.3	+67 40 23	d	3.07	+0.78	+1.00	G9 III
20		Aql	7279	19 13 01.9	−07 55 42		5.34	−0.44	+0.13	B3 V
20	η	Lyr	7298	19 13 58.8	+39 09 27	d6	4.39	−0.65	−0.15	B2.5 IV
60	τ	Dra	7352	19 15 25.3	+73 22 03	6	4.45	+1.45	+1.25	K2+ IIIb CN 1
21	θ	Lyr	7314	19 16 35.6	+38 08 44	d	4.36	+1.23	+1.26	K0 II
1	κ	Cyg	7328	19 17 15.2	+53 22 50	6	3.77	+0.74	+0.96	G9 III
43		Sgr	7304	19 18 00.9	−18 56 27		4.96	+0.80	+1.02	G8 II−III
25	ω^1	Aql	7315	19 18 07.3	+11 36 27		5.28	+0.22	+0.20	F0 IV
44	ρ^1	Sgr	7340	19 22 03.0	−17 50 04		3.93	+0.13	+0.22	F0 III−IV
46	v	Sgr	7342	19 22 05.9	−15 56 33	6	4.61	−0.53	+0.10	Apep
	β^1	Sgr	7337	19 23 06.3	−44 26 46	d	4.01	−0.39	−0.10	B8 V
	β^2	Sgr	7343	19 23 41.2	−44 47 13		4.29	+0.07	+0.34	F0 IV
	α	Sgr	7348	19 24 20.1	−40 36 11	6	3.97	−0.33	−0.10	B8 V
31		Aql	7373	19 25 16.8	+11 57 31	d	5.16	+0.42	+0.77	G7 IV Hδ 1
30	δ	Aql	7377	19 25 49.6	+03 07 41	d6	3.36	+0.04	+0.32	F2 IV−V
6	α	Vul	7405	19 28 58.6	+24 40 42	d	4.44	+1.81	+1.50	M0.5 IIIb
10	ι^2	Cyg	7420	19 29 52.2	+51 44 38		3.79	+0.11	+0.14	A4 V
6	β	Cyg	7417	19 30 59.0	+27 58 25	cd	3.08	+0.62	+1.13	K3 II + B9.5 V
36		Aql	7414	19 31 00.2	−02 46 30		5.03	+2.05	+1.75	M1 IIIab
8		Cyg	7426	19 32 00.8	+34 28 02		4.74	−0.65	−0.14	B3 IV
61	σ	Dra	7462	19 32 20.8	+69 40 20	asd	4.68	+0.38	+0.79	K0 V
38	μ	Aql	7429	19 34 24.4	+07 23 35	d	4.45	+1.26	+1.17	K3− IIIb Fe 0.5
	ι	Tel	7424	19 35 41.8	−48 05 05		4.90		+1.09	K0 III
13	θ	Cyg	7469	19 36 37.0	+50 14 11	d	4.48	−0.03	+0.38	F4 V
41	ι	Aql	7447	19 37 03.4	−01 16 18	hd	4.36	−0.44	−0.08	B5 III
52		Sgr	7440	19 37 06.1	−24 52 08	hd	4.60	−0.15	−0.07	B8/9 V
39	κ	Aql	7446	19 37 14.4	−07 00 45		4.95	−0.87	0.00	B0.5 IIIn
5	α	Sge	7479	19 40 23.2	+18 01 45	d	4.37	+0.43	+0.78	G1 II
			7495	19 41 02.2	+45 32 26	sd	5.06	+0.15	+0.40	F5 II−III
54		Sgr	7476	19 41 05.7	−16 16 41	d	5.30	+1.06	+1.13	K2 III

Flamsteed/Bayer Designation			BS=HR No.	Right Ascension[1]	Declination[1]	Notes	V	U−B	B−V	Spectral Type
				h m s	° ′ ″					
6	β	Sge	7488	19 41 20.5	+17 29 29		4.37	+0.89	+1.05	G8 IIIa CN 0.5
16		Cyg	7503	19 41 59.3	+50 32 25	sd	5.96	+0.19	+0.64	G1.5 Vb
16		Cyg	7504	19 42 02.4	+50 31 58	s	6.20	+0.20	+0.66	G3 V
55		Sgr	7489	19 42 53.4	−16 06 30	6	5.06	+0.09	+0.33	F0 IVn:
10		Vul	7506	19 43 59.1	+25 47 16		5.49	+0.67	+0.93	G8 III
15		Cyg	7517	19 44 30.7	+37 22 13		4.89	+0.69	+0.95	G8 III
18	δ	Cyg	7528	19 45 10.7	+45 08 49	hd67	2.87	−0.10	−0.03	B9.5 III
50	γ	Aql	7525	19 46 34.1	+10 37 46	d	2.72	+1.68	+1.52	K3 II
56		Sgr	7515	19 46 44.5	−19 44 42		4.86	+0.96	+0.93	K0⁺ III
7	δ	Sge	7536	19 47 40.7	+18 33 02	cd6	3.82	+0.96	+1.41	M2 II +A0 V
63	ε	Dra	7582	19 48 08.9	+70 17 04	d67	3.83	+0.52	+0.89	G7 IIIb Fe−1
	ν	Tel	7510	19 48 32.9	−56 20 47		5.35		+0.20	A9 Vn
	χ	Cyg	7564	19 50 48.9	+32 55 51	vd	4.23	+0.96	+1.82	S6+/1e
53	α	Aql	7557	19 51 06.0	+08 53 09	hdv	0.77	+0.08	+0.22	A7 Vnn
51		Agl	7553	19 51 08.2	−10 44 48	d	5.39		+0.38	F0 V
			7589	19 52 10.8	+47 02 40	s	5.62	−0.97	−0.07	O9.5 Iab
	v3961	Sgr	7552	19 52 17.0	−39 51 27	sv6	5.33	−0.22	−0.06	A0p Si Cr Eu
9		Sge	7574	19 52 39.2	+18 41 20	s6	6.23	−0.92	+0.01	O8 If
55	η	Aql	7570	19 52 48.2	+01 01 22	v6	3.90	+0.51	+0.89	F6−G1 Ib
	v1291	Aql	7575	19 53 39.1	−03 05 50	s	5.65	+0.10	+0.20	A5p Sr Cr Eu
60	β	Aql	7602	19 55 37.9	+06 25 24	ad	3.71	+0.48	+0.86	G8 IV
	ι	Sgr	7581	19 55 42.5	−41 51 03		4.13	+0.90	+1.08	G8 III
21	η	Cyg	7615	19 56 33.0	+35 06 04	d	3.89	+0.89	+1.02	K0 III
61		Sgr	7614	19 58 19.1	−15 28 26		5.02	+0.07	+0.05	A3 Va
12	γ	Sge	7635	19 59 02.8	+19 30 36	s	3.47	+1.93	+1.57	M0⁻ III
	θ¹	Sgr	7623	20 00 09.5	−35 15 30	d6	4.37	−0.67	−0.15	B2.5 IV
	ε	Pav	7590	20 01 20.0	−72 53 33		3.96	−0.05	−0.03	A0 Va
15	NT	Vul	7653	20 01 22.1	+27 46 19	6	4.64	+0.16	+0.18	A7m
62	v3872	Sgr	7650	20 03 03.4	−27 41 29		4.58	+1.80	+1.65	M4.5 III
	ξ	Tel	7673	20 07 52.9	−52 51 42	6	4.94	+1.84	+1.62	M1 IIab
1	κ	Cep	7750	20 08 39.6	+77 43 51	d7	4.39	−0.11	−0.05	B9 III
	δ	Pav	7665	20 09 21.5	−66 09 53		3.56	+0.45	+0.76	G6/8 IV
28	v1624	Cyg	7708	20 09 40.1	+36 51 32	6	4.93	−0.77	−0.13	B2.5 V
65	θ	Aql	7710	20 11 38.4	−00 48 07	hd6	3.23	−0.14	−0.07	B9.5 III⁺
33		Cyg	7740	20 13 32.9	+56 35 16	6	4.30	+0.08	+0.11	A3 IVn
31	o¹	Cyg	7735	20 13 50.2	+46 45 41	cvd6	3.79	+0.42	+1.28	K2 II + B4 V
67	ρ	Aql	7724	20 14 34.7	+15 13 04	6	4.95	+0.01	+0.08	A1 Va
32	o²	Cyg	7751	20 15 40.4	+47 44 04	cvd6	3.98	+1.03	+1.52	K3 II + B9: V
24		Vul	7753	20 17 03.8	+24 41 29		5.32	+0.67	+0.95	G8 III
5	α¹	Cap	7747	20 18 00.5	−12 29 16	d6	4.24	+0.78	+1.07	G3 Ib
34	P	Cyg	7763	20 18 01.6	+38 03 12	s	4.81	−0.58	+0.42	B1pe
6	α²	Cap	7754	20 18 24.9	−12 31 28	hd6	3.57	+0.69	+0.94	G9 III
9	β	Cap	7776	20 21 22.6	−14 45 38	cd67	3.08	+0.28	+0.79	K0 II: + A5n: V:
37	γ	Cyg	7796	20 22 27.7	+40 16 40	asd	2.20	+0.53	+0.68	F8 Ib
			7794	20 23 30.0	+05 21 51		5.31	+0.77	+0.97	G8 III−IV
39		Cyg	7806	20 24 07.2	+32 12 41	s	4.43	+1.50	+1.33	K2.5 III Fe−0.5
	α	Pav	7790	20 26 09.5	−56 42 49	hd6	1.94	−0.71	−0.20	B2.5 V
41		Cyg	7834	20 29 39.7	+30 23 26		4.01	+0.27	+0.40	F5 II
2	θ	Cep	7850	20 29 41.4	+63 00 58	h6	4.22	+0.16	+0.20	A7m
69		Aql	7831	20 29 59.4	−02 51 49		4.91	+1.22	+1.15	K2 III

Flamsteed/Bayer Designation			BS=HR No.	Right Ascension[1]	Declination[1]	Notes	V	U−B	B−V	Spectral Type
				h m s	° ′ ″					
73	AF	Dra	7879	20 31 24.9	+74 58 36	6	5.20	+0.11	+0.07	A0p Sr Cr Eu
2	ε	Del	7852	20 33 31.4	+11 19 32	h	4.03	−0.47	−0.13	B6 III
6	β	Del	7882	20 37 51.2	+14 37 05	d6	3.63	+0.08	+0.44	F5 IV
	α	Ind	7869	20 38 01.3	−47 16 06	d	3.11	+0.79	+1.00	K0 III CN−1
71		Aql	7884	20 38 40.4	−01 04 55	d6	4.32	+0.69	+0.95	G7.5 IIIa
29		Vul	7891	20 38 48.8	+21 13 27		4.82	−0.08	−0.02	A0 Va (shell)
7	κ	Del	7896	20 39 26.7	+10 06 34	d	5.05	+0.21	+0.72	G2 IV
9	α	Del	7906	20 39 56.4	+15 56 07	hd6	3.77	−0.21	−0.06	B9 IV
15	υ	Cap	7900	20 40 25.1	−18 06 55		5.10	+1.99	+1.66	M1 III
49		Cyg	7921	20 41 18.3	+32 19 50	sd6	5.51		+0.88	G8 IIb
50	α	Cyg	7924	20 41 39.2	+45 18 14	hasd6	1.25	−0.24	+0.09	A2 Ia
11	δ	Del	7928	20 43 45.7	+15 05 54	v6	4.43	+0.10	+0.32	F0m
	η	Ind	7920	20 44 30.8	−51 53 50		4.51	+0.09	+0.27	A9 IV
3	η	Cep	7957	20 45 25.3	+61 51 51	d	3.43	+0.62	+0.92	K0 IV
			7955	20 45 30.8	+57 36 12	d6	4.51	+0.10	+0.54	F8 IV−V
	β	Pav	7913	20 45 32.2	−66 10 46		3.42	+0.12	+0.16	A6 IV⁻
52		Cyg	7942	20 45 55.9	+30 44 37	d	4.22	+0.89	+1.05	K0 IIIa
53	ε	Cyg	7949	20 46 28.5	+33 59 42	ad6	2.46	+0.87	+1.03	K0 III
16	ψ	Cap	7936	20 46 28.8	−25 14 50	h	4.14	+0.02	+0.43	F4 V
12	γ²	Del	7948	20 46 57.6	+16 08 53	d	4.27	+0.97	+1.04	K1 IV
54	λ	Cyg	7963	20 47 39.7	+36 30 53	hd67	4.53	−0.49	−0.11	B6 IV
2	ε	Aqr	7950	20 48 01.6	−09 28 18		3.77	+0.02	0.00	A1 III⁻
3	EN	Aqr	7951	20 48 04.8	−05 00 13		4.42	+1.92	+1.65	M3 III
	ι	Mic	7943	20 48 55.4	−43 57 52	d7	5.11	+0.06	+0.35	F1 IV
55	v1661	Cyg	7977	20 49 09.6	+46 08 18	sd	4.84	−0.45	+0.41	B2.5 Ia
18	ω	Cap	7980	20 52 12.5	−26 53 40		4.11	+1.93	+1.64	M0 III Ba 0.5
6	μ	Aqr	7990	20 53 00.2	−08 57 31	d6	4.73	+0.11	+0.32	F2m
32		Vul	8008	20 54 50.3	+28 04 57		5.01	+1.79	1.48	K4 III
	β	Ind	7986	20 55 18.8	−58 25 45	d	3.65	+1.23	+1.25	K1 II
			8023	20 56 48.6	+44 57 00	s6	5.96	−0.85	+0.05	O6 V
58	v	Cyg	8028	20 57 25.0	+41 11 33	d6	3.94	0.00	+0.02	A0.5 IIIn
33		Vul	8032	20 58 33.8	+22 21 05		5.31		+1.40	K3.5 III
20	AO	Cap	8033	20 59 58.2	−19 00 35	sv	6.25		−0.13	B9psi
59	v832	Cyg	8047	21 00 02.8	+47 32 48	d6	4.70	−0.93	−0.04	B1.5 Vnne
	γ	Mic	8039	21 01 41.3	−32 13 55	d	4.67	+0.54	+0.89	G8 III
	ζ	Mic	8048	21 03 22.8	−38 36 21		5.30		+0.41	F3 V
62	ξ	Cyg	8079	21 05 10.1	+43 57 14	s6	3.72	+1.83	+1.65	K4.5 Ib−II
	α	Oct	8021	21 05 29.1	−76 59 54	cv6	5.15	+0.13	+0.49	G2 III + A7 III
23	θ	Cap	8075	21 06 18.7	−17 12 24	h6	4.07	+0.01	−0.01	A1 Va⁺
61	v1803	Cyg	8085	21 07 11.5	+38 46 54	hasd	5.21	+1.11	+1.18	K5 V
61		Cyg	8086	21 07 12.8	+38 46 27	sd	6.03	+1.23	+1.37	K7 V
24		Cap	8080	21 07 30.4	−24 58 46	d	4.50	+1.93	+1.61	M1⁻ III
13	v	Aqr	8093	21 09 56.9	−11 20 42		4.51	+0.70	+0.94	G8⁺ III
5	γ	Equ	8097	21 10 39.5	+10 09 29	d	4.69	+0.10	+0.26	F0p Sr Eu
64	ζ	Cyg	8115	21 13 12.8	+30 15 14	sd6	3.20	+0.76	+0.99	G8⁺ III−IIIa Ba 0.5
			8110	21 13 40.4	−27 35 33		5.42	+1.69	+1.42	K5 III
	o	Pav	8092	21 13 56.5	−70 05 57	6	5.02	+1.56	+1.58	M1/2 III
	σ	Oct	7228	21 14 23.0	−88 55 47	v	5.47	+0.13	+0.27	F0 III
7	δ	Equ	8123	21 14 47.8	+10 02 01	d67	4.49	−0.01	+0.50	F8 V
65	τ	Cyg	8130	21 15 03.1	+38 04 24	d67	3.72	+0.02	+0.39	F2 V

Flamsteed/Bayer Designation			BS=HR No.	Right Ascension[1]	Declination[1]	Notes	V	$U-B$	$B-V$	Spectral Type
				h m s	o ′ ″					
8	α	Equ	8131	21 16 08.9	+05 16 30	cd6	3.92	+0.29	+0.53	G2 II−III + A4 V
67	σ	Cyg	8143	21 17 40.3	+39 25 20	6	4.23	−0.39	+0.12	B9 Iab
66	υ	Cyg	8146	21 18 11.1	+34 55 28	hd6	4.43	−0.82	−0.11	B2 Ve
	ϵ	Mic	8135	21 18 19.8	−32 08 42		4.71	+0.02	+0.06	A1m A2 Va$^+$
5	α	Cep	8162	21 18 44.1	+62 36 48	hd	2.44	+0.11	+0.22	A7 V$^+$n
	θ	Ind	8140	21 20 19.6	−53 25 19	hd7	4.39	+0.12	+0.19	A5 IV−V
	θ^1	Mic	8151	21 21 10.5	−40 46 54	dv	4.82	−0.07	+0.02	Ap Cr Eu
1		Peg	8173	21 22 23.2	+19 49 57	d6	4.08	+1.06	+1.11	K1 III
32	ι	Cap	8167	21 22 36.5	−16 48 24		4.28	+0.58	+0.90	G7 III Fe−1.5
18		Aqr	8187	21 24 32.8	−12 51 00	d	5.49		+0.29	F0 V$^+$
69		Cyg	8209	21 26 03.0	+36 41 44	sd	5.94	−0.94	−0.08	B0 Ib
	γ	Pav	8181	21 26 58.4	−65 20 11	h	4.22	−0.12	+0.49	F6 Vp
34	ζ	Cap	8204	21 27 02.2	−22 22 58	hd6	3.74	+0.59	+1.00	G4 Ib: Ba 2
8	β	Cep	8238	21 28 44.5	+70 35 22	hvd6	3.23	−0.95	−0.22	B1 III
36		Cap	8213	21 29 05.6	−21 46 43		4.51	+0.60	+0.91	G7 IIIb Fe−1
71		Cyg	8228	21 29 41.4	+46 34 10		5.24	+0.80	+0.97	K0$^-$ III
2		Peg	8225	21 30 14.6	+23 40 03	d	4.57	+1.93	+1.62	M1$^+$ III
22	β	Aqr	8232	21 31 54.0	−05 32 32	hasd	2.91	+0.56	+0.83	G0 Ib
73	ρ	Cyg	8252	21 34 13.6	+45 37 15		4.02	+0.56	+0.89	G8 III Fe−0.5
74		Cyg	8266	21 37 12.6	+40 26 34		5.01	+0.10	+0.18	A5 V
5		Peg	8267	21 38 03.7	+19 20 53		5.45	+0.14	+0.30	F0 V$^+$
9	v337	Cep	8279	21 38 05.7	+62 06 41	has	4.73	−0.53	+0.30	B2 Ib
23	ξ	Aqr	8264	21 38 05.8	−07 49 29	d6	4.69	+0.13	+0.17	A5 Vn
75		Cyg	8284	21 40 26.5	+43 18 13	sd	5.11	+1.90	+1.60	M1 IIIab
40	γ	Cap	8278	21 40 27.0	−16 37 58	h6	3.68	+0.20	+0.32	A7m:
11		Cep	8317	21 42 00.9	+71 20 29		4.56	+1.10	+1.10	K0.5 III
	ν	Oct	8254	21 42 10.7	−77 21 38	h6	3.76	+0.89	+1.00	K0 III
	μ	Cep	8316	21 43 42.4	+58 48 36	asd	4.08	+2.42	+2.35	M2$^-$ Ia
8	ϵ	Peg	8308	21 44 30.3	+09 54 18	hsd	2.39	+1.70	+1.53	K2 Ib−II
9		Peg	8313	21 44 49.2	+17 22 48	as	4.34	+1.00	+1.17	G5 Ib
10	κ	Peg	8315	21 44 56.4	+25 40 30	d67	4.13	+0.03	+0.43	F5 IV
9	ι	PsA	8305	21 45 19.9	−32 59 45	d6	4.34	−0.11	−0.05	A0 IV
10	ν	Cep	8334	21 45 38.2	+61 09 03	h	4.29	+0.13	+0.52	A2 Ia
81	π^2	Cyg	8335	21 47 02.1	+49 20 23	hd6	4.23	−0.71	−0.12	B2.5 III
49	δ	Cap	8322	21 47 23.9	−16 05 51	hvd6	2.87	+0.09	+0.29	F2m
14		Peg	8343	21 50 08.0	+30 12 17	6	5.04	+0.03	−0.03	A1 Vs
	o	Ind	8333	21 51 19.6	−69 35 56		5.53	+1.63	+1.37	K2/3 III
16		Peg	8356	21 53 21.5	+25 57 21	6	5.08	−0.67	−0.17	B3 V
51	μ	Cap	8351	21 53 39.0	−13 31 15		5.08	−0.01	+0.37	F2 V
	γ	Gru	8353	21 54 19.2	−37 20 02		3.01	−0.37	−0.12	B8 IV−Vs
13		Cep	8371	21 55 06.3	+56 38 32	s	5.80	−0.02	+0.73	B8 Ib
	δ	Ind	8368	21 58 21.4	−54 57 41	d7	4.40	+0.10	+0.28	F0 III−IVn
	ϵ	Ind	8387	22 03 51.2	−56 45 32		4.69	+0.99	+1.06	K4/5 V
17	ξ	Cep	8417	22 03 58.8	+64 39 35	d6	4.29	+0.09	+0.34	A7m:
20		Cep	8426	22 05 12.4	+62 49 03		5.27	+1.78	+1.41	K4 III
19		Cep	8428	22 05 20.8	+62 18 42	hsd	5.11	−0.84	+0.08	O9.5 Ib
34	α	Aqr	8414	22 06 07.1	−00 17 17	sd	2.96	+0.74	+0.98	G2 Ib
	λ	Gru	8411	22 06 30.3	−39 30 42		4.46	+1.66	+1.37	K3 III
33	ι	Aqr	8418	22 06 47.3	−13 50 17	6	4.27	−0.29	−0.07	B9 IV−V
24	ι	Peg	8430	22 07 18.9	+25 22 37	d6	3.76	−0.04	+0.44	F5 V

Flamsteed/Bayer Designation			BS=HR No.	Right Ascension[1]	Declination[1]	Notes	V	U−B	B−V	Spectral Type
				h m s	° ′ ″					
	α	Gru	8425	22 08 38.4	−46 55 45	hd	1.74	−0.47	−0.13	B7 Vn
14	μ	PsA	8431	22 08 45.7	−32 57 24		4.50	+0.05	+0.05	A1 IVnn
24		Cep	8468	22 09 55.8	+72 22 24		4.79	+0.61	+0.92	G7 II−III
29	π	Peg	8454	22 10 16.6	+33 12 37		4.29	+0.18	+0.46	F3 III
26	θ	Peg	8450	22 10 31.7	+06 13 48	h6	3.53	+0.10	+0.08	A2m A1 IV−V
21	ζ	Cep	8465	22 11 04.9	+58 14 00	6	3.35	+1.71	+1.57	K1.5 Ib
22	λ	Cep	8469	22 11 43.9	+59 26 48	hs	5.04	−0.74	+0.25	O6 If
			8546	22 12 33.2	+86 08 25	6	5.27	−0.11	−0.03	B9.5 Vn
			8485	22 14 09.5	+39 44 50	d6	4.49	+1.45	+1.39	K2.5 III
16	λ	PsA	8478	22 14 40.8	−27 44 04		5.43	−0.55	−0.16	B8 III
23	ε	Cep	8494	22 15 16.6	+57 04 34	hd6	4.19	+0.04	+0.28	A9 IV
1		Lac	8498	22 16 15.2	+37 46 53		4.13	+1.63	+1.46	K3⁻ II−III
43	θ	Aqr	8499	22 17 10.6	−07 45 03		4.16	+0.81	+0.98	G9 III
	α	Tuc	8502	22 18 56.5	−60 13 37	6	2.86	+1.54	+1.39	K3 III
	ε	Oct	8481	22 20 43.5	−80 24 25		5.10	+1.09	+1.47	M6 III
31	IN	Peg	8520	22 21 50.3	+12 14 17		5.01	−0.81	−0.13	B2 IV−V
47		Aqr	8516	22 21 57.0	−21 33 56		5.13	+0.92	+1.07	K0 III
48	γ	Aqr	8518	22 21 59.5	−01 21 16	hd6	3.84	−0.12	−0.05	B9.5 III−IV
3	β	Lac	8538	22 23 49.0	+52 15 42	d	4.43	+0.77	+1.02	G9 IIIb Ca 1
52	π	Aqr	8539	22 25 36.5	+01 24 38		4.66	−0.98	−0.03	B1 Ve
	δ	Tuc	8540	22 27 47.3	−64 55 59	d7	4.48	−0.07	−0.03	B9.5 IVn
	ν	Gru	8552	22 29 02.0	−39 05 55	d	5.47		+0.95	G8 III
55	ζ²	Aqr	8559	22 29 10.0	+00 00 48	hcd	4.49	0.00	+0.37	F2.5 IV−V
27	δ	Cep	8571	22 29 24.8	+58 26 55	vd6	3.75		+0.60	F5−G2 Ib
	δ¹	Gru	8556	22 29 39.3	−43 27 44	d	3.97	+0.80	+1.03	G6/8 III
5		Lac	8572	22 29 48.1	+47 44 25	cd6	4.36	+1.11	+1.68	M0 II + B8 V
29	ρ²	Cep	8591	22 29 56.1	+78 51 28	6	5.50	+0.08	+0.07	A3 V
	δ²	Gru	8560	22 30 08.6	−43 42 57	d	4.11	+1.71	+1.57	M4.5 IIIa
6		Lac	8579	22 30 46.2	+43 09 25	h6	4.51	−0.74	−0.09	B2 IV
57	σ	Aqr	8573	22 30 59.4	−10 38 40	d6	4.82	−0.11	−0.06	A0 IV
7	α	Lac	8585	22 31 33.6	+50 18 58	hd	3.77	0.00	+0.01	A1 Va
17	β	PsA	8576	22 31 52.4	−32 18 45	d7	4.29	+0.02	+0.01	A1 Va
59	υ	Aqr	8592	22 35 02.9	−20 40 29		5.20	0.00	+0.44	F5 V
62	η	Aqr	8597	22 35 41.4	−00 05 02	h	4.02	−0.26	−0.09	B9 IV−V:n
31		Cep	8615	22 35 55.8	+73 40 37		5.08	+0.16	+0.39	F3 III−IV
63	κ	Aqr	8610	22 38 05.6	−04 11 40	d	5.03	+1.16	+1.14	K1.5 IIIb CN 0.5
30		Cep	8627	22 38 53.0	+63 37 06	6	5.19	0.00	+0.06	A3 IV
10		Lac	8622	22 39 33.2	+39 05 03	had	4.88	−1.04	−0.20	O9 V
			8626	22 39 52.0	+37 37 36	sd	6.03		+0.86	G3 Ib−II: CN−1 CH 2 Fe−1
11		Lac	8632	22 40 48.0	+44 18 37		4.46	+1.36	+1.33	K2.5 III
18	ε	PsA	8628	22 41 00.8	−27 00 34		4.17	−0.37	−0.11	B8 Ve
42	ζ	Peg	8634	22 41 47.2	+10 51 56	hd	3.40	−0.25	−0.09	B8.5 III
	β	Gru	8636	22 43 03.2	−46 51 02		2.10	+1.67	+1.60	M4.5 III
44	η	Peg	8650	22 43 18.5	+30 15 19	cd6	2.94	+0.55	+0.86	G8 II + F0 V
13		Lac	8656	22 44 22.9	+41 51 12	d	5.08	+0.78	+0.96	K0 III
	β	Oct	8630	22 46 41.4	−81 20 50	6	4.15	+0.11	+0.20	A7 III−IV
47	λ	Peg	8667	22 46 50.7	+23 36 00	h	3.95	+0.91	+1.07	G8 IIIa CN 0.5
46	ξ	Peg	8665	22 47 01.1	+12 12 23	d	4.19	−0.03	+0.50	F6 V
68		Aqr	8670	22 47 54.0	−19 34 46		5.26	+0.59	+0.94	G8 III
	ε	Gru	8675	22 48 56.7	−51 16 57		3.49	+0.10	+0.08	A2 Va

Flamsteed/Bayer Designation			BS=HR No.	Right Ascension[1]	Declination[1]	Notes	V	U−B	B−V	Spectral Type
				h m s	° ′ ″					
32	ι	Cep	8694	22 49 54.8	+66 14 05	s	3.52	+0.90	+1.05	K0⁻ III
71	τ	Aqr	8679	22 49 56.1	−13 33 30	d	4.01	+1.95	+1.57	M0 III
48	μ	Peg	8684	22 50 19.1	+24 38 10	s	3.48	+0.68	+0.93	G8⁺ III
			8685	22 51 24.2	−39 07 20		5.42	+1.69	+1.43	K3 III
22	γ	PsA	8695	22 52 53.1	−32 50 27	d7	4.46	−0.14	−0.04	A0m A1 III−IV
73	λ	Aqr	8698	22 52 57.2	−07 32 42	h	3.74	+1.74	+1.64	M2.5 III Fe−0.5
			8748	22 54 20.5	+84 22 51		4.71	+1.69	+1.43	K4 III
76	δ	Aqr	8709	22 54 59.7	−15 47 10	h	3.27	+0.08	+0.05	A3 IV−V
23	δ	PsA	8720	22 56 18.4	−32 30 17	d	4.21	+0.69	+0.97	G8 III
			8726	22 56 43.2	+49 46 06	s	4.95	+1.96	+1.78	K5 Ib
24	α	PsA	8728	22 58 00.5	−29 35 16	ha	1.16	+0.08	+0.09	A3 Va
			8732	22 58 56.6	−35 29 19	s	6.13		+0.58	F8 III−IV
	v509	Cas	8752	23 00 21.6	+56 58 49	s	5.00	+1.16	+1.42	G4v 0
	ζ	Gru	8747	23 01 15.7	−52 43 09	6	4.12	+0.70	+0.98	G8/K0 III
1	o	And	8762	23 02 13.3	+42 21 40	hd6	3.62	−0.53	−0.09	B6pe (shell)
	π	PsA	8767	23 03 51.3	−34 42 51	6	5.11	+0.02	+0.29	F0 V:
53	β	Peg	8775	23 04 05.4	+28 07 05	d	2.42	+1.96	+1.67	M2.5 II−III
4	β	Psc	8773	23 04 12.5	+03 51 18		4.53	−0.49	−0.12	B6 Ve
54	α	Peg	8781	23 05 05.1	+15 14 25	h6	2.49	−0.05	−0.04	A0 III−IV
86		Aqr	8789	23 07 01.7	−23 42 28	hd	4.47	+0.58	+0.90	G6 IIIb
	θ	Gru	8787	23 07 14.6	−43 29 07	d7	4.28	+0.16	+0.42	F5 (II−III)m
55		Peg	8795	23 07 19.9	+09 26 41		4.52	+1.90	+1.57	M1 IIIab
33	π	Cep	8819	23 08 06.3	+75 25 22	d67	4.41	+0.46	+0.80	G2 III
88		Aqr	8812	23 09 47.5	−21 08 13	h	3.66	+1.24	+1.22	K1.5 III
	ι	Gru	8820	23 10 43.5	−45 12 41	6	3.90	+0.86	+1.02	K1 III
59		Peg	8826	23 12 03.9	+08 45 20		5.16	+0.08	+0.13	A3 Van
90	φ	Aqr	8834	23 14 39.5	−06 00 50		4.22	+1.90	+1.56	M1.5 III
91	ψ¹	Aqr	8841	23 16 13.9	−09 03 08	d	4.21	+0.99	+1.11	K1⁻ III Fe−0.5
6	γ	Psc	8852	23 17 30.2	+03 19 04	s	3.69	+0.58	+0.92	G9 III: Fe−2
	γ	Tuc	8848	23 17 48.3	−58 12 00		3.99	−0.02	+0.40	F2 V
93	ψ²	Aqr	8858	23 18 14.5	−09 08 49	h	4.39	−0.56	−0.15	B5 Vn
	γ	Scl	8863	23 19 10.4	−32 29 48		4.41	+1.06	+1.13	K1 III
95	ψ³	Aqr	8865	23 19 17.9	−09 34 31	d	4.98	−0.02	−0.02	A0 Va
62	τ	Peg	8880	23 20 57.6	+23 46 34	v	4.60	+0.10	+0.17	A5 V
98		Aqr	8892	23 23 18.7	−20 03 54	h	3.97	+0.95	+1.10	K1 III
4		Cas	8904	23 25 07.7	+62 19 07	d	4.98	+2.07	+1.68	M2⁻ IIIab
68	υ	Peg	8905	23 25 42.3	+23 26 24	s	4.40	+0.14	+0.61	F8 III
99		Aqr	8906	23 26 23.2	−20 36 23		4.39	+1.81	+1.47	K4.5 III
8	κ	Psc	8911	23 27 16.0	+01 17 28	d	4.94	−0.02	+0.03	A0p Cr Sr
10	θ	Psc	8916	23 28 17.9	+06 24 53		4.28	+1.01	+1.07	K0.5 III
	τ	Oct	8862	23 28 50.8	−87 26 47		5.49	+1.43	+1.27	K2 III
70		Peg	8923	23 29 29.0	+12 47 47		4.55	+0.73	+0.94	G8 IIIa
			8924	23 29 52.2	−04 29 50	s	6.25	+1.16	+1.09	K3⁻ IIIb Fe 2
	β	Scl	8937	23 33 19.1	−37 46 56		4.37	−0.36	−0.09	B9.5p Hg Mn
			8952	23 35 16.2	+71 40 41	s	5.84	+1.73	+1.80	G9 Ib
	ι	Phe	8949	23 35 25.4	−42 34 45	d	4.71	+0.07	+0.08	Ap Sr
16	λ	And	8961	23 37 53.0	+46 29 36	vd6	3.82	+0.69	+1.01	G8 III−IV
			8959	23 38 11.9	−45 27 23	6	4.74	+0.09	+0.08	A1/2 V
17	ι	And	8965	23 38 27.4	+43 18 15	6	4.29	−0.29	−0.10	B8 V
35	γ	Cep	8974	23 39 37.2	+77 40 07	as	3.21	+0.94	+1.03	K1 III−IV CN 1

Flamsteed/Bayer Designation			BS=HR No.	Right Ascension[1]	Declination[1]	Notes	V	U−B	B−V	Spectral Type
				h m s	° ′ ″					
17	ι	Psc	8969	23 40 17.1	+05 39 42	d	4.13	0.00	+0.51	F7 V
19	κ	And	8976	23 40 43.8	+44 22 12	d	4.15	−0.21	−0.08	B8 IVn
	μ	Scl	8975	23 40 58.5	−32 02 14		5.31	+0.66	+0.97	K0 III
18	λ	Psc	8984	23 42 22.7	+01 48 57	6	4.50	+0.08	+0.20	A6 IV⁻
105	ω²	Aqr	8988	23 43 03.5	−14 30 32	d6	4.49	−0.12	−0.04	B9.5 IV
106		Aqr	8998	23 44 32.3	−18 14 27	h	5.24	−0.27	−0.08	B9 Vn
20	ψ	And	9003	23 46 21.5	+46 27 23	d	4.99	+0.81	+1.11	G3 Ib−II
			9013	23 48 13.7	+67 50 35	6	5.04	−0.04	−0.01	A1 Vn
20		Psc	9012	23 48 16.6	−02 43 32	d	5.49	+0.70	+0.94	gG8
	δ	Scl	9016	23 49 15.8	−28 05 40	d	4.57	−0.03	+0.01	A0 Va⁺n
81	φ	Peg	9036	23 52 49.2	+19 09 23		5.08	+1.86	+1.60	M3⁻ IIIb
82	HT	Peg	9039	23 52 57.0	+10 59 01		5.31	+0.10	+0.18	A4 Vn
7	ρ	Cas	9045	23 54 42.7	+57 32 08		4.54	+1.12	+1.22	G2 0 (var)
84	ψ	Peg	9064	23 58 05.5	+25 10 39	d	4.66	+1.68	+1.59	M3 III
27		Psc	9067	23 59 00.3	−03 31 12	d6	4.86	+0.70	+0.93	G9 III
	π	Phe	9069	23 59 15.9	−52 42 34		5.13	+1.03	+1.13	K0 III
28	ω	Psc	9072	23 59 38.7	+06 53 57	6	4.01	+0.06	+0.42	F3 V

Notes to Table

[1] Hipparcos positions used for all stars. Tycho 2 proper motions used for all stars except where noted by "h" in the Notes column.

a anchor point for the MK system

c composite or combined spectrum

d double star given in Washington Double Star Catalog

h Hipparcos proper motion used

s MK standard star

v star given in Hipparcos Periodic Variables list

6 spectroscopic binary

7 magnitude and color refer to combined light of two or more stars

---

Data also appear on *The Astronomical Almanac Online* at: **http://asa.usno.navy.mil** and **http://asa.nao.rl.ac.uk**

BS=HR No.	WDS No.	Right Ascension	Declination	Discoverer Designation	Epoch[1]	P.A.	Separation	V of primary[2]	Δm_V
		h m s	° ′ ″			°	″		
126	00315−6257	00 31 50.4	−62 55 21	LCL 119 AC	1991	169	27.0	4.28	0.23
154	00369+3343	00 37 13.8	+33 45 18	H 5 17 Aa−B	2003	173	35.9	4.32	2.76
361	01137+0735	01 14 04.3	+07 36 34	STF 100 AB	2003	63	22.7	5.22	0.93
382	01201+5814	01 20 29.7	+58 15 56	H 3 23 AC	2001	233	135.3	5.07	1.97
531	01496−1041	01 49 54.3	−10 39 16	ENG 8	2001	251	184.7	4.69	2.12
596	02020+0246	02 02 23.0	+02 47 42	STF 202 AB	2006.5	267	1.7	4.10	1.07
603	02039+4220	02 04 18.0	+42 21 38	STF 205 A−BC	2003	63	9.5	2.31	2.71
681	02193−0259	02 19 40.5	−02 56 54	H 6 1 Aa−C	2006.5	69	122.5	6.65	2.94
681	02193−0259	02 19 40.5	−02 56 54	STG 1 Aa−D	1921	319	148.5	6.65	2.65
897	02583−4018	02 58 30.5	−40 16 44	PZ 2	2002	90	8.4	3.20	0.92
1279	04077+1510	04 08 04.1	+15 10 47	STF 495	2002	221	3.7	6.11	2.66
1412	04287+1552	04 29 02.1	+15 53 05	STFA 10	2002	348	336.7	3.41	0.53
1497	04422+2257	04 42 38.2	+22 58 08	S 455 Aa−B	1999	214	63.0	4.24	2.78
1856	05302−4705	05 30 20.2	−47 04 24	DUN 21 AD	1991	271	197.7	5.52	1.16
1879	05351+0956	05 35 29.8	+09 56 17	STF 738 AB	2003	44	4.3	3.51	1.94
1931	05387−0236	05 39 04.4	−02 35 48	STF3135	1914	324	209.8	3.76	0.00
1931	05387−0236	05 39 04.4	−02 35 48	STF 762 AB−D	2002	84	12.7	3.76	2.80
1931	05387−0236	05 39 04.4	−02 35 48	STF 762 AB−E	2002	62	41.8	3.76	2.58
1983	05445−2227	05 44 44.1	−22 26 48	H 6 40 AB	1995	350	97.8	3.64	2.64
2298	06238+0436	06 24 06.8	+04 35 21	STF 900 AB	2003	28	12.5	4.42	2.22
2736	07087−7030	07 08 41.5	−70 30 34	DUN 42	1994	298	14.1	3.86	1.57
2891	07346+3153	07 35 00.7	+31 52 24	STF1110 AB	2006.5	59	4.4	1.93	1.04
3223	08079−6837	08 07 56.9	−68 38 10	RMK 7	1991	24	6.1	4.38	2.93
3207	08095−4720	08 09 44.0	−47 21 21	DUN 65 AB	2002	219	41.0	1.79	2.35
3315	08252−2403	08 25 20.6	−24 04 03	S 568	1991	90	42.2	5.48	2.95
3475	08467+2846	08 47 05.4	+28 44 09	STF1268	2003	308	30.3	4.13	1.86
3582	08570−5914	08 57 07.9	−59 15 16	DUN 74	1991	76	40.1	4.87	1.71
3890	09471−6504	09 47 15.9	−65 06 08	RMK 11	2000	129	5.0	3.02	2.98
4031	10167+2325	10 17 03.0	+23 23 05	STFA 18	2002	338	333.8	3.46	2.57
4057	10200+1950	10 20 19.8	+19 48 30	STF1424 AB	2006.5	125	4.4	2.37	1.27
4180	10393−5536	10 39 34.0	−55 38 14	DUN 95 AB	1991	106	51.8	4.38	1.68
4191	10435+4612	10 43 55.7	+46 10 10	SMA 75 AB	2002	88	288.4	5.21	2.14
4203	10459+3041	10 46 13.5	+30 38 53	S 612	2002	174	196.5	5.34	2.44
4257	10535−5851	10 53 45.6	−58 53 16	DUN 102 AB	1991	204	158.7	3.88	2.35
4259	10556+2445	10 55 57.9	+24 42 54	STF1487	2003	111	6.6	4.48	1.82
4314	11053−2718	11 05 38.7	−27 19 44	LDS6238 AB−C	1960	46	18.0	4.92*	0.20
4369	11170−0708	11 17 18.0	−07 10 13	BU 600 AC	2006.5	99	53.8	6.15	2.07
4418	11279+0251	11 28 16.3	+02 49 13	STFA 19 AB	2006.5	181	89.1	5.05	2.42
4621	12084−5043	12 08 41.9	−50 45 31	JC 2 AB	1991	325	269.1	2.51	1.91
4730	12266−6306	12 26 57.8	−63 08 06	DUN 252 AB	2000	114	3.9	1.25	0.30
4792	12351+1823	12 35 27.3	+18 20 29	STF1657	2003	270	19.9	5.11	1.22
4898	12546−5711	12 54 58.8	−57 12 47	DUN 126	1993	17	34.6	3.94	1.01
4915	12560+3819	12 56 19.9	+38 17 00	STF1692	2003	229	19.1	2.85	2.67
4993	13152−6754	13 15 41.8	−67 55 44	DUN 131 AC	1991	331	58.3	4.76	2.48
5035	13226−6059	13 23 03.4	−61 01 20	DUN 133 AB−C	1987	345	60.8	4.51*	1.66
5054	13239+5456	13 24 11.2	+54 53 30	STF1744 AB	2003	153	14.3	2.23	1.65
5054	13239+5456	13 24 11.2	+54 53 30	STF1744 AC	1991	71	708.5	2.23	1.78
5171	13472−6235	13 47 38.4	−62 37 19	COO 157 AB	1991	321	7.1	7.19	2.71
5350	14162+5122	14 16 23.7	+51 20 15	STFA 26 AB	2003	32	38.7	4.76	2.63
5460	14396−6050	14 40 01.9	−60 51 47	RHD 1 AB	2006.5	233	9.4	−0.01*	1.36

BS=HR No.	WDS No.	Right Ascension	Declination	Discoverer Designation	Epoch[1]	P.A.	Separation	V of primary[2]	Δm_V
		h m s	° ′ ″			°	″		
5459	14396−6050	14 40 03.2	−60 51 39	RHD 1 BA	2006.5	53	9.4	1.35*	1.36
5506	14450+2704	14 45 16.3	+27 02 49	STF1877 AB	2003	343	2.9	2.58	2.23
5531	14509−1603	14 51 14.4	−16 04 06	SHJ 186 AB	2002	315	231.1	2.74	2.45
5646	15119−4844	15 12 23.4	−48 45 44	DUN 177	1991	143	26.5	3.83	1.69
5683	15185−4753	15 18 59.3	−47 53 56	DUN 180 AC	1991	129	23.9	4.99	1.35
5733	15245+3723	15 24 44.2	+37 21 17	STFA 28 Aa−BC	2002	170	107.1	4.33	2.76
5789	15348+1032	15 35 06.8	+10 31 03	STF1954 AB	2006.5	173	4.0	4.17	0.99
5984	16054−1948	16 05 49.0	−19 49 22	H 3 7 AC	2003	20	13.6	2.59	1.93
5985	16054−1948	16 05 49.3	−19 49 09	H 3 7 CA	2003	200	13.6	4.52	1.93
6008	16081+1703	16 08 22.1	+17 01 48	STF2010 AB	2006.5	13	27.2	5.10	1.11
6027	16120−1928	16 12 22.5	−19 28 38	H 5 6 Aa−C	2003	337	40.8	4.21	2.39
6077	16195−3054	16 19 57.5	−30 55 19	BSO 12	1997	317	23.4	5.55	1.33
6020	16203−7842	16 21 20.2	−78 42 40	BSO 22 AB	1991	10	103.2	4.90	0.51
6115	16272−4733	16 27 39.7	−47 34 09	HJ 4853	1991	334	22.8	4.51	1.61
6406	17146+1423	17 14 56.7	+14 23 00	STF2140 Aa−B	2006.5	104	4.6	3.48	1.92
6555	17322+5511	17 32 23.7	+55 10 07	STFA 35	2003	311	63.4	4.87	0.03
6636	17419+7209	17 41 49.5	+72 08 44	STF2241 AB	2006.5	16	30.0	4.60	0.99
6711	18006+0256	18 00 58.3	+02 55 54	H 6 2 AC	2003	142	54.3	3.96	0.16
6752	18055+0230	18 05 47.0	+02 29 56	STF2272 AB	2006.5	136	5.2	4.22	1.98
7056	18448+3736	18 44 59.8	+37 36 44	STFA 38 AD	2003	150	43.8	4.34	1.28
7141	18562+0412	18 56 32.6	+04 12 45	STF2417 AB	2003	104	22.1	4.59	0.34
7405	19287+2440	19 28 58.6	+24 40 42	STFA 42	2006.5	28	427.8	4.61	1.32
7417	19307+2758	19 30 59.0	+27 58 25	STFA 43 Aa−B	2003	54	34.4	3.37	1.31
7476	19407−1618	19 41 05.7	−16 16 41	HJ 599 AC	2003	42	44.7	5.42	2.23
7503	19418+5032	19 41 59.3	+50 32 25	STFA 46 Aa−B	2006.5	133	39.6	6.00	0.23
7582	19482+7016	19 48 08.9	+70 17 04	STF2603	2002	20	3.2	4.01	2.86
7735	20136+4644	20 13 50.2	+46 45 41	STFA 50 Aa−D	1998	324	330.7	3.93	0.90
7754	20181−1233	20 18 24.9	−12 31 28	STFA 51 AE	2002	292	381.2	3.66	0.40
7776	20210−1447	20 21 22.6	−14 45 38	STFA 52 Aa−Ba	2001	267	207.0	3.15	2.93
7948	20467+1607	20 46 57.6	+16 08 53	STF2727	2006.5	266	9.1	4.36	0.67
8085	21069+3845	21 07 11.5	+38 46 54	STF2758 AB	2006.5	151	31.1	5.35	0.75
8086	21069+3845	21 07 12.8	+38 46 27	STF2758 BA	2006.5	331	31.1	6.10	0.75
8097	21103+1008	21 10 39.5	+10 09 29	STFA 54 AD	2001	152	337.7	4.70	1.36
8140	21199−5327	21 20 19.6	−53 25 19	HJ 5258	2006.5	270	7.1	4.50	2.43
8417	22038+6438	22 03 58.8	+64 39 35	STF2863 Aa−B	2002	275	7.9	4.45	1.95
8559	22288−0001	22 29 10.0	+00 00 48	STF2909 AB	2006.5	178	2.1	4.34	0.15
8571	22292+5825	22 29 24.8	+58 26 55	STFA 58 AC	2003	191	40.5	4.21	1.90
8576	22315−3221	22 31 52.4	−32 18 45	PZ 7	1991	172	30.3	4.28	2.84
8695	22525−3253	22 52 53.1	−32 50 27	HJ 5367	1992	258	4.0	4.50	0.53

Notes to Table

[1]   Epoch represents the date of position angle and separation data. Data for Epoch 2006.5 are calculated; data for all other epochs represent the most recent measurement. In the latter cases, the system configuration at 2006.5 is not expected to be significantly different.

[2]   Visual magnitudes of primary stars are Tycho V except where indicated by "*"; in those cases, the magnitudes are Hipparcos V.

Name	Right Ascension	Declination	V	B−V	U−B	V−R	R−I	V−I
	h m s	o ′ ″						
TPHE A	00 30 28	−46 29 20	14.651	+0.793	+0.380	+0.435	+0.405	+0.841
TPHE C	00 30 36	−46 30 12	14.376	−0.298	−1.217	−0.148	−0.211	−0.360
TPHE D	00 30 37	−46 29 11	13.118	+1.551	+1.871	+0.849	+0.810	+1.663
TPHE E	00 30 39	−46 22 26	11.630	+0.443	−0.103	+0.276	+0.283	+0.564
92 245	00 54 36	+00 42 01	13.818	+1.418	+1.189	+0.929	+0.907	+1.836
92 249	00 54 54	+00 43 12	14.325	+0.699	+0.240	+0.399	+0.370	+0.770
92 250	00 54 57	+00 41 04	13.178	+0.814	+0.480	+0.446	+0.394	+0.840
92 252	00 55 07	+00 41 31	14.932	+0.517	−0.140	+0.326	+0.332	+0.666
92 253	00 55 11	+00 42 26	14.085	+1.131	+0.955	+0.719	+0.616	+1.337
92 342	00 55 30	+00 45 19	11.613	+0.436	−0.042	+0.266	+0.270	+0.538
92 410	00 55 34	+01 03 57	14.984	+0.398	−0.134	+0.239	+0.242	+0.484
92 412	00 55 36	+01 04 01	15.036	+0.457	−0.152	+0.285	+0.304	+0.589
92 260	00 55 49	+00 39 14	15.071	+1.162	+1.115	+0.719	+0.608	+1.328
92 263	00 55 59	+00 38 26	11.782	+1.048	+0.843	+0.563	+0.522	+1.087
92 425	00 56 18	+00 55 05	13.941	+1.191	+1.173	+0.755	+0.627	+1.384
92 426	00 56 20	+00 55 01	14.466	+0.729	+0.184	+0.412	+0.396	+0.809
92 355	00 56 26	+00 52 53	14.965	+1.164	+1.201	+0.759	+0.645	+1.406
92 430	00 56 35	+00 55 24	14.440	+0.567	−0.040	+0.338	+0.338	+0.676
92 276	00 56 47	+00 43 57	12.036	+0.629	+0.067	+0.368	+0.357	+0.726
92 282	00 57 07	+00 40 36	12.969	+0.318	−0.038	+0.201	+0.221	+0.422
92 288	00 57 37	+00 38 55	11.630	+0.855	+0.472	+0.489	+0.441	+0.931
F 11	01 04 42	+04 15 42	12.065	−0.240	−0.978	−0.120	−0.142	−0.261
F 16	01 54 28	−06 41 00	12.406	−0.012	+0.009	−0.003	+0.002	−0.001
93 317	01 54 58	+00 44 55	11.546	+0.488	−0.055	+0.293	+0.298	+0.592
93 333	01 55 25	+00 47 37	12.011	+0.832	+0.436	+0.469	+0.422	+0.892
93 424	01 55 46	+00 58 37	11.620	+1.083	+0.943	+0.554	+0.502	+1.058
G3 33	02 00 29	+13 05 12	12.298	+1.804	+1.316	+1.355	+1.751	+3.099
F 22	02 30 37	+05 17 34	12.799	−0.054	−0.806	−0.103	−0.105	−0.207
PG0231+051A	02 34 01	+05 19 22	12.772	+0.710	+0.270	+0.405	+0.394	+0.799
PG0231+051	02 34 02	+05 20 26	16.105	−0.329	−1.192	−0.162	−0.371	−0.534
PG0231+051B	02 34 06	+05 19 15	14.735	+1.448	+1.342	+0.954	+0.998	+1.951
F 24	02 35 28	+03 45 38	12.411	−0.203	−1.169	+0.090	+0.364	+0.451
94 171	02 53 59	+00 18 53	12.659	+0.817	+0.304	+0.480	+0.483	+0.964
94 242	02 57 41	+00 20 12	11.728	+0.301	+0.107	+0.178	+0.184	+0.362
94 251	02 58 07	+00 17 36	11.204	+1.219	+1.281	+0.659	+0.587	+1.247
94 702	02 58 33	+01 12 27	11.594	+1.418	+1.621	+0.756	+0.673	+1.430
GD 50	03 49 10	−00 57 23	14.063	−0.276	−1.191	−0.145	−0.180	−0.325
95 301	03 53 01	+00 32 30	11.216	+1.290	+1.296	+0.692	+0.620	+1.311
95 302	03 53 02	+00 32 26	11.694	+0.825	+0.447	+0.471	+0.420	+0.891
95 96	03 53 14	+00 01 27	10.010	+0.147	+0.072	+0.079	+0.095	+0.174
95 190	03 53 33	+00 17 31	12.627	+0.287	+0.236	+0.195	+0.220	+0.415
95 193	03 53 41	+00 17 43	14.338	+1.211	+1.239	+0.748	+0.616	+1.366
95 317	03 54 04	+00 30 58	13.449	+1.320	+1.120	+0.768	+0.708	+1.476
95 42	03 54 04	−00 03 26	15.606	−0.215	−1.111	−0.119	−0.180	−0.300
95 263	03 54 07	+00 27 49	12.679	+1.500	+1.559	+0.801	+0.711	+1.513

Name	Right Ascension	Declination	V	B−V	U−B	V−R	R−I	V−I
	h m s	° ′ ″						
95 43	03 54 09	−00 01 54	10.803	+0.510	−0.016	+0.308	+0.316	+0.624
95 271	03 54 36	+00 20 00	13.669	+1.287	+0.916	+0.734	+0.717	+1.453
95 328	03 54 40	+00 37 40	13.525	+1.532	+1.298	+0.908	+0.868	+1.776
95 329	03 54 44	+00 38 15	14.617	+1.184	+1.093	+0.766	+0.642	+1.410
95 330	03 54 51	+00 30 13	12.174	+1.999	+2.233	+1.166	+1.100	+2.268
95 275	03 55 04	+00 28 28	13.479	+1.763	+1.740	+1.011	+0.931	+1.944
95 276	03 55 06	+00 27 02	14.118	+1.225	+1.218	+0.748	+0.646	+1.395
95 60	03 55 10	−00 05 57	13.429	+0.776	+0.197	+0.464	+0.449	+0.914
95 218	03 55 10	+00 11 16	12.095	+0.708	+0.208	+0.397	+0.370	+0.767
95 132	03 55 12	+00 06 29	12.064	+0.448	+0.300	+0.259	+0.287	+0.545
95 62	03 55 20	−00 01 47	13.538	+1.355	+1.181	+0.742	+0.685	+1.428
95 227	03 55 29	+00 15 42	15.779	+0.771	+0.034	+0.515	+0.552	+1.067
95 142	03 55 29	+00 02 28	12.927	+0.588	+0.097	+0.371	+0.375	+0.745
95 74	03 55 51	−00 08 06	11.531	+1.126	+0.686	+0.600	+0.567	+1.165
95 231	03 55 59	+00 11 51	14.216	+0.452	+0.297	+0.270	+0.290	+0.560
95 284	03 56 02	+00 27 45	13.669	+1.398	+1.073	+0.818	+0.766	+1.586
95 149	03 56 04	+00 08 10	10.938	+1.593	+1.564	+0.874	+0.811	+1.685
95 236	03 56 33	+00 09 54	11.491	+0.736	+0.162	+0.420	+0.411	+0.831
96 36	04 52 02	−00 09 31	10.591	+0.247	+0.118	+0.134	+0.136	+0.271
96 737	04 52 55	+00 23 08	11.716	+1.334	+1.160	+0.733	+0.695	+1.428
96 83	04 53 19	−00 14 04	11.719	+0.179	+0.202	+0.093	+0.097	+0.190
96 235	04 53 39	−00 04 24	11.140	+1.074	+0.898	+0.559	+0.510	+1.068
G97 42	05 28 22	+09 39 30	12.443	+1.639	+1.259	+1.171	+1.485	+2.655
G102 22	05 42 32	+12 29 21	11.509	+1.621	+1.134	+1.211	+1.590	+2.800
GD 71	05 52 50	+15 53 16	13.032	−0.249	−1.107	−0.137	−0.164	−0.302
97 249	05 57 28	+00 01 13	11.733	+0.648	+0.100	+0.369	+0.353	+0.723
97 345	05 57 53	+00 21 18	11.608	+1.655	+1.680	+0.928	+0.844	+1.771
97 351	05 57 57	+00 13 45	9.781	+0.202	+0.096	+0.124	+0.141	+0.264
97 75	05 58 15	−00 09 28	11.483	+1.872	+2.100	+1.047	+0.952	+1.999
97 284	05 58 45	+00 05 14	10.788	+1.363	+1.087	+0.774	+0.725	+1.500
98 563	06 51 51	−00 26 55	14.162	+0.416	−0.190	+0.294	+0.317	+0.610
98 978	06 51 54	−00 12 01	10.572	+0.609	+0.094	+0.349	+0.322	+0.671
98 581	06 52 00	−00 26 11	14.556	+0.238	+0.161	+0.118	+0.244	+0.361
98 618	06 52 10	−00 21 45	12.723	+2.192	+2.144	+1.254	+1.151	+2.407
98 185	06 52 22	−00 27 51	10.536	+0.202	+0.113	+0.109	+0.124	+0.231
98 193	06 52 23	−00 27 48	10.030	+1.180	+1.152	+0.615	+0.537	+1.153
98 650	06 52 24	−00 20 08	12.271	+0.157	+0.110	+0.080	+0.086	+0.166
98 653	06 52 25	−00 18 48	9.539	−0.004	−0.099	+0.009	+0.008	+0.017
98 666	06 52 30	−00 24 01	12.732	+0.164	−0.004	+0.091	+0.108	+0.200
98 670	06 52 31	−00 19 46	11.930	+1.356	+1.313	+0.723	+0.653	+1.375
98 671	06 52 32	−00 18 55	13.385	+0.968	+0.719	+0.575	+0.494	+1.071
98 675	06 52 33	−00 20 10	13.398	+1.909	+1.936	+1.082	+1.002	+2.085
98 676	06 52 34	−00 19 50	13.068	+1.146	+0.666	+0.683	+0.673	+1.352
98 682	06 52 36	−00 20 11	13.749	+0.632	+0.098	+0.366	+0.352	+0.717
98 685	06 52 38	−00 20 49	11.954	+0.463	+0.096	+0.290	+0.280	+0.570

Name	Right Ascension	Declination	V	B−V	U−B	V−R	R−I	V−I
	h m s	° ′ ″						
98 688	06 52 39	−00 24 02	12.754	+0.293	+0.245	+0.158	+0.180	+0.337
98 1087	06 52 41	−00 16 20	14.439	+1.595	+1.284	+0.928	+0.882	+1.812
98 1102	06 52 48	−00 14 13	12.113	+0.314	+0.089	+0.193	+0.195	+0.388
98 1119	06 52 57	−00 15 01	11.878	+0.551	+0.069	+0.312	+0.299	+0.611
98 724	06 52 57	−00 19 50	11.118	+1.104	+0.904	+0.575	+0.527	+1.103
98 1124	06 52 58	−00 17 03	13.707	+0.315	+0.258	+0.173	+0.201	+0.373
98 1122	06 52 58	−00 17 34	14.090	+0.595	−0.297	+0.376	+0.442	+0.816
98 733	06 53 00	−00 17 44	12.238	+1.285	+1.087	+0.698	+0.650	+1.347
RU 149G	07 24 32	−00 32 45	12.829	+0.541	+0.033	+0.322	+0.322	+0.645
RU 149A	07 24 33	−00 33 40	14.495	+0.298	+0.118	+0.196	+0.196	+0.391
RU 149F	07 24 34	−00 32 26	13.471	+1.115	+1.025	+0.594	+0.538	+1.132
RU 149	07 24 34	−00 33 51	13.866	−0.129	−0.779	−0.040	−0.068	−0.108
RU 149D	07 24 35	−00 33 35	11.480	−0.037	−0.287	+0.021	+0.008	+0.029
RU 149B	07 24 37	−00 33 53	12.642	+0.662	+0.151	+0.374	+0.354	+0.728
RU 149C	07 24 37	−00 33 13	14.425	+0.195	+0.141	+0.093	+0.127	+0.222
RU 149E	07 24 38	−00 32 06	13.718	+0.522	−0.007	+0.321	+0.314	+0.637
RU 152F	07 30 13	−02 05 42	14.564	+0.635	+0.069	+0.382	+0.315	+0.689
RU 152E	07 30 14	−02 06 21	12.362	+0.042	−0.086	+0.030	+0.034	+0.065
RU 152	07 30 18	−02 07 28	13.014	−0.190	−1.073	−0.057	−0.087	−0.145
RU 152B	07 30 19	−02 06 47	15.019	+0.500	+0.022	+0.290	+0.309	+0.600
RU 152A	07 30 20	−02 07 13	14.341	+0.543	−0.085	+0.325	+0.329	+0.654
RU 152C	07 30 22	−02 06 29	12.222	+0.573	−0.013	+0.342	+0.340	+0.683
RU 152D	07 30 26	−02 05 28	11.076	+0.875	+0.491	+0.473	+0.449	+0.921
99 438	07 56 14	−00 17 52	9.398	−0.155	−0.725	−0.059	−0.081	−0.141
99 447	07 56 27	−00 21 46	9.417	−0.067	−0.225	−0.032	−0.041	−0.074
100 241	08 52 54	−00 41 18	10.139	+0.157	+0.101	+0.078	+0.085	+0.163
100 162	08 53 34	−00 45 00	9.150	+1.276	+1.497	+0.649	+0.553	+1.203
100 280	08 53 55	−00 38 11	11.799	+0.494	−0.002	+0.295	+0.291	+0.588
100 394	08 54 14	−00 33 52	11.384	+1.317	+1.457	+0.705	+0.636	+1.341
PG0918+029D	09 21 42	+02 45 48	12.272	+1.044	+0.821	+0.575	+0.535	+1.108
PG0918+029	09 21 48	+02 44 22	13.327	−0.271	−1.081	−0.129	−0.159	−0.288
PG0918+029B	09 21 53	+02 46 19	13.963	+0.765	+0.366	+0.417	+0.370	+0.787
PG0918+029A	09 21 55	+02 44 39	14.490	+0.536	−0.032	+0.325	+0.336	+0.661
PG0918+029C	09 22 03	+02 44 57	13.537	+0.631	+0.087	+0.367	+0.357	+0.722
−12 2918	09 31 38	−13 31 03	10.067	+1.501	+1.166	+1.067	+1.318	+2.385
PG0942−029	09 45 32	−03 11 10	14.004	−0.294	−1.175	−0.130	−0.149	−0.280
101 315	09 55 11	−00 29 22	11.249	+1.153	+1.056	+0.612	+0.559	+1.172
101 316	09 55 12	−00 20 26	11.552	+0.493	+0.032	+0.293	+0.291	+0.584
101 320	09 55 53	−00 24 24	13.823	+1.052	+0.690	+0.581	+0.561	+1.141
101 404	09 56 01	−00 20 14	13.459	+0.996	+0.697	+0.530	+0.500	+1.029
101 324	09 56 17	−00 25 07	9.742	+1.161	+1.148	+0.591	+0.519	+1.110
101 326	09 56 28	−00 29 03	14.923	+0.729	+0.227	+0.406	+0.375	+0.780
101 327	09 56 29	−00 27 46	13.441	+1.155	+1.139	+0.717	+0.574	+1.290
101 413	09 56 34	−00 13 47	12.583	+0.983	+0.716	+0.529	+0.497	+1.025
101 268	09 56 37	−00 33 49	14.380	+1.531	+1.381	+1.040	+1.200	+2.237

Name	Right Ascension	Declination	V	B−V	U−B	V−R	R−I	V−I
	h m s	° ′ ″						
101 330	09 56 41	−00 29 14	13.723	+0.577	−0.026	+0.346	+0.338	+0.684
101 281	09 57 25	−00 33 35	11.575	+0.812	+0.419	+0.452	+0.412	+0.864
101 429	09 57 52	−00 20 07	13.496	+0.980	+0.782	+0.617	+0.526	+1.143
101 431	09 57 57	−00 19 46	13.684	+1.246	+1.144	+0.808	+0.708	+1.517
101 207	09 58 12	−00 49 28	12.419	+0.515	−0.078	+0.321	+0.320	+0.641
101 363	09 58 39	−00 27 29	9.874	+0.261	+0.129	+0.146	+0.151	+0.297
GD 108	10 01 07	−07 35 24	13.561	−0.215	−0.942	−0.098	−0.122	−0.220
G162 66	10 34 02	−11 43 40	13.012	−0.165	−0.996	−0.126	−0.141	−0.266
G44 27	10 36 22	+05 05 10	12.636	+1.586	+1.088	+1.185	+1.526	+2.714
PG1034+001	10 37 24	−00 10 21	13.228	−0.365	−1.274	−0.155	−0.203	−0.359
PG1047+003	10 50 23	−00 02 41	13.474	−0.290	−1.121	−0.132	−0.162	−0.295
PG1047+003A	10 50 26	−00 03 16	13.512	+0.688	+0.168	+0.422	+0.418	+0.840
PG1047+003B	10 50 28	−00 04 09	14.751	+0.679	+0.172	+0.391	+0.371	+0.764
PG1047+003C	10 50 34	−00 02 37	12.453	+0.607	−0.019	+0.378	+0.358	+0.737
G44 40	10 51 12	+06 46 20	11.675	+1.644	+1.213	+1.216	+1.568	+2.786
102 620	10 55 24	−00 50 24	10.069	+1.083	+1.020	+0.642	+0.524	+1.167
G45 20	10 57 01	+07 00 37	13.507	+2.034	+1.165	+1.823	+2.174	+4.000
102 1081	10 57 24	00 15 19	9.903	+0.664	+0.255	+0.366	+0.333	+0.698
G163 27	10 57 54	−07 33 28	14.338	+0.288	−0.548	+0.206	+0.210	+0.417
G163 50	11 08 20	−05 11 36	13.059	+0.035	−0.688	−0.085	−0.072	−0.159
G163 51	11 08 26	−05 15 57	12.576	+1.506	+1.228	+1.084	+1.359	+2.441
G10 50	11 48 05	+00 46 47	11.153	+1.752	+1.318	+1.294	+1.673	+2.969
103 302	11 56 26	−00 50 05	9.861	+0.368	−0.056	+0.228	+0.237	+0.465
103 626	11 57 06	−00 25 25	11.836	+0.413	−0.057	+0.262	+0.274	+0.535
G12 43	12 33 36	+08 59 09	12.467	+1.846	+1.085	+1.530	+1.944	+3.479
104 428	12 42 01	−00 28 34	12.630	+0.985	+0.748	+0.534	+0.497	+1.032
104 430	12 42 10	−00 28 01	13.858	+0.652	+0.131	+0.364	+0.363	+0.727
104 330	12 42 31	−00 42 50	15.296	+0.594	−0.028	+0.369	+0.371	+0.739
104 440	12 42 34	−00 26 54	15.114	+0.440	−0.227	+0.289	+0.317	+0.605
104 334	12 42 40	−00 42 36	13.484	+0.518	−0.067	+0.323	+0.331	+0.653
104 239	12 42 43	−00 48 44	13.936	+1.356	+1.291	+0.868	+0.805	+1.675
104 336	12 42 45	−00 42 06	14.404	+0.830	+0.495	+0.461	+0.403	+0.865
104 338	12 42 50	−00 40 40	16.059	+0.591	−0.082	+0.348	+0.372	+0.719
104 455	12 43 12	−00 26 25	15.105	+0.581	−0.024	+0.360	+0.357	+0.716
104 457	12 43 14	−00 30 57	16.048	+0.753	+0.522	+0.484	+0.490	+0.974
104 460	12 43 23	−00 30 27	12.886	+1.287	+1.243	+0.813	+0.693	+1.507
104 461	12 43 26	−00 34 26	9.705	+0.476	−0.030	+0.289	+0.290	+0.580
104 350	12 43 34	−00 35 29	13.634	+0.673	+0.165	+0.383	+0.353	+0.736
104 490	12 44 53	−00 28 00	12.572	+0.535	+0.048	+0.318	+0.312	+0.630
104 598	12 45 37	−00 18 49	11.479	+1.106	+1.050	+0.670	+0.546	+1.215
PG1323−086	13 26 00	−08 51 20	13.481	−0.140	−0.681	−0.048	−0.078	−0.127
PG1323−086B	13 26 11	−08 52 56	13.406	+0.761	+0.265	+0.426	+0.407	+0.833
PG1323−086C	13 26 11	−08 50 40	14.003	+0.707	+0.245	+0.395	+0.363	+0.759
PG1323−086D	13 26 26	−08 52 37	12.080	+0.587	+0.005	+0.346	+0.335	+0.684
105 437	13 37 37	−00 39 55	12.535	+0.248	+0.067	+0.136	+0.143	+0.279

Name	Right Ascension	Declination	V	B−V	U−B	V−R	R−I	V−I
	h m s	° ′ ″						
105 815	13 40 22	−00 04 17	11.453	+0.385	−0.237	+0.267	+0.291	+0.560
+2 2711	13 42 39	+01 28 21	10.367	−0.166	−0.697	−0.072	−0.095	−0.167
121968	13 59 11	−02 56 45	10.254	−0.186	−0.908	−0.073	−0.098	−0.172
106 700	14 41 11	−00 25 16	9.785	+1.362	+1.582	+0.728	+0.641	+1.370
107 568	15 38 13	−00 18 33	13.054	+1.149	+0.862	+0.625	+0.595	+1.217
107 1006	15 38 53	+00 13 04	11.712	+0.766	+0.279	+0.442	+0.421	+0.863
107 456	15 39 03	−00 21 02	12.919	+0.921	+0.589	+0.537	+0.478	+1.015
107 351	15 39 06	−00 33 22	12.342	+0.562	−0.005	+0.351	+0.358	+0.708
107 592	15 39 10	−00 18 24	11.847	+1.318	+1.380	+0.709	+0.647	+1.357
107 599	15 39 29	−00 15 44	14.675	+0.698	+0.243	+0.433	+0.438	+0.869
107 601	15 39 34	−00 14 42	14.646	+1.412	+1.265	+0.923	+0.835	+1.761
107 602	15 39 39	−00 16 45	12.116	+0.991	+0.585	+0.545	+0.531	+1.074
107 626	15 40 25	−00 18 44	13.468	+1.000	+0.728	+0.600	+0.527	+1.126
107 627	15 40 27	−00 18 37	13.349	+0.779	+0.226	+0.465	+0.454	+0.918
107 484	15 40 37	−00 22 30	11.311	+1.237	+1.291	+0.664	+0.577	+1.240
107 639	15 41 05	−00 18 25	14.197	+0.640	−0.026	+0.399	+0.404	+0.803
G153 41	16 18 17	−15 36 49	13.422	−0.205	−1.133	−0.135	−0.154	−0.290
−12 4523	16 30 39	−12 40 04	10.069	+1.568	+1.192	+1.152	+1.498	+2.649
PG1633+099	16 35 43	+09 47 03	14.397	−0.192	−0.974	−0.093	−0.116	−0.212
PG1633+099A	16 35 45	+09 47 06	15.256	+0.873	+0.320	+0.505	+0.511	+1.015
PG1633+099B	16 35 52	+09 45 34	12.969	+1.081	+1.007	+0.590	+0.502	+1.090
PG1633+099C	16 35 56	+09 45 29	13.229	+1.134	+1.138	+0.618	+0.523	+1.138
PG1633+099D	16 35 59	+09 45 55	13.691	+0.535	−0.025	+0.324	+0.327	+0.650
108 475	16 37 21	−00 35 25	11.309	+1.380	+1.462	+0.744	+0.665	+1.409
108 551	16 38 08	−00 33 51	10.703	+0.179	+0.178	+0.099	+0.110	+0.208
PG1647+056	16 50 38	+05 32 17	14.773	−0.173	−1.064	−0.058	−0.022	−0.082
PG1657+078	16 59 51	+07 42 57	15.015	−0.149	−0.940	−0.063	−0.033	−0.100
109 71	17 44 27	−00 25 07	11.493	+0.323	+0.153	+0.186	+0.223	+0.410
109 381	17 44 32	−00 20 42	11.730	+0.704	+0.225	+0.428	+0.435	+0.861
109 954	17 44 36	−00 02 25	12.436	+1.296	+0.956	+0.764	+0.731	+1.496
109 231	17 45 40	−00 26 00	9.332	+1.462	+1.593	+0.785	+0.704	+1.492
109 537	17 46 02	−00 21 43	10.353	+0.609	+0.227	+0.376	+0.392	+0.768
G21 15	18 27 33	+04 03 25	13.889	+0.092	−0.598	−0.039	−0.030	−0.069
110 229	18 41 06	+00 02 13	13.649	+1.910	+1.391	+1.198	+1.155	+2.356
110 230	18 41 11	+00 02 47	14.281	+1.084	+0.728	+0.624	+0.596	+1.218
110 232	18 41 12	+00 02 18	12.516	+0.729	+0.147	+0.439	+0.450	+0.889
110 233	18 41 13	+00 01 14	12.771	+1.281	+0.812	+0.773	+0.818	+1.593
110 340	18 41 48	+00 15 46	10.025	+0.303	+0.127	+0.170	+0.182	+0.353
110 477	18 42 03	+00 27 06	13.988	+1.345	+0.715	+0.850	+0.857	+1.707
110 355	18 42 39	+00 08 48	11.944	+1.023	+0.504	+0.652	+0.727	+1.378
110 361	18 43 05	+00 08 29	12.425	+0.632	+0.035	+0.361	+0.348	+0.709
110 266	18 43 09	+00 05 31	12.018	+0.889	+0.411	+0.538	+0.577	+1.111
110 364	18 43 13	+00 08 19	13.615	+1.133	+1.095	+0.697	+0.585	+1.281
110 157	18 43 16	−00 08 34	13.491	+2.123	+1.679	+1.257	+1.139	+2.395
110 365	18 43 17	+00 07 47	13.470	+2.261	+1.895	+1.360	+1.270	+2.631

Name	Right Ascension	Declination	V	B−V	U−B	V−R	R−I	V−I
	h m s	° ′ ″						
110 496	18 43 19	+00 31 33	13.004	+1.040	+0.737	+0.607	+0.681	+1.287
110 280	18 43 27	−00 03 17	12.996	+2.151	+2.133	+1.235	+1.148	+2.384
110 499	18 43 28	+00 28 26	11.737	+0.987	+0.639	+0.600	+0.674	+1.273
110 502	18 43 30	+00 28 07	12.330	+2.326	+2.326	+1.373	+1.250	+2.625
110 503	18 43 32	+00 30 07	11.773	+0.671	+0.506	+0.373	+0.436	+0.808
110 441	18 43 54	+00 20 05	11.121	+0.555	+0.112	+0.324	+0.336	+0.660
110 450	18 44 11	+00 23 23	11.585	+0.944	+0.691	+0.552	+0.625	+1.177
110 315	18 44 12	+00 01 14	13.637	+2.069	+2.256	+1.206	+1.133	+2.338
111 775	19 37 36	+00 12 59	10.744	+1.738	+2.029	+0.965	+0.896	+1.862
111 773	19 37 36	+00 11 52	8.963	+0.206	−0.210	+0.119	+0.144	+0.262
111 1925	19 37 49	+00 25 57	12.388	+0.395	+0.262	+0.221	+0.253	+0.474
111 1965	19 38 01	+00 27 45	11.419	+1.710	+1.865	+0.951	+0.877	+1.830
111 1969	19 38 03	+00 26 43	10.382	+1.959	+2.306	+1.177	+1.222	+2.400
111 2039	19 38 24	+00 33 07	12.395	+1.369	+1.237	+0.739	+0.689	+1.430
111 2088	19 38 41	+00 31 55	13.193	+1.610	+1.678	+0.888	+0.818	+1.708
111 2093	19 38 43	+00 32 20	12.538	+0.637	+0.283	+0.370	+0.397	+0.766
112 595	20 41 38	+00 17 52	11.352	+1.601	+1.993	+0.899	+0.901	+1.801
112 704	20 42 22	+00 20 33	11.452	+1.536	+1.742	+0.822	+0.746	+1.570
112 223	20 42 35	+00 10 24	11.424	+0.454	+0.010	+0.273	+0.274	+0.547
112 250	20 42 46	+00 09 07	12.095	+0.532	−0.025	+0.317	+0.323	+0.639
112 275	20 42 55	+00 08 45	9.905	+1.210	+1.299	+0.647	+0.569	+1.217
112 805	20 43 07	+00 17 33	12.086	+0.152	+0.150	+0.063	+0.075	+0.138
112 822	20 43 15	+00 16 27	11.549	+1.031	+0.883	+0.558	+0.502	+1.060
MARK A2	20 44 16	−10 44 06	14.540	+0.666	+0.096	+0.379	+0.371	+0.751
MARK A1	20 44 20	−10 45 47	15.911	+0.609	−0.014	+0.367	+0.373	+0.740
MARK A	20 44 20	−10 46 16	13.258	−0.242	−1.162	−0.115	−0.125	−0.241
MARK A3	20 44 25	−10 44 12	14.818	+0.938	+0.651	+0.587	+0.510	+1.098
WOLF 918	21 09 39	−13 16 46	10.868	+1.494	+1.146	+0.981	+1.088	+2.065
113 221	21 40 56	+00 22 50	12.071	+1.031	+0.874	+0.550	+0.490	+1.041
113 339	21 41 16	+00 29 45	12.250	+0.568	−0.034	+0.340	+0.347	+0.687
113 342	21 41 20	+00 29 24	10.878	+1.015	+0.696	+0.537	+0.513	+1.050
113 241	21 41 29	+00 27 35	14.352	+1.344	+1.452	+0.897	+0.797	+1.683
113 466	21 41 47	+00 42 03	10.004	+0.454	−0.001	+0.281	+0.282	+0.563
113 259	21 42 05	+00 19 27	11.742	+1.194	+1.221	+0.621	+0.543	+1.166
113 260	21 42 08	+00 25 40	12.406	+0.514	+0.069	+0.308	+0.298	+0.606
113 475	21 42 11	+00 41 08	10.306	+1.058	+0.844	+0.570	+0.527	+1.098
113 492	21 42 48	+00 40 09	12.174	+0.553	+0.005	+0.342	+0.341	+0.684
113 493	21 42 49	+00 39 59	11.767	+0.786	+0.392	+0.430	+0.393	+0.824
113 163	21 42 55	+00 18 33	14.540	+0.658	+0.106	+0.380	+0.355	+0.735
113 177	21 43 17	+00 16 31	13.560	+0.789	+0.318	+0.456	+0.436	+0.890
113 182	21 43 28	+00 16 38	14.370	+0.659	+0.065	+0.402	+0.422	+0.824
113 187	21 43 41	+00 18 42	15.080	+1.063	+0.969	+0.638	+0.535	+1.174
113 189	21 43 47	+00 19 09	15.421	+1.118	+0.958	+0.713	+0.605	+1.319
113 191	21 43 54	+00 17 42	12.337	+0.799	+0.223	+0.471	+0.466	+0.937
113 195	21 44 01	+00 19 10	13.692	+0.730	+0.201	+0.418	+0.413	+0.832

Name	Right Ascension	Declination	V	B−V	U−B	V−R	R−I	V−I
	h m s	° ′ ″						
G93 48	21 52 45	+02 25 08	12.739	−0.008	−0.792	−0.097	−0.094	−0.191
PG2213−006C	22 16 38	−00 20 17	15.109	+0.721	+0.177	+0.426	+0.404	+0.830
PG2213−006B	22 16 42	−00 19 51	12.706	+0.749	+0.297	+0.427	+0.402	+0.829
PG2213−006A	22 16 43	−00 19 30	14.178	+0.673	+0.100	+0.406	+0.403	+0.808
PG2213−006	22 16 48	−00 19 16	14.124	−0.217	−1.125	−0.092	−0.110	−0.203
G156 31	22 38 55	−15 15 55	12.361	+1.993	+1.408	+1.648	+2.042	+3.684
114 531	22 40 57	+00 53 58	12.094	+0.733	+0.186	+0.422	+0.403	+0.825
114 637	22 41 03	+01 05 13	12.070	+0.801	+0.307	+0.456	+0.415	+0.872
114 548	22 41 57	+01 01 09	11.601	+1.362	+1.573	+0.738	+0.651	+1.387
114 750	22 42 05	+01 14 39	11.916	−0.041	−0.354	+0.027	−0.015	+0.011
114 670	22 42 29	+01 12 20	11.101	+1.206	+1.223	+0.645	+0.561	+1.208
114 176	22 43 30	+00 23 19	9.239	+1.485	+1.853	+0.800	+0.717	+1.521
G156 57	22 53 38	−14 13 49	10.180	+1.556	+1.182	+1.174	+1.542	+2.713
GD 246	23 12 55	+10 52 33	13.094	−0.318	−1.187	−0.148	−0.183	−0.332
F 108	23 16 32	−01 48 27	12.958	−0.235	−1.052	−0.103	−0.135	−0.239
PG2317+046	23 20 15	+04 54 43	12.876	−0.246	−1.137	−0.074	−0.035	−0.118
115 486	23 41 53	+01 18 55	12.482	+0.493	−0.049	+0.298	+0.308	+0.607
115 420	23 42 56	+01 08 09	11.161	+0.468	−0.027	+0.286	+0.293	+0.580
115 271	23 43 02	+00 47 23	9.695	+0.615	+0.101	+0.353	+0.349	+0.701
115 516	23 44 35	+01 16 22	10.434	+1.028	+0.759	+0.563	+0.534	+1.098
PG2349+002	23 52 13	+00 30 28	13.277	−0.191	−0.921	−0.103	−0.116	−0.219

The table of bright Johnson *UBVRI* standards listed in editions prior to 2003 now appears on *The Astronomical Almanac On-line* at: **http://asa.usno.navy.mil** and **http://asa.nao.rl.ac.uk**

BS=HR No.		Name	Right Ascension	Declination	Spectral Type	V	b−y	m₁	c₁	β
			h m s	° ′ ″						
9076		ε Tuc	00 00 15.0	−65 32 28	B9 IV	4.50	−0.023	+0.098	+0.881	2.722
9088	85	Peg	00 02 30.6	+27 07 00	G2 V	5.75	+0.430	+0.187	+0.214	2.558
9091		ζ Scl	00 02 39.9	−29 41 03	B4 III	5.04	−0.063	+0.106	+0.450	2.712
9107			00 05 14.3	+34 41 46	G2 V	6.10	+0.412	+0.169	+0.312	
15	21	α And	00 08 43.5	+29 07 35	B9p Hg Mn	2.06*	−0.046	+0.120	+0.520	2.743
21	11	β Cas	00 09 31.7	+59 11 08	F2 III	2.27*	+0.216	+0.177	+0.785	
27	22	And	00 10 39.6	+46 06 30	F0 II	5.04	+0.273	+0.123	+1.082	2.666
63	24	θ And	00 17 26.0	+38 43 04	A2 V	4.62	+0.026	+0.180	+1.049	2.880
100		κ Phe	00 26 31.3	−43 38 38	A5 Vn	3.95	+0.098	+0.194	+0.918	2.846
114	28	And	00 30 28.0	+29 47 14	Am	5.23*	+0.169	+0.165	+0.869	
184	20	π Cas	00 43 49.8	+47 03 36	A5 V	4.96	+0.086	+0.226	+0.901	
193	22	ο Cas	00 45 05.4	+48 19 11	B5 III	4.62*	+0.007	+0.076	+0.479	2.667
233			00 51 07.6	+64 16 58	G0 III−IV + B9.5 V	5.39	׀0.355	+0.127	+0.696	
269	37	μ And	00 57 07.0	+38 32 04	A5 IV−V	3.87	+0.068	+0.194	+1.056	2.865
343	33	θ Cas	01 11 30.1	+55 11 04	A7m	4.34*	+0.087	+0.213	+0.997	
373	39	Cet	01 16 56.1	−02 27 59	G5 IIIe	5.41*	+0.554	+0.285	+0.335	
413	93	ρ Psc	01 26 36.4	+19 12 22	F2 V:	5.35	+0.259	+0.146	+0.481	
458	50	υ And	01 37 10.9	+41 26 16	F8 V	4.10	+0.344	׀0.179	+0.409	2.629
493	107	Psc	01 42 51.0	+20 18 00	K1 V	5.24	+0.493	+0.364	+0.298	
531	53	χ Cet	01 49 54.3	−10 39 16	F2 IV−V	4.66	+0.209	+0.188	+0.649	2.737
617	13	α Ari	02 07 32.5	+23 29 34	K2 IIIab	2.00	+0.696	+0.526	+0.395	
623	14	Ari	02 09 47.6	+25 58 13	F2 III	4.98	+0.210	+0.185	+0.874	2.723
635	64	Cet	02 11 41.7	+08 36 00	G0 IV	5.64	+0.361	+0.180	+0.469	2.627
660	8	δ Tri	02 17 27.2	+34 15 13	G0 V	4.86	+0.390	+0.187	+0.259	
672			02 18 21.7	+01 47 18	G0.5 IVb	5.60	+0.370	+0.188	+0.405	2.619
675	10	Tri	02 19 19.7	+28 40 21	A2 V	5.03	+0.011	+0.161	+1.145	
685	9	Per	02 22 48.9	+55 52 30	A2 IA	5.17*	+0.321	−0.038	+0.753	
717	12	Tri	02 28 32.9	+29 41 53	F0 III	5.29	+0.178	+0.211	+0.780	
773	32	ν Ari	02 39 11.2	+21 59 21	A7 V	5.30	+0.092	׀0.182	+1.095	2.829
784			02 40 31.4	−09 25 31	F6 V	5.79	+0.330	+0.168	+0.362	2.627
801	35	Ari	02 43 50.1	+27 44 04	B3 V	4.65	−0.052	+0.097	+0.333	2.684
811	89	π Cet	02 44 25.9	−13 49 53	B7 V	4.25	−0.052	+0.105	+0.599	2.718
813	87	μ Cet	02 45 17.7	+10 08 29	F0m F2 V⁺	4.27*	+0.189	+0.188	+0.756	2.751
812	38	Ari	02 45 18.9	+12 28 22	A7 III−IV	5.18*	+0.136	+0.186	+0.842	2.798
870			02 56 34.7	+08 24 27	F7 IV	5.97	+0.306	+0.175	+0.505	2.662
913			03 02 28.6	−06 28 10	G0 IV−V	6.20	+0.373	+0.205	+0.394	2.621
937		ι Per	03 09 32.4	+49 38 15	G0 V	4.05	+0.376	+0.201	+0.376	
962	94	Cet	03 13 06.4	−01 10 20	G0 IV	5.06	+0.363	+0.186	+0.425	
1006		ζ¹ Ret	03 17 54.7	−62 33 02	G3−5 V	5.51	+0.403	+0.204	+0.284	
1010		ζ² Ret	03 18 21.4	−62 28 54	G2 V	5.23	+0.381	+0.183	+0.297	
1024			03 23 36.8	−07 46 18	G2 V	6.20	+0.449	+0.198	+0.295	
1017	33	α Per	03 24 47.4	+49 53 02	F5 Ib	1.79	+0.302	+0.195	+1.074	2.677
1030	1	ο Tau	03 25 09.8	+09 03 05	G6 IIIa Fe−1	3.61	+0.547	+0.333	+0.426	
1089			03 35 09.8	+06 26 21	G0	6.49	+0.408	+0.183	+0.452	2.613
1140	16	Tau	03 45 11.5	+24 18 34	B7 IV	5.46	+0.005	+0.097	+0.650	2.750
1144	18	Tau	03 45 33.1	+24 51 33	B8 V	5.67	−0.021	+0.107	+0.638	2.750
1178	27	Tau	03 49 33.0	+24 04 22	B8 III	3.62	−0.019	+0.092	+0.708	2.696
1201			03 53 32.4	+17 20 46	F4 V	5.97	+0.221	+0.166	+0.610	2.712
1269	42	ψ Tau	04 07 24.6	+29 01 06	F1 V	5.23	+0.226	+0.159	+0.588	
1292	45	Tau	04 11 41.1	+05 32 22	F4 V	5.71	+0.231	+0.164	+0.597	2.710

BS=HR No.		Name		Right Ascension	Declination	Spectral Type	V	$b-y$	m_1	c_1	β
				h m s	o ′ ″						
1303	51	μ	Per	04 15 22.6	+48 25 31	G0 Ib	4.15*	+0.614	+0.268	+0.551	
1321				04 15 46.6	+06 12 55	G5 IV	6.94	+0.425	+0.240	+0.297	2.580
1322				04 15 49.6	+06 12 09	G0 IV	6.32	+0.369	+0.185	+0.331	2.606
1329	50	ω	Tau	04 17 38.6	+20 35 39	A3m	4.94	+0.146	+0.235	+0.745	
1331	51		Tau	04 18 46.3	+21 35 41	F0 V	5.64	+0.171	+0.191	+0.784	
1341	56		Tau	04 19 59.9	+21 47 19	A0p	5.38	−0.094	+0.197	+0.536	2.768
1346	54	γ	Tau	04 20 09.8	+15 38 34	G9.5 IIIab CN 0.5	3.64*	+0.596	+0.422	+0.385	
1327				04 21 17.3	+65 09 20	G5 IIb	5.26	+0.513	+0.286	+0.402	
1373	61	δ	Tau	04 23 18.6	+17 33 26	G9.5 III CN 0.5	3.76*	+0.597	+0.424	+0.405	
1376	63		Tau	04 23 47.5	+16 47 31	F0m	5.63	+0.179	+0.244	+0.731	2.785
1387	65	κ	Tau	04 25 45.5	+22 18 30	A5 IV−V	4.22*	+0.070	+0.200	+1.054	2.864
1388	67		Tau	04 25 48.3	+22 12 52	A7 V	5.28*	+0.149	+0.193	+0.840	
1394	71	v777	Tau	04 26 43.0	+15 37 57	F0n IV−V	4.49	+0.153	+0.183	+0.933	
1411	77	θ^1	Tau	04 28 56.8	+15 58 34	G9 III Fe−0.5	3.85	+0.584	+0.394	+0.393	
1409	74	ϵ	Tau	04 28 59.8	+19 11 40	G9.5 III CN 0.5	3.53	+0.616	+0.449	+0.417	
1412	78	θ^2	Tau	04 29 02.1	+15 53 05	A7 III	3.41*	+0.101	+0.199	+1.014	2.831
1414	79		Tau	04 29 12.1	+13 03 42	A7 V	5.02	+0.116	+0.225	+0.907	2.836
1430	83		Tau	04 30 59.4	+13 44 17	F0 V	5.40	+0.154	+0.200	+0.813	
1444	86	ρ	Tau	04 34 13.1	+14 51 27	A9 V	4.65	+0.146	+0.199	+0.829	2.797
1457	87	α	Tau	04 36 17.7	+16 31 19	K5$^+$ III	0.86*	+0.955	+0.814	+0.373	
1543	1	π^3	Ori	04 50 11.6	+06 58 20	F6 V	3.18*	+0.299	+0.162	+0.416	2.652
1552	3	π^4	Ori	04 51 33.2	+05 36 57	B2 III	3.68	−0.056	+0.073	+0.135	2.606
1577	3	ι	Aur	04 57 25.1	+33 10 33	K3 II	2.69*	+0.937	+0.775	+0.307	
1620	102	ι	Tau	05 03 29.1	+21 35 55	A7 IV	4.63	+0.078	+0.203	+1.034	2.847
1641	10	η	Aur	05 06 58.3	+41 14 34	B3 V	3.16*	−0.085	+0.104	+0.318	2.685
1656	104		Tau	05 07 50.1	+18 39 12	G4 V	4.91	+0.410	+0.201	+0.328	
1662	13		Ori	05 07 59.7	+09 28 45	G1 IV	6.17	+0.398	+0.185	+0.350	2.590
1672	16		Ori	05 09 41.1	+09 50 15	A9m	5.42	+0.136	+0.251	+0.835	2.828
1729	15	λ	Aur	05 19 36.0	+40 06 15	G1.5 IV−V Fe−1	4.71	+0.389	+0.206	+0.363	2.598
1865	11	α	Lep	05 33 01.0	−17 49 05	F0 Ib	2.57	+0.142	+0.150	+1.496	
1861				05 33 01.1	−01 35 15	B1 IV	5.34*	−0.074	+0.073	+0.002	2.615
1905	122		Tau	05 37 26.4	+17 02 38	F0 V	5.53	+0.132	+0.203	+0.856	
2056		λ	Col	05 53 21.1	−33 48 01	B5 V	4.89*	−0.070	+0.115	+0.413	2.718
2034	136		Tau	05 53 44.2	+27 36 48	A0 IV	4.56	+0.001	+0.133	+1.152	
2047	54	χ^1	Ori	05 54 46.1	+20 16 37	G0$^-$ V Ca 0.5	4.41	+0.378	+0.194	+0.307	2.599
2106		γ	Col	05 57 46.1	−35 16 58	B2.5 IV	4.36	−0.073	+0.093	+0.362	2.644
2143	40		Aur	06 07 02.0	+38 28 53	A4m	5.35*	+0.139	+0.222	+0.923	
2233				06 15 54.1	−00 30 54	F6 V	5.62	+0.325	+0.154	+0.446	2.633
2236				06 16 14.1	+01 10 00	F5 IV:	6.36	+0.299	+0.148	+0.476	2.645
2264	45		Aur	06 22 17.8	+53 26 55	F5 III	5.33	+0.285	+0.170	+0.627	
2313				06 25 36.5	−00 57 01	F8 V	5.88	+0.361	+0.170	+0.395	2.613
2473	27	ϵ	Gem	06 44 19.9	+25 07 27	G8 Ib	3.00	+0.868	+0.656	+0.282	
2484	31	ξ	Gem	06 45 39.2	+12 53 17	F5 IV	3.36*	+0.288	+0.167	+0.552	
2483	56	ψ^5	Aur	06 47 12.4	+43 34 13	G0 V	5.25	+0.359	+0.184	+0.376	
2585	16		Lyn	06 58 05.5	+45 05 06	A2 Vn	4.91	+0.014	+0.159	+1.109	
2622				07 00 37.2	−05 22 35	G0 III−IV	6.29	+0.359	+0.192	+0.402	
2657	23	γ	CMa	07 04 03.1	−15 38 36	B8 II	4.11	−0.046	+0.099	+0.556	2.689
2707	21		Mon	07 11 43.5	−00 18 47	A8 Vn −F3 Vn	5.44*	+0.185	+0.184	+0.875	
2763	54	λ	Gem	07 18 28.0	+16 31 41	A4 IV	3.58*	+0.048	+0.198	+1.055	
2779				07 20 08.7	+07 07 50	F8 V	5.92	+0.339	+0.169	+0.469	2.628

BS=HR No.	Name		Right Ascension	Declination	Spectral Type	V	$b-y$	m_1	c_1	β
			h m s	° ′ ″						
2777	55	δ Gem	07 20 30.6	+21 58 12	F0 V$^+$	3.53	+0.221	+0.156	+0.696	2.712
2798			07 21 35.5	−08 53 27	F5	6.55	+0.343	+0.174	+0.390	
2807			07 22 38.2	−02 59 31	F5	6.24	+0.432	+0.216	+0.588	
2845	3	β CMi	07 27 30.2	+08 16 33	B8 V	2.89*	−0.038	+0.113	+0.799	2.731
2852	62	ρ Gem	07 29 31.8	+31 46 16	F0 V$^+$	4.18	+0.214	+0.155	+0.613	2.713
2866			07 29 44.6	−07 33 53	F8 V	5.86	+0.311	+0.155	+0.392	
2857	64	Gem	07 29 44.7	+28 06 16	A4 V	5.05	+0.062	+0.202	+1.013	
2883			07 32 24.5	−08 53 45	F5 V	5.93	+0.355	+0.124	+0.335	2.595
2880	7	δ^1 CMi	07 32 26.2	+01 54 01	F0 III	5.25	+0.128	+0.173	+1.198	
2886	68	Gem	07 33 58.7	+15 48 44	A1 Vn	5.28	+0.037	+0.143	+1.178	
2918			07 36 55.5	+05 50 51	G0 V	5.90	+0.375	+0.188	+0.387	2.610
2927	25	Mon	07 37 36.1	−04 07 33	F6 III	5.14	+0.283	+0.180	+0.643	
2948/9			07 39 05.4	−26 49 01	B6 V + D5 IVn	3.83	−0.076	+0.121	+0.400	
2930	71	o Gem	07 39 35.3	+34 34 08	F3 III	4.89	+0.270	+0.173	+0.654	
2961			07 39 41.1	−38 19 24	B2.5 V	4.84	−0.084	+0.103	+0.303	
2985	77	κ Gem	07 44 50.4	+24 22 55	G8 III	3.57	+0.573	+0.379	+0.398	
3003	81	Gem	07 46 30.0	+18 29 38	K4 III	4.85	+0.895	+0.735	+0.451	
3084		QZ Pup	07 52 52.5	−38 52 48	B2.5 V	4.50*	0.083	+0.104	+0.244	
3131			08 00 09.5	−18 25 03	A2 IVn	4.61	+0.048	+0.161	+1.122	2.837
3173	27	Lyn	08 08 56.6	+51 29 15	A1 Va	4.81	+0.017	+0.151	+1.105	
3249	17	β Cnc	08 16 52.0	+09 09 54	K4 III Ba 0.5	3.52	+0.914	+0.758	+0.371	
3262	18	χ Cnc	08 20 27.5	+27 11 46	F6 V	5.14	+0.314	+0.146	+0.384	
3271			08 20 32.9	00 55 49	F9 V	6.17	+0.385	+0.193	+0.414	2.612
3297	1	Hya	08 24 54.4	−03 46 22	F3 V	5.60	+0.311	+0.138	+0.400	2.631
3314			08 25 59.1	−03 55 41	A0 Va	3.90	−0.006	+0.156	+1.024	2.898
3410	4	δ Hya	08 38 00.0	+05 40 51	A1 IVnn	4.15	+0.009	+0.152	+1.091	2.855
3454	7	η Hya	08 43 33.8	+03 22 30	B4 V	4.30*	−0.087	+0.093	+0.241	2.653
3459			08 43 59.5	−07 15 27	G1 Ib	4.63	+0.517	+0.294	+0.472	
3538			08 54 37.2	−05 27 34	G3 V	6.01	+0.410	+0.239	+0.325	2.597
3555	59	σ^2 Cnc	08 57 20.6	+32 53 06	A7 IV	5.45	+0.084	+0.205	+0.972	
3619	15	UMa	09 09 19.6	+51 34 41	F0m	4.46	+0.165	+0.248	+0.762	
3624	14	τ UMa	09 11 26.8	+63 29 12	Am	4.65	+0.214	+0.253	+0.711	
3657			09 13 59.5	+21 15 22	A2 V	6.48	+0.017	+0.164	+1.094	
3665	22	θ Hya	09 14 42.1	+02 17 12	B9.5 IV (C II)	3.88	−0.028	+0.145	+0.944	
3662	18	UMa	09 16 39.2	+53 59 41	A5 V	4.84*	+0.113	+0.196	+0.892	
3759	31	τ^1 Hya	09 29 28.7	−02 47 51	F6 V	4.60	+0.295	+0.164	+0.453	
3757	23	UMa	09 32 02.1	+63 01 59	F0 IV	3.67*	+0.211	+0.180	+0.752	
3775	25	θ UMa	09 33 17.3	+51 38 50	F6 IV	3.18	+0.314	+0.153	+0.463	
3800	10	SU LMi	09 34 37.2	+36 22 06	G7.5 III Fe−0.5	4.55	+0.561	+0.349	+0.375	
3815	11	LMi	09 36 02.8	+35 46 49	G8 IIIv	5.41	+0.473	+0.304	+0.372	
3856			09 39 31.8	−61 21 27	B9 IV−V	4.51*	−0.034	+0.140	+0.821	
3849	38	κ Hya	09 40 37.1	−14 21 43	B5 V	5.07	−0.070	+0.110	+0.407	2.704
3852	14	o Leo	09 41 29.8	+09 51 45	F5 II + A5?	3.52	+0.306	+0.234	+0.615	
3881			09 49 00.4	+45 59 26	G0.5 Va	5.10	+0.390	+0.203	+0.382	
3893	4	Sex	09 50 50.4	+04 18 47	F7 Vn	6.24	+0.306	+0.161	+0.419	2.646
3901			09 51 41.0	−06 12 45	F8 V	6.43	+0.363	+0.185	+0.412	
3906	7	Sex	09 52 32.3	+02 25 25	A0 Vs	6.03	−0.015	+0.136	+1.040	
3928	19	LMi	09 58 04.8	+41 01 28	F5 V	5.14	+0.300	+0.165	+0.457	
3951	20	LMi	10 01 23.1	+31 53 29	G3 Va Hδ 1	5.35	+0.416	+0.234	+0.388	2.599
3975	30	η Leo	10 07 41.2	+16 43 51	A0 Ib	3.53	+0.030	+0.068	+0.966	

BS=HR No.		Name		Right Ascension	Declination	Spectral Type	V	b−y	m₁	c₁	β
				h m s	° ′ ″						
3974	21		LMi	10 07 48.7	+35 12 46	A7 V	4.49*	+0.106	+0.201	+0.876	2.837
4031	36	ζ	Leo	10 17 03.0	+23 23 05	F0 III	3.44	+0.196	+0.169	+0.986	2.722
4054	40		Leo	10 20 05.3	+19 26 16	F6 IV	4.79*	+0.299	+0.166	+0.462	
4057/8	41	γ¹	Leo	10 20 19.9	+19 48 29	K1⁻ IIIb Fe−0.5	1.98*	+0.689	+0.457	+0.373	
4090	30		LMi	10 26 17.1	+33 45 46	F0 V	4.73	+0.150	+0.196	+0.959	
4101	45		Leo	10 27 59.6	+09 43 45	A0p	6.04	−0.036	+0.180	+0.956	
4119	30	β	Sex	10 30 37.4	−00 40 14	B6 V	5.08	−0.061	+0.113	+0.479	2.730
4133	47	ρ	Leo	10 33 09.2	+09 16 23	B1 Iab	3.86*	−0.027	+0.040	−0.040	2.552
4166	37		LMi	10 39 05.1	+31 56 32	G2.5 IIa	4.72	+0.512	+0.297	+0.477	2.595
4277	47		UMa	10 59 49.7	+40 23 44	G1⁻V Fe−0.5	5.05	+0.392	+0.203	+0.337	
4293				11 00 27.2	−42 15 39	A3 IV	4.38	+0.059	+0.179	+1.116	
4288	49		UMa	11 01 12.2	+39 10 37	F0 Vs	5.07	+0.142	+0.198	+1.012	
4300	60		Leo	11 02 40.5	+20 08 42	A0.5m A3 V	4.42	+0.022	+0.194	+1.019	
4343	11	β	Crt	11 11 58.7	−22 51 41	A2 IV	4.47	+0.011	+0.164	+1.190	2.877
4378				11 18 41.4	+11 56 56	A2 V	6.66	+0.024	+0.190	+1.052	
4386	77	σ	Leo	11 21 28.3	+05 59 37	A0 III⁺	4.05	−0.020	+0.127	+1.014	
4392	56		UMa	11 23 10.9	+43 26 49	G7.5 IIIa	4.99	+0.610	+0.416	+0.396	
4405	15	γ	Crt	11 25 12.4	−17 43 11	A7 V	4.07	+0.118	+0.195	+0.895	2.823
4456	90		Leo	11 35 02.8	+16 45 39	B4 V	5.95	−0.066	+0.095	+0.323	2.687
4501	62		UMa	11 41 54.5	+31 42 36	F4 V	5.74	+0.312	+0.118	+0.401	
4515	2	ξ	Vir	11 45 37.1	+08 13 19	A4 V	4.85	+0.090	+0.196	+0.928	2.855
4527	93	DQ	Leo	11 48 19.2	+20 10 58	G4 III−IV + A7 V	4.53*	+0.352	+0.186	+0.725	
4534	94	β	Leo	11 49 23.4	+14 32 09	A3 Va	2.14*	+0.044	+0.210	+0.975	2.900
4540	5	β	Vir	11 51 02.0	+01 43 41	F9 V	3.60	+0.354	+0.186	+0.415	2.629
4550				11 53 21.1	+37 40 19	G8 V P	6.43	+0.483	+0.225	+0.153	
4554	64	γ	UMa	11 54 10.2	+53 39 31	A0 Van	2.44	+0.006	+0.153	+1.113	2.884
4618				12 08 25.6	−50 41 51	B2 IIIne	4.47	−0.076	+0.108	+0.254	2.682
4689	15	η	Vir	12 20 14.3	−00 42 10	A1 IV⁺	3.90*	+0.017	+0.163	+1.130	
4695	16		Vir	12 20 40.8	+03 16 35	K0.5 IIIb Fe−0.5	4.97	+0.717	+0.485	+0.516	
4705				12 22 30.4	+24 44 16	A0 V	6.20	−0.002	+0.169	+1.034	
4707	12		Com	12 22 49.9	+25 48 37	G5 III + A5	4.81	+0.322	+0.175	+0.779	2.701
4753	18		Com	12 29 46.5	+24 04 23	F5 III	5.48	+0.289	+0.170	+0.609	
4775	8	η	Crv	12 32 24.4	−16 13 55	F2 V	4.30*	+0.245	+0.167	+0.543	2.700
4789	23		Com	12 35 10.5	+22 35 37	A0m A1 IV	4.81	+0.008	+0.144	+1.090	
4802		τ	Cen	12 38 03.6	−48 34 37	A1 IVnn	3.86	+0.026	+0.159	+1.086	2.870
4861	28		Com	12 48 33.9	+13 31 03	A1 V	6.56	+0.012	+0.167	+1.052	
4865	29		Com	12 49 13.8	+14 05 14	A1 V	5.70	+0.020	+0.156	+1.130	
4869	30		Com	12 49 36.4	+27 31 01	A2 V	5.78	+0.025	+0.169	+1.074	
4883	31		Com	12 52 00.9	+27 30 20	G0 IIIp	4.93	+0.437	+0.186	+0.416	2.592
4889				12 53 47.9	−40 12 51	A7 V	4.26	+0.125	+0.185	+0.971	2.816
4914	12	α¹	CVn	12 56 18.8	+38 16 47	F0 V	5.60	+0.230	+0.152	+0.578	
4931	78		UMa	13 01 00.3	+56 19 53	F2 V	4.92*	+0.244	+0.170	+0.575	2.707
4983	43	β	Com	13 12 10.6	+27 50 43	F9.5 V	4.26	+0.370	+0.191	+0.337	2.608
5011	59		Vir	13 17 05.9	+09 23 25	G0 Vs	5.19	+0.372	+0.191	+0.385	2.614
5017	20	AO	CVn	13 17 50.0	+40 32 19	F3 III(str. met.)	4.72*	+0.174	+0.238	+0.915	
5062	80		UMa	13 25 29.1	+54 57 15	A5 Vn	4.02*	+0.097	+0.192	+0.928	2.847
5072	70		Vir	13 28 44.9	+13 44 39	G4 V	4.97	+0.446	+0.232	+0.350	
5163				13 44 14.6	−05 31 53	A1 V	6.53	+0.028	+0.172	+0.980	
5168	1		Cen	13 46 03.5	−33 04 35	F2 V⁺	4.23*	+0.247	+0.164	+0.548	2.700
5235	8	η	Boo	13 54 59.7	+18 21 55	G0 IV	2.68	+0.376	+0.203	+0.476	2.627

BS=HR No.	Name			Right Ascension	Declination	Spectral Type	V	$b-y$	m_1	c_1	β
				h m s	° ′ ″						
5270				14 02 51.0	+09 39 17	G8: II: Fe−5	6.21	+0.638	+0.087	+0.541	2.533
5280				14 03 14.3	+50 56 27	A2 V	6.15	+0.020	+0.181	+1.016	
5285		χ	Cen	14 06 26.7	−41 12 38	B2 V	4.36*	−0.094	+0.102	+0.161	2.661
5304	12		Boo	14 10 41.7	+25 03 40	F8 IV	4.82	+0.347	+0.172	+0.443	
5414				14 28 48.6	+28 15 38	A1 V	7.62	+0.014	+0.168	+1.018	
5415				14 28 50.5	+28 15 42	A1 V	7.12	+0.008	+0.146	+1.020	
5447	28	σ	Boo	14 34 57.8	+29 43 02	F2 V	4.47*	+0.253	+0.135	+0.484	2.675
5511	109		Vir	14 46 34.7	+01 51 57	A0 IVnn	3.74	+0.006	+0.137	+1.078	2.846
5522				14 49 14.2	−00 52 28	B9 Vp:v	6.16	−0.007	+0.132	+0.996	
5530	8	α^1	Lib	14 51 02.8	−16 01 26	F3 V	5.16	+0.265	+0.156	+0.494	2.681
5531	9	α^2	Lib	14 51 14.3	−16 04 06	A3 III−IV	2.75	+0.074	+0.192	+0.996	2.860
5634	45		Boo	15 07 35.2	+24 50 39	F5 V	4.93	+0.287	+0.161	+0.448	
5633				15 07 38.3	+18 25 01	A3 V	6.02	+0.032	+0.190	+1.017	
5626		λ	Lup	15 09 17.0	−45 18 16	B3 V	4.06	−0.077	+0.105	+0.265	2.687
5660	1		Lup	15 15 01.3	−31 32 35	F0 Ib−II	4.92	+0.246	+0.132	+1.367	2.741
5681	49	δ	Boo	15 15 45.9	+33 17 27	G8 III Fe−1	3.49	+0.587	+0.346	+0.410	
5685	27	β	Lib	15 17 21.4	−09 24 24	B8 IIIn	2.61	−0.040	+0.100	+0.750	2.706
5717	7		Ser	15 22 41.7	+12 32 40	A0 V	6.28	+0.008	+0.136	+1.044	
5754				15 27 47.8	+62 15 12	A5 IV	6.40	+0.062	+0.210	+0.982	
5752				15 28 57.0	+47 10 46	Am	6.15	+0.046	+0.194	+1.142	
5793	5	α	CrB	15 34 57.8	+26 41 35	A0 IV	2.24*	0.000	+0.144	+1.060	
5825				15 41 38.3	−44 40 56	F5 IV−V	4.64	+0.270	+0.152	+0.458	2.678
5854	24	α	Ser	15 44 35.3	+06 24 20	K2 IIIb CN 1	2.64	+0.715	+0.572	+0.445	
5868	27	λ	Ser	15 46 45.6	+07 19 59	G0⁻ V	4.43	+0.383	+0.193	+0.366	2.605
5885	1		Sco	15 51 22.3	−25 46 14	B3 V	4.65	+0.006	+0.070	+0.122	2.639
5936	12	λ	CrB	15 56 01.8	+37 55 42	F0 IV	5.44	+0.230	+0.161	+0.654	
5933	41	γ	Ser	15 56 45.2	+15 38 27	F6 V	3.86	+0.319	+0.151	+0.401	2.632
5947	13	ϵ	CrB	15 57 51.4	+26 51 34	K2 IIIab	4.15	+0.751	+0.570	+0.414	
5968	15	ρ	CrB	16 01 17.6	+33 17 03	G2 V	5.40	+0.396	+0.176	+0.331	
5993	9	ω^1	Sco	16 07 11.3	−20 41 11	B1 V	3.94	+0.037	+0.042	+0.009	2.617
5997	10	ω^2	Sco	16 07 47.3	−20 53 09	G4 II−III	4.32	+0.522	+0.285	+0.448	2.577
6027	14	ν	Sco	16 12 22.5	−19 28 38	B2 IVp	3.99	+0.080	+0.051	+0.137	2.663
6092	22	τ	Her	16 19 56.2	+46 17 53	B5 IV	3.88*	−0.056	+0.089	+0.440	2.702
6141	22		Sco	16 30 36.2	−25 07 45	B2 V	4.79	−0.047	+0.092	+0.191	2.665
6175	13	ζ	Oph	16 37 31.0	−10 34 47	O9.5 Vn	2.56	+0.088	+0.014	−0.069	2.583
6243	20		Oph	16 50 11.6	−10 47 38	F7 III	4.64	+0.311	+0.164	+0.532	2.647
6332	59		Her	17 01 50.8	+33 33 33	A3 IV−Vs	5.28	+0.001	+0.172	+1.102	2.885
6355	60		Her	17 05 40.8	+12 43 56	A4 IV	4.90	+0.064	+0.207	+0.992	2.877
6378	35	η	Oph	17 10 45.0	−15 43 59	A2 Va⁺ (Sr)	2.42	+0.029	+0.186	+1.076	2.894
6458	72		Her	17 20 54.2	+32 27 35	G0 V	5.39*	+0.405	+0.178	+0.312	2.588
6536	23	β	Dra	17 30 34.8	+52 17 48	G2 Ib−IIa	2.78	+0.610	+0.323	+0.423	2.599
6588	85	ι	Her	17 39 38.9	+46 00 11	B3 IV	3.80	−0.064	+0.078	+0.294	2.661
6581	56	o	Ser	17 41 46.8	−12 52 42	A2 Va	4.25*	+0.049	+0.168	+1.108	2.874
6603	60	β	Oph	17 43 47.6	+04 33 54	K2 III CN 0.5	2.76	+0.719	+0.553	+0.451	
6595	58		Oph	17 43 49.2	−21 41 09	F7 V:	4.87	+0.304	+0.150	+0.408	2.645
6629	62	γ	Oph	17 48 13.1	+02 42 19	A0 Van	3.75	+0.024	+0.165	+1.055	2.905
6714	67		Oph	18 00 58.3	+02 55 54	B5 Ib	3.97	+0.081	+0.020	+0.302	2.585
6723	68		Oph	18 02 05.0	+01 18 19	A0.5 Van	4.44*	+0.029	+0.137	+1.087	2.842
6743		θ	Ara	18 07 08.2	−50 05 25	B2 Ib	3.67	+0.007	+0.037	+0.006	2.582
6775	99		Her	18 07 16.5	+30 33 48	F7 V	5.06	+0.356	+0.136	+0.321	

BS=HR No.	Name		Right Ascension	Declination	Spectral Type	V	b−y	m₁	c₁	β
			h m s	o ′ ″						
6930		γ Sct	18 29 34.1	−14 33 40	A2 III⁻	4.69	+0.045	+0.147	+1.208	2.846
7069	111	Her	18 47 18.5	+18 11 21	A3 Va⁺	4.36	+0.061	+0.216	+0.942	2.895
7119			18 55 05.5	−15 35 40	B5 II	5.09	+0.175	+0.026	+0.468	2.626
7152		ε CrA	18 59 09.6	−37 05 54	F0 V	4.85*	+0.253	+0.161	+0.617	
7178	14	γ Lyr	18 59 11.2	+32 41 56	B9 II	3.24	+0.001	+0.093	+1.219	2.751
7235	17	ζ Aql	19 05 42.5	+13 52 25	A0 Vann	2.99	+0.012	+0.147	+1.080	2.873
7253			19 06 53.2	+28 38 21	F0 III	5.53	+0.176	+0.189	+0.747	2.756
7254		α CrA	19 09 54.8	−37 53 38	A2 IVn	4.11	+0.024	+0.181	+1.057	2.890
7328	1	κ Cyg	19 17 15.2	+53 22 50	G9 III	3.76	+0.579	+0.390	+0.430	
7340	44	ρ¹ Sgr	19 22 03.0	−17 50 04	F0 III−IV	3.93*	+0.130	+0.194	+0.950	2.809
7377	30	δ Aql	19 25 49.6	+03 07 41	F2 IV−V	3.37*	+0.203	+0.170	+0.711	2.733
7462	61	σ Dra	19 32 20.8	+69 40 20	K0 V	4.67	+0.472	+0.324	+0.266	
7469	13	θ Cyg	19 36 37.0	+50 14 11	F4 V	4.49	+0.262	+0.157	+0.502	2.689
7447	41	ι Aql	19 37 03.4	−01 16 18	B5 III	4.36	−0.017	+0.087	+0.574	2.704
7446	39	κ Aql	19 37 14.4	−07 00 45	B0.5 IIIn	4.95	+0.085	−0.024	−0.031	2.563
7479	5	α Sge	19 40 23.2	+18 01 45	G1 II	4.39	+0.489	+0.259	+0.471	
7503	16	Cyg	19 41 59.3	+50 32 25	G1.5 Vb	5.98	+0.410	+0.212	+0.368	
7504			19 42 02.4	+50 31 58	G3 V	6.23	+0.417	+0.223	+0.349	
7525	50	γ Aql	19 46 34.1	+10 37 46	K3 II	2.71	+0.936	+0.762	+0.292	
7534	17	Cyg	19 46 40.4	+33 44 35	F7 V	5.01	+0.312	+0.155	+0.436	
7557	53	α Aql	19 51 06.0	+08 53 09	A7 Vnn	0.76	+0.137	+0.178	+0.880	
7560	54	o Aql	19 51 20.3	+10 25 56	F8 V	5.13	+0.356	+0.182	+0.415	
7602	60	β Aql	19 55 37.9	+06 25 24	G8 IV	3.72*	+0.522	+0.303	+0.345	
7610	61	φ Aql	19 56 32.7	+11 26 29	A1 IV	5.29	−0.006	+0.178	+1.021	
7773	8	ν Cap	20 21 01.4	−12 44 18	B9.5 V	4.76	−0.020	+0.135	+1.011	2.853
7796	37	γ Cyg	20 22 27.7	+40 16 40	F8 Ib	2.23	+0.396	+0.296	+0.885	2.641
7858	3	η Del	20 34 15.5	+13 02 59	A3 IV	5.40	+0.023	+0.207	+0.983	2.918
7906	9	α Del	20 39 56.4	+15 56 07	B9 IV	3.77	−0.019	+0.125	+0.893	2.799
7949	53	ε Cyg	20 46 28.5	+33 59 42	K0 III	2.46	+0.627	+0.415	+0.425	
7936	16	ψ Cap	20 46 28.8	−25 14 50	F4 V	4.14	+0.278	+0.161	+0.465	2.673
7977	55 v1661	Cyg	20 49 09.6	+46 08 18	B2.5 Ia	4.86*	+0.356	−0.067	+0.153	2.530
7984	56	Cyg	20 50 18.8	+44 05 02	A4m	5.04	+0.108	+0.209	+0.897	2.844
8060	22	η Cap	21 04 46.4	−19 49 44	A5 V	4.86	+0.090	+0.191	+0.946	2.861
8085	61 v1803	CygA	21 07 11.5	+38 46 54	K5 V	5.21	+0.656	+0.677	+0.136	
8086	61	CygB	21 07 12.8	+38 46 27	K7 V	6.04	+0.792	+0.673	+0.063	
8143	67	σ Cyg	21 17 40.3	+39 25 20	B9 Iab	4.23	+0.138	+0.027	+0.571	2.583
8162	5	α Cep	21 18 44.1	+62 36 48	A7 V⁺n	2.45*	+0.125	+0.190	+0.936	2.808
8181		γ Pav	21 26 58.4	−65 20 11	F6 Vp	4.23	+0.333	+0.118	+0.315	2.613
8267	5	Peg	21 38 03.7	+19 20 53	F0 V⁺	5.47*	+0.199	+0.172	+0.890	2.734
8279	9 v337	Cep	21 38 05.7	+62 06 41	B2 Ib	4.73*	+0.275	−0.051	+0.135	2.558
8313	9	Peg	21 44 49.2	+17 22 48	G5 Ib	4.34	+0.706	+0.479	+0.346	
8344	13	Peg	21 50 27.3	+17 18 59	F2 III−IV	5.29*	+0.263	+0.156	+0.545	2.688
8353		γ Gru	21 54 19.2	−37 20 02	B8 IV−Vs	3.01	−0.045	+0.106	+0.726	
8425		α Gru	22 08 38.4	−46 55 45	B7 Vn	1.74	−0.058	+0.107	+0.568	2.729
8431	14	μ PsA	22 08 45.7	−32 57 24	A1 IVnn	4.50	+0.032	+0.167	+1.070	2.872
8454	29	π Peg	22 10 16.6	+33 12 37	F3 III	4.29	+0.304	+0.177	+0.778	
8494	23	ε Cep	22 15 16.6	+57 04 34	A9 IV	4.19*	+0.169	+0.192	+0.787	2.758
8551	35	Peg	22 28 11.3	+04 43 42	K0 III	4.79	+0.640	+0.420	+0.418	
8585	7	α Lac	22 31 33.6	+50 18 58	A1 Va	3.77	+0.001	+0.173	+1.030	2.906
8613	9	Lac	22 37 38.5	+51 34 44	A8 IV	4.65	+0.149	+0.172	+0.935	2.784

BS=HR No.	Name			Right Ascension	Declination	Spectral Type	V	$b-y$	m_1	c_1	β
				h m s	° ′ ″						
8622	10		Lac	22 39 33.2	+39 05 03	O9 V	4.89	−0.066	+0.037	−0.117	2.587
8634	42	ζ	Peg	22 41 47.2	+10 51 56	B8.5 III	3.40	−0.035	+0.114	+0.867	2.768
8630		β	Oct	22 46 41.4	−81 20 50	A7 III−IV	4.14	+0.124	+0.191	+0.915	2.817
8665	46	ξ	Peg	22 47 01.1	+12 12 23	F6 V	4.19	+0.330	+0.147	+0.407	
8675		ε	Gru	22 48 56.7	−51 16 57	A2 Va	3.49	+0.051	+0.161	+1.143	2.856
8709	76	δ	Aqr	22 54 59.7	−15 47 10	A3 IV−V	3.28	+0.036	+0.167	+1.157	2.890
8729	51		Peg	22 57 47.2	+20 48 14	G2.5 IVa	5.45	+0.415	+0.233	+0.372	
8728	24	α	PsA	22 58 00.5	−29 35 16	A3 Va	1.16	+0.039	+0.208	+0.985	2.906
8781	54	α	Peg	23 05 05.1	+15 14 25	A0 III−IV	2.48	−0.012	+0.130	+1.128	2.840
8826	59		Peg	23 12 03.9	+08 45 20	A3 Van	5.16	+0.076	+0.164	+1.091	2.820
8830	7		And	23 12 51.0	+49 26 30	F0 V	4.53	+0.188	+0.169	+0.713	
8848		γ	Tuc	23 17 48.3	−58 12 00	F2 V	3.99	+0.271	+0.143	+0.564	2.665
8880	62	ι	Peg	23 20 57.6	+23 46 34	A5 V	4.60*	+0.105	+0.166	+1.009	
8899				23 24 06.8	+32 34 02	F4 Vw	6.69	+0.321	+0.121	+0.404	
8954	16		PsC	23 36 43.2	+02 08 18	F6 Vbvw	5.69	+0.306	+0.122	+0.386	
8965	17	ι	And	23 38 27.4	+43 18 15	B8 V	4.29	−0.031	+0.100	+0.784	2.728
8969	17	ι	Psc	23 40 17.1	+05 39 42	F7 V	4.13	+0.331	+0.161	+0.398	2.621
8976	19	κ	And	23 40 43.8	+44 22 12	B8 IVn	4.14	−0.035	+0.131	+0.831	2.833
9072	28	ω	Psc	23 59 38.7	+06 53 57	F3 V	4.03	+0.271	+0.154	+0.631	2.667

Notes to Table

*   *V* magnitude may be or is variable.

HD No.	BS=HR No.	Name		Right Ascension	Declination	V	Spectral Type	v_r	
				h m s	° ′ ″			km/s	
693	33	6	Cet	00 11 35.7	−15 25 56	4.89	F5 V	+ 14.7	±0.2
3712	168	18	α Cas	00 40 52.8	+56 34 22	2.23	K0⁻IIIa	− 3.9	0.1
3765				00 41 10.8	+40 13 18	7.36	K2 V	− 63.0	0.2
4128	188	16	β Cet	00 43 54.9	−17 57 04	2.04	G9 III CH−1 CN 0.5 Ca 1	+ 13.1	0.1
4388				00 46 48.1	+30 59 13	7.34	K3 III	− 28.3	0.6
6655				01 05 30.5	−72 31 10	8.06	F8 V	+ 15.5	±0.5
8779	416			01 26 47.3	−00 21 56	6.41	K0 IV	− 5.0	0.6
9138	434	98	μ Psc	01 30 31.6	+06 10 38	4.84	K4 III	+ 35.4	0.5
12029				01 59 04.3	+29 24 41	7.44	K2 III	+ 38.6	0.5
12929	617	13	α Ari	02 07 32.5	+23 29 34	2.00	K2 IIIab	− 14.3	0.2
18884	911	92	α Cet	03 02 37.2	+04 06 54	2.53	M1.5 IIIa	− 25.8	±0.1
22484	1101	10	Tau	03 37 12.3	+00 25 19	4.28	F9 IV−V	+ 27.9	0.1
23169				03 44 16.6	+25 44 44	8.50	G2 V	+ 13.3	0.2
24331				03 50 48.9	−42 32 42	8.61	K2 V	+ 22.4	0.5
26162	1283	43	Tau	04 09 32.7	+19 37 33	5.50	K1 III	+ 23.9	0.6
29139	1457	87	α Tau	04 36 17.7	+16 31 19	0.85	K5⁺III	+ 54.1	±0.1
32963				05 08 19.9	+26 20 09	7.60	G5 IV	− 63.1	0.4
36079	1829	9	β Lep	05 28 31.4	−20 45 17	2.84	G5 II	− 13.5	0.1
39194				05 44 27.5	−70 08 20	8.09	K0 V	+ 14.2	0.4
		CD	−43° 2527	06 32 27.1	−43 31 32	8.65	K1 III	+ 13.1	0.5
48381				06 41 57.3	−33 28 35	8.49	K0 IV	+ 39.5	±0.5
51250	2593	18	μ CMa	06 56 24.5	−14 03 08	5.00	K2 III +B9 V:	+ 19.6	0.5
62509	2990	78	β Gem	07 45 42.8	+28 00 36	1.14	K0 IIIb	+ 3.3	0.1
65583				08 00 56.2	+29 11 31	6.97	G8 V	+ 12.5	0.4
65934				08 02 34.8	+26 37 10	7.70	G8 III	+ 35.0	0.3
66141	3145			08 02 36.2	+02 18 59	4.39	K2 IIIb Fe−0.5	+ 70.9	±0.3
75935				08 54 13.1	+26 53 18	8.46	G8 V	− 18.9	0.3
80170	3694			09 17 12.4	−39 25 44	5.33	K5 III−IV	0.0	0.2
81797	3748	30	α Hya	09 27 54.4	−08 41 13	1.98	K3 II−III	− 4.4	0.2
83443				09 37 27.1	−43 18 07	8.23	K0 V	+ 27.6	0.5
83516				09 38 18.9	−35 06 22	8.63	G8 IV	+ 42.0	±0.5
84441	3873	17	ε Leo	09 46 13.1	+23 44 39	2.98	G1 II	+ 4.8	0.1
90861				10 30 15.5	+28 32 52	6.88	K2 III	+ 36.3	0.4
92588	4182	33	Sex	10 41 44.0	−01 46 33	6.26	K1 IV	+ 42.8	0.1
101266				11 39 09.9	−45 23 55	9.30	G5 IV	+ 20.6	0.5
102494				11 48 16.6	+27 18 16	7.48	G9 IVw...	− 22.9	±0.3
102870	4540	5	β Vir	11 51 02.0	+01 43 41	3.61	F9 V	+ 5.0	0.2
103095	4550			11 53 21.1	+37 40 19	6.45	G8 Vp	− 99.1	0.3
107328	4695	16	Vir	12 20 40.8	+03 16 35	4.96	K0.5 IIIb Fe−0.5	+ 35.7	0.3
109379	4786	9	β Crv	12 34 43.8	−23 25 57	2.65	G5 IIb	− 7.0	0.0
111417				12 49 53.7	−45 51 40	8.30	K3 IV	− 16.0	±0.5
112299				12 55 47.3	+25 42 10	8.39	F8 V	+ 3.4	0.5
120223				13 49 30.4	−43 45 56	8.96	G8 IV−V	− 24.1	0.6
122693				14 03 10.0	+24 31 49	8.11	F8 V	− 6.3	0.2
124897	5340	16	α Boo	14 15 57.5	+19 08 56	−0.04	K1.5 III Fe−0.5	− 5.3	0.1

HD No.	BS=HR No.	Name		Right Ascension	Declination	V	Spectral Type	v_r	
				h m s	° ′ ″			km/s	
126053	5384			14 23 35.3	+01 12 41	6.27	G1 V	− 18.5	±0.4
132737				15 00 09.2	+27 08 05	7.64	K0 III	− 24.1	0.3
136202	5694	5	Ser	15 19 38.7	+01 44 28	5.06	F8 III−IV	+ 53.5	0.2
144579				16 05 10.3	+39 08 21	6.66	G8 IV	− 60.0	0.3
145001	6008	7	κ Her	16 08 22.1	+17 01 48	5.00	G5 III	− 9.5	0.2
146051	6056	1	δ Oph	16 14 41.2	−03 42 38	2.74	M0.5 III	− 19.8	±0.0
150798	6217		α TrA	16 49 21.5	−69 02 20	1.92	K2 IIb−IIIa	− 3.7	0.2
154417	6349			17 05 36.7	+00 41 36	6.01	F8.5 IV−V	− 17.4	0.3
157457	6468		κ Ara	17 26 30.5	−50 38 20	5.23	G8 III	+ 17.4	0.2
161096	6603	60	β Oph	17 43 47.6	+04 33 54	2.77	K2 III CN 0.5	− 12.0	0.1
168454	6859	19	δ Sgr	18 21 24.6	−29 49 29	2.70	K2.5 IIIa CN 0.5	− 20.0	±0.0
171391	6970			18 35 24.1	−10 58 18	5.14	G8 III	+ 6.9	0.2
176047				19 00 10.4	−34 27 43	8.10	K1 III	− 40.7	0.5
182572	7373	31	Aql	19 25 16.8	+11 57 31	5.16	G7 IV Hδ 1	−100.5	0.4
		BD	28° 3402	19 35 15.9	+29 06 07	8.88	F7 V	− 36.6	0.5
187691	7560	54	o Aql	19 51 20.3	+10 25 56	5.11	F8 V	+ 0.1	±0.3
193231				20 22 08.2	−54 47 31	8.39	G5 V	− 29.1	0.6
194071				20 22 53.8	+28 16 03	7.80	G8 III	− 9.8	0.1
196983				20 42 14.9	−33 51 52	9.08	K2 III	− 8.0	0.6
203638	8183	33	Cap	21 24 31.7	−20 49 26	5.41	K0 III	+ 21.9	0.1
204867	8232	22	β Aqr	21 31 54.0	−05 32 32	2.91	G0 Ib	+ 6.7	±0.1
212943	8551	35	Peg	22 28 11.3	+04 43 42	4.79	K0 III	+ 54.3	0.3
213014				22 28 30.5	+17 17 48	7.45	G9 III	− 39.7	0.0
213947				22 34 54.9	+26 37 55	6.88	K2	+ 16.7	0.3
219509				23 17 44.9	−66 53 04	8.71	K5 V	+ 62.3	0.5
222368	8969	17	ι Psc	23 40 17.1	+05 39 42	4.13	F7 V	+ 5.3	±0.2
223311	9014			23 48 52.5	−06 20 40	6.07	K4 III	− 20.4	0.1

Name		HD No.	Right Ascension	Declination	Type	Magnitude		Mag. Type	Epoch (2400000+)	Period	Spectral Type
						Max.	Min.				
			h m s	o ′ ″						d	
WW	Cet		00 11 44.7	−11 26 33	UGz:	9.3	16.8	p		31.2:	pec(UG)
S	Scl	1115	00 15 41.9	−32 00 33	M	5.5	13.6	v	42345	362.57	M3e−M9e(TC)
T	Cet	1760	00 22 06.0	−20 01 19	SRc	5.0	6.9	v	40562	158.9	M5−6SIIe
R	And	1967	00 24 22.7	+38 36 47	M	5.8	14.9	v	43135	409.33	S3,5e−S8,8e(M7e)
TV	Psc	2411	00 28 23.3	+17 55 45	SR	4.65	5.42	V	31387	49.1	M3III−M4IIIb
EG	And	4174	00 44 58.6	+40 42 53	Z And	7.08	7.8	V			M2IIIep
U	Cep	5679	01 02 55.0	+81 54 37	EA	6.75	9.24	V	51492.323	2.493	B7Ve + G8III−IV
RX	And		01 04 57.7	+41 20 03	UGz	10.3	14.0	v		14:	pec(UG)
ζ	Phe	6882	01 08 39.4	−55 12 40	EA	3.91	4.42	V	41957.6058	1.700	B6V + B9V
WX	Hyi		02 10 01.6	−63 16 50	UGsu	9.6	14.85	V		13.7:	pec(UG)
KK	Per	13136	02 10 42.9	+56 35 22	Lc	6.6	7.89	V			M1.0Iab−M3.5Iab
o	Cet	14386	02 19 40.5	−02 56 54	M	2.0	10.1	v	44839	331.96	M5e−M9e
VW	Ari	15165	02 27 06.6	+10 35 39	SX Phe	6.64	6.76	V		0.149	F0IV
U	Cet	15971	02 34 02.4	−13 07 13	M	6.8	13.4	v	42137	234.76	M2e−M6e
R	Tri	16210	02 37 26.1	+34 17 32	M	5.4	12.6	v	45215	266.9	M4IIIe−M8e
RZ	Cas	17138	02 49 31.3	+69 39 40	EA	6.18	7.72	V	48960.2122	1.195	A2.8V
R	Hor	18242	02 54 05.8	−49 51 48	M	4.7	14.3	v	41494	407.6	M5e−M8eII−III
ρ	Per	19058	03 05 35.7	+38 51 54	SRb	3.30	4.0	V		50:	M4IIb−IIIb
β	Per	19356	03 08 35.6	+40 58 49	EA	2.12	3.39	V	52207.684	2.867	B8V
λ	Tau	25204	04 01 02.5	+12 30 30	EA	3.37	3.91	V	47185.265	3.953	B3V + A4IV
VW	Hyi		04 09 08.7	−71 16 41	UGsu	8.4	14.4	v		27.3:	pec(UG)
R	Dor	29712	04 36 50.2	−62 03 52	SRb	4.8	6.6	v		338:	M8IIIe
HU	Tau	29365	04 38 38.9	+20 41 50	EA	5.85	6.68	V	42412.456	2.056	B8V
R	Cae	29844	04 40 43.6	−38 13 23	M	6.7	13.7	v	40645	390.95	M6e
R	Pic	30551	04 46 20.0	−49 14 04	SR	6.35	10.1	V	44922	170.9	M1IIe−M4IIe
R	Lep	31996	04 59 54.1	−14 47 49	M	5.5	11.7	v	42506	427.07	C7,6e(N6e)
ε	Aur	31964	05 02 26.2	+43 49 56	EA	2.92	3.83	V	35629	9892	A8Ia−F2epIa + BV
RX	Lep	33664	05 11 41.1	−11 50 29	SRb	5.0	7.4	v		60:	M6.2III
ΛR	Aur	34364	05 18 44.6	+33 46 26	EA	6.15	6.82	V	49706.3615	4.135	Ap(Hg−Mn) + B9V
TZ	Men	39780	05 28 59.6	−84 46 49	EA	6.19	6.87	V	39190.34	8.569	A1III + B9V:
β	Dor	37350	05 33 40.9	−62 29 08	δ Cep	3.46	4.08	V	40905.30	9.843	F4−G4Ia−II
SU	Tau	247925	05 49 27.8	+19 04 02	RCB	9.1	16.86	V			G0−1Iep(C1,0Hd)
α	Ori	39801	05 55 31.4	+07 24 28	SRc	0.0	1.3	v		2335	M1−M2Ia−Ibe
U	Ori	39816	05 56 12.3	+20 10 33	M	4.8	13.0	v	45254	368.3	M6e−M9.5e
SS	Aur		06 13 52.0	+47 44 17	UGss	10.3	15.8	v		55.5:	pec(UG)
η	Gem	42995	06 15 16.1	+22 30 16	SRa	3.15	3.9	V	37725	232.9	M3IIIab
T	Mon	44990	06 25 34.1	+07 04 54	δ Cep	5.58	6.62	V	43784.615	27.025	F7Iab−K1Iab + A0V
RT	Aur	45412	06 28 59.1	+30 29 19	δ Cep	5.00	5.82	V	42361.155	3.728	F4Ib−G1Ib
WW	Aur	46052	06 32 52.6	+32 26 59	EA	5.79	6.54	V	41399.305	2.525	A3m: + A3m:
IR	Gem		06 48 04.2	+28 04 17	UGsu	10.9	16.3	v		75:	pec(UG)
IS	Gem	49380	06 50 06.7	+32 35 56	SRc	6.6	7.3	p		47:	K3II
ζ	Gem	52973	07 04 29.6	+20 33 37	δ Cep	3.62	4.18	V	43805.927	10.151	F7Ib−G3Ib
L₂	Pup	56096	07 13 44.2	−44 39 02	SRb	2.6	6.2	v		140.6	M5IIIe−M6IIIe
R	CMa	57167	07 19 45.8	−16 24 28	EA	5.70	6.34	V	50015.6841	1.136	F1V
U	Mon	59693	07 31 06.1	−09 47 27	RVb	6.1	8.8	p	38496	91.32	F8eVIb−K0pIb(M2)
U	Gem	64511	07 55 28.3	+21 59 02	UGss+E	8.2	14.9	v		105.2:	pec(UG) + M4.5V
V	Pup	65818	07 58 25.7	−49 15 46	EB	4.35	4.92	V	45367.6063	1.454	B1Vp + B3:
AR	Pup		08 03 16.1	−36 36 55	RVb	8.7	10.9	p		74.58	F0I−II−F8I−II
AI	Vel	69213	08 14 18.0	−44 35 45	δ Sct	6.15	6.76	V		0.116	A2p−F2pIV/V
Z	Cam		08 25 56.2	+73 05 22	UGz	10.0	14.5	v		22:	pec(UG) + G1

Name		HD No.	Right Ascension	Declination	Type	Magnitude Max.	Magnitude Min.	Mag. Type	Epoch (2400000+)	Period	Spectral Type
			h m s	o ′ ″						d	
SW	UMa		08 37 11.8	+53 27 16	UGsu	9.7	16.50	V		460:	pec(UG)
AK	Hya	73844	08 40 11.5	−17 19 35	SRb	6.33	6.91	V		75:	M4III
VZ	Cnc	73857	08 41 13.2	+09 48 03	δ Sct	7.18	7.91	V	39897.4246	0.178	A7III−F2III
BZ	UMa		08 54 14.2	+57 47 11	UG	10.5	15.3	B		97:	pec(UG)
CU	Vel		08 58 47.5	−41 49 24	UGsu	10.0	15.5:	v		164.7:	
TY	Pyx	77137	08 59 59.4	−27 50 31	EA/RS	6.85	7.50	V	43187.2304	3.199	G5 + G5
CV	Vel	77464	09 00 50.3	−51 34 52	EA	6.69	7.19	V	42048.6689	6.889	B2.5V + B2.5V
SY	Cnc		09 01 25.3	+17 52 23	UGz	10.6	14.0	p		27:	pec(UG) + G
T	Pyx		09 04 57.7	−32 24 22	Nr	7.0	15.77	B	39501	7000:	pec(NOVA)
WY	Vel	81137	09 22 11.9	−52 35 32	Z And	8.8	10.2	p			M3epIb: + B
IW	Car	82085	09 27 02.4	−63 39 31	RVb	7.9	9.6	p	29401	67.5	F7−F8
R	Car	82901	09 32 24.4	−62 49 04	M	3.9	10.5	v	42000	308.71	M4e−M8e
S	Ant	82610	09 32 35.5	−28 39 24	EW	6.4	6.92	V	46516.428	0.648	A9Vn
W	UMa	83950	09 44 12.7	+55 55 21	EW	7.75	8.48	V	51276.3967	0.334	F8Vp + F8Vp
R	Leo	84748	09 47 54.4	+11 23 54	M	4.4	11.3	v	44164	309.95	M6e−M8IIIe−M9.5e
CH	UMa		10 07 30.6	+67 30 53	UG	10.7	15.9	B		204:	pec(UG) + K
S	Car	88366	10 09 34.4	−61 34 51	M	4.5	9.9	v	42112	149.49	K5e−M6e
η	Car	93309	10 45 18.8	−59 43 07	S Dor	−0.08	7.9	v			pec(E)
VY	UMa	92839	10 45 30.7	+67 22 38	Lb	5.87	7.0	V			C6,3(N0)
U	Car	95109	10 58 04.2	−59 46 01	δ Cep	5.72	7.02	V	37320.055	38.768	F6−G7Iab
VW	UMa	94902	10 59 28.1	+69 57 15	SR	6.85	7.71	V		610	M2
T	Leo		11 38 46.8	+03 19 57	UGsu	10	15.71	B			pec(UG)
BC	UMa		11 52 36.1	+49 12 32	UG	10.9	18.3	B			
RU	Cen	105578	12 09 44.2	−45 27 45	RV	8.7	10.7	p	28015.51	64.727	A7Ib−G2pe
S	Mus	106111	12 13 08.4	−70 11 16	δ Cep	5.89	6.49	V	40299.42	9.660	F6Ib−G0
RY	UMa	107397	12 20 45.9	+61 16 25	SRb	6.68	8.3	V		310:	M2−M3IIIc
SS	Vir	108105	12 25 34.4	+00 44 02	SRa	6.0	9.6	v	45361	364.14	C6,3e(Ne)
BO	Mus	109372	12 35 17.7	−67 47 34	Lb	5.85	6.56	V			M6II−III
R	Vir	109914	12 38 49.7	+06 57 11	M	6.1	12.1	v	45872	145.63	M3.5IIIe−M8.5e
R	Mus	110311	12 42 29.3	−69 26 35	δ Cep	5.93	6.73	V	26496.288	7.510	F7Ib−G2
UW	Cen		12 43 39.5	−54 33 49	RCB	9.1	<14.5	v			K
TX	CVn		12 45 00.8	+36 43 43	Z And	9.2	11.8	p			B1−B9Veq + K0III−M4
SW	Vir	114961	13 14 24.5	−02 50 29	SRb	6.40	7.90	V		150:	M7III
FH	Vir	115322	13 16 43.6	+06 28 13	SRb	6.92	7.45	V	40740	70:	M6III
V	CVn	115898	13 19 44.7	+45 29 35	SRa	6.52	8.56	V	43929	191.89	M4e−M6eIIIa:
R	Hya	117287	13 30 04.2	−23 18 53	M	3.5	10.9	v	43596	388.87	M6e−M9eS(TC)
BV	Cen		13 31 44.3	−55 00 34	UGss+E	10.7	13.6	v	40264.780	0.610	pec(UG)
T	Cen	119090	13 42 08.0	−33 37 48	SRa	5.5	9.0	v	43242	90.44	K0:e−M4II:e
V412	Cen	121518	13 57 54.8	−57 44 33	Lb	7.1	9.6	B			M3Iab/b−M7
θ	Aps	122250	14 05 59.0	−76 49 40	SRb	6.4	8.6	p		119	M7III
Z	Aps		14 07 28.4	−71 24 07	UGz	10.7	12.7	v		19:	
R	Cen	124601	14 17 02.7	−59 56 37	M	5.3	11.8	v	41942	505	M4e−M8IIe
δ	Lib	132742	15 01 19.2	−08 32 40	EA	4.91	5.90	V	48788.426	2.327	A0IV−V
i	Boo	133640	15 04 00.2	+47 37 44	EW	5.8	6.40	V	50945.4898	0.268	G2V + G2V
S	Aps		15 10 04.3	−72 05 13	RCB	9.6	15.2	v			C(R3)
GG	Lup	135876	15 19 22.1	−40 48 42	EB	5.49	6.0	B	47676.6274	1.850	B7V
τ⁴	Ser	139216	15 36 46.3	+15 04 49	SRb	5.89	7.07	V		100:	M5IIb−IIIa
R	CrB	141527	15 48 50.5	+28 08 14	RCB	5.71	14.8	V			C0,0(F8pep)
R	Ser	141850	15 50 59.7	+15 06 51	M	5.16	14.4	V	45521	356.41	M5IIIe−M9e
T	CrB	143454	15 59 46.5	+25 54 07	Nr	2.0	10.8	v	31860	29000:	M3III + pec(NOVA)

Name		HD No.	Right Ascension	Declination	Type	Magnitude Max.	Magnitude Min.	Mag. Type	Epoch (2400000+)	Period	Spectral Type
			h m s	o ′ ″						d	
AG	Dra		16 01 43.4	+66 47 06	Z And	8.9	11.8	p	38900	554	K3IIIep
AT	Dra	147232	16 17 21.9	+59 44 22	Lb	6.8	7.5	p			M4IIIa
U	Sco		16 22 53.3	−17 53 36	Nr	8.7	19.3	v	44049		pec(E)
g	Her	148783	16 28 51.4	+41 52 04	SRb	4.3	6.3	v		89.2	M6III
α	Sco	148478	16 29 48.4	−26 26 45	Lc	0.88	1.16	V			M1.5Iab−Ib
R	Ara	149730	16 40 17.3	−57 00 24	EA	6.0	6.9	p	25818.028	4.425	B9IV−V
AH	Her		16 44 26.1	+25 14 20	UGz	10.9	14.7	p		19.8:	pec(UG)
V1010	Oph	151676	16 49 50.0	−15 40 44	EB	6.1	7.00	V	50963.757	0.661	A5V
ζ¹	Sco	152236	16 54 27.3	−42 22 20	S Dor:	4.66	4.86	V			B1Iape
RS	Sco	152476	16 56 06.2	−45 06 47	M	6.2	13.0	v	44676	319.91	M5e−M9
V861	Sco	152667	16 57 03.2	−40 50 00	EB	6.07	6.40	V	43704.21	7.848	B0.5Iae
α¹	Her	156014	17 14 56.7	+14 23 00	SRc	2.74	4.0	V			M5Ib−II
VW	Dra	156947	17 16 34.2	+60 39 50	SRd:	6.0	7.0	v		170:	K1.5IIIb
U	Oph	156247	17 16 51.5	+01 12 13	EA	5.84	6.56	V	52066.758	1.677	B5V + B5V
u	Her	156633	17 17 34.0	+33 05 36	EA	4.69	5.37	V	48852.367	2.051	B1.5Vp + B5III
RY	Ara		17 21 35.2	−51 07 36	RV	9.2	12.1	p	30220	143.5	G5−K0
BM	Sco	160371	17 41 24.0	−32 13 03	SRd	6.8	8.7	p		815:	K2.5Ib
V703	Sco	160589	17 42 42.3	−32 31 33	δ Sct	7.58	8.04	V	42979.3923	0.115	A9−G0
X	Sgr	161592	17 47 58.2	−27 49 58	δ Cep	4.20	4.90	V	40741.70	7.013	F5−G2II
RS	Oph	162214	17 50 34.2	−06 42 34	Nr	4.3	12.5	v	39791		Ob + M2ep
V539	Ara	161783	17 51 00.2	−53 36 50	EA	5.66	6.18	V	48016.7171	3.169	B2V + B3V
OP	Her	163990	17 56 59.7	+45 21 01	SRb	5.85	6.73	V	41196	120.5	M5IIb−IIIa(S)
W	Sgr	164975	18 05 26.1	−29 34 45	δ Cep	4.29	5.14	V	43374.77	7.595	F4−G2Ib
VX	Sgr	165674	18 08 27.6	−22 13 22	SRc	6.52	14.0	V	36493	732	M4eIa−M10eIa
RS	Sgr	167647	18 18 02.1	−34 06 16	EA	6.01	6.97	V	20586.387	2.416	B3IV−V + A
RS	Tel		18 19 20.3	−46 32 43	RCB	9.0	<14.0	v			C(R0)
Y	Sgr	168608	18 21 45.9	−18 51 24	δ Cep	5.25	6.24	V	40762.38	5.773	F5−G0Ib−II
AC	Her	170756	18 30 32.8	+21 52 18	RVa	6.85	9.0	V	35097.8	75.01	F2PIb−K4e(C0.0)
T	Lyr		18 32 33.6	+37 00 14	Lb	7.84	9.6	V			C6,5(R6)
XY	Lyr	172380	18 38 19.4	+39 40 28	Lc	5.80	6.35	V			M4−5Ib−II
X	Oph	172171	18 38 39.8	+08 50 25	M	5.9	9.2	v	44729	328.85	M5e−M9e
R	Sct	173819	18 47 49.8	−05 41 52	RVa	4.2	8.6	v	44872	146.5	G0Iae−K2p(M3)Ibe
V	CrA	173539	18 47 59.0	−38 09 05	RCB	8.3	<16.5	v			C(r0)
β	Lyr	174638	18 50 19.2	+33 22 14	EB	3.25	4.36	V	52652.486	12.940	B8II−IIIep
FN	Sgr		18 54 17.7	−18 59 10	Z And	9	13.9	p			pec(E)
R	Lyr	175865	18 55 32.0	+43 57 18	SRb	3.88	5.0	V		46:	M5III
κ	Pav	174694	18 57 37.1	−67 13 28	δ Cep	3.91	4.78	V	40140.167	9.094	F5−G5I−II
FF	Aql	176155	18 58 32.1	+17 22 12	δ Cep	5.18	5.68	V	41576.428	4.471	F5Ia−F8Ia
MT	Tel	176387	19 02 41.0	−46 38 38	RRc	8.68	9.28	V	42206.350	0.317	A0W
R	Aql	177940	19 06 41.0	+08 14 25	M	5.5	12.0	v	43458	284.2	M5e−M9e
RY	Sgr	180093	19 16 58.2	−33 30 38	RCB	5.8	14.0	v			G0Iaep(C1,0)
RS	Vul	180939	19 17 56.6	+22 27 12	EA	6.79	7.83	V	32808.257	4.478	B4V + A2IV
U	Sge	181182	19 19 05.5	+19 37 22	EA	6.45	9.28	V	17130.4114	3.381	B8V + G2III−IV
UX	Dra	183556	19 21 21.4	+76 34 20	SRa:	5.94	7.1	V		168	C7,3(N0)
BF	Cyg		19 24 08.9	+29 41 16	Z And	9.3	13.4	p			Bep + M5III
CH	Cyg	182917	19 24 43.3	+50 15 16	Z And+SR	5.60	8.49	V			M7IIIab + Be
RR	Lyr	182989	19 25 40.4	+42 47 50	RRab	7.06	8.12	V	50238.499	0.567	A5.0−F7.0
CI	Cyg		19 50 26.3	+35 42 03	Z And+EA	9.9	13.1	p	11902	855.25	Bep + M5III
χ	Cyg	187796	19 50 48.9	+32 55 51	M	3.3	14.2	v	42140	408.05	S6,2e−S10,4e(MSe)
η	Aql	187929	19 52 48.2	+01 01 22	δ Cep	3.48	4.39	V	36084.656	7.177	F6Ib−G4Ib

Name		HD No.	Right Ascension	Declination	Type	Magnitude Max.	Magnitude Min.	Mag. Type	Epoch (2400000+)	Period	Spectral Type
			h m s	o ′ ″						d	
V505	Sgr	187949	19 53 28.4	−14 35 10	EA	6.46	7.51	V	50999.3118	1.183	A2V + F6:
V449	Cyg	188344	19 53 35.8	+33 58 03	Lb	7.4	9.07	B			M1—M4
S	Sge	188727	19 56 19.0	+16 39 08	δ Cep	5.24	6.04	V	42678.792	8.382	F6Ib—G5Ib
RR	Sgr	188378	19 56 20.6	−29 10 21	M	5.4	14.0	v	40809	336.33	M4e—M9e
RR	Tel		20 04 49.4	−55 42 26	Nc	6.5	16.5	p			pec
WZ	Sge		20 07 53.3	+17 43 26	UGwz/DQ	7.0	15.53	B		11900:	DAep(UG)
P	Cyg	193237	20 18 01.6	+38 03 12	S Dor	3	6	v			B1IApeq
V	Sge		20 20 31.3	+21 07 24	E+NL	8.6	13.9	v	37889.9154	0.514	pec(CONT + e)
EU	Del	196610	20 38 12.5	+18 17 30	SRb	5.79	6.9	V	41156	59.7	M6.4III
AE	Aqr		20 40 29.3	−00 50 51	NL/DQ	10.4	12.56	B			K2Ve + pec(e + CONT)
X	Cyg	197572	20 43 39.5	+35 36 41	δ Cep	5.85	6.91	V	43830.387	16.386	F7Ib—G8Ib
T	Vul	198726	20 51 44.8	+28 16 30	δ Cep	5.41	6.09	V	41705.121	4.435	F5Ib—G0Ib
T	Cep	202012	21 09 36.8	+68 31 03	M	5.2	11.3	v	44177	388.14	M5.5e—M8.8e
VY	Aqr		21 12 30.2	−08 48 00	UGwz	8.0	16.6	p	17796		
W	Cyg	205730	21 36 17.4	+45 24 14	SRb	6.80	8.9	B		131.1	M4e—M6e(TC:)III
EE	Peg	206155	21 40 21.1	+09 12 52	EA	6.93	7.51	V	45563.8916	2.628	A3MV + F5
V460	Cyg	206570	21 42 17.6	+35 32 24	SRb	5.57	7.0	V		180:	C6,4(N1)
SS	Cyg	206697	21 42 58.2	+43 36 58	UGss	7.7	12.4	v		49.5:	K5V + pec(UG)
RS	Gru	206379	21 43 29.6	−48 09 35	δ Sct	7.92	8.51	V	34325.2931	0.147	A6—A9IV—F0
μ	Cep	206936	21 43 42.4	+58 48 36	SRc	3.43	5.1	v		730	M2eIa
AG	Peg	207757	21 51 20.9	+12 39 22	Nc	6.0	9.4	v			WN6 + M3III
VV	Cep	208816	21 56 50.2	+63 39 24	EA+SRc	4.80	5.36	V	43360	7430	M2epIa—Iab + B8:eV
AR	Lac	210334	22 08 56.6	+45 46 28	EA/RS	6.08	6.77	V	49292.3444	1.983	G2IV−V + K0IV
RU	Peg		22 14 21.8	+12 44 12	UGss	9.0	13.2	v		74.3:	pec(UG) + G8IVn
π¹	Gru	212087	22 23 07.9	−45 54 54	SRb	5.41	6.70	V		150:	S5,7e
δ	Cep	213306	22 29 24.8	+58 26 55	δ Cep	3.48	4.37	V	36075.445	5.366	F5Ib—G1Ib
ER	Aqr	218074	23 05 46.4	−22 27 06	Lb	7.14	7.81	V			M3
Z	And	221650	23 33 58.8	+48 51 15	Z And	8.0	12.4	p			M2III + B1eq
R	Aqr	222800	23 44 09.6	−15 14 54	M	5.8	12.4	v	42398	386.96	M5e—M8.5e + pec
TX	Psc	223075	23 46 43.5	+03 31 22	Lb	4.79	5.20	V			C7,2(N0)(TC)
SX	Phe	223065	23 46 53.5	−41 32 50	SX Phe	6.76	7.53	V	38636.6170	0.055	A5—F4

Notes to Table

E	eclipsing	δ Sct	δ Scuti type
EA	eclipsing, Algol type	SR	semi-regular long period variable
EB	eclipsing, β Lyrae type	SRa	semi-regular, late spectral class, strong periodicities
EW	eclipsing, W Ursae Majoris type	SRb	semi-regular, late spectral class, weak periodicities
δ Cep	cepheid, classical type	SRc	semi-regular supergiant of late spectral class
CWa	cepheid, W Virginis type with longer than 8 day period	SRd	semi-regular giant or supergiant, spectrum F, G, or K
DQ	DQ Herculis type	UG	U Geminorum type dwarf nova
Lb	slow irregular variable	UGss	U Geminorum type dwarf nova of SS Cygni subtype
Lc	irregular supergiant variable of late spectral type	UGsu	U Geminorum type dwarf nova of SU Ursae Majoris subtype
M	Mira type long period variable	UGwz	U Geminorum type dwarf nova of WZ Sagittae subtype
Nc	very slow nova	UGz	U Geminorum type dwarf nova of Z Camelopardalis subtype
NL	nova-like variable	Z And	Z Andromedae type symbiotic star
Nr	recurrent nova	RRab	RR Lyrae variable with asymmetric light curves
RS	RS Canum Venaticorum type	RRc	RR Lyrae variable with symmetric sinusoidal light curves
RV	RV Tauri type	RCB	R Coronae Borealis variable
RVa	RV Tauri type with constant mean brightness	S Dor	S Doradus variable
RVb	RV Tauri type with varying mean brightness	SX Phe	SX Phoenicis variable
p	photographic magnitude	V	photoelectric magnitude obtained with visual "V" filter
v	visual magnitude	B	photoelectric magnitude obtained with blue "B" filter
:	uncertainty in period or type	<	fainter than the magnitude indicated

Name	Right Ascension	Declination	Type	L	Log (D_{25})	Log (R_{25})	P.A.	B_T^w	$B-V$	$U-B$	v_r
	h m s	° ′ ″					°				km/s
WLM	00 02 17	−15 24.9	IB(s)m	9.0	2.06	0.46	4	11.03	0.44	−0.21	− 118
NGC 0045	00 14 23.4	−23 08 42	SA(s)dm	7.3	1.93	0.16	142	11.32	0.71	−0.05	+ 468
NGC 0055	00 15 14	−39 09.7	SB(s)m: sp	5.6	2.51	0.76	108	8.42	0.55	+0.12	+ 124
NGC 0134	00 30 41.2	−33 12 30	SAB(s)bc	3.7	1.93	0.62	50	11.23	0.84	+0.23	+1579
NGC 0147	00 33 33.5	+48 32 40	dE5 pec		2.12	0.23	25	10.47	0.95		− 160
NGC 0185	00 39 19.3	+48 22 21	dE3 pec		2.07	0.07	35	10.10	0.92	+0.39	− 251
NGC 0205	00 40 43.3	+41 43 15	dE5 pec		2.34	0.30	170	8.92	0.85	+0.22	− 239
NGC 0221	00 43 03.2	+40 54 02	cE2		1.94	0.13	170	9.03	0.95	+0.48	− 205
NGC 0224	00 43 05.71	+41 18 16.3	SA(s)b	2.2	3.28	0.49	35	4.36	0.92	+0.50	− 298
NGC 0247	00 47 27.7	−20 43 29	SAB(s)d	6.8	2.33	0.49	174	9.67	0.56	−0.09	+ 159
NGC 0253	00 47 52.29	−25 15 10.0	SAB(s)c	3.3	2.44	0.61	52	8.04	0.85	+0.38	+ 250
SMC	00 52 52	−72 45.9	SB(s)m pec	7.0	3.50	0.23	45	2.70	0.45	−0.20	+ 175
NGC 0300	00 55 11.9	−37 38 56	SA(s)d	6.2	2.34	0.15	111	8.72	0.59	+0.11	+ 141
Sculptor	01 00 27	−33 40.4	dSph		[2.06]	0.17	99	9.5:	0.7		+ 107
IC 1613	01 05 08	+02 09.3	IB(s)m	9.5	2.21	0.05	50	9.88	0.67		− 230
NGC 0488	01 22 07.1	+05 17 27	SA(r)b	1.1	1.72	0.13	15	11.15	0.87	+0.35	+2267
NGC 0598	01 34 12.92	+30 41 35.8	SA(s)cd	4.3	2.85	0.23	23	6.27	0.55	−0.10	− 179
NGC 0613	01 34 36.21	−29 23 07.7	SB(rs)bc	3.0	1.74	0.12	120	10.73	0.68	+0.06	+1478
NGC 0628	01 37 02.8	+15 49 00	SA(s)c	1.1	2.02	0.04	25	9.95	0.56		+ 655
NGC 0672	01 48 16.2	+27 27 54	SB(s)cd	5.4	1.86	0.45	65	11.47	0.58	−0.10	+ 420
NGC 0772	01 59 41.1	+19 02 21	SA(s)b	1.2	1.86	0.23	130	11.09	0.78	+0.26	+2457
NGC 0891	02 22 57.8	+42 22 43	SA(s)b? sp	4.5	2.13	0.73	22	10.81	0.88	+0.27	+ 528
NGC 0908	02 23 22.6	−21 12 16	SA(s)c	1.5	1.78	0.36	75	10.83	0.65	0.00	+1499
NGC 0925	02 27 40.3	+33 36 28	SAB(s)d	4.3	2.02	0.25	102	10.69	0.57		+ 553
Fornax	02 40 15	−34 25.3	dSph		[2.26]	0.18	82	8.4:	0.62	+0.04	+ 53
NGC 1023	02 40 48.5	+39 05 27	SB(rs)0⁻		1.94	0.47	87	10.35	1.00	+0.56	+ 632
NGC 1055	02 42 05.2	+00 28 15	SBb: sp	3.9	1.88	0.45	105	11.40	0.81	+0.19	+ 995
NGC 1068	02 43 00.71	+00 00 51.2	(R)SA(rs)b	2.3	1.85	0.07	70	9.61	0.74	+0.09	+1135
NGC 1097	02 46 35.60	−30 14 51.6	SB(s)b	2.2	1.97	0.17	130	10.23	0.75	+0.23	+1274
NGC 1187	03 02 55.0	−22 50 31	SB(r)c	2.1	1.74	0.13	130	11.34	0.56	−0.05	+1397
NGC 1232	03 10 03.0	−20 33 17	SAB(rs)c	2.0	1.87	0.06	108	10.52	0.63	0.00	+1683
NGC 1291	03 17 32.7	−41 05 03	(R)SB(s)0/a		1.99	0.08		9.39	0.93	+0.46	+ 836
NGC 1313	03 18 20.7	−66 28 30	SB(s)d	7.0	1.96	0.12		9.2	0.49	−0.24	+ 456
NGC 1300	03 19 58.7	−19 23 16	SB(rs)bc	1.1	1.79	0.18	106	11.11	0.68	+0.11	+1568
NGC 1316	03 22 56.61	−37 11 06.5	SAB(s)0⁰ pec		2.08	0.15	50	9.42	0.89	+0.39	+1793
NGC 1344	03 28 35.6	−31 02 45	E5		1.78	0.24	165	11.27	0.88	+0.44	+1169
NGC 1350	03 31 23.5	−33 36 23	(R′)SB(r)ab	3.0	1.72	0.27	0	11.16	0.87	+0.34	+1883
NGC 1365	03 33 51.3	−36 07 07	SB(s)b	1.3	2.05	0.26	32	10.32	0.69	+0.16	+1663
NGC 1399	03 38 44.0	−35 25 48	E1 pec		1.84	0.03		10.55	0.96	+0.50	+1447
NGC 1395	03 38 46.7	−23 00 24	E2		1.77	0.12		10.55	0.96	+0.58	+1699
NGC 1398	03 39 08.6	−26 19 01	(R′)SB(r)ab	1.1	1.85	0.12	100	10.57	0.90	+0.43	+1407
NGC 1433	03 42 13.8	−47 12 05	(R′)SB(r)ab	2.7	1.81	0.04		10.70	0.79	+0.21	+1067
NGC 1425	03 42 27.4	−29 52 22	SA(s)b	3.2	1.76	0.35	129	11.29	0.68	+0.11	+1508
NGC 1448	03 44 44.8	−44 37 28	SAcd: sp	4.4	1.88	0.65	41	11.40	0.72	+0.01	+1165
IC 342	03 47 26.5	+68 06 58	SAB(rs)cd	2.0	2.33	0.01		9.10			+ 32

Name	Right Ascension	Declination	Type	L	Log (D_{25})	Log (R_{25})	P.A.	B_T^w	$B-V$	$U-B$	v_r
	h m s	° ′ ″					°				km/s
NGC 1512	04 04 07.0	−43 19 53	SB(r)a	1.1	1.95	0.20	90	11.13	0.81	+0.17	+ 889
IC 356	04 08 27.7	+69 49 46	SA(s)ab pec		1.72	0.13	90	11.39	1.32	+0.76	+ 888
NGC 1532	04 12 19.3	−32 51 28	SB(s)b pec sp	1.9	2.10	0.58	33	10.65	0.80	+0.15	+1187
NGC 1566	04 20 09.3	−54 55 22	SAB(s)bc	1.7	1.92	0.10	60	10.33	0.60	−0.04	+1492
NGC 1672	04 45 49.0	−59 14 10	SB(s)b	3.1	1.82	0.08	170	10.28	0.60	+0.01	+1339
NGC 1792	05 05 27.8	−37 58 19	SA(rs)bc	4.0	1.72	0.30	137	10.87	0.68	+0.08	+1224
NGC 1808	05 07 55.82	−37 30 16.8	(R)SAB(s)a		1.81	0.22	133	10.76	0.82	+0.29	+1006
LMC	05 23.5	−69 45	SB(s)m	5.8	3.81	0.07	170	.91	0.51	0.00	+ 313
NGC 2146	06 19 40.0	+78 21 13	SB(s)ab pec	3.4	1.78	0.25	56	11.38	0.79	+0.29	+ 890
Carina	06 41 46	−50 58.4	dSph		[2.25]	0.17	65	11.5:	0.7:		+ 223
NGC 2280	06 45 04.6	−27 38 44	SA(s)cd	2.2	1.80	0.31	163	10.9	0.60	+0.15	+1906
NGC 2336	07 28 10.3	+80 09 52	SAB(r)bc	1.1	1.85	0.26	178	11.05	0.62	+0.06	+2200
NGC 2366	07 29 36.4	+69 12 12	IB(s)m	8.7	1.91	0.39	25	11 43	0.58		+ 99
NGC 2442	07 36 22.5	−69 32 43	SAB(s)bc pec	2.5	1.74	0.05		11.24	0.82	+0.23	+1448
NGC 2403	07 37 27.9	+65 35 11	SAB(s)cd	5.4	2.34	0.25	127	8.93	0.47		+ 130
Holmberg II	08 19 46	+70 41.7	Im	8.0	1.90	0.10	15	11.10	0.44		+ 157
NGC 2613	08 33 39.9	−22 59 45	SA(s)b	3.0	1.86	0.61	113	11.16	0.91	+0.38	+1677
NGC 2683	08 53 05.6	+33 23 47	SA(rs)b	4.0	1.97	0.63	44	10.64	0.89	+0.27	+ 405
NGC 2768	09 12 07.6	+60 00 38	E6:		1.91	0.28	95	10.84	0.97	+0.46	+1335
NGC 2784	09 12 36.8	−24 11 57	SA(s)0⁰:		1.74	0.39	73	11.30	1.14	+0.72	+ 691
NGC 2835	09 18 10.6	−22 22 56	SB(rs)c	1.8	1.82	0.18	8	11.01	0.49	−0.12	+ 887
NGC 2841	09 22 29.47	+50 56 55.1	SA(r)b:	.5	1.91	0.36	147	10.09	0.87	+0.34	+ 637
NGC 2903	09 32 32.1	+21 28 20	SAB(rs)bc	2.3	2.10	0.32	17	9.68	0.67	+0.06	+ 556
NGC 2997	09 45 55.8	−31 13 16	SAB(rs)c	1.6	1.95	0.12	110	10.06	0.7	+0.3	+1087
NGC 2976	09 47 47.0	+67 53 10	SAc pec	6.8	1.77	0.34	143	10.82	0.66	0.00	+ 3
NGC 3031	09 56 04.856	+69 02 03.46	SA(s)ab	2.2	2.43	0.28	157	7.89	0.95	+0.48	− 36
NGC 3034	09 56 24.5	+69 38 55	I0		2.05	0.42	65	9.30	0.89	+0.31	+ 216
NGC 3109	10 03 30.1	−26 11 23	SB(s)m	8.2	2.28	0.71	93	10.39			+ 404
NGC 3077	10 03 49.9	+68 42 08	I0 pec		1.73	0.08	45	10.61	0.76	+0.14	+ 13
NGC 3115	10 05 33.4	−07 45 01	S0⁻		1.86	0.47	43	9.87	0.97	+0.54	+ 661
Leo I	10 08 48.4	+12 16 32	dSph		[1.82]	0.10	79	10.7	0.6	+0.1:	+ 285
Sextans	10 13.3	−01 39	dSph		[2.52]	0.91	56	11.0:			+ 224
NGC 3184	10 18 40.2	+41 23 29	SAB(rs)cd	3.5	1.87	0.03	135	10.36	0.58	−0.03	+ 591
NGC 3198	10 20 18.7	+45 31 02	SB(rs)c	2.6	1.93	0.41	35	10.87	0.54	−0.04	+ 663
NGC 3227	10 23 51.85	+19 49 55.3	SAB(s)a pec	3.5	1.73	0.17	155	11.1	0.82	+0.27	+1156
IC 2574	10 28 49.9	+68 22 43	SAB(s)m	8.0	2.12	0.39	50	10.80	0.44		+ 46
NGC 3319	10 39 32.2	+41 39 10	SB(rs)cd	3.8	1.79	0.26	37	11.48	0.41		+ 746
NGC 3344	10 43 52.4	+24 53 17	(R)SAB(r)bc	1.9	1.85	0.04		10.45	0.59	−0.07	+ 585
NGC 3351	10 44 18.3	+11 40 10	SB(r)b	3.3	1.87	0.17	13	10.53	0.80	+0.18	+ 777
NGC 3359	10 47 02.2	+63 11 23	SB(rs)c	3.0	1.86	0.22	170	11.03	0.46	−0.20	+1012
NGC 3368	10 47 06.26	+11 47 08.4	SAB(rs)ab	3.4	1.88	0.16	5	10.11	0.86	+0.31	+ 897
NGC 3377	10 48 03.0	+13 57 04	E5−6		1.72	0.24	35	11.24	0.86	+0.31	+ 692
NGC 3379	10 48 10.2	+12 32 50	E1		1.73	0.05		10.24	0.96	+0.53	+ 889
NGC 3384	10 48 37.5	+12 35 41	SB(s)0⁻:		1.74	0.34	53	10.85	0.93	+0.44	+ 735
NGC 3486	11 00 45.1	+28 56 24	SAB(r)c	2.6	1.85	0.13	80	11.05	0.52	−0.16	+ 681

Name	Right Ascension	Declination	Type	L	Log (D_{25})	Log (R_{25})	P.A.	B_T^w	$B-V$	$U-B$	v_r
	h m s	° ′ ″					°				km/s
NGC 3521	11 06 08.57	−00 04 15.8	SAB(rs)bc	3.6	2.04	0.33	163	9.83	0.81	+0.23	+ 804
NGC 3556	11 11 53.5	+55 38 21	SB(s)cd	5.7	1.94	0.59	80	10.69	0.66	+0.07	+ 694
NGC 3621	11 18 35.5	−32 50 58	SA(s)d	5.8	2.09	0.24	159	10.28	0.62	−0.08	+ 725
NGC 3623	11 19 16.2	+13 03 24	SAB(rs)a	3.3	1.99	0.53	174	10.25	0.92	+0.45	+ 806
NGC 3627	11 20 35.33	+12 57 21.1	SAB(s)b	3.0	1.96	0.34	173	9.65	0.73	+0.20	+ 726
NGC 3628	11 20 37.3	+13 33 12	Sb pec sp	4.5	2.17	0.70	104	10.28	0.80		+ 846
NGC 3631	11 21 24.8	+53 08 02	SA(s)c	1.8	1.70	0.02		11.01	0.58		+1157
NGC 3675	11 26 29.7	+43 32 59	SA(s)b	3.3	1.77	0.28	178	11.00			+ 766
NGC 3726	11 33 42.2	+46 59 36	SAB(r)c	2.2	1.79	0.16	10	10.91	0.49		+ 849
NGC 3923	11 51 21.6	−28 50 32	E4−5		1.77	0.18	50	10.8	1.00	+0.61	+1668
NGC 3938	11 53 09.6	+44 05 05	SA(s)c	1.1	1.73	0.04		10.90	0.52	−0.10	+ 808
NGC 3953	11 54 09.2	+52 17 26	SB(r)bc	1.8	1.84	0.30	13	10.84	0.77	+0.20	+1053
NGC 3992	11 57 56.1	+53 20 19	SB(rs)bc	1.1	1.88	0.21	68	10.60	0.77	+0.20	+1048
NGC 4038	12 02 12.9	−18 54 17	SB(s)m pec	4.2	1.72	0.23	80	10.91	0.65	−0.19	+1626
NGC 4039	12 02 13.6	−18 55 20	SB(s)m pec	5.3	1.72	0.29	171	11.10			+1655
NGC 4051	12 03 29.48	+44 29 42.5	SAB(rs)bc	3.3	1.72	0.13	135	10.83	0.65	−0.04	+ 720
NGC 4088	12 05 53.9	+50 30 12	SAB(rs)bc	3.9	1.76	0.41	43	11.15	0.59	−0.05	+ 758
NGC 4096	12 06 20.8	+47 26 31	SAB(rs)c	4.2	1.82	0.57	20	11.48	0.63	+0.01	+ 564
NGC 4125	12 08 25.3	+65 08 17	E6 pec		1.76	0.26	95	10.65	0.93	+0.49	+1356
NGC 4151	12 10 52.23	+39 22 10.7	(R′)SAB(rs)ab:		1.80	0.15	50	11.28	0.73	−0.17	+ 992
NGC 4192	12 14 08.1	+14 51 52	SAB(s)ab	2.9	1.99	0.55	155	10.95	0.81	+0.30	− 141
NGC 4214	12 15 58.9	+36 17 26	IAB(s)m	5.8	1.93	0.11		10.24	0.46	−0.31	+ 291
NGC 4216	12 16 14.2	+13 06 48	SAB(s)b:	3.0	1.91	0.66	19	10.99	0.98	+0.52	+ 129
NGC 4236	12 17 02	+69 25.3	SB(s)dm	7.6	2.34	0.48	162	10.05	0.42		0
NGC 4244	12 17 49.2	+37 46 17	SA(s)cd: sp	7.0	2.22	0.94	48	10.88	0.50		+ 242
NGC 4242	12 17 49.4	+45 34 59	SAB(s)dm	6.2	1.70	0.12	25	11.37	0.54		+ 517
NGC 4254	12 19 09.4	+14 22 50	SA(s)c	1.5	1.73	0.06		10.44	0.57	+0.01	+2407
NGC 4258	12 19 16.72	+47 16 04.4	SAB(s)bc	3.5	2.27	0.41	150	9.10	0.69		+ 449
NGC 4274	12 20 10.17	+29 34 42.7	(R)SB(r)ab	4.0	1.83	0.43	102	11.34	0.93	+0.44	+ 929
NGC 4293	12 21 32.53	+18 20 47.8	(R)SB(s)0/a		1.75	0.34	72	11.26	0.90		+ 943
NGC 4303	12 22 14.82	+04 26 15.5	SAB(rs)bc	2.0	1.81	0.05		10.18	0.53	−0.11	+1569
NGC 4321	12 23 14.6	+15 47 10	SAB(s)bc	1.1	1.87	0.07	30	10.05	0.70	−0.01	+1585
NGC 4365	12 24 48.2	+07 16 54	E3		1.84	0.14	40	10.52	0.96	+0.50	+1227
NGC 4374	12 25 23.512	+12 51 03.68	E1		1.81	0.06	135	10.09	0.98	+0.53	+ 951
NGC 4382	12 25 43.8	+18 09 19	SA(s)0⁺ pec		1.85	0.11		10.00	0.89	+0.42	+ 722
NGC 4395	12 26 08.2	+33 30 40	SA(s)m:	7.3	2.12	0.08	147	10.64	0.46		+ 319
NGC 4406	12 26 31.53	+12 54 36.9	E3		1.95	0.19	130	9.83	0.93	+0.49	− 248
NGC 4429	12 27 46.4	+11 04 18	SA(r)0⁺		1.75	0.34	99	11.02	0.98	+0.55	+1137
NGC 4438	12 28 05.31	+12 58 23.0	SA(s)0/a pec:		1.93	0.43	27	11.02	0.85	+0.35	+ 64
NGC 4449	12 28 30.0	+44 03 28	IBm	6.7	1.79	0.15	45	9.99	0.41	−0.35	+ 202
NGC 4450	12 28 49.23	+17 02 56.9	SA(s)ab	1.5	1.72	0.13	175	10.90	0.82		+1956
NGC 4472	12 30 06.58	+07 57 52.3	E2		2.01	0.09	155	9.37	0.96	+0.55	+ 912
NGC 4490	12 30 55.2	+41 36 26	SB(s)d pec	5.4	1.80	0.31	125	10.22	0.43	−0.19	+ 578
NGC 4486	12 31 09.153	+12 21 18.98	E+0−1 pec		1.92	0.10		9.59	0.96	+0.57	+1282
NGC 4501	12 32 18.83	+14 23 04.5	SA(rs)b	2.4	1.84	0.27	140	10.36	0.73	+0.24	+2279

Name	Right Ascension	Declination	Type	L	Log (D$_{25}$)	Log (R$_{25}$)	P.A.	B_T^w	$B-V$	$U-B$	v_r
	h m s	° ′ ″					°				km/s
NGC 4517	12 33 05.6	+00 04 44	SA(s)cd: sp	5.6	2.02	0.83	83	11.10	0.71		+1121
NGC 4526	12 34 22.81	+07 39 48.8	SAB(s)0⁰:		1.86	0.48	113	10.66	0.96	+0.53	+ 460
NGC 4527	12 34 28.38	+02 37 05.5	SAB(s)bc	3.3	1.79	0.47	67	11.38	0.86	+0.21	+1733
NGC 4535	12 34 40.09	+08 09 43.2	SAB(s)c	1.6	1.85	0.15	0	10.59	0.63	−0.01	+1957
NGC 4536	12 34 47.0	+02 09 07	SAB(rs)bc	2.0	1.88	0.37	130	11.16	0.61	−0.02	+1804
NGC 4548	12 35 46.0	+14 27 38	SB(rs)b	2.3	1.73	0.10	150	10.96	0.81	+0.29	+ 486
NGC 4552	12 35 59.6	+12 31 13	E0−1		1.71	0.04		10.73	0.98	+0.56	+ 311
NGC 4559	12 36 17.0	+27 55 27	SAB(rs)cd	4.3	2.03	0.39	150	10.46	0.45		+ 814
NGC 4565	12 36 40.11	+25 57 06.9	SA(s)b? sp	1.0	2.20	0.87	136	10.42	0.84		+1225
NGC 4569	12 37 09.45	+13 07 38.0	SAB(rs)ab	2.4	1.98	0.34	23	10.26	0.72	+0.30	− 236
NGC 4579	12 38 03.22	+11 46 57.2	SAB(rs)b	3.1	1.77	0.10	95	10.48	0.82	+0.32	+1521
NGC 4605	12 40 16.5	+61 34 25	SB(s)c pec	5.7	1.76	0.42	125	10.89	0.56	−0.08	+ 143
NGC 4594	12 40 19.729	−11 39 31.24	SA(s)a		1.94	0.39	89	8.98	0.98	+0.53	+1089
NGC 4621	12 42 22.0	+11 36 41	E5		1.73	0.16	165	10.57	0.94	+0.48	+ 430
NGC 4631	12 42 27.0	+32 30 21	SB(s)d	5.0	2.19	0.76	86	9.75	0.56		+ 608
NGC 4636	12 43 09.7	+02 39 08	E0−1		1.78	0.11	150	10.43	0.94	+0.44	+1017
NGC 4649	12 43 59.7	+11 31 01	E2		1.87	0.09	105	9.81	0.97	+0.60	+1114
NGC 4656	12 44 17.4	+32 08 11	SB(s)m pec	7.0	2.18	0.71	33	10.96	0.44		+ 640
NGC 4697	12 48 56.0	−05 50 09	E6		1.86	0.19	70	10.14	0.91	+0.39	+1236
NGC 4725	12 50 45.7	+25 27 57	SAB(r)ab pec	2.4	2.03	0.15	35	10.11	0.72	+0.34	+1205
NGC 4736	12 51 11.36	+41 05 06.0	(R)SA(r)ab	3.0	2.05	0.09	105	8.99	0.75	+0.16	+ 308
NGC 4753	12 52 42.1	−01 14 05	I0		1.78	0.33	80	10.85	0.90	+0.41	+1237
NGC 4762	12 53 15.6	+11 11 43	SB(r)0⁰? sp		1.94	0.72	32	11.12	0.86	+0.40	+ 979
NGC 4826	12 57 02.7	+21 38 53	(R)SA(rs)ab	3.5	2.00	0.27	115	9.36	0.84	+0.32	+ 411
NGC 4945	13 05 50.4	−49 30 11	SB(s)cd: sp	6.7	2.30	0.72	43	9.3			+ 560
NGC 4976	13 09 00.5	−49 32 25	E4 pec:		1.75	0.28	161	11.04	1.01	+0.44	+1453
NGC 5005	13 11 14.24	+37 01 28.7	SAB(rs)bc	3.3	1.76	0.32	65	10.61	0.80	+0.31	+ 948
NGC 5033	13 13 45.44	+36 33 34.4	SA(s)c	2.2	2.03	0.33	170	10.75	0.55		+ 877
NGC 5055	13 16 06.7	+41 59 43	SA(rs)bc	3.9	2.10	0.24	105	9.31	0.72		+ 504
NGC 5068	13 19 15.8	−21 04 23	SAB(rs)cd	4.7	1.86	0.06	110	10.7	0.67		+ 671
NGC 5102	13 22 19.9	−36 39 51	SA0⁻		1.94	0.49	48	10.35	0.72	+0.23	+ 468
NGC 5128	13 25 50.563	−43 03 10.07	E1/S0 + S pec		2.41	0.11	35	7.84	1.00		+ 559
NGC 5194	13 30 09.12	+47 09 42.3	SA(s)bc pec	1.8	2.05	0.21	163	8.96	0.60	−0.06	+ 463
NGC 5195	13 30 16.0	+47 13 58	I0 pec		1.76	0.10	79	10.45	0.90	+0.31	+ 484
NGC 5236	13 37 22.4	−29 53 52	SAB(s)c	2.8	2.11	0.05		8.20	0.66	+0.03	+ 514
NGC 5248	13 37 51.47	+08 51 09.3	SAB(rs)bc	1.8	1.79	0.14	110	10.97	0.65	+0.05	+1153
NGC 5247	13 38 24.20	−17 55 00.7	SA(s)bc	1.8	1.75	0.06	20	10.5	0.54	−0.11	+1357
NGC 5253	13 40 18.22	−31 40 22.5	Pec		1.70	0.41	45	10.87	0.43	−0.24	+ 404
NGC 5322	13 49 28.28	+60 09 30.1	E3−4		1.77	0.18	95	11.14	0.91	+0.47	+1915
NGC 5364	13 56 31.6	+04 58 59	SA(rs)bc pec	1.1	1.83	0.19	30	11.17	0.64	+0.07	+1241
NGC 5457	14 03 26.3	+54 19 03	SAB(rs)cd	1.1	2.46	0.03		8.31	0.45		+ 240
NGC 5585	14 20 00.5	+56 41 58	SAB(s)d	7.6	1.76	0.19	30	11.20	0.46	−0.22	+ 304
NGC 5566	14 20 39.6	+03 54 15	SB(r)ab	3.6	1.82	0.48	35	11.46	0.91	+0.45	+1505
NGC 5746	14 45 15.7	+01 55 39	SAB(rs)b? sp	4.5	1.87	0.75	170	11.29	0.97	+0.42	+1722
Ursa Minor	15 09 05	+67 12.1	dSph		[2.50]	0.35	53	11.5:	0.9?		− 250

Name	Right Ascension	Declination	Type	L	Log (D$_{25}$)	Log (R$_{25}$)	P.A.	B_T^w	$B-V$	$U-B$	v_r
	h m s	° ′ ″					°				km/s
NGC 5907	15 16 03.8	+56 18 19	SA(s)c: sp	3.0	2.10	0.96	155	11.12	0.78	+0.15	+ 666
NGC 6384	17 32 43.2	+07 03 21	SAB(r)bc	1.1	1.79	0.18	30	11.14	0.72	+0.23	+1667
NGC 6503	17 49 22.4	+70 08 34	SA(s)cd	5.2	1.85	0.47	123	10.91	0.68	+0.03	+ 43
Sgr Dw Sph	18 55.5	−30 28	dSph		[3.65]	0.5	106	3.8:	0.5?		+ 140
NGC 6744	19 10 23.0	−63 50 47	SAB(r)bc	3.3	2.30	0.19	15	9.14			+ 838
NGC 6822	19 45 19	−14 47.3	IB(s)m	8.5	2.19	0.06	5	9.0	0.79	+0.04:	− 54
NGC 6946	20 35 00.52	+60 10 35.8	SAB(rs)cd	2.3	2.06	0.07		9.61	0.80		+ 50
NGC 7090	21 36 55.7	−54 31 38	SBc? sp		1.87	0.77	127	11.33	0.61	−0.02	+ 854
IC 5152	22 03 06.9	−51 15 51	IA(s)m	8.4	1.72	0.21	100	11.06			+ 120
IC 5201	22 21 21.1	−46 00 10	SB(rs)cd	5.1	1.93	0.34	33	11.3			+ 914
NGC 7331	22 37 21.95	+34 26 58.6	SA(s)b	2.2	2.02	0.45	171	10.35	0.87	+0.30	+ 821
NGC 7410	22 55 22.9	−39 37 36	SB(s)a		1.72	0.51	45	11.24	0.93	+0.45	+1751
IC 1459	22 57 32.31	−36 25 38.6	E3−4		1.72	0.14	40	10.97	0.98	+0.51	+1691
IC 5267	22 57 35.7	−43 21 41	SA(rs)0/a		1.72	0.13	140	11.43	0.89	+0.37	+1713
NGC 7424	22 57 40.4	−41 02 09	SAB(rs)cd	4.0	1.98	0.07		10.96	0.48	−0.15	+ 941
NGC 7582	23 18 45.1	−42 20 07	(R′)SB(s)ab		1.70	0.38	157	11.37	0.75	+0.25	+1573
IC 5332	23 34 48.1	−36 03 55	SA(s)d	3.9	1.89	0.10		11.09			+ 706
NGC 7793	23 58 09.8	−32 33 18	SA(s)d	6.9	1.97	0.17	98	9.63	0.54	−0.09	+ 228

Alternate Names for Some Galaxies

Leo I	Regulus Dwarf
LMC	Large Magellanic Cloud
NGC 224	Andromeda Galaxy, M31
NGC 598	Triangulum Galaxy, M33
NGC 1068	M77, 3C 71
NGC 1316	Fornax A
NGC 3034	M82, 3C 231
NGC 4038/9	The Antennae
NGC 4374	M84, 3C 272.1
NGC 4486	Virgo A, M87, 3C 274
NGC 4594	Sombrero Galaxy, M104
NGC 4826	Black Eye Galaxy, M64
NGC 5055	Sunflower Galaxy, M63
NGC 5128	Centaurus A
NGC 5194	Whirlpool Galaxy, M51
NGC 5457	Pinwheel Galaxy, M101/2
NGC 6822	Barnard's Galaxy
Sgr Dw Sph	Sagittarius Dwarf Spheroidal Galaxy
SMC	Small Magellanic Cloud, NGC 292
WLM	Wolf-Lundmark-Melotte Galaxy

IAU Designation	Name	RA	Dec.	Appt. Diam.	Dist.	Log (age)	Mag. Mem.[1]	$E_{(B-V)}$	Metal- licity	Trumpler Class
		h m s	° ′ ″	′	pc	yr				
C0001−302	Blanco 1	00 04 27	−29 47 50	70.0	269	7.796	8	0.010	+0.23	IV 3 m
C0022+610	NGC 103	00 25 38	+61 21 33	4.0	3026	8.126	11	0.406		II 1 m
C0027+599	NGC 129	00 30 22	+60 15 15	19.0	1625	7.886	11	0.548		III 2 m
C0029+628	King 14	00 32 16	+63 12 09	6.0	2593	7.924	10	0.414		III 1 p
C0030+630	NGC 146	00 33 25	+63 20 15	7.0	3032	7.822		0.480		II 2 p
C0036+608	NGC 189	00 39 58	+61 07 50	5.0	752	7.00		0.42		III 1 p
C0040+615	NGC 225	00 44 02	+61 48 38	12.0	657	8.114		0.274		III 1 pn
C0039+850	NGC 188	00 48 10	+85 17 25	17.0	2047	9.632	10	0.082	−0.010	I 2 r
C0048+579	King 2	00 51 23	+58 13 07	5.0	5750	9.78	17	0.31		II 2 m
	IC 1590	00 53 12	+56 39 49	4.0	2940	6.54		0.32		
C0112+598	NGC 433	01 15 36	+60 09 39	2.0	2323	7.50	9	0.86		III 2 p
C0112+585	NGC 436	01 16 23	+58 50 45	5.0	3014	7.926	10	0.460		I 2 m
C0115+580	NGC 457	01 20 00	+58 19 14	20.0	2429	7.324	6	0.472		II 3 r
C0126+630	NGC 559	01 29 58	+63 20 24	6.0	1258	7.748	9	0.790		I 1 m
C0129+604	NGC 581	01 33 49	+60 41 00	5.0	2194	7.336	9	0.382		II 2 m
C0132+610	Trumpler 1	01 36 08	+61 18 59	3.0	2563	7.60	10	0.582		II 2 p
C0139+637	NGC 637	01 43 32	+64 04 21	3.0	2160	6.980	8	0.634		I 2 m
C0140+616	NGC 654	01 44 27	+61 55 03	5.0	2041	7.148	10	0.868		II 2 r
C0140+604	NGC 659	01 44 51	+60 42 21	5.0	1938	7.548	10	0.652		I 2 m
C0144+717	Collinder 463	01 46 17	+71 50 33	57.0	702	8.373		0.259		III 2 m
C0142+610	NGC 663	01 46 36	+61 16 02	14.0	1952	7.209	9	0.780		II 3 r
C0149+615	IC 166	01 52 58	+61 51 55	7.0	3970	8.629	17	1.050	−0.178	II 1 r
C0154+374	NGC 752	01 58 04	+37 48 59	75.0	457	9.050	8	0.034	−0.088	II 2 r
C0155+552	NGC 744	01 58 59	+55 30 17	5.0	1207	8.248	10	0.384		III 1 p
C0211+590	Stock 2	02 15 11	+59 30 54	60.0	303	8.23		0.38		I 2 m
C0215+569	NGC 869	02 19 28	+57 09 29	18.0	2079	7.069	7	0.575		I 3 r
C0218+568	NGC 884	02 22 46	+57 09 58	18.0	2345	7.032	7	0.560		I 3 r
C0225+604	Marcarian 6	02 30 05	+60 40 43	5.0	698	7.214	8	0.606		III 1 P
C0228+612	IC 1805	02 33 12	+61 28 42	20.0	1886	6.822	9	0.822		II 3 mn
C0233+557	Trumpler 2	02 37 21	+55 56 35	17.0	651	8.169		0.324		II 2 p
C0238+425	NGC 1039	02 42 30	+42 47 21	35.0	499	8.249	9	0.070	−0.30	II 3 r
C0238+613	NGC 1027	02 43 10	+61 37 21	20.0	772	8.203	9	0.325		II 3 mn
C0247+602	IC 1848	02 51 42	+60 27 35	18.0	2002	6.840		0.598		I 3 pn
C0302+441	NGC 1193	03 06 22	+44 24 30	3.0	4300	9.90	14	0.12	−0.293	I 2 m
	NGC 1252	03 10 59	−57 44 32	14.0	640	9.48		0.02		
C0311+470	NGC 1245	03 15 09	+47 15 38	40.0	2800	9.02	12	0.68	+0.10	II 2 r
C0318+484	Melotte 20	03 24 47	+49 53 04	300.0	185	7.854	3	0.090		III 3 m
C0328+371	NGC 1342	03 32 03	+37 23 54	15.0	665	8.655	8	0.319	−0.16	III 2 m
C0341+321	IC 348	03 44 59	+32 11 00	8.0	385	7.641		0.929		
C0344+239	Melotte 22	03 47 23	+24 08 11	120.0	150	8.131	3	0.030	−0.03	I 3 rn
C0400+524	NGC 1496	04 05 02	+52 40 45	4.0	1230	8.80	12	0.45		III 2 p
C0403+622	NGC 1502	04 08 25	+62 20 55	8.0	821	7.051	7	0.759		I 3 m
C0406+493	NGC 1513	04 10 26	+49 31 54	10.0	1320	8.11	11	0.67		II 1 m
C0411+511	NGC 1528	04 15 53	+51 13 51	16.0	776	8.568	10	0.258		II 2 m
C0417+448	Berkeley 11	04 21 04	+44 55 55	5.0	2200	8.041	15	0.95		II 2 m
C0417+501	NGC 1545	04 21 26	+50 16 06	18.0	711	8.448	9	0.303	−0.060	IV 2 p
C0424+157	Melotte 25	04 27 16	+15 52 51	330.0	45	8.896	4	0.010	+0.13	
C0443+189	NGC 1647	04 46 18	+19 07 35	40.0	540	8.158	9	0.370		II 2 r
C0445+108	NGC 1662	04 48 49	+10 56 52	20.0	437	8.625	9	0.304	−0.095	II 3 m
C0447+436	NGC 1664	04 51 34	+43 41 08	9.0	1199	8.465	10	0.254		

IAU Designation	Name	RA	Dec.	Appt. Diam.	Dist.	Log (age)	Mag. Mem.[1]	$E_{(B-V)}$	Metal- licity	Trumpler Class
		h m s	° ′ ″	′	pc	yr				
C0504+369	NGC 1778	05 08 30	+37 01 53	8.0	1469	8.155		0.336		III 2 p
C0509+166	NGC 1817	05 12 38	+16 41 51	16.0	1972	8.612	9	0.334	−0.268	IV 2 r
C0518−685	NGC 1901	05 18 13	−68 25 48	40.0	415	8.92		0.06		III 3 m
C0519+333	NGC 1893	05 23 10	+33 25 03	25.0	6000	6.48		0.45		II 3 rn
C0520+295	Berkeley 19	05 24 31	+29 36 20	4.0	4831	9.49	15	0.40	−0.50	II 1 m
C0524+352	NGC 1907	05 28 31	+35 19 48	7.0	1556	8.567	11	0.415		I 1 mn
C0524+343	Stock 8	05 28 33	+34 25 42	15.0	1821	7.056		0.445		
C0525+358	NGC 1912	05 29 06	+35 51 12	20.0	1066	8.463	8	0.248		II 2 r
C0532+099	Collinder 69	05 35 27	+09 56 14	70.0	441	7.050		0.103		
C0532−059	NGC 1980	05 35 43	−05 54 40	20.0	500			0.00		III 3 mn
C0532+341	NGC 1960	05 36 44	+34 08 37	10.0	1318	7.468	9	0.222		I 3 r
C0536−026	Sigma Orionis	05 39 02	−02 35 48	10.0	399	7.11		0.05		III 1 p
C0535+379	Stock 10	05 39 27	+37 56 12	25.0	380	8.35		0.065		IV 2 p
C0546+336	King 8	05 49 50	+33 38 06	4.0	6403	8.618	15	0.580	−0.460	II 2 m
C0548+217	Berkeley 21	05 52 05	+21 47 05	5.0	5000	9.34	6	0.76	−0.835	I 2
C0549+325	NGC 2099	05 52 44	+32 33 16	14.0	1383	8.540	11	0.302	+0.089	I 2 r
C0600+104	NGC 2141	06 03 17	+10 26 46	10.0	4033	9.231	15	0.250	−0.262	I 2 r
C0601+240	IC 2157	06 05 14	+24 03 18	5.0	2040	7.800	12	0.548		II 1 p
C0604+241	NGC 2158	06 07 49	+24 05 44	5.0	5071	9.023	15	0.360	−0.25	
C0605+139	NGC 2169	06 08 46	+13 57 49	5.0	1052	7.067		0.199		III 3 m
C0605+243	NGC 2168	06 09 24	+24 20 55	25.0	912	8.25	8	0.20	−0.160	III 3 r
C0606+203	NGC 2175	06 10 02	+20 29 06	22.0	1627	6.953	8	0.598		III 3 rn
C0609+054	NGC 2186	06 12 28	+05 27 23	5.0	1445	7.738	12	0.272		II 2 m
C0611+128	NGC 2194	06 14 07	+12 48 16	9.0	3781	8.515	13	0.383		II 2 r
C0613−186	NGC 2204	06 15 50	−18 40 03	10.0	2629	8.896	13	0.085	−0.32	II 2 r
C0618−072	NGC 2215	06 21 08	−07 17 12	7.0	1293	8.369	11	0.300		II 2 m
C0624−047	NGC 2232	06 27 34	−04 45 46	53.0	359	7.727		0.030		III 2 p
C0627−312	NGC 2243	06 29 49	−31 17 17	5.0	4458	9.032		0.051	−0.49	I 2 r
C0629+049	NGC 2244	06 32 16	+04 56 12	29.0	1445	6.896	7	0.463		II 3 rn
C0632+084	NGC 2251	06 34 59	+08 21 40	10.0	1329	8.427		0.186	−0.080	III 2 m
C0634+094	Trumpler 5	06 37 03	+09 25 39	15.4	2400	9.70	17	0.60	−0.30	III 1 rn
C0635+020	Collinder 110	06 38 44	+02 00 38	18.0	1950	9.15		0.50		
C0638+099	NGC 2264	06 41 19	+09 53 19	39.0	667	6.954	5	0.051	−0.15	III 3 mn
C0640+270	NGC 2266	06 43 43	+26 57 47	5.0	3400	8.80	11	0.10		II 2 m
C0644−206	NGC 2287	06 46 18	−20 45 50	39.0	693	8.385	8	0.027	+0.040	I 3 r
C0645+411	NGC 2281	06 48 44	+41 04 15	25.0	558	8.554	8	0.063	+0.13	I 3 m
C0649+005	NGC 2301	06 52 05	+00 27 07	14.0	872	8.216	8	0.028	+0.060	I 3 r
C0649−070	NGC 2302	06 52 14	−07 05 29	5.0	1182	7.847	12	0.207		III 2 m
C0649+030	Berkeley 28	06 52 32	+02 55 30	3.0	2557	7.846	15	0.761		I 1 p
C0655+065	Berkeley 32	06 58 27	+06 25 27	6.0	3100	9.53	14	0.16	−0.50	II 2 r
C0700−082	NGC 2323	07 03 01	−08 23 35	14.0	1000	8.11	9	0.22		II 3 r
C0701+011	NGC 2324	07 04 27	+01 02 06	10.6	3800	8.65	12	0.25	−0.31	II 2 r
C0704−100	NGC 2335	07 07 08	−10 02 20	6.0	1417	8.210	10	0.393	−0.030	III 2 mn
C0705−105	NGC 2343	07 08 24	−10 37 38	5.0	1056	7.104	8	0.118	−0.30	II 2 pn
C0706−130	NGC 2345	07 08 36	−13 12 14	12.0	2251	7.853	9	0.616		II 3 r
C0712−256	NGC 2354	07 14 26	−25 42 06	18.0	4085	8.126		0.307		III 2 r
C0712−102	NGC 2353	07 14 48	−10 16 42	18.0	1119	7.974	9	0.072		III 3 p
C0712−310	Collinder 132	07 15 35	−30 41 42	80.0	472	7.080		0.037		III 3 p
C0714+138	NGC 2355	07 17 21	+13 44 17	7.0	2200	8.85	13	0.12	−0.07	II 2 m
C0715−367	Collinder 135	07 17 31	−36 49 43	50.0	316	7.407		0.032		

IAU Designation	Name	RA	Dec.	Appt. Diam.	Dist.	Log (age)	Mag. Mem.[1]	$E_{(B-V)}$	Metal-licity	Trumpler Class
		h m s	° ′ ″	′	pc	yr				
C0715−155	NGC 2360	07 18 01	−15 39 13	13.0	1887	8.749		0.111	−0.150	I 3 r
C0716−248	NGC 2362	07 18 57	−24 58 02	5.0	1389	6.914	8	0.095		I 3 r
C0717−130	Haffner 6	07 20 24	−13 08 45	6.0	3054	8.826	16	0.450		IV 2 m
C0721−131	NGC 2374	07 24 14	−13 16 35	12.0	1468	8.463		0.090		IV 2 p
C0722−321	Collinder 140	07 24 42	−31 51 47	60.0	405	7.548		0.030	−0.10	III 3 m
C0722−261	Ruprecht 18	07 24 55	−26 13 47	7.0	1056	7.648		0.700	−0.010	
C0722−209	NGC 2384	07 25 27	−21 02 05	5.0	2116	6.904		0.255		IV 3 p
C0724−476	Melotte 66	07 26 34	−47 40 48	14.0	4313	9.445		0.143	−0.354	II 1 r
C0731−153	NGC 2414	07 33 30	−15 28 04	5.0	3455	6.976		0.508		I 3 m
C0734−205	NGC 2421	07 36 30	−20 37 35	6.0	2200	7.90	11	0.42		I 2 r
C0734−143	NGC 2422	07 36 53	−14 29 53	25.0	490	7.861	5	0.070		I 3 m
C0734−137	NGC 2423	07 37 24	−13 53 12	12.0	766	8.867		0.097	+0.143	II 2 m
C0735−119	Melotte 71	07 37 48	−12 04 54	7.0	3154	8.371		0.113	−0.30	II 2 r
C0735+216	NGC 2420	07 38 46	+21 33 30	5.0	3085	9.048	11	0.029	−0.38	I 1 r
C0738−334	Bochum 15	07 40 21	−33 32 55	3.0	2806	6.742		0.576		IV 2 pn
C0738−315	NGC 2439	07 41 00	−31 42 31	9.0	3855	7.251	9	0.407		II 3 r
C0739−147	NGC 2437	07 42 04	−14 49 32	20.0	1375	8.390	10	0.154	+0.059	II 2 r
C0742−237	NGC 2447	07 44 47	−23 52 21	10.0	1037	8.588	9	0.046		I 3 r
C0744−044	Berkeley 39	07 47 01	−04 36 59	7.0	4780	9.90	16	0.12	−0.26	II 2 r
C0745−271	NGC 2453	07 47 51	−27 12 41	4.0	2150	7.187		0.446		I 3 m
C0746−261	Ruprecht 36	07 48 39	−26 18 59	5.0	1681	7.606	12	0.166		IV 1 m
C0750−384	NGC 2477	07 52 24	−38 32 49	15.0	1222	8.848	12	0.279	−0.13	I 2 r
C0752−241	NGC 2482	07 55 29	−24 16 33	10.0	1343	8.604		0.093	+0.120	IV 1 m
C0754−299	NGC 2489	07 56 31	−30 04 51	6.0	3957	7.264	11	0.374	+0.080	I 2 m
C0757−607	NGC 2516	07 58 10	−60 46 16	30.0	409	8.052	7	0.101	+0.060	I 3 r
C0757−284	Ruprecht 44	07 59 07	−28 36 05	10.0	4730	6.941	12	0.619		IV 2 m
C0757−106	NGC 2506	08 00 20	−10 47 17	12.0	3460	9.045	11	0.081	−0.376	I 2 r
C0803−280	NGC 2527	08 05 14	−28 09 56	10.0	601	8.649		0.038	−0.09	II 2 m
C0805−297	NGC 2533	08 07 20	−29 54 09	5.0	3379	8.876		0.047		II 2 r
C0809−491	NGC 2547	08 10 20	−49 14 04	25.0	455	7.557	7	0.041	−0.160	I 3 m
C0808−126	NGC 2539	08 10 55	−12 50 16	9.0	1363	8.570	9	0.082	+0.137	III 2 m
C0810−374	NGC 2546	08 12 29	−37 36 53	70.0	919	7.874	7	0.134	+0.120	III 2 m
C0811−056	NGC 2548	08 14 02	−05 46 12	30.0	769	8.557	8	0.031	+0.080	I 3 r
C0816−304	NGC 2567	08 18 48	−30 39 38	7.0	1677	8.469	11	0.128	−0.09	II 2 m
C0816−295	NGC 2571	08 19 12	−29 46 14	8.0	1342	7.488		0.137	+0.05	II 3 m
C0835−394	Pismis 5	08 37 52	−39 36 23	2.0	869	7.197		0.421		
C0837−460	NGC 2645	08 39 16	−46 15 23	3.0	1668	7.283	9	0.380		II 3 p
C0838−459	Waterloo 6	08 40 37	−46 09 24	2.0	1578	7.671		0.243		II 3 p
C0838−528	IC 2391	08 40 43	−53 03 24	60.0	175	7.661	4	0.008	−0.09	II 3 m
C0837+201	NGC 2632	08 40 46	+19 38 36	70.0	187	8.863	6	0.009	+0.142	II 3 m
C0839−461	Pismis 8	08 41 49	−46 17 24	3.0	1312	7.427	10	0.706		II 2 p
	Mamajek 1	08 41 52	−79 03 02	40.0	97	6.9		0.00		
C0839−480	IC 2395	08 42 43	−48 08 13	18.6	800	6.80		0.09	+0.02	II 3 m
C0840−469	NGC 2660	08 42 51	−47 13 25	3.5	2826	9.033	13	0.313	−0.181	I 1 r
C0843−486	NGC 2670	08 45 43	−48 49 26	7.0	1188	7.690	13	0.430		III 2 m
C0843−527	NGC 2669	08 46 33	−52 58 20	20.0	1046	7.927		0.180		III 3 m
C0846−423	Trumpler 10	08 48 08	−42 28 27	29.0	424	7.542		0.034		II 3 m
C0847+120	NGC 2682	08 51 39	+11 46 31	25.0	908	9.409	9	0.059	−0.15	II 3 r
C0914−364	NGC 2818	09 16 17	−36 39 08	9.0	1855	8.626		0.121	−0.17	III 1 m
	NGC 2866	09 22 20	−51 07 41	2.0	1901	7.656		0.628		

IAU Designation	Name	RA	Dec.	Appt. Diam.	Dist.	Log (age)	Mag. Mem.[1]	$E_{(B-V)}$	Metal— licity	Trumpler Class
		h m s	o ′ ″	′	pc	yr				
C0922−515	Ruprecht 76	09 24 26	−51 41 41	5.0	1262	7.734	13	0.376		IV 2 p
C0925−549	Ruprecht 77	09 27 16	−55 08 42	5.0	4129	7.501	14	0.622		II 1 m
C0926−567	IC 2488	09 27 50	−57 01 43	18.0	1134	8.113	10	0.231	+0.10	II 3 r
C0927−534	Ruprecht 78	09 29 23	−53 43 43	3.0	1641	7.987	15	0.350		II 2 m
C0939−536	Ruprecht 79	09 41 12	−53 52 47	5.0	1979	7.093	11	0.717		III 2 p
C1001−598	NGC 3114	10 02 49	−60 09 06	35.0	911	8.093	9	0.069	+0.022	
C1019−514	NGC 3228	10 21 37	−51 45 40	5.0	544	7.932		0.028		
C1022−575	Westerlund 2	10 24 16	−57 47 59	2.0	6400	6.30		1.675		IV 1 pn
C1025−573	IC 2581	10 27 44	−57 39 00	5.0	2446	7.142		0.415	−0.34	II 2 pn
C1028−595	Collinder 223	10 32 30	−60 03 13	18.0	2820	8.0		0.25		II 2 m
C1033−579	NGC 3293	10 36 06	−58 15 50	6.0	2327	7.014	8	0.263		
C1035−583	NGC 3324	10 37 35	−58 40 32	12.0	2317	6.754		0.438		
C1036−538	NGC 3330	10 39 02	−54 09 26	4.0	894	8.229		0.050		III 2 m
C1040−588	Bochum 10	10 42 27	−59 10 03	20.0	2027	6.857		0.306		II 3 mn
C1041−641	IC 2602	10 43 12	−64 26 03	100.0	161	7.507	3	0.024	−0.09	I 3 r
C1041−593	Trumpler 14	10 44 11	−59 35 03	5.0	2500	6.30		0.57		
C1041−597	Collinder 228	10 44 15	−60 07 15	14.0	2201	6.830		0.342		
C1042−591	Trumpler 15	10 44 58	−59 24 03	14.0	1853	6.926		0.434		III 2 pn
C1043−594	Trumpler 16	10 45 25	−59 45 03	10.0	3900	6.70		0.61		
C1045−598	Bochum 11	10 47 30	−60 07 04	21.0	2412	6.764		0.576		IV 3 pn
C1054−589	Trumpler 17	10 56 40	−59 14 05	5.0	2189	7.706		0.605		
C1055−614	Bochum 12	10 57 40	−61 45 05	10.0	2218	7.61		0.24		III 3 p
C1057−600	NGC 3496	10 59 52	−60 22 18	8.0	990	8.471		0.469		II 1 r
	Sher 1	11 01 20	−60 16 06	1.0	5875	6.713		1.374		
C1059−595	Pismis 17	11 01 22	−59 51 06	6.0	3504	7.023	9	0.471		
C1104−584	NGC 3532	11 05 56	−58 47 19	50.0	486	8.492	8	0.037	−0.022	II 3 r
C1108−599	NGC 3572	11 10 40	−60 17 01	5.0	1995	6.891	7	0.389		II 3 mn
C1108−601	Hogg 10	11 10 59	−60 26 07	3.0	1776	6.784		0.460		
C1109−604	Trumpler 18	11 11 45	−60 42 07	5.0	1358	7.194		0.315		II 3 m
C1109−600	Collinder 240	11 11 57	−60 20 42	32.0	1577	7.160		0.310		III 2 mn
C1110−605	NGC 3590	11 13 16	−60 49 26	3.0	1651	7.231		0.449		I 2 p
C1110−586	Stock 13	11 13 22	−58 55 08	5.0	1577	7.222	10	0.218		I 3 pn
C1112−609	NGC 3603	11 15 24	−61 17 44	4.0	3634	6.842		1.338		II 3 mn
C1115−624	IC 2714	11 17 44	−62 46 08	14.0	1238	8.542	10	0.341	−0.011	II 2 r
C1117−632	Melotte 105	11 19 59	−63 31 08	5.0	2208	8.316		0.482		I 2 r
C1123−429	NGC 3680	11 25 57	−43 16 45	5.0	938	9.077	10	0.066	−0.19	I 2 m
C1133−613	NGC 3766	11 36 32	−61 38 40	9.3	2218	7.32	8	0.20		I 3 r
C1134−627	IC 2944	11 38 38	−63 24 32	65.0	1794	6.818		0.320		III 3 mn
C1141−622	Stock 14	11 44 07	−62 33 10	6.0	2146	7.058	10	0.225		III 3 p
C1148−554	NGC 3960	11 50 52	−55 42 34	5.0	1850	9.1		0.29	−0.175	I 2 m
C1154−623	Ruprecht 97	11 57 48	−62 45 10	5.0	1357	8.343	12	0.229		IV 1 p
C1204−609	NGC 4103	12 07 00	−61 17 10	6.0	1632	7.393	10	0.294		I 2 m
C1221−616	NGC 4349	12 24 30	−61 54 28	5.0	2176	8.315	11	0.384	−0.12	II 2 m
C1222+263	Melotte 111	12 25 26	+26 03 51	120.0	96	8.652	5	0.013	−0.05	III 3 r
C1226−604	Harvard 5	12 27 32	−60 48 09	5.0	1184	8.032		0.160		
C1225−598	NGC 4439	12 28 49	−60 08 27	4.0	1785	7.909		0.348		
C1239−627	NGC 4609	12 42 41	−63 01 50	4.0	1223	7.892	10	0.328		II 2 m
C1250−600	NGC 4755	12 54 03	−60 23 49	10.0	1976	7.216	7	0.388		
C1315−623	Stock 16	13 19 55	−62 40 02	3.0	1640	6.915	10	0.491		III 3 pn
C1317−646	Ruprecht 107	13 20 12	−64 59 02	3.0	1442	7.478	12	0.458		III 2 p

IAU Designation	Name	RA	Dec.	Appt. Diam.	Dist.	Log (age)	Mag. Mem.[1]	$E_{(B-V)}$	Metal- licity	Trumpler Class
		h m s	° ′ ″	′	pc	yr				
C1324−587	NGC 5138	13 27 41	−59 04 01	7.0	1986	7.986		0.262	+0.120	II 2 m
C1326−609	Hogg 16	13 29 44	−61 14 00	6.0	1585	7.047		0.411		II 2 p
C1327−606	NGC 5168	13 31 32	−60 58 24	4.0	1777	8.001		0.431		I 2 m
C1328−625	Trumpler 21	13 32 41	−62 50 00	5.0	1263	7.696		0.197		I 2 p
C1343−626	NGC 5281	13 47 03	−62 56 56	7.0	1108	7.146	10	0.225		I 3 m
C1350−616	NGC 5316	13 54 25	−61 54 00	14.0	1215	8.202	11	0.267	−0.02	II 2 r
C1356−619	Lynga 1	14 00 30	−62 10 53	3.0	1900	8.00		0.45		II 2 p
C1404−480	NGC 5460	14 07 52	−48 22 27	35.0	678	8.207	9	0.092		I 3 m
C1420−611	Lynga 2	14 25 04	−61 21 45	10.0	1000	8.122		0.196		II 3 m
C1424−594	NGC 5606	14 28 16	−59 39 38	3.0	1805	7.075		0.474		I 3 p
C1426−605	NGC 5617	14 30 13	−60 44 25	10.0	2000	7.90	10	0.48		I 3 r
C1427−609	Trumpler 22	14 31 32	−61 11 43	10.0	1516	7.950	12	0.521		III 2 m
C1431−563	NGC 5662	14 36 05	−56 38 47	29.0	666	7.968	10	0.311		II 3 r
C1440+697	Collinder 285	14 41 11	+69 32 21	1400.0	25	8.30	2	0.00		
C1445−543	NGC 5749	14 49 21	−54 31 30	10.0	1031	7.728		0.376		II 2 m
C1501−541	NGC 5822	15 04 50	−54 25 18	35.0	917	8.821	10	0.150	−0.028	II 2 r
C1502−554	NGC 5823	15 05 59	−55 37 42	12.0	1192	8.900	13	0.090		II 2 r
C1511−588	Pismis 20	15 15 54	−59 05 26	4.0	2018	6.864		1.179		
C1559−603	NGC 6025	16 03 50	−60 26 57	14.0	756	7.889	7	0.159	+0.19	II 3 r
C1601−517	Lynga 6	16 05 22	−51 57 03	5.0	1600	7.430		1.250		
C1603−539	NGC 6031	16 08 06	−54 01 55	3.0	1823	8.069		0.371		I 3 p
C1609−540	NGC 6067	16 13 42	−54 14 04	14.0	1417	8.076	10	0.380	+0.138	I 3 r
C1614−577	NGC 6087	16 19 23	−57 57 02	14.0	891	7.976	8	0.175	−0.01	II 2 m
C1622−405	NGC 6124	16 25 47	−40 40 04	39.0	512	8.147	9	0.750		I 3 r
C1623−261	Collinder 302	16 26 32	−26 15 52	500.0						III 3 p
C1624−490	NGC 6134	16 28 15	−49 09 57	6.0	913	8.968	11	0.395	+0.182	
C1632−455	NGC 6178	16 36 15	−45 39 23	5.0	1014	7.248		0.219		III 3 p
C1637−486	NGC 6193	16 41 49	−48 46 32	14.0	1155	6.775		0.475		
C1642−469	NGC 6204	16 46 38	−47 01 41	5.0	1200	7.90		0.46		I 3 m
C1645−537	NGC 6208	16 49 59	−53 44 21	18.0	939	9.069		0.210	−0.03	III 2 r
C1650−417	NGC 6231	16 54 37	−41 50 07	14.0	1243	6.843	6	0.439		
C1652−394	NGC 6242	16 56 00	−39 28 18	9.0	1131	7.608		0.377		
C1653−405	Trumpler 24	16 57 27	−40 40 35	60.0	1138	6.919		0.418		
C1654−447	NGC 6249	16 58 09	−44 49 17	5.0	981	7.386		0.443		II 2 m
C1654−457	NGC 6250	16 58 25	−45 56 47	10.0	865	7.415		0.350		II 3 r
C1657−446	NGC 6259	17 01 13	−44 39 51	14.0	1031	8.336	11	0.498	+0.020	II 2 r
C1714−355	Bochum 13	17 17 50	−35 33 24	14.0	1077	6.823		0.854		III 3 m
C1714−429	NGC 6322	17 18 53	−42 56 23	5.0	996	7.058		0.590		I 3 m
C1720−499	IC 4651	17 25 19	−49 56 20	10.0	888	9.057	10	0.116	+0.095	II 2 r
C1731−325	NGC 6383	17 35 14	−32 34 14	20.0	985	6.962		0.298		II 3 mn
C1732−334	Trumpler 27	17 36 46	−33 31 13	6.0	1211	7.063		1.194		III 3 m
C1733−324	Trumpler 28	17 37 25	−32 29 13	5.0	1343	7.290		0.733		III 2 mn
C1734−362	Ruprecht 127	17 38 17	−36 18 12	5.0	1466	7.351	11	0.990		II 2 p
C1736−321	NGC 6405	17 40 45	−32 15 23	20.0	487	7.974	7	0.144	+0.06	II 3 r
C1741−323	NGC 6416	17 44 44	−32 21 51	14.0	741	8.087		0.251		III 2 m
C1743+057	IC 4665	17 46 37	+05 42 52	70.0	352	7.634	6	0.174		III 2 m
C1747−302	NGC 6451	17 51 06	−30 12 41	7.0	2080	8.134	12	0.672	−0.34	I 2 rn
C1750−348	NGC 6475	17 54 17	−34 47 39	80.0	301	8.475	7	0.103	+0.03	I 3 r
C1753−190	NGC 6494	17 57 27	−18 59 08	29.0	628	8.477	10	0.356	+0.090	II 2 r
C1758−237	Bochum 14	18 02 24	−23 40 59	2.0	578	6.996		1.508		III 1 pn

IAU Designation	Name	RA	Dec.	Appt. Diam.	Dist.	Log (age)	Mag. Mem.[1]	$E_{(B-V)}$	Metal- licity	Trumpler Class
		h m s	o ′ ″	′	pc	yr				
C1800−279	NGC 6520	18 03 49	−27 53 16	5.0	1577	7.724	9	0.431		I 2 rn
C1801−225	NGC 6531	18 04 37	−22 29 22	14.0	1205	7.070	8	0.281		I 3 r
C1801−243	NGC 6530	18 04 55	−24 21 27	14.0	1330	6.867	6	0.333		
C1804−233	NGC 6546	18 07 46	−23 17 44	14.0	938	7.849		0.491		II 1 r
C1815−122	NGC 6604	18 18 25	−12 14 20	5.0	1696	6.810		0.970		I 3 mn
C1816−138	NGC 6611	18 19 10	−13 48 13	6.0	1749	6.884	11	0.782		
C1817−171	NGC 6613	18 20 21	−17 05 55	5.0	1296	7.223		0.450		II 3 pn
C1825+065	NGC 6633	18 27 34	+06 30 46	20.0	376	8.629	8	0.182	+0.000	III 2 m
C1828−192	IC 4725	18 32 10	−19 06 42	29.0	620	7.965	8	0.476	+0.17	I 3 m
C1830−104	NGC 6649	18 33 49	−10 23 53	5.0	1369	7.566	13	1.201		I 3 m
C1834−082	NGC 6664	18 36 58	−07 48 27	12.0	1164	7.162	9	0.709		III 2 m
C1836+054	IC 4756	18 39 19	+05 27 22	39.0	484	8.699	8	0.192	−0.060	II 3 r
C1840−041	Trumpler 35	18 43 15	−04 07 36	5.0	1206	7.862		1.218		I 2 m
C1842−094	NGC 6694	18 45 39	−09 22 34	7.0	1600	7.931	11	0.589		II 3 m
C1848−052	NGC 6704	18 51 06	−05 11 49	5.0	2974	7.863	12	0.717		I 2 m
C1848−063	NGC 6705	18 51 26	−06 15 43	32.0	1877	8.4	11	0.428	+0.136	
C1850−204	Collinder 394	18 52 39	−20 11 42	22.0	690	7.803		0.235		
C1851+368	Stephenson 1	18 53 44	+36 55 30	20.0	390	7.731		0.040		IV 3 p
C1851−199	NGC 6716	18 54 57	−19 53 35	10.0	789	7.961		0.220	−0.31	IV 1 p
C1902+018	Berkeley 42	19 05 26	+01 53 37	5.0	1826	9.325	18	0.760		I 3 r
C1905+041	NGC 6755	19 08 08	+04 16 38	14.0	1421	7.719	11	0.826		II 2 r
C1906+046	NGC 6756	19 09 01	+04 42 57	4.0	1507	7.79	13	1.18		I 1 m
C1919+377	NGC 6791	19 21 07	+37 47 03	10.0	5853	9.643	15	0.117	+0.11	I 2 r
C1936+464	NGC 6811	19 37 29	+46 24 12	14.0	1215	8.799	11	0.160		III 1 r
C1939+400	NGC 6819	19 41 31	+40 12 08	5.0	2360	9.174	11	0.238	+0.074	
C1941+231	NGC 6823	19 43 26	+23 18 57	6.0	3176	6.5		0.854		I 3 mn
C1948+229	NGC 6830	19 51 16	+23 07 01	5.0	1639	7.572	10	0.501		II 2 p
C1950+292	NGC 6834	19 52 28	+29 25 31	5.0	2067	7.883	11	0.708		II 2 m
C1950+182	Harvard 20	19 53 23	+18 21 02	7.0	1540	7.476		0.247		IV 2 p
C2002+438	NGC 6866	20 04 08	+44 10 37	14.0	1450	8.576	10	0.169		II 2 r
C2002+290	Roslund 4	20 05 10	+29 14 08	5.0	2000	6.6		0.91		II 3 mn
C2004+356	NGC 6871	20 06 14	+35 47 44	29.0	1574	6.958		0.443		II 2 pn
C2007+353	Biurakan 2	20 09 27	+35 30 10	20.0	1106	7.011	16	0.360		III 2 p
C2008+410	IC 1311	20 10 32	+41 14 10	5.0	5333	8.625		0.760		I 1 r
C2009+263	NGC 6885	20 12 17	+26 29 53	20.0	597	9.16	6	0.08		III 2 m
C2014+374	IC 4996	20 16 44	+37 39 13	6.0	1732	6.948	8	0.673		II 3 pn
C2018+385	Berkeley 86	20 20 38	+38 43 15	6.0	1112	7.116	13	0.898		IV 2 mn
C2019+372	Berkeley 87	20 21 57	+37 23 16	10.0	633	7.152	13	1.369		III 2 m
C2021+406	NGC 6910	20 23 26	+40 47 58	10.0	1139	7.127		0.971		I 3 mn
C2022+383	NGC 6913	20 24 11	+38 31 47	10.0	1148	7.111	9	0.744		II 3 mn
C2030+604	NGC 6939	20 31 38	+60 41 02	10.0	1800	9.20		0.33	+0.026	II 1 r
C2032+281	NGC 6940	20 34 42	+28 18 21	25.0	770	8.858	11	0.214	+0.013	III 2 r
C2054+444	NGC 6996	20 56 44	+44 39 31	14.0	760	8.54		0.52		III 2 m
C2109+454	NGC 7039	21 11 02	+45 38 36	14.0	951	7.820		0.131		IV 2 m
C2121+461	NGC 7062	21 23 41	+46 24 23	5.0	1480	8.465		0.452		II 2 m
C2122+478	NGC 7067	21 24 37	+48 02 17	6.0	3600	8.00		0.75		II 1 p
C2122+362	NGC 7063	21 24 37	+36 30 53	9.0	689	7.977		0.091		III 1 p
C2127+468	NGC 7082	21 29 31	+47 09 19	25.0	1442	8.233		0.237	−0.01	
C2130+482	NGC 7092	21 32 02	+48 27 44	29.0	326	8.445	7	0.013		III 2 m
C2137+572	Trumpler 37	21 39 18	+57 31 46	89.0	835	7.054		0.470		IV 3 m

IAU Designation	Name	RA	Dec.	Appt. Diam.	Dist.	Log (age)	Mag. Mem.[1]	$E_{(B-V)}$	Metal- licity	Trumpler Class
		h m s	° ′ ″	′	pc	yr				
C2144+655	NGC 7142	21 45 18	+65 48 18	12.0	1686	9.276	11	0.397	+0.040	I 2 r
C2151+470	IC 5146	21 53 39	+47 17 51	20.0	852	8.023		0.593		III 2 pn
C2152+623	NGC 7160	21 53 51	+62 38 03	5.0	789	7.278		0.375		I 3 p
C2203+462	NGC 7209	22 05 23	+46 30 54	14.0	1168	8.617	9	0.168	−0.12	III 1 m
C2208+551	NGC 7226	22 10 40	+55 25 50	2.0	2616	8.436		0.536		I 2 m
C2210+570	NGC 7235	22 12 39	+57 18 08	5.0	2823	7.072		0.934		II 3 m
C2213+496	NGC 7243	22 15 23	+49 55 51	29.0	808	8.058	8	0.220		II 2 m
C2213+540	NGC 7245	22 15 26	+54 22 33	5.0	2106	8.246		0.473		II 2 m
C2218+578	NGC 7261	22 20 25	+58 09 16	5.0	1681	7.670		0.969		II 3 m
C2227+551	Berkeley 96	22 29 39	+55 26 00	2.0	3087	6.822	13	0.630		I 2 p
C2245+578	NGC 7380	22 47 37	+58 09 58	20.0	2222	7.077	10	0.602		III 2 mn
C2306+602	King 19	23 08 35	+60 33 07	5.0	1967	8.557	12	0.547		III 2 p
C2309+603	NGC 7510	23 11 20	+60 36 19	6.0	2075	7.578	10	0.855		II 3 rn
C2313+602	Markarian 50	23 15 35	+60 30 08	2.0	2114	7.095		0.810		III 1 pn
C2322+613	NGC 7654	23 25 06	+61 37 45	15.0	1421	7.764	11	0.646		II 2 r
C2345+683	King 11	23 48 07	+68 40 10	5.0	2892	9.048	17	1.270	−0.27	I 2 m
C2350+616	King 12	23 53 19	+62 00 10	3.0	2378	7.037	10	0.590		II 1 p
C2354+611	NGC 7788	23 57 05	+61 26 04	4.0	2374	7.593		0.283		I 2 p
C2354+564	NGC 7789	23 57 44	+56 44 40	25.0	2337	9.235	10	0.217	−0.24	II 2 r
C2355+609	NGC 7790	23 58 44	+61 14 40	5.0	2944	7.749	10	0.531		II 2 m

Notes to Table

[1] The Mag. Mem. column gives the magnitude of the brightest cluster member.

Alternate Names for Some Clusters

C0001−302	ζ Scl Cluster	C0837+201	M44, NGC 2632
C0129+604	M103	C0838−528	o Vel Cluster
C0215+569	h Per	C0847+120	M67
C0218+568	χ Per	C1041−641	θ Car Cluster
C0238+425	M34	C1043−594	η Car Cluster
C0344+239	M45	C1239−627	Coal-Sack Cluster
C0525+358	M38	C1250−600	NGC 4755, Jewel Box Cluster
C0532+341	M36	C1736−321	M6
C0549+325	M37	C1750−348	M7
C0605+243	M35	C1753−190	M23
C0629+049	Rosette Cluster	C1801−225	M21
C0638+099	S Mon Cluster	C1816−138	M16
C0644−206	M41	C1817−171	M18
C0700−082	M50	C1828−192	M25
C0716−248	τ CMa Cluster	C1842−094	M26
C0734−143	M47	C1848−063	M11
C0739−147	M46	C2022+383	M29
C0742−237	M93	C2130+482	M39
C0811−056	M48	C2322+613	M52

Name	RA	Dec.	V_t	B–V	$E_{(B-V)}$	$(m-M)_V$	[Fe/H]	v_r	c	r_c	Alternate Name
	h m s	° ′ ″						km/s		′	
NGC 104	00 24 22.4	−72 02 41	3.95	0.88	0.04	13.37	−0.76	− 18.7	2.03	0.40	47 Tuc
NGC 288	00 53 06.5	−26 33 17	8.09	0.65	0.03	14.83	−1.24	− 46.6	0.96	1.42	
NGC 362	01 03 27.5	−70 48 49	6.40	0.77	0.05	14.81	−1.16	+223.5	1.94c:	0.19	
NGC 1261	03 12 26.0	−55 11 34	8.29	0.72	0.01	16.10	−1.35	+ 68.2	1.27	0.39	
Pal 1	03 34 21.0	+79 36 08	13.18	0.96	0.15	15.65	−0.60	− 82.8	1.60	0.22	
AM 1	03 55 14.0	−49 35 44	15.72	0.72	0.00	20.43	−1.80	+116.0	1.12	0.15	E 1
Eridanus	04 25 01.4	−21 10 20	14.70	0.79	0.02	19.84	−1.46	− 23.6	1.10	0.25	
Pal 2	04 46 30.9	+31 23 32	13.04	2.08	1.24	21.05	−1.30	−133.0	1.45	0.24	
NGC 1851	05 14 19.1	−40 02 24	7.14	0.76	0.02	15.47	−1.22	+320.5	2.32	0.06	
NGC 1904	05 24 26.7	−24 31 07	7.73	0.65	0.01	15.59	−1.57	+206.0	1.72	0.16	M 79
NGC 2298	06 49 13.0	−36 00 47	9.29	0.75	0.14	15.59	−1.85	+148.9	1.28	0.34	
NGC 2419	07 38 34.9	+38 52 01	10.39	0.66	0.11	19.97	−2.12	− 20.0	1.40	0.35	
Pyxis	09 08 13.3	−37 14 52	12.90		0.21	18.65	−1.30	+ 34.3	0.65	1.38	
NGC 2808	09 12 10.2	−64 53 24	6.20	0.92	0.22	15.59	−1.15	+ 93.6	1.77	0.26	
E 3	09 20 54.6	−77 18 37	11.35		0.30	14.12	−0.80		0.75	1.87	
Pal 3	10 05 51.4	+00 02 23	14.26		0.04	19.96	−1.66	+ 83.4	1.00	0.48	
NGC 3201	10 17 52.8	−46 26 38	6.75	0.96	0.23	14.21	−1.58	+494.0	1.30	1.43	
Pal 4	11 29 37.4	+28 56 16	14.20		0.01	20.22	−1.48	+ 74.5	0.78	0.55	
NGC 4147	12 10 26.1	+18 30 21	10.32	0.59	0.02	16.48	−1.83	+183.2	1.80	0.10	
NGC 4372	12 26 08.5	−72 41 42	7.24	1.10	0.39	15.01	−2.09	+ 72.3	1.30	1.75	
Rup 106	12 39 02.0	−51 11 09	10.90		0.20	17.25	−1.67	− 44.0	0.70	1.00	
NGC 4590	12 39 48.7	−26 46 42	7.84	0.63	0.05	15.19	−2.06	− 94.3	1.64	0.69	M 68
NGC 4833	13 00 01.5	−70 54 35	6.91	0.93	0.32	15.07	−1.80	+200.2	1.25	1.00	
NGC 5024	13 13 14.4	+18 08 05	7.61	0.64	0.02	16.31	−1.99	− 79.1	1.78	0.36	M 53
NGC 5053	13 16 46.1	+17 39 50	9.47	0.65	0.04	16.19	−2.29	+ 44.0	0.84	1.98	
NGC 5139	13 27 09.4	−47 30 38	3.68	0.78	0.12	13.97	−1.62	+232.3	1.61	1.40	ω Cen
NGC 5272	13 42 29.2	+28 20 35	6.19	0.69	0.01	15.12	−1.57	−147.6	1.84	0.55	M 3
NGC 5286	13 46 51.4	−51 24 20	7.34	0.88	0.24	15.95	−1.67	+ 57.4	1.46	0.29	
AM 4	13 56 12.2	−27 12 16	15.90		0.04	17.50	−2.00		0.50	0.42	
NGC 5466	14 05 44.8	+28 30 13	9.04	0.67	0.00	16.00	−2.22	+107.7	1.32	1.64	
NGC 5634	14 29 57.8	−06 00 18	9.47	0.67	0.05	17.16	−1.88	− 45.1	1.60	0.21	
NGC 5694	14 39 59.3	−26 33 58	10.17	0.69	0.09	17.98	−1.86	−144.1	1.84	0.06	
IC 4499	15 01 23.6	−82 14 21	9.76	0.91	0.23	17.09	−1.60		1.11	0.96	
NGC 5824	15 04 22.6	−33 05 34	9.09	0.75	0.13	17.93	−1.85	− 27.5	2.45	0.05	
Pal 5	15 16 25.3	−00 08 06	11.75		0.03	16.92	−1.41	− 58.7	0.70	3.25	
NGC 5897	15 17 47.0	−21 02 02	8.53	0.74	0.09	15.74	−1.80	+101.5	0.79	1.96	
NGC 5904	15 18 53.5	+02 03 34	5.65	0.72	0.03	14.46	−1.27	+ 52.6	1.83	0.42	M 5
NGC 5927	15 28 28.8	−50 41 42	8.01	1.31	0.45	15.81	−0.37	−107.5	1.60	0.42	
NGC 5946	15 35 57.1	−50 40 51	9.61	1.29	0.54	16.81	−1.38	+128.4	2.50c	0.08	
BH 176	15 39 35.8	−50 04 17	14.00		0.77	18.35					
NGC 5986	15 46 29.1	−37 48 22	7.52	0.90	0.28	15.96	−1.58	+ 88.9	1.22	0.63	
Pal 14	16 11 22.8	+14 56 29	14.74		0.04	19.47	−1.52	+ 76.6	0.75	0.94	AvdB
Lynga 7	16 11 34.2	−55 19 51			0.73	16.54	−0.62	+ 8.0			
NGC 6093	16 17 25.8	−22 59 26	7.33	0.84	0.18	15.56	−1.75	+ 8.2	1.95	0.15	M 80
NGC 6121	16 23 59.4	−26 32 24	5.63	1.03	0.36	12.83	−1.20	+ 70.4	1.59	0.83	M 4
NGC 6101	16 26 33.4	−72 12 58	9.16	0.68	0.05	16.07	−1.82	+361.4	0.80	1.15	
NGC 6144	16 27 38.0	−26 02 20	9.01	0.96	0.36	15.76	−1.75	+188.9	1.55	0.94	
NGC 6139	16 28 06.8	−38 51 47	8.99	1.40	0.75	17.35	−1.68	+ 6.7	1.80	0.14	
Terzan 3	16 29 05.8	−35 22 03	12.00		0.72	16.61	−0.73	−136.3	0.70	1.18	
NGC 6171	16 32 53.8	−13 04 01	7.93	1.10	0.33	15.06	−1.04	− 33.6	1.51	0.54	M 107

Name	RA	Dec.	V_t	$B-V$	$E_{(B-V)}$	$(m-M)_V$	[Fe/H]	v_r	c	r_c	Alternate Name
	h m s	° ′ ″						km/s		′	
1636−283	16 39 49.9	−28 24 37	12.00		0.49	15.97	−1.50				ESO452−SC11
NGC 6205	16 41 55.4	+36 26 53	5.78	0.68	0.02	14.48	−1.54	−245.6	1.51	0.78	M 13
NGC 6229	16 47 09.9	+47 30 59	9.39	0.70	0.01	17.44	−1.43	−154.2	1.61	0.13	
NGC 6218	16 47 34.8	−01 57 33	6.70	0.83	0.19	14.02	−1.48	− 42.2	1.39	0.72	M 12
NGC 6235	16 53 48.8	−22 11 15	9.97	1.05	0.36	16.41	−1.40	+ 87.3	1.33	0.36	
NGC 6254	16 57 29.5	−04 06 33	6.60	0.90	0.28	14.08	−1.52	+ 75.8	1.40	0.86	M 10
NGC 6256	16 59 58.9	−37 07 51	11.29	1.69	1.03	17.81	−0.70	−101.4	2.50c	0.02	
Pal 15	17 00 22.5	−00 33 05	14.00		0.40	19.49	−1.90	+ 68.9	0.60	1.25	
NGC 6266	17 01 37.7	−30 07 22	6.45	1.19	0.47	15.64	−1.29	− 70.0	1.70c:	0.18	M 62
NGC 6273	17 03 01.9	−26 16 37	6.77	1.03	0.41	15.95	−1.68	+135.0	1.53	0.43	M 19
NGC 6284	17 04 52.7	−24 46 24	8.83	0.99	0.28	16.80	−1.32	+ 27.6	2.50c	0.07	
NGC 6287	17 05 32.9	−22 43 00	9.35	1.20	0.60	16.71	−2.05	−288.7	1.60	0.26	
NGC 6293	17 10 34.4	−26 35 23	8.22	0.96	0.41	15.99	−1.92	−146.2	2.50c	0.05	
NGC 6304	17 14 56.9	−29 28 10	8.22	1.31	0.53	15.54	−0.59	−107.3	1.80	0.21	
NGC 6316	17 17 01.8	−28 08 48	8.43	1.39	0.51	16.78	−0.55	+ 71.5	1.55	0.17	
NGC 6341	17 17 19.3	+43 07 47	6.44	0.63	0.02	14.64	−2.28	−120.3	1.81	0.23	M 92
NGC 6325	17 18 22.9	−23 46 21	10.33	1.66	0.89	17.28	−1.17	+ 29.8	2.50c	0.03	
NGC 6333	17 19 34.7	−18 31 22	7.72	0.97	0.38	15.66	−1.75	+229.1	1.15	0.58	M 9
NGC 6342	17 21 33.2	−19 35 36	9.66	1.26	0.46	16.10	−0.65	+116.2	2.50c	0.05	
NGC 6356	17 23 57.7	−17 49 08	8.25	1.13	0.28	16.77	−0.50	+ 27.0	1.54	0.23	
NGC 6355	17 24 22.8	−26 21 33	9.14	1.48	0.75	17.22	−1.50	−176.9	2.50c	0.05	
NGC 6352	17 25 58.9	−48 25 41	7.96	1.06	0.21	14.44	−0.70	−120.9	1.10	0.83	
IC 1257	17 27 29.6	−07 05 54	13.10	1.38	0.73	19.25	−1.70	−140.2			
Terzan 2	17 27 58.2	−30 48 26	14.29		1.57	19.56	−0.40	+109.0	2.50c	0.03	HP 3
NGC 6366	17 28 05.1	−05 04 54	9.20	1.44	0.71	14.97	−0.82	−122.3	0.92	1.83	
Terzan 4	17 31 04.3	−31 36 01	16.00		2.35	22.09	−1.60	− 50.0			HP 4
HP 1	17 31 30.2	−29 59 10	11.59		0.74	18.03	−1.55	+ 53.1	2.50c	0.03	BH 229
NGC 6362	17 32 35.1	−67 03 09	7.73	0.85	0.09	14.67	−0.95	− 13.1	1.10	1.32	
Liller 1	17 33 50.2	−33 23 35	16.77		3.06	24.40	+0.22	+ 52.0	2.30c:	0.06	
NGC 6380	17 34 55.0	−39 04 23	11.31	2.01	1.17	18.77	−0.50	− 3.6	1.55c:	0.34	Ton 1
Terzan 1	17 36 12.3	−30 29 08	15.90		2.28	20.80	−1.30	+114.0	2.50c	0.04	HP 2
Ton 2	17 36 37.4	−38 33 25	12.24		1.24	18.38	−0.50	−184.4	1.30	0.54	Pismis 26
NGC 6388	17 36 45.5	−44 44 19	6.72	1.17	0.37	16.14	−0.60	+ 81.2	1.70	0.12	
NGC 6402	17 37 56.6	−03 14 58	7.59	1.25	0.60	16.71	−1.39	− 66.1	1.60	0.83	M 14
NGC 6401	17 39 00.4	−23 54 46	9.45	1.58	0.72	17.35	−0.98	− 65.0	1.69	0.25	
NGC 6397	17 41 13.1	−53 40 36	5.73	0.73	0.18	12.36	−1.95	+ 18.9	2.50c	0.05	
Pal 6	17 44 06.5	−26 13 30	11.55	2.83	1.46	18.36	−1.09	+182.5	1.10	0.66	
NGC 6426	17 45 14.2	+03 10 05	11.01	1.02	0.36	17.70	−2.26	−162.0	1.70	0.26	
Djorg 1	17 47 53.9	−33 04 03	13.60		1.44	19.86	−2.00	−362.4	1.50	0.32	
Terzan 5	17 48 28.9	−24 46 52	13.85	2.77	2.15	21.72	0.00	− 94.0	1.87	0.18	Terzan 11
NGC 6440	17 49 15.9	−20 21 43	9.20	1.97	1.07	17.95	−0.34	− 78.7	1.70	0.13	
NGC 6441	17 50 39.4	−37 03 10	7.15	1.27	0.47	16.79	−0.53	+ 16.4	1.85	0.11	
Terzan 6	17 51 11.7	−31 16 36	13.85		2.14	21.52	−0.50	+126.0	2.50c	0.05	HP 5
NGC 6453	17 51 17.7	−34 36 02	10.08	1.31	0.66	16.96	−1.53	− 83.7	2.50c	0.07	
UKS 1	17 54 51.1	−24 08 46	17.29		3.09	24.17	−0.50		2.10c:	0.15	
NGC 6496	17 59 30.5	−44 15 54	8.54	0.98	0.15	15.77	−0.64	−112.7	0.70	1.05	
Terzan 9	18 02 03.2	−26 50 22	16.00		1.87	19.85	−2.00	+ 59.0	2.50c	0.03	
NGC 6517	18 02 12.0	−08 57 31	10.23	1.75	1.08	18.51	−1.37	− 39.6	1.82	0.06	
Djorg 2	18 02 13.7	−27 49 32	9.90		0.89	16.88	−0.50		1.50	0.33	ESO456−SC38
Terzan10	18 03 21.6	−26 03 58	14.90		2.40	21.20	−0.70				

Name	RA	Dec.	V_t	$B-V$	$E_{(B-V)}$	$(m-M)_V$	[Fe/H]	v_r	c	r_c	Alternate Name
	h m s	o ′ ″						km/s		′	
NGC 6522	18 03 59.1	−30 02 00	8.27	1.21	0.48	15.94	−1.44	− 21.1	2.50c	0.05	
NGC 6535	18 04 10.7	−00 17 47	10.47	0.94	0.34	15.22	−1.80	−215.1	1.30	0.42	
NGC 6539	18 05 10.9	−07 35 06	9.33	1.83	0.97	17.63	−0.66	− 45.6	1.60	0.54	
NGC 6528	18 05 14.6	−30 03 18	9.60	1.53	0.54	16.16	−0.04	+206.2	2.29	0.09	
NGC 6540	18 06 33.2	−27 45 51	9.30		0.60	14.68	−1.20	− 17.7	2.50c	0.03	Djorg 3
NGC 6544	18 07 44.6	−24 59 47	7.77	1.46	0.73	14.43	−1.56	− 27.3	1.63c:	0.05	
NGC 6541	18 08 30.4	−43 29 55	6.30	0.76	0.14	14.67	−1.83	−158.7	2.00c:	0.30	
2MS−GC01	18 08 44.9	−19 49 42			6.80	33.88	−1.20				2MASS−GC01
ESO−SC06	18 09 35.1	−46 25 18			0.07	16.90	−2.00				ESO280−SC06
NGC 6553	18 09 41.8	−25 54 26	8.06	1.73	0.63	15.83	−0.21	− 6.5	1.17	0.55	
2MS−GC02	18 09 59.8	−20 46 38			5.56	30.25					2MASS−GC02
NGC 6558	18 10 43.0	−31 45 44	9.26	1.11	0.44	15.72	−1.44	−197.2	2.50c	0.03	
IC 1276	18 11 05.3	−07 12 21	10.34	1.76	1.08	17.01	−0.73	+155.7	1.29	1.08	Pal 7
Terzan12	18 12 39.4	−22 44 24	15.63		2.06	19.77	−0.50	+ 94.1	0.57	0.83	
NGC 6569	18 14 04.2	−31 49 29	8.55	1.34	0.55	16.85	−0.86	− 28.1	1.27	0.37	
NGC 6584	18 19 08.9	−52 12 43	8.27	0.76	0.10	15.95	−1.49	+222.9	1.20	0.59	
NGC 6624	18 24 05.5	−30 21 26	7.87	1.11	0.28	15.36	−0.44	+ 53.9	2.50c	0.06	
NGC 6626	18 24 56.9	−24 51 58	6.79	1.08	0.40	14.97	−1.45	+ 17.0	1.67	0.24	M 28
NGC 6638	18 31 20.2	−25 29 33	9.02	1.15	0.40	16.15	−0.99	+ 18.1	1.40	0.26	
NGC 6637	18 31 48.6	−32 20 35	7.64	1.01	0.16	15.28	−0.70	+ 39.9	1.39	0.34	M 69
NGC 6642	18 32 17.8	−23 28 13	9.13	1.11	0.41	15.90	−1.35	− 57.2	1.99	0.10	
NGC 6652	18 36 11.3	−32 59 05	8.62	0.94	0.09	15.30	−0.96	−111.7	1.80	0.07	
NGC 6656	18 36 48.0	−23 53 51	5.10	0.98	0.34	13.60	−1.64	−148.9	1.31	1.42	M 22
Pal 8	18 41 53.0	−19 49 09	11.02	1.22	0.32	16.54	−0.48	− 43.0	1.53	0.40	
NGC 6681	18 43 38.1	−32 17 06	7.87	0.72	0.07	14.98	−1.51	+220.3	2.50c	0.03	M 70
NGC 6712	18 53 25.6	−08 41 52	8.10	1.17	0.45	15.60	−1.01	−107.5	0.90	0.94	
NGC 6715	18 55 28.2	−30 28 11	7.60	0.85	0.15	17.61	−1.58	+141.9	1.84	0.11	M 54
NGC 6717	18 55 29.7	−22 41 32	9.28	1.00	0.22	14.94	−1.29	+ 22.8	2.07c:	0.08	Pal 9
NGC 6723	18 59 59.4	−36 37 20	7.01	0.75	0.05	14.85	−1.12	− 94.5	1.05	0.94	
NGC 6749	19 05 35.0	+01 54 40	12.44	2.14	1.50	19.14	−1.60	− 61.7	0.83	0.77	
NGC 6752	19 11 26.3	−59 58 25	5.40	0.66	0.04	13.13	−1.56	− 27.9	2.50c	0.17	
NGC 6760	19 11 31.9	+01 02 30	8.88	1.66	0.77	16.74	−0.52	− 27.5	1.59	0.33	
NGC 6779	19 16 50.7	+30 11 48	8.27	0.86	0.20	15.65	−1.94	−135.7	1.37	0.37	M 56
Terzan 7	19 18 09.3	−34 38 44	12.00		0.07	17.05	−0.58	+166.0	1.08	0.61	
Pal 10	19 18 19.3	+18 35 02	13.22		1.66	19.01	−0.10	− 31.7	0.58	0.81	
Arp 2	19 29 08.8	−30 20 25	12.30	0.86	0.10	17.59	−1.76	+115.0	0.90	1.59	
NGC 6809	19 40 24.1	−30 56 49	6.32	0.72	0.08	13.87	−1.81	+174.8	0.76	2.83	M 55
Terzan 8	19 42 10.3	−33 59 05	12.40		0.12	17.45	−2.00	+130.0	0.60	1.00	
Pal 11	19 45 35.5	−07 59 28	9.80	1.27	0.35	16.66	−0.39	− 68.0	0.69	2.00	
NGC 6838	19 54 03.5	+18 47 44	8.19	1.09	0.25	13.79	−0.73	− 22.8	1.15	0.63	M 71
NGC 6864	20 06 27.8	−21 54 09	8.52	0.87	0.16	17.07	−1.16	−189.3	1.88	0.10	M 75
NGC 6934	20 34 30.7	+07 25 36	8.83	0.77	0.10	16.29	−1.54	−411.4	1.53	0.25	
NGC 6981	20 53 49.3	−12 30 43	9.27	0.72	0.05	16.31	−1.40	−345.1	1.23	0.54	M 72
NGC 7006	21 01 47.7	+16 12 48	10.56	0.75	0.05	18.24	−1.63	−384.1	1.42	0.24	
NGC 7078	21 30 17.1	+12 11 44	6.20	0.68	0.10	15.37	−2.26	−107.0	2.50c	0.07	M 15
NGC 7089	21 33 49.4	−00 47 38	6.47	0.66	0.06	15.49	−1.62	− 5.3	1.80	0.34	M 2
NGC 7099	21 40 44.1	−23 08 58	7.19	0.60	0.03	14.62	−2.12	−181.9	2.50c	0.06	M 30
Pal 12	21 47 00.6	−21 13 14	11.99	1.07	0.02	16.47	−0.94	+ 27.8	1.94	0.20	
Pal 13	23 07 03.9	+12 48 26	13.47	0.76	0.05	17.21	−1.74	+ 24.1	0.68	0.65	
NGC 7492	23 08 47.2	−15 34 34	11.29	0.42	0.00	17.06	−1.51	−207.6	1.00	0.83	

IERS Designation	Name	Right Ascension	Declination	Type	V	z^1	S 5 GHz
		h m s	° ′ ″				Jy
0003+380		00 05 57.175 409	+38 20 15.148 57	G	19.4	0.229	0.50
0007+106	III ZW 2	00 10 31.005 888	+10 58 29.504 12	G	15.4	0.090	0.42
0007+171		00 10 33.990 619	+17 24 18.761 35	Q	18.0	1.601	1.19
0010+405	4C 40.01	00 13 31.130 213	+40 51 37.144 07	G	17.9	0.256	1.05
0014+813		00 17 08.474 953	+81 35 08.136 33	Q	16.5	3.387	0.55
0039+230		00 42 04.545 183	+23 20 01.061 29				
0047−579		00 49 59.473 091	−57 38 27.339 92	Q	18.5	1.797	2.19
0109+224		01 12 05.824 718	+22 44 38.786 19	L	15.7		0.78
0123+257	4C 25.05	01 26 42.792 631	+25 59 01.300 79	Q	17.5	2.353	0.97
0131−522		01 33 05.762 585	−52 00 03.946 93	Q	20.0	0.020	
0133+476	OC 457	01 36 58.594 810	+47 51 29.100 06	Q	19.0	0.859	3.26
0135−247	OC−259	01 37 38.346 378	−24 30 53.885 26	Q	17.3	0.831	1.65
0138−097		01 41 25.832 025	−09 28 43.673 81	L	16.6	>0.501	1.19
0148+274		01 51 27.146 149	+27 44 41.793 65	G	20.0	1.260	
0149+218		01 52 18.059 047	+22 07 07.700 04	Q	18.0	1.320	1.08
0153+744		01 57 34.964 908	+74 42 43.229 98	Q	16.0	2.338	1.51
0159+723		02 03 33.385 004	+72 32 53.667 41	L	19.2		0.33
0202+319		02 05 04.925 371	+32 12 30.095 60	Q	18.0	1.466	1.02
0215+015	OD 026	02 17 48.954 740	+01 44 49.699 09	Q	18.8	1.715	0.36
0219+428	3C 66A	02 22 39.611 500	+43 02 07.798 84	L	15.2	0.444	1.04
0220−349		02 22 56.401 625	−34 41 28.730 11	Q	22.0	1.490	
0224+671	4C 67.05	02 28 50.051 459	+67 21 03.029 26	Q	19.5		
0230−790		02 29 34.946 647	−78 47 45.601 29	Q	18.9	1.070	0.77
0235+164	OD 160	02 38 38.930 108	+16 36 59.274 71	L	15.5	0.940	2.79
0239+108	OD 166	02 42 29.170 847	+11 01 00.728 23	Q	20.0		
0248+430		02 51 34.536 779	+43 15 15.828 58	Q	17.6	1.310	1.21
0256+075	OD 094.7	02 59 27.076 633	+07 47 39.643 23	Q	18.0	0.893	0.98
0302−623		03 03 50.631 333	−62 11 25.549 83	Q	18.0		
0306+102	OE 110	03 09 03.623 523	+10 29 16.340 82	Q	18.4	0.863	0.70
0308−611		03 09 56.099 167	−60 58 39.056 28	Q	18.5		
0309+411	NRAO 128	03 13 01.962 129	+41 20 01.183 53	G	18.0	0.136	0.46
0342+147		03 45 06.416 546	+14 53 49.558 18				
0400+258	CTD 26	04 03 05.586 048	+26 00 01.502 74	Q	18.0	2.109	1.79
0406+121		04 09 22.008 740	+12 17 39.847 50	L	20.2	1.020	1.62
0414−189		04 16 36.544 466	−18 51 08.340 12	Q	18.5	1.536	0.77
0422−380		04 24 42.243 727	−37 56 20.784 23	Q	18.1	0.782	0.81
0422+004	OF 038	04 24 46.842 052	+00 36 06.329 83	L	17.0		1.60
0423+051		04 26 36.604 102	+05 18 19.872 04	Q	19.5	1.333	
0426−380		04 28 40.424 306	−37 56 19.580 31	L	19.0	>1.030	1.13
0437−454		04 39 00.854 714	−45 22 22.562 60	Q	20.6		
0440−003	NRAO 190	04 42 38.660 762	−00 17 43.419 10	Q	19.2	0.844	2.39
0446+112		04 49 07.671 119	+11 21 28.596 62	G	20.0		
0454−810		04 50 05.440 195	−81 01 02.231 46	G	19.2	0.444	1.36
0457+024	OF 097	04 59 52.050 664	+02 29 31.176 31	Q	18.5	2.384	1.21
0458+138		05 01 45.270 840	+13 56 07.220 63				
0502+049		05 05 23.184 723	+04 59 42.724 48	Q	19.0	0.954	
0506−612		05 06 43.988 739	−61 09 40.993 28	Q	16.9	1.093	2.05
0454+844		05 08 42.363 503	+84 32 04.544 02	L	16.5	0.112	1.40
0507+179		05 10 02.369 122	+18 00 41.581 71				
0516−621		05 16 44.926 178	−62 07 05.389 30				

IERS Designation	Name	Right Ascension	Declination	Type	V	z^1	S 5 GHz
		h m s	° ′ ″				Jy
0518+165	3C 138	05 21 09.886 021	+16 38 22.051 22	Q	18.8	0.759	4.16
0521−365		05 22 57.984 651	−36 27 30.850 92	L	14.6	0.055	8.89
0530−727		05 29 30.042 235	−72 45 28.507 31				
0537−286	OG−263	05 39 54.281 429	−28 39 55.947 45	Q	20.0	3.104	1.23
0539−057		05 41 38.083 384	−05 41 49.428 39	Q	20.4	0.839	1.51
0538+498	3C 147	05 42 36.137 916	+49 51 07.233 56	Q	17.8	0.545	8.18
0544+273		05 47 34.148 941	+27 21 56.842 40				
0556+238		05 59 32.033 133	+23 53 53.926 90				
0609+607	OH 617	06 14 23.866 195	+60 46 21.755 38	Q	19.1	2.690	1.10
0615+820		06 26 03.006 188	+82 02 25.567 64	Q	17.5	0.710	1.00
0629−418		06 31 11.998 059	−41 54 26.946 11	Q	19.3	1.416	0.74
0637−752		06 35 46.507 934	−75 16 16.815 33	G	15.8	0.654	6.19
0636+680		06 42 04.257 418	+67 58 35.620 85	Q	16.6	3.177	0.54
0642+449	OH 471	06 46 32.025 985	+44 51 16.590 13	Q	18.5	3.408	0.78
0648−165		06 50 24.581 852	−16 37 39.725 00				
0707+476		07 10 46.104 900	+47 32 11.142 67	Q	18.2	1.292	1.00
0716+714		07 21 53.448 459	+71 20 36.363 39	L	15.5		1.12
0722+145	4C 14.23	07 25 16.807 752	+14 25 13.746 84				
0723−008	OI 039	07 25 50.639 953	−00 54 56.544 38	L	18.0	0.127	2.25
0718+792		07 26 11.735 177	+79 11 31.016 24				
0733−174		07 35 45.812 508	−17 35 48.501 31				
0738−674		07 38 56.496 292	−67 35 50.825 83	Q	19.8	1.663	0.56
0738+313	OI 363	07 41 10.703 308	+31 12 00.228 62	G	16.1	0.630	2.48
0743+259		07 46 25.874 166	+25 49 02.134 88				
0745+241	OI 275	07 48 36.109 278	+24 00 24.110 18	Q	19.0	0.409	0.84
0749+540	4C 54.15	07 53 01.384 573	+53 52 59.637 16	L	18.5	0.200	0.56
0754+100	OI 090.4	07 57 06.642 936	+09 56 34.852 10	L	15.0	0.660	1.48
0804+499	OJ 508	08 08 39.666 274	+49 50 36.530 46	Q	18.9	1.433	2.07
0805+410		08 08 56.652 038	+40 52 44.888 89	Q	19.0	1.420	0.77
0812+367	OJ 320	08 15 25.944 824	+36 35 15.148 30	Q	20.0	1.025	1.01
0818−128	OJ 131	08 20 57.447 616	−12 58 59.169 49	L	15.0		0.86
0820+560	4C 56.16A	08 24 47.236 351	+55 52 42.669 38	Q	18.0	1.417	0.92
0821+394	4C 39.23	08 24 55.483 865	+39 16 41.904 30	Q	18.5	1.216	0.99
0826−373		08 28 04.780 268	−37 31 06.280 64				
0829+046	OJ 049	08 31 48.876 955	+04 29 39.085 34	L	16.4	0.180	0.70
0828+493	OJ 448	08 32 23.216 688	+49 13 21.038 23	L	18.8	0.548	1.02
0831+557	4C 55.16	08 34 54.903 997	+55 34 21.070 80	G	18.5	0.242	
0834−201		08 36 39.215 215	−20 16 59.503 50	Q	19.4	2.752	3.42
0833+585		08 37 22.409 733	+58 25 01.845 21	Q	18.0	2.101	1.11
0839+187		08 42 05.094 180	+18 35 40.990 61	Q	16.4	1.272	1.20
0850+581	4C 58.17	08 54 41.996 385	+57 57 29.939 28	Q	18.0	1.322	1.41
0859+470	OJ 499	09 03 03.990 103	+46 51 04.137 53	Q	18.7	1.462	1.78
0912+297	OK 222	09 15 52.401 620	+29 33 24.042 74	L	16.4		0.20
0917+449		09 20 58.458 480	+44 41 53.985 02	Q	19.0	2.180	0.80
0917+624	OK 630	09 21 36.231 054	+62 15 52.180 35	Q	19.5	1.446	1.24
0945+408	4C 40.24	09 48 55.338 145	+40 39 44.587 19	Q	17.5	1.252	1.38
0952+179	VRO 17.09.04	09 54 56.823 626	+17 43 31.222 42	Q	17.2	1.478	0.74
0955+476	OK 492	09 58 19.671 648	+47 25 07.842 50	Q	18.7	1.873	0.74
0955+326	3C 232	09 58 20.949 621	+32 24 02.209 29	Q	15.8	0.530	0.85
0954+658		09 58 47.245 101	+65 33 54.818 06	L	16.7	0.367	1.46

IERS Designation	Name	Right Ascension	Declination	Type	V	z^1	S 5 GHz
		h m s	° ′ ″				Jy
1012+232	4C 23.24	10 14 47.065 445	+23 01 16.570 91	Q	17.5	0.565	0.81
1020+400		10 23 11.565 623	+39 48 15.385 39	Q	17.5	1.254	0.87
1030+415	VRO 10.41.03	10 33 03.707 841	+41 16 06.232 97	Q	18.2	1.120	1.13
1032−199		10 35 02.155 274	−20 11 34.359 75	Q	19.0	2.198	1.02
1038+064	OL 064.5	10 41 17.162 504	+06 10 16.923 78	Q	16.7	1.265	1.32
1038+528	OL 564	10 41 46.781 639	+52 33 28.231 27	Q	17.6	0.677	0.42
1038+529		10 41 48.897 638	+52 33 55.607 90	Q	18.6	2.296	0.14
1040+123	3C 245	10 42 44.605 212	+12 03 31.264 07	Q	17.3	1.028	1.39
1039+811		10 44 23.062 554	+80 54 39.443 03	Q	16.5	1.260	1.14
1049+215	4C 21.28	10 51 48.789 073	+21 19 52.314 11	Q	18.5	1.300	1.25
1053+815		10 58 11.535 365	+81 14 32.675 21	Q	20.0	0.706	0.77
1057−797		10 58 43.309 786	−80 03 54.159 49	Q	19.3		
1111+149	OM 118	11 13 58.695 097	+14 42 26.952 62	Q	18.0	0.869	0.60
1116+128	4C 12.39	11 18 57.301 443	+12 34 41.718 06	Q	19.3	2.118	1.48
1128+385		11 30 53.282 612	+38 15 18.547 07	Q	16.0	1.733	0.77
1130+009		11 33 20.055 797	+00 40 52.837 20	Q	19.0		
1143−245	OM 272	11 46 08.103 374	−24 47 32.896 81	Q	18.0	1.950	1.49
1147+245	OM 280	11 50 19.212 173	+24 17 53.835 03	L	15.7		1.00
1148−671		11 51 13.426 591	−67 28 11.094 23				
1150+812		11 53 12.499 130	+80 58 29.154 51	Q	18.5	1.250	1.18
1150+497	4C 49.22	11 53 24.466 626	+49 31 08.830 14	Q	17.1	0.334	1.12
1155+251		11 58 25.787 505	+24 50 17.963 69	G	17.5		
1213+350	4C 35.28	12 15 55.601 049	+34 48 15.220 53	Q	20.0	0.857	1.01
1215+303	ON 325	12 17 52.081 987	+30 07 00.636 25	L	15.6	0.237	0.42
1216+487	ON 428	12 19 06.414 733	+48 29 56.164 97	Q	18.5	1.076	1.08
1219+044	4C 04.42	12 22 22.549 618	+04 13 15.776 30	Q	18.0	0.965	0.93
1221+809		12 23 40.493 698	+80 40 04.340 31	L	19.0		0.52
1226+373		12 28 47.423 662	+37 06 12.095 78			1.515	
1228+126	3C 274	12 30 49.423 381	+12 23 28.043 90	G	12.9	0.004	71.90
1236+077		12 39 24.588 312	+07 30 17.189 09	Q	18.5	0.400	0.67
1236−684		12 39 46.651 396	−68 45 30.892 60	Q	18.5		
1252+119	ON 187	12 54 38.255 601	+11 41 05.895 07	Q	16.6	0.870	1.00
1251−713		12 54 59.921 421	−71 38 18.436 64	Q	21.5		
1257+145		13 00 20.918 799	+14 17 18.531 07	A	18.0		
1308+326	OP 313	13 10 28.663 845	+32 20 43.782 95	Q	15.2	0.997	1.59
1324+224		13 27 00.861 311	+22 10 50.163 06			1.400	
1342+662		13 43 45.959 534	+66 02 25.745 03	Q	20.0	0.766	0.54
1342+663		13 44 08.679 674	+66 06 11.643 81	Q	18.6	1.351	0.82
1347+539	4C 53.28	13 49 34.656 623	+53 41 17.040 28	Q	17.5	0.976	0.96
1416+067	3C 298	14 19 08.180 173	+06 28 34.803 49	Q	16.8	1.439	1.46
1418+546	OQ 530	14 19 46.597 401	+54 23 14.787 21	L	15.7	0.152	1.09
1435+638		14 36 45.802 138	+63 36 37.866 58	Q	16.6	2.062	1.24
1442+101	OQ 172	14 45 16.465 213	+09 58 36.072 44	Q	17.8	3.535	1.15
1445−161		14 48 15.054 162	−16 20 24.548 88	Q	18.9	2.417	0.80
1448+762		14 48 28.778 877	+76 01 11.597 17	G	22.3	0.899	0.68
1459+480		15 00 48.654 199	+47 51 15.538 26		17.1		
1504+377	OR 306	15 06 09.529 958	+37 30 51.132 41	G	21.2	0.674	1.10
1514+197		15 16 56.796 194	+19 32 12.991 87	L	18.7		0.50
1532+016		15 34 52.453 675	+01 31 04.206 57	Q	18.0	1.435	0.92
1538+149	4C 14.60	15 40 49.491 511	+14 47 45.884 85	L	17.3	0.605	1.95

IERS Designation	Name	Right Ascension	Declination	Type	V	z^1	S 5 GHz
		h m s	o ′ ″				Jy
1547+507	OR 580	15 49 17.468 534	+50 38 05.788 20	Q	18.5	2.169	0.74
1549−790		15 56 58.869 899	−79 14 04.281 34	G	18.5	0.149	3.54
1600+335		16 02 07.263 468	+33 26 53.072 67		23.2		
1604−333		16 07 34.762 344	−33 31 08.913 13	Q	20.5		
1606+106	4C 10.45	16 08 46.203 179	+10 29 07.775 85	Q	18.0	1.226	1.05
1616+063		16 19 03.687 684	+06 13 02.243 57	Q	19.0	2.086	0.89
1619−680		16 24 18.437 150	−68 09 12.498 11	Q	18.0	1.354	1.81
1624+416	4C 41.32	16 25 57.669 700	+41 34 40.629 22	Q	22.0	2.550	1.58
1637+574	OS 562	16 38 13.456 293	+57 20 23.979 18	Q	17.0	0.751	1.44
1642+690	4C 69.21	16 42 07.848 514	+68 56 39.756 40	G	20.5	0.751	1.43
1656+348	OS 392	16 58 01.419 204	+34 43 28.402 40	Q	18.5	1.936	0.60
1705+018		17 07 34.415 277	+01 48 45.699 23	Q	18.8	2.576	0.54
1706−174	OT−111	17 09 34.345 380	−17 28 53.364 80	A	17.5		
1718−649		17 23 41.029 765	−65 00 36.615 18	G	15.5	0.014	3.70
1726+455		17 27 27.650 808	+45 30 39.731 39	Q	19.0	0.714	0.63
1727+502	OT 546	17 28 18.623 853	+50 13 10.470 01	L	16.0	0.055	0.17
1725+044		17 28 24.952 716	+04 27 04.914 01	G	17.0	0.293	1.21
1743+173		17 45 35.208 181	+17 20 01.423 41	Q	19.5	1.702	0.94
1745+624	4C 62.29	17 46 14.034 146	+62 26 54.738 42	Q	18.8	3.889	0.57
1749+701		17 48 32.840 231	+70 05 50.768 82	L	17.0	0.770	1.09
1751+441	OT 486	17 53 22.647 901	+44 09 45.686 08	Q	19.5	0.871	1.04
1800+440	OU 401	18 01 32.314 854	+44 04 21.900 31	Q	16.8	0.663	1.02
1758−651		18 03 23.496 605	−65 07 36.761 77	G	15.4		
1823+568	4C 56.27	18 24 07.068 372	+56 51 01.490 88	L	18.4	0.664	1.67
1830+285	4C 28.45	18 32 50.185 631	+28 33 35.955 30	Q	17.2	0.594	1.07
1845+797	3C 390.3	18 42 08.989 953	+79 46 17.128 01	G	15.4	0.057	4.48
1842+681		18 42 33.641 636	+68 09 25.227 88	Q	17.9	0.475	0.81
1849+670	4C 66.20	18 49 16.072 300	+67 05 41.679 93	Q	18.0	0.657	0.59
1856+737		18 54 57.299 946	+73 51 19.907 47	G	17.5	0.460	0.41
1903−802		19 12 40.019 176	−80 10 05.946 27	Q	19.0	1.758	1.79
1954+513	OV 591	19 55 42.738 273	+51 31 48.546 23	Q	18.5	1.230	1.61
1954−388		19 57 59.819 271	−38 45 06.356 26	Q	17.1	0.630	2.02
2000−330		20 03 24.116 306	−32 51 45.132 31	Q	17.3	3.783	1.03
2008−068	OW−015	20 11 14.215 847	−06 44 03.555 19				
2017+745	4C 74.25	20 17 13.079 311	+74 40 47.999 91	Q	18.1	2.191	0.37
2021+317	4C 31.56	20 23 19.017 351	+31 53 02.305 95				
2030+547	OW 551	20 31 47.958 562	+54 55 03.140 60				
2029+121		20 31 54.994 279	+12 19 41.340 43	L	20.3	1.215	1.29
2037+511	3C 418	20 38 37.034 755	+51 19 12.662 69	Q	21.0	1.687	3.79
2048+312	CL 4	20 50 51.131 502	+31 27 27.373 68	Q	20.0	3.198	0.70
2051+745		20 51 33.734 576	+74 41 40.498 23	L	20.4		0.53
2052−474		20 56 16.359 851	−47 14 47.627 68	Q	19.1	1.489	2.45
2059+034	OW 098	21 01 38.834 187	+03 41 31.321 59	Q	17.8	1.015	0.77
2059−786		21 05 44.961 453	−78 25 34.546 64				
2106−413		21 09 33.188 582	−41 10 20.605 30	Q	21.0	1.055	2.28
2113+293		21 15 29.413 455	+29 33 38.366 94	Q	19.5	1.514	1.45
2109−811		21 16 30.845 958	−80 53 55.223 39	G	20.0		
2136+141	OX 161	21 39 01.309 267	+14 23 35.991 99	Q	18.9	2.427	1.11
2143−156	OX−173	21 46 22.979 340	−15 25 43.885 26	Q	17.3	0.700	0.51
2145+067	4C 06.69	21 48 05.458 679	+06 57 38.604 22	Q	16.5	0.999	4.41

IERS Designation	Name	Right Ascension	Declination	Type	V	z^1	S 5 GHz
		h m s	° ′ ″				Jy
2146−783		21 52 03.154 504	−78 07 06.639 62				
2150+173		21 52 24.819 405	+17 34 37.794 82	L	17.9		1.02
2204−540		22 07 43.733 296	−53 46 33.820 04	Q	18.0	1.206	2.82
2209+236		22 12 05.966 318	+23 55 40.543 88	A	19.0		
2229+695		22 30 36.469 725	+69 46 28.076 98	?L	19.6		0.81
2232−488		22 35 13.236 524	−48 35 58.794 55	Q	17.2	0.510	0.87
2254+074	OY 091	22 57 17.303 120	+07 43 12.302 84	L	16.4	0.190	0.48
2312−319		23 14 48.500 631	−31 38 39.526 51	G	18.5	0.284	0.58
2319+272	4C 27.50	23 21 59.862 235	+27 32 46.443 43	Q	19.0	1.253	1.07
2320+506	OZ 533	23 22 25.982 159	+50 57 51.963 71				
2326−477		23 29 17.704 369	−47 30 19.115 19	Q	16.8	1.306	2.06
2329−162		23 31 38.652 436	−15 56 57.009 52	Q	20.0	1.153	1.88
2329−384		23 31 59.476 115	−38 11 47.650 53	Q	17.0	1.195	0.67

Notes to Table

[1]   ">" indicates value is a lower limit

Q   Quasar

G   Galaxy

L   BL Lac object

?L   BL Lac candidate

A   Other

Name	Right Ascension	Declination	S_{400}	S_{750}	S_{1400}	S_{1665}	S_{2700}	S_{5000}	S_{8000}
	h m s	° ′ ″	Jy	Jy	Jy	Jy	Jy	Jy	Jy
3C 48[e]	01 37 41.299	+33 09 35.13	39.4	25.6	16.42	14.26	9.46	5.40	3.42
3C 123	04 37 04.4	+29 40 15	119.2	77.7	48.70	42.40	28.50	16.5	10.60
3C 147[e,g]	05 42 36.138	+49 51 07.23	48.2	33.9	22.42	19.43	12.96	7.66	5.10
3C 161	06 27 10.0	−05 53 07	41.2	28.9	19.00	16.80	11.40	6.62	4.18
3C 218	09 18 06.0	−12 05 45	134.6	76.0	43.10	36.80	23.70	13.5	8.81
3C 227	09 47 46.4	+07 25 12	20.3	12.1	7.21	6.25	4.19	2.52	1.71
3C 249.1	11 04 11.5	+76 59 01	6.1	4.0	2.48	2.14	1.40	0.77	0.47
3C 274[e,f]	12 30 49.423	+12 23 28.04	625.0	365.0	214.00	184.00	122.00	71.9	48.10
3C 286[e]	13 31 08.288	+30 30 32.96	25.1	19.7	14.84	13.61	10.52	7.30	5.38
3C 295	14 11 20.7	+52 12 09	54.1	36.3	22.53	19.33	12.21	6.35	3.66
3C 348	16 51 08.3	+04 59 26	168.1	86.8	45.00	37.50	22.60	11.8	7.19
3C 353	17 20 29.5	−00 58 52	131.1	88.2	57.30	50.50	35.00	21.2	14.20
DR 21	20 39 01.2	+42 19 45							21.60
NGC 7027[d]	21 07 01.6	+42 14 10			1.43	1.93	3.69	5.43	5.90

Name	S_{10700}	S_{15000}	S_{22235}	S_{32000}	S_{43200}	Spec.	Type	Polariza-tion (at 5 GHz)	Angular Size (at 1.4 GHz)
	Jy	Jy	Jy	Jy	Jy			%	″
3C 48[e]	2.55	1.79	1.17	0.77	0.54	C⁻	QSS	5	<1
3C 123	7.94	5.63	3.71			C⁻	GAL	2	20
3C 147[e,g]	3.95	2.92	2.05	1.47	1.12	C⁻	QSS	< 1	<1
3C 161	3.09	2.14				C⁻	GAL	5	<3
3C 218	6.77					S	GAL	1	core 25, halo 220
3C 227	1.34	1.02	0.73			S	GAL	7	180
3C 249.1	0.34	0.23				S	QSS		15
3C 274[f]	37.50	28.10				S	GAL	1	halo 400[a]
3C 286[e]	4.40	3.44	2.55	1.90	1.48	C⁻	QSS	11	<5
3C 295	2.54	1.63	0.95	0.56	0.35	C⁻	GAL	0.1	4
3C 348	5.30					S	GAL	8	115[b]
3C 353	10.90					C⁻	GAL	5	150
DR 21	20.80	20.00	19.00			Th	HII		20[c]
NGC 7027[d]	5.93	5.84	5.65	5.43	5.23	Th	PN	< 1	10

Notes to Table

a	Halo has steep spectral index, so for $\lambda \leq 6$ cm, more than 90% of the flux is in the core. The slope of the spectrum is positive above 20 GHz.
b	Angular distance between the two components
c	Angular size at 2 cm, but consists of 5 smaller components
d	All data are calculated from a fit to the thermal spectrum. Mean epoch is 1995.5.
e	Suitable for calibration of interferometers and synthesis telescopes.
f	Virgo A
g	Indications of time variability above 5 GHz
GAL	Galaxy
HII	HII region
PN	Planetary Nebula
QSS	Quasar

Name	Right Ascension	Declination	Flux[1]	Mag.[2]	Identified Counterpart	Type
	h m s	° ′ ″	μJy			
Tycho's SNR	00 25 42.0	+64 10 28	8.08		Tycho's SNR	SNR
4U 0037−10	00 41 56.5	−09 18 25	3.19	15.7	Abell 85	C
4U 0053+60	00 57 06.2	+60 45 07	5.00 − 11.0	1.6V	Gamma Cas	NS
SMC X−1	01 17 15.5	−73 24 32	0.50 − 57.0	13.3	Sanduleak 160	P
2S 0114+650	01 18 29.1	+65 19 21	4.00	11.0	LSI + 65 010	P
4U 0115+634	01 18 57.8	+63 46 27	2.00 − 350.0	14.5V	V 635 Cas	P
4U 0316+41	03 20 15.5	+41 32 20	52.1	12.7	Abell 426	C
4U 0352+309	03 55 47.6	+31 03 52	9.00 − 37.0	6.0V	X Per	P
4U 0431−12	04 33 55.2	−13 13 59	2.79	15.3	Abell 496	C
4U 0513−40	05 14 19.4	−40 02 11	6.00	8.1	NGC 1851	A
LMC X−2	05 20 23.0	−71 57 13	9.00 − 44.0	18.0V		BHC
LMC X−4	05 32 49.6	−66 21 59	3.00 − 60.0	14.0	OB star	P
Crab Nebula	05 34 55.5	+22 01 06	1041.7	8.4	Crab Nebula	SNR+P
A 0538−66	05 35 44.5	−66 50 10	0.01 − 180.0	13V	Be star	P
LMC X−3	05 38 58.6	−64 04 49	1.70 − 44.0	16.7V	B3V star	BHC
A 0535+262	05 39 18.9	+26 19 09	3.00 − 2800.0	8.9V	HD 245770	P
LMC X−1	05 39 35.2	−69 44 24	3.00 − 25.0	14.5	O7III star	BHC
4U 0614+091	06 17 28.7	+09 08 03	50.0	11.2	V 1055 Ori	BHC
IC 443	06 18 25.0	+22 33 38	3.78		IC 443	SNR
A 0620−00	06 23 04.4	−00 20 58	0.02 − 50000	16.4V	V 616 Mon	BHC
4U 0726−260	07 29 09.4	−26 07 17	1.20 − 4.70	11.6	LS 437	P
EXO 0748−676	07 48 34.4	−67 45 59	0.10 − 60.0	16.9V	UY Vol	B
Pup A	08 24 20.8	−43 01 03	8.25		Pup A	SNR
Vela SNR	08 34 23.1	−45 46 43	10.01	20.0	Vela SNR	SNR
GRS 0834−430	08 37 05.1	−43 16 22	30.0 − 300.0	20.4		P
Vela X−1	09 02 21.7	−40 34 50	2.00 − 1100.0	6.9	HD 77581	P
3A 1102+385	11 04 48.9	+38 10 25	2.73	13.5*	MRK 421	G
Cen X−3	11 21 32.6	−60 39 33	10.0 − 312.0	13.3	V 779 Cen	P
4U 1145−619	11 48 19.2	−62 14 35	4.00 − 1000.0	9.3	HD 102567	P
4U 1206+39	12 10 52.4	+39 22 10	4.73	11.2*	NGC 4151	G
GX 301−2	12 26 59.6	−62 48 23	9.00 − 1000.0	10.8	Wray 977	P
3C 273	12 29 26.6	+02 00 59	2.96	13.0	3C 273	Q
4U 1228+12	12 31 09.1	+12 21 19	23.9	9.2	M 87	G
4U 1246−41	12 49 12.4	−41 20 28	5.24	12.4*	Centaurus Cluster	C
4U 1254−690	12 58 02.9	−69 19 27	25.0	19.1	GR Mus	B
4U 1257+28	12 59 54.6	+27 55 39	16.3	10.7	Coma Cluster	C
GX 304−1	13 01 41.4	−61 38 12	0.30 − 200.0	13.5V	V 850 Cen	P
Cen A	13 25 50.5	−43 03 10	9.24	6.98	QSO 1322−428	Q
Cen X−4	14 58 46.2	−32 02 39	0.10 − 20000	12.8	V 822 Cen	B
SN 1006	15 02 47.8	−41 55 18	2.65	19.9	SN 1006	SNR
Cir X−1	15 21 11.2	−57 11 24	5.00 − 3000.0	21.4	BR Cir	NS
4U 1538−522	15 42 52.6	−52 24 24	3.00 − 30.0	14.4	QV Nor	P
4U 1556−605	16 01 35.8	−60 45 22	16.0	18.6V	LU TrA	
4U 1608−522	16 13 13.1	−52 26 21	1.00 − 110.0	21V	QX Nor	NS
Sco X−1	16 20 17.3	−15 39 20	14000.0	12.2	V 818 Sco	NS
4U 1627+39	16 28 51.7	+39 32 14	4.22	13.9	Abell 2199	C
4U 1626−673	16 32 56.2	−67 28 31	25.0	18.5	KZ TrA	P
4U 1636−536	16 41 26.6	−53 45 49	220.0	17.5	V 801 Ara	B
GX 340+0	16 46 16.1	−45 37 21	500.0			NS
GRO J1655−40	16 54 27.2	−39 51 22	1600.0	14.2V	V 1033 Sco	BHC

Name	Right Ascension	Declination	Flux[1]	Mag.[2]	Identified Counterpart	Type
	h m s	o ′ ″	μJy			
Her X−1	16 58 03.9	+35 19 58	15.0 − 50.0	13.0V	HZ Her	P
4U 1704−30	17 02 31.1	−29 57 18	3.45	18.3V	V 2131 Oph	B
GX 339−4	17 03 19.1	−48 47 55	1.50 − 900.0	15.5	V 821 Ara	BHC
4U 1700−377	17 04 23.3	−37 51 11	11.0 − 110.0	6.6	V 884 Sco	P
GX 349+2	17 06 10.7	−36 25 53	825.0	18.6	V 1101 Sco	NS
4U 1708−23	17 12 24.6	−23 21 44	33.0	21*	Ophiuchus Cluster	C
4U 1722−30	17 27 58.3	−30 48 26	7.56	17	Terzan 2	A
Kepler's SNR	17 31 00.6	−21 29 07	2.95	19	Kepler's SNR	SNR
GX 9+9	17 32 06.8	−16 57 58	300.0	16.8	V 2216 Oph	NS
GX 354−0	17 32 23.2	−33 50 20	150.0			B
GX 1+4	17 32 27.1	−24 45 00	100.0	19.0	V 2116 Oph	P
Rapid Burster	17 33 49.8	−33 23 31	0.10 − 200.0	17.5	Liller 1	B
4U 1735−444	17 39 26.8	−44 27 12	160.0	17.5	V 926 Sco	NS
1E 1740.7−2942	17 44 27.6	−29 43 34	4.00 − 30.0			BHC
GX 3+1	17 48 20.3	−26 33 55	400.0		V 3893 Sgr	B
4U 1746−37	17 50 39.2	−37 03 14	32.0	8.4*	NGC 6441	A
4U 1755−338	17 59 05.8	−33 48 28	100.0	18.5	V 4134 Sgr	BHC
GX 5−1	18 01 32.3	−25 04 44	1250.0			NS
GX 9+1	18 01 55.5	−20 31 43	700.0			NS
GX 13+1	18 14 53.8	−17 09 18	350.0			NS
GX 17+2	18 16 23.6	−14 02 02	700.0	17.5	NP Ser	NS
4U 1820−30	18 24 05.6	−30 21 27	250.0	8.6*	NGC 6624	A
4U 1822−37	18 26 13.3	−37 06 04	10.0 − 25.0	15.9V	V 691 CrA	B
Ser X−1	18 40 16.7	+05 02 31	225.0	19.2*	MM Ser	B
4U 1850−08	18 53 26.2	−08 41 50	7.00	8.9	NGC 6712	A
Aql X−1	19 11 35.9	+00 35 46	0.10 − 1300.0	14.8	V 1333 Aql	NS
SS 433	19 12 08.9	+04 59 38	1.11	14.2	SS 433	NS
GRS 1915+105	19 15 29.9	+10 57 26	300.0		V 1487 Aql	BHC
4U 1916−053	19 19 08.7	−05 13 25	25.0	21V	V 1405 Aql	B
Cyg X−1	19 58 36.4	+35 13 10	235.0 − 1320.0	8.9	V 1357 Cyg	BHC
4U 1957+11	19 59 42.4	+11 43 35	30.0	18.7V	V 1408 Aql	
Cyg X−3	20 32 40.7	+40 58 30	90.0 − 430.0		V 1521 Cyg	BHC
4U 2129+12	21 30 17.1	+12 11 46	6.00	15.8V	M 15	A
4U 2129+47	21 31 40.5	+47 19 08	9.00	16.9	V1727 Cyg	B
SS Cyg	21 42 58.0	+43 36 57	2.27	12.1V	SS Cyg	T
Cyg X−2	21 44 57.4	+38 21 06	450.0	14.7	V 1341 Cyg	NS
Cas A	23 23 41.5	+58 51 01	58.7	19.6	Cassiopeia A	SNR

Notes to Table

1	(2−10) keV flux
2	"*" indicates B magnitude, otherwise V magnitude
	"V" indicates variable magnitude

A	Globular Cluster	NS	Neutron Star
B	X−Ray Burster	P	Pulsar
BHC	Black Hole Candidate	Q	Quasi−Stellar Object
C	Cluster of Galaxies	SNR	Supernova Remnant
G	Galaxy	T	Transient (Nova−like optically)

Name	Right Ascension	Declination	Flux 6 cm	Flux 11 cm	z	V	B−V	M(abs)
	h m s	° ′ ″	Jy	Jy				
S5 0014+81	00 17 32.5	+81 37 17	0.551	0.61	3.387	16.5		−31.7
BR 0019−15	00 22 21.9	−15 11 12			4.52	19.0		−28.9
Q 0043−2923	00 46 07.1	−29 04 49			0.90	14.8		−29.2
I ZW 1	00 53 55.3	+12 43 43	0.003		0.061	14.03	+0.38	−23.4
Q 0051−279	00 54 34.4	−27 40 01			4.395	20.18		−27.6
TON S180	00 57 39.3	−22 20 50			0.062	14.41	+0.19	−23.3
BR 0103+00	01 06 39.3	+00 50 28			4.433	18.70		−29.1
IRAS 01072−0348	01 10 04.9	−03 30 29	0.008		0.054	13		−24.6
F 9	01 24 00.7	−58 46 19			0.046	13.83	+0.43	−23.0
3C 48.0	01 38 03.6	+33 11 34	5.37	8.97	0.367	16.20	+0.42	−25.2
4U 0241+61	02 45 28.6	+62 29 44	0.20	0.24	0.044	12.19	−0.04	−25.0
PSS J0248+1802	02 49 16.2	+18 04 26			4.43	18.4		−29.4
PC 0307+0222	03 10 11.6	+02 34 50			4.379	20.39		−27.4
MS 03180−1937	03 20 38.8	−19 25 07			0.104	14.86	+1.04	−23.1
IRAS 03335−5625	03 34 57.3	−56 13 56			0.078	14.9		−23.5
BR 0351−10	03 54 11.9	−10 20 03			4.36	18.7		−29.1
IRAS 03575−6132	03 58 25.0	−61 23 01			0.047	14.2		−23.1
PKS 0405−12	04 08 06.8	−12 10 35	1.99	2.36	0.574	14.86	+0.23	−27.7
PKS 0438−43	04 40 29.4	−43 32 25	7.58	6.17	2.852	19.5		−27.8
3C 147.0	05 43 06.6	+49 51 17	8.18	12.98	0.545	17.80	+0.65	−24.2
B2 0552+39A	05 55 58.0	+39 48 51	5.425	3.53	2.365	18.0		−28.5
PKS 0558−504	05 59 56.9	−50 26 51	0.113	0.19	0.137	14.97	+0.21	−24.4
IRAS 06115−3240	06 13 35.2	−32 42 02			0.050	14.1		−23.3
HS 0624+6907	06 30 44.9	+69 04 47			0.370	14.44		−27.4
PKS 0637−75	06 35 33.8	−75 16 37	6.19	4.51	0.654	15.75	+0.33	−27.0
S4 0636+68	06 42 45.1	+67 58 12	0.539	0.32	3.177	16.6		−31.3
VII ZW 118	07 07 50.7	+64 35 21			0.079	14.61	+0.68	−23.1
MS 07546+3928	07 58 26.3	+39 19 26	0.003		0.096	14.36	+0.38	−24.1
PG 0804+761	08 11 47.8	+76 01 32	0.002		0.100	14.71	+0.32	−23.9
PG 0844+349	08 48 07.0	+34 43 38	0.000		0.064	14.50	+0.33	−23.1
IRAS 09149−6206	09 16 18.6	−62 21 07	0.016		0.057	13.55	+0.52	−23.6
B2 0923+39	09 27 27.3	+39 00 39	7.57	4.54	0.698	17.86	+0.06	−25.3
HE 0940−1050	09 43 12.6	−11 06 14			3.054	16.6		−31.1
BRI 0952−01	09 54 53.0	−01 16 04			4.43	18.7		−29.1
PC 0953+4749	09 56 50.1	+47 32 50			4.457	19.47		−28.4
0956+1217	09 59 13.1	+12 00 52			3.306	17.6		−30.6
CSO 38	10 12 17.9	+29 39 45			2.62	16		−30.9
BRI 1013+00	10 16 09.0	+00 18 22			4.381	19.1		−28.7
HE 1029−1401	10 32 13.6	−14 18 53			0.086	13.86	+0.22	−24.5
BR 1033−0327	10 36 43.5	−03 45 22			4.506	18.5		−29.4
PSS J1048+4407	10 49 09.1	+44 05 09			4.45	19.3		−28.5
Q 1107+487	11 11 00.6	+48 29 09			2.958	16.7		−30.8
PG 1116+215	11 19 29.4	+21 17 10	0.003		0.177	14.72	+0.13	−25.3
PKS 1127−14	11 30 26.7	−14 51 36	7.31	6.43	1.187	16.90	+0.27	−27.5
WAS 26	11 41 36.4	+21 54 12			0.063	14.9		−23.0
4C 29.45	11 59 51.9	+29 12 35	0.89	1.15	0.729	14.41	+0.39	−28.6
PC 1158+4635	12 00 56.9	+46 16 37			4.733	20.21		−27.8
PG 1211+143	12 14 37.5	+14 01 03	0.001		0.085	14.19	+0.27	−24.1
3C 273.0	12 29 26.6	+02 00 59	43.41	41.44	0.158	12.85	+0.20	−26.9
PC 1233+4752	12 35 49.6	+47 33 57			4.447	20.63		−27.2

Name	Right Ascension	Declination	Flux 6 cm	Flux 11 cm	z	V	B−V	M(abs)
	h m s	° ′ ″	Jy	Jy				
SBS 1233+594	12 36 07.1	+59 08 19			2.824	16.5		−30.8
PC 1247+3406	12 50 00.8	+33 47 46			4.897	20.4		−27.7
PKS 1251−407	12 54 21.5	−41 01 34	0.22	0.25	4.46	19.9		−27.9
3C 279	12 56 31.3	−05 49 27	15.34	11.96	0.538	17.75	+0.26	−24.6
PSS J1317+3531	13 18 01.1	+35 29 29			4.36	19.1		−28.7
3C 286.0	13 31 26.3	+30 28 32	7.48	10.26	0.846	17.25	+0.26	−26.4
PG 1351+64	13 53 27.3	+63 43 51	0.032		0.088	14.28	+0.26	−24.1
SP 1	14 00 30.3	+38 52 25			3.280	17		−31.0
PG 1411+442	14 14 03.7	+43 58 25	0.001		0.089	14.99		−23.7
B 1422+231	14 24 55.9	+22 54 16	0.503		3.62	16.5		−30.7
SBS 1425+606	14 27 06.9	+60 24 06			3.20	16.5		−31.5
MARK 1383	14 29 26.5	+01 15 22	0.001		0.086	14.87	+0.34	−23.4
MARK 478	14 42 23.5	+35 24 44	0.001		0.077	14.58	+0.33	−23.4
PSS J1443+2724	14 43 48.2	+27 22 59			4.42	19.3		−28.5
CSO 1061	14 45 10.5	+29 17 27			2.669	16.2		−30.8
3C 305.0	14 49 30.0	+63 14 38	0.92	1.60	0.042	13.74		−23.3
MCG 11.19.006	15 19 27.0	+65 33 16			0.044	13.9		−23.2
MS 15198−0633	15 22 49.6	−06 46 04	0.006		0.084	14.9	+0.3	−23.3
PKS 1610−77	16 18 44.3	−77 18 14	5.55	3.80	1.710	19.0		−26.5
KP 1623.7+26.8B	16 26 04.8	+26 46 07			2.521	16.0		−30.8
HS 1626+6433	16 26 49.0	+64 26 02			2.32	15.8		−30.7
PG 1634+706	16 34 26.1	+70 30 46	0.001		1.337	14.66		−30.3
3C 345.0	16 43 12.0	+39 47 54	5.65	6.01	0.594	15.96	+0.29	−26.6
HS 1700+6416	17 01 03.1	+64 11 36			2.722	16.13	+0.23	−30.8
PG 1718+481	17 19 48.9	+48 03 50	0.137	0.11	1.083	14.60		−29.8
IRAS 17596+4221	18 01 21.2	+42 21 45			0.053	14.5		−23.0
KUV 18217+6419	18 21 59.3	+64 20 48	0.013		0.297	14.24	−0.01	−27.1
3C 380.0	18 29 42.0	+48 45 03	7.50	9.88	0.692	16.81	+0.24	−26.2
IRAS 19254−7245	19 32 07.2	−72 38 31		0.04	0.061	14.5		−23.3
HS 1946+7658	19 44 40.8	+77 06 50	0.001		3.051	15.8		−31.9
MARK 509	20 44 30.9	−10 41 58	0.004		0.035	13.12	+0.23	−23.3
ESO 235−IG26	20 59 41.1	−51 58 48			0.051	13.6		−23.8
IRAS 21219−1757	21 25 03.4	−17 43 04	0.007		0.113	14.5		−24.7
2E 2124−1459	21 27 53.8	−14 45 05			0.057	14.68		−23.0
PKS 2126−15	21 29 33.6	−15 36 59	1.186	1.17	3.266	17.0		−31.0
II ZW 136	21 32 46.9	+10 10 03	0.002		0.063	14.64	+0.28	−23.0
PKS 2134+004	21 36 58.6	+00 43 41	11.49	7.59	1.932	16.79	+0.30	−28.7
Q 2134−4521	21 38 32.6	−45 06 33			4.36	20.15	+1.17	−26.4
Q 2139−4324	21 43 22.9	−43 09 11			4.46	20.64		−27.2
Q 2203+29	22 06 20.3	+29 31 57			4.406	20.87		−26.9
MARK 304	22 17 31.2	+14 16 18	0.000		0.067	14.66	+0.36	−23.0
HE 2217−2818	22 20 28.7	−28 01 25			2.406	16.0		−30.6
BR 2237−06	22 40 26.7	−06 12 18			4.55	18.3		−29.6
3C 454.3	22 54 17.0	+16 10 58	10.03	10.70	0.859	16.10	+0.47	−27.3
MR 2251−178	22 54 26.7	−17 32 50	0.003		0.068	14.36	+0.63	−23.1
MARK 926	23 05 03.8	−08 39 01	0.009		0.047	13.76	+0.36	−23.1
3C 465.0	23 38 49.0	+27 04 02	2.80	4.21	0.030	13.3		−23.0
C15.05	23 50 54.6	−43 23 50			2.9	16.3		−31.2

Name[1]	Right Ascension	Declination	Period	$\dot{P}$	Epoch	DM	S_{400}
	h　m　s	° ′ ″	s	$10^{-15}\,\mathrm{s}\,\mathrm{s}^{-1}$	MJD	$\mathrm{cm}^{-3}\,\mathrm{pc}$	mJy
B0021−72C	00 23 50.3	−72 04 31.4	0.005 756 780	0.0000	47858	24.6	1.5
J0034−0534 *	00 34 21.8	−05 34 36.5	0.001 877 181	0.0000	48766	13.8	16
J0045−7319 *	00 45 35.0	−73 19 03.1	0.926 275 835	4.486	48964	105.4	1
J0218+4232 *	02 18 06.3	+42 32 17.5	0.002 323 090	0.0001	49150	61.3	
B0329+54	03 32 59.3	+54 34 43.3	0.714 518 663	2.0496	40621	26.8	1500
J0437−4715 *	04 37 15.7	−47 15 07.9	0.005 757 451	0.0001	48825	2.6	600
B0450−18	04 52 34.0	−17 59 23.5	0.548 937 986	5.7564	46800	39.9	82
B0531+21	05 34 31.9	+22 00 52.1	0.033 403 347	420.95	48743	56.8	646
B0540−69	05 40 11.0	−69 19 55.2	0.050 377 106	479.05	48256	146	
J0613−0200 *	06 13 43.9	−02 00 47.0	0.003 061 844	0.0000	49200	38.8	21
B0628−28	06 30 49.5	−28 34 43.6	1.244 417 072	7.107	44123	34.4	206
B0655+64 *	07 00 37.8	+64 18 11.2	0.195 670 945	0.0007	46066	8.8	5
B0736−40	07 38 32.4	−40 42 41.2	0.374 918 710	1.6140	42554	160.8	190
B0740−28	07 42 49.0	−28 22 44.0	0.166 760 919	16.811	48382	73.8	296
J0751+1807 *	07 51 09.1	+18 07 38.7	0.003 478 770	0.0000	49301	30.2	10
B0818−13	08 20 26.3	−13 50 55.2	1.238 128 107	2.1056	41006	41.0	102
B0820+02 *	08 23 09.7	+01 59 12.8	0.864 872 751	0.1039	43418	23.6	30
B0833−45	08 35 20.6	−45 10 35.8	0.089 308 556	124.84	49672	68.2	5000
B0834+06	08 37 05.6	+06 10 14.0	1.273 768 080	6.7995	48362	12.9	89
B0835−41	08 37 21.1	−41 35 14.2	0.751 622 117	3.5469	46800	147.6	197
B0950+08	09 53 09.3	+07 55 35.6	0.253 065 068	0.2292	41500	3.0	400
B0959−54	10 01 37.9	−55 07 08.7	1.436 582 629	51.396	46800	130.6	80
J1012+5307 *	10 12 33.4	+53 07 02.6	0.005 255 749	0.0000	49220	9.0	30
J1022+10 *	10 22 57	+10 01	0.016 452 929	0.0000	49590	10.2	23
J1045−4509 *	10 45 50.1	−45 09 54.2	0.007 474 224	0.0000	48821	58.2	20
B1055−52	10 57 58.8	−52 26 56.4	0.197 107 608	5.8335	43555	30.1	80
B1133+16	11 36 03.3	+15 51 00.6	1.187 911 536	3.7327	41664	4.8	257
B1154−62	11 57 15.2	−62 24 50.8	0.400 522 048	3.9313	46800	325.2	145
B1237+25	12 39 40.4	+24 53 49.2	1.382 449 256	0.9605	48383	9.3	110
B1240−64	12 43 17.1	−64 23 23.8	0.388 480 921	4.5006	46800	297.4	110
B1257+12 *	13 00 03.0	+12 40 57.0	0.006 218 531	0.0001	48788	10.2	20
B1259−63 *	13 02 47.6	−63 50 08.6	0.047 762 338	2.2750	49500	146.7	
B1323−58	13 26 58.3	−58 59 29.9	0.477 989 690	3.211 ·	43555	286	120
B1323−62	13 27 17.2	−62 22 43	0.529 906 294	18.89	43555	318.4	135
B1356−60	13 59 58.2	−60 38 08.1	0.127 500 776	6.3385	43555	295.0	105
B1426−66	14 30 40.8	−66 23 05.0	0.785 440 757	2.7695	46800	65.3	130
B1449−64	14 53 32.7	−64 13 15.5	0.179 483 893	2.7475	43176	71.1	230
J1455−3330 *	14 55 47.9	−33 30 46.2	0.007 987 204	0.0000	49200	13.6	13
B1451−68	14 56 00.2	−68 43 38.7	0.263 376 778	0.0988	42553	8.6	350
B1508+55	15 09 25.7	+55 31 33.0	0.739 681 265	5.0078	48383	19.6	114
B1534+12 *	15 37 09.9	+11 55 56.0	0.037 904 440	0.0024	48000	11.6	36
B1556−44	15 59 41.5	−44 38 45.8	0.257 055 723	1.0196	42553	58.8	110
B1620−26 *	16 23 38.2	−26 31 53.7	0.011 075 750	0.0008	48127	62.9	15
J1640+2224 *	16 40 16.7	+22 24 09.0	0.003 163 315	0.0000	49360	18.4	
B1639+36A	16 41 40.8	+36 27 15.4	0.010 377 509	0.0000	47666	30.4	3
J1643−1224 *	16 43 38.1	−12 24 58.7	0.004 621 641	0.0000	49200	62.4	75
B1641−45	16 44 49.2	−45 59 09.2	0.455 059 775	20.090	46800	480	375
B1642−03	16 45 02.0	−03 17 58.4	0.387 688 791	1.7810	40621	35.7	393
B1648−42	16 51 48.7	−42 46 11	0.844 080 665	4.812	46800	525	100
J1713+0747 *	17 13 49.5	+07 47 37.5	0.004 570 136	0.0000	49056	16.0	36

Name[1]	Right Ascension	Declination	Period	$\dot{P}$	Epoch	DM	S_{400}
	h m s	° ′ ″	s	10^{-15}s s^{-1}	MJD	cm^{-3} pc	mJy
J1730−2304	17 30 21.6	−23 04 21.6	0.008 122 797	0.0000	49200	9.6	43
B1727−47	17 31 42.0	−47 44 33.0	0.829 723 641	163.67	43494	121.9	190
B1744−24A *	17 48 02.2	−24 46 37.7	0.011 563 148	0.0000	48270	242.1	
B1749−28	17 52 58.7	−28 06 38.3	0.562 557 857	8.1394	46800	50.9	1100
B1800−27 *	18 03 31.5	−27 12 06	0.334 415 423	0.0173	48522	165	3.4
B1802−07 *	18 04 49.8	−07 35 24.6	0.023 100 855	0.0005	48540	186.4	3.1
B1818−04	18 20 52.6	−04 27 38.5	0.598 072 639	6.3376	40621	84.4	157
B1820−11 *	18 23 40.4	−11 15 08	0.279 828 450	1.378	47400	428	11
B1820−30A	18 23 40.4	−30 21 39.6	0.005 440 002	0.0034	48600	86.8	49
B1821−24	18 24 32.0	−24 52 10.7	0.003 054 314	0.0016	47953	119.8	40
B1830−08	18 33 40.3	−08 27 30.7	0.085 282 878	9.1698	48750	411	
B1831−03	18 33 42	−03 38 34	0.686 676 816	41.5	42003	235.8	89
B1831−00 *	18 34 17.2	+00 10 49.5	0.520 954 308	0.0143	46070	88.3	5.1
B1855+09 *	18 57 36.3	+09 43 17.3	0.005 362 100	0.0000	47526	13.3	31
B1857−26	19 00 47.5	−26 00 43.1	0.612 209 195	0.2042	48381	38.1	131
B1859+03	19 01 31.7	+03 31 06.2	0.655 449 230	7.481	48464	401.3	165
B1911−04	19 13 54.1	−04 40 47.6	0.825 933 689	4.0696	40623	89.4	118
B1913+16 *	19 15 28.0	+16 06 27.4	0.059 029 997	0.0086	45888	168.8	4
B1929+10	19 32 13.9	+10 59 31.9	0.226 517 820	1.1566	48381	3.2	303
B1933+16	19 35 47.8	+16 16 40.6	0.358 736 248	6.0035	42264	158.5	242
B1937+21	19 39 38.5	+21 34 59.1	0.001 557 806	0.0001	47500	71.0	240
B1946+35	19 48 25.0	+35 40 11.3	0.717 306 765	7.0521	42220	129.1	145
B1951+32	19 52 58.2	+32 52 40.4	0.039 529 759	5.8374	47005	45.0	7
B1953+29 *	19 55 27.8	+29 08 43.7	0.006 133 166	0.0000	46112	104.6	15
B1957+20 *	19 59 36.7	+20 48 15.1	0.001 607 401	0.0000	48196	29.1	20
B2016+28	20 18 03.8	+28 39 54.3	0.557 953 407	0.1494	40688	14.2	314
J2019+2425 *	20 19 31.9	+24 25 15.3	0.003 934 524	0.0000	48900	17.2	15
J2043+2740	20 43 43.5	+27 40 56	0.096 130 5	1.258	49540	21.0	
B2045−16	20 48 35.4	−16 16 44.4	1.961 566 879	10.961	40694	11.5	116
B2111+46	21 13 24.2	+46 44 08.6	1.014 684 902	0.7115	48382	141.5	230
J2124−3358	21 24 43.8	−33 58 43.9	0.004 931 114	0.0000	49113	4.4	20
B2127+11B	21 29 58.6	+12 10 00.3	0.056 133 033	0.0096	47632	67.7	1.0
J2145−0750 *	21 45 50.4	−07 50 17.9	0.016 052 423	0.0000	48978	9.0	50
B2154+40	21 57 01.8	+40 17 45.8	1.525 265 368	3.4257	48382	70.6	105
B2217+47	22 19 48.1	+47 54 53.8	0.538 469 247	2.7650	48382	43.5	111
J2229+2643 *	22 29 50.8	+26 43 57.7	0.002 977 819	0.0000	49440	23.0	13
J2235+1506	22 35 43.7	+15 06 49.0	0.059 767 357	0.0002	49250	18.1	3
B2303+46 *	23 05 55.8	+47 07 45.3	1.066 371 071	0.5691	46107	62.1	1.9
B2310+42	23 13 08.5	+42 53 12.9	0.349 433 639	0.1155	43890	17.3	89
J2317+1439 *	23 17 09.2	+14 39 31.2	0.003 445 251	0.0000	49300	21.9	19
J2322+2057	23 22 22.3	+20 57 02.9	0.004 808 428	0.0000	48900	13.4	2.8

Notes to Table

[1]   "*" indicates pulsar is a member of a binary system

Name	Alternate Name	Right Ascension	Declination	Flux[1]	Flux Error	E_{low}[2]	E_{high}	Type
		h m s	° ′ ″	10^{-7}photons cm^{-2}s^{-1}	10^{-7}photons cm^{-2}s^{-1}	MeV	MeV	
3EG J0010+7309	2EG J0008+7307	00 10 35	+73 12 22	5.68	0.82	>100		U
QSO 0208−512	3EG J0210−5055	02 10 59	−50 59 22	20.6	0.900	30	4000	Q
PKS 0235+164	3EG J0237+1635	02 39 00	+16 38 15	8.0	1.2	100	10000	Q
2CG 135+01	3EG J0241+6103	02 42 08	+61 05 51	10.6	0.88	>100		U
NGC 1275	PER A	03 20 14	+41 31 59	64400	14300	0.02	0.08	Q
CTA 26	3EG J0340−0201	03 40 29	−01 59 57	11.9	2.20	>100		Q
3EG J0416+3650	QSO 0415+379	04 16 35	+36 51 21	1.28	0.260	>100		Q
3C 111	1H 0414+380	04 18 47	+38 02 44	2810	490	0.05	0.15	Q
GRO J0422+32	Nova Per 1992	04 22 08	+32 55 29	9000	3100	0.75	2	P
QSO 0420−014	3EG J0422−0102	04 23 36	+01 21 17	5.0	1.4	50	2000	Q
3C 120	1H 0426+051	04 33 32	+05 21 47	2640	380	0.05	0.15	Q
3EG J0433+2908	EF B0430+2859	04 34 00	+29 09 12	2.15	0.33	>100		Q
NRAO 190	3EG J0442−0033	04 42 58	+00 18 06	8.40	1.2	>100		Q
PKS 0446+112	3EG J0450+1105	04 49 29	+11 22 15	2.28	0.35	>100		Q
QSO 0458−020	3EG J0500−0159	05 01 31	−01 58 50	3.11	0.93	>100		Q
LMC	3EG J0533−6916	05 23 33	−69 44 39			>100		G
PKS 0528+134	3EG J0530+1323	05 31 17	+13 32 03	66.0	4.80	30	1000	Q
Crab	3EG J0534+2200	05 34 28	+22 11 39	69.1	2.7	50	10000	P
SN 1987A		05 35 25	−69 15 57	65000	14000	0.85	line	R
QSO 0537−441	3EG J0540−4402	05 39 02	−44 05 12	2.90	0.7	100	1000	Q
3EG J0542−0655	QSO 0539−057	05 42 35	−06 55 37	6.65	1.95	>100		U
Geminga	1E 0630+17.8	06 34 18	+17 45 52	61.4	3.80	30	2000	P
PSR B0656+14	PSR J0659+1414	06 58 43	+14 13 51	0.41	0.14	>100		P
QSO 0827+243	3EG J0829+2413	08 31 15	+24 09 27	2.59	0.62	>100		Q
Vela Pulsar	3EG J0834−4511	08 35 33	−45 11 59	186	3.00	30	2000	P
2CG 284−00	3EG J1027−5817	10 27 50	−58 18 12	8.77	0.86	>100		U
2CG 288−00	3EG J1048−5840	10 48 49	−58 42 51	5.97	0.87	>100		U
PSR B1055−52	3EG J1058−5234	10 58 15	−52 29 02	6.95	0.910	100	4000	P
MRK 421	3EG 1104+3809	11 04 48	+38 10 30	1.70		>100		Q
NGC 3783	1H 1135−372	11 39 21	−37 46 34	3860	1380	0.05	0.15	Q
QSO 1156+295	4C 29.45	11 59 51	+29 12 50	22.9	5.48	>100		Q
NGC 4151	H 1208+396	12 10 53	+39 22 25	23.3	0.350	0.07	0.3	Q
NGC 4388	MCG+02−32−041	12 26 07	+12 36 51	6350	580	0.05	0.15	Q
3C 273	3EG J1229+0210	12 29 27	+02 00 50	3.0	0.5	>100		Q
3C 279	QSO 1253−055	12 56 32	−05 49 30	28	4	>100		Q
Cen A	3EG J1324−4314	13 25 50	−43 03 09			1.0	3.0	Q
4329A	1H 1345−300	13 49 41	−30 20 31	5980	370	0.05	0.15	Q
QSO 1406−076	3EG J1409−0745	14 09 18	−07 54 02	11.5	1.20	>30		Q
2CG 311−01	3EG J1410−6147	14 11 24	−62 13 13	9.05	1.34	>100		U
NGC 5548	H 1415+253	14 18 18	+25 06 00	3780	740	0.05	0.15	Q
1426+428	RGB J1428+426	14 28 48	+42 38 41	0.000204	0.000035	>280000		Q
QSO 1424−418	3EG J1429−4217	14 29 41	−42 25 43	2.95	0.74	>100		Q
M 1006	H 1506−42	15 02 47	−41 55 30	0.0000460	0	>1700000		R
PSR 1509−58		15 14 26	−59 09 50	9410	480	0.05	5	P
QSO 1611+343	3EG J1614+3424	16 13 55	+34 11 38	4.06	0.770	100	10000	Q
QSO 1622−253	3EG J1626−2519	16 26 11	−25 28 28	4.34	0.67	>100		Q
LS 1622−297	3EG J1625−2955	16 26 32	−29 52 27	170	30	>100		Q
PO 1633+382	3EG J1635+3813	16 35 28	+38 07 01	9.6	0.8	>100		Q
MRK 501	H 1652+398	16 54 05	+39 44 58	0.0000810	0.0000140	>300000		Q
Her X−1	4U 1656+35	16 58 04	+35 19 49			0.03	0.06	T

Name	Alternate Name	Right Ascension	Declination	Flux[1]	Flux Error	E_{low}[2]	E_{high}	Ty
		h m s	° ′ ″	10^{-7}photons cm^{-2}s^{-1}	10^{-7}photons cm^{-2}s^{-1}	MeV	MeV	
GX 339−4	1H 1659−487	17 03 20	−48 47 55	981000	82000	0.01	0.2	T
PSR B1706−44	3EG J1710−4439	17 10 28	−44 31 29	13.0	1.20	50	10000	P
G 347.3−0.5	RX J1713.7−3946	17 14 00	−39 46 10	0.000053	0.000009	>1800000		R
QSO 1730−130	3EG J1733−1313	17 33 24	−13 05 03	2.72	0.43	>100		Q
1E 1740.7−2942	Great Annihilator	17 44 27	−29 43 35	173000	17000	0.04	0.2	
Galactic Center	3EG J1746−2851	17 44 58	−28 44 28	120	7	>100		
3EG J1746−2851	2EG J1746−2852	17 46 27	−28 51 43	11.1	0.94	>100		
2CG 359−00	2EG J1747−3039	17 48 12	−30 39 43	4.09	0.81	>100		
GRO J1753+57		17 51 47	+57 10 42	5800	1000	0.75	8	
3EG J1800−3955	PMN J1802−3940	18 01 19	−39 55 46	8.50	2.02	>100		
2CG 006−00	3EG J1800−2338	18 01 45	−23 12 35	7.00	0.9	>100		
3EG J1806−5005	PMN J1808−5011	18 06 39	−50 05 56	6.21	1.97	>100		
3EG J1832−2110	PKS 1830−21	18 32 47	−21 10 29	2.10	0.44	>100		
3C 390.3	1H 1858+797	18 41 47	+79 46 00	2680	390	0.05	0.15	
GRS 1915+105	Nova Aql 1992	19 15 29	+10 57 27	800000		0.02	0.1	
QSO 1933−400	3EG J1935−4022	19 37 43	−39 57 17	2.04	0.49	>100		
QSO 1936−155	3EG J1937−1529	19 38 14	−15 28 30	5.50	1.86	>100		
NGC 6814	QSO 1939−104	19 43 01	−10 18 15	3190	830	0.05	0.15	
PSR B1951+32	PSR J1952+3252	19 53 12	+32 53 50	1.60	0.2	>100		
Cyg X−1	4U 1956+35	19 58 36	+35 13 04	6640	740	0.75	2	
1ES 1959+650	QSO B1959+650	20 00 04	+65 10 00	0.00035	0.00004	>1000000		
2CG 078+01	3EG J2020+4017	20 21 14	+40 19 14	12.7	0.83	>100		
2CG 075+00	3EG J2021+3716	20 21 27	+37 17 27	8.23	0.79	>100		
QSO 2022−077	3EG J2025−0744	20 26 01	−07 34 06	2.34	0.39	>100		
TEV J2032+4130		20 32 14	+41 31 20	0.0000045	0.0000013	>1000000		
Cyg X−3		20 32 40	+40 58 56	8.2	0.9	>100		
3C 454.3	3EG J2254+1601	22 54 16	+16 09 52	1.40	0.2	100	10000	
Cas A	1H 2321+585	23 23 30	+58 50 45	2800	660	0.04	0.25	
1ES 2344+514	QSO B2344+514	23 47 24	+51 44 27	0.00066	0.00019	>350000		

Notes to Table

[1]   integrated flux over the specified energy range if one is given; if only E_{low} is specified, the flux is the peak observed flux.

[2]   '>' indicates a lower limit energy value; no upper energy limit has been recorded.

G   Galaxy
P   Pulsar
Q   Quasi Stellar Object
R   Supernova Remnant
S   Supernova
T   Transient
U   Unknown

CONTENTS OF SECTION J

Beginning with the 1997 edition of *The Astronomical Almanac*, observatories are listed alphabetically by country and then by the name of the observatory within the country. Thus, Dominion Astrophysical Observatory is found under Canada. If you do not know the country of an observatory, you can find it in the Index List. Taking Ebro Observatory as an example, the Index List refers you to Spain where Ebro is listed.

Observatories in England, Northern Ireland, Scotland and Wales will be found under United Kingdom. Observatories in the United States will be found under the appropriate state, under United States of America (USA). Thus, the W.M. Keck Observatory is under USA, Hawaii. In the Index List it is listed under Keck, W.M. and W.M. Keck, with referrals to Hawaii (USA) in the General List.

The "Location" column in the General List gives the city or town associated with the observatory, sometimes with the name of the mountain on which the observatory is actually located. In the "Observatory Name" column of the General List, observatories with radio instruments, infrared instruments, or laser instruments are designated with an 'R', 'I', or 'L', respectively.

OBSERVATORIES, 2006

INDEX LIST

INDEX LIST

INDEX LIST

INDEX LIST

INDEX LIST

Observatory Name		Location	East Longitude	Latitude	Height (m.s.l.)
			° ′	° ′	m
Algeria					
Alger Obs.		Bouzaréa	+ 3 02.1	+ 36 48.1	345
Argentina					
Argentine Radio Ast. Inst.	R	Villa Elisa	− 58 08.2	− 34 52.1	11
Córdoba Ast. Obs.		Córdoba	− 64 11.8	− 31 25.3	434
Córdoba Obs. Astrophys. Sta.		Bosque Alegre	− 64 32.8	− 31 35.9	1250
Dr. Carlos U. Cesco Sta.		San Juan/El Leoncito	− 69 19.8	− 31 48.1	2348
El Leoncito Ast. Complex		San Juan/El Leoncito	− 69 18.0	− 31 48.0	2552
Félix Aguilar Obs.		San Juan	− 68 37.2	− 31 30.6	700
La Plata Ast. Obs.		La Plata	− 57 55.9	− 34 54.5	17
National Obs. of Cosmic Physics		San Miguel	− 58 43.9	− 34 33.4	37
Naval Obs.		Buenos Aires	− 58 21.3	− 34 37.3	6
Armenia					
Byurakan Astrophysical Obs.	R	Yerevan/Mt. Aragatz	+ 44 17.5	+ 40 20.1	1500
Australia					
Anglo-Australian Obs.	I	Coonabarabran/Siding Spring, N.S.W.	+ 149 04.0	− 31 16.6	1164
Australian Natl. Radio Ast. Obs.	R	Parkes, New South Wales	+ 148 15.7	− 33 00.0	392
Australia Tel. Natl. Facility	R	Culgoora, New South Wales	+ 149 33.7	− 30 18.9	217
Deep Space Sta.	R	Tidbinbilla, Austl. Cap. Ter.	+ 148 58.8	− 35 24.1	656
Fleurs Radio Obs.	R	Kemps Creek, New South Wales	+ 150 46.5	− 33 51.8	45
Molonglo Radio Obs.	R	Hoskinstown, New South Wales	+ 149 25.4	− 35 22.3	732
Mount Pleasant Radio Ast. Obs.	R	Hobart, Tasmania	+ 147 26.4	− 42 48.3	43
Mount Stromlo Obs.		Canberra/Mt. Stromlo, Austl. Cap. Ter.	+ 149 00.5	− 35 19.2	767
Perth Obs.		Bickley, Western Australia	+ 116 08.1	− 32 00.5	391
Riverview College Obs.		Lane Cove, New South Wales	+ 151 09.5	− 33 49.8	25
Siding Spring Obs.		Coonabarabran/Siding Spring, N.S.W.	+ 149 03.7	− 31 16.4	1149
Austria					
Kanzelhöhe Solar Obs.		Klagenfurt/Kanzelhöhe	+ 13 54.4	+ 46 40.7	1526
Kuffner Obs.		Vienna	+ 16 17.8	+ 48 12.8	302
L. Figl Astrophysical Obs.		St. Corona at Schöpfl	+ 15 55.4	+ 48 05.0	890
Lustbühel Obs.		Graz	+ 15 29.7	+ 47 03.9	480
Univ. of Graz Obs.		Graz	+ 15 27.1	+ 47 04.7	375
Urania Obs.		Vienna	+ 16 23.1	+ 48 12.7	193
Vienna Univ. Obs.		Vienna	+ 16 20.2	+ 48 13.9	241
Belgium					
Ast. and Astrophys. Inst.		Brussels	+ 4 23.0	+ 50 48.8	147
Cointe Obs.		Liège	+ 5 33.9	+ 50 37.1	127
Royal Obs. of Belgium	R	Uccle	+ 4 21.5	+ 50 47.9	105
Royal Obs. Radio Ast. Sta.	R	Humain	+ 5 15.3	+ 50 11.5	293
Brazil					
Abrahão de Moraes Obs.	R	Valinhos	− 46 58.0	− 23 00.1	850
Antares Ast. Obs.		Feira de Santana	− 38 57.9	− 12 15.4	256
Itapetinga Radio Obs.	R	Atibaia	− 46 33.5	− 23 11.1	806
Morro Santana Obs.		Porto Alegre	− 51 07.6	− 30 03.2	300
National Obs.		Rio de Janeiro	− 43 13.4	− 22 53.7	33
Pico dos Dias Obs.		Itajubá/Pico dos Dias	− 45 35.0	− 22 32.1	1870
Piedade Obs.		Belo Horizonte	− 43 30.7	− 19 49.3	1746
Valongo Obs.		Rio de Janeiro/Mt. Valongo	− 43 11.2	− 22 53.9	52

Observatory Name		Location	East Longitude	Latitude	Height (m.s.l.)
			° ′	° ′	m
Canada					
Algonquin Radio Obs.	R	Lake Traverse, Ontario	− 78 04.4	+ 45 57.3	260
Climenhaga Obs.		Victoria, British Columbia	− 123 18.5	+ 48 27.8	74
David Dunlap Obs.		Richmond Hill, Ontario	− 79 25.3	+ 43 51.8	244
Devon Ast. Obs.		Devon, Alberta	− 113 45.5	+ 53 23.4	708
Dominion Astrophysical Obs.		Victoria, British Columbia	− 123 25.0	+ 48 31.2	238
Dominion Radio Astrophys. Obs.	R	Penticton, British Columbia	− 119 37.2	+ 49 19.2	545
Elginfield Obs.		London, Ontario	− 81 18.9	+ 43 11.5	323
Mont Mégantic Ast. Obs.		Mégantic/Mont Mégantic, Quebec	− 71 09.2	+ 45 27.3	1114
Ottawa River Solar Obs.		Ottawa, Ontario	− 75 53.6	+ 45 23.2	58
Rothney Astrophysical Obs.	I	Priddis, Alberta	− 114 17.3	+ 50 52.1	1272
Chile					
Cerro Calán National Ast. Obs.		Santiago/Cerro Calán	− 70 32.8	− 33 23.8	860
Cerro El Roble Ast. Obs.		Santiago/Cerro El Roble	− 71 01.2	− 32 58.9	2220
Cerro Tololo Inter-Amer. Obs.	R,I	La Serena/Cerro Tololo	− 70 48.9	− 30 09.9	2215
European Southern Obs.	R	La Serena/Cerro La Silla	− 70 43.8	− 29 15.4	2347
Gemini South Obs.		La Serena/Cerro Pachón	− 70 43.4	− 30 13.7	2725
Las Campanas Obs.		Vallenar/Cerro Las Campanas	− 70 42.0	− 29 00.5	2282
Maipu Radio Ast. Obs.	R	Maipu	− 70 51.5	− 33 30.1	446
Manuel Foster Astrophys. Obs.		Santiago/Cerro San Cristobal	− 70 37.8	− 33 25.1	840
Paranal Obs.		Antofagasta/Cerro Paranal	− 70 24.2	− 24 37.5	2635
China, People's Republic of					
Beijing Normal Univ. Obs.	R	Beijing	+ 116 21.6	+ 39 57.4	70
Beijing Obs. Sta.	R	Miyun	+ 116 45.9	+ 40 33.4	160
Beijing Obs. Sta.	R,L	Shahe	+ 116 19.7	+ 40 06.1	40
Beijing Obs. Sta.		Tianjing	+ 117 03.5	+ 39 08.0	5
Beijing Obs. Sta.	I	Xinglong	+ 117 34.5	+ 40 23.7	870
Purple Mountain Obs.	R	Nanjing/Purple Mtn.	+ 118 49.3	+ 32 04.0	267
Shaanxi Ast. Obs.	R	Lintong	+ 109 33.1	+ 34 56.7	468
Shanghai Obs. Sta.	R,L	Sheshan	+ 121 11.2	+ 31 05.8	100
Shanghai Obs. Sta.	R	Urumqui	+ 87 10.7	+ 43 28.3	2080
Shanghai Obs. Sta.	R	Xujiahui	+ 121 25.6	+ 31 11.4	5
Wuchang Time Obs.	L	Wuhan	+ 114 20.7	+ 30 32.5	28
Yunnan Obs.	R	Kunming	+ 102 47.3	+ 25 01.5	1940
Colombia					
National Ast. Obs.		Bogotá	− 74 04.9	+ 4 35.9	2640
Croatia, Republic of					
Geodetical Faculty Obs.		Zagreb	+ 16 01.3	+ 45 49.5	146
Hvar Obs.		Hvar	+ 16 26.9	+ 43 10.7	238
Czech Republic					
Charles Univ. Ast. Inst.		Prague	+ 14 23.7	+ 50 04.6	267
Nicholas Copernicus Obs.		Brno	+ 16 35.0	+ 49 12.2	304
Ondřejov Obs.	R	Ondřejov	+ 14 47.0	+ 49 54.6	533
Prostějov Obs.		Prostějov	+ 17 09.8	+ 49 29.2	225
Valašské Meziříčí Obs.		Valašské Meziříčí	+ 17 58.5	+ 49 27.8	338
Denmark					
Copenhagen Univ. Obs.		Brorfelde	+ 11 40.0	+ 55 37.5	90
Copenhagen Univ. Obs.		Copenhagen	+ 12 34.6	+ 55 41.2	——
Ole Rømer Obs.		Århus	+ 10 11.8	+ 56 07.7	50

Observatory Name		Location	East Longitude	Latitude	Height (m.s.l.)
			° ′	° ′	m
Ecuador					
Quito Ast. Obs.		Quito	− 78　29.9	− 0　13.0	2818
Egypt					
Helwân Obs.		Helwân	+ 31　22.8	+ 29　51.5	116
Kottamia Obs.		Kottamia	+ 31　49.5	+ 29　55.9	476
Estonia					
Wilhelm Struve Astrophys. Obs.		Tartu	+ 26　28.0	+ 58　16.0	——
Finland					
European Incoh. Scatter Facility	R	Sodankylä	+ 26　37.6	+ 67　21.8	197
Metsähovi Obs.		Kirkkonummi	+ 24　23.8	+ 60　13.2	60
Metsähovi Obs. Radio Rsch. Sta.	R	Kirkkonummi	+ 24　23.6	+ 60　13.1	61
Tuorla Obs.		Piikkiö	+ 22　26.8	+ 60　25.0	40
Univ. of Helsinki Obs.		Helsinki	+ 24　57.3	+ 60　09.7	33
France					
Besançon Obs.		Besançon	+ 5　59.2	+ 47　15.0	312
Bordeaux Univ. Obs.	R	Floirac	− 0　31.7	+ 44　50.1	73
Côte d'Azur Obs.		Nice/Mont Gros	+ 7　18.1	+ 43　43.4	372
Côte d'Azur Obs. Calern Sta.	I,L	St. Vallier-de-Thiey	+ 6　55.6	+ 43　44.9	1270
Grenoble Obs.	R	Gap/Plateau de Bure	+ 5　54.5	+ 44　38.0	2552
Lyon Univ. Obs.		St. Genis Laval	+ 4　47.1	+ 45　41.7	299
Meudon Obs.		Meudon	+ 2　13.9	+ 48　48.3	162
Millimeter Radio Ast. Inst.	R	Gap/Plateau de Bure	+ 5　54.4	+ 44　38.0	2552
Obs. of Haute-Provence		Forcalquier/St. Michel	+ 5　42.8	+ 43　55.9	665
Paris Obs.		Paris	+ 2　20.2	+ 48　50.2	67
Paris Obs. Radio Ast. Sta.	R	Nançay	+ 2　11.8	+ 47　22.8	150
Pic du Midi Obs.		Bagnères-de-Bigorre	+ 0　08.7	+ 42　56.2	2861
Strasbourg Obs.		Strasbourg	+ 7　46.2	+ 48　35.0	142
Toulouse Univ. Obs.		Toulouse	+ 1　27.8	+ 43　36.7	195
Georgia					
Abastumani Astrophysical Obs.	R	Abastumani/Mt. Kanobili	+ 42　49.3	+ 41　45.3	1583
Germany					
Archenhold Obs.		Berlin	+ 13　28.7	+ 52　29.2	41
Bochum Obs.		Bochum	+ 7　13.4	+ 51　27.9	132
Central Inst. for Earth Physics		Potsdam	+ 13　04.0	+ 52　22.9	91
Einstein Tower Solar Obs.	R	Potsdam	+ 13　03.9	+ 52　22.8	100
Friedrich Schiller Univ. Obs.		Jena	+ 11　29.2	+ 50　55.8	356
Göttingen Univ. Obs.		Göttingen	+ 9　56.6	+ 51　31.8	159
Hamburg Obs.		Bergedorf	+ 10　14.5	+ 53　28.9	45
Hoher List Obs.		Daun/Hoher List	+ 6　51.0	+ 50　09.8	533
Inst. of Geodesy Ast. Obs.		Hannover	+ 9　42.8	+ 52　23.3	71
Karl Schwarzschild Obs.		Tautenburg	+ 11　42.8	+ 50　58.9	331
Lohrmann Obs.		Dresden	+ 13　52.3	+ 51　03.0	324
Max Planck Inst. for Radio Ast.	R	Effelsberg	+ 6　53.1	+ 50　31.6	369
Munich Univ. Obs.		Munich	+ 11　36.5	+ 48　08.7	529
Potsdam Astrophysical Obs.		Potsdam	+ 13　04.0	+ 52　22.9	107
Remeis Obs.		Bamberg	+ 10　53.4	+ 49　53.1	288
Schauinsland Obs.		Freiburg/Schauinsland Mtn.	+ 7　54.4	+ 47　54.9	1240
Sonneberg Obs.		Sonneberg	+ 11　11.5	+ 50　22.7	640

Observatory Name		Location	East Longitude	Latitude	Height (m.s.l.)
			° ′	° ′	m
Germany, cont.					
State Obs.		Heidelberg/Königstuhl	+ 8 43.3	+ 49 23.9	570
Stockert Radio Obs.	R	Eschweiler	+ 6 43.4	+ 50 34.2	435
Stuttgart Obs.		Welzheim	+ 9 35.8	+ 48 52.5	547
Swabian Obs.		Stuttgart	+ 9 11.8	+ 48 47.0	354
Tremsdorf Radio Ast. Obs.	R	Tremsdorf	+ 13 08.2	+ 52 17.1	35
Tübingen Univ. Ast. Obs.		Tübingen	+ 9 03.5	+ 48 32.3	470
Wendelstein Solar Obs.		Brannenburg	+ 12 00.8	+ 47 42.5	1838
Wilhelm Foerster Obs.		Berlin	+ 13 21.2	+ 52 27.5	78
Greece					
Kryonerion Ast. Obs.		Kiáton/Mt. Killini	+ 22 37.3	+ 37 58.4	905
National Obs. of Athens		Athens	+ 23 43.2	+ 37 58.4	110
National Obs. Sta.	R	Pentele	+ 23 51.8	+ 38 02.9	509
Stephanion Obs.		Stephanion	+ 22 49.7	+ 37 45.3	800
Univ. of Thessaloníki Obs.		Thessaloníki	+ 22 57.5	+ 40 37.0	28
Greenland					
Incoherent Scatter Facility	R	Søndre Strømfjord	− 50 57.0	+ 66 59.2	180
Hungary					
Heliophysical Obs.		Debrecen	+ 21 37.4	+ 47 33.6	132
Heliophysical Obs. Sta.		Gyula	+ 21 16.2	+ 46 39.2	135
Konkoly Obs.		Budapest	+ 18 57.9	+ 47 30.0	474
Konkoly Obs. Sta.		Piszkéstetö	+ 19 53.7	+ 47 55.1	958
Urania Obs.		Budapest	+ 19 03.9	+ 47 29.1	166
India					
Gauribidanur Radio Obs.	R	Gauribidanur	+ 77 26.1	+ 13 36.2	686
Gurushikhar Infrared Obs.	I	Abu	+ 72 46.8	+ 24 39.1	1700
Indian Ast. Obs.		Hanle/Mt. Saraswati	+ 78 57.9	+ 32 46.8	4467
Japal-Rangapur Obs.	R	Japal	+ 78 43.7	+ 17 05.9	695
Kodaikanal Solar Obs.		Kodaikanal	+ 77 28.1	+ 10 13.8	2343
National Centre for Radio Aph.		Khodad	+ 74 03.0	+ 19 06.0	650
Nizamiah Obs.		Hyderabad	+ 78 27.2	+ 17 25.9	554
Radio Ast. Center	R	Udhagamandalam (Ooty)	+ 76 40.0	+ 11 22.9	2150
Uttar Pradesh State Obs.		Naini Tal/Manora Peak	+ 79 27.4	+ 29 21.7	1927
Vainu Bappu Obs.		Kavalur	+ 78 49.6	+ 12 34.6	725
Indonesia					
Bosscha Obs.		Lembang (Java)	+ 107 37.0	− 6 49.5	1300
Ireland					
Dunsink Obs.		Castleknock	− 6 20.2	+ 53 23.3	85
Israel					
Florence and George Wise Obs.		Mitzpe Ramon/Mt. Zin	+ 34 45.8	+ 30 35.8	874
Italy					
Arcetri Astrophysical Obs.		Arcetri	+ 11 15.3	+ 43 45.2	184
Asiago Astrophysical Obs.		Asiago	+ 11 31.7	+ 45 51.7	1045
Bologna Univ. Obs.		Loiano	+ 11 20.2	+ 44 15.5	785
Brera-Milan Ast. Obs.		Merate	+ 9 25.7	+ 45 42.0	340
Brera-Milan Ast. Obs.		Milan	+ 9 11.5	+ 45 28.0	146

Observatory Name		Location	East Longitude	Latitude	Height (m.s.l.)
			° ′	° ′	m
Italy, cont.					
Cagliari Ast. Obs.	L	Capoterra	+ 8 58.6	+ 39 08.2	205
Capodimonte Ast. Obs.		Naples	+ 14 15.3	+ 40 51.8	150
Catania Astrophysical Obs.		Catania	+ 15 05.2	+ 37 30.2	47
Catania Obs. Stellar Sta.		Catania/Serra la Nave	+ 14 58.4	+ 37 41.5	1735
Chaonis Obs.		Chions	+ 12 42.7	+ 45 50.6	15
Collurania Ast. Obs.		Teramo	+ 13 44.0	+ 42 39.5	388
Damecuta Obs.		Anacapri	+ 14 11.8	+ 40 33.5	137
International Latitude Obs.		Carloforte	+ 8 18.7	+ 39 08.2	22
Medicina Radio Ast. Sta.	R	Medicina	+ 11 38.7	+ 44 31.2	44
Mount Ekar Obs.		Asiago/Mt. Ekar	+ 11 34.3	+ 45 50.6	1350
Padua Ast. Obs.		Padua	+ 11 52.3	+ 45 24.0	38
Palermo Univ. Ast. Obs.		Palermo	+ 13 21.5	+ 38 06.7	72
Rome Obs.		Rome/Monte Mario	+ 12 27.1	+ 41 55.3	152
San Vittore Obs.		Bologna	+ 11 20.5	+ 44 28.1	280
Trieste Ast. Obs.	R	Trieste	+ 13 52.5	+ 45 38.5	400
Turin Ast. Obs.		Pino Torinese	+ 7 46.5	+ 45 02.3	622
Japan					
Dodaira Obs.	L	Tokyo/Mt. Dodaira	+ 139 11.8	+ 36 00.2	879
Hida Obs.		Kamitakara	+ 137 18.5	+ 36 14.9	1276
Hiraiso Solar Terr. Rsch. Center	R	Nakaminato	+ 140 37.5	+ 36 22.0	27
Kagoshima Space Center	R	Uchinoura	+ 131 04.0	+ 31 13.7	228
Kashima Space Reseach Center	R	Kashima	+ 140 39.8	+ 35 57.3	32
Kiso Obs.		Kiso	+ 137 37.7	+ 35 47.6	1130
Kwasan Obs.		Kyoto	+ 135 47.6	+ 34 59.7	221
Kyoto Univ. Ast. Dept. Obs.		Kyoto	+ 135 47.2	+ 35 01.7	86
Kyoto Univ. Physics Dept. Obs.		Kyoto	+ 135 47.2	+ 35 01.7	80
Mizusawa Astrogeodynamics Obs.		Mizusawa	+ 141 07.9	+ 39 08.1	61
Nagoya Univ. Fujigane Sta.	R	Kamiku Isshiki	+ 138 36.7	+ 35 25.6	1015
Nagoya Univ. Radio Ast. Lab.	R	Nagoya	+ 136 58.4	+ 35 08.9	75
Nagoya Univ. Sugadaira Sta.	R	Toyokawa	+ 138 19.3	+ 36 31.2	1280
Nagoya Univ. Toyokawa Sta.	R	Toyokawa	+ 137 22.2	+ 34 50.1	25
National Ast. Obs.	R	Mitaka	+ 139 32.5	+ 35 40.3	58
Nobeyama Cosmic Radio Obs.	R	Nobeyama	+ 138 29.0	+ 35 56.0	1350
Nobeyama Solar Radio Obs.	R	Nobeyama	+ 138 28.8	+ 35 56.3	1350
Norikura Solar Obs.	I	Matsumoto/Mt. Norikura	+ 137 33.3	+ 36 06.8	2876
Okayama Astrophysical Obs.		Kurashiki/Mt. Chikurin	+ 133 35.8	+ 34 34.4	372
Sendai Ast. Obs.		Sendai	+ 140 51.9	+ 38 15.4	45
Simosato Hydrographic Obs.	R,L	Simosato	+ 135 56.4	+ 33 34.5	63
Sirahama Hydrographic Obs.		Sirahama	+ 138 59.3	+ 34 42.8	172
Tohoku Univ. Obs.		Sendai	+ 140 50.6	+ 38 15.4	153
Tokyo Hydrographic Obs.		Tokyo	+ 139 46.2	+ 35 39.7	41
Toyokawa Obs.	R	Toyokawa	+ 137 22.3	+ 34 50.2	18
Kazakhstan					
Mountain Obs.		Alma-Ata	+ 76 57.4	+ 43 11.3	1450
Korea, Republic of					
Bohyunsan Optical Ast. Obs.		Youngchun/Mt. Bohyun	+ 128 58.6	+ 36 10.0	1127
Daeduk Radio Ast. Obs.	R	Taejeon	+ 127 22.3	+ 36 23.9	120
Korea Ast. Obs.		Taejeon	+ 127 22.3	+ 36 23.9	120
Sobaeksan Ast. Obs.		Danyang	+ 128 27.4	+ 36 56.0	1390

Observatory Name		Location	East Longitude	Latitude	Height (m.s.l.)
			° ′	° ′	m
Latvia					
Latvian State Univ. Ast. Obs.	L	Riga	+ 24 07.0	+ 56 57.1	39
Riga Radio-Astrophysical Obs.	R	Riga	+ 24 24.0	+ 56 47.0	75
Lithuania					
Moletai Ast. Obs.		Moletai	+ 25 33.8	+ 55 19.0	220
Vilnius Ast. Obs.		Vilnius	+ 25 17.2	+ 54 41.0	122
Mexico					
Guillermo Haro Astrophys. Obs.		Cananea/La Mariquita Mtn.	− 110 23.0	+ 31 03.2	2480
National Ast. Obs.		San Felipe (Baja)	− 115 27.8	+ 31 02.6	2830
National Ast. Obs.	R	Tonantzintla	− 98 18.8	+ 19 02.0	2150
Netherlands					
Catholic Univ. Ast. Inst.		Nijmegen	+ 5 52.1	+ 51 49.5	62
Dwingeloo Radio Obs.	R	Dwingeloo	+ 6 23.8	+ 52 48.8	25
Kapteyn Obs.		Roden	+ 6 26.6	+ 53 07.7	12
Leiden Obs.		Leiden	+ 4 29.1	+ 52 09.3	12
Simon Stevin Obs.	R	Hoeven	+ 4 33.8	+ 51 34.0	9
Sonnenborgh Obs.		Utrecht	+ 5 07.8	+ 52 05.2	14
Westerbork Radio Ast. Obs.	R	Westerbork	+ 6 36.3	+ 52 55.0	16
New Zealand					
Auckland Obs.		Auckland	+ 174 46.7	− 36 54.4	80
Carter Obs.		Wellington	+ 174 46.0	− 41 17.2	129
Carter Obs. Sta.		Blenheim/Black Birch	+ 173 48.2	− 41 44.9	1396
Mount John Univ. Obs.		Lake Tekapo/Mt. John	+ 170 27.9	− 43 59.2	1027
Norway					
European Incoh. Scatter Facility	R	Tromsø	+ 19 31.2	+ 69 35.2	85
Skibotn Ast. Obs.		Skibotn	+ 20 21.9	+ 69 20.9	157
Philippine Islands					
Manila Obs.	R	Quezon City	+ 121 04.6	+ 14 38.2	58
Pagasa Ast. Obs.		Quezon City	+ 121 04.3	+ 14 39.2	70
Poland					
Astronomical Latitude Obs.	L	Borowiec	+ 17 04.5	+ 52 16.6	80
Jagellonian Obs. Ft. Skala Sta.	R	Cracow	+ 19 49.6	+ 50 03.3	314
Jagellonian Univ. Ast. Obs.		Cracow	+ 19 57.6	+ 50 03.9	225
Mount Suhora Obs.		Koninki/Mt. Suhora	+ 20 04.0	+ 49 34.2	1000
Piwnice Ast. Obs.	R	Piwnice	+ 18 33.4	+ 53 05.7	100
Poznań Univ. Ast. Obs.	L	Poznań	+ 16 52.7	+ 52 23.8	85
Warsaw Univ. Ast. Obs.		Ostrowik	+ 21 25.2	+ 52 05.4	138
Wroclaw Univ. Ast. Obs.		Wroclaw	+ 17 05.3	+ 51 06.7	115
Wroclaw Univ. Bialkow Sta.		Wasosz	+ 16 39.6	+ 51 28.5	140
Portugal					
Coimbra Ast. Obs.		Coimbra	− 8 25.8	+ 40 12.4	99
Lisbon Ast. Obs.		Lisbon	− 9 11.2	+ 38 42.7	111
Prof. Manuel de Barros Obs.	R	Vila Nova de Gaia	− 8 35.3	+ 41 06.5	232
Puerto Rico					
Arecibo Obs.	R	Arecibo	− 66 45.2	+ 18 20.6	496

Observatory Name		Location	East Longitude	Latitude	Height (m.s.l.)
			° ′	° ′	m
Romania					
Bucharest Ast. Obs.		Bucharest	+ 26 05.8	+ 44 24.8	81
Cluj-Napoca Ast. Obs.		Cluj-Napoca	+ 23 35.9	+ 46 42.8	750
Russia					
Engelhardt Ast. Obs.		Kazan	+ 48 48.9	+ 55 50.3	98
Irkutsk Ast. Obs.		Irkutsk	+ 104 20.7	+ 52 16.7	468
Kaliningrad Univ. Obs.		Kaliningrad	+ 20 29.7	+ 54 42.8	24
Kazan Univ. Obs.		Kazan	+ 49 07.3	+ 55 47.4	79
Pulkovo Obs.	R	Pulkovo	+ 30 19.6	+ 59 46.4	75
Pulkovo Obs. Sta.		Kislovodsk/Shat Jat Mass Mtn.	+ 42 31.8	+ 43 44.0	2130
St. Petersburg Univ. Obs.		St. Petersburg	+ 30 17.7	+ 59 56.5	3
Sayan Mtns. Radiophys. Obs.		Sayan Mountains	+ 102 12.5	+ 51 45.5	832
Special Astrophysical Obs.	R	Zelenchukskaya/Pasterkhov Mtn.	+ 41 26.5	+ 43 39.2	2100
Sternberg State Ast. Inst.		Moscow	+ 37 32.7	+ 55 42.0	195
Tomsk Univ. Obs.		Tomsk	+ 84 56.8	+ 56 28.1	130
Slovakia					
Lomnický Štít Coronal Obs.		Poprad/Mt. Lomnický Štít	+ 20 13.2	+ 49 11.8	2632
Skalnaté Pleso Obs.		Poprad	+ 20 14.7	+ 49 11.3	1783
Slovak Technical Univ. Obs.		Bratislava	+ 17 07.2	+ 48 09.3	171
South Africa, Republic of					
Boyden Obs.		Mazelspoort	+ 26 24.3	− 29 02.3	1387
Hartebeeshoek Radio Ast. Obs.	R	Hartebeeshoek	+ 27 41.1	− 25 53.4	1391
Leiden Obs. Southern Sta.		Hartebeespoort	+ 27 52.6	− 25 46.4	1220
South African Ast. Obs.		Cape Town	+ 18 28.7	− 33 56.1	18
South African Ast. Obs. Sta.		Sutherland	+ 20 48.7	− 32 22.7	1771
Spain					
Deep Space Sta.	R	Cebreros	− 4 22.0	+ 40 27.3	789
Deep Space Sta.	R	Robledo	− 4 14.9	+ 40 25.8	774
Ebro Obs.	R	Roquetas	+ 0 29.6	+ 40 49.2	50
German Spanish Ast. Center		Gérgal/Calar Alto Mtn.	− 2 32.2	+ 37 13.8	2168
Millimeter Radio Ast. Inst.	R	Granada/Pico Veleta	− 3 24.0	+ 37 04.1	2870
National Ast. Obs.		Madrid	− 3 41.1	+ 40 24.6	670
National Obs. Ast. Center	R	Yebes	− 3 06.0	+ 40 31.5	914
Naval Obs.	L	San Fernando	− 6 12.2	+ 36 28.0	27
Ramon Maria Aller Obs.		Santiago de Compostela	− 8 33.6	+ 42 52.5	240
Roque de los Muchachos Obs.	R	La Palma Island (Canaries)	− 17 52.9	+ 28 45.6	2326
Teide Obs.	R,I	Tenerife Island (Canaries)	− 16 29.8	+ 28 17.5	2395
Sweden					
European Incoh. Scatter Facility	R	Kiruna	+ 20 26.1	+ 67 51.6	418
Kvistaberg Obs.		Bro	+ 17 36.4	+ 59 30.1	33
Lund Obs.		Lund	+ 13 11.2	+ 55 41.9	34
Lund Obs. Jävan Sta.		Björnstorp	+ 13 26.0	+ 55 37.4	145
Onsala Space Obs.	R	Onsala	+ 11 55.1	+ 57 23.6	24
Stockholm Obs.		Saltsjöbaden	+ 18 18.5	+ 59 16.3	60
Switzerland					
Arosa Astrophysical Obs.		Arosa	+ 9 40.1	+ 46 47.0	2050
Basle Univ. Ast. Inst.		Binningen	+ 7 35.0	+ 47 32.5	318
Cantonal Obs.		Neuchâtel	+ 6 57.5	+ 46 59.9	488

Observatory Name		Location	East Longitude	Latitude	Height (m.s.l.)
			° ′	° ′	m
Switzerland, cont.					
Geneva Obs.		Sauverny	+ 6 08.2	+ 46 18.4	465
Gornergrat North & South Obs.	R,I	Zermatt/Gornergrat	+ 7 47.1	+ 45 59.1	3135
High Alpine Research Obs.		Mürren/Jungfraujoch	+ 7 59.1	+ 46 32.9	3576
Swiss Federal Obs.		Zürich	+ 8 33.1	+ 47 22.6	469
Univ. of Lausanne Obs.		Chavannes-des-Bois	+ 6 08.2	+ 46 18.4	465
Zimmerwald Obs.		Zimmerwald	+ 7 27.9	+ 46 52.6	929
Tadzhikistan					
Inst. of Astrophysics		Dushanbe	+ 68 46.9	+ 38 33.7	820
Taiwan (Republic of China)					
National Central Univ. Obs.		Chung-li	+ 121 11.2	+ 24 58.2	152
Taipei Obs.		Taipei	+ 121 31.6	+ 25 04.7	31
Turkey					
Ege Univ. Obs.		Bornova	+ 27 16.5	+ 38 23.9	795
Istanbul Univ. Obs.		Istanbul	+ 28 57.9	+ 41 00.7	65
Kandilli Obs.		Istanbul	+ 29 03.7	+ 41 03.8	120
Tübitak National Obs.		Antalya/Mt. Bakirlitepe	+ 30 20.1	+ 36 49.5	2515
Univ. of Ankara Obs.	R	Ankara	+ 32 46.8	+ 39 50.6	1266
Ukraine					
Crimean Astrophysical Obs.		Partizanskoye	+ 34 01.0	+ 44 43.7	550
Crimean Astrophysical Obs.	R	Simeis	+ 34 01.0	+ 44 32.1	676
Inst. of Radio Ast.	R	Kharkov	+ 36 56.0	+ 49 38.0	150
Kharkov Univ. Ast. Obs.		Kharkov	+ 36 13.9	+ 50 00.2	138
Kiev Univ. Obs.		Kiev	+ 30 29.9	+ 50 27.2	184
Lvov Univ. Obs.		Lvov	+ 24 01.8	+ 49 50.0	330
Main Ast. Obs.		Kiev	+ 30 30.4	+ 50 21.9	188
Nikolaev Ast. Obs.		Nikolaev	+ 31 58.5	+ 46 58.3	54
Odessa Obs.		Odessa	+ 30 45.5	+ 46 28.6	60
United Kingdom					
Armagh Obs.		Armagh, Northern Ireland	− 6 38.9	+ 54 21.2	64
Cambridge Univ. Obs.		Cambridge, England	+ 0 05.7	+ 52 12.8	30
Chilbolton Obs.	R	Chilbolton, England	− 1 26.2	+ 51 08.7	92
City Obs.		Edinburgh, Scotland	− 3 10.8	+ 55 57.4	107
Godlee Obs.		Manchester, England	− 2 14.0	+ 53 28.6	77
Jodrell Bank Obs.	R	Macclesfield, England	− 2 18.4	+ 53 14.2	78
Mills Obs.		Dundee, Scotland	− 3 00.7	+ 56 27.9	152
Mullard Radio Ast. Obs.	R	Cambridge, England	+ 0 02.6	+ 52 10.2	17
Royal Obs. Edinburgh		Edinburgh, Scotland	− 3 11.0	+ 55 55.5	146
Satellite Laser Ranger Group	L	Herstmonceux, England	+ 0 20.3	+ 50 52.0	31
Univ. of Glasgow Obs.		Glasgow, Scotland	− 4 18.3	+ 55 54.1	53
Univ. of London Obs.		Mill Hill, England	− 0 14.4	+ 51 36.8	81
Univ. of St. Andrews Obs.		St. Andrews, Scotland	− 2 48.9	+ 56 20.2	30
United States of America (USA)					
Alabama					
Univ. of Alabama Obs.		Tuscaloosa	− 87 32.5	+ 33 12.6	87
Arizona					
Fred L. Whipple Obs.		Amado/Mt. Hopkins	− 110 52.6	+ 31 40.9	2344
Kitt Peak National Obs.		Tucson/Kitt Peak	− 111 36.0	+ 31 57.8	2120
Lowell Obs.		Flagstaff	− 111 39.9	+ 35 12.2	2219

Observatory Name		Location	East Longitude	Latitude	Height (m.s.l.)
			° ′	° ′	m
USA, cont.					
Arizona, cont.					
Lowell Obs. Sta.		Flagstaff/Anderson Mesa	− 111 32.2	+ 35 05.8	2200
McGraw-Hill Obs.		Tucson/Kitt Peak	− 111 37.0	+ 31 57.0	1925
MMT Obs.		Amado/Mt. Hopkins	− 110 53.1	+ 31 41.3	2608
Mount Lemmon Infrared Obs.	I	Tucson/Mt. Lemmon	− 110 47.5	+ 32 26.5	2776
National Radio Ast. Obs.	R	Tucson/Kitt Peak	− 111 36.9	+ 31 57.2	1939
Northern Arizona Univ. Obs.		Flagstaff	− 111 39.2	+ 35 11.1	2110
Steward Obs.		Tucson	− 110 56.9	+ 32 14.0	757
Steward Obs. Catalina Sta.		Tucson/Mt. Bigelow	− 110 43.9	+ 32 25.0	2510
Steward Obs. Catalina Sta.		Tucson/Mt. Lemmon	− 110 47.3	+ 32 26.6	2790
Steward Obs. Catalina Sta.		Tucson/Tumamoc Hill	− 111 00.3	+ 32 12.8	950
Steward Obs. Sta.		Tucson/Kitt Peak	− 111 36.0	+ 31 57.8	2071
Submillimeter Telescope Obs.	R	Safford/Mt. Graham	− 109 53.5	+ 32 42.1	3190
U.S. Naval Obs. Sta.		Flagstaff	− 111 44.4	+ 35 11.0	2316
Vatican Obs. Research Group	I	Safford/Mt. Graham	− 109 53.5	+ 32 42.1	3181
Warner and Swasey Obs. Sta.		Tucson/Kitt Peak	− 111 35.9	+ 31 57.6	2084
California					
Big Bear Solar Obs.		Big Bear City	− 116 54.9	+ 34 15.2	2067
Chabot Space & Science Center		Oakland	− 122 10.9	+ 37 49.1	476
Goldstone Complex	R	Fort Irwin	− 116 50.9	+ 35 23.4	1036
Griffith Obs.		Los Angeles	− 118 17.9	+ 34 07.1	357
Hat Creek Radio Ast. Obs.	R	Cassel	− 121 28.4	+ 40 49.1	1043
Leuschner Obs.		Lafayette	− 122 09.4	+ 37 55.1	304
Lick Obs.		San Jose/Mt. Hamilton	− 121 38.2	+ 37 20.6	1290
MIRA Oliver Observing Sta.		Monterey/Chews Ridge	− 121 34.2	+ 36 18.3	1525
Mount Laguna Obs.	L	Mount Laguna	− 116 25.6	+ 32 50.4	1859
Mount Wilson Obs.	R	Pasadena/Mt. Wilson	− 118 03.6	+ 34 13.0	1742
Owens Valley Radio Obs.	R	Big Pine	− 118 16.9	+ 37 13.9	1236
Palomar Obs.		Palomar Mtn.	− 116 51.8	+ 33 21.4	1706
Radio Ast. Inst.	R	Stanford	− 122 11.3	+ 37 23.9	80
San Fernando Obs.	R	San Fernando	− 118 29.5	+ 34 18.5	371
SRI Radio Ast. Obs.	R	Stanford	− 122 10.6	+ 37 24.3	168
Stanford Center for Radar Ast.	R	Palo Alto	− 122 10.7	+ 37 27.5	172
Table Mountain Obs.		Wrightwood	− 117 40.9	+ 34 22.9	2285
Colorado					
Chamberlin Obs.		Denver	− 104 57.2	+ 39 40.6	1644
Chamberlin Obs. Sta.		Bailey/Dick Mtn.	− 105 26.2	+ 39 25.6	2675
Meyer-Womble Obs.		Georgetown/Mt. Evans	− 105 38.4	+ 39 35.2	4305
Sommers-Bausch Obs.		Boulder	− 105 15.8	+ 40 00.2	1653
Tiara Obs.		South Park	− 105 31.0	+ 38 58.2	2679
U.S. Air Force Academy Obs.		Colorado Springs	− 104 52.5	+ 39 00.4	2187
Connecticut					
John J. McCarthy Obs.		New Milford	− 73 25.6	+ 41 31.6	79
Van Vleck Obs.		Middletown	− 72 39.6	+ 41 33.3	65
Western Conn. State Univ. Obs.		Danbury	− 73 26.7	+ 41 24.0	128
Delaware					
Mount Cuba Ast. Obs.		Greenville	− 75 38.0	+ 39 47.1	92
District of Columbia					
Naval Rsch. Lab. Radio Ast. Obs.	R	Washington	− 77 01.6	+ 38 49.3	30
U.S. Naval Obs.		Washington	− 77 04.0	+ 38 55.3	92
Florida					
Brevard Community College Obs.		Cocoa	− 80 45.7	+ 28 23.1	17
Rosemary Hill Obs.		Bronson	− 82 35.2	+ 29 24.0	44
Univ. of Florida Radio Obs.	R	Old Town	− 83 02.1	+ 29 31.7	8

Observatory Name		Location	East Longitude	Latitude	Height (m.s.l.)
			° ′	° ′	m
USA, cont.					
Georgia					
Bradley Obs.		Decatur	− 84 17.6	+ 33 45.9	316
Fernbank Obs.		Atlanta	− 84 19.1	+ 33 46.7	320
Hard Labor Creek Obs.		Rutledge	− 83 35.6	+ 33 40.2	223
Hawaii					
Caltech Submillimeter Obs.	R	Hilo/Mauna Kea, Hawaii	− 155 28.5	+ 19 49.3	4072
Canada-France-Hawaii Tel. Corp.	I	Hilo/Mauna Kea, Hawaii	− 155 28.1	+ 19 49.5	4204
C.E.K. Mees Solar Obs.		Kahului/Haleakala, Maui	− 156 15.4	+ 20 42.4	3054
Gemini North Obs.		Hilo/Mauna Kea, Hawaii	− 155 28.1	+ 19 49.4	4213
Joint Astronomy Centre	R,I	Hilo/Mauna Kea, Hawaii	− 155 28.2	+ 19 49.3	4198
LURE Obs.	L	Kahului/Haleakala, Maui	− 156 15.5	+ 20 42.6	3049
Mauna Kea Obs.	I	Hilo/Mauna Kea, Hawaii	− 155 28.2	+ 19 49.4	4214
Subaru Tel.		Hilo/Mauna Kea, Hawaii	− 155 28.6	+ 19 49.5	4163
W.M. Keck Obs.		Hilo/Mauna Kea, Hawaii	− 155 28.5	+ 19 49.6	4160
Illinois					
Dearborn Obs.		Evanston	− 87 40.5	+ 42 03.4	195
Indiana					
Goethe Link Obs.		Brooklyn	− 86 23.7	+ 39 33.0	300
Iowa					
Erwin W. Fick Obs.		Boone	− 93 56.5	+ 42 00.3	332
Grant O. Gale Obs.		Grinnell	− 92 43.2	+ 41 45.4	318
North Liberty Radio Obs.	R	North Liberty	− 91 34.5	+ 41 46.3	241
Univ. of Iowa Obs.		Riverside	− 91 33.6	+ 41 30.9	221
Kansas					
Clyde W. Tombaugh Obs.		Lawrence	− 95 15.0	+ 38 57.6	323
Zenas Crane Obs.		Topeka	− 95 41.8	+ 39 02.2	306
Kentucky					
Moore Obs.		Brownsboro	− 85 31.8	+ 38 20.1	216
Maryland					
GSFC Optical Test Site		Greenbelt	− 76 49.6	+ 39 01.3	53
Maryland Point Obs.	R	Riverside	− 77 13.9	+ 38 22.4	20
Univ. of Maryland Obs.	R	College Park	− 76 57.4	+ 39 00.1	53
Massachusetts					
Five College Radio Ast. Obs.	R	New Salem	− 72 20.7	+ 42 23.5	314
George R. Wallace Jr. Aph. Obs.		Westford	− 71 29.1	+ 42 36.6	107
Harvard-Smithsonian Ctr. for Aph.	R	Cambridge	− 71 07.8	+ 42 22.8	24
Haystack Obs.	R	Westford	− 71 29.3	+ 42 37.4	146
Hopkins Obs.	R	Williamstown	− 73 12.1	+ 42 42.7	215
Maria Mitchell Obs.		Nantucket	− 70 06.3	+ 41 16.8	20
Millstone Hill Atm. Sci. Fac.	R	Westford	− 71 29.7	+ 42 36.6	146
Millstone Hill Radar Obs.	R	Westford	− 71 29.5	+ 42 37.0	156
Oak Ridge Obs.	R	Harvard	− 71 33.5	+ 42 30.3	185
Sagamore Hill Radio Obs.	R	Hamilton	− 70 49.3	+ 42 37.9	53
The Clay Center		Brookline	− 71 08.0	+ 42 20.0	47
Westford Antenna Facility	R	Westford	− 71 29.7	+ 42 36.8	115
Whitin Obs.		Wellesley	− 71 18.2	+ 42 17.7	32
Michigan					
Brooks Obs.		Mount Pleasant	− 84 46.5	+ 43 35.3	258
Michigan State Univ. Obs.		East Lansing	− 84 29.0	+ 42 42.4	274
Univ. of Mich. Radio Ast. Obs.	R	Dexter	− 83 56.2	+ 42 23.9	345
Minnesota					
O'Brien Obs.		Marine-on-St. Croix	− 92 46.6	+ 45 10.9	308
Missouri					
Morrison Obs.		Fayette	− 92 41.8	+ 39 09.1	228

Observatory Name		Location	East Longitude	Latitude	Height (m.s.l.)
			° ′	° ′	m
USA, cont.					
Nebraska					
Behlen Obs.		Mead	− 96 26.8	+ 41 10.3	362
Nevada					
MacLean Obs.		Incline Village	− 119 55.7	+ 39 17.7	2546
New Hampshire					
Shattuck Obs.		Hanover	− 72 17.0	+ 43 42.3	183
New Jersey					
Crawford Hill Obs.	R	Holmdel	− 74 11.2	+ 40 23.5	114
FitzRandolph Obs.		Princeton	− 74 38.8	+ 40 20.7	43
New Mexico					
Apache Point Obs.		Sunspot	− 105 49.2	+ 32 46.8	2781
Capilla Peak Obs.		Albuquerque/Capilla Peak	− 106 24.3	+ 34 41.8	2842
Corralitos Obs.		Las Cruces	− 107 02.6	+ 32 22.8	1453
Joint Obs. for Cometary Research		Socorro/South Baldy Peak	− 107 11.3	+ 33 59.1	3235
National Radio Ast. Obs.	R	Socorro	− 107 37.1	+ 34 04.7	2124
National Solar Obs.		Sunspot	− 105 49.2	+ 32 47.2	2811
New Mexico State Univ. Obs. Sta.		Las Cruces/Blue Mesa	− 107 09.9	+ 32 29.5	2025
New Mexico State Univ. Obs. Sta.		Las Cruces/Tortugas Mtn.	− 106 41.8	+ 32 17.6	1505
New York					
C.E. Kenneth Mees Obs.		Bristol Springs	− 77 24.5	+ 42 42.0	701
Hartung-Boothroyd Obs.		Ithaca	− 76 23.1	+ 42 27.5	534
Rutherfurd Obs.		New York	− 73 57.5	+ 40 48.6	25
Syracuse Univ. Obs.		Syracuse	− 76 08.3	+ 43 02.2	160
North Carolina					
Dark Sky Obs.		Boone	− 81 24.7	+ 36 15.1	926
Morehead Obs.		Chapel Hill	− 79 03.0	+ 35 54.8	161
Pisgah Ast. Rsch. Inst. (PARI)		Rosman	− 82 52.3	+ 35 12.0	892
Three College Obs.		Saxapahaw	− 79 24.4	+ 35 56.7	183
Ohio					
Cincinnati Obs.		Cincinnati	− 84 25.4	+ 39 08.3	247
Nassau Ast. Obs.		Montville	− 81 04.5	+ 41 35.5	390
Perkins Obs.		Delaware	− 83 03.3	+ 40 15.1	280
Ritter Obs.		Toledo	− 83 36.8	+ 41 39.7	201
Pennsylvania					
Allegheny Obs.		Pittsburgh	− 80 01.3	+ 40 29.0	380
Black Moshannon Obs.		State College/Rattlesnake Mtn.	− 78 00.3	+ 40 55.3	738
Bucknell Univ. Obs.		Lewisburg	− 76 52.9	+ 40 57.1	170
Flower and Cook Obs.		Malvern	− 75 29.6	+ 40 00.0	155
Kutztown Univ. Obs.		Kutztown	− 75 47.1	+ 40 30.9	158
Sproul Obs.		Swarthmore	− 75 21.4	+ 39 54.3	63
Strawbridge Obs.	R	Haverford	− 75 18.2	+ 40 00.7	116
The Franklin Inst. Obs.		Philadelphia	− 75 10.4	+ 39 57.5	30
Villanova Univ. Obs.	R	Villanova	− 75 20.5	+ 40 02.4	——
Rhode Island					
Ladd Obs.		Providence	− 71 24.0	+ 41 50.3	69
South Carolina					
Melton Memorial Obs.		Columbia	− 81 01.6	+ 33 59.8	98
Univ. of S.C. Radio Obs.	R	Columbia	− 81 01.9	+ 33 59.8	127
Tennessee					
Arthur J. Dyer Obs.		Nashville	− 86 48.3	+ 36 03.1	345
Texas					
George R. Agassiz Sta.	R	Fort Davis	− 103 56.8	+ 30 38.1	1603
McDonald Obs.	L	Fort Davis/Mt. Locke	− 104 01.3	+ 30 40.3	2075
Millimeter Wave Obs.	R	Fort Davis/Mt. Locke	− 104 01.7	+ 30 40.3	2031

Observatory Name		Location	East Longitude	Latitude	Height (m.s.l.)
			° ′	° ′	m
USA, cont.					
Virginia					
Leander McCormick Obs.		Charlottesville	− 78 31.4	+ 38 02.0	264
Leander McCormick Obs. Sta.		Charlottesville/Fan Mtn.	− 78 41.6	+ 37 52.7	566
Washington					
Manastash Ridge Obs.		Ellensburg/Manastash Ridge	− 120 43.4	+ 46 57.1	1198
West Virginia					
National Radio Ast. Obs.	R	Green Bank	− 79 50.5	+ 38 25.8	836
Naval Research Lab. Radio Sta.	R	Sugar Grove	− 79 16.4	+ 38 31.2	705
Wisconsin					
Pine Bluff Obs.		Pine Bluff	− 89 41.1	+ 43 04.7	366
Thompson Obs.		Beloit	− 89 01.9	+ 42 30.3	255
Washburn Obs.		Madison	− 89 24.5	+ 43 04.6	292
Yerkes Obs.		Williams Bay	− 88 33.4	+ 42 34.2	334
Wyoming					
Wyoming Infrared Obs.	I	Jelm/Jelm Mtn.	− 105 58.6	+ 41 05.9	2943
Uruguay					
Los Molinos Ast. Obs.		Montevideo	− 56 11.4	− 34 45.3	110
Montevideo Obs.		Montevideo	− 56 12.8	− 34 54.6	24
Uzbekistan					
Maidanak Ast. Obs.		Kitab/Mt. Maidanak	+ 66 54.0	+ 38 41.1	2500
Tashkent Obs.		Tashkent	+ 69 17.6	+ 41 19.5	477
Uluk-Bek Latitude Sta.		Kitab	+ 66 52.9	+ 39 08.0	658
Vatican City State					
Vatican Obs.		Castel Gandolfo	+ 12 39.1	+ 41 44.8	450
Venezuela					
Cagigal Obs.		Caracas	− 66 55.7	+ 10 30.4	1026
Llano del Hato Obs.		Mérida	− 70 52.0	+ 8 47.4	3610
Yugoslavia					
Belgrade Ast. Obs.		Belgrade, Serbia	+ 20 30.8	+ 44 48.2	253

m.s.l. = mean sea level

CONTENTS OF SECTION K

CONVERSION FOR PRE–JANUARY AND POST–DECEMBER DATES

Tabulated Date	Equivalent Date in Previous Year	Tabulated Date	Equivalent Date in Previous Year	Tabulated Date	Equivalent Date in Subsequent Year	Tabulated Date	Equivalent Date in Subsequent Year
Jan. − 39	Nov. 22	Jan. − 19	Dec. 12	Dec. 32	Jan. 1	Dec. 52	Jan. 21
− 38	23	− 18	13	33	2	53	22
− 37	24	− 17	14	34	3	54	23
− 36	25	− 16	15	35	4	55	24
− 35	26	− 15	16	36	5	56	25
Jan. − 34	Nov. 27	Jan. − 14	Dec. 17	Dec. 37	Jan. 6	Dec. 57	Jan. 26
− 33	28	− 13	18	38	7	58	27
− 32	29	− 12	19	39	8	59	28
− 31	30	− 11	20	40	9	60	29
− 30	1	− 10	21	41	10	61	30
Jan. − 29	Dec. 2	Jan. − 9	Dec. 22	Dec. 42	Jan. 11	Dec. 62	Jan. 31
− 28	3	− 8	23	43	12	63	Feb. 1
− 27	4	− 7	24	44	13	64	2
− 26	5	− 6	25	45	14	65	3
− 25	6	− 5	26	46	15	66	4
Jan. − 24	Dec. 7	Jan. − 4	Dec. 27	Dec. 47	Jan. 16	Dec. 67	Feb. 5
− 23	8	− 3	28	48	17	68	6
− 22	9	− 2	29	49	18	69	7
− 21	10	− 1	30	50	19	70	8
− 20	11	Jan. 0	Dec. 31	51	20	71	9

OF DAY COMMENCING AT GREENWICH NOON ON:

Year	Jan. 0	Feb. 0	Mar. 0	Apr. 0	May 0	June 0	July 0	Aug. 0	Sept. 0	Oct. 0	Nov. 0	Dec. 0
1950	243 3282	3313	3341	3372	3402	3433	3463	3494	3525	3555	3586	3616
1951	3647	3678	3706	3737	3767	3798	3828	3859	3890	3920	3951	3981
1952	4012	4043	4072	4103	4133	4164	4194	4225	4256	4286	4317	4347
1953	4378	4409	4437	4468	4498	4529	4559	4590	4621	4651	4682	4712
1954	4743	4774	4802	4833	4863	4894	4924	4955	4986	5016	5047	5077
1955	243 5108	5139	5167	5198	5228	5259	5289	5320	5351	5381	5412	5442
1956	5473	5504	5533	5564	5594	5625	5655	5686	5717	5747	5778	5808
1957	5839	5870	5898	5929	5959	5990	6020	6051	6082	6112	6143	6173
1958	6204	6235	6263	6294	6324	6355	6385	6416	6447	6477	6508	6538
1959	6569	6600	6628	6659	6689	6720	6750	6781	6812	6842	6873	6903
1960	243 6934	6965	6994	7025	7055	7086	7116	7147	7178	7208	7239	7269
1961	7300	7331	7359	7390	7420	7451	7481	7512	7543	7573	7604	7634
1962	7665	7696	7724	7755	7785	7816	7846	7877	7908	7938	7969	7999
1963	8030	8061	8089	8120	8150	8181	8211	8242	8273	8303	8334	8364
1964	8395	8426	8455	8486	8516	8547	8577	8608	8639	8669	8700	8730
1965	243 8761	8792	8820	8851	8881	8912	8942	8973	9004	9034	9065	9095
1966	9126	9157	9185	9216	9246	9277	9307	9338	9369	9399	9430	9460
1967	9491	9522	9550	9581	9611	9642	9672	9703	9734	9764	9795	9825
1968	243 9856	9887	9916	9947	9977	*0008	*0038	*0069	*0100	*0130	*0161	*0191
1969	244 0222	0253	0281	0312	0342	0373	0403	0434	0465	0495	0526	0556
1970	244 0587	0618	0646	0677	0707	0738	0768	0799	0830	0860	0891	0921
1971	0952	0983	1011	1042	1072	1103	1133	1164	1195	1225	1256	1286
1972	1317	1348	1377	1408	1438	1469	1499	1530	1561	1591	1622	1652
1973	1683	1714	1742	1773	1803	1834	1864	1895	1926	1956	1987	2017
1974	2048	2079	2107	2138	2168	2199	2229	2260	2291	2321	2352	2382
1975	244 2413	2444	2472	2503	2533	2564	2594	2625	2656	2686	2717	2747
1976	2778	2809	2838	2869	2899	2930	2960	2991	3022	3052	3083	3113
1977	3144	3175	3203	3234	3264	3295	3325	3356	3387	3417	3448	3478
1978	3509	3540	3568	3599	3629	3660	3690	3721	3752	3782	3813	3843
1979	3874	3905	3933	3964	3994	4025	4055	4086	4117	4147	4178	4208
1980	244 4239	4270	4299	4330	4360	4391	4421	4452	4483	4513	4544	4574
1981	4605	4636	4664	4695	4725	4756	4786	4817	4848	4878	4909	4939
1982	4970	5001	5029	5060	5090	5121	5151	5182	5213	5243	5274	5304
1983	5335	5366	5394	5425	5455	5486	5516	5547	5578	5608	5639	5669
1984	5700	5731	5760	5791	5821	5852	5882	5913	5944	5974	6005	6035
1985	244 6066	6097	6125	6156	6186	6217	6247	6278	6309	6339	6370	6400
1986	6431	6462	6490	6521	6551	6582	6612	6643	6674	6704	6735	6765
1987	6796	6827	6855	6886	6916	6947	6977	7008	7039	7069	7100	7130
1988	7161	7192	7221	7252	7282	7313	7343	7374	7405	7435	7466	7496
1989	7527	7558	7586	7617	7647	7678	7708	7739	7770	7800	7831	7861
1990	244 7892	7923	7951	7982	8012	8043	8073	8104	8135	8165	8196	8226
1991	8257	8288	8316	8347	8377	8408	8438	8469	8500	8530	8561	8591
1992	8622	8653	8682	8713	8743	8774	8804	8835	8866	8896	8927	8957
1993	8988	9019	9047	9078	9108	9139	9169	9200	9231	9261	9292	9322
1994	9353	9384	9412	9443	9473	9504	9534	9565	9596	9626	9657	9687
1995	244 9718	9749	9777	9808	9838	9869	9899	9930	9961	9991	*0022	*0052
1996	245 0083	0114	0143	0174	0204	0235	0265	0296	0327	0357	0388	0418
1997	0449	0480	0508	0539	0569	0600	0630	0661	0692	0722	0753	0783
1998	0814	0845	0873	0904	0934	0965	0995	1026	1057	1087	1118	1148
1999	1179	1210	1238	1269	1299	1330	1360	1391	1422	1452	1483	1513
2000	245 1544	1575	1604	1635	1665	1696	1726	1757	1788	1818	1849	1879

OF DAY COMMENCING AT GREENWICH NOON ON:

Year	Jan. 0	Feb. 0	Mar. 0	Apr. 0	May 0	June 0	July 0	Aug. 0	Sept. 0	Oct. 0	Nov. 0	Dec. 0
2000	245 1544	1575	1604	1635	1665	1696	1726	1757	1788	1818	1849	1879
2001	1910	1941	1969	2000	2030	2061	2091	2122	2153	2183	2214	2244
2002	2275	2306	2334	2365	2395	2426	2456	2487	2518	2548	2579	2609
2003	2640	2671	2699	2730	2760	2791	2821	2852	2883	2913	2944	2974
2004	3005	3036	3065	3096	3126	3157	3187	3218	3249	3279	3310	3340
2005	245 3371	3402	3430	3461	3491	3522	3552	3583	3614	3644	3675	3705
2006	3736	3767	3795	3826	3856	3887	3917	3948	3979	4009	4040	4070
2007	4101	4132	4160	4191	4221	4252	4282	4313	4344	4374	4405	4435
2008	4466	4497	4526	4557	4587	4618	4648	4679	4710	4740	4771	4801
2009	4832	4863	4891	4922	4952	4983	5013	5044	5075	5105	5136	5166
2010	245 5197	5228	5256	5287	5317	5348	5378	5409	5440	5470	5501	5531
2011	5562	5593	5621	5652	5682	5713	5743	5774	5805	5835	5866	5896
2012	5927	5958	5987	6018	6048	6079	6109	6140	6171	6201	6232	6262
2013	6293	6324	6352	6383	6413	6444	6474	6505	6536	6566	6597	6627
2014	6658	6689	6717	6748	6778	6809	6839	6870	6901	6931	6962	6992
2015	245 7023	7054	7082	7113	7143	7174	7204	7235	7266	7296	7327	7357
2016	7388	7419	7448	7479	7509	7540	7570	7601	7632	7662	7693	7723
2017	7754	7785	7813	7844	7874	7905	7935	7966	7997	8027	8058	8088
2018	8119	8150	8178	8209	8239	8270	8300	8331	8362	8392	8423	8453
2019	8484	8515	8543	8574	8604	8635	8665	8696	8727	8757	8788	8818
2020	245 8849	8880	8909	8940	8970	9001	9031	9062	9093	9123	9154	9184
2021	9215	9246	9274	9305	9335	9366	9396	9427	9458	9488	9519	9549
2022	9580	9611	9639	9670	9700	9731	9761	9792	9823	9853	9884	9914
2023	245 9945	9976	*0004	*0035	*0065	*0096	*0126	*0157	*0188	*0218	*0249	*0279
2024	246 0310	0341	0370	0401	0431	0462	0492	0523	0554	0584	0615	0645
2025	246 0676	0707	0735	0766	0796	0827	0857	0888	0919	0949	0980	1010
2026	1041	1072	1100	1131	1161	1192	1222	1253	1284	1314	1345	1375
2027	1406	1437	1465	1496	1526	1557	1587	1618	1649	1679	1710	1740
2028	1771	1802	1831	1862	1892	1923	1953	1984	2015	2045	2076	2106
2029	2137	2168	2196	2227	2257	2288	2318	2349	2380	2410	2441	2471
2030	246 2502	2533	2561	2592	2622	2653	2683	2714	2745	2775	2806	2836
2031	2867	2898	2926	2957	2987	3018	3048	3079	3110	3140	3171	3201
2032	3232	3263	3292	3323	3353	3384	3414	3445	3476	3506	3537	3567
2033	3598	3629	3657	3688	3718	3749	3779	3810	3841	3871	3902	3932
2034	3963	3994	4022	4053	4083	4114	4144	4175	4206	4236	4267	4297
2035	246 4328	4359	4387	4418	4448	4479	4509	4540	4571	4601	4632	4662
2036	4693	4724	4753	4784	4814	4845	4875	4906	4937	4967	4998	5028
2037	5059	5090	5118	5149	5179	5210	5240	5271	5302	5332	5363	5393
2038	5424	5455	5483	5514	5544	5575	5605	5636	5667	5697	5728	5758
2039	5789	5820	5848	5879	5909	5940	5970	6001	6032	6062	6093	6123
2040	246 6154	6185	6214	6245	6275	6306	6336	6367	6398	6428	6459	6489
2041	6520	6551	6579	6610	6640	6671	6701	6732	6763	6793	6824	6854
2042	6885	6916	6944	6975	7005	7036	7066	7097	7128	7158	7189	7219
2043	7250	7281	7309	7340	7370	7401	7431	7462	7493	7523	7554	7584
2044	7615	7646	7675	7706	7736	7767	7797	7828	7859	7889	7920	7950
2045	246 7981	8012	8040	8071	8101	8132	8162	8193	8224	8254	8285	8315
2046	8346	8377	8405	8436	8466	8497	8527	8558	8589	8619	8650	8680
2047	8711	8742	8770	8801	8831	8862	8892	8923	8954	8984	9015	9045
2048	9076	9107	9136	9167	9197	9228	9258	9289	9320	9350	9381	9411
2049	9442	9473	9501	9532	9562	9593	9623	9654	9685	9715	9746	9776
2050	246 9807	9838	9866	9897	9927	9958	9988	*0019	*0050	*0080	*0111	*0141

JULIAN DAY NUMBER, 2050–2100

OF DAY COMMENCING AT GREENWICH NOON ON:

Year	Jan. 0	Feb. 0	Mar. 0	Apr. 0	May 0	June 0	July 0	Aug. 0	Sept. 0	Oct. 0	Nov. 0	Dec. 0
2050	246 9807	9838	9866	9897	9927	9958	9988	*0019	*0050	*0080	*0111	*0141
2051	247 0172	0203	0231	0262	0292	0323	0353	0384	0415	0445	0476	0506
2051	0172	0203	0231	0262	0292	0323	0353	0384	0415	0445	0476	0506
2052	0537	0568	0597	0628	0658	0689	0719	0750	0781	0811	0842	0872
2053	0903	0934	0962	0993	1023	1054	1084	1115	1146	1176	1207	1237
2054	1268	1299	1327	1358	1388	1419	1449	1480	1511	1541	1572	1602
2055	247 1633	1664	1692	1723	1753	1784	1814	1845	1876	1906	1937	1967
2056	1998	2029	2058	2089	2119	2150	2180	2211	2242	2272	2303	2333
2057	2364	2395	2423	2454	2484	2515	2545	2576	2607	2637	2668	2698
2058	2729	2760	2788	2819	2849	2880	2910	2941	2972	3002	3033	3063
2059	3094	3125	3153	3184	3214	3245	3275	3306	3337	3367	3398	3428
2060	247 3459	3490	3519	3550	3580	3611	3641	3672	3703	3733	3764	3794
2061	3825	3856	3884	3915	3945	3976	4006	4037	4068	4098	4129	4159
2062	4190	4221	4249	4280	4310	4341	4371	4402	4433	4463	4494	4524
2063	4555	4586	4614	4645	4675	4706	4736	4767	4798	4828	4859	4889
2064	4920	4951	4980	5011	5041	5072	5102	5133	5164	5194	5225	5255
2065	247 5286	5317	5345	5376	5406	5437	5467	5498	5529	5559	5590	5620
2066	5651	5682	5710	5741	5771	5802	5832	5863	5894	5924	5955	5985
2067	6016	6047	6075	6106	6136	6167	6197	6228	6259	6289	6320	6350
2068	6381	6412	6441	6472	6502	6533	6563	6594	6625	6655	6686	6716
2069	6747	6778	6806	6837	6867	6898	6928	6959	6990	7020	7051	7081
2070	247 7112	7143	7171	7202	7232	7263	7293	7324	7355	7385	7416	7446
2071	7477	7508	7536	7567	7597	7628	7658	7689	7720	7750	7781	7811
2072	7842	7873	7902	7933	7963	7994	8024	8055	8086	8116	8147	8177
2073	8208	8239	8267	8298	8328	8359	8389	8420	8451	8481	8512	8542
2074	8573	8604	8632	8663	8693	8724	8754	8785	8816	8846	8877	8907
2075	247 8938	8969	8997	9028	9058	9089	9119	9150	9181	9211	9242	9272
2076	9303	9334	9363	9394	9424	9455	9485	9516	9547	9577	9608	9638
2077	247 9669	9700	9728	9759	9789	9820	9850	9881	9912	9942	9973	*0003
2078	248 0034	0065	0093	0124	0154	0185	0215	0246	0277	0307	0338	0368
2078	0034	0065	0093	0124	0154	0185	0215	0246	0277	0307	0338	0368
2079	0399	0430	0458	0489	0519	0550	0580	0611	0642	0672	0703	0733
2080	248 0764	0795	0824	0855	0885	0916	0946	0977	1008	1038	1069	1099
2081	1130	1161	1189	1220	1250	1281	1311	1342	1373	1403	1434	1464
2082	1495	1526	1554	1585	1615	1646	1676	1707	1738	1768	1799	1829
2083	1860	1891	1919	1950	1980	2011	2041	2072	2103	2133	2164	2194
2084	2225	2256	2285	2316	2346	2377	2407	2438	2469	2499	2530	2560
2085	248 2591	2622	2650	2681	2711	2742	2772	2803	2834	2864	2895	2925
2086	2956	2987	3015	3046	3076	3107	3137	3168	3199	3229	3260	3290
2087	3321	3352	3380	3411	3441	3472	3502	3533	3564	3594	3625	3655
2088	3686	3717	3746	3777	3807	3838	3868	3899	3930	3960	3991	4021
2089	4052	4083	4111	4142	4172	4203	4233	4264	4295	4325	4356	4386
2090	248 4417	4448	4476	4507	4537	4568	4598	4629	4660	4690	4721	4751
2091	4782	4813	4841	4872	4902	4933	4963	4994	5025	5055	5086	5116
2092	5147	5178	5207	5238	5268	5299	5329	5360	5391	5421	5452	5482
2093	5513	5544	5572	5603	5633	5664	5694	5725	5756	5786	5817	5847
2094	5878	5909	5937	5968	5998	6029	6059	6090	6121	6151	6182	6212
2095	248 6243	6274	6302	6333	6363	6394	6424	6455	6486	6516	6547	6577
2096	6608	6639	6668	6699	6729	6760	6790	6821	6852	6882	6913	6943
2097	6974	7005	7033	7064	7094	7125	7155	7186	7217	7247	7278	7308
2098	7339	7370	7398	7429	7459	7490	7520	7551	7582	7612	7643	7673
2099	7704	7735	7763	7794	7824	7855	7885	7916	7947	7977	8008	8038
2100	248 8069	8100	8128	8159	8189	8220	8250	8281	8312	8342	8373	8403

The Julian date (JD) corresponding to any instant is the interval in mean solar days elapsed since 4713 BC January 1 at Greenwich mean noon (12^h UT). To determine the JD at 0^h UT for a given Gregorian calendar date, sum the values from Table A for century, Table B for year and Table C for month; then add the day of the month. Julian dates for the current year are given on page B6.

A. Julian date at January 0^d 0^h UT of centurial year

Year	1600†	1700	1800	1900	2000†	2100
Julian date	230 5447·5	234 1971·5	237 8495·5	241 5019·5	245 1544·5	248 8068·5

† Centurial years that are exactly divisible by 400 are leap years in the Gregorian calendar. To determine the JD for any date in such a year, subtract 1 from the JD in Table A and use the leap year portion of Table C. (For 1600 and 2000 the JDs tabulated in Table A are actually for January 1^d 0^h.)

B. Addition to give Julian date for January 0^d 0^h UT of year

Year	Add	Year	Add	Year	Add	Year	Add
0	0	25	9131	50	18262	75	27393
1	365	26	9496	51	18627	76*	27758
2	730	27	9861	52*	18992	77	28124
3	1095	28*	10226	53	19358	78	28489
4*	1460	29	10592	54	19723	79	28854
5	1826	30	10957	55	20088	80*	29219
6	2191	31	11322	56*	20453	81	29585
7	2556	32*	11687	57	20819	82	29950
8*	2921	33	12053	58	21184	83	30315
9	3287	34	12418	59	21549	84*	30680
10	3652	35	12783	60*	21914	85	31046
11	4017	36*	13148	61	22280	86	31411
12*	4382	37	13514	62	22645	87	31776
13	4748	38	13879	63	23010	88*	32141
14	5113	39	14244	64*	23375	89	32507
15	5478	40*	14609	65	23741	90	32872
16*	5843	41	14975	66	24106	91	33237
17	6209	42	15340	67	24471	92*	33602
18	6574	43	15705	68*	24836	93	33968
19	6939	44*	16070	69	25202	94	34333
20*	7304	45	16436	70	25567	95	34698
21	7670	46	16801	71	25932	96*	35063
22	8035	47	17166	72*	26297	97	35429
23	8400	48*	17531	73	26663	98	35794
24*	8765	49	17897	74	27028	99	36159

* Leap years

Examples

a. 1981 November 14

Table A	
1900 Jan. 0	241 5019·5
Table B	2 9585
1981 Jan. 0	244 4604·5
+ Table C (n.y.)	+ 304
1981 Nov. 0	244 4908·5
+ Day of Month	+ 14
1981 Nov. 14	244 4922·5

b. 2000 September 24

Table A	
2000 Jan. 1	245 1544·5
− 1 (for 2000)	− 1
2000 Jan. 0	245 1543·5
+ Table B	+ 0
2000 Jan. 0	245 1543·5
+ Table C (l.y.)	+ 244
2000 Sept. 0	245 1787·5
+ Day of Month	+ 24
2000 Sept. 24	245 1811·5

c. 2006 June 21

Table A	
2000 Jan. 1	245 1544·5
+ Table B	+ 2191
2006 Jan. 0	245 3735·5
+ Table C (n.y.)	+ 151
2006 June 0	245 3886·5
+ Day of Month	+ 21
2006 June 21	245 3907·5

C. Addition to give Julian date for beginning of month (0^d 0^h UT)

	Jan.	Feb.	Mar.	Apr.	May	June	July	Aug.	Sept.	Oct.	Nov.	Dec.
Normal year	0	31	59	90	120	151	181	212	243	273	304	334
Leap year	0	31	60	91	121	152	182	213	244	274	305	335

WARNING: prior to 1925 Greenwich mean noon (i.e. 12^h UT) was usually denoted by 0^h GMT in astronomical publications.

Conversions between Calendar dates and Julian dates or vice versa can be performed using the utility on http://aa.usno.navy.mil/AA/data/docs/JulianDate.html.

Selected Astronomical Constants

Units:

The units meter (m), kilogram (kg), and SI second (s) are the units of length, mass and time in the International System of Units (SI).

The astronomical unit of time is a time interval of one day (D) of 86400 seconds. An interval of 36525 days is one Julian century. The astronomical unit of mass is the mass of the Sun (S). The astronomical unit of length is that length (A) for which the Gaussian gravitational constant (k) takes the value 0·017 202 098 95 when the units of measurement are the astronomical units of length, mass and time. The dimensions of k^2 are those of the constant of gravitation (G), i.e., $A^3 S^{-1} D^{-2}$.

Some constants from the JPL DE405 ephemeris are consistent with TDB seconds (see page L2). For these quantities both TDB and SI values are given.

	Quantity	Symbol, Value(s), [Uncertainty]	Refs.
Defining constants:			
1	Gaussian gravitational constant	$k = 0\cdot017\ 202\ 098\ 95$	I*
2	Speed of light	$c = 299\ 792\ 458\ \mathrm{m\,s^{-1}}$	C E J A
3	L_G	$L_G = 6\cdot969\ 290\ 134\ \times 10^{-10}$	I E
Other constants:			
4	L_C	$L_C = 1\cdot480\ 826\ 867\ 41\ \times 10^{-8}$ $[2 \times 10^{-17}]$	I E
5	$L_B = L_G + L_C - L_G L_C$	$L_B = 1\cdot550\ 519\ 767\ 72\ \times 10^{-8}$ $[2 \times 10^{-17}]$	I E
6	Light-time for unit distance	$\tau_A = 499\overset{s}{\cdot}004\ 783\ 806\ 1$ (TDB) $= 499\overset{s}{\cdot}004\ 786\ 385\ 2$ (SI) $= 173\overset{d}{\cdot}144\ 632\ 684\ 7$ (TDB) $[2^s \times 10^{-8}]$	J E A
7	Unit distance, astronomical unit in metres	$A = c\tau_A$ $= 1\cdot495\ 978\ 706\ 91\ \times 10^{11}$ m (TDB) $= 1\cdot495\ 978\ 714\ 64\ \times 10^{11}$ m (SI) $[6]$	J E
8	Equatorial radius for Earth	$a_e = 6\ 378\ 136\cdot6$ m $[0\cdot10]$	G E A
9	Flattening factor for Earth	$f = 0\cdot003\ 352\ 8197 = 1/298\cdot256\ 42$ $[1/0\cdot00001]$	G E A
10	Dynamical form-factor for the Earth	$J_2 = 0\cdot001\ 082\ 635\ 9$ $[1\cdot0 \times 10^{-10}]$	G E
11	Nominal mean angular velocity of Earth rotation	$\omega = 7\cdot292\ 115\ \times 10^{-5}\ \mathrm{rad\,s^{-1}}$ $[variable]$	I E G A
12	Potential of the geoid	$W_0 = 6\cdot263\ 685\ 60\ \times 10^7\ \mathrm{m^2\,s^{-2}}$ $[0\cdot5]$	G E
13	Geocentric gravitational constant	$GE = 3\cdot986\ 004\ 33\ \times 10^{14}\ \mathrm{m^3\,s^{-2}}$ (TDB) $= 3\cdot986\ 004\ 39\ \times 10^{14}\ \mathrm{m^3\,s^{-2}}$ (SI) $= 3\cdot986\ 004\ 418\ \times 10^{14}\ \mathrm{m^3\,s^{-2}}$ $[8\ \times 10^5]$	J A G E
14	Heliocentric gravitational constant	$GS = A^3 k^2 / D^2$ $= 1\cdot327\ 124\ 400\ 179\ 87\ \times 10^{20}\ \mathrm{m^3\,s^{-2}}$ (TDB) $= 1\cdot327\ 124\ 420\ 76\ \times 10^{20}\ \mathrm{m^3\,s^{-2}}$ (SI) $[5 \times 10^{10}]$	J A E
15	Constant of gravitation	$G = 6\cdot6742\ \times 10^{-11}\ \mathrm{m^3\,kg^{-1}\,s^{-2}}$ $= 6\cdot673\ \times 10^{-11}\ \mathrm{m^3\,kg^{-1}\,s^{-2}}$ $[1\cdot0 \times 10^{-13}]$	C E

Selected Astronomical Constants (continued)

	Quantity	Symbol, Value(s), [Uncertainty]	Refs.
Other constants (continued):			
16	General precession in longitude at J2000·0	$p_A = 5029\rlap{.}{''}796\ 95$ per Julian century, IAU2000A/IERS $= 5028\rlap{.}{''}796\ 195$ per Julian century, P03 solution	P P
17	Obliquity of the ecliptic at J2000·0	$\epsilon_0 = 23° \ 26' \ 21\rlap{.}{''}448 \ = 84\ 381\rlap{.}{''}448$ $= 23° \ 26' \ 21\rlap{.}{''}4059 \ = 84\ 381\rlap{.}{''}4059$ $= 23° \ 26' \ 21\rlap{.}{''}406 \ = 84\ 381\rlap{.}{''}406$ $[0\rlap{.}{''}0003]$	I* I A E P
18	Ratio: mass of Moon to that of the Earth	$\mu = 1/81·300\ 56 = 0·012\ 300\ 0383$ $[5 \times 10^{-10}]$	E J
19	Ratio: mass of Sun to that of the Earth	$S/E = GS/GE = 332\ 946·050\ 895$	J
20	Ratio: mass of Sun to that of the Earth + Moon	$(S/E)/(1+\mu)$ $= 328\ 900·561\ 400$	J
21	Mass of the Sun	$S = (GS)/G = 1·9884 \ \times 10^{30}$ kg	
22	Constant of nutation	$N = 9\rlap{.}{''}2052\ 331$ at epoch J2000·0	I
23	Solar parallax	$\pi_\odot = \sin^{-1}(a_e/A) = 8\rlap{.}{''}794\ 143$	
24	Constant of aberration	$\kappa = 20\rlap{.}{''}495\ 51$ at epoch J2000·0	
25	Ratios of mass of Sun to masses of the planets: JPL DE405 Ephemeris (J)		

Mercury	6 023 600	Jupiter	1 047·3486	Pluto	135 200 000
Venus	408 523·71	Saturn	3 497·898		
Earth + Moon	328 900·561 400	Uranus	22 902·98		
Mars	3 098 708	Neptune	19 412·24		

26	Minor planet masses: mass in solar mass

	Hilton (H)		JPL DE405 (J)
1 Ceres	$4·39 \times 10^{-10}$	$\pm 0·04$	$4·7 \times 10^{-10}$
2 Pallas	$1·59 \times 10^{-10}$	$\pm 0·05$	$1·0 \times 10^{-10}$
4 Vesta	$1·69 \times 10^{-10}$	$\pm 0·11$	$1·3 \times 10^{-10}$

27	Masses of the larger natural satellites: mass satellite/mass of the planet (see pages F3, F5)

Jupiter	Io	$4·70 \times 10^{-5}$	**Saturn**	Titan	$2·37 \times 10^{-4}$
	Europa	$2·53 \times 10^{-5}$	**Uranus**	Titania	$4·06 \times 10^{-5}$
	Ganymede	$7·80 \times 10^{-5}$		Oberon	$3·47 \times 10^{-5}$
	Callisto	$5·67 \times 10^{-5}$	**Neptune**	Triton	$2·09 \times 10^{-4}$

28	Equatorial radii in km: *Cartographic Coordinates 2000* (CC) and JPL DE405 Ephemeris (J)

	CC A	JPL		CC A		CC A
Mercury	2 439·7 ± 1·0	2 439·76	Jupiter	71 492 ± 4	Pluto	1 195 ± 5
Venus	6 051·8 ± 1·0	6 052·3	Saturn	60 268 ± 4		
Earth	6 378·14 ± 0·01	6 378·137	Uranus	25 559 ± 4	Moon†	1 737·4 ± 1
Mars	3 396·19 ± 0·1	3 397·515	Neptune	24 764 ± 15	Sun‡	696 000

† Moon: mean radius   ‡ Sun: IAU 1976 value

The references (Refs.) indicate where the constant has been used, quoted or derived from:

A	Constants used in this publication.
C	CODATA 2002, http://physics.nist.gov/constants, page 1.
CC	Report of the IAU/IAG Working Group on Cartographic Coordinates and Rotational Elements of the Planets and Satellites: 2000 Seidelmann *et al.*, *Celest. Mech.*, **82**, 83-111, 2002.
E	IERS *Conventions 2003*, Technical Note 32, Chapter 1.
G	IAG XXII GA, Special Commission SC3, Fundamental Constants, Groten, E., 1999.
H	Hilton, *Astrophysical Journal*, **117**, 1077-1086, 1999.
I	IAU XXIV General Assembly (2000), resolutions B1.5, B1.6, B1.9, & IAU2000A precession-nutation.
I*	IAU (1976) System of Astronomical Constants.
J	JPL IOM 312.F-98-048, Standish, E.M., 1998 (DE405/LE405 Ephemeris).
P	Capitaine *et al.*, *Astronomy & Astrophysics*, **412**, 567-586, 2003.

REDUCTION OF TIME-SCALES, 1620–1889

$$\Delta T = \text{ET} - \text{UT}$$

Year	ΔT s	Year	ΔT s	Year	ΔT s	Year	ΔT s	Year	ΔT s	Year	ΔT s
1620.0	+124	1665.0	+32	1710.0	+10	1755.0	+14	1800.0	+13.7	1845.0	+6.3
1621	+119	1666	+31	1711	+10	1756	+14	1801	+13.4	1846	+6.5
1622	+115	1667	+30	1712	+10	1757	+14	1802	+13.1	1847	+6.6
1623	+110	1668	+28	1713	+10	1758	+15	1803	+12.9	1848	+6.8
1624	+106	1669	+27	1714	+10	1759	+15	1804	+12.7	1849	+6.9
1625.0	+102	1670.0	+26	1715.0	+10	1760.0	+15	1805.0	+12.6	1850.0	+7.1
1626	+ 98	1671	+25	1716	+10	1761	+15	1806	+12.5	1851	+7.2
1627	+ 95	1672	+24	1717	+11	1762	+15	1807	+12.5	1852	+7.3
1628	+ 91	1673	+23	1718	+11	1763	+15	1808	+12.5	1853	+7.4
1629	+ 88	1674	+22	1719	+11	1764	+15	1809	+12.5	1854	+7.5
1630.0	+ 85	1675.0	+21	1720.0	+11	1765.0	+16	1810.0	+12.5	1855.0	+7.6
1631	+ 82	1676	+20	1721	+11	1766	+16	1811	+12.5	1856	+7.7
1632	+ 79	1677	+19	1722	+11	1767	+16	1812	+12.5	1857	+7.7
1633	+ 77	1678	+18	1723	+11	1768	+16	1813	+12.5	1858	+7.8
1634	+ 74	1679	+17	1724	+11	1769	+16	1814	+12.5	1859	+7.8
1635.0	+ 72	1680.0	+16	1725.0	+11	1770.0	+16	1815.0	+12.5	1860.0	+7.88
1636	+ 70	1681	+15	1726	+11	1771	+16	1816	+12.5	1861	+7.82
1637	+ 67	1682	+14	1727	+11	1772	+16	1817	+12.4	1862	+7.54
1638	+ 65	1683	+14	1728	+11	1773	+16	1818	+12.3	1863	+6.97
1639	+ 63	1684	+13	1729	+11	1774	+16	1819	+12.2	1864	+6.40
1640.0	+ 62	1685.0	+12	1730.0	+11	1775.0	+17	1820.0	+12.0	1865.0	+6.02
1641	+ 60	1686	+12	1731	+11	1776	+17	1821	+11.7	1866	+5.41
1642	+ 58	1687	+11	1732	+11	1777	+17	1822	+11.4	1867	+4.10
1643	+ 57	1688	+11	1733	+11	1778	+17	1823	+11.1	1868	+2.92
1644	+ 55	1689	+10	1734	+12	1779	+17	1824	+10.6	1869	+1.82
1645.0	+ 54	1690.0	+10	1735.0	+12	1780.0	+17	1825.0	+10.2	1870.0	+1.61
1646	+ 53	1691	+10	1736	+12	1781	+17	1826	+ 9.6	1871	+0.10
1647	+ 51	1692	+ 9	1737	+12	1782	+17	1827	+ 9.1	1872	−1.02
1648	+ 50	1693	+ 9	1738	+12	1783	+17	1828	+ 8.6	1873	−1.28
1649	+ 49	1694	+ 9	1739	+12	1784	+17	1829	+ 8.0	1874	−2.69
1650.0	+ 48	1695.0	+ 9	1740.0	+12	1785.0	+17	1830.0	+ 7.5	1875.0	−3.24
1651	+ 47	1696	+ 9	1741	+12	1786	+17	1831	+ 7.0	1876	−3.64
1652	+ 46	1697	+ 9	1742	+12	1787	+17	1832	+ 6.6	1877	−4.54
1653	+ 45	1698	+ 9	1743	+12	1788	+17	1833	+ 6.3	1878	−4.71
1654	+ 44	1699	+ 9	1744	+13	1789	+17	1834	+ 6.0	1879	−5.11
1655.0	+ 43	1700.0	+ 9	1745.0	+13	1790.0	+17	1835.0	+ 5.8	1880.0	−5.40
1656	+ 42	1701	+ 9	1746	+13	1791	+17	1836	+ 5.7	1881	−5.42
1657	+ 41	1702	+ 9	1747	+13	1792	+16	1837	+ 5.6	1882	−5.20
1658	+ 40	1703	+ 9	1748	+13	1793	+16	1838	+ 5.6	1883	−5.46
1659	+ 38	1704	+ 9	1749	+13	1794	+16	1839	+ 5.6	1884	−5.46
1660.0	+ 37	1705.0	+ 9	1750.0	+13	1795.0	+16	1840.0	+ 5.7	1885.0	−5.79
1661	+ 36	1706	+ 9	1751	+14	1796	+15	1841	+ 5.8	1886	−5.63
1662	+ 35	1707	+ 9	1752	+14	1797	+15	1842	+ 5.9	1887	−5.64
1663	+ 34	1708	+10	1753	+14	1798	+14	1843	+ 6.1	1888	−5.80
1664.0	+ 33	1709.0	+10	1754.0	+14	1799.0	+14	1844.0	+ 6.2	1889.0	−5.66

For years 1620 to 1955 the table is based on an adopted value of $-26''/\text{cy}^2$ for the tidal term $(\dot{n})$ in the mean motion of the Moon from the results of analyses of observations of lunar occultations of stars, eclipses of the Sun, and transits of Mercury (see F. R. Stephenson and L. V. Morrison, *Phil. Trans. R. Soc. London*, 1984, A **313**, 47-70)

To calculate the values of ΔT for a different value of the tidal term $(\dot{n}')$, add

$$-0.000\,091\,(\dot{n}' + 26)\,(\text{year} - 1955)^2 \text{ seconds}$$

to the tabulated value of ΔT

1890–1983, $\Delta T = \text{ET} - \text{UT}$
1984–2000, $\Delta T = \text{TDT} - \text{UT}$
From 2001, $\Delta T = \text{TT} - \text{UT}$

Year	ΔT s	Year	ΔT s	Year	ΔT s
1890·0	− 5·87	1935·0	+23·93	1980·0	+50·54
1891	− 6·01	1936	+23·73	1981	+51·38
1892	− 6·19	1937	+23·92	1982	+52·17
1893	− 6·64	1938	+23·96	1983	+52·96
1894	− 6·44	1939	+24·02	1984	+53·79
1895·0	− 6·47	1940·0	+24·33	1985·0	+54·34
1896	− 6·09	1941	+24·83	1986	+54·87
1897	− 5·76	1942	+25·30	1987	+55·32
1898	− 4·66	1943	+25·70	1988	+55·82
1899	− 3·74	1944	+26·24	1989	+56·30
1900·0	− 2·72	1945·0	+26·77	1990·0	+56·86
1901	− 1·54	1946	+27·28	1991	+57·57
1902	− 0·02	1947	+27·78	1992	+58·31
1903	+ 1·24	1948	+28·25	1993	+59·12
1904	+ 2·64	1949	+28·71	1994	+59·98
1905·0	+ 3·86	1950·0	+29·15	1995·0	+60·78
1906	+ 5·37	1951	+29·57	1996	+61·63
1907	+ 6·14	1952	+29·97	1997	+62·29
1908	+ 7·75	1953	+30·36	1998	+62·97
1909	+ 9·13	1954	+30·72	1999	+63·47
1910·0	+10·46	1955·0	+31·07	2000·0	+63·83
1911	+11·53	1956	+31·35	2001	+64·09
1912	+13·36	1957	+31·68	2002	+64·30
1913	+14·65	1958	+32·18	2003	+64·47
1914	+16·01	1959	+32·68	2004	+64·57
1915·0	+17·20	1960·0	+33·15		
1916	+18·24	1961	+33·59		
1917	+19·06	1962	+34·00		
1918	+20·25	1963	+34·47		
1919	+20·95	1964	+35·03		
1920·0	+21·16	1965·0	+35·73		
1921	+22·25	1966	+36·54		
1922	+22·41	1967	+37·43		
1923	+23·03	1968	+38·29		
1924	+23·49	1969	+39·20		
1925·0	+23·62	1970·0	+40·18		
1926	+23·86	1971	+41·17		
1927	+24·49	1972	+42·23		
1928	+24·34	1973	+43·37		
1929	+24·08	1974	+44·49		
1930·0	+24·02	1975·0	+45·48		
1931	+24·00	1976	+46·46		
1932	+23·87	1977	+47·52		
1933	+23·95	1978	+48·53		
1934·0	+23·86	1979·0	+49·59		

Extrapolated Values

Year	ΔT s
2005	+64·7
2006	+65
2007	+66
2008	+66
2009	+67

TAI − UTC

Date	ΔAT s
1972 Jan. 1	+10·00
1972 July 1	+11·00
1973 Jan. 1	+12·00
1974 Jan. 1	+13·00
1975 Jan. 1	+14·00
1976 Jan. 1	+15·00
1977 Jan. 1	+16·00
1978 Jan. 1	+17·00
1979 Jan. 1	+18·00
1980 Jan. 1	+19·00
1981 July 1	+20·00
1982 July 1	+21·00
1983 July 1	+22·00
1985 July 1	+23·00
1988 Jan. 1	+24·00
1990 Jan. 1	+25·00
1991 Jan. 1	+26·00
1992 July 1	+27·00
1993 July 1	+28·00
1994 July 1	+29·00
1996 Jan. 1	+30·00
1997 July 1	+31·00
1999 Jan. 1	+32·00

In critical cases descend

$$\frac{\Delta \text{ET}}{\Delta \text{TT}} = \Delta \text{AT} + 32^{s}\!\cdot\!184$$

From 1990 onwards, ΔT is for January 1 0^{h} UTC.

See page B6 for a summary of the notation for time-scales.

1979 BIH SYSTEM

Date	x (1970)	y	x (1980)	y	x (1990)	y	x (2000)	y
	"	"	"	"	"	"	"	"
1970			**1980**		**1990**		**2000**	
Jan. 1	−0·140	+0·144	+0·129	+0·251	−0·132	+0·165	+0·043	+0·378
Apr. 1	−0·097	+0·397	+0·014	+0·189	−0·154	+0·469	+0·075	+0·346
July 1	+0·139	+0·405	−0·044	+0·280	+0·161	+0·542	+0·110	+0·280
Oct. 1	+0·174	+0·125	−0·006	+0·338	+0·297	+0·243	−0·006	+0·247
1971			**1981**		**1991**		**2001**	
Jan. 1	−0·081	+0·026	+0·056	+0·361	+0·023	+0·069	−0·073	+0·400
Apr. 1	−0·199	+0·313	+0·088	+0·285	−0·217	+0·281	+0·091	+0·490
July 1	+0·050	+0·523	+0·075	+0·209	−0·033	+0·560	+0·254	+0·308
Oct. 1	+0·249	+0·263	−0·045	+0·210	+0·250	+0·436	+0·065	+0·118
1972			**1982**		**1992**		**2002**	
Jan. 1	+0·045	+0·050	−0·091	+0·378	+0·182	+0·168	−0·177	+0·294
Apr. 1	−0·180	+0·174	+0·093	+0·431	−0·083	+0·162	−0·031	+0·541
July 1	−0·031	+0·409	+0·231	+0·239	−0·142	+0·378	+0·228	+0·462
Oct. 1	+0·142	+0·344	+0·036	+0·060	+0·055	+0·503	+0·199	+0·200
1973			**1983**		**1993**		**2003**	
Jan. 1	+0·129	+0·139	−0·211	+0·249	+0·208	+0·359	−0·088	+0·188
Apr. 1	−0·035	+0·129	−0·069	+0·538	+0·115	+0·170	−0·133	+0·436
July 1	−0·075	+0·286	+0·269	+0·436	−0·062	+0·209	+0·131	+0·539
Oct. 1	+0·035	+0·347	+0·235	+0·069	−0·095	+0·370	+0·259	+0·304
1974			**1984**		**1994**		**2004**	
Jan. 1	+0·115	+0·252	−0·125	+0·089	+0·010	+0·476	+0·031	+0·154
Apr. 1	+0·037	+0·185	−0·211	+0·410	+0·174	+0·391	−0·140	+0·321
July 1	+0·014	+0·216	+0·119	+0·543	+0·137	+0·212	−0·008	+0·510
Oct. 1	+0·002	+0·225	+0·313	+0·246	−0·066	+0·199		
1975			**1985**		**1995**			
Jan. 1	−0·055	+0·281	+0·051	+0·025	−0·154	+0·418		
Apr. 1	+0·027	+0·344	−0·196	+0·220	+0·032	+0·558		
July 1	+0·151	+0·249	−0·044	+0·482	+0·280	+0·384		
Oct. 1	+0·063	+0·115	+0·214	+0·404	+0·138	+0·106		
1976			**1986**		**1996**			
Jan. 1	−0·145	+0·204	+0·187	+0·072	−0·176	+0·191		
Apr. 1	−0·091	+0·399	−0·041	+0·139	−0·152	+0·506		
July 1	+0·159	+0·390	−0·075	+0·324	+0·179	+0·546		
Oct. 1	+0·227	+0·158	+0·062	+0·395	+0·267	+0·227		
1977			**1987**		**1997**			
Jan. 1	−0·065	+0·076	+0·146	+0·315	−0·023	+0·095		
Apr. 1	−0·226	+0·362	+0·096	+0·212	−0·191	+0·329		
July 1	+0·085	+0·500	−0·003	+0·208	+0·019	+0·536		
Oct. 1	+0·281	+0·230	−0·053	+0·295	+0·221	+0·379		
1978			**1988**		**1998**			
Jan. 1	+0·007	+0·015	−0·023	+0·414	+0·103	+0·175		
Apr. 1	−0·231	+0·240	+0·134	+0·407	−0·110	+0·252		
July 1	−0·042	+0·483	+0·171	+0·253	−0·068	+0·439		
Oct. 1	+0·236	+0·353	+0·011	+0·132	+0·125	+0·445		
1979			**1989**		**1999**			
Jan. 1	+0·140	+0·076	−0·159	+0·316	+0·139	+0·296		
Apr. 1	−0·107	+0·133	+0·028	+0·482	+0·026	+0·241		
July 1	−0·117	+0·351	+0·238	+0·369	−0·032	+0·310		
Oct. 1	+0·092	+0·408	+0·167	+0·106	+0·006	+0·379		

The angles x, y, are defined on page B76. From 1988 the values of x and y have been taken from the IERS Bulletin B, published by the Bureau Central de L'IERS, Observatoire de Paris, 61 Avenue de l'Observatoire, F-75014 Paris, France. Further information can be found on http://hpiers.obspm.fr/eop-pc/.

Introduction

In the reduction of astrometric observations of high precision it is necessary to distinguish between several different systems of terrestrial coordinates that are used to specify the positions of points on or near the surface of the Earth. The formulae on page B76 for the reduction for polar motion give the relationships between the representations of a geocentric vector referred to either the equinox-based celestial reference system of the true equator and equinox of date, or the Celestial Intermediate Reference System, and the current terrestrial reference system, which is realized by the International Terrestrial Reference Frame, ITRF2000 (Altamimi, Sillard and Boucher, *J. Geophys. Res.*, 107(B10), 2214, 2002). Realizations of the ITRF have been published at intervals since 1989 in the form of the geocentric rectangular coordinates and velocities of observing sites around the world. ITRF2000 is a rigorous combination of space geodesy solutions from the techniques of VLBI, SLR, LLR, GPS and DORIS from some 800 stations located at about 500 sites with better global distribution compared to previous ITRF versions. The ITRF2000 origin is defined by the Earth centre of mass sensed by SLR and its scale by SLR and VLBI solutions. The ITRF axes are consistent with the axes of the former BIH Terrestrial System (BTS) to within $\pm0.''005$, and the BTS was consistent with the earlier Conventional International Origin to within $\pm0.''03$ The use of rectangular coordinates is precise and unambiguous, but for some purposes it is more convenient to represent the position by its longitude, latitude and height referred to a reference spheroid (the term "spheroid" is used here in the sense of an ellipsoid whose equatorial section is a circle and for which each meridional section is an ellipse). The precise transformation between these coordinate systems is given below. The spheroid is defined by two parameters, its equatorial radius and flattening (usually the reciprocal of the flattening is given). The values used should always be stated with any tabulation of spheroidal positions, but in case they should be omitted a list of the parameters of some commonly used spheroids is given in the table on page K13. For work such as mapping gravity anomalies it is convenient that the reference spheroid should also be an equipotential surface of a reference body that is in hydrostatic equilibrium, and has the equatorial radius, gravitational constant, dynamical form factor and angular velocity of the Earth. This is referred to as a Geodetic Reference System (rather than just a reference spheroid). It provides a suitable approximation to mean sea level (i.e. to the geoid), but may differ from it by up to 100m in some regions.

Reduction from geodetic to geocentric coordinates

The position of a point relative to a terrestrial reference frame may be expressed in three ways:

    (i) geocentric equatorial rectangular coordinates, x, y, z;

    (ii) geocentric longitude, latitude and radius, λ, ϕ', ρ;

    (iii) geodetic longitude, latitude and height, λ, ϕ, h.

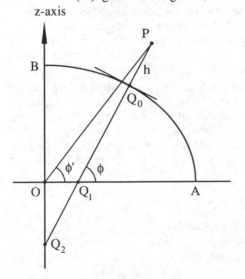

O is centre of Earth

OA = equatorial radius, a

OB = polar radius, b
     = $a(1-f)$

OP = geocentric radius, ap

PQ_0 is normal to the reference spheroid

$Q_0Q_1 = aS$

$Q_0Q_2 = aC$

ϕ = geodetic latitude

ϕ' = geocentric latitude

The geodetic and geocentric longitudes of a point are the same, while the relationship between the geodetic and geocentric latitudes of a point is illustrated in the figure on page K11, which represents a meridional section through the reference spheroid. The geocentric radius ρ is usually expressed in units of the equatorial radius of the reference spheroid. The following relationships hold between the geocentric and geodetic coordinates:

$$x = a\rho \cos\phi' \cos\lambda = (aC + h)\cos\phi \cos\lambda$$
$$y = a\rho \cos\phi' \sin\lambda = (aC + h)\cos\phi \sin\lambda$$
$$z = a\rho \sin\phi' \qquad = (aS + h)\sin\phi$$

where a is the equatorial radius of the spheroid and C and S are auxiliary functions that depend on the geodetic latitude and on the flattening f of the reference spheroid. The polar radius b and the eccentricity e of the ellipse are given by:

$$b = a(1 - f) \qquad e^2 = 2f - f^2 \qquad \text{or} \qquad 1 - e^2 = (1 - f)^2$$

It follows from the geometrical properties of the ellipse that:

$$C = \{\cos^2\phi + (1 - f)^2 \sin^2\phi\}^{-1/2} \qquad S = (1 - f)^2 C$$

Geocentric coordinates may be calculated directly from geodetic coordinates. The reverse calculation of geodetic coordinates from geocentric coordinates can be done in closed form (see for example, Borkowski, *Bull. Geod.* **63**, 50-56, 1989), but it is usually done using an iterative procedure.

An iterative procedure for calculating λ, ϕ, h from x, y, z is as follows:

Calculate: $\qquad \lambda = \tan^{-1}(y/x) \qquad r = (x^2 + y^2)^{1/2} \qquad e^2 = 2f - f^2$

Calculate the first approximation to ϕ from: $\qquad\qquad \phi = \tan^{-1}(z/r)$

Then perform the following iteration until ϕ is unchanged to the required precision:

$$\phi_1 = \phi \qquad C = (1 - e^2 \sin^2\phi_1)^{-1/2} \qquad \phi = \tan^{-1}((z + aCe^2 \sin\phi_1)/r)$$

Then: $\qquad\qquad\qquad\qquad h = r/\cos\phi - aC$

Series expressions and tables are available for certain values of f for the calculation of C and S and also of ρ and $\phi - \phi'$ for points on the spheroid ($h = 0$). The quantity $\phi - \phi'$ is sometimes known as the "reduction of the latitude" or the "angle of the vertical", and it is of the order of $10'$ in mid-latitudes. To a first approximation when h is small the geocentric radius is increased by h/a and the angle of the vertical is unchanged. The height h refers to a height above the reference spheroid and differs from the height above mean sea level (i.e. above the geoid) by the "undulation of the geoid" at the point.

Other geodetic reference systems

In practice most geodetic positions are referred either (a) to a regional geodetic datum that is represented by a spheroid that approximates to the geoid in the region considered or (b) to a global reference system, ideally the ITRF2000 or earlier versions. Data for the reduction of regional geodetic coordinates or those in earlier versions of the ITRF to ITRF2000 are available in the relevant geodetic publications, but it is hoped that the following notes and formulae and data will be useful.

(a) Each regional geodetic datum is specified by the size and shape of an adopted spheroid and by the coordinates of an "origin point". The principal axis of the spheroid is generally close to the mean axis of rotation of the Earth, but the centre of the spheroid may not coincide with the centre of mass of the Earth, The offset is usually represented by the geocentric rectangular coordinates (x_0, y_0, z_0) of the centre of the regional spheroid. The reduction from the regional geodetic coordinates (λ, ϕ, h) to the geocentric rectangular coordinates referred to the ITRF (and hence to the geodetic coordinates relative to a reference spheroid) may then be made by using the expressions:

$$x = x_0 + (aC + h)\cos\phi \cos\lambda$$
$$y = y_0 + (aC + h)\cos\phi \sin\lambda$$
$$z = z_0 + (aS + h)\sin\phi$$

(b) The global reference systems defined by the various versions of ITRF differ slightly due to an evolution in the multi-technique combination and constraints philosophy as well as through observational and modelling improvements, although all versions give good approximations to the ITRF2000 reference frame. The transformations from one ITRF system to ITRF2000 involve coordinate and velocity translations, rotations and scaling (i.e. 14 parameters in all) and all of these are given in *IERS Conventions (2003)*, IERS Technical Note 32, International Earth Rotation and Reference Systems Service, Central Bureau, Bundesamt fur Kartographie und Geodasie, Frankfurt, Germany. For example, translation parameters T_1, T_2 and T_3 from ITRF2000 to ITRF97 are $(+0.67, +0.61, -1.85)$ centimetres, with scale difference 1·6 parts per billion.

The space technique GPS is now widely used for position determination. Since January 1987 the broadcast orbits of the GPS satellites have been referred to the WGS84 terrestrial frame, and so positions determined directly using these orbits will also be referred to this frame, which at the level of a few centimetres is close to the ITRF. The parameters of the spheroid used are listed below, and the frame is defined to agree with the BIH frame. However, with the ready availability of data from a large number of geodetic sites whose coordinates and velocities are rigorously defined within ITRF2000, and with GPS orbital solutions also being referred by the International GPS Service analysis centres to the same frame, it is straightforward to determine directly new sites' coordinates within ITRF2000.

GEODETIC REFERENCE SPHEROIDS

Name and Date	Equatorial Radius, a m	Reciprocal of Flattening, $1/f$	Gravitational Constant, GM $10^{14}\,\mathrm{m^3\,s^{-2}}$	Dynamical Form Factor, J_2	Ang. Velocity of earth, ω $10^{-5}\mathrm{rad\ s^{-1}}$
WGS 84	637 8137	298·257 223 563	3·986 005	0·001 082 63	7·292 115
MERIT 1983	8137	298·257	—	—	—
GRS 80 (IUGG, 1980)[†]	8137	298·257 222	3·986 005	0·001 082 63	7·292 115
IAU 1976	8140	298·257	3·986 005	0·001 082 63	—
South American 1969	8160	298·25	—	—	—
GRS 67 (IUGG, 1967)	8160	298·247 167	3·986 03	0·001 082 7	7·292 115 146 7
Australian National 1965	8160	298·25	—	—	—
IAU 1964	8160	298·25	3·986 03	0·001 082 7	7·292 1
Krassovski 1942	8245	298·3	—	—	—
International 1924 (Hayford)	8388	297	—	—	—
Clarke 1880 mod.	8249·145	293·466 3	—	—	—
Clarke 1866	8206·4	294·978 698	—	—	—
Bessel 1841	7397·155	299·152 813	—	—	—
Everest 1830	7276·345	300·801 7	—	—	—
Airy 1830	637 7563·396	299·324 964	—	—	—

[†] H. Moritz, Geodetic Reference System 1980, *Bull. Géodésique*, **58**(3), 388-398, 1984.

Astronomical coordinates

Many astrometric observations that are used in the determination of the terrestrial coordinates of the point of observation use the local vertical, which defines the zenith, as a principal reference axis; the coordinates so obtained are called "astronomical coordinates". The local vertical is in the direction of the vector sum of the acceleration due to the gravitational field of the Earth and of the apparent acceleration due to the rotation of the Earth on its axis. The vertical is normal to the equipotential (or level) surface at the point, but it is inclined to the normal to the geodetic reference spheroid; the angle of inclination is known as the "deflection of the vertical".

The astronomical coordinates of an observatory may differ significantly (e.g. by as much as 1′) from its geodetic coordinates, which are required for the determination of the geocentric coordinates of the observatory for use in computing, for example, parallax corrections for solar system observations. The size and direction of the deflection may be estimated by studying the gravity field in the region concerned. The deflection may affect both the latitude and longitude, and hence local time. Astronomical coordinates also vary with time because they are affected by polar motion (see page B76).

INTRODUCTION AND NOTATION

The interpolation methods described in this section, together with the accompanying tables, are usually sufficient to interpolate to full precision the ephemerides in this volume. Additional notes, formulae and tables are given in the booklets *Interpolation and Allied Tables* and *Subtabulation* (see p. ix) and in many textbooks on numerical analysis. It is recommended that interpolated values of the Moon's right ascension, declination and horizontal parallax are derived from the daily polynomial coefficients that are provided for this purpose on the web (see page D1).

f_p denotes the value of the function $f(t)$ at the time $t = t_0 + ph$, where h is the interval of tabulation, t_0 is a tabular argument, and $p = (t - t_0)/h$ is known as the interpolating factor. The notation for the differences of the tabular values is shown in the following table; it is derived from the use of the central-difference operator δ, which is defined by:

$$\delta f_p = f_{p+1/2} - f_{p-1/2}$$

The symbol for the function is usually omitted in the notation for the differences. Tables are given for use with Bessel's interpolation formula for p in the range 0 to $+1$. The differences may be expressed in terms of function values for convenience in the use of programmable calculators or computers.

Arg.	Function	Differences			
		1st	2nd	3rd	4th
t_{-2}	f_{-2}		δ^2_{-2}		
		$\delta_{-3/2}$		$\delta^3_{-3/2}$	
t_{-1}	f_{-1}		δ^2_{-1}		δ^4_{-1}
		$\delta_{-1/2}$		$\delta^3_{-1/2}$	
t_0	f_0		δ^2_0		δ^4_0
		$\delta_{1/2}$		$\delta^3_{1/2}$	
t_{+1}	f_{+1}		δ^2_1		δ^4_1
		$\delta_{3/2}$		$\delta^3_{3/2}$	
t_{+2}	f_{+2}		δ^2_2		

$$\delta_{1/2} = f_1 - f_0$$
$$\delta^2_0 = \delta_{1/2} - \delta_{-1/2}$$
$$= f_1 - 2f_0 + f_{-1}$$
$$\delta^2_0 + \delta^2_1 = f_2 - f_1 - f_0 + f_{-1}$$
$$\delta^3_{1/2} = \delta^2_1 - \delta^2_0$$
$$= f_2 - 3f_1 + 3f_0 - f_{-1}$$
$$\delta^4_0 = \delta^3_{1/2} - \delta^3_{-1/2}$$
$$= f_2 - 4f_1 + 6f_0 - 4f_{-1} + f_{-2}$$
$$\delta^4_0 + \delta^4_1 = f_3 - 3f_2 + 2f_1 + 2f_0 - 3f_{-1} + f_{-2}$$

$$p \equiv \text{the interpolating factor} = (t - t_0)/(t_1 - t_0) = (t - t_0)/h$$

BESSEL'S INTERPOLATION FORMULA

In this notation Bessel's interpolation formula is:

$$f_p = f_0 + p\,\delta_{1/2} + B_2\,(\delta^2_0 + \delta^2_1) + B_3\,\delta^3_{1/2} + B_4\,(\delta^4_0 + \delta^4_1) + \cdots$$

where
$$B_2 = p\,(p - 1)/4 \qquad B_3 = p\,(p - 1)\,(p - \tfrac{1}{2})/6$$
$$B_4 = (p + 1)\,p\,(p - 1)\,(p - 2)/48$$

The maximum contribution to the truncation error of f_p, for $0 < p < 1$, from neglecting each order of difference is less than 0·5 in the unit of the end figure of the tabular function if

$$\delta^2 < 4 \qquad \delta^3 < 60 \qquad \delta^4 < 20 \qquad \delta^5 < 500.$$

The critical table of B_2 opposite provides a rapid means of interpolating when δ^2 is less than 500 and higher-order differences are negligible or when full precision is not required. The interpolating factor p should be rounded to 4 decimals, and the required value of B_2 is then the tabular value opposite the interval in which p lies, or it is the value above and to the right of p if p exactly equals a tabular argument. B_2 is always negative. The effects of the third and fourth differences can be estimated from the values of B_3 and B_4, given in the last column.

INVERSE INTERPOLATION

Inverse interpolation to derive the interpolating factor p, and hence the time, for which the function takes a specified value f_p is carried out by successive approximations. The first estimate p_1 is obtained from:

$$p_1 = (f_p - f_0)/\delta_{1/2}$$

This value of p is used to obtain an estimate of B_2, from the critical table or otherwise, and hence an improved estimate of p from:

$$p = p_1 - B_2\,(\delta_0^2 + \delta_1^2)/\delta_{1/2}$$

This last step is repeated until there is no further change in B_2 or p; the effects of higher-order differences may be taken into account in this step.

CRITICAL TABLE FOR B_2

p	B_2	p	B_2	p	B_2	p	B_2	p	B_2
0·0000	—	0·1101	—	0·2719	—	0·7280	—	0·8898	—
	·000		·025		·050		·049		·024
0·0020		0·1152		0·2809		0·7366		0·8949	
	·001		·026		·051		·048		·023
0·0060		0·1205		0·2902		0·7449		0·9000	
	·002		·027		·052		·047		·022
0·0101		0·1258		0·3000		0·7529		0·9049	
	·003		·028		·053		·046		·021
0·0142		0·1312		0·3102		0·7607		0·9098	
	·004		·029		·054		·045		·020
0·0183		0·1366		0·3211		0·7683		0·9147	
	·005		·030		·055		·044		·019
0·0225		0·1422		0·3326		0·7756		0·9195	
	·006		·031		·056		·043		·018
0·0267		0·1478		0·3450		0·7828		0·9242	
	·007		·032		·057		·042		·017
0·0309		0·1535		0·3585		0·7898		0·9289	
	·008		·033		·058		·041		·016
0·0352		0·1594		0·3735		0·7966		0·9335	
	·009		·034		·059		·040		·015
0·0395		0·1653		0·3904		0·8033		0·9381	
	·010		·035		·060		·039		·014
0·0439		0·1713		0·4105		0·8098		0·9427	
	·011		·036		·061		·038		·013
0·0483		0·1775		0·4367		0·8162		0·9472	
	·012		·037		·062		·037		·012
0·0527		0·1837		0·5632		0·8224		0·9516	
	·013		·038		·061		·036		·011
0·0572		0·1901		0·5894		0·8286		0·9560	
	·014		·039		·060		·035		·010
0·0618		0·1966		0·6095		0·8346		0·9604	
	·015		·040		·059		·034		·009
0·0664		0·2033		0·6264		0·8405		0·9647	
	·016		·041		·058		·033		·008
0·0710		0·2101		0·6414		0·8464		0·9690	
	·017		·042		·057		·032		·007
0·0757		0·2171		0·6549		0·8521		0·9732	
	·018		·043		·056		·031		·006
0·0804		0·2243		0·6673		0·8577		0·9774	
	·019		·044		·055		·030		·005
0·0852		0·2316		0·6788		0·8633		0·9816	
	·020		·045		·054		·029		·004
0·0901		0·2392		0·6897		0·8687		0·9857	
	·021		·046		·053		·028		·003
0·0950		0·2470		0·7000		0·8741		0·9898	
	·022		·047		·052		·027		·002
0·1000		0·2550		0·7097		0·8794		0·9939	
	·023		·048		·051		·026		·001
0·1050		0·2633		0·7190		0·8847		0·9979	
	·024		·049		·050		·025		·000
0·1101		0·2719		0·7280		0·8898		1·0000	

p	B_3
0·0	0·000
0·1	+0·006
0·2	0·008
0·3	0·007
0·4	+0·004
0·5	0·000
0·6	−0·004
0·7	0·007
0·8	0·008
0·9	−0·006
1·0	0·000

p	B_4
0·0	0·000
0·1	+0·004
0·2	0·007
0·3	0·010
0·4	0·011
0·5	+0·012
0·6	0·011
0·7	0·010
0·8	0·007
0·9	+0·004
1·0	0·000

In critical cases ascend. B_2 is always negative.

POLYNOMIAL REPRESENTATIONS

It is sometimes convenient to construct a simple polynomial representation of the form

$$f_p = a_0 + a_1\,p + a_2\,p^2 + a_3\,p^3 + a_4\,p^4 + \cdots$$

which may be evaluated in the nested form

$$f_p = (((a_4\,p + a_3)\,p + a_2)\,p + a_1)\,p + a_0$$

Expressions for the coefficients a_0, a_1, ... may be obtained from Stirling's interpolation formula, neglecting fifth-order differences:

$$a_4 = \delta_0^4/24 \qquad a_2 = \delta_0^2/2 - a_4 \qquad a_0 = f_0$$
$$a_3 = (\delta_{1/2}^3 + \delta_{-1/2}^3)/12 \qquad a_1 = (\delta_{1/2} + \delta_{-1/2})/2 - a_3$$

This is suitable for use in the range $-\tfrac{1}{2} \le p \le +\tfrac{1}{2}$, and it may be adequate in the range $-2 \le p \le 2$, but it should not normally be used outside this range. Techniques are available in the literature for obtaining polynomial representations which give smaller errors over similar or larger intervals. The coefficients may be expressed in terms of function values rather than differences.

EXAMPLES

To find (a) the declination of the Sun at $16^h\ 23^m\ 14\overset{s}{\cdot}8$ TT on 1984 January 19, (b) the right ascension of Mercury at $17^h\ 21^m\ 16\overset{s}{\cdot}8$ TT on 1984 January 8, and (c) the time on 1984 January 8 when Mercury's right ascension is exactly $18^h\ 04^m$.

Difference tables for the Sun and Mercury are constructed as shown below, where the differences are in units of the end figures of the function. Second-order differences are sufficient for the Sun, but fourth-order differences are required for Mercury.

1984 Jan.	Sun Dec.	δ	δ^2		1984 Jan.	Mercury R.A.	δ	δ^2	δ^3	δ^4
	° ′ ″					h m s				
18	−20 44 48·3				6	18 10 10·12				
		+7212					−18709			
19	−20 32 47·1		+233		7	18 07 03·03		+4299		
		+7445					−14410		−16	
20	−20 20 22·6		+230		8	18 04 38·93		+4283		−104
		+7675					−10127		−120	
21	−20 07 35·1				9	18 02 57·66		+4163		−76
							−5964		−196	
					10	18 01 58·02		+3967		
							−1997			
					11	18 01 38·05				

(a) *Use of Bessel's formula*

The tabular interval is one day, hence the interpolating factor is 0·68281. From the critical table, $B_2 = -0.054$, and

$$f_p = -20°\ 32'\ 47\overset{''}{\cdot}1 + 0.68281\ (+744\overset{''}{\cdot}5) - 0.054\ (+23\overset{''}{\cdot}3 + 23\overset{''}{\cdot}0)$$
$$= -20°\ 24'\ 21\overset{''}{\cdot}2$$

(b) *Use of polynomial formula*

Using the polynomial method, the coefficients are:

$a_4 = -1\overset{s}{\cdot}04/24 = -0\overset{s}{\cdot}043$ $a_1 = (-101\overset{s}{\cdot}27 - 144\overset{s}{\cdot}10)/2 + 0\overset{s}{\cdot}113 = -122\overset{s}{\cdot}572$

$a_3 = (-1\overset{s}{\cdot}20 - 0\overset{s}{\cdot}16)/12 = -0\overset{s}{\cdot}113$ $a_0 = 18^h + 278\overset{s}{\cdot}93$

$a_2 = +42\overset{s}{\cdot}83/2 + 0\overset{s}{\cdot}043 = +21\overset{s}{\cdot}458$

where an extra decimal place has been kept as a guarding figure. Then with interpolating factor $p = 0.72311$

$$f_p = 18^h + 278\overset{s}{\cdot}93 - 122\overset{s}{\cdot}572\,p + 21\overset{s}{\cdot}458\,p^2 - 0\overset{s}{\cdot}113\,p^3 - 0\overset{s}{\cdot}043\,p^4$$
$$= 18^h\ 03^m\ 21\overset{s}{\cdot}46$$

(c) *Inverse interpolation*

Since $f_p = 18^h\ 04^m$ the first estimate for p is:

$$p_1 = (18^h\ 04^m - 18^h\ 04^m\ 38\overset{s}{\cdot}93)/(-101\overset{s}{\cdot}27) = 0.38442$$

From the critical table, with $p = 0.3844$, $B_2 = -0.059$. Also

$$(\delta_0^2 + \delta_1^2)/\delta_{1/2} = (+42.83 + 41.63)/(-101.27) = -0.834$$

The second approximation to p is:

$$p = 0.38442 + 0.059\,(-0.834) = 0.33521 \quad \text{which gives } t = 8^h\ 02^m\ 42^s;$$

as a check, using the polynomial found in (b) with $p = 0.33521$ gives

$$f_p = 18^h\ 04^m\ 00\overset{s}{\cdot}25.$$

The next approximation is $B_2 = -0.056$ and $p = 0.38442 + 0.056(-0.834) = 0.33772$ which gives $t = 8^h\ 06^m\ 19^s$: using the polynomial in (b) with $p = 0.33772$ gives

$$f_p = 18^h\ 03^m\ 59\overset{s}{\cdot}98.$$

SUBTABULATION

Coefficients for use in the systematic interpolation of an ephemeris to a smaller interval are given in the following table for certain values of the ratio of the two intervals. The table is entered for each of the appropriate multiples of this ratio to give the corresponding decimal value of the interpolating factor p and the Bessel coefficients. The values of p are exact or recurring decimal numbers. The values of the coefficients may be rounded to suit the maximum number of figures in the differences.

BESSEL COEFFICIENTS FOR SUBTABULATION

Ratio of intervals												Bessel Coefficients		
$\frac{1}{2}$	$\frac{1}{3}$	$\frac{1}{4}$	$\frac{1}{5}$	$\frac{1}{6}$	$\frac{1}{8}$	$\frac{1}{10}$	$\frac{1}{12}$	$\frac{1}{20}$	$\frac{1}{24}$	$\frac{1}{40}$	p	B_2	B_3	B_4
										1	0.025	−0.006094	0.00193	0.0010
									1		0.0416	−0.009983	0.00305	0.0017
								1		2	0.050	−0.011875	0.00356	0.0020
										3	0.075	−0.017344	0.00491	0.0030
							1		2		0.0833	−0.019097	0.00530	0.0033
						1		2		4	0.100	−0.022500	0.00600	0.0039
					1				3	5	0.125	−0.027344	0.00684	0.0048
								3		6	0.150	−0.031875	0.00744	0.0057
				1			2		4		0.1666	−0.034722	0.00772	0.0062
										7	0.175	−0.036094	0.00782	0.0064
			1			2		4		8	0.200	−0.040000	0.00800	0.0072
									5		0.2083	−0.041233	0.00802	0.0074
										9	0.225	−0.043594	0.00799	0.0079
		1			2		3	5	6	10	0.250	−0.046875	0.00781	0.0085
										11	0.275	−0.049844	0.00748	0.0091
									7		0.2916	−0.051649	0.00717	0.0095
						3		6		12	0.300	−0.052500	0.00700	0.0097
										13	0.325	−0.054844	0.00640	0.0101
	1			2			4		8		0.3333	−0.055556	0.00617	0.0103
								7		14	0.350	−0.056875	0.00569	0.0106
					3				9	15	0.375	−0.058594	0.00488	0.0109
			2			4		8		16	0.400	−0.060000	0.00400	0.0112
							5		10		0.4166	−0.060764	0.00338	0.0114
										17	0.425	−0.061094	0.00305	0.0114
								9		18	0.450	−0.061875	0.00206	0.0116
									11		0.4583	−0.062066	0.00172	0.0116
										19	0.475	−0.062344	0.00104	0.0117
1	2	3	4	5	6	10	12	20	12	20	0.500	−0.062500	0.00000	0.0117
										21	0.525	−0.062344	−0.00104	0.0117
									13		0.5416	−0.062066	−0.00172	0.0116
								11		22	0.550	−0.061875	−0.00206	0.0116
										23	0.575	−0.061094	−0.00305	0.0114
							7		14		0.5833	−0.060764	−0.00338	0.0114
			3			6		12		24	0.600	−0.060000	−0.00400	0.0112
					5				15	25	0.625	−0.058594	−0.00488	0.0109
								13		26	0.650	−0.056875	−0.00569	0.0106
	2			4			8		16		0.6666	−0.055556	−0.00617	0.0103
										27	0.675	−0.054844	−0.00640	0.0101
						7		14		28	0.700	−0.052500	−0.00700	0.0097
									17		0.7083	−0.051649	−0.00717	0.0095
										29	0.725	−0.049844	−0.00748	0.0091
		3			6		9	15	18	30	0.750	−0.046875	−0.00781	0.0085
										31	0.775	−0.043594	−0.00799	0.0079
									19		0.7916	−0.041233	−0.00802	0.0074
			4			8		16		32	0.800	−0.040000	−0.00800	0.0072
										33	0.825	−0.036094	−0.00782	0.0064
				5			10		20		0.8333	−0.034722	−0.00772	0.0062
								17		34	0.850	−0.031875	−0.00744	0.0057
					7				21	35	0.875	−0.027344	−0.00684	0.0048
						9		18		36	0.900	−0.022500	−0.00600	0.0039
							11		22		0.9166	−0.019097	−0.00530	0.0033
										37	0.925	−0.017344	−0.00491	0.0030
								19		38	0.950	−0.011875	−0.00356	0.0020
									23		0.9583	−0.009983	−0.00305	0.0017
										39	0.975	−0.006094	−0.00193	0.0010

This section specifies the sources for the theories and data used to construct the ephemerides in this volume, explains the basic concepts required to use the ephemerides, and where appropriate states the precise meaning of tabulated quantities. Definitions of individual terms appear in the Glossary (Section M). The *Explanatory Supplement to the Astronomical Almanac*, 1992, published by University Science Books, contains additional information about the theories and data used.

The companion website *The Astronomical Almanac Online* provides, in machine-readable form, some of the information printed in this volume as well as closely related data. The URL for the website in the United States is http://asa.usno.navy.mil and is mirrored in the United Kingdom at http://asa.nao.rl.ac.uk.

To the greatest extent possible, *The Astronomical Almanac* is prepared using standard data sources and models recommended by the International Astronomical Union (IAU), in particular, those adopted in resolutions of the 1997 and 2000 General Assemblies. This volume, for the year 2006, is the first in which the 2000 resolutions involving precession, nutation, and Earth rotation are implemented.[1]

Fundamental Reference System

The fundamental reference system for astronomical applications is the International Celestial Reference System (ICRS), as adopted by the IAU General Assembly in 1997 (Resolution B2, *Trans. IAU*, **XXIIIB**, 1997). At the same time, the IAU specified that the practical realization of the ICRS in the radio regime is the International Celestial Reference Frame (ICRF), a space-fixed frame based on high accuracy radio positions of extragalactic sources measured by Very Long Baseline Interferometry (VLBI). (See Ma, C. *et al.*, *Astron. Jour.*, **116**, 516-546, 1998.) The ICRS is realized in the optical regime by the Hipparcos Celestial Reference Frame (HCRF), consisting of the *Hipparcos Catalogue* (ESA, 1997) with certain exclusions (Resolution B1.2, *Trans. IAU*, **XXIVB**, 2000). Although the directions of the ICRS coordinate axes are not defined by the kinematics of the Earth, the ICRS axes (as implemented by the ICRF and HCRF) closely approximate the axes that would be defined by the mean Earth equator and equinox of J2000.0 (to within 0.1 arcsecond).

In 2000, the IAU defined a system of space-time coordinates for (1) the solar system, and (2) the Earth, within the framework of General Relativity, by specifying the form of the metric tensors for each and the 4-dimensional space-time transformation between them. The former is called the Barycentric Celestial Reference System (BCRS), and the latter, the Geocentric Celestial Reference System (GCRS) (Resolution B1.3, *op. cit.*). The ICRS can be considered a specific implementation of the BCRS.

Time Scales

Two fundamentally different groups of time scales are used in astronomy. The first group of time scales is based on the SI second and the second group is based on the (variable) rotation of the Earth. The first group can be further subdivided into time scales that are implemented in (or closely approximated by) actual clock systems and those that are theoretical. In many astronomical applications, several time scales must be used. In the astronomical system of units, the unit of time is the day of 86400 seconds. For long periods,

---

[1] A Working Group on Nomenclature for Fundamental Astronomy was established within IAU Division I at the 2003 IAU General Assembly. Thus, the nomenclature adopted at previous General Assemblies, especially nomenclature associated with the IAU 2000 resolutions, is subject to change, depending upon the recommendations of this Working Group.

however, the Julian century of 36525 days is used. (Use of the tropical year and Besselian epochs was discontinued in 1984.)

The SI second is defined as 9 192 631 770 cycles of the radiation corresponding to the ground state hyperfine transition of Cesium 133. As a simple count of cycles of an observable phenomenon, the SI second can be implemented, at least in principle, in any reference system. Thus, SI-based time scales can be constructed or hypothesized on the surface of the Earth, on other celestial bodies, on spacecraft, or at theoretically interesting locations in space, such as the solar system barycenter. According to relativity theory, clocks advancing by SI seconds in their own reference system will not, in general, appear to advance by SI seconds as observed from another reference system. On the other hand, the universal use of SI units allows the values of fundamental physical constants determined in one reference system to be used in another reference system without scaling.

International Atomic Time (TAI) is a commonly used time scale based on the SI second on the Earth's surface (the rotating geoid). TAI is the most precisely determined time scale that is now available for astronomical use. This scale results from analyses by the Bureau International des Poids et Mesures in Sèvres, France, of data from atomic time standards of many countries. Although TAI was not officially introduced until 1972, atomic time scales have been available since 1956, and TAI may be extrapolated backwards to the period 1956–1971 (for a history of TAI, see Nelson, R.A. *et al.*, *Metrologia*, **38**, 509-529, 2001). TAI is readily available as an integral number of seconds offset from UTC, which is extensively disseminated; UTC is discussed at the end of this section.

The astronomical time scale called Terrestrial Time (TT), used widely in this volume, is an idealized form of TAI with an epoch offset. In practice it is TT = TAI + $32^s.184$. TT was so defined to preserve continuity with previously-used (now obsolete) "dynamical" time scales, Terrestrial Dynamical Time (TDT) and Ephemeris Time (ET). The standard epoch for astrometric reference data designated J2000.0 is 2000 January 1, 12^h TT (JD 245 1545.0 TT).

The IAU has recommended coordinate time scales (in the terminology of General Relativity) based on the SI second for theoretical developments using the Barycentric Celestial Reference System (BCRS) or the Geocentric Celestial reference System (GCRS). These time scales are, respectively, Barycentric Coordinate Time (TCB) and Geocentric Coordinate Time (TCG). Neither TCB nor TCG appear explicitly in this volume (except here and in the Glossary), but may underlay the physical theories that contribute to the data, and are likely to be more widely used in the future.

The fundamental solar system ephemerides from the Jet Propulsion Laboratory that are the basis for many of the tabulations in this volume (see below) were computed in a barycentric reference system with the independent argument being a coordinate time scale called T_{eph}. T_{eph} differs in rate (by about 10^{-8}) from that of TCB, the IAU recommended time scale for barycentric developments; the rate of T_{eph} has been adjusted so that on average it matches that of TT over the time span of the ephemerides (Standish, E.M., *Astron. Astrophys.*, **336**, 381-384, 1998). In this volume, T_{eph} is treated as functionally equivalent to Barycentric Dynamical Time (TDB), defined by the IAU in 1976 and 1979. Although defined differently, T_{eph} and TDB advance at the same rate, and space coordinates obtained from the ephemerides are consistent with TDB. Barycentric and heliocentric data are therefore tabulated with TDB shown as the time argument. Because T_{eph} ($\approx$TDB) is not based on the SI second in the barycentric reference system, the values of parameters determined from or consistent with the JPL ephemerides will, in general, require scaling to convert them to SI-based units (dimensionless quantities such as mass ratios are unaffected).

Time scales that are based on the rotation of the Earth are also used in this volume. Greenwich sidereal time is the hour angle of the equinox measured with respect to the Greenwich meridian. Local sidereal time is the local hour angle of the equinox, or the Greenwich sidereal time plus the longitude (east positive) of the observer, expressed in time units. Sidereal time appears in two forms, apparent and mean, the difference being the *equation of the equinoxes*; apparent sidereal time includes the effect of nutation on the location of the equinox. Greenwich (or local) sidereal time can be observationally obtained from the right ascensions of celestial objects transiting the Greenwich (or local) meridian.

Universal Time (UT) is also widely used in astronomy, and in this volume always means UT1. Historically, Universal Time (formerly, Greenwich Mean Time) has been obtained from Greenwich mean sidereal time using a standard expression (the most recent given in Resolution C5, *Trans. IAU*, **XVIIIB**, 1982, adopted from Aoki, S. *et al.*, *Astron. Astrophys.*, **105**, 359-361, 1982). In 2000, the IAU redefined UT1 to be linearly proportional to the Earth rotation angle, θ, which is the geocentric angle between two directions in the equatorial plane called, respectively, the celestial intermediate origin (CIO) and the terrestrial intermediate origin (TIO)[2] (Resolution B1.8, *Trans.* IAU, **XXIVB**, 2000). The TIO rotates with the Earth, while the CIO has no instantaneous rotation around the Earth's axis (as defined by the precession-nutation theory), so that θ is a direct measure of the Earth's rotation. The definition of UT1 based on θ is assumed in this volume. One practical consequence is that the expression for Greenwich mean sidereal time now contains θ as the rapidly varying term. No discontinuities in any time scale result from the change to the new definition of UT1, which was introduced in the 2006 *Astronomical Almanac*.

Both sidereal time and UT1 are affected by variations in the Earth's rate of rotation (length of day), which are unpredictable. The lengths of the sidereal and UT1 seconds are therefore not constant when expressed in a uniform time scale such as TT. The accumulated difference in time measured by a clock keeping SI seconds on the geoid from that measured by the rotation of the Earth is $\Delta T = $ TT–UT1. In preparing this volume, an assumption had to be made about the value(s) of ΔT during the tabular year; a table of observed and extrapolated values of ΔT is given on page K9. Calculations of topocentric data, such as precise transit times and hour angles, are often referred to the *ephemeris meridian*, which is 1.002 738 ΔT east of the Greenwich meridian, and thus independent of the Earth's actual rotation. Only when ΔT is specified can such predictions be referred to the Greenwich meridian. Essentially, the ephemeris meridian rotates at a uniform rate corresponding to the SI second on the geoid, rather than at the variable (and generally slower) rate of the real Earth.

The worldwide system of civil time is based on Coordinated Universal Time (UTC), which is now ubiquitous and tightly synchronized. UTC is a hybrid time scale, using the SI second on the geoid as its fundamental unit, but subject to occasional 1-second adjustments to keep it within $0\overset{s}{.}9$ of UT1. Such adjustments, called "leap seconds," are normally introduced at the end of June or December, when necessary, by international agreement. Tables of the differences UT1–UTC for various dates are published by the International Earth Rotation and Reference System Service (IERS), at http://www.iers.org/iers/products/eop/. DUT1, an approximation to UT1–UTC, is transmitted in code with some radio time signals, such as those from WWV. As previously noted, UTC and TAI differ by an integral number of seconds, which increases by 1 whenever a (positive) leap second is introduced

---

[2] the names and abbreviations have been changed from those in the original resolution, on the basis of preliminary recommendations from the IAU Working Group on Nomenclature for Fundamental Astronomy.

into UTC. The TAI–UTC difference is referred to as ΔAT, tabulated on page K9. Therefore TAI $=$ UTC $+ \Delta$AT and TT $=$ UTC $+ \Delta$AT $+ 32^{s}.184$.

Other information on time scales and the relationships between them can be found on pages B6–B11.

Ephemerides

The fundamental ephemerides of the Sun, Moon, and major planets were calculated by numerical integration at the Jet Propulsion Laboratory (JPL). These ephemerides, designated DE405/LE405, provide barycentric equatorial rectangular coordinates for the period 1600 to 2201 (Standish, E. M., "JPL Planetary and Lunar Ephemerides, DE405/LE405," *JPL Interoffice Memorandum, IOM 312.F-98-048*, 1998). *The Astronomical Almanac* for 2003 was the first edition that used the DE405/LE405 ephemerides; the volumes for 1984 through 2002 used the ephemerides designated DE200/LE200. Optical, radar, laser, and spacecraft observations were analyzed to determine starting conditions for the numerical integration and values of fundamental constants such as the planetary masses and the length of the astronomical unit in meters. The reference frame for the basic ephemerides is the ICRF; the alignment onto this frame has an estimated accuracy of 1-2 milliarcseconds. As described above, the JPL DE405/LE405 ephemerides have been developed in a barycentric reference system using a barycentric coordinate time scale T_{eph}, which in this volume is considered to be a practical implementation of the IAU time scale TDB. Astronomical constants obtained from DE405/LE405 are listed on pages K6-K7 (those marked as from ref. J). As noted above, some of the values are in TDB-consistent units and must be scaled for use with TCB or other SI-based time scales. For these quantities, both the TDB and the equivalent SI values are given.

The geocentric ephemerides of the Sun, Moon, and planets tabulated in this volume have been computed from the basic JPL ephemerides in a manner consistent with the rigorous reduction methods presented in Section B. For each planet, the ephemerides represent the position of the center of mass, which includes any satellites, not the center of figure or center of light. For the 2006 and succeeding volumes, the expressions used for precession and nutation are based on the IAU 2000A Precession-Nutation Model, and are specifically those recommended by the IERS (*IERS Conventions (2003)*, IERS Tech. Note No. 32, ed. D. D. McCarthy & G. Petit). The offset of the ICRS axes from those of the dynamical system (mean equator and equinox of J2000.0) assumed by the new precession-nutation model is also accounted for. The introduction of the IAU 2000A Precession-Nutation Model in *The Astronomical Almanac* for 2006 represents the first change in these algorithms since 1984. The new rate of precession in longitude is approximately 3 milliarcseconds per year less than the IAU (1976) value, and some of the larger nutation components differ in amplitude by several milliarcseconds from those in the 1980 IAU Theory of Nutation. These changes in the basis of the calculations should be reflected in improvements to the tabulated apparent geocentric positions of solar system bodies, but mainly only in the end digits.

Section A: Summary of Principal Phenomena

The lunations given on page A1 are numbered in continuation of E.W. Brown's series, of which No. 1 commenced on 1923 January 16 (*Mon. Not. Roy. Astron. Soc.*, **93**, 603, 1933).

The list of occultations of planets and bright stars by the Moon on page A2 gives the approximate times and areas of visibility for the major planets, except Neptune and Pluto, and the bright stars *Aldebaran*, *Antares*, *Regulus*, *Pollux* and *Spica*. More detailed information about these events and of other occultations by the Moon may be obtained from the International Lunar Occultation Center (ILOC) at http://www1.kaiho.mlit.go.jp/KOHO/iloc/docs/iloc_e.html.

Times tabulated on page A3 for the stationary points of the planets are the instants at which the planet is stationary in apparent geocentric right ascension; but for elongations of the planets from the Sun, the tabular times are for the geometric configurations. From inferior conjunction to superior conjunction for Mercury or Venus, or from conjunction to opposition for a superior planet, the elongation from the Sun is west; from superior to inferior conjunction, or from opposition to conjunction, the elongation is east. Because planetary orbits do not lie exactly in the ecliptic plane, elongation passages from west to east or from east to west do not in general coincide with oppositions and conjunctions.

Dates of heliocentric phenomena are given on page A3. Since they are determined from the actual perturbed motion, these dates generally differ from dates obtained by using the elements of the mean orbit. The date on which the radius vector is a minimum may differ considerably from the date on which the heliocentric longitude of a planet is equal to the longitude of perihelion of the mean orbit. Similarly, when the heliocentric latitude of a planet is zero, the heliocentric longitude may not equal the longitude of the mean node. On page A4, the magnitudes for Mercury and Venus are not provided for a few dates around inferior and superior conjunction.

Configurations of the Sun, Moon and planets (pages A9–A11) are a chronological listing, with times to the nearest hour, of geocentric phenomena. Included are eclipses; lunar perigees, apogees and phases; phenomena in apparent geocentric longitude of the planets and of the minor planets Ceres, Pallas, Juno and Vesta; times when the planets and minor planets are stationary in right ascension and when the geocentric distance to Mars is a minimum; and geocentric conjunctions in apparent right ascension of the planets with the Moon, with each other, and with the bright stars *Aldebaran*, *Regulus*, *Spica*, *Pollux* and *Antares*, provided these conjunctions are considered to occur sufficiently far from the Sun to permit observation. Thus conjunctions in right ascension are excluded if they occur within 15° of the Sun for the Moon, Mars and Saturn; within 10° for Venus and Jupiter; and within approximately 10° for Mercury, depending on Mercury's brightness. The occurrence of occultations of planets and bright stars is indicated by "Occn."; the areas of visibility are given in the list on page A2. Geocentric phenomena differ from the actually observed configurations by the effects of the geocentric parallax at the place of observation, which for configurations with the Moon may be quite large.

The explanation for the tables of sunrise and sunset, twilight, moonrise and moonset is given on page A12; examples are given on page A13.

Eclipses

The elements and circumstances are computed according to Bessel's method from apparent right ascensions and declinations of the Sun and Moon. Semidiameters of the Sun and Moon used in the calculation of eclipses do not include irradiation. The adopted semidiameter of the Sun at unit distance is $15'59\!''\!.64$ from the IAU (1976) Astronomical Constants. The apparent semidiameter of the Moon is equal to $\arcsin(k \sin \pi)$, where π is the Moon's horizontal parallax and k is an adopted constant. In 1982, the IAU adopted $k = 0.272\,5076$, corresponding to the mean radius of Watts' datum as determined by observations of occultations and to the adopted radius of the Earth. Corrections to the ephemerides, if any, are noted in the beginning of the eclipse section.

In calculating lunar eclipses the radius of the geocentric shadow of the Earth is increased by one-fiftieth part to allow for the effect of the atmosphere. Refraction is neglected in calculating solar and lunar eclipses. Because the circumstances of eclipses are calculated for the surface of the ellipsoid, refraction is not included in Besselian elements. For local predictions, corrections for refraction are unnecessary; they are required only in precise comparisons of theory with observation in which many other refinements are also necessary.

Descriptions of the maps and use of Besselian elements are given on pages A78–A82.

Section B: Time Scales and Coordinate Systems

The software library (issue 04-29-2003) provided by the IAU SOFA initiative (http://www.iau-sofa.rl.ac.uk/) has been used to generate the fundamental quantities.

Calendar

Over extended intervals, civil time is ordinarily reckoned according to conventional calendar years and adopted historical eras; in constructing and regulating civil calendars and fixing ecclesiastical calendars, a number of auxiliary cycles and periods are used.

To facilitate chronological reckoning, the system of Julian day (JD) numbers maintains a continuous count of astronomical days, beginning with JD 0 on 1 January 4713 B.C., Julian proleptic calendar. Julian day numbers for the current year are given on page B6 and in the Universal and Sidereal Times table, pages B12–B19. To determine JD numbers for other years on the Gregorian calendar, consult the Julian Day Number tables, pages K2–K5.

Note that the Julian day begins at noon, whereas the calendar day begins at the preceding midnight. Thus the Julian day system is consistent with astronomical practice before 1925, with the astronomical day being reckoned from noon. For critical applications, the Julian date should include a specification as to whether UT, TT or TDB is used.

Nomenclature

To avoid confusion, readers are asked to take particular care with the following change of nomenclature for *The Astronomical Almanac* for 2006. The IAU resolution B1.8 recommends the use of the "non-rotating" origins in the geocentric and terrestrial systems and that they be designated the Celestial Ephemeris Origin (CEO) and the Terrestrial Ephemeris Origin (TEO), respectively. However, the terminology used in this section follows what are believed to be the recommendations of the IAU Working Group "Nomenclature for Fundamental Astronomy," namely that both the CEO and TEO be replaced by the Celestial Intermediate Origin (CIO), and the Terrestrial Intermediate Origin (TIO), respectively. This is subject to ratification by the IAU General Assembly in 2006.

Universal and Sidereal Times and Earth Rotation Angle

The tabulation of Greenwich mean sidereal time (GMST) at 0h UT1 are calculated from the defining relation between Earth rotation angle (ERA) and universal time (see sections on the relationship between time-scales, B7-B9) given by the XXIVth IAU General Assembly in 2000 in Resolution B1.8. Following the general practice of this volume, UT implies UT1 in critical applications. Useful formulae and examples are given on pages B6-B11. The equations for GMST and Greenwich apparent sidereal time (GAST), consistent with the IAU 2000 precession-nutation, and expressions to implement the IAU 2000 Definition of UT1 are taken from Capitaine *et al.*, *Astron. Astrophys.*,**406**, 1135-1149, 2003.

Reduction of Astronomical Coordinates

Formulae and methods are given showing the various stages of the reduction from an International Celestial Reference System (ICRS) position to an "of date" position. This reduction may be achieved either by using the long-standing equinox approach or the new CIO-based method generating apparent and intermediate places. The examples also show the calculation of Greenwich hour angle using GAST or ERA as appropriate. The matrices for the transformation from the ICRS to the "of date" position for each method are tabulated on an opening on pages B40-B55. The Earth's position and velocity components are derived from the numerical integration DE405/LE405 described on page L4.

A lower precision method for calculating apparent places involving Besselian and second-order day numbers may be found on *The Astronomical Almanac Online* at http://asa.usno.navy.mil and http://asa.nao.rl.ac.uk. The determination of latitude using the position of Polaris or σ Octantis may be performed using the methods and tables on pages B79-B84.

Section C: The Sun

Formulae for geocentric and heliographic coordinates are given on pages C1–C3. Formulae for computing the mean longitude of the Sun, the mean longitude of perigee of the Sun, the geometric mean anomaly of the Sun, the eccentricity of the Sun, the mean obliquity of the ecliptic, and the derivatives of these terms conform to Simon *et al.* (*Astron. Astrophys.*, **282**, 663, 1994).

The rotation elements listed on page C3, as well as the daily tabulations of rotational parameters (odd pages C5–C19), are due to R.C. Carrington (*Observations of the Spots on the Sun*, 1863). The synodic rotation numbers are in continuation of Carrington's Greenwich photoheliographic series, of which Number 1 commenced on November 9, 1853. The tabular values of the semidiameter are computed by taking the arcsine of the quantity formed by dividing the IAU solar radius (696 000 km) by the true distance in km.

Apparent geocentric coordinates of the Sun are given on even pages C4–C18; geocentric rectangular coordinates referred to the mean equator and equinox of J2000.0 are given on pages C20–C23. These ephemerides are based on the numerical integration DE405/LE405 described on page L4. The tabular argument of the solar ephemerides is TT. Although the apparent right ascension and declination are antedated for light-time, the true geocentric distance in astronomical units is the geometric distance at the tabular time.

Section D: The Moon

The geocentric ephemerides of the Moon are based on the numerical integration DE405/LE405 described on page L4. The tabular argument is TT.

For high precision calculations a polynomial ephemeris (ASCII or PDF) is available at http://asa.nao.rl.ac.uk and http://asa.usno.navy.mil along with the necessary procedures for evaluating the polynomials. A daily geocentric ephemeris to lower precision is given on the even numbered pages D6–D20. Although the tabular apparent right ascension and declination are antedated for light-time, the horizontal parallax is the geometric value for the tabular time. It is derived from $\arcsin(1/r)$, where r is the true distance in units of the Earth's equatorial radius. The semidiameter s is computed from $s = \arcsin(k \sin \pi)$, where $k = 0.272\,399$ is the ratio of the equatorial radius of the Moon to the equatorial radius of the Earth and π is the horizontal parallax. No correction is made for irradiation.

Beginning in 1985 the physical ephemeris (odd pages D7–D21) is based on the formulae and constants for physical librations given by D. Eckhardt (*The Moon and the Planets*, **25**, 3, 1981; *High Precision Earth Rotation and Earth-Moon Dynamics*, ed. O. Calame, pages 193–198, 1982), but with the IAU value of 1°32'32".7 for the inclination of the mean lunar equator to the ecliptic. Although values of Eckhardt's constants differ slightly from those of the IAU, this is of no consequence to the precision of the tabulation. Optical librations are first calculated from rigorous formulae; then the total librations (optical and physical) are calculated from the rigorous formulae by replacing I with $I + \rho$, Ω with $\Omega + \sigma$ and $\mathbb{C}$ with $\mathbb{C} + \tau$. Included in the calculations are perturbations for all terms greater than 0°.0001 in solution 500 of the first Eckhardt reference and in Table I of the second reference. Since apparent coordinates of the Sun and Moon are used in the calculations, aberration is fully included, except for the inappreciable difference between the light-time from the Sun to the Moon and from the Sun to the Earth.

The selenographic coordinates of the Earth and Sun specify the point on the lunar surface where the Earth and Sun are in the selenographic zenith. The selenographic longitude and latitude of the Earth are the total geocentric, optical and physical librations in longitude and latitude, respectively. When the longitude is positive, the mean central point of the disk is displaced eastward on the celestial sphere, exposing to view a region on the west limb. When the latitude is positive, the mean central point is displaced toward the south, exposing to view the north limb. If the principal moment of inertia axis toward the Earth is used as the origin for measuring librations, rather than the traditional origin in the mean direction of the Earth from the Moon, there is a constant offset of 214".2 in τ, or equivalently a correction of −0°.059 to the Earth's selenographic longitude.

The tabulated selenographic colongitude of the Sun is the east selenographic longitude of the morning terminator. It is calculated by subtracting the selenographic longitude of the Sun from 90° or 450°. Colongitudes of 270°, 0°, 90° and 180° correspond to New Moon, First Quarter, Full Moon and Last Quarter, respectively.

The position angles of the axis of rotation and the midpoint of the bright limb are measured counterclockwise around the disk from the north point. The position angle of the terminator may be obtained by adding 90° to the position angle of the bright limb before Full Moon and by subtracting 90° after Full Moon.

For precise reductions of observations, the tabular data should be reduced to topocentric values. Formulae for this purpose by R. d'E. Atkinson (*Mon. Not. Roy. Astron. Soc.*, **111**, 448, 1951) are given on page D5.

Additional formulae and data pertaining to the Moon are given on pages D1–D5, D22.

Section E: Major Planets

The heliocentric and geocentric ephemerides of the planets are based on the numerical integration DE405/LE405 described on page L4. The time scale TT is the tabular argument of the geocentric ephemerides. The argument of the heliocentric ephemerides is TDB.

Although the apparent right ascension and declination are antedated for light-time, the true geocentric distance in astronomical units is the geometric distance for the tabular time. For Pluto the astrometric ephemeris is comparable with observations referred to catalog mean places of comparison stars (corrected for proper motion and annual parallax, if significant, to the epoch of observation), provided the catalog is referred to the J2000.0 reference frame and the observations are corrected for geocentric parallax.

Ephemerides for Physical Observations of the Planets

The physical ephemerides of the planets depend upon the fundamental solar system ephemerides DE405/LE405 described on page L4. Physical data are based on the "Report of the IAU/IAG Working Group on Cartographic Coordinates and Rotational Elements of the Planets and Satellites: 2000" (Seidelmann, P.K. *et al.*, *Cel. Mech.*, **82**, Issue 1, 83–

111, 2002; hereafter referred to as the IAU Report on Cartographic Coordinates). This report contains tables giving the dimensions, directions of the north poles of rotation and the prime meridians of the planets, some of the satellites, and asteroids. The IAU Report on Cartographic Coordinates is revised every few years. Beginning with the volume for 2003 the computations incorporate the data from the 2000 IAU Report on Cartographic Coordinates.

All tabulated quantities are corrected for light-time, so the given values apply to the disk that is visible at the tabular time. Except for planetographic longitudes, all tabulated quantities vary so slowly that they remain unchanged if the time argument is considered to be UT rather than TT. Conversion from TT to UT affects the tabulated planetographic longitudes by several tenths of a degree for all planets except Mercury, Venus and Pluto.

Expressions for the visual magnitudes of the planets are due to D.L. Harris (*Planets and Satellites*, ed. G.P. Kuiper and B.L. Middlehurst, p. 272, 1961), with the exception of those for Mercury and Venus which are given by J. Hilton (private communication). The tabulated surface brightness is the average visual magnitude of an area of one square arcsecond of the illuminated portion of the apparent disk. For a few days around inferior and superior conjunctions, the tabulated surface brightness and magnitude of Mercury and Venus are unknown; surface brightness values are given for phase angles $3° < \phi < 123°$ for Mercury and $0°9 < \phi < 170°2$ for Venus. For Saturn the magnitude includes the contribution due to the rings, but the surface brightness applies only to the disk of the planet.

The apparent disk of an oblate planet is always an ellipse, with an oblateness less than or equal to the oblateness of the planet itself, depending on the apparent tilt of the planet's axis. For planets with significant oblateness, the apparent equatorial and polar diameters are separately tabulated. The IAU Report on Cartographic Coordinates gives two values for the polar radii of Mars because there is a location difference between the center of figure and the center of mass for the planet. For the purposes of the physical ephemerides, the calculations use the mean value of the polar radii for Mars which produces the same result as using either radii.

The orientation of the pole of a planet is specified by the right ascension α_0 and declination δ_0 of the north pole, with respect to the Earth's mean equator and equinox of J2000.0. According to the IAU definition, the north pole is the pole that lies on the north side of the invariable plane of the solar system. Because of precession of a planet's axis, α_0 and δ_0 may vary slowly with time; values for the current year are given on page E3.

The angle W of the prime meridian is measured counterclockwise (when viewed from above the planet's north pole) along the planet's equator from the ascending node of the planet's equator on the Earth's mean equator of J2000.0. For a planet with direct rotation (counterclockwise as viewed from the planet's north pole), W increases with time. Values of W and its rate of change are given on page E3. See also the diagram on page E54.

Useful data and formulae are given on pages E3, E4, E45 and E54-E55.

Section F: Satellites of the Planets

The ephemerides of the satellites are intended only for search and identification, not for the exact comparison of theory with observation; they are calculated only to an accuracy sufficient for the purpose of facilitating observations. These ephemerides are based on the numerical integration DE405/LE405 described on page L4, and corrected for light-time. The value of ΔT used in preparing the ephemerides is given on page F1. Reference planes for the satellite orbits are defined by the individual theories used to compute their ephemerides. Those theories are cited below.

Orbital elements and constants are given on pages F2-F5. For the 2006 *Astronomical Almanac*, a set of selection criteria have been instituted to determine which satellites should be included in this table. A list of those criteria appears on page F5. As a result, many newer satellites of Jupiter, Saturn, and Uranus have been included. However, some satellites that were included in previous editions have now been excluded. A more complete table containing all of the data from the 2006 edition as well as many of the previously included satellites is available on *The Astronomical Almanac Online* at http://asa.usno.navy.mil and http://asa.nao.rl.ac.uk. The following sources were used to update the data presented in this table: Jacobson, R. A., Synnott, S. P., & Campbell, J. K., *Astron. Astrophys.*, **225**, 548, 1989; Sheppard, S. S., at *The Giant Planet Satellite Page*, http://www.ifa.hawaii.edu/~sheppard/satellites, 2003; Jacobson, R. A., at *JPL Solar System Dynamics*, http://www.ssd/jpl.nasa.gov/sat_elem.html, and references therein, 2004; Nicholson, P. D., "Natural Satellites of the Planets," in *The Observer's Handbook 2004*, Rajiv Gupta, ed., (Toronto: University of Toronto Press), 2003, pp. 20-25; Jacobson, R. A., *Astron. Jour.*, **120**, 2679, 2000; Jacobson, R. A., *Astron. Jour.*, **115**, 1195, 1998; Owen, Jr., W. M., Vaughan, R. M., & Synnott, S. P., *Astron. Jour.*, **101**, 1511, 1991.

Ephemerides and phenomena for planetary satellites are computed using data from a mixed function solution for twenty short-period planetary satellite orbits provided by D. B. Taylor (*NAO Technical Note*, **68**, 1995). Approximate formulae for calculating differential coordinates of satellites are given with the relevant tables.

The tables of apparent distance and position angle have been discontinued in *The Astronomical Almanac* for 2005. These tables are available on *The Astronomical Almanac Online* at http://asa.usno. navy.mil and http://asa.nao.rl.ac.uk along with the offsets of the satellites from the planets.

Satellites of Mars

The ephemerides of the satellites of Mars are computed from the orbital elements given by A.T. Sinclair (*Astron. Astrophys.*, **220**, 321, 1989). The orbital elements of H. Struve (*Sitzungsberichte der Königlich Preuss. Akad. der Wiss.*, p. 1073, 1911) are used in editions prior to 2004.

Satellites of Jupiter

The ephemerides of Satellites I–IV are based on the theory of J.H. Lieske (*Astron. Astrophys.*, **56**, 333, 1977), with constants due to J.-E. Arlot (*Astron. Astrophys.*, **107**, 305, 1982).

Elongations of Satellite V are computed from circular orbital elements determined by P.V. Sudbury (*Icarus*, **10**, 116, 1969). The differential coordinates of Satellites VI–XIII are computed from numerical integrations, using starting coordinates and velocities calculated at the U.S. Naval Observatory (*Explanatory Supplement to the Astronomical Almanac*, 353, 1992).

The actual geocentric phenomena of Satellites I–IV are not instantaneous. Since the tabulated times are for the middle of the phenomena, a satellite is usually observable after the tabulated time of eclipse disappearance (EcD) and before the time of eclipse reappearance (EcR). In the case of Satellite IV the difference is sometimes quite large. Light curves of eclipse phenomena are discussed by D.L. Harris (*Planets and Satellites*, ed. G.P. Kuiper and B.M. Middlehurst, pages 327–340, 1961).

To facilitate identification, approximate configurations of Satellites I–IV are shown in graphical form on pages facing the tabular ephemerides of the geocentric phenomena. Time is shown by the vertical scale, with horizontal lines denoting 0^h UT. For any time the curves specify the relative positions of the satellites in the equatorial plane of Jupiter. The width of the central band, which represents the disk of Jupiter, is scaled to the planet's equatorial diameter.

For eclipses the points d of immersion into the shadow and points r of emersion from the shadow are shown pictorially at the foot of the right-hand pages for the superior conjunctions nearest the middle of each month. At the foot of the left-hand pages, rectangular coordinates of these points are given in units of the equatorial radius of Jupiter. The x-axis lies in Jupiter's equatorial plane, positive toward the east; the y-axis is positive toward the north pole of Jupiter. The subscript 1 refers to the beginning of an eclipse, subscript 2 to the end of an eclipse.

Satellites and Rings of Saturn

The apparent dimensions of the outer ring and factors for computing relative dimensions of the rings are from L.W. Esposito *et al.* (*Saturn*, eds. T. Gehrels and M.S. Matthews, 468–478, 1984). The appearance of the rings depends upon the Saturnicentric positions of the Earth and Sun. The ephemeris of the rings is corrected for light-time.

The positions of Mimas, Enceladus, Tethys and Dione are based upon orbital theories by Y. Kozai (*Ann. Toyko Obs. Ser. 2*, **5**, 73, 1957), elements from D.B. Taylor and K.X. Shen (*Astron. Astrophys.*, **200**, 269, 1988), with mean motions and secular rates from Kozai (1957) or H.A. Garcia (*Astron. Jour.*, **77**, 684, 1972). The positions of Rhea and Titan are based upon orbital theories by A.T. Sinclair (*Mon. Not. Roy. Astr. Soc.*, **180**, 447, 1977) with elements by Taylor and Shen (1988), mean motions and secular rates by Garcia (1972). The theory and elements for Hyperion are from D.B. Taylor (*Astron. Astrophys.*, **141**, 151, 1984). The theory for Iapetus is from A.T. Sinclair (*Mon. Not. Roy. Astr. Soc.*, **169**, 591, 1974) with additional terms from D. Harper *et al.* (*Astron. Astrophys.*, **191**, 381, 1988) and elements from Taylor and Shen (1988). The orbital elements used for Phoebe are from P.E. Zadunaisky (*Astron. Jour.*, **59**, 1, 1954).

For Satellites I–V times of eastern elongation are tabulated; for Satellites VI–VIII times of all elongations and conjunctions are tabulated. Tables for finding approximate distance s and position angle p are given for Satellites I–VIII. On the diagram of the orbits of Satellites I–VII, points of eastern elongation are marked "0". From the tabular times of these elongations the apparent position of a satellite at any other time can be marked on the diagram by setting off on the orbit the elapsed interval since last eastern elongation. For Hyperion and Iapetus ephemerides of differential coordinates are also included. An ephemeris of differential coordinates is given for Phoebe.

Solar perturbations are not included in calculating the tables of elongations and conjunctions, distances and position angles for Satellites I–VIII. For Satellites I–IV, the orbital eccentricity e is neglected. From 1999 onward, orbital positions and Saturnicentric rectangular coordinates for Satellites I–VIII are no longer provided.

Satellites and Rings of Uranus

Data for the Uranian rings are from the analysis of J.L. Elliot *et al.* (*Astron. Jour.*, **86**, 444, 1981). Ephemerides of the satellites are calculated from orbital elements determined by J. Laskar and R.A. Jacobson (*Astron. Astrophys.*, **188**, 212, 1987).

Satellites of Neptune

The ephemerides of Triton and Nereid are calculated from elements by R.A. Jacobson (*Astron. Astrophys.*, **231**, 241, 1990). The differential coordinates of Nereid are apparent positions with respect to the true equator and equinox of date.

Satellite of Pluto

The ephemeris of Charon is calculated from the elements of D.J. Tholen (*Astron. Jour.*, **90**, 2353, 1985).

Section G: Minor Planets and Comets

This section contains data on a selection of 93 minor planets. These minor planets are divided into two sets. The main set of the fifteen largest asteroids are 1 Ceres, 2 Pallas, 3 Juno, 4 Vesta, 6 Hebe, 7 Iris, 8 Flora, 9 Metis, 10 Hygiea, 15 Eunomia, 16 Psyche, 52 Europa, 65 Cybele, 511 Davida, and 704 Interamnia. Their ephemerides are based on the USNO/AE98 minor planets of J.L. Hilton (*Astron. Jour.*, **117**, 1077, 1999). These particular asteroids were chosen because they are large (> 300 km in diameter), have well observed histories, and/or are the largest member of their taxonomic class. The remaining 78 minor planets constitute the set with opposition magnitudes < 11, or < 12 if the diameter $\geq$ 200 km. Their positions are based on the USNO/AE2001 ephemerides of J.L. Hilton (in preparation). The absolute visual magnitude at zero phase angle (H) and the slope parameter (G), which depends on the albedo are from the *Minor Planet Ephemerides* produced by the Institute of Applied Astronomy, St. Petersburg. The change in content of this section (starting with the 2003 edition) and the purpose of the selection, is to encourage observation of the most massive, largest and brightest of the minor planets.

The main set of minor planets are given daily at 0^hTT for sixty days on either side of an opposition occurring between January 1 of the current year and January 31 of the following year. The astrometric right ascensions and declinations are referred to the mean equator and equinox of J2000.0. Also given are the apparent visual magnitude and the time of ephemeris transit over the ephemeris meridian. The dates when the object is stationary in apparent right ascension are also indicated. It is occasionally possible for a stationary date to be outside the period tabulated. Astrometric positions are obtained by adding planetary aberration to the geometric positions, referred to the origin of the ICRS, and then subtracting stellar aberration. Thus these positions are comparable with observations that are referred to catalogue mean places of reference stars on the ICRS. This is provided that the observations are corrected for geocentric parallax and the star positions are corrected for proper motion and annual parallax, if significant, to the epoch of observation. Linear interpolation is sufficient for the magnitude and ephemeris transit, but for the astrometric right ascension and declination second differences are significant.

A chronological list of the opposition dates of all the objects is given together with their visual magnitude and apparent declination. Those oppositions printed in bold also have a sixty-day ephemeris around opposition. All phenomena (dates of opposition and dates of stationary points) are calculated to the nearest hour UT. It must be noted, as with phenomena for all objects, that opposition dates are determined from the apparent longitude of the Sun and the object, with respect to the mean ecliptic of date. Stationary points, on the other hand, are defined to occur when the rate of change of the apparent right ascension is zero.

Osculating orbital elements for all the minor planets are tabulated with respect to the ecliptic and equinox J2000.0 for, usually, a 400-day epoch. Also tabulated are the H and G parameters for magnitude and the diameters. The masses of most of the objects have been set to an arbitrary value of $1 \times 10^{-12} M_{\odot}$. However, the masses of 13 minor planets tabulated by J. Hilton ("Asteroid Masses and Densities," in *Asteroids III*, eds. Bottke, Cellino, Paolicchi and Binzel, Univ. of Arizona Press, 103 – 112, 2003), have been used. The values for the diameters of the minor planets were taken from a number of sources which are referenced on *The Astronomical Almanac Online* at http://asa.usno.navy.mil and http://asa.nao.rl.ac.uk.

B.G. Marsden, Smithsonian Astrophysical Observatory, supplied the osculating elements of the periodic comets returning to perihelion during the year. Up-to-date elements of the comets currently observable may be found at http://cfa-www.harvard.edu/iau/Ephemerides/Comets/index.html.

Section H: Stars and Stellar Systems

Except for the tables of ICRF radio sources, radio flux calibrators, and pulsars, positions tabulated in Section H are referred to the mean equator and equinox of J2006.5 = 2006 July 2.625 = JD 245 3919.125. The positions of the ICRF radio sources provide a practical realization of the ICRS. The positions of radio flux calibrators and pulsars are referred to the equator and equinox of J2000.0 = JD 245 1545.0.

Bright Stars

Included in the list of bright stars are 1467 stars chosen according to the following criteria:

  a. all stars of visual magnitude 4.5 or brighter, as listed in the fifth revised edition of the *Yale Bright Star Catalogue* (BSC);
  b. all FK5 stars brighter than 5.5;
  c. all MK atlas standards in the BSC (Morgan, W.W. *et al.*, *Revised MK Spectral Atlas for Stars Earlier Than the Sun*, 1978; and Keenan, P.C. and McNeil, R.C., *Atlas of Spectra of the Cooler Stars: Types G, K, M, S, and C*, 1976).
  d. all stars selected according to the criteria in a, b, or c above and also listed in the *Hipparcos Catalogue*.

Flamsteed and Bayer designations are given with the constellation name and the BSC number.

Positions for all stars are taken from the *Hipparcos Catalogue* and converted to epoch J2000.0, then precessed to the equator and equinox of the middle of the current year. For the majority of the stars, proper motions used in the precession routine are taken from the *Tycho-2 Catalog*. Stars with multiple listings in the *Tycho-2 Catalog* and a single listing in the *Hipparcos Catalogue* are assigned the proper motion of the primary star. Both the *Hipparcos Catalogue* and the *Tycho-2 Catalog* are consistent with the ICRS. As indicated in the notes to the table, proper motions from the *Hipparcos Catalogue* are used for about 300 stars which do not have proper motions in the *Tycho-2 Catalog*.

The *V* magnitudes and color indices $U-B$ and $B-V$ are homogenized magnitudes taken from the BSC. Spectral types were provided by W.P. Bidelman and updated by R.F. Garrison. Codes in the Notes column are explained at the end of the table (page H31). Stars marked as MK Standards are from either of the two spectral atlases listed above. Stars marked as anchor points to the MK System are a subset of standard stars that represent the most stable points in the system (in *The MK Process at 50 Years*, eds. Corbally, Gray, and Garrison, ASP Conf. Series, **60**, 3–14, 1994). Further details about the stars marked as double stars may be found at http://ad.usno.navy.mil/wds/wdstext.html.

The entire table of bright star data for the current year is available on *The Astronomical Almanac Online* at http://asa.usno.navy.mil and http://asa.nao.rl.ac.uk.

Double Stars

The table of Selected Double Stars contains recent orbital data for 89 double star systems in the Bright Star table where the pair contains the primary star and the components have a separation > 3″.0 and differential visual magnitude < 3 magnitudes. A few other systems of interest are also present. Data given are the most recent measures except for 20 systems, where predicted positions are given based on orbit or rectilinear motion calculations. The list was provided by Brian Mason and taken from the *Washington Double Star Catalog* (WDS, Mason, B.D. *et al.*, *Astron. Jour.*, **122**, 3466, 2001; also available at http://ad.usno.navy.mil/ wds/wds.html).

The positions are for those of the primary stars and taken directly from the list of bright stars. The Discoverer Designation contains the reference for the measurement from the WDS and the Epoch column gives the year of the measurement. The column headed Δm_v gives the relative magnitude in the visual band between the two components.

Photometric Standards

The table of *UBVRI* Photometric Standards are selected from Table 2 in Landolt, *Astron. Jour.*, **104**, 340, 1992. Finding charts for stars are given in the paper. This subset of 291 stars reviewed by A. Landolt represents those sources which are observed seven times or more and are non-variable. They provide internally consistent homogeneous broadband standards for the Johnson-Kron-Cousins photometric system for telescopes of intermediate and large size in both hemispheres. The filter bands have the following effective wavelengths: *U*, 3600 Å; *B*, 4400 Å; *V*, 5500 Å; *R*, 6400 Å; *I* 7900 Å.

The positions are taken from the Naval Observatory Merged Astronomical Database (NOMAD) which provides the optimum ICRF positions and proper motions for stars taken from the following catalogs in the order given: *Hipparcos, Tycho-2, UCAC2*, or *USNO-B*. Positions are precessed to the equator and equinox of the middle of the current year.

The list of bright Johnson standards which appeared in editions prior to 2003 is given at http://asa.usno.navy.mil and http://asa.nao.rl.ac.uk.

The selection and photometric data for standards on the Strömgren four-color and Hβ systems are those of C.L. Perry, E.H. Olsen and D.L. Crawford (*Pub. Astron. Soc. Pac.*, **99**, 1184, 1987). Only the 319 stars which have four-color data are included. The *u* band is centered at 3500 Å; *v* at 4100 Å; *b* at 4700 Å; and *y* at 5500 Å. Four indices are tabulated: $b-y$, $m_1 = (v-b) - (b-y)$, $c_1 = (u-v) - (v-b)$ and Hβ.

Star names and numbers are taken from the BSC. Positions and proper motions are taken from NOMAD as described above. Spectral types are taken from the list of bright stars (pages H2–H31) or from the original reference cited above. Visual magnitudes given in the column headed *V* are taken from the original reference and therefore may disagree with those given in the list of bright stars.

Radial Velocity Standards

The selection of radial velocity standard stars is based on a list of bright standards taken from the report of IAU Commission 30 Working Group on Radial Velocity Standard Stars (*Trans. IAU*, **IX**, 442, 1957) and a list of faint standards (*Trans. IAU*, **XVA**, 409, 1973). The combined list represents the IAU radial velocity standard stars with late spectral types. Also included in the table at the recommendation of IAU Commission 30 are 14 faint stars with reliable radial velocity data useful for observers in the Southern Hemisphere (*Trans. IAU*, **XIIIB**, 170, 1968). Variable stars (orbital and intrinsic) in the lists of standards have been removed. (See Udry, S. *et al.*, "20 years of CORAVEL Monitoring of

Radial-Velocity Standard Stars", in *Precise Stellar Radial Velocities, Victoria*, IAU Coll. 170, ed. J. Hearnshaw and C. Scarfe, 383, 1999). The resulting table of stars is sufficient to serve as a group of moderate-precision radial velocity standards.

These stars have been extensively observed for more than a decade at the Center for Astrophysics, Geneva Observatory, and the Dominion Astrophysical Observatory. A discussion of velocity standards and the mean velocities from these three monitoring programs can be found in the report of IAU Commission 30, Reports on Astronomy (*Trans. IAU*, **XXIB**, 1992).

Positions are taken from the *Hipparcos Catalogue* processed by the procedures used for the list of bright stars (pages H2–H31). *V* magnitudes are taken from the BSC, the *Hipparcos Catalogue* or SIMBAD. The spectral types are taken primarily from the list of bright stars. Otherwise, the spectral types originate from the BSC, the *Hipparcos Catalogue*, or the original IAU list.

Variable Stars

The list of variable stars was compiled by J.A. Mattei using as reference the fourth edition of the *General Catalogue of Variable Stars*, the *Sky Catalog 2000.0, Volume 2, A Catalog and Atlas of Cataclysmic Variables—2nd Edition*, and the data files of the American Association of Variable Star Observers (AAVSO). The brightest stars for each class with amplitude of 0.5 magnitude or more have been selected. The following magnitude criteria at maximum brightness are used:

a. eclipsing variables brighter than magnitude 7.0;
b. pulsating variables:
    RR Lyrae stars brighter than magnitude 9.0;
    Cepheids brighter than 6.0;
    Mira variables brighter than 7.0;
    Semiregular variables brighter than 7.0;
    Irregular variables brighter than 8.0;
c. eruptive variables:
    U Geminorum, Z Camelopardalis, SS Cygni, SU Ursae Majoris,
    WZ Sagittae, recurrent novae, very slow novae, nova-like and
    DQ Herculis variables brighter than magnitude 11.0;
d. other types:
    RV Tauri variables brighter than magnitude 9.0;
    R Coronae Borealis variables brighter than 10.0;
    Symbiotic stars (Z Andromedae) brighter than 10.0;
    δ Scuti variables brighter than 9.0;
    S Doradus variables brighter than 6.0;
    SX Phoenicis variables brighter than 7.0.

The epoch for eclipsing variables is for time of minimum. The epoch for pulsating, eruptive, and other types of variables is for time of maximum.

Positions and proper motions are taken from NOMAD as described on the previous page.

Bright Galaxies

This is a list of 198 galaxies brighter than $B_T^w = 11.50$ and larger than $D_{25} = 5'$, drawn primarily from *The Third Reference Catalogue of Bright Galaxies* (de Vaucouleurs,

G. *et al.*, 1991), hereafter referred to as RC3. The data have been reviewed and corrected where necessary, or supplemented by H.G. Corwin, R.J. Buta, and G. de Vaucouleurs.

Two recently recognized dwarf spheroidal galaxies (in Sextans and Sagittarius) that are not included in RC3 are added to the list (see Irwin, M. and Hatzidimitriou, D., *Mon. Not. Roy. Astron. Soc.*, **277**, 1354, 1995; Ibata, R.A. *et al.*, *Astron. Jour.*, **113**, 634, 1997).

The columns are as follows (see RC3 for further explanation and references):

In the column headed Name, catalog designations are from the *New General Catalog* (NGC) or from the *Index Catalog* (IC). A few galaxies with no NGC or IC number are identified by common names. The Small Magellanic Cloud is designated "SMC" rather than NGC 292. Cross-identifications for these common names are given in Appendix 8 of RC3 or at the end of the table (page H58).

In most cases, the RC3 position is replaced with a more accurate weighted mean position based on measurements from many different sources, some unpublished. Where positions for unresolved nuclear radio sources from high-resolution interferometry (usually at 6- or 20-cm) are known to coincide with the position of the optical nucleus, the radio positions are adopted. Similarly, positions have been adopted from the 2-Micron All-Sky Survey (2MASS, *e.g.* Jarrett, T.H. *et al.*, *Astron. Jour.*, **119**, 2498, 2000) where these coincide with the optical nucleus. Positions for Magellanic irregular galaxies without nuclei (*e.g.* LMC, NGC 6822, IC 1613) are for the centers of the bars in these galaxies. Positions for the dwarf spheroidal galaxies (*e.g.* Fornax, Sculptor, Carina) refer to the peaks of the luminosity distributions. The precision with which the position is listed reflects the accuracy with which it is known. The mean errors in the listed positions are 2–3 digits in the last place given.

Morphological types are based on the revised Hubble system (see de Vaucouleurs, G., *Handbuch der Physik*, **53**, 275, 1959; *Astrophys. Jour. Supp.*, **8**, 31, 1963).

The column headed L gives the mean numerical van den Bergh luminosity classification for spiral galaxies. The numerical scale adopted in RC3 corresponds to van den Bergh classes as follows:

L	1	2	3	4	5	6	7	8	9	(10)	(11)
class	I	I–II	II	II–III	III	III–IV	IV	IV–V	V	(V–VI)	(VI)

Classes V–VI and VI (10 and 11 in the numerical scale) are an extension of van den Bergh's original system, which stopped at class V.

The column headed Log (D_{25}) gives the logarithm to base 10 of the diameter (in tenths of arcmin.) of the major axis at the 25.0 blue mag/arcsec^2 isophote. Diameters with larger than usual standard deviations are noted with brackets. With the exception of the Fornax and Sagittarius Systems, the diameters for the highly resolved Local Group dwarf spheroidal galaxies are core diameters from fitting of King models to radial profiles derived from star counts (Irwin and Hatzidimitriou, *op. cit.*). The relationship of these core diameters to the 25.0 blue mag/arcsec^2 isophote is unknown. The diameter for the Fornax System is a mean of measured values given by de Vaucouleurs and Ables (*Astrophys. Jour.*, **151**, 105, 1968) and Hodge and Smith (*Astrophys. Jour.*, **188**, 19, 1974), while that of Sagittarius is taken from Ibata *et al.* (*op. cit.*) and references therein.

The column headed Log (R_{25}) gives the logarithm to base 10 of the ratio of the major to the minor axes (D/d) at the 25.0 blue mag/arcsec^2 isophote. For the dwarf spheroidal galaxies, the ratio is a mean value derived from isopleths.

The column headed P.A. gives the position angle in degrees, measured from north through east, of the major axis for the equinox 1950.0.

The column headed B_T^w gives the total blue magnitude derived from surface or aperture photometry, or from photographic photometry reduced to the system of surface and aperture photometry, uncorrected for extinction or redshift. Because of very low surface brightnesses, the magnitudes for the dwarf spheroidal galaxies (see Irwin and Hatzidimitriou, *op. cit.*) are very uncertain. The total magnitude for NGC 6822 is from P.W. Hodge (*Astron. Astrophys. Supp.*, **33**, 69, 1977). A colon indicates a larger than normal standard deviation associated with the magnitude.

Columns headed $B-V$ and $U-B$ give the total colors, uncorrected for extinction or redshift. RC3 gives total colors only when there are aperture photometry data at apertures larger than the effective (half-light) aperture. However, a few of these galaxies have a considerable amount of data at smaller apertures, and also have small color gradients with aperture. Thus, total colors for these objects have been determined by further extrapolation along standard color curves. The colors for the Fornax System are taken from de Vaucouleurs and Ables (*op. cit.*), while those for the other dwarf spheroidal systems are from the recent literature, or from unpublished aperture photometry. The colors for NGC 6822 are from Hodge (*op. cit.*). A colon indicates a larger than normal standard deviation associated with the color.

The column headed v_r gives, in km/s, the weighted mean heliocentric radial velocity. It is derived from neutral hydrogen and/or optical redshifts, expressed as $v = cz = c(\Delta\lambda/\lambda)$, following the optical convention.

In maintaining this list, extensive use is made of these services: The NASA/IPAC Extragalactic Database (NED), operated by the Jet Propulsion Laboratory, California Institute of Technology, under contract with the National Aeronautics and Space Administration (NASA); the Digitized Sky Surveys made available by the Space Telescope Science Institute, operated by NASA; and the Two Micron All Sky Survey, a joint project of the University of Massachusetts and the Infrared Processing and Analysis Center/California Institute of Technology, funded by NASA and the National Science Foundation.

Star Clusters

The list of open clusters comprises a selection of 320 open clusters which have been studied in some detail so that a reasonable set of data is available for each. With the exception of the magnitude and Trumpler class data, all data are taken from the *New Catalog of Optically Visible Open Clusters and Candidates* (Dias, W.S. *et al.*, *Astron. Astrophys.*, **389**, 871, 2002) supplied by Wilton Dias and updated current to 2004. The catalog is available at http://www.astro.iag.usp.br/~wilton. The "Trumpler Class" and "Mag. Mem." columns are taken from fifth (1987) edition of the Lund-Strasbourg catalog (original edition described by G. Lyngå, *Astron. Data Cen. Bul.*, 2, 1981), with updates and corrections to the data current to 1992.

For each cluster, two identifications are given. First is the designation adopted by the IAU, while the second is the traditional name. Alternate names for some clusters are given on page H65.

Positions are for the central coordinates of the clusters, referred to the mean equator and equinox of the middle of the Julian year. Cluster mean absolute proper motion and radial velocity are used in the calculation when available.

The apparent angular diameter and distance between the cluster and the Sun are given in parsecs. The logarithm to the base 10 of the cluster age in years is determined from the turnoff point on the main sequence. Under the heading "Mag. Mem." is the visual magnitude of the brightest cluster member. $E_{(B-V)}$ is the color excess. Metallicity is mostly determined from photometric narrow band or intermediate band studies. Trumpler classification is defined by R.S. Trumpler (*Lick Obs. Bul.*, **XIV**, 154, 1930).

The list of 150 Milky Way globular clusters is compiled from the February 2003 revision of a *Catalog of Parameters for Milky Way Globular Clusters* supplied by William E. Harris. The complete catalog containing basic parameters on distances, velocities, metallicities, luminosities, colors, and dynamical parameters, a list of source references, an explanation of the quantities, and calibration information are accessible at http://physun.physics.mcmaster.ca/Globular.html. The catalog is also briefly described in Harris, W.E., *Astron. Jour.*, **112**, 1487, 1996.

The present catalog contains objects adopted as certain or highly probable Milky Way globular clusters. Objects with virtually no data entries in the catalog still have somewhat uncertain identities. The adoption of a final candidate list continues to be a matter of some arbitrary judgment for certain objects. The bibliographic references should be consulted for excellent discussions of these individually troublesome objects, as well as lists of other less likely candidates.

The adopted integrated V magnitudes of clusters, V_t, are the straight averages of the data from all sources. The integrated $B - V$ colors of clusters are on the standard Johnson system.

Measurements of the foreground reddening, $E_{(B-V)}$, are the averages of the given sources (up to 4 per cluster), with double weight given to the reddening from well calibrated (120 clusters) color-magnitude diagrams. The typical uncertainty in the reddening for any cluster is on the order of 10 percent, i.e. $\Delta[E_{(B-V)}] = 0.1E_{(B-V)}$.

The primary distance indicator used in the calculation of the apparent visual distance modulus, $(m - M)_V$, is the mean V magnitude of the horizontal branch (or RR Lyrae stars), V_{HB}. The absolute calibration of V_{HB} adopted here uses a modest dependence of absolute V magnitude on metallicity, $M_V(HB) = 0.15[Fe/H] + 0.80$. The $V(HB)$ here denotes the mean magnitude of the HB stars, without further adjustments to any predicted zero age HB level. Wherever possible, it denotes the mean magnitude of the RR Lyrae stars directly. No adjustments are made to the mean V magnitude of the horizontal branch before using it to estimate the distance of the cluster. For a few clusters (mostly ones in the Galactic bulge region with very heavy reddening), no good [Fe/H] estimate is currently available; for these cases, a value $[Fe/H] = -1$ is assumed.

The heavy-element abundance scale, [Fe/H], adopted here is the one established by Zinn and West (*Astrophys. Jour. Supp.*, **55**, 45, 1984). This scale has recently been reinvestigated as being nonlinear when calibrated against the best modern measurements of [Fe/H] from high-dispersion spectra (see Carretta and Gratton, *Astron. Astrophys. Supp.*, **121**, 95, 1997 and Rutledge, Hesser, and Stetson, *Pub. Astron. Soc. Pac.*, **109**, 907, 1997). In particular, these authors suggest that the Zinn–West scale overestimates the metallicities of the most metal-rich clusters. However, the present catalog maintains the older (Zinn–West) scale until a new consensus is reached in the primary literature.

The adopted heliocentric radial velocity, v_r, for each cluster is the average of the available measurements, each one weighted inversely as the published uncertainty.

A 'c' following the value for the central concentration index denotes a core-collapsed cluster. The listed values of r_c and c should not be used to calculate a value of tidal radius r_t for core-collapsed clusters. Trager, Djorgovski, and King (in *Structure and Dynamics of Globular Clusters*, eds. Djorgovski and Meylan, ASP Conf. Series, **50**, 347, 1993) arbitrarily adopt $c = 2.50$ for such clusters, and these have been carried over to the present catalog. The 'c:' symbol denotes an uncertain identification of the cluster as being core-collapsed.

The cluster core radii, r_c, and the central concentration $c = \log(r_t/r_c)$, where r_t is the tidal radius, are taken primarily from the comprehensive discussion of Trager, Djorgovski, and King (*op. cit.*). Updates for a few clusters (Pal 2, N6144, N6352, Ter 5, N6544, Pal 8, Pal 10, Pal 12, Pal 13) are taken from Trager, King, and Djorgovski, *Astron. Jour.*, **109**, 218, 1995.

Radio Sources

The list of radio source positions gives the 212 defining sources of the ICRF. Based upon the varying quality of the VLBI data analysis, the objects in the ICRF are classified in three categories: defining, candidate and other sources. Data for all the 608 ICRF extragalactic radio sources can be obtained at http://hpiers.obspm.fr/webiers/results/icrf/icrf.html. The candidate source 3C 274 is included in the list due to its popularity.

The data presented here are taken from C. Ma and M. Feissel (eds), *Definition and Realization of the International Celestial Reference System by VLBI Astrometry of Extragalactic Objects*, International Earth Rotation Service (IERS) Technical Note **23**, Observatoire de Paris, 1997. The positions provide a practical realization of the ICRS. The column headed V gives apparent visual magnitude, the column headed z gives redshift, and the column headed S_{5GHz} gives the flux density in Janskys at 5 GHz. The codes listed under Type are given at the end of the table (page H73).

Data for the list of radio flux standards are due to Baars, J.W.M. *et al.*, *Astron. Astrophys.*, **61**, 99, 1977, as updated by Kraus, Krichbaum, Pauliny-Toth and Witzel (in preparation). Flux densities S, measured in Janskys, are given for twelve frequencies ranging from 400 to 43200 MHz. Positions are referred to the mean equinox and equator of J2000.0. Positions of 3C 48, 3C 147, 3C 274 and 3C 286 are taken from the ICRF database found at the website listed above. Positions of the other sources are due to Baars *et al.*, (*op. cit.*).

X Ray Sources

The primary criterion for the selection of X-ray sources is having an identified optical counterpart. The most commonly known name of the X-ray source appears in the column headed Name. The X-ray flux in the 2 – 10 keV energy range is given in micro-Janskys (μJy) in the column headed Flux. In some cases, a range of flux values is presented, representing the variability of these sources. The identified optical counterpart (or companion in the case of an X-ray binary system) is listed in the column headed Identified Counterpart. The type of X-ray source is listed in the column headed Type. Neutron stars in binary systems that are known to exhibit many X-ray bursts are designated "B" for "Burster." X-ray sources that are suspected of being Black Holes have the "BHC" designation for "Black Hole Candidate." Supernova remnants have the "SNR" designation. Other neutron stars in binaries which do not burst and are not known as X-ray pulsars have been given the "NS" designation. All codes in the Type column are explained at the end of the table (page H76).

The data in this table are courtesy of M. Stollberg (USNO). He drew from several current source catalogs to compile the table. For the X-ray binary sources, the catalogs of van Paradijs (*X-Ray Binaries*, ed. W.H.G. Lewin, J. van Paradijs, and E.P.J. van den Heuvel, 536, 1995) and Liu, van Paradijs, and van den Heuvel (*Astron. Astrophys.*, **147**, 25, 2000) are used. Other sources are selected from the *Fourth Uhuru Catalog* (Forman *et al.*, *Astrophys. Jour. Supp.*, **38**, 357, 1978), hereafter referred to as 4U. Fluxes in μJy in the 2 – 10 keV range for X-ray binary sources were readily given by the van Paradijs and Liu, van Paradijs, and van den Heuvel papers. Other fluxes were obtained by converting the 4U count rates. The conversion factor can be found in the paper "The Optical Counterparts of

Compact Galactic X-ray Sources" by H.V.D. Bradt and J.E. McClintock (*Ann. Rev. Astron. Astrophys.*, **21**, 13, 1983).

The tabulated magnitudes are the optical magnitude of the counterpart in the *V* filter, unless marked by an asterisk, in which case the *B* magnitude is given. Variable magnitude objects are denoted by "V"; for these objects the tabulated magnitude pertains to maximum brightness.

Quasars

A set of 98 quasars is selected from the catalog of M.-P. Véron-Cetty and P. Véron (*A Catalogue of Quasars and Active Nuclei, 7th Edition*, ESO Scientific Report No. 17, 1996). Based on the suggestions of T.M. Heckman, the following selection criteria, that are not mutually exclusive, are used:

$V < 15.0$ (45 quasars);
M(abs) ≤ -30.6 (18 quasars);
z (redshift) ≥ 4.36 (21 quasars);
6 cm flux density ≥ 5.3 Janskys (15 quasars).

No objects classified as Seyfert, BL Lac or HII are included.

Positions are given for the equator and equinox of the middle of the current year. Flux densities are given for 6 cm and 11 cm. The authors of the catalog caution that many of the *V* magnitudes are inaccurate and, in any case, variable. However, the $(B-V)$ color indices do not vary much and should be more accurate. Absolute magnitudes are computed assuming $H_0 = 50$ km s^{-1}Mpc^{-1}, $q_0 = 0$, and an optical spectral index of 0.7.

Pulsars

A selection of 91 pulsars was provided by J.H. Taylor and S. Thorsett. All data are taken from the catalog published by Taylor, Manchester, and Lyne (*Astrophys. Jour. Supp.*, **88**, 529, 1993) and updated by Camilo and Nice (*Astrophys. Jour.*, **445**, 756, 1995). Pulsars chosen are either bright, with S_{400}, the mean flux density at 400 MHz, greater than 80 milli-Janskys; fast, with spin period less than 100 milli-seconds; or have binary companions. Pulsars without measured spin-down rates and very weak pulsars (with measured 400 MHz flux density below 1 milli-Jansky) are excluded.

Positions are referred to the equator and equinox of J2000.0. For each pulsar the period P in seconds and the time rate of change $\dot{P}$ in 10^{-15} s s^{-1} are given for the specified epoch. The group velocity of radio waves is reduced from the speed of light in a vacuum by the dispersive effect of the interstellar medium. The dispersion measure DM is the integrated column density of free electrons along the line of sight to the pulsar; it is expressed in units cm^{-3} pc. The epoch of the period is in Modified Julian Date (MJD), where MJD = JD − 2400000.5.

Gamma Ray Sources

The table of Gamma Ray Sources contains a selection of historically important sources, well known sources, and extremely bright sources. The table is a subset from a catalog of gamma ray sources (Macomb and Gehrels, *Astrophys. Jour. Supp.*, **120**, 335, 1999).

The table gives two designations for most sources: the most common source name in the column headed Name and an alternate name in the column headed Alternate Name. The Large Magellanic Cloud (LMC) is included in the table because it is an important gamma ray source for diffuse emission studies. The position given for the LMC is the centroid of detection for the EGRET instrument from the *Compton Gamma Ray Observatory*

(CGRO). EGRET detected an integrated flux from the LMC thought to be due to cosmic ray interactions with the interstellar medium. The observed flux of the source is given with the upper and lower limits on the energy range (in MeV) over which it has been observed. The flux, in photons $cm^{-2}s^{-1}$, is an integrated flux over this energy range. In many cases, no upper limit energy is given. For those cases, the flux is the peak observed flux. For SN1987A, the flux given is only for a single observed spectral line; hence the designation "line" is given. The column headed Type uses a single letter code to identify the type of source.

Section J: Observatories

The list of observatories is intended to serve as a finder list for planning observations or other purposes not requiring precise coordinates. Members of the list are chosen on the basis of instrumentation, and being active in astronomical research, the results of which are published in the current scientific literature. Each observatory provided its own information, and the coordinates listed are for one of the instruments on its grounds. Thus the coordinates may be astronomical, geodetic, or other, and should not be used for rigorous reduction of observations. The list of observatories and index are also provided in PDF format on *The Astronomical Almanac Online* at http://asa.usno.navy.mil and http://asa.nao.rl.ac.uk.

Section K: Tables and Data

Selected astronomical constants are given on pages K6–K7, along with references for the values. The IAU (1976) constants used in previous editions can be found on *The Astronomical Almanac Online* at http://asa.usno.navy.mil and http://asa.nao.rl.ac.uk.

The ΔT values provided on pages K8–K9 are not necessarily those used in the production of *The Astronomical Almanac* or its predecessors. They are tabulated primarily for those involved in historical research. Estimates of ΔT are derived from data published in Bulletins B and C of the International Earth Rotation and Reference Systems Service (IERS) (see http://www.iers.org/iers/pc/eop/). Coordinates of the celestial pole (from 2003, the Celestial Intermediate Pole) on page K10 are also taken from section 2 of IERS Bulletin B.

Section M: Glossary

E. M. Standish (Jet Propulsion Laboratory, California Institute of Technology) and S. Klioner (Technischen Universitat Dresden) were consulted in updating the content of several of the definitions in recent editions.

ΔT: the difference between **Terrestrial Time (TT)** and **Universal Time (UT)**: $\Delta T =$ TT − UT1.

ΔUT1 (or ΔUT): the value of the difference between **Universal Time (UT)** and **Coordinated Universal Time (UTC)**: ΔUT1 = UT1 − UTC.

aberration: the apparent angular displacement of the observed position of a celestial object from its **geometric position**, caused by the finite velocity of light in combination with the motions of the observer and of the observed object. (See **aberration, planetary**.)

aberration, annual: the component of stellar **aberration** resulting from the motion of the Earth about the Sun. (See **aberration, stellar**.)

aberration, diurnal: the component of stellar **aberration** resulting from the observer's diurnal motion about the center of the Earth. (See **aberration, stellar**.)

aberration, E-terms of: terms of the annual **aberration** that depend on the **eccentricity** and longitude of **perihelion** of the Earth. (See **perihelion; aberration, annual**.)

aberration, elliptic: see **aberration, E-terms of**.

aberration, planetary: the apparent angular displacement of the observed position of a solar system body produced by the motion of the observer and the actual motion of the observed object. (See **aberration, stellar**.)

aberration, secular: the component of stellar aberration resulting from the essentially uniform and almost rectilinear motion of the entire solar system in space. Secular aberration is usually disregarded. (See **aberration, stellar**.)

aberration, stellar: the apparent angular displacement of the observed position of a celestial body resulting from the motion of the observer. Stellar aberration is divided into the diurnal, annual, and secular components. (See **aberration, diurnal; aberration, annual; aberration, secular**.)

altitude: the angular distance of a celestial body above or below the horizon, measured along the great circle passing through the body and the **zenith**. Altitude is $90°$ minus the **zenith distance**.

anomaly: angular separation of a body in its orbit from its **pericenter**. (See **eccentric anomaly; true anomaly**.)

aphelion: the most distant point from the Sun in a **heliocentric orbit**.

apogee: the point at which a body in **orbit** around the Earth reaches its farthest distance from the Earth. Apogee is sometimes used in reference to the apparent orbit of the Sun around the Earth.

apparent place: coordinates of a celestial object at a specific date, obtained by removing from the directly observed position of the object the effects that depend on the **topocentric** location of the observer, i.e., **refraction**, diurnal aberration, and geocentric (diurnal) **parallax**. Thus, the position at which the object would actually be seen from the center of the Earth — if the Earth were transparent, nonrefracting, and massless — referred to the **true equator and equinox**. (See **aberration, diurnal**.)

apparent solar time: the measure of time based on the diurnal motion of the true Sun. The rate of diurnal motion undergoes seasonal variation caused by the **obliquity** of the **ecliptic** and by the **eccentricity** of the Earth's **orbit**. Additional small variations result from irregularities in the rotation of the Earth on its axis.

argument of the pericenter: an angle measured within the **orbit** plane from the line of **nodes** toward the **pericenter**. The argument of the pericenter is one of the **Keplerian elements** parameterizing the **orbit**.

aspect: the apparent position of any of the planets or the Moon relative to the Sun, as seen from the Earth.

astrometric ephemeris: an **ephemeris** of a solar system body in which the tabulated positions are essentially comparable to catalog **mean places** of stars at a **standard epoch**. An astrometric position is obtained by adding to the **geometric position**, computed from gravitational theory, the correction for **light-time**. Prior to 1984, the E-terms of annual aberration were also added to the geometric position. (See **aberration, annual**; **aberration, stellar**; **aberration, E-terms of**.)

astronomical coordinates: the longitude and latitude of the point on Earth relative to the **geoid**. These coordinates are influenced by local gravity anomalies. (See **zenith**; **longitude, terrestrial**; **latitude, terrestrial**.)

astronomical unit (a.u.): the radius of a circular **orbit** in which a body of negligible mass, and free of **perturbations**, would revolve around the Sun in $2\pi/k$ days, k being the **Gaussian gravitational constant**. This is slightly less than the **semimajor axis** of the Earth's orbit.

atomic second: see **second, Système International**.

augmentation: the amount by which the apparent **semidiameter** of a celestial body, as observed from the surface of the Earth, is greater than the semidiameter that would be observed from the center of the Earth.

azimuth: the angular distance measured clockwise along the **horizon** from a specified reference point (usually north) to the intersection with the great circle drawn from the **zenith** through a body on the **celestial sphere**.

barycenter: the center of mass of a system of bodies; e.g., the center of mass of the solar system, or that of the Earth-Moon system.

barycentric: with reference to, or pertaining to, the **barycenter** of the solar system.

Barycentric Celestial Reference System (BCRS): a system of **barycentric** space-time coordinates for the solar system within the framework of General Relativity. The metric tensor to be used in the system is specified by the IAU 2000 resolutions. (See **Barycentric Coordinate Time (TCB)**.)

Barycentric Coordinate Time (TCB): the coordinate time of the **Barycentric Celestial Reference System (BCRS)**, which advances by SI seconds within that system. TCB is related to **Geocentric Coordinate Time (TCG)** and **Terrestrial Time (TT)** by relativistic transformations that include a secular term. (See **second, Système International**.)

Barycentric Dynamical Time (TDB): A time scale defined by an IAU 1976 resolution for use as an independent argument of **barycentric** ephemerides and equations of motion. TDB was defined to have only periodic variations with respect to what is now called **Terrestrial Time (TT)**. (The definition is problematic in practice.) In the **Barycentric Celestial Reference System (BCRS)**, TDB does not advance by SI seconds but has a secular drift with respect to **Barycentric Coordinate Time (TCB)**. TDB seconds are fractionally longer than TCB seconds by about 1.55×10^{-8}. (See **second, Système International**.)

calendar: a system of reckoning time in which days are enumerated according to their position in cyclic patterns.

catalog equinox: the intersection of the **hour circle** of zero **right ascension** of a star catalog with the **celestial equator**. (See **dynamical equinox**; **equator**.)

Celestial Ephemeris Origin (CEO): the non-rotating origin of the **Geocentric Celestial Reference System (GCRS)**, recommended by the IAU in 2000. Same as **Celestial Intermediate Origin (CIO)**; CIO has yet to be formally adopted by the IAU but is used throughout this book.

Celestial Ephemeris Pole: the reference pole for **nutation** and **polar motion**; the axis of figure for the mean surface of a model Earth in which the free motion has zero amplitude. This pole has no nearly-diurnal nutation with respect to a space-fixed or Earth-fixed coordinate system.

celestial equator: the plane perpendicular to the **Celestial Ephemeris Pole**. Colloquially, the projection onto the **celestial sphere** of the Earth's **equator**. (See **mean equator and equinox**; **true equator and equinox**.)

Celestial Intermediate Origin (CIO): the non-rotating origin of the **Geocentric Celestial Reference System (GCRS)**. Same as **Celestial Ephemeris Origin (CEO)**; CIO has yet to be formally adopted by the IAU but is used throughout this book.

Celestial Intermediate Pole (CIP): the reference pole of the IAU 2000A precession–nutation model. The motions of the CIP are those of the Tisserand mean axis of the Earth with periods greater than two days. (See **precession**; **nutation**.)

celestial pole: either of the two points projected onto the **celestial sphere** by the extension of the Earth's axis of rotation to infinity.

celestial sphere: an imaginary sphere of arbitrary radius upon which celestial bodies may be considered to be located. As circumstances require, the celestial sphere may be centered at the observer, at the Earth's center, or at any other location.

center of figure: that point so situated relative to the apparent figure of a body that any line drawn through it divides the figure into two parts having equal apparent areas. If the body is oddly shaped, the center of figure may lie outside the figure itself.

center of light: same as **center of figure** except referring only to the illuminated portion.

conjunction: the phenomenon in which two bodies have the same apparent celestial longitude or **right ascension** as viewed from a third body. Conjunctions are usually tabulated as **geocentric** phenomena. For Mercury and Venus, geocentric inferior conjunctions occur when the planet is between the Earth and Sun, and superior conjunctions occur when the Sun is between the planet and the Earth. (See **longitude, celestial**.)

constellation: a grouping of stars, usually with pictorial or mythical associations, that serves to identify an area of the **celestial sphere**. Also, one of the precisely defined areas of the celestial sphere, associated with a grouping of stars, that the IAU has designated as a constellation.

Coordinated Universal Time (UTC): the time scale available from broadcast time signals. UTC differs from TAI by an integral number of seconds; it is maintained within $\pm0\overset{s}{.}90$ of UT1 by the introduction of one second steps (leap seconds). (See **International Atomic Time**; **Universal Time**; **leap second**.)

culmination: passage of a celestial object across the observer's **meridian**; also called "meridian passage." More precisely, culmination is the passage through the point of greatest **altitude** in the diurnal path. Upper culmination (also called "culmination above pole" for circumpolar stars and the Moon) or transit is the crossing closer to the observer's **zenith**. Lower culmination (also called "culmination below pole" for circumpolar stars and the Moon) is the crossing farther from the zenith.

day: an interval of 86 400 SI seconds, unless otherwise indicated. (See **second, Système International**.)

declination: angular distance on the **celestial sphere** north or south of the **celestial equator**. It is measured along the **hour circle** passing through the celestial object. Declination is usually given in combination with **right ascension** or **hour angle**.

defect of illumination: the angular amount of the observed lunar or planetary disk that is not illuminated to an observer on the Earth.

deflection of light: the angle by which the direction of a light ray is altered from a straight line by the gravitational field of the Sun or other massive object. As seen from the Earth, objects appear to be deflected radially away from the Sun by up to $1''.75$ at the Sun's limb. Correction for this effect, which is independent of wavelength, is included in the transformation from **mean place** to **apparent place**.

deflection of the vertical: the angle between the astronomical vertical and the geodetic vertical. (See **zenith**; **astronomical coordinates**; **geodetic coordinates**.)

delta *T*: see ΔT.

delta UT1: see ΔUT1.

direct motion: for orbital motion in the solar system, motion that is counterclockwise in the **orbit** as seen from the north pole of the **ecliptic**; for an object observed on the **celestial sphere**, motion that is from west to east, resulting from the relative motion of the object and the Earth.

diurnal motion: the apparent daily motion, caused by the Earth's rotation, of celestial bodies across the sky from east to west.

dynamical equinox: the ascending **node** of the Earth's mean **orbit** on the Earth's true **equator**; i.e., the intersection of the **ecliptic** with the **celestial equator** at which the Sun's **declination** changes from south to north. (See **catalog equinox**; **equinox**; **true equator and equinox**.)

dynamical time: the family of time scales introduced in 1984 to replace **ephemeris time (ET)** as the independent argument of dynamical theories and ephemerides. (See **Barycentric Dynamical Time (TDB)**; **Terrestrial Time (TT)**.)

Earth Rotation Angle: the angle, θ, measured along the **equator** of the **Celestial Intermediate Pole (CIP)** between the unit vectors directed towards the **Celestial Ephemeris Origin (CEO)** and the **Terrestrial Ephemeris Origin (TEO)**.

eccentric anomaly: in undisturbed elliptic motion, the angle measured at the center of the orbit ellipse from **pericenter** to the point on the circumscribing auxiliary circle from which a perpendicular to the major axis would intersect the orbiting body. (See **mean anomaly**; **true anomaly**.)

eccentricity: a parameter that specifies the shape of a conic section; one of the standard elements used to describe an elliptic or hyperbolic **orbit**. (See **orbital elements**.)

eclipse: the obscuration of a celestial body caused by its passage through the shadow cast by another body.

eclipse, annular: a solar **eclipse** in which the solar disk is not completely covered but is seen as an annulus or ring at maximum eclipse. An annular eclipse occurs when the apparent disk of the Moon is smaller than that of the Sun. (See **eclipse, solar**.)

eclipse, lunar: an **eclipse** in which the Moon passes through the shadow cast by the Earth. The eclipse may be total (the Moon passing completely through the Earth's **umbra**), partial (the Moon passing partially through the Earth's umbra at maximum eclipse), or penumbral (the Moon passing only through the Earth's **penumbra**).

eclipse, solar: an **eclipse** in which the Earth passes through the shadow cast by the Moon. It may be total (observer in the Moon's **umbra**), partial (observer in the Moon's **penumbra**), or annular. (See **eclipse, annular**.)

ecliptic: the mean plane of the Earth's **orbit** around the Sun.

elements, Besselian: quantities tabulated for the calculation of accurate predictions of an **eclipse** or **occultation** for any point on or above the surface of the Earth.

elements, Keplerian: see **Keplerian elements**.

elements, mean: see **mean elements**.

elements, orbital: see **orbital elements**.

elements, osculating: see **osculating elements**.

elongation, greatest: the instant when the **geocentric** angular distance of Mercury or Venus from the Sun is at a maximum.

elongation, planetary: the **geocentric** angle between a planet and the Sun. Planetary elongations are measured from 0° to 180°, east or west of the Sun.

elongation, satellite: the **geocentric** angle between a satellite and its primary. Satellite elongations are measured from 0° east or west of the planet.

epact: the age of the Moon; the number of days since new moon, diminished by one day, on January 1 in the Gregorian ecclesiastical lunar cycle. (See **Gregorian calendar**; **lunar phases**.)

ephemeris: a tabulation of the positions of a celestial object in an orderly sequence for a number of dates.

ephemeris hour angle: an **hour angle** referred to the **ephemeris meridian**.

ephemeris longitude: longitude measured eastward from the **ephemeris meridian**. (See **longitude, terrestrial**.)

ephemeris meridian: a fictitious **meridian** that rotates independently of the Earth at the uniform rate implicitly defined by **Terrestrial Time (TT)**. The ephemeris meridian is 1.002 738 ΔT east of the Greenwich meridian, where $\Delta T = \mathrm{TT} - \mathrm{UT1}$.

ephemeris time (ET): the time scale used prior to 1984 as the independent variable in gravitational theories of the solar system. In 1984, ET was replaced by **dynamical time**.

ephemeris transit: the passage of a celestial body or point across the **ephemeris meridian**.

epoch: an arbitrary fixed instant of time or date used as a chronological reference datum for calendars, celestial reference systems, star catalogs, or orbital motions. (See **calendar**; **orbit**).

equation of the equinoxes: the difference apparent sidereal time minus mean sidereal time, due to the effect of **nutation** on the location of the **equinox**. (See **sidereal time**.)

equation of time: the difference **apparent solar time** minus **mean solar time**.

equator: the great circle on the surface of a body formed by the intersection of the surface with the plane passing through the center of the body perpendicular to the axis of rotation. (See **celestial equator**.)

equinox: either of the two points on the **celestial sphere** at which the **ecliptic** intersects the **celestial equator**; also, the time at which the Sun passes through either of these intersection points; i.e., when the apparent longitude of the Sun is 0° or 180°. (See **apparent place**; **longitude, celestial**; **catalog equinox**; **dynamical equinox**.)

era: a system of chronological notation reckoned from a given date.

flattening: a parameter that specifies the degree by which a planet's figure differs from that of a sphere; the ratio $f = (a - b)/a$, where a is the equatorial radius and b is the polar radius.

frequency: the number of cycles or complete alternations, per unit time, of a carrier wave, band, or oscillation.

frequency standard: a generator whose output is used as a precise frequency reference; a primary frequency standard is one whose frequency corresponds to the adopted definition of the second, with its specified accuracy achieved without calibration of the device. (See **second, Système International**.)

Gaussian gravitational constant: ($k = 0.017\ 202\ 098\ 95$): the constant defining the astronomical system of units of length (**astronomical unit**), mass (solar mass) and time (day), by means of Kepler's third law. The dimensions of k^2 are equal to those of Newton's constant of gravitation: $L^3 M^{-1} T^{-2}$.

geocentric: with reference to, or pertaining to, the center of the Earth.

Geocentric Celestial Reference System (GCRS): a system of **geocentric** space-time coordinates within the framework of General Relativity. The metric tensor used in the system is specified by the IAU 2000 resolutions. The GCRS is defined such that its spatial coordinates are kinematically non-rotating with respect to those of the **Barycentric Celestial Reference System (BCRS)**. (See **Geocentric Coordinate Time (TCG)**.)

geocentric coordinates: the latitude and longitude of a point on the Earth's surface relative to the center of the Earth; also, celestial coordinates given with respect to the center of the Earth. (See **zenith**; **latitude, terrestrial**; **longitude, terrestrial**.)

Geocentric Coordinate Time (TCG): the coordinate time of the **Geocentric Celestial Reference System (GCRS)**, which advances by SI seconds within that system. TCG is related to **Barycentric Coordinate Time (TCB)** and **Terrestrial Time (TT)**, by relativistic transformations that include a secular term. (See **second, Système International**).

geodetic coordinates: the latitude and longitude of a point on the Earth's surface determined from the geodetic vertical (normal to the reference ellipsoid). (See **zenith**; **latitude, terrestrial**; **longitude, terrestrial**.)

geoid: an equipotential surface that coincides with mean sea level in the open ocean. On land it is the level surface that would be assumed by water in an imaginary network of frictionless channels connected to the ocean.

geometric position: the position of an object defined by a straight line (vector) between the center of the Earth (or the observer) and the object at a given time, without any corrections for **light-time, aberration,** etc.

Greenwich Apparent Sidereal Time (GAST): the Greenwich **hour angle** of the true **equinox** of date.

Greenwich Mean Sidereal Time (GMST): the Greenwich **hour angle** of the mean **equinox** of date.

Greenwich sidereal date (GSD): the number of **sidereal days** elapsed at Greenwich since the beginning of the Greenwich sidereal day that was in progress at the **Julian date (JD)** 0.0.

Greenwich sidereal day number: the integral part of the **Greenwich sidereal date (GSD)**.

Gregorian calendar: the calendar introduced by Pope Gregory XIII in 1582 to replace the **Julian calendar**; the calendar now used as the civil calendar in most countries. Every year that is exactly divisible by four is a leap year, except for centurial years, which must be exactly divisible by 400 to be leap years. Thus, 2000 is a leap year, but 1900 and 2100 are not leap years.

height: elevation above ground or distance upwards from a given level (especially sea level) to a fixed point.

heliocentric: with reference to, or pertaining to, the center of the Sun.

horizon: a plane perpendicular to the line from an observer to the **zenith**. The great circle formed by the intersection of the **celestial sphere** with a plane perpendicular to the line from an observer to the zenith is called the astronomical horizon.

horizontal parallax: the difference between the **topocentric** and **geocentric** positions of an object, when the object is on the astronomical **horizon**.

hour angle: angular distance on the **celestial sphere** measured westward along the **celestial equator** from the **meridian** to the **hour circle** that passes through a celestial object.

hour circle: a great circle on the **celestial sphere** that passes through the **celestial poles** and is therefore perpendicular to the **celestial equator**.

IAU: see International Astronomical Union (IAU).

illuminated extent: the illuminated area of an apparent planetary disk, expressed as a solid angle.

inclination: the angle between two planes or their poles; usually the angle between an orbital plane and a reference plane; one of the standard orbital elements that specifies the orientation of the **orbit**. (See **orbital elements**.)

instantaneous orbit: the unperturbed two-body **orbit** that a body would follow if **perturbations** were to cease instantaneously. Each orbit in the solar system (and, more generally, in the many-body setting) can be represented as a sequence of instantaneous ellipses or hyperbolae whose parameters are called **orbital elements**. If these elements are chosen to be osculating, each instantaneous orbit is tangential to the physical orbit. (See **orbital elements; osculating elements**.)

International Astronomical Union (IAU): an international non-governmental organization that promotes the science of astronomy in all its aspects. The IAU is composed of both national and individual members. In the field of positional astronomy, the IAU, among other activities, recommends standards for data analysis and modeling, usually in the form of resolutions passed at General Assemblies held every three years.

International Atomic Time (TAI): the continuous time scale resulting from analysis by the Bureau International des Poids et Mesures of atomic time standards in many countries. The fundamental unit of TAI is the SI second on the **geoid**, and the **epoch** is 1958 January 1. (See **second, Système International**.)

International Celestial Reference Frame (ICRF): the coordinates of 212 extragalactic radio sources that serve as fiducial points to fix the axes of the **International Celestial Reference System (ICRS)**, recommended by the IAU in 1997.

International Celestial Reference System (ICRS): a time-independent, kinematically non-rotating barycentric reference system recommended by the IAU in 1997. Its axes are those of the **International Celestial Reference Frame (ICRF)**.

International Terrestrial Reference System (ITRS): a time-dependent, non-inertial reference system co-moving with the geocenter and rotating with the Earth.

invariable plane: the plane through the center of mass of the solar system perpendicular to the angular momentum vector of the solar system.

irradiation: an optical effect of contrast that makes bright objects viewed against a dark background appear to be larger than they really are.

Julian calendar: the calendar introduced by Julius Caesar in 46 B.C. to replace the Roman calendar. In the Julian calendar a common **year** is defined to comprise 365 days, and every fourth year is a leap year comprising 366 days. The Julian calendar was superseded by the **Gregorian calendar**.

Julian date (JD): the interval of time, in days and fractions of a **day**, since 4713 B.C. January 1, Greenwich noon, **Julian proleptic calendar**. In precise work, the time scale, e.g., **Terrestrial Time (TT)** or **Universal Time (UT)**, should be specified.

Julian date, modified (MJD): the Julian date minus 2400000.5.

Julian day number: the integral part of the **Julian date (JD)**.

Julian proleptic calendar: the calendric system employing the rules of the **Julian calendar**, but extended and applied to dates preceding the introduction thereof.

Julian year: a period of 365.25 days. It served as the basis for the **Julian calendar**.

Keplerian Elements: a certain set of six **orbital elements**, sometimes referred to as the Keplerian set. Historically, this set included the **mean anomaly at the epoch**, the **semimajor axis**, the **eccentricity** and three Euler angles: the **longitude of the ascending node**, the **inclination**, and the **argument of pericenter**. The time of **pericenter** passage is often used as a part of the Keplerian set instead of the mean anomaly at the epoch. Sometimes the longitude of pericenter (which is the sum of the longitude of the ascending node and the argument of pericenter) is used instead of either the longitude of the ascending node or the argument of pericenter.

Laplacian plane: for planets see **invariable plane**; for a system of satellites, the fixed plane relative to which the vector sum of the disturbing forces has no orthogonal component.

latitude, celestial: angular distance on the **celestial sphere** measured north or south of the **ecliptic** along the great circle passing through the poles of the ecliptic and the celestial object. Also referred to as ecliptic latitude.

latitude, ecliptic: see **latitude, celestial**.

latitude, terrestrial: angular distance on the Earth measured north or south of the **equator** along the **meridian** of a geographic location.

leap second: a second added between 60^s and 0^s at announced times to keep UTC within $0^s\!90$ of UT1. Generally, leap seconds are added at the end of June or December. (See **second, Système International**; **Universal Time (UT)**; **Coordinated Universal Time (UTC)**.)

librations: variations in the orientation of the Moon's surface with respect to an observer on the Earth. Physical librations are due to variations in the orientation of the Moon's rotational axis in inertial space. The much larger optical librations are due to variations in the rate of the Moon's orbital motion, the **obliquity** of the Moon's **equator** to its orbital plane, and the diurnal changes of geometric perspective of an observer on the Earth's surface.

light, deflection of: see **deflection of light**.

light-time: the interval of time required for light to travel from a celestial body to the Earth. During this interval the motion of the body in space causes an angular displacement of its **apparent place** from its geometric place. (See **geometric position**; **aberration, planetary**.)

light-year: the distance that light traverses in a vacuum during one **year**.

limb: the apparent edge of the Sun, Moon, or a planet or any other celestial body with a detectable disk.

limb correction: correction that must be made to the distance between the center of mass of the Moon and its **limb**. These corrections are due to the irregular surface of the Moon and are a function of the **librations** in longitude and latitude and the position angle from the central **meridian**.

local sidereal time: the local **hour angle** of a **catalog equinox**.

longitude, celestial: angular distance on the **celestial sphere** measured eastward along the **ecliptic** from the **dynamical equinox** to the great circle passing through the poles of the ecliptic and the celestial object. Also referred to as ecliptic longitude.

longitude, ecliptic: see **longitude, celestial**.

longitude, terrestrial: angular distance measured along the Earth's **equator** from the Greenwich **meridian** to the meridian of a geographic location.

longitude of the ascending node: given an **orbit** and a reference plane through the primary body (or center of mass): the angle, Ω, at the primary, between a fiducial direction in the reference plane and the point at which the orbit crosses the reference plane from south to north. Equivalently, Ω is one of the angles in the reference plane between the fiducial direction and the line of nodes. It is one of the six **Keplerian elements** that specify an orbit. For planetary orbits, the primary is the Sun, the reference plane is usually the **ecliptic**, and the fiducial direction is usually toward the **equinox**. (See **node**; **orbital elements**; **instantaneous orbit**.)

luminosity class: distinctions in intrinsic brightness among stars of the same spectral class. (See **spectral types or classes**.)

lunar phases: cyclically recurring apparent forms of the Moon. New moon, first quarter, full moon and last quarter are defined as the times at which the excess of the apparent celestial longitude of the Moon over that of the Sun is 0°, 90°, 180° and 270°, respectively. (See **longitude, celestial**.)

lunation: the period of time between two consecutive new moons.

magnitude, stellar: a measure on a logarithmic scale of the brightness of a celestial object considered as a point source.

magnitude of a lunar eclipse: the fraction of the lunar diameter obscured by the shadow of the Earth at the greatest phase of a lunar **eclipse**, measured along the common diameter. (See **eclipse, lunar**.)

magnitude of a solar eclipse: the fraction of the solar diameter obscured by the Moon at the greatest phase of a solar **eclipse**, measured along the common diameter. (See **eclipse, solar**.)

mean anomaly: the product of the **mean motion** of an orbiting body and the interval of time since the body passed the **pericenter**. Thus, the mean anomaly is the angle from the pericenter of a hypothetical body moving with a constant angular speed that is equal to the mean motion. In realistic computations, with disturbances taken into account, the mean anomaly is equal to its initial value at an **epoch** plus an integral of the mean motion over the time elapsed since the epoch. (See **true anomaly**; **eccentric anomaly**; **mean anomaly at epoch**.)

mean anomaly at epoch: the value of the **mean anomaly** at a specific **epoch**, i.e., at some fiducial moment of time. It is one of the six **Keplerian elements** that specify an **orbit**. (See **Keplerian elements**; **orbital elements**; **instantaneous orbit**.)

mean distance: an average distance between the primary and the secondary gravitating body. The meaning of the mean distance depends upon the chosen method of averaging (i.e., averaging over the time, or over the **true anomaly**, or the **mean anomaly**. It is also important what power of the distance is subject to averaging.) In this volume the mean distance is defined as the inverse of the time-averaged reciprocal distance: $(\int r^{-1} dt)^{-1}$.

In the two-body setting, when the disturbances are neglected and the orbit is elliptic, this formula yields the **semimajor axis**, a, which plays the role of mean distance.

mean elements: average values of the **orbital elements** over some section of the **orbit** or over some interval of time. They are interpreted as the elements of some reference (mean) orbit that approximates the actual one and, thus, may serve as the basis for calculating orbit **perturbations**. The values of mean elements depend upon the chosen method of averaging and upon the length of time over which the averaging is made.

mean equator and equinox: the celestial reference system defined by the orientation of the Earth's equatorial plane on some specified date together with the direction of the **dynamical equinox** on that date, neglecting **nutation**. Thus, the mean equator and equinox are affected only by **precession**. Positions in a star catalog have traditionally been referred to a catalog equator and equinox that approximate the mean equator and equinox of a **standard epoch**. (See **catalog equinox**; **true equator and equinox**.)

mean motion: in undisturbed elliptic motion, the constant angular speed required for a body to complete one revolution in an **orbit** of a specified **semimajor axis**.

mean place: coordinates of a star or other celestial object (outside the solar system) at a specific date, in the **Barycentric Celestial Reference System (BCRS)**. Conceptually, the coordinates represent the direction of the object as it would hypothetically be observed from the solar system barycenter at the specified date, with respect to a fixed coordinate system (e.g., the axes of the **International Celestial Reference Frame (ICRF)**), if the masses of the Sun and other solar system bodies were negligible.

mean solar time: an obsolete measure of time based conceptually on the **diurnal motion** of a fiducial point, called the fictitious mean Sun, with uniform motion along the **celestial equator**.

meridian: a great circle passing through the **celestial poles** and through the **zenith** of any location on Earth. For planetary observations a meridian is half the great circle passing through the planet's poles and through any location on the planet.

month: the period of one complete synodic or sidereal revolution of the Moon around the Earth; also, a calendrical unit that approximates the period of revolution.

moonrise, moonset: the times at which the apparent upper **limb** of the Moon is on the astronomical **horizon**; i.e., when the true **zenith distance**, referred to the center of the Earth, of the central point of the disk is $90°34' + s - \pi$, where s is the Moon's **semidiameter**, π is the **horizontal parallax**, and $34'$ is the adopted value of horizontal **refraction**.

nadir: the point on the **celestial sphere** diametrically opposite to the **zenith**.

node: either of the points on the **celestial sphere** at which the plane of an **orbit** intersects a reference plane. The position of one of the nodes (the **longitude of the ascending node**) is traditionally used as one of the standard **orbital elements**.

nutation: oscillations in the motion of the rotation pole of a freely rotating body that is undergoing torque from external gravitational forces. Nutation of the Earth's pole is specified in terms of components in **obliquity** and longitude. (See **longitude, celestial**.)

obliquity: in general, the angle between the equatorial and orbital planes of a body or, equivalently, between the rotational and orbital poles. For the Earth the obliquity of the **ecliptic** is the angle between the planes of the **equator** and the ecliptic.

occultation: the obscuration of one celestial body by another of greater apparent diameter; especially the passage of the Moon in front of a star or planet, or the disappearance of a satellite behind the disk of its primary. If the primary source of illumination of a reflecting body is cut off by the occultation, the phenomenon is also called an **eclipse**. The occultation of the Sun by the Moon is a solar eclipse. (See **eclipse, solar**.)

opposition: a configuration of the Sun, Earth and a planet in which the apparent **geocentric** longitude of the planet differs by $180°$ from the apparent geocentric longitude of the Sun. (See **longitude, celestial**.)

orbit: the path in space followed by a celestial body as a function of time. (See **orbital**

elements.)

orbit, instantaneous: see **instantaneous orbit**.

orbital elements: a set of six independent parameters that specifies an **instantaneous orbit**. Every real orbit can be represented as a sequence of instantaneous ellipses or hyperbolae sharing one of their foci. At each instant of time, the position and velocity of the body is characterised by its place on one such instantaneous curve. The evolution of this representation is mathematically described by evolution of the values of orbital elements. Different sets of geometric parameters may be chosen to play the role of orbital elements. The set of **Keplerian elements** is one of many such sets. When the Lagrange constraint (the requirement that the instantaneous orbit is tangential to the actual orbit) is imposed upon the orbital elements, they are called **osculating elements**.

osculating elements: a set of parameters that specifies the instantaneous position and velocity of a celestial body in its perturbed **orbit**. Osculating elements describe the unperturbed (two-body) orbit that the body would follow if **perturbations** were to cease instantaneously. (See **orbital elements; instantaneous orbit**.)

parallax: the difference in apparent direction of an object as seen from two different locations; conversely, the angle at the object that is subtended by the line joining two designated points. Geocentric (diurnal) parallax is the difference in direction between a **topocentric** observation and a hypothetical **geocentric** observation. Heliocentric or annual parallax is the difference between hypothetical geocentric and **heliocentric** observations; it is the angle subtended at the observed object by the **semimajor axis** of the Earth's **orbit**. (See also **horizontal parallax**.)

parsec: the distance at which one **astronomical unit (a.u.)** subtends an angle of one second of arc; equivalently, the distance to an object having an annual **parallax** of one second of arc.

penumbra: the portion of a shadow in which light from an extended source is partially but not completely cut off by an intervening body; the area of partial shadow surrounding the **umbra**.

pericenter: the point in an **orbit** that is nearest to the center of force. (See **perigee; perihelion**.)

perigee: the point at which a body in **orbit** around the Earth is closest to the Earth. Perigee is sometimes used with reference to the apparent orbit of the Sun around the Earth.

perihelion: the point at which a body in **orbit** around the Sun is closest to the Sun.

period: the interval of time required to complete one revolution in an **orbit** or one cycle of a periodic phenomenon, such as a cycle of phases. (See **phase**.)

perturbations: deviations between the actual **orbit** of a celestial body and an assumed reference orbit; also, the forces that cause deviations between the actual and reference orbits. Perturbations, according to the first meaning, are usually calculated as quantities to be added to the coordinates of the reference orbit to obtain the precise coordinates.

phase: the name applied to the apparent degree of illumination of the disk of the Moon or a planet as seen from Earth (crescent, gibbous, full, etc.). Numerically, the ratio of the illuminated area of the apparent disk of a celestial body to the entire area of the apparent disk; i.e., the fraction illuminated. Phase is also used, loosely, to refer to one aspect of an **eclipse** (partial phase, annular phase, etc.). (See **lunar phases**.)

phase angle: the angle measured at the center of an illuminated body between the light source and the observer.

photometry: a measurement of the intensity of light, usually specified for a specific wavelength range.

planetocentric coordinates: coordinates for general use, where the z-axis is the mean axis of rotation, the x-axis is the intersection of the planetary **equator** (normal to the z-axis through the center of mass) and an arbitrary prime **meridian**, and the y-axis completes a right-hand coordinate system. Longitude of a point is measured positive to the prime meridian as defined by rotational elements. Latitude of a point is the angle between the planetary equator and a line to the center of mass. The radius is measured from the center of mass to the surface point.

planetographic coordinates: coordinates for cartographic purposes dependent on an equipotential surface as a reference surface. Longitude of a point is measured in the direction opposite to the rotation (positive to the west for direct rotation) from the cartographic position of the prime **meridian** defined by a clearly observable surface feature. Latitude of a point is the angle between the planetary **equator** (normal to the z-axis and through the center of mass) and the normal to the reference surface at the point. The **height** of a point is specified as the distance above a point with the same longitude and latitude on the reference surface.

polar motion: the irregularly varying motion of the Earth's pole of rotation with respect to the Earth's crust. (See **Celestial Ephemeris Pole.**)

precession: the uniformly progressing motion of the rotation pole of a freely rotating body in a complex (nonprincipal) spin state. Precession is caused by a singular event (a collision or a progenitor's disruption, or a tidal interaction at a close approach) or by a prolonged influence (jetting, in the case of comets, or continuous torques, in the case of planets). In the case of the Earth, the component of precession caused mainly by the Sun and Moon acting on the Earth's equatorial bulge is called lunisolar precession. The motion of the **ecliptic** due to the action of the planets on the Earth is called planetary precession (i.e., it is a precession of the Earth's orbital plane), and the sum of lunisolar and planetary precession is called general precession. (See **nutation.**)

proper motion: the projection onto the **celestial sphere** of the space motion of a star relative to the solar system; thus, the transverse component of the space motion of a star with respect to the solar system. Proper motion is usually tabulated in star catalogs as changes in **right ascension** and **declination** per year or century.

quadrature: a configuration in which two celestial bodies have apparent longitudes that differ by 90° as viewed from a third body. Quadratures are usually tabulated with respect to the Sun as viewed from the center of the Earth. (See **longitude, celestial.**)

radial velocity: the rate of change of the distance to an object.

refraction, astronomical: the change in direction of travel (bending) of a light ray as it passes obliquely through the atmosphere. As a result of refraction the observed **altitude** of a celestial object is greater than its geometric altitude. The amount of refraction depends on the altitude of the object and on atmospheric conditions.

retrograde motion: for orbital motion in the solar system, motion that is clockwise in the **orbit** as seen from the north pole of the **ecliptic**; for an object observed on the **celestial sphere**, motion that is from east to west, resulting from the relative motion of the object and the Earth. (See **direct motion.**)

right ascension: angular distance on the **celestial sphere** measured eastward along the **celestial equator** from the **equinox** to the **hour circle** passing through the celestial object. Right ascension is usually given in combination with **declination.**

second, Système International (SI second): the duration of 9 192 631 770 cycles of radiation corresponding to the transition between two hyperfine levels of the ground state of cesium 133.

selenocentric: with reference to, or pertaining to, the center of the Moon.

semidiameter: the angle at the observer subtended by the equatorial radius of the Sun, Moon or a planet.

semimajor axis: half the length of the major axis of an ellipse; a standard element used to describe an elliptical **orbit.** (See **orbital elements.**)

SI second: see **second, Système International.**

sidereal day: the interval of time between two consecutive **transits** of the **catalog equinox.** (See **sidereal time.**)

sidereal hour angle: angular distance on the **celestial sphere** measured westward along the **celestial equator** from the **catalog equinox** to the **hour circle** passing through the celestial object. It is equal to 360° minus **right ascension** in degrees.

sidereal time: the measure of time defined by the apparent **diurnal motion** of the **catalog equinox**; hence, a measure of the rotation of the Earth with respect to the stars rather than the Sun.

solstice: either of the two points on the **ecliptic** at which the apparent longitude of the Sun is 90° or 270°; also, the time at which the Sun is at either point. (See **longitude, celestial**.)

spectral types or classes: categorization of stars according to their spectra, primarily due to differing temperatures of the stellar atmosphere. From hottest to coolest, the spectral types are O, B, A, F, G, K and M.

standard epoch: a date and time that specifies the reference system to which celestial coordinates are referred. (See **mean equator and equinox**.)

stationary point: the time or position at which the rate of change of the apparent **right ascension** of a planet is momentarily zero. (See **apparent place**.)

sunrise, sunset: the times at which the apparent upper **limb** of the Sun is on the astronomical **horizon**; i.e., when the true **zenith distance**, referred to the center of the Earth, of the central point of the disk is 90°50′, based on adopted values of 34′ for horizontal **refraction** and 16′ for the Sun's **semidiameter**.

surface brightness: the visual magnitude of an average square arcsecond area of the illuminated portion of the apparent disk of the Moon or a planet.

synodic period: the mean interval of time between successive **conjunctions** of a pair of planets, as observed from the Sun; or the mean interval between successive conjunctions of a satellite with the Sun, as observed from the satellite's primary.

synodic time: pertaining to successive conjunctions; successive returns of a planet to the same **aspect** as determined by Earth.

TAI: see **International Atomic Time (TAI)**.

TCB: see **Barycentric Coordinate Time (TCB)**.

TCG: see **Geocentric Coordinate Time (TCG)**.

TDB: see **Barycentric Coordinate Time (TCB)**.

T_{eph}: the independent argument of the JPL planetary and lunar ephemerides DE405/ LE405; in the terminology of General Relativity, a **barycentric** coordinate time scale. T_{eph} is a linear function of the **TCB** and has the same rate as **TT** over the time span of the ephemeris. In this volume, T_{eph} is regarded as functionally equivalent to **TDB**. (See **Barycentric Coordinate Time (TCB)**; **Terrestrial Time (TT)**; **Barycentric Dynamical Time (TDB)**).

Terrestrial Ephemeris Origin (TEO): the non-rotating origin of the **International Terrestrial Reference System (ITRS)**, established by the IAU in 2000. Same as **Terrestrial Intermediate Origin (TIO)**; TIO has yet to be formally adopted by the IAU but is used throughout this book.

Terrestrial Intermediate Origin (TIO): the non-rotating origin of the **International Terrestrial Reference System (ITRS)**, established by the IAU in 2000. Same as **Terrestrial Ephemeris Origin (TEO)**; TIO has yet to be formally adopted by the IAU but is used throughout this book.

Terrestrial Time (TT): an idealized form of **International Atomic Time (TAI)** with an **epoch** offset; in practice, TT = TAI + 32^s.184. TT thus advances by SI seconds on the **geoid**. Used as the independent argument for apparent **geocentric** ephemerides. (See **second, Système International**.)

TT: see **Terrestrial Time (TT)**.

terminator: the boundary between the illuminated and dark areas of the apparent disk of the Moon, planet, or planetary satellite.

topocentric: with reference to, or pertaining to, a point on the surface of the Earth.

transit: the passage of the apparent center of the disk of a celestial object across a **meridian**; also, the passage of one celestial body in front of another of greater apparent diameter (e.g., the passage of Mercury or Venus across the Sun or Jupiter's satellites across its disk); however, the passage of the Moon in front of the larger apparent Sun is called an annular **eclipse**. The passage of a body's shadow across another body is called a shadow transit; however, the passage of the Moon's shadow across the Earth is called a solar eclipse. (See **eclipse, annular; eclipse, solar**).

true anomaly: the angle, measured at the focus nearest the **pericenter** of an elliptical **orbit**, between the pericenter and the radius vector from the focus to the orbiting body; one of the standard orbital elements. (See **orbital elements; eccentric anomaly; mean anomaly.**)

true equator and equinox: the celestial coordinate system determined by the instantaneous positions of the **celestial equator** and **ecliptic**. The motion of this system is due to the progressive effect of **precession** and the short-term, periodic variations of **nutation**. (See **mean equator and equinox.**)

twilight: the interval of time preceding sunrise and following sunset during which the sky is partially illuminated. Civil twilight comprises the interval when the **zenith distance**, referred to the center of the Earth, of the central point of the Sun's disk is between 90° 50' and 96°, nautical twilight comprises the interval from 96° to 102°, astronomical twilight comprises the interval from 102° to 108°. (See **sunrise, sunset.**)

umbra: the portion of a shadow cone in which none of the light from an extended light source (ignoring **refraction**) can be observed.

Universal Time (UT): a generic reference to one of several time scales that approximate the mean **diurnal motion** of the Sun; loosely, **mean solar time** on the Greenwich meridian (previously referred to as Greenwich Mean Time). In current usage, UT refers either to a time scale called UT1 or to **Coordinated Universal Time (UTC)**; in this volume, UT always refers to UT1. UT1 is formally defined by a mathematical expression that relates it to **sidereal time**. Thus, UT1 is observationally determined by the apparent diurnal motions of celestial bodies, and is affected by irregularities in the Earth's rate of rotation. UTC is an atomic time scale but is maintained within 0.9 of UT1 by the introduction of 1-second steps when necessary. (See **leap second.**)

UTC: see **Coordinated Universal Time (UTC).**

vernal equinox: the ascending **node** of the **ecliptic** on the **celestial sphere**; also, the time at which the apparent longitude of the Sun is 0°. (See **apparent place; longitude, celestial; equinox.**)

vertical: the apparent direction of gravity at the point of observation (normal to the plane of a free level surface).

week: an arbitrary period of days, usually seven days; approximately equal to the number of days counted between the four phases of the Moon. (See **lunar phases.**)

year: a period of time based on the revolution of the Earth around the Sun. The calendar year is an approximation to the tropical year. The anomalistic year is the mean interval between successive passages of the Earth through **perihelion**. The sidereal year is the mean period of revolution with respect to the background stars. (See **Gregorian calendar; year, tropical; Julian year.**)

year, Besselian: the period of one complete revolution in **right ascension** of the fictitious mean Sun, as defined by Newcomb.

year, Julian: see **Julian year**.

year, tropical: the period of one complete revolution of the mean longitude of the Sun with respect to the **dynamical equinox**. The tropical year comprises a complete cycle of seasons, and its length is approximated in the long term by the civil (Gregorian) calendar.

zenith: in general, the point directly overhead on the **celestial sphere**. The astronomical zenith is the extension to infinity of a plumb line. The geocentric zenith is defined by the line from the center of the Earth through the observer. The geodetic zenith is the normal to the geodetic ellipsoid at the observer's location.

zenith distance: angular distance on the **celestial sphere** measured along the great circle from the **zenith** to the celestial object. Zenith distance is 90° minus **altitude**.

Definitions of astronomical terms are provided in the Glossary, Section M. Entries in the Glossary are not cited in the Index.

Definitions of astronomical terms are provided in the Glossary, Section M. Entries in the Glossary are not cited in the Index.

Definitions of astronomical terms are provided in the Glossary, Section M. Entries in the Glossary are not cited in the Index.

Definitions of astronomical terms are provided in the Glossary, Section M. Entries in the Glossary are not cited in the Index.

Definitions of astronomical terms are provided in the Glossary, Section M. Entries in the Glossary are not cited in the Index.

Definitions of astronomical terms are provided in the Glossary, Section M. Entries in the Glossary are not cited in the Index.

Definitions of astronomical terms are provided in the Glossary, Section M. Entries in the Glossary are not cited in the Index.